国外名校最新教材精选

Probability, Random Variables and Stochastic Processes

概率、随机变量与随机过程

(第4版)

〔美〕 A·帕普里斯
S·U·佩莱 著

Athanasios Papoulis
University Professor
Polytechnic University

S. Unnikrishna Pillai
Professor of Electrical and Computer Engineering
Polytechnic University

保 铮 冯大政 水鹏朗 译

西安交通大学出版社
XI'AN JIAOTONG UNIVERSITY PRESS

内 容 提 要

《概率、随机变量与随机过程》是美国著名学者 A·帕普里斯教授所著的一本经典教材。自 1965 第 1 版问世以来至今已第 4 版，一直被美国多所大学用作相关专业的研究生教材。它的特点是将高深的理论恰当地应用于工程实际，因而深受工程界专业人士的青睐。本书(第 4 版)在保持前三版风格和精华的基础上作了大量的修订：更新了约三分之一的章节内容，包括几个新的专题和新增的第 15、16 章；增加了大量的新例子，进一步澄清了一些复杂的概念，使读者能更容易地理解它们。

本书可供无线电通信系统、信号处理、控制理论、优化、滤波等专业的研究生和本科高年级学生使用，也可供相关领域的科研人员和工程技术人员参考。

Athanasios Papoulis　S. Unnikrishna Pillai
Probability, Random Variables and Stochastic Processes
ISBN:0-07-112256-7

陕西省版权局著作权合同登记号:25-2003-004

图书在版编目(CIP)数据

概率、随机变量与随机过程:第 4 版 / (美)帕普里斯(Papoulis, A.), (美)佩莱(Pillai, S. U.)著;保铮,冯大政,水鹏朗译. —4 版. —西安:西安交通大学出版社,2012.8(2024.1 重印)
(国外名校最新教材精选)
书名原文:Probability, Random Variables and Stochastic Processes
ISBN 978-7-5605-4458-8

Ⅰ.概…　Ⅱ.①帕…②佩…③保…④冯…⑤水…　Ⅲ.①概率论-高等学校-教材②随机变量-高等学校-教材③随机过程-高等学校-教材　Ⅳ.0211

中国版本图书馆 CIP 数据核字(2012)第 169069 号

书　　名	概率、随机变量与随机过程(第 4 版)
著　　者	(美)A·帕普里斯　S·U·佩莱
译　　者	保　铮　冯大政　水鹏朗
出版发行	西安交通大学出版社
地　　址	西安市兴庆南路 1 号(邮编:710048)
订购热线	(029)82668357　82667874(市场营销中心)
投稿热线	(029)82665397
电子邮件	banquan1809@126.com
印　　刷	陕西日报印务有限公司
字　　数	1106 千字
开　　本	787 mm ×1092 mm　1/16
印　　张	43.75
印　　次	2012 年 8 月第 2 版　2024 年 1 月第 12 次印刷
印　　数	17 001～18 500
书　　号	ISBN 978-7-5605-4458-8
定　　价	129.00 元

译者序

概率论与随机过程是一门应用性非常强的学科。从概率论的发展初期直到现在，这一特点越来越突出。在机会游戏中的应用推动了古典概率理论的发展，而目前概率论和随机过程的应用已经遍及众多的工程领域。虽然有许多关于概率论和随机过程的数学专著和经典教材，但作为一本以大多数工程师和物理学家为使用对象的经典著作，《概率、随机变量与随机过程》一书在全世界受到了广泛的欢迎。正如作者在第1版前言中所指出的，“本书既不是为那些满足于查阅指导手册的学生写的，也不是为那些能从高等数学教材中深入研究这一课题的少数人写的。本书的主要对象是大多数的工程师和物理学家，他们相当成熟，能够理解并跟得上逻辑推理……”。该书先后进行过四次修订和再版，并已经被翻译成多种不同语言的版本。我们翻译的是该书于2001年12月修订后的第4版。关于本书的指导思想和内容安排已经在作者的前言中进行了交代，无须重复。这里只是将本书的作者，特别是A·帕普里斯(Athanasios Papoulis)教授和本书的情况作一些简单介绍。

A·帕普里斯教授1921年出生于希腊，分别从雅典国家技术大学和美国宾夕法尼亚大学获得电子工程和数学学位。他1952年到纽约布鲁克林工业大学开始任教，直到1991年退休，一年后又重新任教直到1994年。于2002年4月25日在美国长岛亨廷顿去世，享年81岁。

帕普里斯教授一生撰写了150余篇学术文章和9本学术专著，使他成为科学教育界的杰出学者。其中《概率、随机变量和随机过程》一书于1965年第1版出版，很快成为该领域的经典教材。该书的第4版(和S. U. Pillai合著)于2001年12月问世。帕普里斯教授获得了众多的荣誉，其中包括国际电气电子工程师协会(IEEE)颁发的杰出教育贡献金质奖章以及德国Humbolt科研奖和三个欧洲大学的荣誉学位。从事教育和科研工作41年中，帕普里斯教授以其生动活泼的授课方式和将数学思想应用于电子工程领域的创造性贡献成为布鲁克林工业大学师生心目中一个难忘的人物。为了纪念帕普里斯教授，IEEE长岛分会专门设立了帕普里斯奖以奖励那些在工程和技术教育领域做出突出贡献的人。哥伦比亚大学的名誉退休教授，帕普里斯教授的长期同事，米卡·施瓦兹博士(Dr. Mischa Schwartz)是这样回忆帕普里斯教授的，"他是一个天才的应用数学家，他的研究成果和专著显示了他以一种既简单又深刻的方式来分析复杂工程问题的独特能力"。帕普里斯教授的另一个同事，诺贝尔奖获得者，加州工学院的化学教授，鲁道夫·马库斯教授认为帕普里斯教授是"一个终生的朋友。我很欣赏多年来我们讨论过程中他认真和严密的逻辑，他能以这种逻辑把握任何问题的本质。"

《概率、随机变量与随机过程》这本经典名著中，帕普里斯教授的上述独特风格得到了充分的体现：严密的逻辑，浅显易懂的证明，生动有趣的例子和与工程应用背景的紧密结合。本书的第一译者保铮教授[①]在上个世纪80年代曾合作翻译过本书的第2版。我们对能够再次把这样一本经典名著翻译成中文介绍给读者而感到荣幸，并以此来纪念帕普里斯教授。

本书的第1章至第8章由水鹏朗[②]翻译，第9章至第16章由冯大政[③]翻译，全书由保铮和水鹏朗做最后整理。作者在新版里对内容做了较大改动，在本书翻译过程中，我们参考了原书第2版的译本。对于新版中改动很少或未改动的部分我们基本上做了重译，但也有少部分采用了第2版译本的内容。在本书的翻译过程中，我们也得到了几位同事和研究生的帮助，他们有：同事陈瑞林同志和刘宏伟博士，研究生常冬霞、周祎、刘建强、冶继民、匡晓霞和杜兰。在此对他们表示衷心的感谢！

限于译者水平，译文不当之处在所难免，敬请读者原谅。

译者2003年9月于西安电子科技大学

---

① 保铮，西安电子科技大学教授，中国科学院院士。

② 水鹏朗，西安电子科技大学教授，博士生导师。

③ 冯大政，西安电子科技大学教授，博士生导师。

——出版者注

前　言

与前三版相比，第 4 版做了重大的改进，包括增加了一位合作作者。第 4 版大约有三分之一的内容是新的，这些新内容与原内容很好地融为一体，并且秉承了前三版的风格和精华，前几版的读者对此是非常熟悉的。

这一版保持了相同的基本观点和方法：按照演绎科学讲解概率论和随机过程这门课程，并通过基本的工程应用说明理论。关于本书的内容安排，第一版的说明依然有效："本书既不是为那些满足于查阅指导手册的学生写的，也不是为那些能从高等数学教材中深究这一课题的少数人写的。本书的主要对象是大多数的工程师和物理学家，他们相当成熟，能够理解并跟得上逻辑推理……在一些概率论的入门课程中，所讲的概率论的基本原理与现代应用所需的复杂概念之间明显缺乏衔接……随机变量、变换、数学期望、条件密度和特征函数是不可能熟练掌握的。这些概念必须明确定义并且逐个加以详细讨论。"

基于这些，我们加入了大量的例子进一步澄清这些概念。第 4 版中新的课题包括：

第 3 章和第 4 章有一些部分重写并得到了充实。第 3 章有一节详细描述了伯努利定理和机会游戏（3.3 节），添加了几个有趣的例子提高学生的兴趣，包括经典的赌博破产问题。在第 4 章，我们分类并罗列了各种概率分布，介绍了二项式分布的两种近似，表明了一些随机变量之间的关系。

第 5 章包含了一些新例子，这些例子演示了特征函数和矩生成函数的用途，包括棣莫弗-拉普拉斯定理的证明。

第 6 章被重写并增加了一些例子，这一章透彻描述了二元随机变量及其性质。

第 8 章增加了 8.3 节——参数估计，包括了最小方差无偏估计的关键思想、克拉美-罗界、罗-布莱科沃尔定理和巴塔卡亚界。

在第 9、10 章，泊松过程这节被扩充，包含了一些新结果。并添加了随机游动的详细内容，作为新的一节。

第 12 章包括了一个新的小节，描述了在给定一组有效的自相关函数的情况下，所有容许的谱延拓类的参数化。

因为排队论的重要性，原材料中关于排队论的内容被完全修改并扩充成第 15 和 16 章。第 15 章描述了马尔可夫链，包括性质、特征，以及链的长期（稳态）和瞬态性态，也通过例子说明了各个定理的用途。特别是，例 15 - 26——网球比赛是一个从理论到应用的非常好的例子。这章也包括了分枝理论的详细研究，它在排队论中有重要的应用。第 16 章描述了马尔可夫过程和排队论，从介绍查普曼-柯尔莫格洛夫（Chapman-Kolmogoroff）方程入手，核心是用生-灭过程演示马尔可夫排队。不过，也讲到了非马尔可夫排队和机器服务问题，并包括了对网络排队的介绍。

这本书的内容可按如下安排作为一个学期的课程进行讲授：

- 第 1 章到第 6 章：概率论（对高年级或一年级研究生）
- 第 7 章和第 8 章：统计和估计理论（概率论的后续课程）
- 第 9 章至第 11 章：随机过程（概率论的后续课程）
- 第 12 章至第 14 章：谱估计和滤波（随机过程的后续课程）
- 第 15 章和第 16 章：马尔可夫链和排队论（概率论的后续课程）

最后，作者衷心感谢 McGraw-Hill 出版公司电子和计算机工程编辑 Gatherine Fields Shultz 女士，发展部编辑 Michelle Flomenhoft 女士和 John Griffin 先生，计划部经理 Sheila Frank 女士和她高效率的团队。感谢 D. P. Gelopulos，M. Georgiopoulos，A. Haddad，T. Moon，J. Rowland，C. S. Tsang，J. K. Tugnait 和 O. C. Ugweje 教授，在整个书的修改过程中，他们提出了大量的评论、批评和指导。另外，应该特别提到是 Michael Rosse 博士，他的同事 Dante Youla，Henry Bertoni，Leonard Shaw 和 Ivan Selesnick 教授，以及他的学生 Hyun Seok Oh 博士，Jun Ho Jo 先生和 Seung Hun Cha 先生，在手稿的准备过程中，他们给予作者有价值的帮助和鼓励。作者同 C. Radhakrishna Rao 教授讨论了他的两个关键定理和其他问题，对他提供的帮助深表感谢。

A·帕普里斯

S·U·佩莱

第3次重印说明

《概率、随机变量与随机过程》一书自2004年9月出版以来，得到广大读者的好评和厚爱，认为该书堪称经典，我们也获悉该书已被选为一些院校的考博指定用书。也有读者评价“这本书结合了现实生活中的例子”，“从事信号处理的案头必备”，“可以作为写论文的优秀参考书”，等等。

近来我们仍陆续收到读者的邮件及留言，希望能够加印此书。为此，决定再次重印，并对书中的一些错误进行了全面细致地订正。在此次重印之前，我们得到了译者的大力支持，特别是水鹏朗教授提出了一些详尽具体的修改意见，特此致以诚挚的谢意。译文中可能还会存在纰漏，敬请广大读者指正，并与我们联系：banquan1809@126.com

西安交通大学出版社

2012年7月

目录

第二部分　随机过程

第一部分　概率和随机变量

Probability and Random Variables

第1章 概率的意义

1.1 引 言

概率论用来研究相继发生或同时发生的大量现象的平均特性，比如：电子发射、电话呼叫、雷达检测、质量控制、系统故障、机遇游戏、统计力学、湍流、噪声、出生率与死亡率、排队论，以及其它等等。

人们观测到，在许多领域中，当观测次数增加时，某些量的平均会趋于一个常数；即使平均是对实验前特定的任何子序列进行，其值仍保持不变。例如，在投掷硬币的实验里，正面出现的比例接近 0.5 或其他某个常数，如果每投掷四次取第四次计数的话，仍然会得到相同的平均值（也就是说，没有什么赌博方法能够在长时间里对轮盘赌稳操胜券）。

概率论的目的就是用事件的概率来描述和预测这些平均量。事件 A 的概率是赋予这一事件的一个数 $P(A)$，它可以解释为：

如果实验重复进行 n 次，事件 A 发生 n_A 次，则当 n 足够大时，A 发生的相对频率 n_A/n 以高度的确定性接近 $P(A)$：

$$P(A) \approx n_A/n \tag{1-1}$$

这种解释是不精确的。术语"以高度的把握性"、"接近"和"足够大"的含义都不明确。但是，这种不精确性是不可避免的。如果我们想用概率论的术语来定义"高度的把握性"，能做到的只不过是延缓得到一个无法避免的结论，即：如同任何物理理论一样，概率论也只能以不准确的形式与物理现象相联系。然而，概率论本身是建立在具有明确定义的公理基础之上，按照严格的逻辑规则演绎出来的一门严密的学科，应用于实际问题时，它被证明是成功的。

观测，推理，预测　将概率应用于实际问题时，必须明确区分下列步骤：

步骤1(物理的)　用一个不准确的过程来确定某一事件 A_i 的概率 $P(A_i)$。

这一过程可以利用描述概率与观测之间的关系的(1-1)式：概率 $P(A_i)$ 等于观测的比值 n_{A_i}/n。也可从某种对称性出发进行"推理"：如果总共出现 N 个结果，其中 N_A 个结果属于事件 A，则 $P(A)=N_A/N$。

例如，如果把一颗偏心的骰子投掷 1 000 次，有 200 次出现 5 点，那么"5 点"的概率等于 0.2。如果骰子是均匀的，由于对称性，出现 5 点的概率应等于 1/6。

步骤2(概念的)　假定概率满足某些公理，通过演绎推理从某些事件 A_i 的概率 $P(A_i)$ 确

定另外一些事件 B_j 的概率 $P(B_j)$。

例如，在投掷均匀骰子的游戏里，我们可以推出偶数点出现的概率是 3/6，推理过程如下：

$$\text{如果}\quad P(1)=\cdots=P(6)=\frac{1}{6},\text{则 } P(\text{偶数点})=\frac{3}{6}。$$

步骤 3(物理的)　基于所得到的概率 $P(B_j)$ 进行实际预测。

这一步骤可以把(1-1)式反过来使用：如果重复实验 n 次，而事件 B 发生 n_B 次，则 $n_B\approx nP(B)$。

例如，投掷匀称骰子 1 000 次，我们预计偶数点将出现约 500 次。

解决问题时，我们不能过分强调将上述三个步骤分开处理。但必须明确地区分由经验确定的数据和由逻辑推理所得的结果。

步骤 1 和 3 是基于归纳推理的。例如，假定我们希望确定一枚给定硬币正面出现的概率。我们应当投掷硬币 100 次还是 1 000 次呢？如果投掷了 1 000 次，正面出现的频数为 0.48，基于这个观测我们能做出什么样的预测呢？我们能否推想再投掷 1 000 次时正面的数目将约为 480？这些问题只能归纳地做出回答。

在本书中，我们主要讨论步骤 2，即从某些概率演绎地导出另一些概率。有人可能会说：这样的推导只不过是一种同义语的无谓重复，因为其结果已经包含在原假设之中。如果是这样，那么在同样的意义下，我们可以说：卫星运动的复杂方程式早已包含在牛顿定律里了。

最后，我们再重复一遍，事件 A 的概率 $P(A)$ 可以解释为赋予该事件的一个数，就像质量是赋予物体的一个数，电阻是赋予电阻器的一个数。在理论发展过程中，我们将不关心这个数的“物理意义”。在电路分析、电磁场理论、古典力学或其它一些学科中曾经这样做过。当然，除非它能帮助我们解决实际问题，否则理论就没有实际价值。即使仅仅是近似的，我们也必须对实际电阻器给以特定的电阻值，对实际事件给以特定的概率(步骤 1)；我们也应当对从理论推导出来的所有结论赋予一定的物理意义(步骤 3)。但是对概念和观测的结合与理论的纯逻辑结构(步骤 2)必须加以区分。

为了说明这一点，我们在下面例子里讨论电路理论中电阻意义的解释。

【例 1-1】　电阻器通常被看成一个二端器件，它的电压正比于电流

$$R=\frac{v(t)}{i(t)} \tag{1-2}$$

这只是一个简单的抽象。实际电阻器总是一个具有分布电感和电容且没有明显端点的复杂器件。(1-2)式的关系，只有在一定频率范围内，加上其它多种限制条件，并容许一定的误差才能成立。然而，在电路理论中，人们忽略了这些不确定性，认为电阻 R 是满足(1-2)式的精确数值，且以(1-2)式和克希荷夫定律为基础发展了电路理论。我们都会认同，在理论研究的每一阶段都要精确关心 R 的真正意义是不明智的。

1.2　定　义

在这一节里，我们讨论各种概率的定义和它们的作用。

1.2.1　公理化定义

我们将利用集合论的一些概念(详见第 2 章)：必然事件 S 是每次试验均发生的事件。两个

事件 A 和 B 的并 $A\cup B\equiv A+B$ 是一个新事件，表示 A 和 B 之一发生或两者都发生。事件 A 和 B 的交 $A\cap B\equiv AB$ 是另一事件，表示 A 和 B 都发生。如果 A 和 B 中一个事件发生排斥另一事件的发生，则称事件 A 和 B 是互斥的或互不相容的。

我们用掷骰子实验加以说明：六个面中出现任何一面的事件是必然事件。"偶数点"事件和"小于3点"事件的并是事件"1点"或"2点"或"4点"或"6点"，而两者的交是事件"2点"。"偶数点"事件和"奇数点"事件是互斥的。

概论的公理化方法仅仅从下列三条假设出发：

任一事件 A 的概率 $P(A)$ 是赋予此事件的一个非负实数：

$$P(A)\geqslant 0 \tag{1-3}$$

必然事件的概率等于1：

$$P(S)=1 \tag{1-4}$$

如果两个事件 A 和 B 是互斥的，则

$$P(A\cup B)=P(A)+P(B) \tag{1-5}$$

这种方法用于概率的历史并不太久[柯尔莫格洛夫(A. Kolmogoroff)，1933]①。但是，我们觉得，这是引出概率的最好途径，即使在初等课程里也是如此。它强调理论的演绎特性，避免了概念模糊，也为复杂的应用提供了坚实的基础，而且，至少它为深入研究这一重要学科提供了一个开端。

概率的公理化展开可能会涉及过多的数学。但是，正如我们希望表明的，情况并非一定如此，理论的基本部分完全可以用基础微积分来解释。

1.2.2　相对频率定义

相对频率方法是基于下述定义：一事件 A 的概率 $P(A)$ 是极限

$$P(A)=\lim_{n\to\infty}\frac{n_A}{n} \tag{1-6}$$

式中 n_A 是 A 的发生次数，n 是试验次数。

这个定义看起来是合理的。由于概率用以描述相对频率，用这一频率的极限来定义它是很自然的。这样，与先验定义联系在一起的那些麻烦被消除了，人们可能觉得，这一理论是建立在观测基础上的。

尽管相对频率概念是概率应用的基础(步骤1和3)，但把它作为演绎过程的基础(步骤2)，带来的问题是富有挑战性的，也是困难的。事实上，在实际实验中，n_A 和 n 虽然可以很大，但终究是有限的，所以它们的比值往往不能等于，甚至难以逼近到极限。如果用(1-6)式来定义 $P(A)$，这个极限只能作为一种假说来接受，而不是一个可以用实验确定的数。

上个世纪早期，冯·密塞思(Von Mises)②用(1-6)式作为一个新理论(也就是概率论)的基础。在那个年代里，流行的观点仍然是古典的。他的工作对于概率的先验概念提供了一个颇受欢迎的处理办法，使得人们不得不审视抽象推理和实际应用的联系，从而也表明了概率论可

① A. Kolmogoroff. Grundbegriffe der Wahrscheinlichkeits Rechnung. Ergeb. Math und ihrer Grensg. Vol. 2, 1933.

② Richard Von Mises. Probability, statistics and Truth. English edition, H. Geiringer, ed. G. Allen and Unwin Ltd., London, 1957.

以得到有用的结论，因为它隐含地使用了基于大量经验的相对频率的概念。虽然(1－6)式把$P(A)$和观测频率联系在一起，但用(1－6)式作为演绎基础的方法却没有被广泛接受。一般认为柯尔莫格洛夫的公理化方法更为优越。

我们仍用理想电阻R的定义为例，并冒昧地比较一下两种方法。我们可以把R定义为下面的极限

$$R=\lim_{n\to\infty}\frac{e(t)}{i_n(t)}$$

式中$e(t)$是电压源，$i_n(t)$是一系列实际电阻器里的电流，而这些电阻器在某种意义上趋于一个理想的二端元件。这个定义可以表明实际电阻器和理想元件之间的关系，但所得的理论是复杂的。显然，基于克希荷夫定律的R的公理化定义要好一些。

1.2.3 古典定义

在好几个世纪的时间里，概率论都是建立在古典定义的基础上。现在，这一概念仍然用于确定概率数据，并作为行之有效的假定。下面，我们来说明它的重要性。

按照古典定义，一个事件A的概率$P(A)$可以不经实际实验而先验确定。它的值由下式给出

$$P(A)=\frac{N_A}{N} \tag{1-7}$$

式中N是可能结果的总数，而N_A是属于事件A的结果数。

在掷骰子实验中，可能的结果数为6，而属于"偶数点"这一事件的结果数为3，所以P(偶数点)$=3/6$。

但是，应该注意到，N和N_A的意义不总是明确的。我们通过下面的例子来演示这种内在的模糊性。

【例 1－2】 投掷两颗骰子，我们需要求出所出现的点数之和等于7的概率p。

用(1－7)式来解决这一问题时，首先需要确定N和N_A这两个数。

(a) 我们可以认为可能的结果有11种，即其和的值为2，3，...，12。而这11个结果中，仅有一种值为7，于是$p=1/11$。这一结论显然是错误的。

(b) 我们可以把所有的点数对作为可能的结果，而对两颗骰子不加区分。这样我们有21个可能的结果，其中只有(3，4)，(5，2)和(6，1)三对点数和为7。这种情况下，$N=21$和$N_A=3$，$p=3/21$，因此，这一结论也是错误的。

(c) 我们现在知道上述两个解之所以错误，是因为(a)和(b)的各种结果并不是**等可能的**。要"正确地"解决这个问题，必须在区分第一颗和第二颗骰子的条件下计算所有的点数对。这时结果的总数为36，而属于点数和为7这一事件的结果有6个，分别是(3，4)，(4，3)，(5，2)，(2，5)，(6，1)和(1，6)，所以$p=6/36$。

上述例子表明，有必要改进定义(1－7)式。改进后的形式如下：

如果所有结果是**等可能的**，一事件的概率等于属于它的结果数与总结果数的比。

很快我们将会看到，这种改进并不能消除古典概率定义存在的问题。

注 1　古典定义是由不充分推理原理的结果引出的[①]:“当没有先验知识时,我们只有假定事件 A_i 具有等概率性”。这种结果实际上认为概率只是我们自己关于事件 A_i 的知识状态的量度。实际上,如果这些事件 A_i 不是真正等概率的,我们只要改变它们的指标,就能得到不同的概率,而无须改变我们的知识状态。

注 2　最后一章里我们将说明,不充分推理原理等价于最大熵原理。

评论　古典定义在下列几个方面是有问题的:

A. 在改进的(1-7)式中,所用术语“等可能”实际上意味着“等或然”。因此,在定义中所使用的正是我们要加以定义的概念。如在例 1-2 里所见,这通常使得确定 N 和 N_A 是困难的。

B. 该定义所能适用的问题类型有限。例如在骰子实验中,它只适用于六面具有等概率的情况。如果骰子是偏心的,四点的概率等于 0.2,这个数无法从(1-7)式导出。

C. 从(1-7)式看起来,古典定义似乎是一种不考虑经验的逻辑必然性的结果,然而并非如此。我们承认某些结果为等可能,是由于我们有大量经验。均匀骰子的结果的概率等于 1/6,不仅仅由于骰子的对称性,而且也是由于在长期投掷骰子的经历中,观测得到的(1-1)式里的比值 n_A/n 接近 1/6。下一个例子可能更有说服力:

我们想要确定新生婴儿为男孩的概率 p。通常假定 $p=1/2$,但这不是单纯推理的结果。首先,$p=1/2$ 只是近似正确。此外,要是没有长期纪录,不管婴儿家庭的性别史、出生季节和地区,以及其它可想到的因素,我们不可能知道男孩和女孩的出生是等可能的。只有经过长期积累纪录,知道与上述诸因素无关,两种结果才可以认为是等可能的。

D. 如果可能结果的数目无穷多,在应用古典定义时,我们必须用长度、面积或其它测度来确定(1-7)式中的比值 N_A/N。下面被称为贝特朗(Bertrand)奇论的例子可以说明所碰到的困难。

【例 1-3】　给定一个半径为 r 的圆周 C,AB 是一条“随机选出”的弦。我们想要确定其长度 l 大于内接等边三角形边长 $r\sqrt{3}$ 的概率 p。

我们将表明,这一问题至少可以有三种合理的解。

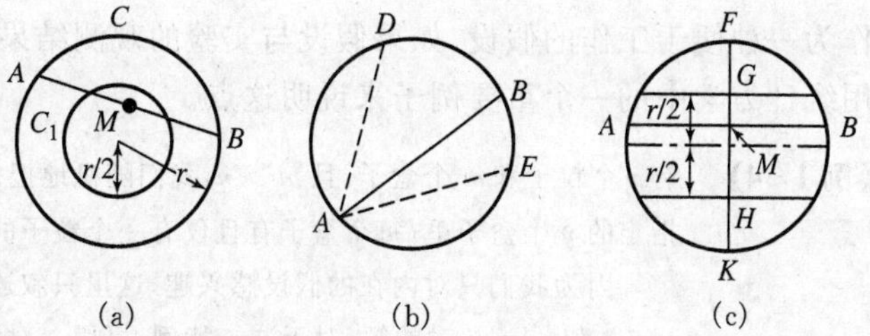

图 1-1

Ⅰ. 如果弦 AB 的中心 M 位于半径为 $r/2$ 的圆 C 内,如图 1-1(a) 所示,则 $l>r\sqrt{3}$。因此把所有位于圆 C_1 内的点 M 作为属于所求事件的结果,而把所有位于圆 C 内的点 M 作为可能结果,这是合乎情理的。用相应点所在圆盘的面积 $\pi r^2/4$ 和 πr^2 作为量度,可得

$$p=\frac{\pi r^2/4}{\pi r^2}=\frac{1}{4}$$

Ⅱ. 现在假定弦 AB 的端点 A 是固定的。这将使可能的结果数目减少,但不会影响 p 的值,

① H. Bernoulli. arts Conjectandi. 1713.

因为 B 的有利位置的数也成比例地减少。如果 B 位于图 1-1(b) 的 120° 弧 DBE 里，则 $l > r\sqrt{3}$。现在的有利结果为这段弧上的点，而总的可能结果为圆周 C 上的所有点。用相应的弧长 $2\pi r/3$ 和 $2\pi r$ 作为它们的量度，得到

$$p = \frac{2\pi r/3}{2\pi r} = \frac{1}{3}$$

Ⅲ. 最后，我们假定 AB 的方向垂直于图 1-1(c) 的直线 FK。同 Ⅱ 一样，这一限制也不会影响 p 的值。如果 AB 的中点 M 在 G 和 H 之间，则 $l > r\sqrt{3}$。现在的有利结果为 GH 上的点，而可能的结果为 FK 上的所有点。用长度 r 和 $2r$ 分别作为它们的量度，得

$$p = \frac{r}{2r} = \frac{1}{2}$$

于是，我们发现，同一个问题得到的不是一个而是三个不同的答案！有人可能会注意到三个答案实际上对应于三种不同的实验。这是对的，但并非在任何情况下都显而易见。它们表明了古典概率定义本身的模糊性，也表明有必要对实验结果以及“可能的”和“有利的”这些术语的含义作出明确的规定。

有效性　现在我们来讨论在确定概率数据和作为一个有效假定时，古典概率定义的价值。

A. 在许多应用场合，基于长期经验，人们作出了有 N 个等可能选择的合理假定。于是，方程式(1-7) 可以作为一个不证自明的公式来接受。例如，“从装有 m 个黑球和 n 个白球的盒子里，随机地摸出一个球，它为白球的概率等于 $n/(m+n)$”，或“如果在时间区间 $(0,T)$ 里，一次电话呼叫是随机发生的，则在区间 (t_1,t_2) 发生呼叫的概率等于 $(t_2-t_1)/T$”。

这种结论当然是正确而有用的；但是，它们的有效性取决于“随机”这个词的含义。后一例子中，“未知概率等于 $(t_2-t_1)/T$” 的结论并非来自呼叫的“随机性”。这两个叙述是等价的，它们都是从过去电话呼叫的纪录得出的，而不是从先验推理得到的。

B. 在一些应用中，不可能用足够多次的重复实验来确定各种事件的概率。在这种情况下，我们只好假定某些结果是等可能的，并从(1-7) 式确定所需概率。这意味着，我们把古典定义作为一种便于工作的假设。如果假设与实验的观测结果相符，就采纳此假设，否则就舍弃。我们用统计力学中的一个重要例子来说明这点。

【例 1-4】　有 n 个粒子和 m 个盒子，且 $m > n$，我们随机地把每个粒子放进一个盒子。我们希望求出在预先指定的 n 个盒子里，每个盒子有且仅有一个粒子的概率 p。

因为我们只对内在的假设感兴趣，这里只叙述其结果(其证明作为习题 4-34)。我们也只求 $n=2$ 和 $m=6$ 时的解。对于这一特例，可用一对骰子的情况作类比说明：骰子的面 $m(=6)$ 相应于 m 个盒子，而骰子的点数 $n(=2)$ 相应于 n 个粒子。我们假定预先选定的面(盒子)为 3 和 4。

这一问题的解决取决于可能和有利结果的选择。我们来研究下列三种有名的情况。

麦克斯韦-玻尔兹曼(Maxwell-Boltzman)统计

如果我们认为每一粒子均可区别，并将这 n 个粒子放进 m 个盒子的各种可能的排列作为结果，则

$$p = \frac{n!}{m^n}$$

当 $n=2$ 和 $m=6$ 时，得 $p=2/36$。这相当于在两骰子游戏中掷出(3, 4) 的概率。

博兹-爱因斯坦(Bose-Einstein)统计

如果假定粒子是不可区分的，即把粒子在各个盒子里分布相同情况下的所有排列作为一

个结果，则

$$p = \frac{(m-1)!n!}{(n+m-1)!}$$

当 $n = 2$ 和 $m = 6$ 时，得 $p = 1/21$。实际上，如果我们不对两颗骰子做区分，则 $N = 21$ 和 $N_A = 1$，因为这时把结果(3,4) 和(4,3) 算作一种。

费米-狄利克雷(Fermi-Dirac) 统计

如果假定粒子不可区分，同时还假定每个盒子最多只能放进一个粒子，则

$$p = \frac{n!(m-n)!}{m!}$$

当 $n = 2$ 和 $m = 6$ 时，得 1/15。这相当于两颗骰子不加区分，而且还排除出现相同点的所有结果时，出现(3,4) 的概率。

有人可能会争议，说只有第一种解是合乎逻辑的。这种争议在统计力学发展的初期确曾有过。事实上，在没有直接或间接实验证据条件下，这种论断是不能成立的。所提出的三种模型实际上只是**假说**而已，而物理学家只接受与实验相符的结论。

C. 假设我们知道实验 1 里事件 A 的概率是 $P(A)$，在实验 2 里事件 B 的概率 $P(B)$。一般说来，我们不能从这些信息确定两个事件 A 和 B 都发生的概率 $P(AB)$。但是，如果已知两种实验是**独立的**，则

$$P(AB) = P(A)P(B) \tag{1-8}$$

在许多情况下，这种独立性可根据先验推理来确定，即实验 1 的结果对实验 2 的结果没有影响。例如在掷硬币实验中，**正面**的概率等于 1/2，而在掷骰子实验中，**偶数**点的概率等于 1/2。则我们"逻辑地" 得出结论，如果两种实验都进行，硬币为正面及骰子为偶数点的概率等于 $1/2 \times 1/2$。因此，如同(1-7) 式那样，我们作为逻辑的必然接受了(1-8) 式的有效性，而不必求助于(1-1) 式或其它直接证据。

D. 如果我们接受(1-7) 式作为**假设**，则古典定义可作为演绎论的基础。按照这个理论，从(1-3) 式得到(1-5) 式的假定变成了定理，而不需借助于其它任何假设。事实上，前两个假定是明显的，第三个可由(1-7) 式得到。因为，若事件 A 和 B 是互斥的，则 $N_{A+B} = N_A + N_B$，因此：

$$P(A \cup B) = \frac{N_{A+B}}{N} = \frac{N_A}{N} + \frac{N_B}{N} = P(A) + P(B)$$

如同我们将在(2-25) 式里所看到的，这只是概率公理化方法的一个很特殊的例子。

1.3　概率与归纳

在概率论应用中，我们面临着下面的问题：假定由过去的观测，我们由某种方法已知一事件 A 在过去实验中的概率 $P(A)$，那么，关于该事件在未来**单次**试验中发生的情况，我们可以得出什么结论呢？(也可见 8-1 节)

我们将根据 $P(A)$ 的大小，分两类来回答这个问题：若 $P(A)$ 既不接近 0 也不接近 1，比如说，为 0.6，我们将给出一种解答；若 $P(A)$ 接近于 0 或 1，例如为 0.999，将给出另一种解答。虽然这两类的分界并无严格定义，但对应的答案有根本差别。

情况 1　设 $P(A) = 0.6$。在这种情况下，0.6 这个数字只是告诉我们"事件 A 将发生这句

话，现在有一定的可信度”。因此，已知的概率是在单次试验中我们对 A 发生这件事“相信程度的量度”。对 $P(A)$ 的这种解释是主观的，因为它不可能用实验证实。在单次试验中，事件 A 可能发生，也可能不发生。如果它不发生，并不能质疑 $P(A)=0.6$ 这一假设的理由。

情况 2　现在假定 $P(A)=0.999$。那么我们可以相当肯定地说，下一次试验里事件 A 将发生。在可以用实验证实的意义上，这个结论是客观的。在下次试验里，事件 A 应该发生。如果不是这样，我们即使不是完全排斥，也肯定会严重怀疑 $P(A)=0.999$ 的假定是否正确。

这两种情况的界限，虽然是任意的(是 0.9 还是 0.999 99?)，但它在一定意义上从“硬”科学结论中划分出“软”的部分。概率论提供给我们一种分析手段，它转化情况 1 的“主观”描述到情况 2 的客观描述。下面，我们简要说明一下推理过程。

在第 3 章里我们将看到，$P(A)=0.6$ 这一信息将导致下述结论，即如果实验重复做 1 000 次，则事件 A 发生的次数“几乎肯定地”位于 550 和 650 之间。这是把原实验重复 1 000 次看成为一个**单次**的新实验，在这个新实验中，事件

$$A_1=\{\text{事件 } A \text{ 发生的次数在 550 和 650 之间}\}$$

的概论等于 0.999(见习题 4-25)。因此，我们必须认定事件 A_1 实际上肯定会发生。

于是，我们已经成功地利用概率论从关于 A 的“主观”结果得到关于 A_1 的“客观”结果，前者是基于**给定的**信息 $P(A)=0.6$，后者是基于**导出的**结果 $P(A_1)=0.999$。然而，我们有必要强调，两个结果依赖于合理的推断，它们所得差别虽大但也仅仅是数量上的。类似于情况 1、情况 2 的“客观”结果也不是必然事件，而仅仅是一个推论。但这点并不影响概率论的应用，毕竟，从过去经验对未来事件所做的任何预测都不能被认为是逻辑上的必然事件。

我们无法对未来事件给出绝对的断言。这种情况不只限于概率，也适用于其它学科的研究。以古典力学的发展为例，人们**观察到**物体按一定的规律下落，根据这一现象，牛顿提出了力学定律并用它预测未来事件。但他的预测也不是逻辑上的必然，而仅仅是看来合理的推断。为了“证明”未来将按照预测样式发展，我们必须求助于更深层次的原因。

1.4　因果性与随机性

因果性和随机性之间的争论是旷日持久的，我们用对此争论的简要评述作为本章的结束。如果我们接受，事实上我们必须接受，科学理论不是自然规律的发现，而是人类思维的发明的话，那么，因果性和随机性之间，或者确定性和或然性之间是没有抵触的。如果我们研究的是单次试验的结果，结果表现为确定性的形式；如果我们关心的是许多次试验的平均特性，结果将表现为随机或概率形式。两种情况都是有条件的。在第一种情况中，不确定性表现为：这种形式是在“以一定的误差和一定的参数范围内”成立；第二种情况中，确定性表现为：“如果试验次数足够多，平均特性具有高度的确定性”。

下面的例子能够说明这两种方法。

【例 1-5】　一火箭以初速 v 与水平轴成 θ 角离开地面(图 1-2)。我们来确定从出原点 O 到落点 B 的距离 $d=OB$。

从牛顿定律可得

$$d=\frac{v^2}{g}\sin 2\theta \qquad (1-9)$$

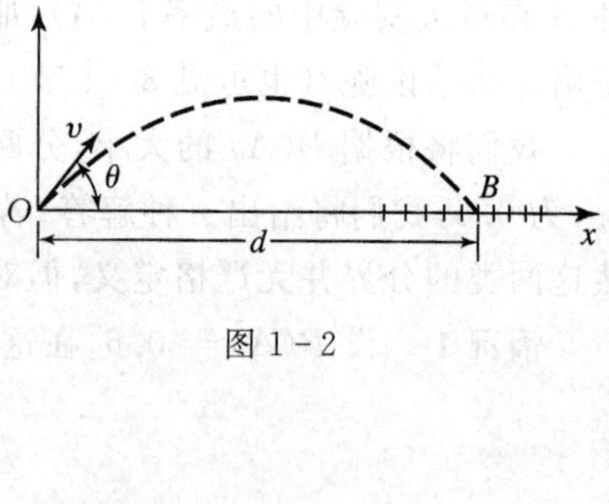

图 1-2

这似乎是一个不受限制的满足因果律的结果，其实并非如此。它也是近似公式，而且能用概率的概念加以解释。

事实上，(1-9)式并不是实际问题解，而是一个理想化模型的解。这个理想化模型忽略了空气阻力、气压、重力加速度 g 的变化以及初速 v 和发射角 θ 值的不精确(或不确定性)。因此，我们只能在一定的限制条件下采用(1-9)式。如果所忽略的诸因素小于 δ，则(1-9)式的误差小于 ε。

现在假设落点区域由许多洞组成，我们想确定落入洞的位置。由于 v 和 θ 的不精确，我们无法给出这一问题的确定解。然而，我们可以问另一个问题：如果发射许多标有相同初速的火箭(实际上标称初速是这类火箭初速的平均)，那么落入第 n 个洞的百分数是多少？这一问题不再有因果的答案，只能给出一个随机性的解释。

因此，同一个物理问题既可用确定的方式也可用概率的方式进行分析。有人可能会说，这本来就是个确定性的问题，尽管我们不知道，但火箭总有其精确初速。如果我们知道它，就能准确知道它落入洞的位置。因此，我们之所以需要概率解释是因为我们对一些因素的无知。

对这一争议的回答是：物理学家并不关心什么是真正的，只关心什么是他们能够观测到的。

1.4.1　历史回顾

概率论可以说是出身"卑微"，早期问题涉及到赌博和机会游戏。概率论的起源可以追溯到17世纪中叶，同费尔玛(Fermat，1601～1665)，帕斯卡(Pascal，1623～1662)和惠更斯(Huygens，1629～1695)的工作相联系。在他们的工作中，已经出现了随机事件的概率和随机变量的期望或均值的概念。虽然他们的研究关心的是与机会游戏相关的问题，但他们对这个新概念的重要性是清楚的。在惠更斯的第一本关于概率的书《机会游戏中的计算》(On Calculations in games of chance)中①，他就已经指出："读者将会注意到，我们不仅研究游戏中的问题，而且这本书中也包含了一个有趣而深刻的理论的基础。"后来，雅克比·伯努利(Jacob Bernoulli，1654～1705)，棣莫弗(D. Moivre，1667～1754)，贝叶斯(Bayes，1702～1761)，拉普拉斯(Laplace，1749～1827)，高斯(Gauss，1777～1855)，泊松(Possion，1781～1840)对概率论的发展先后做出了重要贡献。俄罗斯学院的切比雪夫(Chebyshev，1821～1894)和他的学生马尔可夫(Markov，1856～1922)、李雅普诺夫(Lyapunov，1857～1918)都对概率论的发展做出了重大贡献，他们的工作中提出了重要的大数定律。

今天流行的基于公理化定义的演绎理论主要归功于柯尔莫格洛夫，20世纪30年代，他和拉维(Levy)发现了概率论、集合及实变函数理论之间的紧密联系。虽然波雷尔(Borel)在较早的时候已经触及这些联系，但现代概率论的建立主要归功于20世纪早期的数学家们。

1.4.2　总结性的说明

在本书中，我们主要根据概率的公理化定义演绎出它的理论(步骤2)。偶尔，也使用古典定义但仅限于确定概率数据(步骤1)。

为表明理论和应用之间的联系(步骤3)，对于重要的结果，我们也给出了相对频率解释。书中的这一部分以频率解释为主题，并用小号字印刷，它们不服从理论所依据的演绎推理法则。

---

① Although the ecentric scholar (and gambler) Girolamo Cardano (1501-1576) had written *The Book of Games and Chance around* 1520, it was not published until 1663. Cardano had left behind 131 printed works and 111 additional manuscripts.

第 2 章 概率的公理

2.1 集合论

集合是一类事物构成的整体，构成集合的事物称为集合的**元素**。例如“汽车、苹果、铅笔”构成一个集合，它的元素是汽车、苹果和铅笔。集合(硬币的)“正面、反面”有两个元素。集合“1,2,3,5”有四个元素。

集合 A 的一个子集 B 是一个集合，它的元素都是 A 的元素。如果考虑的所有集合都是某个集合 S 的子集，我们称 S 为空间。

大多数情况下，集合的元素用希腊字母 ξ 表示，如

$$A = \{\xi_1, \xi_2, \cdots, \xi_n\} \tag{2-1}$$

的意义是集合 A 由元素 $\xi_1, \cdots, \xi_n$ 组成。有时也按照元素的性质来表示集合，如，

$$A = \{\text{所有正整数}\} \tag{2-2}$$

表示集合 A 的元素为 1,2,3,... 。

记号

$$\xi_i \in A \qquad \xi_i \notin A$$

分别表示 ξ_i 是 A 的元素或不是 A 的元素。

空集或**零集**表示不包含任何元素的集合，记做$\{\varnothing\}$。

如果一个集合由 n 个元素组成，则其子集的总数等于 2^n。

注 在概率论里，我们赋予 S 的各个子集(事件)以概率，还定义了各种各样的函数(称作随机变量)，它们的定义域由 S 的元素组成。因此，我们必须注意元素 ξ 和由单个元素 ξ 构成的集合$\{\xi\}$之间的区别。

【例 2-1】 我们用 f_i 表示骰子的六个面。这些面用集合 $S=\{f_1,...,f_6\}$ 表示。在这种情况下，$n=6$，因而 S 有 $2^6=64$ 个子集，即

$$\{\varnothing\}, \{f_1\}, ..., \{f_1, f_2\}, ..., \{f_1, f_2, f_3\}, ..., S$$

一般说来，集合的元素可为任何对象。例如上例中集合 S 的 64 个子集也可作为另一集合的元素。例 2-2 中，S 的元素是事物对。例2-3 中，S 由图2-1 中正方形内所有点构成。

【例 2-2】 掷一个硬币两次。所得结果有四种情形“hh, ht, th, tt”，它们构成集合

$$S = \{hh, ht, th, tt\}$$

式中 h 和 t 分别表示“正面”和“反面”。集合 S 有 $2^4 = 16$ 个子集，例如

$$A = \{\text{第一次为正面}\} = \{hh, ht\}$$
$$B = \{\text{只有一次为正面}\} = \{ht, th\}$$
$$C = \{\text{至少有一次为正面}\} = \{hh, ht, th\}$$

在前一等式中，集合 A,B 和 C 用它的性质描述[如(2-2)式]；而在后一等式中，用枚举它的所有元素描述[如(2-1)式]。

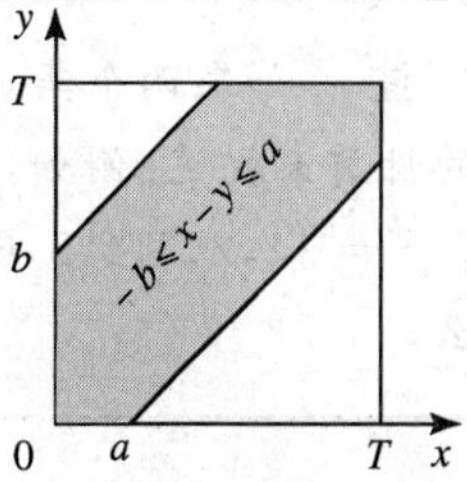

图 2-1

【例 2-3】 在这个例子中，S 是图 2-1 中正方形内所有点构成集合，它的元素为所有满足条件

$$0 \leqslant x \leqslant T, \quad 0 \leqslant y \leqslant T$$

的有序数对 (x, y)。

阴影区域是 S 的一个子集 A，它由所有满足条件 $-b \leqslant x - y \leqslant a$ 的点组成，记做

$$A = \{(x, y) \in S : -b \leqslant x - y \leqslant a\}$$

类似于(2-2)式，我们用元素 (x, y) 的性质描述 A。

2.1.1　集合运算

下面我们将用如图 2-2 所示的平面图(文氏图)来表示集合 S 和它的子集。

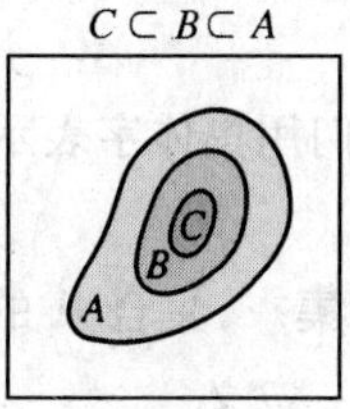

图 2-2

记号 $B \subset A$ 或 $A \supset B$ 表示 B 是 A 的子集，即 B 的每一个元素都是 A 的元素。因此，对于任意的 A，

$$\{\varnothing\} \subset A \subset S$$

传递性　如果 $C \subset B$ 和 $B \subset A$，则 $C \subset A$

等价性　当且仅当 $A \subset B$ 且 $B \subset A$，$A = B$

并集和交集　两个集合 A,B 的并(或和)是一个新的集合，它由所有 A 的，B 的或两者共有的元素构成(图 2-3)。这个集合可写成

$$A + B \text{ 或 } A \cup B$$

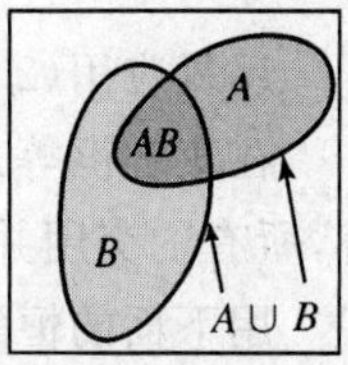

图 2-3

并运算满足交换律和结合律，即

$$A \cup B = B \cup A \qquad (A \cup B) \cup C = A \cup (B \cup C)$$

可以看出，如果 $B \subset A$，则 $A \cup B = A$，由此可得

$$A \cup A = A \quad A \cup \{\varnothing\} = A \quad S \cup A = S$$

两个集合 A,B 的交(或积)是一个新的集合，它由 A 和 B 共有的元素组成(图 2-3)。可以写成

$$AB \quad \text{或} \quad A \cap B$$

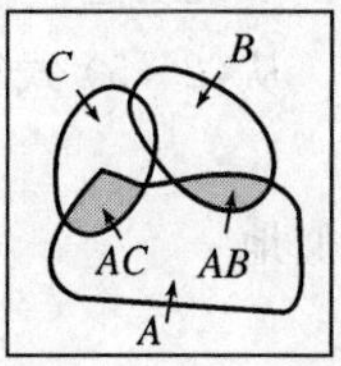

图 2-4

交运算满足交换律、结合律和分配律(图 2-4)。

$$AB = BA \quad (AB)C = A(BC) \quad A(B \cup C) = AB \cup AC$$

可以看出，如果 $A \subset B$，则 $AB = A$。因此

$$AA = A \quad \{\varnothing\}A = \{\varnothing\} \quad AS = A$$

注　如果两个集合 A 和 B，用它们元素的性质来描述，则它们的交 AB 可用两个括号里共有的性质来描述。例如，若

$$S=\{1,2,3,4,5,6\}\quad A=\{偶数\}\quad B=\{小于5的数\}$$

那么，

$$AB=\{偶数,小于5的数\}=\{2,4\} \tag{2-3}$$

互斥的集合　两个集合 A 和 B，如果它们没有公共元素，即

$$AB=\{\varnothing\}$$

则称这两个集合为**互斥的或不相交的**。

几个集合 $A_1,A_2,\ldots$，如果对所有的 i 和 j，

$$A_iA_j=\{\varnothing\},\quad \forall i\neq j$$

则这几个集合被称为互斥的。

分割　集合 S 的一个分割是指 S 的互斥子集 A_i 构成的类，它们的并正好是 S，如图 2-5 所示，即

$$A_1\cup A_2\cup\cdots\cup A_n=S\qquad A_iA_j=\{\varnothing\},\ i\neq j \tag{2-4}$$

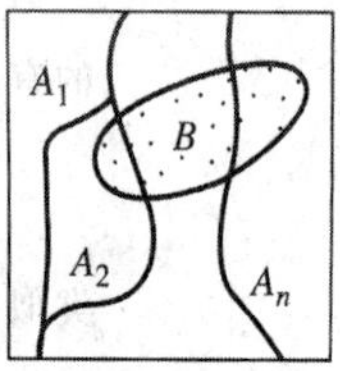

图 2-5

我们用黑体字表示分割，记作

$$\boldsymbol{U}=[A_1,A_2\cdots,A_n]$$

补集　集合 A 的补集 $\overline{A}$ 由 S 内所有不在 A 中的元素组成（如图 2-6）。从这一定义

$$A\cup\overline{A}=S\quad A\overline{A}=\{\varnothing\}\quad \overline{\overline{A}}=A\quad \overline{S}=\{\varnothing\}\quad \{\overline{\varnothing}\}=S$$

如果 $B\subset A$，则 $\overline{B}\supset\overline{A}$；如果 $A=B$，则 $\overline{A}=\overline{B}$。

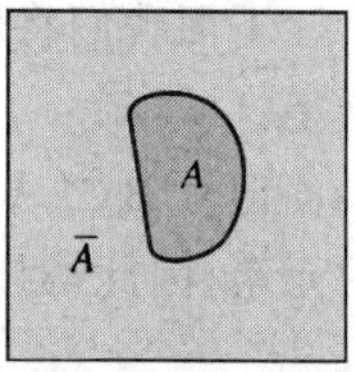

图 2-6

德摩根(De Morgan)定律　从图 2-7 容易看出

$$\overline{A\cup B}=\overline{A}\,\overline{B}\qquad \overline{AB}=\overline{A}\cup\overline{B} \tag{2-5}$$

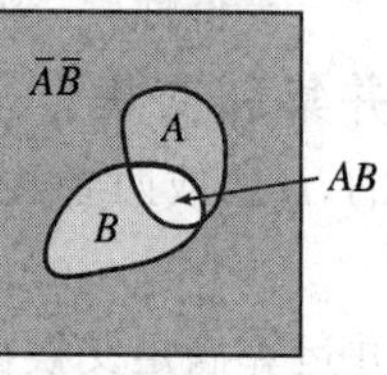

图 2-7

反复应用(2-5)式，可导出下列结论：

在集合恒等式里，如果将所有集合用它们的补代替，所有的并用交代替，所有的交用并代替，则恒等式仍然成立。

用下面的恒等式

$$A(B\cup C)=AB\cup AC \tag{2-6}$$

为例来说明这一结论。

从(2-5)式得

$$\overline{A(B\cup C)}=\overline{A}\cup\overline{B\cup C}=\overline{A}\cup\overline{B}\,\overline{C}$$

类似地

$$\overline{AB\cup AC}=(\overline{AB})(\overline{AC})=(\overline{A}\cup\overline{B})(\overline{A}\cup\overline{C})$$

又因为(2-6)式的两端相等，它们的补也相等，因此

$$\overline{A}\cup\overline{B}\,\overline{C}=(\overline{A}\cup\overline{B})(\overline{A}\cup\overline{C}) \tag{2-7}$$

对偶原理　由于 $\overline{S}=\{\varnothing\}$ 和 $\overline{\{\varnothing\}}=S$，在类似(2-7)式的恒等式中，将所有字母上的短横去掉，恒等式仍然成立。这就可以引出德摩根定律的下列描述：

在集合恒等式中将所有并用交代替，交用并代替，集合 S 和 $\{\varnothing\}$ 分别用集合 $\{\varnothing\}$ 和 S 代

替，则恒等式仍成立。

将这一结论用于下列两个恒等式

$$A(B \cup C) = AB \cup AC \qquad S \cup A = S$$

我们得到两个新恒等式

$$A \cup BC = (A \cup B)(A \cup C) \qquad \{\varnothing\}A = \{\varnothing\}$$

2.2　概率空间

概率论中，经常用到集合论的术语，常用的有：空间 S 或 Ω 称为**必然事件**，它的元素称为**实验结果**，它的子集称为**事件**。空集 $\{\varnothing\}$ 称为**不可能事件**，由单个元素 ξ_i 组成的事件 $\{\xi_i\}$ 为**基本事件**。

概率论应用于物理问题，实验结果的解释不总是惟一的。我们用三个游戏者 X，Y 和 Z 对掷骰子实验的不同解释来说明这种模糊性。

X 说，这一实验的结果是骰子的六个面，构成空间 $S=\{f_1,\ldots,f_6\}$。这个空间有 $2^6=64$ 个子集，而{偶数点}事件由三个结果 f_2，f_4 和 f_6 组成。

Y 只想在**偶数点**或**奇数点**上打赌。所以他认为实验只有两个结果：偶数点和奇数点，并构成空间 $S=$ {偶数点，奇数点}。这个空间仅有 $2^2=4$ 个子集，而{偶数点}事件是由单个结果组成的。

Z 赌的是骰子将出现“1 点”，并且骰子将停在桌子的左边。因此，他认定这个实验有无穷多个结果，决定于骰子中心的坐标和它的六个面。这时的{偶数点}事件不只是包含一个或三个结果，而是有无穷多个。

以后当我们谈到实验时，总是假定其结果可以明确辨识。例如，在骰子实验中，S 将是一个由六个面 $f_1,\ldots,f_6$ 组成的集合。

在各种结果的相对频率解释中，我们将采用下列术语。

试验　一个实验的单次实现称为试验。每次试验中，我们观测到一个结果 ξ_i。如果事件 A 包含元素 ξ_i，我们说在这次试验中事件 A 发生。必然事件在每一次试验都发生，不可能事件在每次试验都不会发生。当 A 和 B 或两者都发生时，事件 $A \cup B$ 发生。当 A 和 B 均发生时，事件 AB 发生。如果事件 A 和 B 互斥，且 A 发生，则 B 不会发生。如果 $A \subset B$，且 A 发生，则 B 一定发生。在每次试验里，A 或 $\overline{A}$ 总会有一个发生。

举个例子，如果在骰子实验中我们观测到结果 f_5，则在 2^6 个事件中，事件 $\{f_5\}$、事件{奇数点}和其它 30 个事件发生。

公理 ▶ 我们赋予每个事件 A 一个数 $P(A)$，并称之为事件 A 的概率。这个数应该满足下列三个条件：

Ⅰ　$$P(A) \geqslant 0 \qquad (2-8)$$

Ⅱ　$$P(S) = 1 \qquad (2-9)$$

Ⅲ　$$\text{如果 } AB=\{\varnothing\}\text{，则 } P(A \cup B) = P(A) + P(B) \qquad (2-10)$$

◀

这些条件是概率论的公理。在理论发展中，所有结果都直接或间接地来自并仅仅来自这三条公理。下面是一些简单的结论。

性质　不可能事件的概率为零

$$P\{\varnothing\} = 0 \tag{2-11}$$

的确，从 $A\{\varnothing\} = \{\varnothing\}$ 和 $A \cup \{\varnothing\} = A$，我们有

$$P(A) = P(A \cup \varnothing) = P(A) + P\{\varnothing\}$$

对于任意的 A

$$P(A) = 1 - P(\overline{A}) \leqslant 1 \tag{2-12}$$

因为 $A \cup \overline{A} = S$ 和 $A\overline{A} = \{\varnothing\}$，因此

$$1 = P(S) = P(A \cup \overline{A}) = P(A) + P(\overline{A})$$

对于任意的 A 和 B

$$P(A \cup B) = P(A) + P(B) - P(AB) \leqslant P(A) + P(B) \tag{2-13}$$

为了证明上式，我们把事件 $A \cup B$ 和 B 写成下面的两个互斥事件的并：

$$A \cup B = A \cup \overline{A}B \qquad B = AB \cup \overline{A}B$$

因此[见(2-10)式]

$$P(A \cup B) = P(A) + P(\overline{A}B) \qquad P(B) = P(AB) + P(\overline{A}B)$$

消去 $P(\overline{A}B)$，即得(2-13)式。

最后，若 $B \subset A$，则

$$P(A) = P(B) + P(A\overline{B}) \geqslant P(B) \tag{2-14}$$

这是由于 $A = B \cup A\overline{B}$ 且 $B(A\overline{B}) = \{\varnothing\}$。

频率解释　概率公理的选择应该使建立的理论能够满意地表述和解释现实世界。用于实际问题的概率必须同公理相容。利用概率的频率解释，即

$$P(A) \approx \frac{n_A}{n}$$

我们来表明概率论公理能够做到这一点。

Ⅰ　很明显，因为 $n_A \geqslant 0$ 和 $n > 0$，所以 $P(A) \geqslant 0$。

Ⅱ　因为每次试验 S 都发生，即 $n_S = n$，所以 $P(S) = 1$。

Ⅲ　如果 $AB = \{\varnothing\}$，则 $n_{A+B} = n_A + n_B$；这是因为若 $A \cup B$ 发生，则 A 或 B 发生，但两者又不会同时发生。所以

$$P(A \cup B) \approx \frac{n_{A \cup B}}{n} = \frac{n_A}{n} + \frac{n_B}{n} \approx P(A) + P(B)$$

事件的相等　两个事件 A 和 B，如果它们由相同的元素组成，则称为相等。如果属于 A 或 B 但不属于 AB 的所有结果(图 2-8 中阴影部分)组成集合

$$(A \cup B)(\overline{AB}) = A\overline{B} \cup \overline{A}B$$

的概率为零，则称 A 和 B 以概率 1 相等。

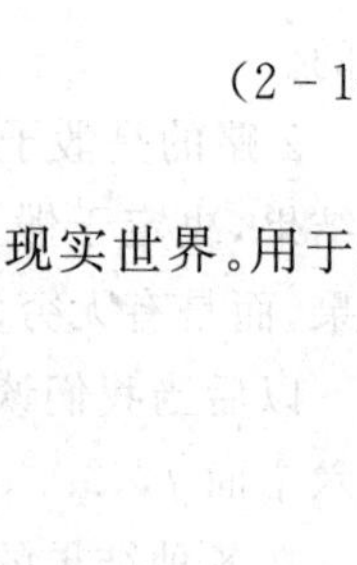

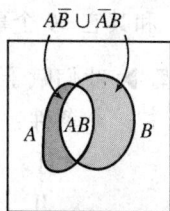

图 2-8

从上述定义可知(见习题 2-4)，当且仅当

$$P(A) = P(B) = P(AB) \tag{2-15}$$

时，事件 A 和 B 以概率 1 相等。

如果 $P(A) = P(B)$，则我们称 A 和 B 是**等概率的**。这种情况下，对 AB 的概率不能得出任

何结论。事实上，事件 A 和 B 还可能互斥也可能相等。

从(2-15)式可得，如果事件 N 以概率 1 等于不可能事件，则 $P(N)=0$，但这并不意味着 $N=\{\varnothing\}$。

2.2.1　事件的 F 类

事件是赋予概率的空间 S 的子集。下面将说明，并非 S 的所有子集都可以看成事件，可以作为事件的只是空间 S 子集的 **F** 类。

原因之一或许是应用本身的特点。例如，在骰子实验中，我们可能只需要猜测它出现的是偶数点或奇数点。在这种情况下，要想对所有子集赋予概率并使其满足所有的公理[包括满足公理 Ⅲ 的一般形式(2-21)式]是不可能的。

然而，类 **F** 不包含 S 的所有子集的主要原因是如下的数字性质：在某些情况下，所涉及的集合由无穷多个结果构成，这时给所有子集定义的概率难以满足公理 Ⅲ 的一般形式(2-21)。

事件的类 **F** 一般不会包括 S 的子集的任意组合。但我们要求，如果 A 和 B 是事件，则 $A\cup B$ 和 AB 也是事件。这样做的目的在于：我们不仅想知道各种事件的概率，还想知道它们的并和交的概率。由此引出了域的概念。

域 ▶ 域 F 是一个非空集合类，满足：

$$\text{如果}\quad A\in \mathbf{F}，\text{那么}\quad \overline{A}\in \mathbf{F} \tag{2-16}$$

$$\text{如果}\quad A\in \mathbf{F}\quad\text{和}\quad B\in \mathbf{F}，\quad\text{那么}\quad A\cup B\in \mathbf{F} \tag{2-17}$$

◀

这两个性质给出了 **F** 是一个域所必须满足的数目最少的一组条件。其它所有性质都可由此导出：

$$\text{如果}\quad A\in \mathbf{F}\text{和}B\in \mathbf{F}，\text{那么}\quad AB\in \mathbf{F}$$

事实上，从(2-16)式可得 $\overline{A}\in \mathbf{F}$ 和 $\overline{B}\in \mathbf{F}$。将(2-17)式和(2-16)式用于集合 $\overline{A}$ 和 $\overline{B}$，我们得到

$$\overline{A}\cup\overline{B}\in \mathbf{F}\qquad \overline{\overline{A}\cup\overline{B}}=AB\in \mathbf{F} \tag{2-18}$$

域包含必然事件和不可能事件：

$$S\in \mathbf{F}\qquad \{\varnothing\}\in \mathbf{F} \tag{2-19}$$

其实，因为 **F** 非空，它至少包含一个元素 A。因此[见(2-16)式]，它也包含 $\overline{A}$。所以

$$A\cup\overline{A}=S\in \mathbf{F}\qquad A\cap\overline{A}=\{\varnothing\}\in \mathbf{F}$$

从上式可得，凡能用 **F** 中的有限多个集合的并和交表示的所有集合都属于 **F**。不过，这对无限多集合的情况并不一定适用。

<u>**波雷尔(Borel)域**</u>　假定 $A_1,\ldots,A_n\ldots$ 是 **F** 里的无穷序列，如果这些集合的并和交也属于 **F**，则 **F** 称为波雷尔域。

集合 S 的所有子集构成一个波雷尔域。设 **C** 是 S 的一子集类但不构成域。加上 S 的其它一些子集(如果必要，可加上全部子集)，我们可以构造出一个以 **C** 为其子集的域。可以证明，存在一个包含 **C** 的全部元素的最小波雷尔域。

【例 2-4】　设 S 由四个元素 a,b,c,d 组成，而 **C** 由集合 $\{a\}$ 和 $\{b\}$ 组成。将 $\{a\}$ 和 $\{b\}$ 的补，以及它们的并和交加上，我们得到包含 $\{a\}$ 和 $\{b\}$ 的最小域，它由下列集合组成：

$\{\varnothing\}$ $\{a\}$ $\{b\}$ $\{a,b\}$ $\{c,d\}$ $\{b,c,d\}$ $\{a,c,d\}$ S

事件　在概率论里，事件是S的某些子集，它们构成一个波雷尔域。这样一来我们就可以不仅对事件的有限并和交赋予概率，而且也对它们的可列交和并赋予概率。

为了确定那些可以表示成可列交和并形式的集合的概率，需要对公理 Ⅲ 做如下的推广：

重复应用(2-10)式，可得：如果事件$A_1,\ldots,A_n$是互斥的，则

$$P(A_1\cup A_2\cup\cdots\cup A_n)=P(A_1)+P(A_2)+\cdots+P(A_n) \tag{2-20}$$

但这一形式不能推广到可列个集合的情况。我们需要再引进一条公理，称为**无穷可加性公理**：

无穷可加性公理 ▶ Ⅲa　如果事件$A_1,A_2,\cdots$是互斥的，则

$$P(A_1\cup A_2\cup\cdots)=P(A_1)+P(A_2)+\cdots \tag{2-21}$$

◀

我们将假定所有概率均满足公理 Ⅰ、Ⅱ、Ⅲ 和 Ⅲa。

2.2.2　实验的公理化定义

在概率论里，一个实验由以下概念所规定：

1. 实验的所有结果的集合S。
2. S的所有事件的波雷尔域。
3. 这些事件的概率。

字母S不仅用来表示必然事件，而且也表示整个实验。

下面我们讨论有限多个和无穷多个元素的实验中概率的确定方法。

可列空间　如果空间S由N个结果组成，N是有限数，则所有事件的概率可以用基本事件$\{\xi_i\}$的概率

$$P(\xi_i)=p_i$$

来表示。从公理可得，数p_i必须非负，且它们的和等于1：

$$p_i\geqslant 0\qquad p_1+p_2+\cdots+p_N=1 \tag{2-22}$$

假定A是由r个元素ξ_{k_i}组成的事件。在这种情况下，A可写成基本事件$\{\xi_{k_i}\}$的并。因此[见(2-20)式]

$$P(A)=P(\xi_{k_1})+P(\xi_{k_2})+\cdots+P(\xi_{k_r})=p_{k_1}+p_{k_2}+\cdots+p_{k_r} \tag{2-23}$$

上式对S含有无限多元素的情况也适用，只要$\xi_1,\xi_2\cdots$是可列的[见(2-21)式]。

古典定义　如果S由N个结果组成，且各基本事件的概率p_i都相等，则

$$p_i=\frac{1}{N} \tag{2-24}$$

在这种情况下，由r个元素组成的事件A的概率等于

$$P(A)=\frac{r}{N} \tag{2-25}$$

这是一个非常特殊而重要的情形，它形式上等价于古典定义(1-7)式。但两者之间存在本质的区别：古典定义中，(2-25)式是作为逻辑的必然演绎出的，而在概率的公理化体系中，(2-25)式仅仅是一个假设。

【例 2-5】　(a) 在掷币实验中，空间S由结果h(正面)和t(反面)组成

$$S=\{h,t\}$$

而它的事件是四个集合$\{\varnothing\}$，$\{t\}$，$\{h\}$，S。如果 $P\{h\}=p$ 和 $P\{t\}=q$，则 $p+q=1$。

(b) 现在讨论掷三次硬币的实验。这一实验的可能结果为：

$$hhh, hht, hth, thh, tht, htt, tth, ttt$$

像(2-24)式那样，假设所有基本事件具有相同的概率(硬币是均匀的)。在这种情况下，各个基本事件的概率等于 1/8。因此，我们得到三个正面的概率 $P\{hhh\}$ 等于 1/8。而事件

$$\{前两次为正面\}=\{hhh, hht\}$$

由两个结果 hhh 和 hht 组成，所以它的概率等于 2/8。

实数直线　如果 S 由无限多不可列元素组成，它的概率不能用基本事件的概率来确定。当 S 是 n 维空间中点的集合时，就是这种情况。实际上，大多数应用可用这样空间里的事件表示。为简单起见，我们讨论实数直线上概率的确定。

假定 S 是所有实数构成的集合。实数直线上的点集都是 S 的子集。可以证明，要对 S 的所有子集定义概率并使其满足四条公理是不可能的。为了在实数轴上构造一个概率空间，我们把所有区间 $x_1 \leqslant x \leqslant x_2$ 和它们的可列并和交作为事件。这些事件构成了一个域 **F**，它可以规定如下：

它是包含所有半直线 $x \leqslant x_i$ 的最小波雷尔域，其中 x_i 为任意数。

这个域包含所有开区间、闭区间和实数轴上的所有点，实际上也包含实数轴上所有在应用中感兴趣的点集。有人会奇怪，为什么 **F** 不包含 S 的所有子集。事实上可以证明，在实数轴上确实存在某些点集，它们不是可列个区间的并和交。不过，大多数应用对这些集合不感兴趣。为建立实数直线上的概率空间，只要对事件$\{x \leqslant x_i\}$赋予概率就可以了。然后，所有其它事件的概率可通过概率论公理确定。

假定 $\alpha(x)$ 是满足下列关系的函数(图 2-9(a))

$$\int_{-\infty}^{\infty}\alpha(x)\,\mathrm{d}x=1 \quad \alpha(x)\geqslant 0 \tag{2-26}$$

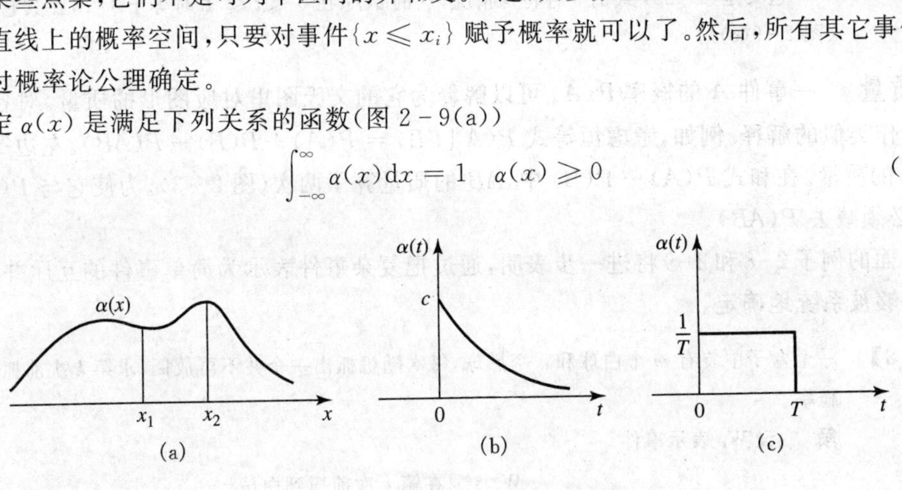

图 2-9

我们用积分

$$P\{x \leqslant x_i\}=\int_{-\infty}^{x_i}\alpha(x)\,\mathrm{d}x \tag{2-27}$$

来定义事件$\{x \leqslant x_i\}$的概率。这规定了 S 中所有事件的概率。作为例子，我们指出，由区间(x_1, x_2)里所有的点组成的事件$\{x_1 < x \leqslant x_2\}$的概率为

$$P\{x_1 < x \leqslant x_2\}=\int_{x_1}^{x_2}\alpha(x)\,\mathrm{d}x \tag{2-28}$$

其实，事件$\{x \leqslant x_1\}$和$\{x_1 < x \leqslant x_2\}$是互斥的，它们的并等于$\{x \leqslant x_2\}$。因此[见(2-10)式]

$$P\{x \leqslant x_1\}+P\{x_1 < x \leqslant x_2\}=P\{x \leqslant x_2\}$$

再用(2-27)式就得到(2-28)式。

可以看出，如果函数 $\alpha(x)$ 有界，则当(2-28)式中的 $x_1 \to x_2$ 时，积分趋于零。由此得出结论：由单个结果 x_2 组成的事件$\{x_2\}$的概率为零，这里 x_2 是任意的。在这种情况下，S 的所有基本事件的概率都等于零，虽然它们的并的概率等于1。这与(2-21)式并不矛盾，因为 S 的元素的总数是不可列的。

【例 2-6】 选取一块放射性物质，在 $t=0$ 时刻开始观测，t 时刻观测到第一个辐射粒子。这一过程定义了一个实验，它的结果是正 t 轴上所有的点。这一实验可作为实数直线实验的一种特殊情况，如果我们设 S 是整个 t 轴，而位于负轴的所有事件具有零概率。

假设已知(2-26)式中的函数 $\alpha(t)$ 如图(2-9(b))

$$\alpha(t) = c\mathrm{e}^{-ct}U(t) \qquad U(t) = \begin{cases} 1 & t \geqslant 0 \\ 0 & t < 0 \end{cases}$$

代入(2-28)式，得到某粒子在时间区间$(0, t_0)$内辐射的概率等于

$$c\int_0^{t_0} \mathrm{e}^{-ct}\mathrm{d}t = 1 - \mathrm{e}^{-ct_0}$$

【例 2-7】 在区间$(0,T)$里电话呼叫随机发生。这意味着在区间 $0 \leqslant t \leqslant t_0$ 发生的概率等于 t_0/T。因此，这一实验的结果为区间$(0,T)$里所有的点，而事件{在区间(t_1,t_2)里将发生呼叫}的概率等于

$$P(t_1 \leqslant t \leqslant t_2) = \frac{t_2 - t_1}{T}$$

这又是(2-28)式的一种特殊情况，它的 $\alpha(t)$ 在 $0 \leqslant t \leqslant T$ 时等于 $1/T$，在其它时间为零(图2-9(c))。

概率质量　一事件 A 的概率 $P(A)$ 可以解释为它的文氏图里对应图形的质量。对各种恒等式均可作类似的解释。例如，考虑恒等式 $P(A \cup B) = P(A) + P(B) - P(AB)$。左边等于事件 $A \cup B$ 的质量。在和式 $P(A) + P(B)$ 中，AB 的质量算了两次(图2-3)。为使它与 $P(A \cup B)$ 相等，必须减去 $P(AB)$。

下面的例子2-8和2-9将进一步表明，通过把复杂事件表示为简单事件的互斥并，它们的概率能够被系统地确定。

【例 2-8】 一个盒子中装有 m 个白球和 n 个黑球，每次随机抓出一个并不再放回，求第 k 次前抓到白球的概率。

解　设 W_k 表示事件

$$W_k = \{\text{在第 } k \text{ 次前摸到白球}\}$$

事件 W_k 能够按照下面相互排斥的方式发生：白球在第一次摸到，或者第一次摸到一个黑球，第二次摸到白球，或前两次摸到黑球，第三次摸到白球，等等。设

$$X_i = \{\text{摸到 } i \text{ 个黑球后摸到白球}\}, i = 0,1,2,\ldots,n$$

那么

$$W_k = X_0 \cup X_1 \cup \cdots \cup X_{k-1}$$

用(2-20)式，我们得到

$$P(W_k) = \sum_{i=0}^{k-1} P(X_i)$$

现在

$$P(X_0) = \frac{m}{m+n}$$

$$P(X_1)=\frac{n}{m+n}\cdot\frac{m}{m+n-1}$$

$$\vdots$$

$$P(X_{k-1})=\frac{n(n-1)\cdots(n-k+1)m}{(m+n)(m+n-1)\cdots(m+n-k+1)}$$

因此

$$P(W_k)=\frac{m}{m+n}\Big(1+\frac{n}{m+n-1}+\frac{n(n-1)}{(m+n-1)(m+n-2)}+\cdots+\frac{n(n-1)\cdots(n-k+1)}{(m+n-1)(m+n-2)\cdots(m+n-k+1)}\Big)\tag{2-29}$$

摸到第$(n+1)$次，我们必然得到白球，因此

$$P(W_{n+1})=1$$

用(2-29)式我们得到一个有趣的恒等式

$$1+\frac{n}{m+n-1}+\frac{n(n-1)}{(m+n-1)(m+n-2)}+\cdots+\frac{n(n-1)\cdots 2\cdot 1}{(m+n-1)(m+n-2)\cdots(m+1)m}=\frac{m+n}{m}\tag{2-30}$$

【例 2-9】 两个人 A 和 B 玩摸球游戏，两个人依次从装有 m 个白球和 n 个黑球的盒子中摸球。假定先摸到白球者赢。问第一个摸球的人赢的概率是多少？

解　假定 A 先摸。下面情况下 A 赢得比赛：当 A 在第一次摸到白球，A 和 B 各摸一个黑球然后 A 摸到白球，或者 A 和 B 前两次都摸两个黑球然后 A 摸到白球，等等。设

$$X_k=\{A\text{ 和 }B\text{ 前 }k\text{ 次都摸到黑球然后 }A\text{ 摸到白球}\}\quad k=0,1,2,\ldots$$

这里 X_k 是相互排斥的事件并且满足

$$\{A\text{ 赢}\}=X_0\cup X_1\cup X_2\cup\cdots$$

因此，

$$P_A\equiv P\{A\text{ 赢}\}=P(X_0\cup X_1\cup X_2\cup\cdots)=P(X_0)+P(X_1)+P(X_2)+\cdots$$

上式中我们使用了(2-20)式的可加性公理。从

$$P(X_0)=\frac{m}{m+n}$$

$$P(X_1)=\frac{n}{m+n}\cdot\frac{n-1}{m+n-1}\cdot\frac{m}{m+n-2}=\frac{n(n-1)m}{(m+n)(m+n-1)(m+n-2)}$$

和

$$P(X_2)=\frac{n(n-1)(n-2)(n-3)m}{(m+n)(m+n-1)(m+n-2)(m+n-3)}$$

这样，

$$P_A=\frac{m}{m+n}\Big(1+\frac{n(n-1)}{(m+n-1)(m+n-2)}+\frac{n(n-1)(n-2)(n-3)}{(m+n-1)(m+n-2)(m+n-3)}+\cdots\Big)\tag{2-31}$$

上面的和式是有限项的和，当下一项等于零时，求和终止。用类似的方式

$$Q_B=P(B\text{ 赢})=\frac{m}{m+n}\Big(\frac{n}{m+n-1}+\frac{n(n-1)(n-2)}{(m+n-1)(m+n-2)(m+n-3)}+\cdots\Big)\tag{2-32}$$

但必然有某一个人赢得游戏，因此

$$P_A+Q_B=1$$

(2-31)和(2-32)式也产生了恒等式(2-30)。考虑到这两个问题的密切关系，产生相同的恒等式应在意料之中。

2.3 条件概率

在假定事件 M 发生的情况下，事件 A 发生的概率称作**条件概率**，记作 $P(A \mid M)$，定义为比值

$$P(A \mid M) = \frac{P(AM)}{P(M)} \tag{2-33}$$

式中假定 $P(M)$ 不为零。

从定义容易得到下列性质：

$$\text{如果}\quad M \subset A,\quad \text{那么}\quad P(A \mid M) = 1 \tag{2-34}$$

因为此时 $AM = M$。类似地，

$$\text{如果}\quad A \subset M,\quad \text{那么}\quad P(A \mid M) = \frac{P(A)}{P(M)} \geqslant P(A) \tag{2-35}$$

频率解释　用 n_A, n_M 和 n_{AM} 分别表示事件 A, M 和 AM 发生的次数，从(1-1)式可得

$$P(A) \approx \frac{n_A}{n} \quad P(M) \approx \frac{n_M}{n} \qquad P(AM) \approx \frac{n_{AM}}{n}$$

因此，

$$P(A \mid M) = \frac{P(AM)}{P(M)} \approx \frac{n_{AM}/n}{n_M/n} = \frac{n_{AM}}{n_M}$$

这个结果可用文字叙述如下：如果我们去掉事件 M 不发生的所有试验，只保留事件 M 发生的试验组成子序列，则 $P(A \mid M)$ 等于该子试验序列中事件 A 发生的相对频率 n_{AM}/n_M。

重要说明　我们来证明，对于特定的 M，条件概率也满足概率公理。

第一条公理显然满足，因为 $P(AM) \geqslant 0$ 和 $P(M) > 0$，所以

$$P(A \mid M) \geqslant 0 \tag{2-36}$$

因为 $M \subset S$，从(2-34)式得第二条公理

$$P(S \mid M) = 1 \tag{2-37}$$

为证明它满足第三条公理，我们注意到，即如果 A 和 B 是互斥的，则图 2-10 中的事件 AM 和 BM 也是互斥的，因此

$$P(A \cup B \mid M) = \frac{P[(A \cup B)M]}{P(M)} = \frac{P(AM) + P(BM)}{P(M)}$$

由此得

$$P(A \cup B \mid M) = P(A \mid M) + P(B \mid M) \tag{2-38}$$

由上述结果可知，与概率有关的所有结果对条件概率仍然有效。这一结论的意义在后面将会看到[见(2-44)式]。

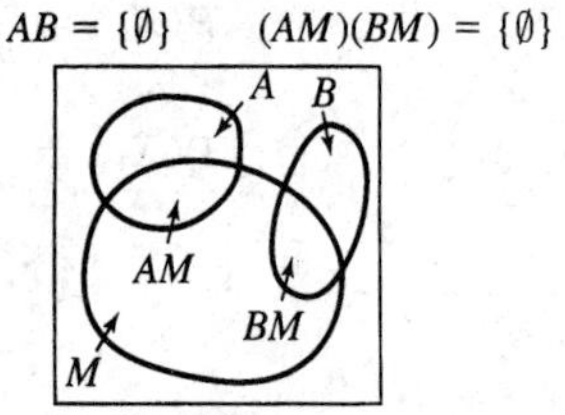

图 2-10

【例 2-10】　在掷均匀骰子的实验中，假定事件{偶数点}已发生，我们来确定事件 $\{f_2\}$ 的条件概率。令

$$A = \{f_2\}, M = \{\text{偶数点}\} = \{f_2, f_4, f_6\}。$$

我们知道 $P(A) = 1/6$ 和 $P(M) = 3/6$。又因为 $AM = A$，由(2-33)式得

$$P(f_2 \mid \text{偶数点}) = \frac{P(f_2)}{P(\text{偶数点})} = \frac{1}{3}$$

这等于在结果为偶数点的子序列中，事件"2 点"发生的相对频率。

【例 2-11】　用 t 表示一个人的死亡年龄。$t \leqslant t_0$ 的概率为

$$P\{t \leqslant t_0\} = \int_0^{t_0} \alpha(t)\,\mathrm{d}t$$

式中 $\alpha(t)$ 是一个由死亡率记录确定的函数。我们假定

$$\alpha(t) = 3 \times 10^{-9} t^2 (100 - t)^2, 0 \leqslant t \leqslant 100 \text{ 年}$$

对其它的 t, $\alpha(t)$ 为零(图 2-11)。

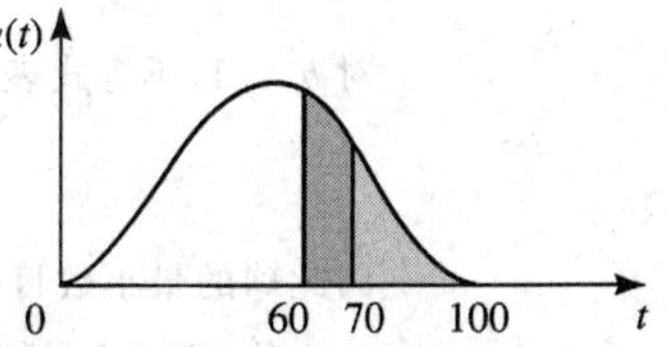

图 2-11

从(2-28)式可得,人在年龄为 60 到 70 之间死亡的概率等于

$$P\{60 \leqslant t \leqslant 70\} = \int_{60}^{70} \alpha(t) \mathrm{d}t = 0.154$$

这等于在 60 到 70 岁之间死亡的人数除以总人口数

$$A = \{60 \leqslant t \leqslant 70\} \qquad M = \{t \geqslant 60\} \qquad AM = A$$

从(2-33)式得,假定一个人在 60 岁时还活着,他在 60 到 70 岁之间死亡的概率等于

$$P\{60 \leqslant t \leqslant 70 \mid t \geqslant 60\} = \frac{\int_{60}^{70} \alpha(t) \mathrm{d}t}{\int_{60}^{100} \alpha(t) \mathrm{d}t} = 0.486$$

这等于在 60 到 70 岁之间死亡的人数除以 60 岁时仍然活着的总人数。

【例 2-12】 盒内有三个白球 w_1, w_2, w_3 和两个红球 r_1, r_2。我们随机地相继取出两个球。问第一个是白球,第二个是红球的概率是多少?

我们给出这一问题的两种解法。在第一种里应用(2-25)式;在第二种应用条件概率。

第一种解法　实验空间由这五个球里取两个构成的所有的有序对组成,它们是 w_1w_2, w_1w_3, w_1r_1, w_1r_2, $\cdots$, r_2w_1, r_2w_2, r_2w_3, r_2r_1。这样的共有 $5 \times 4 = 20$ 对。事件{第一个为白球,第二个为红球}由下列六个结果组成

$$w_1r_1, w_1r_2, w_2r_1, w_2r_2, w_3r_1, w_3r_2$$

因此[见(2-25)式],它的概论等于 6/20。

第二种解法　因为盒内有三个白球和两个红球,事件 $W_1 = \{$第一个为白球$\}$ 的概率等于 3/5。如果已取出一个白球,剩下的为两个白球和两个红球,因此,在假定{第一个为白球}的情况下,事件 $R_2 = \{$第二个为红球$\}$ 的条件概率 $P(R_2 \mid W_1)$ 等于 2/4。用这一结果和(2-33)式可得

$$P(W_1R_2) = P(R_2 \mid W_1)P(W_1) = \frac{2}{4} \times \frac{3}{5} = \frac{6}{20}$$

式中 W_1R_2 是事件{第一个为白球,第二个为红球}。

【例 2-13】 一个盒子中装有白球和黑球。当不放回地依次摸出两个球,假定两个都是白球的概率是 1/3。问:(a) 盒子中球的最小数目。(b) 如果黑球的数目是偶数,球的最小总数是多少?

解　(a) 设 a 和 b 表示盒子中白球和黑球的数目,W_k 表示事件{第 k 次摸出白球}。我们已知 $P(W_1 \cap W_2) = 1/3$。但

$$P(W_1 \cap W_2) = P(W_2 \cap W_1) = P(W_2 \mid W_1)P(W_1) = \frac{a-1}{a+b-1} \times \frac{a}{a+b} = \frac{1}{3} \tag{2-39}$$

因为

$$\frac{a}{a+b} > \frac{a-1}{a+b-1} \quad b > 0$$

我们可以把(2-39)式写成

$$\left(\frac{a-1}{a+b-1}\right)^2 < \frac{1}{3} < \left(\frac{a}{a+b}\right)^2$$

这给出了不等式

$$(\sqrt{3}+1)b/2 < a < 1+(\sqrt{3}+1)b/2 \tag{2-40}$$

对 $b=1$，不等式表明 $1.36 < a < 2.36$，或 $a=2$. 这样，

$$P(W_1 \cap W_2) = \frac{2}{3} \times \frac{1}{2} = \frac{1}{3}$$

因此球的最小数目是 3。

(b) 对于 b 是偶数的情况，如表 2－1 所示，我们对 $b=2,4,\ldots$，用(2－40) 式，从表中我们发现当 b 是偶数时，给出期望概率的最小的球的数目是 10($a=6, b=4$)。

表 2－1

b	由(2－40) 得 a	$P(W_2W_1)$
2	3	$\frac{3}{5} \times \frac{2}{4} = \frac{3}{10} \neq \frac{1}{3}$
4	6	$\frac{6}{10} \times \frac{5}{9} = \frac{1}{3}$

2.3.1　全概率和贝叶斯(Bayes) 定理

如果 $\boldsymbol{U} = [A_1, \cdots, A_n]$ 是 S 的分割，B 是任意事件(图 2－5)，则

$$P(B) = P(B \mid A_1)P(A_1) + P(B \mid A_2)P(A_2) + \cdots + P(B \mid A_n)P(A_n) \tag{2-41}$$

证　显然，

$$B = BS = B(A_1 \cup A_2 \cup \cdots \cup A_n) = BA_1 \cup BA_2 \cup \cdots \cup BA_n$$

并且事件 A_i 和 A_j 是互斥的[见(2－4) 式]，因此事件 BA_i 和 BA_j 也互斥，于是

$$P(B) = P(BA_1) + \cdots + P(BA_n)$$

又因为[见(2－33) 式]

$$P(BA_i) = P(B \mid A_i)P(A_i) \tag{2-42}$$

这个结果就是全概率定理。

因为 $P(BA_i) = P(A_i \mid B)\, P(B)$，同时考虑(2－42) 式，得

$$P(A_i \mid B) = P(B \mid A_i)\frac{P(A_i)}{P(B)} \tag{2-43}$$

将(2－41) 式代入(2－43) 式，得到贝叶斯定理①：

$$P(A_i \mid B) = \frac{P(B \mid A_i)P(A_i)}{P(B \mid A_1)P(A_1) + P(B \mid A_2)P(A_2) + \cdots + P(B \mid A_n)P(A_n)} \tag{2-44}$$

注　$P(A_i)$ 和 $P(A_i \mid B)$ 分别被称为先验和后验概率。

【例 2－14】　假定一个盒子装有 a 个白球和 b 个黑球，另一个盒子装有 c 个白球和 d 个黑球。从第一个盒子中随机转移一个球(不知道颜色) 到第二个盒子，然后从第二个盒子中任摸出 一个球，问是白球的概率是多少？

① 这一定理的主要思想是贝叶斯提出的(1763 年)。但是，它的最后的形式(2－39) 式是几年后由拉普拉斯给出的。

解　如果没有从第一个盒子把一个球移到第二个盒子，从第二个盒子中摸出一个球，是白球的概率是 $c/(c+d)$。现在，一个球从第一个盒子移到第二个盒子，有两个互斥的事件——移去的是一个白球或者一个黑球。设

$$W=\{\text{移的是白球}\}\quad B=\{\text{移的是黑球}\}$$

注意 W 和 B 构成了一个分割，即 $W\cup B=S$ 且

$$P(W)=\frac{a}{a+b}\qquad P(B)=\frac{b}{a+b}$$

感兴趣的事件

$$A=\{\text{从第二个盒子中摸出的是白球}\}$$

只能在前面提到的两个互斥的事件发生的情况下发生，因此

$$\begin{aligned}P(A)&=P(A\cap(W\cup B))=P\{(A\cap W)\cup(A\cap B)\}\\&=P(A\cap W)+P(A\cap B)\\&=P(A\mid W)P(W)+P(A\mid B)P(B)\end{aligned}\tag{2-45}$$

而

$$P(A\mid W)=\frac{c+1}{c+d+1}\qquad P(A\mid B)=\frac{c}{c+d+1}$$

因此

$$P(A)=\frac{a(c+1)}{(a+b)(c+1+d)}+\frac{bc}{(a+b)(c+d+1)}=\frac{ac+bc+a}{(a+b)(c+d+1)}\tag{2-46}$$

给出了我们所要求的事件的概率。

条件概率公式和贝叶斯定理在概念上容易混淆。下面的例子 2-15 表明，在对它们进行解释时必须细心。

【例 2-15】 某种检测方法对一种癌症的准确率是 95%。一个人接受了检测并且结果呈阳性。假定这个人来自一个有 100 000 人口的地区，该地区 2 000 人得这种病。推断接受检测者患这种病的概率是多少？

解　虽然直接从检测结果得出检测者患病的概率是 95% 似乎是合理的，但检测数据不完全支持这一结论。检测方法的准确率是 95%，这意味着对呈阳性的检测结果有 95% 是患病的，而呈阴性的检测结果 95% 是没患这种病的。如果事件 $\{T>0\}$ 表示检测呈阳性，$\{T<0\}$ 表示检测呈阴性，用 H 和 C 表示没有患病的人和患这种癌症的人，我们有：

$$P(T>0\mid C)=0.95\qquad P(T>0\mid H)=0.05$$
$$P(T<0\mid C)=0.05\qquad P(T<0\mid H)=0.95$$

这个特殊实验的空间由 98 000 个健康人和 2 000 个病人组成，没有其他的任何信息的情况下受检测者为从这 100 000 个人中随机抽取，抽到健康人的概率是 0.98，抽到病人的概率是 0.02. 记为 $P(H)=0.98$ 和 $P(C)=0.02$。为了正确解释测试结果，我们使用贝叶斯定理。在这种情况下，从(2-44)式，我们得出当检测结果呈阳性时，检测者患病的概率为

$$P(C\mid T>0)=\frac{P(T>0\mid C)P(C)}{P(T>0)}=\frac{P(T>0\mid C)P(C)}{P(T>0\mid C)P(C)+P(T>0\mid H)P(H)}\tag{2-47}$$

$$=\frac{0.95\times0.02}{0.95\times0.02+0.05\times0.98}=0.278$$

这一结果表明：如果测试者从一群人中随机抽取，我们预先并不知道他是否患病，那么阳性检测结果也仅仅表明这个人患病的概率是 27.6%。然而，如果预先已经知道他是否患病，则检测结果与检测者的情况吻合的概率是 95%。

【例 2-16】 有四个盒子，盒子1里有2 000个零件，其中5%是次品。盒子2里有500个零件，其中40%是次品。盒子3和4各有1 000个零件，次品均占10%。我们**随机地**选择一个盒子，并**随机地**取出一个零件。

(a) 问所选零件为次品的概率是多少？

解　这个实验的空间由4 000个正品(g)零件和500个次品(d)零件所组成。

盒子1：$1\,900g, 100d$　　　盒子2：$300g, 200d$

盒子3：$900g, 100d$　　　盒子4：$900g, 100d$

我们用B_i表示由第i个盒子里所有零件组成的事件，用D表示所有次品零件组成的事件。显然，

$$P(B_1) = P(B_2) = P(B_3) = P(B_4) = \frac{1}{4} \tag{2-48}$$

这是因为盒子是随机选择的。从某一特定的盒子取出的零件为次品的概率等于该盒中次品数与零件总数的比值。即

$$P(D \mid B_1) = \frac{100}{2\,000} = 0.05 \qquad P(D \mid B_2) = \frac{200}{500} = 0.4$$

$$P(D \mid B_3) = \frac{100}{1\,000} = 0.1 \qquad P(D \mid B_4) = \frac{100}{1\,000} = 0.1 \tag{2-49}$$

又因为事件B_1, B_2, B_3, B_4构成S的一个分割，从(2-41)式可得

$$P(D) = 0.05 \times \frac{1}{4} + 0.4 \times \frac{1}{4} + 0.1 \times \frac{1}{4} + 0.1 \times \frac{1}{4} = 0.162\,5$$

这就是所选零件为次品的概率。

(b) 检查所选零件，发现它为次品，根据这一事实，我们想确定它来自盒子2的概率。

这里要求的是条件概率$P(B_2 \mid D)$。因为

$$P(D) = 0.162\,5, \qquad P(D \mid B_2) = 0.4, \qquad P(B_2) = 0.25$$

从(2-43)式，得

$$P(B_2 \mid D) = 0.4 \times \frac{0.25}{0.162\,5} = 0.615$$

因此，选择盒子2的先验概率等于0.25，而在假定所选零件为次品时的后验概率等于0.615。这些概率具有下述频率解释：如果实验进行过n次，则盒子2被选$0.25n$次。如果我们只考虑抽取的为次品的试验次数n_D，则次品来自盒子2的次数等于$0.615n_D$。

作为这部分的结束，我们来说明假定和推理之间的区别：方程式(2-48)和(2-49)不是推导来的，它们仅仅是合理的假定。基于这些假定和公理，我们推导出$P(D) = 0.162\,5$和$P(B_2 \mid D) = 0.615$。

2.3.2　独立性

两个事件A和B，如果满足

$$P(AB) = P(A)P(B) \tag{2-50}$$

则称它们是独立的

独立性是一个非常重要的概念。可以说，正是由于这一概念，概率论不再仅仅是测度论的一个专题，而发展成为数学的一个独立学科。独立性的意义将在后面有关重复试验的内容里详细研究，这里只讨论几个简单的性质。

频率解释　用n_A, n_B和n_{AB}分别表示事件A、B和AB发生的次数，则有

$$P(A) \approx \frac{n_A}{n} \qquad P(B) \approx \frac{n_B}{n} \qquad P(AB) \approx \frac{n_{AB}}{n}$$

如果事件 A 和 B 是独立的，则

$$\frac{n_A}{n} \approx P(A) = \frac{P(AB)}{P(B)} \approx \frac{n_{AB}/n}{n_B/n} = \frac{n_{AB}}{n_B}$$

因此，如果事件 A 和 B 是独立的，则在原始的 n 次试验序列中 A 发生的相对频率 n_A/n，等于在 B 已发生的子序列中 A 发生的相对频率 n_{AB}/n_B。

我们再来证明，如果事件 A 和 B 是独立的，则事件 $\overline{A}$ 和 B，以及事件 $\overline{A}$ 和 $\overline{B}$ 也是独立的。

我们知道，事件 AB 和 $\overline{A}B$ 是互斥的，且

$$B = AB \cup \overline{A}B \qquad P(\overline{A}) = 1 - P(A)$$

由这些关系和(2-50)式，得

$$P(\overline{A}B) = P(B) - P(AB) = [1 - P(A)]P(B) = P(\overline{A})P(B)$$

这证明了 A 和 B 的独立。用类似的方法可以证明 $\overline{A}$ 和 $\overline{B}$ 也是独立的。

在下面的两个例子中，我们来说明独立的概念。在例 2-17(a) 中，我们用一个前面提到过的实验，说明两个事件之间的独立性。在例2-17(b) 和例2-18 中，我们用独立性使得实验的规定更严密。这一思想还将在第 3 章中做进一步的讨论。

【例 2-17】 如果我们掷两次硬币，正面(h) 和反面(t) 出现的结果有四种：hh，ht，th 和 tt。

(a) 为了用这些结果构造一个实验，只要对它的基本事件赋予概率就可以了。设 a 和 b 是两个正数，且 $a+b=1$，我们假设

$$P\{hh\} = a^2, \quad P\{ht\} = P\{th\} = ab, \quad P\{tt\} = b^2$$

这些概率与公理是相符的，因为

$$a^2 + ab + ab + b^2 = (a+b)^2 = 1$$

在这样构造的实验中，事件

$$H_1 = \{\text{第一次为正面}\} = \{hh, ht\}$$
$$H_2 = \{\text{第二次为正面}\} = \{hh, th\}$$

各由两个元素组成，它们的概率分别为[见(2-23)式]

$$P(H_1) = P\{hh\} + P\{ht\} = a^2 + ab = a$$
$$P(H_2) = P\{hh\} + P\{th\} = a^2 + ab = a$$

这两个事件的交 H_1H_2 由单个结果$\{hh\}$组成，因此

$$P(H_1H_2) = P\{hh\} = a^2 = P(H_1)P(H_2)$$

这证明了事件 H_1 和 H_2 是独立的。

(b) 上述实验也可以用事件 H_1 和 H_2 的概率 $P(H_1) = P(H_2) = a$，及这两个事件独立性信息来规定。

其实，像我们前面所看到的，事件 H_1 和 H_2，以及 $\overline{H}_1$ 和 $\overline{H}_2$ 是相互独立的。又有

$$H_1H_2 = \{hh\}, \quad H_1\overline{H}_2 = \{ht\}, \quad \overline{H}_1H_2 = \{th\}, \quad \overline{H}_1\overline{H}_2 = \{tt\}$$

且 $P(\overline{H}_1) = 1 - P(H_1) = 1 - a$，$P(\overline{H}_2) = 1 - P(H_2) = 1 - a$。所以

$$P(hh) = a^2, P(ht) = a(1-a), P(th) = (1-a)a, P(tt) = (1-a)^2$$

【例 2-18】 火车 X 和 Y 在上午 8 点到 8 点 20 分之间随机到站。火车 X 停四分钟，Y 停五分钟。假定火车到站是彼此独立的，我们来确定与两火车到达时间 x 和 y 有关的一些概率。为此，我们必须首先规定所研究的实验。

这个实验结果为图 2-12 方块中所有的点(x,y)。事件

$$A = \{X \text{在区间}(t_1, t_2)\text{到站}\} = \{t_1 \leqslant x \leqslant t_2\}$$

是图 2-12(a) 里的垂直带状区域，它的概率等于$(t_2 - t_1)/20$。这是对火车 X 到站是“随机地”

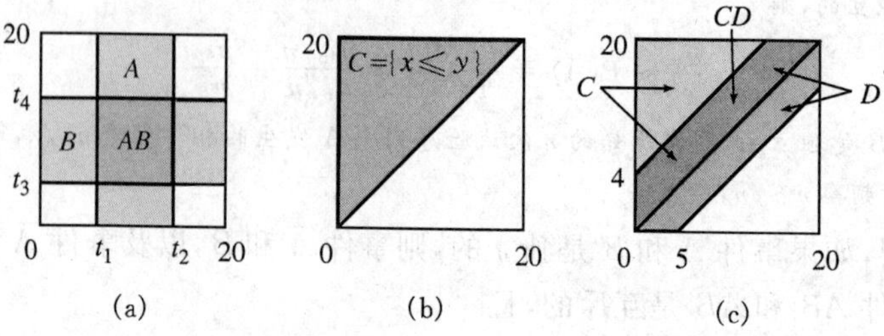

图 2-12

这一信息的数学描述。类似地，事件

$$B=\{Y\text{ 在区间}(t_3,t_4)\text{ 到站}\}=\{t_3\leqslant y\leqslant t_4\}$$

是图中的水平带状区域，它的概率等于$(t_4-t_3)/20$。

用类似的方法，我们可确定任意水平或垂直点集的概率。为完成对这一实验的规定，我们还必须确定它们交的概率。将到站时间的独立性转换为事件 A 和 B 的独立，我们得到

$$P(AB)=P(A)P(B)=\frac{(t_2-t_1)(t_4-t_3)}{20\times 20}$$

事件 AB 是图中所示的矩形。因为这个矩形的坐标是任意的，我们得到任意矩形的概率等于它的面积除以 400。在平面上，所有事件都是构成一个波雷尔域的那些矩形的并和交。这表明点(x,y)在平面上的一个任意区域 R 里的概率等于 R 的面积除以 400。这就完成了对实验的规定。

(a) 我们来确定火车 X 先于火车 Y 到站的概率。也就是图 2-12(b) 中所示的事件

$$C=\{x\leqslant y\}$$

的概率。这一事件是面积为 200 的三角形。因此

$$P(C)=\frac{200}{400}$$

(b) 我们来确定两火车在站相遇的概率。为使它们能在站相遇，x 必须小于 $y+5$，而 y 必须小于 $x+4$。这就是图 2-12(c) 中的事件。

$$D=\{-4\leqslant x-y\leqslant 5\}$$

如图中所示，区域 D 由两个具有相同底边的梯形组成，其面积为 159.5，因此

$$P(D)=\frac{159.5}{400}$$

(c) 假设火车在站相遇，我们来确定火车 X 先于火车 Y 到站的概率。我们需要求的是条件概率 $P(C\mid D)$。事件 CD 是图中所示的梯形，它的面积等于 72。因此

$$P(C\mid D)=\frac{P(CD)}{P(D)}=\frac{72}{159.5}$$

三个事件的独立　事件 A_1,A_2,A_3，如果它们两两相互独立，即

$$P(A_iA_j)=P(A_i)P(A_j)\quad i\neq j \tag{2-51}$$

且

$$P(A_1A_2A_3)=P(A_1)P(A_2)P(A_3) \tag{2-52}$$

则称为它们是(相互)独立的。

应当着重指出，三个事件可能两两相互独立，但并不是独立的。下面的例子说明了这种现象。

【例 2-19】 假设图 2-13 的事件 A,B 和 C 具有相同的概率

$$P(A)=P(B)=P(C)=\frac{1}{5}$$

且它们的交 AB,AC,BC 和 ABC 也具有相同的概率

$$p=P(AB)=P(AC)=P(BC)=P(ABC)$$

(a) 如果 $p=1/25$,则这些事件是两两成对独立的,但它们并非整体独立,因为

$$P(ABC)\neq P(A)P(B)P(C)$$

(b) 如果 $p=1/125$,则 $P(ABC)=P(A)P(B)P(C)$,但事件也并不独立,因为

$$P(AB)\neq P(A)P(B)$$

$AB = BC = AC = ABC$

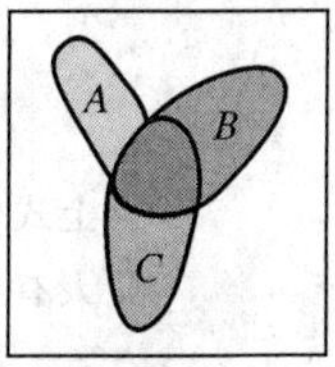

图 2-13

如果事件 A,B 和 C 是独立的,可得到下列几点结论:

1. 它们中的任一事件与另两个事件的交独立。实际上,从(2-51) 式和(2-52) 式可得

$$P(A_1A_2A_3)=P(A_1)P(A_2)P(A_3)=P(A_1)P(A_2A_3) \tag{2-53}$$

所以,事件 A_1 和 A_2A_3 是独立的。

2. 如果将事件中的一个或多个用它们的补代替,则所得事件也是独立的。实际上,因为

$$A_1A_2=A_1A_2A_3\cup A_1A_2\overline{A}_3;\quad P(\overline{A}_3)=1-P(A_3)$$

由上式和(2-53) 式得

$$P(A_1A_2\overline{A}_3)=P(A_1A_2)-P(A_1A_2)P(A_3)=P(A_1)P(A_2)P(\overline{A}_3)$$

因为它们满足(2-52) 式,而且本节前面已经证明过它们是两两独立的,所以事件 A_1,A_2 和 $\overline{A}_3$ 是独立的。

3. 它们中的任何一个和另两个的并独立。

为了证明事件 A_1 和 $A_2\cup A_3$ 独立,只要证明事件 A_1 和 $\overline{A_2\cup A_3}=\overline{A}_2\cap\overline{A}_3$ 独立就可以了。这可从 1 和 2 得到。

推广　n 个事件的独立可以用归纳法定义:假定我们已经对每个小于 n 的 k 个事件定义了独立性,那么如果 $A_1,\cdots,A_n$ 中任意 $k(k<n)$ 个事件是独立的,并且

$$P(A_1A_2\cdots A_n)=P(A_1)P(A_2)\cdots P(A_n) \tag{2-54}$$

则称这 n 个事件是独立的。

由于前面我们已经定义了 $n=2$ 情况的独立性,这样也就完成了对任意 n 个事件的独立性的定义。

【例 2-20】 **生日配对**

在由 n 个人构成的一群人中,(a) 两个或两个以上的人具有相同生日的概率是多少?(b) 在这群人中有某个人与你的生日相同的概率是多少?

解　一年中有 $N=365$ 天,一个人可能等可能性地出生在某一天,并且不同的人之间是相互独立的。我们感兴趣的事件 $A=\{$两个或两个以上的人有相同的生日$\}$ 是简单事件 $B=\{$没有两个人有相同的生日$\}$ 的补事件。为了计算 n 个人中没有相同的生日事件发生的方式的数目,我们注意到:第一个人的生日有 N 种选择,为了不和第一个人生日相同,第二个人的生日有 $N-1$ 种选择,为了不与前面 $n-1$ 个人的生日重叠,最后一个人的生日仅有 $N-n+1$ 种选择。按照独立性假设,这给出了事件 B 发生的 $N(N-1)\cdots(N-r+1)$ 种可能的选择。如果没有这些限制,每个人的生日有 N 种选择,因此共有 N^n 种方式去安排 n 个人的生日。使用经典的概率公式(1-7) 式,

$$P(B)=\frac{N(N-1)\cdots(N-n+1)}{N^n}=\prod_{k=1}^{n-1}\left(1-\frac{k}{N}\right)$$

因此所要求事件的概率

$$P(n\text{ 个人中至少有一对生日相同}) = P(\overline{B}) = 1 - P(B)$$
$$= 1 - \prod_{k=1}^{n-1}(1-\frac{k}{N}) \approx 1 - \mathrm{e}^{-\sum_{k=1}^{n-1}k/N} = 1 - \mathrm{e}^{-n(n-1)/2N} \qquad (2-55)$$

上式中我们使用了近似公式 $\mathrm{e}^{-x}\approx 1-x$，它对小的 x 是有效的。例如，$n=23$ 时，至少有两个人有相同生日的概率是 0.5，而 $n=50$ 时相应的概率是 0.97。

(b)为了计算有某个人生日与你相同的概率，再一次去考虑补事件是有利于求解的。在这种情况下，对于每个人有 $N-1$ 种可能他的生日与你的不相同。因此，每个人和你的生日不匹配的概率是$(N-1)/N$。对于 n 个人，没有人与你的生日不相同的概率是$(1-1/N)^n\approx \mathrm{e}^{-n/N}$，因此他们中间至少有一个人与你生日相同的概率是 $1-\mathrm{e}^{-n/N}$。在这种情况下，有一半或 50%机会有人与你生日相同，这群人的数目必须大约是 253。在 1 000 人中间，有人与你生日相同的机会大约是 93%。

【例 2-21】 三个开关处于并联状态并且相互独立操作(图 2-14)。每个开关闭合的概率是 p。(a)求一个输入信号在输出端收到的概率。(b)求开关 S_1 断开状态下信号仍能达到输出端的概率。

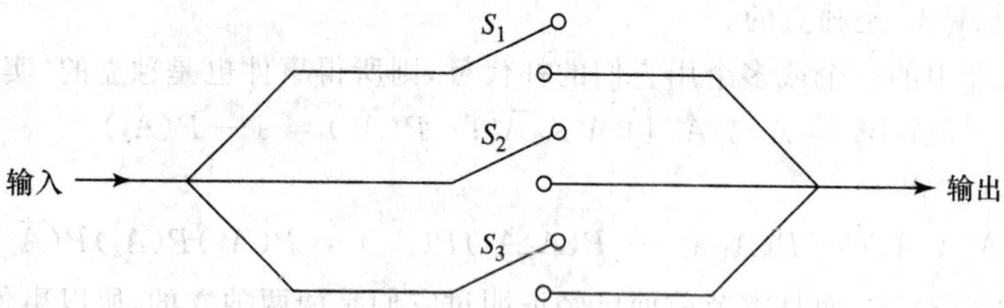

图 2-14

解 (a)设 $A_i=\{$开关 S_i 是闭合的$\}$。那么 $P(A_i)=p, i=1,2,3$。因为开关是相互独立操作的，我们得到

$$P(A_iA_j)=P(A_i)P(A_j) \quad P(A_1A_2A_3)=P(A_1)P(A_2)P(A_3)$$

设 R 表示事件“输入信号到达输出端”。当开关 S_1 或 S_2 或 S_3 闭合时，事件 R 发生(图 2-14)，那就是说

$$R = A_1 \cup A_2 \cup A_3 \qquad (2-56)$$

$$P(R)=1-P(\overline{R})=1-P(\overline{A}_1\overline{A}_2\overline{A}_3)=1-P(\overline{A}_1)P(\overline{A}_2)P(\overline{A}_3)$$
$$=1-(1-p)^3=3p-3p^2+p^3 \qquad (2-57)$$

我们也可以用另一种方式推出(2-57)式。因为任何事件和它的补事件都构成了一个平凡的分割，我们总是可以写

$$P(R)=P(R|A_1)P(A_1)+P(R|\overline{A}_1)P(\overline{A}_1) \qquad (2-58)$$

但 $P(R|A_1)=1, P(R|\overline{A}_1)=P(A_2\cup A_3)=2p-p^2$，用(2-58)式我们得到

$$P(R)=p+(2p-p^2)(1-p)=3p-3p^2+p^3 \qquad (2-59)$$

这与(2-57)式是一致的。注意事件 A_1，A_2 和 A_3 并不构成一个分割，因为它们不是相互排斥的。显然，任何两个或者全部三个开关可以同时闭合或者断开。而且 $P(A_1)+P(A_2)+P(A_3)\neq 1$。

(b)我们要求 $P(\overline{A}_1|R)$。从贝叶斯定理

$$P(\overline{A}_1|R)=\frac{P(R|\overline{A}_1)P(\overline{A}_1)}{P(R)}=\frac{(2p-p^2)(1-p)}{3p-3p^2+p^3}=\frac{2-3p+p^2}{3-3p+p^2} \qquad (2-60)$$

因为开关的对称性，我们也可以得到

$$P(\overline{A}_1|R)=P(\overline{A}_2|R)=P(\overline{A}_3|R)$$

【例 2-22】 掷一个不均匀的硬币直到第一次出现正面。问掷的次数是奇数的概率是多少？

解 设

$$A_i=\text{“正面在第 } i \text{ 次首次出现”}=\{\underbrace{t,t,t,\cdots,t}_{i-1},h\}$$

假定每次试验与其余的试验是独立的。

$$P(A_i)=P(\{t,t,\cdots,t,h\})=P(t)P(t)\cdots P(t)P(h)=q^{i-1}p \tag{2-61}$$

这里 $P(h)=p$, $P(t)=q=1-p$。因此

$$P(\text{“第一次出现正面的次数是奇数”})=P(A_1\cup A_3\cup A_5\cup\cdots)$$

$$=\sum_{i=0}^{\infty}P(A_{2i+1})=\sum_{i=0}^{\infty}q^{2i}p=p\sum_{i=0}^{\infty}q^{2i}=\frac{p}{1-q^2} \tag{2-62}$$

$$=\frac{p}{(1+q)(1-q)}=\frac{1}{1+q}=\frac{1}{2-p}$$

因为 $A_i\cup A_j=\varnothing$, $i\neq j$。即使对一个均匀的硬币，正面首次出现的次数是奇数的概率也是 2/3。

从下面的定理 2-1 和 2-3，我们将看到许多重要的结论能够从在(2-21)式的“一般可加性规律”推导出来。

定理 2-1 ▶ 如果 $A_1,A_2,\ldots$ 是“递增”的事件序列，也就是说 $A_1\subset A_2\subset\cdots$，那么

$$P(\bigcup_k A_k)=\lim_{n\to\infty}P(A_n) \tag{2-63}$$

证 显然，事件 B_i

$$B_1=A_1\quad B_2=A_2\overline{A}_1\equiv A_2-A_1,\cdots,B_n=A_n-\bigcup_{k=1}^{n-1}B_k,\cdots \tag{2-64}$$

是互斥的事件并且有并 U_kA_k，此外

$$\bigcup_{k=1}^{n}B_k=A_n \tag{2-65}$$

因此，从(2-21)式

$$P(\bigcup_k A_k)=P(\bigcup_k B_k)=\sum_k P(B_k)=\lim_{n\to\infty}\sum_{k=1}^{n}P(B_k)=\lim_{n\to\infty}P(\bigcup_{k=1}^{n}B_k)=\lim_{n\to\infty}P(A_n) \tag{2-66}$$

◀

定理 2-2 ▶ 如果 $A_1,A_2,\ldots$ 是一个“递减”的事件序列，也就是说 $A_1\supset A_2\supset\cdots$，那么

$$P(\bigcap_k A_k)=\lim_{n\to\infty}P(A_n) \tag{2-67}$$

证 考虑它们的补事件序列，我们得到 $\overline{A}_1\subset\overline{A}_2\subset\cdots$，因此，按照(2-63)式

$$P(\bigcap_k A_k)=1-P(\bigcup_k\overline{A}_k)=1-\lim_{n\to\infty}P(\overline{A}_n)=\lim_{n\to\infty}[1-P(\overline{A}_n)]=\lim_{n\to\infty}P(A_n)$$

◀

对于任意的事件序列，我们有下面结论。

定理 2-3 ▶ 对于任意的事件序列，下面不等式成立

$$P(\bigcup_k A_k)\leqslant\sum_k P(A_k) \tag{2-68}$$

证 类似于在(2-64)式中，$\bigcup_k A_k$ 能够表示成互斥事件 $B_1,B_2,\cdots$ 的并，其中 B_k

$\subset A_k$，因此 $P(B_k)<P(A_k)$。从而

$$P(\bigcup_k A_k)=P(\bigcup_k B_k)=\sum_k P(B_k)\leqslant\sum_k P(A_k)$$

注意(2-68)式是(2-21)式的一个直接推广，在(2-68)式中，事件不是互斥的。我们利用定理 2-1 到定理 2-3 能够证明一个重要的结论——波雷尔-康特利引理。

波雷尔-康特利(Borel-Cantelli)引理　给定一个事件序列 $A_1,A_2,\cdots$，它们具有概率 $p_k=P(A_k),k=1,2\cdots$

(i)假定

$$\sum_{k=1}^{\infty}p_k<\infty \tag{2-69}$$

也就是说，上式左边的无穷级数收敛。那么，仅有有限多个事件发生的概率等于 1。

(ii)假定 $A_1,A_2,\cdots$ 也是相互**独立的**事件并且

$$\sum_{k=1}^{\infty}p_k=\infty \tag{2-70}$$

也就是说，上式左边的级数发散。那么，无穷多个事件发生的概率等于 1。

证　(i)设 B 表示事件"$A_1,A_2,...$ 中有无穷多个事件发生"并且令

$$B_n=\bigcup_{k\geqslant n}A_k \tag{2-71}$$

B_n 表示事件 A_n，A_{n+1}，... 中至少有一个事件发生。显然，B 发生当且仅当对每一个 $n=1,2,...$ 事件 B_n 都发生。为了看到这点，设一个结果 ξ 属于 $A_1,A_2,...$ 中的无穷多个事件，那么 ξ 必须属于每一个 B_n。因此，ξ 包含在事件的交 $\bigcap_k B_k$ 中。反之，如果 ξ 属于这个交，它必然属于每个事件 B_n，这只有当 ξ 属于无穷多个 A_i 中。因此，

$$B=\bigcap_n B_n=\bigcap_n(\bigcup_{k\geqslant n}A_k) \tag{2-72}$$

进一步，$B_1\supset B_2\supset\cdots$，因此，从定理 2-2

$$P(B)=\lim_{n\to\infty}P(B_n) \tag{2-73}$$

但是，按照定理 2-3，

$$P(B_n)\leqslant\sum_{k\geqslant n}P(A_k)=\sum_{k\geqslant n}p_k\to 0,\text{当 } n\to\infty \tag{2-74}$$

因为(2-69)式，因此

$$P(B)=\lim_{n\to\infty}P(B_n)=\lim_{n\to\infty}\sum_{k\geqslant n}p_k=0 \tag{2-75}$$

那就是说，$A_1,A_2,...$ 中有无穷多个事件发生的概率是零。等价于有限多个事件发生的概率是 1。

(iii)为了证明第二部分，考虑(2-71)和(2-72)式中事件 B_n 和 B 的补事件，我们得到

$$\overline{B}_n=\bigcap_{k\geqslant n}\overline{A}_k\quad \overline{B}=\bigcup_n\overline{B}_n \tag{2-76}$$

进一步，对 $m=0,1,2,...$

$$\overline{B}_n\subset\bigcap_{k=n}^{n+m}\overline{A}_k$$

因此，按照事件 $\overline{A}_1,\overline{A}_2\cdots$是独立的，我们得到

$$P(\overline{B}_n)\leqslant P(\bigcap_{k=n}^{n+m}\overline{A}_k)=P(\overline{A}_n)\cdots P(\overline{A}_{n+m})=(1-p_n)\cdots(1-p_{n+m})\leqslant\exp(-\sum_{k=n}^{n+m}p_k) \tag{2-77}$$

这里我们使用了不等式 $1-x\leqslant e^{-x},x\geqslant 0$。注意到如果事件 $A_1,A_2,\cdots$是独立的，那么它们的补事件 $\overline{A}_1,\overline{A}_2,\cdots$也是独立的。但从(2-70)式

$$\sum_{k=n}^{n+m}p_k\to\infty,\text{当 } m\to\infty \tag{2-78}$$

因此，通过在(2-77)式中取极限 $m\to\infty$，我们发现对 $n=1,2,\cdots,P(\overline{B}_n)=0$。因此用(2-76)式

$$P(\overline{B})\leqslant\sum_n P(\overline{B}_n)=0$$

从而

$$P(B)=1-P(\overline{B})=1 \tag{2-79}$$

也就是说，无穷多个事件发生的概率等于 1。注意：波雷尔-康特利引理的第二部分和第一部分是相反的，但第二部分还有一个事件独立的附加条件。◀

例如，考虑发生在一个伯努利试验序列中的事件"$hh...h$"。为了确定在试验序列中这样的长度为 n 的全 h 序列出现无穷次的概率，设 A_k 表示事件"第 k 次投掷出现正面"并且定义 $B_i=A_i\cap A_{i+1}\cap\cdots\cap A_{i+n-1},i\geqslant 1$。我们有 $P(B_i)=p_i=p^n$。事件 B_i 不是独立的，但事件 B_1，$B_{n+1},B_{2n+1},\cdots$是独立的，并且级数 $\sum_{k=0}^{\infty}p_{kn+1}$ 是发散的。因此，从波雷尔-康特利引理的第二部分，模式"$hh...h$"(包括任何有限长的其它模式)出现无穷次的概率是 1。总之，如果一个由无穷多个事件构成的集合上所有事件概率的和发散，那么长期来看，具有概率 1，这些事件中将有无穷多个发生。

习 题

2-1 证明(a)$\overline{\overline{A}\cup\overline{B}}\cup\overline{\overline{A}\cup B}=A$；(b)$(A\cup B)(\overline{AB})=A\overline{B}\cup B\overline{A}$。

2-2 如果 $A=\{2\leqslant x\leqslant 5\}$，$B=\{3\leqslant x\leqslant 6\}$，求 $A\cup B$，AB 和 $(A\cup B)(\overline{AB})$。

2-3 证明如果 $AB=\{\varnothing\}$，那么 $P(A)\leqslant P(\overline{B})$。

2-4 证明(a)如果 $P(A)=P(B)=P(AB)$，则 $P(A\overline{B}\cup B\overline{A})=0$；(b)如果 $P(A)=P(B)=1$，则 $P(AB)=1$。

2-5 证明并推广下面的等式

$$P(A\cup B\cup C)=P(A)+P(B)+P(C)-P(AB)-P(AC)-P(BC)+P(ABC)$$

2-6 证明如果 S 由可列个元素 ξ_i 所组成，且每个子集$\{\xi_i\}$都是事件，则 S 的所有子集均为事件。

2-7 如果 $S=\{1,2,3,4\}$，求包含集合$\{1\}$和$\{2,3\}$的最小的域。

2-8 如果 $A\subset B,P(A)=1/4$ 和 $P(B)=1/3$，求 $P(A|B)$和 $P(B|A)$。

2-9 证明 $P(AB|C)=P(A|BC)P(B|C)$和 $P(ABC)=P(A|BC)P(B|C)P(C)$。

2-10 (链式法则)试证明

$$P(A_n \cdots A_1) = P(A_n | A_{n-1} \cdots A_1) \cdots P(A_2 | A_1) \, P(A_1)$$

2-11　我们从 n 个物体的集合 S，随机地选择 m 个，并用 A_m 表示所选的物体的集合。试证：S 中的某特定元素 ζ_0 在 A_m 中的概率 p 等于 m/n。

提示：p 等于 S 中随机选择一点在 A_m 中的概率。

2-12　电话呼叫在时间 t 发生，其中 t 是区间(0,10)里的随机点。(a)求 $P\{6 \leqslant t \leqslant 8\}$；(b)求 $P\{6 \leqslant t \leqslant 8 | t > 5\}$。

2-13　空间 S 是全部正数 t 的集合。试证：如果对每个 t_0 和 t_1，有 $P\{t_0 \leqslant t \leqslant t_0 + t_1 | t \geqslant t_0\} = P\{t \leqslant t_1\}$，则 $P\{t \leqslant t_1\} = 1 - e^{-ct_1}$，式中 c 为常数。

2-14　事件 A 和 B 是互斥的，它们能否独立？

2-15　证明如果事件 $A_1, \cdots, A_n$ 独立，且 B_i 等于 A_i 或 $\overline{A}_i$ 或 S，则事件 $B_1, \cdots, B_n$ 也是独立的。

2-16　一个盒子中装有 n 个相同的球，标有号码 1 到 n。假如连续摸出 k 个球。(a)m 是摸出的最大号码的概率是多少？(b)摸出最大号码小于或等于 m 的概率是多少？

2-17　假定 k 个相同的盒子装有号码从 1 到 n 的相同的球。从每一个盒子中摸出一个球。m 是所摸出球的最大号码的概率是多少？

2-18　10 个乘客进入有 3 个车厢的火车。假定乘客随机选择车厢，问第一个车厢中有 3 个乘客的概率是多少？

2-19　一个盒子装有 m 个白球和 n 个黑球。假定 k 个球被摸出。求至少摸到一个白球的概率。

2-20　一个人从高处抛一枚硬币到一个划分成边长 25.4 mm 小方格的桌面上。如果硬币的直径是 19.05 mm，问硬币完全落在某一个方格中的概率是多少？

2-21　在纽约市的抽彩规则中，从 1～51 这 51 个数中抽出 6 个数码。问下面事件的概率：(a)所有抽出的数码都是一位数；(b)2 个一位数和 4 个两位数。

2-22　证明，为了确定 n 个事件的独立性，需要 $2^n - (n+1)$ 个方程式。

2-23　盒子 1 装有 1 个白球和 999 个红球。盒子 2 装有 1 个红球和 999 个白球。从随机选择的盒子里取出一个球。如果取出的是红球，问它取自盒子 1 的概率是多少？

2-24　盒子 1 装有 1 000 个灯泡，其中 10%是次品。盒子 2 有 2 000 个灯泡，其中 5%是次品。从随机选择的盒子里取出两个灯泡。(a)求两个灯泡均为次品的概率。(b)假定两个灯泡均为次品，求它们是取自盒子 1 的概率。

2-25　一火车与一公共汽车在上午 9 点到 10 点随机地到站。火车停 10 分钟，公共汽车停 x 分钟。问 x 取何值时，公共汽车和火车相遇的概率等于 0.5？

2-26　证明具有 n 个元素的集合 S 有

$$\frac{n(n-1)\cdots(n-k+1)}{1 \times 2 \cdots k} = \frac{n!}{k!\,(n-k)!}$$

个具有 k 个元素的子集。

2-27　我们有两枚硬币，一枚是均匀的，另一枚两面都是正面。随机挑选一枚掷了两次，两次都是正面。求所掷的硬币为均匀硬币的概率。

第 3 章 重复试验

3.1 联合实验

考虑下面两个实验，第一个实验是掷一个均匀的骰子，实验空间和概率为

$$S_1 = \{f_1, f_2, \cdots, f_6\} \qquad P_1\{f_i\} = \frac{1}{6}$$

第二个实验是掷一枚均匀的硬币，实验空间和概率为

$$S_2 = \{h, t\} \qquad P_2\{h\} = P_2\{t\} = \frac{1}{2}$$

同时进行这两个实验，我们想知道得到“两点”和“正面”的事件的概率。

如果假定第一个实验的结果独立于第二个实验的结果，那么所求事件的概率是$\frac{1}{6} \times \frac{1}{2}$，这一假定是合理的。

这一结论也是合理的。然而，推导中所使用的独立性的概念本质上不同于(2-50)式中给出的独立性的定义。在(2-50)式的定义中，事件A和B是同一个空间的两个子集。为了使得我们的结论与前面建立的独立性的理论相吻合，我们必须构造一个新的空间S，使得所求事件是它的一个子集。构造方法如下：

将两个实验看作一个实验，它的结果为结果对$\xi_1\xi_2$，其中ξ_1为六面之一，ξ_2为正面或反面①。所得空间由下列12个元素组成：

$$f_1h, \cdots, f_6h, f_1t, \cdots, f_6t$$

在这个空间里，“2点”不是一个基本事件，而是由两个元素组成的子集

$$\{2\text{点}\} = \{f_2h, f_2t\}$$

类似地，{正面}是一有六个元素的事件

$$\{\text{正面}\} = \{f_1h, \cdots, f_6h\}$$

为了完备这个实验，还必须对S的所有子集赋予概率。很明显，如果骰子出现“2点”，则不管硬币出现正、反面，事件{2点}发生。因此

$$P\{\text{两点}\} = P_1\{f_2\} = \frac{1}{6}$$

① 在前面的讨论中，符号ξ_i表示集合S_i的单个元素。在下面，ξ_i还将表示集合S_i的任何元素。从上下文，可以理解ξ_i是S_i的一个特定元素，还是它的任意元素。

类似地

$$P\{正面\} = P_2\{h\} = \frac{1}{2}$$

事件{两点}和{正面}的交是基本事件$\{f_2h\}$。假设事件{2点}和{正面}在(2-50)式的意义下是独立的,我们得到$P\{f_2h\} = 1/6 \times 1/2$,这与前面所得结果是一致的。

3.1.1　笛卡尔积

给定两个集合S_1和S_2,其元素分别为ξ_1和ξ_2。我们构造所有的**有序**对$\xi_1\xi_2$,其中ξ_1是S_1的任意一个元素,ξ_2是S_2的任意一个元素。集合S_1和S_2的笛卡尔积是一个集合S,它的元素由所有这样的有序对构成,记作

$$S = S_1 \times S_2$$

【例 3-1】　集合

$$S_1 = \{汽车,苹果,鸟\}, S_2 = \{h,t\}$$

的笛卡尔积有六个元素

$$S_1 \times S_2 = \{汽车\text{-}h,汽车\text{-}t,苹果\text{-}h,苹果\text{-}t,鸟\text{-}h,鸟\text{-}t\}。$$

【例 3-2】　如果$S_1 = \{h,t\}$,$S_2 = \{h,t\}$,则

$$S_1 \times S_2 = \{hh,ht,th,tt\}。$$

在这个例子中,集合S_1和S_2相同,应当注意,元素ht和元素th是不同的。

如果A是S_1的子集,B是S_2的子集,则集合

$$C = A \times B$$

由所有的对$\xi_1\xi_2$组成,其中$\xi_1 \in A$,$\xi_2 \in B$,是S的子集。

类似地,构造集合$A \times S_2$和$S_1 \times B$,我们得到它们的交为集合$A \times B$。

$$A \times B = (A \times S_2) \cap (B \times S_1) \tag{3-1}$$

注　假设S_1是x轴,S_2是y轴,A和B是两个区间

$$A = \{x_1 \leqslant x \leqslant x_2\}, B = \{y_1 \leqslant y \leqslant y_2\}$$

在这种情况下,$A \times B$是一矩形,$A \times S_2$是一垂直条,$S_1 \times B$是一水平条(图3-1)。

我们可以把两个任意集合的笛卡尔积$A \times B$解释为一个广义矩形。

两个实验的笛卡尔积　两个实验S_1和S_2的笛卡尔积是一个新的实验$S = S_1 \times S_2$,它的事件是所有形式为

$$A \times B \tag{3-2}$$

的笛卡尔积,以及它们的并和交,其中A是S_1的事件,B是S_2的事件。

在这个新实验中,事件$A \times S_2$和$S_1 \times B$的概率满足:

$$P(A \times S_2) = P_1(A) \quad P(S_1 \times B) = P_2(B) \tag{3-3}$$

其中$P_1(A)$是实验S_1中事件A的概率,$P_2(B)$是实验S_2中事件B的概率。这一要求是由于我们将S解释为联合实验。的确,如果实验S_1的事件A发生,而不管S_2的结果如何,则实验S的事件$A \times S_2$发生。类似地,如果实验S_2的事件B发生,而不管S_1的结果如何,则实验S的事件$S_1 \times B$发生。这验证了(3-3)式的两个方程式是恰当的。

这些方程式只确定了事件 $A \times S_2$ 和 $S_1 \times B$ 的概率。形如 $A \times B$ 这样的事件以及它们的并和交的概率一般不能用 P_1 和 P_2 表示。为了确定这些概率，我们需要关于实验 S_1 和 S_2 更多的信息。

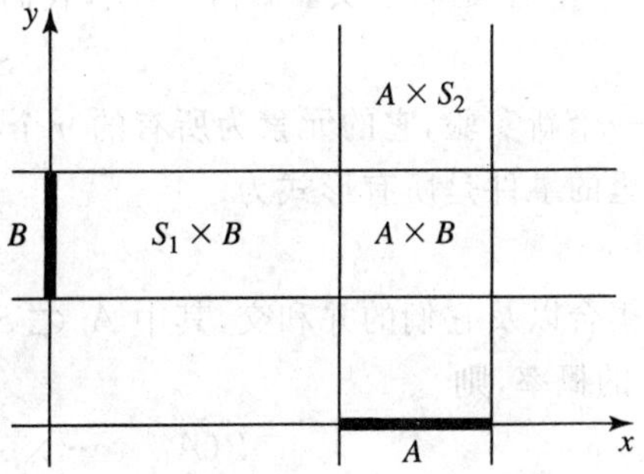

图 3-1

独立实验　许多应用中，对任意的事件 A 和 B，联合实验 S 中的事件 $A \times S_2$ 和 $S_1 \times B$ 是独立的。如图 3-1 所示，因为这两个事件的交是 $A \times B$[见(3-1)式]，从(2-50)式和(3-3)式可得

$$P(A \times B) = P(A \times S_2)P(S_1 \times B) = P_1(A)P_2(B) \tag{3-4}$$

这样我们就规定了联合实验 S 中事件的概率，因为它的所有事件是形如 $A \times B$ 的事件的并和交。

特别注意，基本事件 $\{\xi_1 \xi_2\}$ 可写成 S_1 和 S_2 中基本事件 $\{\xi_1\}$ 和 $\{\xi_2\}$ 的笛卡尔积 $\{\xi_1\} \times \{\xi_2\}$。因此，

$$P(\xi_1 \xi_2) = P_1(\xi_1)P_2(\xi_2) \tag{3-5}$$

【例 3-3】　一个盒子 B_1 装有 10 个白球和 5 个红球，另一个盒子 B_2 装有 20 个白球和 20 个红球。从每个盒子各摸出一个球。问从 B_1 摸出的为白球和从 B_2 摸出的为红球的概率是多少？

上述操作可看作一个联合实验。从 B_1 摸球为实验 S_1，从 B_2 摸球为实验 S_2。空间 S_1 有 15 个元素：10 个白球和 5 个红球。事件

$$W_1 = \{\text{从 } B_1 \text{ 里摸出一个白球}\}$$

有 10 个元素，它的概率等于 10/15。空间 S_2 有 40 个元素：20 个白球和 20 个红球，事件

$$R_2 = \{\text{从 } B_2 \text{ 里摸出一个红球}\}$$

有 20 个元素，它的概率等于 20/40。空间 $S_1 \times S_2$ 有 40×15 个元素：从两盒各摸一球的所有可能的对。

我们要求的是事件

$$W_1 \times R_2 = \{\text{由 } B_1 \text{ 摸出白球，由 } B_2 \text{ 摸出红球}\}$$

的概率。假定两个实验为独立的，从(3-4)式可得

$$P(W_1 \times R_2) = P_1(W_1)P_2(R_2) = \frac{10}{15} \times \frac{20}{40}。$$

【例 3-4】　讨论掷硬币实验，它的“正面”的概率等于 p，“反面”的概率等于 $q = 1 - p$。如果将硬币掷两次，我们得到空间

$$S = S_1 \times S_2, \quad S_1 = S_2 = \{h, t\}。$$

因此，S 由四个结果 hh, ht, th 和 tt 组成。假定实验 S_1 和 S_2 相互独立，我们得到

$$P\{hh\} = P_1\{h\}P_2\{h\} = p^2$$

类似地

$$P\{ht\} = pq, P\{th\} = qp, P\{tt\} = q^2。$$

我们用上述结果来求事件

$$H_1 = \{\text{第一次为正面}\} = \{hh, ht\}$$

的概率。因为 H_1 由两个结果 hh 和 ht 组成，由(2-23)式得

$$P\{H_1\} = P\{hh\} + P\{ht\} = p^2 + pq = p$$

因为 $H_1 = \{h\} \times S_2$，上面的结果也可从(3-4)式得到。

推广　给定 n 个实验 $S_1,\cdots,S_n$，我们定义它们的笛卡尔积

$$S = S_1 \times \cdots \times S_n \tag{3-6}$$

为一个新实验，它的元素为所有的 n 个有序字母 $\xi_1\cdots\xi_n$，其中 ξ_i 是集合 S_i 的一个元素。这个空间里的事件是所有形式为

$$A_1 \times \cdots \times A_n$$

的集合以及它们的并和交，其中 $A_i \subset S_i$。如果实验是独立的，而且 $P_i(A_i)$ 是实验 S_i 中的事件 A_i 的概率，则

$$P(A_1 \times \cdots \times A_n) = P_1(A_1) \times \cdots \times P_n(A_n) \tag{3-7}$$

【例 3-5】　将例 3-4 的硬币掷 n 次，得到由 2^n 个元素 $\xi_1\cdots\xi_n$（其中 $\xi_i = h$ 或 t）构成的空间 $S = S_1 \times \cdots \times S_n$。显然，

$$P(\xi_1\cdots\xi_n) = P_1(\xi_1)\cdots P_n(\xi_n),\quad P_i(\xi_i) = \begin{cases} p, & \xi_i = h \\ q, & \xi_i = t \end{cases} \tag{3-8}$$

特别地，如果 $p = q = 1/2$，则

$$P(\xi_1\cdots\xi_n) = \frac{1}{2^n}$$

从(3-8) 式可得，如果基本事件 $\{\xi_1\cdots\xi_n\}$ 由 k 个正面和 $(n-k)$ 个反面（以一定的顺序）组成，则

$$P(\xi_1\cdots\xi_n) = p^k q^{n-k} \tag{3-9}$$

应当注意，事件 $H_1 = \{$第一次为正面$\}$ 由 2^{n-1} 个结果 $\xi_1\cdots\xi_n$ 组成，其中 $\xi_1 = h$；$\xi_i = t$ 或 $h(i > 1)$。事件可以写成笛卡尔积

$$H_1 = \{h\} \times S_2 \times \cdots \times S_n$$

因此[见(3-7) 式]，

$$P\{H_1\} = P_1\{h\}P_2\{S_2\}\cdots P_n\{S_n\} = p$$

这是因为 $P_i\{S_i\} = 1$。类似地，我们可以证明，如果

$$H_i = \{\text{第 } i \text{ 次为正面}\},\qquad I_i = \{\text{第 } i \text{ 次为反面}\},$$

则

$$P\{H_i\} = p, P\{I_i\} = q$$

重复试验的双重意义　在概率论里，重复试验有两种基本不同的意义。第一种是实验 S 中事件 A 的概率 $P(A)$ 与 A 发生的相对频率之间的近似关系(1-1) 式。第二种是建立实验 $S \times \cdots \times S$。

例如，重复掷一枚硬币可以有下列两种解释：

第一种解释（物理的）　我们的实验是掷一枚均匀硬币**一次**。它的空间有两个元素，而各个基本事件的概率等于 1/2。一次试验是掷硬币一次。

如果我们将硬币掷了 n 次，其中正面为 n_h 次，只要 n 足够大，几乎可以确定 $n_h/n \approx 1/2$。因此，重复试验的第一种解释是上述的关于概率和相对频率关系的不精确的陈述。

第二种解释（概念的）　我们的实验是将硬币掷 ***n* 次**，其中 n 为任意数，可大可小。它的空间有 2^n 个元素，各个基本事件的概率等于 $1/2^n$。一次试验为掷硬币 n 次。所有关于正面数目的陈述是精确的，并且是以概率的方式进行的。

当然，我们可以给出这些叙述的相对频率解释。但为此，我们必须将**掷硬币 *n* 次**的试验重复很多次。

3.2 伯努利实验

由 n 个不同对象组成的集合可以按照不同的次序放置，一种次序称作一个排列。例如，三个对象 a,b,c 的可能的排列有：abc，bac，bca，acb，cab，cba（三个对象有 6 种排列）。一般情况下，给定 n 个不同的对象，第一个位置有 n 种选择，第二个位置有 $n-1$ 种选择，以此类推。因此，n 个对象的排列的数目等于 $n(n-1)(n-2)\cdots3\times2\times1=n!$。

假定每次有 $k<n$ 个对象被取出，进行排列。这样，第一个位置有 n 种选择，第二个位置有 $n-1$ 种选择，以此类推，第 k 个位置有 $(n-k+1)$ 种选择。因此，每次从 n 个对象中随机选取 k 个进行排列，排列的数目等于

$$n(n-1)(n-2)\cdots(n-k+1)=\frac{n!}{(n-k)!} \tag{3-10}$$

例如，从 3 个对象 a,b,c 中任取两个进行排列，得到的排列有：ab,ba,ac,ca,bc,cb。

下面假定从 n 个对象中取出 k 个对象，在取出的每组对象中我们**不考虑对象的次序**，这构成了**组合**的概念。在这种情况下，一个由 k 个对象构成的组合产生了 $k!$ 个排列，因此，按照(3-10)式，从 n 个对象中取出 k 个对象的组合总数等于

$$\frac{n(n-1)(n-2)\cdots(n-k+1)}{k!}=\frac{n!}{(n-k)!k!}=\binom{n}{k}$$

因此，如果一个集合有 n 个元素，有 k 个元素组成的子集的数目等于

$$\binom{n}{k}=\frac{n(n-1)(n-2)\cdots(n-k+1)}{k!}=\frac{n!}{(n-k)!k!} \tag{3-11}$$

例如，$n=4,k=2$ 时，

$$\binom{4}{2}=\frac{4\times3}{2\times1}=6$$

的确，有 $abcd$ 构成的四个元素的集合的两元素子集正好有 6 个，分别是：

$$ab\quad ac\quad ad\quad bc\quad bd\quad cd$$

上述结果可用来求在实验 S 中 n 次独立试验里一事件发生 k 次的概率。这个问题本质上与将硬币掷 n 次得到 k 次正面的问题相同。下面我们从掷硬币实验开始讨论。

【例 3-6】 一枚硬币（其正面的概率 $P\{h\}=p$）掷了 n 次。可以证明，出现 k 次正面的概率 $P_n\{k\}$ 为

$$p_n(k)=\binom{n}{k}p^kq^{n-k}\quad q=1-p \tag{3-12}$$

解 我们所考虑的实验是投掷硬币 n 次。一次实验的结果是由正面和反面构成的一个特定序列。事件{任意顺序的 k 次正面}由含有 k 次正面和 $(n-k)$ 次反面的所有序列组成。为了得到由 k 个正面，$n-k$ 个反面组成的 n 个对象的所有排列，如果我们把所有“正面”（或“反面”）看作是不同的对象，那么这样的排列有 $n!$ 个。然而，因为 k 个“正面”是相同的，$n-k$ 个“反面”也是相同的，因此 k 个“正面”所对应的 $k!$ 个排列和 $(n-k)$ 个“反面”所对应的 $(n-k)!$ 个排列仅对应到一个序列。因此，所有不同的序列（实质上是组合）的数目是 $\frac{n!}{(n-k)!k!}=\binom{n}{k}$。因此事件{任意顺序的 k 次正面}由 $\binom{n}{k}$ 个包含了 k 个“正面”，$n-k$ 个“反面”的基本事件构成。每个这样的基本事件的概率是 p^kq^{n-k}，因此，我们得到结论：

$$P\{\text{任意次序的 } k \text{ 次正面}\} = \binom{n}{k} p^k q^{n-k}$$

特例　如果 $n = 3$ 和 $k = 2$，则有三种得到两次正面的排列，分别是 hht，hth 和 thh。因此 $p_3(2) = 3p^2 q$，这和(3-12)式相符。

3.2.1　n 次独立试验中事件 A 的成功或失败

现在考虑我们的主要问题。给定实验 S 和事件 A，且

$$P(A) = p,\quad P(\overline{A}) = q,\quad p + q = 1$$

重复这一实验 n 次，并记所得乘积空间为 S^n。因此

$$S^n = S \times \cdots \times S$$

我们来确定事件 A 恰好发生 k 次的概率 $p_n(k)$。

基本定理

$$p_n(k) = P\{A \text{ 以任意次序发生 } k \text{ 次}\} = \binom{n}{k} p^k q^{n-k} \tag{3-13}$$

证　事件$\{A$ 以特定顺序发生 k 次$\}$是笛卡尔积 $B_1 \times \cdots \times B_n$，其中事件 B_i 的 k 个等于 A，其余的 $(n-k)$ 个等于 $\overline{A}$。如我们从(3-7)式知道的，这一事件的概率等于

$$P(B_1)\cdots P(B_n) = p^k q^{n-k}$$

这是因为

$$P(B_i) = \begin{cases} p, & B_i = A \\ q, & B_i = \overline{A} \end{cases}$$

换言之

$$P\{\text{在某个特定的次序中 } A \text{ 发生 } k \text{ 次}\} = p^k q^{n-k} \tag{3-14}$$

事件$\{A$ 以任意顺序发生 k 次$\}$是 $\binom{n}{k}$ 个事件$\{A$ 以特定顺序发生 k 次$\}$的并，又因为这些事件是互斥的，从(2-20)式我们得到 $P_n(k)$ 由(3-13)式给出。

在图 3-2 里，我们画出了 $n = 9$ 时的情况，虚线的意义将在后面说明。

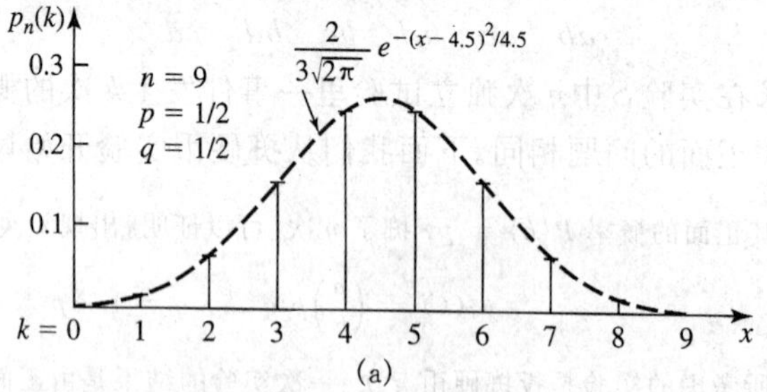

(a)

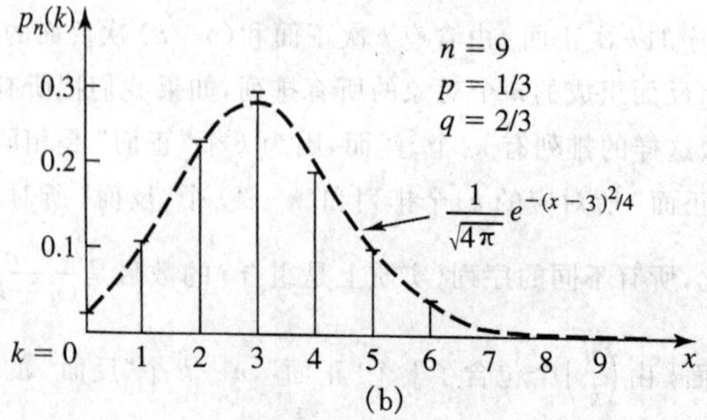

(b)

图 3-2

【例 3-7】 投掷一颗均匀的骰子五次，我们来求“6 点”出现两次的概率 $p_5(2)$。

在单次投掷中，事件 $A=\{6点\}$ 的概率是 1/6。在(3-13)式中，令

$$P(A)=\frac{1}{6},\quad P(\overline{A})=\frac{5}{6},\quad n=5,\quad k=2$$

用(3-13)式，我们得到

$$p_5(2)=\frac{5!}{2!3!}\left(\frac{1}{6}\right)^2\left(\frac{5}{6}\right)^3$$

下面的例 3-8 有一个有趣的历史渊源，帕斯卡部分解决了第一个问题。

【例 3-8】 投掷一对均匀的骰子 n 次，(a) 求“7 点”一直不出现的概率；(b) 求“双 6 点”至少出现一次的概率。

解 掷一对骰子的单次实验的空间由 36 个元素 $f_if_j(i,j=1,2\cdots,6)$ 构成。

(a) 事件 $A=\{7点\}$ 由下列六个元素组成：

$$f_1f_6,f_6f_1,f_2f_5,f_5f_2,f_3f_4,f_4f_3$$

因此，$P(A)=6/36$ 和 $P(\overline{A})=5/6$。取 $k=0$，按照(3-13)式，我们得到

$$p_n(0)=\left(\frac{5}{6}\right)^n$$

(b) 事件 $B=\{双6点\}$ 由单个事件 f_6f_6 构成，其概率满足 $P(B)=1/36$，$P(\overline{B})=35/36$。设

$$X=\{在\ n\ 次试验中“双6点”至少出现一次\}$$

那么，

$$\overline{X}=\{在\ n\ 次试验中“双6点”不出现\}=\overline{B}\,\overline{B}\cdots\overline{B}$$

这样，

$$P(X)=1-P(\overline{X})=1-P(\overline{B})^n=1-\left(\frac{35}{36}\right)^n \tag{3-15}$$

这儿我们利用了各次投掷之间的相互独立性。类似地，如果一个骰子被连续投掷 n 次，至少得到一次 6 点的概率是

$$1-\left(\frac{5}{6}\right)^n$$

假定我们感兴趣的是：投掷次数满足什么条件时，出现至少一次“双 6 点”的概率不低于 50%。从(3-15)式，在这种情况下投掷次数 n 必须满足

$$1-\left(\frac{35}{36}\right)^n>\frac{1}{2}\ 或\ \left(\frac{35}{36}\right)^n<\frac{1}{2}$$

从而，得到了

$$n>\frac{\log2}{\log36-\log35}=24.605 \tag{3-16}$$

因此，当 $n=25$ 时，得到至少一次“双 6 点”的可能性比得不到“双 6 点”的可能性更大。也就是说，当 $n\leqslant 24$ 时，失败的机会比成功的机会多。

在投掷单个骰子时，从(3-16)式，为了有 50% 以上的概率得到“6 点”，投掷的最小次数是 4(因为 $\log2/(\log36-\log35)=3.801$)。

这一问题最早由一个精通赌博的贵族查瓦里亚·德·玛若(Chevalier de Mere)向帕斯卡提出。玛若和其他赌博者一直想知道：在 25 次双骰子投掷中赌“双 6 点”还是 4 次单骰子投掷中赌“6 点”更有利。在那时，这种混淆主要来自于下面的事实：虽然双骰子有 36 种结果，单骰子有 6 种结果，然而达到 50% 成功的投掷数(25 和 4)并不吻合到结果数目的比 36∶6。帕斯卡给出的正确解完全消除了这种似是而非的观点，他得到的解是投掷次数等于 25，很多赌博者已经在实

践中观察到了这一事实。

例 3-9 是费尔玛和帕斯卡在他们的一篇短文中首先讨论和解决的概率问题之一。

【例 3-9】 A 和 B 玩一个系列游戏，游戏的规则是：当 B 赢 n 次以前，如果 A 已经取胜 m 次，算 A 赢得系列游戏；否则，B 赢得系列游戏。在单次游戏中，A 赢的概率是 p，B 赢的概率是 $q=1-p$. 问：A 赢得系列游戏的概率是多少？

解　设 P_A 表示 B 赢得 n 次前，A 将赢 m 次的概率，P_B 表示 A 赢 m 次前，B 赢 n 次的概率。显然，在第 $(m+n-1)$ 次游戏时胜负必见分晓并且 $P_A+P_B=1$。为了求概率 P_A，注意到 A 可以按照下面互斥的方式赢得比赛。设

$$X_k=\{A\text{ 正好在第 } m+k \text{ 次游戏时赢了 } m \text{ 次}\},k=0,1,2,\cdots,n-1$$

注意，X_k 是相互排斥的事件，因此，

$$\{A\text{ 赢}\}=X_0\cup X_1\cup\cdots\cup X_{n-1}$$

所以，

$$P_A=P(A\text{ 赢})=P(\bigcup_{k=0}^{n-1}X_k)=\sum_{k=0}^{n-1}P(X_k) \tag{3-17}$$

为了确定 $P(X_i)$，我们知道：A 正好在第 $m+k$ 次游戏中赢得了 m 次，这种情况下 A 必然赢得最后一次游戏，并且在前面的 $(m+k-1)$ 次游戏中赢了 $m-1$ 次。因为各次游戏是相互独立的，因此我们有

$$\begin{aligned}P(X_k)&=P(A\text{ 在前 } m+k-1 \text{ 次游戏中赢了 } m-1 \text{ 次})\times P(A\text{ 赢得最后一次游戏})\\&=\binom{m+k-1}{m-1}p^{m-1}q^kp \qquad (3-18)\\&=\frac{(m+k-1)!}{(m-1)!k!}p^mq^k,k=0,1,2,\cdots,n-1\end{aligned}$$

把 (3-18) 式代入 (3-17) 式，得到

$$\begin{aligned}P_A&=p^m\sum_{k=0}^{n-1}\frac{(m+k-1)!}{(m-1)!k!}q^k\\&=p^m\left(1+\frac{m}{1}q+\frac{m(m+1)}{1\times 2}q^2+\cdots+\frac{m(m+1)\cdots(m+n-2)}{1\times 2\cdots(n-1)}q^{n-1}\right)\end{aligned} \tag{3-19}$$

用类似的方式，我们得到 B 赢的概率

$$P_B=q^n\left(1+\frac{n}{1}p+\frac{n(n+1)}{1\times 2}p^2+\cdots+\frac{n(n+1)\cdots(m+n-2)}{1\times 2\cdots(m-1)}p^{m-1}\right) \tag{3-20}$$

因为在 $(m+n-1)$ 次游戏中必然有人取胜，从而得到 $P_A+P_B=1$，把 (3-19) 和 (3-20) 式代入上面的等式，我们得到了一个有趣的恒等式[见 (2-30) 式]。

【例 3-10】 我们在区间 $(0,T)$ 里随机地放置 n 个点。问有 k 个点落在区间 (t_1,t_2) 内(图 3-3) 的概率是多少？

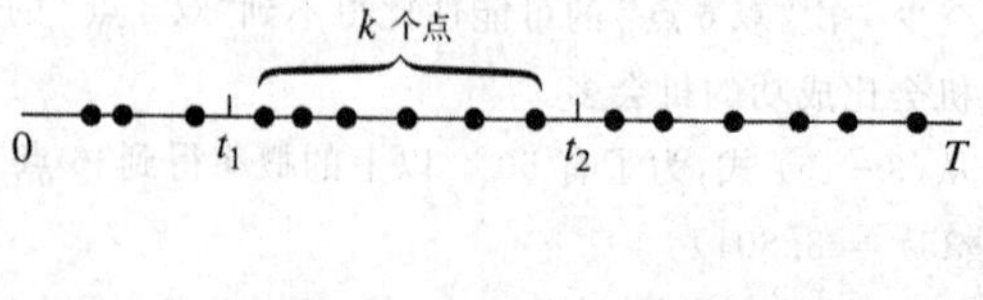

图 3-3

这个例子可作为重复试验的问题来考虑。实验 S 是在区间 $(0,T)$ 里放一个单点。在这个实验里，$A=\{$点落在区间 (t_1,t_2) 里$\}$ 是概率为

$$P(A) = p = \frac{t_2 - t_1}{T}$$

的事件。在空间 S^n 中，事件{A 发生 k 次}的意思是 n 个点中有 k 个落在区间 (t_1, t_2) 里。因此[见(3-13)式]

$$P\{k\text{ 个点落在区间}(t_1, t_2)\} = \binom{n}{k} p^k q^{n-k} \tag{3-21}$$

【例 3-11】 一含有 n 个零件的系统，从时刻 $t = 0$ 起投入运行。一个零件在时间区间 $(0, t)$ 里损坏的概率等于

$$p = \int_0^t \alpha(\tau)\mathrm{d}\tau \quad \text{其中} \quad \alpha(t) \geqslant 0 \quad \int_0^\infty \alpha(t)\mathrm{d}t = 1 \tag{3-22}$$

问在时间 t 之前，这些零件中有 k 个损坏的概率是多少？

这一例子也可作为重复试验来进行处理。采用类似的推理方法，我们可以得到所求的概率如(3-21)式所示。

成功的最可能次数　现在，对于固定的 n，$p_n(k)$ 是 k 的函数，我们来研究这一函数的性态。我们来研究 $p_n(k)$ 作为 k 的函数的特性。我们发现，随着 k 的增加，$p_n(k)$ 增加，直到

$$k = k_{\max} = [(n+1)p] \tag{3-23}$$

时达最大值。式中的方括弧表示不超过 $(n+1)p$ 的最大整数。如果 $(n+1)p$ 为整数，则 $p_n(k)$ 在相继的两个 k 值，即在

$$k = k_1 = (n+1)p \text{ 和 } k = k_2 = k_1 - 1 = np - q$$

时都达到最大值。

证　我们构造一比值

$$\frac{p_n(k-1)}{p_n(k)} = \frac{kq}{(n-k+1)p}$$

如果此比值小于 1，亦即如果 $k < (n+1)p$，则 $p_n(k-1)$ 小于 $p_n(k)$。这表明当 k 增加时，$p_n(k)$ 增加，并在 $k = [(n+1)p]$ 时达最大值。当 $k > (n+1)p$ 时，上述比值大于 1，因而 $p_n(k)$ 减少。

如果 $k_1 = (n+1)p$ 为整数，则

$$\frac{p_n(k_1-1)}{p_n(k_1)} = \frac{k_1 q}{(n-k_1+1)p} = \frac{(n+1)pq}{[n-(n+1)p+1]p} = 1$$

这表明 $p_n(k)$ 在 $k = k_1$ 和 $k = k_1 - 1$ 都达到最大值。

【例 3-12】 (a) 如果 $n = 10$ 和 $p = 1/3$，则 $(n+1)p = 11/3$，因而 $k_{\max} = [11/3] = 3$。

(b) 如果 $n = 11$ 和 $p = 1/2$，则 $(n+1)p = 6$，因而 $k_1 = 6$，$k_2 = 5$。

最后，我们求概率

$$P\{k_1 \leqslant k \leqslant k_2\}$$

此时 A 发生的次数 k 介于 k_1 和 k_2 之间。很明显，事件{A 发生 k 次}(其中 k 取 k_1 到 k_2 的所有值)是互斥的，而它们的并是事件 $\{k_1 \leqslant k \leqslant k_2\}$。因此[见(3-13)式]

$$P\{k_1 \leqslant k \leqslant k_2\} = \sum_{k=k_1}^{k_2} p_n(k) = \sum_{k=k_1}^{k_2} \binom{n}{k} p^k q^{n-k} \tag{3-24}$$

【例 3-13】 收到 10^4 件订购的零件，每件零件是次品的概率为 0.1，问次品件数不超过1 100 的概率是多少？

实验 S 是挑选一个零件。事件 A = {该零件是次品}的概率为 0.1。我们要求在 10^4 次试验

中 A 最多发生 1 100 次的概率。对

$$p=0.1,\quad n=10^4,\quad k_1=0,\quad k_2=1\,100$$

用(3-24)式得到

$$P\{0\leqslant k\leqslant 1\,100\}=\sum_{k=0}^{1100}\binom{10^4}{k}(0.1)^k(0.9)^{10^4-k} \tag{3-25}$$

从(3-23)式

$$\lim_{n\to\infty}\frac{k_m}{n}=p \tag{3-26}$$

所以当 $n\to\infty$ 时,在伯努利实验中,事件 A 发生的最可能的次数与试验的总次数的比趋向 p,这正好是单次试验中事件 A 发生的概率。值得注意的是:公式(3-26)把一个实际实验的频数(k_m/n)同概率 p 的公理化定义联系在一起。下面我们将看到,这一结果可以推广到更一般的形式。

3.3 伯努利定理和机会游戏

在这一节里,我们将叙述和证明在概率论中最重要、最完美的定理之一 —— 伯努利定理。这一定理是雅可比·伯努利在 1713 年发现并严格证明的。为了强调这一定理在实际问题中的重要性,我们先简要地考察某些机会游戏。

定理 3-1 ▶ 伯努利定理 设事件 A 在单次试验中发生的概率是 p,如果 k 表示在 n 次独立试验中 A 发生的次数,那么

$$P\left(\left|\frac{k}{n}-p\right|>\varepsilon\right)<\frac{pq}{n\varepsilon^2} \tag{3-27}$$

(3-27)式表明:概率的频率定义 k/n 与它的公理化定义 p 以概率1或者几乎肯定以任意的精度是相容的。换句话说,任给两个正数 ε 和 δ,如果试验的次数足够大,不等式

$$\left|\frac{k}{n}-p\right|<\varepsilon \tag{3-28}$$

的概率将大于 $1-\delta$。

证 下面我们给出伯努利定理的一个证明概要,这一证明由切比雪夫(1821～1894)给出,其中利用了一些恒等式。$p_n(k)$ 的表达式如(3-13)式所示,直接计算得到

$$\begin{aligned}\sum_{k=0}^{n}kp_n(k)&=\sum_{k=1}^{n}k\frac{n!}{(n-k)!k!}p^kq^{n-k}=\sum_{k=1}^{n}\frac{n!}{(n-k)!(k-1)!}p^kq^{n-k}\\&=\sum_{i=0}^{n-1}\frac{n!}{(n-i-1)!i!}p^{i+1}q^{n-i-1}=np\sum_{i=0}^{n-1}\frac{(n-1)!}{(n-i-1)!i!}p^iq^{n-i-1}\\&=np(p+q)^{n-1}=np\end{aligned} \tag{3-29}$$

用类似的方法,可以得到

$$\sum_{k=0}^{n}k^2p_n(k)=\sum_{k=1}^{n}k\frac{n!}{(n-k)!(k-1)!}p^kq^{n-k}$$

$$= \sum_{k=2}^{n} \frac{n!}{(n-k)!(k-2)!} p^k q^{n-k} + \sum_{k=1}^{n} \frac{n!}{(n-k)!(k-1)!} p^k q^{n-k}$$
$$= n^2 p^2 + npq \tag{3-30}$$

回到(3-27)式，我们发现

$$\left|\frac{k}{n} - p\right| > \varepsilon \text{ 等价于} (k-np)^2 > n^2\varepsilon^2 \tag{3-31}$$

进一步等价于

$$\sum_{k=0}^{n} (k-np)^2 p_n(k) > \sum_{k=0}^{n} n^2\varepsilon^2 p_n(k) = n^2\varepsilon^2 \tag{3-32}$$

用(3-29)和(3-30)式，(3-32)的左边可以展开成

$$\sum_{k=0}^{n} (k-np)^2 p_n(k) = \sum_{k=0}^{n} k^2 p_n(k) - 2np\sum_{k=0}^{n} kp_n(k) + n^2 p^2$$
$$= n^2p^2 + npq - 2np \cdot np + n^2p^2 = npq \tag{3-33}$$

另外，(3-32)式的左边也可表示成

$$\sum_{k=0}^{n} (k-np)^2 p_n(k) = \sum_{|k-np| \leqslant n\varepsilon} (k-np)^2 p_n(k) + \sum_{|k-np| > n\varepsilon} (k-np)^2 p_n(k)$$
$$\geqslant \sum_{|k-np| > n\varepsilon} (k-np)^2 p_n(k) > n^2\varepsilon^2 \sum_{|k-np| > n\varepsilon} p_n(k) \tag{3-34}$$
$$= n^2\varepsilon^2 P\{|k-np| > n\varepsilon\}$$

用(3-33)和(3-34)式，可以得到我们需要的结论

$$P\left(\left|\frac{k}{n} - p\right| > \varepsilon\right) < \frac{pq}{n\varepsilon^2} \tag{3-35}$$

对于给定的 $\varepsilon > 0$，随着 n 的增大，$pq/n\varepsilon^2$ 可以任意小。因而，对于很大的 n，我们可以断定事件 A 发生的相对频率 k/n 接近于单次试验中 A 发生的概率。这个定理表明：如果试验的次数充分大，来源于公理化体系的事件 A 的概率可以用相对频率得到很精确的计算。k_{max} 是 n 次试验中事件 A 最可能发生的次数，从这些讨论中，我们发现当 $n \to \infty$ 时，$p_n(k)$ 越来越趋于集中在 k_{max} 的附近。◀

伯努利定理表明：在一个充分长的独立试验序列中(每次试验中事件A相同的发生概率)，以接近于1的概率或者几乎肯定地，事件 A 发生的频数与 A 的概率的差小于一个预先给定的任意小的正数。虽然我们不能说这样的情况在每次实验中都发生，但它发生的概率是如此地接近于1，以致于我们可以把它当作一个必然事件。伯努利定理巨大的实用价值在于指出了很多实际问题都满足定理的条件。

满足伯努利定理条件的一种实际问题是赌博和一种二到四人玩的扑克游戏。保险公司所面临的问题也基本满足定理的条件。在赌博中，一个人的输赢取决于机会。每次游戏，输赢的概率是确定的，如果一个人连续玩，他感兴趣的将是输赢的概率。

假定在一次游戏中，赢了获得的收益的数目是 a，输了的损失是 b。设 p 和 q 分别表示一次游戏中赢和输的概率。如果 n 次游戏中一个人赢了 k 次，那么他的净收益是

$$G = ka - (n-k)b \tag{3-36}$$

按照伯努利定理，k/n 很接近 p，也就是说差 $k - np$ 必须很小。用 Δ 来表示这个差值，即

$$\Delta = k - np$$

按照伯努利定理，对任意的一个正数 ε，当 n 充分大时，$\Delta > -n\varepsilon$ 的概率接近于 1。用差值 Δ，净收益可以写成

$$G = n(pa - qb) + (a+b)\Delta = n\eta + (a+b)\Delta \tag{3-37}$$

其中

$$\eta = pa - qb \tag{3-38}$$

表示每次游戏中的平均收益。平均收益可以是正的、零，或者负的。我们将会看到，赌博者的最终命运取决于 η 的符号。假定 $\eta > 0$ 并且 n 足够大，那么净收益 G 以接近于 1 的概率满足下列不等式：

$$G = n\eta + (a+b)\Delta > n[\eta - \varepsilon(a+b)]$$

因此，如果 n 充分大，ε 足够小，使得 $\eta - \varepsilon(a+b)$ 大于零，那么净收益将超过 $Q = n(\eta - \varepsilon(a+b))$，随着 n 的增加，收益可以超过任一预先给定的正数。得出的结论是值得注意的：如果平均收益是正的，如果连续玩足够多次，他将以接近 1 的概率赢得任意多数目的钱。

马上也可以得出如下结论：若平均收益是负的，如果一个人长时间玩，他几乎可以肯定会输掉很多钱。如果平均收益是零，长时间玩时，“大输”和“大赢”几乎是不可能的。

因此赌博者喜欢玩具有正平均收益的游戏而不是负平均收益的游戏。所有的赌博机构也深谙此道。赌博机构的平均收益总是正的，而赌博者的平均收益只能是负的。这与现实是吻合的，赌博机构每天从赌博者身上赚取了大量的利润，而且嗜赌如命者最终总是难逃破产的厄运。

下面我们以彩票业的情况说明这点。

【例 3-14】　纽约州彩票

纽约州的彩票规则是：彩民从 1 到 51 共 51 个号码中挑选 6 个号码。彩票开奖时，从装有 51 个标着号码 1～51 的球中依次摸出 6 个球，球的号码为对奖号码。问有 $k(k=4,5,6)$ 个号码选中的概率是多少？

解　设 n 是盒子中球的总数，其中有 m 个号码是“好的”，剩下的 $(n-m)$ 个号码是“坏的”。对于给定的 m，可能的号码组合有 $\binom{n}{m}$ 种，每种有相同的发生概率。为了确定中 k 个号码的概率，我们需要确定正好包含 k 个“好号码”($m-k$ 个“坏”号码) 的号码组合的数目。因为 k 个好球必须从 m 个“好”号码中产生，而 $m-k$ 个“坏”球必须从 $n-m$ 个“坏”球中产生，因此这种号码组合的数目是

$$\binom{m}{k}\binom{n-m}{m-k}$$

这表明，

$$P\{\text{中 } k \text{ 个号码}\} = \frac{\binom{m}{k}\binom{n-m}{m-k}}{\binom{n}{m}},\ k = 0,1,2\cdots,m \tag{3-39}$$

特别是，$k=m$ 时，所有 m 个号码全中，获头奖，其概率为

$$P\{\text{头奖}\} = \frac{1}{\binom{n}{m}} = \frac{m(m-1)\cdots 2\times 1}{n(n-1)\cdots(n-m+1)} \tag{3-40}$$

纽约州的彩票中，$n=51$，$m=6$，因此

$$P\{\text{头奖}\} = \frac{6\times5\times4\times3\times2\times1}{51\times50\times49\times48\times47\times46} = \frac{1}{18\,009\,460} \approx 5.5\times10^{-8} \tag{3-41}$$

头奖的概率是

$$1:18\,009\,460 \tag{3-42}$$

在(3-39)式中，取 $k=5$ 和 $k=4$，可以得到中 5 个号码的概率是 1∶66 701，中 4 个号码的概率是 1∶1 213.

在典型的彩票业中，如纽约州的彩票，头等奖的奖金是 4 000 000 美元，中 5 个号码的奖金是 15 000 美元，中 4 个号码的奖金是 200 美元。因为每注彩票 1 美元，从而得到中头奖、5 个号码、4 个号码的平均收益分别是

$$\eta_6=\frac{4\,000\,000}{18\,009\,460}-1\approx-0.778$$

$$\eta_5=\frac{15\,000}{66\,701}-1\approx-0.755$$

$$\eta_4=\frac{200}{1\,213}-1\approx-0.835$$

可以看到，买彩票的平均收益都是负的。另一方面，彩票公司的收益总是正的，由于彩票卖出的注数非常巨大，可以看成重复实验中试验的次数 n 很大，从而彩票公司从每期彩票中都获得了巨大的利润。

从伯努利定理也可以得出另一个推论：如果两个人之间进行长时间的赌博，每次都在相同的条件下进行，那么在单次赌博中具有正平均收益者将得到大量财富，而具有负平均收益的几乎肯定会破产。这些结论是有条件的，即，假定实验满足伯努利定理的条件，而且实际的帐目结算总是在赌博结束时进行。似乎试验次数不足以满足伯努利定理的条件。有趣的是，股票市场的情况的确提供了可以长时间交易但不需要马上结算的可能性。因此，如果一个人持有具有正平均收益的股票，长线投资是比短线投资更为有效的股票投资策略①，后者等效于仅关注单次的赌博结果。股票投资的关键不是从事频繁结算的短线投资。然而，在正常的赌博中，在每次游戏结束都需要结帐，一个人可能在赌博还没有进行足够多的次数时，已经输光所有赌资而不得不离开赌桌，这种情况下他很难获得伯努利定理中所提到的收益。

下面我们将讨论一个经典的问题，称为赌博者破产问题。由于概率论早期发展的动力在于计算不同赌博游戏中胜负的概率大小，其中赌博破产是早期讨论的一个重要问题。赌博破产问题有着非常悠久的历史，大量的文献谈到了这一问题。惠更斯(Huygens) 在 1657 年首先解决了这类问题的一个最简单情况，雅可比·伯努利在 1680 年也研究了这一问题，棣莫弗(D. Moivre) 在 1711 年证明了它的一般解。更重要的是，多年来由这一问题导出了许多重要的定理，包括我们在第 10 章中将要谈到的随机游动这一课题。这一基本原则不是仅仅适用于纸牌游戏、彩票等方面，在更多的受人尊敬的行业，如保险业，也在使用这一原则制定投资方案。

【例 3-15】　赌博破产问题

两个人 A 和 B 玩一种赌博游戏直到其中之一输光所有财产(破产)。假定开始时，A 的财产是 a 元，B 的财产是 b 元，并且输者每次付给赢者一元。设 p 表示单次游戏中 A 赢的概率，B 赢的概率是 $q=1-p$。求 A 和 B 最终破产的概率。②

解　设 P_n 表示事件 $X_n=\{A$ 的财产是 n 元时，A 最终破产$\}$ 的概率($0\leqslant n\leqslant a+b$)。概率 P_n

---

① 股票投资者中，Donald Othmer 教授的成功是一个典型例子，他和他的妻子 Mildred 在 1961 ～ 1969 年间每年认购 25 000 美元的 Berkshire Hathaway 公司股票，公司的管理者是一个传奇的投资人 Warren Buffet。1998 年，纽约交易所报告 Othmer 在 Berkshire Hathaway 公司股票基金中的净资产已经达到 800 000 000 美元。

② 惠更斯当时解决了这类问题的一个特例，即 $a=b=1/2$ 和 $p/q=5/4$。

按照下面两种互斥的方式与 P_{n-1}，P_{n+1} 相联系：A 以概率 p 赢了下一次游戏，财产增加到 $n+1$ 元，最终破产的概率为 P_{n+1}；A 以概率 q 输了下次游戏，财产变为 $n-1$ 元，最终破产的概率为 P_{n-1}。更精确地说，设 $H\{A$ 赢了下次游戏$\}$，按照全概率公式，

$$X_n = X_n(H \cup \overline{H}) = X_nH \cup X_n\overline{H}$$

因此，

$$P_n = P(X_n) = P(X_n \mid H)P(H) + P(X_n \mid \overline{H})P(\overline{H}) = pP_{n+1} + qp_{n-1} \quad (3-43)$$

初始条件是

$$P_0 = 1 \qquad P_{a+b} = 0 \quad (3-44)$$

第一个初始条件表示如果 A 手上已经没有钱，A 破产；第二个条件表明如过 A 的钱数是 $a+b$，B 已经破产，游戏结束，A 不可能破产。

为求解(3-43)式的差分方程，首先把它改写成

$$p(P_{n+1} - P_n) = q(P_n - P_{n-1}) \quad (3-45)$$

或者

$$P_{n+1} - P_n = \left(\frac{q}{p}\right)(P_n - P_{n-1}) = \left(\frac{q}{p}\right)^n (P_1 - 1)$$

上式中我们使用了第一个初始条件。为了利用第二个初始条件，我们考虑 $P_{a+b} - P_n$。显然，对 $p \neq q$，

$$P_{a+b} - P_n = \sum_{k=n}^{a+b-1}(P_{k+1} - P_k) = \sum_{k=n}^{a+b-1}\left(\frac{q}{p}\right)^k (P_1 - 1)$$

$$= (P_1 - 1)\frac{\left(\frac{q}{p}\right)^n - \left(\frac{q}{p}\right)^{a+b}}{1 - \frac{q}{p}}$$

因为 $P_{a+b} = 0$，因此

$$P_n = (1 - P_1)\frac{\left(\frac{q}{p}\right)^n - \left(\frac{q}{p}\right)^{a+b}}{1 - \frac{q}{p}}$$

因为 $P_0 = 1$，这个表达式也表明了

$$P_0 = 1 = (1 - P_1)\frac{\left(\frac{q}{p}\right)^0 - \left(\frac{q}{p}\right)^{a+b}}{1 - \frac{q}{p}}$$

上面两个方程相比，消去$(1 - P_1)$，我们得到

$$P_n = \frac{\left(\frac{q}{p}\right)^n - \left(\frac{q}{p}\right)^{a+b}}{1 - \left(\frac{q}{p}\right)^{a+b}} \quad (3-46)$$

代 $n = a$ 到(3-46)式中，得到当 A 的钱数是 a 元时并且 $p \neq q$，他最终破产的概率

$$P_a = \frac{1 - \left(\frac{p}{q}\right)^b}{1 - \left(\frac{p}{q}\right)^{a+b}} \quad (3-47)$$

按照类似的方法可以得到，当 B 的钱数是 b 元并且 $p \neq q$ 时，B 最终破产的概率是

$$Q_b = \frac{1 - \left(\frac{q}{p}\right)^a}{1 - \left(\frac{q}{p}\right)^{a+b}} \quad (3-48)$$

把(3-47)和(3-48)式直接相加，得到恒等式

$$P_a + Q_b = 1 \tag{3-49}$$

因此，游戏一直进行下去而 A 和 B 都不破产的概率是零。然而零概率并不表明这种意外的情况永远不发生。虽然这种意外情况理论上没法排除，但在所有实际问题中它可以被忽略。从(3-47)式，$1-P_a$ 表示 A 最终取胜的概率，这正好等于他的对手破产的概率。

下面考虑一种特殊情况，假定两人的技巧同等高明，即 $p=q=\dfrac{1}{2}$。在这种情况下，(3-47)和(3-48)式可以简化为

$$P_a = \frac{b}{a+b} \tag{3-50}$$

和

$$Q_b = \frac{a}{a+b} \tag{3-51}$$

(3-50)和(3-51)式表明，如果两人的技巧同等高明，他们破产的概率反比于他们各自拥有的财产。因此同一个拥有巨额财产的对手玩这种游戏是不明智的，因为长期来看你最终失掉所有财产似乎是必然的(如果 $b \gg a, P_a \to 1$)。更不用说对手是一个经验丰富的巨富，从(3-47)式就一目了然，A 的破产是肯定的，因为 $b\to\infty$ 时，$P_a \to 1$。在纸牌赌博中，与庄家赌博就属于这种情况，这时最明智的策略是见好就收。

到底何种情况对你有利呢？在 $p>q$ 的情况下，也就是 $q/p<1$，(3-47)式能够写成下面形式：

$$P_a = \left(\frac{q}{p}\right)^a \frac{1-\left(\dfrac{q}{p}\right)^b}{1-\left(\dfrac{q}{p}\right)^{a+b}} < \left(\frac{q}{p}\right)^a$$

当 $b\to\infty$，P_a 收敛到 $(q/p)^a$。因此，当单次游戏中对自己有利时，即使面对一个无限富有的对手，你也有可能逃脱破产的厄运，逃脱破产的概率是

$$1-P_a = 1-\left(\frac{q}{p}\right)^a \tag{3-52}$$

因此一个具有一定数量的财产并富有技巧的人从来不会破产，事实上他最终将变得更富有(当然，一个人必须活得足够长能使这些情况发生)。

纸牌游戏和彩票正是按这种规则操作。庄家总是在单次游戏中具有稍高一些的获胜概率($p<q$)，因为他们拥有巨额的资产，按照(3-48)他们破产实际上是不可能发生的($Q_b \to 0$)。实际经验支持这一结论。很难发现纸牌游戏的庄家破产或接近破产的实例。有趣的是，这样的规则也在那些受到人们尊敬的行业，像保险业得到使用，并对大众和社会带来好处。在下面的例子中，我们将进一步说明这种运作策略。

如果一个人必须赌博，(3-47)式提供了下面一个有趣的策略：假定 A 的财产是 a 元，他的对手容许 A 在任何时间结束游戏。如果 A 采用的策略是一直玩到破产或财产增加到 $a+b$(净收益是 b)，那么 P_a 和 $1-P_a$ 分别表示 A 破产和最终取胜的概率。进一步，这样一个游戏结束的平均次数满足(见习题 3-7)

$$N_a = \begin{cases} \dfrac{b}{2p-1} - \dfrac{a+b}{2p-1}\,\dfrac{1-\left(\dfrac{p}{q}\right)^b}{1-\left(\dfrac{p}{q}\right)^{a+b}} & p\neq q \\ ab & p=q=1/2 \end{cases} \tag{3-53}$$

表 3-1 列出了 a,b 和 p 取一组值时的破产概率和平均次数。

表 3-1 赌博破产概率和平均次数

p	q	财产数 a	净收益 b	概率		平均次数
				破产	获胜	
0.50	0.50	9	1	0.100	0.900	9
0.50	0.50	90	10	0.100	0.900	900
0.50	0.50	90	5	0.053	0.947	450
0.50	0.50	500	100	0.167	0.833	50 000
0.45	0.55	9	1	0.210	0.790	11
0.45	0.55	50	10	0.866	0.134	419
0.45	0.55	90	5	0.633	0.367	552
0.45	0.55	90	10	0.866	0.134	765
0.45	0.55	100	5	0.633	0.367	615
0.45	0.55	100	10	0.866	0.134	852

变化赌注 现在我们分析赌注变化对结果的影响问题。假定每次的赌注可以在 1 元和 k 元之间变化。注意赌注变到 k 在效果上等同于财产的变化乘以因子 $1/k$(但赌注不变)。因此,如果每次的赌注是 k, A 的破产概率 P_a^* 也可以按(3-47)式确定,只需把 a, b 用 a/k,b/k 代替即可。

$$P_a^* = \frac{1-\left(\dfrac{p}{q}\right)^{b/k}}{1-\left(\dfrac{p}{q}\right)^{(a+b)/k}} \tag{3-54}$$

设 $a_0 = a/k$, $b_0 = b/k$, $x = (p/q)^{b_0}$, $y = (p/q)^{a_0+b_0}$,因为对 $p < q$ 有 $x > y$,所以

$$P_a = \frac{1-x^k}{1-y^k} = \frac{1-x}{1-y} \cdot \frac{1+x+\cdots+x^{k-1}}{1+y+\cdots+y^{k-1}} = P_a^* \cdot \frac{1+x+\cdots+x^{k-1}}{1+y+\cdots+y^{k-1}} > P_a^* \quad 对\ p < q \tag{3-55}$$

公式(3-55)表明:如果赌注增加而原有的资金不变,对于处于劣势的一方(单次获胜概率小于 50%)破产概率下降,优势的一方破产概率增加。从表 3-1 中可以看出,对 $a = 90$, $b = 10$ 和 $p = 0.45$,每次赌注是1元时,A 破产的概率是 0.866。然而同样条件下,如果赌注增加到每次 10 元,A 破产的概率下降到 0.21。在一个不利的固定赌注的游戏中,一个人可以通过增加每次的赌注来降低破产概率。因此,如果在一个不利的游戏中,希望用 a 元的赌资赢得 b 元的净收益,赌资与赌注的比必须适当地调整以使破产概率保持在一个期望的水平以下。

例 3-16 将表明在所有不需要策略的机会游戏中,掷骰子也许是最流行的一种。在这种情况下,一个重要的问题是:为了获得最大的收益,一个人应该选择玩多少次?有趣的是,例 3-17 表明这一问题有一个最优解。

【例 3-16】 每次游戏玩者掷一对骰子,如果第一掷一对骰子点数和是 7 或 11,玩者赢,如果第一掷点数和是 2,3 和 12,玩者输。出现其它点数"流局"。如果第一次掷出"流局",然后不断地投掷一对骰子,如果出现与第一次相同的点数和,玩者赢;如果出现点数和是 7,玩者输。问玩者赢的概率是多少?

解 投掷一对骰子有 36 种等概率的结果(看例 3-8)。点数和 T 是从 2 到 12 的整数,对 T,相

应的概率在表 3-2 中给出。

表 3-2 点数和的概率

$T=k$	2	3	4	5	6	7	8	9	10	11	12
p_k	1/36	2/36	3/36	4/36	5/36	6/36	5/36	4/36	3/36	2/36	1/36

玩者赢的方式有两种互斥的方式：在第一次投掷中掷出 7 或 11 点，后者在随后的投掷中首先掷出与第一次相同的“流局”点而不是 7 点。设 P_1 和 P_2 分别表示两种方式赢的概率。这样第一次投掷中赢得游戏的概率是

$$P_1 = P(T=7)+P(T=11)=\frac{6}{36}+\frac{2}{36}=\frac{2}{9} \tag{3-56}$$

类似地，在第一次投掷中输的概率是

$$Q_1 = P(T=2)+P(T=3)+P(T=12)=\frac{1}{36}+\frac{2}{36}+\frac{1}{36}=\frac{1}{9} \tag{3-57}$$

为了计算多次投掷获胜的概率 P_2，我们知道“流局”的点数有 4,5,6,8,9 和 10，它们的概率在表 3-2 中给出。设 B 表示事件“经过多次投掷赢得游戏”，C 表示第一次“流局”点。那么，用全概率公式我们得到：

$$P_2 = P(B) = \sum_{k=4,k\neq 7}^{10} P(B \mid C=k)P(C=k) = \sum_{k=4,k\neq 7}^{10} P(B \mid C=k)p_k \tag{3-58}$$

为了计算概率 $a_k = P(B \mid C=k)$，玩者的投掷情况必须满足：如果在第 $j+1$ 次投掷中赢得游戏，那么第二次到第 $j-1$ 次必须掷出的既不是 k 点也不是 7 点（这种情况的概率是 $r_k = 1 - p_k - 1/6$）。而第 $(j+1)$ 次掷出 k 点，具有概率 p_k。因此，玩者在第 $j+1$ 次投掷中赢得游戏的概率是 $p_k r_k^{j-1}, j=1,2,3,\cdots,\infty$。因此，

$$a_k = P(B \mid C=k) = p_k \sum_{j=1}^{\infty} r_k^{j-1} = \frac{p_k}{1-r_k} = \frac{p_k}{p_k+1/6} \tag{3-59}$$

公式(3-59)式给出

k	4	5	6	8	9	10
a_k	1/3	2/5	5/11	5/11	2/5	1/3

用(3-59)式和表 3-2，我们得到

$$P_2 = \sum_{k=4,k\neq 7}^{10} a_k p_k = \frac{1}{3}\times\frac{3}{36}+\frac{2}{5}\times\frac{4}{36}+\frac{5}{11}\times\frac{5}{36}+\frac{5}{11}\times\frac{5}{36}+\frac{2}{5}\times\frac{4}{36}+\frac{1}{3}\times\frac{3}{36}=\frac{134}{495} \tag{3-60}$$

最后，从(3-56)和(3-60)式，

$$P(\text{玩者赢}) = P_1+P_2 = \frac{2}{9}+\frac{134}{495}=\frac{244}{495}\approx 0.492\,929 \tag{3-61}$$

令人惊讶的是，这个游戏接近机会均等，但仍然对庄家稍稍有利。

例 3-17 将表明：在类似于掷双骰子的游戏中一样，玩者相对于庄家总会稍处于劣势地位，令人惊讶的是，通过限制玩的次数在某一个最优的数字上，游戏使得玩家处于有利地位。

【例 3-17】 A 和 B 玩一组赌博游戏，每次游戏中 A 赢的概率是 p 且 $p<1/2$。然而，A 可以选择玩的总次数。为了赢得比赛，一个人必须获胜次数超过总次数的一半。如果总次数是偶数，问 A 应该选择玩多少次？

解　在单次游戏中，A 赢的概率是 p，B 赢的概率是 $q=1-p>p$。可以注意到，单次游戏中 A 期望的收益总是负的，即 $p-q<0$。首先，游戏不是等机会的，A 处于不利地位，因此对于 A 最好的策略是尽早退出游戏。如果 A 必须玩偶数次，也许两次后他就退出游戏。的确，如果概率 p 非常小，这是一个正确的策略。然而如果 $p=1/2$，那么随着玩的总次数 $2n$ 的增加，平局（二项式分布的中间项）的概率减小并且 A 取胜的机会趋向 1/2。在这种情况下，玩的次数越多，对 A 越有利。因此，如果 p 是稍微比 1/2 小一点，去找出一个有限的总次数作为最优策略的想法是合理的。

为了进一步验证这一论断，设 X_k 表示事件“A 在总共 $2n$ 次游戏中赢了 k 次”。那么，

$$P(X_k)=\binom{2n}{k}p^kq^{2n-k},\ k=0,1,2,\cdots,2n$$

设 P_{2n} 表示 A 在 $2n$ 次游戏中整体上获胜的概率，那么，由于事件 X_k 是互斥的

$$P_{2n}=P\left(\bigcup_{k=n+1}^{2n}X_k\right)=\sum_{k=n+1}^{2n}P(X_k)=\sum_{k=n+1}^{2n}\binom{2n}{k}p^kq^{2n-k} \tag{3-62}$$

如果 $2n$ 的确是最优的总次数，必须满足下面关系

$$P_{2n-2}\leqslant P_{2n}\geqslant P_{2n+2} \tag{3-63}$$

这里 P_{2n+2} 表示当玩的总次数是 $2n+2$ 时，A 获胜的概率。因此，

$$P_{2n+2}=\sum_{k=n+2}^{2n+2}\binom{2n+2}{k}p^kq^{2n+2-k} \tag{3-64}$$

为了得到(3-62)和(3-64)右边表达式之间的关系，我们利用二项式展开

$$\begin{aligned}\sum_{k=0}^{2n+2}\binom{2n+2}{k}p^kq^{2n+2-k}&=(p+q)^{2n+2}=(p+q)^{2n}(p+q)^2\\&=\left\{\sum_{k=0}^{2n}\binom{2n}{k}p^kq^{2n-k}\right\}(p^2+2pq+q^2)\end{aligned} \tag{3-65}$$

注意，(3-65)式左边的和式中后面一半项的和正好等于 P_{2n+2}。类似地，(3-65)式右边第一部分后面一半项的和是 P_{2n}。比较(3-65)式的两边，单项式 $p^{n+2}q^n$，$p^{n+3}q^{n-1}$，$\cdots$，p^{2n+2} 前面的系数应该是相等的，经过简单的代数简化，我们得到

$$P_{2n+2}=P_{2n}+\binom{2n}{n}p^{n+2}q^n-\binom{2n}{n+1}p^{n+1}q^{n+1} \tag{3-66}$$

方程(3-66)有一个有趣的解释。从(3-66)式知道：在总次数为 $2n+2$ 和 $2n$ 的游戏中获胜的事件之间的差别仅有下面两种情况：(i) 在前面的 $2n$ 次中 A 赢得了 n 次，其概率为 $\binom{2n}{n}p^nq^n$，然后 A 又赢得了最后两次，具有概率 p^2；因此赢的概率增加量是 $\binom{2n}{n}p^{n+2}q^n$。(ii) 在前面 $2n$ 次中赢了 $n+1$ 次，具有概率 $\binom{2n}{n+1}p^{n+1}q^2$，但 A 在最后的两次输了，具有概率 q^2，因此赢的概率减小了 $\binom{2n}{n+1}p^{n+1}q^{n+1}$。除了这两种情况外，其他的情况两个事件是相同的。

如果 $2n$ 是最优的，把不等式(3-63)的右边与(3-66)式相结合，得到

$$\binom{2n}{n+1}p^{n+1}q^{n+1}\geqslant\binom{2n}{n}p^{n+2}q^n \tag{3-67}$$

或者

$$nq\geqslant(n+1)p\qquad n(q-p)\geqslant p\qquad n\geqslant\frac{p}{1-2p} \tag{3-68}$$

类似地，把不等式(3-63)的左边和(3-66)式(其中 n 用 $n-1$ 代替)相结合，我们得到

$$\binom{2n-2}{n-1}p^{n+1}q^{n-1}\geqslant\binom{2n-2}{n}p^nq^n \tag{3-69}$$

或者

$$np \geqslant (n-1)q \qquad n(q-p) \leqslant q \qquad n \leqslant \frac{q}{1-2p} \tag{3-70}$$

从(3-68) 和(3-70) 式，我们得到最优的 $2n$ 满足：

$$\frac{1}{1-2p} - 1 \leqslant 2n \leqslant \frac{1}{1-2p} + 1 \tag{3-71}$$

(3-71) 式表明：最优解 $2n$ 是最接近 $1/(1-2p)$ 的整数。例如，当 $p=0.47$ 时，$2n=16$。然而如果 $1/(1-2p)$ 是一个奇数（如 $p=0.48$ 的情况），两个相邻的偶数 $2n=1/(1-2p)-1$ 和 $2n+2=1/(1-2p)+1$ 给出了相同的获胜概率。最后，如果 $p\approx 0$，那么(3-71) 式给出的最优解是 $2n=2$。

现在再回到例 3-16，在这个例子中 $p=0.492\,929$，按照公式(3-71)，$2n=70$ 是最优的总次数。大多数人在远未达到这个最优次数就错误地结束了游戏，原因之一是达到这样的次数需要花费非常长的时间（大家可以回忆一下，每次游戏有时需要投掷双骰子很多次）。然而，在这个游戏中，最优的方案应该是完成游戏达到某一特定的次数。

有趣的是，例 3-15 和 3-16 的结果可以帮助我们根据手头的资金和期望的回报设计一个具有最大获胜概率的最优方案。表 3-3 列出了一组资金数 a，期望的回报 b 情况下的获胜概率和平均次数。表中，P_a 表示按照(3-47) 式计算的破产概率，其中 $p=0.492\,929$，N_a 表示(3-53) 式给出的期望次数。注意，我们选择 a 和 b 以便期望次数在 70 的附近。因此，用 10 元作资本，每次赌注为 1 元，如果玩 70 次左右赢得 7 元的概率是 0.529。显然，如果资本是 100 元，那么为了保持相同的总次数和风险，每次的赌注应该增加到 10 元，期望的收益应该是 70 元。然而，如果期望承担更低的风险，从表 3-3 可以看出，$a=16$ 和 $b=4$（25% 的期望收益）在总次数为 67 左右时保证了 75% 的获胜概率。类似地，如果资本是 100 元，期望的收益是 25 元，每次的赌注应该设为 6 元。

表 3-3　"双骰子"(Craps) 游戏的方案($p=0.492\,929$)

财产数 a	净收益 b	概率		期望时间 N_a
		破产 Pa	获胜 $1-Pa$	
9	8	0.530 6	0.469 4	72.14
10	7	0.470 7	0.529 3	70.80
11	6	0.409 0	0.591 0	67.40
12	6	0.391 3	0.608 7	73.84
13	5	0.330 7	0.669 3	67.30
14	5	0.317 3	0.682 7	72.78
15	5	0.305 4	0.694 6	78.32
16	4	0.247 7	0.752 3	67.47
17	4	0.239 0	0.761 0	71.98

习　题

3-1　设 p 表示事件 A 的概率。问：

(a) 在 n 次独立试验中，A 至少发生两次的概率是多少？

(b) A 至少发生三次的概率是多少？

3-2　掷一对骰子 50 次。求至少获得三次双六点的概率。

3-3　掷一对均匀的骰子 10 次。求至少出现一次“7”的概率。

3-4　掷一枚硬币 n 次，每次出现“正面”的概率 $p\{h\} = p = 1 - q$。证明：“正面”出现的次数是偶数的概率等于 $0.5[1+(q-p)^n]$。

3-5　(超几何序列) 一个船舱装有 K 个正品和 $N-K$ 个次品。我们随机抽出 $n \leqslant N$ 个进行检验。证明：检验的零件中有 k 个是正品的概率 p 等于[可以与(3-39)式比较]

$$p = \frac{\binom{K}{k}\binom{N-K}{n-k}}{\binom{N}{n}}$$

3-6　考虑下面三个事件：(a) 投掷六个骰子，至少有一个六点出现；(b) 投掷 12 个骰子，至少有两个六点出现；(c) 投掷 18 个骰子，至少有三个六点出现。这三个事件中，哪一个发生的可能性更大？

3-7　一个人玩抛硬币的赌博游戏，如果连续出现两次“正面”，他赢 1 元，否则他输 0.5 元。如果游戏重复 50 次，问净收益或损失超过(a)1 元，(b)5 元的概率是多少？

3-8　假定在 n 次贝努利实验中，有 r 次成功。求第 i 次试验成功的条件概率。

3-9　一副标准的扑克牌有 52 张牌，四个花色，每个花色 13 张牌。假定 4 个人从洗过的牌中每人摸 13 张牌。问出现 13 张同花顺(即四人中至少有一人手上的 13 张牌是同一种花色)的概率是多少？

3-10　考虑例 3-15 中的赌博破产游戏。设 N_a 表示 A 用 a 元作资本进行游戏的平均次数。证明：

$$N_a = \begin{cases} \dfrac{b}{2p-1} - \dfrac{a+b}{2p-1}\dfrac{1-\left(\dfrac{p}{q}\right)^b}{1-\left(\dfrac{p}{q}\right)^{a+b}} & p \neq q \\ ab & p = q = \dfrac{1}{2} \end{cases}$$

(提示：证明 N_k 满足迭代关系 $N_k = 1 + pN_{k+1} + qN_{k-1}$，其中初始条件是 $N_0 = N_{a+b} = 0$。)

3-11　参照例 3-15。假定 A 和 B 的赌注分别是 α 和 β，各自的资金是 a 和 b。求 A 或者 B 破产的概率。

3-12　投掷三个骰子，玩者可以赌 1,2,3,4,5 或 6 点的任何一个。如果所猜的点在一个、两个或三个骰子上出现，玩者将分别收到一倍、两倍和三倍的收益并且原赌注也收回。否则，赌注归庄家。确定玩者单位赌注的期望损失是多少？

第4章 随机变量的概念

4.1 引 言

随机变量是赋予实验的每一个结果ξ的一个数，记为$\boldsymbol{x}(\xi)$。这个数可以是机会游戏中的收益，随机电源中的电压，一个随机零件的价格或随机实验中任何我们感兴趣的数量。

【例 4-1】 (a) 在掷骰子实验中，我们赋予六个结果f_i一个数量$\boldsymbol{x}(f_i)=10i$，于是

$$\boldsymbol{x}(f_1)=10,\cdots,\boldsymbol{x}(f_6)=60$$

(b) 在同样的实验中，我们把数1赋予每个偶数结果，而把数0赋予每个奇数结果，于是

$$\boldsymbol{x}(f_1)=\boldsymbol{x}(f_3)=\boldsymbol{x}(f_5)=0 \quad \boldsymbol{x}(f_2)=\boldsymbol{x}(f_4)=\boldsymbol{x}(f_6)=1$$

函数的意义 一个随机变量是定义在实验结果所构成的集合S上的一个函数。为进一步理解这个重要概念，我们简要回顾一下函数的概念。我们知道，一个函数$x(t)$表示x与t之间的一个对应规则。自变量t的所有取值构成了t轴上的一个集合S_t，称作该函数的**定义域**；而因变量x的所有取值构成了在x轴上的另一集合S_x，称作该函数的值域。x与t之间的对应规则可以用一条曲线、一张表格，或者是一个公式来描述，例如$x(t)=t^2$。

用来表示一个函数的符号$x(t)$有双重的含义：它既可表示与给定的t相对应的特定数$x(t)$，也可表示函数$x(t)$，即表示从$t\in S_t$到$x\in S_x$的对应规则。为了对这两种情况加以区别，我们用字母x来表示后一种情况。

函数的定义可表述如下：有两个数集S_t和S_x，对每个$t\in S_t$，我们指定集合S_x中的一个数$x(t)$与之对应。这样，也可得到更一般的定义：给定分别由元素α和β组成的两个集合S_α和S_β，如果对集合S_α中的每一个元素α，按照某种对应规则有集合S_β中的一个元素β与之对应，我们说β是α的函数。集合S_α是函数的定义域，而集合S_β是它的值域。

例如，假定S_α是某班级的所有孩子构成的集合，而S_β是他们的父亲所构成的集合，于是一个孩子同他的父亲之间的这种对应便是一个函数。

应当指出，给定一个α就有相应的一个$\beta(\alpha)$，然而同一个β可以与集合S_α中的多个元素相对应（一个孩子仅有一个父亲，但一个父亲可以有多个孩子）。例4-1(b)中，函数的定义域为骰子的六个面，然而值域由0和1两个元素构成。

4.1.1 随机变量

给定一个实验，实验的空间为S，S的子集构成的域称作事件，并且赋予这些事件以概率。

对实验的每个结果 ξ 我们指定一个数 $\boldsymbol{x}(\xi)$。于是我们建立了一个定义在集合 S 上的函数 $\boldsymbol{x}$，它的值域为一数集。若函数 $\boldsymbol{x}$ 满足某些不太苛刻的条件，我们就称这个函数为随机变量。随后将给出这些条件。

以后，所有的随机变量将用黑体字母表示。符号 $\boldsymbol{x}(\xi)$ 表示对特定的结果 ξ 所赋予的数值，而符号 $\boldsymbol{x}$ 表示集合 S 中的任一元素与数之间的对应规则。例 4-1(a) 中，$\boldsymbol{x}$ 是把骰子的六个面与六个数 10，…，60 之间对应起来，可以用表格描述。这个函数的定义域是集合 $S=(f_1,\cdots,f_6)$，值域则是上述的六个数，如 $\boldsymbol{x}(f_2)=20$。

用随机变量表示事件　研究随机变量时，常会提出下面的问题：随机变量 $\boldsymbol{x}$ 小于给定的数 x，或者处在数 x_1 和 x_2 之间的概率是多少？例如，若随机变量是人的身高，我们可能想知道身高某些界限的概率。我们知道，概率只是赋予事件的，因此，为了回答这样的问题，我们应该能够对 $\boldsymbol{x}$ 的各种约束用事件来表示。

我们从符号

$$\{\boldsymbol{x}\leqslant x\}$$

的意义开始讨论。这个符号表示 S 的一个子集，由满足 $\boldsymbol{x}(\xi)\leqslant x$ 的所有结果 ξ 构成。我们详细说明它的含义：假定随机变量 $\boldsymbol{x}$ 是由一张表格来确定的。表格左栏列出了空间 S 的全部元素 ξ_i，而在右栏列出相应数值 $\boldsymbol{x}(\xi_i)$。给定一个任意的数 x，我们找出所有不超过 x 的数 $\boldsymbol{x}(\xi_i)$，相应表格左栏的结果 ξ_i 构成了集合 $\{\boldsymbol{x}\leqslant x\}$。因此，$\{\boldsymbol{x}\leqslant x\}$ 不是一个数集，而是**一个由实验结果构成的集合。**

同样，符号

$$\{x_1\leqslant\boldsymbol{x}\leqslant x_2\}$$

也表示 S 的一个子集，它由所有满足 $x_1\leqslant\boldsymbol{x}(\xi)\leqslant x_2$ 的结果 ξ 构成，这里 x_1 和 x_2 是两个给定的数。符号

$$\{\boldsymbol{x}=x\}$$

是满足 $\boldsymbol{x}(\xi)=x$ 的 S 的子集。

最后，若 R 是 x 轴上的实数集合，那么

$$\{\boldsymbol{x}\in R\}$$

表示满足 $\boldsymbol{x}(\xi)\in R$ 的 ξ 构成的 S 的子集。

【例 4-2】　以掷骰子实验的随机变量 $\boldsymbol{x}(f_i)=10i$ 为例讨论上述情况(图 4-1)。

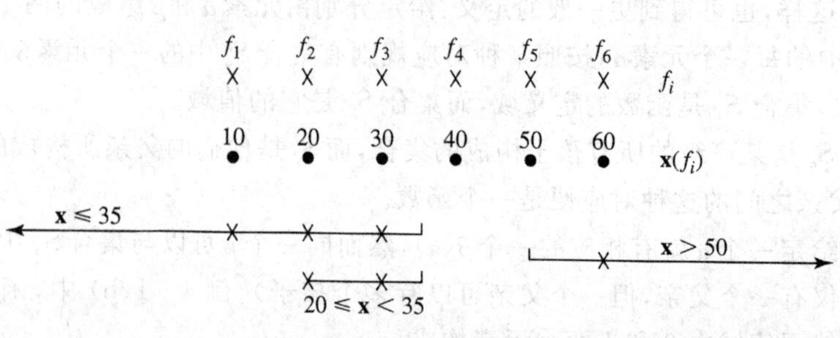

图 4-1

集合 $\{\boldsymbol{x}\leqslant 35\}$ 由元素 f_1,f_2,f_3 构成，因为仅当 $i=1,2,3$ 时 $\boldsymbol{x}(f_i)\leqslant 35$。

集合 $\{\boldsymbol{x}\leqslant 5\}$ 是空集，因为没有任何一个结果满足 $\boldsymbol{x}(f_i)\leqslant 5$。

集合$\{20 \leqslant \boldsymbol{x} \leqslant 35\}$由元素 f_2 和 f_3 构成，因为仅当 $i = 2$ 和 3 时才有 $20 \leqslant \boldsymbol{x}(f_i) \leqslant 35$。

集合$\{\boldsymbol{x} = 40\}$由元素 f_4 构成，因为仅当 $i = 4$ 时有 $\boldsymbol{x}(f_i) = 40$。

最后，集合$\{\boldsymbol{x} = 35\}$也是空集，因为没有任何一个结果满足 $\boldsymbol{x}(f_i) = 35$。

下面我们给出随机变量的正式定义。

定义 ▶ 随机变量 $\boldsymbol{x}$ 是对每个结果 ξ 指定一个数 $\boldsymbol{x}(\xi)$ 的过程。产生的函数必须满足下面两个条件：

Ⅰ. 对每个 x，集合$\{\boldsymbol{x} \leqslant x\}$是一个事件。

Ⅱ. 事件$\{\boldsymbol{x} = \infty\}$和事件$\{\boldsymbol{x} = -\infty\}$的概率等于零。即

$$P\{\boldsymbol{x} = \infty\} = 0 \qquad P\{\boldsymbol{x} = -\infty\} = 0$$ ◀

第二个条件表明，虽然对一些结果我们允许 $\boldsymbol{x}$ 取 $+\infty$ 或 $-\infty$，但要求这些结果所构成集合具有零概率。

一个复随机变量 $\boldsymbol{z}$ 为

$$\boldsymbol{z} = \boldsymbol{x} + j\boldsymbol{y}$$

式中 $\boldsymbol{x}$ 和 $\boldsymbol{y}$ 都是实随机变量。如果没有特别说明，所有的随机变量假定为实随机变量。

注　在应用中，我们对随机变量 $\boldsymbol{x}$ 在 x 轴上给定范围 R 里取值的概率感兴趣。这要求集合$\{\boldsymbol{x} \in R\}$是一事件。像我们在 2.2 节中指出的那样，这并不总是可能的。然而，若$\{\boldsymbol{x} \leqslant x\}$对每个 x 都是事件，且 R 是 x 轴上一些区间的可列并和交，那么$\{\boldsymbol{x} \in R\}$也是事件。因此，在随机变量的定义中我们将假定集合$\{\boldsymbol{x} \leqslant x\}$是一事件。这一宽松的限制主要具有数学上的意义。

4.2　分布函数和密度函数

在集合 S 中，组成事件$\{\boldsymbol{x} \leqslant x\}$的元素随 x 取值不同而变化。因此，事件$\{\boldsymbol{x} \leqslant x\}$的概率 $P\{\boldsymbol{x} \leqslant x\}$ 是依赖于 x 的一个数。这个数表示为 $F_x(x)$ 并称它为随机变量 $\boldsymbol{x}$ 的（累积）分布函数。

定义 ▶ 随机变量 $\boldsymbol{x}$ 的分布函数

$$F_x(x) = P\{\boldsymbol{x} \leqslant x\} \tag{4-1}$$

是定义在从 $-\infty$ 到 ∞ 上的函数。

随机变量 $\boldsymbol{x}, \boldsymbol{y}$ 和 $\boldsymbol{z}$ 的分布函数分别用 $F_x(x)$，$Fy(y)$ 和 $F_z(z)$ 表示。表达式中，括号内的变量 x, y 和 z 可用任何字母来代替。例如，我们可用符号 $F_x(w)$，$F_y(w)$ 和 $F_z(w)$ 来表示上面的函数。也就是说，

$$F_x(w) = P\{\boldsymbol{x} \leqslant w\}$$

是随机变量 $\boldsymbol{x}$ 的分布函数。当然，如果不会混淆，我们可以略去(4-1)式中的脚注而用自变量本身来标识随机变量。于是，随机变量 $\boldsymbol{x}, \boldsymbol{y}$ 和 $\boldsymbol{z}$ 的分布函数可分别用 $F(x)$，$F(y)$ 和 $F(z)$ 表示。 ◀

【例 4-3】　在抛硬币实验中，出现正面(h)的概率等于 p，而出现反面(t)的概率等于 q，我们定义随机变量

x 满足

$$\boldsymbol{x}(h) = 1 \qquad \boldsymbol{x}(t) = 0$$

求该随机变量的分布函数 $F(x)$，其中 $x \in (-\infty, +\infty)$。

若 $x \geqslant 1$，则 $\boldsymbol{x}(h) = 1 \leqslant x, \boldsymbol{x}(t) = 0 \leqslant x$。因此（图 4-2）

$$F(x) = P\{\boldsymbol{x} \leqslant x\} = P\{h, t\} = 1 \qquad x \geqslant 1$$

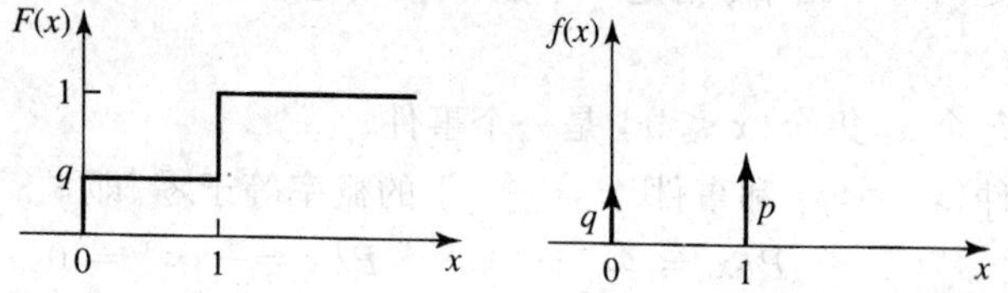

图 4-2

若 $0 \leqslant x < 1$，则 $\boldsymbol{x}(h) = 1 > x$，而 $\boldsymbol{x}(t) = 0 \leqslant x$，因此

$$F(x) = P\{\boldsymbol{x} \leqslant x\} = P\{t\} = q \qquad 0 \leqslant x < 1$$

若 $x < 0$，则 $\boldsymbol{x}(h) = 1 > x, \boldsymbol{x}(t) = 0 > x$，因此

$$F(x) = P\{\boldsymbol{x} \leqslant x\} = P\{\varnothing\} = 0 \qquad x < 0$$

【例 4-4】 在例 4-2 的掷骰子实验中，设随机变量 $\boldsymbol{x}(f_i) = 10i$。若骰子是均匀的，则 **x** 的分布函数是图 4-3 所示的阶梯函数。

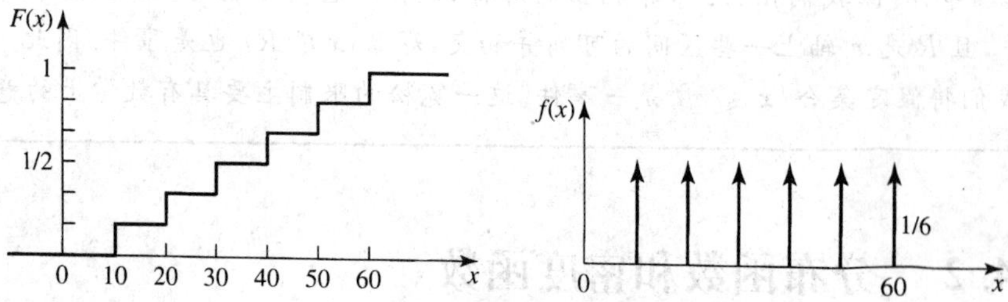

图 4-3

特别地，我们有

$$F(100) = P\{\boldsymbol{x} \leqslant 100\} = P\{S\} = 1$$
$$F(35) = P\{\boldsymbol{x} \leqslant 35\} = P\{f_1, f_2, f_3\} = 3/6$$
$$F(30.01) = P\{\boldsymbol{x} \leqslant 30.01\} = P\{f_1, f_2, f_3\} = 3/6$$
$$F(30) = P\{\boldsymbol{x} \leqslant 30\} = P\{f_1, f_2, f_3\} = 3/6$$
$$F(29.99) = P\{\boldsymbol{x} \leqslant 29.99\} = P\{f_1, f_2\} = 2/6$$

【例 4-5】 电话呼叫随机地发生于区间 $(0,1)$ 之间。在这个实验中，实验结果是 0 到 1 之间的时刻 t，t_1 到 t_2 之间呼叫概率等于：

$$P\{t_1 \leqslant t \leqslant t_2\} = t_2 - t_1$$

我们定义随机变量 **x** 为：

$$\boldsymbol{x}(t) = t \qquad 0 \leqslant t \leqslant 1$$

那么，变量 t 有两个含义：它既是实验的结果，又是随机变量 **x** 的值 $\boldsymbol{x}(t)$。我们将表明 **x** 的分布函数 $F(x)$ 为斜坡函数，如图 4-4 所示。

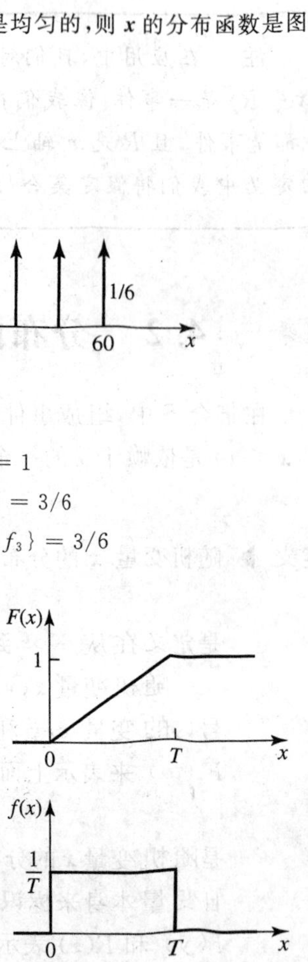

图 4-4

若 $x > 1$，则对每个结果有 $\boldsymbol{x}(t) \leqslant x$。因此

$$F(x)=P\{\boldsymbol{x}\leqslant x\}=P\{0\leqslant t\leqslant 1\}=P\{S\}=1 \quad x>1$$

若 $0\leqslant x\leqslant 1$，则对区间 $(0,x)$ 内每个 t 有 $\boldsymbol{x}(t)\leqslant x$，因此

$$F(x)=P\{\boldsymbol{x}\leqslant x\}=P\{0\leqslant t\leqslant x\}=x \quad 0\leqslant x\leqslant 1$$

若 $x<0$，则 $\boldsymbol{x}(t)\leqslant x$ 是不可能事件，这是因为对每个 t 有 $\boldsymbol{x}(t)\geqslant 0$。因此

$$F(x)=P\{\boldsymbol{x}\leqslant x\}=P\{\varnothing\}=0 \quad x<0$$

【例 4-6】 对于 S 中的每一个 ξ，假定随机变量 $\boldsymbol{x}$ 的值为 $\boldsymbol{x}(\xi)=a$，确定它的分布函数。

若 $x\geqslant a$，则对每个 ξ 有 $\boldsymbol{x}(\xi)=a\leqslant x$。因此

$$F(x)=P\{\boldsymbol{x}\leqslant x\}=P\{S\}=1 \qquad x\geqslant a$$

若 $x<a$，则 $\{\boldsymbol{x}\leqslant x\}$ 是不可能事件，因为只有 $\boldsymbol{x}(\xi)=a$。所以

$$F(x)=P\{\boldsymbol{x}\leqslant x\}=P\{\varnothing\}=0 \qquad x<a$$

于是，常量可以解释为分布函数为具有延迟的单位阶跃函数 $U(x-a)$ 的随机变量，如图 4-5 所示。

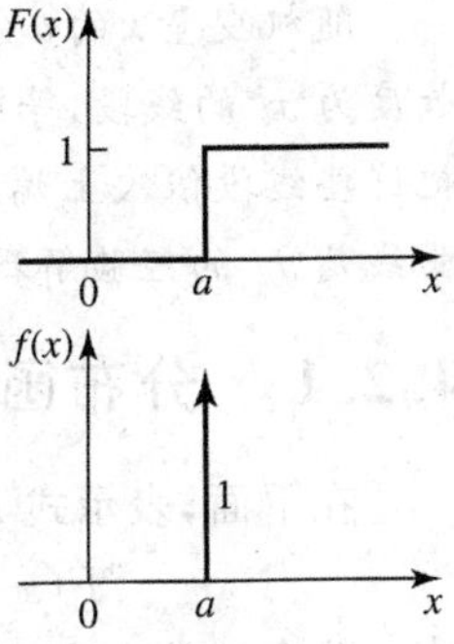

图 4-5

注　复随机变量 $\boldsymbol{z}=\boldsymbol{x}+j\boldsymbol{y}$ 没有分布函数，因为不等式 $\boldsymbol{x}+j\boldsymbol{y}\leqslant x+jy$ 是没有意义的。$\boldsymbol{z}$ 的统计性质要用随机变量 $\boldsymbol{x}$ 和 $\boldsymbol{y}$ 的联合统计特性来表示（见第 6 章）。

分位点　一个随机变量 $\boldsymbol{x}$ 的 u 分位点是满足

$$u=P\{\boldsymbol{x}\leqslant x_u\}=F(x_u) \tag{4-2}$$

的最小的实数 x_u。因此，x_u 可以看作函数 $u=F(x)$ 的逆函数。这个函数的值域是 $0\leqslant u\leqslant 1$，函数取值范围是 x 轴。为了确定该函数的图像，如图 4-6 所示，我们将图 4-6(a) 旋转 90 度，交换坐标轴的位置，x_u 的图像如图 4-6(b) 所示。$\boldsymbol{x}$ 的**中值**是满足 $F(m)=0.5$ 的最小的数 m。这被称作随机变量 $\boldsymbol{x}$ 的 0.5 分位点。

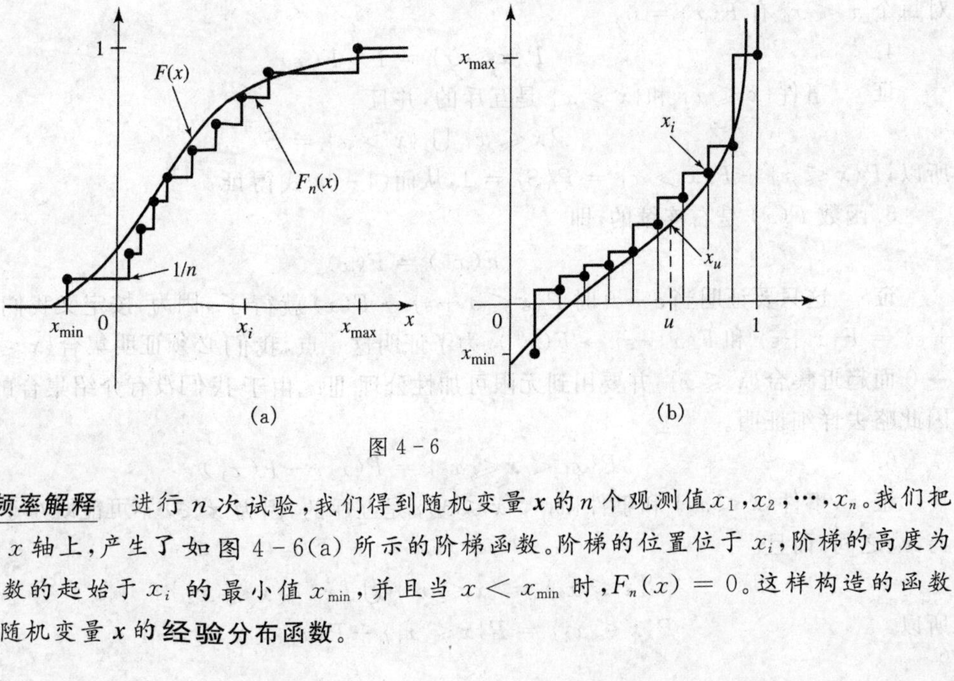

图 4-6

F(x) 和 x_u 频率解释　进行 n 次试验，我们得到随机变量 $\boldsymbol{x}$ 的 n 个观测值 $x_1,x_2,\cdots,x_n$。我们把这些数放在 x 轴上，产生了如图 4-6(a) 所示的阶梯函数。阶梯的位置位于 x_i，阶梯的高度为 $1/n$。阶梯函数的起始于 x_i 的最小值 $x_{\min}$，并且当 $x<x_{\min}$ 时，$F_n(x)=0$。这样构造的函数 $F_n(x)$ 称作随机变量 $\boldsymbol{x}$ 的**经验分布函数**。

对于一个给定的 x，$F_n(x)$ 的阶梯的数目等于小于 x 的 x_i 的数目 n_x；因此 $F_n(x)=n_x/n$。因为对于很大的 n，$n_x/n\approx P\{\boldsymbol{x}\leqslant x\}$，我们得出如下结论：

$$\text{当 } n\rightarrow\infty,\ F_n(x)=\frac{n_x}{n}\rightarrow P\{\boldsymbol{x}\leqslant x\}=F(x) \tag{4-3}$$

随机变量 $\boldsymbol{x}$ 的 u 分位点 x_u 的经验解释可以通过 *Quetelet* 曲线说明。该曲线的定义如下：作 n 段长度为 x_i 的线段，等间隔地按照长度增加的次序垂直排列，间隔为 $1/n$。然后如图 4-6(b) 所示，把这些线段依次上端点与下一根线段的下端点用水平线相连，从而构成了一个阶梯函数。这样的曲线是 x_u 的经验解释，它等同于把经验分布函数 $F_n(x)$ 旋转 90 度，坐标轴对换所得到的曲线。

4.2.1　分布函数的性质

在下面，表示式 $F(x^+)$ 和 $F(x^-)$ 分别表示函数 $F(x)$ 在 x 点的右极限和左极限，即

$$F(x^+)=\lim F(x+\varepsilon),\quad F(x^-)=\lim F(x-\varepsilon),\ 0<\varepsilon\rightarrow 0$$

分布函数具有以下性质：

1. $F(+\infty)=1\quad F(-\infty)=0$

证　$F(+\infty)=P\{\boldsymbol{x}\leqslant+\infty\}=P\{S\}=1$

$F(-\infty)=P\{\boldsymbol{x}=-\infty\}=0$

2. 它是 x 的非降函数，即

$$\text{若 } x_1<x_2\text{，则有 } F(x_1)\leqslant F(x_2) \tag{4-4}$$

证　事件 $\{\boldsymbol{x}\leqslant x_1\}$ 是事件 $\{\boldsymbol{x}\leqslant x_2\}$ 的子集。因为如果对于 ξ，$\boldsymbol{x}(\xi)\leqslant x_1$，则 $\boldsymbol{x}(\xi)\leqslant x_2$。因此[见(2-14)式]，$P\{\boldsymbol{x}\leqslant x_1\}\leqslant P\{\boldsymbol{x}\leqslant x_2\}$，这便证明了(4-4)式。

(4-4)式表明，随着 x 从 $-\infty$ 增大到 $+\infty$，$F(x)$ 从 0 增大到 1。

3. 如果 $F(x_0)=0$，那么对每个 $x\leqslant x_0$，$F(x)=0$　　(4-5)

证　因为 $F(-\infty)=0$，从(4-4)式我们可以证明这一性质。由此可导出如下结论：若对每个 ξ 有 $\boldsymbol{x}(\xi)>0$，在这种情况下，$F(x_0)=P\{\boldsymbol{x}\leqslant 0\}=0$，因为 $\{x<x_0\}$ 是不可能事件。所以对每个 $x<x_0$ 有 $F(x)=0$。

4.
$$P\{\boldsymbol{x}>x\}=1-F(x) \tag{4-6}$$

证　事件 $\{\boldsymbol{x}\leqslant x\}$ 和 $\{\boldsymbol{x}>x\}$ 是互斥的，并且

$$\{\boldsymbol{x}\leqslant x\}\cup\{\boldsymbol{x}>x\}=S$$

所以，$P\{\boldsymbol{x}\leqslant x\}+P\{\boldsymbol{x}>x\}=P\{S\}=1$，从而(4-6)式得证。

5. 函数 $F(x)$ 是右连续的，即

$$F(x^+)=F(x) \tag{4-7}$$

证　这只要证明当 $\varepsilon\rightarrow 0$ 时 $P\{\boldsymbol{x}\leqslant x+\varepsilon\}\rightarrow F(x)$ 就行了，因为，按定义我们有 $P\{\boldsymbol{x}\leqslant x+\varepsilon\}=F\{x+\varepsilon\}$ 和 $F\{x+\varepsilon\}\rightarrow F(x^+)$。为了证明这一点，我们必须证明集合 $\{\boldsymbol{x}\leqslant x+\varepsilon\}$ 随 $\varepsilon\rightarrow 0$ 而趋近集合 $\{\boldsymbol{x}\leqslant x\}$，并要用到无限可加性公理 Ⅲ$a$。由于我们没有介绍集合的极限概念，因此略去详细证明。

6.
$$P\{x_1<\boldsymbol{x}\leqslant x_2\}=F(x_2)-F(x_1) \tag{4-8}$$

证　事件 $\{\boldsymbol{x}\leqslant x_1\}$ 和事件 $\{x_1<\boldsymbol{x}\leqslant x_2\}$ 是互斥的，因为 $\boldsymbol{x}(\xi)$ 不可能既小于 x_1，又在 x_1 与 x_2 之间。而且

$$\{\boldsymbol{x}\leqslant x_2\}=\{\boldsymbol{x}\leqslant x_1\}\cup\{x_1<\boldsymbol{x}\leqslant x_2\}$$

所以
$$P\{\boldsymbol{x}\leqslant x_2\}=P\{\boldsymbol{x}\leqslant x_1\}+P\{x_1<\boldsymbol{x}\leqslant x_2\}$$

这便证明了(4-8)式。

7. $$P\{\boldsymbol{x}=x\}=F(x)-F(x^-) \tag{4-9}$$

证　令(4-8)式中 $x_1=x-\varepsilon, x_2=x$，我们可得

$$P\{x-\varepsilon<\boldsymbol{x}\leqslant x\}=F(x)-F(x-\varepsilon)$$

当 $\varepsilon\to 0$ 时，便证明了(4-9)式。

8. $$P\{x_1\leqslant \boldsymbol{x}\leqslant x_2\}=F(x_2)-F(x_1^-) \tag{4-10}$$

证　因为

$$\{x_1\leqslant \boldsymbol{x}\leqslant x_2\}=\{x_1<\boldsymbol{x}\leqslant x_2\}\cup\{\boldsymbol{x}=x_1\}$$

而且后两个事件是互斥的。所以，由(4-8)式和(4-9)式，得到(4-10)式。

统计性质　如果我们能确定概率 $P\{x\in R\}$，其中 $\boldsymbol{x}$ 属于 x 轴上的某个集合 R，它由区间的可列的并和交构成，那么我们可以说随机变量 $\boldsymbol{x}$ 的统计性质是已知的。由(4-1)式和公理可知，$\boldsymbol{x}$ 的统计性质由它的分布函数确定。

按照(4-7)式，分布函数在 x_0 点的右极限 $F(x_0^+)$ 存在并且等于 $F(x_0)$。但 $F(x)$ 不需要是左连续的。在分布函数的不连续点(间断点)，左右极限是不相等的，从(4-9)式，

$$P\{\boldsymbol{x}(\xi)=x_0\}=F_x(x_0)-F_x(x_0^-)>0 \tag{4-11}$$

因此，一个分布函数只有跳跃型的间断点，并且在间断点上(4-11)式成立。这些点总能用一个序列表示，并且最多有可列多个。

【例 4-7】　一个非负实数集合 $\{p_i\}$ 满足：对所有的 i，$P\{\boldsymbol{x}=x_i\}=p_i$ 并且 $\sum_{i=1}^{\infty}p_i=1$。确定分布函数 $F(x)$。

解　对于 $x_i\leqslant x<x_{i+1}$，我们有 $\{\boldsymbol{x}(\xi)\leqslant x\}=\bigcup_{x_k\leqslant x}\{\boldsymbol{x}(\xi)=x_k\}=\bigcup_{k=1}^{i}\{\boldsymbol{x}(\xi)=x_k\}$，因此

$$F(x)=P\{\boldsymbol{x}(\xi)\leqslant x\}=\sum_{k=1}^{i}p_k \qquad x_i\leqslant x<x_{i+1}$$

这里 $F(x)$ 是一个阶梯函数，该函数由无穷多个阶梯构成，其中第 i 个阶梯的高度是 p_i，$i=1,2,\cdots,\infty$(见图 4-7)。

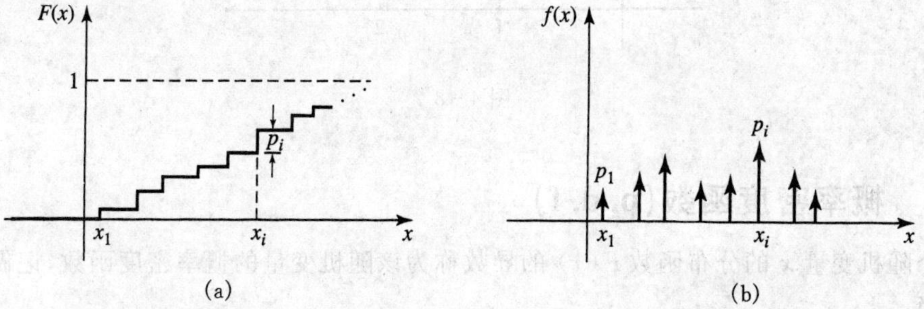

图 4-7

【例 4-8】　假定随机变量 $\boldsymbol{x}$ 满足：如果 $\xi\in A$，$\boldsymbol{x}(\xi)=1$；否则，$\boldsymbol{x}(\xi)=0$。求分布函数 $F(x)$。

解　对 $x<0$，$\{\boldsymbol{x}(\xi)\leqslant x\}=\{\varnothing\}$，所以 $F(x)=0$。对 $0\leqslant x<1$，$\{\boldsymbol{x}(\xi)\leqslant x\}=\{\overline{A}\}$，所以，$F(x)=P(\overline{A})=1-p=q$，其中 $p\equiv P(A)$；如果 $x\geqslant 1$，$\{\boldsymbol{x}(\xi)\leqslant x\}=\Omega$，所以 $F(x)=1$(见图 4-2)。这里事件 A 可以对应于试验成功而事件 $\overline{A}$ 对应于试验失败。

4.2.2 连续型，离散型和混合型随机变量

如果随机变量 $\mathbf{x}$ 的分布函数 $F_x(x)$ 是连续的，则称 $\mathbf{x}$ 是连续型随机变量。这种情况下，$F_x(x^-)=F_x(x)$，进一步，按照(4-11)式，$P\{\mathbf{x}=x\}=0$。

若 $F_x(x)$ 是仅有有限多个跳跃型间断点的阶梯函数，$\mathbf{x}$ 被称做离散型随机变量。如果 x_i 是这些间断点，按照(4-11)式(见图4-9和图4-10以及前面的图4-7)

$$P\{\mathbf{x}=x_i\}=F_x(x_i)-F_x(x_i^-)=p_i \tag{4-12}$$

例如，从图4-5，我们得到在间断点 a，

$$P\{\mathbf{x}=a\}=F_x(a)-F_x(a^-)=1-0=1$$

从图4-2，我们得到在间断点0，

$$P\{\mathbf{x}=0\}=F_x(0)-F_x(0^-)=q-0=q$$

【例4-9】 掷一枚均匀硬币两次，设随机变量 $\mathbf{x}$ 表示正面"h"出现的次数。求分布函数 $F_x(x)$。

解 在这种情况下，$\Omega=\{hh,ht,th,tt\}$，并且

$$\mathbf{x}(hh)=2 \quad \mathbf{x}(ht)=1 \quad \mathbf{x}(th)=1 \quad \mathbf{x}(tt)=0$$

对 $x<0$，$\{\mathbf{x}(\xi)\leqslant x\}=\varnothing\Rightarrow F_x(x)=0$；对于 $0\leqslant x<1$，

$$\{\mathbf{x}(\xi)\leqslant x\}=\{tt\}\Rightarrow F_x(x)=P\{tt\}=P(t)P(t)=1/4$$

最后，对 $1\leqslant x<2$，

$$\{\mathbf{x}(\xi)\leqslant x\}=\{tt,ht,th\}\Rightarrow F_x(x)=P(tt)+P(ht)+P(th)=3/4$$

对于 $x\geqslant 2$，$\{\mathbf{x}(\xi)\leqslant x\}=\Omega\Rightarrow F_x(x)=1$(见图4-8)。从图4-8可以看出，在间断点 $x=1$，

$$P\{\mathbf{x}=1\}=F_x(1)-F_x(1^-)=3/4-1/4=1/2$$

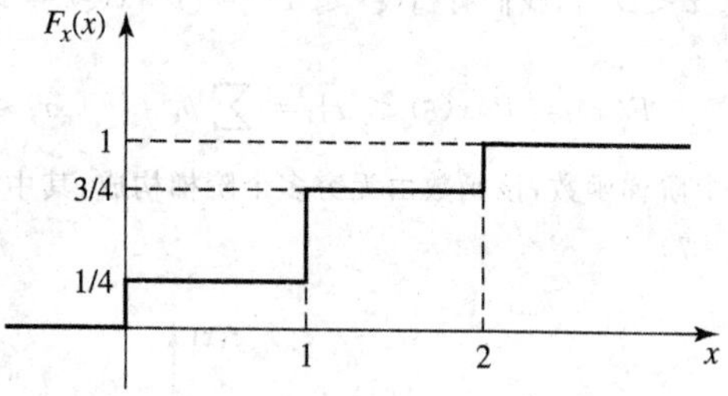

图4-8

4.2.3 概率密度函数(p.d.f)

一个随机变量 $\mathbf{x}$ 的分布函数 $F(x)$ 的导数称为该随机变量的概率密度函数，记做 $f_x(x)$，也就是说，

$$f_x(x)\equiv\frac{\mathrm{d}F_x(x)}{\mathrm{d}x} \tag{4-13}$$

从分布函数 $F_x(x)$ 的单调非减性，概率密度函数满足：$\forall x\in(-\infty,+\infty)$

$$f_x(x)=\frac{\mathrm{d}F_x(x)}{\mathrm{d}x}=\lim_{\Delta x\to 0}\frac{F_x(x+\Delta x)-F_x(x)}{\Delta x}\geqslant 0 \tag{4-14}$$

如果 $\mathbf{x}$ 是一个连续型随机变量，$f_x(x)$ 将是一个连续函数。然而，如果 $\mathbf{x}$ 是一个像例4-7中的离散型随机变量，它的概率密度函数具有下面的一般形式：

$$f_x(x) = \sum_i p_i \delta(x - x_i) \tag{4-15}$$

这里 x_i 表示分布函数的间断点。如图 4-10 所示，离散随机变量的概率密度函数是一组正的离散质量，这就是熟知的概率质量函数(简记做 p. m. f)。

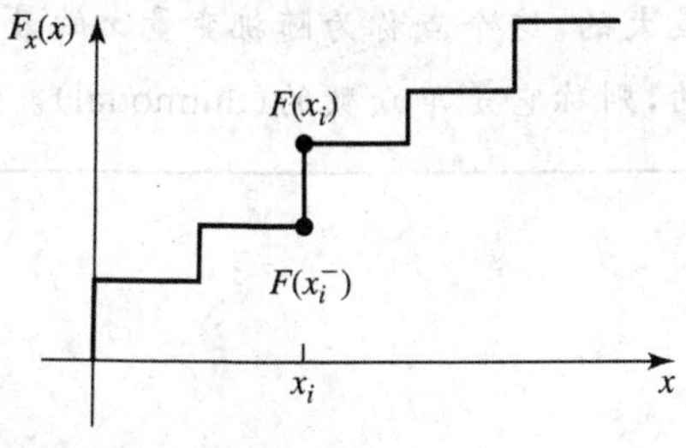

图 4-9

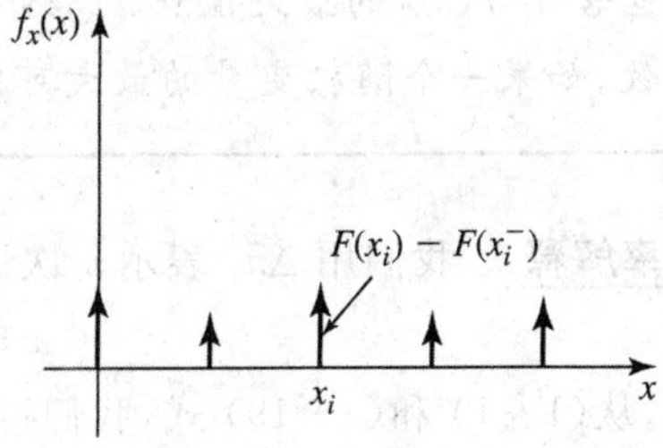

图 4-10

从(4-13)式，我们也可以通过积分从概率密度函数得到分布函数

$$F_x(x) = \int_{-\infty}^{x} f_x(u)\mathrm{d}u \tag{4-16}$$

因为 $F_x(+\infty) = 1$，从(4-16)式得到

$$\int_{-\infty}^{+\infty} f_x(x)\mathrm{d}x = 1 \tag{4-17}$$

这正好表明称这个函数为概率密度函数是合适的。进一步，从(4-16)式可以得到

$$P\{x_1 < \boldsymbol{x}(\xi) \leqslant x_2\} = F_x(x_2) - F_x(x_1) = \int_{x_1}^{x_2} f_x(x)\mathrm{d}x \tag{4-18}$$

因此，在区间(x_1, x_2)上 $f_x(x)$ 下的面积正好等于随机变量 $\boldsymbol{x}$ 落在区间(x_1, x_2)内的概率，如图 4-11(b) 和公式(4-18) 所示。

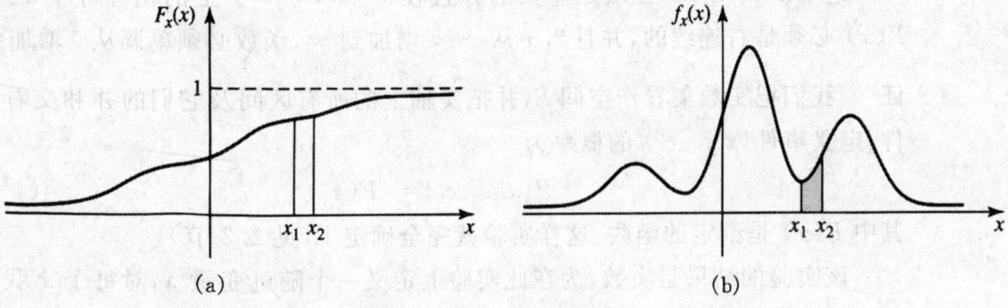

图 4-11

如果随机变量 $\boldsymbol{x}$ 是连续型的，那么(4-18)式左边的区间可用闭区间$[x_1, x_2]$代替。然而，如果 $F(x)$ 在 x_1 或 x_2 点是间断的，积分必须包括 $f(x)$ 在相应端点处的脉冲。

当 $x_1 = x, x_2 = x + \Delta x$ 时，从(4-18)式可以得到下面结论：如果 $\boldsymbol{x}$ 是连续型的，那么，只要 Δx 足够小，

$$P\{x \leqslant \boldsymbol{x} \leqslant x + \Delta x\} \approx f(x)\Delta x \tag{4-19}$$

这表明 $f(x)$ 能直接用下面极限定义

$$f(x) = \lim_{\Delta x \to 0} \frac{P\{x \leqslant \boldsymbol{x} \leqslant x + \Delta x\}}{\Delta x} \tag{4-20}$$

注　如(4-19)式所示，$\boldsymbol{x}$ 落在一个指定的长度为 Δx 的小区间的概率同 $f(x)$ 成正比，如果区间包含了 $f(x)$ 的最大值点 x_m，这个概率也是最大的。这个点称为随机变量 $\boldsymbol{x}$ 的最大可能值或众数。如果一个随机变量的最大可能值是惟一的，则称它是单众数的(unimodal)。

频率解释　我们用 Δn_x 表示 n 次试验中，满足

$$x \leqslant \boldsymbol{x}(\xi) \leqslant x + \Delta x$$

的次数。从(1-1)和(4-19)式，我们得到

$$f(x)\Delta x \approx \frac{\Delta n_x}{n} \tag{4-21}$$

4.3　常用随机变量

在 4.1 和 4.2 节中，我们从熟知的一些实验引入了随机变量的概念。在本节和全书中，我们将经常使用一些具有特定分布函数或密度函数的随机变量，而不去涉及具体的概率空间。

定理 4-1 ▶ 存在性定理　为了做到这点，我们必须证明：给定一个函数 $f(x)$ 或它的积分

$$F(x) = \int_{-\infty}^{x} f(u)\mathrm{d}u$$

我们能够构造一个实验和一个随机变量 $\boldsymbol{x}$，它具有分布函数是 $F(x)$ 或密度函数是 $f(x)$。我们知道，这些函数必须具有以下性质：

这个函数 $f(x)$ 必须是非负的并且在$(-\infty, +\infty)$上的积分等于 1。函数 $F(x)$ 必须是右连续的，并且当 x 从 $-\infty$ 增加到 ∞，函数必须单调从 0 增加到 1。

证　我们把实数集看作空间 S，并把实轴上的所有区间及它们的并和交看作事件。定义事件$\{\boldsymbol{x} \leqslant x_1\}$的概率为

$$P\{x \leqslant x_1\} = F(x_1) \tag{4-22}$$

其中 $F(x)$ 是给定的函数。这样实验就完全确定了(见 2.2 节)。

该实验的结果是实数。为在此实验上定义一个随机变量 $\boldsymbol{x}$，对每个 x 我们必须知道它的值 $\boldsymbol{x}(x)$。我们定义 $\boldsymbol{x}$ 为

$$\boldsymbol{x}(x) = x \tag{4-23}$$

于是，x 既是随机试验的结果，又是随机变量 $\boldsymbol{x}$ 的相应的值(见例 4-5)。

我们断言 $\boldsymbol{x}$ 的分布函数就等于给定的 $F(x)$。的确，事件$\{\boldsymbol{x} \leqslant x_1\}$是由满足 $\boldsymbol{x}(x) \leqslant x_1$ 的 x 的全部结果所构成。因此

$$P\{\boldsymbol{x} \leqslant x_1\} = P\{x \leqslant x_1\} = F(x_1) \tag{4-24}$$

由于上式对每个 x_1 都成立，定理得证。　◀

下面，我们简要讨论一些常用的概率密度函数。

4.3.1 连续型随机变量

正态(高斯)分布　正态或高斯分布是最常用的分布之一。如果一个随机变量的概率密度函数为

$$f_x(x)=\frac{1}{\sqrt{2\pi\sigma^2}}e^{-(x-\mu)^2/2\sigma^2} \tag{4-25}$$

这是一条钟型曲线，如图 4-12 所示，它关于参数 μ 是对称的，它的分布函数由下面的变上限积分给出

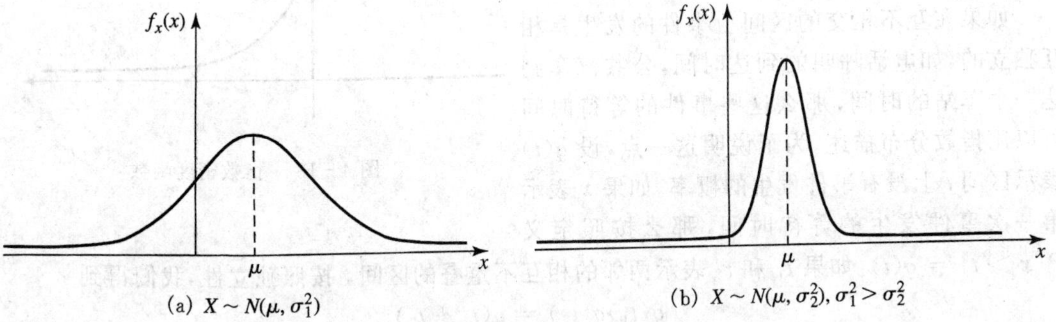

图 4-12　正态密度函数

$$F_x(x)=\int_{-\infty}^{x}\frac{1}{\sqrt{2\pi\sigma^2}}e^{-(y-\mu)^2/2\sigma^2}dy\equiv G\left(\frac{x-\mu}{\sigma}\right) \tag{4-26}$$

这里

$$G(x)=\int_{-\infty}^{x}\frac{1}{\sqrt{2\pi}}e^{-y^2/2}dy \tag{4-27}$$

实用中常用表的形式(见(4-91)式之后的表 4-1)。因为 $f_x(x)$ 仅依赖于两个参数 μ 和 σ^2，我们用 $\boldsymbol{x}\sim N(\mu,\sigma^2)$ 表示(4-25)式的高斯概率密度函数。在(4-25)中的常数 $\sqrt{2\pi\sigma^2}$ 是一个归一化常数，它保证 $f_x(x)$ 在 $(-\infty,+\infty)$ 的积分等于 1。

因为，如果我们设

$$Q=\int_{-\infty}^{+\infty}e^{-x^2/2\sigma^2}dx \tag{4-28}$$

那么

$$\begin{aligned}Q^2&=\int_{-\infty}^{+\infty}\int_{-\infty}^{+\infty}e^{-(x^2+y^2)/2\sigma^2}dxdy\\&=\int_0^{2\pi}\int_0^{+\infty}e^{-r^2/2\sigma^2}rdrd\theta\\&=2\pi\sigma^2\int_0^{+\infty}e^{-u}du=2\pi\sigma^2\end{aligned} \tag{4-29}$$

这里我们使用了变换 $x=r\cos\theta,y=r\sin\theta$，从而 $dxdy=rdrd\theta$，因此 $Q=\sqrt{2\pi\sigma^2}$。特殊的是，$\boldsymbol{x}\sim N(0,1)$ 常常称做标准正态随机变量。

正态分布是概率论和统计学中最重要的分布之一。多种自然现象服从正态分布。在假定具有

给定速度分量的分子的概率密度是速度值的函数而与方向无关时，麦克斯韦(Maxwell) 用正态分布描述分子运动速度的分布。在研究误差分析时，哈根(Hagen) 证明：如果误差是由许多不同原因导致的小误差引起的，整体误差服从正态分布。该结果是一个更一般定理的特例，这个定理表明：很多独立同分布随机变量平均的极限(当随机变量的数目趋于无穷) 服从正态分布。

指数分布　如果一个随机变量 $\boldsymbol{x}$ 的概率密度函数为(见图 4-13)

$$f_x(x)=\begin{cases}\lambda e^{-\lambda x} & x\geqslant 0\\ 0 & \text{其它}\end{cases}\qquad (4-30)$$

我们称这个随机变量是服从具有参数 λ 的指数分布。

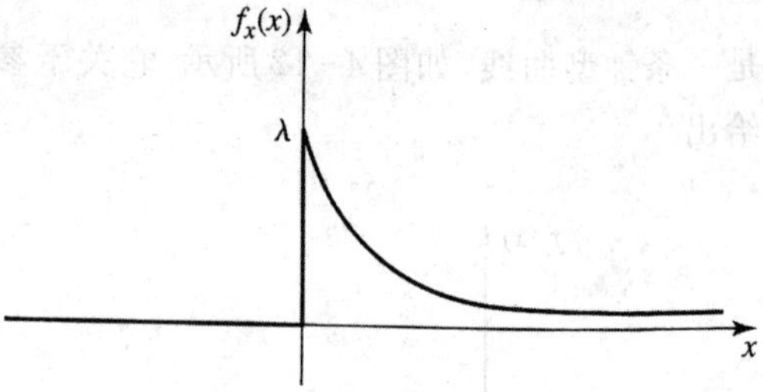

图 4-13　指数密度函数

如果在互不相交的区间上事件的发生是相互独立的，如电话呼叫的到达时间，公共汽车到达一个车站的时间，那么这些事件的等待时间可以用指数分布描述。为了说明这一点，设 $q(t)$ 表示区间 t 上没有事件发生的概率。如果 $\boldsymbol{x}$ 表示第一次事件发生的等待时间，那么按照定义 $P\{\boldsymbol{x}>t\}=q(t)$。如果 t_1 和 t_2 表示两邻的相互不重叠的区间，按照独立性，我们得到

$$q(t_1)q(t_2)=q(t_1+t_2)$$

该方程仅有的非平凡有界解是[可见(16-9) 和(16-10) 式]

$$q(t)=e^{-\lambda t}$$

从而

$$F_x(t)=P(\boldsymbol{x}\leqslant t)=1-q(t)=1-e^{-\lambda t}\qquad (4-31)$$

相应的概率密度函数由(4-30) 式给出。

指数分布的无记忆性　设 $s,t\geqslant 0$，考虑事件 $\{\boldsymbol{x}>t+s\}$ 和 $\{\boldsymbol{x}>s\}$。因为事件 $\{\boldsymbol{x}>t+s\}\subset\{\boldsymbol{x}>s\}$

$$P\{\boldsymbol{x}>t+s\mid\boldsymbol{x}>s\}=\frac{P\{\boldsymbol{x}>t+s\}}{P\{\boldsymbol{x}>s\}}=\frac{e^{-(t+s)}}{e^{-s}}=e^{-t}=P\{\boldsymbol{x}>t\}\qquad (4-32)$$

如果 $\boldsymbol{x}$ 表示一个设备的使用寿命，则(4-32) 式表明：如果设备已经正常工作了一段时间 s，那么它将继续再工作一段时间 t 的概率仅依赖于 t 而与 s 无关，并且等于新更换一个设备正常工作一段时间 t 的概率。在这种意义下，设备对它已经工作的时间 s 是没有记忆的。另外，对于一个**连续非负**随机变量 $\boldsymbol{x}$，如果对任意的 $t,s\geqslant 0$，满足

$$P\{\boldsymbol{x}>t+s\mid\boldsymbol{x}>s\}=P\{\boldsymbol{x}>t\}$$

那么它必然服从指数分布。

无记忆性质简化了很多计算，这也是很多应用采用指数模型的原因。在这种模型下，目前没有坏的东西和新的一样好。对于其它类型的非负连续随机变量，这一性质是不成立的。事实上，条件概率

$$P\{\boldsymbol{x}>t+s\mid\boldsymbol{x}>s\}=\frac{1-P\{\boldsymbol{x}\leqslant t+s\}}{1-P\{\boldsymbol{x}\leqslant s\}}=\frac{1-F(t+s)}{1-F(s)}\qquad (4-33)$$

一般依赖于 s。

【例 4-10】　器件的使用寿命

假定一个器件的使用寿命服从 $\lambda=10$ 年的指数分布。一个人购买了一个用过的器件，问该器

具再用 5 年不坏的概率是多少?

解　因为无记忆性质,所求概率与该器具买前用了多长时间没有关系。因此,如果 $\boldsymbol{x}$ 表示该器具使用的时间,t_0 表示买前使用的时间,那么

$$P\{\boldsymbol{x}>t_0+5\mid \boldsymbol{x}>t_0\}=P\{\boldsymbol{x}>5\}=\mathrm{e}^{-5/10}=\mathrm{e}^{-1/2}=0.368$$

前面我们提到过,对于任何其它的寿命分布,计算的概率将依赖于器件实际已经使用过的时间 t_0。

【例 4-11】　饭店的等待时间

假定一个顾客在饭店等待服务的时间服从 $\lambda=5$ 分钟的指数分布,那么一个顾客等待时间超过 10 分钟的概率等于

$$P\{\boldsymbol{x}>10\}=\mathrm{e}^{-10/5}=\mathrm{e}^{-2}=0.1353$$

更有趣的是,假定该顾客已经等了 10 分钟,那么她或他还要等 10 分钟的概率也是

$$P\{\boldsymbol{x}>10\mid \boldsymbol{x}>10\}=P\{\boldsymbol{x}>10\}=\mathrm{e}^{-2}=0.1353$$

换句话说,过去的等待与现在将要等待的时间无关。

指数分布的一般化引出了伽马(Gamma)分布。

伽马(Gamma)分布　如果随机变量 $\boldsymbol{x}$ 的概率密度函数为

$$f_x(x)=\begin{cases}\dfrac{x^{\alpha-1}}{\Gamma(\alpha)\beta^{\alpha}}\mathrm{e}^{-x/\beta} & x\geqslant 0\\ 0 & x<0\end{cases}\tag{4-34}$$

其中 $\alpha>0,\beta>0$,那么我们称 $\boldsymbol{x}$ 服从参数为 α,β 的伽马分布。

在(4-34)式中,$\Gamma(\alpha)$ 是伽马函数,定义为

$$\Gamma(\alpha)=\int_0^{\infty}x^{\alpha-1}\mathrm{e}^{-x}\mathrm{d}x\tag{4-35}$$

如果 α 是整数,对(4-35)式用分部积分公式,得到

$$\Gamma(n)=(n-1)\Gamma(n-1)=(n-1)!\tag{4-36}$$

我们用记号 $G(\alpha,\beta)$ 表示(4-34)式的概率密度函数。

随着参数 α,β 的变化,伽马概率密度函数提供了一大类波形。对于 $\alpha<1$,$f_x(x)$ 是严格递减的,并且当 $x\to+\infty$ 时,$f_x(x)\to 0$,当 $x\to 0$ 时,$f_x(x)\to+\infty$。对于 $\alpha>1$,概率密度函数 $f_x(x)$ 具有惟一的众数 $x=(\alpha-1)/\beta$,相应的概率密度函数的最大值是 $[(\alpha-1)\mathrm{e}^{-1}]^{\alpha-1}/(\beta\Gamma(\alpha))$。图 4-14 给出了伽马分布的几种概率密度曲线。

一些伽马分布的特例被广泛使用并且有其专门的名字。在(4-30)式定义的指数分布是参数 $\alpha=1$ 的伽马分布。如果 $\alpha=n/2,\beta=2$,我们得到了具有 n 个自由度的 χ^2 分布,它的表达式在(4-39)式给出。

在(4-34)式中,令 $\alpha=n,\beta=1/\lambda$,我们得到了下面的伽马密度函数

$$f_x(x)=\begin{cases}\dfrac{\lambda^n x^{n-1}}{(n-1)!}\mathrm{e}^{-\lambda x} & x\geqslant 0\\ 0 & x<0\end{cases}\tag{4-37}$$

对(4-37)式进行分部积分,我们得到了概率分布函数

$$F_x(t)=\int_0^t f_x(x)\mathrm{d}x=1-\sum_{k=0}^{n-1}\frac{(\lambda t)^k}{k!}\mathrm{e}^{-\lambda t}\tag{4-38}$$

如果在(4-37)和(4-38)式中 $\lambda=n\mu$,相应的随机变量称为**埃尔朗**随机变量。因此,$G(n,1/n\mu)$ 表示埃尔朗分布,记作 E_n。在这种情况下,$n=1$ 对应于指数随机变量,并且 $n\to\infty$ 给出了常数分布,即当 $t>1/\mu$ 时,$F_x(t)=1$,其它情况 $F_x(t)=0$。当 n 从 1 变化到 ∞ 时,埃尔朗分布从

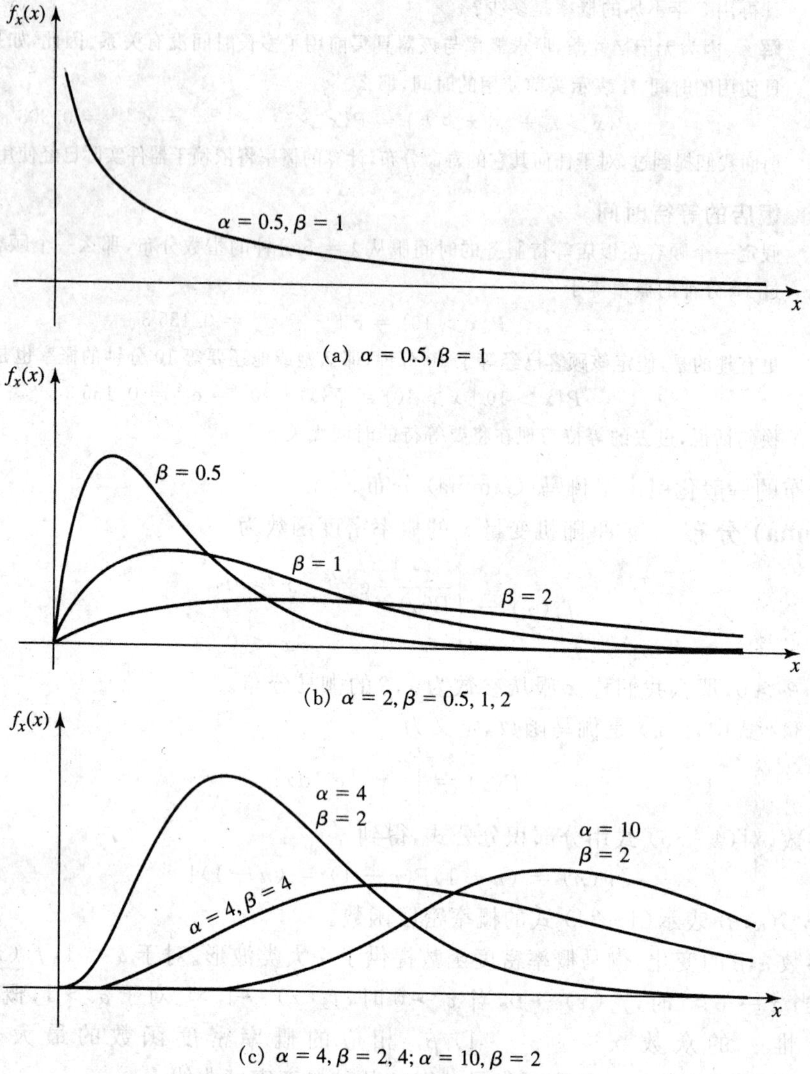

图 4－14　伽马密度函数

随机过渡到确定。很多实际中重要的分布介于这两种情况($n = 1$ 和 $n \to \infty$)之间，通过选择合适的 n，埃尔朗分布可以近似这些分布。

χ^2 分布　如果随机变量 $\boldsymbol{x}$ 的概率密度函数是

$$f_x(x) = \begin{cases} \dfrac{x^{n/2-1}}{2^{n/2}\Gamma(n/2)} e^{-x/2} & x \geqslant 0 \\ 0 & x < 0 \end{cases} \tag{4-39}$$

那么我们称 $\boldsymbol{x}$ 服从自由度为 n 的 $\chi^2(n)$ 分布。

图 4－15 给出了不同自由度的 $\chi^2(n)$ 的概率密度函数。注意，如果 $n = 2$，(4－39) 式表示指数分布。我们也可以按照上面的方式推广指数分布，以便回避前面讨论的无记忆性质。现实中，大多数的器具会随着使用时间遭到磨损，因此简单的指数模型不足以描述它们的使用寿命和它的故障率。下面，考虑分布函数

$$F_x(x) = 1 - e^{-\int_0^x \lambda(t)\,dt} \qquad x \geqslant 0 \quad \lambda(t) \geqslant 0 \tag{4-40}$$

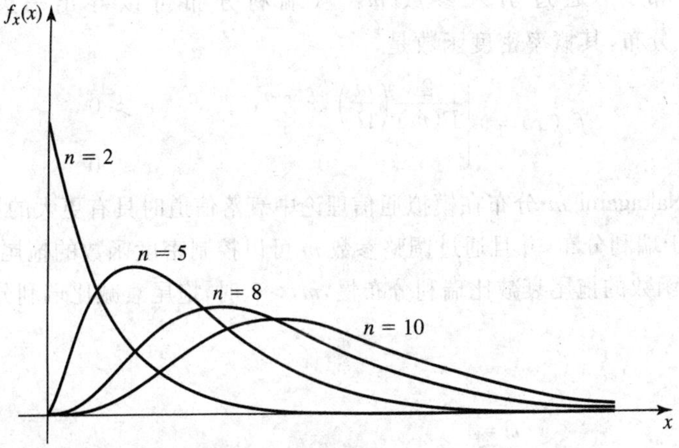

图 4-15　$n=2,5,8,10$ 的 $\chi^2(n)$ 分布

相应的密度函数是

$$f_x(x)=\lambda(x)\mathrm{e}^{-\int_0^x\lambda(t)\mathrm{d}t}\qquad x\geqslant 0\quad \lambda(t)\geqslant 0 \tag{4-41}$$

注意，当 $\lambda(t)$ 是常数时，对应到指数分布。可以考虑更一般的情况

$$\lambda(t)=\alpha t^{\beta-1} \tag{4-42}$$

按照(4-41)式，相应的分布是双参数的

$$f_x(x)=\begin{cases}\alpha x^{\beta-1}\mathrm{e}^{-\alpha x^{\beta}/\beta} & x\geqslant 0\\ 0 & x<0\end{cases} \tag{4-43}$$

这是韦伯分布(Weibull distribution)(见图 4-16)。

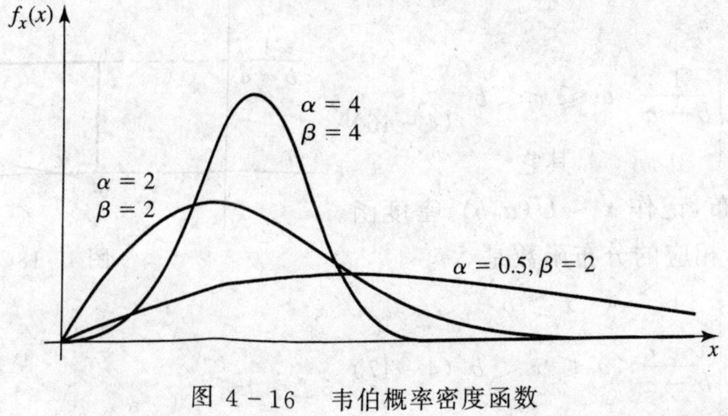

图 4-16　韦伯概率密度函数

当 $\alpha=1/\sigma^2$ 和 $\beta=2$ 时，相应的韦伯分布称作瑞利分布(Rayleigh distribution)。瑞利分布对应于(4-42)式是线性的。

瑞利分布　如果随机变量 $\boldsymbol{x}$ 的概率密度函数是

$$f_x(x)=\begin{cases}\dfrac{x}{\sigma^2}\mathrm{e}^{-x^2/2\sigma^2} & x\geqslant 0\\ 0 & x<0\end{cases} \tag{4-44}$$

在通信系统中，随机接收信号的幅度可以用瑞利分布描述。

Nakagami-*m* 分布 通过引入参数 m，从瑞利分布可以导出一类更一般的分布——Nakagami-m 分布，其概率密度函数是

$$f_x(x)=\begin{cases}\dfrac{2}{\Gamma(m)}\left(\dfrac{m}{\Omega}\right)^m x^{2m-1}\mathrm{e}^{-mx^2/\Omega} & x>0\\ 0 & x\leqslant 0\end{cases} \tag{4-45}$$

同瑞利分布相比，Nakagami-m 分布在模拟通信理论中衰落信道时具有更大的灵活性。在(4-45)式中，$m=1$ 对应于瑞利分布，并且通过调整参数 m 可以控制密度函数的拖尾。如图4-17 所示，当 $m<1$ 时，密度函数的拖尾衰减比瑞利分布慢，$m>1$ 时，拖尾衰减比瑞利分布快。

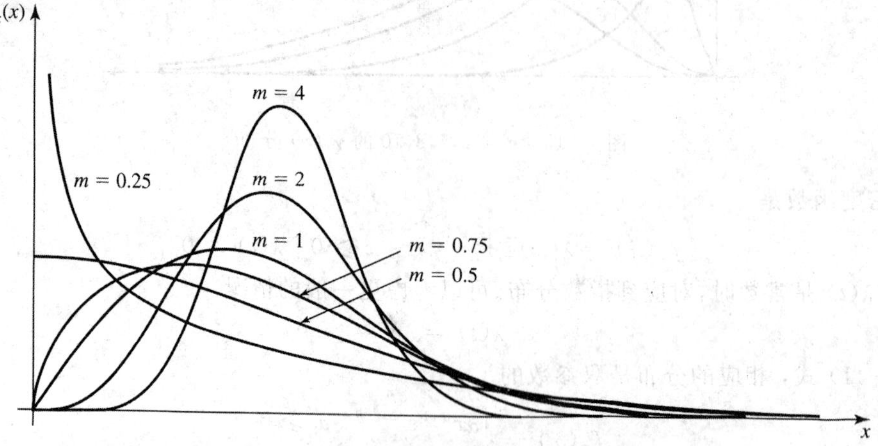

图 4-17 $m=0.25, 0.5, 0.75, 1, 2, 4$ 的 Nakagami-m 分布

均匀(Uniform)分布 若随机变量 $\boldsymbol{x}$ 的密度函数在区间 (a,b) 内是常数，$-\infty<a<b<+\infty$，而在其它地方为零，即

$$f_x(x)=\begin{cases}\dfrac{1}{b-a} & a\leqslant x\leqslant b\\ 0 & \text{其它}\end{cases} \tag{4-46}$$

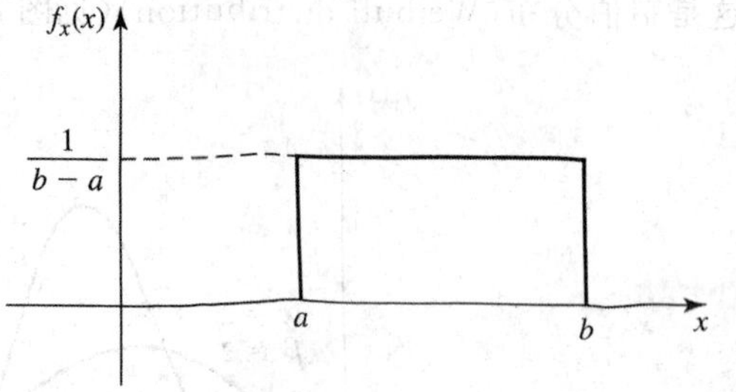

图 4-18

则称它服从均匀分布，记作 $\boldsymbol{x}\sim U(a,b)$。密度函数如图 4-18 所示，相应的分布函数是

$$F_x(x)=\begin{cases}1 & x\geqslant b\\ \dfrac{x-a}{b-a} & a\leqslant x<b\\ 0 & x<a\end{cases} \tag{4-47}$$

贝塔(Beta)分布 如果随机变量 $\boldsymbol{x}$ 的概率密度函数是

$$f_x(x)=\begin{cases}\dfrac{1}{B(\alpha,\beta)}x^{\alpha-1}(1-x)^{\beta-1} & 0<x<1\\ 0 & \text{其它}\end{cases} \tag{4-48}$$

那么称 $\boldsymbol{x}$ 服从参数为 α,β 的贝塔分布。其中 α,β 是两个非负参数，贝塔函数 $B(\alpha,\beta)$ 定义为

$$B(\alpha,\beta)=\int_0^1 x^{\alpha-1}(1-x)^{\beta-1}\mathrm{d}x=2\int_0^{\frac{\pi}{2}}(\sin\theta)^{2\alpha-1}(\cos\theta)^{2\beta-1}\mathrm{d}\theta \tag{4-49}$$

(4-49)式的三角形式可以通过变量替换 $x=\sin^2\theta$ 得到。也可以用我们先前定义的伽马函数表示贝塔函数。在(4-35)式中，令 $x=y^2$，得到

$$\Gamma(\alpha)=2\int_0^{\infty}y^{2\alpha-1}e^{-y^2}dy \tag{4-50}$$

所以

$$\Gamma(\alpha)\Gamma(\beta)=4\int_0^{\infty}\int_0^{\infty}x^{2\alpha-1}y^{2\beta-1}e^{-(x^2+y^2)}dxdy$$

用极坐标变换 $x=r\cos\theta, y=r\sin\theta$，得到

$$\begin{aligned}\Gamma(\alpha)\Gamma(\beta)&=4\int_0^{\pi/2}\int_0^{\infty}r^{2(\alpha+\beta)-1}e^{-r^2}(\sin\theta)^{2\alpha-1}(\cos\theta)^{2\beta-1}drd\theta\\&=(2\int_0^{\infty}r^{2(\alpha+\beta)-1}e^{-r^2}dr)(2\int_0^{\infty}(\sin\theta)^{2\alpha-1}(\cos\theta)^{2\beta-1}d\theta)\\&=\Gamma(\alpha+\beta)B(\alpha,\beta)\end{aligned}$$

或

$$B(\alpha,\beta)=\frac{\Gamma(\alpha)\Gamma(\beta)}{\Gamma(\alpha+\beta)} \tag{4-51}$$

均匀分布正好是满足 $\alpha=\beta=1$ 的贝塔分布。同均匀分布相比，贝塔分布具有更大的灵活性。随着参数 α,β 的变化，贝塔分布具有各种形状。如果 $\alpha>1,\beta>1$，那么在 $x=0$ 和 $x=1$，$f_x(x)\to 0$，密度函数的形状是下凹的。如果 $0<\alpha<1$，那么 $x\to 0$ 时，$f_x(x)\to\infty$，如果 $0<\beta<1$，当 $x\to 1$，$f_x(x)\to\infty$。如果 $\alpha<1,\beta<1$，$f_x(x)$ 具有惟一的最小值并且形状是下凹的。当 $\alpha=\beta$ 时，概率密度函数关于 $x=1/2$ 对称(图 4-19)。

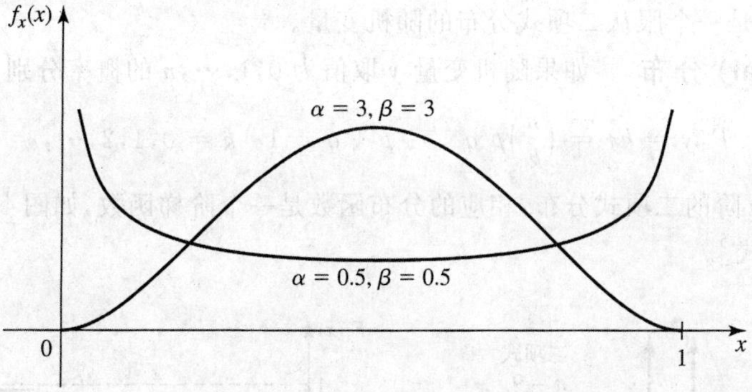

(a) $(\alpha,\beta)=(0.5,0.5),(3,3)$

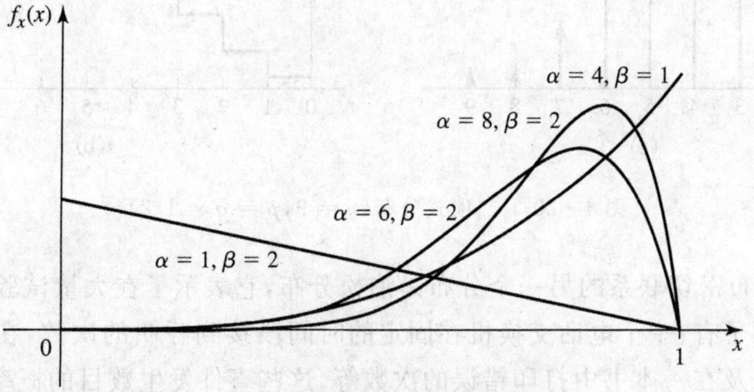

(b) $(\alpha,\beta)=(1,2),(4,1),(6,2),(8,2)$

图 4-19　贝塔密度函数

还有另外一些常用的连续型概率分布罗列如下：

柯西分布

$$f_x(x)=\frac{\alpha/\pi}{(x-\mu)^2+\alpha^2} \qquad |x|<\infty \tag{4-52}$$

拉普拉斯分布

$$f_x(x)=\frac{\alpha}{2}e^{-\alpha|x|} \qquad |x|<\infty \tag{4-53}$$

麦克斯韦分布

$$f_x(x)=\begin{cases}\dfrac{4}{\alpha^3\sqrt{\pi}}x^2e^{-x^2/\alpha^2} & x\geqslant 0\\ 0 & x<0\end{cases} \tag{4-54}$$

4.3.2　离散型随机变量

在离散随机变量中，最简单的是伯努利随机变量，它可以描述任何一个只有两个结果的实验，如在例 4-3 和 4-8 中的成功和失败(或“正面”和“反面”)。

伯努利分布　如果随机变量 $\boldsymbol{x}$ 仅取两个值 0 和 1，如图 4-2 所示，并且

$$P\{\boldsymbol{x}=1\}=p \qquad P\{\boldsymbol{x}=0\}=q=1-p \tag{4-55}$$

我们称 $\boldsymbol{x}$ 服从伯努利分布。

在 n 次独立伯努利试验构成的实验中，每次成功的概率是 p，如果 $\boldsymbol{y}$ 表示所有实验中成功的总次数，那么 $\boldsymbol{y}$ 是一个服从二项式分布的随机变量。

二项式(Binomial)分布　如果随机变量 $\boldsymbol{y}$ 取值为 $0,1,\cdots,n$ 的概率分别为

$$P\{\boldsymbol{y}=k\}=\binom{n}{k}p^kq^{n-k} \qquad p+q=1 \quad k=0,1,2,\cdots,n \tag{4-56}$$

我们就称它服从 n 阶的二项式分布，相应的分布函数是一个阶梯函数，如图 4-20 所示[也见(3-13)和(3-23)式]。

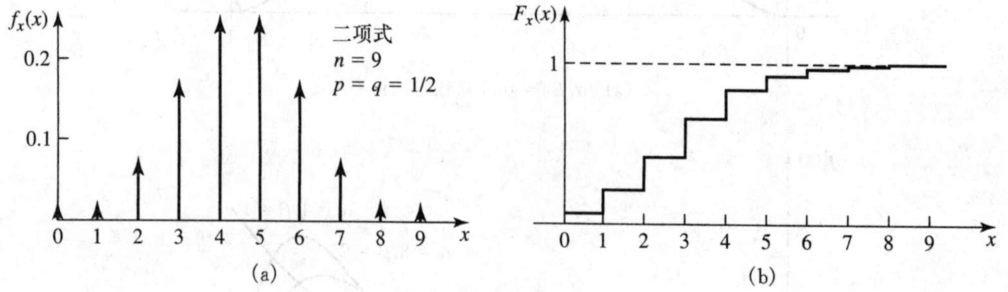

图 4-20　二项式分布($n=9, p=q=1/2$)

与二项式分布密切联系的另一个分布是泊松分布，它表示了在大量试验中稀有事件发生的次数。典型的例子有：一个电话交换机在固定的时间段接到呼叫的次数，在彩票中购买彩票的中奖的票数，以及在一本书中打印错误的次数等。这些事件发生数目的概率分布是我们感兴趣的，它被称为泊松分布。

泊松分布　若随机变量 $\boldsymbol{x}$ 取 $0, 1, \cdots n, \cdots, \infty$ 各值的概率为

$$P\{\boldsymbol{x}=k\}=\mathrm{e}^{-\lambda}\frac{\lambda^k}{k!}\qquad k=0,1,2,\cdots,\infty \tag{4-57}$$

我们说它服从具有参量为 λ 的泊松分布。于是，$\boldsymbol{x}$ 是梯格型的随机变量，它的密度函数为

相应的分布函数如图 4-9(b) 所示的阶梯状。

令 $p_k=\{\boldsymbol{x}=k\}$，从(4-57) 式可得(也见图 4-21)

$$\frac{p_{k-1}}{p_k}=\frac{\mathrm{e}^{-\lambda}\lambda^{k-1}/(k-1)!}{\mathrm{e}^{-\lambda}\cdot\lambda^k/k!}=\frac{k}{\lambda}$$

如果 $k<\lambda$，则 $P\{\boldsymbol{x}=k-1\}<P\{\boldsymbol{x}=k\}$；但如果 $k>\lambda$，$P\{\boldsymbol{x}=k-1\}>P\{\boldsymbol{x}=k\}$。最后，如果 $k=\lambda$，$P\{\boldsymbol{x}=k-1\}=P\{\boldsymbol{x}=k\}$。从这我们得出结论：当 k 从 0 直到 $k\leqslant\lambda$，$P\{\boldsymbol{x}=k\}$ 增加，当 $k>\lambda$ 时，随着 k 的增加 $P\{\boldsymbol{x}=k\}$ 减小。如果 λ 是一个整数，那么 $P\{\boldsymbol{x}=k\}$ 有两个最大值点 $k=\lambda-1$ 和 λ。

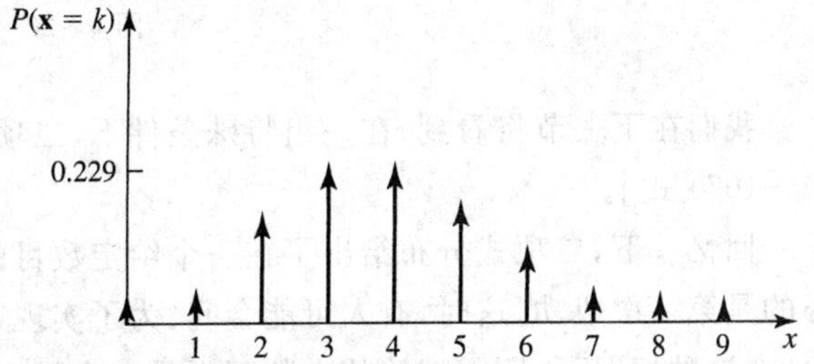

图 4-21　泊松分布($\lambda=3$)

相应的分布函数也是类似于图 4-20(b) 的阶梯函数，但包含了无穷多个台阶。

总之，如果比值 p_{k-1}/p_k 小于 1，也就是说如果 $k<\lambda$，那么随着 k 的增加，p_k 单调增加直到在 $k=[\lambda]$ 处达到它的最大值。因此，

若 $\lambda<1$，当 $k=0$ 时 p_k 是最大值；

若 $\lambda>1$，但不是整数，则 p_k 随 k 增大，并当 $k=[\lambda]$ 时达到它的最大值；

若 λ 是整数，当 $k=\lambda-1$ 和 $k=\lambda$ 时，p_k 为最大。

【例 4-12】　泊松点

在泊松点实验中，一个结果 ξ 是 t 轴上的点 t_i 的一个集合。

(a) 给定一个常数 t_0，我们定义随机变量 $\boldsymbol{n}(\xi)$ 表示 t_i 落在区间 $(0,t_0)$ 的数目。显然，$\boldsymbol{n}=k$ 表示区间 $(0,t_0)$ 内的 t_i 的数目等于 k。因此[证明见(4-117) 式]

$$P\{\boldsymbol{n}=k\}=\mathrm{e}^{-\lambda t_0}\frac{(\lambda t_0)^k}{k!} \tag{4-58}$$

因此，在长度为 t_0 的区间内，泊松点的数目是一个服从具有参量 $a=\lambda t_0$ 的泊松分布的随机变量，其中 λ 为点的密度。

(b) 记一个固定点 t_0 右边的第一个随机点为 t_1，并定义随机变量 $\boldsymbol{x}$ 是 t_0 到 t_1 的距离[图 4-22(a)]。由定义可知，对任一 ξ，$\boldsymbol{x}(\xi)\geqslant 0$。因此，当 $x<0$ 时，$\boldsymbol{x}$ 的分布函数为 0。当 $x>0$ 时，我们可证明其分布函数为

$$F(x)=1-\mathrm{e}^{-\lambda x}$$

证　我们知道，对一个特定的数 x，$F(x)$ 表示 $\boldsymbol{x}\leqslant x$ 的概率。但是，$\boldsymbol{x}\leqslant x$ 却意味着 t_0 与 t_0+x 之间至少有一个随机点。因此，$1-F(x)$ 等于区间 (t_0,t_0+x) 内没有点的概率 p_0。又因为区间的长度等于 x，由(4-58) 式得

$$p_0=\mathrm{e}^{-\lambda x}=1-F(x)$$

相应的密度函数

$$f(x)=\lambda\mathrm{e}^{-\lambda x}U(x) \tag{4-59}$$

是(4-30) 式给出指数密度函数[图 4-10(b)]。

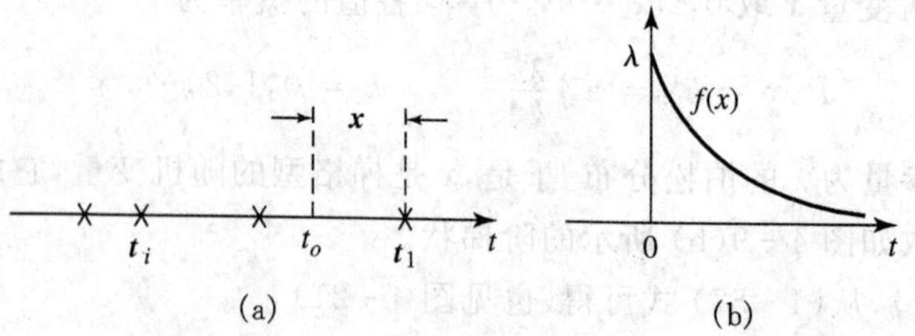

图 4-22

我们在下一节将看到，在一组特殊条件下，二项式分布的极限情况可以导出泊松分布[见(4-107)式]。

回忆一下，二项式分布给出了在一个给定数目的试验中成功次数的概率分布。假定我们关心的是第一次成功。这时，有人可能会问：为了实现第一次成功，所需的伯努利试验的次数是多少？在这种情况下，所需试验的次数不再是一个固定的数，而是一个随机数。另一方面，二项式分布的实验中，试验次数是固定的，而我们关心的是 n 次试验中成功的总次数。

设 $\boldsymbol{x}$ 表示在重复伯努利试验中第一次成功出现所需要的试验次数，那么我们称 $\boldsymbol{x}$ 是服从几何分布的随机变量。因此，如果用 A 表示“成功”这一事件，则

$$P\{\boldsymbol{x}=k\}=P\{\underbrace{\overline{A}\overline{A}\cdots\overline{A}}_{k-1}A\}=P(\overline{A})P(\overline{A})\cdots P(\overline{A})P(A)$$
$$=(1-p)^{k-1}p \qquad k=1,2,3,\cdots,\infty$$

几何分布　如果随机变量 $\boldsymbol{x}$ 满足

$$P\{\boldsymbol{x}=k\}=pq^{k-1} \qquad k=1,2,3,\cdots,\infty \tag{4-60}$$

我们称 $\boldsymbol{x}$ 服从几何分布。

从(4-60)式，我们得到事件 $\{\boldsymbol{x}>m\}$ 的概率是

$$P\{\boldsymbol{x}>m\}=\sum_{k=m+1}^{\infty}P\{\boldsymbol{x}=k\}=\sum_{k=m+1}^{\infty}pq^{k-1}=pq^m(1+q+q^2+\cdots)=\frac{pq^m}{1-q}=q^m$$

因此，对整数 $m,n>1$，因为 $\{\boldsymbol{x}>m+n\}\subset\{\boldsymbol{x}>m\}$

$$P\{\boldsymbol{x}>m+n\mid\boldsymbol{x}>m\}=\frac{P\{\boldsymbol{x}>m+n\}}{P\{\boldsymbol{x}>m\}}=\frac{q^{m+n}}{q^m}=q^n \tag{4-61}$$

方程(4-61)表明：假定前 m 次试验没有成功，第一次成功出现在紧接着的 n 次试验中的条件概率仅依赖于 n 而于 m 无关。这种无记忆性质在指数分布中也出现过。

几何分布的一个显而易见的推广是考虑实现 r 次成功所需的试验次数。设 $\boldsymbol{y}$ 表示实现 r 次成功所需的伯努利试验的次数，那么我们称 $\boldsymbol{y}$ 服从负二项式分布。按照(4-56)式和伯努利试验的独立性，我们得到

$$P\{\boldsymbol{y}=k\}=P\{\text{前 } k-1 \text{ 次试验中有 } r-1 \text{ 次成功并且第 } k \text{ 次试验成功}\}$$
$$=\binom{k-1}{r-1}p^{r-1}q^{k-r}p \tag{4-62}$$
$$=\binom{k-1}{r-1}p^rq^{k-r} \qquad k=r,r+1,\cdots,\infty$$

负二项式分布　如果随机变量 $\boldsymbol{y}$ 满足

$$P\{\boldsymbol{y}=k\}=\binom{k-1}{r-1}p^{r}q^{k-r}\qquad k=r,r+1,\cdots,\infty \tag{4-63}$$

我们称它为服从参数为 r 和 p 的负二项式分布。

如果 r 次成功需要 n 次或更少的试验，那么在 n 次试验中成功的次数至少是 r 次。因此

$$P\{\boldsymbol{y}\leqslant n\}=P\{\boldsymbol{x}\geqslant r\}$$

这里 $\boldsymbol{y}\sim NB(r,p)$ 而 $\boldsymbol{x}$ 服从(4-56) 式的二项式分布。因为负二项式分布的随机变量表示第 r 次成功出现的等待次数，它有时也称作等待时间分布。

随机变量 $\boldsymbol{z}=\boldsymbol{y}-r$ 表示第 r 次成功前失败的次数，它的概率分布是[用(4-62) 式]

$$P\{\boldsymbol{z}=k\}=P\{\boldsymbol{y}=k+r\}=\binom{r+k-1}{r-1}p^{r}q^{k}$$

$$=\binom{r+k-1}{k}p^{r}q^{k}\qquad k=0,1,2,\cdots,\infty \tag{4-64}$$

特别是，从 $r=1$ 得到

$$P\{\boldsymbol{z}=k\}=pq^{k}\qquad k=0,1,2,\cdots,\infty \tag{4-65}$$

有时(4-65) 式的分布也被称作几何分布，几何分布可以看作一类特殊的负二项式分布。

【例 4-13】 两个队 A 和 B 进行比赛，规则采用五局三胜制。首先赢得三局的队获胜。假定各局比赛结果相互独立。设 p 是单局比赛中 A 队战胜 B 队的概率，$0<p<1$。设 $\boldsymbol{x}$ 表示 A 队获胜所需的比赛局数。那么，$3\leqslant\boldsymbol{x}\leqslant 5$。设事件

$$A_k=\{A\text{ 在第 }k\text{ 局中获胜}\}\qquad k=3,4,5$$

我们注意到，$A_k\cap A_l=\varnothing,k\neq l$，所以

$$P(A\text{ 赢})=P\left(\bigcup_{k=3}^{5}A_k\right)=\sum_{k=3}^{5}P(A_k)$$

其中

$$P\{A_k\}=P\{\text{第 }k\text{ 次试验时 }A\text{ 达到三次成功}\}=\binom{k-1}{2}p^{3}(1-p)^{k-3}$$

因此

$$P\{A\text{ 赢}\}=\sum_{k=3}^{5}\binom{k-1}{2}p^{3}(1-p)^{k-3}$$

如果 $p=1/2$，那么 $P\{A\text{ 赢}\}=1/2$。A 正好在 4 局比赛中获胜的概率是

$$\binom{3}{2}\left(\frac{1}{2}\right)^{4}=\frac{3}{16}$$

A 在 4 局或者更少的局数获胜的概率是 $\frac{1}{8}+\frac{3}{16}=\frac{5}{16}$。

假定 A 已经赢了第一局，A 赢的条件概率是

$$\sum_{k=2}^{4}\binom{k-1}{1}\left(\frac{1}{2}\right)^{2}\left(\frac{1}{2}\right)^{k-2}=\left(\frac{1}{4}+\frac{2}{8}+\frac{3}{16}\right)=\frac{11}{16}$$

离散均匀分布　如果随机变量 $\boldsymbol{x}$ 满足

$$P\{\boldsymbol{x}=k\}=\frac{1}{N}\qquad k=1,2,\cdots,N \tag{4-66}$$

我们称它服从离散均匀分布。

4.4 条件分布

假定事件 M 发生的情况下，事件 A 的条件概率我们曾定义为

$$P(A \mid M) = \frac{P(AM)}{P(M)}, \quad 式中\ P(M) \neq 0$$

同样假定 M 的条件下，随机变量 $\boldsymbol{x}$ 的**条件分布**函数 $F(x \mid M)$ 定义为事件 $\{\boldsymbol{x} \leqslant x\}$ 的条件概率

$$F(x \mid M) = P\{\boldsymbol{x} \leqslant x \mid M\} = \frac{P\{\boldsymbol{x} \leqslant x, M\}}{p(M)} \tag{4-67}$$

在上面，$\{\boldsymbol{x} \leqslant x, M\}$ 是事件 $\{\boldsymbol{x} \leqslant x\}$ 和 M 的交，它由全部满足 $\boldsymbol{x}(\xi) \leqslant x$ 且 $\xi \in M$ 的结果 ξ 构成。

于是，$F(x \mid M)$ 的定义与 $F(x)$ 的定义(4-1)式完全相同，只是所有的概率用条件概率来代替。由此可知 $F(x \mid M)$ 与 $F(x)$ 有相同的性质(见 2.3 节的重要说明)。特别地[见(4-3)式和(4-8)式]

$$F(\infty \mid M) = 1 \qquad F(-\infty \mid M) = 0 \tag{4-68}$$

$$P\{x_1 < \boldsymbol{x} \leqslant x_2 \mid M\} = F\{x_2 \mid M\} - F\{x_1 \mid M\} = \frac{P\{x_1 < \boldsymbol{x} \leqslant x_2, M\}}{P(M)} \tag{4-69}$$

条件密度 $f(x \mid M)$ 是条件概率分布函数 $F(x \mid M)$ 的导数，定义为

$$f(x \mid M) = \frac{\mathrm{d}F(x \mid M)}{\mathrm{d}x} = \lim_{\Delta x \to 0} \frac{P\{x \leqslant \boldsymbol{x} \leqslant x + \Delta x \mid M\}}{\Delta x} \tag{4-70}$$

该函数是非负的并且它在 $(-\infty, \infty)$ 上的积分为 1。

【例 4-14】 在均匀骰子实验中(例 4-4)，我们要求随机变量 $x(f_i) = 10i$ 的条件分布函数 $F(x \mid M)$，这里 $M = \{f_2, f_4, f_6\}$ 是出现"偶数"点的事件。

若 $x \geqslant 60$，则 $\{\boldsymbol{x} \leqslant x\}$ 是必然事件，且有 $\{\boldsymbol{x} \leqslant x, M\} = M$。因此(见图 4-23)

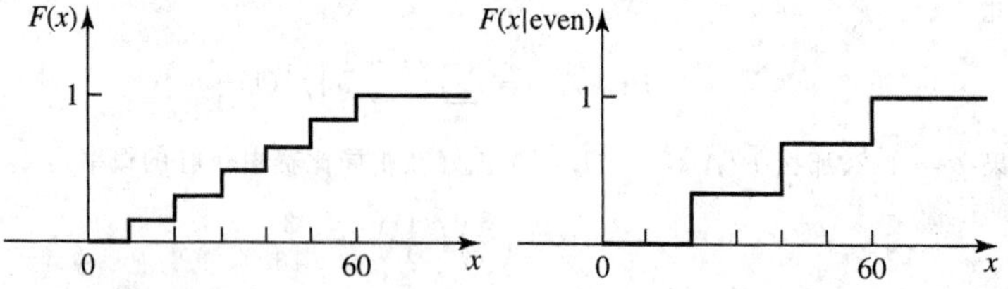

图 4-23

$$F(x \mid M) = \frac{P(M)}{P(M)} = 1, \ x \geqslant 60$$

若 $40 \leqslant x < 60$，则 $\{\boldsymbol{x} \leqslant x, M\} = \{f_2, f_4\}$，因此

$$F(x \mid M) = \frac{P(f_2, f_4)}{P(M)} = \frac{2/6}{3/6} = \frac{2}{3}, \quad 40 \leqslant x < 60$$

若 $20 \leqslant x < 40$，则 $\{\boldsymbol{x} \leqslant x, M\} = \{f_2\}$，因此

$$F(x \mid M) = \frac{P(f_2)}{P(M)} = \frac{1/6}{3/6} = \frac{1}{3}, \quad 20 \leqslant x < 40$$

最后，若 $x < 20$，则 $\{\boldsymbol{x} \leqslant x, M\} = \{\varnothing\}$，因此

$$F(x \mid M)=0 \qquad x<20$$

一般说来，要找出 $F(x \mid M)$，我们必须知道所进行的实验。然而，如果 M 是一个能用随机变量 $\boldsymbol{x}$ 表示的事件，那么为了确定 $F(x \mid M)$，知道 $F(x)$ 就足够了。下面两种情况是重要的例证。

Ⅰ．在 $x \leqslant a$ 的条件下，我们想要找出的 $\boldsymbol{x}$ 条件分布，其中 a 是使 $F(a) \neq 0$ 的一个数。这是(4－67)式的一个特殊情况，即条件为

$$M=\{\boldsymbol{x} \leqslant a\}$$

于是，我们的问题是求函数

$$F(x \mid \boldsymbol{x} \leqslant a)=P\{\boldsymbol{x} \leqslant x \mid \boldsymbol{x} \leqslant a\}=\frac{P\{\boldsymbol{x} \leqslant x, \boldsymbol{x} \leqslant a\}}{P\{\boldsymbol{x} \leqslant a\}}$$

若 $x \geqslant a$，则 $\{\boldsymbol{x} \leqslant x, \boldsymbol{x} \leqslant a\}=\{\boldsymbol{x} \leqslant a\}$，因此(见图 4－24)

$$F(x \mid \boldsymbol{x} \leqslant a)=\frac{P\{\boldsymbol{x} \leqslant a\}}{P\{\boldsymbol{x} \leqslant a\}}=1 \qquad x \geqslant a$$

若 $x<a$，则 $\{\boldsymbol{x} \leqslant x, \boldsymbol{x} \leqslant a\}=\{\boldsymbol{x} \leqslant x\}$，因此

$$F(x \mid \boldsymbol{x} \leqslant a)=\frac{P\{\boldsymbol{x} \leqslant x\}}{P\{\boldsymbol{x} \leqslant a\}}=\frac{F(x)}{F(a)} \qquad x<a$$

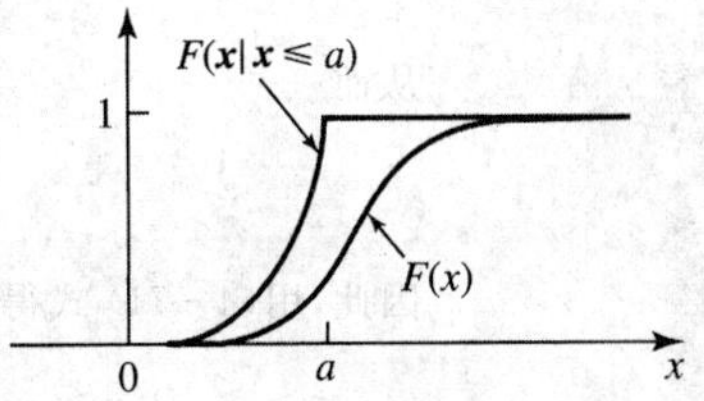

图 4－24

上式两边对 x 求导，我们得到相应的条件密度函数：因为 $F'(x)=f(x)$，所以由上式可得

$$f(x \mid \boldsymbol{x} \leqslant a)=\frac{f(x)}{F(a)}=\frac{f(x)}{\int_{-\infty}^{a} f(x) \mathrm{d} x} \qquad \text{对 } x<a$$

对 $x \geqslant a$，则条件密度函数的值为零。

Ⅱ．现在假定 $M=\{b<\boldsymbol{x} \leqslant a\}$。在这种情况下，(4－67)式变为

$$F(x \mid b<\boldsymbol{x} \leqslant a)=\frac{P\{\boldsymbol{x} \leqslant x, b<\boldsymbol{x} \leqslant a\}}{P\{b<\boldsymbol{x} \leqslant a\}}$$

若 $x \geqslant a$，则 $\{\boldsymbol{x} \leqslant x, b<\boldsymbol{x} \leqslant a\}=\{b<\boldsymbol{x} \leqslant a\}$，因此

$$F(x \mid b<\boldsymbol{x} \leqslant a)=\frac{F(a)-F(b)}{F(a)-F(b)}=1 \qquad x \geqslant a$$

若 $b<\boldsymbol{x} \leqslant a$，则 $\{\boldsymbol{x} \leqslant x, b<\boldsymbol{x} \leqslant a\}=\{b<\boldsymbol{x} \leqslant x\}$，因此

$$F(x \mid b<\boldsymbol{x} \leqslant a)=\frac{F(x)-F(b)}{F(a)-F(b)} \qquad b<x \leqslant a$$

最后，若 $x<b$，则 $\{\boldsymbol{x} \leqslant x, b<\boldsymbol{x} \leqslant a\}=\{\varnothing\}$。因此

$$F(x \mid b<\boldsymbol{x} \leqslant a)=0 \qquad x<b$$

相应的条件密度函数为

$$f(x \mid b<\boldsymbol{x} \leqslant a)=\frac{f(x)}{F(a)-F(b)} \qquad b \leqslant x<a$$

其它区域条件密度函数的值为零(见图 4－25)。

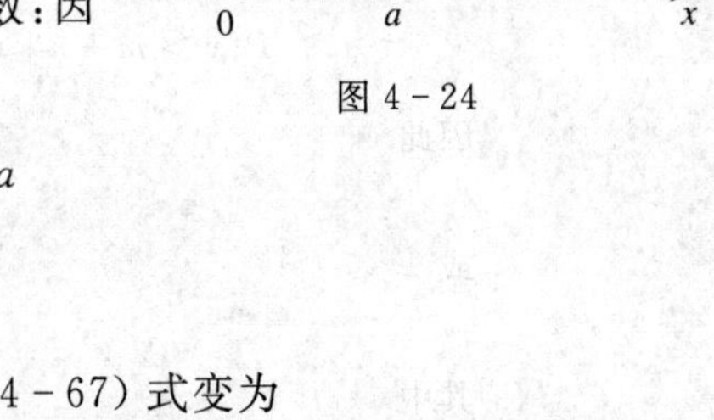

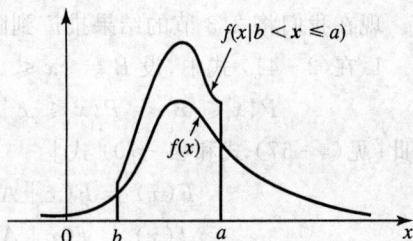

图 4－25

【例 4－15】 一随机变量 $\boldsymbol{x}$ 服从正态分布 $N(\eta, \sigma)$，试求条件密度函数 $f(x \mid |\boldsymbol{x}-\eta| \leqslant k\sigma)$。因为，

$$P\{|\boldsymbol{x}-\eta| \leqslant k\sigma\}=P\{\eta-k\sigma \leqslant \boldsymbol{x} \leqslant \eta+k\sigma\}=2\int_{0}^{k} \frac{1}{\sqrt{2\pi}} \mathrm{e}^{-x^{2}/2} \mathrm{d} x$$

由(4－70)式我们得求

$$f(x \mid |x-\eta| \leqslant k\sigma) = \frac{1}{P(|\boldsymbol{x}-\eta| \leqslant k\sigma)} \frac{e^{-(x-\eta)^2/2\sigma^2}}{\sigma\sqrt{2\pi}} \qquad 对\ |x-\eta| \leqslant k\sigma$$

而在其它区域函数值为零。这个密度函数被称做**截断的正态密度函数**。

频率解释　在n次试验的序列中，我们丢掉使得$\boldsymbol{x}(\xi) \leqslant b$和$\boldsymbol{x}(\xi) > a$的所有结果$\xi$，在剩下的试验子序列中，$F(x \mid b < \boldsymbol{x} \leqslant a)$具有像$F(x)$（见(4-3)式）同样的频率解释。

【例 4-16】　几何分布的随机变量$\boldsymbol{x}$的无记忆性质表明[见(4-61)式]：

$$P\{\boldsymbol{x} > m+n \mid \boldsymbol{x} > m\} = P\{\boldsymbol{x} > n\} \tag{4-71}$$

证明它的逆命题也成立，即如果$\boldsymbol{x}$是一个满足(4-71)式的取非负整数的随机变量，那么$\boldsymbol{x}$服从几何分布。

证　设

$$p_k = P(\boldsymbol{x} = k),\ k = 1,2,3,\cdots$$

从而

$$P\{\boldsymbol{x} > n\} = \sum_{k=n+1}^{\infty} p_k = a_n \tag{4-72}$$

因此，用(4-71)式得到

$$P\{\boldsymbol{x} > m+n \mid \boldsymbol{x} > m\} = \frac{P\{\boldsymbol{x} > m+n\}}{P\{\boldsymbol{x} > m\}} = \frac{a_{m+n}}{a_m} = P\{\boldsymbol{x} > n\} = a_n$$

因此

$$a_{m+n} = a_m a_n$$

或

$$a_{m+1} = a_m a_1 = a_1^{m+1}$$

其中

$$a_1 = P\{\boldsymbol{x} > 1\} = 1 - P\{\boldsymbol{x} = 1\} \equiv 1 - p$$

因此，

$$a_m = (1-p)^m$$

进一步，从(4-72)式

$$P\{\boldsymbol{x} = n\} = P\{\boldsymbol{x} \geqslant n\} - P\{\boldsymbol{x} > n\} = a_{n-1} - a_n = p(1-p)^{n-1} \qquad n = 1,2,3,\cdots$$

与(4-60)式对比，结论得到证明。

4.4.1　全概率和贝叶斯定理

现在我们将 2.3 节的结果推广到随机变量。

1. 在(2-41)式中，设$B = \{\boldsymbol{x} \leqslant x\}$，我们得到

$$P\{\boldsymbol{x} \leqslant x\} = P\{\boldsymbol{x} \leqslant x \mid A_1\}P(A_1) + \cdots + P\{\boldsymbol{x} \leqslant x \mid A_n\}P(A_n)$$

因此[见(4-67)式和(4-70)式]

$$F(x) = F(x \mid A_1)P(A_1) + \cdots + F(x \mid A_n)P(A_n) \tag{4-73}$$

$$f(x) = f(x \mid A_1)P(A_1) + \cdots + f(x \mid A_n)P(A_n) \tag{4-74}$$

上面的事件$A_1,\cdots,A_n$构成空间S的一个分割。

【例 4-17】　假定$\boldsymbol{x}$是一个随机变量，$f(x \mid M) \sim N\{\eta_1,\sigma_1\}$，而$f(x \mid \overline{M}) \sim N\{\eta_2,\sigma_2\}$，如图 4-26 所示。显然，事件$M$和事件$\overline{M}$是$S$的一个分割。在(4-74)式中，令$A_1 = M, A_1 = \overline{M}$，则可得到

$$f(x) = pf(x \mid M) + (1-p)f(x \mid \overline{M})$$

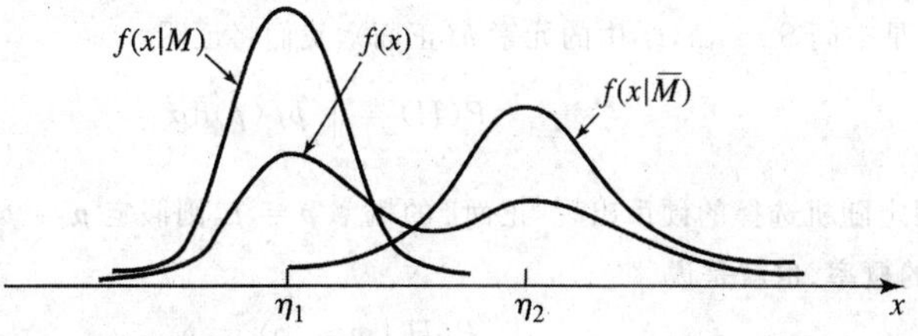

图 4 - 26

$$= \frac{p}{\sigma_1} g\left(\frac{x-\eta_1}{\sigma_1}\right) + \frac{1-p}{\sigma_2} g\left(\frac{x-\eta_2}{\sigma_2}\right)$$

式中 $p = P(M)$。

2. 由恒等式

$$P(A \mid B) = \frac{P(B \mid A)P(A)}{P(B)} \tag{4-75}$$

可得到[见(2 - 43) 式]

$$P(A \mid \boldsymbol{x} \leqslant x) = \frac{P\{\boldsymbol{x} \leqslant x \mid A\}}{P\{\boldsymbol{x} \leqslant x\}} P(A) = \frac{F(x \mid A)}{F(x)} P(A) \tag{4-76}$$

3. 在(4 - 75) 式中，令 $B = \{x_1 < \boldsymbol{x} \leqslant x_2\}$，利用(4 - 69) 式得到

$$P(A \mid x_1 < \boldsymbol{x} \leqslant x_2) = \frac{P\{x_1 < \boldsymbol{x} \leqslant x_2 \mid A\}}{P\{x_1 < \boldsymbol{x} \leqslant x_2\}} P(A) = \frac{F(x_2 \mid A) - F(x_1 \mid A)}{F(x_2) - F(x_1)} P(A) \tag{4-77}$$

4. 因为一般情况下 $P\{\boldsymbol{x} = x\} = 0$，事件 A 的条件概率 $P\{A \mid \boldsymbol{x} = x\}$ 不能像(2 - 33) 式那样定义。这时，我们将它定义为极限

$$P\{A \mid \boldsymbol{x} = x\} = \lim_{\Delta x \to 0} P\{A \mid x < \boldsymbol{x} \leqslant x + \Delta x\} \tag{4-78}$$

令 $x_1 = x, x_2 = x + \Delta x$，由上式和(4 - 77) 式得到

$$P\{A \mid \boldsymbol{x} = x\} = \frac{f(x \mid A)}{f(x)} P(A) \tag{4-79}$$

<u>**全概率定理**</u>　我们知道[见(4 - 68) 式]

$$F(\infty \mid A) = \int_{-\infty}^{\infty} f(x \mid A) \mathrm{d}x = 1$$

用 $f(x)$ 乘(4 - 79) 式并积分，我们得到

$$\int_{-\infty}^{\infty} P(A \mid \boldsymbol{x} = x) f(x) \mathrm{d}x = P(A) \tag{4-80}$$

这就是全概率定理(2 - 41) 式的连续形式。

<u>**贝叶斯定理**</u>　从(4 - 79) 和(4 - 80) 式得到

$$f(x \mid A) = \frac{P(A \mid \boldsymbol{x} = x)}{P(A)} f(x) = \frac{P(A \mid \boldsymbol{x} = x) f(x)}{\int_{-\infty}^{\infty} P(A \mid \boldsymbol{x} = x) f(x) \mathrm{d}x} \tag{4-81}$$

这就是贝叶斯定理(2 - 44) 式的连续形式。

【例 4 - 18】　假设在掷硬币的实验 S 中，出现正面的概率不是一个数，而是一个随机变量 $\boldsymbol{p}$，其密度函数 $f(p)$ 定义在某个空间 S_c 上。于是掷一个随机选择的硬币的实验就是一个笛卡尔乘积空间 S_c

$\times S$。在该实验中，事件 $H=\{$正面$\}$ 由全部形如 $\xi_c h$ 的结果对组成，其中 ξ_c 是空间 S_c 的任一元素，而 h 是空间 $S=\{h,t\}$ 中的元素 h(正面)，我们将证明

$$P(H)=\int_0^1 pf(p)\mathrm{d}p \tag{4-82}$$

证　假定随机选择的硬币出现"正面"的概率 $\boldsymbol{p}=p$，则假定 $\boldsymbol{p}=p$ 时 H 的条件概率就是正面出现的概率。也就是说

$$P(H\mid \boldsymbol{p}=p)=p \tag{4-83}$$

代入(4-80)式，我们得到(4-81)式，有因为在区间(0,1)外 $f(p)=0$，我们得到了(4-82)式。

【例 4-19】　设 $p=P(H)$ 表示在一次投掷中获得"正面"的概率。对于一枚给定的硬币，先验概率 p 可以是(0,1)区间的任意值，因此我们把它作为一个随机变量 $\boldsymbol{p}$。在没有任何附加信息的情况下，我们只好假定 $\boldsymbol{p}$ 服从(0,1)的均匀分布，密度函数记作 $f_p(p)$(见图 4-27)。现在，我们投掷这枚硬币 n 次，得到了 k 次"正面"，这是新的信息。如何更新 $f_p(p)$?

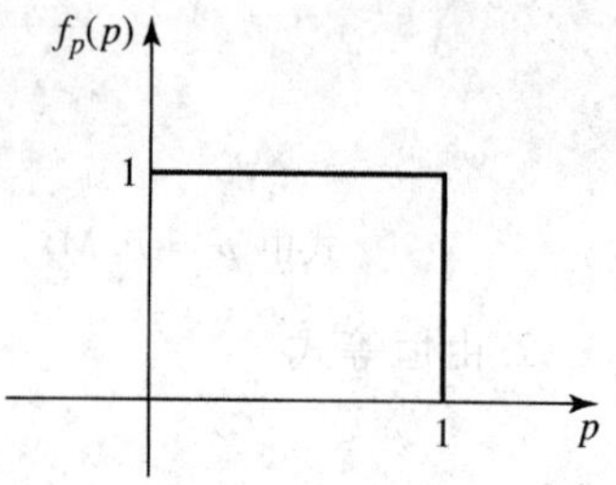

图 4-27

解　设 $A=$"n 次投掷出现 k 次正面"这一事件。因为这些投掷产生了结果的概率

$$P(A\mid \boldsymbol{p}=p)=p^k q^{n-k} \tag{4-84}$$

用(4-80)式，我们得到

$$P(A)=\int_0^1 P(A\mid \boldsymbol{p}=p)f_p(p)\mathrm{d}p=\int_0^1 p^k(1-p)^{n-k}\mathrm{d}p=\frac{(n-k)!k!}{(n+1)!} \tag{4-85}$$

后验密度函数 $f_p(p\mid A)$(见图 4-28)表示给定事件 A 的更新信息，从(4-81)得到

$$f_{p|A}(p\mid A)=\frac{P(A\mid \boldsymbol{p}=p)f_p(p)}{P(A)}=\frac{(n+1)!}{(n-k)!k!}p^k q^{n-k}\quad 0<p<1\sim\beta(n,k) \tag{4-86}$$

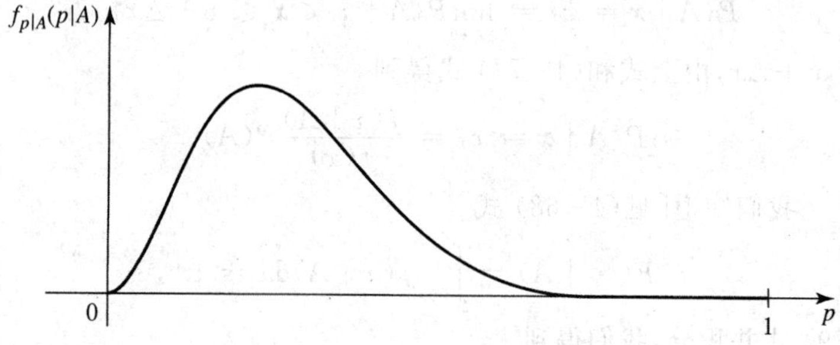

图 4-28

注意，在(4-86)式中 $\boldsymbol{p}$ 的后验密度函数不再是均匀分布而是 β 分布。我们可以用这个后验密度函数进行预测。例如，在这个实验的帮助下，我们关于第 $(n+1)$ 次实验中"正面"出现的概率能得到什么结论？

设 $B=$"知道前 n 次试验中正面出现 k 次，第 $(n+1)$ 次出现正面"。显然，$P(B\mid \boldsymbol{p}=p)=p$，从(4-80)式

$$P(B)=\int_0^1 P(B\mid \boldsymbol{p}=p)f_p(p\mid A)\mathrm{d}p \tag{4-87}$$

注意：不同于(4-80)式，在(4-87)式中我们使用了后验密度函数，这反映了我们从已经完成的实验中获取的知识。用(4-86)和(4-87)式，我们得到

$$P(B)=\int_0^1 p\,\frac{(n+1)!}{(n-k)!k!}p^k q^{n-k}\,\mathrm{d}p=\frac{k+1}{n+2} \tag{4-88}$$

因此，如果 $n=10$, $k=6$，那么

$$P(B)=\frac{7}{12}=0.58$$

这个结果比 $p=0.5$ 好。

总之，如果一个随机变量 $\boldsymbol{x}$ 的概率密度函数是未知的，可以先对它的先验概率密度函数 $f_x(x)$ 做初步的断定。在缺乏其它信息的情况下，均匀分布是一个合理的假定。然后，得到了实验结果(A)，对 $\boldsymbol{x}$ 的密度函数的更新反映了来自实验结果的新信息。贝叶斯规则能够帮助我们根据结果 A 获得后验概率密度函数。从这点出发，后验概率密度函数 $f_{x|A}(x\mid A)$ 可以在进一步的预测和计算中使用。

4.5 二项式随机变量的渐进逼近

设 $\boldsymbol{x}$ 是一个服从(4-56)式中二项式分布的随机变量。那么从(3-12)、(4-15)和(4-18)式，我们得到

$$P\{k_1\leqslant \boldsymbol{x}\leqslant k_2\}=\sum_{k=k_1}^{k_2}p_n(k)=\sum_{k=k_1}^{k_2}\binom{n}{k}p^k q^{n-k} \tag{4-89}$$

因为二项式系数

$$\binom{n}{k}=\frac{n!}{(n-k)!k!}$$

随着 n 的增加快速增长，对于很大的 n 计算(4-89)式是一件困难的事情。对此，两种近似方法——正态近似和泊松近似是最常用的。

4.5.1 正态近似(棣莫弗-拉普拉斯定理)

假定 p 固定不变而 $n\to\infty$，那么，我们将要在第 5 章证明[见(5-120)和(5-121)式]，当 k 在 np 的 $\sqrt{npq}$ 邻域中时，我们有下面的近似公式：

$$\binom{n}{k}p^k q^{n-k}\approx\frac{1}{\sqrt{2\pi npq}}\mathrm{e}^{-(k-np)^2/2npq}\qquad p+q=1 \tag{4-90}$$

这个重要的近似公式，著名的棣莫弗-拉普拉斯定理，在极限情况下也可表示为等式：当 $n\to\infty$ 时，上式两边之比趋向于1。因此，如果在(4-89)式中 k_1 和 k_2 在区间 $(np-\sqrt{npq}, np+\sqrt{npq})$ 的内部和附近，我们能够用正态密度函数的积分近似(4-89)式的和式。在这种情况下，(4-89)式可简化为

$$P\{k_1\leqslant \boldsymbol{x}\leqslant k_2\}=\int_{k_1}^{k_2}\frac{1}{\sqrt{2\pi npq}}\mathrm{e}^{-(x-np)^2/2npq}\,\mathrm{d}x=\int_{x_1}^{x_2}\frac{1}{\sqrt{2\pi}}\mathrm{e}^{-y^2/2}\,\mathrm{d}y \tag{4-91}$$

其中

$$x_1=\frac{k_1-np}{\sqrt{npq}}\qquad x_2=\frac{k_2-np}{\sqrt{npq}}$$

我们定义(见图 4-29 和表 4-1)

$$G(x)=\int_{-\infty}^{x}\frac{1}{\sqrt{2\pi}}\mathrm{e}^{-y^2/2}\,\mathrm{d}y \tag{4-92}$$

表 4-1

$$\mathrm{erf}x = \frac{1}{\sqrt{2\pi}}\int_0^x e^{-y^2/2}\,dy = G(x) - \frac{1}{2},\ x > 0$$

x	erf x	x	erf x	x	erf x	x	erf x
0.05	0.019 94	0.80	0.288 14	1.55	0.439 43	2.30	0.489 28
0.10	0.039 83	0.85	0.302 34	1.60	0.445 20	2.35	0.490 61
0.15	0.059 62	0.90	0.315 94	1.65	0.450 53	2.40	0.491 80
0.20	0.079 26	0.95	0.328 94	1.70	0.455 43	2.45	0.492 86
0.25	0.098 71	1.00	0.341 34	1.75	0.459 94	2.50	0.493 79
0.30	0.117 91	1.05	0.353 14	1.80	0.464 07	2.55	0.494 61
0.35	0.136 83	1.10	0.364 33	1.85	0.467 84	2.60	0.495 34
0.40	0.155 42	1.15	0.374 93	1.90	0.471 28	2.65	0.495 97
0.45	0.173 64	1.20	0.384 93	1.95	0.474 41	2.70	0.496 53
0.50	0.191 46	1.25	0.394 35	2.00	0.477 26	2.75	0.497 02
0.55	0.208 84	1.30	0.403 20	2.05	0.479 82	2.80	0.497 44
0.60	0.225 75	1.35	0.411 49	2.10	0.482 14	2.85	0.497 81
0.65	0.242 15	1.40	0.419 24	2.15	0.484 22	2.90	0.498 13
0.70	0.258 04	1.45	0.426 47	2.20	0.486 10	2.95	0.498 41
0.75	0.273 37	1.50	0.433 19	2.25	0.487 78	3.00	0.498 65

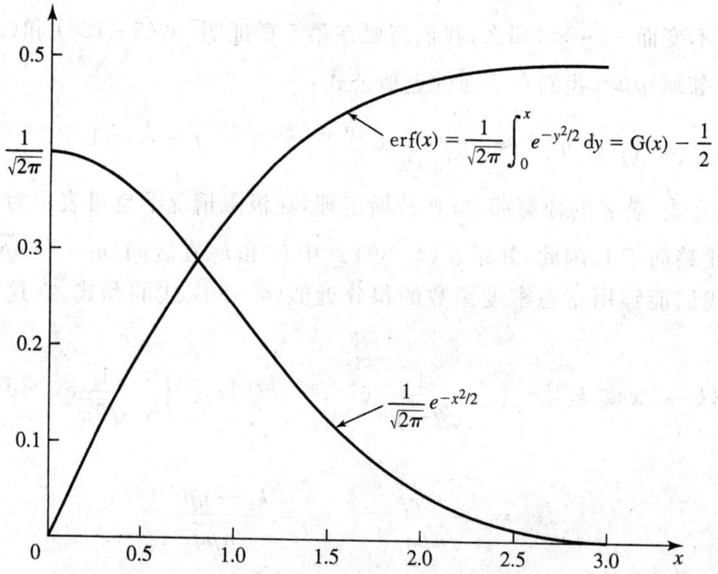

图 4-29

那么误差函数

$$\mathrm{erf}x = \int_0^x \frac{1}{\sqrt{2\pi}} e^{-y^2/2} dy = G(x) - \frac{1}{2} \tag{4-93}$$

注意 $G(-x) = 1 - G(x)$，$x > 0$。用 $G(x)$，我们得到

$$P(k_1 \leqslant \boldsymbol{x} \leqslant k_2) = G(x_2) - G(x_1) \tag{4-94}$$

因此，在(3-13) 式中给出的 n 次试验中 k 次成功的严格估计式可以用正态曲线

$$\frac{1}{\sqrt{2\pi npq}} e^{-(x-np)^2/2npq} \tag{4-95}$$

在 $x = k$ 的值近似。

【例 4-20】　一个均匀硬币被投掷 1 000 次。求正面出现 500 次的概率 p_a 和正面出现 510 次的概率 p_b。

在这个例子中，

$$p = q = 0.5 \qquad n = 1\,000 \qquad \sqrt{npq} = 5\sqrt{10}$$

(a) 如果 $k = 500$，那么 $k - np = 0$，从(4-90) 式得到

$$p_a \approx \frac{1}{\sqrt{2\pi npq}} = \frac{1}{10\sqrt{5\pi}} = 0.0252$$

(b) 如果 $k = 510$，那么 $k - np = 10$，从(4-90) 式得到

$$p_b \approx \frac{e^{-0.2}}{10\sqrt{5\pi}} = 0.0207$$

下面的例 4-21 将表明，即使对中等大小的 n，(4-90) 的近似程度也是令人满意的。

【例 4-21】　我们来对 $p = 0.5$，$n = 10$，$k = 5$ 来确定概率 $p_n(k)$。

(a) 从(3-13) 式可以得到精确值

$$p_n(k) = \binom{n}{k} p^k q^{n-k} = \frac{10!}{5!5!} \times \frac{1}{2^{10}} = 0.246$$

(b) 从(4-90) 得到近似值

$$p_n(k) \approx \frac{1}{\sqrt{2\pi npq}} e^{-(k-np)^2/2npq} = \frac{1}{\sqrt{5\pi}} = 0.252$$

$p\{k_1 \leqslant \boldsymbol{x} \leqslant k_2\}$ 的近似估计　用近似公式(4-90)，我们将得到

$$\sum_{k=k_1}^{k_2} \binom{n}{k} p^k q^{n-k} \approx G\left(\frac{k_2 - np}{\sqrt{npq}}\right) - G\left(\frac{k_1 - np}{\sqrt{npq}}\right) \tag{4-96}$$

因此，为了得到 n 次试验中事件 A 发生次数介于 k_1 和 k_2 之间的概率，使用正态函数 $G(x)$ 查表就可以了。如果 $npq \gg 1$，那么上面的近似公式是令人满意的，$k_1 - np$ 和 $k_2 - np$ 的差与 $\sqrt{npq}$ 同阶。

证　把(4-90) 式代入(3-24) 式，我们得到

$$\sum_{k=k_1}^{k_2} \binom{n}{k} p^k q^{n-k} \approx \frac{1}{\sigma\sqrt{2\pi}} \sum_{k=k_1}^{k_2} e^{-(k-np)^2/2\sigma^2} \tag{4-97}$$

因为按照假定 $\sigma^2 = npq \gg 1$，正态曲线在长度为 1 的区间上几乎是常数，因此小曲边梯形(见图 4-30) 的面积近似等于它的纵坐标。故(4-97) 式的右边可以用正态曲线在区间$[k_1, k_2]$上的积分近似，从而得到了

$$\frac{1}{\sigma\sqrt{2\pi}}\sum_{k=k_1}^{k_2}\mathrm{e}^{-(k-np)^2/2\sigma^2}\approx\frac{1}{\sigma\sqrt{2\pi}}\int_{k_1}^{k_2}\mathrm{e}^{-(x-np)^2/2\sigma^2}\,\mathrm{d}x \tag{4-98}$$

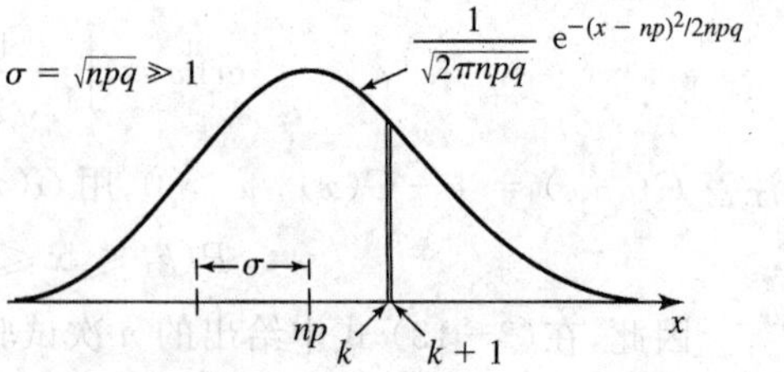

图 4 - 30

和(4 - 96) 式的结果[见(4 - 94) 式]。

误差校正　(4 - 97) 式的左边由 k_2-k_1+1 项组成。(4 - 98) 式的积分是图 4 - 31(a) 中阴影部分面积的近似，由 k_2-k_1 个矩形组成。如果 $k_2-k_1\gg 1$，误差可以忽略不计。然而，对于中等大小的 k_2-k_1，误差是不宜忽略的。为了减小误差，我们在(4 - 96) 中分别用 $k_1-1/2$ 和 $k_2+1/2$ 代替 k_1 和 k_2，如图 4 - 31(b) 所示。从而得到了一个改进的近似公式

$$\sum_{k=k_1}^{k_2}\binom{n}{k}p^kq^{n-k}\approx G\left(\frac{k_2+0.5-np}{\sqrt{npq}}\right)-G\left(\frac{k_1-0.5-np}{\sqrt{npq}}\right) \tag{4-99}$$

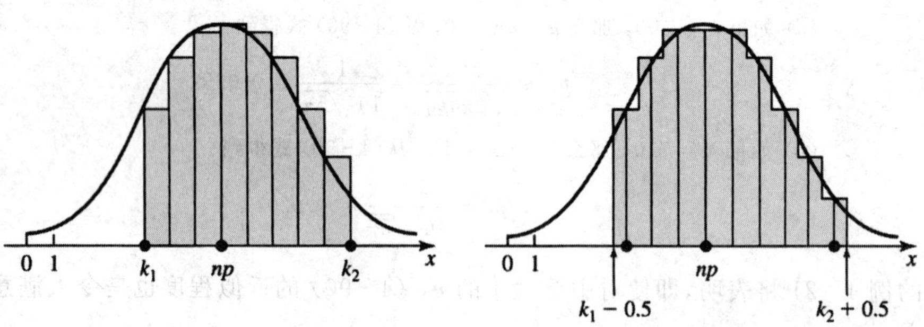

(a)　　(b)

图 4 - 31

【例 4 - 22】　投掷一枚均匀的硬币 10 000 次。问正面出现的次数介于 4 900 到 5 100 之间的概率是多少？

在这个问题中，

$$n=10\,000\qquad p=q=0.5\qquad k_1=4\,900\qquad k_2=5\,100$$

因为 $(k_2-np)/\sqrt{npq}=100/50$ 和 $(k_1-np)/\sqrt{npq}=-100/50$，从(4 - 96) 式，所求概率等于

$$G(2)-G(-2)=2G(2)-1=0.9\,545$$

【例 4 - 23】　在 12 个小时期间，有 180 个电话随机打来。问在 4 小时时间里打入电话的数目介于 50 到 70 之间的概率是多少？

这种情况能够看作一个重复试验问题，其中 $p=4/12$ 表示电话在四小时的区间内打入的概率。在这个区间里有 k 次电话的概率等于[见(4 - 90) 式]

$$\binom{180}{k}\left(\frac{1}{3}\right)^k\left(\frac{2}{3}\right)^{180-k}\approx\frac{1}{4\sqrt{5\pi}}\mathrm{e}^{-(k-60)^2/80}$$

打入电话次数介于 50 到 70 之间的概率等于[见(4 - 96)]

$$\sum_{k=50}^{70}\binom{180}{k}\left(\frac{1}{3}\right)^k\left(\frac{2}{3}\right)^{180-k}\approx G(\sqrt{2.5})-G(-\sqrt{2.5})\approx 0.886$$

注　如果 $k_1=0$，因为在(4-96)的和式中包含了不在 np 的 $\sqrt{npq}$ 邻域内的项，这时我们似乎不能使用(4-96)的近似公式。然而，同在 np 附近的 k 对应的项，这些项很小；因此这时用(4-96)式估计误差也是小的。因为

$$G(-np/\sqrt{npq})=G(-\sqrt{np/q})\approx 0 \qquad 当\ np/q\gg 1$$

如果不仅 $n\gg 1$ 而且 $np\gg 1$，那么我们仍有下面近似公式

$$\sum_{k=0}^{k_2}\binom{n}{k}p^k q^{n-k}\approx G\left(\frac{k_2-np}{\sqrt{npq}}\right) \tag{4-100}$$

例 3-13 的和式(3-25)中(第 3 章)

$$np=1\,000 \qquad npq=900 \qquad \frac{k_2-np}{\sqrt{npq}}=\frac{10}{3}$$

用(4-100)式，我们得到

$$\sum_{k=0}^{1\,100}\binom{10^4}{k}(0.1)^k(0.9)^{10^4-k}\approx G\left(\frac{10}{3}\right)=0.999\,36$$

我们也注意到：如果上面的和式从 $k=900$ 加到 $1\,100$，那么概率等于 $2G(10/3)-1\approx 0.998\,72$。

4.5.2　大数定律

按照概率的相对频率解释，如果具有 $P(A)=p$ 的事件 A 在 n 次试验中发生了 k 次，那么 $k\approx np$。下面我们重新把这个启发式的论断用精确的极限定理描述。

我们从这样的观测事实出发：$k\approx np$ 并不意味着 k 将接近于 np。事实上[见(4-90)]

$$当\ n\to\infty \quad P\{k=np\}\approx\frac{1}{\sqrt{2\pi npq}}\to 0 \tag{4-101}$$

正如我们在伯努利定理(见 3.3 节)中看到的那样，近似式 $k\approx np$ 是指在下面的意义下比值 k/n 接近于 1，即对任意的 $\varepsilon>0$，当 $n\to\infty$ 时，$|k/n-p|<\varepsilon$ 的概率趋向于 1。

【例 4-24】　假定 $p=q=0.5$ 和 $\varepsilon=0.05$。在这种情况下，

$$k_1=n(p-\varepsilon)=0.45n \quad k_2=n(p+\varepsilon)=0.55n$$

$$(k_2-np)/\sqrt{npq}=\varepsilon\sqrt{n/pq}=0.1\sqrt{n}$$

在下面的表中我们列出了 k 在 $0.45n$ 和 $0.55n$ 之间的概率 $2G(0.1\sqrt{n})-1$。

n	100	400	900
$0.1\sqrt{n}$	1	2	3
$2G(0.1\sqrt{n})-1$	0.682	0.954	0.997

【例 4-25】　现在假定 $p=0.6$，求 n 使得 k 介于 $0.59n$ 和 $0.61n$ 之间的概率至少是 0.98。

在这种情况下，$p=0.6$，$q=0.4$ 和 $\varepsilon=0.01$。因此，

$$P\{0.59n\leqslant k\leqslant 0.61n\}\approx 2G(0.01\sqrt{n/0.24})-1$$

因此 n 必须满足

$$2G(0.01\sqrt{n/0.24})-1\geqslant 0.98$$

从表4-1中，我们看到如果$x>2.35$则$G(x)>0.99$。因此$0.01\sqrt{n/0.24}>2.35$，即$n>13\,254$。

伯努利试验的推广　重复试验也能够按照下面的方式描述：事件$A_1=A$和$A_2=\overline{A}$构成空间S的一个分割，并且各自的发生概率是$p_1=p$和$p_2=1-p$。在空间S^n中，事件{按照任何次序A_1发生$k_1=k$次，A_2发生$k_2=n-k$次}的概率等于$p_n(k)$，由(3-13)给出。现在，我们推广这个概念。

假定$\boldsymbol{U}=[A_1,\cdots,A_r]$是空间$S$的一个分割，满足

$$P(A_i)=p_i\qquad p_1+p_2+\cdots+p_r=1$$

我们重复这个试验n次并且用$p_n(k_1,\cdots,k_r)$表示事件{以任何次序A_1出现k_1次，…，A_r出现k_r次}的概率，其中

$$k_1+k_2+\cdots+k_r=n$$

我们得到

$$p_n(k_1,\cdots,k_r)=\frac{n!}{k_1!\cdots k_r!}p_1^{k_1}\cdots p_r^{k_r}\tag{4-102}$$

证　重复使用(3-11)式我们得到了事件{以任意次序A_1出现k_1次，…，A_r出现k_r次}由

$$\frac{n!}{k_1!\cdots k_r!}$$

个{按特定次序A_1出现k_1次，…，A_r出现k_r次}的基本事件构成。因为试验是独立的，因此每个基本事件的概率是相等的，等于

$$p_1^{k_1}\cdots p_r^{k_r}$$

于是(4-102)式得到证明。

【例4-26】　投掷一个均匀骰子10次。求f_1出现三次，"偶数"出现6次的概率。

这种情况下，

$$A_1=\{f_1\}\qquad A_2=\{f_2,f_4,f_6\}\qquad A_3=\{f_3,f_5\}$$

显然，

$$p_1=1/6\qquad p_2=3/6\qquad p_3=2/6\qquad k_1=3\qquad k_2=6\qquad k_3=1$$

从(4-102)式得到

$$p_{10}(3,6,1)=\frac{10!}{3!6!1!}\left(\frac{1}{6}\right)^3\left(\frac{1}{2}\right)^6\frac{1}{3}=0.002$$

定理4-2 ▶ 棣莫弗-拉普拉斯定理　类似于(4-90)式，我们能够证明：如果k_i在np_i的$\sqrt{n}$邻域内并且n充分大，那么

$$\frac{n!}{k_1!\cdots k_r!}p_1^{k_1}\cdots p_r^{k_r}\approx\frac{\exp\left\{-\frac{1}{2}\left[\frac{(k_1-np_1)^2}{np_1}+\cdots+\frac{(k_r-np_r)^2}{np_r}\right]\right\}}{\sqrt{(2\pi n)^{r-1}p_1\cdots p_r}}\tag{4-103}$$

方程(4-90)是它的一个特例。◀

4.5.3　泊松近似

正像我们在前面提到的，二项式分布的高斯近似仅当对给定的 p 满足 $np \gg 1$ 和 $npq \gg 1$ 时是有效的。按照棣莫弗-拉普拉斯定理的条件，当 $p \to 0$ 或 $p \to 1$ 时，高斯近似的性能严重下降。对于 $p = 0$，$q = 1$ 或 $p = 1$，$q = 0$ 近似公式完全失效。然而，实际问题中大量出现的情况是：p 或 q 很小，但试验的总次数 n 非常大，因此寻找这些稀有事件的渐进公式是必要的。显然，情况之一是当 $n \to \infty$ 时 $p \to 0$ 并且 $np = \lambda$ 是一个固定的数。

很多实际的随机现象按照这种模式运行。一路电话线上的呼叫次数，保险公司保险的赔付等现象都表现出类似的特点。考虑在一路电话线上呼叫的随机到达。设 n 表示在 $[0, T]$ 这段时间的呼叫次数。按照我们的实验，当 $T \to \infty$ 时，$n \to \infty$，所以我们可以假定 $n = \mu T$。考虑像图 4 - 32 中的小区间 Δ。现在在 $[0, T]$ 仅有一个电话打入，这个电话在区间 Δ 内打入的概率 p 必然依赖于小区间同 T 的相对大小。

因此，像在例 3 - 10 中那样，我们能够假定 $p = \Delta/T$。注意当 $T \to \infty$ 时，$p \to 0$。然而，在这种情况下 $np = \mu T(\Delta/T) = \mu\Delta = \lambda$ 是一个常数，正态近似在这儿不再有效。

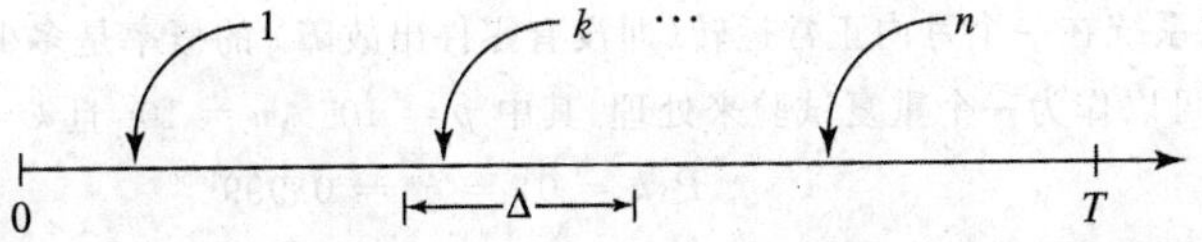

图 4 - 32

假定我们感兴趣的是在图 4 - 32 中的小区间 Δ。在区间 Δ 中有一个呼叫被认为是"成功"(h)，而呼叫在这个区间外则被认为是"失败"(t)。这等效于投掷硬币的实验，因此，在区间 Δ 中有 k 次呼叫的概率服从二项式概率分布。因此，从(3 - 13) 和(4 - 56) 式

$$p_n(k) = \frac{n!}{(n-k)!k!} p^k (1-p)^{n-k} \tag{4-104}$$

像在(3 - 20) 式中一样，当 $n \to \infty$ 时，我们有 $p \to 0$ 使得 $np = \lambda$。在这种情况下，容易得到(4 - 104) 式，这是一个优美的近似公式。为了推导这个公式，我们重写(4 - 104) 式成下面形式：

$$p_n(k) = \frac{n(n-1)\cdots(n-k+1)}{n^k} \frac{(np)^k}{k!} (1 - \frac{np}{n})^{n-k}$$

$$= \frac{(1-\frac{1}{n})(1-\frac{2}{n})\cdots(1-\frac{k-1}{n})}{(1-\frac{\lambda}{n})^k} \frac{\lambda^k}{k!} (1-\frac{\lambda}{n})^n \tag{4-105}$$

$$= \left[\prod_{m=0}^{k-1} \frac{(1-\frac{m}{n})}{(1-\frac{\lambda}{n})}\right] \frac{\lambda^k}{k!}\left(1-\frac{\lambda}{n}\right)^n = \left(\prod_{m=0}^{k-1}\left(1+\frac{\lambda-m}{n-\lambda}\right)\right)\frac{\lambda^k}{k!}\left(1-\frac{\lambda}{n}\right)^n$$

因为无穷乘积

$$\prod_{m=0}^{k-1}\left(1+\frac{\lambda-m}{n-\lambda}\right) \leqslant \prod_{m=0}^{[\lambda]}\left(1+\frac{\lambda-m}{n-\lambda}\right)$$

当 $n \to \infty$ 时趋向于 1，并且

$$\lim_{n\to\infty}\left(1-\frac{\lambda}{n}\right)^n = e^{-\lambda}$$

所以，当 $n\to\infty, p\to\infty$ 并且 $np=\lambda$ 时，

$$p_n(k)\to\frac{\lambda^k}{k!}e^{-\lambda} \tag{4-106}$$

(4-106) 式的右边正是(4-57) 式的泊松概率质量函数，并且在二项式分布中 $n\to\infty, p\to 0$ 满足 np 是一个常数时，泊松近似公式是有效的。因此，如果一个现象由若干个独立同分布的伯努利随机变量的和组成，并且每个有一个小的发生概率，则它们的和趋向一个泊松随机变量。我们把这些结论归纳为下面定理：

泊松定理　如果

$$n\to\infty \qquad p\to 0 \qquad 满足 \quad np\to\lambda$$

则

$$\frac{n!}{(n-k)!k!}p^k q^{n-k} \underset{n\to\infty}{\to} e^{-\lambda}\frac{\lambda^k}{k!} \qquad k=0,1,2,\cdots \tag{4-107}$$

【例 4-27】　一个系统包含了 1 000 个零件。各个零件出故障是相互独立的并且每个月零件出故障的概率 10^{-3}。求系统在一个月内正常运转(即没有零件出故障) 的概率是多少？

这可以作为一个重复试验来处理，其中 $p=10^{-3}, n=10^3$ 且 $k=0$。因此[见(3-21) 式]

$$P\{k=0\}=q^n=0.999^{1000}$$

因为 $np=1$，用近似公式(4-107) 式，得到

$$P\{k=0\}\approx e^{-np}=e^{-1}=0.368$$

应用(4-107) 式到(3-24) 的和式，我们得到事件 A 发生的次数 k 介于 k_1 和 k_2 之间的概率可以近似等于

$$P\{k_1\leqslant k\leqslant k_2\}\approx e^{-np}\sum_{k=k_1}^{k_2}\frac{(np)^k}{k!} \tag{4-108}$$

【例 4-28】　有 3 000 个零件，零件是次品的概率为 10^{-3}。求这批零件中次品超过 5 个的概率 $P\{k>5\}$。

显然，

$$P\{k>5\}=1-P\{k\leqslant 5\}$$

这儿 $np=3$，用(4-108) 式的近似公式

$$P\{k\leqslant 5\}=e^{-3}\sum_{k=0}^{5}\frac{3^k}{k!}=0.916$$

因此，

$$P\{k>5\}=0.084$$

【例 4-29】　一个保险公司同 100 000 个人签定了相同的保险合同，保险额每人 500 元。如果某人发生意外事故，保险公司将赔付 200 000 元，发生意外的概率假定是 0.001。求下面概率：

(a) 保险公司亏损的概率；

(b) 保险公司至少赢利 2 500 万元的概率。

解　按照保险额和用户数，保险公司总共收了 5 000 万元。意外发生的概率很小($p=0.001$) 而 n 特别大，因此可以利用泊松定理，其中

$$\lambda=np=10^5\times 0.001=100$$

(a) 如果公司亏损，公司赔付的人数必须超过

$$n_0 = \frac{50 \times 10^6}{200\,000} = 250(\text{人})$$

因此，如果 $\boldsymbol{x}$ 表示意外发生的数目，我们得到

$$P_0 = P\{\text{公司亏损}\} = P\{\boldsymbol{x} > 250\} = \sum_{k=251}^{\infty} \mathrm{e}^{-\lambda} \frac{\lambda^k}{k!} \tag{4-109}$$

按照下面的方式我们可以得到(4-109)式一个很好的近似。显然，

$$\begin{aligned} \mathrm{e}^{-\lambda} \frac{\lambda^n}{n!} < \sum_{k=n}^{\infty} \mathrm{e}^{-\lambda} \frac{\lambda^k}{k!} &= \mathrm{e}^{-\lambda} \frac{\lambda^n}{n!}\left(1 + \frac{\lambda}{n+1} + \frac{\lambda^2}{(n+1)(n+2)} + \cdots\right) \\ &< \mathrm{e}^{-\lambda} \frac{\lambda^n}{n!}\left(1 + \frac{\lambda}{n+1} + \left(\frac{\lambda}{n+1}\right)^2 + \cdots\right) \\ &= \mathrm{e}^{-\lambda} \frac{\lambda^n}{n!} \frac{1}{1-\lambda/(n+1)} \end{aligned} \tag{4-110}$$

我们利用斯特林公式

$$n! \approx \sqrt{2\pi n} n^n \mathrm{e}^{-n} \qquad n \to \infty \tag{4-111}$$

上面的公式对大的 n 是有效的，因而可以简化(4-110)式。因此，

$$\frac{\Delta^n}{\sqrt{2\pi n}} < P\{\boldsymbol{x} > n\} < \frac{\Delta^n}{\sqrt{2\pi n}} \frac{1}{1-\lambda/(n+1)} \tag{4-112}$$

其中

$$\Delta = \frac{\lambda}{n} \mathrm{e}^{(1-\lambda/n)} \tag{4-113}$$

对于 $\lambda = 100, n_0 = 250$，我们得到 $\Delta = 0.728\,8$，因此 $\Delta^{250} = 0$，也就是说所求的概率几乎等于零。

(b) 在要保证赢利超过 2 500 万元的情况下，赔偿的总人数应该不超过 n_1，其中

$$n_1 = \frac{50 \times 10^6 - 25 \times 10^6}{200\,000} = 125$$

这种情况下 $\Delta = 0.977\,1, \Delta^{n_1} = 0.055\,4$，从而

$$P\{\boldsymbol{x} \leqslant n_1\} \geqslant 1 - \frac{\Delta^{n_1}}{\sqrt{2\pi n_1}} \frac{1}{1-\lambda/(n_1+1)} \approx 0.990\,4$$

因此几乎可以肯定公司将赢利 2 500 万元。

注意：如果(4-113)式中的参数 Δ 保持在 1 以下，感兴趣的事件，像 $P\{\boldsymbol{x} \leqslant n_1\}$ 几乎肯定发生。

【例 4-30】 如果炮弹击中飞机的概率是 0.001。问：多少发炮弹能够保证击中飞机为两发或两发以上的概率超过 0.95?

解　在设计防空炮时，知道当发现飞机时应该开炮多少轮以便保证击中概率在某一门限以上是非常重要的。只有击中飞机的某些重要的部位，飞机才能被击落。因为单发炮弹击中这些部位的概率非常小，因此密集开火是很重要的。设 $\boldsymbol{x}$ 表示发射 n 发炮弹击中飞机有效部位的炮弹数。

使用泊松近似公式，取 $\lambda = np$，我们要求

$$P(\boldsymbol{x} \geqslant 2) \geqslant 0.95$$

但

$$P(\boldsymbol{x} \geqslant 2) = 1 - [P(\boldsymbol{x} = 0) + P(\boldsymbol{x} = 1)] = 1 - \mathrm{e}^{-\lambda}(1+\lambda)$$

因此，

$$(1+\lambda)\mathrm{e}^{-\lambda} < 0.05$$

按照试验，当 $\lambda = 4$ 和 5 时，$(1+\lambda)\mathrm{e}^{-\lambda}$ 分别等于 0.091 6 和 0.040 4。因此，我们必须有 $4 \leqslant \lambda \leqslant$

5 或 $4\,000 \leqslant n \leqslant 5\,000$。如果 5 000 发炮弹射向飞机，没有命中的概率仅为 $e^{-5} = 0.006\,73$。

【例 4－31】 假定有 100 万注彩票售出，其中有 100 注中奖。(a) 如果一个人买了 100 注，问中奖概率是多少？(b) 一个人买多少注才能保证有 95％ 的中奖概率？

解　有一注中奖的概率等于

$$p = \frac{\text{中奖注数}}{\text{总注数}} = \frac{100}{10^6} = 10^{-4}$$

设 $n = 100$ 表示买的注数，$\boldsymbol{x}$ 表示购买的 n 注彩票中奖的注数。那么 $\boldsymbol{x}$ 近似服从泊松分布，其中参数 $\lambda = np = 100 \times 10^{-4} = 10^{-2}$。因此，

$$P(\boldsymbol{x} = k) = e^{-\lambda} \frac{\lambda^k}{k!}$$

(a) 中奖概率 $= P\{\boldsymbol{x} \geqslant 1\} = 1 - P(\boldsymbol{x} = 0) = 1 - e^{-\lambda} = 0.009\,9$。

(b) 在这种情况下，我们要求 $P(\boldsymbol{x} \geqslant 1) \geqslant 0.95$，而

$$P\{\boldsymbol{x} \geqslant 1\} = 1 - e^{-\lambda} = 0.95 \text{ 蕴涵了 } \lambda \geqslant \ln 20 \approx 3$$

因此 $\lambda = np = n \times 10^{-4} \geqslant 3$ 或者 $n \geqslant 30\,000$。因此一个人必须买 30 000 注才能保证以 95％ 的概率中奖！

【例 4－32】 一个太空船有 20 000 个部件($n \to \infty$)。任何一个部件出故障的概率是 10^{-4}($p \to 0$)。如果 5 个或者更多的部件出故障，发射将是危险的。求这个事件的概率。

解　这里 n 很大而 p 很小，因此可以使用泊松近似。由于 $\lambda = 20\,000 \times 10^{-4} = 2$，所求的概率

$$P\{\boldsymbol{x} \geqslant 5\} = 1 - P\{\boldsymbol{x} \leqslant 4\} = 1 - \sum_{k=0}^{4} e^{-\lambda} \frac{\lambda^k}{k!} = 1 - e^{-2} \sum_{k=0}^{4} \frac{\lambda^k}{k!}$$

$$= 1 - e^{-2}\left(1 + 2 + 2 + \frac{4}{3} + \frac{2}{3}\right) = 0.052$$

泊松定理的推广　假定 $A_1, A_2, \cdots, A_{m+1}$ 是 $m+1$ 个事件，构成整个空间的一个分割并且发生概率 $P\{A_i\} = p_i$。用与(4－107) 式类似的推理方法，我们能够证明：如果对 $i \leqslant m$，$np_i \to a_i$，那么

$$\frac{n!}{k_1! \cdots k_{m+1}!} p_1^{k_1} \cdots p_{m+1}^{k_{m+1}} \xrightarrow[n \to +\infty]{} \frac{e^{-a_1} a_1^{k_1}}{k_1!} \cdots \frac{e^{-a_m} a_m^{k_m}}{k_m!} \tag{4-114}$$

4.5.4　随机泊松点

泊松定理一个重要的应用是当 T 和 n 趋向无穷大时(3－21) 式的近似估计。我们重复这个问题：我们随机放置 n 个点在区间 $(-T/2, T/2)$ 上并且用 $P\{k \text{ 在 } t_a \text{ 内}\}$ 表示这些点中的 k 个将落在区间 (t_1, t_2) 内的概率，其中区间长度 $t_2 - t_1 = t_a$。像我们在(3－21) 式中已经看到的，

$$P\{k \text{ 在 } t_a \text{ 内}\} = \binom{n}{k} p^k q^{n-k} \qquad \text{其中 } p = \frac{t_a}{T} \tag{4-115}$$

我们现在假定 $n \gg 1$ 并且 $t_a \ll T$。用(4－107)，对于与 nt_a/T 同阶的 k，我们得到

$$P\{k \text{ 在 } t_a \text{ 内}\} \approx e^{-nt_a/T} \frac{(nt_a/T)^k}{k!} \tag{4-116}$$

下面假定 n 和 T 无限增加但比值

$$\lambda = n/T$$

保持是常数。结果是覆盖整个 t 轴从 $-\infty$ 到 $+\infty$ 的无穷点集。如我们在(4－116) 式所见，这些点中有 k 个落入长度为 t_a 的区间的概率等于

$$P\{k \text{ 在 } t_a \text{ 内}\} = e^{-\lambda t_a}\frac{(\lambda t_a)^k}{k!} \tag{4-117}$$

在多个不重叠区间上的点　返回到原来在区间$(-T/2,T/2)$包含n个点的情况，我们考虑如图 4-33 所示的两个长度分别为t_a和t_b的不重叠的区间。

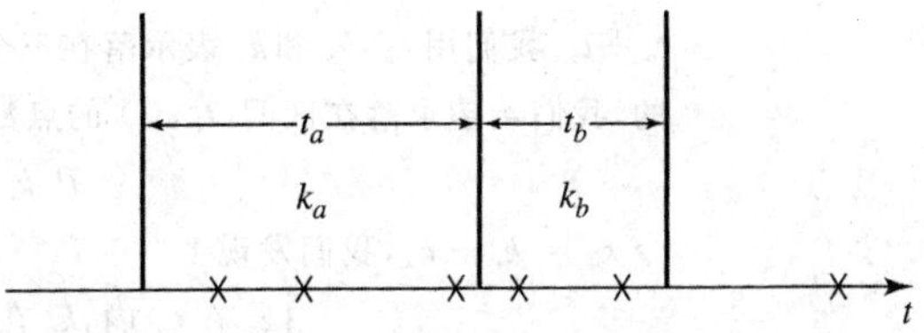

图 4-33

我们希望确定概率

$$P\{k_a \text{ 在 } t_a \text{ 内}, k_b \text{ 在 } t_b \text{ 内}\}$$

上式括号内的事件表示：n个点中有k_a个落在长度为t_a的区间，有k_b个落在长度为t_b的区间。我们得到

$$P\{k_a \text{ 在 } t_a \text{ 内}, k_b \text{ 在 } t_b \text{ 内}\} = \frac{n!}{k_a!k_b!k_3!}\left(\frac{t_a}{T}\right)^{k_a}\left(\frac{t_b}{T}\right)^{k_b}\left(1-\frac{t_a}{T}-\frac{t_b}{T}\right)^{k_3} \tag{4-118}$$

其中$k_3 = n-k_a-k_b$。

证　这一问题能够作为广义伯努利试验来处理。伯努利试验中，随机放置一个单点在区间$(-T/2,T/2)$。在这个试验S中，事件$A_1 = \{$这个点落在长度为t_a的区间$\}$，事件$A_2 = \{$这个点落在长度为t_b的区间$\}$，事件$A_3 = \{$这个点落在两个给定区间之外$\}$；这三个事件构成了一个分割并且

$$P(A_1) = \frac{t_a}{T} \qquad P(A_2) = \frac{t_b}{T} \qquad P(A_3) = 1-\frac{t_a}{T}-\frac{t_b}{T}$$

如果试验S进行n次，那么事件$\{k_a$ 在 t_a 内$, k_b$ 在 t_b 内$\}$表示A_1发生k_a次，A_2发生k_b次，A_3发生$n-k_a-k_b$次。因此，在(4-102)式中取$r=3$得到了(4-118)式。

这里需要注意，事件$\{k_a$ 在 t_a 内$\}$和事件$\{k_b$ 在 t_b 内$\}$不是相互独立的，因为它们的交构成的事件$\{k_a$ 在 t_a 内$, k_b$ 在 t_b 内$\}$的概率(4-118)式不等于$P\{k_a$ 在 t_a 内$\}$和$P\{k_b$ 在 t_b 内$\}$的乘积。

现在假定

$$\frac{n}{T} = \lambda \quad n\to\infty \quad T\to\infty$$

因为$nt_a/T = \lambda t_a$和$nt_b/T = \lambda t_b$，从(4-118)式和习题 4-35 我们得到：

$$P\{k_a \text{ 在 } t_a \text{ 内}, k_b \text{ 在 } t_b \text{ 内}\} = e^{-\lambda t_a}\frac{(\lambda t_a)^{k_a}}{k_a!}e^{-\lambda t_b}\frac{(\lambda t_b)^{k_b}}{k_b!} \tag{4-119}$$

从(4-117)和(4-119)式，

$$P\{k_a \text{ 在 } t_a \text{ 内}, k_b \text{ 在 } t_b \text{ 内}\} = P\{k_a \text{ 在 } t_a \text{ 内}\},P\{k_b \text{ 在 } t_b \text{ 内}\} \tag{4-120}$$

这表明事件$\{k_a$ 在 t_a 内$\}$和$\{k_b$ 在 t_b 内$\}$是相互独立的。

我们已经建立了一个实验，它的结果是t轴上的无穷点集。这些点被称为随机泊松点。这个实验由一个极限过程生成，它完全由下面两个性质刻画：

1. 落在区间(t_1,t_2)的点数等于k_a的概率$P\{k_a$ 在 t_a 内$\}$由(4-117)式确定；

2. 如果两个区间(t_1,t_2)和(t_3,t_4)互不重叠，那么事件$\{k_a$ 在 t_a 内$\}$和$\{k_b$ 在 t_b 内$\}$是相互独立的。

正如我们在电子辐射、电话呼叫、汽车通过桥梁、弹射噪声等众多领域中所见到的那样，随

机泊松点实验是概率论及其应用的基础。

【例 4-33】 考虑两个相邻的区间(t_1,t_2)和(t_2,t_3)，它们的长度分别是t_a和t_b。显然，区间(t_1,t_3)的长度是t_a+t_b。我们用k_a,k_b和k_c表示落在三个区间的点的数目。假定在区间(t_1,t_3)的数目k_c是指定的，我们希望求落在区间(t_1,t_2)的点数是k_a的概率。换句话说，就是求条件概率

$$P\{k_a \text{ 在 } t_a \text{ 内} \mid k_c \text{ 在 } t_c \text{ 内}\}$$

令$k_b=k_c-k_a$，我们发现

$$\{k_a \text{ 在 } t_a \text{ 内}, k_c \text{ 在 } t_c \text{ 内}\}=\{k_a \text{ 在 } t_a \text{ 内}, k_b \text{ 在 } t_b \text{ 内}\}$$

因此，

$$P\{k_a \text{ 在 } t_a \text{ 内} \mid k_c \text{ 在 } t_c \text{ 内}\}=\frac{P\{k_a \text{ 在 } t_a \text{ 内}, k_b \text{ 在 } t_b \text{ 内}\}}{P\{k_c \text{ 在 } t_c \text{ 内}\}}$$

从(4-117)和(4-119)式，这个分式等于

$$\frac{\mathrm{e}^{-\lambda t_a}[(\lambda t_a)^{k_a}/k_a!]\mathrm{e}^{-\lambda t_b}[(\lambda t_b)^{k_a}/k_b!]}{\mathrm{e}^{-\lambda t_c}[(\lambda t_c)^{k_c}/k_c!]}$$

因为$t_c=t_a+t_b$和$k_c=k_a+k_b$，最终得到公式

$$P\{k_a \text{ 在 } t_a \text{ 内} \mid k_c \text{ 在 } t_c \text{ 内}\}=\frac{k_c!}{k_a!k_b!}\left(\frac{t_a}{t_c}\right)^{k_a}\left(\frac{t_b}{t_c}\right)^{k_b} \tag{4-121}$$

这个结果有如下有用的解释：假定我们随机放置k_c个点在区间(t_1,t_3)，像我们在(3-21)式中所见，这些点中落在区间(t_1,t_2)的数目是k_a的概率等于(4-121)式的右端。

泊松点的密度 泊松点实验中，参数λ确定了概率分布。下面我们将进一步表明：参数λ可以解释成泊松点的密度。的确，如果区间的长度充分小，那么

$$\lambda\Delta t\mathrm{e}^{-\lambda\Delta t}\approx\lambda\Delta t$$

从上面的近似公式和(4-117)式，我们得到

$$P\{\text{一个点在}(t,t+\Delta t)\text{ 内}\}\approx\lambda\Delta t \tag{4-122}$$

因此

$$\lambda=\lim_{\Delta t\to 0}\frac{P\{\text{一个点在}(t,t+\Delta t)\text{ 内}\}}{\Delta t} \tag{4-123}$$

非均匀密度 通过一个t轴的非线性变换，我们将可以定义一个新的实验，实验结果是泊松点，这些点满足前述的性质1，但需要稍作改进。

假定$\lambda(t)$是一个满足$\lambda(t)\geqslant 0$的任意函数。我们定义非均匀泊松点实验如下：

1. 落在区间(t_1,t_2)的点数等于k的概率是

$$P\{k \text{ 在}(t_1,t_2)\}=\exp\left\{-\int_{t_1}^{t_2}\lambda(t)\mathrm{d}t\right\}\frac{\left[\int_{t_1}^{t_2}\lambda(t)\mathrm{d}t\right]^k}{k!} \tag{4-124}$$

2. 这一性质与均匀情况相同。

$\lambda(t)$作为密度函数的重要性与均匀情况一样。的确，令$t_2-t_1=\Delta t, k=1$，从(4-124)式得到类似于(4-122)式的近似公式

$$P\{\text{一个点在}(t,t+\Delta t)\text{ 内}\}\approx\lambda(t)\Delta t \tag{4-125}$$

习 题

4-1 假定x_u是随机变量$\boldsymbol{x}$的$\boldsymbol{u}$分位点，即$F(x_u)=u$。证明：如果$f(-x)=f(x)$，那么x_{1-u}

$= - x_u$。

4-2　证明：如果 $f(x)$ 关于 $x = \eta$ 是对称并且 $P\{\eta - a < \boldsymbol{x} < \eta + a\} = 1 - \alpha$，那么 $a = \eta - x_{\alpha/2} = x_{1-\alpha/2} - \eta$。

4-3　(a) 利用表 4-1 和线性插值，求正态随机变量 $\boldsymbol{z} \sim N(0,1)$ 的 $\boldsymbol{u}$-分位点 z_u，这里 $u = 0.9$，0,925，0.95，0.975 和 0.99。(b) 如果随机变量 $\boldsymbol{x} \sim N(\eta, \sigma^2)$，用 z_u 表示 x_u。

4-4　随机变量 $\boldsymbol{x} \sim N(\eta, \sigma)$ 并且 $P\{\eta - k\sigma < \boldsymbol{x} < \eta + k\sigma\} = p_k$。(a) 对 $k = 1, 2$ 和 3，求 p_k。(b) 对 $p_k = 0.9, 0.99, 0.999$，求 k。(c) 如果 $P\{\eta - z_u\sigma < \boldsymbol{x} < \eta + z_u\sigma\} = \gamma$，用 γ 表示 z_u。

4-5　对 $u = 0.1, 0.2, \cdots, 0.9$，求 x_u，(a) $\boldsymbol{x}$ 是 (0,1) 区间上的均匀分布随机变量；(b) $f(x) = 2e^{-2x}U(x)$。

4-6　在一个流水线上我们测量每个电阻器的电阻值 R，只有电阻值介于 96 和 104 Ω 之间的电阻器是合格的。求合格器件的百分比。(a) 假定 R 在 95 和 105 之间均匀分布；(b) 假定 R 服从 $\eta = 100, \sigma = 2$ 的正态分布。

4-7　证明：如果随机变量 $\boldsymbol{x}$ 具有 $n = 2$ 的埃尔朗分布，则 $F_x(x) = (1 - e^{-cx} - cxe^{-cx})U(x)$。

4-8　随机变量 $\boldsymbol{x}$ 是 $N(10,1)$ 分布，求 $f(x \mid (\boldsymbol{x} - 10)^2 < 4)$。

4-9　若 $F(x) = (1 - e^{-\alpha x})U(x - c)$，求 $f(x)$。

4-10　若 $\boldsymbol{x}$ 是 $N(0,4)$ 分布，试求 (a) $P\{1 \leqslant \boldsymbol{x} \leqslant 2\}$ 和 (b) $P\{1 \leqslant \boldsymbol{x} \leqslant 2 \mid \boldsymbol{x} \geqslant 1\}$。

4-11　空间 S 由区间 (0,1) 内所有的点 t_i 构成，且对每个 $y \leqslant 1$ 有 $P\{0 \leqslant t_i \leqslant y\} = y$。函数 $G(x)$ 从 $G(-\infty) = 0$ 增加到 $G(\infty) = 1$，因此它有一反函数 $G^{-1}(y) = H(y)$，随机变量 $\boldsymbol{x}$ 使得 $\boldsymbol{x}(t_i) = H(t_i)$，试证明 $F_x(x) = G(x)$。

4-12　若 $\boldsymbol{x}$ 是 $N(1\,000; 400)$ 分布，求 (a) $P\{\boldsymbol{x} < 1\,024\}$；(b) $P\{\boldsymbol{x} < 1\,024 \mid \boldsymbol{x} < 961\}$；(c) $P\{31 < \sqrt{\boldsymbol{x}} \leqslant 32\}$。

4-13　投一枚均匀硬币三次，随机变量 $\boldsymbol{x}$ 等于正面出现的总次数。试求 $F_x(x)$ 和 $f_x(x)$，并画出略图。

4-14　投一枚均匀硬币 900 次，随机变量 $\boldsymbol{x}$ 等于正面出现的总数，(a) 求 $f_x(x)$；① 精确表达式；② 用 (4-90) 式的表达式。(b) 求 $P\{435 \leqslant \boldsymbol{x} \leqslant 460\}$。

4-15　如果对每个 $\xi \in S$，有 $a \leqslant \boldsymbol{x}(\xi) \leqslant b$，证明当 $x \geqslant b$ 时，$F(x) = 1$；当 $x < a$ 时，$F(x) = 0$。

4-16　对每个 $\xi \in S$，若 $\boldsymbol{x}(\xi) \leqslant \boldsymbol{y}(\xi)$，试证明对每个 w 有 $F_x(w) \geqslant F_y(w)$。

4-17　若 $\beta(t) = f(t \mid \boldsymbol{x} > t)$ 是随机变量 $\boldsymbol{x}$ 的条件故障率，且 $\beta(t) = kt$，证明 $f(x)$ 是瑞利分布密度（也见 6.6 节）。

4-18　证明：$P(A) = P(A \mid \boldsymbol{x} \leqslant x)F(x) + P(A \mid \boldsymbol{x} > x)[1 - F(x)]$。

4-19　证明：$F_x(x \mid A) = \dfrac{P(A \mid \boldsymbol{x} \leqslant x)F_x(x)}{P(A)}$。

4-20　若对每个 $x \leqslant x_0$，$P(A \mid \boldsymbol{x} = x) = P(B \mid \boldsymbol{x} = x)$，试证 $P(A \mid \boldsymbol{x} \leqslant x_0) = P(B \mid \boldsymbol{x} \leqslant x_0)$。

提示：用 $P(A \mid \boldsymbol{x} \leqslant x_0)$ 和 $f(x \mid \boldsymbol{x} \leqslant x_0)$ 分别代替 (4-80) 式的 $P(A)$ 和 $f(x)$。

4-21　一随机选出硬币的正面的概率是在区间 (0,1) 内均匀分布的随机变量 $\boldsymbol{p}$，(a) 求 $P\{0.3 \leqslant \boldsymbol{p} \leqslant 0.7\}$；(b) 投硬币 10 次，正面出现 6 次，试求 $\boldsymbol{p}$ 在 0.3 和 0.7 之间的后验概率。

4-22　一随机选出硬币的正面概率在区间(0.4,0.6)内均匀分布,(a)求在下次投掷中正面出现的概率;(b)投一硬币100次,而正面出现60次,求下一次投掷时正面出现的概率。

4-23　投掷一枚均匀硬币900次。求正面出现次数介于420和465之间的概率。
(答案:$G(2)+G(1)-1 \approx 0.819$)

4-24　投掷一枚均匀硬币n次。问:当n超过多少时,正面出现次数介于$0.49n$和$0.52n$之间的概率至少0.9。
(答案:$G(0.04\sqrt{n})+G(0.02\sqrt{n}) \geqslant 1.9$;因而$n > 4\,556$)

4-25　如果$P(A)=0.6$而k是在n次试验中A成功的次数。(a)试证当$n=1\,000$时,$P\{550 \leqslant k \leqslant 650\}=0.999$。(b)求$n$使得$P\{0.59n \leqslant k \leqslant 0.61n\}=0.95$。

4-26　一个系统由1 000个部件组成。各部件在区间(a,b)上出故障的概率等于$e^{-a/T}-e^{-b/T}$。求在区间$(0, T/4)$上不超过100个部件出故障的概率。

4-27　投掷一枚硬币无穷多次。试求在第n次投掷时观察到k次正面的概率并说明它不等于以前给出的$\binom{n-1}{k-1}p^k q^{n-k}$。

4-28　证明

$$\frac{1}{x}\left(1-\frac{1}{x^2}\right)g(x) < 1-G(x) < \frac{1}{x}g(x) \qquad g(x)=\frac{1}{\sqrt{2\pi}}e^{-x^2/2} \quad x>0$$

提示:证明下面的不等式并在(x,∞)上积分:

$$-\frac{d}{dx}\left(\frac{1}{x}e^{-x^2/2}\right) < e^{-x^2/2} \qquad -\frac{d}{dx}\left[\left(\frac{1}{x}-\frac{1}{x^3}\right)e^{-x^2/2}\right] > e^{-x^2/2}$$

4-29　假定在n次试验中,事件A至少发生一次的概率是P_1。证明:如果$P(A)=p$并且$pn \ll 1$,那么$P_1 \approx np$。

4-30　一个驾驶员在一个月内出现一次交通事故的概率是0.02,求100个月中出现三次交通事故的概率。
(答案:大约$4e^{-2}/3$)

4-31　投掷一个均匀的骰子5次。求出现两次1点,两次3点和一次6点的概率。

4-32　证明:(4-90)式是(4-103)式的一个特例,其中

$$r=2,\ k_1=k,\ k_2=n-k,\ p_1=p,\ p_2=1-p$$

4-33　X和Y两人玩掷骰子游戏,X先掷。先掷到11点的赢。证明X赢的概率p等于18/35。
提示:证明

$$P(A)=P(A \mid M)P(M)+P(A \mid \overline{M})P(\overline{M})$$

其中$A=\{X\text{赢}\}$,$M=\{\text{在第一轮得到11点}\}$。注意,$P(A)=p$,$P(A \mid M)=1$,$P(M)=2/36$,$P(A \mid \overline{M})=1-p$。

4-34　我们随机放n个粒子在$m>n$个盒子。求在n个指定的盒子中各有一个粒子的概率p。考虑下面几种情况:
(a)M-B(麦克斯韦-玻尔兹曼)假定——粒子是互不相同的,一个盒子中可容纳多个粒子;
(b)B-E(波思-爱因斯坦)假定——粒子是没有差别的,一个盒子中可容纳多个粒子;

(c)F－D(费米-狄拉克) 假定 —— 粒子是没有差别的,一个盒子至多容纳一个粒子;答案

	M－B	B－E	F－D
$p =$	$\dfrac{n!}{m^n}$	$\dfrac{n!(m-1)!}{(m+n-1)!}$	$\dfrac{n!(m-n)!}{m!}$

提示:(a) 所有可供选择的情况的数目 $N = m^n$。有利结果的总数 $N_A = n!$等于在预先选定的盒子中粒子的所有排列数。(b) 放 $m-1$ 堵墙在直线上把 m 个盒子并且包含 n 个粒子的盒子排在最后。这对应于所有粒子都放在最后一个盒子中。剩下的其它可能由 $n+m-1$ 个对象的排列组成,其中 $m-1$ 堵墙和 n 个粒子。所有的$(m-1)!$个墙的排列和 $n!$个粒子的排列导致同一个结果。因此 $N = (m+n-1)!/(m-1)!n!$而 $N_A = 1$。(c) 因为 n 个粒子是不可区分的,N 等于从 m 个对象中选出 n 个的方式,即:$N = \dbinom{m}{n}$而 $N_A = 1$。

4－35　采用(4－107) 式类似的推理方法,证明:如果

$$k_1 + k_2 + k_3 = n,\quad p_1 + p_2 + p_3 = 1,\quad k_1 p_1 \ll 1,\quad k_2 p_2 \ll 1,\quad k_1, k_2 \ll n, k_3$$

那么

$$\frac{n!}{k_1!k_2!k_3!} \approx \frac{n^{k_1+k_2}}{k_1!k_2!} \qquad p_3^{k_3} \approx \mathrm{e}^{-n(p_1+p_2)}$$

用这个结论证明(4－119) 式是正确的。

4－36　我们随机放置200个点在区间(0,100)上。求在区间(0,2)上仅有一个点的概率。(a)精确的表达式;(b)用泊松近似公式。

第 5 章

一元随机变量的函数

5.1 随机变量 $g(\boldsymbol{x})$

假设 $\boldsymbol{x}$ 是一个随机变量，而 $g(x)$ 是实变量 x 的函数。表示式

$$\boldsymbol{y} = g(\boldsymbol{x})$$

是一新的随机变量，其定义如下：对一给定的 ξ，$\boldsymbol{x}(\xi)$ 是一个数，而 $g[\boldsymbol{x}(\xi)]$ 是按照 $x = \boldsymbol{x}(\xi)$ 和 $y = g(x)$ 规定的另一个数。这个数 $\boldsymbol{y}(\xi) = g[\boldsymbol{x}(\xi)]$ 就是赋于随机变量 $\boldsymbol{y}$ 的值。于是，随机变量 $\boldsymbol{x}$ 的函数是一个复合函数 $\boldsymbol{y} = g(\boldsymbol{x}) = g[\boldsymbol{x}(\xi)]$，定义域是实验结果 ξ 构成的集合 S。

由此形成的随机变量 $\boldsymbol{y}$ 的分布函数 $F_y(y)$ 就是事件 $\{\boldsymbol{y} \leqslant y\}$ 的概率，该事件由满足 $\boldsymbol{y}(\xi) = g[\boldsymbol{x}(\xi)] \leqslant y$ 的所有结果 ξ 构成。于是

$$F_y(y) = P\{\boldsymbol{y} \leqslant y\} = P\{g(\boldsymbol{x}) \leqslant y\} \tag{5-1}$$

对于一个给定的 y，满足 $g(x) \leqslant y$ 的 x 值构成了 x 轴上的一个集合，记作 R_y。显然，如果 $\boldsymbol{x}(\xi)$ 属于集合 R_y，则 $g[\boldsymbol{x}(\xi)] \leqslant y$。因此

$$F_y(y) = P\{\boldsymbol{x} \in R_y\} \tag{5-2}$$

要使 $g(\boldsymbol{x})$ 是一个随机变量，函数 $g(x)$ 必须满足下列性质：

1. 它的定义域必须包含在随机变量 $\boldsymbol{x}$ 的值域内。

2. 它必须是一个**波雷尔**(Borel) 函数，也就是说，对每个 y，满足 $g(x) \leqslant y$ 的集合 R_y 必须由可列个区间的并和交构成。只有如此，$\{\boldsymbol{y} \leqslant y\}$ 才是一个事件。

3. 事件 $\{g(\boldsymbol{x}) = \pm\infty\}$ 的概率必须为零。

5.2 $g(\boldsymbol{x})$ 的分布

我们将用随机变量 $\boldsymbol{x}$ 的分布函数 $F_x(x)$ 和函数 $g(\boldsymbol{x})$ 表示随机变量 $\boldsymbol{y} = g(x)$ 的分布函数 $F_y(y)$。为此，我们必须确定满足 $g(x) \leqslant y$ 的 x 的集合 R_y 以及 $\boldsymbol{x}$ 在该集合中的概率。我们将用几个例子说明这一方法。如无特别说明，我们都假设 $F_x(x)$ 是连续的。

1. 我们从图 5-1 中的函数 $g(x)$ 开始研究。由图可知，对任何 x，$g(x)$ 的值都在 a 和 b 之间。这就得出：若 $y \geqslant b$，则对每个 x 有 $g(x) \leqslant y$，因而 $P\{\boldsymbol{y} \leqslant y\} = 1$；若 $y < a$ 则没有能满足 $g(x) \leqslant y$，因而 $P\{\boldsymbol{y} \leqslant y\} = 0$，于是

$$F_y(y) = \begin{cases} 1 & y \geqslant b \\ 0 & y < a \end{cases}$$

当 x_1 和 $y_1 = g(x_1)$ 如图 5-1 所示时，对 $x \leqslant x_1$，我们得到 $g(x) \leqslant y_1$。因此

$$F_y(y_1) = P\{\boldsymbol{x} \leqslant x_1\} = F_x(x_1)$$

我们还注意到，若 $x \leqslant x'_2$ 或 $x''_2 \leqslant x \leqslant x'''_2$，则 $g(x) \leqslant y_2$。因此

$$F_y(y_2) = P\{\boldsymbol{x} \leqslant x'_2\} + P\{x''_2 \leqslant \boldsymbol{x} \leqslant x'''_2\}$$
$$= F_x(x'_2) + F_x(x'''_2) - F_x(x''_2)\}$$

这是因为事件 $\{\boldsymbol{x} \leqslant x'_2\}$ 和事件 $\{x''_2 \leqslant \boldsymbol{x} \leqslant x'''_2\}$ 是互斥的。

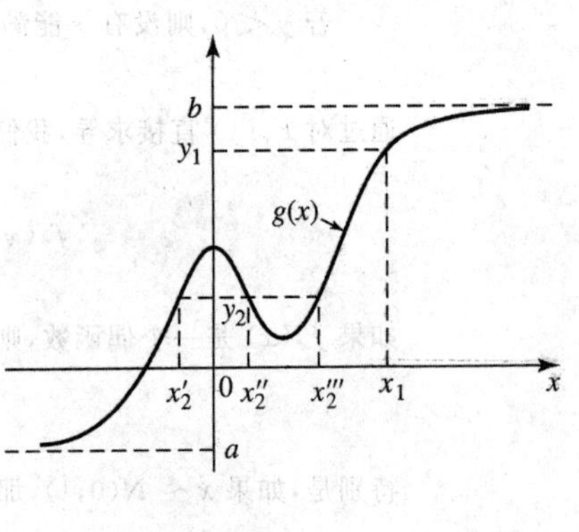

图 5-1

【例 5-1】 $$\boldsymbol{y} = a\boldsymbol{x} + b \tag{5-3}$$

为了确定 $F_y(y)$，我们必须确定满足 $ax + b \leqslant y$ 的 x 值。

(a) 若 $a > 0$，当 $x \leqslant (y-b)/a$ 时（图 5-2(a)），$ax + b \leqslant y$。因此

$$F_y(y) = P\left\{\boldsymbol{x} \leqslant \frac{y-b}{a}\right\} = F_x\left(\frac{y-b}{a}\right) \quad a > 0$$

(b) 若 $a < 0$，则当 $x > (y-b)/a$ 时（图 5-2(b)），有 $ax + b \leqslant y$。因此[见(5-17)-(5-18)]

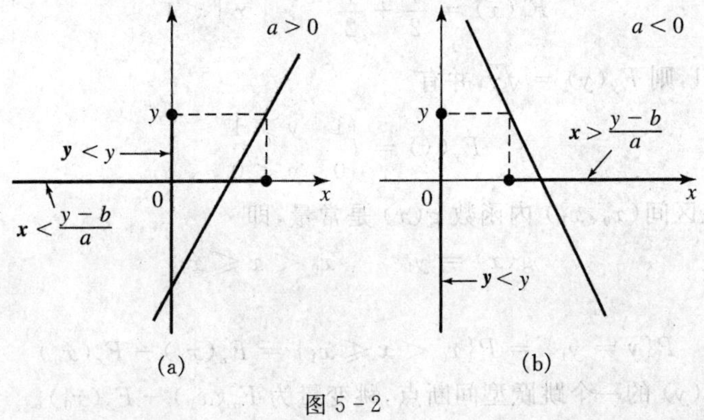

图 5-2

$$F_y(y) = P\left\{\boldsymbol{x} \geqslant \frac{y-b}{a}\right\} = 1 - F_x\left(\frac{y-b}{a}\right) \quad a < 0$$

【例 5-2】 $$\boldsymbol{y} = \boldsymbol{x}^2$$

若 $y \geqslant 0$，当 $-\sqrt{y} \leqslant x \leqslant \sqrt{y}$ 时（图 5-3(a)），$x^2 \leqslant y$。因此

$$F_y(y) = P\{-\sqrt{y} \leqslant \boldsymbol{x} \leqslant \sqrt{y}\} = F_x(\sqrt{y}) - F_x(-\sqrt{y}) \qquad y > 0$$

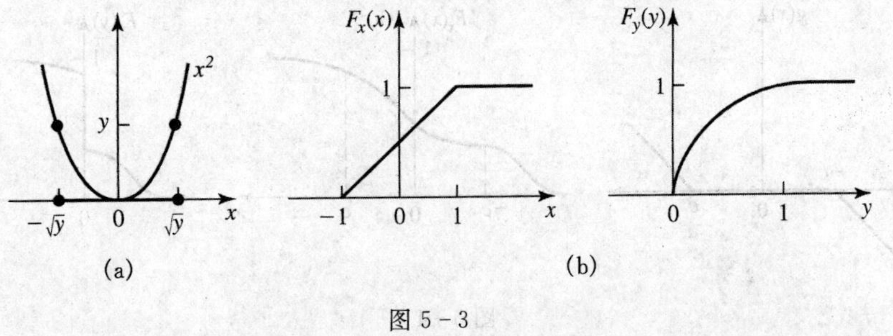

图 5-3

若 $y<0$,则没有 x 能满足 $x^2<y$。因此

$$F_y(y)=P\{\varnothing\}=0,\qquad y<0$$

通过对 $F_y(y)$ 直接求导,我们得到

$$f_y(y)=\begin{cases}\dfrac{1}{2\sqrt{y}}(f_x(\sqrt{y})+f_x(-\sqrt{y})) & y>0\\ 0 & y\leqslant 0\end{cases}\tag{5-4}$$

如果 $f_x(x)$ 是一个偶函数,则(5-4)式简化为

$$f_y(y)=\frac{1}{\sqrt{y}}f_x(\sqrt{y})U(y)\tag{5-5}$$

特别是,如果 $\boldsymbol{x}\sim N(0,1)$,那么

$$f_x(x)=\frac{1}{\sqrt{2\pi}}\mathrm{e}^{-x^2/2}\tag{5-6}$$

把上式代入(5-5)式,我们得到随机变量 $\boldsymbol{y}=\boldsymbol{x}^2$ 的概率密度函数是

$$f_y(y)=\frac{1}{\sqrt{2\pi y}}\mathrm{e}^{-y/2}U(y)\tag{5-7}$$

同(4-39)式对比,我们发现(5-7)式表示 $n=1$ 的 χ^2 分布(注意:$\Gamma(1/2)=\sqrt{\pi}$)。于是,如果 $\boldsymbol{x}$ 是 $\mu=0$ 的高斯随机变量,则 $\boldsymbol{y}=\boldsymbol{x}^2$ 是1个自由度的 χ^2 分布随机变量。

特例　若 $\boldsymbol{x}$ 在区间$(-1,1)$内是均匀分布的,那么(图5-3(b))

$$F_x(x)=\frac{1}{2}+\frac{x}{2}\qquad |x|<1$$

因此,若 $0\leqslant y\leqslant 1$,则 $F_y(y)=\sqrt{y}$,并有

$$F_y(y)=\begin{cases}1 & y>1\\ 0 & y<0\end{cases}$$

2. 现在假定在区间(x_0,x_1)内函数 $g(x)$ 是常量,即

$$g(x)=y_1\qquad x_0<x\leqslant x_1\tag{5-8}$$

在这种情况下

$$P\{\boldsymbol{y}=y_1\}=P\{x_0<\boldsymbol{x}\leqslant x_1\}=F_x(x_1)-F_x(x_0)\tag{5-9}$$

因此 $\boldsymbol{y}=y_1$ 是 $F_y(y)$ 的一个跳跃型间断点,跳变量为 $F_x(x_1)-F_x(x_0)$。

【例 5-3】　假定一函数为(图5-4)

$$g(x)=\begin{cases}x-c & x>c\\ 0 & -c\leqslant x\leqslant c\\ x+c & x<-c\end{cases}\tag{5-10}$$

在这种情况下,$y=0$ 是 $F_y(y)$ 的一个跳跃型间断点,跳变量为 $F_x(c)-F_x(-c)$。而且

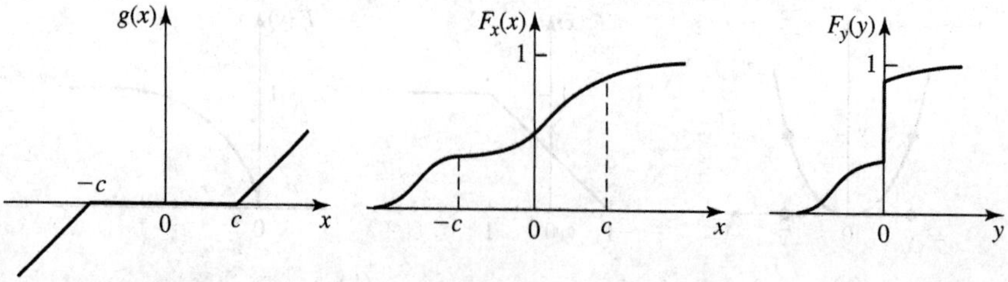

图 5-4

若 $y \geqslant 0$,则 $P\{\mathbf{y} \leqslant y\} = P\{\mathbf{x} \leqslant y + c\} = F_x(y+c)$

若 $y < 0$,则 $P\{\mathbf{y} \leqslant y\} = P\{\mathbf{x} \leqslant y - c\} = F_x(y-c)$

【例 5-4】　限幅器

在图 5-5 中,曲线 $g(x)$ 在 $x \leqslant -b$ 和 $x \geqslant b$ 时为常数,而在区间 $(-b,b)$ 内是一直线。当 $\mathbf{y} = g(\mathbf{x})$ 时,可以得到在 $y = g(-b) = -b$ 和 $y = g(b) = b$ 处 $F_y(y)$ 是不连续的,而且

若 $y \geqslant b$,则对每个 x 有 $g(x) \leqslant y$,因此 $F_y(y) = 1$;

若 $-b \leqslant y < b$,则对 $x \leqslant y$ 有 $g(x) \leqslant y$,因此 $F_y(y) = F_x(y)$;

若 $y < -b$,则没有 x 能使 $g(x) \leqslant y$,因此 $F_y(y) = 0$。

3. 下面我们假定 $g(x)$ 是阶梯函数

$$g(x) = g(x_i) = y_i \qquad x_{i-1} < x \leqslant x_i$$

在这种情况下,$\mathbf{y} = g(\mathbf{x})$ 是取值为 y_i 的离散型随机变量,且有

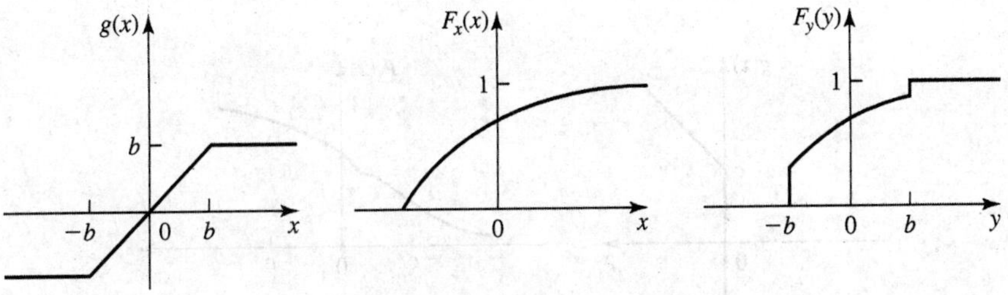

图 5-5

$$P\{\mathbf{y} = y_i\} = P\{x_{i-1} < \mathbf{x} \leqslant x_i\} = F_x(x_i) - F_x(x_{i-1})$$

【例 5-5】　硬限幅器

如果

$$g(x) = \begin{cases} 1 & x > 0 \\ -1 & x \leqslant 0 \end{cases} \tag{5-11}$$

则 $\mathbf{y}$ 取 ± 1 的概率为

$$P\{\mathbf{y} = -1\} = P\{\mathbf{x} \leqslant 0\} = F_x(0)$$

$$P\{\mathbf{y} = 1\} = P\{\mathbf{x} > 0\} = 1 - F_x(0)$$

因此,$F_y(y)$ 是阶梯形函数,如图 5-6 所示。

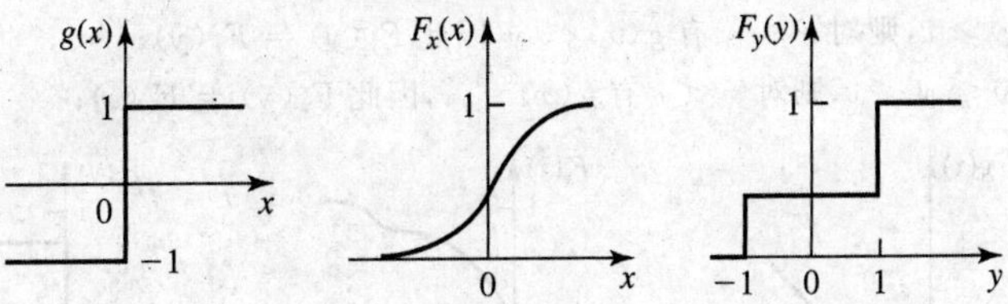

图 5-6

【例 5-6】　量化

如果

$$g(x) = ns \qquad (n-1)s < x \leqslant ns \tag{5-12}$$

则 $\mathbf{y}$ 取值 $y_n = ns$ 的概率为

$$P\{\mathbf{y} = ns\} = P\{(n-1)s < \mathbf{x} \leqslant ns\} = F_x(ns) - F_x(ns - s) \tag{5-13}$$

4.最后，我们假设函数 $g(x)$ 在 $x=x_0$ 处不连续，并且

$$\text{对 } x<x_0 \text{ 有 } g(x)<g(x_0^-)\text{；对 } x>x_0 \text{ 有 } g(x)>g(x_0^+)\text{，}$$

在这种情况下，若 y 是在 $g(x_0^-)$ 与 $g(x_0^+)$ 之间，当 $x\leqslant x_0$ 时则有 $g(x)<y$。因此

$$F_y(y)=P\{\boldsymbol{x}\leqslant x_0\}=F_x(x_0),\qquad g(x_0^-)\leqslant y\leqslant g(x_0^+)$$

【例 5-7】 设

$$g(x)=\begin{cases}x+c & x\geqslant 0\\ x-c & x<0\end{cases}\tag{5-14}$$

它是不连续的(图 5-7)，在不连续点 $x=0$ 处有 $g(0^-)=-c$ 和 $g(0^+)=c$。因此，当 $|y|\leqslant c$ 时有 $F_y(y)=F_x(0)$。而且

若 $y\geqslant c$，则对 $x\leqslant y-c$ 有 $g(x)\leqslant y$，因此 $F_y(y)=F_x(y-c)$；

若 $-c\leqslant y\leqslant c$，则对 $x\leqslant 0$ 有 $g(x)\leqslant y$，因此 $F_y(y)=F_x(0)$；

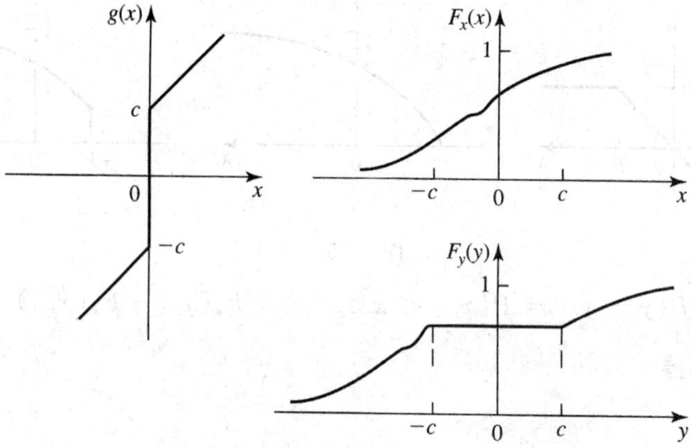

图 5-7

若 $y\leqslant -c$，则对 $x\leqslant y+c$ 有 $g(x)\leqslant y$，因此 $F_y(y)=F_x(y+c)$。

【例 5-8】 在图 5-8 中，函数 $g(x)$ 在区间 $(-c,c)$ 内等于零，在 $x=\pm c$ 处它是不连续的，且有 $g(c^+)=c$，$g(c^-)=0$，$g(-c^-)=-c$，$g(-c^+)=0$。因此，$F_y(y)$ 在 $y=0$ 处是不连续的，且当 $0\leqslant y\leqslant c$ 和 $-c\leqslant y\leqslant 0$ 时它为常数。并且

若 $y\geqslant c$，则对 $x\leqslant y$ 有 $g(x)\leqslant y$，因此 $F_y(y)=F_x(y)$；

若 $0\leqslant y<c$，则对 $x<c$ 有 $g(x)\leqslant y$，因此 $F_y(y)=F_x(c)$；

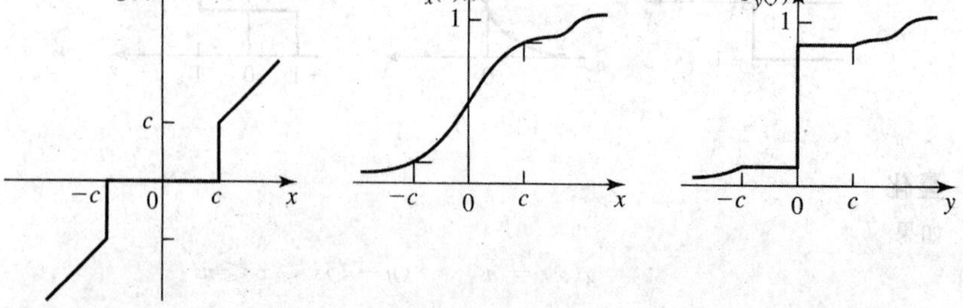

图 5-8

若 $-c \leqslant y < 0$，则对 $x < -c$ 有 $g(x) \leqslant y$，因此 $F_y(y) = F_x(-c)$；

若 $y < -c$，则对 $x \leqslant y$ 有 $g(x) \leqslant y$，因此 $F_y(y) = F_x(y)$。

5. 现在我们假定随机变量 $\boldsymbol{x}$ 是离散型的，取 x_k 的概率为 p_k，在这种情况下，随机变量 $\boldsymbol{y} = g(\boldsymbol{x})$ 也是离散型的，取值 $y_k = g(x_k)$。

若仅有一个 $x = x_k$ 使得 $y_k = g(x)$，则

$$P\{\boldsymbol{y} = y_k\} = P\{\boldsymbol{x} = x_k\} = p_k$$

然而，若 $x = x_k$ 和 $x = x_l$ 都有 $y_k = g(x)$，则

$$P\{\boldsymbol{y} = y_k\} = P\{\boldsymbol{x} = x_k\} + P\{\boldsymbol{x} = x_l\} = p_k + p_l$$

【例 5-9】

$$\boldsymbol{y} = \boldsymbol{x}^2$$

(a) 若 $\boldsymbol{x}$ 取 1,2,…,6 的概率各为 1/6，则 $\boldsymbol{y}$ 取 $1^2, 2^2, \cdots, 6^2$ 的概率也各为 1/6；

(b) 然而，若 $\boldsymbol{x}$ 取 −2，−1，0，1，2，3 的概率各为 1/6，则 $\boldsymbol{y}$ 取 0，1，4，9 的概率各为 1/6，2/6，2/6，1/6。

5.2.1　$f_y(y)$ 的确定

我们希望用随机变量 $\boldsymbol{x}$ 的概率密度确定 $\boldsymbol{y} = g(\boldsymbol{x})$ 的概率密度。首先，假定 $\boldsymbol{y}$ 轴上的集合 R 不在函数 $g(x)$ 的值域中，即对任一 x，$g(x)$ 都不属于 R。在这种情况下，$g(\boldsymbol{x})$ 在 R 中的概率等于零。因此，对 $y \in R$ 有 $f_y(y) = 0$。所以，只考虑函数 $g(x) = y$ 值域中的点就足够了。

基本定理　对给定的 y，要找出 $f_y(y)$，首先需要解方程 $y = g(x)$。用 x_n 来表示它的实根

$$y = g(x_1) = \cdots = g(x_n) = \cdots \tag{5-15}$$

我们将证明

$$f_y(y) = \frac{f_x(x_1)}{|g'(x_1)|} + \cdots + \frac{f_x(x_n)}{|g'(x_n)|} + \cdots \tag{5-16}$$

式中 $g'(x)$ 为 $g(x)$ 的导数。

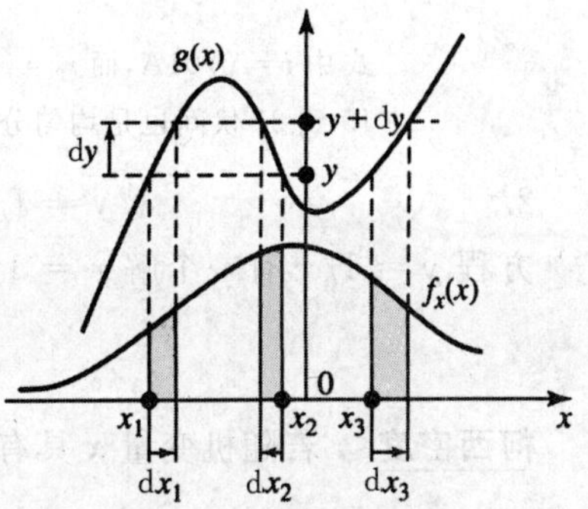

图 5-9

证　为避免一般性证明，如图 5-9 所示，我们假设方程 $y = g(x)$ 有三个根，我们知道

$$f_y(y)\mathrm{d}y = P\{y < \boldsymbol{y} \leqslant y + \mathrm{d}y\}$$

所以，只要找出满足 $y < g(x) < y + \mathrm{d}y$ 的 x 值的集合以及 $\boldsymbol{x}$ 在此集合内的概率就行了。由图可见。这个集合由下面的三个区间构成

$$x_1 < x < x_1 + \mathrm{d}x_1, x_2 + \mathrm{d}x_2 < x < x_2, x_3 < x < x_3 + \mathrm{d}x_3$$

其中 $\mathrm{d}x_1 > 0$，$\mathrm{d}x_3 > 0$，但 $\mathrm{d}x_2 < 0$。由此可得

$$P\{y < \boldsymbol{y} < y + \mathrm{d}y\} = P\{x_1 < \boldsymbol{x} < x_1 + \mathrm{d}x_1\} + P\{x_2 + \mathrm{d}x_2 < \boldsymbol{x} < x_2\} + P\{x_3 < \boldsymbol{x} < x_3 + \mathrm{d}x_3\}$$

上式右边等于图 5-9 中阴影部分的面积。因为

$$P\{x_1 < \boldsymbol{x} < x_1 + \mathrm{d}x_1\} = f_x(x_1)\mathrm{d}x_1, \mathrm{d}x_1 = \mathrm{d}y/g'(x_1);$$

$$P\{x_2 + \mathrm{d}x_2 < \boldsymbol{x} < x_2\} = f_x(x_2)|\mathrm{d}x_2|, \mathrm{d}x_2 = \mathrm{d}y/g'(x_2);$$

$$P\{x_3 < \boldsymbol{x} < x_3 + \mathrm{d}x_3\} = f_x(x_3)\mathrm{d}x_3, \mathrm{d}x_3 = \mathrm{d}y/g'(x_3)$$

则可得到

$$f_y(y)\mathrm{d}y = \frac{f_x(x_1)}{g'(x_1)}\mathrm{d}y + \frac{f_x(x_2)}{|g'(x_2)|}\mathrm{d}y + \frac{f_x(x_3)}{g'(x_3)}\mathrm{d}y$$

这便证明了(5－16)式。

最后，我们指出，对于区间(x_0, x_1)内的每个x，若$g(x) = y_1 =$ 常量，则[见(5-9)式] $y = y_1$是$F_y(y)$的不连续点。因为，$f_y(y)$包含有一个面积为$F_x(x_1) - F_x(x_0)$的冲击函数$\delta(y - y_1)$。

条件密度　在假定M的条件下，只要将(5－16)式右边的$f_x(x_i)$用$f_x(x_i \mid M)$代替(例如，见习题5－21)，就可得到随机变量$\boldsymbol{y} = g(\boldsymbol{x})$的条件密度$f_y(y \mid M)$。

5.2.2　一些例证

下面我们给出(5－2)和(5－16)式的一些应用：

1. $\boldsymbol{y} = a\boldsymbol{x} + b$　　　$g'(x) = a$　　　(5－17)

方程$y = ax + b$对每个y只有一个解$x = \dfrac{y - b}{a}$。因此

$$f_y(y) = \frac{1}{|a|} f_x\left(\frac{y-b}{a}\right) \qquad (5-18)$$

特例　在区间(x_1, x_2)内$\boldsymbol{x}$是均匀的，那么在区间$(ax_1 + b, ax_2 + b)$内$\boldsymbol{y}$也是均匀的。

【例5－10】　设电压$\boldsymbol{v}$是一随机变量，且由下式给出：

$$\boldsymbol{v} = i(\boldsymbol{r} + r_0)$$

式中$i = 0.01$A，而$r_0 = 1\,000\,\Omega$。若电阻$\boldsymbol{r}$是在900到1 100 Ω间均匀分布的随机变量，则$\boldsymbol{v}$在19到21伏间也是均匀分布的。

2.　　　$\boldsymbol{y} = 1/\boldsymbol{x}$　　　$g'(x) = -1/x^2$　　　(5－19)

方程$y = 1/x$有一个解$x = 1/y$。因此

$$f_y(y) = \frac{1}{y^2} f_x\left(\frac{1}{y}\right) \qquad (5-20)$$

柯西密度　若随机变量$\boldsymbol{x}$具有参数为α的**柯西密度**，即

$$f_x(x) = \frac{\alpha/\pi}{x^2 + \alpha^2}, \text{则 } f_y(y) = \frac{1/\alpha\pi}{y^2 + 1/\alpha^2}$$

是具有参量为$1/\alpha$的柯西密度。

【例5－11】　假设电阻$\boldsymbol{r}$在900到1 100 Ω间均匀分布，如图5－10所示。我们来确定相应的电导

$$\boldsymbol{g} = 1/\boldsymbol{r}$$

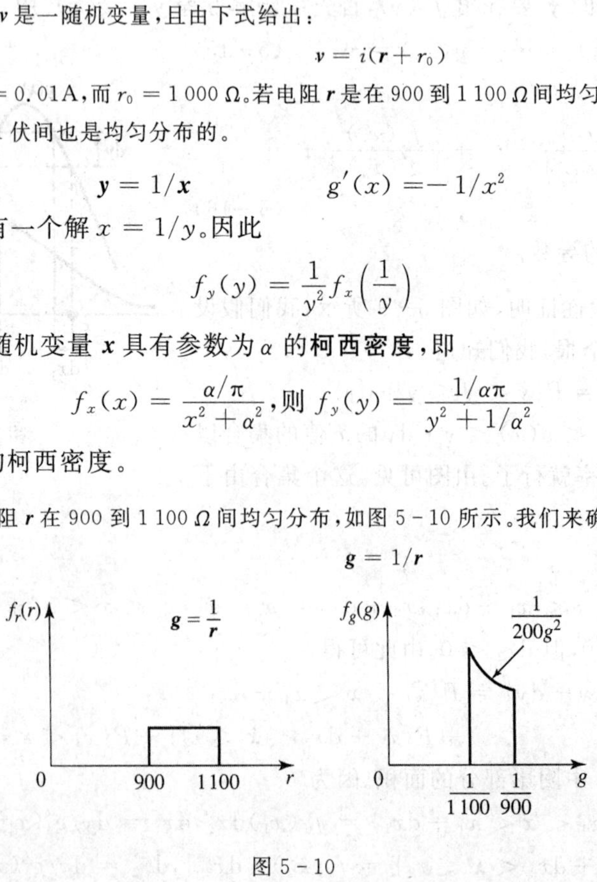

图5－10

的概率密度。因为 $\boldsymbol{r}$ 在 900 到 1 100 间，有 $f_r(r)=1/200$，从(5-20)式得到

$$f_g(g)=1/200g^2,\frac{1}{1\,100}<g<\frac{1}{900}$$

而在其它区域为零。

3. $$\boldsymbol{y}=a\boldsymbol{x}^2\qquad a>0\qquad g'(x)=2ax \tag{5-21}$$

如果 $y\leqslant 0$，则方程 $y=ax^2$ 无实数解，因此 $f_y(y)=0$；如果 $y>0$，它有两个解

$$x_1=\sqrt{y/a},\qquad x_2=-\sqrt{y/a}$$

由(5-16)式得到[也见(5-4)式]

$$f_y(y)=\frac{1}{2a\sqrt{y/a}}[f_x(\sqrt{y/a})+f_x(-\sqrt{y/a})]\quad y>0 \tag{5-22}$$

应当指出，当 $y<0$ 时 $F_y(y)=0$，而

$$F_y(y)=P\left\{-\sqrt{\frac{y}{a}}\leqslant \boldsymbol{x}\leqslant\sqrt{\frac{y}{a}}\right\}=F_x\left(\sqrt{\frac{y}{a}}\right)-F_x\left(-\sqrt{\frac{y}{a}}\right)\quad y>0$$

【例 5-12】 电阻两端的电压是一随机变量 $\boldsymbol{e}$，在 5 到 10 V 伏间均匀分布。我们来确定在1 000 Ω电阻 r 上消耗的功率

$$\boldsymbol{w}=\boldsymbol{e}^2/r$$

的概率密度。

因为当 $e\in[5,10]$，$f_e(e)=1/5$；其它情况为零，所以当令 $a=1/r$ 时，可由(5-8)式得出

$$f_w(w)=\sqrt{\frac{10}{w}}\qquad\frac{1}{40}<w<\frac{1}{10}$$

其它情况 $f_w(w)=0$。

特例　假定

$$f_x(x)=\frac{1}{\sqrt{2\pi}}\mathrm{e}^{-x^2/2}\qquad \boldsymbol{y}=\boldsymbol{x}^2$$

令 $a=1$，从(5-22)式得到随机变量 $\boldsymbol{y}$ 的概率密度函数(图 5-11)

$$f_y(y)=\frac{1}{\sqrt{y}}f_x(\sqrt{y})=\frac{1}{\sqrt{2\pi y}}\mathrm{e}^{-y/2}U(y)$$

因此，如果 $\boldsymbol{x}\sim N(0,1)$ 的正态随机变量，随机变量 $\boldsymbol{y}=\boldsymbol{x}^2$ 是具有一个自由度的 χ^2 分布[见(4-39)和(5-7)]。

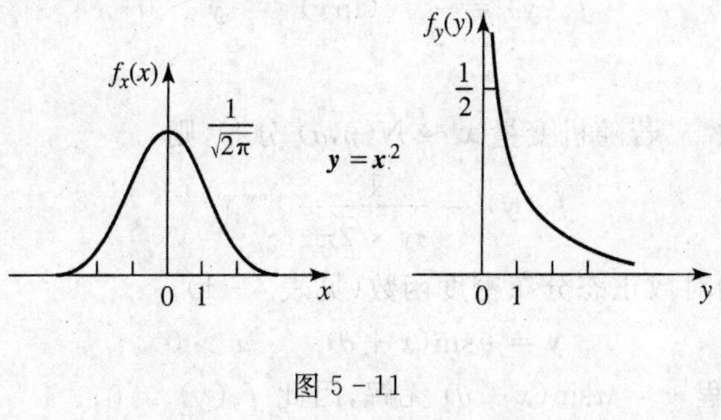

图 5-11

4. $$\boldsymbol{y}=\sqrt{\boldsymbol{x}}\qquad g'(x)=\frac{1}{2\sqrt{x}} \tag{5-23}$$

方程 $y=\sqrt{x}$ 当 $y>0$ 时有惟一的解 $x=y^2$，当 $y<0$ 时，无解。因此

$$f_y(y)=2yf_x(y^2)U(y) \tag{5-24}$$

χ 密度函数 假定随机变量 $\boldsymbol{x}$ 具有如(4-39)式所示的 χ^2 密度函数

$$f_x(x)=\frac{1}{2^{n/2}\Gamma(n/2)}x^{n/2-1}\mathrm{e}^{-x/2}U(x)$$

并且 $y=\sqrt{x}$。这种情况下，(5-24)式导出了一个新的概率密度函数

$$f_y(y)=\frac{2}{2^{n/2}\Gamma(n/2)}y^{n-1}\mathrm{e}^{-y^2/2}U(y) \tag{5-25}$$

我们称它为 n 个自由度的密度 χ 函数。下面的密度函数是它的特例：

麦克斯韦密度函数 取 $n=3$，(5-25)式对应于麦克斯韦密度函数[也见(4-54)式]：

$$f_y(y)=\sqrt{2/\pi}y^2\mathrm{e}^{-y^2/2}$$

瑞利密度函数 取 $n=2$，我们得到瑞利密度函数 $f_y(y)=y\mathrm{e}^{-y^2/2}U(y)$。

5. $$\boldsymbol{y}=\boldsymbol{x}U(\boldsymbol{x}) \qquad g'(x)=U(x) \tag{5-26}$$

显然，对于 $y<0$，$f_y(y)=0$，$F_y(y)=0$(见图 5-12)。如果 $y>0$，那么方程 $y=xU(x)$ 有惟一的解 $x_1=y$。因此，

$$f_y(y)=f_x(y) \quad F_y(y)=F_x(y) \quad y>0 \tag{5-27}$$

从而 $F_y(y)$ 在 $y=0$ 点是一个跳跃型间断点，跳跃幅度 $F_y(0^+)-F_y(0^-)=F_x(0)$。因此，

$$f_y(y)=f_x(y)U(y)+F_x(0)\delta(y)$$

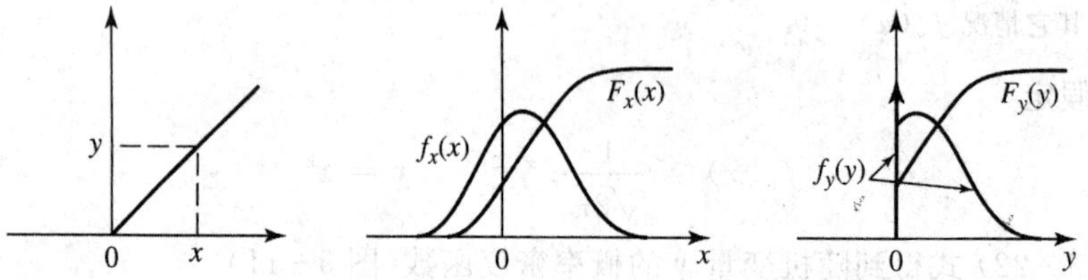

图 5-12 半波整流器

6. $\boldsymbol{y}=\mathrm{e}^{\boldsymbol{x}} \qquad g'(x)=\mathrm{e}^x$ (5-28)

若 $y>0$，则方程 $y=\mathrm{e}^x$ 有一个解 $x=\ln y$。因此

$$f_y(y)=\frac{1}{y}f_x(\ln y) \qquad y>0 \tag{5-29}$$

若 $y<0$，则 $f_y(y)=0$。

对数正态密度函数 若随机变量 $\boldsymbol{x}\sim N(\eta,\sigma)$ 分布，则

$$f_y(y)=\frac{1}{\sigma y\sqrt{2\pi}}\mathrm{e}^{-(\ln y-\eta)^2/2\sigma^2} \tag{5-30}$$

这个概率密度函数称为对数正态分布密度函数(见表 4-1)。

7. $$\boldsymbol{y}=a\sin(\boldsymbol{x}+\theta) \qquad a>0 \tag{5-31}$$

若 $|y|>a$，则方程 $y=a\sin(\boldsymbol{x}+\theta)$ 无解，因此 $f_y(y)=0$；

若 $|y|<a$，则方程有无数个解(图 5-13(a))，

$$x_n=\arcsin\frac{y}{a}-\theta \quad n=-\cdots,-1,0,1,\cdots$$

因为 $g'(x_n) = a\cos(x_n + \theta) = \sqrt{a^2 - y^2}$，所以由(5-5)式得到

$$f_y(y) = \frac{1}{\sqrt{a^2 - y^2}} \sum_{n=-\infty}^{\infty} f_x(x_n) \quad |y| < a \tag{5-32}$$

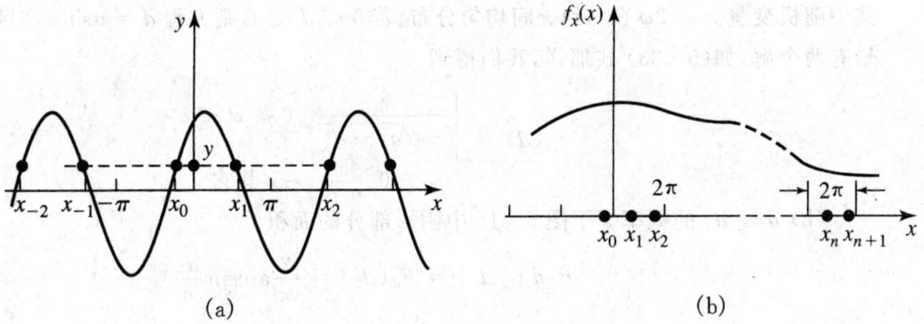

图 5-13

特例　假设在区间$(-\pi,\pi)$内 $\boldsymbol{x}$ 是均匀的。在这种情况下，方程 $y = a\sin(\boldsymbol{x}+\theta)$ 在$(-\pi,\pi)$区间上对任一 θ 恰有两个解(图 5-14)，在这两个值上函数 $f_x(x)$ 等于 $1/2\pi$，而在区间$(-\pi,\pi)$以外的任何 x_n 处等于零。在(5-32)式中保留两个非零项则得到

$$f_y(y) = \frac{2}{2\pi\sqrt{a^2 - y^2}} = \frac{1}{\pi\sqrt{a^2 - y^2}} \quad |y| < a \tag{5-33}$$

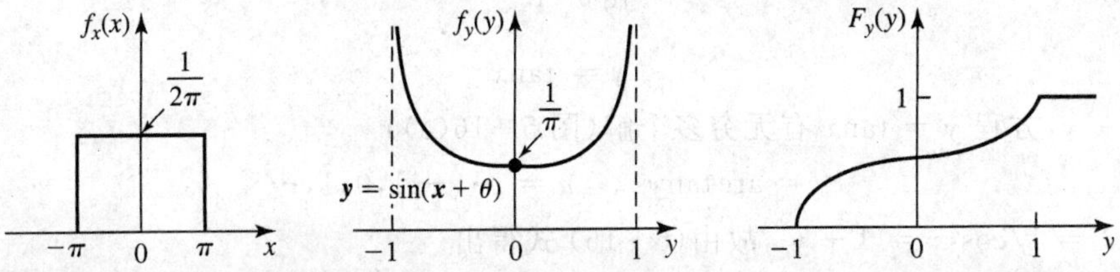

图 5-14

为确定 $F_y(y)$，我们注意到无论 $\boldsymbol{x}$ 是在区间$(-\pi,x_0)$内或是在区间(x_1,π)内(图 5-13(a))，都有 $\boldsymbol{y} \leqslant y$。由于这两个区间的总长度等于 $\pi + 2x_0 + 2\theta$，除以 2π 后，可得

$$F_y(y) = \frac{1}{2} + \frac{1}{\pi}\arcsin\frac{y}{a} \quad |y| < a \tag{5-34}$$

应当指出，尽管 $f_y(\pm a) = \infty$，但 $\boldsymbol{y} = \pm a$ 处的概率为零。

光滑情况　如果 $\boldsymbol{x}$ 的分布密度 $f_x(x)$ 足够平滑，以致在任何长为 2π 的间隔里可以把它近似看作常数(见图 5-13(b))，则

$$\pi \sum_{n=-\infty}^{\infty} f_x(x_n) \approx \int_{-\infty}^{\infty} f_x(x)\,\mathrm{d}x = 1$$

这是因为在每个长度为 2π 的区间里上面的和式仅两个非零项。代入(5-32)式，我们可得到 y 的分布密度近似等于(5-33)式。

【例 5-13】　一个粒子在重力的影响下以初速度 v 和水平夹角为 $\boldsymbol{\varphi}$ 从原点射出。粒子的落点与原点的距离满足关系(见图 5-15)

$$\boldsymbol{d} = \frac{v^2}{g}\sin 2\boldsymbol{\varphi}$$

假定 $\boldsymbol{\varphi}$ 是服从区间 $(0,\pi/2)$ 的均匀分布的随机变量。求(a) $\boldsymbol{d}$ 的概率密度函数；(b) 事件 $\boldsymbol{d} \leqslant d_0$ 的概率。

解　(a) 显然

$$\boldsymbol{d} = a\sin\boldsymbol{x} \qquad a = v^2/g$$

式中随机变量 $\boldsymbol{x} = 2\boldsymbol{\varphi}$ 在 0 到 π 间均匀分布。若 $0 < d < a$，则方程 $d = a\sin x$ 在区间 $(0,\pi)$ 内恰有两个解。如(5-33)式那样，我们得到

$$f_d(d) = \begin{cases} \dfrac{2}{\pi\sqrt{a^2-d^2}} & 0 < d < a \\ 0 & \text{其它} \end{cases}$$

(b) $\boldsymbol{d} \leqslant d_0$ 的概率等于图 5-15 中阴影部分的面积。

$$P\{\boldsymbol{d} \leqslant d_0\} = F_d(d_0) = \frac{2}{\pi}\arcsin\frac{d_0}{a}$$

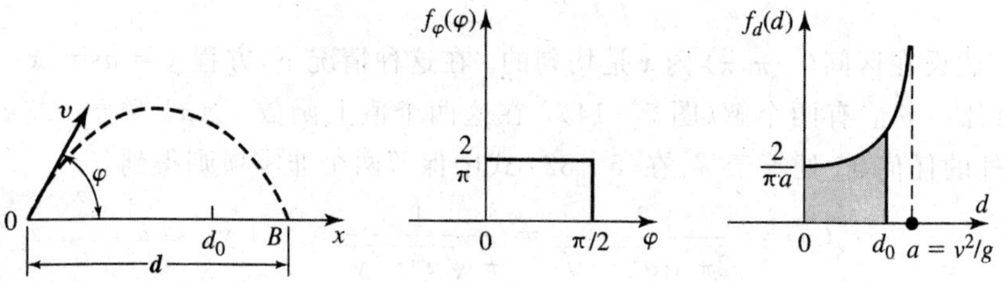

图 5-15

8.
$$\boldsymbol{y} = \tan\boldsymbol{x} \tag{5-35}$$

对任一 y，方程 $y = \tan x$ 有无穷多个解(图 5-16(a))

$$x_n = \arctan y \qquad n = \cdots, -1, 0, 1, \cdots$$

因为 $g'(x) = 1/\cos^2 x = 1 + y^2$，故由(5-16)式得出

$$f_y(y) = \frac{1}{1+y^2}\sum_{n=-\infty}^{\infty} f_x(x_n) \tag{5-36}$$

特例　如果 $\boldsymbol{x}$ 在区间 $(-\pi/2,\pi/2)$ 内是均匀分布的，则(5-36)式中的 $f_x(x_1)$ 项等于 $1/\pi$，而其余项为零(图 5-16(b))。因此，$\boldsymbol{y}$ 具有柯西密度：

$$f_y(y) = \frac{1/\pi}{1+y^2} \tag{5-37}$$

从图中可见，若 $\boldsymbol{x}$ 在 $-\pi/2$ 到 x_1 之间，则 $\boldsymbol{y} \leqslant y$。由于这个区间的长度等于 $x_1 + \pi/2$，将它

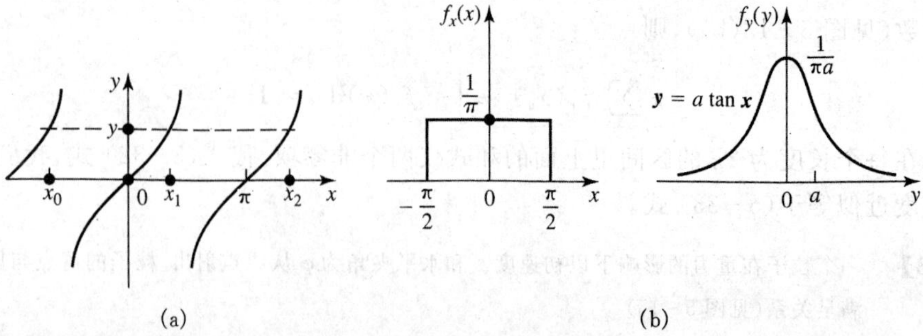

图 5-16

除以 π 可得

$$F_y(y)=\frac{1}{\pi}\left(x_1+\frac{\pi}{2}\right)=\frac{1}{2}+\frac{1}{\pi}\arctan y \tag{5-38}$$

【例 5-14】 一质点离开原点，如图 5-17 那样自由运动，在

$$\boldsymbol{y}=d\tan\boldsymbol{\varphi}$$

处越过 $x=d$ 的垂线。假设 $\boldsymbol{\varphi}$ 角在区间 $(-\theta,\theta)$ 内均匀分布，用(5-37) 式可得

$$f_y(y)=\frac{d/2\theta}{d^2+y^2}\quad |y|<d\tan\theta$$

而其它情况为零。

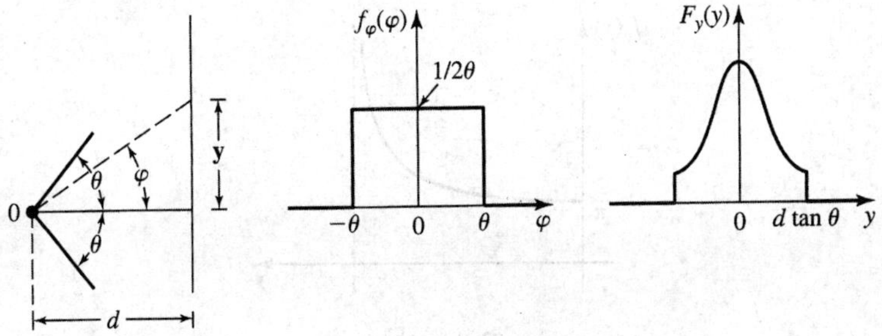

(a)　　(b)

图 5-17

【例 5-15】 假定 $f_x(x)=2x/\pi^2, 0<x<\pi, \boldsymbol{y}=\sin\boldsymbol{x}$。求 $f_y(y)$。

解　因为 $\boldsymbol{x}$ 落在区间 $(0,\pi)$ 外的概率是零，因此 $y=\sin x$ 落在区间 $(0,1)$ 外的概率为零并且在该区间外 $f_y(y)=0$。对于任意的 $0<y<1$，按照图 5-18(b)，方程 $y=\sin x$ 有无穷多个

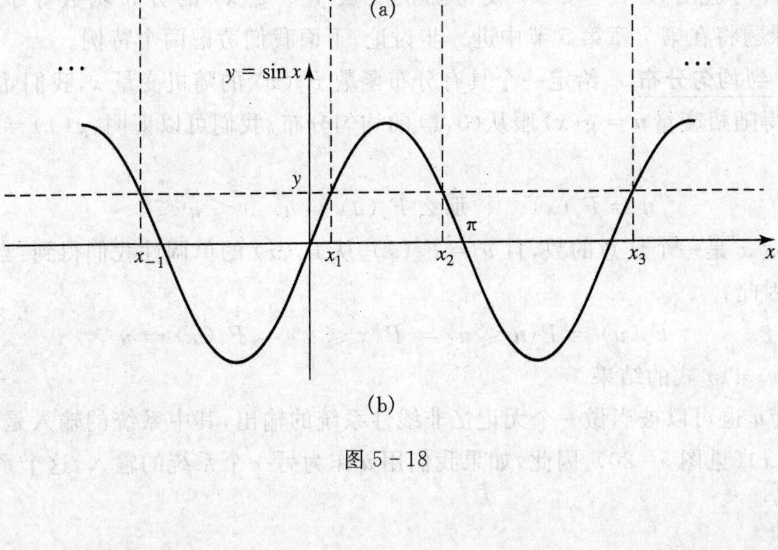

(b)

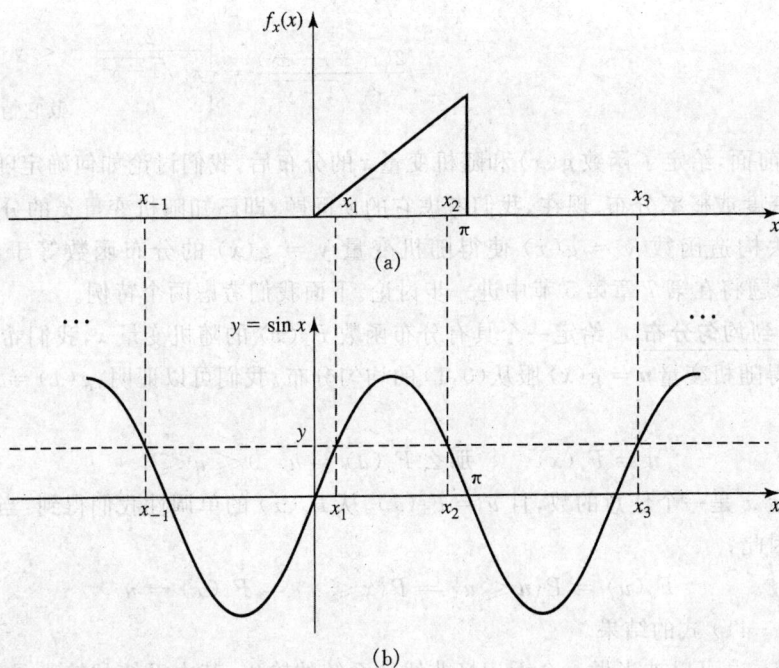

图 5-18

解 $\cdots, x_1, x_2, x_3, \cdots$，其中 $x_1 = \sin^{-1} y$ 表示反正弦函数的主值。利用对称性，我们也可以得到 $x_2 = \pi - x_1$ 等等。进一步，

$$\frac{\mathrm{d}y}{\mathrm{d}x} = \cos x = \sqrt{1-\sin^2 x} = \sqrt{1-y^2}$$

因而

$$\left|\frac{\mathrm{d}y}{\mathrm{d}x}\right|_{x=x_i} = \sqrt{1-y^2}$$

使用(5-16)式，我们得到

$$f_y(y) = \sum_{i=-\infty}^{\infty} \frac{1}{\sqrt{1-y^2}} f_x(x_i) \quad 0<y<1 \tag{5-39}$$

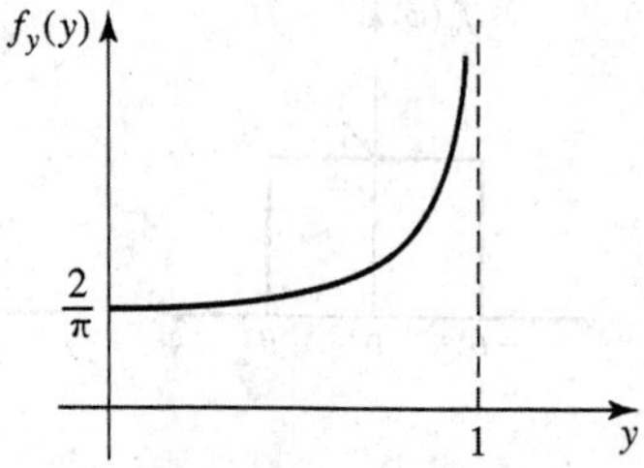

图 5-19

但从图 5-18(a) 中，我们知道除了 $f_x(x_1)$ 和 $f_x(x_2)$ 外，$f_x(x_{-1}) = f(x_3) = f(x_4) = \cdots = 0$。因此(图 5-19)，

$$\begin{aligned} f_y(y) &= \frac{1}{\sqrt{1-y^2}}(f_x(x_1) + f_x(x_2)) \\ &= \frac{1}{\sqrt{1-y^2}}\left(\frac{2x_1}{\pi^2} + \frac{2x_2}{\pi^2}\right) \\ &= \frac{2(x_1 + \pi - x_1)}{\pi^2\sqrt{1-y^2}} = \begin{cases} \dfrac{2}{\pi\sqrt{1-y^2}} & 0<y<1 \\ 0 & \text{其它情况} \end{cases} \end{aligned} \tag{5-40}$$

逆问题 在前面，给定了函数 $g(x)$ 和随机变量 $\boldsymbol{x}$ 的分布后，我们讨论如何确定随机变量 $\boldsymbol{y} = g(\boldsymbol{x})$ 的概率密度或概率分布。现在，我们考虑它的逆问题：即已知随机变量 $\boldsymbol{x}$ 的分布函数或密度函数，希望去构造函数 $y = g(x)$ 使得随机变量 $\boldsymbol{y} = g(\boldsymbol{x})$ 的分布函数等于给定的函数 $F_y(y)$。这一课题将在第 7 章第 5 节中进一步讨论。下面我们考虑两个特例。

从 $F_x(x)$ 到均匀分布 给定一个具有分布函数 $F_x(x)$ 的随机变量 $\boldsymbol{x}$，我们希望构造一个函数 $g(x)$ 使得随机变量 $\boldsymbol{u} = g(\boldsymbol{x})$ 服从(0,1)的均匀分布。我们可以证明：$g(x) = F_x(x)$，也就是说，如果

$$\boldsymbol{u} = F_x(\boldsymbol{x}) \qquad \text{那么 } F_u(u) = u \quad 0 \leqslant u \leqslant 1 \tag{5-41}$$

证 假定 x 是一个任意的数，且 $u = F_x(x)$。从 $F_x(x)$ 的单调性我们得到：当且仅当 $\boldsymbol{x} \leqslant x$ 时，$\boldsymbol{u} \leqslant u$。因此，

$$F_u(u) = P\{\boldsymbol{u} \leqslant u\} = P\{\boldsymbol{x} \leqslant x\} = F_x(x) = u$$

我们得到了(5-41)式的结果。

随机变量 $\boldsymbol{u}$ 也可以被当做一个无记忆非线性系统的输出，其中系统的输入是 $\boldsymbol{x}$，系统的传递函数是 $F_x(x)$(见图 5-20)。因此，如果我们用 $\boldsymbol{u}$ 作为另一个系统的输入，这个系统的传递函

数 $F_x^{(-1)}$ 是 $u = F_x(x)$ 的反函数，那么系统的输出将是 $\boldsymbol{x}$：

$$\text{若 } \boldsymbol{x} = F_x^{(-1)}(\boldsymbol{u}),\text{则 } P\{\boldsymbol{x} \leqslant x\} = F_x(x)$$

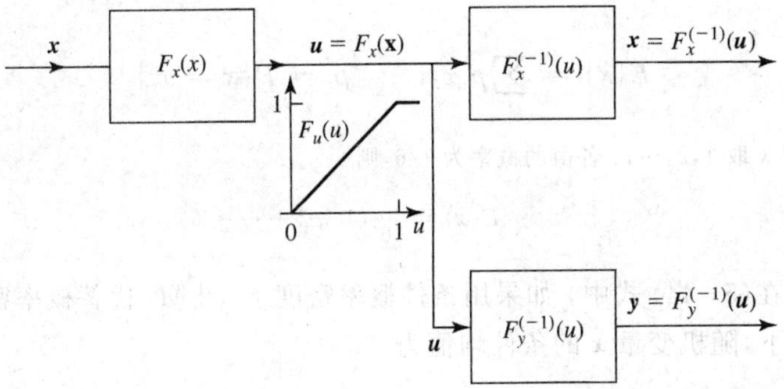

图 5 - 20

<u>**从均匀分布到 $F_y(y)$**</u>　给定一个服从(0,1)区间上均匀分布的随机变量 $\boldsymbol{u}$，我们希望构造函数 $\boldsymbol{y} = g(\boldsymbol{u})$ 使得随机变量 $\boldsymbol{y}$ 服从指定的分布 $F_y(y)$。我们可以证明 $g(u)$ 是函数 $u = F_y(y)$ 的反函数，即

$$\text{如果 } y = F_y^{(-1)}(\boldsymbol{u}),\text{那么 } P\{\boldsymbol{y} \leqslant y\} = F_y(y) \tag{5-42}$$

证　在(5 - 41) 式中的随机变量 $\boldsymbol{u}$ 是均匀分布，函数 $F_x(x)$ 是任意的。用 $F_y(y)$ 代替 $F_x(x)$，我们得到了(5 - 42) 式(也见图 5 - 20)。

<u>**从 $F_x(x)$ 到 $F_y(y)$**</u>　最后我们考虑一般情况，即给定 $F_x(x)$ 和 $F_y(y)$，求函数 $g(x)$ 以便随机变量 $\boldsymbol{y} = g(\boldsymbol{x})$ 的分布函数等于 $F_y(y)$。为了求解这个问题，我们像在(5-41)式中那样构造随机变量 $\boldsymbol{u} = F_x(\boldsymbol{x})$，像在(5 - 42) 式那样构造随机变量 $\boldsymbol{y} = F_y^{(-1)}(\boldsymbol{u})$。组合这两个式子，我们得到

$$\text{若 } \boldsymbol{y} = F_y^{(-1)}(F_x(\boldsymbol{x})),\text{则 } P\{\boldsymbol{y} \leqslant y\} = F_y(y) \tag{5-43}$$

5.3　均值和方差

随机变量 $\boldsymbol{x}$ 的**数学期望(或均值)**定义为积分

$$E\{\boldsymbol{x}\} = \int_{-\infty}^{\infty} x f(x) \mathrm{d}x \tag{5-44}$$

这个数也可用 η_x 或 η 来表示。

【例 5 - 16】　如果 $\boldsymbol{x}$ 在区间 (x_1, x_2) 内是均匀分布的，则在此区间，$f(x) = 1/(x_2 - x_1)$。因此

$$E\{\boldsymbol{x}\} = \frac{1}{x_2 - x_1}\int_{x_1}^{x_2} x \mathrm{d}x = \frac{x_1 + x_2}{2}$$

应当指出，若垂线 $x = a$ 是 $f(x)$ 的对称轴，则 $E\{\boldsymbol{x}\} = a$。特别地，当 $f(-x) = f(x)$ 时，$E\{\boldsymbol{x}\} = 0$。在上面的例子中，$f(x)$ 是关于直线 $x = (x_1 + x_2)/2$ 对称的。

离散型　对于离散型随机变量，(5 - 44) 式的积分用求和代替。假定 $\boldsymbol{x}$ 以概率 p_i 取值 x_i，在这种情况下[见(4 - 15) 式]

$$f(x) = \sum_i p_i \delta(x - x_i) \tag{5-45}$$

代入(5-44)式并使用恒等式

$$\int_{-\infty}^{\infty} x\,\delta(x-x_i)\mathrm{d}x = x_i$$

我们得到

$$E\{\boldsymbol{x}\} = \sum_i p_i x_i,\qquad p_i = P\{\boldsymbol{x} = x_i\} \tag{5-46}$$

【例 5-17】 如果 $\boldsymbol{x}$ 取 1,2,…,6 各值的概率为 1/6,则

$$E\{\boldsymbol{x}\} = \frac{1}{6}(1+2+\cdots+6) = 3.5$$

条件均值　在(5-44)式中,如果用条件概率密度 $f(x \mid M)$ 代替概率密度函数 $f(x)$,则得到了在条件 M 下,随机变量 $\boldsymbol{x}$ 的条件均值为

$$E\{\boldsymbol{x} \mid M\} = \int_{-\infty}^{\infty} x f(x \mid M)\mathrm{d}x \tag{5-47}$$

对于离散型随机变量,上式变为

$$E\{\boldsymbol{x} \mid M\} = \sum_i x_i P\{\boldsymbol{x} = x_i \mid M\} \tag{5-48}$$

【例 5-18】 当 $M = \{\boldsymbol{x} \geqslant a\}$ 时,从(5-47)式得到

$$E\{\boldsymbol{x} \mid \boldsymbol{x} \geqslant a\} = \int_{-\infty}^{\infty} x f(x \mid \boldsymbol{x} \geqslant a)\mathrm{d}x = \int_{-\infty}^{\infty} x f(x)\mathrm{d}x \Big/ \int_a^{\infty} f(x)\mathrm{d}x$$

勒贝格(Lebesgue)积分　随机变量的均值能够用勒贝格积分来说明。这个说明在数学上是重要的,但在我们的推导中不用它。因此,我们仅把它作为一个附带的参考。

如图 5-21(a)所示,我们把 x 轴分成长度为 Δx 的区间(x_k, x_{k+1})。若 Δx 足够小,则(5-44)式中的黎曼积分能够用下面的和式近似:

$$\int_{-\infty}^{\infty} x f(x)\mathrm{d}x \approx \sum_{k=-\infty}^{\infty} x_k f(x_k)\Delta x \tag{5-49}$$

并因为 $f(x_k)\Delta x \approx P\{x_k < \boldsymbol{x} < x_k + \Delta x\}$,我们得到

$$E\{\boldsymbol{x}\} \approx \sum_{k=-\infty}^{\infty} x_k P\{x_k < \boldsymbol{x} < x_k + \Delta x\}$$

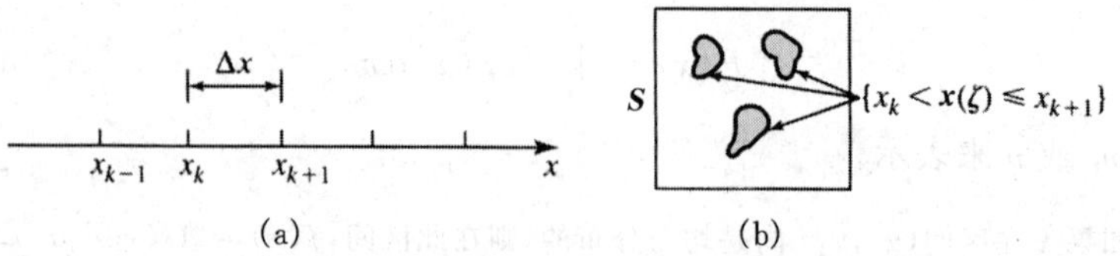

图 5-21

这里,集合$\{x_k < \boldsymbol{x} < xk + \Delta x\}$是一些由随机变量 $\boldsymbol{x}$ 所确定的不同的事件,且它们的并为空间 S(图 5-21(b))。因此,求 $E\{\boldsymbol{x}\}$ 时,我们用每个事件的概率与相应的 $\boldsymbol{x}$ 的值相乘,并对所有的 k 求和即可。当 $\Delta x \to 0$ 时,最终的极限可写成

$$E\{\boldsymbol{x}\} = \int_S \boldsymbol{x}\,\mathrm{d}P \tag{5-50}$$

我们称它为 $\boldsymbol{x}$ 的**勒贝格积分**。

频率解释　我们可以断言:当 $n \to \infty$ 时,随机变量 $\boldsymbol{x}$ 的观测值 x_i 的算术平均值 $\bar{x}$ 趋向于

x 的均值：

$$\overline{x} = \frac{x_1 + x_2 + \cdots + x_n}{n} \to E\{\overline{x}\} \tag{5-51}$$

证　用 Δn_k 表示 x_i 落在 z_k 和 $z_k + \Delta x = z_{k+1}$ 之间的数目，这样便有

$$x_1 + x_2 + \cdots + x_n \approx \sum z_k \Delta n_k$$

因为 $f(z_k)\Delta x \approx \Delta n_k / n$[见(4-21)式]，因此

$$\overline{x} \approx \frac{1}{n}\sum z_k \Delta n_k = \sum z_k f(z_k)\Delta x \approx \int_{-\infty}^{\infty} x f(x) \mathrm{d}x$$

这便证明了(5-51)式。

我们将利用频率解释说明随机变量 x 的均值也可以用它的分布函数表示。从图 5-22(a) 容易观察到：均值 $\overline{x}$ 等于 x 经验分位曲线下的面积。因此

$$\overline{x} = (BCD) - (OAB)$$

其中(BCD)和(OAB)分别表示 u 轴上面和下面阴影部分的面积。这些区域的面积正好等于图 5-22(b) 中阴影部分的面积；因此，

$$\overline{x} = \int_0^{\infty} [1 - F_n(x)] \mathrm{d}x - \int_{-\infty}^{0} F_n(x) \mathrm{d}x$$

其中 $F_n(x)$ 是 x 的经验分布函数。令 $n \to \infty$，我们得到

$$E\{x\} = \int_0^{\infty} R(x) \mathrm{d}x - \int_{-\infty}^{0} F(x) \mathrm{d}x \qquad R(x) = 1 - F(x) = P\{x > x\} \tag{5-52}$$

特别是，如果一个随机变量取非负值，我们得到

$$E\{x\} = \int_0^{\infty} R(x) \mathrm{d}x \tag{5-53}$$

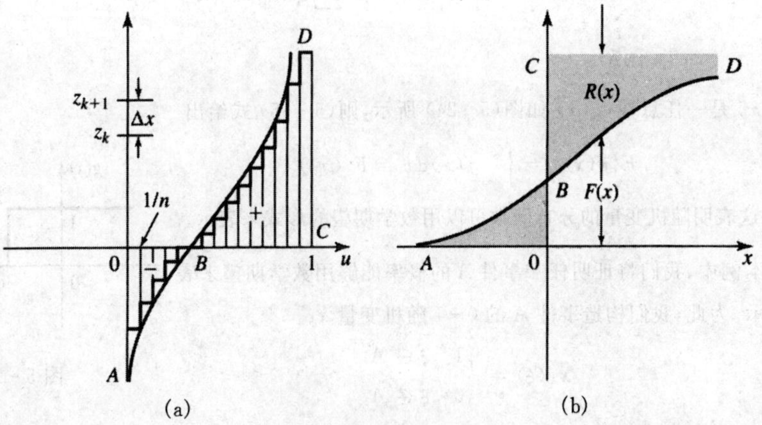

图 5-22

g(x) 的均值　给定随机变量 x 和函数 $g(x)$，我们得到新的随机变量 $y = g(x)$，像我们在(5-44) 式所看到的，随机变量 y 的均值为

$$E\{y\} = \int_{-\infty}^{\infty} y f_y(y) \mathrm{d}y \tag{5-54}$$

因此，要确定 y 的均值，看起来我们必须找出它的概率密度 $f_y(y)$。事实上，我们可以回避这样做。下面的基本定理表明，$E(y)$ 能够直接用函数 $g(x)$ 和 x 的概率密度函数 $f_x(x)$ 来表示。

定理 5-1 ▶
$$E\{g(\boldsymbol{x})\}=\int_{-\infty}^{\infty}g(x)f_x(x)\mathrm{d}x \tag{5-55}$$

证　我们用图 5-23 的曲线 $g(x)$ 给出证明的一个概要。如图所示，当 $y=g(x_1)=g(x_2)=g(x_3)$ 时，我们有

$$f_y(y)\mathrm{d}y=f_x(x_1)\mathrm{d}x_1+f_x(x_2)\mathrm{d}x_2+f_x(x_3)\mathrm{d}x_3$$

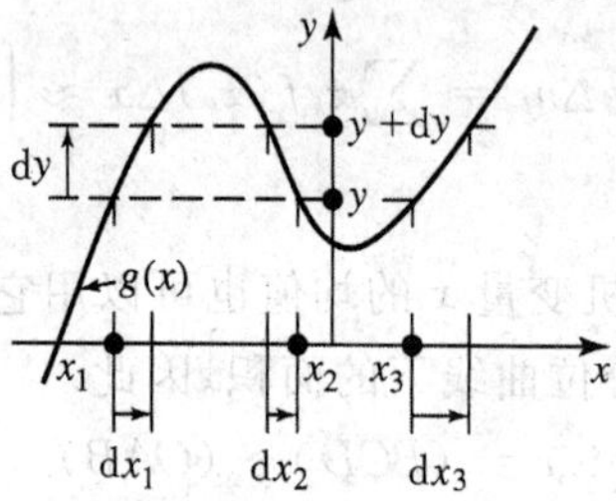

图 5-23

乘以 y 即得

$$yf_y(y)\mathrm{d}y=g(x_1)f_x(x_1)\mathrm{d}x_1+g(x_2)f_x(x_2)\mathrm{d}x_2+g(x_3)f_x(x_3)\mathrm{d}x_3$$

于是，对(5-54)式中每个微分 $\mathrm{d}y$ 在(5-55)式中有相应的一个或多个微分 $\mathrm{d}x$。随着 $\mathrm{d}y$ 覆盖 y 轴，相应的 $\mathrm{d}x$ 不重叠地覆盖整个 x 轴。因此，(5-54)式的积分和(5-55)式的积分是相等的。

若 $\boldsymbol{x}$ 是(5-45)式中的离散型随机变量，则(5-55)式变成

$$E\{g(\boldsymbol{x})\}=\sum_i g(x_i)P\{\boldsymbol{x}=x_i\} \tag{5-56}$$

◀

【例 5-19】　x_0 是一任意数，$g(x)$ 如图(5-24)所示，则(5-55)式给出

$$E\{g(\boldsymbol{x})\}=\int_{-\infty}^{x_0}f(x)\mathrm{d}x=F_x(x_0)$$

这表明随机变量的分布函数可以用数学期望的形式来表示。

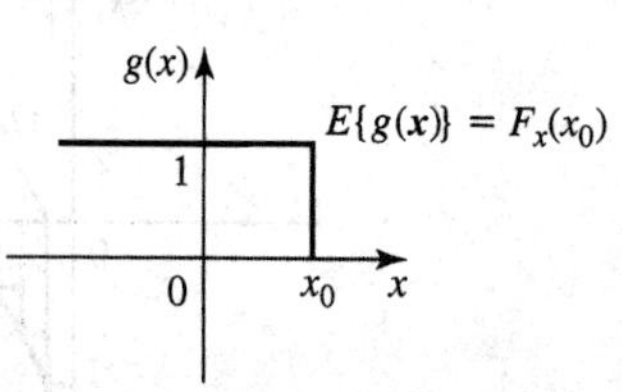

图 5-24

【例 5-20】　本例中，我们将证明任一事件 A 的概率能够用数学期望来表示。为此，我们构造事件 A 的 0-1 随机变量 $\boldsymbol{x}_A$

$$\boldsymbol{x}_A(\xi)=\begin{cases}1 & \xi\in A\\ 0 & \xi\notin A\end{cases}$$

因为这个随机变量取值 1 和 0 的概率分别为 $P(A)$ 和 $P(\overline{A})$，因此，

$$E\{\boldsymbol{x}_A\}=1\times P(A)+0\times P(\overline{A})=P(A)$$

线性　从(5-55)式可得

$$E\{a_1g_1(\boldsymbol{x})+\cdots+a_ng_n(\boldsymbol{x})\}=a_1E\{g_1(\boldsymbol{x})\}+\cdots+a_nE\{g_n(\boldsymbol{x})\} \tag{5-57}$$

特别是 $E\{a\boldsymbol{x}+b\}=aE\{\boldsymbol{x}\}+b$。

复随机变量　若 $\boldsymbol{z}=\boldsymbol{x}+\mathrm{j}\boldsymbol{y}$ 是复随机变量，则它的数学期望定义为

$$E\{\boldsymbol{z}\}=E\{\boldsymbol{x}\}+\mathrm{j}E\{\boldsymbol{y}\}$$

由此和(5-55)式可得：如果

$$g\{\boldsymbol{x}\} = g_1(\boldsymbol{x}) + \mathrm{j}g_2(\boldsymbol{x})$$

是实随机变量 $\boldsymbol{x}$ 的复函数时，则

$$E\{g(\boldsymbol{x})\} = \int_{-\infty}^{\infty} g_1(x)f(x)\mathrm{d}x + \mathrm{j}\int_{-\infty}^{\infty} g_2(x)f(x)\mathrm{d}x = \int_{-\infty}^{\infty} g(x)f(x)\mathrm{d}x \qquad (5-58)$$

换言之，即使 $g(x)$ 是复函数，(5-55)式仍然成立。

方差

单靠均值不能够真实表示任何随机变量的概率密度函数。为了说明这一点，我们考虑两个高斯随机变量 $\boldsymbol{x}_1 \sim N(0,1)$ 和 $\boldsymbol{x}_2 \sim N(0,3)$。它们两个随机变量有相同的均值 $\eta = 0$。然而，如图5-25所示，它们的概率密度函数差别很大。这里 $\boldsymbol{x}_1$，非常集中地分布在均值周围，而 $\boldsymbol{x}_2$ 在均值周围分布区域很宽。显然，我们至少需要另外一个参数来度量概率密度函数在均值周围分布的集中或分散程度。

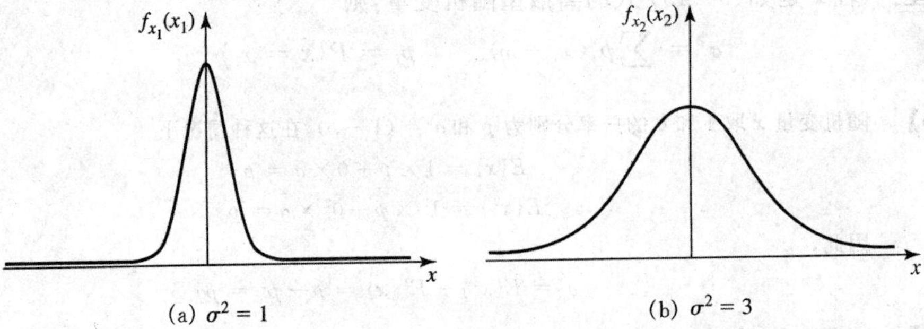

图5-25

对于一个具有均值 η 的随机变量 $\boldsymbol{x}$，$\boldsymbol{x} - \eta$ 表示随机变量离开均值的偏差。因为偏差可能是正的，也可能是负的，我们考虑量 $(\boldsymbol{x} - \eta)^2$，它的均值 $E[(\boldsymbol{x} - \eta)^2]$ 表示了 $\boldsymbol{x}$ 离开均值偏差平方的平均值。定义

$$\sigma^2 \equiv E\{(\boldsymbol{x} - \eta)^2\} > 0 \qquad (5-59)$$

令 $g(\boldsymbol{x}) = (\boldsymbol{x} - \eta)^2$，利用(5-55)式我们得到

$$\sigma_x^2 = \int_{-\infty}^{\infty} (x - \eta)^2 f_x(x)\mathrm{d}x > 0 \qquad (5-60)$$

正常数 σ_x^2 称做随机变量 $\boldsymbol{x}$ 的**方差**，它的正平方根 $\sigma_x = \sqrt{E(\boldsymbol{x} - \eta)^2}$ 称为随机变量 $\boldsymbol{x}$ 的标准差。标准差表示了随机变量 $\boldsymbol{x}$ 在均值周围分布的均方根值。

按照定义，σ^2 是随机变量 $(\boldsymbol{x} - \eta)^2$ 的均值。于是

$$\mathrm{Var}\{\boldsymbol{x}\} = \sigma^2 = E\{(\boldsymbol{x} - \eta)^2\} = E\{\boldsymbol{x}^2 - 2\boldsymbol{x}\eta + \eta^2\} = E\{\boldsymbol{x}^2\} - 2\eta E\{\boldsymbol{x}\} + \eta^2$$

因此

$$\sigma^2 = E\{\boldsymbol{x}^2\} - \eta^2 = E\{\boldsymbol{x}^2\} - (E\{\boldsymbol{x}\})^2 \qquad (5-61)$$

另外，对于任何随机变量

$$E\{\boldsymbol{x}^2\} \geqslant (E\{\boldsymbol{x}\})^2$$

【例5-21】 若 $\boldsymbol{x}$ 在区间 $(-c,c)$ 内是均匀分布的，则 $\eta = 0$

$$\sigma^2 = E\{\boldsymbol{x}^2\} = \frac{1}{2c}\int_{-c}^{c} x^2 \mathrm{d}x = c^2/3$$

【例 5-22】 我们前面把正态随机变量的概率密度函数写做

$$f(x) = \frac{1}{\sigma\sqrt{2\pi}} \mathrm{e}^{-(x-\eta)^2/2\sigma^2}$$

式中的 η 和 σ^2 仅是两个任意常数。下面，我们将证明：η 是 $\boldsymbol{x}$ 的均值而 σ^2 是它的方差。

证　显然，$f(x)$ 是关于直线 $x=\eta$ 对称的。因此，$E\{\boldsymbol{x}\}=\eta$。而且由于 $f(x)$ 的面积等于1，故

$$\int_{-\infty}^{\infty} \mathrm{e}^{-(x-\eta)^2/2\sigma^2} \mathrm{d}x = \sigma\sqrt{2\pi}$$

两边对 σ 求导，我们得到

$$\int_{-\infty}^{\infty} \frac{(x-\eta)^2}{\sigma^3} \mathrm{e}^{-(x-\eta)^2/2\sigma^2} \mathrm{d}x = \sqrt{2\pi}$$

两边再乘以 $\sigma^2/\sqrt{2\pi}$。我们得到了 $E\{(\boldsymbol{x}-\eta)^2\} = \sigma^2$，证明完毕。

离散型　若 $\boldsymbol{x}$ 是如(5-45)式的离散型随机变量，则

$$\sigma^2 = \sum_i p_i (x_i - \eta)^2 \qquad p_i = P\{\boldsymbol{x} = x_i\} \tag{5-62}$$

【例 5-23】 随机变量 $\boldsymbol{x}$ 取1和0的概率分别为 p 和 $q=(1-p)$。在这种情况下

$$E\{\boldsymbol{x}\} = 1 \times p + 0 \times q = p$$
$$E\{\boldsymbol{x}^2\} = 1^2 \times p + 0^2 \times q = p$$

因此，

$$\sigma^2 = E\{\boldsymbol{x}^2\} - E^2\{\boldsymbol{x}\} = p - p^2 = pq$$

【例 5-24】 一参量为 λ 的泊松分布随机变量取 0,1,… 的概率为

$$P\{\boldsymbol{x} = k\} = \mathrm{e}^{-\lambda} \frac{\lambda^k}{k!}$$

我们证明它的均值和方差都等于 λ，即

$$E\{\boldsymbol{x}\} = \lambda, \qquad E(\boldsymbol{x}^2) = \lambda^2 + \lambda, \qquad \sigma^2 = \lambda \tag{5-63}$$

证　e^{λ} 将的泰勒展开式对 λ 求两次导数：

$$\mathrm{e}^{\lambda} = \sum_{k=0}^{\infty} \lambda^k / k!$$

$$\mathrm{e}^{\lambda} = \sum_{k=0}^{\infty} k\lambda^{k-1}/k! = \frac{1}{\lambda}\sum_{k=1}^{\infty} k\lambda^k/k!$$

$$\mathrm{e}^{\lambda} = \sum_{k=1}^{\infty} k(k-1)\lambda^{k-2}/k! = \frac{1}{\lambda^2}\sum_{k=1}^{\infty} k^2 \frac{\lambda^k}{k!} - \frac{1}{\lambda^2}\sum_{k=1}^{\infty} k \frac{\lambda^k}{k!}$$

因此，

$$E\{\boldsymbol{x}\} = \mathrm{e}^{-\lambda} \sum_{k=1}^{\infty} k \frac{\lambda^k}{k!} = \lambda$$

$$E\{\boldsymbol{x}^2\} = \mathrm{e}^{-\lambda} \sum_{k=1}^{\infty} k^2 \frac{\lambda^k}{k!} = \lambda^2 + \lambda$$

从而，(5-36)式得证。

泊松点　如(4-117)式所表明的那样，泊松点在长度为 t_0 的区间里的数目 $\boldsymbol{n}$ 是一参量为 $a=\lambda t_0$ 的泊松分布随机变量。从这可以得到，

$$E\{\boldsymbol{n}\} = \lambda t_0, \qquad \sigma_n^2 = \lambda t_0 \tag{5-64}$$

这表明泊松点的密度 λ 等于单位时间里的平均点数。

注　1. 随机变量 $\boldsymbol{x}$ 的方差 σ^2 是度量该随机变量在均值附近的集中程度的。它的相对频率解释(或经验估计)是 $(x_i-\eta)^2$ 的平均值:

$$\sigma^2 \approx \frac{1}{n}\sum(x_i-\eta)^2 \tag{5-65}$$

其中 x_i 是随机变量 $\boldsymbol{x}$ 的观测值。这个平均公式只有当均值已知时能用于方差 σ^2 的估计。如果 η 是不知道的,我们可以用均值的估计 $\overline{x}$ 代替 η,用 $n-1$ 代替 n 得到估计公式。估计公式如下:

$$\sigma^2 \approx \frac{1}{n-1}\sum(x_i-\overline{x})^2 \qquad \overline{x}=\frac{1}{n}\sum x_i \tag{5-66}$$

这称为随机变量 $\boldsymbol{x}$ 的样本方差(见(7-65)式)。用 $n-1$ 代替 n 的原因我们将在后面解释。

2. 反映一个随机变量 $\boldsymbol{x}$ 在均值 η 附近的集中程度的一个更简单的测度是绝对中心矩 $M=E\{|\boldsymbol{x}-\eta|\}$。它的经验估计是 $|x_i-\eta|$ 的平均值:

$$M \approx \frac{1}{n}\sum|x_i-\eta|$$

如果 η 未知,可以用 $\overline{x}$ 代替。这个估计避免了平方的计算。

5.4　矩

下面的量在研究随机变量中很有意义:

矩

$$m_n = E\{\boldsymbol{x}^n\} = \int_{-\infty}^{\infty} x^n f(x)\mathrm{d}x \tag{5-67}$$

中心矩

$$\mu_n = E\{(\boldsymbol{x}-\eta)^n\} = \int_{-\infty}^{\infty}(x-\eta)^n f(x)\mathrm{d}x \tag{5-68}$$

绝对矩

$$E\{|\boldsymbol{x}|^n\} \qquad E\{|\boldsymbol{x}-\eta|^n\} \tag{5-69}$$

一般矩

$n-k$

$$E\{(\boldsymbol{x}-a)^n\} \qquad E\{|\boldsymbol{x}-a|^n\} \tag{5-70}$$

应当指出

$$\mu_n = E\{(\boldsymbol{x}-\eta)^n\} = E\left\{\sum_{k=0}^{n}\binom{n}{k}\boldsymbol{x}^k(-\eta)^{n-k}\right\}$$

因此

$$\mu_n = \sum_{k=0}^{n}\binom{n}{k}m_k(-\eta)^{n-k} \tag{5-71}$$

类似地

$$m_n = E\{[(\boldsymbol{x}-\eta)+\eta]^n\} = E\left\{\sum_{k=0}^{n}\binom{n}{k}(\boldsymbol{x}-\eta)^k\eta^{n-k}\right\}$$

因此

$$m_n = \sum_{k=0}^{n} \binom{n}{k} \mu_k \eta^{n-k} \tag{5-72}$$

特别地

$$\mu_0 = m_0 = 1,\ m_1 = \eta, \mu_1 = 0, \mu_2 = \sigma^2$$
$$\mu_3 = m_3 - 3\eta m_2 + 2\eta^3,\ m_3 = \mu_3 + 3\eta\sigma^2 + \eta^3$$

注　1. 如果把函数 $f(x)$ 解释为在 x 轴上的质量分布函密度，则 $E\{\boldsymbol{x}\}$ 就是它的重心，$E\{\boldsymbol{x}^2\}$ 等于它对原点的惯性矩，而 σ^2 等于它对重心的转动惯性矩。标准差 σ 表示回转半径。

2. 常量 η 和 σ 仅仅给出了 $f(x)$ 的一些特性。其它矩的知识提供了有用的补充信息。例如，可以用来区别两个具有同样的 η 和 σ 的分布密度。实际上，如果对每个 n 都能知道 m_n 的话，则 $f(x)$ 可以在一定条件下惟一地确定[见(5-105)式]。在数学上，与之有关的理论称为矩问题。

3. 随机变量的矩并不是任意的数，它必须满足许多不等式[见(5-92)式]。例如[见(5-61)式]

$$\sigma^2 = m_2 - m_1^2 \geqslant 0$$

类似地，因为二次式

$$E\{(\boldsymbol{x}^n - a)^2\} = m_{2n} - 2am_n + a^2$$

对任意 a 是非负的，即二次方程无实根，因而它的判别式不能为正。因此

$$m_{2n} \geqslant m_n^2$$

正态随机变量　如果

$$f(x) = \frac{1}{\sigma\sqrt{2\pi}} e^{-x^2/2\sigma^2}$$

那么我们将证明

$$E\{\boldsymbol{x}^n\} = \begin{cases} 0 & n = 2k+1 \\ 1 \times 3 \cdots (n-1)\sigma^n & n = 2k \end{cases} \tag{5-73}$$

$$E\{|\boldsymbol{x}|^n\} = \begin{cases} 1 \times \cdots (n-1)\sigma^n & n = 2k \\ 2^k k!\sigma^{2k+1}\sqrt{2/\pi} & n = 2k+1 \end{cases} \tag{5-74}$$

因为 $f(-x) = f(x)$，所以 $\boldsymbol{x}$ 的奇数阶矩为零。而要证明(5-73)式的下半部分，我们可对恒等式

$$\int_{-\infty}^{\infty} e^{-\alpha x^2} dx = \sqrt{\frac{\pi}{\alpha}}$$

求 k 次导数，这样得到

$$\int_{-\infty}^{\infty} x^{2k} e^{-\alpha x^2} dx = \frac{1 \times 3 \cdots (2k-1)}{2^k} \sqrt{\frac{\pi}{\alpha^{2k+1}}}$$

当 $\alpha = 1/2\sigma^2$ 时，就证明了(5-73)式。

由于 $f(-x) = f(x)$，我们有

$$E\{|\boldsymbol{x}|^{2k+1}\} = 2\int_0^{\infty} x^{2k+1} f(x) dx = \frac{2}{\sigma\sqrt{2\pi}} \int_0^{\infty} x^{2k+1} e^{-x^2/2\sigma^2} dx$$

当 $y = x^2/2\sigma^2$ 时，上式变为

$$\sqrt{\frac{2}{\pi}} \frac{(2\sigma^2)^{k+1}}{2\sigma} \int_0^{\infty} y^k e^{-y} dy$$

因为式中最后的积分等于 $k!$，故(5-74)式得证。

应当特别指出

$$E\{\mathbf{x}^4\} = 3\sigma^4 = 3E^2\{\mathbf{x}^2\} \tag{5-75}$$

【例 5-25】 若 $\mathbf{x}$ 具有瑞利概率密度

$$f(x) = \frac{x}{\sigma^2} e^{-x^2/2\sigma^2} U(x)$$

那么

$$E\{\mathbf{x}^n\} = \frac{1}{\sigma^2}\int_0^\infty x^{n+1} e^{-x^2/2\sigma^2} dx = \frac{1}{2\sigma^2}\int_{-\infty}^\infty |x|^{n+1} e^{-x^2/2\sigma^2} dx$$

由上式和(5-74)式可得

$$E\{\mathbf{x}^n\} = \begin{cases} 1\times 3\cdots n\sigma^n \sqrt{\pi/2} & n = 2k+1 \\ 2^k k!\sigma^{2k} & n = 2k \end{cases} \tag{5-76}$$

特别地，

$$E\{\mathbf{x}\} = \sigma\sqrt{\pi/2}, \quad \mathrm{Var}\{\mathbf{x}\} = \left(2 - \frac{\pi}{2}\right)\sigma^2 \tag{5-77}$$

【例 5-26】 如果 $\mathbf{x}$ 具有麦克斯韦概率密度

$$f(x) = \frac{\sqrt{2}}{\alpha^3\sqrt{\pi}} x^2 e^{-x^2/2\alpha^2} U(x)$$

那么

$$E\{\mathbf{x}^n\} = \frac{1}{\alpha^3\sqrt{2\pi}}\int_{-\infty}^\infty |x|^{n+2} e^{-x^2/2\alpha^2} dx$$

由(5-74)式可得

$$E\{\mathbf{x}^n\} = \begin{cases} 1\times 3\cdots(n+1)\alpha^n & n = 2k \\ 2^k k!\alpha^{2k-1}\sqrt{2/\pi} & n = 2k-1 \end{cases} \tag{5-78}$$

特别地

$$E\{\mathbf{x}\} = 2\alpha\sqrt{2/\pi} \qquad E\{\mathbf{x}^2\} = 3\alpha^2 \tag{5-79}$$

泊松随机变量　泊松分布的随机变量的矩是参数 λ 的函数：

$$m_n(\lambda) = E\{\mathbf{x}^n\} = e^{-\lambda}\sum_{k=0}^\infty k^n \frac{\lambda^k}{k!} \tag{5-80}$$

$$\mu_n(\lambda) = E\{(\mathbf{x}-\lambda)^n\} = e^{-\lambda}\sum_{k=0}^\infty (k-\lambda)^n \frac{\lambda^k}{k!} \tag{5-81}$$

我们将证明这些矩满足下面的递推关系：

$$m_{n+1}(\lambda) = \lambda[m_n(\lambda) + m'_n(\lambda)] \tag{5-82}$$

$$\mu_{n+1}(\lambda) = \lambda[n\mu_{n-1}(\lambda) + \mu'_n(\lambda)] \tag{5-83}$$

证　对(5-80)式两端对 λ 求导，我们得到

$$m'_n(\lambda) = -e^{-\lambda}\sum_{k=0}^\infty k^n\frac{\lambda^k}{k!} + e^{-\lambda}\sum_{k=0}^\infty k^{n+1}\frac{\lambda^{k-1}}{k!} = -m_n(\lambda) + \frac{1}{\lambda}m_{n+1}(\lambda)$$

(5-82)式得到证明。类似地，从(5-81)式可以得到

$$\mu'_n(\lambda) = -e^{-\lambda}\sum_{k=0}^\infty (k-\lambda)^n\frac{\lambda^k}{k!} - ne^{-\lambda}\sum_{k=0}^\infty (k-\lambda)^{n-1}\frac{\lambda^k}{k!} + e^{-\lambda}\sum_{k=0}^\infty (k-\lambda)^n k\frac{\lambda^{k-1}}{k!}$$

在最后一项中，令 $k = (k-\lambda)+\lambda$，我们得到 $\mu'_n = -\mu_n - n\mu_{n-1} + (1/\lambda)(\mu_{n+1} + \lambda\mu_n)$，这证明了

(5-83) 式。

前面的方程导出了矩 m_n 和 μ_n 的递推公式。从 $m_1=\lambda,\mu_1=0$ 和 $\mu_2=\lambda$[见(5-63) 式]，我们可以得到 $m_2=\lambda(\lambda+1)$ 和

$$m_3=\lambda(\lambda^2+\lambda+2\lambda+1)=\lambda^3+3\lambda^2+\lambda \qquad \mu_3=\lambda(\mu'_2+2\mu_1)=\lambda$$

$g(x)$ 均值的估计　随机变量 $\boldsymbol{y}=g(\boldsymbol{x})$ 的均值由下式给出：

$$E\{g(\boldsymbol{x})\}=\int_{-\infty}^{\infty}g(x)f(x)\mathrm{d}x \tag{5-84}$$

因此要确定它，需要知道 $f(x)$。不过，当 $\boldsymbol{x}$ 集中在均值附近时，$E\{g(\boldsymbol{x})\}$ 能够用 $\boldsymbol{x}$ 的中心矩 μ_n 来表示。

首先，假定 $f(x)$ 在区间 $(\eta-\varepsilon,\eta+\varepsilon)$ 外是可忽略的，并且在该区间内有 $g(x)\approx g(\eta)$。在这种情况下，(5-84) 式变为

$$E\{g(\boldsymbol{x})\}\approx g(\eta)\int_{\eta-\varepsilon}^{\eta+\varepsilon}f(x)\mathrm{d}x\approx g(\eta)$$

若 $g(x)$ 用下面的多项式来近似，这个估计能够得到改进。将

$$g(x)\approx g(\eta)+g'(\eta)(x-\eta)+\cdots+g^{(n)}(\eta)\frac{(x-\eta)^n}{n!}$$

代入(5-84) 式，我们得到

$$E\{g(\boldsymbol{x})\}\approx g(\eta)+g''(\eta)\frac{\sigma^2}{2}+\cdots+g^{(n)}(\eta)\frac{\mu_n}{n!} \tag{5-85}$$

特别地，当 $g(x)$ 用抛物线近似时，则

$$\eta_y=E\{g(\boldsymbol{x})\}\approx g(\eta)+g''(\eta)\frac{\sigma^2}{2} \tag{5-86}$$

如果 $g(x)$ 用直线近似，那么 $\eta_y\approx g(\eta)$。这表明 $g(x)$ 的斜率对 η_y 没有影响；然而，它对 $\boldsymbol{y}$ 的方差 σ_y^2 是有影响的。

方差　σ_y^2 的一阶估计由下式给出：

$$\sigma_y^2\approx|g'(\eta)|^2\sigma^2 \tag{5-87}$$

证　将(5-86) 式应用于函数 $g^2(x)$，因为 $g^2(x)$ 的二阶导数等于 $2(g')^2+2gg''$，因此我们有

$$\sigma_y^2+\eta_y^2=E\{g^2(\boldsymbol{x})\}\approx g^2+[(g')^2+gg'']\sigma^2$$

把(5-86) 式中 η_y 的近似式代入并忽略 σ^4 项，即得(5-87) 式。

【例 5-27】　一电阻两端电压为 $E=120\ \mathrm{V}$，电阻值 $\boldsymbol{r}$ 是一随机变量，在 900 到 1 100 Ω 间均匀分布。利用(5-85) 式和(5-86) 式来估计电流

$$\boldsymbol{i}=\frac{E}{\boldsymbol{r}}$$

的均值和方差。

显然，$E(\boldsymbol{r})=\eta=10^3,\sigma^2=100^2/3$。因 $g(r)=E/r$，所以我们有

$$g(\eta)=0.12 \qquad g'(\eta)=-12\times10^{-5}$$

$$g''(\eta)=24\times10^{-8}$$

因此

$$E(\boldsymbol{i})\approx0.12+0.000\,4\ \mathrm{A}$$

$$\sigma_i^2\approx48\times10^{-6}(\mathrm{A})^2$$

方差σ^2是随机变量在它的均值η附近集中程度的度量。事实上，像下面的定理所表明的那样，当比值σ/ε足够小时，$\boldsymbol{x}$在区间$(\eta-\varepsilon,\eta+\varepsilon)$之外的概率是可以忽略的。这一结果称作切比雪夫不等式，它是很重要的。

切比雪夫不等式 ▶ 对任意$\varepsilon>0$，有

$$P\{|\boldsymbol{x}-\eta|\geqslant\varepsilon\}\leqslant\frac{\sigma^2}{\varepsilon^2}\tag{5-88}$$

证　证明基于

$$P\{|\boldsymbol{x}-\eta|\geqslant\varepsilon\}=\int_{-\infty}^{\eta-\varepsilon}f(x)\mathrm{d}x+\int_{\eta+\varepsilon}^{\infty}f(x)\mathrm{d}x=\int_{|x-\eta|\geqslant\varepsilon}f(x)\mathrm{d}x$$

的确

$$\sigma^2=\int_{-\infty}^{\infty}(x-\eta)^2f(x)\mathrm{d}x\geqslant\int_{|x-\eta|\geqslant\varepsilon}(x-\eta)^2f(x)\mathrm{d}x\geqslant\varepsilon^2\int_{|x-\eta|\geqslant\varepsilon}f(x)\mathrm{d}x$$

该式最后的积分等于$P\{|\boldsymbol{x}-\eta\geqslant\varepsilon\}$，由此得到(5-88)式。◀

注　1. 从(5-88)式可得，当$\sigma=0$时，对任一ε，$\boldsymbol{x}$在区间$(\eta-\varepsilon,\eta+\varepsilon)$之外的概率等于零。而且$\boldsymbol{x}=\eta$的概率为 1。类似地，若

$$E\{\boldsymbol{x}^2\}=\eta^2+\sigma^2=0$$

则$\eta=0$，$\sigma=0$。$\boldsymbol{x}=0$的概率为 1。

2. 对某些特定的分布，(5-88)式给出的界过高。例如，假定$\boldsymbol{x}$是正态分布的，在这种情况下，$P\{|x-\eta|\geqslant3\sigma\}=2-2\mathrm{G}(3)=0.0027$。然而，不等式(5-88)给出$P\{|x-\eta|\geqslant3\sigma\}\leqslant1/9$。

切比雪夫不等式的意义在于，对于任意的$f(x)$，该不等式都成立。因此，它甚至可用于$f(x)$未知的情况。

3. 当对$f(x)$作了各种假设后，(5-88)式的界能够进一步降低[见切尔诺夫限(Chernoff bound)(习题5-35)]。

马尔可夫不等式 ▶ 如果当$x<0$时，$f(x)=0$，则对任一$\alpha>0$有

$$P\{\boldsymbol{x}\geqslant\alpha\}\leqslant\eta/\alpha\tag{5-89}$$

证

$$E\{\boldsymbol{x}\}=\int_0^{\infty}xf(x)\mathrm{d}x\geqslant\int_{\alpha}^{\infty}xf(x)\mathrm{d}x\geqslant\alpha\int_{\alpha}^{\infty}f(x)\mathrm{d}x$$

因为最后的积分等于$P\{\boldsymbol{x}\geqslant\alpha\}$，(5-89)式得证。◀

比诺梅(Bienayme)不等式 ▶ 假定$\boldsymbol{x}$是任一随机变量，而a和n是两个任意的数。显然，随机变量$|\boldsymbol{x}-a|^n$只能取正值。利用(5-89)式，当$\alpha=\varepsilon^n$时，我们得到

$$P\{|\boldsymbol{x}-a|^n\geqslant\varepsilon^n\}\leqslant\frac{E\{|\boldsymbol{x}-a|^n\}}{\varepsilon^n}\tag{5-90}$$

因此

$$P\{|\boldsymbol{x}-a|\geqslant\varepsilon\}\leqslant\frac{E\{|\boldsymbol{x}-a|^n\}}{\varepsilon^n}\tag{5-91}$$

这个结果称为**比诺梅不等式**。切比雪夫不等式是其 $\alpha = \eta$ 和 $n = 2$ 的特殊情形。◀

李雅普诺夫(Lyapunov)不等式 ▶ 设 $\beta_k = E\{|\boldsymbol{x}|^k\} < \infty$ 表示随机变量 $\boldsymbol{x}$ 的绝对矩，那么，对任一正整数

$$\beta_{k-1}^{1/(k-1)} \leqslant \beta_k^{1/k} \qquad k \geqslant 1 \tag{5-92}$$

证　考虑随机变量

$$\boldsymbol{y} = a \mid \boldsymbol{x} \mid^{(k-1)/2} + \mid \boldsymbol{x} \mid^{(k+1)/2}$$

那么

$$E\{\boldsymbol{y}^2\} = a^2\beta_{k-1} + 2a\beta_k + \beta_{k+1} \geqslant 0$$

这表明关于 a 的二次方程的判别式必须是非正的。因此

$$\beta_k^2 \leqslant \beta_{k-1}\beta_{k+1} \quad 或 \quad \beta_k^{2k} \leqslant \beta_{k-1}^k \beta_{k+1}^k$$

这给出了下面关系

$$\beta_1^2 \leqslant \beta_0\beta_2 \qquad \beta_2^4 \leqslant \beta_1^2\beta_3^2, \cdots, \beta_{n-1}^{2(n-1)} \leqslant \beta_{n-2}^{n-1}\beta_n^{n-1}$$

其中 $\beta_0 = 1$。通过连乘我们得到

$$\beta_1^2 \leqslant \beta_2, \beta_2^3 \leqslant \beta_3^2, \beta_3^4 \leqslant \beta_4^3, \cdots, \beta_{k-1}^k \leqslant \beta_k^{k-1} 或 \beta_{k-1}^{1/(k-1)} \leqslant \beta_k^{1/k}$$

因此，我们也得到

$$\beta_1 \leqslant \beta_2^{1/2} \leqslant \beta_3^{1/3} \leqslant \cdots \leqslant \beta_n^{1/n} \tag{5-93}$$

◀

5.5　特征函数

随机变量的**特征函数**定义为积分

$$\Phi_x(\omega) = \int_{-\infty}^{\infty} f(x) e^{j\omega x} dx \tag{5-94}$$

因为 $f(x) \geqslant 0$，所以这个函数在原点有最大值，即

$$|\Phi_x(\omega)| \leqslant \Phi_x(0) = 1 \tag{5-95}$$

如果变 $j\omega$ 为 s，便得到积分

$$\boldsymbol{\Phi}(s) = \int_{-\infty}^{\infty} f(x) e^{sx} dx, \quad \boldsymbol{\Phi}(j\omega) = \Phi_x(\omega) \tag{5-96}$$

上面的函数称为 $\boldsymbol{x}$ 的**矩函数(或生成函数)**。

函数

$$\boldsymbol{\Psi}(\omega) = \ln\Phi_x(\omega) = \boldsymbol{\Psi}(j\omega) \tag{5-97}$$

被称为 $\boldsymbol{x}$ 的**第二特征函数**。

显然[见(5-58)式]

$$\Phi_x(\omega) = E\{e^{j\omega\boldsymbol{x}}\} \qquad \boldsymbol{\Phi}(s) = E\{e^{s\boldsymbol{x}}\} \tag{5-98}$$

由此得出：

$$若\ \boldsymbol{y} = a\boldsymbol{x} + b, 则\ \Phi_y(\omega) = e^{jb\omega}\Phi_x(a\omega) \tag{5-99}$$

因为

$$E\{e^{jw\boldsymbol{y}}\} = E\{e^{j\omega(a\boldsymbol{x}+b)}\} = e^{jb\omega}E\{e^{ja\omega\boldsymbol{x}}\}$$

【例 5-28】 如果 $x \sim N(\eta,\sigma^2)$，那么它的特征函数是

$$\Phi_x(\omega) = \exp\{j\eta\omega - \frac{1}{2}\sigma^2\omega^2\} \tag{5-100}$$

证　随机变量 $z = (x-\eta)/\sigma$ 服从标准正态分布 $N(0,1)$，它的矩函数等于

$$\mathbf{\Phi}_z(s) = \frac{1}{\sqrt{2\pi}}\int_{-\infty}^{\infty} e^{sz} e^{-z^2/2} dz$$

由于

$$sz - \frac{z^2}{2} = -\frac{1}{2}(z-s)^2 + \frac{s^2}{2}$$

用变量替换，我们得到

$$\mathbf{\Phi}_z(s) = e^{s^2/2}\int_{-\infty}^{\infty} \frac{1}{\sqrt{2\pi}} e^{-(z-s)^2/2} dz = e^{s^2/2} \tag{5-101}$$

又因为 $x = \sigma z + \eta$，从(5-99)和(5-101)式，我们得到了(5-100)式。

反变换公式　如(5-94)式所示，$\Phi_x(\omega)$ 是概率密度函数 $f(x)$ 的傅里叶变换。因此，特征函数与傅里叶变换有着本质上相同的性质。特别应当指出，$f(x)$ 也能够用 $\Phi_x(\omega)$ 来表示：

$$f(x) = \frac{1}{2\pi}\int_{-\infty}^{\infty} \Phi_x(\omega) e^{-j\omega x} d\omega \tag{5-102}$$

矩定理　对(5-96)式求 n 次导数得

$$\mathbf{\Phi}^{(n)}(s) = E\{x^n e^{sx}\}$$

因此

$$\mathbf{\Phi}^{(n)}(0) = E\{x^n\} = m_n \tag{5-103}$$

于是，$\mathbf{\Phi}(s)$ 在原点的各阶导数等于 x 的各阶矩。这说明了为什么把 $\mathbf{\Phi}(s)$ 称为“矩函数”。特别地

$$\mathbf{\Phi}'(0) = m_1 = \eta \qquad \mathbf{\Phi}''(0) = m_2 = \eta^2 + \sigma^2 \tag{5-104}$$

注　把 $\mathbf{\Phi}(s)$ 在原点附近展开成级数，利用(5-103)式得

$$\mathbf{\Phi}(s) = \sum_{n=0}^{\infty} \frac{m_n}{n!} s^n \tag{5-105}$$

仅当各阶矩都有限并且级数在 $s = 0$ 附近绝对收敛时，上式才有效。因为 $f(x)$ 能够用 $\mathbf{\Phi}(s)$ 确定，(5-105)式表明，在上述条件下，如果随机变量的各阶矩已知，其分布密度就被惟一确定。

【例 5-29】 我们来确定伽马分布(也见表 5-2)随机变量 x 的矩函数和矩：

$$f(x) = \gamma x^{b-1} e^{-cx} U(x) \qquad \gamma = \frac{c^{b+1}}{\Gamma(b+1)}$$

从(4-35)式，我们得到

$$\mathbf{\Phi}(s) = \gamma\int_0^{\infty} x^{b-1} e^{-(c-s)x} dx = \frac{\gamma\Gamma(b)}{(c-s)^b} = \frac{c^b}{(c-s)^b} \tag{5-106}$$

对上式两端求导数，然后令 $s = 0$，我们得到

$$\mathbf{\Phi}^{(n)}(0) = \frac{b(b+1)\cdots(b+n-1)}{c^n} = E\{x^n\}$$

对 $n=1,2$，我们得到

$$E\{\boldsymbol{x}\}=\frac{b}{c}\qquad E\{\boldsymbol{x}^2\}=\frac{b(b+1)}{c^2}\qquad \sigma^2=\frac{b}{c^2}\tag{5-107}$$

指数分布是伽马分布的一个特例，其中 $b=1,c=\lambda$：

$$f(x)=\lambda e^{-\lambda x}U(x)\qquad \boldsymbol{\Phi}(s)=\frac{\lambda}{\lambda-s}\qquad E\{\boldsymbol{x}\}=\frac{1}{\lambda}\qquad \sigma^2=\frac{1}{\lambda^2}\tag{5-108}$$

χ^2 分布　在(5-106)式中令 $b=m/2$ 和 $c=1/2$，我们得到了 $\chi^2(m)$ 的矩函数和矩：

$$\boldsymbol{\Phi}(s)=\frac{1}{\sqrt{(1-2s)^m}}\qquad E\{\boldsymbol{x}\}=m\qquad \sigma^2=2m\tag{5-109}$$

累量(Cumulants)　随机变量 $\boldsymbol{x}$ 的累加量 λ_n 定义为它的第二矩函数 $\boldsymbol{\Psi}(s)$ 的导数

$$\frac{d^n\boldsymbol{\Psi}(s)}{ds^n}=\lambda_n\tag{5-110}$$

显然[见(5-97)式]，$\boldsymbol{\Psi}(0)=\lambda_0=0$；因此

$$\boldsymbol{\Psi}(s)=\lambda_1 s+\frac{1}{2}\lambda_2 s_2+\cdots+\frac{1}{n!}\lambda_n s^n+\cdots$$

可以证明

$$\lambda_1=\eta\qquad \lambda_2=\sigma^2\tag{5-111}$$

证　因为 $\boldsymbol{\Phi}=e^{\Psi}$，我们得到

$$\boldsymbol{\Phi}'=\boldsymbol{\Psi}'e^{\Psi}\qquad \boldsymbol{\Phi}''=[\boldsymbol{\Psi}''+\{\boldsymbol{\Psi}'\}^2]e^{\Psi}$$

令 $s=0$，由上可得

$$\boldsymbol{\Phi}'(0)=\boldsymbol{\Psi}'(0)=m_1\qquad \boldsymbol{\Phi}''(0)=\boldsymbol{\Psi}''(0)+[\boldsymbol{\Psi}'(0)]^2=m_2$$

这就证明了(5-111)式。

5.5.1　离散型

假定 $\boldsymbol{x}$ 是离散型随机变量，取 x_i 的概率为 p_i。在这种情况下，(5-94)式变为

$$\Phi(\omega)=\sum_i p_i e^{j\omega x_i}\tag{5-112}$$

于是，$\Phi_x(\omega)$ 是一些复指数函数的和，$\boldsymbol{x}$ 的矩函数可以像(5-96)式那样来定义。然而，当 $\boldsymbol{x}$ 仅仅取整数值时，用 z 变换来定义更合适。

矩生成函数　如果 $\boldsymbol{x}$ 是一个取整数值的格型随机变量，那么它的矩生成函数定义为和式

$$\boldsymbol{\Gamma}(z)=E\{z^{\boldsymbol{x}}\}=\sum_{n=-\infty}^{\infty}P\{\boldsymbol{x}=n\}z^n=\sum_{n=-\infty}^{\infty}p_n z^n\tag{5-113}$$

因此，$\boldsymbol{\Gamma}(1/z)$ 是序列 $P_n=P\{\boldsymbol{x}=n\}$ 的正常的 z 变换。对于(5-112)式，我们有

$$\Phi_x(\omega)=\boldsymbol{\Gamma}(e^{j\omega})=\sum_{n=-\infty}^{\infty}p_n e^{jn\omega}$$

这样 $\Phi_x(\omega)$ 便是序列 $\{p_n\}$ 的离散傅里叶变换，类似定义

$$\boldsymbol{\Psi}(s)=\ln\boldsymbol{\Gamma}(e^s)\tag{5-114}$$

矩定理　对(5-113)式求 k 次导数可得

$$\boldsymbol{\Gamma}^{(k)}(z)=E\{\boldsymbol{x}(\boldsymbol{x}-1)\cdots(\boldsymbol{x}-k+1)z^{\boldsymbol{x}-k}\}$$

$z=1$ 时，上式变为

$$\boldsymbol{\Gamma}^{(k)}(1)=E\{\boldsymbol{x}(\boldsymbol{x}-1)\cdots(\boldsymbol{x}-k+1)\}\tag{5-115}$$

特别地，我们注意到 $\mathbf{\Gamma}(1)=1$，且

$$\mathbf{\Gamma}'(1)=E\{\boldsymbol{x}\},\quad \mathbf{\Gamma}''(1)=E\{\boldsymbol{x}^2\}-E\{\boldsymbol{x}\} \tag{5-116}$$

【例 5-30】 (a) 若 $\boldsymbol{x}$ 取 0 和 1，且 $P\{\boldsymbol{x}=1\}=p$，而 $P\{\boldsymbol{x}=0\}=q$，则

$$\mathbf{\Gamma}(z)=pz+q$$

$$\mathbf{\Gamma}'(1)=E\{\boldsymbol{x}\}=p,\quad \mathbf{\Gamma}''(1)=E\{\boldsymbol{x}^2\}-E\{\boldsymbol{x}\}=0$$

(b) 若 $\boldsymbol{x}$ 服从二项式分布 $B(m,p)$，即

$$p_n=P\{\boldsymbol{x}=n\}=\binom{m}{n}p^nq^{m-n}\qquad 0\leqslant n\leqslant m$$

则有

$$\mathbf{\Gamma}(z)=\sum_{n=0}^{m}\binom{m}{n}p^nq^{m-n}z^n=(pz+q)^m \tag{5-117}$$

和

$$\mathbf{\Gamma}'(1)=mp,\quad \mathbf{\Gamma}''(1)=m(m-1)p^2$$

因此，

$$E\{\boldsymbol{x}\}=mp,\quad \sigma^2=mpq \tag{5-118}$$

【例 5-31】 若 $\boldsymbol{x}$ 服从参量为 λ 的泊松分布，即

$$P\{\boldsymbol{x}=n\}=\mathrm{e}^{-\lambda}\frac{\lambda^n}{n!}\qquad n=0,1\cdots$$

则有

$$\mathbf{\Gamma}(z)=\mathrm{e}^{-\lambda}\sum_{n=0}^{\infty}\lambda^n\frac{z^n}{n!}=\mathrm{e}^{\lambda(z-1)} \tag{5-119}$$

在这种情况下[见(5-114)式]

$$\mathbf{\Psi}(s)=\lambda(\mathrm{e}^s-1),\quad \mathbf{\Psi}'(0)=\lambda,\quad \mathbf{\Psi}''(0)=\lambda$$

而由(5-117)式得到：$E\{\boldsymbol{x}\}=\lambda,\sigma^2=\lambda$，这与(5-63)式结果一致。

我们能够用特征函数的方法证明前面讲过的棣莫弗-拉普拉斯定理[见(4-90)式]。

定理 5-2 ▶ 棣莫弗-拉普拉斯定理　设 $\boldsymbol{x}\sim B(n,p)$。那么从(5-117)式，我们可以得到二项式分布的特征函数是

$$\Phi_x(\omega)=(p\mathrm{e}^{\mathrm{j}\omega}+q)^n$$

并定义

$$\boldsymbol{y}=\frac{\boldsymbol{x}-np}{\sqrt{npq}} \tag{5-120}$$

这给出了

$$\begin{aligned}\Phi_y(\omega)&=E\{\mathrm{e}^{\mathrm{j}\boldsymbol{y}\omega}\}=\mathrm{e}^{-np\omega/\sqrt{npq}}\Phi_x\left(\frac{\omega}{\sqrt{npq}}\right)=\mathrm{e}^{-np\omega\sqrt{npq}}(p\mathrm{e}^{\mathrm{j}\omega/\sqrt{npq}}+q)^n\\&=(p\mathrm{e}^{\mathrm{j}q\omega/\sqrt{npq}}+q\mathrm{e}^{-\mathrm{j}p\omega/\sqrt{npq}})^n\\&=\left\{p\left(1+\frac{\mathrm{j}q\omega}{\sqrt{npq}}-\frac{q^2\omega^2}{2npq}+\sum_{k=3}^{\infty}\frac{1}{k!}\left(\frac{\mathrm{j}q\omega}{\sqrt{npq}}\right)^k\right)\right.\\&\qquad\left.+q\left(1-\frac{\mathrm{j}p\omega}{\sqrt{npq}}-\frac{p^2\omega^2}{2npq}+\sum_{k=3}^{\infty}\frac{1}{k!}\left(\frac{-\mathrm{j}p\omega}{\sqrt{npq}}\right)^k\right)\right\}^n\\&=\left(1-\frac{\omega^2}{2n}\{1+\varnothing(n)\}\right)^n\to\mathrm{e}^{-\omega^2/2},\text{当 } n\to\infty \text{ 时，}\end{aligned} \tag{5-121}$$

这是由于当 $n\to\infty$ 时，

$$\varnothing(n)\equiv 2\sum_{k=3}^{\infty}\frac{1}{k!}\left(\frac{\mathrm{j}\omega}{\sqrt{n}}\right)^{k-2}\frac{pq^k+q(-p)^k}{(\sqrt{pq})^k}\to 0$$

比较(5-121)式和(5-100)式，我们得出结论：当 $n\to\infty$ 时，随机变量 $\boldsymbol{y}$ 趋向标准正态分布，或者利用(5-120)式，随机变量 $\boldsymbol{x}$ 趋向于正态分布 $N(np, npq)$。◀

在随后的例子5-32和5-33中，我们将说明矩生成函数在解决问题中是很有用的。下面的例子有着有趣的历史渊源，首先由棣莫弗提出和解决。

【例5-32】 在一个独立试验序列中，事件 A 发生的概率等于 p。如果 A 至少相继发生 r 次，我们称它是一个长度为 r 的游程。求在 n 次试验中出现事件 A 的长度为 r 的游程的概率。

解 设 X_n 表示在 n 次实验中出现事件 A 的长度为 r 的游程的事件，p_n 表示 X_n 的概率。在 $n+1$ 次试验中出现长度为 r 的游程只有按照下面两种相互排斥的方式发生：要么在前面的 n 次试验中，已经出现长度为 r 的游程，要么长度为 r 的游程发生在 $n+1$ 次试验的后面 r 次试验中。因此，

$$X_{n+1}=X_n\cup B_{n+1}\tag{5-122}$$

其中

$B_{n+1}=$ {在前 $n-\boldsymbol{r}$ 次试验中没有出现长度为 r 的游程} $\cap$ {在第 $n-r+1$ 次试验中 A 没发生} $\cap$ {在最后 r 次试验中长度为 r 的游程发生}

$$=\overline{X}_{n-r}\cap\overline{A}\cap\underbrace{A\cap A\cap\cdots\cap A}_{r}$$

因此按照这些事件的独立性，

$$P\{B_{n+1}\}=(1-p_{n-r})qp^r$$

所以从(5-122)式，

$$p_{n+1}=P\{X_{n+1}\}=P\{X_n\}+P\{B_{n+1}\}=p_n+(1-p_{n-r})qp^r\tag{5-123}$$

这个方程表示了一个标准的差分方程，初始条件是显而易见的

$$p_0=p_1=\cdots=p_{r-1}=0 \text{ 和 } p_r=p^r\tag{5-124}$$

从(5-123)式，虽然可以得到：对 $m\leqslant r-1$，$p_{r+1}=p^r(1+q),\cdots,p_{r+m}=p^r(1+mq)$，但当 n 很大时表达式将变得极其复杂。用(5-113)式的矩生成函数方法可以获得 p_n 的一般表达式。为此，设

$$q_n\equiv 1-p_n\tag{5-125}$$

这样，(5-123)式变成(用 n 代替 $n+r$)

$$q_{n+r+1}=q_{n+r}-qp^rq_n\quad n\geqslant 0\tag{5-126}$$

新的初始条件是

$$q_0=q_1=\cdots=q_{r-1}=1\qquad q_r=1-p^r\tag{5-127}$$

按照(5-113)式，定义矩生成函数

$$\varnothing(z)=\sum_{n=0}^{\infty}q_nz^n\tag{5-128}$$

通过(5-126)式，我们得到

$$qp^r\varnothing(z)=\left(\sum_{n=0}^{\infty}q_{n+r}z^n-\sum_{n=0}^{\infty}q_{n+r+1}z^n\right)\tag{5-129}$$

$$=\frac{\varnothing(z)-\sum_{k=0}^{r-1}q_kz^k}{z^r}-\frac{\varnothing(z)-\sum_{k=0}^{r}q_kz^k}{z^{r+1}}$$

$$= \frac{(z-1)\varnothing(z) - \sum_{k=1}^{r} z^k + (\sum_{k=0}^{r-1} z^k + (1-p^r)z^r)}{z^{r+1}}$$

$$= \frac{(z-1)\varnothing(z) + 1 - p^r z^r}{z^{r+1}}$$

这里利用了(5－127)式的初始条件。从(5－129)式，我们得到所求的矩生成函数是

$$\varnothing(z) = \frac{1-p^r z^r}{1-z+qp^r z^{r+1}} \tag{5-130}$$

$\varnothing(z)$ 是 z 的一个有理分式函数，它的幂级数展开中 z^n 的系数是 q_n。更明确的表达如下：

$$\begin{aligned} \varnothing(z) &= (1-p^r z^r)[1-z(1-qp^r z^r)]^{-1} \\ &= (1-p^r z^r)[1+\alpha_{1,r}z+\cdots+\alpha_{n,r}z^n+\cdots] \end{aligned} \tag{5-131}$$

这样，所求的概率等于

$$q_n = \alpha_{n,r} - p^r \alpha_{n-r,r} \tag{5-132}$$

其中 $\alpha_{n,r}$ 是 $[1-z(1-qp^r z^r)]^{-1}$ 展开式中 z^n 的系数。但

$$[1-z(1-qp^r z^r)]^{-1} = \sum_{m=0}^{\infty} z^m(1-qp^r z^r)^m = \sum_{m=0}^{\infty}\sum_{k=0}^{m}\binom{m}{k}(-1)^k(qp^r)^k z^{m+kr}$$

令 $m+kr=n$，这样 $m=n-kr$，展开式能够简化为

$$[1-z(1-qp^r z^r)]^{-1} = \sum_{n=0}^{\infty}\sum_{k=0}^{\lfloor n/(r+1)\rfloor}\binom{n-kr}{k}(-1)^k(qp^r)^k z^n = \sum_{n=0}^{\infty}\alpha_{n,r}z^n$$

其中 k 的上限对应于条件 $n-kr \leqslant k$，以便式中的组合数有意义。因此，

$$\alpha_{n,r} = \sum_{k=0}^{\lfloor n/(r+1)\rfloor}\binom{n-kr}{k}(-1)^k(qp^r)^k \tag{5-133}$$

得到 $\alpha_{n,r}$ 后，最后我们给出在 n 次试验中事件 A 出现长度为 r 的游程的概率

$$p_n = 1-q_n = 1-\alpha_{n,r}+p^r\alpha_{n-r,r} \tag{5-134}$$

例如，如果 $n=25$，$r=6$，$p=q=1/2$，我们得到在 25 次连续出现 6 次正面的概率是 0.157 75。

一个更有趣的例子是，假定一个每天早上乘车去固定地点的乘车者，在最好的条件下乘车花费的时间是 45 分钟，这种情况发生的概率是 1/5。那么，在一周时间里他有 67% 的机会至少一次在最短时间完成旅程。然而，仅有大约 13% 的机会一周中有两次在最短时间完成旅程。这表明：在一个“幸运日”，应该做好“超时旅程”的准备。最后，如果返程的情况与前面相同(相当于试验次数 $n=2\times7=14$)，那么相继两次旅程花费最短时间的概率是 0.273 3。

表 5－1　(5－134)式中的概率 p_n

r	$n=5$		$n=10$	
	$p=1/5$	$p=1/3$	$p=1/5$	$p=1/3$
1	0.672 3	0.868 3	0.892 6	0.982 7
2	0.134 7	0.325 1	0.273 3	0.577 3
3	0.020 8	0.086 4	0.052 3	0.202 6
4	0.002 9	0.020 6	0.009 3	0.061 5
5	0.000 3	0.004 1	0.001 6	0.017 8
6	—	—	0.000 3	0.005 0

下面的问题有很多不同的变形，它可以追溯到蒙特默(Montmort，1708)。拉普拉斯和其他学者进一步推广了这一结果。

表 5-2

随机变量	概率密度函数 $f_x(x)$	均值	方差	特征函数
正态或高斯分布	$\frac{1}{\sqrt{2\pi\sigma^2}}e^{-(x-\mu)^2/2\sigma^2}$ $-\infty < x < \infty$	μ	σ^2	$e^{j\mu\omega-\sigma^2\omega^2/2}$
对数正态分布	$\frac{1}{x\sqrt{2\pi\sigma^2}}e^{-(\ln x-\mu)^2/2\sigma^2}$ $x \geqslant 0$	—	—	—
指数分布	$\lambda e^{-\lambda x}, x \geqslant 0, \lambda > 0$	$\frac{1}{\lambda}$	$\frac{1}{\lambda^2}$	$(1-j\omega/\lambda)^{-1}$
伽马分布	$\frac{x^{\alpha-1}}{\Gamma(\alpha)\beta^\alpha}e^{-x/\beta}$ $x \geqslant 0, \alpha > 0, \beta > 0$	$\alpha\beta$	$\alpha\beta^2$	$(1-j\omega\beta)^{-\alpha}$
埃尔朗分布	$\frac{(k\lambda)^k}{(k-1)!}x^{k-1}e^{-k\lambda x}$	$\frac{1}{\lambda}$	$\frac{1}{k\lambda^2}$	$(1-j\omega/k\lambda)^{-k}$
χ^2分布	$\frac{x^{n/2-1}}{2^{n/2}\Gamma(n/2)}e^{-x/2}, x \geqslant 0$	n	$2n$	$(1-j2\omega)^{-n/2}$
韦伯分布	$\alpha x^{\beta-1}e^{-\alpha x^\beta/\beta}$, $x \geqslant 0, \alpha > 0, \beta > 0$	$\left(\frac{\beta}{\alpha}\right)^{1/\beta}\Gamma\left(1+\frac{1}{\beta}\right)$	$\left(\frac{\beta}{\alpha}\right)^{2/\beta}\left[\Gamma\left(1+\frac{2}{\beta}\right) - \left\{\Gamma\left(1+\frac{1}{\beta}\right)\right\}^2\right]$	—
瑞利分布	$\frac{x}{\sigma^2}e^{-x^2/2\sigma^2}, x \geqslant 0$	$\sqrt{\frac{\pi}{2}}\sigma$	$(2-\pi/2)\sigma^2$	$\left(1+j\sqrt{\frac{\pi}{2}}\sigma\omega\right)e^{-\sigma^2\omega^2/2}$
均匀分布	$\frac{1}{b-a}, a < x < b$	$\frac{a+b}{2}$	$\frac{(b-a)^2}{12}$	$\frac{e^{jb\omega}-e^{-ja\omega}}{j\omega(b-a)}$
贝塔分布	$\frac{\Gamma(\alpha+\beta)}{\Gamma(\alpha)\Gamma(\beta)}x^{\alpha-1}(1-x)^{\beta-1}$, $0 < x < 1, \alpha > 0, \beta > 0$	$\frac{\alpha}{\alpha+\beta}$	$\frac{\alpha\beta}{(\alpha+\beta)^2(\alpha+\beta+1)}$	—
柯西分布	$\frac{\alpha/\pi}{(x-\mu)^2+\alpha^2}$, $-\infty < x < \infty, \alpha > 0$	—	∞	$e^{j\mu\omega}e^{-\alpha\lvert\omega\rvert}$
瑞森分布	$\frac{x}{\sigma^2}e^{-(x^2+a^2)/2\sigma^2}I_0\left(\frac{ax}{\sigma^2}\right)$, $-\infty < x < \infty, a > 0$	$\sigma\frac{\sqrt{\pi}}{2}[(1+r)I_0(r/2)+$ $rI_1(r/2)]e^{-r/2}$, $r = a^2/2\sigma^2$	—	—
Nakagami分布	$\frac{2}{\Gamma(m)}\left(\frac{m}{\Omega}\right)^m x^{2m-1}e^{-(m/\Omega)x^2}$, $x > 0$	$\frac{\Gamma(m+1/2)}{\Gamma(m)}\sqrt{\frac{\Omega}{m}}$	$\Omega\left\{1-\frac{1}{m}\left(\frac{\Gamma(m+1/2)}{\Gamma(m)}\right)^2\right\}$	—

续表 5-2

随机变量	概率密度函数 $f_x(x)$	均值	方差	特征函数
t 分布	$\dfrac{\Gamma((n+1)/2)}{\sqrt{\pi n}\,\Gamma(n/2)}(1+x^2/n)^{-(n+1)/2}$ $-\infty < x < \infty$	0	$\dfrac{n}{n-2},\ n>2$	—
F 分布	$\dfrac{\Gamma((m+n)/2)}{\Gamma(m/2)\Gamma(n/2)}\left(\dfrac{m}{n}\right)^{m/2} x^{m/2-1}\cdot$ $(1+\dfrac{mx}{n})^{-(m+n)/2},\ x>0$	$\dfrac{n}{n-2},\ n>2$	$\dfrac{n^2(2m+2n-4)}{m(n-2)^2(n-4)},\ n>4$	—
伯努利分布	$P(\boldsymbol{x}=1)=p,$ $P(\boldsymbol{x}=0)=1-p=q$	p	$p(1-p)$	$pe^{j\omega}+q$
二项式分布	$\binom{n}{k}p^k q^{n-k},$ $k=0,1,2,\cdots,n,p+q=1$	np	npq	$(pe^{j\omega}+q)^n$
泊松分布	$e^{-\lambda}\dfrac{\lambda^k}{k!},\ k=0,1,2,\cdots,\infty$	λ	λ	$e^{-\lambda(1-e^{j\omega})}$
超几何分布	$\dfrac{\binom{M}{k}\binom{N-M}{n-k}}{\binom{N}{n}}$ $\max(0,M+n-N)\leqslant k\leqslant \min(M,n)$	$\dfrac{nM}{N}$	$n\dfrac{M}{N}\left(1-\dfrac{M}{N}\right)\left(1-\dfrac{n-1}{N-1}\right)$	—
几何分布	$pq^k,$ $k=0,1,2,\cdots,\infty$ 或 $pq^{k-1},$ $k=1,2,\cdots,\infty,p+q=1$	$\dfrac{q}{p}$ $\dfrac{1}{p}$	$\dfrac{q}{p^2}$ $\dfrac{q}{p^2}$	$\dfrac{p}{1-qe^{j\omega}}$ $\dfrac{p}{e^{-j\omega}-q}$
帕斯卡或负二项式分布	$\binom{r+k-1}{k}p^r q^k,$ $k=0,1,2,\cdots,\infty$ 或 $\binom{k-1}{r-1}p^r q^{k-r},$ $k=r,r+1,\cdots,\infty,p+q=1$	$\dfrac{rq}{p}$ $\dfrac{r}{p}$	$\dfrac{rq}{p^2}$ $\dfrac{rq}{p^2}$	$\left(\dfrac{p}{1-qe^{j\omega}}\right)^r$ $\left(\dfrac{p}{e^{-j\omega}-q}\right)^r$
离散均匀分布	$1/N,$ $k=1,2,\cdots,N$	$\dfrac{N+1}{2}$	$\dfrac{N^2-1}{12}$	$e^{j(N+1)\omega/2}\dfrac{\sin(N\omega/2)}{\sin(\omega/2)}$
多元高斯分布	$\dfrac{1}{(2\pi)^{n/2}\det C}e^{-\{(X-m)C^{-1}(X-m)^t/2\}}$ $C_{ik}=E[(\boldsymbol{x}_i-m_i)(\boldsymbol{x}_k-m_k)^*]$	m	C 协方差矩阵	$e^{\{jmu^t-uCu^t/2\}}$

【例 5-33】　配对问题

一个人写了n封信和n个信封，现在每封信被随机放入信封(每个信封仅放一封信)。问至少有一封信到达正确的目的地的概率是多少？如果 $n\to\infty$，情况如何？

解　当一封信放入写有想寄给人地址的信封时，我们称它为一个"巧合"。设 X_k 表示 n 个信封中正好有 k 个"巧合"的事件。事件 $X_0, X_1, \cdots, X_n$ 构成了一个分割，因为它们是互斥的并且这些事件之一肯定发生。因此，按照全概率公式

$$p_n(0)+p_n(1)+p_n(2)+\cdots+p_n(n)=1 \tag{5-135}$$

其中

$$p_n(k)\equiv P\{X_k\} \tag{5-136}$$

为了确定 $p_n(k)$，我们先考察事件 X_k。有$\binom{n}{k}$种方式从n封信中取出k封信，为了得到k个"巧合"，有 k 封信正好装入了正确的信封，这一事件具有概率

$$\frac{1}{n}\times\frac{1}{n-1}\cdots\frac{1}{n-k+1}$$

而剩下的 $n-k$ 封信中没有"巧合"的概率是 $p_{n-k}(0)$。按照这些事件的独立性，我们得到在 n 封信中先取出 k 封信的情况下，有 k 个"巧合"的概率是

$$\frac{1}{n}\times\frac{1}{n-1}\cdots\frac{1}{n-k+1}p_{n-k}(0)$$

但取出 k 封信的方式有$\binom{n}{k}$种，用(2-20)式我们得到

$$p_n(k)=P\{X_k\}=\binom{n}{k}\frac{1}{n}\times\frac{1}{n-1}\cdots\frac{1}{n-k-1}p_{n-k}(0)=\frac{p_{n-k}(0)}{k!} \tag{5-137}$$

因为 $p_n(n)=1/n!$，方程(5-137)表明 $p_0(0)=1$。把(5-137)式逐项代入(5-135)式，我们得到

$$p_n(0)+\frac{p_{n-1}(0)}{1!}+\frac{p_{n-2}(0)}{2!}+\cdots+\frac{p_1(0)}{(n-1)!}+\frac{1}{n!}=1 \tag{5-138}$$

上式给出了

$$p_1(0)=0\qquad p_2(0)=1/2\qquad p_3(0)=1/6$$

为了得到 $p_n(0)$ 的显式表达，定义矩生成函数

$$\varnothing(z)=\sum_{n=0}^{\infty}p_n(0)z^n \tag{5-139}$$

那么

$$\begin{aligned}e^z\varnothing(z)&=\left(\sum_{k=0}^{\infty}\frac{z^k}{k!}\right)\left(\sum_{n=0}^{\infty}p_n(0)z^n\right)\\&=1+z+z^2+\cdots+z^n+\cdots=\frac{1}{1-z}\end{aligned} \tag{5-140}$$

这里我们利用了(5-138)式。因此，

$$\varnothing(z)=\frac{e^{-z}}{1-z}=\sum_{n=0}^{\infty}\left(\sum_{k=0}^{n}\frac{(-1)^k}{k!}\right)z^n$$

与(5-139)式比较，我们得到

$$p_n(0)=\sum_{k=0}^{n}\frac{(-1)^k}{k!}\to\frac{1}{e}=0.377\,879 \tag{5-141}$$

用(5-137)式

$$p_n(k)=\frac{1}{k!}\sum_{m=0}^{n-k}\frac{(-1)^m}{m!} \tag{5-142}$$

因此，

$$P\{\text{至少有一封信到达正确的目的地}\}$$
$$= 1 - p_n(0) = 1 - \sum_{k=0}^{n} \frac{(-1)^k}{k!} \to 0.632\,120\,56 \tag{5-143}$$

即使对于中等大小的 n，这个概率也接近 0.632 1。因此，即使一个邮递员胡乱地分发信件，还有 63% 的可能性至少有一个家庭收到自己的信。

一个更有趣的例子，按照同样的方式，在正常的情况下一对想怀孕的夫妇有大约 63% 的成功机会。在自然界，现存生物的丰富性是一个很好的证据，概率的确有利于生命的繁衍过程。

g(x) 密度函数的确定　下面我们将说明：当随机变量 $\boldsymbol{x}$ 的概率密度函数已知时，特征函数能够用于确定随机变量 $\boldsymbol{y} = g(\boldsymbol{x})$ 的概率密度函数。

从(5－58)式，随机变量 $\boldsymbol{y} = g(\boldsymbol{x})$ 的特征函数等于

$$\boldsymbol{\Phi}_y(\omega) = \int_{-\infty}^{\infty} e^{j\omega y} f_y(y)\,dy = E\{e^{j\omega g(x)}\} = \int_{-\infty}^{\infty} e^{j\omega g(x)} f_x(x)\,dx \tag{5-144}$$

因此，如果在(5－144)式的积分能够写作下面形式

$$\int_{-\infty}^{\infty} e^{j\omega y} h(y)\,dy$$

这样随机变量 $\boldsymbol{y}$ 的概率密度函数是

$$f_y(y) = h(y)$$

如果变换 $y = g(x)$ 是一一对应的，这种方法将产生简单的结果。

【例 5－34】　假定 $\boldsymbol{x}$ 是 $N(0;\sigma)$ 分布，而 $\boldsymbol{y} = a\boldsymbol{x}^2$。代入(5－114)式，利用被积函数的对称性可得

$$\Phi_y(\omega) = \int_{-\infty}^{\infty} e^{j\omega ax^2} f(x)\,dx = \frac{2}{\sigma\sqrt{2\pi}} \int_0^{\infty} e^{ja\omega x^2} e^{-x^2/2\sigma^2}\,dx$$

当 x 从 0 增加到 ∞ 时，$y = ax^2$ 是一一对应的变换。因为

$$dy = 2ax\,dx = 2\sqrt{ay}\,dx$$

由以上得到

$$\Phi_y(\omega) = \frac{2}{\sigma\sqrt{2\pi}} \int_0^{\infty} e^{j\omega y} e^{-y/2a\sigma^2} \frac{dy}{2\sqrt{ay}}$$

因此

$$f_y(y) = \frac{e^{-y/2a\sigma^2}}{\sigma\sqrt{2\pi a y}} U(y) \tag{5-145}$$

这与(5－7)和(5－22)式一致。

【例 5－35】　假定在区间$(-\pi/2, \pi/2)$内 $\boldsymbol{x}$ 是均匀分布的，而 $\boldsymbol{y} = \sin\boldsymbol{x}$，在这种情况下

$$\Phi_y(\omega) = \int_{-\infty}^{\infty} e^{j\omega\sin x} f(x)\,dx = \frac{1}{\pi} \int_{-\pi/2}^{\pi/2} e^{j\omega\sin x}\,dx$$

当 x 由 $-\pi/2$ 增至 $\pi/2$ 时，函数 $y = \sin x$ 从 -1 增至 1，而

$$dy = \cos x\,dx = \sqrt{1-y^2}\,dx$$

因此

$$\Phi_y(\omega) = \frac{1}{\pi} \int_{-1}^{1} e^{j\omega y} \frac{dy}{\sqrt{1-y^2}}$$

由此得到当 $|y| < 1$ 时有

$$f_y(y) = \frac{1}{\pi\sqrt{1-y^2}}$$

而在其它区域则为零，这与(5－33)式一致。

习　题

5-1 随机变量 $\boldsymbol{x} \sim N(5,4)$ 并且 $\boldsymbol{y}=2\boldsymbol{x}+4$，求 η_y,σ_y 和 $f_y(y)$。

5-2 如果 $\boldsymbol{y}=-4\boldsymbol{x}+3, f_x(x)=2e^{-2x}U(x)$，求 F_y 和 $f_y(y)$。

5-3 如果随机变量 $\boldsymbol{x} \sim N(0,c^2)$，函数 $g(x)$ 如图 5-4 所示，求随机变量 $\boldsymbol{y}$ 的概率分布和概率密度函数并画出它们的草图。

5-4 如果随机变量 $\boldsymbol{x}$ 服从 $(-2c,2c)$ 区间上的均匀分布并且 $\boldsymbol{y}=g(\boldsymbol{x})$ 和是 $g(x)$ 图5-3 中的函数，求 $F_y(y)$ 和 $f_y(y)$ 并画出它们的草图。

5-5 随机变量 $\boldsymbol{x} \sim N(0,b^2)$，$g(x)$ 是图 5-5 中的函数，求 $F_y(y)$ 和 $f_y(y)$ 并画出它们的草图。

5-6 随机变量 $\boldsymbol{x}$ 是(0,1) 区间上的均匀分布，求随机变量 $\boldsymbol{y}=-\ln\boldsymbol{x}$ 的概率密度函数。

5-7 我们随机放置200个点在区间(0,100)上。从0到第一个点的距离是一个随机变量 $\boldsymbol{z}$。按照下面两种方式求 $F_z(z)$：(a) 精确的；(b) 用泊松近似。

5-8 如果 $\boldsymbol{y}=\sqrt{\boldsymbol{x}}$，$\boldsymbol{x}$ 是一个指数分布的随机变量，证明 $\boldsymbol{y}$ 是一个瑞利分布的随机变量。

5-9 用 $f_x(x)$ 表示随机变量 $\boldsymbol{y}=g(\boldsymbol{x})$ 的分布密度 $f_y(y)$，如果(a) $g(x)=|x|$；(b) $g(x)=e^{-x}U(x)$。

5-10 若 $F_x(x)=(1-e^{-2x})U(x)$，试求 $F_y(y)$ 和 $f_y(y)$，如果(a) $\boldsymbol{y}=(\boldsymbol{x}-1)U(\boldsymbol{x}-1)$；(b) $\boldsymbol{y}=\boldsymbol{x}^2$。

5-11 若随机变量 $\boldsymbol{x}$ 服从 $\alpha=1$ 的柯西分布而 $\boldsymbol{y}=\arctan\boldsymbol{x}$，试证明 $\boldsymbol{y}$ 服从区间 $(-\pi/2,\pi/2)$ 上的均匀分布。

5-12 如果随机变量 $\boldsymbol{x}$ 服从区间 $(-\pi/2,\pi/2)$ 上的均匀分布，试求 $f_y(y)$，(a) $\boldsymbol{y}=\boldsymbol{x}^3$；(b) $\boldsymbol{y}=\boldsymbol{x}^4$；(c) $\boldsymbol{y}=2\sin(3\boldsymbol{x}+40°)$。

5-13 若随机变量 $\boldsymbol{x}$ 服从区间 $(-1,1)$ 上的均匀分布，试求 $\boldsymbol{y}=g(\boldsymbol{x})$ 使得 $f_y(y)=2e^{-2y}U(y)$。

5-14 给定一连续型随机变量 $\boldsymbol{x}$，构造一新的随机变量 $\boldsymbol{y}=g(\boldsymbol{x})$：(a) 若 $g(x)=2F_x(x)+4$，求 $f_y(y)$；(b) 试求使得 $\boldsymbol{y}$ 服从区间(8,10)内均匀分布的函数 $g(x)$。

5-15 投一均匀硬币 10 次，$\boldsymbol{x}$ 表示正面的次数：(a) 试求 $F_x(x)$；(b) 若 $\boldsymbol{y}=(\boldsymbol{x}-3)^2$，求 $F_y(y)$。

5-16 如果随机变量 $\boldsymbol{x}$ 服从具有参数 α 和 β 的贝塔分布，证明随机变量 $1-\boldsymbol{x}$ 服从参数为 β 和 α 的贝塔分布。

5-17 设随机变量 $\boldsymbol{x}$ 服从具有 n 个自由度的 χ^2 分布。那么随机变量 $\boldsymbol{y}=\sqrt{\boldsymbol{x}}$ 服从 n 个自由度的 χ 分布，求它的概率密度函数。

5-18 设 $\boldsymbol{x} \sim U(0,1)$，证明：$\boldsymbol{y}=-2\log\boldsymbol{x}$ 服从 $\chi^2(2)$。

5-19 如果 $\boldsymbol{x}$ 服从参数 λ 的指数分布，证明 $\boldsymbol{y}=\boldsymbol{x}^{1/\beta}$ 服从韦伯分布。

5-20 $\boldsymbol{t}$ 是连续型随机变量，$\boldsymbol{y}=\alpha\sin\omega\boldsymbol{t}$，证明：

$$f_y(y) \xrightarrow[\omega\to\infty]{} \begin{cases} \frac{1}{\pi}\sqrt{a-y^2} & |y|<a \\ 0 & |y|>a \end{cases}$$

5-21 若 $\boldsymbol{y}=\boldsymbol{x}^2$ 试证：

$$f_y(y \mid \boldsymbol{x} \geqslant 0) = \frac{U(y)}{1 - F_x(0)} \frac{f_x(\sqrt{y})}{2\sqrt{y}}$$

5-22　(a) 若 $\boldsymbol{y} = a\boldsymbol{x} + b$，证明 $\sigma_y = |a| \sigma_x$；(b) 若 $\boldsymbol{y} = (\boldsymbol{x} - \eta_x)/\sigma_x$，试求 η_y 和 σ_y。

5-23　若 $\boldsymbol{x}$ 具有参数为 α 的瑞利分布，而 $\boldsymbol{y} = b + c\boldsymbol{x}^2$，证明：$\sigma_y^2 = 4c^2\alpha^4$。

5-24　如果 $\boldsymbol{x} \sim N(0,4)$，$\boldsymbol{y} = 3\boldsymbol{x}^2$，求 η_y，σ_y 和 $f_y(y)$。

5-25　设 $\boldsymbol{x}$ 表示具有参数 n 和 p 的二项式分布随机变量。证明：(a) $E\{\boldsymbol{x}\} = np$；(b) $E\{\boldsymbol{x}(\boldsymbol{x}-1)\} = n(n-1)p^2$；(c) $E\{\boldsymbol{x}(\boldsymbol{x}-1)(\boldsymbol{x}-2)\} = n(n-1)(n-2)p^3$；(d) 计算 $E\{\boldsymbol{x}^2\}$ 和 $E\{\boldsymbol{x}^3\}$。

5-26　对于具有参数 λ 的泊松分布随机变量 $\boldsymbol{x}$，证明：(a) $P\{0 < \boldsymbol{x} < 2\lambda\} > (\lambda - 1)/\lambda$；(b) $E\{\boldsymbol{x}(\boldsymbol{x}-1)\} = \lambda^2$，$E\{\boldsymbol{x}(\boldsymbol{x}-1)(\boldsymbol{x}-2)\} = \lambda^3$。

5-27　证明：如果 $U = [A_1, A_2, \cdots, A_n]$ 是 S 的一个分割，那么

$$E\{\boldsymbol{x}\} = E\{\boldsymbol{x} \mid A_1\}P(A_1) + \cdots + E\{\boldsymbol{x} \mid A_n\}P(A_n)。$$

5-28　如果 $\boldsymbol{x} \geqslant 0$ 且 $E\{\boldsymbol{x}\} = \eta$，证明：$P\{\boldsymbol{x} \geqslant \sqrt{\eta}\} \leqslant \sqrt{\eta}$。

5-29　用(5-86)式，当 $\eta_x = 10$ 和 $\sigma_x = 2$ 时，求 $E\{\boldsymbol{x}^3\}$。

5-30　如果 $\boldsymbol{x}$ 是(10,12)区间上的均匀分布随机变量，$\boldsymbol{y} = \boldsymbol{x}^3$，(a) 求 $f_y(y)$；(b) 求 $E\{\boldsymbol{y}\}$：(i) 精确的；(ii) 用(5-86)式。

5-31　随机变量 $\boldsymbol{x} \sim N(100,9)$，用(5-86)式求随机变量 $\boldsymbol{y} = 1/\boldsymbol{x}$ 的近似均值。

5-32　(a) 若 m 是 $\boldsymbol{x}$ 的中数，证明对任意 a 有

$$E\{|\boldsymbol{x} - a|\} = E\{|\boldsymbol{x} - m|\} + 2\int_a^m (x - a) f(x) \mathrm{d}x$$

(b) 试求 c 使得 $E\{|\boldsymbol{x} - c|\}$ 最小。

5-33　若 $\boldsymbol{x} \sim N(\eta;\sigma^2)$ 分布，试证

$$E\{|\boldsymbol{x}|\} = \sigma\sqrt{\frac{2}{\pi}}\mathrm{e}^{-\eta^2/2\sigma^2} + 2\eta\, \mathbf{G}\left(\frac{\eta}{\sigma}\right) - \eta$$

5-34　如果 $\boldsymbol{x}$ 和 $\boldsymbol{y}$ 是两个具有概率密度函数 $f_x(x)$ 和 $f_y(y)$ 的随机变量，那么

$$E\{\log f_x(\boldsymbol{x})\} \geqslant E\{\log f_y(\boldsymbol{x})\}$$

5-35　(切尔诺夫限)(a) 证明：对任意的 $\alpha > 0$ 和任意的实数 s

$$P\{\mathrm{e}^{s\boldsymbol{x}} \geqslant \alpha\} \leqslant \frac{\boldsymbol{\Phi}(s)}{\alpha}，其中\ \boldsymbol{\Phi}(s) = E\{\mathrm{e}^{s\boldsymbol{x}}\} \tag{i}$$

(提示：应用(5-89)式到随机变量 $\boldsymbol{y} = \mathrm{e}^{s\boldsymbol{x}}$)。

(b) 对任意的 A，

$$P\{\boldsymbol{x} \geqslant A\} \leqslant \mathrm{e}^{-sA}\boldsymbol{\Phi}(s), \quad s > 0$$
$$P\{\boldsymbol{x} \leqslant A\} \leqslant \mathrm{e}^{-sA}\boldsymbol{\Phi}(s), \quad s < 0$$

(提示：在(i)中设 $\alpha = \mathrm{e}^{sA}$)。

5-36　证明：对于任意的随机变量 $\boldsymbol{x}$

$$[E(|\boldsymbol{x}|^m)]^{1/m} \leqslant [E(|\boldsymbol{x}|^n)]^{1/n} \qquad 1 < m < n < \infty$$

5-37　证明：(a) 如果 $f(x)$ 是柯西密度函数，则 $\boldsymbol{\Phi}(s) = \mathrm{e}^{-\alpha|\omega|}$；(b) 如果 $f(x)$ 是拉普拉斯密度函数，则 $\boldsymbol{\Phi}(s) = \alpha^2/(\alpha^2 + \omega^2)$。

5-38　(a) 设 $\boldsymbol{x} \sim G(\alpha,\beta)$，证明 $E\{\boldsymbol{x}\} = \alpha\beta$，$\mathrm{Var}\{\boldsymbol{x}\} = \alpha\beta^2$ 和 $\boldsymbol{\Phi}_x(\omega) = (1 - \mathrm{j}\beta\omega)^{-\alpha}$。

(b) 设 $\boldsymbol{x} \sim \chi^2(n)$，证明 $E\{\boldsymbol{x}\} = n$，$\mathrm{Var}\{\boldsymbol{x}\} = 2n$ 和 $\boldsymbol{\Phi}_x(\omega) = (1 - \mathrm{j}2\omega)^{-n/2}$。

(c) 设 $\boldsymbol{x} \sim B(n,p)$，证明 $E\{\boldsymbol{x}\} = np$，$\mathrm{Var}\{\boldsymbol{x}\} = npq$ 和 $\boldsymbol{\Phi}_x(\omega) = (p\mathrm{e}^{\mathrm{j}\omega} + q)^n$。

(d) 设 $\boldsymbol{x} \sim NB(r,p)$，证明 $\boldsymbol{\Phi}_x(\omega) = p^r(1-q\mathrm{e}^{\mathrm{j}\omega})^{-r}$。

5-39　如果一个离散型随机变量 $\boldsymbol{x}$ 满足：

$$P\{\boldsymbol{x}=k\} = pq^k \quad k=0,1,\cdots \quad p+q=1$$

我们称它服从几何分布，求它的 $\boldsymbol{\Gamma}(z)$ 并证明 $\eta_x = q/p, \sigma_x^2 = q/p^2$。

5-40　设随机变量 $\boldsymbol{x}$ 表示"第 n 次成功之前失败的次数"，这样 $\boldsymbol{x}+n$ 表示得到 n 次成功需要的试验的次数。在这种情况下，当且仅当最后一次试验是成功并且先前的 $(\boldsymbol{x}+n-1)$ 次试验中有 $n-1$ 次成功。这给出了帕斯卡或负二项式分布的一种导出途径：

$$P\{\boldsymbol{x}=k\} = \binom{n+k-1}{k}p^nq^k = \binom{-n}{k}p^n(-q)^k \quad k=0,1,2,\cdots$$

求 $\boldsymbol{\Gamma}(z)$ 并证明 $\eta_x = nq/p, \sigma_x^2 = nq/p^2$。

5-41　设 $\boldsymbol{x}$ 服从具有参数 r 和 p 的负二项式分布。证明：当 $p\to 1$ 和 $r\to\infty$ 并且 $r(1-p)\to\lambda$ 是一个常数，那么

$$P\{\boldsymbol{x}=n+r\} \to \mathrm{e}^{-\lambda}\frac{\lambda^n}{n!} \quad n=0,1,2,\cdots$$

5-42　如果 $E\{\boldsymbol{x}\}=\eta$，证明：

$$E\{\mathrm{e}^{s\boldsymbol{x}}\} = \mathrm{e}^{s\eta}\sum_{n=0}^{\infty}\mu_n\frac{s^n}{n!} \quad \mu_n = E\{(\boldsymbol{x}-\eta)^n\}$$

5-43　证明：如果对某一个 $\omega_1 \neq 0$，$\Phi_x(\omega_1)=1$，那么随机变量 $\boldsymbol{x}$ 是一个离散型随机变量并且取值为 $x_n = 2\pi n/\omega_1$。

提示：$0 = 1-\Phi_x(\omega_1) = \int_{-\infty}^{\infty}(1-\mathrm{e}^{\mathrm{j}\omega_1 x})f_x(x)\mathrm{d}x$

5-44　随机变量 $\boldsymbol{x}$ 是零均值的，中心矩为 μ_n，累量为 λ_n。证明：$\lambda_3=\mu_3$，$\lambda_4-3\mu_2^2$ 如果随机变量 $\boldsymbol{y}$ 服从 $N(0;\sigma_y^2)$ 并且 $\sigma_y=\sigma_x$，那么 $E\{\boldsymbol{x}^4\} = E\{\boldsymbol{y}^4\}+\lambda_4$。

5-45　随机变量 $\boldsymbol{x}$ 取 $0,1,\cdots$ 的概率 $P\{\boldsymbol{x}=k\}=p_k$。试证：若 $\boldsymbol{y}=(\boldsymbol{x}-1)U(\boldsymbol{x}-1)$，则 $\boldsymbol{\Gamma}_y(z) = p_0+z^{-1}[\boldsymbol{\Gamma}_x(z)-p_0]$，$\eta_y=\eta_x-1+p_0$，$E\{\boldsymbol{y}^2\}=E\{\boldsymbol{x}^2\}-2\eta_x+1-p_0$

5-46　若 $\Phi(\omega)=E\{\mathrm{e}^{\mathrm{j}\omega\boldsymbol{x}}\}$，则对任意 a_i 证明有

$$\sum_{i=1}^{n}\sum_{j=1}^{n}\Phi(\omega_i-\omega_j)a_ia_j^* \geqslant 0$$

提示：
$$E\left\{\left|\sum_{i=1}^{n}a_i\mathrm{e}^{\mathrm{j}\omega_i\boldsymbol{x}}\right|^2\right\} \geqslant 0$$

5-47　我们给定一个偶的凸函数 $g(x)$ 和一个随机变量 $\boldsymbol{x}$，它的概率密度函数如图P5-47所示，它关于最大值点 $x=\eta$ 是对称的。证明：如果 $a=\eta$，随机变量 $g(\boldsymbol{x}-a)$ 的均值 $E\{g(\boldsymbol{x}-a)\}$ 是最小的。

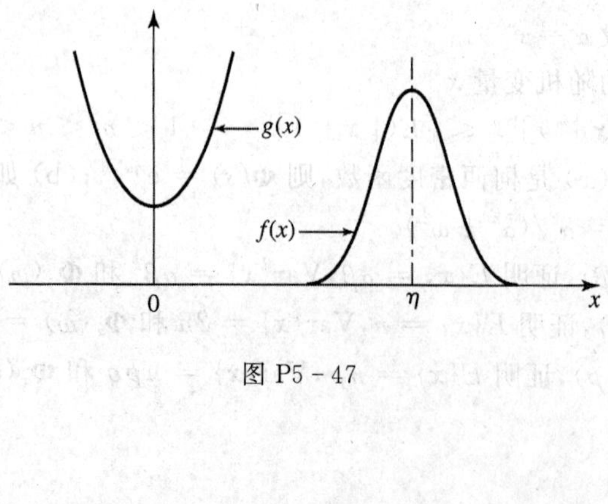

图 P5-47

5-48　随机变量 $\boldsymbol{x}$ 是 $N(0;\sigma)$ 分布，

(a) 利用特征函数证明：若 $g(x)$ 在 $|x|\to\infty$ 时，使得 $g(x)\mathrm{e}^{-x^2/2\sigma^2}\to 0$，则［普瑞斯(Price) 定理］

$$\frac{\mathrm{d}E\{g(\boldsymbol{x})\}}{\mathrm{d}\upsilon}=\frac{1}{2}E\left\{\frac{\mathrm{d}^2 g(\boldsymbol{x})}{\mathrm{d}\boldsymbol{x}^2}\right\},\quad \upsilon=\sigma^2 \tag{i}$$

(b) $\boldsymbol{x}$ 的中心矩 μ_n 是 υ 的函数，利用(i) 式证明：

$$\mu_n(\upsilon)=\frac{n(n-1)}{2}\int_0^{\upsilon}\mu_{n-2}(\beta)\mathrm{d}\beta$$

5-49　若 $\boldsymbol{x}$ 是取整数值的随机变量，其矩函数 $\boldsymbol{\Gamma}(z)$ 如(5-113) 式，试证：

$$P\{\boldsymbol{x}=k\}=\frac{1}{2\pi}\int_{-\pi}^{\pi}\boldsymbol{\Gamma}(\mathrm{e}^{\mathrm{j}\omega})\mathrm{e}^{-\mathrm{j}k\omega}\mathrm{d}\omega$$

5-50　投掷一个偏心的硬币，得到了第一次投掷结果。继续投掷直到出现同第一次相反的结果，这称做完成了第一轮。用 $\boldsymbol{x}$ 表示第一轮的长度(投掷次数)。求 $\boldsymbol{x}$ 的概率质量函数并证明

$$E\{\boldsymbol{x}\}=\frac{p}{q}+\frac{q}{p}$$

5-51　一个盒子装有 N 个零件，其中 $M<N$ 个是次品。n 个样本被从盒子中取出进行检验，用 $\boldsymbol{x}$ 表示样本中次品的数目。

(a) 如果每次检测完后零件仍放回盒子，求 $\boldsymbol{x}$ 的分布函数。

(b) 如果每次检测完后零件不放回盒子，证明

$$P\{\boldsymbol{x}=k\}=\frac{\binom{M}{k}\binom{N-M}{n-k}}{\binom{N}{n}}\qquad \max(0,n+M-N)\leqslant k\leqslant \min(M,n)$$

求 $\boldsymbol{x}$ 的均值和方差。(b) 中的分布被称作超几何分布(也见习题 3-5)。(3-39) 式的彩票分布是这个分布的一个例子。

(c) 在(b) 中，令 $N\to\infty$，$M\to\infty$，并且 $M/N=p$，$0<p<1$。证明：假定 $n\ll N$，超几何分布的随机变量能够用参数为 n 和 p 的二项式分布近似。

5-52　一个盒子装有 n 个白弹球和 m 个黑弹球。设 $\boldsymbol{x}$ 表示摸出第 r 个白弹球的总次数。

(a) 如果每个弹球摸出后又放回盒子，证明 $\boldsymbol{x}$ 服从具有参数 r 和 $p=n/(m+n)$ 的负二项式分布。

(b) 如果弹球被摸出后不再放回，证明

$$P\{\boldsymbol{x}=k\}=\binom{k-1}{r-1}\frac{\binom{m+n-k}{n-r}}{\binom{m+n}{n}},\ k=r,r+1,\cdots,m+n$$

(c) 对于给定的 k 和 r，证明：当 $n+m\to\infty$ 时，(b) 中的分布趋向于负二项式分布。因此，当弹球的数目非常大时，放回和不放回是一样的。

第 6 章 二元随机变量

6.1 二元分布函数

像 4.1 节定义的那样，给定两个随机变量 $\mathbf{x}$ 和 $\mathbf{y}$，我们希望确定它们的联合统计特性，即确定点 $(\mathbf{x},\mathbf{y})$ 落在 xy 平面上指定区域[①] D 内的概率。所给随机变量的分布函数 $F_x(x)$ 和 $F_y(y)$ 只能确定它们各自的(边缘)统计特性，而不能确定它们的联合统计特性。具体地说，事件

$$\{\mathbf{x}\leqslant x\}\cap\{\mathbf{y}\leqslant y\}=\{\mathbf{x}\leqslant x,\mathbf{y}\leqslant y\}$$

的概率就不能用 $F_x(x)$ 和 $F_y(y)$ 来表示。下面我们要证明，如果对每个 x 和 y，上述事件的概率已知，则 $\mathbf{x}$ 和 $\mathbf{y}$ 的联合统计特性就完全确定了。

6.1.1 联合分布函数和分布密度

随机变量 $\mathbf{x}$ 和 $\mathbf{y}$ 的联合分布函数 $F_{xy}(x,y)$，或简记为 $F(x,y)$，是事件

$$\{\mathbf{x}\leqslant x,\mathbf{y}\leqslant y\}=\{(\mathbf{x},\mathbf{y})\in D_1\}$$

的概率。式中 x 和 y 是两个任意实数，而 D_1 是图 6-1(a) 中所示的面积。即

$$F(x,y)=P\{\mathbf{x}\leqslant x,\mathbf{y}\leqslant y\} \tag{6-1}$$

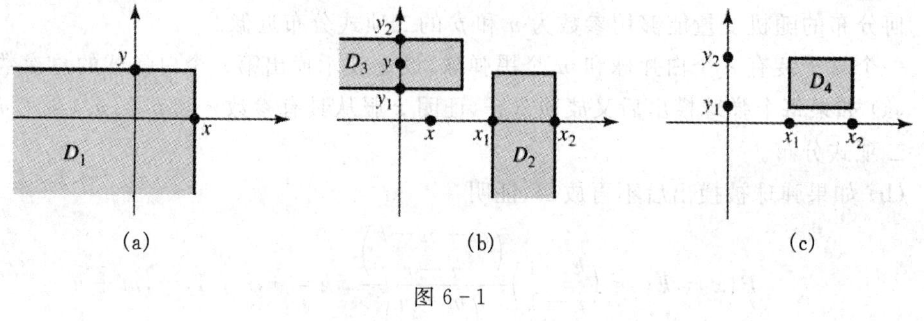

(a) (b) (c)

图 6-1

性质 1. 函数 $F(x,y)$ 满足

$$F(-\infty,y)=0,\qquad F(x,-\infty)=0,\qquad F(\infty,\infty)=1$$

证 我们知道 $P\{\mathbf{x}=-\infty\}=P\{\mathbf{y}=-\infty\}=0$。又因为

---

① 区域 D 是任意的，只要满足一个很宽松的条件，即它可以表示成可列个矩形的并或交。

$$\{\boldsymbol{x}=-\infty,\boldsymbol{y}\leqslant y\}\subset\{\boldsymbol{x}=-\infty\},\{\boldsymbol{x}\leqslant x,\boldsymbol{y}=-\infty\}\subset\{\boldsymbol{y}=-\infty\}$$

这样我们证明了前两个方程。最后一个方程等价于

$$\{\boldsymbol{x}\leqslant\infty,\boldsymbol{y}\leqslant\infty\}=S,P(S)=1。$$

2. 事件$\{x_1<\boldsymbol{x}\leqslant x_2,\boldsymbol{y}\leqslant y\}$由垂直半带型区域$D_2$中的全部点$(\boldsymbol{x},\boldsymbol{y})$构成，而事件$\{\boldsymbol{x}\leqslant x,y_1<\boldsymbol{y}\leqslant y_2\}$由水平半带形区域$D_3$中的全部点$(\boldsymbol{x},\boldsymbol{y})$构成(图 6-1(b))。我们证明

$$P\{x_1<\boldsymbol{x}\leqslant x_2,\boldsymbol{y}\leqslant y\}=F(x_2,y)-F(x_1,y) \tag{6-2}$$

$$P\{\boldsymbol{x}\leqslant x,\ y_1<\boldsymbol{y}\leqslant y_2\}=F(x,y_2)-F(x,y_1) \tag{6-3}$$

证　显然

$$\{\boldsymbol{x}\leqslant x_2,\boldsymbol{y}\leqslant y\}=\{\boldsymbol{x}\leqslant x_1,\boldsymbol{y}\leqslant y\}+\{x_1<\boldsymbol{x}\leqslant x_2,\boldsymbol{y}\leqslant y\}$$

其中右边两个事件是互斥的。因此[见(2-10)式]

$$P\{\boldsymbol{x}\leqslant x_2,\boldsymbol{y}\leqslant y\}=P\{\boldsymbol{x}\leqslant x_1,\boldsymbol{y}\leqslant y\}+P\{x_1<\boldsymbol{x}\leqslant x_2,\boldsymbol{y}\leqslant y\}$$

这就证明了(6-2)式。(6-3)式可类似证明。

3. $P\{x_1<\boldsymbol{x}\leqslant x_2,y_1<\boldsymbol{y}\leqslant y_2\}$

$$=F(x_2,y_2)-F(x_1,y_2)-F(x_2,y_1)+F(x_1,y_1) \tag{6-4}$$

这等于$(\boldsymbol{x},\boldsymbol{y})$落在图 6-1(c)中矩形区域$D_4$中的概率。

证　因为

$$\{x_1<\boldsymbol{x}\leqslant x_2,\boldsymbol{y}\leqslant y_2\}=\{x_1<\boldsymbol{x}\leqslant x_2,\boldsymbol{y}\leqslant y_1\}+\{x_1<\boldsymbol{x}\leqslant x_2,y_1<\boldsymbol{y}\leqslant y_2\}$$

且其中后两事件互斥，根据(6-2)式和(6-3)式便可证明上面的结论。

联合分布密度　$\boldsymbol{x}$和$\boldsymbol{y}$的联合密度函数定义为

$$f(x,y)=\frac{\partial^2F(x,y)}{\partial x\partial y} \tag{6-5}$$

由此式和性质 1 可得

$$F(x,y)=\int_{-\infty}^{x}\int_{-\infty}^{y}f(\alpha,\beta)\mathrm{d}\alpha\mathrm{d}\beta \tag{6-6}$$

联合统计特性　现在我们要证明$(\boldsymbol{x},\boldsymbol{y})$点落在$xy$平面上区域$D$内的概率，等于$f(x,y)$在区域$D$上的积分。即

$$P\{(\boldsymbol{x},\boldsymbol{y})\in D\}=\iint_D f(x,y)\mathrm{d}x\mathrm{d}y \tag{6-7}$$

其中$\{(\boldsymbol{x},\boldsymbol{y})\in D\}$是一个事件，它由使得点$[\boldsymbol{x}(\xi),\boldsymbol{y}(\xi)]$落在区域$D$中的所有$\xi$构成。

证　我们知道，当$\Delta x\to0$和$\Delta y\to0$时，比值

$$\frac{F(x+\Delta x,y+\Delta y)-F(x,y+\Delta y)-F(x+\Delta x,y)+F(x,y)}{\Delta x\Delta y}$$

趋向于$\partial^2F(x,y)/\partial x\partial y$。因此[见(6-4)式和(6-5)式]

$$P\{x<\boldsymbol{x}\leqslant x+\Delta x,y<\boldsymbol{y}\leqslant y+\Delta y\}\approx f(x,y)\Delta x\Delta y \tag{6-8}$$

这表明$(\boldsymbol{x},\boldsymbol{y})$落在矩形小区域上的概率等于$f(x,y)$乘上该小矩形区域的面积$\Delta x\Delta y$。由于区域$D$能够表示成这样一些矩形小区域的并的极限，这就证明了(6-7)式。

边缘统计特性　在多元随机变量研究中，每一个随机变量的统计特性称为边缘特性。于是，$F_x(x)$就是$\boldsymbol{x}$的边缘分布函数，而$f_x(x)$为$\boldsymbol{x}$的边缘密度函数。下面，我们用$\boldsymbol{x}$和$\boldsymbol{y}$的联合统计

特性 $F(x,y)$ 和 $f(x,y)$ 来表示它们各自的边缘特性。

我们有

$$F_x(x)=F(x,\infty),\qquad F_y(y)=F(\infty,y) \tag{6-9}$$

$$f_x(x)=\int_{-\infty}^{\infty}f(x,y)\mathrm{d}y,\ f_y(y)=\int_{-\infty}^{\infty}f(x,y)\mathrm{d}x \tag{6-10}$$

证　显然，

$$\{\boldsymbol{x}\leqslant\infty\}=\{\boldsymbol{y}\leqslant\infty\}=S$$

因此
$$\{\boldsymbol{x}\leqslant x\}=\{\boldsymbol{x}\leqslant x,\boldsymbol{y}\leqslant\infty\},\ \{\boldsymbol{y}\leqslant y\}=\{\boldsymbol{x}\leqslant\infty,\boldsymbol{y}\leqslant y\}$$

求上式中两边的概率，就得到(6-9)式。

对(6-6)式求导，我们可得

$$\frac{\partial F(x,y)}{\partial x}=\int_{-\infty}^{y}f(x,\beta)\mathrm{d}\beta,\quad \frac{\partial F(x,y)}{\partial y}=\int_{-\infty}^{x}f(\alpha,y)\mathrm{d}\alpha \tag{6-11}$$

分别令 $y=\infty$ 和 $x=\infty$，并因为[见(6-9)式]

$$f_x(x)=\frac{\partial F(x,\infty)}{\partial x},\qquad f_y(y)=\frac{\partial F(\infty,y)}{\partial y}$$

我们就得到(6-10)式。

存在性定理　由性质 1 和 3 可得

$$F(-\infty,y)=0,\ F(x,-\infty)=0,\ F(\infty,\infty)=1 \tag{6-12}$$

而对每个 $x_1<x_2$ 和 $y_1<y_2$，有

$$F(x_2,y_2)-F(x_1,y_2)-F(x_2,y_1)+F(x_1,y_1)\geqslant 0 \tag{6-13}$$

因此[见(6-6)式和(6-8)式]

$$\int_{-\infty}^{\infty}\int_{-\infty}^{\infty}f(x,y)\mathrm{d}x\mathrm{d}y=1\qquad f(x,y)\geqslant 0 \tag{6-14}$$

反之，给定如上的 $F(x,y)$ 或 $f(x,y)$，我们能找出在某空间 S 中定义的两个随机变量 $\boldsymbol{x}$ 和 $\boldsymbol{y}$，并具有分布函数 $F(x,y)$ 或分布密度 $f(x,y)$。这一点可将 4.3 节的存在性定理推广到联合统计特性来做到。

6.1.2　概率质量

点 (x,y) 落在平面区域 D 的概率可以解释为在这个区域的概率质量。因此，在整个平面上的质量等于 1。在图 6-2 中直线 L_x 的左半平面 $\boldsymbol{x}\leqslant x$ 的质量等于 $F_x(x)$；在直线 L_y 的下半平面 $\boldsymbol{y}\leqslant y$ 的质量等于 $F_y(y)$。在阴影重叠的区域 $\{\boldsymbol{x}\leqslant x,\boldsymbol{y}\leqslant y\}$ 的质量等于 $F(x,y)$。

最后，在没有阴影的区域 $\{\boldsymbol{x}>x,\boldsymbol{y}>y\}$ 的质量等于

$$P\{\boldsymbol{x}>x,\boldsymbol{y}>y\}=1-F_x(x)-F_y(y)+F(x,y) \tag{6-15}$$

在区域 D 的概率质量等于积分[见(6-7)式]

$$\iint_D f(x,y)\mathrm{d}x\mathrm{d}y$$

因此，如果 $f(x,y)$ 是有界的，那么它可以解释为质量面密度。

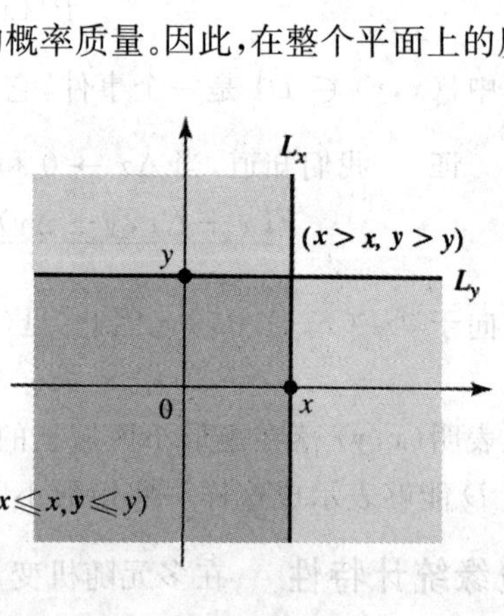

图 6-2

【例 6-1】 假定

$$f(x,y)=\frac{1}{2\pi\sigma^2}e^{-(x^2+y^2)/2\sigma^2} \tag{6-16}$$

我们来求在圆盘 $x^2+y^2\leqslant a^2$ 内的质量。把(6-16)式代入(6-7)式，并使用极坐标变换

$$x=r\cos\theta \qquad y=r\sin\theta$$

我们得到

$$m=\frac{1}{2\pi\sigma^2}\int_0^a\int_{-\pi}^{\pi}e^{-r^2/2\sigma^2}\,r\mathrm{d}r\mathrm{d}\theta=1-e^{-a^2/2\sigma^2} \tag{6-17}$$

独立性 ▶ 对于 x 轴和 y 轴上的任意两个集合 A 和 B，如果事件 $\{\boldsymbol{x}\in A\}$ 和 $\{\boldsymbol{y}\in B\}$ 是独立的[见(2-40)式]，即

$$P\{\boldsymbol{x}\in A,\boldsymbol{y}\in B\}=P\{\boldsymbol{x}\in A\}P\{\boldsymbol{y}\in B\} \tag{6-18}$$

那么我们称随机变量 $\boldsymbol{x}$ 和 $\boldsymbol{y}$ 是(统计)独立的。

将这一性质应用到事件 $\{\boldsymbol{x}\leqslant x\}$ 和 $\{\boldsymbol{y}\leqslant y\}$，我们得出结论：如果随机变量 $\boldsymbol{x}$ 和 $\boldsymbol{y}$ 是独立的，那么

$$F(x,y)=F_x(x)F_y(y) \tag{6-19}$$

因此，

$$f(x,y)=f_x(x)f_y(y) \tag{6-20}$$

也能够证明，如果(6-19)或(6-20)式成立，那么(6-18)式也成立；也就是说，随机变量 $\boldsymbol{x}$ 和 $\boldsymbol{y}$ 是独立的[见(6-7)式]。◀

【例 6-2】 蒲丰投针实验

一个长度为 $2a$ 的投针被随机扔在由一组间距为 $2b$ 的平行线分割的平板上，如图 6-3(a) 所示，其中 $b>a$。证明：投针与平行线相交的概率 p 等于 $2a/\pi b$。

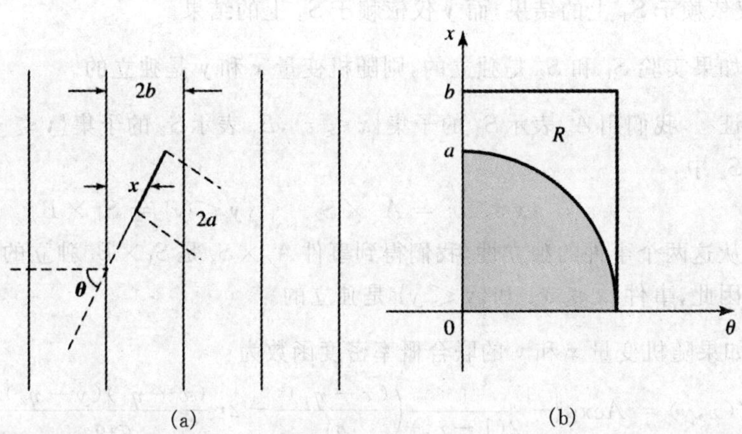

图 6-3

用随机变量的概念，这个实验能够描述如下：我们用 $\boldsymbol{x}$ 表示投针中心到最近的线的距离，$\boldsymbol{\theta}$ 表示投针和平行线的垂直方向之间的夹角。假定随机变量 $\boldsymbol{x}$ 和 $\boldsymbol{\theta}$ 是相互独立的，$\boldsymbol{x}$ 服从区间 $(0,b)$ 上的均匀分布，而 $\boldsymbol{\theta}$ 服从 $(0,\pi/2)$ 上的均匀分布。从而

$$f(x,\theta)=f_x(x)f_\theta(\theta)=\frac{1}{b}\times\frac{2}{\pi},\quad 0\leqslant x\leqslant b,\quad 0\leqslant\theta\leqslant\frac{\pi}{2}$$

在其它区域函数值为零。因此，点 $(\boldsymbol{x},\boldsymbol{\theta})$ 落在图 6-3(b) 所示的区域 D 中的概率等于 D 的面积

的 $2/\pi b$ 倍，其中区域 D 包含在矩形区域 R 中。

当 $x < a\cos\theta$ 时，投针与平行线相交。因此所求概率 p 等于图 6-3(b) 中阴影部分面积的 $2/\pi b$ 倍：

$$p = P\{\boldsymbol{x} < a\cos\boldsymbol{\theta}\} = \frac{2}{\pi b}\int_0^{2/\pi} a\cos\theta \mathrm{d}\theta = \frac{2a}{\pi b}$$

这个实验能够用于确定 π 的数值；按照概率 p 的相对频率解释：如果在 n 次实验中，有 n_i 次与平行线相交，那么

$$\frac{n_i}{n} \approx p = \frac{2a}{\pi b},\ 因此，\pi \approx \frac{2an}{bn_i}。$$

定理 6-1 ▶ 如果随机变量 $\boldsymbol{x}$ 和 $\boldsymbol{y}$ 是独立的，那么随机变量

$$\boldsymbol{z} = g(\boldsymbol{x}) \qquad \boldsymbol{w} = h(\boldsymbol{y})$$

也是独立的。

证 我们用 A_z 表示在 x 轴上满足 $g(x) \leqslant z$ 的集合，B_w 表示在 y 轴上满足 $h(y) \leqslant w$ 的集合。显然

$$\{\boldsymbol{z} \leqslant z\} = \{\boldsymbol{x} \in A_z\} \qquad \{\boldsymbol{w} \leqslant w\} = \{\boldsymbol{y} \in B_w\} \tag{6-21}$$

因为事件 $\{\boldsymbol{x} \in A_z\}$ 和 $\{\boldsymbol{y} \in B_w\}$ 是独立的，事件 $\{\boldsymbol{z} \leqslant z\}$ 和 $\{\boldsymbol{w} \leqslant w\}$ 也是独立的。◀

独立试验 像在第 3 章第 1 节中所看到的那样，独立性在研究乘积空间上的随机变量时是一个重要的概念。假定随机变量 $\boldsymbol{x}$ 定义在由结果 $\{\xi_1\}$ 构成的空间 S_1 上，随机变量 $\boldsymbol{y}$ 定义在由结果 $\{\xi_2\}$ 构成的空间 S_2 上。在组合实验中 $S_1 \times S_2$ 中，随机变量 $\boldsymbol{x}$ 和 $\boldsymbol{y}$ 使得

$$\boldsymbol{x}(\xi_1\xi_2) = \boldsymbol{x}(\xi_1) \qquad \boldsymbol{y}(\xi_1\xi_2) = \boldsymbol{y}(\xi_2) \tag{6-22}$$

换句话说，$\boldsymbol{x}$ 仅依赖于 S_1 上的结果，而 $\boldsymbol{y}$ 仅依赖于 S_2 上的结果。

定理 6-2 ▶ 如果实验 S_1 和 S_2 是独立的，则随机变量 $\boldsymbol{x}$ 和 $\boldsymbol{y}$ 是独立的。

证 我们用 A_x 表示 S_1 的子集 $\{\boldsymbol{x} \leqslant x\}$，$B_y$ 表示 S_2 的子集 $\{\boldsymbol{y} \leqslant y\}$。在空间 $S_1 \times S_2$ 中，

$$\{\boldsymbol{x} \leqslant x\} = A_x \times S_2 \qquad \{\boldsymbol{y} \leqslant y\} = S_1 \times B_y$$

从这两个事件的独立性，我们得到事件 $A_x \times S_2$ 是 $S_1 \times B_y$ 独立的[见(3-4)式]，因此，事件 $\{\boldsymbol{x} \leqslant x\}$ 和 $\{\boldsymbol{y} \leqslant y\}$ 是独立的。◀

联合正态 ▶ 如果随机变量 $\boldsymbol{x}$ 和 $\boldsymbol{y}$ 的联合概率密度函数为

$$f(x,y) = A\exp\left\{-\frac{1}{2(1-r^2)}\left(\frac{(x-\eta_1)^2}{\sigma_1^2} - 2r\frac{(x-\eta_1)(y-\eta_2)}{\sigma_1\sigma_2} + \frac{(y-\eta_2)^2}{\sigma_2^2}\right)\right\} \tag{6-23}$$

我们称它们是联合正态的。这个函数 $f(x,y)$ 是恒正的，并且如果

$$A = \frac{1}{2\pi\sigma_1\sigma_2\sqrt{1-r^2}} \qquad |r| < 1 \tag{6-24}$$

则它的积分等于1。从而 $f(x,y)$ 是一个指数函数。又因 $|r| < 1$，所以其指数为一负二次式。我们把这个函数记作

$$N(\eta_1, \eta_2, \sigma_1^2, \sigma_2^2, r) \tag{6-25}$$

下面我们就会看到，η_1 和 η_2 是 $\boldsymbol{x}$ 和 $\boldsymbol{y}$ 的均值，而 σ_1^2 和 σ_2^2 是它们的方差。r 的意义将在后面的习题 6-30 中给出(相关系数)。

可以证明，$\boldsymbol{x}$ 和 $\boldsymbol{y}$ 的边缘概率密度函数为

$$f_x(x)=\frac{1}{\sigma_1\sqrt{2\pi}}\mathrm{e}^{-(x-\eta_1)^2/2\sigma_1^2},\ f_y(y)=\frac{1}{\sigma_2\sqrt{2\pi}}\mathrm{e}^{-(y-\eta_2)^2/2\sigma_2^2} \tag{6-26}$$

证　为了证明上式，我们必须证明：如果把(6-23)式代入(6-10)式，结果将是(6-26)式。(6-23)式方括号内的部分可以写成

$$(\cdots)=\left(\frac{x-\eta_1}{\sigma_1}-r\frac{y-\eta_2}{\sigma_2}\right)^2+(1-r^2)\frac{(y-\eta_2)^2}{\sigma_2^2}$$

因此

$$f_y(y)=\int_{-\infty}^{\infty}f(x,y)\mathrm{d}x=A\mathrm{e}^{-(y-\eta_2)^2/2\sigma_2^2}\int_{-\infty}^{\infty}\mathrm{e}^{-(x-\eta)^2/2(1-r^2)\sigma_1^2}\mathrm{d}x$$

其中

$$\eta=\eta_1+r\frac{(y-\eta_2)\sigma_1}{\sigma_2}$$

最后一个积分是均值为 η，方差为 $(1-r^2)\sigma_1^2$ 的正态随机变量的积分。于是，最后一个积分值是不依赖于 x 和 y 的常数 $B=\sqrt{2\pi(1-r^2)\sigma_1^2}$。因此，

$$f_y(y)=AB\mathrm{e}^{(y-\eta_2)^2/2\sigma_2^2}$$

又因 $f_y(y)$ 是概率密度函数，它的面积必须等于 1。这样得到 $AB=1/\sigma_2\sqrt{2\pi}$，从而得到 $A=1/2\pi\sigma_1\sigma_2\sqrt{1-r^2}$，于是证明了(6-24)式，从而得到了(6-26)式的第二个方程。用类似的方法可以证明(6-26)式的第一个方程。◀

注　1. 从(6-26)式可知，如果两个随机变量是联合正态的，则它们也是边缘正态的。但如下面例子所示，反之并不成立。

2. 联合正态可定义如下：如果对任意 a 与 b，其和 $a\boldsymbol{x}+b\boldsymbol{y}$ 是正态的，则 $\boldsymbol{x}$ 与 $\boldsymbol{y}$ 就是联合正态的[见(7-56)式]。

【例 6-3】　我们构造两个随机变量 $\boldsymbol{x}$ 和 $\boldsymbol{y}$，它们是边缘正态的，但不是联合正态的。为了做到这点，考虑函数

$$f(x,y)=f_x(x)f_y(y)[1+\rho\{2F_x(x)-1\}\{2F_y(y)-1\}]\qquad|\rho|<1 \tag{6-27}$$

其中 $f_x(x)$ 和 $f_y(y)$ 是两个概率密度函数，相应的分布函数是 $F_x(x)$ 和 $F_y(y)$。容易证明，对所有的 x 和 y，$f(x,y)\geqslant 0$，并且

$$\int_{-\infty}^{\infty}\int_{-\infty}^{\infty}f(x,y)\mathrm{d}x\mathrm{d}y=1$$

这表明(6-27)式的确给出了一个两维随机变量的联合概率密度函数。而且，通过直接积分，我们得到

$$\int_{-\infty}^{+\infty}f(x,y)\mathrm{d}y=f_x(x)+\rho(2F_x(x)-1)f_x(x)\int_{-1}^{1}\frac{u\mathrm{d}u}{2}=f_x(x)$$

这里我们使用了变量替换 $u=2F_y(y)-1$。类似地，

$$\int_{-\infty}^{+\infty}f(x,y)\mathrm{d}x=f_y(y)$$

这表明在(6-27)式的 $f_x(x)$ 和 $f_y(y)$ 也表示了 **x** 和 **y** 的概率密度函数。

特别地，设 $f_x(x)$ 和 $f_y(y)$ 是(6-26)式描述的正态分布。在这种情况下，(6-27)式表示了一个具有正态边缘分布但不是联合正态的联合概率密度函数。

6.1.3 圆对称

如果两个随机变量 **x** 和 **y** 的联合概率密度函数仅依赖于它到原点的距离，即

$$f(x,y)=g(r) \qquad r=\sqrt{x^2+y^2} \tag{6-28}$$

我们称联合概率密度函数是圆对称的。

定理6-3 ▶ 如果随机变量 **x** 和 **y** 是圆对称的并且独立，那么它们必然是具有零均值、等方差的正态随机变量。

证 从(6-28)式和(6-20)式，我们得到

$$g(\sqrt{x^2+y^2})=f_x(x)f_y(y) \tag{6-29}$$

因为

$$\frac{\partial g(r)}{\partial x}=\frac{\mathrm{d}g(r)}{\mathrm{d}r}\frac{\partial r}{\partial x} \qquad \frac{\partial r}{\partial x}=\frac{x}{r}$$

因此，(6-29)式对 x 求微分，得到

$$\frac{x}{r}g'(r)=f'_x(x)f_y(y)$$

两边同除以 $xg(r)=xf_x(x)f_y(y)$，我们得到

$$\frac{1}{r}\frac{g'(r)}{g(r)}=\frac{1}{x}\frac{f'_x(x)}{f_x(x)} \tag{6-30}$$

(6-30)式的右边于 y 无关，左边是 $r=\sqrt{x^2+y^2}$ 的函数。这表明两边是与 x 和 y 无关的。因此，

$$\frac{g'(r)}{rg(r)}=\alpha=\text{常数}$$

从上式和(6-28)式得到

$$f(x,y)=g(\sqrt{x^2+y^2})=A\mathrm{e}^{\alpha(x^2+y^2)/2} \tag{6-31}$$

因此，**x** 和 **y** 是零均值的正态随机变量，并且方差 $-1/\alpha$。 ◀

离散型随机变量 假定随机变量 **x** 和 **y** 是离散型的，取 x_i 和 y_k 的概率分别为

$$P\{\mathbf{x}=x_i\}=p_i \qquad P\{\mathbf{y}=y_k\}=q_k \tag{6-32}$$

它们的联合统计特性可用联合概率

$$P\{\mathbf{x}=x_i,\mathbf{y}=y_k\}=p_{ik} \tag{6-33}$$

来确定。显然

$$\sum_{i,k}p_{ik}=1$$

因为，当 i 和 k 取遍全部可能的值时，事件$\{\mathbf{x}=x_i,\mathbf{y}=y_k\}$是互斥的，但它们的并为必然事件。

可以证明，边缘概率 p_i 和 q_k 能够用联合概率来表示。

$$p_i=\sum_k p_{ik} \qquad q_k=\sum_i p_{ik} \tag{6-34}$$

这是(6-10)式的离散形式。

证　事件$\{\mathbf{y}=y_k\}$形成S的一个分割。因此，当k取所有可能值时，事件$\{\mathbf{x}=x_i,\mathbf{y}=y_k\}$是互斥的，且它们的并等于$\{\mathbf{x}=x_i\}$。于是(6-34)式的第一个等式得证[见(2-41)式]，第二个等式可以类似证明。

点质量　若$\mathbf{x}$和$\mathbf{y}$是离散型随机变量，取值为x_i和y_k，则在点(x_i,y_k)之外任何地方概率质量都等于零。于是只有点质量，而每个点上的质量等于p_{ik}[见(6-33)式]。概率$p_i=P\{\mathbf{x}=x_i\}$等于线$\mathbf{x}=x_i$上的全部质量p_{ik}之和，这与(6-34)式是一致的。

若$i=1,\cdots,M$，而$k=1,\cdots,N$，则平面上有点质量的点数为MN。然而，如下面例子所示，一些点上的质量也可以等于零。

【例 6-4】　(a) 在投掷均匀骰子的实验中，$\mathbf{x}$为出现的点数，而$\mathbf{y}$等于该数的两倍。即

$$\mathbf{x}(f_i)=i,\qquad \mathbf{y}(f_i)=2i,\qquad i=1,\cdots,6$$

换言之，$x_i=i,y_k=2k$，并且

$$p_{ik}=P\{\mathbf{x}=i,\ \mathbf{y}=2k\}=\begin{cases}\dfrac{1}{6} & i=k\\ 0 & i\neq k\end{cases}$$

因此，仅在 6 个点$(i,2i)$上有点质量，且每个点的质量等于 1/6(图 6-4(a))。

(b) 我们掷骰子两次，共有 36 个结果f_if_k，同时规定$\mathbf{x}$为第一次出现的点数，$\mathbf{y}$为第二次出现的点数，即

$$\mathbf{x}(f_if_k)=i,\quad \mathbf{y}(f_if_k)=k,\quad i,k=1,\cdots,6$$

于是$x_i=i,y_k=k$，并有$p_{ik}=1/36$。因此，我们有 36 个点质量(图 6-4(b))，每个点的质量等于 1/36。在$x=i$的线上有 6 个点，总质量为 1/6。

(c) 仍然掷骰子两次，但现在

$$\mathbf{x}(f_if_k)=|i-k|,\ \mathbf{y}(f_if_k)=i+k$$

在这种情况下，$\mathbf{x}$可取 0,1,…,5，而$\mathbf{y}$可取 2,3,…,12。可能点的数目等于$6\times11=66$，然而，仅有 21 个点上有正的点质量，如图 6-4(c) 所示。具体来说，若$\mathbf{x}=0$，则$\mathbf{y}=2,4,\cdots,12$。因为使$\mathbf{x}=0$，必有$i=k$和$y=2i$。所以在这条线上有 6 个点，每个点的质量为 1/36。若$\mathbf{x}=1$，则$\mathbf{y}=3,5,\cdots,11$，所以在$x=1$这条线上有 5 个点，且每个点的质量为 2/36。例如，若$\mathbf{x}=1$和$\mathbf{y}=7$，则有$i=3,k=4$，或者$i=4,k=3$，所以有$P\{\mathbf{x}=1,\mathbf{y}=7\}=2/36$。

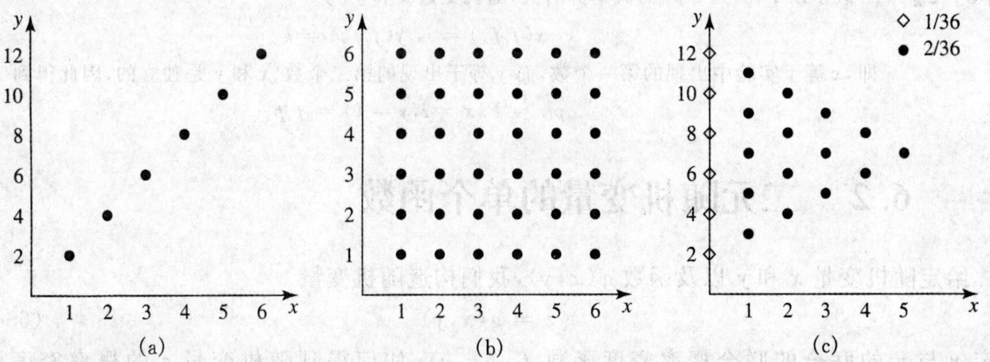

图 6-4

线质量 下述情况可以导出线质量的概念：

1. 若 $\mathbf{x}$ 是离散型的，取值为 x_i，而 y 是连续型的，则全部概率质量都在垂直线 $x = x_i$ 上(图 6－5(a))。特别地，$x = x_i$ 线上 y_1 和 y_2 之间的质量等于事件

$$\{\mathbf{x} = x_i, y_1 \leqslant \mathbf{y} \leqslant y_2\}$$

的概率。

2. 若 $\mathbf{y} = g(\mathbf{x})$，则全部质量都在曲线 $y = g(x)$ 上，在这种情况下，$F(x,y)$ 能够用 $F_x(x)$ 表示。例如，当 x 和 y 如图 6－5(b) 那样，$F(x,y)$ 等于 A 点左边曲线 $y = g(x)$ 上和曲线上 B 与 C 之间的质量(粗黑线)。A 点左边的质量等于 $F_x(x_1)$，B 与 C 之间的质量等于 $F_x(x_3) - F_x(x_2)$。因此

$$F(x,y) = F_x(x_1) + F_x(x_3) - F_x(x_2)$$
$$y = g(x_1) = g(x_2) = g(x_3)$$

3. 若 $\mathbf{x} = g(\mathbf{z})$ 和 $\mathbf{y} = h(\mathbf{z})$，则全部概率质量都在参数曲线 $x = g(z)$，$y = h(z)$ 上。例如，若 $g(z) = \cos z$，$h(z) = \sin z$，则曲线是一个圆(图 6－5(c))。在这种情况下，$\mathbf{x}$ 和 $\mathbf{y}$ 的联合统计特性可以用 $F_z(z)$ 来表示。

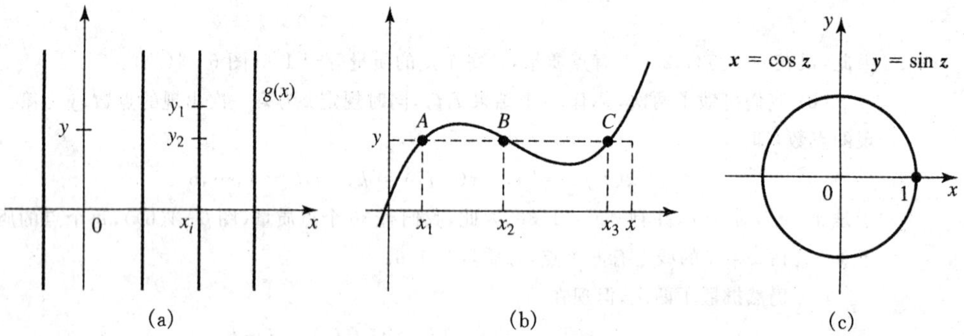

图 6－5

如果 $\mathbf{x}$ 和 $\mathbf{y}$ 是如(6－33)所示的离散型随机变量，并且相互独立，那么

$$p_{ik} = p_i p_k \tag{6-35}$$

如果我们把(6－19)式用到事件$\{\mathbf{x} = x_i$ 和$\{\mathbf{y} = y_k\}$，这就是(6－20)式的离散形式。

【例 6－5】 一骰子以 $P\{f_i\} = p_i$ 的概率掷两次，随机变量 $\mathbf{x}$ 和 $\mathbf{y}$ 为

$$\mathbf{x}(f_i f_k) = i,\ \mathbf{y}(f_i f_k) = k$$

即，$\mathbf{x}$ 等于实验中出现的第一个数，而 $\mathbf{y}$ 等于出现的第二个数。$\mathbf{x}$ 和 $\mathbf{y}$ 是独立的，因此得到

$$p_{ik} = P\{\mathbf{x} = i, \mathbf{y} = k\} = p_i p_k$$

6.2 二元随机变量的单个函数

给定随机变量 $\mathbf{x}$ 和 $\mathbf{y}$ 以及函数 $g(x,y)$，我们构造随机变量

$$\mathbf{z} = g(\mathbf{x}, \mathbf{y}) \tag{6-36}$$

给定 $\mathbf{x}$ 与 $\mathbf{y}$ 的联合的联合概率密度函数 $f_{xy}(x,y)$，如何得到随机变量 $\mathbf{z}$ 的概率密度函数 $f_z(z)$？从实用的角度考虑，这类问题是相当重要的。例如，在通信应用中，接收信号常常淹没在噪声背景中，这种情况可以简化为下面的公式 $\mathbf{z} = \mathbf{x} + \mathbf{y}$。设计适当的接收器获取接收信号的统

计特性是重要的。下面我们将分析如图 6-6 所示的这类问题。参考(6-36)式，我们从下面公式开始

$$F_z(z) = P\{\boldsymbol{z}(\xi) \leqslant z\} = P\{g(\boldsymbol{x},\ \boldsymbol{y}) \leqslant z\} = P\{(\boldsymbol{x},\ \boldsymbol{y}) \in D_z\}$$
$$= \iint_{x,y \in D_z} f_{xy}(x,y)\mathrm{d}x\mathrm{d}y \tag{6-37}$$

其中 D_z 是由不等式 $g(x,y) \leqslant z$ 规定的 xy 平面上的一个区域(图 6-7)。

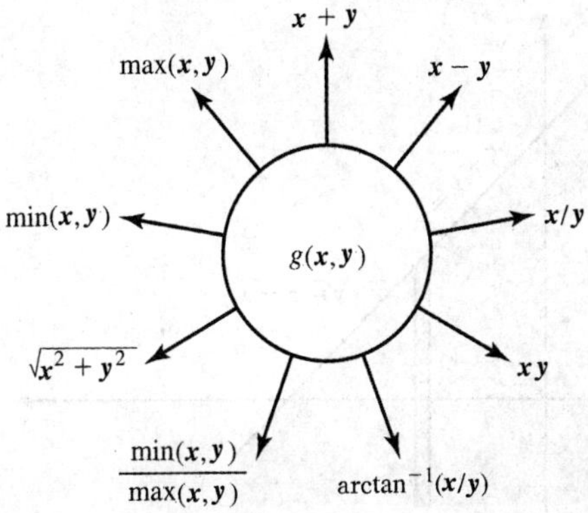

图 6-6

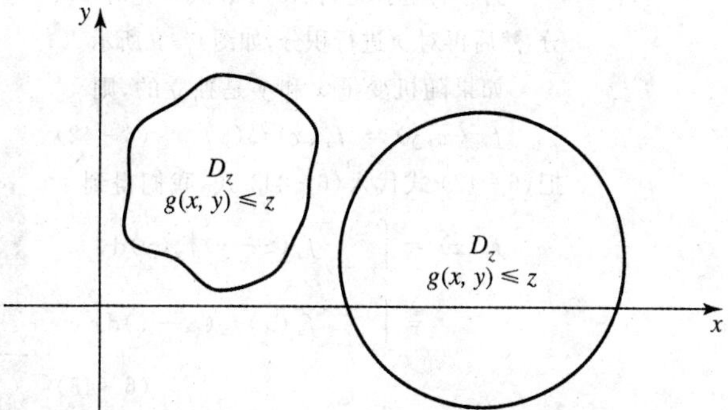

图 6-7

值得注意的是，D_z 不必要是连通的。从(6-37)式，为了确定 $F_z(z)$，只要对每一个 z 得到区域 D_z，然后计算在该区域上的二重积分就可以了。

下面我们将给出确定由 $\boldsymbol{x}$ 和 $\boldsymbol{y}$ 的各种函数确定的随机变量的统计特性的方法。

【例 6-6】　$\boldsymbol{z} = \boldsymbol{x} + \boldsymbol{y}$

设 $\boldsymbol{z} = \boldsymbol{x} + \boldsymbol{y}$，确定概率密度函数 $f_z(z)$。

从(6-37)式，因为满足 $x + y \leqslant z$ 的区域 D_z 是图 6-8 直线 $x + y = z$ 左边的阴影区域，因此

$$F_z(z) = P\{\boldsymbol{x} + \boldsymbol{y} \leqslant z\}$$
$$= \int_{y=-\infty}^{\infty}\int_{x=-\infty}^{z-y} f_{xy}(x,y)\mathrm{d}x\mathrm{d}y \tag{6-38}$$

这里内层积分是沿着平行于 x 轴的带状区域进行积分，然后沿着 y 轴从 $-\infty$ 到 $+\infty$ 对变量 y 进行积分(外层积分)，就得到了(6-38)式。

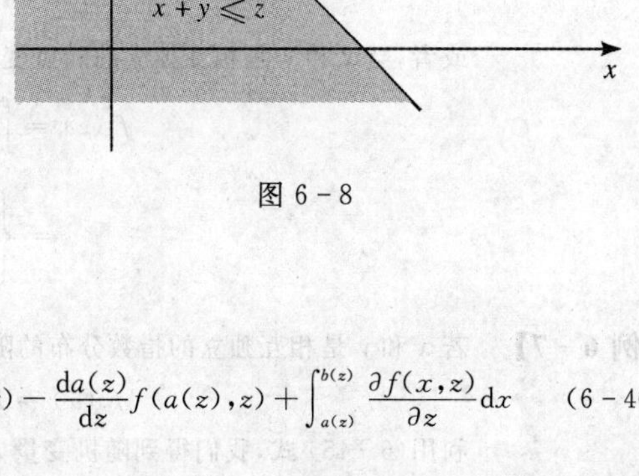

图 6-8

直接对概率分布函数 $F_z(z)$ 求导，就得到了概率密度函数 $f_z(z)$。下面回忆一下莱布尼兹求导法则，这对我们讨论的问题是有用的。假定

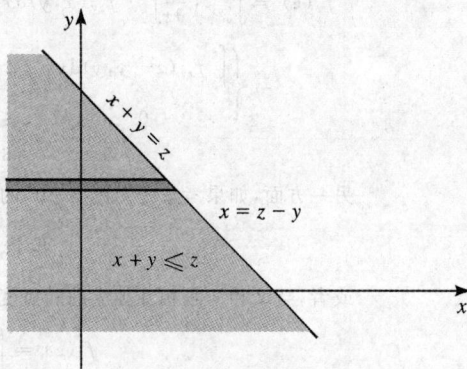

$$F_z(z) = \int_{a(z)}^{b(z)} f(x,z)\mathrm{d}x \tag{6-39}$$

那么

$$f_z(z) = \frac{\mathrm{d}F_z(z)}{\mathrm{d}z} = \frac{\mathrm{d}b(z)}{\mathrm{d}z}f(b(z),z) - \frac{\mathrm{d}a(z)}{\mathrm{d}z}f(a(z),z) + \int_{a(z)}^{b(z)} \frac{\partial f(x,z)}{\partial z}\mathrm{d}x \tag{6-40}$$

应用公式(6-40)到(6-38)式,我们得到

$$f_z(z)=\int_{-\infty}^{+\infty}\left(\frac{\partial}{\partial z}\int_{-\infty}^{z-y}f_{xy}(x,y)\mathrm{d}x\right)\mathrm{d}y$$
$$=\int_{-\infty}^{+\infty}\left(1\cdot f_{xy}(z-y,y)-0+\int_{-\infty}^{z-y}\frac{\partial f_{xy}(x,y)}{\partial z}\mathrm{d}x\right)\mathrm{d}y \tag{6-41}$$
$$=\int_{-\infty}^{+\infty}f_{xy}(z-y,y)\mathrm{d}y$$

另一种选择是,在(6-38)式中先对 y 积分,然后再对 x 进行积分,如图 6-9 所示。

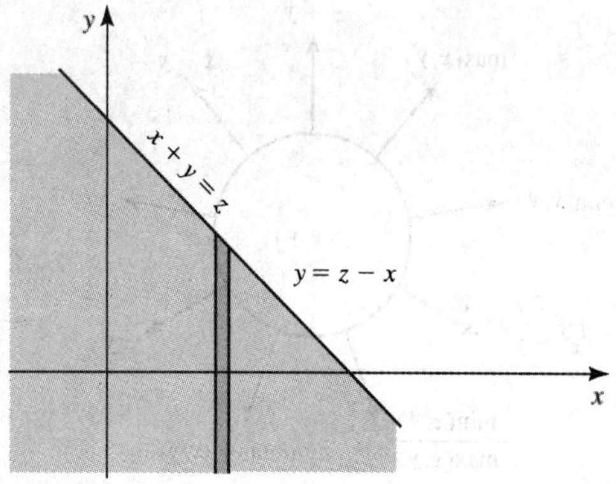

图 6-9

如果随机变量 $\boldsymbol{x}$ 和 $\boldsymbol{y}$ 是独立的,则

$$f_{xy}(x,y)=f_x(x)f_y(y) \tag{6-42}$$

把(6-42)式代入(6-41)式,我们得到

$$f_z(z)=\int_{y=-\infty}^{\infty}f_x(z-y)f_y(y)\mathrm{d}y$$
$$=\int_{x=-\infty}^{\infty}f_x(x)f_y(z-x)\mathrm{d}x \tag{6-43}$$

上述积分表示了函数 $f_x(x)$ 和 $f_y(y)$ 两种不同方式的卷积。于是,我们得到下面的基本结论:如果两个随机变量相互独立,则它们和的概率密度函数等于它们的概率密度函数的卷积。

一个特例是,如果 $x<0$ 时 $f_x(x)=0$,$y<0$ 时 $f_y(y)=0$,那么我们能够利用图 6-10 去确定积分区域 D_z。这时,

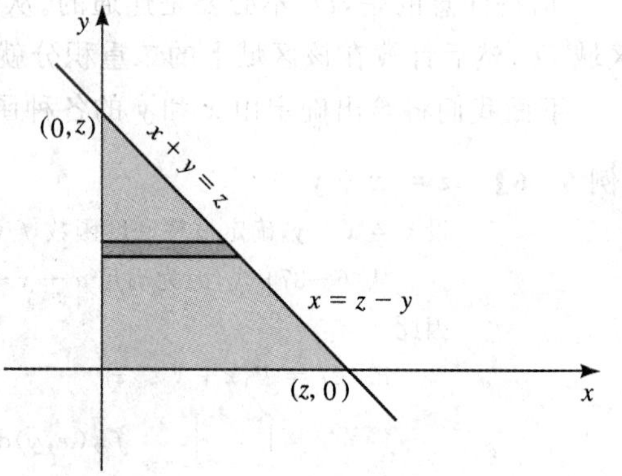

图 6-10

$$F_z(z)=\int_{y=0}^{z}\int_{x=0}^{z-y}f_{xy}(x,y)\mathrm{d}x\mathrm{d}y$$

或者

$$f_z(z)=\int_{y=0}^{z}\left(\frac{\partial}{\partial z}\int_{x=0}^{z-y}f_{xy}(x,y)\mathrm{d}x\right)\mathrm{d}y$$
$$=\begin{cases}\int_0^z f_{xy}(z-y,y)\mathrm{d}y & z>0\\ 0 & z\leqslant 0\end{cases} \tag{6-44}$$

另一方面,如果考虑先对图 6-10 的垂直带状区域积分,我们得到

$$F_z(z)=\int_{x=0}^{z}\int_{y=0}^{z-x}f_{xy}(x,y)\mathrm{d}y\mathrm{d}x$$

或者,当 $\boldsymbol{x}$ 和 $\boldsymbol{y}$ 是相互独立的随机变量时,

$$f_z(z)=\int_{x=0}^{z}\left(\frac{\partial}{\partial z}\int_{x=0}^{z-y}f_{xy}(x,z-x)\mathrm{d}y\right)\mathrm{d}x$$
$$=\begin{cases}\int_0^z f_x(x)f_y(z-x)\mathrm{d}x & z>0\\ 0 & z\leqslant 0\end{cases} \tag{6-45}$$

【例 6-7】 若 $\boldsymbol{x}$ 和 $\boldsymbol{y}$ 是相互独立的指数分布的随机变量,并且具有相同的参数 λ。那么

$$f_x(x)=\lambda e^{-\lambda x}U(x),\ f_y(y)=\lambda e^{-\lambda y}U(y) \tag{6-46}$$

利用(6-45)式,我们得到随机变量 $\boldsymbol{z}=\boldsymbol{x}+\boldsymbol{y}$ 的概率密度函数

$$f_z(z)=\int_0^z \lambda^2 e^{-\lambda x} e^{-\lambda(z-x)}dx=\lambda^2 e^{-\lambda z}\int_0^z dx=z\lambda^2 e^{-\lambda z}U(z) \tag{6-47}$$

下面的例子说明，对于取值在有界区域上的随机变量，利用卷积公式时一定要仔细。

【例 6-8】 若 $\boldsymbol{x}$ 和 $\boldsymbol{y}$ 是相互独立的区间(0,1)上的均匀分布随机变量，确定 $f_z(z)$，其中 $\boldsymbol{z}=\boldsymbol{x}+\boldsymbol{y}$。显然，

$$\boldsymbol{z}=\boldsymbol{x}+\boldsymbol{y}\Rightarrow 0<z<2$$

如图 6-11 所示，阴影部分的形状有两种截然不同的类型，因此，我们分别考虑这两种情况。

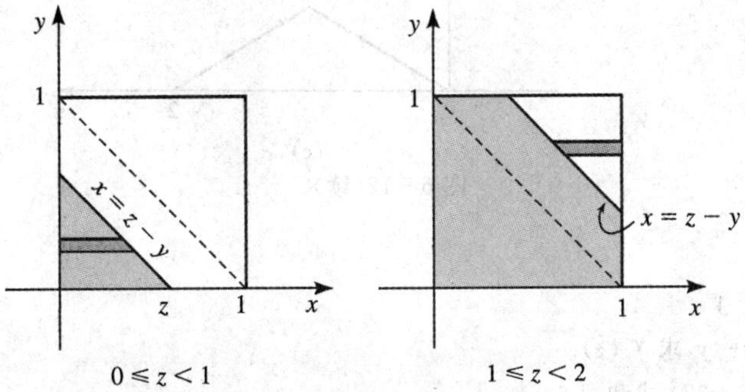

图 6-11

对 $0\leqslant z<1$，

$$F_z(z)=\int_{y=0}^{z}\int_{x=0}^{z-y}1dxdy=\int_{y=0}^{z}(z-y)dy=\frac{z^2}{2}\quad 0<z<1 \tag{6-48}$$

对 $1\leqslant z\leqslant 2$，注意到没有阴影的部分更容易处理。在这种情况下，

$$F_z(z)=1-P\{\boldsymbol{z}>z\}=1-\int_{y=z-1}^{1}\int_{x=z-y}^{1}1dxdy$$

$$=1-\int_{y=z-1}^{1}(1-z+y)dy=1-\frac{(2-z)^2}{2}\quad 1\leqslant z<2 \tag{6-49}$$

因此，

$$f_z(z)=\frac{dF_z(z)}{dz}=\begin{cases} z & 0\leqslant z<1\\ 2-z & 1\leqslant z<2\end{cases} \tag{6-50}$$

直接利用 $f_x(x)$ 和 $f_y(y)$ 卷积，我们得到同样的结果。事实上，对 $0\leqslant z<1$(图 6-12(a))

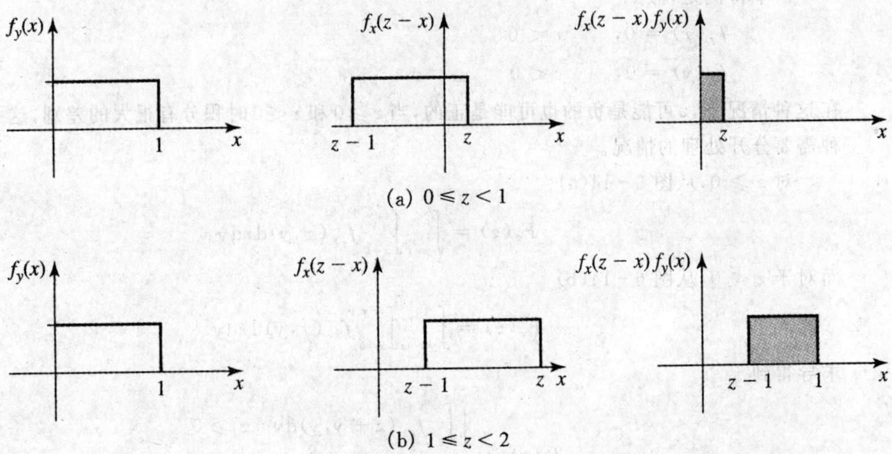

图 6-12

$$f_z(z)=\int f_y(z-x)f_x(x)\mathrm{d}x=\int_0^z 1\mathrm{d}x=z \tag{6-51}$$

对于 $1\leqslant z<2$(图 6-12(b))

$$f_z(z)=\int_{z-1}^1 1\mathrm{d}x=2-z \tag{6-52}$$

图 6-12(c) 给出了的图像,那正好是两个矩形波的卷积。

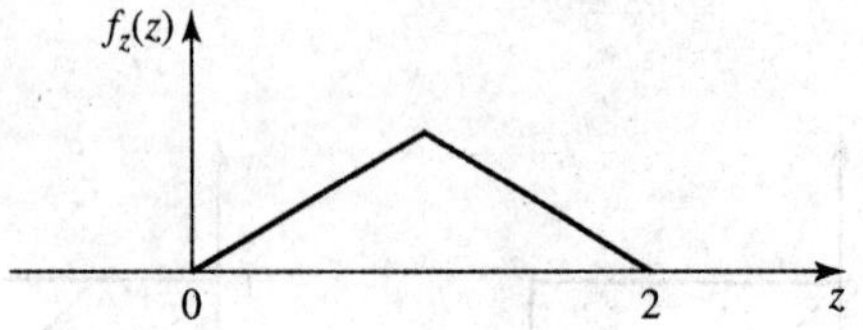

(c)

图 6-12(续)

【例 6-9】　$z=x-y$

设 $z=x-y$,求 $f_z(z)$。

从(6-37)式和图 6-13,

$$F_z(z)=P\{x-y\leqslant z\}=\int_{y=-\infty}^{\infty}\int_{x=-\infty}^{z+y}f_{xy}(x,y)\mathrm{d}x\mathrm{d}y$$

因此,

$$f_z(z)=\frac{\mathrm{d}F_z(z)}{\mathrm{d}z}=\int_{-\infty}^{\infty}f_{xy}(z+y,y)\mathrm{d}y \tag{6-53}$$

如果 x 和 y 是相互独立,那么这个公式简化成

$$f_z(z)=\int_{-\infty}^{\infty}f_x(z+y)f_y(y)\mathrm{d}y=f_x(-x)\otimes f_y(y) \tag{6-54}$$

这表示函数 $f_x(x)$ 和 $f_y(y)$ 的卷积。

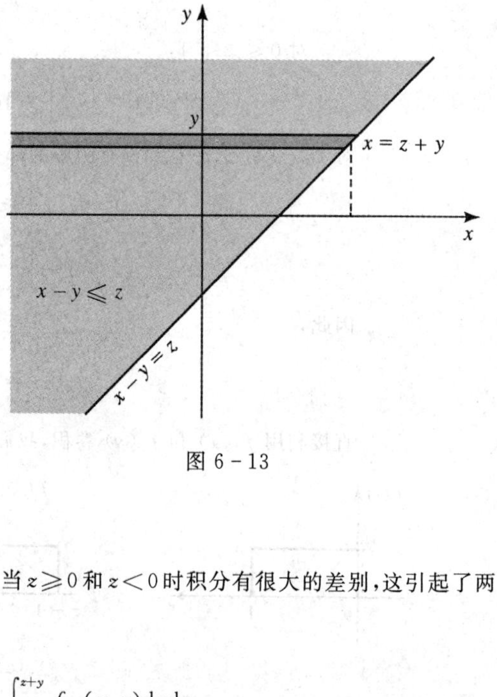

图 6-13

一个特例是,假如

$$f_x(x)=0,\quad x<0,$$
$$f_y(y)=0,\quad y<0$$

在这种情况下,z 可能是负的也可能是正的,当 $z\geqslant 0$ 和 $z<0$ 时积分有很大的差别,这引起了两种需要分开处理的情况。

对 $z\geqslant 0$,从图 6-14(a)

$$F_z(z)=\int_{y=0}^{\infty}\int_{x=0}^{z+y}f_{xy}(x,y)\mathrm{d}x\mathrm{d}y$$

而对于 $z<0$,从图 6-14(b)

$$F_z(z)=\int_{y=-z}^{\infty}\int_{x=0}^{z+y}f_{xy}(x,y)\mathrm{d}x\mathrm{d}y$$

求导得到

$$f_z(z)=\begin{cases}\displaystyle\int_0^{\infty}f_{xy}(z+y,y)\mathrm{d}y & z\geqslant 0\\ \displaystyle\int_{-z}^{\infty}f_{xy}(z+y,y)\mathrm{d}y & z<0\end{cases} \tag{6-55}$$

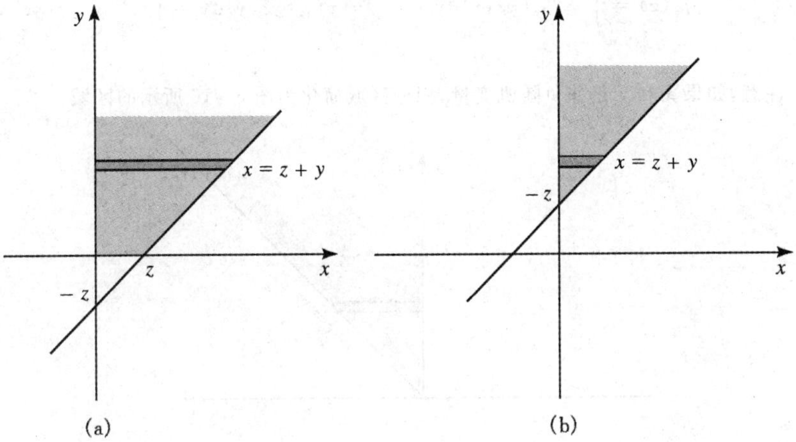

图 6 - 14

【例 6 - 10】 $\boldsymbol{z} = \boldsymbol{x}/\boldsymbol{y}$

设 $\boldsymbol{z} = \boldsymbol{x}/\boldsymbol{y}$，求 $f_z(z)$。

我们知道，

$$F_z(z) = P\{\boldsymbol{x}/\boldsymbol{y} \leqslant z\} \tag{6-56}$$

不等式 $x/y \leqslant z$ 能够写做：如果 $\boldsymbol{y} > 0$，$\boldsymbol{x} \leqslant \boldsymbol{y}z$ 而 $\boldsymbol{y} < 0$ 时，$\boldsymbol{x} \geqslant \boldsymbol{y}z$。因而，在事件 $\{\boldsymbol{x}/\boldsymbol{y}\} \leqslant z\}$ 需要以事件 $A = \{\boldsymbol{y} > 0\}$ 和它的补事件 $\overline{A}$ 为条件分成两个事件。因为 $A \cup \overline{A} = S$，按照分割定理，我们得到

$$\begin{aligned} P\{\boldsymbol{x}/\boldsymbol{y} \leqslant z\} &= P(\boldsymbol{x}/\boldsymbol{y} \leqslant z \cap (A \cup \overline{A})\} \\ &= P\{\boldsymbol{x}/\boldsymbol{y} \leqslant z, \boldsymbol{y} > 0\} + P\{\boldsymbol{x}/\boldsymbol{y} \leqslant z, \boldsymbol{y} < 0\} \\ &= P\{\boldsymbol{x} \leqslant \boldsymbol{y}z, \boldsymbol{y} > 0\} + P\{\boldsymbol{x} \geqslant \boldsymbol{y}z, \boldsymbol{y} < 0\} \end{aligned} \tag{6-57}$$

图 6 - 15(a) 对应于第一项的区域，图 6 - 15(b) 对应于第二项的区域。

在这两个区域上积分，得到

$$F_z(z) = \int_{y=0}^{\infty}\int_{x=-\infty}^{yz} f_{xy}(x,y)\mathrm{d}x\mathrm{d}y + \int_{y=-\infty}^{0}\int_{x=yz}^{\infty} f_{xy}(x,y)\mathrm{d}x\mathrm{d}y \tag{6-58}$$

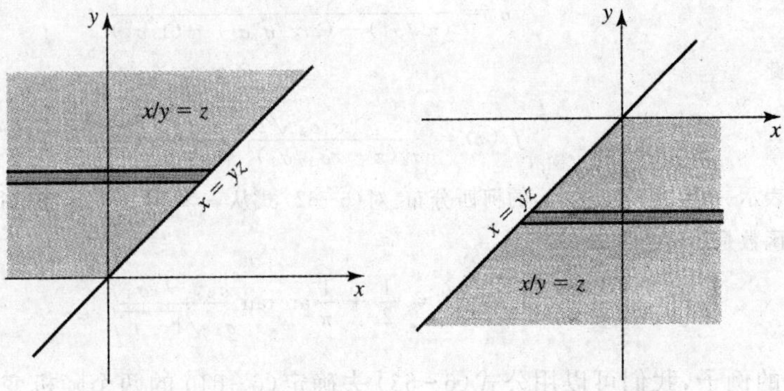

图 6 - 15

微分得到

$$f_z(z)=\int_0^{\infty} yf_{xy}(yz,y)\mathrm{d}y+\int_{-\infty}^{0}-yf_{xy}(yz,y)\mathrm{d}y=\int_{-\infty}^{\infty}|y|f(yz,y)\mathrm{d}y \tag{6-59}$$

注意，如果 $\boldsymbol{x}$ 和 $\boldsymbol{y}$ 是非负随机变量，积分区域简化为图 6-16 所示的区域。

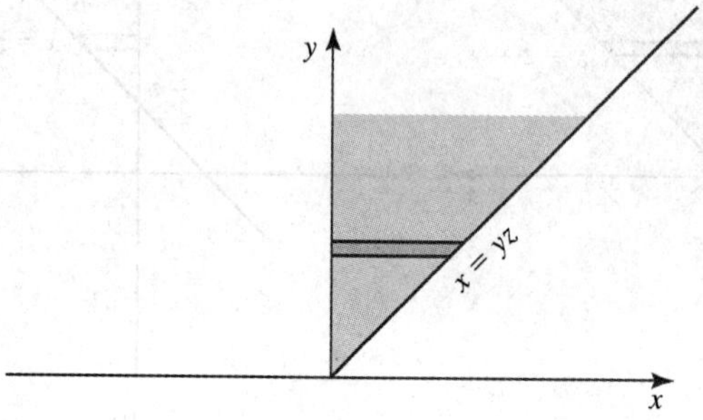

图 6-16

从而得到

$$F_z(z)=\int_{y=0}^{\infty}\int_{x=0}^{yz} f_{xy}(x,y)\mathrm{d}x\mathrm{d}y$$

或

$$f_z(z)=\int_{y=0}^{\infty} yf_{xy}(yz,y)\mathrm{d}y \tag{6-60}$$

【例 6-11】 若 $\boldsymbol{x}$ 和 $\boldsymbol{y}$ 是联合正态，均值为零，即

$$f(x,y)=\frac{1}{2\pi\sigma_1\sigma_2\sqrt{1-r^2}}\exp\left\{-\frac{1}{2(1-r^2)}\left(\frac{x^2}{\sigma_1^2}-2r\frac{xy}{\sigma_1\sigma_2}+\frac{y^2}{\sigma_2^2}\right)\right\} \tag{6-61}$$

证明它们的比值 $\boldsymbol{z}=\boldsymbol{x}/\boldsymbol{y}$ 是中心在 $r\sigma_1/\sigma_2$ 的柯西分布。

证 将(6-61)式代入(6-59)式，并利用 $f(-x,-y)=f(x,y)$，我们得到

$$f_z(z)=\frac{2}{2\pi\sigma_1\sigma_2\sqrt{1-r^2}}\int_0^{\infty} y\mathrm{e}^{-y^2/2\sigma_0^2}\mathrm{d}y=\frac{\sigma_0^2}{\pi\sigma_1\sigma_2\sqrt{1-r^2}}$$

其中

$$\sigma_0^2=\frac{1-r^2}{(z^2/\sigma_1^2)-(2rz/\sigma_1\sigma_2)+(1/\sigma_2^2)}$$

因此

$$f_z(z)=\frac{\sigma_1\sigma_2\sqrt{1-r^2}/\pi}{\sigma_2^2(z-r\sigma_1/\sigma_2)^2+\sigma_1^2(1-r^2)} \tag{6-62}$$

这表示一个中心在 $r\sigma_1/\sigma_2$ 的柯西分布。对(6-62)式从 $-\infty$ 到 z 积分，我们得到相应的概率分布函数是

$$F_z(z)=\frac{1}{2}+\frac{1}{\pi}\arctan\frac{\sigma_2 z-r\sigma_1}{\sigma_1\sqrt{1-r^2}} \tag{6-63}$$

看一个应用的例子，我们可以用公式(6-63)去确定(6-61)的两个随机变量在 xy 平面的四个象限的质量 m_1,m_2,m_3 和 m_4。按照(6-61)式的球对称性，我们有

$$m_1=m_3,\quad m_2=m_4$$

但第二和第四象限表示了不等式 $x/y<0$ 所规定的区域，因此点 (x,y) 落在这一区域的概率等于随机变量 $\boldsymbol{z}=\boldsymbol{x}/\boldsymbol{y}$ 取负值的概率。因此，

$$m_2 + m_4 = P(\mathbf{z} \leqslant 0) = F_z(0) = \frac{1}{2} - \frac{1}{\pi}\arctan\frac{r}{\sqrt{1-r^2}}$$

而

$$m_1 + m_3 = 1 - (m_2 + m_4) = \frac{1}{2} + \frac{1}{\pi}\arctan\frac{r}{\sqrt{1-r^2}}$$

如果我们定义 $\alpha = \arctan r/\sqrt{1-r^2}$，得到

$$m_1 = m_3 = \frac{1}{4} + \frac{\alpha}{2\pi}, \quad m_2 = m_4 = \frac{1}{4} - \frac{\alpha}{2\pi} \tag{6-64}$$

当然，这个结果也可对 $f(x,y)$ 在每个象限内积分得到。然而，上面的求法更简单。

【例 6-12】 设 $\mathbf{x}$ 和 $\mathbf{y}$ 是独立的伽马分布随机变量，即 $\mathbf{x} \sim G(m,\alpha)$，$\mathbf{y} \sim G(n,\alpha)$。证明随机变量 $\mathbf{z} = \mathbf{x}/(\mathbf{x}+\mathbf{y})$ 服从贝塔分布。

证 $$f_{xy}(x,y) = f_x(x)f_y(y) = \frac{1}{\alpha^{m+n}\Gamma(m)\Gamma(n)}x^{m-1}y^{n-1}\mathrm{e}^{-(x+y)/\alpha}, \quad x>0,\ y>0 \tag{6-65}$$

因为 $\mathbf{x}$ 和 $\mathbf{y}$ 是非负随机变量，所以 $0 < z < 1$

$$F_z(z) = P\{\mathbf{z} \leqslant z\} = P\left\{\frac{\mathbf{x}}{\mathbf{x}+\mathbf{y}} \leqslant z\right\} = P\left\{\mathbf{x} \leqslant \mathbf{y}\frac{z}{1-z}\right\}$$
$$= \int_0^\infty \int_0^{yz/(1-z)} f_{xy}(x,y)\mathrm{d}x\mathrm{d}y$$

在这里我们利用了图 6-16。上式对 z 求导得到

$$f_z(z) = \int_0^\infty \frac{y}{(1-z)^2} f_{xy}(yz/(1-z),y)\mathrm{d}y$$
$$= \int_0^\infty \frac{y}{(1-z)^2}\frac{1}{\alpha^{m+n}\Gamma(m)\Gamma(n)}\left(\frac{yz}{1-z}\right)^{m-1} y^{n-1}\mathrm{e}^{-y/(1-z)\alpha}\mathrm{d}y$$
$$= \frac{1}{\alpha^{m+n}\Gamma(m)\Gamma(n)}\frac{z^{m-1}}{(1-z)^{m+1}}\int_0^\infty y^{m+n-1}\mathrm{e}^{-y/\alpha(1-z)}\mathrm{d}y$$
$$= \frac{z^{m-1}(1-z)^{n-1}}{\Gamma(m)\Gamma(n)}\int_0^\infty u^{m+n-1}\mathrm{e}^{-u}\mathrm{d}u = \frac{\Gamma(m+n)}{\Gamma(m)\Gamma(n)}z^{m-1}(1-z)^{n-1}$$
$$= \begin{cases} \dfrac{1}{\beta(m,n)}z^{m-1}(1-z)^{n-1} & 0<z<1 \\ 0 & \text{其它} \end{cases} \tag{6-66}$$

这正好是贝塔分布的概率密度函数。

【例 6-13】 $\mathbf{z} = \mathbf{x}^2 + \mathbf{y}^2$

设 $\mathbf{z} = \mathbf{x}^2 + \mathbf{y}^2$，求 $f_z(z)$。

我们知道，

$$F_z(z) = P\{\mathbf{x}^2 + \mathbf{y}^2 \leqslant z\} = \iint_{x^2+y^2\leqslant z} f_{xy}(x,y)\mathrm{d}x\mathrm{d}y$$

但 $\mathbf{x}^2 + \mathbf{y}^2 \leqslant z$ 表示一个以$\sqrt{z}$ 为半径的圆盘，如图 6-17 所示，我们有

$$F_z(z) = \int_{y=-\sqrt{z}}^{y=\sqrt{z}}\int_{x=-\sqrt{z-y^2}}^{\sqrt{z-y^2}} f_{xy}(x,y)\mathrm{d}x\mathrm{d}y$$

这给出了

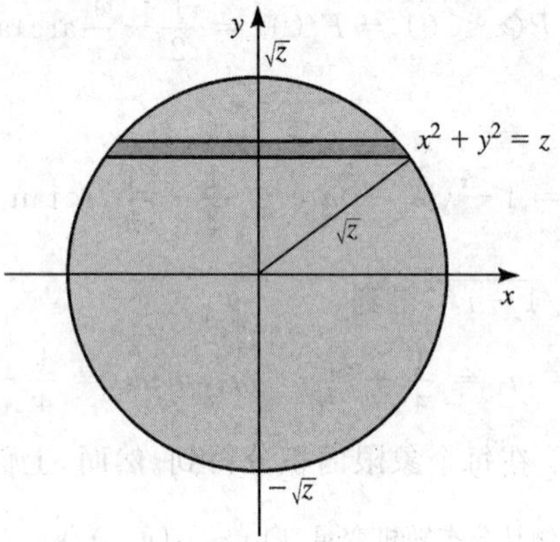

图 6-17

$$f_z(z)=\int_{-\sqrt{z}}^{\sqrt{z}}\frac{1}{2\sqrt{z-y^2}}\{f_{xy}(\sqrt{z-y^2},y)+f_{xy}(-\sqrt{z-y^2},y)\}\mathrm{d}y \qquad (6-67)$$

下面我们看一个这种情况的例子。

【例 6-14】 $\boldsymbol{x}$ 和 $\boldsymbol{y}$ 是相互独立的零均值方差为 σ^2 的正态随机变量，求 $\boldsymbol{z}=\boldsymbol{x}^2+\boldsymbol{y}^2$ 的概率密度函数。

解　用(6-67)式，我们得到

$$f_z(z)=\int_{-\sqrt{z}}^{\sqrt{z}}\frac{1}{2\sqrt{z-y^2}}\{2\frac{1}{2\pi\sigma^2}\mathrm{e}^{(z-x^2-y^2)/2\sigma^2}\}\mathrm{d}y \qquad (6-68)$$

$$=\frac{\mathrm{e}^{-z/2\sigma^2}}{\pi\sigma^2}\int_0^{\sqrt{z}}\frac{1}{\sqrt{z-y^2}}\mathrm{d}y=\frac{\mathrm{e}^{-z/2\sigma^2}}{\pi\sigma^2}\int_0^{\pi/2}\frac{\sqrt{z}\cos\theta}{\sqrt{z}\cos\theta}\mathrm{d}\theta=\frac{1}{2\sigma^2}\mathrm{e}^{-z/2\sigma^2}U(z)$$

这里我们使用了变量替换 $y=\sqrt{z}\sin\theta$。从(6-68)式，我们得到下面结论：如果 $\boldsymbol{x}$ 和 $\boldsymbol{y}$ 是相互独立的零均值方差为 σ^2 的正态随机变量，那么 $\boldsymbol{z}=\boldsymbol{x}^2+\boldsymbol{y}^2$ 是具有参数 $2\sigma^2$ 的指数分布。

【例 6-15】 $\boldsymbol{z}=\sqrt{\boldsymbol{x}^2+\boldsymbol{y}^2}$

设 $\boldsymbol{z}=\sqrt{\boldsymbol{x}^2+\boldsymbol{y}^2}$，求 $f_z(z)$。

解　从图 6-17，上面的情况对应于圆盘的半径为 z^2。因此，

$$F_z(z)=\int_{y=-z}^{y=z}\int_{x=-\sqrt{z^2-y^2}}^{\sqrt{z^2-y^2}}f_{xy}(x,y)\mathrm{d}x\mathrm{d}y$$

通过求导得到

$$f_z(z)=\int_{-z}^{z}\frac{z}{\sqrt{z^2-y^2}}\{f_{xy}(\sqrt{z^2-y^2},y)+f_{xy}(-\sqrt{z^2-y^2},y)\}\mathrm{d}y \qquad (6-69)$$

特别是，如果 $\boldsymbol{x}$ 和是相互独立的零均值的正态随机变量，那么

$$f_z(z)=2\int_0^z\frac{z}{\sqrt{z^2-y^2}}\frac{2}{2\pi\sigma^2}\mathrm{e}^{-(z^2-y^2+y^2)/2\sigma^2}\mathrm{d}y$$

$$=\frac{2z}{\pi\sigma^2}\mathrm{e}^{-z^2/2\sigma^2}\int_0^z\frac{1}{\sqrt{z^2-y^2}}\mathrm{d}y=\frac{2z}{\pi\sigma^2}\mathrm{e}^{-z^2/2\sigma^2}\int_0^{\pi/2}\frac{z\cos\theta}{z\cos\theta}\mathrm{d}\theta \qquad (6-70)$$

$$=\frac{z}{\sigma^2}\mathrm{e}^{-z^2/2\sigma^2}U(z)$$

这表示瑞利分布。因此，如果 $\boldsymbol{w}=\boldsymbol{x}+i\boldsymbol{y}$，其中 $\boldsymbol{x}$ 和 $\boldsymbol{y}$ 是相互独立的零均值的正态随机变量，并且具有相同的方差，那么随机变量 $|\boldsymbol{w}|=\sqrt{\boldsymbol{x}^2+\boldsymbol{y}^2}$ 服从瑞利分布。如果它的实部和虚部是相互独立的，我们称 $\boldsymbol{w}$ 是零均值的复正态随机变量。直到现在，我们只是看到复正态随机变量的幅度满足瑞利分布。关于它的相位

$$\boldsymbol{\theta} = \arctan\left(\frac{\boldsymbol{y}}{\boldsymbol{x}}\right) \tag{6-71}$$

有什么样的结论呢？显然，$\boldsymbol{\theta}$ 的主值落在区间 $(-\pi/2, \pi/2)$ 内。如果我们设 $\boldsymbol{u} = \tan\boldsymbol{\theta} = \boldsymbol{y}/\boldsymbol{x}$，那么从例 6-11 可知，$\boldsymbol{u}$ 服从柯西分布[见(6-62)式，取 $\sigma_1 = \sigma_2, r = 0$]

$$f_u(u) = \frac{1/\pi}{u^2+1} \qquad -\infty < u < \infty$$

结果，$\boldsymbol{\theta}$ 的主值具有概率密度函数

$$\begin{aligned} f_\theta(\theta) &= \frac{1}{|\,\mathrm{d}\theta/\mathrm{d}u\,|} f_u(\tan\theta) = \frac{1}{(1/\sec^2\theta)} \frac{1/\pi}{\tan^2\theta + 1} \\ &= \begin{cases} 1/\pi & -\pi/2 < \theta < \pi/2 \\ 0 & \text{其它} \end{cases} \end{aligned} \tag{6-72}$$

然而，在表示式 $\boldsymbol{x} + i\boldsymbol{y} = \boldsymbol{r}\mathrm{e}^{\mathrm{j}\boldsymbol{\theta}}$ 中，随机变量 $\boldsymbol{\theta}$ 取值在 $(-\pi, \pi)$ 内，考虑到区间的长度增加一倍，我们得到

$$f_\theta(\theta) = \begin{cases} 1/2\pi & -\pi < \theta < \pi \\ 0 & \text{其它} \end{cases} \tag{6-73}$$

总之，复正态随机变量的幅度服从瑞利分布而相位服从均匀分布。有趣的是，后面我们将会证明(例 6-22)，这两个随机变量也是相互独立的。

下面我们再次讨论例 6-15，其中 x 和 y 是相互独立的高斯随机变量，分别具有非零均值 μ_x 和 μ_y，那么随机变量 $\boldsymbol{z} = \sqrt{x^2 + y^2}$ 被称作服从瑞森分布的随机变量。这种情况在衰落多径环境中出现，这时一个占优的常分量(均值)与一个零均值的高斯随机变量相加。常分量由直达波引起而零均值的高斯随机变量大体上由随机多径分量的非相干叠加引起，这样的一个信号的包络服从瑞森分布而不是瑞利分布。

【例 6-16】 重新考虑例 6-15，$\boldsymbol{x}$ 和 $\boldsymbol{y}$ 是相互独立正态随机变量，具有相同的方差为 σ^2，两个的均值是非零的，分别为 μ_x 和 μ_y。

解　因为

$$f_{xy}(x, y) = \frac{1}{2\pi\sigma^2} \mathrm{e}^{-[(x-\mu_x)^2 + (y-\mu_y)^2]/2\sigma^2}$$

代入(6-69)式并令 $y = z\sin\theta, \mu = \sqrt{\mu_x^2 + \mu_y^2}, \mu_x = \mu\cos\phi, \mu_y = \mu\sin\phi$，我们得到瑞森分布

$$\begin{aligned} f_z(z) &= \frac{z\mathrm{e}^{-(z^2+\mu^2)/2\sigma^2}}{2\pi\sigma^2} \int_{-\pi/2}^{\pi/2} (\mathrm{e}^{z\mu\cos(\theta-\phi)/\sigma^2} + \mathrm{e}^{-z\mu\cos(\theta+\phi)/\sigma^2})\,\mathrm{d}\theta \\ &= \frac{z\mathrm{e}^{-(z^2+\mu^2)/2\sigma^2}}{2\pi\sigma^2} \left(\int_{-\pi/2}^{\pi/2} \mathrm{e}^{z\mu\cos(\theta-\phi)/\sigma^2}\,\mathrm{d}\theta + \int_{\pi/2}^{3\pi/2} \mathrm{e}^{z\mu\cos(\theta+\phi)/\sigma^2}\,\mathrm{d}\theta\right) \\ &= \frac{z\mathrm{e}^{-(z^2+\mu^2)/2\sigma^2}}{\sigma^2} I_0\left(\frac{z\mu}{\sigma^2}\right) \end{aligned} \tag{6-74}$$

其中

$$I_0(\eta) = \frac{1}{2\pi}\int_0^{2\pi} \mathrm{e}^{\eta\cos(\theta-\phi)}\,\mathrm{d}\theta = \frac{1}{\pi}\int_0^{\pi} \mathrm{e}^{\eta\cos\theta}\,\mathrm{d}\theta$$

这是修正的零阶第一类贝塞尔函数。

顺序统计量　一般情况下，给定一个 n 元随机变量 $\boldsymbol{x}_1, \boldsymbol{x}_2, \cdots, \boldsymbol{x}_n$，我们按照从小到大重排它们，即

$$\boldsymbol{x}_{(1)} \leqslant \boldsymbol{x}_{(2)} \leqslant \cdots \leqslant \boldsymbol{x}_{(n)}$$

其中 $\boldsymbol{x}_{(1)} = \min(\boldsymbol{x}_1, \boldsymbol{x}_2, \cdots, \boldsymbol{x}_n)$，$\boldsymbol{x}_{(2)}$ 是 $\boldsymbol{x}_1, \boldsymbol{x}_2, \cdots, \boldsymbol{x}_n$ 中的第二最小值，最后 $\boldsymbol{x}_{(n)} = \max(\boldsymbol{x}_1, \boldsymbol{x}_2, \cdots, \boldsymbol{x}_n)$。取最小值和最大值是非线性运算，是更一般的顺序统计量的特殊情况。如果 $\boldsymbol{x}_1, \boldsymbol{x}_2, \cdots, \boldsymbol{x}_n$ 表示随机变量，函数 $\boldsymbol{x}_{(k)}$ 在每一个可能的序列 $\{x_1, x_2, \cdots, x_n\}$ 中取值 $x_{(k)}$，它被称为第 k 顺序

的统计量。$\{\boldsymbol{x}_{(1)},\boldsymbol{x}_{(2)},\cdots,\boldsymbol{x}_{(n)}\}$ 表示了 n 个随机变量中顺序统计量的集合。这样，

$$\boldsymbol{R}=\boldsymbol{x}_{(n)}-\boldsymbol{x}_{(1)} \tag{6-75}$$

表示 n 个随机变量分布的范围，当 $n=2$ 时，我们仅有 max 和 min 这两个统计量。

当观测值的相对大小是重要的时，顺序统计量是有用的。当最坏的情况必须考虑时，函数 max 是有用的。例如，设 $\boldsymbol{x}_1,\boldsymbol{x}_2,\cdots,\boldsymbol{x}_n$ 表示过去 n 年中某个地方记录的洪峰高度。如果目的是修建一个大坝防止洪水泛滥，那么大坝的高度 H 应该以一个给定的概率满足不等式：

$$H>\max(\boldsymbol{x}_1,\boldsymbol{x}_2,\cdots,\boldsymbol{x}_n) \tag{6-76}$$

这时，(6-76) 式右边的随机变量的概率密度函数能够用于计算期望的大坝高度。另一个例子是，如果一个灯泡制造商想从抽取的 n 个样本中估计他所生产的灯泡的平均寿命 μ，那么样本的平均值 $(\boldsymbol{x}_1+\boldsymbol{x}_2+\cdots+\boldsymbol{x}_n)/n$ 能够作为 μ 的一个估计值。另一方面，从最短寿命对平均寿命进行估计更有吸引力。从估计方差来看，从最短寿命的估计不如样本平均好，但只要测试灯泡中有一个坏了，min(•) 的值就可以得到，不需要等待更长的时间。而用样本平均必须等到所要的测试灯泡都坏了。

【例 6-17】 设 $\boldsymbol{z}=\max(\boldsymbol{x},\boldsymbol{y})$，$\boldsymbol{w}=\min(\boldsymbol{x},\boldsymbol{y})$。求 $f_z(z)$ 和 $f_w(w)$。

$$\boldsymbol{z}=\max(\boldsymbol{x},\boldsymbol{y})=\begin{cases}\boldsymbol{x} & \boldsymbol{x}>\boldsymbol{y}\\ \boldsymbol{y} & \boldsymbol{x}\leqslant\boldsymbol{y}\end{cases} \tag{6-77}$$

我们得到[见(6-57) 式]

$$\begin{aligned}F_z(z)&=P\{\max(\boldsymbol{x},\boldsymbol{y})\leqslant z\}=P\{(\boldsymbol{x}\leqslant z,\boldsymbol{x}>\boldsymbol{y})\cup(\boldsymbol{y}\leqslant z,\boldsymbol{x}\leqslant\boldsymbol{y})\}\\&=P\{\boldsymbol{x}\leqslant z,\boldsymbol{x}>\boldsymbol{y}\}+P\{\boldsymbol{y}\leqslant z,\boldsymbol{x}\leqslant\boldsymbol{y}\}\end{aligned}$$

这是因为 $\{\boldsymbol{x}>\boldsymbol{y}\}$ 和 $\{\boldsymbol{x}\leqslant\boldsymbol{y}\}$ 是相互排斥的，因而构成了一个分割。图 6-18(a) 和图 6-18(b)

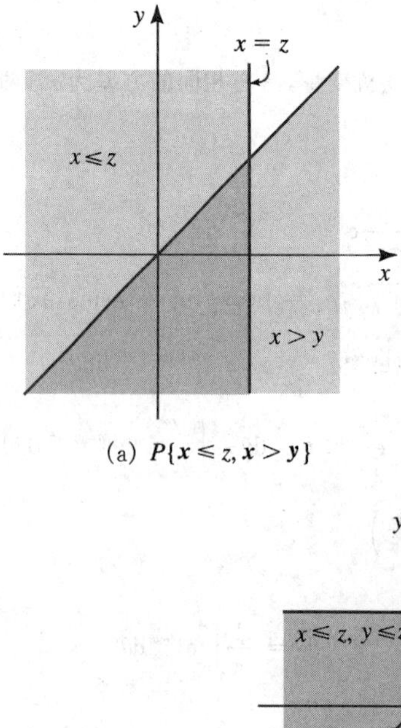

(a) $P\{\boldsymbol{x}\leqslant z,\boldsymbol{x}>\boldsymbol{y}\}$

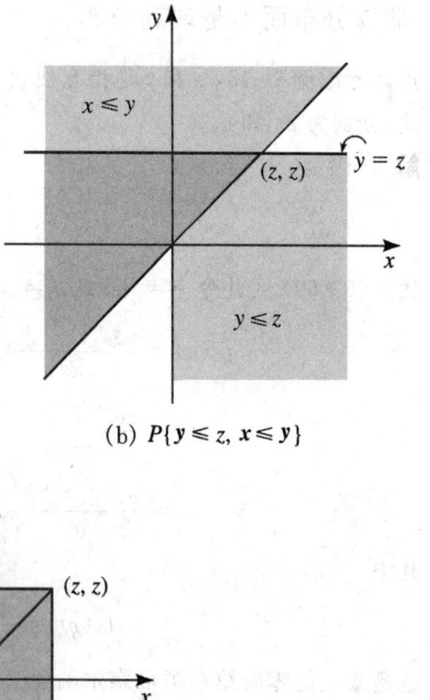

(b) $P\{\boldsymbol{y}\leqslant z,\boldsymbol{x}\leqslant\boldsymbol{y}\}$

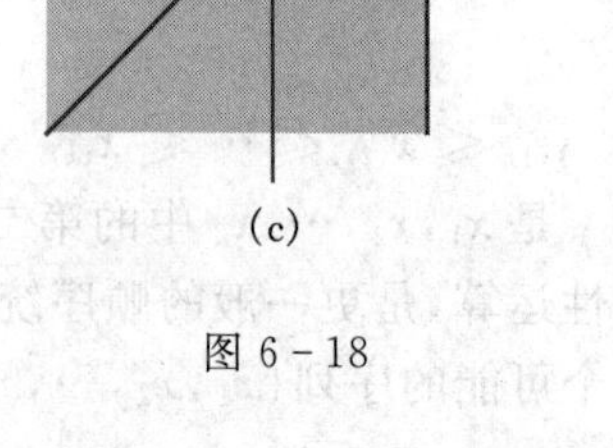

(c)

图 6-18

画出了满足上式中两项中不等式所对应的区域。

图 6-18(c) 表示整个区域，从而

$$F_z(z) = P\{\boldsymbol{x} \leqslant z, \boldsymbol{y} \leqslant z\} = F_{xy}(z,z) \tag{6-78}$$

如果 $\boldsymbol{x}$ 和 $\boldsymbol{y}$ 是相互独立的，那么

$$F_z(z) = F_x(z)F_y(z)$$

从而，

$$f_z(z) = F_x(z)f_y(z) + f_x(z)F_y(z) \tag{6-79}$$

类似地，

$$\boldsymbol{w} = \min(\boldsymbol{x},\boldsymbol{y}) = \begin{cases} \boldsymbol{y} & \boldsymbol{x} > \boldsymbol{y} \\ \boldsymbol{x} & \boldsymbol{x} \leqslant \boldsymbol{y} \end{cases} \tag{6-80}$$

因此，

$$F_w(w) = P\{\min(\boldsymbol{x},\boldsymbol{y}) \leqslant w\} = P\{\boldsymbol{y} \leqslant w, \boldsymbol{x} > \boldsymbol{y}\} + P\{\boldsymbol{x} \leqslant w, \boldsymbol{x} \leqslant \boldsymbol{y}\}$$

类似地，图 6-19(a) 和图 6-19(b) 表示了满足这些不等式的区域，而图 6-19(c) 表示它们的并。

从图 6-19(c) 中，

$$F_\omega(\omega) = 1 - P\{\boldsymbol{w} > w\} = 1 - P\{\boldsymbol{x} > w, \boldsymbol{y} > w\} = F_x(w) + F_y(w) - F_{xy}(w,w) \tag{6-81}$$

在这里我们利用了(6-4)式，其中 $x_2 = y_2 = \infty$，$x_1 = y_1 = w$。

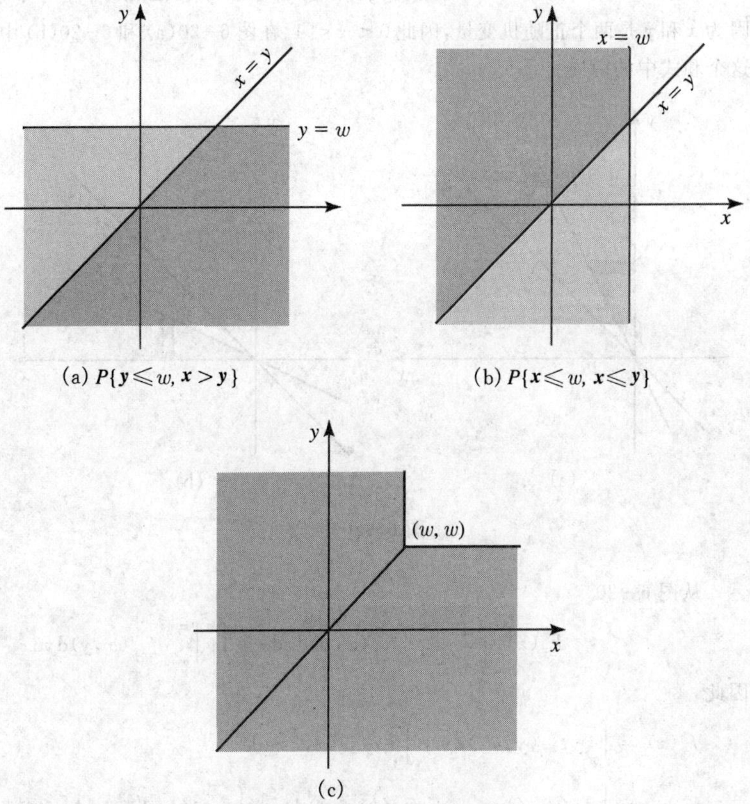

图 6-19

【例 6-18】 设 $\boldsymbol{x}$ 和 $\boldsymbol{y}$ 是相互独立的指数分布随机变量，具有相同的参数 λ。随机变量 $\boldsymbol{w} = \min(\boldsymbol{x},\boldsymbol{y})$，求

$f_w(w)$。

解　从(6－81)式

$$F_w(w)=F_x(w)+F_y(w)-F_x(w)F_y(w)$$

因此

$$f_w(w)=f_x(w)+f_y(w)-f_x(w)F_y(w)-F_x(w)f_y(w)$$

而 $f_x(w)=f_y(w)=\lambda e^{-\lambda w}, F_x(w)=F_y(w)=1-e^{-\lambda w}$，所以

$$f_w(w)=2\lambda e^{-\lambda w}-2(1-e^{\lambda w})\lambda e^{-\lambda w}=2\lambda e^{-2\lambda w}U(w) \tag{6-82}$$

$\min(\boldsymbol{x},\boldsymbol{y})$ 也服从指数分布，参数为 2λ。

【例 6－19】　假定随机变量和例 6－18 中相同。设

$$\boldsymbol{z}=\frac{\min(\boldsymbol{x},\boldsymbol{y})}{\max(\boldsymbol{x},\boldsymbol{y})}$$

虽然 $\min(\cdot)/\max(\cdot)$ 是一个复杂的函数，如果计算之前先分割整个概率空间，这个函数能够被简化。事实上，

$$\boldsymbol{z}=\begin{cases}\boldsymbol{x}/\boldsymbol{y} & \boldsymbol{x}\leqslant\boldsymbol{y}\\ \boldsymbol{y}/\boldsymbol{x} & \boldsymbol{x}>\boldsymbol{y}\end{cases} \tag{6-83}$$

这表明

$$\begin{aligned}F_z(z)&=P\{\boldsymbol{x}/\boldsymbol{y}\leqslant z,\boldsymbol{x}\leqslant\boldsymbol{y}\}+P\{\boldsymbol{y}/\boldsymbol{x}\leqslant z,\boldsymbol{x}>\boldsymbol{y}\}\\&=P\{\boldsymbol{x}\leqslant\boldsymbol{y}z,\boldsymbol{x}\leqslant\boldsymbol{y}\}+P\{\boldsymbol{y}\leqslant\boldsymbol{x}z,\boldsymbol{x}>\boldsymbol{y}\}\end{aligned}$$

因为 $\boldsymbol{x}$ 和 $\boldsymbol{y}$ 是两个正随机变量，因此 $0<z<1$。在图 6－20(a) 和 6－20(b) 中阴影区域表示了这个和式中的两项。

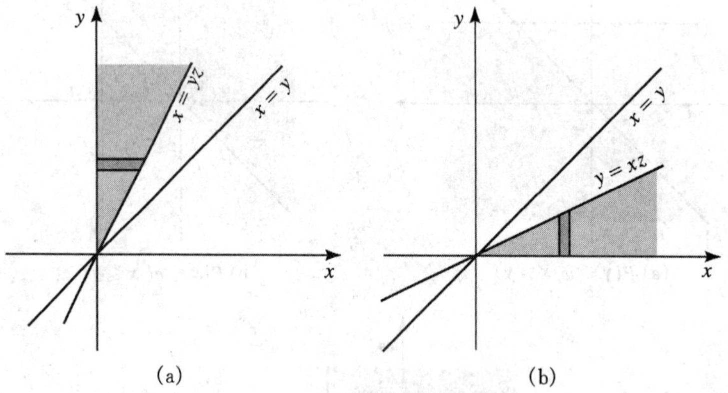

图 6－20

从图 6－20

$$F_z(z)=\int_0^{\infty}\int_{x=0}^{yz}f_{xy}(x,y)\,dx\,dy+\int_0^{\infty}\int_{y=0}^{xz}f_{xy}(x,y)\,dy\,dx$$

因此，

$$\begin{aligned}f_z(z)&=\int_0^{\infty}yf_{xy}(yz,y)\,dy+\int_0^{\infty}xf_{xy}(x,xz)\,dx\\&=\int_0^{\infty}y(f_{xy}(yz,y)+f_{xy}(y,yz))\,dy=\int_0^{\infty}y\lambda^2(e^{-\lambda(yz+y)}+e^{-\lambda(y+yz)})\,dy\\&=2\lambda^2\int_0^{\infty}ye^{-\lambda(1+z)y}\,dy=\frac{2}{(1+z)^2}\int_0^{\infty}ue^{-u}\,du=\begin{cases}\dfrac{2}{(1+z)^2} & 0<z<1\\ 0 & \text{其它}\end{cases}\end{aligned} \tag{6-84}$$

【例 6-20】　离散情况

设 $\boldsymbol{x}$ 和 $\boldsymbol{y}$ 是相互独立的泊松随机变量，具有参数 λ_1 和 λ_2。设 $\boldsymbol{z}=\boldsymbol{x}+\boldsymbol{y}$。求 $\boldsymbol{z}$ 的概率质量函数。

因为 $\boldsymbol{x}$ 和 $\boldsymbol{y}$ 取值 $\{0,1,2,\ldots\}$，随机变量 $\boldsymbol{z}$ 的取值范围也是如此。对于任一个 $n=0,1,2,\ldots$，仅有有限对 $\boldsymbol{x}$ 和 $\boldsymbol{y}$ 的取值满足 $\{\boldsymbol{x}+\boldsymbol{y}=n\}$。事实上，如果 $\boldsymbol{x}=0$，那么 $\boldsymbol{y}$ 必须等于 n；如果 $x=1$，那么 y 必须等于 $n-1$，等等。因此事件 $\{\boldsymbol{x}+\boldsymbol{y}=n\}$ 是互斥的事件 $A_k=\{\boldsymbol{x}=k,\boldsymbol{y}=n-k\}, k=0,1,\cdots,n$ 的并。

$$P\{\boldsymbol{z}=n\}=P\{\boldsymbol{x}+\boldsymbol{y}=n\}=P\left(\bigcup_{k=0}^{n}\{\boldsymbol{x}=k,\boldsymbol{y}=n-k\}\right)=\sum_{k=0}^{n}P\{\boldsymbol{x}=k,\boldsymbol{y}=n-k\} \tag{6-85}$$

如果 $\boldsymbol{x}$ 和 $\boldsymbol{y}$ 还相互独立，那么

$$P\{\boldsymbol{x}=k,\boldsymbol{y}=n-k\}=P\{\boldsymbol{x}=k\}P\{\boldsymbol{y}=n-k\}$$

从而，

$$\begin{aligned}P\{\boldsymbol{z}=n\}&=\sum_{k=0}^{n}P\{\boldsymbol{x}=k\}P\{\boldsymbol{y}=n-k\}\\&=\sum_{k=0}^{n}\mathrm{e}^{-\lambda_1}\frac{\lambda_1^k}{k!}\mathrm{e}^{-\lambda_2}\frac{\lambda_2^{n-k}}{(n-k)!}=\frac{\mathrm{e}^{-(\lambda_1+\lambda_2)}}{n!}\sum_{k=0}^{n}\frac{n!}{k!(n-k)!}\lambda_1^k\lambda_2^{n-k}\\&=\mathrm{e}^{-(\lambda_1+\lambda_2)}\frac{(\lambda_1+\lambda_2)^n}{n!},\ n=0,1,2,\cdots,\infty\end{aligned} \tag{6-86}$$

因此，随机变量 $\boldsymbol{z}$ 服从参数为 $\lambda_1+\lambda_2$ 的泊松分布，这表明了，相互独立的泊松随机变量的和也是泊松随机变量，并且和泊松随机变量的参数等于所有泊松随机变量的参数和。

如例 6-20 所示，离散情况的这种处理方法非常烦琐。我们在 6.5 节将看到，联合特征函数或矩生成函数提供了一种解决这类问题的便利方法。

6.3　二元随机变量的两个函数

按照上节的思路，我们考虑更一般的情况。假定 $\boldsymbol{x}$ 和 $\boldsymbol{y}$ 是两个随机变量，具有联合概率密度函数 $f_{xy}(x,y)$。给定两个函数 $g(x,y)$ 和 $h(x,y)$，我们定义两个新的随机变量

$$\boldsymbol{z}=g(\boldsymbol{x},\boldsymbol{y}) \tag{6-87}$$

$$\boldsymbol{w}=h(\boldsymbol{x},\boldsymbol{y}) \tag{6-88}$$

那么怎样确定它们的联合概率密度函数 $f_{zw}(z,w)$？显然，如果得到了 $f_{zw}(z,w)$，边缘概率密度函数 $f_z(z)$ 和 $f_w(w)$ 是容易确定的。

确定 $f_{zw}(z,w)$ 的过程与(6-36) 式在方式上是相同的。事实上，对于给定的数 z 和 w

$$\begin{aligned}F_{zw}(z,w)&=P\{\boldsymbol{z}(\xi)\leqslant z,\ \boldsymbol{w}(\xi)\leqslant w\}=P\{g(\boldsymbol{x},\boldsymbol{y})\leqslant z,h(\boldsymbol{x},\boldsymbol{y})\leqslant w\}\\&=P\{(\boldsymbol{x},\boldsymbol{y})\in D_{z,w}\}=\iint_{(x,y)\in D_{z,w}}f_{xy}(x,y)\mathrm{d}x\mathrm{d}y\end{aligned} \tag{6-89}$$

其中 $D_{z,w}$ 是 xy 平面上由不等式 $g(x,y)\leqslant z,h(x,y)\leqslant w$ 规定的区域，如图 6-21 所示。

【例 6-21】　假定 $\boldsymbol{x}$ 和 $\boldsymbol{y}$ 是 $(0,\theta)$ 上的相互独立的均匀随机变量。定义 $\boldsymbol{z}=\min(\boldsymbol{x},\boldsymbol{y})$，$\boldsymbol{w}=\max(\boldsymbol{x},\boldsymbol{y})$，求 $f_{zw}(z,w)$。

解　显然 z 和 w 在区间 $(0,\theta)$ 上变化。因此，

$$\text{如果 } z<0 \text{ 或 } w<0\text{，那么 } F_{zw}(z,w)=0 \tag{6-90}$$

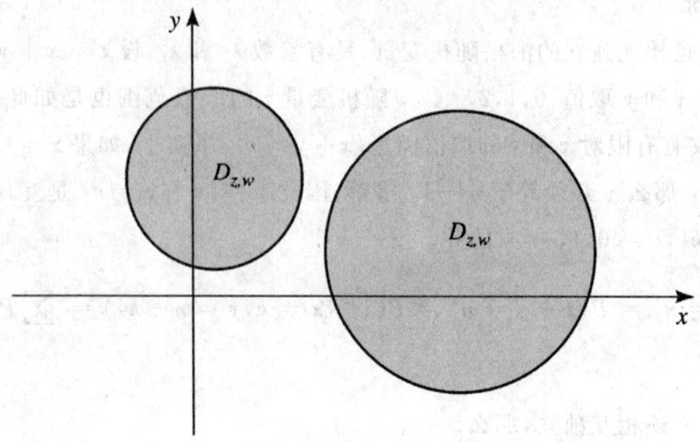

图 6 - 21

$$F_{zw}(z,w) = P\{\boldsymbol{z} \leqslant z,\ \boldsymbol{w} \leqslant w\} = P\{\min(\boldsymbol{x},\boldsymbol{y}) \leqslant z,\ \max(\boldsymbol{x},\ \boldsymbol{y}) \leqslant w\} \quad (6-91)$$

我们必须分两种情况讨论，即 $w \geqslant z$ 和 $w < z$ 两种情况，因为这两种情况下区域 $D_{z,w}$ 截然不同，见图 6 - 22(a) 和图 6 - 22(b)。

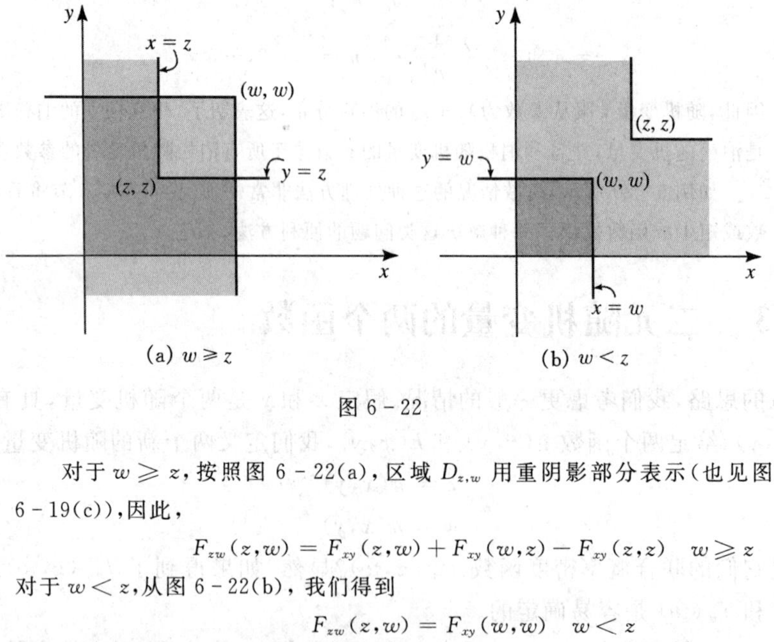

图 6 - 22

对于 $w \geqslant z$，按照图 6 - 22(a)，区域 $D_{z,w}$ 用重阴影部分表示（也见图 6 - 18(c) 和图 6 - 19(c)），因此，

$$F_{zw}(z,w) = F_{xy}(z,w) + F_{xy}(w,z) - F_{xy}(z,z) \quad w \geqslant z \quad (6-92)$$

对于 $w < z$，从图 6 - 22(b)，我们得到

$$F_{zw}(z,w) = F_{xy}(w,w) \quad w < z \quad (6-93)$$

其中

$$F_{xy}(x,y) = F_x(x)F_y(y) = \frac{x}{\theta} \times \frac{y}{\theta} = \frac{xy}{\theta^2} \quad (6-94)$$

我们得到

$$F_{zw}(z,w) = \begin{cases} (2wz - z^2)/\theta^2, & 0 < z < w < \theta \\ w^2/\theta^2, & \text{其它} \end{cases} \quad (6-95)$$

因此

$$f_{zw}(z,w) = \begin{cases} 2/\theta^2, & 0 < z < w < \theta \\ 0 & \text{其它} \end{cases} \quad (6-96)$$

从(6 - 96) 式，我们也得到

$$f_z(z) = \int_z^\theta f_{zw}(z,w)\mathrm{d}w = \frac{2}{\theta}\left(1 - \frac{z}{\theta}\right) \quad 0 < z < \theta \tag{6-97}$$

和

$$f_w(w) = \int_0^w f_{zw}(z,w)\mathrm{d}z = \frac{2w}{\theta^2} \quad 0 < w < \theta \tag{6-98}$$

6.3.1　联合概率密度

如果函数 $g(x,y)$ 和 $h(x,y)$ 是连续和可导的，那么，像一维随机变量的情况一样，直接导出概率密度函数 $f_{zw}(z,w)$ 的公式表示是可能的。为此，我们考虑方程组

$$g(x,y) = z, \quad h(x,y) = w \tag{6-99}$$

对于给定的点(z,w)，方程组(6－99) 可能有很多解。设(x_1,y_1)，(x_2,y_2)，…，(x_n,y_n) 表示它的解(见图 6－23)，也就是说，

$$g(x_i,y_i) = z, \quad h(x_i,y_i) = w \tag{6-100}$$

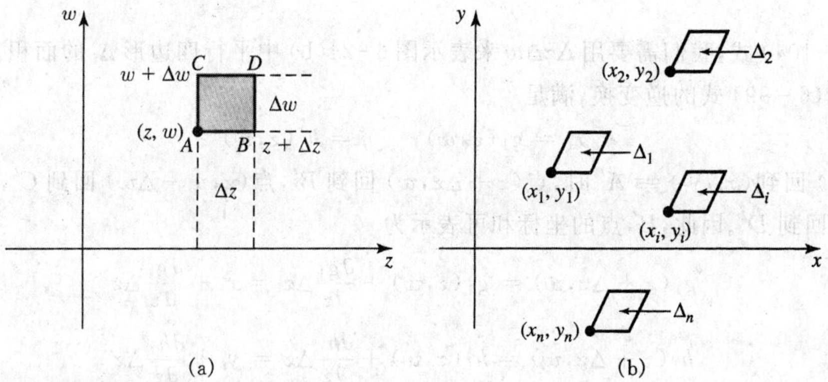

图 6－23

考虑概率估计问题

$$\begin{aligned} &P\{z \leqslant \boldsymbol{z} \leqslant z + \Delta z, w \leqslant \boldsymbol{w} \leqslant w + \Delta w\} \\ &= P\{z \leqslant g(\boldsymbol{x},\boldsymbol{y}) \leqslant z + \Delta z, w \leqslant h(\boldsymbol{x},\boldsymbol{y}) \leqslant w + \Delta w\} \end{aligned} \tag{6-101}$$

用(6－8) 式，(6－101) 式可以重新写做

$$P\{z < \boldsymbol{z} \leqslant z + \Delta z, w < \boldsymbol{w} \leqslant w + \Delta w\} = f_{zw}(z,w)\Delta z\Delta w \tag{6-102}$$

但是为了用 $f_{xy}(x,y)$ 表示这个概率，我们必须推导 D_{zw} 在 xy 平面上的等价区域。为此，参考图 6－24，我们观察到坐标为(z,w) 的点映射到了 xy 平面上的点 A'(见图 6－23(b))。当图 6－24(a) 中 z 变到 $z+\Delta z$，A 变到 B，B' 表示 B 在 xy 平面上的像点。类似地，当 w 变到 $w+\Delta w$ 时，A 变到 C，C 在 xy 平面的像点是 C'。

最后，D 对应到 D'，$A'B'C'D'$ 表示 zw 平面上矩形 $ABCD$ 在 xy 平面的等价平行四边形，面积为 Δ_i。参考图 6－23，因为这些平行四边形是互不相交的，在(6－102) 中的概率可以表示成

$$\sum_i P\{(\boldsymbol{x},\boldsymbol{y}) \in \Delta_i\} = \sum_i f_{xy}(x_i,y_i)\Delta_i \tag{6-103}$$

从(6－102) 和(6－103) 式相等，我们得到

$$f_{zw}(z,w)=\sum_i f_{xy}(x_i,y_i)\frac{\Delta_i}{\Delta z\Delta w} \tag{6-104}$$

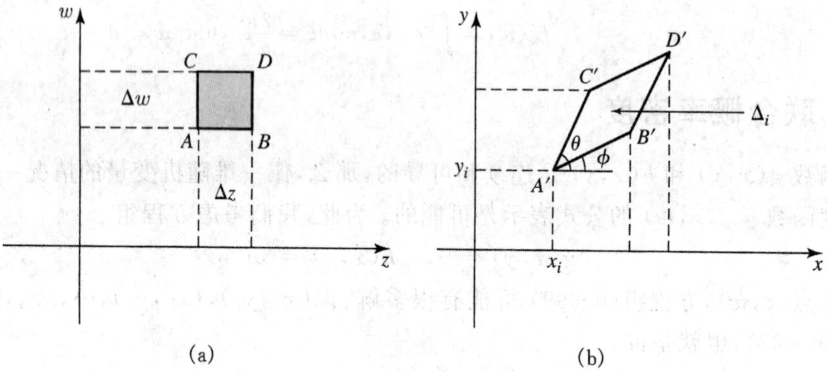

图 6-24

为简化(6-104)式，我们需要用$\Delta z\Delta w$来表示图6-24(b)中平行四边形Δ_i的面积。为此，设g_1和h_1表示(6-99)式的逆变换，满足

$$x_i=g_1(z,w),\quad y_i=h_1(z,w) \tag{6-105}$$

当点(z,w)回到$(x_i,y_i)\equiv A'$时，点$(z+\Delta z,w)$回到B'，点$(z,w+\Delta w)$回到C'，点$(z+\Delta z,w+\Delta w)$回到D'。因此，B'点的坐标和可表示为

$$g_1(z+\Delta z,w)=g_1(z,w)+\frac{\partial g_1}{\partial z}\Delta z=x_i+\frac{\partial g_1}{\partial z}\Delta z \tag{6-106}$$

$$h_1(z+\Delta z,w)=h_1(z,w)+\frac{\partial h_1}{\partial z}\Delta z=y_i+\frac{\partial h_1}{\partial z}\Delta z \tag{6-107}$$

类似地，C'点的坐标是

$$x_i+\frac{\partial g_1}{\partial w}\Delta w,\quad y_i+\frac{\partial h_1}{\partial w}\Delta w \tag{6-108}$$

图 6-24(b)中平行四边形$A'B'C'D'$的面积是

$$\begin{aligned}\Delta_i&=(A'B')(A'C')\sin(\theta-\phi)\\&=(A'B'\cos\phi)(A'C'\sin\theta)-(A'B'\sin\phi)(A'C'\cos\theta)\end{aligned} \tag{6-109}$$

但从图6-24(b)以及(6-106)—(6-108)式，

$$A'B'\cos\phi=\frac{\partial g_1}{\partial z}\Delta z,\ A'C'\sin\theta=\frac{\partial h_1}{\partial w}\Delta w \tag{6-110}$$

$$A'B'\sin\phi=\frac{\partial h_1}{\partial z}\Delta z,\ A'C'\cos\theta=\frac{\partial g_1}{\partial w}\Delta w \tag{6-111}$$

所以

$$\Delta_i=\left(\frac{\partial g_1}{\partial z}\frac{\partial h_1}{\partial w}-\frac{\partial g_1}{\partial w}\frac{\partial h_1}{\partial z}\right)\Delta z\Delta w \tag{6-112}$$

$$\frac{\Delta_i}{\Delta z\Delta w}=\left(\frac{\partial g_1}{\partial z}\frac{\partial h_1}{\partial w}-\frac{\partial g_1}{\partial w}\frac{\partial h_1}{\partial z}\right)=\begin{vmatrix}\dfrac{\partial g_1}{\partial z}&\dfrac{\partial g_1}{\partial w}\\[2ex]\dfrac{\partial h_1}{\partial z}&\dfrac{\partial h_1}{\partial w}\end{vmatrix} \tag{6-113}$$

(6 - 113) 式右边的行列式表示逆变换(6 - 105) 式的雅可比行列式 $J(z,w)$ 的绝对值。因此

$$J(z,w)=\begin{vmatrix}\dfrac{\partial g_1}{\partial z} & \dfrac{\partial g_1}{\partial w}\\[2ex] \dfrac{\partial h_1}{\partial z} & \dfrac{\partial h_1}{\partial w}\end{vmatrix} \tag{6-114}$$

把(6 - 114) 式代入(6 - 104) 式，我们得到

$$f_{zw}(z,w)=\sum_i |J(z,w)| f_{xy}(x_i,y_i)=\sum_i \frac{1}{|J(x_i,y_i)|}f_{xy}(x_i,y_i) \tag{6-115}$$

因为

$$|J(z,w)|=\frac{1}{|J(x_i,y_i)|} \tag{6-116}$$

其中行列式 $J(x_i,y_i)$ 表示原变换(6 - 99) 式的雅可比行列式，具有形式

$$J(x_i,y_i)=\begin{vmatrix}\dfrac{\partial g}{\partial x} & \dfrac{\partial g}{\partial y}\\[2ex] \dfrac{\partial h}{\partial x} & \dfrac{\partial h}{\partial y}\end{vmatrix}_{x=x_i,\,y=y_i} \tag{6-117}$$

下面将通过各种例子说明公式(6 - 115) 的用法。

6.3.2　线性变换

$$\boldsymbol{z}=a\boldsymbol{x}+b\boldsymbol{y},\quad \boldsymbol{w}=c\boldsymbol{x}+d\boldsymbol{y} \tag{6-118}$$

如果 $ad-bc\neq 0$，则方程组 $ax+by=z, cx+dy=w$ 有惟一的解

$$x=Az+Bw,\ y=Cz+Dw$$

因为 $J(x,y)=ad-bc$，故由(6 - 115) 式得到

$$f_{zw}(z,w)=\frac{1}{|ad-bd|}f_{xy}(Az+Bw,\ Cz+Dw) \tag{6-119}$$

联合正态　从(6 - 119) 式可知，若随机变量 $\boldsymbol{x}$ 和 $\boldsymbol{y}$ 是联合正态的，即服从 $N(\mu_x,\mu_y,\sigma_x^2,\sigma_y^2,\rho)$ 且

$$\boldsymbol{z}=a\boldsymbol{x}+b\boldsymbol{y},\quad \boldsymbol{w}=c\boldsymbol{x}+d\boldsymbol{y} \tag{6-120}$$

类似于 $f_{xy}(x,y)$，$\boldsymbol{z}$ 和 $\boldsymbol{w}$ 的概率密度函数也是指数函数，指数部分是和的二次多项式，因此也是联合正态的。用(6 - 25) 式的概念，$\boldsymbol{z}$ 和 $\boldsymbol{w}$ 服从正态分布 $N(\mu_z,\mu_w,\sigma_z^2,\sigma_w^2,\rho_{zw})$，通过计算知道

$$\begin{aligned}
\mu_z&=a\mu_x+b\mu_y,\\
\mu_w&=c\mu_x+d\mu_y,\\
\sigma_z^2&=a^2\sigma_x^2+2ab\rho\sigma_x\sigma_y+b^2\sigma_y^2,\\
\sigma_w^2&=c^2\sigma_x^2+2cd\rho\sigma_x\sigma_y+d^2\sigma_y^2,\\
\rho_{zw}&=\frac{ac\sigma_x^2+(ad+bc)\rho\sigma_x\sigma_y+bd\sigma_y^2}{\sigma_z\sigma_w}
\end{aligned} \tag{6-121}$$

特别是，任意两个联合正态的随机变量的线性组合仍然是正态的。

【例 6 - 22】　假定 $\boldsymbol{x}$ 和 $\boldsymbol{y}$ 是相互独立的正态随机变量，具有相同的方差 σ^2。定义 $\boldsymbol{r}=\sqrt{\boldsymbol{x}^2+\boldsymbol{y}^2}$，$\boldsymbol{\theta}=\arctan(\boldsymbol{y}/\boldsymbol{x})$，其中 $|\theta|<\pi$。求它们的联合概率密度函数。

解　这里

$$f_{xy}(x,y)=\frac{1}{2\pi\sigma^2}\mathrm{e}^{-(x^2+y^2)/2\sigma^2} \tag{6-122}$$

因为

$$r=g(x,y)=\sqrt{x^2+y^2},\theta=h(x,y)=\tan^{-1}(y/x) \tag{6-123}$$

θ 在区间 $[-\pi,\pi]$ 上变化，(6-123) 式有一个解为

$$x_1=r\cos\theta,y_1=r\sin\theta \tag{6-124}$$

从(6-124) 式我们得到 $J(r,\theta)$：

$$J(r,\theta)=\begin{vmatrix}\dfrac{\partial x_1}{\partial r} & \dfrac{\partial x_1}{\partial \theta}\\ \dfrac{\partial y_1}{\partial r} & \dfrac{\partial y_1}{\partial \theta}\end{vmatrix}=\begin{vmatrix}\cos\theta & -r\sin\theta\\ \sin\theta & r\cos\theta\end{vmatrix}=r \tag{6-125}$$

所以

$$|J(r,\theta)|=r \tag{6-126}$$

我们也可以从(6-117) 式计算 $J(x,y)$。从(6-123) 式

$$J(x,y)=\begin{vmatrix}\dfrac{x}{\sqrt{x^2+y^2}} & \dfrac{y}{\sqrt{x^2+y^2}}\\ \dfrac{-y}{x^2+y^2} & \dfrac{x}{x^2+y^2}\end{vmatrix}=\frac{1}{\sqrt{x^2+y^2}}=\frac{1}{r} \tag{6-127}$$

注意到：$|J(r,\theta)|=|1/J(x,y)|$，这于(6-116) 式相吻合。把(6-122)，(6-124) 和(6-126) 或(6-127) 式代入(6-115)，我们得到

$$f_{r,\theta}(r,\theta)=rf_{xy}(x_1,y_1)=\frac{r}{2\pi\sigma^2}\mathrm{e}^{-r^2/2\sigma^2}\quad 0<r<\infty\quad |\theta|<\pi \tag{6-128}$$

因此

$$f_r(r)=\int_{-\pi}^{\pi}f_{r,\theta}(r,\theta)\mathrm{d}\theta=\frac{r^2}{\sigma^2}\mathrm{e}^{-r^2/2\sigma^2}\quad 0<r<\infty \tag{6-129}$$

这是一个具有参数 σ^2 的瑞利分布的随机变量，并且

$$f_\theta(\theta)=\int_0^{\infty}f_{r,\theta}(r,\theta)\mathrm{d}r=\frac{1}{2\pi}\quad |\theta|<\pi \tag{6-130}$$

这是一个区间 $(-\pi,\pi)$ 上的均匀分布。并且，直接计算，可以验证

$$f_{r,\theta}(r,\theta)=f_r(r)f_\theta(\theta) \tag{6-131}$$

这表明随机变量 $\boldsymbol{r}$ 和 $\boldsymbol{\theta}$ 是相互独立的。我们可以把上述结果归纳如下：如果 $\boldsymbol{x}$ 和 $\boldsymbol{y}$ 是零均值的具有相同方差的相互独立的正态随机变量，那么 $\boldsymbol{r}=\sqrt{\boldsymbol{x}^2+\boldsymbol{y}^2}$ 服从瑞利分布而 $\boldsymbol{\theta}=\arctan(\boldsymbol{y}/\boldsymbol{x})$ 是区间 $(-\pi,\pi)$ 上的均匀分布(也见例 6-15)。而且两个导出的随机变量也是统计独立的。另一种表示方法是，在(6-122) 式中的随机变量 $\boldsymbol{x}$ 和 $\boldsymbol{y}$ 是零均值的随机变量，$\boldsymbol{x}+\mathrm{j}\boldsymbol{y}$ 表示一个复高斯随机变量。但

$$\boldsymbol{x}+\mathrm{j}\boldsymbol{y}=\boldsymbol{r}\mathrm{e}^{\mathrm{j}\boldsymbol{\theta}} \tag{6-132}$$

$\boldsymbol{r}$ 和 $\boldsymbol{\theta}$ 如(6-123) 式所示，因此我们得出结论：复高斯随机变量的幅度和相位是相互独立的，幅度服从瑞利分布，相位服从均匀分布。这些导出随机变量的统计独立性是一个有趣的性质。

【例 6-23】　设 $\boldsymbol{x}$ 和 $\boldsymbol{y}$ 是相互独立的指数分布随机变量，具有相同的参数 λ。定义 $\boldsymbol{u}=\boldsymbol{x}+\boldsymbol{y}$，$\boldsymbol{v}=\boldsymbol{x}-\boldsymbol{y}$。求 $\boldsymbol{u}$ 和 $\boldsymbol{v}$ 的联合概率密度函数。

解　按照独立性，$\boldsymbol{x}$ 和 $\boldsymbol{y}$ 的联合概率密度函数是

$$f_{xy}(x,y)=\frac{1}{\lambda^2}\mathrm{e}^{-(x+y)/\lambda}\quad x>0,y>0 \tag{6-133}$$

因为 $u = x + y$, $v = x - y$,总有 $|v| < u$ 并且方程组仅有一组解

$$x = \frac{u+v}{2},\ y = \frac{u-v}{2} \tag{6-134}$$

并且变换的雅可比行列式是

$$J(x,y) = \begin{vmatrix} 1 & 1 \\ 1 & -1 \end{vmatrix} = -2$$

因此

$$f_{uv}(u,v) = \frac{1}{2\lambda^2}e^{-u/\lambda} \quad 0 < |v| < u < \infty \tag{6-135}$$

是 u 和 v 的联合概率密度函数。从这得到两个边缘概率密度函数

$$f_u(u) = \int_{-u}^{u} f_{uv}(u,v)\mathrm{d}v = \frac{1}{2\lambda^2}\int_{-u}^{u} e^{-u/\lambda}\mathrm{d}v = \frac{u}{\lambda^2}e^{-u/\lambda} \quad 0 < u < \infty \tag{6-136}$$

$$f_v(v) = \int_{|v|}^{\infty} f_{uv}(u,v)\mathrm{d}u = \frac{1}{2\lambda^2}\int_{|v|}^{\infty} e^{-u/\lambda}\mathrm{d}u = \frac{1}{2\lambda}e^{-|v|/\lambda} \quad -\infty < v < \infty \tag{6-137}$$

注意 $f_{uv}(u,v) \neq f_u(u)f_v(v)$,因此这两个随机变量是不独立的。

下面将要看到,在公式(6-115)中变换公式虽然使用了两个函数,但即使当仅有一个函数被指定时,公式仍然可以使用。

辅助变量　假定

$$z = g(x,y) \tag{6-138}$$

是随机变量 x 和 y 的函数。为了利用公式(6-115)求 $f_z(z)$,我们可以先定义一个辅助变量

$$w = x \text{ 或 } w = y \tag{6-139}$$

然后对所得的联合密度函数 $f_{zw}(z,w)$ 进行积分,找出 z 的概率密度函数。

【例 6-24】　假定 $z = x + y$ 并且设 $w = y$ 以便二维变换是一一对应,它的解是 $y_1 = w$, $x_1 = z - w$。变换的雅可比矩阵是

$$J(x,y) = \begin{vmatrix} 1 & 1 \\ 0 & 1 \end{vmatrix} = 1$$

因此

$$f_{zw}(x,y) = f_{xy}(x_1,y_1) = f_{xy}(z-w,w)$$

或

$$f_z(z) = \int f_{zw}(z,w)\mathrm{d}w = \int_{-\infty}^{\infty} f_{xy}(z-w,w)\mathrm{d}w \tag{6-140}$$

这与(6-41)式吻合。注意:如果 x 和 y 是独立的随机变量,(6-140)式简化到 $f_x(z)$ 和 $f_y(z)$ 的卷积。

下面我们按照这一思路考虑几个特殊的例子。

【例 6-25】　设 $x \sim U(0,1)$, $y \sim U(0,1)$ 是独立的随机变量。定义

$$z = (-2\ \ln x)^{1/2}\cos(2\pi y) \tag{6-141}$$

求随机变量 z 的概率密度函数。

解　在这种情况下,我们引入辅助变量 $w = y$。方程组仅有一组解

$$x_1 = e^{-[z\sec(2\pi w)]^2/2} \tag{6-142}$$

$$y_1 = w \tag{6-143}$$

使用(6-114)

$$J(z,w)=\begin{vmatrix}\dfrac{\partial x_1}{\partial z} & \dfrac{\partial x_1}{\partial w}\\ \dfrac{\partial y_1}{\partial z} & \dfrac{\partial y_1}{\partial w}\end{vmatrix}=\begin{vmatrix}-z\sec^2(2\pi w)\mathrm{e}^{-[z\sec(2\pi w)]^2/2} & \dfrac{\partial x_1}{\partial w}\\ 0 & 1\end{vmatrix} \qquad (6-144)$$

$$=-z\sec^2(2\pi w)\mathrm{e}^{-[z\sec(2\pi w)]^2/2}$$

把(6－142)和(6－144)代入(6－115)式，我们得到

$$f_{zw}(z,w)=z\sec^2(2\pi w)\mathrm{e}^{-[z\sec(2\pi w)]^2/2},\ -\infty<z<\infty,\ 0<w<1 \qquad (6-145)$$

和

$$f_z(z)=\int_0^1 f_{zw}(z,w)\mathrm{d}w=\mathrm{e}^{-z^2/2}\int_0^1 z\sec^2(2\pi w)\mathrm{e}^{-[z\tan(2\pi w)]^2/2}\mathrm{d}w \qquad (6-146)$$

设 $u=z\tan(2\pi w)$，则 $\mathrm{d}u=2\pi z\sec^2(2\pi w)\mathrm{d}w$。并且当 w 从 0 变到 1 时，u 从 $-\infty$ 变到 ∞。对(6－146)作变量替换，我们得到

$$f_z(z)=\frac{1}{\sqrt{2\pi}}\mathrm{e}^{-z^2/2}\underbrace{\int_{-\infty}^{\infty}\mathrm{e}^{-u^2/2}\frac{\mathrm{d}u}{\sqrt{2\pi}}}_{1}=\frac{1}{\sqrt{2\pi}}\mathrm{e}^{-z^2/2}\qquad -\infty<z<\infty \qquad (6-147)$$

这表示一个零均值单位方差的正态随机变量，即 $\mathbf{z}\sim N(0,1)$。方程(4－141)也能够作为从两个独立均匀分布生成正态分布的途径。

【例 6－26】 设 $\mathbf{z}=\mathbf{xy}$。那么用 $\mathbf{w}=\mathbf{x}$ 作为辅助变量。方程组 $xy=z,x=w$ 有惟一解：$x_1=w,y_1=z/w$。在这种情况下，$J=-w$，于是(6－115)式变为

$$f_{zw}(z,w)=\frac{1}{|w|}f_{xy}\left(w,\frac{z}{w}\right)$$

因此，随机变量 $\mathbf{z}=\mathbf{xy}$ 的概率密度函数为

$$f_z(z)=\int_{-\infty}^{\infty}\frac{1}{|w|}f_{xy}\left(w,\frac{z}{w}\right)\mathrm{d}w \qquad (6-148)$$

特例　现在假定 $\mathbf{x}$ 和 $\mathbf{y}$ 是相互独立的在区间(0,1)上的均匀分布随机变量。在这种情况下，$z<w$ 并且

$$f_{xy}\left(w,\frac{z}{w}\right)=f_x(x)f_y\left(\frac{z}{w}\right)=1$$

所以(见图 6－25)

$$f_{zw}(z,w)=\begin{cases}1/\omega & 0<z<w<1\\ 0 & \text{其它}\end{cases} \qquad (6-149)$$

因此，

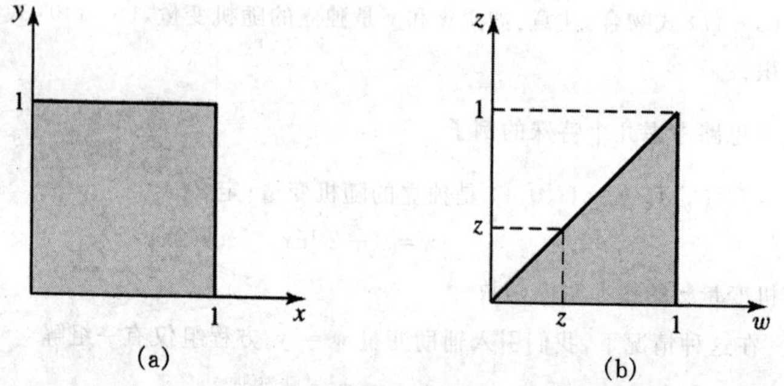

图 6－25

$$f_z(z)=\int_z^1 \frac{1}{w}\mathrm{d}w=\begin{cases}-\ln z & 0<z<1\\ 0 & \text{其它}\end{cases} \tag{6-150}$$

【例 6-27】 像例 6-12 中一样，x 和 y 是相互独立的伽马分布随机变量。定义 $z=x+y$，$w=x/y$。证明 z 和 w 也是相互独立的。

解　方程 $z=x+y$，$w=x/y$ 仅有一对解

$$x_1=\frac{zw}{1+w}\quad y_1=\frac{z}{1+w}$$

而且

$$J(x,y)=\begin{vmatrix}1 & 1\\ 1/y & -x/y^2\end{vmatrix}=-\frac{x+y}{y^2}=-\frac{(1+w)^2}{z}$$

把这些代入(6-65)和(6-115)式，我们得到

$$\begin{aligned}f_{z,w}(z,w)&=\frac{1}{\alpha^{m+n}\Gamma(m)\Gamma(n)}\frac{z}{(1+w)^2}\left(\frac{zw}{1+w}\right)^{m-1}\left(\frac{z}{1+w}\right)^{n-1}\mathrm{e}^{-z/\alpha}\\&=\frac{1}{\alpha^{m+n}}\frac{z^{m+n-1}}{\Gamma(m)\Gamma(n)}\mathrm{e}^{-z/\alpha}\frac{w^{m-1}}{(1+w)^{m+n}}\\&=\left(\frac{z^{m+n-1}}{\alpha^{m+n}\Gamma(m+n)}\mathrm{e}^{-z/\alpha}\right)\left(\frac{\Gamma(m+n)}{\Gamma(m)\Gamma(n)}\frac{w^{m-1}}{(1+w)^{m+n}}\right)\\&=f_z(z)f_w(w)\quad z>0,\ w>0\end{aligned} \tag{6-151}$$

这表明 z 和 w 也是相互独立的随机变量。注意这里 $z\sim G(m+n,\alpha)$ 而 w 是两个独立伽马随机变量的比。

【例 6-28】 ***t* 分布**

一个随机变量 z 服从 n 个自由度的 t 分布（也称 Student 分布）①，也就是说

$$f_z(z)=\frac{\gamma_1}{\sqrt{(1+z^2/n)^{n+1}}}\quad \gamma_1=\frac{\Gamma((n+1)/2)}{\sqrt{\pi n}\Gamma(n/2)}\quad -\infty<z<\infty \tag{6-152}$$

我们将证明：如果 x 和 y 是两个相互独立的随机变量，$x\sim N(0,1)$ 而 y 服从 $\chi^2(n)$：

$$f_x(x)=\frac{1}{\sqrt{2\pi}}\mathrm{e}^{-x^2/2}\quad f_y(y)=\frac{1}{2^{n/2}\Gamma(n/2)}y^{n/2-1}\mathrm{e}^{-y/2}U(y) \tag{6-153}$$

那么随机变量

$$z=\frac{x}{\sqrt{y/n}}$$

服从 $t(n)$ 分布。这里 t 分布表示一个正态随机变量与一个和它独立的 $\chi^2(n)$ 的随机变量除以自由度的均方根之比。

解　我们引入随机变量 $w=y$ 并在(6-115)式中令

$$x=z\sqrt{w/n}\quad y=w\quad J(z,w)=\sqrt{w/n}\ \text{或}\ J(x,y)=\sqrt{n/w}$$

从而得到

$$\begin{aligned}f_{zw}(z,w)&=\sqrt{\frac{w}{n}}\frac{1}{\sqrt{2\pi}}\mathrm{e}^{-z^2w/2n}\frac{w^{n/2-1}}{2^{n/2}\Gamma(n/2)}\mathrm{e}^{-w/2}U(w)\\&=\frac{w^{(n-1)/2}}{\sqrt{2\pi n}2^{n/2}\Gamma(n/2)}\mathrm{e}^{-w(1+z^2/n)/2}U(w)\end{aligned}$$

对 w 积分并用变量替换 $w(1+z^2/n)/2=u$，我们得到

$$f_z(z)=\frac{1}{\sqrt{\pi n}\Gamma(n/2)}\frac{1}{(1+z^2/n)^{(n+1)/2}}\int_0^\infty u^{(n-1)/2}\mathrm{e}^{-u}\mathrm{d}u$$

---

① Student 是英国统计学家 W. S. Gosset 的笔名，他首先引入了这种分布的经验形式（见 1908 年生物统计学的论文“The probable error of a mean”），这个结果的严格证明由 R. A. Fisher 第一个发表。

$$= \frac{\Gamma((n+1)/2)}{\sqrt{\pi n}\Gamma(n/2)} \frac{1}{(1+z^2/n)^{(n+1)/2}}$$

$$= \frac{1}{\sqrt{n}\beta(1/2,\ n/2)} \frac{1}{(1+z^2/n)^{(n+1)/2}} \quad -\infty < z < \infty \tag{6-154}$$

对 $n=1$，(6-154) 式表示柯西随机变量。注意，对于不同的 n，(6-154) 式产生不同的概率密度函数。当 n 变得很大时，t 分布趋向正态分布。事实上，从(6-154) 我们得到

$$(1+z^2/n)^{-(n+1)/2} \to e^{-z^2/2} \qquad n \to \infty$$

同正态分布相比，对于小的 n，t 分布有很"胖"的尾巴，因为它是多项式形式的。像正态分布一样，t 分布在统计学中也是重要的并有 t 分布表可以利用。

【例 6-29】 F 分布

设 $\boldsymbol{x}$ 和 $\boldsymbol{y}$ 是相互独立的随机变量，$\boldsymbol{x}$ 服从具有 m 个自由度的 χ 分布，$\boldsymbol{y}$ 服从具有 n 个个自由度的 χ 分布。那么随机变量

$$\boldsymbol{F} = \frac{\boldsymbol{x}/m}{\boldsymbol{y}/n} \tag{6-155}$$

被称做具有$(m,\ n)$ 自由度的 F 分布。证明 $\boldsymbol{z}=\boldsymbol{F}$ 的概率密度函数是

$$f_z(z) = \begin{cases} \dfrac{F((m+n)/2)m^{m/2}n^{n/2}}{\Gamma(m/2)\Gamma(n/2)} \dfrac{z^{m/2-1}}{(n+mz)^{(m+n)/2}} & z > 0 \\ 0 & \text{其它} \end{cases} \tag{6-156}$$

解　为了计算 F 的密度函数，按照(6-153) 式 $\boldsymbol{x}/m$ 的密度函数是

$$f_1(x) = \begin{cases} \dfrac{m(mx)^{m/2-1}e^{-mx/2}}{\Gamma(m/2)2^{m/2}} & x > 0 \\ 0 & \text{其它} \end{cases}$$

$\boldsymbol{y}/n$ 的密度函数是

$$f_2(y) = \begin{cases} \dfrac{n(ny)^{n/2-1}e^{-ny/2}}{\Gamma(n/2)2^{n/2}} & y > 0 \\ 0 & \text{其它} \end{cases}$$

利用例 6-10 中的(6-60) 式，我们得到 $\boldsymbol{z}=\boldsymbol{F}$ 的概率密度函数是：

$$\begin{aligned} f_z(z) &= \int_0^\infty y\left(\frac{m(mzy)^{m/2-1}e^{-mzy/2}}{\Gamma(m/2)2^{m/2}}\right)\left(\frac{n(ny)^{n/2-1}e^{-ny/2}}{\Gamma(n/2)2^{n/2}}\right)dy \\ &= \frac{(m/2)^{m/2}(n/2)^{n/2}}{\Gamma(m/2)\Gamma(n/2)2^{(m+n)/2}} z^{m/2-1}\int_0^\infty y^{(m+n)/2-1}e^{y(n+mz)/2}dy \\ &= \frac{(m/2)^{m/2}(n/2)^{n/2}}{\Gamma(m/2)\Gamma(n/2)2^{(m+n)/2}} z^{m/2-1}\Gamma\left(\frac{m+n}{2}\right)\left(\frac{2}{n+mz}\right)^{(m+n)/2} \\ &= \frac{\Gamma((m+n)/2)m^{m/2}n^{n/2}}{\Gamma(m/2)\Gamma(n/2)} \frac{z^{m/2-1}}{(n+mz)^{(m+n)/2}} \\ &= \frac{(m/n)^{m/2}}{\beta(m/2,n/2)} z^{m/2-1}(1+mz/n)^{-(m+n)/2} \quad z > 0 \end{aligned} \tag{6-157}$$

当 $z<0$ 时，$f_z(z)=0$。(6-157) 式中的分布被称做费希尔方差配置分布。如果(6-155) 式中 $m=1$，那么从(6-154) 和(6-157) 式，我们得到 $F=[t(n)]^2$。因此，$F(1,n)$ 和 $t^2(n)$ 有相同的分布函数。而且 $F(1,1)=t^2(1)$ 表示柯西随机变量的平方。t 分布和 F 分布在统计检验中具有重要的地位。

6.4　联合矩

给定两个随机变量 $\boldsymbol{x}$ 和 $\boldsymbol{y}$ 以及函数 $g(x,y)$，我们可以构造随机变量 $\boldsymbol{z}=g(\boldsymbol{x},\boldsymbol{y})$。这个随机

变量的期望值为

$$E\{\mathbf{z}\} = \int_{-\infty}^{\infty} z f_z(z)\mathrm{d}z \tag{6-158}$$

然而，下面的定理表明，$E\{\mathbf{z}\}$ 也可以直接用函数 $g(x,y)$ 和 $\mathbf{x}$ 和 $\mathbf{y}$ 的联合概率密度函数 $f(x,y)$ 来表示。

定理 6-4 ▶

$$E\{\mathbf{z}\} = \int_{-\infty}^{\infty}\int_{-\infty}^{\infty} g(x,y)f(x,y)\mathrm{d}x\mathrm{d}y \tag{6-159}$$

证　证明方法类似于(5-55)式的证明。我们用 ΔD_z 表示 xy 平面上满足不等式 $z < g(x,y) < z + \mathrm{d}z$ 的区域。因此，(6-158)式中的微分对应到 xy 平面上的区域 ΔD_z。当覆盖 z 轴时，区域 ΔD_z 互不重叠并且覆盖 xy 平面。因此，(6-158)和(6-159)式的积分相等。◀

我们注意到：$g(\mathbf{x})$ 的期望可以按照(6-159)式的二重积分确定，也可以按照(5-55)式的积分确定

$$E\{g(\mathbf{x})\} = \int_{-\infty}^{\infty}\int_{-\infty}^{\infty} g(x)f(x,y)\mathrm{d}x\mathrm{d}y = \int_{-\infty}^{\infty} g(x)f_x(x)\mathrm{d}x$$

这与(6-10)式的边缘密度函数和联合密度函数之间的关系是一致的。

如果随机变量 $\mathbf{x}$ 和 $\mathbf{y}$ 是离散型的，取值 x_i 和 y_k 的概率为 p_{ik}，那么

$$E\{g(\mathbf{x},\mathbf{y})\} = \sum_i\sum_k g(x_i,y_k)p_{ik} \tag{6-160}$$

线性　从(6-159)式得到

$$E\{\sum_{k=1}^{n} a_k g_k(\mathbf{x},\mathbf{y})\} = \sum_{k=1}^{n} a_k E\{g_k(\mathbf{x},\mathbf{y})\} \tag{6-161}$$

这个基本结论使用非常广泛。

特别是，我们注意到

$$E\{\mathbf{x}+\mathbf{y}\} = E\{\mathbf{x}\} + E\{\mathbf{y}\} \tag{6-162}$$

因此两个随机变量和的期望等于它们期望的和。需要强调的是，一般情况下

$$E\{\mathbf{xy}\} \neq E\{\mathbf{x}\}E\{\mathbf{y}\}$$

频率解释　类似于(5-51)式

$$\begin{aligned} E\{\mathbf{x}+\mathbf{y}\} &\approx \frac{\mathbf{x}(\xi_1)+\mathbf{y}(\xi_1)+\cdots+\mathbf{x}(\xi_n)+\mathbf{y}(\xi_n)}{n} \\ &= \frac{\mathbf{x}(\xi_1)+\cdots+\mathbf{x}(\xi_n)}{n} + \frac{\mathbf{y}(\xi_1)+\cdots+\mathbf{y}(\xi_n)}{n} \\ &\approx E\{\mathbf{x}\} + E\{\mathbf{y}\} \end{aligned}$$

然而，一般情况下

$$\begin{aligned} E\{\mathbf{xy}\} &\approx \frac{\mathbf{x}(\xi_1)\mathbf{y}(\xi_1)+\cdots+\mathbf{x}(\xi_n)\mathbf{y}(\xi_n)}{n} \\ &\neq \frac{\mathbf{x}(\xi_1)+\cdots+\mathbf{x}(\xi_n)}{n} \times \frac{\mathbf{y}(\xi_1)+\cdots+\mathbf{y}(\xi_n)}{n} \\ &\approx E\{\mathbf{x}\}E\{\mathbf{y}\} \end{aligned}$$

对一个随机变量，我们可以用均值和方差这两个参数表示它的平均特性。对于两个随机变量，我们用什么参数表示随机变量相互之间的变化关系呢？为此，我们推广方差的概念到更一般的情况。

协方差　两个随机变量 $\boldsymbol{x}$ 和 $\boldsymbol{y}$ 的协方差 C 或 C_{xy} 定义为

$$C_{xy} = E\{(\boldsymbol{x} - \eta_x)(\boldsymbol{y} - \eta_y)\} \tag{6-163}$$

其中 $E\{\boldsymbol{x}\} = \eta_x, E\{\boldsymbol{y}\} = \eta_y$。把(6-163)式中的乘积展开并用(6-161)式得到

$$C_{xy} = E\{\boldsymbol{xy}\} - E\{\boldsymbol{x}\}E\{\boldsymbol{y}\} \tag{6-164}$$

相关系数　两个随机变量 $\boldsymbol{x}$ 和 $\boldsymbol{y}$ 的相关系数 ρ 或 ρ_{xy} 定义为比值

$$\rho_{xy} = \frac{C_{xy}}{\sigma_x \sigma_y} \tag{6-165}$$

可以证明

$$|\rho_{xy}| \leqslant 1 \quad |C_{xy}| \leqslant \sigma_x \sigma_y \tag{6-166}$$

证　显然

$$E\{[a(\boldsymbol{x} - \eta_x) + (\boldsymbol{y} - \eta_y)]^2\} = a^2\sigma_x^2 + 2aC_{xy} + \sigma_y^2 \tag{6-167}$$

方程(6-167)对任意的实数 a 是正的二次式，因此它的判别式非负。换句话说，

$$C_{xy}^2 - \sigma_x^2\sigma_x^2 \leqslant 0 \tag{6-168}$$

(6-166)式得到证明。

我们也注意到，随机变量 $\boldsymbol{x}, \boldsymbol{y}$ 和 $\boldsymbol{x} - \eta_x, \boldsymbol{y} - \eta_y$ 具有相同的协方差和相关系数。

【例 6-30】　在这个例子中，我们将证明两个联合正态随机变量的相关系数是(6-23)式中的参数 r。事实上，假定 $\eta_x = \eta_y = 0$ 并证明 $E\{\boldsymbol{xy}\} = r\sigma_1\sigma_2$ 就可以了。

因为

$$\frac{x^2}{\sigma_1^2} - 2r\frac{xy}{\sigma_1\sigma_2} + \frac{y^2}{\sigma_2^2} = \left(\frac{x}{\sigma_1} - r\frac{y}{\sigma_2}\right)^2 + (1 - r^2)\frac{y^2}{\sigma_2^2}$$

通过(6-23)式，我们得到

$$E\{\boldsymbol{xy}\} = \frac{1}{\sigma_2\sqrt{2\pi}}\int_{-\infty}^{\infty} y\mathrm{e}^{-y^2/2\sigma_2^2}\int_{-\infty}^{\infty}\frac{x}{\sigma_1\sqrt{2\pi(1-r^2)}}\exp\left(-\frac{(x - ry\sigma_1/\sigma_2)^2}{2\sigma_1^2(1-r^2)}\right)\mathrm{d}x\mathrm{d}y$$

内层的积分的被积函数是 x 乘以均值为 $ry\sigma_1/\sigma_2$ 的正态密度函数；因此等于 $ry\sigma_1/\sigma_2$。从而得到

$$E\{\boldsymbol{xy}\} = r\sigma_1/\sigma_2\int_{-\infty}^{\infty}\frac{1}{\sigma_2\sqrt{2\pi}}y^2\mathrm{e}^{-y^2/2\sigma_2^2}\mathrm{d}y = r\sigma_1\sigma_2$$

不相关性　如果两个随机变量的协方差是零，那么称它们是不相关的。它有下面几种等价的形式：

$$C_{xy} = 0 \quad \rho_{xy} = 0 \quad E\{\boldsymbol{xy}\} = E\{\boldsymbol{x}\}E\{\boldsymbol{y}\}$$

正交性　如果两个随机变量满足

$$E\{\boldsymbol{xy}\} = 0$$

那么称它们是正交的。用符号

$$\boldsymbol{x} \perp \boldsymbol{y}$$

表示 $\boldsymbol{x}$ 与 $\boldsymbol{y}$ 是正交的。

注　(a) 如果 $\boldsymbol{x}$ 与 $\boldsymbol{y}$ 是不相关的，那么 $\boldsymbol{x} - \eta_x \perp \boldsymbol{y} - \eta_y$；(b) 如果 $\boldsymbol{x}$ 与 $\boldsymbol{y}$ 是不相关的并且 $\eta_x = 0$ 或 $\eta_y = 0$，那么 $\boldsymbol{x} \perp \boldsymbol{y}$。

随机变量的向量空间　我们发现，把随机变量解释为某个抽象空间中的向量会带来很多方便。在这个空间中，二阶矩

$$E\{\boldsymbol{xy}\}$$

按照空间的定义是 $\boldsymbol{x}$ 和 $\boldsymbol{y}$ 的内积，而 $E\{\boldsymbol{x}^2\}$ 和 $E\{\boldsymbol{y}^2\}$ 是它们范数的平方。比值

$$\frac{E\{\boldsymbol{xy}\}}{\sqrt{E\{\boldsymbol{x}^2\}E\{\boldsymbol{y}^2\}}}$$

是它们夹角的余弦值。

我们知道

$$E^2\{\boldsymbol{xy}\} \leqslant E\{\boldsymbol{x}^2\}E\{\boldsymbol{y}^2\} \tag{6-169}$$

这是**余弦不等式**，它的证明类似于(6-168)式的证明：二次式

$$E\{(a\boldsymbol{x}-\boldsymbol{y})^2\} = a^2E\{\boldsymbol{x}^2\} - 2aE\{\boldsymbol{xy}\} + E\{\boldsymbol{y}^2\}$$

对任意的实数 a 总是正的；因此，判别式是负的，这就是(6-169)式的结果。如果(6-169)式中等号成立，那么二次式对某一个 $a=a_0$ 等于零，即 $\boldsymbol{y}=a_0\boldsymbol{x}$。因此，若(6-169)式中的等号成立，则向量 $\boldsymbol{x}$ 和 $\boldsymbol{y}$ 是共线的，这与随机变量的几何解释相一致。

下面我们通过图示说明向量与随机变量之间的对应关系：考虑两个随机变量 $\boldsymbol{x}$ 和 $\boldsymbol{y}$，满足 $E\{\boldsymbol{x}^2\}=E\{\boldsymbol{y}^2\}$。在几何上，这意味着两个向量 $\boldsymbol{x}$ 和 $\boldsymbol{y}$ 的长度是相同的。因此，如果以向量 $\boldsymbol{x}$ 和 $\boldsymbol{y}$ 为邻边作一个平行四边形，它的两条对角线分别表示 $\boldsymbol{x}+\boldsymbol{y}$ 和 $\boldsymbol{x}-\boldsymbol{y}$(见图 6-26)。这两条对角线是相互垂直的，因为

$$E\{(\boldsymbol{x}+\boldsymbol{y})(\boldsymbol{x}-\boldsymbol{y})\} = E\{\boldsymbol{x}^2-\boldsymbol{y}^2\} = 0$$

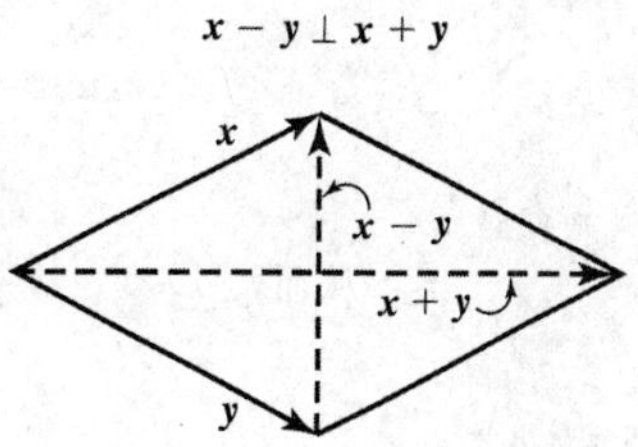

图 6-26

定理 6-5 ▶ 如果两个随机变量是相互独立的，即[见(6-20)式]

$$f(x,y) = f_x(x)f_y(y) \tag{6-170}$$

那么它们是不相关的。

证　只要能够证明

$$E\{\boldsymbol{xy}\} = E\{\boldsymbol{x}\}E\{\boldsymbol{y}\} \tag{6-171}$$

成立就可以了。从(6-159)和(6-170)式，

$$E\{\boldsymbol{xy}\} = \int_{-\infty}^{\infty}\int_{-\infty}^{\infty} xyf_x(x)f_y(y)\mathrm{d}x\mathrm{d}y = \int_{-\infty}^{\infty} xf_x(x)\mathrm{d}x\int_{-\infty}^{\infty} yf_y(y)\mathrm{d}y$$

因此，我们得到了(6-171)式。

如果随机变量 $\boldsymbol{x}$ 和 $\boldsymbol{y}$ 相互独立，那么随机变量 $g(\boldsymbol{x})$ 和 $h(\boldsymbol{y})$ 也是独立的[见(6-21)式]。因此，

$$E\{g(\boldsymbol{x})h(\boldsymbol{y})\} = E\{g(\boldsymbol{x})\}E\{h(\boldsymbol{y})\} \tag{6-172}$$

如果 $\boldsymbol{x}$ 和 $\boldsymbol{y}$ 仅仅是不相关的，这一结论一般不成立。◀

下面的例子将表明：两个不相关的随机变量可以是不独立的。然而，对于正态随机变量，不相关性和独立性是等价的。的确，如果两个随机变量 $\boldsymbol{x}$ 和 $\boldsymbol{y}$ 是联合正态并且相关系数 $r=0$，那么 $f(x,y)=f_x(x)f_y(y)$[见(6-23)式]。

【例 6-31】　设 $\boldsymbol{x}\sim U(0,1)$，$\boldsymbol{y}\sim U(0,1)$。假定 $\boldsymbol{x}$ 和 $\boldsymbol{y}$ 是相互独立的。定义 $\boldsymbol{z}=\boldsymbol{x}+\boldsymbol{y}$，$\boldsymbol{w}=\boldsymbol{x}-\boldsymbol{y}$。证明 $\boldsymbol{x}$ 和

w 不相互独立，但却是互不相关的。

解　方程组 $z = x + y$, $w = z - y$ 有惟一的解

$$x = \frac{z+w}{2},\ y = \frac{z-w}{2}$$

而且 $0 < z < 2$, $-1 < w < 1$, $z + w \leqslant 2$, $z - w \leqslant 2$, $z > |w|$ 和 $|J(z,w)| = 1/2$。

因此(见图 6-27 的阴影区域)

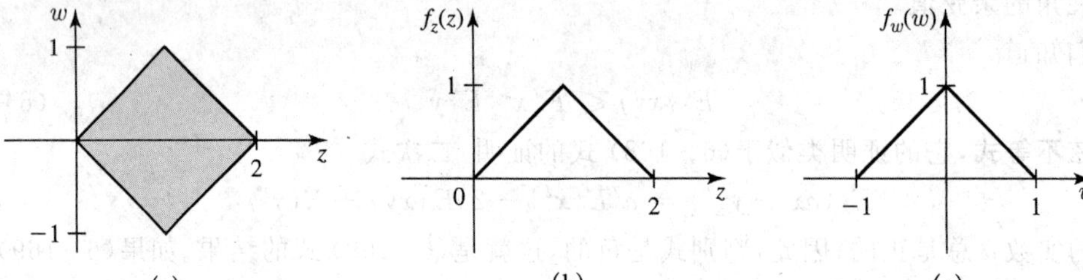

图 6-27

$$f_{zw}(z,w) = \begin{cases} 1/2 & 0 < z < 2, -1 < w < 1, z + w \leqslant 2, z - w \leqslant 2, |w| < z \\ 0 & \text{其他} \end{cases} \tag{6-173}$$

从而，

$$f_z(z) = \int f_{zw}(z,w)\mathrm{d}w = \begin{cases} \int_{-z}^{z} 1/2\mathrm{d}w = z & 0 < z < 1 \\ \int_{z-2}^{2-z} 1/2\mathrm{d}w = 2 - z & 1 < z < 2 \\ 0 & \text{其他} \end{cases} \tag{6-174}$$

$$f_w(w) = \int f_{zw}(z,w)\mathrm{d}z = \int_{|w|}^{2-|w|} 1/2\mathrm{d}z = \begin{cases} 1 - |w| & -1 < w < 1 \\ 0 & \text{其他} \end{cases} \tag{6-175}$$

显然，$f_{zw}(z,w) \neq f_z(z) f_w(w)$。因此，$z$ 和 w 不相互独立。然而，

$$E\{zw\} = E\{(x+y)(x-y)\} = E\{x^2\} - E\{y^2\} = 0 \tag{6-176}$$

$$E\{w\} = E\{x - y\} = 0 \tag{6-177}$$

因此，

$$\mathrm{Cov}\{z,w\} = E\{zw\} - E\{z\}E\{w\} = 0 \tag{6-178}$$

这表明 z 和 w 是不相关的。

两个随机变量和的方差　如果 $z = x + y$，那么 $\eta_z = \eta_x + \eta_y$；因此，

$$\sigma_z^2 = E\{(z - \eta_z)^2\} = E\{[(x - \eta_x) + (y - \eta_y)]^2\}$$

从上式和(6-167)式得到

$$\sigma_z^2 = \sigma_x^2 + 2\rho_{xy}\sigma_x\sigma_y + \sigma_y^2 \tag{6-179}$$

从而可以得出下面结论：如果 $\rho_{xy} = 0$，那么

$$\sigma_z^2 = \sigma_x^2 + \sigma_y^2 \tag{6-180}$$

因此，如果两个随机变量是不相关的，则它们和的方差等于方差的和。

按照(6-171)式的结论，两个随机变量独立时，这一结论也是成立的。

矩　两个随机变量 x 和 y 的 $k + r = n$ 阶联合矩定义为随机变量 $x^k y^r$ 的均值，即

$$m_{kr}=E\{\boldsymbol{x}^k\boldsymbol{y}^r\}=\int_{-\infty}^{\infty}\int_{-\infty}^{\infty}x^ky^rf_{xy}(x,y)\mathrm{d}x\mathrm{d}y \tag{6-181}$$

于是，$m_{10}=\eta_x$，$m_{01}=\eta_y$ 是一阶矩，而

$$m_{20}=E\{\boldsymbol{x}^2\}\quad m_{11}=E\{\boldsymbol{xy}\}\quad m_{02}=E\{\boldsymbol{y}^2\}$$

是二阶矩。

随机变量 $\boldsymbol{x}$ 和 $\boldsymbol{y}$ 的联合中心矩定义为随机变量 $\boldsymbol{x}-\eta_x$ 和 $\boldsymbol{y}-\eta_y$ 的联合矩，即

$$\mu_{kr}=E\{(\boldsymbol{x}-\eta_x)^k(\boldsymbol{y}-\eta_y)^r\}=\int_{-\infty}^{\infty}\int_{-\infty}^{\infty}(x-\eta_x)^k(y-\eta_y)^rf_{xy}(x,y)\mathrm{d}x\mathrm{d}y \tag{6-182}$$

显然，$\mu_{01}=\mu_{10}=0$ 而

$$\mu_{11}=C_{xy}\quad \mu_{20}=\sigma_x^2\quad \mu_{02}=\sigma_y^2$$

绝对矩和广义矩可以按照类似的方式定义[见(5-59)和(5-70)式]。

为了确定 $\boldsymbol{x}$ 和 $\boldsymbol{y}$ 的联合统计量，我们需要知道它们的联合概率密度函数。然而，在很多应用中，只有一阶和二阶矩是可以得到的。这些矩是下面五个参数

$$\eta_x\quad \eta_y\quad \sigma_x^2\quad \sigma_y^2\quad \rho_{xy}$$

如果 $\boldsymbol{x}$ 和 $\boldsymbol{y}$ 是联合正态的，那么这些参数就惟一确定了概率密度函数 $f_{xy}(x,y)$[见(6-23)式]。

【例 6-32】 随机变量 $\boldsymbol{x}$ 和 $\boldsymbol{y}$ 是联合正态的，参数为

$$\eta_x=10,\ \eta_y=0,\ \sigma_x^2=4,\ \sigma_y^2=1,\ \rho_{xy}=0.5$$

试求随机变量

$$\boldsymbol{z}=\boldsymbol{x}+\boldsymbol{y}\qquad \boldsymbol{w}=\boldsymbol{x}-\boldsymbol{y}$$

的联合分布密度。

显然，

$$\eta_z=\eta_x+\eta_y=10,\quad \eta_w=\eta_x-\eta_y=10$$

$$\sigma_z^2=\sigma_x^2+\sigma_y^2+2\rho_{xy}\sigma_x\sigma_y=7,\quad \sigma_w^2=\sigma_x^2+\sigma_y^2-2\rho_{xy}\sigma_x\sigma_y=3$$

$$E\{\boldsymbol{zw}\}=E\{\boldsymbol{x}^2-\boldsymbol{y}^2\}=(100+4)-1=103$$

$$\rho_{zw}=\frac{E\{\boldsymbol{zw}\}-E\{\boldsymbol{z}\}E\{\boldsymbol{w}\}}{\sigma_z\sigma_w}=\frac{3}{\sqrt{7\times 3}}$$

我们又知道[见(6-119)式]，因 $\boldsymbol{z}$ 和 $\boldsymbol{w}$ 是 $\boldsymbol{x}$ 和 $\boldsymbol{y}$ 的线性变换，所以它们也是联合正态的。因此 $\boldsymbol{z},\boldsymbol{w}$ 的联合分布密度为

$$N(10,10,7,3,\sqrt{3/7})$$

$g(\boldsymbol{x},\boldsymbol{y})$ 均值的估计　如果函数 $g(x,y)$ 在点 (η_x,η_y) 附近足够平滑，则 $g(\boldsymbol{x},\boldsymbol{y})$ 的均值 η_g 和 σ_g^2 方差能够用 $\boldsymbol{x}$ 和 $\boldsymbol{y}$ 的均值、方差和相关系数来估计。

$$\eta_g\approx g+\frac{1}{2}\left(\frac{\partial^2g}{\partial x^2}\sigma_x^2+2\frac{\partial^2g}{\partial x\partial y}r\sigma_x\sigma_y+\frac{\partial^2g}{\partial y^2}\sigma_y^2\right) \tag{6-183}$$

$$\sigma_g^2\approx\left(\frac{\partial g}{\partial x}\right)^2\sigma_x^2+2\left(\frac{\partial g}{\partial x}\right)\left(\frac{\partial g}{\partial y}\right)r\sigma_x\sigma_y+\left(\frac{\partial g}{\partial y}\right)\sigma_y^2 \tag{6-184}$$

公式中的函数和偏导数是指它们在点 $x=\eta_x$，$y=\eta_y$ 处的值。

证　在点 (η_x,η_y) 附近，我们将 $g(x,y)$ 展开成级数

$$g(x,y)=g(\eta_x,\eta_y)+(x-\eta_x)\frac{\partial g}{\partial x}+(y-\eta_y)\frac{\partial g}{\partial x}+\cdots \tag{6-185}$$

把该式代入(6-159)式，我们得到$E\{g(\boldsymbol{x},\boldsymbol{y})\}$的矩展开式，它用点$(\eta_x,\eta_y)$处$g(x,y)$的偏导数和$\boldsymbol{x}$与$\boldsymbol{y}$的联合矩$\mu_{kr}$表示。仅用(6-185)式的前五项，便可得到(6-183)式。若把(6-183)式用于函数$[g(x,y)-\eta_g]^2$并忽略2阶以上的项，就可得到(6-184)式。

6.5　联合特征函数

随机变量$\boldsymbol{x}$和$\boldsymbol{y}$的**联合特征函数**定义为积分

$$\Phi(\omega_1,\omega_2)=\int_{-\infty}^{\infty}\int_{-\infty}^{\infty}f(x,y)\mathrm{e}^{\mathrm{j}(\omega_1 x+\omega_2 y)}\mathrm{d}x\mathrm{d}y \tag{6-186}$$

由该式及二维傅里叶**反变换公式**可得

$$f(x,y)=\frac{1}{4\pi^2}\int_{-\infty}^{\infty}\int_{-\infty}^{\infty}\Phi(\omega_1,\omega_2)\mathrm{e}^{-\mathrm{j}(\omega_1 x+\omega_2 y)}\mathrm{d}\omega_1\mathrm{d}\omega_2 \tag{6-187}$$

显然

$$\Phi(\omega_1,\omega_2)=E\{\mathrm{e}^{\mathrm{j}(\omega_1 \boldsymbol{x}+\omega_2 \boldsymbol{y})}\} \tag{6-188}$$

对$\Phi(\omega_1,\omega_2)$取对数得到

$$\Psi(\omega_1,\omega_2)=\ln\Phi(\omega_1,\omega_2) \tag{6-189}$$

我们称它为$\boldsymbol{x}$和$\boldsymbol{y}$的第二联合特征函数。

$\boldsymbol{x}$和$\boldsymbol{y}$的**边缘**特征函数

$$\Phi_x(\omega)=E\{\mathrm{e}^{\mathrm{j}\omega\boldsymbol{x}}\},\ \Phi_y(\omega)=E\{\mathrm{e}^{\mathrm{j}\omega\boldsymbol{y}}\} \tag{6-190}$$

可以用联合特征函数$\Phi(\omega_1,\omega_2)$来表示。从(6-188)和(6-190)式可得

$$\Phi_x(\omega)=\Phi(\omega,0),\ \Phi_y(\omega)=\Phi(0,\omega) \tag{6-191}$$

应当指出，若$\boldsymbol{z}=a\boldsymbol{x}+b\boldsymbol{y}$，则

$$\Phi_z(\omega)=E\{\mathrm{e}^{\mathrm{j}(a\boldsymbol{x}+b\boldsymbol{y})\omega}\}=\Phi(a\omega,b\omega) \tag{6-192}$$

因此，$\Phi_z(1)=\Phi(a,b)$。

克拉美-沃尔德(Cramér-Wold)定理　上面的公式表明，若对每个a和b，$\Phi_z(\omega)$已知，则$\Phi(\omega_1,\omega_2)$是惟一地确定的。换言之，若对每个a和b来说，$a\boldsymbol{x}+b\boldsymbol{y}$的分布密度是已知的，则联合分布密度$f(x,y)$也就惟一确定了。

6.5.1　独立性和卷积

如果随机变量$\boldsymbol{x}$和$\boldsymbol{y}$是独立的，则[见(6-172)式]

$$E\{\mathrm{e}^{\mathrm{j}(\omega_1 \boldsymbol{x}+\omega_2 \boldsymbol{y})}\}=E\{\mathrm{e}^{\mathrm{j}\omega_1 \boldsymbol{x}}\}E\{\mathrm{e}^{\mathrm{j}\omega_2 \boldsymbol{y}}\}$$

由此可得

$$\Phi(\omega_1,\omega_2)=\Phi_x(\omega_1)\Phi_y(\omega_2) \tag{6-193}$$

反之，若(6-193)式成立，则$\boldsymbol{x}$和$\boldsymbol{y}$是独立的。的确，把(6-193)式代入(6-187)的逆变换公式，利用(5-102)式便可得$f_{xy}(x,y)=f_x(x)\,f_y(y)$。

卷积定理　如果$\boldsymbol{x}$和$\boldsymbol{y}$是独立的，且$\boldsymbol{z}=\boldsymbol{x}+\boldsymbol{y}$，则

$$E\{\mathrm{e}^{\mathrm{j}\omega\boldsymbol{z}}\}=E\{\mathrm{e}^{\mathrm{j}\omega(\boldsymbol{x}+\boldsymbol{y})}\}=E\{\mathrm{e}^{\mathrm{j}\omega\boldsymbol{x}}\}E\{\mathrm{e}^{\mathrm{j}\omega\boldsymbol{y}}\}\text{因此}$$

$$\Phi_z(\omega)=\Phi_x(\omega)\Phi_y(\omega),\quad \Psi_z(\omega)=\Psi_x(\omega)+\Psi_y(\omega) \tag{6-194}$$

我们知道[见(6-43)式]，$\boldsymbol{z}$的概率密度函数等于$f_x(x)$和$f_y(y)$的卷积。由此和(6-194)

式可知，两个分布密度的卷积的特征函数等于它们的特征函数的乘积。

【例 6-33】 若 x 和 y 是独立的，且分别服从参数为 a 和 b 的泊松分布，则可证明 $z = x + y$ 也是泊松分布，且参数为 $a+b$。

证　因为已知（见例 5-31）

$$\Psi_x(\omega) = a\{e^{j\omega} - 1\}, \quad \Psi_y(\omega) = b\{e^{j\omega} - 1\}$$

所以

$$\Psi_z(\omega) = \Psi_x(\omega) + \Psi_y(\omega) = (a+b)(e^{j\omega} - 1)$$

反之也真。若 x 和 y 是独立的，且它们的和服从泊松分布，则 x 与 y 也分别是泊松分布。该定理的证明由瑞柯夫(Raikov)给出①。

【例 6-34】 **正态随机变量**

在 6.3 节中已证明，若 x 和 y 是合正态，则其和 $ax + by$ 也是正态的。下面我们应用(6-193)式重新证明上述结论的一个特殊情况：若 x 和 y 是独立的，且为正态分布，则其和 $z = x + y$ 也是正态分布的。

证　在这种情况下[见(5-100)式]

$$\Psi_x(\omega) = j\eta_x\omega - \frac{1}{2}\sigma_x^2\omega^2 \quad \Psi_y(\omega) = j\eta_y\omega - \frac{1}{2}\sigma_y^2\omega^2$$

因此

$$\Psi_z(\omega) = j(\eta_x + \eta_y)w - \frac{1}{2}(\sigma_x^2 + \sigma_y^2)\omega^2$$

可以证明反过来也成立(克拉美定理)：若 x 和 y 独立，且其和是正态的，则它们也是正态的。其证明较复杂，这里从略②。

用类似的方式，容易证明：如果 x 和 y 是独立同分布的正态随机变量，那么 $x + y$ 和 $x - y$ 也是独立正态的。有趣的是，上述命题的逆也是成立的(伯恩斯坦定理)：如果 x 和 y 是独立同分布的，并且 $x + y$ 和 $x - y$ 也是独立的，那么所有的随机变量 $x, y, x + y$ 和 $x - y$ 是正态分布。

Darmois(1951) 和 Skitovitch(1954) 推广了这一结果，证明了：如果 x_1 和 y_1 是独立的随机变量并且它们的线性组合 $a_1x_1 + a_2x_2$ 和 $b_1x_1 + b_2x_2$ 也是独立的，其中 a_1, a_2, b_1 和 b_2 是非零系数，那么所有的随机变量必是正态分布的。因此，如果两个独立随机变量的两个非平凡线性组合也是独立的，那么所有随机变量是正态分布的。

6.5.2 再论正态随机变量

设 x 和 y 是联合正态的，服从 $N(\eta_1, \eta_2, \sigma_1^2, \sigma_2^2, r)$，概率密度函数见(6-23)和(6-24)式。我们来证明两个联合正态的随机变量的联合特征函数为

$$\Phi(\omega_1, \omega_2) = e^{j(\eta_1\omega_1 + \eta_2\omega_2)} e^{-(\omega_1^2\sigma_1^2 + 2r\sigma_1\sigma_2\omega_1\omega_2 + \omega_2^2\sigma_2^2)/2} \quad (6-195)$$

---

① D. A. Raikov. On the decomposition of Gauss and Poisson laws. Izv. Akad. Nauk. SSSR, Ser. Mat. 2, 1938: 91～124.

② E. Lukacs. Characteristic Functions. Hafner Publishing Co. New York, 1960.

证　这可将 $f(x,y)$ 代入(6-186)式得到。下面的简单证明基于随机变量 $\mathbf{z}=\omega_1\mathbf{x}+\omega_2\mathbf{y}$ 是正态的，且

$$\Phi_z(\omega)=e^{j\eta_z\omega-\frac{1}{2}\sigma_z^2\omega^2} \tag{6-196}$$

因为

$$\eta_z=\omega_1\eta_1+\omega_2\eta_2,\ \sigma_z^2=\omega_1^2\sigma_1^2+2r\omega_1\omega_2\sigma_1\sigma_2+\omega_2^2\sigma_2^2$$

且 $\Phi_z(\omega)=\Phi(\omega_1\omega,\omega_2\omega)$，当 $\omega=1$ 时，从(6-196)式即得(6-195)式。

上述证明基于对任意 ω_1 和 ω_2，随机变量 $\mathbf{z}=\omega_1\mathbf{x}+\omega_2\mathbf{y}$ 是正态的这样一个事实。这导致下面的结论：如果对每个 a 和 b，已知其和 $a\mathbf{x}+b\mathbf{y}$ 为正态，则 $\mathbf{x}$ 和 $\mathbf{y}$ 是联合正态。然而，我们强调，若 $a\mathbf{x}+b\mathbf{y}$ 是正态的仅对 a 和 b 的有限集合成立，则上述结论不成立。对图 6-28 中的结构简单地扩展就可以构造一个反例。

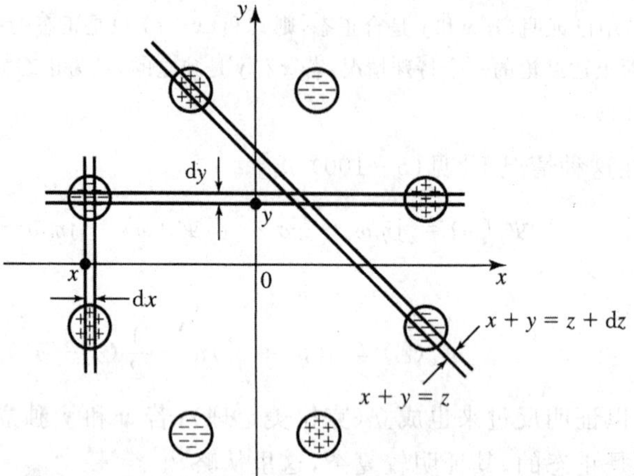

图 6-28

【例 6-35】　我们构造两个随机变量 $\mathbf{x}_1$ 和 $\mathbf{x}_2$ 满足：$\mathbf{x}_1$，$\mathbf{x}_2$ 和 $\mathbf{x}_1+\mathbf{x}_2$ 都是正态的，但 $\mathbf{x}_1$ 与 $\mathbf{x}_2$ 不是联合正态的。

假定 $\mathbf{x}$ 和 $\mathbf{y}$ 联合正态，具有概率密度函数 $f(x,y)$。如图 6-28 所示，在八个圆形区域 D 内增加或减少一小的概率质量，这样便得到一个新的函数 $f_1(x,y)$，使得在区域 D 内有 $f_1(x,y)=f(x,y)\pm\varepsilon$，而在其它区域有 $f_1(x,y)=f(x,y)$。函数 $f_1(x,y)$ 为分布密度，所以它定义了两个新随机变量 $\mathbf{x}_1$ 和 $\mathbf{y}_1$。很显然，$\mathbf{x}_1$ 和 $\mathbf{y}_1$ 不是联合正态。然而，它们是边缘正态的，因为 $\mathbf{x}$ 和 $\mathbf{y}$ 是边缘正态的，且在任意垂直或水平细带内的概率不变。而且，由于 $\mathbf{z}=\mathbf{x}+\mathbf{y}$ 是正态的，且在由 $z\leqslant x+y\leqslant z+dz$ 决定的任一对角细带状区域内概率不变，所以随机变量 $\mathbf{z}=\mathbf{x}_1+\mathbf{y}_1$ 也是正态的。

定理 6-6 ▶ 矩定理　$\mathbf{x}$ 和 $\mathbf{y}$ 的矩母函数定义为

$$\Phi(s_1,s_2)=E\{e^{s_1\mathbf{x}+s_2\mathbf{y}}\}$$

展开指数项并利用均值的线性关系，我们得到级数

$$\Phi(s_1,s_2) = \sum_{n=0}^{\infty}\frac{1}{n!}\sum_{k=0}^{n}\binom{n}{k}E\{\boldsymbol{x}^k\boldsymbol{y}^{n-k}\}s_1^k s_2^{n-k}$$
$$= 1 + m_{10}s_1 + m_{01}s_2 + \frac{1}{2}(m_{20}s_1^2 + 2m_{11}s_1s_2 + m_{02}s_2^2) + \cdots \tag{6-197}$$

由此可得

$$\frac{\partial^k\partial^r}{\partial s_1^k\partial s_2^r}\Phi(0,0) = m_{kr} \tag{6-198}$$

函数 $\Psi(s_1,s_2) = \ln\Phi(s_1,s_2)$ 的导数定义为 $\boldsymbol{x}$ 和 $\boldsymbol{y}$ 的联合累量 λ_{kr}。可以证明

$$\lambda_{10} = m_{10}, \lambda_{01} = m_{01}, \lambda_{20} = \mu_{20}, \lambda_{02} = \mu_{02}, \lambda_{11} = \mu_{11}$$

因此

$$\Psi(s_1,s_2) = \eta_1 s_1 + \eta_2 s_2 + \frac{1}{2}(\sigma_1^2 s_1^2 + 2r\sigma_1\sigma_2 s_1 s_2 + \sigma_2^2 s_2^2) + \cdots$$ ◀

【例 6-36】 利用(6-197)式,我们将证明:若 $\boldsymbol{x}$ 和 $\boldsymbol{y}$ 是联合正态,均值为零,则

$$E\{\boldsymbol{x}^2\boldsymbol{y}^2\} = E\{\boldsymbol{x}^2\}E\{\boldsymbol{y}^2\} + 2E^2\{\boldsymbol{xy}\} \tag{6-199}$$

解　从(6-195)式可得

$$\Phi(s_1,s_2) = \mathrm{e}^A,\ A = \frac{1}{2}(\sigma_1^2 s_1^2 + 2Cs_1s_2 + \sigma_2^2 s_2^2)$$

其中 $C = E\{\boldsymbol{xy}\} = r\sigma_1\sigma_2$。要证明(6-199)式,我们应使(6-197)式中 $s_1^2 s_2^2$ 项的系数

$$\frac{1}{4!}\binom{4}{2}E\{\boldsymbol{x}^2\boldsymbol{y}^2\}$$

与 e^{-A} 展开式的相应系数相等。在该展开式中,$s_1^2 s_2^2$ 仅出现在

$$\frac{A^2}{2} = \frac{1}{8}(\sigma_1^2 s_1^2 + 2Cs_1s_2 + \sigma_2^2 s_2^2)^2$$

项中,因此

$$\frac{1}{4!}\binom{4}{2}E\{\boldsymbol{x}^2\boldsymbol{y}^2\} = \frac{1}{8}(2\sigma_1^2\sigma_2^2 + 4C^2)$$

这就证明了(6-199)式。

定理 6-7 ▶ 普瑞斯(Price)定理[①]给定两个联合正态的随机变量 $\boldsymbol{x}$ 和 $\boldsymbol{y}$,$(\boldsymbol{x},\boldsymbol{y})$ 的函数 $g(\boldsymbol{x},\boldsymbol{y})$ 的均值表示为:

$$I = E\{g(\boldsymbol{x},\boldsymbol{y})\} = \int_{-\infty}^{\infty}\int_{-\infty}^{\infty} g(x,y)f(x,y)\mathrm{d}x\mathrm{d}y \tag{6-200}$$

上面的积分是随机变量 $\boldsymbol{x}$ 和 $\boldsymbol{y}$ 的协方差的函数,记做 $I(\mu)$,μ 由规定 $\boldsymbol{x}$ 和 $\boldsymbol{y}$ 联合概率密度函数的四个参数组成。于是,有下面结论:如果当 $(x,y)\to\infty$, $g(x,y)f(x,y)\to 0$,那么

$$\frac{\partial^n I(\mu)}{\partial\mu^n} = \int_{-\infty}^{\infty}\int_{-\infty}^{\infty}\frac{\partial^{2n}g(x,y)}{\partial x^n\partial y^n}f(x,y)\mathrm{d}x\mathrm{d}y = E\left(\frac{\partial^{2n}g(\boldsymbol{x},\boldsymbol{y})}{\partial\boldsymbol{x}^n\partial\boldsymbol{y}^n}\right) \tag{6-201}$$

证　把(6-187)式带入(6-200)式,并且对 μ 进行微分,我们得到

$$\frac{\partial^n I(\mu)}{\partial\mu^n} = \frac{(-1)^n}{4\pi^2}\int_{-\infty}^{\infty}\int_{-\infty}^{\infty} g(x,y)$$

---

① R. Price. A useful theorem for nonlinear devices having Gaussian inputs. IRE, PGIT, vol. IT-4, 1958. See also A. Papoulis. On an extension of Price's theorem. IEEE Transcations on Information Theory, Vol. IT-11, 1965.

$$\times \int_{-\infty}^{\infty}\int_{-\infty}^{\infty} \omega_1^n \omega_2^n \Phi(\omega_1,\omega_2) e^{-j(\omega_1 x+\omega_2 y)} d\omega_1 d\omega_2 dx dy$$

从上式和微分定理，我们得到

$$\frac{\partial^n I(\mu)}{\partial \mu^n} = \int_{-\infty}^{\infty}\int_{-\infty}^{\infty} g(x,y) \frac{\partial^{2n} f(x,y)}{\partial x^n \partial y^n} dx dy$$

重复使用分布积分和在无穷大处的衰减条件，我们得到(6 - 201) 式(也见习题 5 - 48)。 ◀

【例 6 - 37】 利用普瑞斯定理，我们可以重新推导(6 - 199) 式。设 $g(\boldsymbol{x},\boldsymbol{y}) = \boldsymbol{x}^2\boldsymbol{x}^2$ 并带入(6 - 201) 式，对于 $n = 1$，我们得到

$$\frac{\partial I(\mu)}{\partial \mu} = E\left(\frac{\partial^2 g(\boldsymbol{x},\boldsymbol{y})}{\partial \boldsymbol{x} \partial \boldsymbol{y}}\right) = 4E(\boldsymbol{xy}) = 4\mu \quad I(\mu) = \frac{4\mu^2}{2} + I(0)$$

如果 $\mu = 0$，随机变量 $\boldsymbol{x}$ 和 $\boldsymbol{y}$ 是独立的；因此 $I(0) = E(\boldsymbol{x}^2\boldsymbol{y}^2) = E(\boldsymbol{x}^2)E(\boldsymbol{x}^2)$，(6 - 199) 式被证明。

6.6 条件分布

我们曾经指出，条件分布可以用条件概率来表示。

$$F_z(z \mid M) = P\{\boldsymbol{z} \leqslant z \mid M\} = \frac{P\{\boldsymbol{z} \leqslant z,\ M\}}{P(M)}$$

$$F_{zw}(z,w \mid M) = P\{\boldsymbol{z} \leqslant z,\ \boldsymbol{w} \leqslant w \mid M\} = \frac{P\{\boldsymbol{z} \leqslant z,\ \boldsymbol{w} \leqslant w,\ M\}}{P(M)} \tag{6 - 202}$$

相应的分布密度可通过求导来得到。

在这一节，对一些特殊情况我们来求这些函数。

【例 6 - 38】 我们来确定条件分布函数 $F_y(y \mid \boldsymbol{x} \leqslant x)$ 和分布密度 $f_y(y \mid \boldsymbol{x} \leqslant x)$。

当 $M = \{\boldsymbol{x} \leqslant x\}$ 时，(6 - 202) 式变为

$$F_y(y \mid \boldsymbol{x} \leqslant x) = \frac{P\{\boldsymbol{x} \leqslant x, \boldsymbol{y} \leqslant y\}}{P\{\boldsymbol{x} \leqslant x\}} = \frac{F(x,y)}{F_x(x)}$$

$$f_y(y \mid \boldsymbol{x} \leqslant x) = \frac{\partial F(x,y)/\partial y}{F_x(x)}$$

【例 6 - 39】 下面我们确定 $M = \{x_1 \leqslant \boldsymbol{x} \leqslant x_2\}$ 时的联合分布函数 $F(x,y \mid M)$，在这种情况下，$F(x,y \mid M)$ 为

$$F(x,y \mid x_1 < \boldsymbol{x} \leqslant x_2) = \frac{P\{\boldsymbol{x} \leqslant x,\ \boldsymbol{y} \leqslant y,\ x_1 < \boldsymbol{x} \leqslant x_2\}}{P\{x_1 < \boldsymbol{x} \leqslant x_2\}}$$

$$= \begin{cases} \dfrac{F(x_2,y) - F(x_1,y)}{F_x(x_2) - F_x(x_1)} & x > x_2 \\[2ex] \dfrac{F(x,y) - F(x_1,y)}{F_x(x_2) - F_x(x_1)} & x_1 < x \leqslant x_2 \end{cases}$$

而对 $x \leqslant x_1$，则等于零。因为 $f(x,y) = \partial^2 F(x,y)/\partial x \partial y$，由上可得

$$f(x,y \mid x_1 < \boldsymbol{x} \leqslant x_2) = \frac{f(x,y)}{F_x(x_2) - F_x(x_1)}, \quad x_1 < \boldsymbol{x} \leqslant x_2 \tag{6 - 203}$$

而在其它区域等于零。

在假定 $\boldsymbol{x} = x$ 时，确定 $\boldsymbol{y}$ 的条件分布密度有着特别的意义。它不能直接从(6-202) 式得来，

因为一般地说，事件$\{\mathbf{x}=x\}$的概率为零。然而，它可以用极限来定义。首先假定

$$M=\{x_1<\mathbf{x}\leqslant x_2\}$$

在这种情况下，(6-202) 式变成

$$F_y(y\mid x_1<\mathbf{x}\leqslant x_2)=\frac{P\{x_1<\mathbf{x}\leqslant x_2,\ \mathbf{y}\leqslant y\}}{P\{x_1<\mathbf{x}\leqslant x_2\}}=\frac{F(x_2,y)-F(x_1,y)}{F_x(x_2)-F_x(x_1)}$$

两边对 y 求导得

$$f_y(y\mid x_1<\mathbf{x}\leqslant x_2)=\frac{\int_{x_1}^{x_2}f(x,y)\mathrm{d}x}{F_x(x_2)-F_x(x_1)} \tag{6-204}$$

因为[见(6-6) 式]

$$\frac{\partial F(x,y)}{\partial y}=\int_{-\infty}^{x}f(\alpha,y)\mathrm{d}\alpha$$

为了确定 $f_y(y\mid\mathbf{x}=x)$，我们可令(6-204) 式中的 $x_1=x, x_2=x+\Delta x$。这样可得

$$f_y(y\mid x<\mathbf{x}\leqslant x+\Delta x)=\frac{\int_{x}^{x+\Delta x}f(\alpha,y)\mathrm{d}\alpha}{F_x(x+\Delta x)-F_x(x)}\approx\frac{f(x,y)\Delta x}{f_x(x)\Delta x}$$

因此

$$f_y(y\mid\mathbf{x}=x)=\lim_{\Delta x\to 0}f_y(y\mid x<\mathbf{x}\leqslant x+\Delta x)=\frac{f(x,y)}{f_x(x)}$$

如果不会发生混淆的话，函数 $f_y(y\mid\mathbf{x}=x)=f_{y|x}(y\mid x)$ 将写成 $f(y\mid x)$。类似地可确定 $f(x\mid y)$，于是我们有

$$f(y\mid x)=\frac{f(x,y)}{f(x)},\quad f(x\mid y)=\frac{f(x,y)}{f(y)} \tag{6-205}$$

若 $\mathbf{x}$ 和 $\mathbf{y}$ 是独立的，则

$$f(x,y)=f(x)f(y),\ f(y\mid x)=f(y),\ f(x\mid y)=f(x)$$

下面我们通过例子说明求条件概率密度函数的方法。

【例 6-40】 设

$$f_{xy}(x,y)=\begin{cases}k & 0<x<y<1\\ 0 & \text{其它}\end{cases} \tag{6-206}$$

求 $f_{x|y}(x\mid y)$ 和 $f_{y|x}(y\mid x)$。

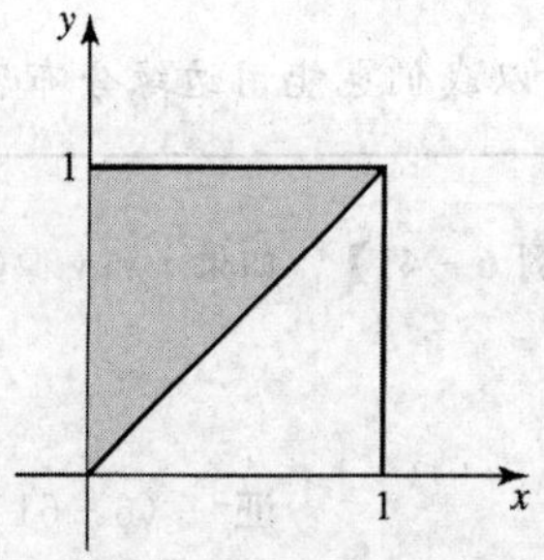

图 6-29

解　联合概率密度函数在图 6-29 的阴影区域等于常数。这表明

$$\iint f_{xy}(x,y)\mathrm{d}x\mathrm{d}y=\int_0^1\int_0^y k\mathrm{d}x\mathrm{d}y=\int_0^1 ky\mathrm{d}y=\frac{k}{2}=1\Rightarrow k=2$$

类似地，

$$f_x(x)=\int f_{xy}(x,y)\mathrm{d}y=\int_x^1 k\mathrm{d}y=k(1-x)\quad 0<x<1 \tag{6-207}$$

和

$$f_y(y)=\int f_{xy}(x,y)\mathrm{d}x=\int_0^y k\mathrm{d}x=ky\quad 0<y<1 \tag{6-208}$$

从(6-206)-(6-208) 式，我们得到

$$f_{x|y}(x\mid y)=\frac{f_{xy}(x,y)}{f_y(y)}=\frac{1}{y}\quad 0<x<y<1 \tag{6-209}$$

和

$$f_{y|x}(y\mid x)=\frac{f_{xy}(x,y)}{f_x(x)}=\frac{1}{1-x}\quad 0<x<y<1 \tag{6-210}$$

注 1. 对一特定的 x，函数 $f(x,y)$ 为 $f(x,y)$ 的截面轮廓线，即它是曲面 $f(x,y)$ 与 $x=$ 常量的平面的交线。条件分布密度 $f(y \mid x)$ 是该曲线的归一化表示式，即乘以因子 $1/f(x)$ 使其面积等于 1。函数 $f(x \mid y)$ 有类似的解释：它是曲面 $f(x,y)$ 与 $y=$ 常量的平面相交的归一化曲线方程。

2. 我们知道，乘积 $f(y)\mathrm{d}y$ 等于事件 $\{y < \boldsymbol{y} \leqslant y+\mathrm{d}y\}$ 的概率。把它推广到条件概率，我们得

$$f_y(y \mid x_1 < \boldsymbol{x} \leqslant x_2)\mathrm{d}y = \frac{P\{x_1 < \boldsymbol{x} \leqslant x_2,\quad y < \boldsymbol{y} \leqslant y+\mathrm{d}y\}}{P\{x_1 < \boldsymbol{x} \leqslant x_2\}}$$

该式等于图 6-30(a) 中矩形面积上的概率除以 $x_1 < \boldsymbol{x} \leqslant x_2$ 的垂直带上的概率。类似地，乘积 $f(y \mid x)\mathrm{d}y$ 等于图 6-30(b) 中矩形面积 $\mathrm{d}x\mathrm{d}y$ 上的概率与垂直带 $(x, x+\mathrm{d}x)$ 上总概率之比。

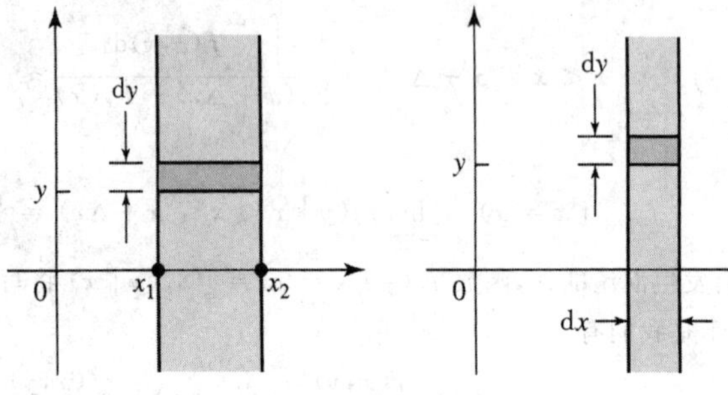

图 6-30

3. $\boldsymbol{x}$ 与 $\boldsymbol{y}$ 的联合统计特性可用联合分布密度 $f(x,y)$ 来确定。因为

$$f(x,y) = f(y \mid x)f(x)$$

所以我们也能用边缘分布密度 $f(x)$ 和条件分布密度 $f(y \mid x)$ 来确定 $f(x,y)$。

【例 6-41】 如果 $\boldsymbol{x}$ 和 $\boldsymbol{y}$ 像(6-61)式那样为零均值的联合正态分布，则

$$f(y \mid x) = \frac{1}{\sigma_2\sqrt{2\pi(1-r^2)}}\exp\left\{-\frac{(y-rx\sigma_2/\sigma_1)^2}{2\sigma_2^2(1-r^2)}\right\} \tag{6-211}$$

证 (6-61) 式的指数等于

$$\frac{(y-rx\sigma_2/\sigma_1)^2}{2\sigma_2^2(1-r^2)} - \frac{x^2}{2\sigma_1^2}$$

除以 $f(x)$ 即可消去 $-x^2/2\sigma_1^2$ 项，于是(6-211) 式得证。

如果 $\boldsymbol{x}$ 和 $\boldsymbol{y}$ 为联合正态分布，且 $E\{\boldsymbol{x}\} = \eta_1$ 和 $E\{\boldsymbol{y}\} = \eta_2$，则同理可推得：$f(y \mid x)$ 由(6-211) 式给出，只要将 x 和 y 分别用和 $x-\eta_1$ 和 $y-\eta_2$ 代替就可以了。换言之，对一给定的 x，$f(y \mid x)$ 是具有均值为 $\eta_2 + r(x-\eta_1)\sigma_2/\sigma_1$ 和方差为 $\sigma_2^2(1-r^2)$ 的正态分布。

贝叶斯定理和全概率公式 从(6-205) 式可得

$$f(x \mid y) = \frac{f(y \mid x)f(x)}{f(y)} \tag{6-212}$$

这是(2-43) 式的另一种形式。

分母 $f(y)$ 能够用 $f(y \mid x)$ 和 $f(x)$ 表示。因为

$$f(y)=\int_{-\infty}^{\infty} f(x,y)\mathrm{d}x,\ f(x,y)=f(y \mid x)f(x)$$

所以我们得(全概率)

$$f(y)=\int_{-\infty}^{\infty} f(y \mid x)f(x)\mathrm{d}x \tag{6-213}$$

代入(6-212)式,则得到概率密度函数的贝叶斯定理:

$$f(x \mid y)=\frac{f(y \mid x)f(x)}{\int_{-\infty}^{\infty} f(y \mid x)f(x)\mathrm{d}x} \tag{6-214}$$

注　(6-213)式表明,为要从分布密度 $f(y \mid x)$ 中去掉条件 $\boldsymbol{x}=x$,我们可用 $\boldsymbol{x}$ 的分布密度 $f(x)$ 去相乘,并对乘积进行积分即可。

方程(6-214)表示贝叶斯定理的概率密度函数形式。为了说明(6-214)式的重要性,我们看下面一个例子,这个例子表明了观测可以用于更新我们对未知参数的认知。

【例 6-42】　一个未知的随机相位 $\boldsymbol{\theta}$ 服从$[0,2\pi]$上的均匀分布,并且 $\boldsymbol{r}=\boldsymbol{\theta}+\boldsymbol{n}$,$\boldsymbol{n}\sim N(0,\sigma^2)$,确定条件概率密度 $f(\theta \mid r)$。

解　在开始时,我们几乎不知道随机相位 $\boldsymbol{\theta}$ 的任何信息,以致我们只能假定它的先验概率密度服从$[0,2\pi]$上的均匀分布。在方程 $\boldsymbol{r}=\boldsymbol{\theta}+\boldsymbol{n}$ 中,我们可以认为 $\boldsymbol{n}$ 是噪声项而 $\boldsymbol{r}$ 是观测。在实际应用中,假定 $\boldsymbol{\theta}$ 和 $\boldsymbol{n}$ 相互独立是合理的。在这样的假定下,

$$f(r \mid \boldsymbol{\theta}=\theta)\sim N(\theta,\sigma^2) \tag{6-215}$$

因为上面的公式中假定 $\boldsymbol{\theta}$ 是常数,在这种情况下 $\boldsymbol{r}=\boldsymbol{\theta}+\boldsymbol{n}$ 的特性类似于 $\boldsymbol{n}$。用(6-214)式,我们得到了已知观测 $\boldsymbol{r}$ 时 $\boldsymbol{\theta}$ 的后验概率为(见图 6-31(b))

$$\begin{aligned} f(\theta \mid r)&=\frac{f(r \mid \theta)f_{\theta}(\theta)}{\int_0^{2\pi} f(r \mid \theta)f_{\theta}(\theta)\mathrm{d}\theta}=\frac{\mathrm{e}^{-(r-\theta)^2/2\sigma^2}}{\int_0^{2\pi}\mathrm{e}^{-(r-\theta)^2/2\sigma^2}\mathrm{d}\theta} \\ &=\varphi(r)\mathrm{e}^{-(r-\theta)^2/2\sigma^2}\qquad 0<\theta<2\pi \end{aligned} \tag{6-216}$$

其中

$$\varphi(r)=\frac{1}{\int_0^{2\pi}\mathrm{e}^{-(r-\theta)^2/2\sigma^2}\mathrm{d}\theta}$$

我们可以看到,观测 $\boldsymbol{r}$ 的信息在图 6-31(b) 中的后验概率密度中得到了反映。它不再像图 6-31(a) 中的先验概率均匀分布是平坦的,而是在观测 $\boldsymbol{\theta}=\boldsymbol{r}$ 附近有更大的概率。

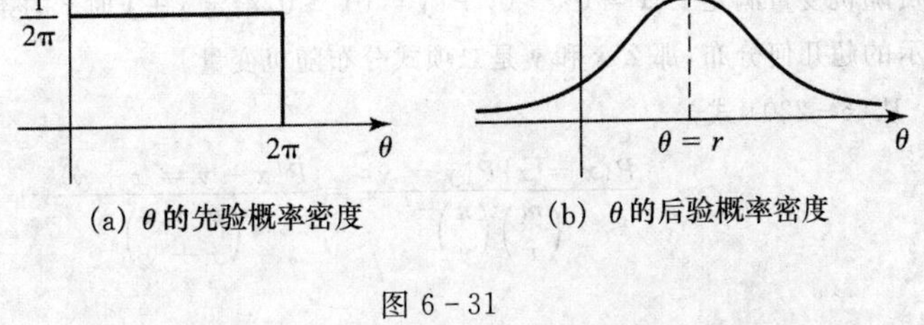

(a) θ 的先验概率密度　　(b) θ 的后验概率密度

图 6-31

离散型随机变量　假定 $\boldsymbol{x}$ 和 $\boldsymbol{y}$ 是离散型随机变量，

$$P\{\boldsymbol{x}=x_i\}=p_i,\quad P\{\boldsymbol{y}=y_k)=q_k$$

$$P\{\boldsymbol{x}=x_i,\quad \boldsymbol{y}=y_k\}=p_{ik},\quad i=1,\cdots,M,\quad k=1,\cdots,N$$

其中[见(6-34)式]

$$p_i=\sum_k p_{ik},\quad q_k=\sum_i p_{ik}$$

由上式和(2-33)式可得

$$P\{\boldsymbol{y}=y_k\mid\boldsymbol{x}=x_i\}=\frac{P\{\boldsymbol{x}=x_i,\boldsymbol{y}=y_k\}}{P\{\boldsymbol{x}=x_i\}}=\frac{p_{ik}}{p_i}$$

马尔可夫(Markov)矩阵　我们用 π_{ik} 表示上面的条件概率

$$P\{\boldsymbol{y}=y_k\mid\boldsymbol{x}=x_i\}=\pi_{ik}$$

而用 P 表示 $M\times N$ 矩阵，其元素为 π_{ik}。显然

$$\pi_{ik}=\frac{p_{ik}}{p_i}\tag{6-217}$$

因此

$$\pi_{ik}\geqslant 0,\quad \sum_k\pi_{ik}=1\tag{6-218}$$

于是，矩阵 $\boldsymbol{P}$ 中的元素都是非负的，且每行的和等于 1。这样的矩阵称为马尔可夫矩阵(更详细的介绍见 15 章)。条件概率

$$P\{\boldsymbol{x}=x_i\mid\boldsymbol{y}=y_k\}=\pi^{ki}=\frac{p_{ik}}{q_k}$$

是 $N\times M$ 马尔科夫矩阵中的元素。

如果 $\boldsymbol{x}$ 和 $\boldsymbol{y}$ 是独立的，则

$$p_{ik}=p_iq_k,\quad \pi_{ik}=q_k,\quad \pi^{ki}=p_i$$

应当指出，

$$\pi^{ki}=\pi_{ik}\frac{p_i}{q_k},\quad q_k=\sum_i\pi_{ik}p_i\tag{6-219}$$

这些等式都是(6-212)式和(6-213)式的离散形式。

下面我们给出关于二项式和泊松分布随机变量条件概率的一些有趣的性质。

【例 6-43】　假定 $\boldsymbol{x}$ 和 $\boldsymbol{y}$ 是相互独立的二项式分布随机变量，分别具有参数 $(m,\ p)$ 和 $(n,\ p)$。那么 $\boldsymbol{x}+\boldsymbol{y}$ 也是二项式分布随机变量，具有参数 $(m+n,\ p)$，所以

$$P\{\boldsymbol{x}=x\mid\boldsymbol{x}+\boldsymbol{y}=x+y\}=\frac{P\{\boldsymbol{x}=x\}P\{\boldsymbol{y}=y\}}{P\{\boldsymbol{x}+\boldsymbol{y}=x+y\}}=\binom{m}{x}\binom{n}{y}\Big/\binom{m+n}{x+y}\tag{6-220}$$

于是，给定 $\boldsymbol{x}+\boldsymbol{y}$ 时 $\boldsymbol{x}$ 的条件分布是超几何分布。证明这一结论的逆命题也成立，即如果 $\boldsymbol{x}$ 和 $\boldsymbol{y}$ 是非负随机变量满足 $P\{\boldsymbol{x}=0\}>0$，$P\{\boldsymbol{y}=0\}>0$，给定 $\boldsymbol{x}+\boldsymbol{y}$ 时 $\boldsymbol{x}$ 的条件分布是如(6-220)式所示的超几何分布，那么 $\boldsymbol{x}$ 和 $\boldsymbol{y}$ 是二项式分布随机变量。

解　从(6-220)式，

$$\frac{P\{\boldsymbol{x}=x\}P\{\boldsymbol{y}=y\}}{\binom{m}{x}\binom{n}{y}}=\frac{P\{\boldsymbol{x}+\boldsymbol{y}=x+y\}}{\binom{m+n}{x+y}}$$

设

$$\frac{P\{\boldsymbol{x}=x\}}{\binom{m}{x}}=f(x)\quad \frac{P\{\boldsymbol{y}=y\}}{\binom{n}{y}}=g(y)\quad \frac{P\{\boldsymbol{x}+\boldsymbol{y}=x+y\}}{\binom{m+n}{x+y}}=h(x+y)$$

那么

$$h(x+y)=f(x)g(y)$$

于是

$$h(1)=f(1)g(0)=f(0)g(1)$$
$$h(2)=f(2)g(0)=f(1)g(1)=f(0)g(2)$$
$$\vdots$$
$$h(k)=f(k)g(0)=f(k-1)g(1)=\cdots$$

因此，

$$f(k)=f(k-1)\frac{g(1)}{g(0)}=f(0)\left(\frac{g(1)}{g(0)}\right)^k$$

或

$$P\{\boldsymbol{x}=k\}=\binom{m}{k}P\{\boldsymbol{x}=0\}a^k\quad k=0,1,\cdots \tag{6-221}$$

其中 $a=g(1)/g(0)>0$。但 $\sum_{k=0}^{m}P\{\boldsymbol{x}=k\}=1$ 表明了 $P\{\boldsymbol{x}=0\}(1+a)^m=1$ 或者 $P\{\boldsymbol{x}=0\}=q^m$，其中 $q=1/(1+a)<1$。因此，$a=p/q$，其中 $p=1-q>0$，从(6-221)式我们得到

$$P\{\boldsymbol{x}=k\}=\binom{m}{k}p^kq^{m-k}\quad k=0,1,\cdots,m$$

类似地，可以得到

$$P\{\boldsymbol{y}=r\}=\binom{n}{r}p^rq^{n-r}\quad r=0,1,\cdots,n$$

证明结束。

类似地，如果 $\boldsymbol{x}$ 和 $\boldsymbol{y}$ 是独立的泊松随机变量，分别具有参数 λ 和 μ，那么它们的和也是泊松随机变量，具有参数 $\lambda+\mu$，而且

$$P\{\boldsymbol{x}=k\mid \boldsymbol{x}+\boldsymbol{y}=n\}=\frac{P\{\boldsymbol{x}=k\}P\{\boldsymbol{y}=n-k\}}{P\{\boldsymbol{x}+\boldsymbol{y}=n\}}=\frac{e^{-\lambda}\dfrac{\lambda^k}{k!}e^{-\mu}\dfrac{\mu^{n-k}}{(n-k)!}}{e^{-(\lambda+\mu)}\dfrac{(\lambda+\mu)^n}{n!}} \tag{6-222}$$
$$=\binom{n}{k}\left(\frac{\lambda}{\lambda+\mu}\right)^k\left(\frac{\mu}{\lambda+\mu}\right)^{n-k}\quad k=0,1,2,\cdots,n$$

因此，如果 $\boldsymbol{x}$ 和 $\boldsymbol{y}$ 是独立的泊松随机变量，那么给定 $\boldsymbol{x}+\boldsymbol{y}$ 情况下 $\boldsymbol{x}$ 的条件分布是二项式分布。有趣的是，当 $\boldsymbol{x}$ 和 $\boldsymbol{y}$ 是独立随机变量时，它的逆命题也成立，其证明将作为一个习题。

等价地，这表明：如果 $\boldsymbol{y}=\sum_{i=1}^{n}\boldsymbol{x}_i$，$\boldsymbol{x}_i$ 是如(4-55)式给出的伯努利随机变量，$\boldsymbol{n}$ 是一个如(4-47)式所示的具有参数 λ 的泊松随机变量，那么 $\boldsymbol{y}\sim P(p\lambda)$，$\boldsymbol{z}=\boldsymbol{n}-\boldsymbol{y}\sim P((1-p)\lambda)$。并且 $\boldsymbol{y}$ 和 $\boldsymbol{z}$ 是独立随机变量。例如，如果一个鸟产蛋的总数服从参数为 λ 的泊松分布，每枚蛋成活的概率是 p，那么成活小鸟的数目服从参数为 $p\lambda$ 的泊松分布。

系统可靠性问题

我们用术语"系统"去表示完成某一功能的物理设备。设备可能是一个简单的元器件，如一个灯泡，也可能是一个非常复杂的机器。我们称一个系统从开始运行到出现故障的这段时间

的长度为故障时间。一般情况下，故障时间是一个随机变量。因此，我们用非负随机变量 $\boldsymbol{x} \geqslant 0$ 表示它。该随机变量的概率分布函数 $F(t)=P\{\boldsymbol{x} \leqslant t\}$ 表示了系统在时间 t 之前出现故障的概率，这里我们假定 $t=0$ 时系统开始运行。$F(t)$ 与 1 的差

$$R(t)=1-F(t)=P\{\boldsymbol{x}>t\}$$

称为系统可靠性函数。它表示了在 t 时刻系统仍然正常运行的概率。

系统出现故障的平均时间是随机变量 $\boldsymbol{x}$ 的均值。因为当 $x<0$ 时，$F(x)=0$，从(5-52)式我们得出

$$E\{\boldsymbol{x}\}=\int_0^{\infty} x f(x) \mathrm{d} x=\int_0^{\infty} R(t) \mathrm{d} t$$

系统在 t 时刻仍正常工作的情况下，它在 x 时刻$(x>t)$出现故障的概率等于

$$F(x \mid \boldsymbol{x}>t)=\frac{P\{\boldsymbol{x} \leqslant x,\ \boldsymbol{x}>t\}}{P\{\boldsymbol{x}>t\}}=\frac{F(x)-F(t)}{1-F(t)}$$

对 x 求导，我们得到

$$f(x \mid \boldsymbol{x}>t)=\frac{f(x)}{1-F(t)} \qquad x>t \tag{6-223}$$

乘积 $f(x \mid \boldsymbol{x}>t) \mathrm{d} x$ 表示当系统在 t 时刻仍正常运行时，在时间段$(x, x+\mathrm{d} x)$发生故障的概率。

【例 6-44】 如果 $f(x)=c \mathrm{e}^{-c x}$，那么从 $F(t)=1-\mathrm{e}^{-c t}$ 和(6-223)式得到

$$f(x \mid \boldsymbol{x}>t)=\frac{c \mathrm{e}^{-c x}}{\mathrm{e}^{-c t}}=f(x-t)$$

这表明一个在 t 时刻正常工作的系统在时间段$(x, x+\mathrm{d} x)$发生故障的概率仅依赖于 $x-t$(如图 6-32 所示)。我们随后将证明这个性质仅对指数密度函数成立。

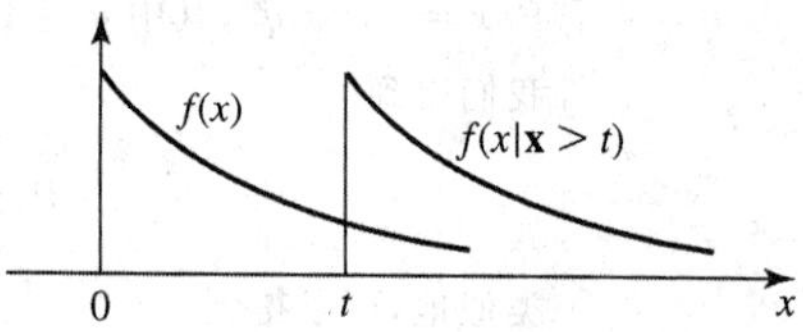

图 6-32

条件故障概率 条件密度函数 $f(x \mid \boldsymbol{x}>t)$ 是 x 和 t 的函数。它在 $x=t$ 的值仅是变量 t 的函数。这个函数称作**条件故障率**或者系统的**危险率**，记作 $\beta(t)$。从(6-223)式和危险率的定义，我们得到

$$\beta(t)=f(t \mid \boldsymbol{x}>t)=\frac{f(t)}{1-F(t)} \tag{6-224}$$

乘积 $\beta(t) \mathrm{d} t$ 表示在 t 时刻正常运行的系统在$(t, t+\mathrm{d} t)$发生故障的概率。在 7.1 节和习题 7-3 中，我们把函数 $\beta(t)$ 解释为期望故障率。

【例 6-45】 (a) 如果 $f(x)=c \mathrm{e}^{-c x}$，那么 $F(t)=1-\mathrm{e}^{-c t}$ 和

$$\beta(t)=\frac{c \mathrm{e}^{-c t}}{1-\left(1-\mathrm{e}^{-c t}\right)}=c$$

(b) 如果 $f(x)=c^2 x \mathrm{e}^{-c x}$，那么 $F(x)=1-c x \mathrm{e}^{-c x}-\mathrm{e}^{-c x}$ 和

$$\beta(t)=\frac{c^2 t \mathrm{e}^{-c t}}{c t \mathrm{e}^{-c t}+\mathrm{e}^{-c t}}=\frac{c^2 t}{1+c t}$$

从(6-224)式知道：

$$\beta(t)=\frac{F^{\prime}(t)}{1-F(t)}=-\frac{R^{\prime}(t)}{R(t)}$$

我们将利用这个关系把随机变量 $\boldsymbol{x}$ 的分布表示成的 $\beta(t)$ 函数。对上式从 0 到 x 进行积分，并利用 $\ln R(0)=0$，我们得到

$$-\int_0^x \beta(t)\,\mathrm{d}x = \ln R(x)$$

于是

$$R(x) = 1 - F(x) = \exp\left(-\int_0^x \beta(t)\,\mathrm{d}t\right)$$

又从 $f(x) = F'(x)$ 得到

$$f(x) = \beta(x)\exp\left(-\int_0^x \beta(t)\,\mathrm{d}t\right) \qquad (6-225)$$

【例 6 - 46】　无记忆系统

假定一个系统在 t 时刻正常运行，如果在时间区间 (t,x) 上的故障概率只依赖于区间的长度，那么我们称系统是**无记忆的**。换句话说，如果一个系统工作了一周、一月或一年后再投入使用，它和新的系统是没有区别的。这等价于假定 $f(x \mid \boldsymbol{x} > t) = f(x-t)$ 成立，如图 6 - 32 所示。从这一性质和(6 - 224) 式，并取 $x = t$，我们得到

$$\beta(t) = f(t \mid \boldsymbol{x} > t) = f(t-t) = f(0) = c$$

结合(6 - 225) 式得到 $f(x) = ce^{-cx}$。因此，当且仅当 x 服从指数分布时，系统是无记忆的。

【例 6 - 47】 在可靠性理论中，一个特别重要的情况是

$$\beta(t) = ct^{b-1}$$

对于各种故障率，这是一个满意的近似，至少在原点附近是这样。相应的密度函数 $f(x)$ 可从(6 - 225) 式得到

$$f(x) = cx^{b-1}\exp\left\{-\frac{cx^b}{b}\right\} \qquad (6-226)$$

这个函数称为**韦伯密度**函数[见(4 - 43) 式和图 4 - 16]。

我们观察到函数 $\beta(t)$ 等于条件概率密度 $f(x \mid \boldsymbol{x} > t)$ 在 $x = t$ 点的值，然而 $\beta(t)$ 不是一个密度函数，因为它的积分不等于 1。事实上，它的积分是无穷。这可以从(6 - 224) 式以及 $R(\infty) = 1 - F(\infty) = 0$ 得到。

系统间的连接　给定两个系统 S_1 和 S_2，随机变量 $\boldsymbol{x}$ 和 $\boldsymbol{y}$ 表示它们的故障发生时间。如图 6 - 33 所示可以按照并联或串联的方式组成一个新系统 S。我们将从随机变量 $\boldsymbol{x}$ 和 $\boldsymbol{y}$ 的联合分

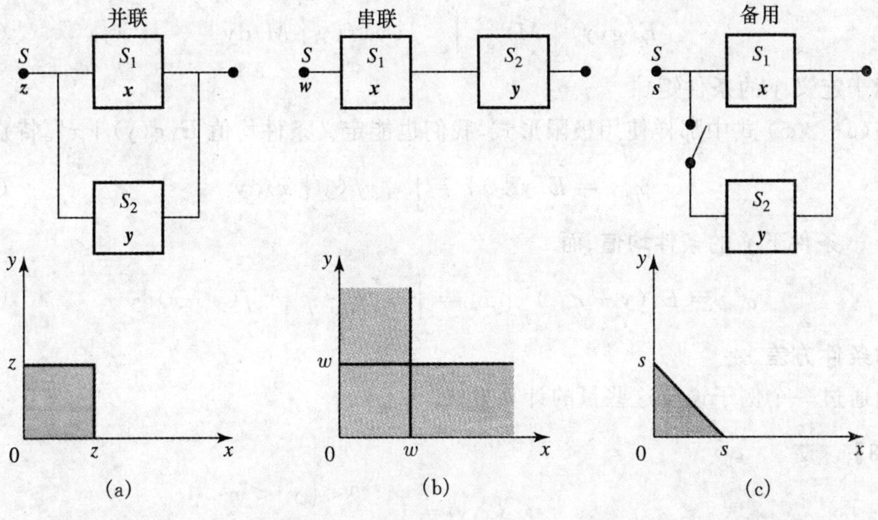

图 6 - 33

布去得到系统 S 的性质。

并联　如果两个子系统都出故障，系统 S 才出故障，这样的组成方式称做"并联"。用 $\mathbf{z}$ 表示系统 S 故障出现的时间，我们得到：随机变量 $\mathbf{z}$ 取随机变量 $\mathbf{x}$ 和 $\mathbf{y}$ 取值中大的一个。于是[见(6-77)和(6-78)式]

$$\mathbf{z} = \max(\mathbf{x}, \mathbf{y}) \qquad F_z = F_{xy}(z, z)$$

如果随机变量 $\mathbf{x}$ 和 $\mathbf{y}$ 是独立的，那么 $F_z(z) = F_x(z)F_y(z)$。

串联　如果两个子系统中任何一个出故障，系统 S 就出故障，这样的组成方式称做"串联"。我们用随机变量 $\mathbf{w}$ 表示系统 S 发生故障的时间，那么，随机变量 $\mathbf{w}$ 取随机变量 $\mathbf{x}$ 和 $\mathbf{y}$ 取值中小的一个。于是[见(6-80)和(6-81)式]

$$\mathbf{w} = \min(\mathbf{x}, \mathbf{y}) \qquad F_w(w) = F_x(w) + F_y(w) - F_{xy}(w, w)$$

如果随机变量 $\mathbf{x}$ 和 $\mathbf{y}$ 是独立的，

$$R_w(w) = R_x(w)R_y(w) \qquad \beta_w(t) = \beta_x(t) + \beta_y(t)$$

其中 $\beta_x(t)$，$\beta_y(t)$ 和 $\beta_w(t)$ 分别是系统 S_1，S_2 和 S 的条件故障率。

备用　当子系统 S_1 处于运行状态时，子系统 S_2 处于闲置状态，一旦子系统 S_1 发生故障时，子系统 S_2 开始工作。这样的系统 S 当子系统 S_2 出故障时才出故障。如果 S_1 和 S_2 的运行时间分别是 t_1 和 t_2，那么系统 S 的运行时间是 $t_1 + t_2$。用随机变量 $\mathbf{s}$ 表示系统 S 出故障的时间，那么

$$\mathbf{s} = \mathbf{x} + \mathbf{y}$$

随机变量 $\mathbf{s}$ 的分布函数等于点 $(\mathbf{x}, \mathbf{y})$ 落在图 6-33(c) 的三角形区域的概率。如果随机变量 $\mathbf{x}$ 和 $\mathbf{y}$ 是独立的，那么像(4-45)式一样，$\mathbf{s}$ 的概率密度函数是

$$f_s(s) = \int_0^s f_x(t) f_y(s - t) \mathrm{d}t$$

6.7　条件期望值

把定理(5-55)应用到条件分布密度，我们得到 $g(\mathbf{y})$ 的条件均值为

$$E\{g(\mathbf{y}) \mid M\} = \int_{-\infty}^{\infty} g(y) f(y \mid M) \mathrm{d}y \tag{6-227}$$

该式可用于定义 $\mathbf{y}$ 的条件矩。

像在(6-205)式中那样使用极限形式，我们也能定义条件均值 $E\{g(\mathbf{y}) \mid x\}$。特别地

$$\eta_{y|x} = E\{\mathbf{y} \mid x\} = \int_{-\infty}^{\infty} y f(y \mid x) \mathrm{d}y \tag{6-228}$$

称为 $\mathbf{x} = x$ 条件下 $\mathbf{y}$ 的**条件均值**。而

$$\sigma_{y|x}^2 = E\{(\mathbf{y} - \eta_{y|x})^2 \mid x\} = \int_{-\infty}^{\infty} (y - \eta_{y|x})^2 f(y \mid x) \mathrm{d}y \tag{6-229}$$

称为它的**条件方差**。

下面通过一个例子说明这些量的计算方法。

【例 6-48】　设

$$f_{xy}(x, y) = \begin{cases} 1 & 0 < |y| < x < 1 \\ 0 & \text{其它情况} \end{cases} \tag{6-230}$$

确定 $E\{\boldsymbol{x} \mid \boldsymbol{y}\}$ 和 $E\{\boldsymbol{y} \mid \boldsymbol{x}\}$。

解　如图 6-34 所示，在阴影区域 $f_{xy}(x,y)=1$，在其它区域为零。于是，

$$f_x(x)=\int_{-x}^{x} f_{xy}(x,y)\mathrm{d}y = 2x \qquad 0<x<1$$

$$f_y(y)=\int_{|y|}^{1} 1\mathrm{d}x = 1-|y| \qquad |y|<1$$

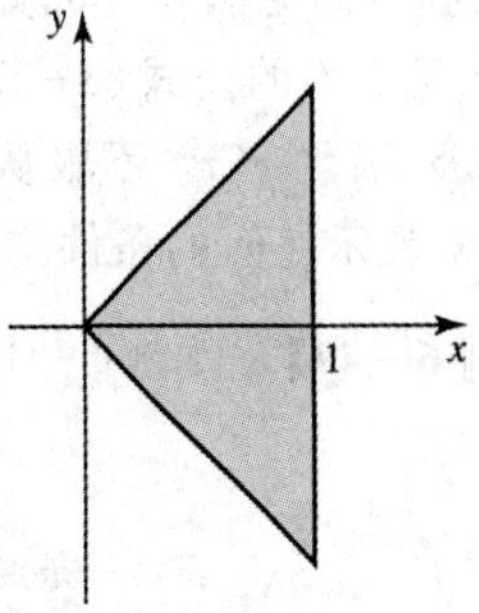

图 6-34

从而得到

$$f_{x|y}=\frac{f_{xy}(x,y)}{f_y(y)}=\frac{1}{1-|y|} \quad 0<|y|<x<1 \tag{6-231}$$

$$f_{y|x}=\frac{f_{xy}(x,y)}{f_x(x)}=\frac{1}{2x} \quad 0<|y|<x<1 \tag{6-232}$$

于是，

$$E\{\boldsymbol{x} \mid \boldsymbol{y}\}=\int x f_{x|y}(x \mid y)\mathrm{d}x=\int_{|y|}^{1} \frac{x}{(1-|y|)}\mathrm{d}x=\frac{1}{(1-|y|)}\frac{x^2}{2}\bigg|_{|y|}^{1}$$

$$=\frac{1-|y|^2}{2(1-|y|)}=\frac{1+|y|}{2} \qquad |y|<1 \tag{6-233}$$

$$E\{\boldsymbol{y} \mid \boldsymbol{x}\}=\int y f_{y|x}(y \mid x)\mathrm{d}y=\int_{-x}^{x}\frac{y}{2x}\mathrm{d}y=\frac{1}{2x}\frac{y^2}{2}\bigg|_{-x}^{x}=0 \qquad 0<x<1 \tag{6-234}$$

对于给定的 x，在(6-228)式中的积分表示在垂直带状区域$(x,x+\mathrm{d}x)$内分布函数的重心。当 x 从 $-\infty$ 变到 ∞ 时，这些点的轨迹是函数

$$\varphi(x)=\int_{-\infty}^{\infty} y f(y \mid x)\mathrm{d}y \tag{6-235}$$

的图像。这也被称做**回归线**(见图 6-35)。

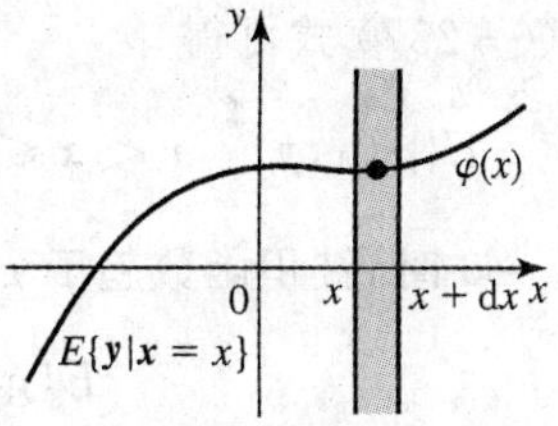

图 6-35

注　如果随机变量 $\boldsymbol{x}$ 和 $\boldsymbol{y}$ 之间具有函数关系，即 $\boldsymbol{y}=g(\boldsymbol{x})$，那么在 x-y 平面上的概率质量分布在曲线上(见图 6-5(b))，于是，$E\{\boldsymbol{y} \mid x\}=g(x)$。

__高尔顿(Galton)定律__　术语"回归"来源于英国遗传学家高尔顿(1822～1911)的如下观察结果："人口最终回归于他们的平均"。这个观测应用于父母和他们成年孩子的身上时，表明：高(矮)个子父母的孩子的身高的平均比他们的父母矮(高)。在统计学上，这可以用条件期望来解释：

假定随机变量 $\boldsymbol{x}$ 和 $\boldsymbol{y}$ 分别表示父母的身高和孩子的身高。这些随机变量具有相同的均值和方差，并且它们是正相关的，即

$$\eta_x=\eta_y=\eta \quad \sigma_x=\sigma_y=\sigma \quad r>0$$

按照高尔顿定律，当父母的身高是 x 时，孩子身高的条件均值 $E\{\boldsymbol{y} \mid x\}$ 比 x 小(或大)，如果 $x>\eta$(或 $x<\eta$)：

$$E\{\boldsymbol{y} \mid x\}=\varphi(x)\begin{cases}<x & x>\eta \\ >x & x<\eta\end{cases}$$

这表明：如果 $x>\eta$，则回归线 $\varphi(x)$ 位于直线 $y=x$ 的下面；如果 $x<\eta$，则位于 $\varphi(x)$ 直线 $y=$

x 的上面，见图 6-36。如果随机变量 $\mathbf{x}$ 和 $\mathbf{y}$ 是联合正态的，那么[见后面的公式(6-236)] 回归线是直线。对于任意的随机变量，函数 $\varphi(x)$ 不服从高尔顿定律。然而，回归这一术语仍用于表示任何的条件均值。

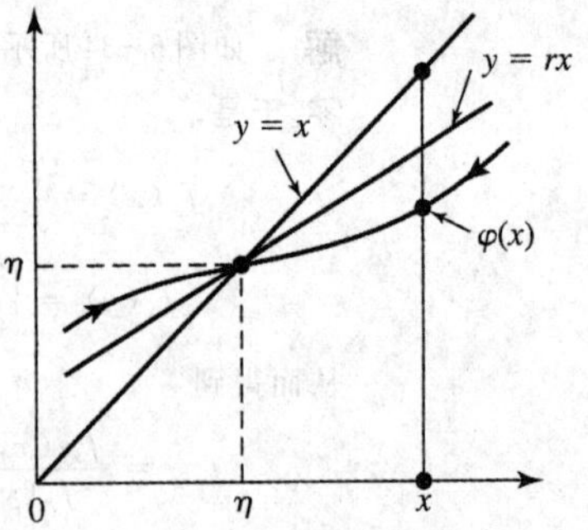

图 6-36

【例 6-49】 如例 6-41 那样，若 $\mathbf{x}$ 和 $\mathbf{y}$ 是正态分布，则

$$E\{\mathbf{y} \mid x\} = \eta_2 + r\sigma_2 \frac{x-\eta_1}{\sigma_1} \qquad (6-236)$$

表示一条经过点(η_1, η_2)，斜率为 $r\sigma_2/\sigma_1$ 的直线。因为对正态随机变量而言，条件均值 $E\{\mathbf{y} \mid x\}$ 与 $f(y \mid x)$ 的最大值是一致的，我们得知 $f(x,y)$ 的所有轮廓线极大值点的轨迹是直线(6-236) 式。

由定理(6-159) 式和(6-227) 可得

$$E\{g(\mathbf{x},\mathbf{y}) \mid M\} = \int_{-\infty}^{\infty}\int_{-\infty}^{\infty} g(x,y) f(x,y \mid M)\mathrm{d}x\mathrm{d}y \qquad (6-237)$$

该式可用来确定 $E\{g(\mathbf{x},\mathbf{y}) \mid x\}$，然而条件分布密度 $f(x,y \mid x)$ 由 x 为常量时的线质量组成。为了避免处理线质量，我们把 $E\{g(\mathbf{x},\mathbf{y}) \mid x\}$ 定义为一个极限：

如例 6-39 中已表明的，条件分布密度 $f(x,y \mid x < \mathbf{x} < x+\Delta x)$ 在带$(x, x+\Delta x)$ 以外等于零，而在带内用(6-203) 式表示，其中 $x_1 = x, x_2 = x+\Delta x$。因此，当 $M = \{x < \mathbf{x} \leqslant x+\Delta x\}$ 时，从(6-237) 式可得

$$E\{g(\mathbf{x},\mathbf{y}) \mid x < \mathbf{x} \leqslant x+\Delta x\} = \int_{-\infty}^{\infty}\int_{x}^{x+\Delta x} g(\alpha,y)\frac{f(\alpha,y)\mathrm{d}\alpha}{F_x(x+\Delta x) - F_x(x)}\mathrm{d}y$$

当 $\Delta x \to 0$ 时，被积函数趋于 $g(x,y)f(x,y)/f(x)$。定义 $E\{g(\mathbf{x},\mathbf{y}) \mid x\}$ 为上式的极限，便得

$$E\{g(\mathbf{x},\mathbf{y}) \mid x\} = \int_{-\infty}^{\infty} g(x,y) f(y \mid x)\mathrm{d}y \qquad (6-238)$$

还应该指出

$$E\{g(x,\mathbf{y}) \mid x\} = \int_{-\infty}^{\infty} g(x,y) f(y \mid x)\mathrm{d}y \qquad (6-239)$$

因为 $g(x,\mathbf{y})$ 是随机变量 $\mathbf{y}$ 的函数，x 为一参量。因此它的条件期望值可由(6-227) 式给出。于是

$$E\{g(\mathbf{x},\mathbf{y}) \mid x\} = E\{g(x,\mathbf{y}) \mid x\} \qquad (6-240)$$

从上面看，有人或许认为(6-240) 式可以直接从(6-227) 式得到。然而并非如此。函数 $g(\mathbf{x},\mathbf{y})$ 和 $g(x,\mathbf{y})$ 假定 $\mathbf{x} = x$ 时虽有相同的期望值，但这两个函数是不等的。前者是随机变量 $\mathbf{x}$ 和 $\mathbf{y}$ 的函数，同时对特定的 ξ 取值为 $g[\mathbf{x}(\xi), \mathbf{y}(\xi)]$。而后者是实变数 x 和随机变量 $\mathbf{y}$ 的函数。对特定的 ξ，它取值为 $g[x, \mathbf{y}(\xi)]$，其中 x 是一任意数。

条件期望的随机变量特性

由(6-235) 式，假定 $\mathbf{x} = x$ 时，$\mathbf{y}$ 的条件均值是函数 $\varphi(x) = E\{\mathbf{y} \mid x\}$。利用该函数能构造一随机变量 $\varphi(\mathbf{x}) = E\{\mathbf{y} \mid \mathbf{x}\}$[见 5.1 节]。根据(5-55) 式可得该随机变量的均值为

$$E\{\varphi(\mathbf{x})\} = \int_{-\infty}^{\infty}\varphi(x)f(x)\mathrm{d}x = \int_{-\infty}^{\infty}f(x)\int_{-\infty}^{\infty}yf(y \mid x)\mathrm{d}y\mathrm{d}x$$

因为 $f(x,y) = f(x)f(y \mid x)$，故上式变为

$$E\{E(\boldsymbol{y} \mid \boldsymbol{x}\}=\int_{-\infty}^{\infty}\int_{-\infty}^{\infty} y f(x, y) \mathrm{d}x \mathrm{d}y=E\{\boldsymbol{y}\} \tag{6-241}$$

这个基本结果可以推广：假定 $\boldsymbol{x}=x$ 时，$g(\boldsymbol{x},y)$ 的条件均值 $E\{g(\boldsymbol{x},\boldsymbol{y}) \mid x\}$ 是实变量 x 的函数。因此，它定义了一个随机变量 $\boldsymbol{x}$ 的函数 $E\{g(\boldsymbol{x},\boldsymbol{y}) \mid \boldsymbol{x}\}$。如我们从(6-159)式和(6-237)式所见，$E\{g(\boldsymbol{x},\boldsymbol{y}) \mid \boldsymbol{x}\}$ 的均值等于

$$\int_{-\infty}^{\infty} f(x) \int_{-\infty}^{\infty} g(x, y) f(y \mid x) \mathrm{d}x \mathrm{d}y=\int_{-\infty}^{\infty} \int_{-\infty}^{\infty} g(x, y) f(x, y) \mathrm{d}x \mathrm{d}y$$

但上式右边积分为 $E\{g(\boldsymbol{x},\boldsymbol{y})\}$，因此有

$$E\{E\{g(\boldsymbol{x},\boldsymbol{y}) \mid \boldsymbol{x}\}\}=E\{g(\boldsymbol{x},\boldsymbol{y})\} \tag{6-242}$$

最后，应当指出

$$E\{g_1(\boldsymbol{x}) g_2(\boldsymbol{y}) \mid x\}=E\{g_1(x) g_2(\boldsymbol{y}) \mid x\}=g_1(x) E\{g_2(\boldsymbol{y}) \mid x\} \tag{6-243}$$

$$E\{g_1(\boldsymbol{x}) g_2(\boldsymbol{y})\}=E\{E\{g_1(\boldsymbol{x}) g_2(\boldsymbol{y}) \mid \boldsymbol{x}\}\}=E\{g_1(\boldsymbol{x}) E\{g_2(\boldsymbol{y}) \mid \boldsymbol{x}\}\} \tag{6-244}$$

【例 6-50】 假定随机变量 $\boldsymbol{x}$ 和 $\boldsymbol{y}$ 是 $N(0,0,\sigma_1^2,\sigma_2^2,r)$ 分布。正如我们已经知道的，

$$E\{\boldsymbol{x}^2\}=\sigma_1^2, \quad E\{\boldsymbol{x}^4\}=3\sigma_1^4$$

而且 $f(y \mid x)$ 是正态的，其均值为 $rx\sigma_2/\sigma_1$，方差为 $\sigma_2\sqrt{1-r^2}$。因此

$$E\{\boldsymbol{y}^2 \mid x\}=\eta_{y|x}^2+\sigma_{y|x}^2=\left(\frac{r\sigma_2 x}{\sigma_1}\right)^2+\sigma_2^2(1-r^2) \tag{6-245}$$

利用(6-244)式可以证明

$$E\{\boldsymbol{xy}\}=r\sigma_1\sigma_2 \qquad E\{\boldsymbol{x}^2\boldsymbol{y}^2\}=E\{\boldsymbol{x}^2\}E\{\boldsymbol{y}^2\}+2E^2\{\boldsymbol{xy}\} \tag{6-246}$$

证

$$E\{\boldsymbol{xy}\}=E\{\boldsymbol{x}E\{\boldsymbol{y} \mid \boldsymbol{x}\}\}=E\left\{r\sigma_2\frac{\boldsymbol{x}^2}{\sigma_1}\right\}=r\sigma_2\frac{\sigma_1^2}{\sigma_1}$$

$$E\{\boldsymbol{x}^2\boldsymbol{y}^2\}=E\{\boldsymbol{x}^2E\{\boldsymbol{y}^2 \mid \boldsymbol{x}\}\}=E\left\{\boldsymbol{x}^2\left[r^2\sigma_2^2\frac{\boldsymbol{x}^2}{\sigma_1^2}+\sigma_2^2(1-r^2)\right]\right\}$$

$$=3\sigma_1^4 r^2\frac{\sigma_2^2}{\sigma_1^2}+\sigma_1^2\sigma_2^2(1-r^2)=\sigma_1^2\sigma_2^2+2r^2\sigma_1^2\sigma_2^2$$

证明完成[也见(6-199)式]。

习　题

6-1　$\boldsymbol{x}$ 和 $\boldsymbol{y}$ 是独立同分布的随机变量，具有概率密度函数

$$f_x(x)=\mathrm{e}^{-x}U(x) \qquad f_y(y)=\mathrm{e}^{-y}U(y)$$

求下列随机变量的概率密度函数(a) $\boldsymbol{x}+\boldsymbol{y}$，(b) $\boldsymbol{x}-\boldsymbol{y}$，(c) $\boldsymbol{xy}$，(d) $\boldsymbol{x}/\boldsymbol{y}$，(e) $\min(\boldsymbol{x},\boldsymbol{y})$，(f) $\max(\boldsymbol{x},\boldsymbol{y})$，(g) $\min(\boldsymbol{x},\boldsymbol{y})/\max(\boldsymbol{x},\boldsymbol{y})$。

6-2　$\boldsymbol{x}$ 和 $\boldsymbol{y}$ 是独立的区间 $(0,\alpha)$ 上的均匀分布随机变量。求下列随机变量的概率密度函数 (a) $\boldsymbol{x}/\boldsymbol{y}$，(b) $\boldsymbol{y}/(\boldsymbol{x}+\boldsymbol{y})$，(c) $|\boldsymbol{x}-\boldsymbol{y}|$。

6-3　随机变量 $\boldsymbol{x}$ 和 $\boldsymbol{y}$ 的联合概率密度函数为

$$f_{xy}(x,y)=\begin{cases}1 & \text{在阴影区域} \\ 0 & \text{其它}\end{cases}$$

设 $\boldsymbol{z}=\boldsymbol{x}+\boldsymbol{y}$。求 $F_z(z)$ 和 $f_z(z)$。

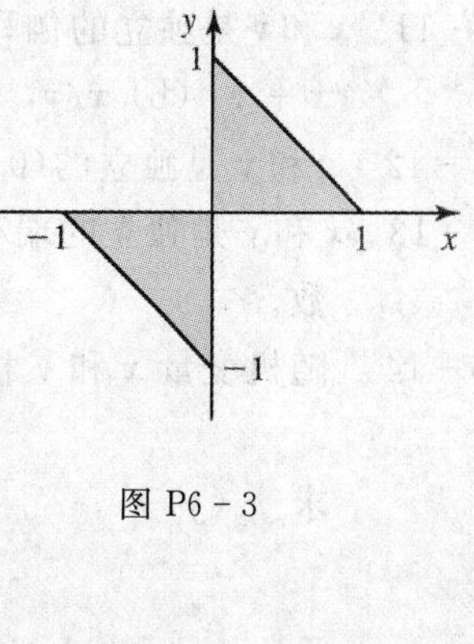

图 P6-3

6-4　随机变量 $\boldsymbol{x}$ 和 $\boldsymbol{y}$ 的联合概率密度函数是

$$f_{xy}(x,y)=\begin{cases}6x & x\geqslant 0, y\geqslant 0, x+y\leqslant 1\\ 0 & \text{其它}\end{cases}$$

设 $\boldsymbol{z}=\boldsymbol{x}-\boldsymbol{y}$。求 $\boldsymbol{z}$ 的概率密度函数。

6-5　$\boldsymbol{x}$ 和 $\boldsymbol{y}$ 是独立同分布的正态随机变量，具有零均值和方差 σ^2，也就是说，$\boldsymbol{x},\boldsymbol{y}\sim N(0,\sigma^2)$ 和 $f_{xy}(x,y)=f_x(x)f_y(y)$。求下列随机变量的概率密度函数(a)$\boldsymbol{z}=\sqrt{\boldsymbol{x}^2+\boldsymbol{y}^2}$，(b)$\boldsymbol{w}=\boldsymbol{x}^2+\boldsymbol{y}^2$，(c)$\boldsymbol{u}=\boldsymbol{x}-\boldsymbol{y}$。

6-6　随机变量 $\boldsymbol{x}$ 和 $\boldsymbol{y}$ 的联合概率密度函数是

$$f_{xy}(x,y)=\begin{cases}2(1-x) & 0<x\leqslant 1,\ 0\leqslant y\leqslant 1\\ 0 & \text{其它}\end{cases}$$

求随机变量 $\boldsymbol{z}=\boldsymbol{xy}$ 的概率密度函数。

6-7　假定

$$f_{xy}(x,y)=\begin{cases}x+y & 0\leqslant x\leqslant 1,\ 0\leqslant y\leqslant 1\\ 0 & \text{其它}\end{cases}$$

证明：(a)$\boldsymbol{x}+\boldsymbol{y}$ 的概率密度函数满足：$f_1(z)=z^2$，$0<z<1$；$f_1(z)=z(2-z)$，$1<z<2$，其它情况为零。(b) $\boldsymbol{xy}$ 的概率密度函数满足：$f_2(z)=2(1-z)$，$0<z<1$，其它情况为零。(c) $\boldsymbol{y}/\boldsymbol{x}$ 的概率密度函数满足：$f_3(z)=(1+z)/3$，$0<z<1$；$f_3(z)=(1+z)/3z^3$，$z>1$，其它情况为零。(d) $\boldsymbol{y}-\boldsymbol{x}$ 的概率密度函数满足：$f_4(z)=1-|z|$，$|z|<1$，其它情况为零。

6-8　假定随机变量 $\boldsymbol{x}$ 和 $\boldsymbol{y}$ 具有联合概率密度函数

$$f_{xy}(x,y)=\begin{cases}1 & 0\leqslant x\leqslant 2,\ 0\leqslant y\leqslant 1,\ 2y\leqslant x\\ 0 & \text{其它}\end{cases}$$

证明随机变量 $\boldsymbol{x}+\boldsymbol{y}$ 的概率密度函数是

$$f_z(z)=\begin{cases}(1/3)z & 0<z\leqslant 2\\ 2-(2/3)z & 2<z\leqslant 3\\ 0 & \text{其它}\end{cases}$$

6-9　$\boldsymbol{x}$ 和 $\boldsymbol{y}$ 是三角形区域 $0\leqslant y\leqslant x\leqslant 1$ 上的均匀分布。证明：

(a) $\boldsymbol{z}=\boldsymbol{x}/\boldsymbol{y}$ 的概率密度函数满足：$f_z(z)=1/z^2$，$z\geqslant 1$ 其它情况 $f_z(z)=0$。

(b) 求随机变量 $\boldsymbol{xy}$ 的概率密度函数。

6-10　$\boldsymbol{x}$ 和 $\boldsymbol{y}$ 是三角形区域 $0<x\leqslant y\leqslant x+y\leqslant 2$ 上的均匀分布。求随机变量 $\boldsymbol{x}+\boldsymbol{y}$ 和 $\boldsymbol{x}-\boldsymbol{y}$ 的概率密度函数。

6-11　$\boldsymbol{x}$ 和 $\boldsymbol{y}$ 是独立的伽马分布，具有相同的参数 α 和 β。求下列随机变量的概率密度函数：(a) $\boldsymbol{x}+\boldsymbol{y}$，(b) $\boldsymbol{x}/\boldsymbol{y}$，(c) $\boldsymbol{x}/(\boldsymbol{x}+\boldsymbol{y})$。

6-12　$\boldsymbol{x}$ 和 $\boldsymbol{y}$ 是独立的(0,1)区间上的均匀分布。求随机变量 $\boldsymbol{x}+\boldsymbol{y}$ 和 $\boldsymbol{x}-\boldsymbol{y}$ 的联合概率密度。

6-13　$\boldsymbol{x}$ 和 $\boldsymbol{y}$ 是独立的瑞利分布随机变量，具有相同的参数 σ^2。求随机变量 $\boldsymbol{x}/\boldsymbol{y}$ 的概率密度函数。

6-14　随机变量 $\boldsymbol{x}$ 和 $\boldsymbol{y}$ 相互独立，$\boldsymbol{z}=\boldsymbol{x}+\boldsymbol{y}$。如果

$$f_x(x)=e^{-cx}U(x)\quad f_z(z)=c^2ze^{-cz}U(z)$$

求 $f_y(y)$。

6-15　随机变量 $\boldsymbol{x}$ 和 $\boldsymbol{y}$ 相互独立，$\boldsymbol{y}$ 是区间(0,1)上的均匀分布。证明：如果 $\boldsymbol{z}=\boldsymbol{x}+\boldsymbol{y}$，那么

$$f_z(z)=F_x(z)-F_x(z-1)$$

6-16　(a) 函数 $g(x)$ 单调增加并且 $\boldsymbol{y}=g(\boldsymbol{x})$。证明：

$$F_{xy}(x,y)=\begin{cases}F_x(x) & y>g(x)\\ F_y(y) & y<g(x)\end{cases}$$

(b) 如果 $g(x)$ 单调下降，求 $F_{xy}(x,y)$。

6-17　随机变量 $\boldsymbol{x}$ 和 $\boldsymbol{y}$ 服从正态分布 $N(0,4)$ 并且相互独立。如果(a) $\boldsymbol{z}=2\boldsymbol{x}+3\boldsymbol{y}$，(b) $\boldsymbol{z}=\boldsymbol{x}/\boldsymbol{y}$，求 $f_z(z)$ 和 $F_z(z)$。

6-18　若 $\boldsymbol{x}$ 和 $\boldsymbol{y}$ 是独立的，且有

$$f_x(x)=\frac{x}{\alpha^2}\mathrm{e}^{-x^2/2\alpha^2}U(x)$$

$$f_y(y)=\begin{cases}1/\pi\sqrt{1-y^2} & |y|<1\\ 0 & |y|>1\end{cases}$$

试证 $\boldsymbol{z}=\boldsymbol{xy}$ 是 $N(0,\alpha^2)$ 分布。

6-19　$\boldsymbol{x}$ 和 $\boldsymbol{y}$ 是独立的，且为瑞利分布

$$f_x(x)=\frac{x}{\alpha^2}\mathrm{e}^{-x^2/2\alpha^2}U(x),\ f_y(y)=\frac{y}{\beta^2}\mathrm{e}^{-y^2/2\beta^2}U(y)$$

(a) 若 $\boldsymbol{z}=\boldsymbol{x}/\boldsymbol{y}$，试证明

$$f_z(z)=\frac{2\alpha^2}{\beta^2}\frac{z}{(z^2+\alpha^2/\beta^2)^2}U(z)\cdots\cdots\cdots\cdots\text{(i)}$$

(b) 利用(i)证明对任一 $k>0$ 有

$$P\{\boldsymbol{x}\leqslant k\boldsymbol{y}\}=\frac{k^2}{k^2+\alpha^2/\beta^2}$$

6-20　随机变量 $\boldsymbol{x}$ 和 $\boldsymbol{y}$ 是独立的，且有指数分布

$$f_x(x)=\alpha\mathrm{e}^{-\alpha x}U(x),\ f_y(y)=\beta\mathrm{e}^{-\beta y}U(y)$$

试求下列随机变量的分布密度：(1) $2\boldsymbol{x}+\boldsymbol{y}$；(2) $\boldsymbol{x}-\boldsymbol{y}$；(3) $\boldsymbol{x}/\boldsymbol{y}$；(4) $\max(\boldsymbol{x},\boldsymbol{y})$；(5) $\min(\boldsymbol{x},\boldsymbol{y})$。

6-21　$\boldsymbol{x}$ 和 $\boldsymbol{y}$ 是独立的，且在区间$(0,a)$内都是均匀分布的，试求 $\boldsymbol{z}=|\boldsymbol{x}-\boldsymbol{y}|$ 的分布密度。

6-22　证明：(a) 两个正态分布密度的卷积是正态的；(b) 两个柯西分布密度的卷积是柯西分布的。

6-23　随机变量 $\boldsymbol{x}$ 和 $\boldsymbol{y}$ 相互独立且具有概率密度 $\chi^2(m)$ 和 $\chi^2(n)$。证明：如果(例 6-29)

$$\boldsymbol{z}=\frac{\boldsymbol{x}/m}{\boldsymbol{y}/n}\qquad\text{那么}\qquad f_z(z)=\gamma\frac{z^{m/2}-1}{\sqrt{(1+mz/n)^{m+n}}}U(z)$$

这个分布记做 $F(m,n)$，被称做 F 分布，在假设检验中要用到(习题 8-34)。

6-24　设 $\boldsymbol{z}=\max(\boldsymbol{x},\boldsymbol{y})$，$\boldsymbol{w}=\min(\boldsymbol{x},\boldsymbol{y})$，用 $F_{xy}(x,y)$ 表示 $F_{zw}(z,w)$。

6-25　设 $\boldsymbol{x}$ 表示某个灯泡的使用寿命，$\boldsymbol{y}$ 是第一个灯泡不能使用时替换灯泡的寿命，假定 $\boldsymbol{x}$ 和 $\boldsymbol{y}$ 是独立同分布的，服从参数为 λ 的指数分布。求两个灯泡使用时间超过 $2/\lambda$ 的概率。替代灯泡比原来灯泡使用时间长 $1/\lambda$ 的概率是多少？

6-26　$\boldsymbol{x}$ 和 $\boldsymbol{y}$ 是(0,1)区间上独立均匀分布。设 $\boldsymbol{w}=\max(\boldsymbol{x},\boldsymbol{y})$，$\boldsymbol{z}=\min(\boldsymbol{x},\boldsymbol{y})$。求(a) $\boldsymbol{r}=\boldsymbol{w}-\boldsymbol{z}$，(b) $\boldsymbol{s}=\boldsymbol{w}+\boldsymbol{z}$ 的概率密度函数。

6-27　设 $\boldsymbol{x}$ 和 $\boldsymbol{y}$ 是独立同分布的，服从参数为 λ 的指数分布。求(a) $\boldsymbol{z}=\boldsymbol{y}/\max(\boldsymbol{x},\boldsymbol{y})$，(b) $\boldsymbol{w}=\boldsymbol{x}/\min(\boldsymbol{x},2\boldsymbol{y})$ 的概率密度函数。

6-28　设 $\boldsymbol{x}$ 和 $\boldsymbol{y}$ 是独立同分布的，服从参数为 λ 的指数分布。证明 $\boldsymbol{x}/(\boldsymbol{x}+\boldsymbol{y})$ 是(0,1) 区间上的均匀分布。

6-29　设 $\boldsymbol{x}$ 和 $\boldsymbol{y}$ 是独立同分布的，服从参数为 λ 的指数分布。证明

$$\boldsymbol{z}=\min(\boldsymbol{x},\boldsymbol{y}) \text{ 和 } \boldsymbol{w}=\max(\boldsymbol{x},\boldsymbol{y})-\min(\boldsymbol{x},\boldsymbol{y})$$

是相互独立的。

6-30　设 $\boldsymbol{x}$ 和 $\boldsymbol{y}$ 是独立同分布的，具有概率密度函数 $f_x(x)=\beta^{-\alpha}\alpha x^{\alpha-1}$，$0<x<\beta$ 其它情况为零($\alpha\geqslant1$)。设 $\boldsymbol{z}=\min(\boldsymbol{x},\boldsymbol{y})$，$\boldsymbol{w}=\max(\boldsymbol{x},\boldsymbol{y})$。

(a) 求 $\boldsymbol{x}+\boldsymbol{y}$ 的概率密度函数；

(b) 求 $\boldsymbol{z}$ 和 $\boldsymbol{w}$ 的联合概率密度；

(c) 证明 $\boldsymbol{z}/\boldsymbol{w}$ 和 $\boldsymbol{w}$ 是相互独立的。

6-31　设 $\boldsymbol{x}$ 和 $\boldsymbol{y}$ 是相互独立的伽马分布，具有参数(α_1,β) 和(α_2,β)。

(a) 确定随机变量 $\boldsymbol{x}+\boldsymbol{y}$，$\boldsymbol{x}/\boldsymbol{y}$ 和 $\boldsymbol{x}/(\boldsymbol{x}+\boldsymbol{y})$ 的概率密度函数；

(b) 证明 $\boldsymbol{x}+\boldsymbol{y}$ 和 $\boldsymbol{x}/\boldsymbol{y}$ 是相互独立的；

(c) 证明 $\boldsymbol{x}+\boldsymbol{y}$ 和 $\boldsymbol{x}/(\boldsymbol{x}+\boldsymbol{y})$ 是相互独立的伽马分布和贝塔分布。

(d) 证明(b) 的逆命题也是正确的，也就是说：对于非负随机变量 $\boldsymbol{x}$ 和 $\boldsymbol{y}$，如果 $\boldsymbol{x}+\boldsymbol{y}$ 和 $\boldsymbol{x}/\boldsymbol{y}$ 是相互独立的，那么 $\boldsymbol{x}$ 和 $\boldsymbol{y}$ 是具有相同参数 β 的伽马随机变量。

6-32　设 $\boldsymbol{x}$ 和 $\boldsymbol{y}$ 是独立同分布的正态随机变量，具有零均值和单位方差。

(a) 求随机变量 $\boldsymbol{x}/|\boldsymbol{y}|$ 和 $|\boldsymbol{x}|/|\boldsymbol{y}|$ 的概率密度函数；

(b) 设 $\boldsymbol{u}=\boldsymbol{x}+\boldsymbol{y}$ 和 $\boldsymbol{v}=\boldsymbol{x}^2+\boldsymbol{y}^2$，问 $\boldsymbol{u}$ 和 $\boldsymbol{v}$ 是否独立？

6-33　设 $\boldsymbol{x}$ 和 $\boldsymbol{y}$ 是联合正态的随机变量，具有参数 $\mu_x,\mu_y,\sigma_x^2,\sigma_y^2$ 和 r，给出 $\boldsymbol{x}-\boldsymbol{y}$ 和 $\boldsymbol{x}+\boldsymbol{y}$ 相互独立的充要条件。

6-34　设 $\boldsymbol{x}$ 和 $\boldsymbol{y}$ 是独立同分布的正态随机变量，具有零均值和方差 σ^2。定义

$$\boldsymbol{u}=\frac{\boldsymbol{x}^2-\boldsymbol{y}^2}{\sqrt{\boldsymbol{x}^2+\boldsymbol{y}^2}}\qquad \boldsymbol{v}=\frac{\boldsymbol{x}\boldsymbol{y}}{\sqrt{\boldsymbol{x}^2+\boldsymbol{y}^2}}$$

(a) 求随机变量 $\boldsymbol{u}$ 和 $\boldsymbol{v}$ 的联合概率密度函数 $f_{uv}(u,v)$；

(b) 证明 $\boldsymbol{u}$ 和 $\boldsymbol{v}$ 是独立的正态随机变量。

(c) 证明$[(\boldsymbol{x}-\boldsymbol{y})^2-2\boldsymbol{y}^2]/\sqrt{\boldsymbol{x}^2+\boldsymbol{y}^2}$ 也是正态随机变量。因此，正态随机变量的非线性函数也可以产生正态随机变量(这一结果由 Shepp 给出)。

6-35　假定 $\boldsymbol{z}$ 是(m, n) 个自由度的 F 分布。

(a) 证明 $1/\boldsymbol{z}$ 也是 F 分布，具有自由度(n, m)；

(b) 证明 $m\boldsymbol{z}/(m\boldsymbol{z}+n)$ 是贝塔分布。

6-36　设 $\boldsymbol{x}$ 和 $\boldsymbol{y}$ 的联合概率密度函数是

$$f_{xy}(x,y)=\begin{cases}\mathrm{e}^{-x} & 0<y\leqslant x\leqslant\infty\\ 0 & \text{其它}\end{cases}$$

定义 $\boldsymbol{z}=\boldsymbol{x}+\boldsymbol{y}$，$\boldsymbol{w}=\boldsymbol{x}-\boldsymbol{y}$。求 $\boldsymbol{z}$ 和 $\boldsymbol{w}$ 的联合概率密度函数。证明 $\boldsymbol{w}$ 是指数分布的随机变量。

6-37　设

$$f_{xy}(x,y)=\begin{cases}2e^{-(x+y)} & 0<x<y<\infty\\ 0 & \text{其它}\end{cases}$$

定义 $\boldsymbol{z}=\boldsymbol{x}+\boldsymbol{y}$, $\boldsymbol{w}=\boldsymbol{y}/\boldsymbol{x}$。确定 $\boldsymbol{z}$ 和 $\boldsymbol{w}$ 的联合概率密度函数。$\boldsymbol{z}$ 和 $\boldsymbol{w}$ 是否相互独立？

6-38　随机变量 $\boldsymbol{x}$ 和 $\boldsymbol{\theta}$ 是独立的，且 $\boldsymbol{\theta}$ 在区间 $(-\pi,\pi)$ 内均匀分布，若 $\boldsymbol{z}=\boldsymbol{x}\cos(\omega t+\boldsymbol{\theta})$，证明

$$f_z(z)=\frac{1}{\pi}\int_{-\infty}^{-|z|}\frac{f_x(y)}{\sqrt{y^2-z^2}}dy+\frac{1}{\pi}\int_{|z|}^{\infty}\frac{f_x(y)}{\sqrt{y^2-z^2}}dy$$

6-39　随机变量 $\boldsymbol{x}$ 和 $\boldsymbol{y}$ 相互独立，$\boldsymbol{x}$ 为 $N(0,\sigma^2)$ 分布，$\boldsymbol{y}$ 在区间 $(0,\pi)$ 内均匀分布，设 $\boldsymbol{z}=\boldsymbol{x}+a\cos\boldsymbol{y}$，证明

$$f_z(z)=\frac{1}{\pi\sigma\sqrt{2\pi}}\int_0^{\pi}e^{-(z-a\cos y)^2/2\sigma^2}\,dy$$

6-40　随机变量 $\boldsymbol{x}$ 和 $\boldsymbol{y}$ 是离散型并相互独立，且 $P\{\boldsymbol{x}=n\}=a_n, P\{\boldsymbol{y}=n\}=b_n, n=0,1,\cdots$。若 $\boldsymbol{z}=\boldsymbol{x}+\boldsymbol{y}$，试证明

$$P\{\boldsymbol{z}=n\}=\sum_{k=0}^{n}a_k b_{n-k}\qquad n=0,1,2,\cdots$$

6-41　已知 $\boldsymbol{x}$ 是离散型的，取 x_n 的概率为 $P\{\boldsymbol{x}=x_n\}=p_n$，而 $\boldsymbol{y}$ 是连续型的且与 $\boldsymbol{x}$ 独立。若 $\boldsymbol{z}=\boldsymbol{x}+\boldsymbol{y}$ 和 $\boldsymbol{w}=\boldsymbol{x}\boldsymbol{y}$，试证明

$$f_z(z)=\sum_n f_y(z-x_n)p_n,\ f_w(w)=\sum_n\frac{1}{|x_n|}f_y\left(\frac{w}{x_n}\right)p_n$$

6-42　$\boldsymbol{x}$ 和 $\boldsymbol{y}$ 相互独立并且服从几何分布

$$P\{\boldsymbol{x}=k\}=pq^k,\quad k=0,1,2,\cdots,\quad P\{\boldsymbol{y}=m\}=pq^m,\quad m=0,1,2,\cdots$$

求(a)$\boldsymbol{x}+\boldsymbol{y}$，(b)$\boldsymbol{x}-\boldsymbol{y}$ 的概率质量函数。

6-43　设 $\boldsymbol{x}$ 和 $\boldsymbol{y}$ 独立同分布的非负随机变量，满足

$$P\{\boldsymbol{x}=k\}=P\{\boldsymbol{y}=k\}=p_k,\quad k=0,1,2,\cdots$$

假定

$$P\{\boldsymbol{x}=k\mid\boldsymbol{x}+\boldsymbol{y}=k\}=P\{\boldsymbol{x}=k-1\mid\boldsymbol{x}+\boldsymbol{y}=k\}=\frac{1}{k+1},\quad k\geqslant 0$$

证明 $\boldsymbol{x}$ 和 $\boldsymbol{y}$ 是几何分布的随机变量(这一结果由 Chatterji 给出)。

6-44　$\boldsymbol{x}$ 和 $\boldsymbol{y}$ 独立同分布的二项式分布随机变量，具有参数 n 和 p。证明 $\boldsymbol{z}=\boldsymbol{x}+\boldsymbol{y}$ 也是二项式分布的随机变量并求它的参数。

6-45　设 $\boldsymbol{x}$ 和 $\boldsymbol{y}$ 独立同分布，具有概率质量函数

$$P\{\boldsymbol{x}=k\}=pq^k,\quad k=0,1,2,\cdots,\quad q=1-p$$

(a) 证明 $\min(\boldsymbol{x},\boldsymbol{y})$ 和 $\boldsymbol{x}-\boldsymbol{y}$ 是相互独立的；

(b) 证明 $\boldsymbol{z}=\min(\boldsymbol{x},\boldsymbol{y})$ 和 $\boldsymbol{w}=\max(\boldsymbol{x},\boldsymbol{y})-\min(\boldsymbol{x},\boldsymbol{y})$ 也是相互独立的。

6-46　设 $\boldsymbol{x}$ 和 $\boldsymbol{y}$ 是独立的泊松随机变量，分别具有参数 λ_1 和 λ_2。证明：给定 $\boldsymbol{x}+\boldsymbol{y}$ 的情况下 $\boldsymbol{x}$ 的条件概率是二项式分布。

6-47　随机变量 $\boldsymbol{x}_1$ 和 $\boldsymbol{x}_2$ 为联合正态，且有零均值。证明它们的联合分布密度为

$$f(x_1,x_2)=\frac{1}{2\pi\sqrt{\Delta}}\exp\left\{-\frac{1}{2}XC^{-1}X^t\right\}\qquad C=\begin{bmatrix}\mu_{11} & \mu_{12}\\ \mu_{21} & \mu_{22}\end{bmatrix}$$

其中 $X:[x_1,x_2]$，$\mu_{ij}=E\{\boldsymbol{x}_i\boldsymbol{x}_j\}$，$\Delta=\mu_{11}\mu_{22}-\mu_{12}^2$

6-48　如果随机变量 $\boldsymbol{x}$ 和 $\boldsymbol{y}$ 是正态、独立的，证明：

$$P\{\boldsymbol{xy}<0\}=\mathrm{G}\left(\frac{\eta_x}{\sigma_x}\right)+\mathrm{G}\left(\frac{\eta_y}{\sigma_y}\right)-2\mathrm{G}\left(\frac{\eta_x}{\sigma_x}\right)\mathrm{G}\left(\frac{\eta_y}{\sigma_y}\right)$$

6-49　随机变量 $\boldsymbol{x}$ 和 $\boldsymbol{y}$ 是独立的并且服从 $N(0,\sigma^2)$。证明：随机变量 $\boldsymbol{z}=|\boldsymbol{x}-\boldsymbol{y}|$ 满足：

$$E\{\boldsymbol{z}\}=2\sigma/\sqrt{\pi},\ E\{\boldsymbol{z}^2\}=2\sigma^2$$

6-50　如果 $\boldsymbol{x}$ 和 $\boldsymbol{y}$ 是独立的指数分布随机变量，满足 $f_x(x)=\mathrm{e}^{-x}U(x)$，$f_y(y)=\mathrm{e}^{-y}U(y)$。证明随机变量 $\boldsymbol{z}=(\boldsymbol{x}-\boldsymbol{y})$ 满足：$E\{\boldsymbol{z}\}=1/2$。

6-51　对于任何的实或复的随机变量 $\boldsymbol{x}$ 和 $\boldsymbol{y}$，证明：

(a) $|E\{\boldsymbol{xy}\}|^2\leqslant E\{|\boldsymbol{x}|^2\}E\{|\boldsymbol{y}|^2\}$；

(b)（三角不等式）$\sqrt{E\{|\boldsymbol{x}+\boldsymbol{y}|^2\}}\leqslant\sqrt{E\{|\boldsymbol{x}|^2\}}+\sqrt{E\{|\boldsymbol{y}|^2\}}$。

6-52　如果相关系数 $r_{xy}=1$，证明 $\boldsymbol{y}=a\boldsymbol{x}+b$。

6-53　如果 $E\{\boldsymbol{x}^2\}=E\{\boldsymbol{y}^2\}=E\{\boldsymbol{xy}\}$，证明 $\boldsymbol{x}=\boldsymbol{y}$。

6-54　随机变量 $\boldsymbol{n}$ 是具有参数 λ 的泊松分布，$\boldsymbol{x}$ 与 $\boldsymbol{n}$ 独立。证明：如果 $\boldsymbol{z}=\boldsymbol{nx}$ 并且 $f_x(x)=\dfrac{\alpha}{\pi(\alpha^2+x^2)}$，那么，$\Phi_z(\omega)=\exp\{\lambda\mathrm{e}^{-\alpha|\omega|}-\lambda\}$。

6-55　在 n 次具有成功概率 p 的伯努利试验中，设 $\boldsymbol{x}$ 表示成功的次数，$\boldsymbol{y}$ 表示失败的次数。求随机变量 $\boldsymbol{z}=\boldsymbol{x}-\boldsymbol{y}$ 的分布函数。证明 $E\{\boldsymbol{z}\}=n(2p-1)$，$\mathrm{Var}\{\boldsymbol{z}\}=4np(1-p)$。

6-56　$\boldsymbol{x}$ 和 $\boldsymbol{y}$ 是相互独立的零均值正态随机变量，具有方差 σ_1^2 和 σ_2^2，即 $\boldsymbol{x}\sim N(0,\sigma_1^2)$，$\boldsymbol{y}\sim N(0,\sigma_2^2)$。设 $\boldsymbol{z}=a\boldsymbol{x}+b\boldsymbol{y}+c\quad c\neq 0$

(a) 求 z 的特征函数 $\Phi_z(\omega)$；

(b) 用特征函数说明 $\boldsymbol{z}$ 也是正态随机变量；

(c) 求 $\boldsymbol{z}$ 的均值和方差。

6-57　假定给定 $\boldsymbol{y}=n$ 条件下，$\boldsymbol{x}$ 的条件分布是具有参数 n 和 p_1 的二项式分布。进一步，$\boldsymbol{y}$ 是具有参数 M 和 p_2 的二项式分布。证明 $\boldsymbol{x}$ 也是二项式分布并求它的参数。

6-58　随机变量 $\boldsymbol{x}$ 和 $\boldsymbol{y}$ 联合分布于区域 $0<x<y<1$ 上，联合密度函数为

$$f_{xy}(x,y)=\begin{cases}kx & 0<x<y<1\\ 0 & \text{其它}\end{cases}$$

k 是某一个正数。求 k 的值以及随机变量 $\boldsymbol{x}$ 和 $\boldsymbol{y}$ 的方差。它们的协方差是什么？

6-59　$\boldsymbol{x}$ 是参数为 λ 的泊松分布随机变量，$\boldsymbol{y}$ 是均值为 μ，方差为 σ^2 的正态随机变量，并且 $\boldsymbol{x}$ 和 $\boldsymbol{y}$ 相互独立。

(a) 求 $\boldsymbol{x}$ 和 $\boldsymbol{y}$ 的联合特征函数；

(b) 定义 $\boldsymbol{z}=\boldsymbol{x}+\boldsymbol{y}$，求 $\boldsymbol{z}$ 的特征函数。

6-60　$\boldsymbol{x}$ 和 $\boldsymbol{y}$ 是相互独立的指数分布随机变量，具有相同的参数 λ。求：(a)$E\{\min(\boldsymbol{x},\boldsymbol{y})\}$；(b)$E\{\max(2\boldsymbol{x},\boldsymbol{y})\}$。

6-61　$\boldsymbol{x}$ 和 $\boldsymbol{y}$ 的联合概率密度函数为

$$f_{xy}(x,y)=\begin{cases}6x & x>0,\ y>0,\ 0<x+y\leqslant 1\\ 0 & \text{其它}\end{cases}$$

定义 $\boldsymbol{z}=\boldsymbol{x}-\boldsymbol{y}$。

(a) 求 $\boldsymbol{z}$ 的概率密度函数；

(b) 求给定 $\boldsymbol{x}$ 的情况下，$\boldsymbol{y}$ 的条件概率密度函数；

(c) 求 $\mathrm{Var}\{\boldsymbol{x}+\boldsymbol{y}\}$。

6-62　假定 $\boldsymbol{x}$ 表示具有一个自由度的 χ^2 随机变量的倒数，给定 $\boldsymbol{x}$ 时 $\boldsymbol{y}$ 的条件密度函数是 $N(0,x)$。证明：随机变量 $\boldsymbol{y}$ 服从柯西分布。

6-63　对于任意两个随机变量 $\boldsymbol{x}$ 和 $\boldsymbol{y}$，设 $\sigma_x^2=\mathrm{Var}\{\boldsymbol{x}\}$，$\sigma_y^2=\mathrm{Var}\{\boldsymbol{y}\}$ 和 $\sigma_{x+y}^2=\mathrm{Var}\{\boldsymbol{x}+\boldsymbol{y}\}$。

证明：(a) $\dfrac{\sigma_{x+y}}{\sigma_x+\sigma_y}\leqslant 1$；

(b) 更一般地，对 $p\geqslant 1$

$$\frac{\{E(|\boldsymbol{x}+\boldsymbol{y}|^p)\}^{1/p}}{\{E(|\boldsymbol{x}|^p)\}^{1/p}+\{E(|\boldsymbol{y}|^p)\}^{1/p}}\leqslant 1$$

6-64　$\boldsymbol{x}$ 和 $\boldsymbol{y}$ 是联合正态的，具有参数 $N\{\mu_x,\mu_y,\sigma_x^2,\sigma_y^2,\rho_{xy}\}$。求：(a) $E\{\boldsymbol{y}\mid\boldsymbol{x}=x\}$ 和 (b) $E\{\boldsymbol{x}^2\mid\boldsymbol{y}\}=y$。

6-65　对于任意两个满足 $E\{\boldsymbol{x}^2\}<\infty$ 的随机变量 $\boldsymbol{x}$ 和 $\boldsymbol{y}$，证明：

(a) $\mathrm{Var}\{\boldsymbol{x}\}\geqslant E\{\mathrm{Var}\{\boldsymbol{x}\mid\boldsymbol{y}\}\}$

(b) $\mathrm{Var}\{\boldsymbol{x}\}=E[\mathrm{Var}\{\boldsymbol{x}\mid\boldsymbol{y}\}]+E[\mathrm{Var}\{\boldsymbol{y}\mid\boldsymbol{x}\}]$。

6-66　设 $\boldsymbol{x}$ 和 $\boldsymbol{y}$ 是相互独立的具有方差分别为 σ_x^2 和 σ_y^2 的随机变量。随机变量

$$\boldsymbol{z}=a\boldsymbol{x}+(1-a)\boldsymbol{y}\quad 0\leqslant a\leqslant 1$$

求使得 $\boldsymbol{z}$ 具有最小方差的 a 的值。

6-67　如果随机变量 $\boldsymbol{x}$ 是离散型的，取值 x_n 的概率 $P\{\boldsymbol{x}=x_n\}=p_n$，$\boldsymbol{z}=g(\boldsymbol{x},\boldsymbol{y})$，那么

$$E\{\boldsymbol{z}\}=\sum_n E\{g(x_n,\boldsymbol{y})\mid x_n\}p_n,\quad f_z(z)=\sum_n f_z(z\mid x_n)p_n$$

6-68　如果随机变量 $\boldsymbol{x}$ 和 $\boldsymbol{y}$ 是联合正态分布的，服从 $N\{0,0,\sigma^2,\sigma^2,r\}$，证明：

(a) $E\{f_y(\boldsymbol{y}\mid x)\}=\dfrac{1}{\sigma\sqrt{2\pi(2-r^2)}}\exp\left\{-\dfrac{r^2x^2}{2\sigma^2(2-r^2)}\right\}$；

(b) $E\{f_x(\boldsymbol{x})f_y(\boldsymbol{y})\}=\dfrac{1}{2\pi\sigma^2\sqrt{4-r^2}}$。

6-69　如果随机变量 $\boldsymbol{x}$ 和 $\boldsymbol{y}$ 是联合正态分布的，服从 $N\{0,0,\sigma_1^2,\sigma_2^2,r\}$，证明：

$$E\{|\boldsymbol{xy}|\}=\frac{2}{\pi}\int_0^c \arcsin\frac{\mu}{\sigma_1\sigma_2}\mathrm{d}\mu+\frac{2\sigma_1\sigma_2}{\pi}=\frac{2\sigma_1\sigma_2}{\pi}(\cos\alpha+\alpha\sin\alpha)$$

其中 $r=\sin\alpha$ 和 $c=r\sigma_1\sigma_2$。(提示：在(6～200)式中取 $g(x,y)=|xy|$)

6-70　随机变量 $\boldsymbol{x}$ 和 $\boldsymbol{y}$ 服从 $N\{3,4,1,4,0.5\}$。求 $f(y\mid x\}$ 和 $f(x\mid y\}$。

6-71　随机变量 $\boldsymbol{x}$ 和 $\boldsymbol{y}$ 是 $(-1,1)$ 上的均匀分布并且相互独立。求随机变量 $\boldsymbol{r}=\sqrt{\boldsymbol{x}^2+\boldsymbol{y}^2}$ 的条件概率密度 $f_r(\boldsymbol{r}\mid M)$，其中 $M=\{\boldsymbol{r}\leqslant 1\}$。

6-72　如果随机变量 $\boldsymbol{x}$ 和 $\boldsymbol{y}$ 是相互独立的，而 $\boldsymbol{z}=\boldsymbol{x}+\boldsymbol{y}$。证明：$f_z(z\mid x)=f_y(z-x)$。

6-73　证明：对于任两个随机变量 $\boldsymbol{x}$ 和 $\boldsymbol{y}$，随机变量 $\boldsymbol{z}=F_x(\boldsymbol{x})$ 和 $\boldsymbol{w}=F_y(\boldsymbol{y}\mid\boldsymbol{x})$ 相互独立并且都是 $(0,1)$ 上的均匀分布。

6-74　我们有一组硬币，共 m 枚。第 i 枚投掷时正面出现的概率是 p_i。我们随机从中选择一枚。投掷了 n 次，正面出现的次数是 k 次。证明：我们选择的是第 r 枚硬币的概率等于

$$\frac{p_r^k(1-p_r)^{n-k}}{p_1^k(1-p_1)^{n-k}+\cdots+p_m^k(1-p_m)^{n-k}}$$

6-75　随机变量 $\boldsymbol{x}$ 服从 t 分布。证明：$E\{\boldsymbol{x}^2\}=n/(n-2)$。

6-76　证明：如果 $\beta_y(t)=f_y(t\mid \mathbf{y}>t)$，$\beta_y(t\mid \mathbf{y}>t)$ 并且 $\beta_x(t)=k\beta_y(t)$，那么 $1-F_x(x)=[1-F_y(x)]^k$。

6-77　证明：对任意的随机变量 $\mathbf{x}$ 和 $\mathbf{y}$ 以及 $\varepsilon>0$

$$P\{|\mathbf{x}-\mathbf{y}|>\varepsilon\}\leqslant\frac{1}{\varepsilon^2}E\{|\mathbf{x}-\mathbf{y}|^2\}$$

6-78　证明：当且仅当随机变量 $\mathbf{x}$ 和 $\mathbf{y}$ 对任意的 a 和 b 满足

$$E\{U(a-\mathbf{x})U(b-\mathbf{y})\}=E\{U(a-\mathbf{x})\}E\{U(b-\mathbf{y})\}$$

时，$\mathbf{x}$ 和 $\mathbf{y}$ 是相互独立的。

6-79　证明：

$$E\{\mathbf{y}\mid \mathbf{x}\leqslant 0\}=\frac{1}{F_x(0)}\int_{-\infty}^{0}E\{\mathbf{y}\mid \mathbf{x}\}f_x(x)\,\mathrm{d}x$$

第 7 章

随机变量序列

7.1 一般概念

随机向量是指一个向量

$$\boldsymbol{X} = [\boldsymbol{x}_1, \cdots, \boldsymbol{x}_n] \tag{7-1}$$

它的各个分量 $\boldsymbol{x}_i$ 都是一个随机变量。

$\boldsymbol{X}$ 落在 n 维空间中的区域 D 内的概率等于区域 D 内的概率质量，即

$$P\{\boldsymbol{X} \in D\} = \int_D f(X)\mathrm{d}X,\ X = [x_1, \cdots, x_n] \tag{7-2}$$

其中

$$f(X) = f(x_1, \cdots, x_n) = \frac{\partial^n F(x_1, \cdots, x_n)}{\partial x_1 \cdots \partial x_n} \tag{7-3}$$

是 n 个随机变量 $\boldsymbol{x}_i$ 的**联合概率密度函数**，而

$$F(X) = F(x_1, \cdots, x_n) = P\{\boldsymbol{x}_1 \leqslant x_1, \cdots, \boldsymbol{x}_n \leqslant x_n\} \tag{7-4}$$

是它们的**联合分布函数**。

如果在 $F(x_1, \cdots, x_n)$ 中用 ∞ 替换某些变量，则可得其余的随机变量的联合分布函数。若对 $f(x_1, \cdots, x_n)$ 中某些变量积分，则可得其余随机变量的联合概率密度函数。例如

$$\begin{aligned} F(x_1, x_3) &= F(x_1, \infty, x_3 \infty) \\ f(x_1, x_3) &= \int_{-\infty}^{\infty}\int_{-\infty}^{\infty} f(x_1, x_2, x_3, x_4)\mathrm{d}x_2\mathrm{d}x_4 \end{aligned} \tag{7-5}$$

注 在上面，我们用自变量来区分各个函数。于是 $f(x_1, x_3)$ 为随机变量 $\boldsymbol{x}_1$ 和 $\boldsymbol{x}_3$ 的联合分布密度。一般地说，它与 $\boldsymbol{x}_2$ 和 $\boldsymbol{x}_4$ 的联合分布密度 $f(x_2, x_4)$ 不同。类似地，$\boldsymbol{x}_i$ 的分布密度 $f_i(x_i)$ 常用 $f(x_i)$ 表示。

变换 给 k 个函数

$$g_1(X), \cdots g_k(X) \qquad X = [x_1, \cdots, x_n]$$

我们构造随机变量

$$\boldsymbol{y}_1 = g_1(\boldsymbol{X}), \cdots, \quad \boldsymbol{y}_k = g_k(\boldsymbol{X}) \tag{7-6}$$

如 6.3 节所述，这些随机变量的统计特征可以用 $\boldsymbol{X}$ 的统计特征来确定。若 $k < n$，则我们可以先

确定 n 维随机变量 $\boldsymbol{y}_1,\cdots \boldsymbol{y}_k,\boldsymbol{x}_{k+1},\cdots,\boldsymbol{x}_n$ 的联合概率密度函数，然后用(7-5)式消去 $\boldsymbol{x}_{k+1},\cdots,\boldsymbol{x}_n$ 即可。若 $k>n$，则随机变量 $\boldsymbol{y}_{n+1},\cdots,\boldsymbol{y}_k$ 能够用 $\boldsymbol{y}_1,\cdots,\boldsymbol{y}_n$ 来表示。在这种情况下，k 维空间分布密度是奇异的，且能够用 $\boldsymbol{y}_1,\cdots,\boldsymbol{y}_n$ 的联合分布密度来确定，这种情况下，仅仅讨论 $k=n$ 的情况就足够了。

对于给定的一组数 $y_1,\cdots,y_n$，确定随机向量 $\boldsymbol{Y}=[\boldsymbol{y}_1,\cdots,\boldsymbol{y}_n]$ 的密度函数值 $f_y(y_1,\cdots,y_n)$，需要解下面的方程组

$$g_1(X)=y_1,\cdots,g_n(X)=y_n \tag{7-7}$$

如果方程组无解，则 $f_y(y_1,\cdots,y_n)=0$。如果它有惟一解 $X=[x_1,\cdots,x_n]$，则

$$f_y(y_1,\cdots,y_n)=\frac{f_x(x_1,\cdots,x_n)}{|J(x_1,\cdots,x_n)|} \tag{7-8}$$

其中

$$J(x_1,\cdots,x_n)=\begin{vmatrix} \dfrac{\partial g_1}{\partial x_1}\cdots & \dfrac{\partial g_1}{\partial x_n} \\ \vdots & \vdots \\ \dfrac{\partial g_n}{\partial x_1}\cdots & \dfrac{\partial g_n}{\partial x_n} \end{vmatrix} \tag{7-9}$$

是变换(7-7)式的雅可比行列式。如果有几个解，我们可以像(6-115)式那样加上相应的项。

7.1.1　独立性

如果事件 $\{\boldsymbol{x}_1\leqslant x_1\},\cdots,\{\boldsymbol{x}_n\leqslant x_n\}$ 是独立的，则称随机变量 $\boldsymbol{x}_1,\cdots,\boldsymbol{x}_n$ 是相互独立 。从而可以得到

$$\begin{aligned} F(x_1\cdots,x_n)&=F(x_1)\cdots F(x_n)\\ f(x_1,\cdots,x_n)&=f(x_1)\cdots f(x_n)\end{aligned} \tag{7-10}$$

【例 7-1】　给定 n 个独立的随机变量，它们各自的分布密度为 $f_i(x_i)$。我们构造一个新的随机变量

$$\boldsymbol{y}_k=\boldsymbol{x}_1+\cdots+\boldsymbol{x}_k,\quad k=1,\cdots,n$$

我们来确定 $\boldsymbol{y}_k$ 的联合概率密度函数。方程组

$$x_1=y_1,x_1+x_2=y_2,\cdots,x_1+\cdots+x_n=y_n$$

有惟一的解

$$x_k=y_k-y_{k-1}\qquad 1\leqslant k\leqslant n$$

并且其雅可比式等于1。因此[见(7-8)式和(7-10)式]

$$f_y(y_1,\cdots,y_n)=f_1(y_1)f_2(y_2-y_1)\cdots f_n(y_n-y_{n-1}) \tag{7-11}$$

由(7-10)式可得，集合 $\boldsymbol{x}_i$ 的任一子集都是独立的随机变量集合。例如，假定

$$f(x_1,x_2,x_3)=f(x_1)f(x_2)f(x_3)$$

两边对 x_3 积分可得 $f(x_1,x_2)=f(x_1)f(x_2)$。这表明随机变量 $\boldsymbol{x}_1$ 和 $\boldsymbol{x}_2$ 是独立的。

必须指出，如果随机变量 $\boldsymbol{x}_i$ 两两独立，则它们未必相互独立。例如，可能有

$$f(x_1,x_2)=f(x_1)f(x_2),\ f(x_1,x_3)=f(x_1)f(x_3),\ f(x_2,x_3)=f(x_2)f(x_3)$$

但是 $f(x_1,x_2,x_3)\neq f(x_1)f(x_2)f(x_3)$[见习题(7-2)]。

与(6-21)式同理，我们可以证明：若 $\boldsymbol{x}_i$ 是独立的，则随机变量

$$\boldsymbol{y}_1=g_1(\boldsymbol{x}_1),\cdots,\boldsymbol{y}_n=g_n(\boldsymbol{x}_n)$$

也是独立的。

独立实验和重复试验　假定

$$S^n = S_1 \times \cdots \times S_n$$

是联合实验空间，而随机变量 $\boldsymbol{x}_i$ 仅取决于 S_i 的结果 ξ_i，即

$$\boldsymbol{x}_i(\xi_1 \cdots \xi_i \cdots \xi_n) = \boldsymbol{x}_i(\xi_i) \qquad i = 1, \cdots, n$$

如果实验 S_i 也是独立的，则随机变量 $\boldsymbol{x}_i$ 也是独立的[见(6-22)式]。下面的特例有特殊的意义。

设 $\boldsymbol{x}$ 是定义在实验空间 S 上的随机变量。实验做了 n 次，并由此产生实验空间 $S_n = S \times \cdots \times S$。在实验中，我们定义变量 $\boldsymbol{x}_i$ 为

$$\boldsymbol{x}_i(\xi_1 \cdots \xi_i \cdots \xi_n) = \boldsymbol{x}(\xi_i) \qquad i = 1, \cdots, n \tag{7-12}$$

由此可得 $\boldsymbol{x}_i$ 的分布函数 $F_i(x_i)$ 等于随机变量 $\boldsymbol{x}$ 的分布函数 $F_x(x)$。于是，若一实验进行了 n 次，则按(7-12)式的定义，$\boldsymbol{x}_i$ 是独立的，且它们有相同的分布函数 $F_x(x)$。这些随机变量称为独立同分布的($i.i.d.$)。

【例 7-2】　顺序统计量

随机变量 $\boldsymbol{x}_i$ 的**顺序统计量**是按下面方式定义的 n 个随机变量 $\boldsymbol{y}_k$：对一特定的结果 ξ，随机变量 $\boldsymbol{x}_i$ 的取值为 $\boldsymbol{x}_i(\xi)$，把这些值按顺序排列，可得序列

$$\boldsymbol{x}_{r_1}(\xi) \leqslant \cdots \leqslant \boldsymbol{x}_{r_k}(\xi) \leqslant \cdots \leqslant \boldsymbol{x}_{r_n}(\xi)$$

我们定义随机变量 $\boldsymbol{y}_k$ 满足

$$\boldsymbol{y}_1(\xi) = \boldsymbol{x}_{r_1}(\xi) \leqslant \cdots \leqslant \boldsymbol{y}_k(\xi) = \boldsymbol{x}_{r_k}(\xi) \leqslant \cdots \leqslant \boldsymbol{y}_n(\xi) = \boldsymbol{x}_{r_n}(\xi) \tag{7-13}$$

应当指出，对一特定的 i，$\boldsymbol{x}_i$ 的取值 $\boldsymbol{x}_i(\xi)$ 随 ξ 的变化而在上面的排序中占据不同的位置。

第 k 个统计量 $\boldsymbol{y}_k$ 的分布密度 $f_k(y)$ 为

$$f_k(y) = \frac{n!}{(k-1)!(n-k)!} F_x^{k-1}(y)[1 - F_x(y)]^{n-k} f_x(y) \tag{7-14}$$

其中 $F_x(x)$ 是独立同分布的 $\boldsymbol{x}_i$ 的分布函数，而 $f_x(x)$ 是它们的分布密度。

证　我们知道

$$f_k(y)\mathrm{d}y = P\{y < \boldsymbol{y}_k \leqslant y + \mathrm{d}y\}$$

而事件 $B = \{y < \boldsymbol{y}_k \leqslant y + \mathrm{d}y\}$，当且仅当 $k-1$ 个 $\boldsymbol{x}_i$ 比 y 小时，同时有一个 $\boldsymbol{x}_i$ 在区间$(y, y + \mathrm{d}y)$内才发生(图 7-1)。在原来的实验空间 S 中，事件

$$A_1 = \{\boldsymbol{x} \leqslant y\}, \quad A_2 = \{y < \boldsymbol{x} \leqslant y + \mathrm{d}y\}, \quad A_3 = \{\boldsymbol{x} > y + \mathrm{d}y\}$$

是一个分割，且有

$$P(A_1) = F_x(y), \quad P(A_2) = f_x(y)\mathrm{d}y, \quad P(A_3) = 1 - F_x(y)$$

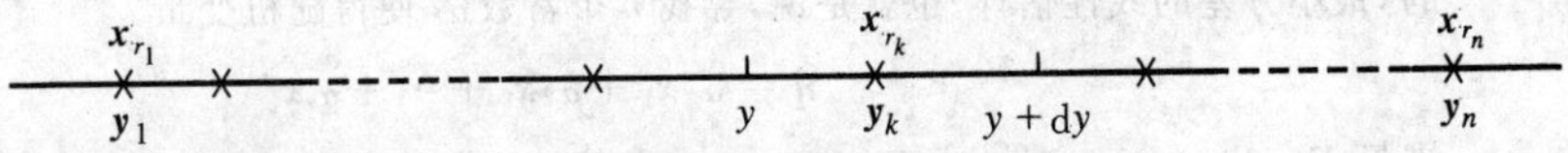

图 7-1

在实验空间 S^n 中，当且仅当 A_1 发生 $k-1$ 次，A_2 发生一次，而 A_3 发生 $n-k$ 次时事件 B 才发生。令 $k_1 = k-1, k_2 = 1, k_3 = n-k$，则由(4-102)式可得

$$P\{B\} = \frac{n!}{(k-1)!1!(n-k)!} P^{k-1}(A_1)P(A_2)P^{n-k}(A_3)$$

这就证明了(7-14)式。

应当指出

$$f_1(y) = n[1 - F_x(y)]^{n-1} f_x(y), \quad f_n(y) = nF_x^{n-1}(y) f_x(y)$$

是随机变量 $\boldsymbol{x}_i$ 构成的顺序统计量中最小的 $\boldsymbol{y}_1$ 和最大的 $\boldsymbol{y}_n$ 分布密度。

特例　若随机变量 $\boldsymbol{x}_i$ 有参数为 λ 的指数分布，即

$$f_x(x) = \lambda e^{-\lambda x} U(x), \; F_x(x) = (1 - e^{-\lambda x}) U(x)$$

那么

$$f_1(y) = n\lambda e^{-\lambda n y} U(y)$$

这表明最小顺序统计量 $\boldsymbol{y}_1$ 也服从指数分布，但参数为 $n\lambda$。

【例 7-3】　一系统由 m 个元件组成，第 i 个元件出现故障的时间为随机变量 $\boldsymbol{x}_i$，其分布函数为 $F_i(x)$，于是

$$1 - F_i(t) = P\{\boldsymbol{x}_i > t\}$$

表示在 t 时刻第 i 个元件依然完好的概率。我们用 $\boldsymbol{n}(t)$ 表示 t 时刻元件完好的数目。显然

$$\boldsymbol{n}(t) = \boldsymbol{n}_1 + \cdots + \boldsymbol{n}_m$$

其中

$$\boldsymbol{n}_i = \begin{cases} 1 & \boldsymbol{x}_i > t \\ 0 & \boldsymbol{x}_i < t \end{cases} \qquad E\{\boldsymbol{n}_i\} = 1 - F_i(t)$$

因此，$\boldsymbol{n}(t)$ 的均值 $E\{\boldsymbol{n}(t)\} = \eta(t)$ 为

$$\eta(t) = 1 - F_1(t) + \cdots + 1 - F_m(t)$$

我们假定随机变量 $\boldsymbol{x}_i$ 具有相同的分布函数 $F(t)$，在这种情况下有

$$\eta(t) = m[1 - F(t)]$$

故障率　$\eta(t) - \eta(t + \mathrm{d}t)$ 表示在区间 $(t, t + \mathrm{d}t)$ 内故障的期望数，$-\eta(t)$ 的导数 $-\eta'(t) = mf(t)$ 称为故障率。比值

$$\beta(t) = -\frac{\eta'(t)}{\eta(t)} = \frac{f(t)}{1 - F(t)} \tag{7-15}$$

称为**相对期望故障率**。我们从(6-221)式得知，$\beta(t)$ 也可解释为系统中每个元件的条件故障率。假定系统在 $t = 0$ 时刻进入工作，我们有 $\boldsymbol{n}(0) = m$，因此 $\eta(0) = E\{\boldsymbol{n}(0)\} = m$。由(7-15)式解出 $\eta(t)$ 可得

$$\eta(t) = m \exp\left\{-\int_0^t \beta(\tau) d\tau\right\}$$

【例 7-4】　**测量误差**

我们用 n 个具有不同精度的仪器测量长度为 η 的对象。测量结果是 n 个随机变量

$$\boldsymbol{x}_i = \eta + \boldsymbol{v}_i \qquad E\{\boldsymbol{v}_i\} = 0 \qquad E\{\boldsymbol{v}_i^2\} = \sigma_i^2$$

其中 $\boldsymbol{v}_i$ 是仪器的测量误差，假定它们相互独立并且是零均值的。下面我们来确定 η 的一个无偏的，最小方差的线性估计。也就是说，寻找 n 个常数 α_i 使得随机变量

$$\hat{\boldsymbol{\eta}} = \alpha_1 \boldsymbol{x}_1 + \alpha_2 \boldsymbol{x}_2 + \cdots + \alpha_n \boldsymbol{x}_n$$

满足 $E\{\hat{\boldsymbol{\eta}}\} = \alpha_1 E\{\boldsymbol{x}_1\} + \alpha_2 E\{\boldsymbol{x}_2\} + \cdots + \alpha_n E\{\boldsymbol{x}_n\} = \eta$ 和它的方差

$$\mathrm{V} = \alpha_1^2\sigma_1^2 + \alpha_2^2\sigma_2^2 + \cdots + \alpha_n^2\sigma_n^2$$

最小。因此，这一问题就是在线性约束

$$\alpha_1 + \alpha_2 + \cdots + \alpha_n = 1 \tag{7-16}$$

条件下最小化上面的和式。为了求解这一问题，我们引入拉格朗日乘子 λ，即

$$\mathrm{V} = \alpha_1^2\sigma_1^2 + \alpha_2^2\sigma_2^2 + \cdots + \alpha_n^2\sigma_n^2 - \lambda(\alpha_1 + \alpha_2 + \cdots + \alpha_n - 1)$$

因此如果

$$\frac{\partial \mathrm{V}}{\partial \alpha_i} = 2\alpha_i\sigma_i^2 - \lambda = 0 \qquad \alpha_i = \frac{\lambda}{2\sigma_i^2}$$

代入(7-16)式并求 λ,我们得到

$$\frac{\lambda}{2} = \mathrm{V} = \frac{1}{1/\sigma_1^2 + \cdots + 1/\sigma_n^2}$$

于是,

$$\hat{\eta} = \frac{x_1/\sigma_1^2 + \cdots + x_n/\sigma_n^2}{1/\sigma_1^2 + \cdots + 1/\sigma_n^2} \tag{7-17}$$

举例　一台发电机的电压 E 被测量了三次。三次测量的测量值和方差列在下面,测量的方差取决于测量仪器的精度,按照(7-17)式,电压 E 的估计值 $\hat{E}$ 为:

$$x_i = 98.6,\ 98.8,\ 98.9 \quad \sigma_i = 0.20,\ 0.25,\ 0.28$$

$$\hat{E} = \frac{x_1/0.04 + x_2/0.0625 + x_3/0.0784}{1/0.04 + 1/0.0625 + 1/0.0784} = 98.73$$

随机变量组的独立　如果

$$f(x_1,\cdots,x_n,y_1,\cdots,y_k) = f(x_1,\cdots,x_n)f(y_1,\cdots,y_k) \tag{7-18}$$

则我们说一组(G_x)随机变量 $\boldsymbol{x}_1,\cdots,\boldsymbol{x}_n$ 与另一组(G_y)随机变量 $\boldsymbol{y}_1,\cdots,\boldsymbol{y}_k$ 是独立的。像(7-5)式那样进行适当的积分,可以从(7-18)式得到 G_x 的任一组随机变量与 G_y 的任一组随机变量是独立的。尤其是,对任意的 i 和 j 有 $\boldsymbol{x}_i$ 与 $\boldsymbol{y}_i$ 是独立的。

假定空间 S 为联合实验空间 $S_1 \times S_2$,$\boldsymbol{x}_i$ 仅取决于 S_1 的结果,而 $\boldsymbol{y}_i$ 仅取决于 S_2 的结果,若实验空间 S_1 和 S_2 是独立的,则随机变量组 G_x 和 G_y 是独立的。

最后应当指出,若随机变量 $\boldsymbol{z}_m$ 仅取决于 G_x 中的随机变量 $\boldsymbol{x}_i$,而随机变量 $\boldsymbol{w}_r$ 仅取决于 G_y 中的随机变量 $\boldsymbol{y}_i$,则随机变量组 G_z 和 G_w 也是独立的。

复随机变量　随机变量

$$\boldsymbol{z}_1 = \boldsymbol{x}_1 + \mathrm{j}\boldsymbol{y}_1,\cdots,\boldsymbol{z}_n = \boldsymbol{x}_n + \mathrm{j}\boldsymbol{y}_n$$

的统计特征可用 $2n$ 个随机变量 $\boldsymbol{x}_i$ 和 $\boldsymbol{y}_i$ 的联合分布密度 $f(x_1,y_1,\cdots,x_n,y_n)$ 来确定。若

$$f(x_1,y_1,\cdots,x_n,y_n) = f(x_1,y_1)\cdots f(x_n,y_n) \tag{7-19}$$

则称复随机变量 $\boldsymbol{z}_i$ 是独立的。

7.1.2　均值和协方差

把(6-159)式推广到 n 个随机变量,可得到 $g(\boldsymbol{x}_1,\cdots,\boldsymbol{x}_n)$ 的均值等于

$$\int_{-\infty}^{\infty}\cdots\int_{-\infty}^{\infty} g(x_1,\cdots,x_n)f(x_1,\cdots,x_n)\mathrm{d}x_1\cdots\mathrm{d}x_n \tag{7-20}$$

若是 $\boldsymbol{z}_i = \boldsymbol{x}_i + j\boldsymbol{y}_i$ 复随机变量,则 $g(\boldsymbol{z}_1,\cdots,\boldsymbol{z}_n)$ 的均值等于

$$\int_{-\infty}^{\infty}\cdots\int_{-\infty}^{\infty} g(z_1,\cdots,z_n)f(x_1,y_1,\cdots,x_n,y_n)\mathrm{d}x_1\cdots\mathrm{d}y_n$$

由上可得,对任意实的或复的随机向量 $\boldsymbol{X}$ 有下面的线性性质

$$E\{a_1g_1(\boldsymbol{X}) + \cdots + a_ng_n(\boldsymbol{X})\} = a_1E\{g_1(\boldsymbol{X})\} + \cdots + a_nE\{g_n(\boldsymbol{X})\}$$

相关矩阵和协方差矩阵　两实随机变量 $\boldsymbol{x}_i$ 和 $\boldsymbol{x}_j$ 的协方差 C_{ij} 如(7-6)式那样定义。而对复随机变量,C_{ij} 则定义为

$$C_{ij} = E\{(\boldsymbol{x}_i - \eta_i)(\boldsymbol{x}_j^* - \eta_j^*)\} = E(\boldsymbol{x}_i\boldsymbol{x}_j^*) - E\{\boldsymbol{x}_i\}E\{\boldsymbol{x}_j^*\}$$

$\boldsymbol{x}_i$ 的方差由下式给出

$$\sigma_i^2 = C_{ii} = E\{|\boldsymbol{x}_i - \eta_i|^2\} = E\{|\boldsymbol{x}_i|^2\} - |E\{\boldsymbol{x}_i\}|^2$$

若 $i \neq j$ 时，$C_{ij} = 0$，则称 $\boldsymbol{x}_i$ 之间互不相关。在这种情况下，若 $\boldsymbol{x} = \boldsymbol{x}_1 + \cdots + \boldsymbol{x}_n$，则

$$\sigma_x^2 = \sigma_1^2 + \cdots + \sigma_n^2 \tag{7-21}$$

【例 7-5】 随机变量

$$\overline{\boldsymbol{x}} = \frac{1}{n}\sum_{i=1}^{n}\boldsymbol{x}_i, \qquad \overline{\boldsymbol{v}} = \frac{1}{n-1}\sum_{i=1}^{n}(\boldsymbol{x}_i - \overline{\boldsymbol{x}})^2$$

分别定义为 $\boldsymbol{x}_i$ 的**样本均值**和**样本方差**。若 $\boldsymbol{x}_i$ 是不相关的，且有相同的均值 $E\{\boldsymbol{x}_i\} = \eta$ 和方差 $\sigma_i^2 = \sigma^2$，那么

$$E\{\overline{\boldsymbol{x}}\} = \eta, \quad \sigma_{\overline{x}}^2 = \frac{\sigma^2}{n} \tag{7-22}$$

$$E\{\overline{\boldsymbol{v}}\} = \sigma^2 \tag{7-23}$$

证 (7-22) 式的前一方程可由数学期望的线性性质得到，而后一方程可由(7-21) 式得到

$$E\{\overline{\boldsymbol{x}}\} = \frac{1}{n}\sum_{i=1}^{n}E\{\boldsymbol{x}_i\} = \eta, \qquad \sigma_{\overline{x}}^2 = \frac{1}{n^2}\sum_{i=1}^{n}\sigma_i^2 = \frac{\sigma^2}{n}$$

要证明(7-23) 式，我们注意到

$$E\{(\boldsymbol{x}_i - \eta)(\overline{\boldsymbol{x}} - \eta)\} = \frac{1}{n}E\{\boldsymbol{x}_i - \eta\}[(\boldsymbol{x}_1 - \eta) + \cdots + (\boldsymbol{x}_n - \eta)]\}$$

$$= \frac{1}{n}E\{(\boldsymbol{x}_i - \eta)(\boldsymbol{x}_i - \eta)\} = \frac{\sigma^2}{n}$$

这是因为假定 $\boldsymbol{x}_i$ 与 $\boldsymbol{x}_j$ 是不相关的。因此

$$E\{(\boldsymbol{x}_i - \overline{\boldsymbol{x}})^2\} = E\{[(\boldsymbol{x}_i - \eta) - (\overline{\boldsymbol{x}} - \eta)]^2\}$$

$$= \sigma^2 + \frac{\sigma^2}{n} - 2\frac{\sigma^2}{n} = \frac{n-1}{n}\sigma^2$$

这样可得

$$E\{\overline{\boldsymbol{v}}\} = \frac{1}{n-1}\sum_{i=1}^{n}E\{(\boldsymbol{x}_i - \overline{\boldsymbol{x}})^2\} = \frac{n}{n-1}\frac{n-1}{n}\sigma^2$$

便证明了(7-23) 式。

应当指出，如果 $\boldsymbol{x}_i$ 是独立同分布的，且有 $E\{|\boldsymbol{x}_i - \eta|^4\} = \mu_4$，则(见习题 7-21)

$$\sigma_v^2 = \frac{1}{n}\left(\mu_4 - \frac{n-3}{n-1}\sigma^4\right)$$

如果随机变量 $\boldsymbol{x}_1, \cdots, \boldsymbol{x}_n$ 是独立的，则它们也是不相关的。对于实随机变量，这可像(6-171) 式那样证得。对复随机变量的证明是类似的：若 $\boldsymbol{z}_1 = \boldsymbol{x}_1 + \mathrm{j}\boldsymbol{y}_1$ 和 $\boldsymbol{x}_2 = \boldsymbol{x}_2 + \mathrm{j}\boldsymbol{y}_2$ 是独立的，则 $f(x_1, y_1, x_2, y_2) = f(x_1, y_1)f(x_2, y_2)$。因此

$$\int_{-\infty}^{\infty}\cdots\int_{-\infty}^{\infty} z_1 z_2^* f(x_1, y_1, x_2, y_2)\mathrm{d}x_1\mathrm{d}y_1\mathrm{d}x_2\mathrm{d}y_2$$

$$= \int_{-\infty}^{\infty}\int_{-\infty}^{\infty} z_1 f(x_1, y_1)\mathrm{d}x_1\mathrm{d}y_1 \int_{-\infty}^{\infty}\int_{-\infty}^{\infty} z_2^* f(x_2, y_2)\mathrm{d}x_2\mathrm{d}y_2$$

这就得到 $E\{\boldsymbol{z}_1\boldsymbol{z}_2^*\} = E\{\boldsymbol{z}_1\}E\{\boldsymbol{z}_2^*\}$，所以 $\boldsymbol{z}_1$ 与 $\boldsymbol{z}_2$ 是不相关的。

最后应当指出，若随机变量 $\boldsymbol{x}_i$ 是独立的，则

$$E\{g_1(\boldsymbol{x}_1)\cdots g_n(\boldsymbol{x}_n)\} = E\{g_1(\boldsymbol{x}_1)\}\cdots E\{g_n(\boldsymbol{x}_n)\} \tag{7-24}$$

类似地，若随机变量组 $\boldsymbol{x}_1, \cdots, \boldsymbol{x}_n$ 与随机变量组 $\boldsymbol{y}_1, \cdots, \boldsymbol{y}_n$ 是独立的，则

$$E\{g(\boldsymbol{x}_1, \cdots, \boldsymbol{x}_n)h(\boldsymbol{y}_1, \cdots, \boldsymbol{y}_k)\} = E\{g(\boldsymbol{x}_1, \cdots, \boldsymbol{x}_n)\}E\{h(\boldsymbol{y}_1, \cdots, \boldsymbol{y}_k)\}$$

相关矩阵 我们引进矩阵

$$R_n = \begin{bmatrix} R_{11} \cdots R_{1n} \\ \vdots \quad\quad \vdots \\ R_{n1} \cdots R_{nn} \end{bmatrix}, \ C_n = \begin{bmatrix} C_{11} \cdots C_{1n} \\ \vdots \quad\quad \vdots \\ C_{n1} \cdots C_{nn} \end{bmatrix},$$

其中　$R_{ij} = E\{\boldsymbol{x}_i \boldsymbol{x}_j^*\} = R_{ji}^*$，$C_{ij} = R_{ij} - \eta_i \eta_j^* = C_{ji}^*$

前者称为随机向量 $\boldsymbol{X} = [\boldsymbol{x}_1, \cdots, \boldsymbol{x}_n]$ 的**相关矩阵**；而后者则是它的**协方差矩阵**。显然

$$R_n = E\{\boldsymbol{X}^t \boldsymbol{X}^*\}$$

其中 $\boldsymbol{X}^t$ 是 $\boldsymbol{X}$(列向量）的转置。我们将讨论矩阵 R_n 及其行列式 Δ_n 的性质。C_n 的性质是类似的，因为 C_n 是“中心化”的随机变量 $\boldsymbol{x}_i - \eta_i$ 的相关矩阵。

定理 7-1 ▶ 矩阵 R_n 是**非负定**的。也就是说，对任一向量 $A = [a_1, \cdots, a_n]$，有

$$Q = \sum_{i,j} a_i a_j^* R_{ij} = A R_n A^+ \geqslant 0 \tag{7-25}$$

这里 A^+ 是向量 A 的共轭转置。

证　根据期望值的线性性质很容易得到

$$E\{|a_1 \boldsymbol{x}_1 + \cdots, + a_n \boldsymbol{x}_n|^2\} = \sum_{i,j} a_i a_j^* E\{\boldsymbol{x}_i \boldsymbol{x}_j^*\} \tag{7-26}$$

如果(7-25) 式严格为正，即若对任意 $A \neq 0$ 有 $Q > 0$，则称 R_n 是正定的①。$Q \geqslant 0$ 与 $Q > 0$ 之间的差别涉及到线性相关的概念。 ◀

定义 ▶ 如果对任意 $A \neq 0$ 有

$$E\{|a_1 \boldsymbol{x}_1 + \cdots + a_n \boldsymbol{x}_n|^2\} > 0 \tag{7-27}$$

则称随机变量 $\boldsymbol{x}_i$ 是**线性无关**的。在这种情况下[见(7-26) 式]，它们的相关矩阵 R_n 是正定的。 ◀

如果对某一个 $A \neq 0$ 有

$$a_1 \boldsymbol{x}_1 + \cdots + a_n \boldsymbol{x}_n = 0 \tag{7-28}$$

则称这些随机变量线性相关。在这种情况下，相应的 Q 等于零，矩阵 R_n 是奇异的[也见(7-29) 式]。

从定义可得，如果随机变量 $\boldsymbol{x}_i$ 是线性无关的，则其任一子集也线性无关。

相关矩阵的行列式　因为 $R_{ij} = R_{ji}^*$，故 Δ_n 是实数。现在来证明它也是非负的，即

$$\Delta_n \geqslant 0 \tag{7-29}$$

当且仅当随机变量 $\boldsymbol{x}_i$ 线性相关时等号才成立。常见的不等式 $\Delta_2 = R_{11}R_{22} - R_{12}^2 \geqslant 0$ 是一个特例[见(6-169) 式]。

首先，假定随机变量 $\boldsymbol{x}_i$ 是线性无关的。在这种情况下，行列式 Δ_n 和它的所有主子行列式都是正的。即

$$\Delta_k > 0, \quad k \leqslant n \tag{7-30}$$

证　对 $n = 1$，因为 $\Delta_1 = R_{11} > 0$，故上式成立。因为集合 $\{\boldsymbol{x}_i\}$ 的任何子集是线性无关的，所以我们可假定(7-30) 式对任意 $k \leqslant n-1$ 成立，然后来证明 $\Delta_n > 0$。为此目的，我们构造一方程组

$$R_{11} a_1 + \cdots + R_{1n} a_n = 1$$

① 我们用缩写 $p.d.$ 表示 R_n 满足(7-25) 式。$Q \geqslant 0$ 或 $Q > 0$ 间的区别可从上下文来了解。

$$\begin{array}{c}R_{21}a_1+\cdots+R_{2n}a_n=0\\ \vdots \qquad\qquad \vdots\\ R_{n1}a_1+\cdots+R_{nn}a_n=0\end{array} \tag{7-31}$$

对 a_1 求解得到 $a_1=\Delta_{n-1}/\Delta_n$,其中 Δ_{n-1} 是随机变量 $\boldsymbol{x}_2,\cdots,\boldsymbol{x}_n$ 的相关行列式。所以 a_1 是一实数。用 a_j^* 去乘第 j 个方程并相加可得

$$Q=\sum_{i,j}a_ia_j^*R_{ij}=a_1=\frac{\Delta_{n-1}}{\Delta_n} \tag{7-32}$$

在上式中,因为随机变量 $\boldsymbol{x}_i$ 是线性无关的,又因(7-27)式的左边等于Q,所以$Q>0$。这样由引入的假设 $\Delta_{n-1}>0$,因此就有 $\Delta_n>0$。

下面我们证明,若随机变量 $\boldsymbol{x}_i$ 是线性相关的,则

$$\Delta_n=0 \tag{7-33}$$

证 在这种情况下,存在一个向量 $A\neq 0$,使得 $a_1\boldsymbol{x}_1+\cdots a_n\boldsymbol{x}_n=0$。用 $\boldsymbol{x}_i^*$ 去乘两边并取数学期望可得

$$a_1R_{i1}+\cdots+a_nR_{in}=0 \quad i=1,\cdots,n$$

这是一个以非零向量 A 为解的齐次方程组,因此 $\Delta_n=0$。

最后应当指出

$$\Delta_n\leqslant R_{11}R_{22}\cdots R_{nn} \tag{7-34}$$

当且仅当随机变量 $\boldsymbol{x}_i$ 相互正交时,即矩阵 R_n 是对角线矩阵时该式才取等号。

7.2 条件密度,特征函数和正态性

条件密度可以按6-6节那样来定义。我们将讨论方程 $f(y\mid x)=f(x,y)/f(x)$ 的各种推广形式。和在(6-205)式中的理由相同,在假定 $\boldsymbol{x}_k,\cdots,\boldsymbol{x}_1$ 的条件下,随机变量 $\boldsymbol{x}_n,\cdots,\boldsymbol{x}_{k+1}$ 的条件密度为

$$f(x_n,\cdots,x_{k+1}\mid x_k,\cdots,x_1)=\frac{f(x_1,\cdots,x_k,\cdots,x_n)}{f(x_1,\cdots,x_k)} \tag{7-35}$$

相应的分布函数由积分可得

$$F(x_n,\cdots,x_{k+1}\mid x_k,\cdots x_1)=\int_{-\infty}^{x_n}\cdots\int_{-\infty}^{x_{k+1}}f(\alpha_n,\cdots,\alpha_{k+1}\mid x_k,\cdots x_1)\,\mathrm{d}\alpha_{k+1}\cdots\mathrm{d}\alpha_n \tag{7-36}$$

例如

$$f(x_1\mid x_2,x_3)=\frac{f(x_1,x_2,x_3)}{f(x_2,x_3)}=\frac{\mathrm{d}F(x_1\mid x_2,x_3)}{\mathrm{d}x_1}$$

链式法则:从(7-35)式可得

$$f(x_1,\cdots,x_n)=f(x_n\mid x_{n-1},\cdots,x_1)\cdots f(x_2\mid x_1)f(x_1) \tag{7-37}$$

【例7-6】 我们已证明[见(5-41)式],若 $\boldsymbol{x}$ 是一分布函数为 $F(x)$ 的随机变量,则随机变量 $\boldsymbol{y}=F(\boldsymbol{x})$ 在区间(0,1)均匀分布。下面是该问题的一个推广。

给定 n 个任意的随机变量 $\boldsymbol{x}_i$,构造随机变量

$$\boldsymbol{y}_1=F(\boldsymbol{x}_1),\qquad \boldsymbol{y}_2=F(\boldsymbol{x}_2\mid\boldsymbol{x}_1),\cdots,\boldsymbol{y}_n=F(\boldsymbol{x}_n\mid\boldsymbol{x}_{n-1},\cdots,\boldsymbol{x}_1) \tag{7-38}$$

可以证明这些随机变量是独立的,并且每一个都在区间(0,1)内均匀分布。

解　随机变量 $\boldsymbol{y}_i$ 是随机变量 $\boldsymbol{x}_i$ 的函数，并且可用(7-38)式的变换来确定。对于 $0 \leqslant y_i \leqslant 1$，方程组

$$y_1 = F(x_1), y_2 = F(x_2 \mid x_1), \cdots, y_n = F(x_n \mid x_{n-1}, \cdots, x_1)$$

有惟一解 $x_1, \cdots, x_n$，且其雅可比行列式等于

$$J = \begin{vmatrix} \dfrac{\partial y_1}{\partial x_1} & 0 & 0\cdots & 0 \\ \dfrac{\partial y_2}{\partial x_1} & \dfrac{\partial y_2}{\partial x_2} & 0\cdots & 0 \\ \vdots & \vdots & \vdots & \vdots \\ \dfrac{\partial y_n}{\partial x_1} & \dfrac{\partial y_n}{\partial x_2} & \cdots & \dfrac{\partial y_n}{\partial x_n} \end{vmatrix}$$

上面的行列式是三角形的。因此，它等于对角线上元素

$$\frac{\partial y_k}{\partial x_k} = f(x_k \mid x_{k-1}, \cdots, x_1)$$

的乘积。代入(7-8)式，并利用(7-37)式得到，在 n 维正方体 $0 \leqslant y_i \leqslant 1$ 中，

$$f(y_1, \cdots, y_n) = \frac{f(x_1, \cdots, x_n)}{f(x_1) f(x_2 \mid x_1) \cdots f(x_n \mid x_{n-1}, \cdots, x_1)} = 1$$

其它区域密度为零。

从(7-5)式和(7-35)式可得

$$f(x_1 \mid x_3) = \int_{-\infty}^{\infty} f(x_1, x_2 \mid x_3) \mathrm{d}x_2$$

$$f(x_1 \mid x_4) = \int_{-\infty}^{\infty} \int_{-\infty}^{\infty} f(x_1 \mid x_2, x_3, x_4) f(x_2, x_3 \mid x_4) \mathrm{d}x_2 \mathrm{d}x_3$$

一般地说，为了消去条件符号线左边或右边的随机变量，我们采用下述规则：要消去该线左边的一些变量，只要对它们积分即可。而要消去该线右边的一些变量，可用这些变量对剩余的变量与它们相乘并对其进行积分即可。

下面是一个应用广泛的特殊情况[查普曼-柯尔莫格洛夫(Chapman-Kolmogoroff)，见第 16 章]：

$$f(x_1 \mid x_3) = \int_{-\infty}^{\infty} f(x_1 \mid x_2, x_3) f(x_2 \mid x_3) \mathrm{d}x_2 \tag{7-39}$$

离散型　上面的规则也适用于离散型随机变量，只要把所有的分布密度用概率来代替，而积分用求和代替即可。我们举一个(7-39)式的离散型例子：假定随机变量 $\boldsymbol{x}_1, \boldsymbol{x}_2, \boldsymbol{x}_3$，分别取 a_i, b_k, c_r，则有

$$P\{\boldsymbol{x}_1 = a_i \mid \boldsymbol{x}_3 = c_r\} = \sum_k P\{\boldsymbol{x}_1 = a_i \mid b_k, c_r\} P\{\boldsymbol{x}_2 = b_k \mid c_r\} \tag{7-40}$$

条件期望值　在假定条件 M 时，随机变量 $g(\boldsymbol{x}_1, \cdots, \boldsymbol{x}_n)$ 的条件均值由(7-20)式的积分给出，但其中分布密度 $f(x_1, \cdots, x_n)$ 应以条件密度 $f(x_1, \cdots, x_n \mid M)$ 代替。特别应当指出[也见(6-226)式]

$$E\{\boldsymbol{x}_1 \mid x_2, \cdots, x_n\} = \int_{-\infty}^{\infty} x_1 f(x_1 \mid x_2, \cdots, x_n) \mathrm{d}x_1 \tag{7-41}$$

上式为 $x_2, \cdots, x_n$ 的函数，它因此定义了随机变量 $E(\boldsymbol{x}_1 \mid \boldsymbol{x}_2, \cdots, \boldsymbol{x}_n)$。用 $f(x_2, \cdots, x_n)$ 乘(7-41)式并积分可得

$$E\{E\{\boldsymbol{x}_1 \mid \boldsymbol{x}_2, \cdots, \boldsymbol{x}_n\}\} = E\{\boldsymbol{x}_1\} \tag{7-42}$$

同理可得

$$E\{\boldsymbol{x}_1 \mid x_2, x_3\} = E\{E\{\boldsymbol{x}_1 \mid x_2, x_3, x_4\}\} = \int_{-\infty}^{\infty} E\{\boldsymbol{x}_1 \mid x_2, x_3, x_4\} f(x_4 \mid x_2, x_3) \mathrm{d}x_4 \tag{7-43}$$

这可以引出如下的推广：要消去条件均值线右边的任何随机变量，我们可以用它们以该线右边保留的随机变量为条件的条件密度去相乘，并对乘积进行积分即可。

例如

$$E\{\boldsymbol{x}_1 \mid x_3\} = \int_{-\infty}^{\infty} E\{\boldsymbol{x}_1 \mid x_2, x_3\} f(x_2 \mid x_3) \mathrm{d}x_2 \tag{7-44}$$

对离散情况[见(7-40)式]

$$E\{\boldsymbol{x}_1 \mid c_r\} = \sum_k E\{\boldsymbol{x}_1 \mid b_k, c_r\} P\{\boldsymbol{x}_2 = b_k \mid c_r\} \tag{7-45}$$

【例 7-7】 给定一离散型随机变量 $\boldsymbol{n}$，取值 1，2，…，并给出一个与 $\boldsymbol{n}$ 独立的随机变量 $\boldsymbol{x}_k$ 的序列，我们构造和式

$$\boldsymbol{s} = \sum_{k=1}^{\boldsymbol{n}} \boldsymbol{x}_k \tag{7-46}$$

这个和是一随机变量，并规定如下：对一指定的 ξ，$\boldsymbol{n}(\xi)$ 是一整数，而 $\boldsymbol{s}(\xi)$ 等于 k 从 1 到 $\boldsymbol{n}(\xi)$ 的 $\boldsymbol{x}_k(\xi)$ 之和。若 $\boldsymbol{x}_k$ 有相同的均值，我们有

$$E\{\boldsymbol{s}\} = \eta E\{\boldsymbol{n}\}, \text{ 其中 } E\{\boldsymbol{x}_k\} = \eta \tag{7-47}$$

显然，因为 $\boldsymbol{x}_k$ 与 $\boldsymbol{n}$ 是独立的，$E\{\boldsymbol{x}_k \mid \boldsymbol{n} = n\} = E\{\boldsymbol{x}_k\}$，因此

$$E\{\boldsymbol{s} \mid \boldsymbol{n} = n\} = E\left\{\sum_{k=1}^{n} \boldsymbol{x}_k \mid \boldsymbol{n} = n\right\} = \sum_{k=1}^{n} E\{\boldsymbol{x}_k\} = \eta n$$

由此式及(6-239)式可得

$$E\{\boldsymbol{s}\} = E\{E\{\boldsymbol{s} \mid \boldsymbol{n}\}\} = E\{\eta \boldsymbol{n}\}$$

(7-47)式得证。

下面我们证明，若随机变量 $\boldsymbol{x}_k$ 互不相关，且有相同的方差 σ^2，则

$$E\{\boldsymbol{s}^2\} = \eta^2 E\{\boldsymbol{n}^2\} + \sigma^2 E\{\boldsymbol{n}\} \tag{7-48}$$

与上面的证明同理，我们有

$$E\{\boldsymbol{s}^2 \mid \boldsymbol{n} = n\} = \sum_{i=1}^{n} \sum_{k=1}^{n} E\{\boldsymbol{x}_i \boldsymbol{x}_k\} \tag{7-49}$$

其中

$$E\{\boldsymbol{x}_i \boldsymbol{x}_k\} = \begin{cases} \sigma^2 + \eta^2 & i = k \\ \eta^2 & i \neq k \end{cases}$$

在(7-49)式中的双重求和中，有 n 项 $i = k$，有 $n^2 - n$ 项 $i \neq k$。因此它等于

$$(\sigma^2 + \eta^2) n + \eta^2 (n^2 - n) = E\{\eta^2 \boldsymbol{n}^2 + \sigma^2 \boldsymbol{n}\}$$

这是因为

$$E\{\boldsymbol{s}^2\} = E\{E\{\boldsymbol{s}^2 \mid \boldsymbol{n}\}\} = E\{\eta^2 \boldsymbol{n}^2 + \sigma^2 \boldsymbol{n}\}$$

产生了(7-48)式。

特例　某物质在 t 秒内放射出的粒子数 $\boldsymbol{n}$ 是参量为 λt 的泊松分布的随机变量。k 个粒子的参量 $\boldsymbol{x}_k$ 为麦克斯韦分布，其均值为 $3kT/2$，而方差为 $3k^2T^2/2$（见习题 7-5）。(7-46)式的和 $\boldsymbol{s}$ 是 t 秒内放射的总能量。我们知道 $E\{\boldsymbol{n}\} = \lambda t$，$E\{\boldsymbol{n}^2\} = \lambda^2 t^2 + \lambda t$[见(5-64)式]，代入(7-47)式和(7-48)式可得

$$E\{\boldsymbol{s}\} = \frac{3kT\lambda t}{2}, \qquad \sigma_s^2 = \frac{15k^2T^2\lambda t}{4}$$

特征函数和正态性

随机向量的特征函数是用函数

$$\Phi(\Omega) = E\{e^{j\Omega X^t}\} = E\{e^{j(\omega_1 x_1+\cdots+\omega_n x_n)}\} = \boldsymbol{\Phi}(j\Omega) \tag{7-50}$$

来定义的。其中

$$X = [x_1, \cdots, x_n], \Omega = [\omega_1, \cdots, \omega_n]$$

作为一个应用，我们要证明，若随机变量 x_i 是独立的，且各自的分布密度为 $f_i(x_i)$，则和 $z = x_1 + \cdots + x_n$ 的分布密度 $f_z(z)$ 等于它们的分布密度的卷积。

$$f_z(z) = f_1(z) * \cdots * f_n(z) \tag{7-51}$$

证　因为随机变量 x_i 是独立的，而 $e^{j\omega_i x_i}$ 仅取决于 x_i，根据(7-24)式可得

$$E\{e^{j(\omega_1 x_1+\cdots+\omega_n x_n)}\} = E\{e^{j\omega_1 x_1}\}\cdots E\{e^{j\omega_n x_n}\}$$

因此

$$\Phi_z(\omega) = E\{e^{j\omega(x_1+\cdots+x_n)}\} = \Phi_1(\omega)\cdots\Phi_n(\omega) \tag{7-52}$$

其中 $\Phi_i(\omega)$ 是 x_i 的特征函数。利用傅里叶变换的卷积定理，便可得(7-51)式。

【例 7-8】　(a)(伯努利试验)　应用(7-52)式，我们来重新推导基本方程(3-13)式。定义随机变量 x_i 如下：当第 i 次试验中出现正面时，$x_i = 1$，否则 $x_i = 0$。于是

$$P\{x_i = 1\} = P\{正面\} = p$$
$$P\{x_i = 0\} = P\{反面\} = q \tag{7-53}$$
$$\Phi_i(\omega) = pe^{j\omega} + q$$

随机变量 $z = x_1 + \cdots + x_n$ 取值 $0,1,\cdots,n$，$\{z = k\}$ 即事件{在 n 次试验中有 k 次出现正面}。而且

$$\Phi_z(\omega) = E\{e^{j\omega z}\} = \sum_{k=0}^{n} P\{z = k\} e^{jk\omega} \tag{7-54}$$

因为 x_i 取决于第 i 次试验的结果，而试验是独立的，所以随机变量 x_i 是独立的。因此[见(7-52)式和(7-53)式]

$$\Phi_z(\omega) = (pe^{j\omega} + q)^n = \sum_{k=0}^{n} \binom{n}{k} p^k e^{jk\omega} q^{n-k}$$

与(7-54)式比较，我们得到

$$P\{z = k\} = P\{k\ 次正面\} = \binom{n}{k} p^k q^{n-k} \tag{7-55}$$

(b)(泊松定理)　我们将证明，若 $p \ll 1$，则像在(4-106)式中那样

$$P\{z = k\} \approx \frac{e^{-np}(np)^k}{k!}$$

实际上，我们将给出一个更一般的结果。假定随机变量 x_i 独立，且每个取 1 和 0 的概率分别为 p_i 和 $q_i = 1 - p_i$，若 $p_i \ll 1$，则

$$e^{p_i(e^{j\omega}-1)} \approx 1 + p_i(e^{j\omega} - 1) = p_i e^{j\omega} + q_i = \Phi_i(\omega)$$

由 $z = x_1 + \cdots + x_n$，从(7-52)式可得

$$\Phi_z(\omega) \approx e^{p_1(e^{j\omega}-1)}\cdots e^{p_n(e^{j\omega}-1)} = e^{a(e^{j\omega}-1)}$$

其中 $a = p_1 + \cdots + p_n$。于是得到[见(5-119)式]：随机变量 z 近似是参量为 a 的泊松分布。当 $n \to \infty$ 时，若 $p_i \to 0$，且 $p_1 + \cdots + p_n \to a$，则可证明在极限情况下结果是精确的。

正态向量　n 个随机变量 x_i 的联合正态性可像(6-23)式那样定义为：它们的联合分布密度是指数为负二次式的指数函数。下面我们给出一个等效的定义，它表明 n 个随机变量的正态性可以用单个随机变量的正态性表示。

定义 ▶ 对任意 $A=[a_1,\cdots,a_n]$ 来说，当且仅当随机变量 $\boldsymbol{x}_i$ 的和

$$a_1\boldsymbol{x}_1+\cdots+a_n\boldsymbol{x}_n=A\boldsymbol{X}^t \tag{7-56}$$

是正态随机变量时，则称它们是联合正态的。

可以证明，从这个定义能推得如下的结论：若随机变量 $\boldsymbol{x}_i$ 的均值为零，协方差矩阵为 C，则它们的联合特征函数等于

$$\Phi(\Omega)=\exp\left\{-\frac{1}{2}\Omega C\Omega^t\right\} \tag{7-57}$$

而且，它们的联合分布密度为

$$f(X)=\frac{1}{\sqrt{(2\pi)^n\Delta}}\exp\left\{-\frac{1}{2}XC^{-1}X^t\right\} \tag{7-58}$$

其中 Δ 是 C 的行列式。

证 从联合正态性的定义可得随机变量

$$\boldsymbol{w}=\omega_1\boldsymbol{x}_1+\cdots+\omega_n\boldsymbol{x}_n=\Omega\boldsymbol{X}^t \tag{7-59}$$

是正态的。因假定 $E\{\boldsymbol{x}_i\}=0$，由上式可以推出[见(7-26)式]

$$E\{\boldsymbol{w}\}=0,\ E\{\boldsymbol{w}^2\}=\sum_{i,j}\omega_i\omega_j C_{ij}=\sigma_w^2$$

在(5-100)式中，令 $\eta=0,\omega=1$ 我们得到

$$E\{e^{j\boldsymbol{w}}\}=\exp\left\{-\frac{\sigma_w^2}{2}\right\}$$

它可写成

$$E\{e^{j\Omega\boldsymbol{X}^t}\}=\exp\left\{-\frac{1}{2}\sum_{i,j}\omega_i\omega_j C_{ij}\right\} \tag{7-60}$$

这与(7-57)式相同。(7-58)式的证明可从(7-57)式和傅里叶逆变换定理得到。

最后应当指出，若随机变量是联合正态和不相关的，则它们也是独立的。的确，在这种情况下，它们的协方差矩阵是对角阵，而对角线上的元素为 σ_i^2。因此，C^{-1} 也是对角线矩阵，该线上的元素为 $1/\sigma_i^2$。代入(7-58)式可得

$$f(x_1,\cdots,x_n)=\frac{1}{\sigma_1\cdots\sigma_n\sqrt{(2\pi)^n}}\exp\left\{-\frac{x_1^2}{2\sigma_1^2}-\cdots-\frac{x_n^2}{2\sigma_n^2}\right\}$$ ◀

【例 7-9】 利用特征函数证明，若随机变量 $\boldsymbol{x}_i$ 是均值为零、$E\{\boldsymbol{x}_i\boldsymbol{x}_j\}=C_{ij}$ 的联合正态，则

$$E\{\boldsymbol{x}_1\boldsymbol{x}_2\boldsymbol{x}_3\boldsymbol{x}_4\}=C_{12}C_{34}+C_{13}C_{24}+C_{14}C_{23} \tag{7-61}$$

证 我们把(7-60)式的左边和右边的指数式展开，并仅写出含有因子 $\omega_1\omega_2\omega_3\omega_4$ 的项：

$$E\{e^{j(\omega_1\boldsymbol{x}_1+\cdots+\omega_4\boldsymbol{x}_4)}\}=\cdots+\frac{1}{4!}E\{(\omega_1\boldsymbol{x}_1+\cdots+\omega_4\boldsymbol{x}_4)^4\}+\cdots$$

$$=\cdots+\frac{24}{4!}E\{\boldsymbol{x}_1\boldsymbol{x}_2\boldsymbol{x}_3\boldsymbol{x}_4\}\omega_1\omega_2\omega_3\omega_4$$

$$\exp\left\{-\frac{1}{2}\sum_{i,j}\omega_i\omega_j C_{ij}\right\}=\cdots+\frac{1}{2}\left(\frac{1}{2}\sum_{i,j}\omega_i\omega_j C_{ij}\right)^2+\cdots$$

$$=\cdots+\frac{8}{8}(C_{12}C_{34}+C_{13}C_{24}+C_{14}C_{23})\omega_1\omega_2\omega_3\omega_4$$

使上两式对应的系数相等便得(7-61)式。

复正态随机向量 一个复正态随机向量表示为

$$\boldsymbol{Z}=\boldsymbol{X}+j\boldsymbol{Y}=[\boldsymbol{z}_1,\cdots,\boldsymbol{z}_n]$$

其中它的 n 个分量 $\boldsymbol{z}_i = \boldsymbol{x}_i + \mathrm{j}\boldsymbol{y}_i$ 是联合正态的。我们假定 $E\{\boldsymbol{z}_i\} = 0$。向量 $\boldsymbol{Z}$ 的统计性质由 $2n$ 个随机变量 $\boldsymbol{x}_i$ 和 $\boldsymbol{y}_i$ 的联合概率密度函数

$$f_Z(Z) = f(x_1, \cdots, x_n, y_1, \cdots, y_n)$$

来描述。像在(7－58)式中那样，这个函数是指数形式的，由 $2n$ 阶的方阵

$$D = \begin{bmatrix} C_{XX} & C_{XY} \\ C_{YX} & C_{YY} \end{bmatrix}$$

确定。矩阵 D 由 $E\{\boldsymbol{x}_i\boldsymbol{x}_j\}$，$E\{\boldsymbol{y}_i\boldsymbol{y}_j\}$ 和 $E\{\boldsymbol{x}_i\boldsymbol{y}_j\}$ 共 $2n^2 + n$ 个参数确定。相应的特征函数

$$\Phi_z(\Omega) = E\{\exp(\mathrm{j}(u_1\boldsymbol{x}_1 + \cdots + u_n\boldsymbol{x}_n + v_1\boldsymbol{y}_1 + \cdots + v_n\boldsymbol{y}_n))\}$$

是指数型函数，表示为

$$\Phi_Z(\Omega) = \exp\{-\frac{1}{2}\mathrm{j}Q\} \qquad Q = [U, V]\begin{bmatrix} C_{XX} & C_{XY} \\ C_{YX} & C_{YY} \end{bmatrix}\begin{bmatrix} U^t \\ V^t \end{bmatrix}$$

其中 $U = [u_1, \cdots, u_n]$，$V = [v_1, \cdots, v_n]$，$\Omega = U + \mathrm{j}V$。

复随机向量 $\boldsymbol{Z}$ 的协方差矩阵是 $n \times n$ 的埃米特矩阵

$$C_{ZZ} = E\{\boldsymbol{Z}^t\boldsymbol{Z}^*\} = C_{XX} + C_{YY} - \mathrm{j}(C_{XY} - C_{YX})$$

由期望 $E\{\boldsymbol{z}_i\boldsymbol{z}_j^*\}$ 组成。因此 C_{ZZ}，由 n^2 个实参数确定。从而可以知到，不像实的情况那样，$\boldsymbol{Z}$ 的概率密度函数 $f_Z(Z)$ 一般不能由 C_{ZZ} 完全确定，因为 $f_Z(Z)$ 由 $2n^2 + n$ 个参数确定。例如，假定 $n = 1$。在这种情况下，$\boldsymbol{Z} = \boldsymbol{z} = \boldsymbol{x} + \mathrm{j}\boldsymbol{y}$ 是一个标量并且 $C_{ZZ} = E\{|\boldsymbol{z}|^2\}$。因此，$C_{ZZ}$ 由一个参数 $\sigma_z^2 = E\{\boldsymbol{x}^2 + \boldsymbol{y}^2\}$ 确定。然而，$f_Z(Z) = f(x, y)$ 是双变量的正态密度函数，由 σ_x，σ_y 和 $E\{\boldsymbol{xy}\}$ 三个参数确定。下面，我们给出一类特殊的正态向量，它们的统计特性完全由其协方差矩阵确定。这类随机向量在调制理论中起着重要作用[见 10－3 节]。

古德曼(Goodman) 定理[①] ▶ 如果向量 $\boldsymbol{X}$ 和 $\boldsymbol{Y}$ 满足

$$C_{XX} = C_{YY} \qquad C_{XY} = -C_{YX}$$

并且 $\boldsymbol{Z} = \boldsymbol{X} + \mathrm{j}\boldsymbol{Y}$，那么

$$C_{ZZ} = 2(C_{XX} - \mathrm{j}C_{XY})$$

$$f_Z(Z) = \frac{1}{\pi^n \mid C_{ZZ} \mid}\exp\{-ZC_{ZZ}^{-1}Z^\dagger\} \tag{7-62}$$

$$\Phi_Z(\Omega) = \exp\{-\frac{1}{4}\Omega C_{ZZ}\Omega^\dagger\} \tag{7-63}$$

证　只要证明(7－63)式就足够了；从(7－73)式证明(7－62)式只要使用傅立叶变换公式就可以了。在上面的假设条件下，

$$Q = [U \quad V]\begin{bmatrix} C_{XX} & C_{XY} \\ -C_{XY} & C_{XX} \end{bmatrix}\begin{bmatrix} U^t \\ V^t \end{bmatrix}$$

$$= UC_{XX}U^t + VC_{XY}U^t - UC_{XY}V^t + VC_{XX}V^t$$

进一步，$C_{XX}^t = C_{XX}$ 和 $C_{XY}^t = -C_{XY}$。从而得到

$$VC_{XX}U^t = UC_{XX}V^t \quad UC_{XY}U^t = VC_{XY}V^t = 0$$

于是

① N. R. Goodman. Statistical Analysis Based on Certain Multivariate Complex Distribution. Annals of Math. Statistics，1963：152 ～ 177.

$$\frac{1}{2}\Omega C_{ZZ}\Omega^{+}=(U+\mathrm{j}V)(C_{XX}-\mathrm{j}C_{XY})(U^{t}-\mathrm{j}V^{t})=Q$$

我们证明了(7-63)式。 ◀

正态向量的二次型 给定 n 个相互独立的服从 $N(0,1)$ 的随机变量 $\boldsymbol{z}_i$，取它们的平方和

$$\boldsymbol{x}=\boldsymbol{z}_1^2+\cdots+\boldsymbol{z}_n^2$$

利用特征函数，我们将证明这样的随机变量服从 n 个自由度的 χ^2 分布，即

$$f_x(x)=\gamma x^{n/2-1}\mathrm{e}^{-x/2}U(x)$$

证 随机变量 $\boldsymbol{z}_i^2$ 服从分布 $\chi^2(1)$[见 5-25 式]，于是它们的特征函数由(5-109)式中取 $m=1$ 得到。这样，

$$\boldsymbol{\Phi}_i(s)=E\{\mathrm{e}^{s\boldsymbol{z}_i^2}\}=\frac{1}{\sqrt{1-2s}}$$

从(7-52)式和随机变量 $\boldsymbol{z}_i^2$ 相互独立，因此我们有

$$\boldsymbol{\Phi}_x(s)=\boldsymbol{\Phi}_1(s)\cdots\boldsymbol{\Phi}_n(s)=\frac{1}{\sqrt{(1-2s)^n}}$$

于是[见(5-109)式]随机变量 $\boldsymbol{x}$ 服从 $\chi^2(n)$ 分布。

我们也可以注意到

$$\frac{1}{\sqrt{(1-2s)^m}}\times\frac{1}{\sqrt{(1-2s)^n}}=\frac{1}{\sqrt{(1-2s)^{m+n}}}$$

这表明：如果随机变量 $\boldsymbol{x}$ 和 $\boldsymbol{y}$ 相互独立，并且分别服从 $\chi^2(m)$ 分布和 $\chi^2(n)$ 分布，那么随机变量

$$\boldsymbol{z}=\boldsymbol{x}+\boldsymbol{y}\sim\chi^2(m+n) \tag{7-64}$$

反之，如果 $\boldsymbol{z}\sim\chi^2(m+n)$，$\boldsymbol{x}$ 和 $\boldsymbol{y}$ 相互独立并且 $\boldsymbol{x}\sim\chi^2(m)$，那么 $\boldsymbol{y}\sim\chi^2(n)$。下面是该结论的一个重要应用。

样本方差 给定 n 个独立同分布的随机变量 $\boldsymbol{x}_i\sim N(\eta,\sigma)$，我们写它们的样本方差为

$$\boldsymbol{s}^2=\frac{1}{n-1}\sum_{i=1}^{n}(\boldsymbol{x}_i-\overline{\boldsymbol{x}})^2\quad \overline{\boldsymbol{x}}=\frac{1}{n}\sum_{i=1}^{n}\boldsymbol{x}_i \tag{7-65}$$

我们下面证明

$$\frac{(n-1)\boldsymbol{s}^2}{\sigma^2}=\sum_{i=1}^{n}\left(\frac{\boldsymbol{x}_i-\overline{\boldsymbol{x}}}{\sigma}\right)^2\sim\chi^2(n-1) \tag{7-66}$$

证 我们对下面的一组等式从 1 到 n 相加，

$$(\boldsymbol{x}_i-\eta)^2=(\boldsymbol{x}_i-\overline{\boldsymbol{x}}+\overline{\boldsymbol{x}}-\eta)^2=(\boldsymbol{x}_i-\overline{\boldsymbol{x}})^2+(\overline{x}-\eta)^2+2(\boldsymbol{x}_i-\overline{\boldsymbol{x}})(\overline{\boldsymbol{x}}-\eta)$$

因为 $\sum(x_i-\overline{x})=0$，所以

$$\sum_{i=1}^{n}\left(\frac{\boldsymbol{x}_i-\eta}{\sigma}\right)^2=\sum_{i=1}^{n}\left(\frac{\boldsymbol{x}_i-\overline{\boldsymbol{x}}}{\sigma}\right)^2+n\left(\frac{\overline{\boldsymbol{x}}-\eta}{\sigma}\right)^2 \tag{7-67}$$

可以证明随机变量 $\overline{\boldsymbol{x}}$ 和 $\overline{\boldsymbol{s}}^2$ 是相互独立的[见习题 7-17 或例 8-20]。从而上式右边的两项是相互独立的。而且因为 $\overline{\boldsymbol{x}}\sim N(\eta,\sigma/\sqrt{n})$

$$n\left(\frac{\overline{\boldsymbol{x}}-\eta}{\sigma}\right)^2=\left(\frac{\overline{\boldsymbol{x}}-\eta}{\sigma/\sqrt{n}}\right)^2$$

最后我们得到(7-67)式左边的随机变量服从 $\chi^2(n)$。结论得到了证明。

从(7-66)和(5-109)式，我们得到随机变量$(n-1)\boldsymbol{s}^2/\sigma^2$的均值等于$n-1$，方差等于$2(n-1)$。从而得到了下面结论：

$$E\{\boldsymbol{s}^2\}=(n-1)\frac{\sigma^2}{n-1}=\sigma^2 \quad \operatorname{Var}\{\boldsymbol{s}^2\}=2(n-1)\frac{\sigma^4}{(n-1)^2}=\frac{2\sigma^4}{n-1}$$

【例 7-10】　我们验证对$n=2$时上面的公式成立。在这种情况下，

$$\bar{\boldsymbol{x}}=\frac{\boldsymbol{x}_1+\boldsymbol{x}_2}{2} \quad \boldsymbol{s}^2=(\boldsymbol{x}_1-\bar{\boldsymbol{x}})^2+(\boldsymbol{x}_2-\bar{\boldsymbol{x}})^2=\frac{1}{2}(\boldsymbol{x}_1-\boldsymbol{x}_2)^2$$

随机变量$\boldsymbol{x}_1+\boldsymbol{x}_2$和$\boldsymbol{x}_1-\boldsymbol{x}_2$是相互独立的，因为它们是联合正态的，并且$E\{\boldsymbol{x}_1-\boldsymbol{x}_2\}=0$，$E\{(\boldsymbol{x}_1+\boldsymbol{x}_2)(\boldsymbol{x}_1-\boldsymbol{x}_2)\}=0$。从而$\bar{\boldsymbol{x}}$和$\boldsymbol{s}^2$独立。但随机变量$(\boldsymbol{x}_1-\boldsymbol{x}_2)/\sigma\sqrt{2}=\boldsymbol{s}/\sigma\sim N(0,1)$；于是，它的平方$\boldsymbol{s}^2/\sigma^2\sim\chi^2(1)$，这与(7-66)式是一致的。

7.3　均方估计

估计问题是概率论应用的基本问题之一，在第 13 章中我们将详细讨论这一问题。本节首先用示例的方法说明了从一个随机变量对另一个随机变量进行估计的主要思想。在整个分析过程中，最优准则采用估计误差的均方值最小化，简写为 MS。

我们从重复实验中一些基本概念的简要解释入手，首先考虑用常数估计随机变量$\boldsymbol{y}$的问题。

频率解释　众所周知，随机变量$\boldsymbol{y}$的分布函数$F(y)$完全确定了它的统计特性。当然，这并不意味着，如果我们知道了$F(y)$，就可以预测即将进行的实验的结果$\boldsymbol{y}(\xi)$。然而，假如我们想用某一个常数c去作为未知的$\boldsymbol{y}(\xi)$的估计值。在这种情况下，概率分布函数$F(y)$可以指导我们如何去选择c。

如果用常数c去估计$\boldsymbol{y}$，那么，在一次特定的试验中，有一个预测误差$\boldsymbol{y}(\xi)-c$。我们的问题是选择常数c使得误差在某种意义下是最小的。一个合理的准则是选择c以便在一个长的试验序列中，平均误差趋于零，即

$$\frac{\boldsymbol{y}(\xi_1)-c+\cdots+\boldsymbol{y}(\xi_n)-c}{n}\approx 0$$

就像我们在(5-51)式中看到的，常数c应该是随机变量$\boldsymbol{y}$的均值[见图 7-2a]。

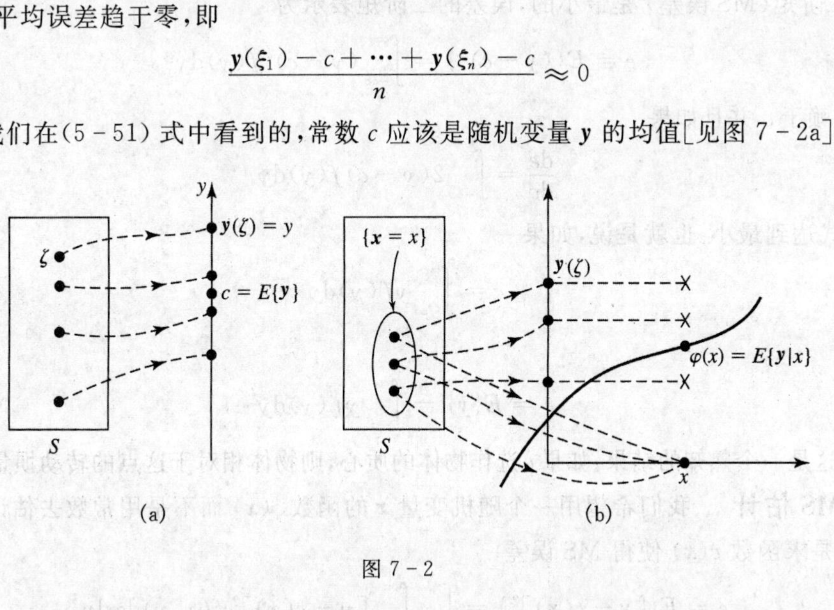

图 7-2

选择 c 的另一个准则是最小化 $|\boldsymbol{y}(\xi)-c|$ 的平均值，在这种情况下，最优的 c 是随机变量 $\boldsymbol{y}$ 的中值[见(4-2)式]。

下面的分析中，我们仅考虑MS估计。也就是说，选择的常数 c 应该使得 $|\boldsymbol{y}(\xi)-c|^2$ 最小。这一准则一般情况下是有用的，但选择该准则的主要原因是它能够得到简单的解。我们不久将看到，最优的 c 又是随机变量 $\boldsymbol{y}$ 的平均。

现在假定在每次试验中，我们得到了随机变量 $\boldsymbol{x}$ 的值 $\boldsymbol{x}(\xi)$。基于得到的观测，我们不可能得到一个在每次试验中均出现的常数 c，而是从观测 $\boldsymbol{x}(\xi)$ 中得到一个数作为随机变量 $\boldsymbol{y}$ 的估计。换句话说，我们得到的 $\boldsymbol{y}$ 的估计是观测的函数，记作 $c(\boldsymbol{x})$。所要解决的问题是确定最优的函数 $c(\boldsymbol{x})$。

也许有人会说，如果在某次试验中，我们得到了观测值 $\boldsymbol{x}(\xi)$，于是也得到了 $\boldsymbol{y}$ 的值 $\boldsymbol{y}(\xi)$，然而，情况并非如此。对于集合 $\{\boldsymbol{x}=x\}$ 中的每个 ξ，我们都得到相同的观测值 $\boldsymbol{x}(\xi)=x$[如图7-2(b)所示]。因此，如果这个集合有很多元素并且对于不同的元素 $\boldsymbol{y}$ 的值是不同的，那么观测 $\boldsymbol{x}(\xi)$ 并不能惟一确定 $\boldsymbol{y}(\xi)$。然而我们现在知道了 ξ 是集合 $\{\boldsymbol{x}=x\}$ 的一个元素，这一信息能够减小关于 $\boldsymbol{y}$ 的值的不确定性。在子集 $\{\boldsymbol{x}=x\}$ 中，随机变量 $\boldsymbol{x}$ 等于 x，确定 $c(\boldsymbol{x})$ 的问题简化为确定常数 $c(x)$。如我们前面提到的，如果最优准则是MS误差最小，那么 $c(x)$ 必须是随机变量 $\boldsymbol{y}$ 在该集合上的平均值。换句话说，$c(x)$ 必须等于 $\boldsymbol{y}$ 在条件 $\boldsymbol{x}=x$ 下的条件均值。

我们用一个例子来说明这点。设空间 S 表示在一个团体中所有孩子构成，随机变量 $\boldsymbol{y}$ 表示每个孩子的身高。一个特定的结果 ξ 表示一个指定的孩子，$\boldsymbol{y}(\xi)$ 表示这个孩子的身高。从前面的讨论中，我们知道：如果我们想用一个数作为随机变量 $\boldsymbol{y}$ 的估计，那么它必须是随机变量 $\boldsymbol{y}$ 的均值。现在假定我们给每个挑选到的孩子也称了体重。基于这些观测，孩子身高的估计可以得到改善。体重是一个随机变量 $\boldsymbol{x}$，于是 $\boldsymbol{y}$ 的最优估计现在是在条件 $\boldsymbol{x}=x$ 下的条件均值 $E\{\boldsymbol{y}\mid x\}$，其中 x 是挑选到的孩子的体重。

在概率论中，用一个常数 c 对随机变量 $\boldsymbol{y}$ 进行MS估计的问题可以描述如下：求常数 c 使得 $\boldsymbol{y}-c$ 的二阶矩（MS误差）是最小的，误差的二阶矩表示为

$$e=E\{(\boldsymbol{y}-c)^2\}=\int_{-\infty}^{\infty}(y-c)^2 f(y)\mathrm{d}y \tag{7-68}$$

显然，e 依赖于 c 并且如果

$$\frac{\mathrm{d}e}{\mathrm{d}c}=\int_{-\infty}^{\infty}2(y-c)f(y)\mathrm{d}y$$

(7-68)式达到最小。也就是说，如果

$$c=\int_{-\infty}^{\infty}yf(y)\mathrm{d}y$$

那么，

$$c=E\{\boldsymbol{y}\}=\int_{-\infty}^{\infty}yf(y)\mathrm{d}y \tag{7-69}$$

在力学中这是一个熟知的结果：如果 c 选作物体的质心，则物体相对于这点的转动惯量是最小的。

非线性MS估计　我们希望用一个随机变量 $\boldsymbol{x}$ 的函数 $c(\boldsymbol{x})$ 而不是用常数去估计 $\boldsymbol{y}$。现在我们的问题是求函数 $c(\boldsymbol{x})$ 使得MS误差

$$e=E\{[\boldsymbol{y}-c(\boldsymbol{x})]^2\}=\int_{-\infty}^{\infty}\int_{-\infty}^{\infty}[y-c(x)]^2 f(x,y)\mathrm{d}x\mathrm{d}y \tag{7-70}$$

最小。

可以证明，

$$c(x) = E\{\mathbf{y} \mid x\} = \int_{-\infty}^{\infty} y f(y \mid x) \mathrm{d}y \tag{7-71}$$

证　因为 $f(x,y) = f(y \mid x) f(x)$，(7-70) 式变成

$$e = \int_{-\infty}^{\infty} f(x) \int_{-\infty}^{\infty} [y - c(x)]^2 f(y \mid x) \mathrm{d}y \mathrm{d}x$$

这些积分是正的。于是当内层积分对每一个 x 最小时，e 是最小的。在(7-68) 式中，用 c 代替 $c(x)$，用 $f(y)$ 代替 $f(y \mid x)$，就得到了(7-71) 式。

因此，如图 7-2(b) 所示，最优的 $c(x)$ 是回归线 $\varphi(x)$。

像在这一节开始的时候提到的，如果 $\mathbf{y} = g(\mathbf{x})$，那么 $E\{\mathbf{y} \mid x\} = g(x)$；于是 $c(x) = g(x)$，并且 MS 误差为零。这是不奇怪的，因为如果 $\mathbf{x}$ 是观测并且 $\mathbf{y} = g(\mathbf{x})$，则 $\mathbf{y}$ 是惟一确定的。

如果随机变量 $\mathbf{x}$ 和 $\mathbf{y}$ 相互独立，那么 $E\{\mathbf{y} \mid x\} = E\{\mathbf{y}\} =$ 常数。在这种情况下，$\mathbf{x}$ 的观测信息对 $\mathbf{y}$ 的估计没有影响。

7.3.1　线性 MS 估计

在非线性 MS 估计问题求解时，我们必须知道函数 $\varphi(x)$。一个较早的问题是用 $\mathbf{x}$ 对 $\mathbf{y}$ 进行线性 MS 估计，这种估计仅需要利用二阶矩信息。得到的估计没有非线性估计好，但由于其解的形式简单，故在许多应用问题中被采用。

线性估计问题是用 $\mathbf{x}$ 的线性函数 $A\mathbf{x} + B$ 估计随机变量 $\mathbf{y}$。现在的问题是求常数 A 和 B 使得 MS 误差

$$e = E\{[\mathbf{y} - (A\mathbf{x} + B)]^2\} \tag{7-72}$$

最小。

可以证明：如果

$$A = \frac{\mu_{11}}{\mu_{20}} = \frac{r\sigma_y}{\sigma_x} \quad B = \eta_y - A\eta_x \tag{7-73}$$

和

$$e_m = \mu_{02} - \frac{\mu_{11}^2}{\mu_{20}} = \sigma_y^2 (1 - r^2) \tag{7-74}$$

那么，$e = e_m$ 是(7-72) 式的最小值。

证　对于给定的 A，e 是用常数 B 估计 $\mathbf{y} - A\mathbf{x}$ 的 MS 误差。于是，像在(7-69) 式中那样，如果 $B = E\{\mathbf{y} - A\mathbf{x}\}$，$e$ 达到最小。按照 B 的表达式，(7-72) 式变成

$$e = E\{[(\mathbf{y} - \eta_y) - A(\mathbf{x} - \eta_x)]^2\} = \sigma_y^2 - 2Ar\sigma_x\sigma_y + A^2\sigma_x^2$$

当 $A = r\sigma_y/\sigma_x$ 时，上式达到最小。代入前面的式子，得到(7-74) 式。

术语　在上面，和式 $A\mathbf{x} + B$ 称做 $\mathbf{x}$ 对 $\mathbf{y}$ 的**非齐次线性估计**。如果 $\mathbf{y}$ 可以用过原点的直线 $a\mathbf{x}$ 估计，这种估计称做**齐次线性估计**。

随机变量 $\mathbf{x}$ 是用于估计的数据，随机变量 $\boldsymbol{\varepsilon} = \mathbf{y} - (A\mathbf{x} + B)$ 是估计误差，数 $e = E\{\boldsymbol{\varepsilon}^2\}$ 是 MS 误差。

重要注释　一般情况下，非线性估计 $\varphi(x) = E\{\mathbf{y} \mid x\}$ 不是一条直线，得到的 MS 误差

$E\{[\mathbf{y}-\varphi(\mathbf{x})]^2\}$ 要比线性估计的 $A\mathbf{x}+B$ 的 MS 误差 e_m 小。然而，如果随机变量 **x** 和 **y** 是联合正态的，那么[见(7－73) 式]

$$\varphi(x)=\frac{r\sigma_y x}{\sigma_x}+\eta_y-\frac{r\sigma_y\eta_x}{\sigma_x}$$

是一条直线。换言之，**对于正态随机变量，非线性和线性 MS 估计是一致的。**

7.3.2 正交性原理

从(7－73) 式，

$$E\{[\mathbf{y}-(A\mathbf{x}+B)]\mathbf{x}\}=0 \tag{7-75}$$

这个结果也可以直接从(7－72) 式推导。的确，MS 误差 e 是 A 和 B 的函数，并且当 $\partial e/\partial A=\partial e/\partial B=0$ 时，误差达到最小。从第一个方程得到

$$\frac{\partial e}{\partial A}=E\{2[\mathbf{y}-(A\mathbf{x}+B)](-\mathbf{x})\}=0$$

(7－75) 式被证明。求期望和求微分交换次序等价于积分和微分交换次序。

方程(7－75) 式表明：**y** 的最优线性估计 $A\mathbf{x}+B$ 满足估计误差 $\mathbf{y}-(A\mathbf{x}+B)$ 正交于数据 **x**。这是众所周知的**正交性原理**。在 MS 估计中，它是一个广泛使用的基本原则。下面，对于齐次情况，我们来重新推导它。

齐次线性 MS 估计 我们希望求一个常数 a 使得：如果用 $a\mathbf{x}$ 作为 **y** 的估计，则其 MS 误差

$$e=E\{[\mathbf{y}-a\mathbf{x}]^2\} \tag{7-76}$$

最小。我们证明 a 必须满足：

$$E\{(\mathbf{y}-a\mathbf{x})\mathbf{x}\}=0 \tag{7-77}$$

证 显然，当 $e'(a)=0$ 时，e 最小；这产生了(7－77) 式。我们将给出第二种证明方法：我们假定 a 满足(7－77) 式，我们表明 e 是最小的。设 $\bar{a}$ 是任意的一个常数，

$$\begin{aligned}E\{(\mathbf{y}-\bar{a}\mathbf{x})^2\}&=E\{[(\mathbf{y}-a\mathbf{x})+(a-\bar{a})\mathbf{x}]^2\}\\&=E\{(\mathbf{y}-a\mathbf{x})^2\}+(a-\bar{a})^2E\{\mathbf{x}^2\}+2(a-\bar{a})E\{(\mathbf{y}-a\mathbf{x})\mathbf{x}\}\end{aligned}$$

按照假定最后一项等于零而第二项是正的。因此，对任意的 $\bar{a}$

$$E\{(\mathbf{y}-\bar{a}\mathbf{x})^2\}\geqslant E\{(\mathbf{y}-a\mathbf{x})^2\}$$

于是，结论得到证明。

用 **x** 对 **y** 的线性 MS 估计记为 $\hat{E}(\mathbf{y}\mid\mathbf{x})$。求解(7－77) 式，我们得到

$$\hat{E}(\mathbf{y}\mid\mathbf{x})=a\mathbf{x}\qquad a=\frac{E(\mathbf{xy})}{E(\mathbf{x}^2)} \tag{7-78}$$

MS 误差 因为

$$e=E\{(\mathbf{y}-a\mathbf{x})\mathbf{y}\}-E\{(\mathbf{y}-a\mathbf{x})a\mathbf{x}\}=E\{\mathbf{y}^2\}-E\{(a\mathbf{x})^2\}-2aE\{(\mathbf{y}-a\mathbf{x})\mathbf{x}\}$$

利用(7－77) 式得到

$$e=E\{(\mathbf{y}-a\mathbf{x})\mathbf{y}\}=E\{\mathbf{y}^2\}-E\{(a\mathbf{x})^2\} \tag{7-79}$$

注意(7－77) 式与正交性原理是一致的：误差 $\mathbf{y}-a\mathbf{x}$ 正交于 **x**。

正交性原理的几何解释 如图 7－3 所示，我们用向量表示随机变量，差向量 $\mathbf{y}-a\mathbf{x}$ 可以看成从 **x** 轴的点 $a\mathbf{x}$ 到点 y 的向量，其长度等于 $\sqrt{e}$。显然，当向量 $\mathbf{y}-a\mathbf{x}$ 垂直于 **x** 时，长度是最短

的，这与(7-77)式一致。(7-79)式的右边源于勾股定理，中间项表明 $\mathbf{y}-a\mathbf{x}$ 的长度等于 $\mathbf{y}$ 与 $\mathbf{y}-a\mathbf{x}$ 的内积。

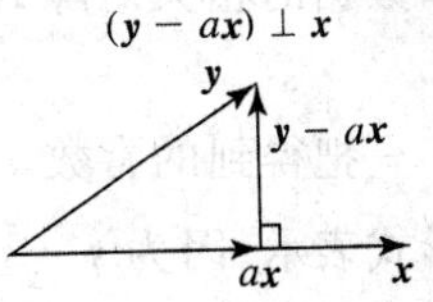

图 7-3

<u>**风险和代价函数**</u>　我们简要讨论其它的最优准则，仅限于用常数估计随机变量 $\mathbf{y}$ 的情况。我们挑选一个函数 $L(x)$ 并选择 c 使得随机变量 $L(\mathbf{y}-c)$ 的平均值

$$R=E\{L(\mathbf{y}-c)\}=\int_{-\infty}^{\infty}L(y-c)f(y)\mathrm{d}y$$

最小。函数 $L(x)$ 称为代价函数，R 称为平均风险。$L(x)$ 的选择依赖于应用。如果 $L(x)=x^2$，那么 $R=E\{(\mathbf{y}-c)^2\}$ 表示 MS 误差，前面已经表明，当 $c=E\{\mathbf{y}\}$ 时，它达到最小。

如果 $L(x)=|x|$，那么 $R=E\{|\mathbf{y}-c|\}$，我们下面证明，这种情况下 c 等于 $\mathbf{y}$ 的中值 $y_{0.5}$[也见习题 5-32]。

证　平均风险等于

$$R=\int_{-\infty}^{\infty}|y-c|f(y)\mathrm{d}y=\int_{-\infty}^{c}(c-y)f(y)\mathrm{d}y+\int_{c}^{\infty}(y-c)f(y)\mathrm{d}y$$

对 c 求导数，得到

$$\frac{\mathrm{d}R}{\mathrm{d}c}=\int_{-\infty}^{c}f(y)\mathrm{d}y-\int_{c}^{\infty}f(y)\mathrm{d}y=2F(c)-1$$

因此，当 $F(c)=1/2$，也就是 $c=y_{0.5}$ 时，R 最小。

下面，我们考虑用 n 个随机变量 $\mathbf{x}_1,\mathbf{x}_2,\cdots,\mathbf{x}_n$ 估计未知量 $\mathbf{s}$ 的一般问题。

线性估计(一般情况)　用 $\mathbf{x}_1,\mathbf{x}_2,\cdots,\mathbf{x}_n$ 对 $\mathbf{s}$ 进行线性 MS 估计表示为下面和式

$$\hat{\mathbf{s}}=a_1\mathbf{x}_1+a_2\mathbf{x}_2+\cdots+a_n\mathbf{x}_n \tag{7-80}$$

其中 $a_1,a_2,\cdots,a_n$ 是 n 个常数，使得 MS 误差

$$P=E\{(\mathbf{s}-\hat{\mathbf{s}})^2\}=E\{[\mathbf{s}-(a_1\mathbf{x}_1+a_2\mathbf{x}_2+\cdots+a_n\mathbf{x}_n)]^2\} \tag{7-81}$$

最小。

<u>**正交性原理**</u>　如果误差 $\mathbf{s}-\hat{\mathbf{s}}$ 和数据 $\mathbf{x}_i$ 正交，即：

$$E\{[\mathbf{s}-(a_1\mathbf{x}_1+a_2\mathbf{x}_2+\cdots+a_n\mathbf{x}_n)]\mathbf{x}_i\}=0\quad i=1,\cdots,n \tag{7-82}$$

那么 P 最小。

证　P 是 a_i 的函数，如果

$$\frac{\partial P}{\partial a_i}=E\{-2[\mathbf{s}-(a_1\mathbf{x}_1+a_2\mathbf{x}_2+\cdots+a_n\mathbf{x}_n)]\mathbf{x}_i\}=0$$

P 达到最小，这样我们就证明了(7-82)式。这个重要结果也称为投影定理。在(7-82)式中依次取 $i=1,\cdots,n$，我们得到方程组

$$\begin{aligned}R_{11}a_1+R_{21}a_2+\cdots+R_{n1}a_n&=R_{01}\\R_{12}a_1+R_{22}a_2+\cdots+R_{n2}a_n&=R_{02}\\\vdots\qquad\quad\vdots\qquad\qquad\vdots\quad&\quad\ \vdots\\R_{1n}a_1+R_{2n}a_2+\cdots+R_{nn}a_n&=R_{0n}\end{aligned} \tag{7-83}$$

其中 $R_{ij}=E\{\mathbf{x}_i\mathbf{x}_j\}$，$R_{0j}=E\{\mathbf{s}\mathbf{x}_j\}$。

为了解这个方程组，我们引入行向量

$$\mathbf{X}=[\mathbf{x}_1,\cdots,\mathbf{x}_n]\quad A=[a_1,\cdots,a_n]\quad R_0=[R_{01},\cdots,R_{0n}]$$

和数据的相关矩阵 $R = E\{\boldsymbol{X}^t\boldsymbol{X}\}$，其中 $\boldsymbol{X}^t$ 是 $\boldsymbol{X}$ 的转置。从这得到了

$$AR = R_0 \quad A = R_0 R^{-1} \tag{7-84}$$

把得到的常数 a_i 代入(7-81)式，我们得到了最小均方(LMS)误差。结果可以用更简洁的形式表示。因为 $\boldsymbol{s} - \hat{\boldsymbol{s}} \perp \boldsymbol{x}_i$ 对每个 i 成立，我们得到 $\boldsymbol{s} - \hat{\boldsymbol{s}} \perp \hat{\boldsymbol{s}}$；于是

$$P = E\{(\boldsymbol{s} - \hat{\boldsymbol{s}})\boldsymbol{s}\} = E\{\boldsymbol{s}^2\} - AR_0^t \tag{7-85}$$

值得注意的是，如果 R 的秩 $m < n$，那么数据是线性相关的。在这种情况下，估计 $\hat{\boldsymbol{s}}$ 能够被写成数据向量 $\boldsymbol{X}$ 的 m 个线性无关分量构成的子集的线性组合。

几何解释　在抽象空间中，多个随机变量用向量表示，和式 $\hat{\boldsymbol{s}} = a_1\boldsymbol{x}_1 + \cdots + a_n\boldsymbol{x}_n$ 是由数据 $\boldsymbol{x}_i$ 张成的子空间 S_n 中的一个向量，而误差 $\boldsymbol{\varepsilon} = \boldsymbol{s} - \hat{\boldsymbol{s}}$ 是从 $\boldsymbol{s}$ 到 $\hat{\boldsymbol{s}}$ 的向量，如图 7-4(a) 所示。投影定理表明：如果 $\boldsymbol{\varepsilon}$ 和 $\hat{\boldsymbol{s}}$ 正交，也就是说，如果误差垂直于子空间 S_n，则误差的长度最小。因此，估计 $\hat{\boldsymbol{s}}$ 是 $\boldsymbol{s}$ 在 S_n 上的投影。

如果 $\boldsymbol{s}$ 是 S_n 中的一个向量，那么 $\hat{\boldsymbol{s}} = \boldsymbol{s}$ 且 $P = 0$。在这种情况下，$n+1$ 个随机变量 $\boldsymbol{s}$ 和 $\boldsymbol{x}_1, \boldsymbol{x}_2, \cdots, \boldsymbol{x}_n$ 是线性相关的，它们的相关矩阵的行列式 $\Delta_{n+1} = 0$。如果 $\boldsymbol{s}$ 垂直于 S_n，那么 $\hat{\boldsymbol{s}} = 0$ 且 $P = E\{\boldsymbol{s}^2\}$。在这种情况下，$\boldsymbol{s}$ 和所有的数据 $\boldsymbol{x}_i$ 正交，也就是说，对 j $\neq 0$，$R_{0j} = 0$。

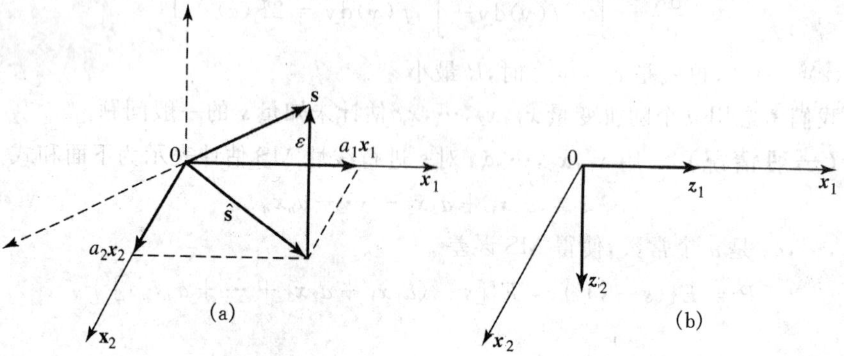

图 7-4

非齐次估计　如果估计式(7-80)再加上一个待定常数，估计的性能可进一步提高。问题现在变成了确定 $n+1$ 个常数，使得：当

$$\hat{\boldsymbol{s}} = \alpha_0 + \alpha_1\boldsymbol{x}_1 + \cdots + \alpha_n\boldsymbol{x}_n \tag{7-86}$$

MS 误差最小。这个问题也可以简化为齐次情况，只要取 $\boldsymbol{x}_0 \equiv 1$ 并用 $\alpha_0\boldsymbol{x}_0$ 代替 α_0。应用(7-82)式到扩展了的数据 $\boldsymbol{x}_0, \boldsymbol{x}_1, \cdots, \boldsymbol{x}_n$，其中

$$E\{\boldsymbol{x}_0\boldsymbol{x}_i\} = \begin{cases} E\{\boldsymbol{x}_i\} = \eta_i & i \neq 0 \\ 1 & i = 0 \end{cases}$$

我们得到

$$\begin{aligned} \alpha_0 + \eta_1\alpha_1 + \cdots + \eta_n\alpha_n &= \eta_s \\ \eta_1\alpha_0 + R_{11}\alpha_1 + R_{21}\alpha_2 + \cdots + R_{1n}\alpha_n &= R_{01} \\ \vdots \quad\quad \vdots \quad\quad \vdots \quad\quad\quad \vdots \quad & \quad \vdots \\ \eta_n\alpha_0 + R_{n1}\alpha_1 + R_{2n}\alpha_2 + \cdots + R_{nn}\alpha_n &= R_{0n} \end{aligned} \tag{7-87}$$

注意，如果 $\eta_s = \eta_i = 0$，则(7-87)式简化为(7-83)式。这产生了 $\alpha_0 = 0$ 和 $\alpha_n = a_n$。

非线性估计　非线性的 MS 估计需要去确定数据 $\boldsymbol{x}_i$ 的一个函数 $g(\boldsymbol{x}_1,\boldsymbol{x}_2,\cdots,\boldsymbol{x}_n)=g(\boldsymbol{X})$ 使得 MS 误差

$$P=E\{[\boldsymbol{s}-g(\boldsymbol{X})]^2\} \tag{7-88}$$

我们可以证明：当

$$g(X)=E\{\boldsymbol{s}\mid X\}=\int_{-\infty}^{\infty} sf_s(s\mid X)\mathrm{d}s \tag{7-89}$$

时，P 最小。函数 $f_s(s\mid X)$ 表示随机变量在条件 $\boldsymbol{X}=X$ 下的条件均值（回归曲面）。

证　证明是基于下面恒等式[见(7-42)式]

$$P=E\{[\boldsymbol{s}-g(\boldsymbol{X})]^2\}=E\{E\{[\boldsymbol{s}-g(\boldsymbol{X})]^2\}\mid \boldsymbol{X}\} \tag{7-90}$$

因为所有的量都是正的，因此，如果条件 MS 误差

$$E\{[\boldsymbol{s}-g(\boldsymbol{X})]^2\mid X\}=\int_{-\infty}^{\infty}[s-g(\boldsymbol{X})]^2 f_s(s\mid X)\mathrm{d}s \tag{7-91}$$

最小，则 P 是最小的。在上面的积分中，$g(\boldsymbol{X})$ 是常数。于是，如果 $g(\boldsymbol{X})$ 由(7-89)或(7-71)式给出，则积分值最小。

一般正交性原理　从投影定理(7-82)，我们得到：对任意的 $c_1,c_2,\cdots,c_n$

$$E\{[\boldsymbol{s}-\hat{\boldsymbol{s}}](c_1\boldsymbol{x}_1+\cdots+c_n\boldsymbol{x}_n)\}=0 \tag{7-92}$$

这表明：如果 $\hat{\boldsymbol{s}}$ 是 $\boldsymbol{s}$ 的线性 MS 估计，则估计误差 $\boldsymbol{s}-\hat{\boldsymbol{s}}$ 正交于数据的任何线性组合函数 $\boldsymbol{y}=c_1\boldsymbol{x}_1+\cdots+c_n\boldsymbol{x}_n$。

我们现在将证明：如果 $g(\boldsymbol{X})$ 是 $\boldsymbol{s}$ 的非线性 MS 估计，则估计误差 $\boldsymbol{s}-g(\boldsymbol{X})$ 正交于任何线性或非线性的函数 $w(\boldsymbol{X})$，即

$$E\{[\boldsymbol{s}-g(\boldsymbol{X})]w(\boldsymbol{X})\}=0 \tag{7-93}$$

证　我们利用(7-90)式的一般形式

$$E\{[\boldsymbol{s}-g(\boldsymbol{X})]w(\boldsymbol{X})\}=E\{w(\boldsymbol{X})E\{\boldsymbol{s}-g(\boldsymbol{X})\mid \boldsymbol{X}\}\} \tag{7-94}$$

从期望值的线性性质和(7-89)式，我们得到

$$E\{\boldsymbol{s}-g(\boldsymbol{X})\mid \boldsymbol{X}\}=E\{\boldsymbol{s}\mid X\}-E\{g(\boldsymbol{X})\mid X\}=0$$

于是，(7-93)式得到证明。

正态性　利用前面建立的结论，我们下面将证明：如果随机变量 $\boldsymbol{s},\boldsymbol{x}_1,\boldsymbol{x}_2,\cdots,\boldsymbol{x}_n$ 是联合正态的和零均值的，那么，$\boldsymbol{s}$ 的线性和非线性估计是相等的，即

$$\hat{\boldsymbol{s}}=a_1\boldsymbol{x}_1+\cdots+a_n\boldsymbol{x}_n=g(\boldsymbol{X})=E\{s\mid \boldsymbol{X}\} \tag{7-95}$$

证　为了证明(7-95)式，只要证明 $\hat{\boldsymbol{s}}=E\{s\mid \boldsymbol{X}\}$ 就可以了。随机变量 $\boldsymbol{s}-\hat{\boldsymbol{s}}$ 和 $\boldsymbol{x}_i$ 是联合正态、零均值和正交的；于是，它们是相互独立的。从而

$$E\{\boldsymbol{s}-\hat{\boldsymbol{s}}\mid X\}=E\{\boldsymbol{s}-\hat{\boldsymbol{s}}\}=0=E\{\boldsymbol{s}\mid X\}-E\{\hat{\boldsymbol{s}}\mid X\}$$

因为 $E\{\hat{\boldsymbol{s}}\mid \boldsymbol{X}\}=\hat{\boldsymbol{s}}$，(7-95)式得到证明。

正态随机变量的条件密度　下面将使用前面得到的结果简化正态随机变量条件密度的确定方法。假定 $\boldsymbol{X}$ 条件下 $\boldsymbol{s}$ 的条件密度 $f_s(s\mid X)$ 是两个指数函数的比，这两个指数函数的指数是二次的，于是它是正态的。为了确定条件密度函数，求随机变量 $\boldsymbol{s}$ 的条件均值和方差就可以了。我们可以得到

$$E\{\mathbf{s} \mid X\} = \hat{\mathbf{s}} \quad E\{(\mathbf{s}-\hat{\mathbf{s}})^2 \mid X\} = E\{(\mathbf{s}-\hat{\mathbf{s}})^2\} = P \tag{7-96}$$

第一个式子来自(7-95)式。第二个式子是由于 $\mathbf{s}-\hat{\mathbf{s}}$ 正交于 $\boldsymbol{X}$，从而也和 $\boldsymbol{X}$ 独立。因此，我们得到

$$f(s \mid x_1,\cdots,x_n) = \frac{1}{\sqrt{2\pi P}}\exp\{-[s-(a_1x_1+\cdots+a_nx_n)]^2/2P\} \tag{7-97}$$

【例 7-11】 $\mathbf{x}_1$ 和 $\mathbf{x}_2$ 是零均值的联合正态随机变量。我们来确定它们的条件密度 $f(x_2 \mid x_1)$。我们知道[见(7-78)式]

$$E\{\mathbf{x}_2 \mid x_1\} = ax_1 \quad a = \frac{R_{12}}{R_{11}}$$

$$\sigma^2_{x_2|x_1} = P = E\{(\mathbf{x}_2 - a\mathbf{x}_1)\mathbf{x}_2\} = R_{22} - aR_{12}$$

代入(7-97)式得到

$$f(x_2 \mid x_1) = \frac{1}{\sqrt{2\pi P}}\mathrm{e}^{-(x_2-ax_1)^2/2P}$$

【例 7-12】 现在我们想求条件密度 $f(x_3 \mid x_1,x_2)$。在这种情况下，

$$E\{\mathbf{x}_3 \mid \mathbf{x}_1,\mathbf{x}_2\} = a_1\mathbf{x}_1 + a_2\mathbf{x}_2$$

其中常数 a_1,a_2 是方程组

$$R_{11}a_1 + R_{12}a_2 = R_{13} \quad R_{12}a_1 + R_{22}a_2 = R_{23}$$

的解。进一步[见(7-76)和(7-85)式]

$$\sigma^2_{x_3|x_1,x_2} = P = R_{33} - (R_{13}a_1 + R_{23}a_2)$$

代入(7-97)式，得到

$$f(x_3 \mid x_1,x_2) = \frac{1}{\sqrt{2\pi P}}\mathrm{e}^{-(x_3-a_1x_1-a_2x_2)^2/2P}$$

【例 7-13】 在此例子中，我们求两维的条件密度 $f(x_2,x_3 \mid x_1)$。这需要确定 5 个参数[见(6-23)式]：两个条件均值、两个条件方差和随机变量 $\mathbf{x}_2$ 和 $\mathbf{x}_3$ 假定 $\mathbf{x}_1 = x_1$ 条件下的协方差。

前四个参数可以按照例 7-11 中的类似方法确定，我们得到

$$E\{\mathbf{x}_2 \mid x_1\} = \frac{R_{12}}{R_{11}}x_1 \qquad E\{\mathbf{x}_3 \mid x_1\} = \frac{R_{13}}{R_{11}}x_1$$

$$\sigma^2_{x_2|x_1} = R_{22} - \frac{R_{12}^2}{R_{11}} \qquad \sigma^2_{x_3|x_1} = R_{33} - \frac{R_{13}^2}{R_{11}}$$

条件协方差

$$C_{x_2,x_3|x_1} = E\left\{\left(\mathbf{x}_2 - \frac{R_{12}}{R_{11}}\mathbf{x}_1\right)\left(\mathbf{x}_3 - \frac{R_{13}}{R_{11}}\mathbf{x}_1\right) \mid \mathbf{x}_1 = x_1\right\} \tag{7-98}$$

能够按照下面方法得到：我们知道误差 $\mathbf{x}_2 - R_{12}\mathbf{x}_1/R_{11}$ 和 $\mathbf{x}_3 - R_{13}\mathbf{x}_1/R_{11}$ 与 $\mathbf{x}_1$ 独立。于是，在(7-98)式中的条件 $\mathbf{x}_1 = x_1$ 可以去掉。展开(7-98)式的乘积得到

$$C_{x_2,x_3|x_1} = R_{23} - \frac{R_{12}R_{13}}{R_{11}}$$

这样就可以得到二维条件密度 $f(x_2,x_3 \mid x_1)$。

7.3.3　正交数据变换

如果数据 $\mathbf{x}_i$ 是正交的，也就是说，对 $i \neq j$，$R_{ij} = 0$，那么 $\boldsymbol{R}$ 是一个对角矩阵，从(7-83)式得到

$$a_i = \frac{R_{0i}}{R_{ii}} = \frac{E\{\mathbf{s}\mathbf{x}_i\}}{E\{\mathbf{x}_i^2\}} \tag{7-99}$$

因此，如果数据 $\boldsymbol{x}_i$ 能够用一组正交向量表示，$\boldsymbol{s}$ 的投影$\hat{s}$ 的确定将变得很简单。下面我们将解决这一问题。我们希望找到由 n 个正交随机变量 $\boldsymbol{z}_i$ 构成的集合$\{\boldsymbol{z}_i\}$ 并且它们和数据 $\boldsymbol{x}_i$ 是线性等价的。所谓线性等价就是指：每个 $\boldsymbol{x}_i$ 可以写成$\{\boldsymbol{z}_i\}$ 的线性组合，而每个 $\boldsymbol{z}_i$ 也可以写作$\{\boldsymbol{x}_i\}$ 的线性组合。集合$\{\boldsymbol{z}_i\}$ 是不惟一的。我们将用格拉姆-施密特(Gram-Schmidt) 方法确定$\{\boldsymbol{z}_i\}$，每个 $\boldsymbol{z}_k$ 仅依赖于前面的 k 个数据 $\boldsymbol{x}_1,\cdots,\boldsymbol{x}_k$。于是，

$$\begin{aligned} \boldsymbol{z}_1 &= \gamma_1^1 \boldsymbol{x}_1 \\ \boldsymbol{z}_2 &= \gamma_1^2 \boldsymbol{x}_1 + \gamma_2^2 \boldsymbol{x}_2 \\ \vdots \quad & \quad \vdots \qquad \vdots \\ \boldsymbol{z}_n &= \gamma_1^n \boldsymbol{x}_1 + \gamma_2^n \boldsymbol{x}_2 + \cdots + \gamma_n^n \boldsymbol{x}_n \end{aligned} \tag{7-100}$$

在系数 γ_r^k 中，上标 k 表示第 k 个方程，下标 r 从 1 到 k。系数 γ_1^1从归一化条件得到，即

$$E\{\boldsymbol{z}_1^2\} = (\gamma_1^1)^2 R_{11} = 1$$

为了得到 γ_1^2和 γ_2^2，因为假定 $\boldsymbol{z}_2 \perp \boldsymbol{z}_1$，我们得到 $\boldsymbol{z}_2 \perp \boldsymbol{x}_1$。从而得到

$$E\{\boldsymbol{z}_2 \boldsymbol{x}_1\} = 0 = \gamma_1^2 R_{11} + \gamma_2^2 R_{21}$$

条件 $E\{\boldsymbol{z}_2^2\} = 1$ 产生了第二个方程。类似地，因为对 $r < k$，$\boldsymbol{z}_k \perp \boldsymbol{z}_r$，从(7-110) 式我们得到：对 $r < k$，$\boldsymbol{z}_k \perp \boldsymbol{x}_r$。对(7-100) 式的第 k 个方程两边同乘以 $\boldsymbol{x}_r$ 并求期望，我们得到

$$E\{\boldsymbol{z}_k \boldsymbol{x}_r\} = 0 = \gamma_1^k R_{1r} + \cdots + \gamma_k^k R_{kr} \qquad 1 \leqslant r \leqslant k-1 \tag{7-101}$$

这个方程组由 $k-1$ 个方程构成，有 k 个未知数 $\gamma_1^k,\cdots,\gamma_k^k$。条件 $E\{\boldsymbol{z}_k^2\} = 1$ 产生了最后一个方程。

用向量的形式，方程组(7-100) 可以重新写成

$$\boldsymbol{Z} = \boldsymbol{X\Gamma} \tag{7-102}$$

其中 $\boldsymbol{Z}$ 是由 $\boldsymbol{z}_k$ 构成的行向量。把 $\boldsymbol{X}$ 作为未知向量求解，我们得到

$$\begin{aligned} \boldsymbol{x}_1 &= l_1^1 \boldsymbol{z}_1 \\ \boldsymbol{x}_2 &= l_1^2 \boldsymbol{z}_1 + l_2^2 \boldsymbol{z}_2 \\ \vdots \quad & \quad \vdots \qquad \vdots \\ \boldsymbol{x}_n &= l_1^n \boldsymbol{z}_1 + l_2^n \boldsymbol{z}_2 + \cdots + l_n^n \boldsymbol{z}_n \end{aligned} \tag{7-103}$$

$$\boldsymbol{X} = \boldsymbol{Z\Gamma}^{-1} = \boldsymbol{ZL}$$

上面的公式中，矩阵 $\boldsymbol{\Gamma}$ 和它的逆矩阵 $\boldsymbol{L}$ 都是上三角矩阵

$$\boldsymbol{\Gamma} = \begin{bmatrix} \gamma_1^1 & \gamma_1^2 & \cdots & \gamma_1^n \\ 0 & \gamma_2^2 & \cdots & \gamma_2^n \\ \vdots & \vdots & & \vdots \\ 0 & 0 & \cdots & \gamma_n^n \end{bmatrix} \quad \boldsymbol{L} = \begin{bmatrix} l_1^1 & l_1^2 & \cdots & l_1^n \\ 0 & l_2^2 & \cdots & l_2^n \\ \vdots & \vdots & & \vdots \\ 0 & 0 & \cdots & l_n^n \end{bmatrix}$$

因为 $E\{\boldsymbol{z}_i \boldsymbol{z}_j\} = \delta[i-j]$，我们有

$$E\{\boldsymbol{Z}^t\boldsymbol{Z}\} = 1_n = E\{\boldsymbol{\Gamma}^t \boldsymbol{X}^t \boldsymbol{X\Gamma}\} = \boldsymbol{\Gamma}^t E\{\boldsymbol{X}^t \boldsymbol{X}\}\boldsymbol{\Gamma} \tag{7-104}$$

其中 1_n 表示单位矩阵。因此，

$$\boldsymbol{\Gamma}^t R \boldsymbol{\Gamma} = 1_n \qquad R = \boldsymbol{L}^t \boldsymbol{L} \qquad R^{-1} = \boldsymbol{\Gamma\Gamma}^t \tag{7-105}$$

这样我们把矩阵 R 和 R^{-1} 表示成了一个上三角矩阵和下三角矩阵的乘积[也称为楚列斯基(Cholesky) 分解，见(13-79) 式]。

在(7-100) 式中的$\{\boldsymbol{z}_i\}$ 是 11.1 节引入的新息过程的有限形式。矩阵 Γ 和 L 分别对应于白

化滤波器和新息滤波器，因子分解(7-105)式对应于11.6节的谱分解。

按照$\{\boldsymbol{z}_i\}$和$\{\boldsymbol{x}_i\}$的等价性，随机变量$\boldsymbol{s}$的估计也可以用$\{\boldsymbol{z}_k\}$表示：

$$\hat{\boldsymbol{s}} = b_1\boldsymbol{z}_1 + \cdots + b_n\boldsymbol{z}_n = B\boldsymbol{Z}^t$$

这里系数b_k使得

$$\boldsymbol{s} - \hat{\boldsymbol{s}} \perp \boldsymbol{z}_k \quad 1 \leqslant k \leqslant n$$

从这得到[见(7-104)式]

$$E\{(\boldsymbol{s} - B\boldsymbol{Z}^t)\boldsymbol{Z}\} = 0 = E\{\boldsymbol{s}\boldsymbol{Z}\} - B$$

于是，我们得到

$$B = E\{\boldsymbol{s}\boldsymbol{Z}\} = E\{\boldsymbol{s}\boldsymbol{X}\boldsymbol{\Gamma}\} = R_0\boldsymbol{\Gamma} \tag{7-106}$$

返回到(7-80)式$\boldsymbol{s}$的估计式，我们得出结论：

$$\hat{\boldsymbol{s}} = B\boldsymbol{Z}^t = B\boldsymbol{\Gamma}^t\boldsymbol{X}^t = A\boldsymbol{X}^t \quad A = B\boldsymbol{\Gamma}^t \tag{7-107}$$

如果矩阵$\boldsymbol{\Gamma}$是知道的，则我们可以较为容易地得到向量A。

7.4 随机收敛和极限定理

确定随机序列的渐近特性是概率论的一个基本问题。本节内容重点在于澄清一些基本概念。下面从一个简单的问题开始。

假定我们测量一物体的长度a，由于测量不精确，仪表的读数为

$$\boldsymbol{x} = a + \boldsymbol{v}$$

其中$\boldsymbol{v}$是误差项。如果没有系统误差，则$\boldsymbol{v}$是零均值的随机变量。在这种情况下，若$\boldsymbol{v}$的标准差σ同a相比很小，则单次测量中$\boldsymbol{x}$的观察值$\boldsymbol{x}(\xi)$是未知长度a的一个满意估计。用概率的语言来说，这个结果就是：随机变量$\boldsymbol{x}$的均值等于a，方差等于σ^2。利用切比雪夫不等式，我们可得

$$P\{|\boldsymbol{x} - a| < \varepsilon\} > 1 - \frac{\sigma^2}{\varepsilon^2} \tag{7-108}$$

因此，若$\sigma \ll \varepsilon$，则$|\boldsymbol{x} - a|$小于ε的概率近似为1。从而得出：观察值$\boldsymbol{x}(\xi)$"几乎一定"在$a-\varepsilon$和$a+\varepsilon$之间，或者等效地说：未知数a在$\boldsymbol{x}(\xi)-\varepsilon$和$\boldsymbol{x}(\xi)+\varepsilon$之间。换言之，只要$\sigma \ll a$，单次测量的读数$\boldsymbol{x}(\xi)$就"几乎一定"为长度$a$的一个满意估值。

如果与a相比较σ并不小，则单次测量就不能给出a合乎要求的估值。为了改善精度，我们要进行很多次测量，并对所得的读数进行平均。下面使用的概率模型是乘积空间

$$S^n = S \times \cdots \times S$$

它是单次测量的实验S重复n次形成的。如果测量是独立的，则第i次读数为

$$\boldsymbol{x}_i = a + \boldsymbol{v}_i$$

其中误差$\boldsymbol{v}_i$是均值为零，方差为σ^2的独立随机变量。这样可得到测量的样本均值

$$\bar{\boldsymbol{x}} = \frac{\boldsymbol{x}_1 + \cdots + \boldsymbol{x}_n}{n} \tag{7-109}$$

样本平均也是一个随机变量，均值为a，而方差为σ^2/n。因此，若n很大，以致$\sigma^2 \ll na^2$，则在实验空间S^n(包含n次独立的测量)的单次实现中，样本均值$\bar{\boldsymbol{x}}$的值$\bar{\boldsymbol{x}}(\xi)$就是未知数$a$的满意估计。

在用$\bar{\boldsymbol{x}}$作a的估值时，我们利用(7-108)式确定误差的范围。具体来说，我们假定$\sigma^2/na^2 = 10^{-4}$，

求 $\boldsymbol{x}$ 在 0.9a 和 1.1a 之间的概率。这个概率可用(7－108) 式在 $\varepsilon = 0.1a$ 时给出

$$P\{0.9a < \overline{\boldsymbol{x}} < 1.1a\} \geqslant 1 - \frac{100\sigma^2}{n} = 0.99$$

于是,若试验进行了 $n = 10^{4\sigma^2/a^2}$ 次,则“几乎一定”以 99% 的可能性使 a 的估计量 $\overline{\boldsymbol{x}}$ 落在 0.9a 和 1.1a 之间。受到上面例子的启发,我们下面介绍随机变量序列的各种收敛性概念。

定义 ▶ 随机序列或离散时间随机过程是由随机变量构成的一个序列

$$\boldsymbol{x}_1, \cdots, \boldsymbol{x}_n, \cdots \tag{7-110}$$

◀

对一特定的 ξ,$\boldsymbol{x}_n(\xi)$ 是一数列,它可能收敛,也可能发散。随机变量序列的收敛性可以有下面几种不同的定义:

处处收敛(e)　我们回忆一下,一个数列 x_n 收敛于极限 x 定义为:对任意的 $\varepsilon > 0$,总能找到一个数 n_0,使得当 $n > n_0$ 时,

$$|x_n - x| < \varepsilon \tag{7-111}$$

如果对每个 ξ, 数列 $\boldsymbol{x}_n(\xi)$ 像上面那样是收敛的,则我们说随机序列 $\boldsymbol{x}_n$ 处处收敛。一般来说,数列 $\boldsymbol{x}_n(\xi)$ 的极限依赖于 ξ。换言之,随机序列 $\boldsymbol{x}_n$ 的极限是随机变量 $\boldsymbol{x}$,即

$$\boldsymbol{x}_n \to \boldsymbol{x} \qquad 当\ n \to \infty$$

几乎处处收敛(a.e.)　如果使得

$$\lim \boldsymbol{x}_n(\xi) = \boldsymbol{x}(\xi) \qquad 当\ n \to \infty \tag{7-112}$$

成立的结果 ξ 的集合存在并且概率等于 1,则我们说序列 $\boldsymbol{x}_n$ 几乎处处(或以概率 1) 收敛。它可写成下列形式

$$P\{\boldsymbol{x}_n \to \boldsymbol{x}\} = 1 \qquad 当\ n \to \infty \tag{7-113}$$

在(7－113) 式中,$\{\boldsymbol{x}_n \to \boldsymbol{x}\}$ 表示由满足 $\boldsymbol{x}_n(\xi) \to \boldsymbol{x}(\xi)$ 的所有构成的事件。

均方意义上的收敛(MS)　如果随机序列 $\boldsymbol{x}_n$ 满足:当 $n \to \infty$ 时

$$E\{|\boldsymbol{x}_n - \boldsymbol{x}|^2\} \to 0 \tag{7-114}$$

我们称随机序列 $\boldsymbol{x}_n$ 均方收敛于随机变量 $\boldsymbol{x}$,并记为

$$\lim \boldsymbol{x}_n = \boldsymbol{x} \qquad n \to \infty$$

依概率收敛(p)　事件 $\{|\boldsymbol{x} - \boldsymbol{x}_n| > \varepsilon\}$ 的概率 $P\{|\boldsymbol{x} - \boldsymbol{x}_n| > \varepsilon\}$ 是依赖于 ε 的数列。如果这个数列对任意 $\varepsilon > 0$ 都趋于零,即

$$P\{|\boldsymbol{x} - \boldsymbol{x}_n| > \varepsilon\} \to 0 \qquad n \to \infty \tag{7-115}$$

则称随机序列 $\boldsymbol{x}_n$ 依概率(或依测度) 趋于随机变量 $\boldsymbol{x}$。这也称为随机收敛。

依分布收敛(d)　我们用 $F_n(x)$ 和 $F(x)$ 分别表示随机变量 $\boldsymbol{x}_n$ 和 $\boldsymbol{x}$ 的分布函数。若对 $F(x)$ 的每个连续点 x 有

$$F_n(x) \to F(x) \qquad n \to \infty \tag{7-116}$$

则称序列 $\boldsymbol{x}_n$ 依分布趋于随机变量 $\boldsymbol{x}$。应当指出,在这种情况下,对任一 ξ,序列 $\boldsymbol{x}_n(\xi)$ 不必要收敛。

柯西准则　前面提到,当且仅当数列 x_n 满足(7－111) 式时收敛。这个定义中包含了 x_n 的极限 x。柯西准则给出了一个不包含 x 的 x_n 收敛的充要条件:若对任意 $m > 0$ 有

$$|x_{n+m} - x_n| \to 0 \qquad 当\ n \to \infty \tag{7-117}$$

上述定理对随机序列也成立。在这种情况下，极限的意义依赖于收敛性的定义。例如，若对每个 $m>0$ 有

$$E\{|\boldsymbol{x}_{n+m}-\boldsymbol{x}_n|^2\}\to 0 \qquad 当 n\to\infty$$

则随机序列 $\boldsymbol{x}_n$ 均方收敛。

收敛方式的比较 在图 7-5 中，我们给出了各种收敛方式之间的关系。矩形中每个点表示一个随机序列。每条曲线上的字母指明了该曲线内部的所有序列按相应的方式收敛。阴影部分代表在任何意义下都不收敛的序列。最外面曲线上的字母 d 表明：若序列按任何一种方式收敛，则它必然依分布收敛。最里面区域上的字母 e 表明：若序列处处收敛，则它按照任何其它方式收敛。下面我们说明它们之间不容易发现的重要差别：

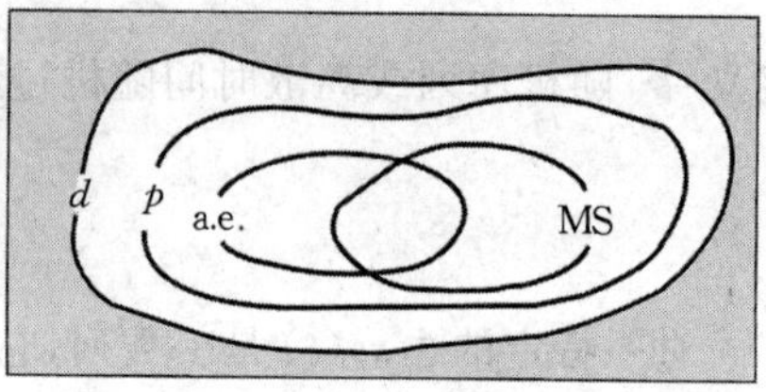

图 7-5

如果序列在均方意义下收敛，则它也依概率收敛。的确，由切比雪夫不等式得到

$$P\{|\boldsymbol{x}-\boldsymbol{x}_n|>\varepsilon\}\leqslant\frac{E\{|\boldsymbol{x}-\boldsymbol{x}_n|^2\}}{\varepsilon^2}$$

若在均方意义下 $\boldsymbol{x}_n\to\boldsymbol{x}$，则对一给定的 $\varepsilon>0$，上式右边趋于零。因此，当 $n\to\infty$ 时，上式左边也趋于零，这就证明了(7-115)式。然而，反之不一定成立。如果 $\boldsymbol{x}_n$ 无界，则 $P\{|\boldsymbol{x}-\boldsymbol{x}_n|>\varepsilon\}$ 可以趋于零，而 $E\{|\boldsymbol{x}-\boldsymbol{x}_n|^2\}$ 不趋于零。但若 $\boldsymbol{x}_n$ 在某区间 $(-c,c)$ 外对每一个 $n>n_0$ 都变为零，则依概率收敛与均方收敛是等价的。

几乎处处收敛蕴含依概率收敛是很显然的。我们以一个启发性图示来说明逆命题不成立。在图 7-6 中，我们把差值 $|\boldsymbol{x}_n-\boldsymbol{x}|$ 绘成 n 的函数。为简单起见，把序列画成了曲线。于是每条曲线表示一特定的序列 $|\boldsymbol{x}_n(\xi)-\boldsymbol{x}(\xi)|$。依概率收敛表示对于特定的 $n>n_0$，仅有一小部分曲线的坐标超过 ε(图 7-6(a))。当然，对于每一个 $n>n_0$，可能甚至没有一条曲线始终小于 ε。另一方面，几乎处处收敛则要求大多数曲线对每个 $n>n_0$ 都低于 ε(图 7-6(b))。

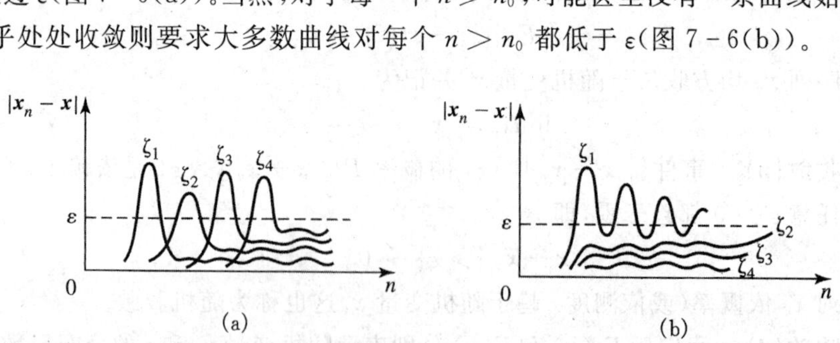

图 7-6

大数定律(伯努利) 在 3.3 节里，我们证明了在给定的实验中，若事件 A 的概率等于 p，且在 n 次试验中 A 成功的次数为 k，则

$$P\left\{\left|\frac{k}{n}-p\right|<\varepsilon\right\}\to 1 \qquad 当 n\to\infty \tag{7-118}$$

我们将利用随机变量序列的极限来重新论证这一结果。为此，引入随机变量

$$\mathbf{x}_i = \begin{cases} 1 & \text{若 } A \text{ 在第 } i \text{ 次试验中出现} \\ 0 & \text{其它} \end{cases}$$

我们证明这些随机变量的样本均值

$$\overline{\mathbf{x}}_n = \frac{\mathbf{x}_1 + \cdots + \mathbf{x}_n}{n}$$

当 $n \to \infty$ 时依概率趋近于 p。

证　我们知道

$$E\{\mathbf{x}_i\} = E\{\overline{\mathbf{x}}_n\} = p,\ \sigma_{x_i}^2 = pq,\ \sigma_{\overline{x}_n}^2 = \frac{pq}{n}$$

而且 $pq = p(1-p) \leqslant 1/4$。因此[见(5-88)式]

$$P\{|\overline{\mathbf{x}}_n - p| < \varepsilon\} \geqslant 1 - \frac{pq}{n\varepsilon^2} \geqslant 1 - \frac{1}{4n\varepsilon^2} \xrightarrow[n\to\infty]{} 1$$

因为当 A 出现 k 次时，$\overline{\mathbf{x}}_n(\xi) = k/n$，这就再次建立了(7-118)式。

强大数定律(波雷尔)　可以证明 $\overline{\mathbf{x}}_n$ 不仅依概率趋近于 p，而且以概率 1(几乎处处)趋近于 p。由波雷尔给出的这个结果称作强大数定理。这里不去进行证明。下面仅就相对频率给出一个启发性的说明，以比较(7-118)式与强大数定理之间的差别。

频率解释　我们希望在 $\varepsilon = 0.1$ 的范围里用样本均值 $\overline{\mathbf{x}}_n$ 来估计 p，如果 $n \geqslant 1\,000$，则

$$P\{|\overline{\mathbf{x}}_n - p| < 0.1\} \geqslant 1 - \frac{1}{4n\varepsilon^2} \geqslant \frac{39}{40}$$

于是，若我们重复试验至少 1 000 次，则平均来说在 40 次中有 39 次可使误差 $|\overline{\mathbf{x}}_n - p|$ 小于 0.1。

现在假定试验了 2 000 次，但我们不是对一个 n 来确定样本均值 $\overline{\mathbf{x}}_n$，而是对一切在 1 000 与 2 000 之间的 n 来确定 $\overline{\mathbf{x}}_n$。伯努利大数定律给出了下面结论：如果实验(投掷硬币 2 000 次)重复了很多遍，那么，对于一个特定的 $n > 1\,000$，误差 $|\overline{\mathbf{x}}_n - p|$ 大于 0.1 的情况平均 40 次中仅有 1 次。换言之，平均有 97.5% 是"好的"，但这不能得出结论说，在好的试验中，对每一个 1 000 与 2 000 之间的 n，其误差都小于 0.1。这个结论无疑是正确的，但它只能从强大数定律推断出来。

各态历经性　各态历经性是研究统计平均和样本平均之间关系的一个课题，我们把它放在 11.1 节讨论。下面，我们以随机序列的极限形式讨论某些结果。

马尔可夫定理　给定一随机序列 $\mathbf{x}_i$，构造其样本均值

$$\overline{\mathbf{x}}_n = \frac{\mathbf{x}_1 + \cdots + \mathbf{x}_n}{n}$$

显然，$\overline{\mathbf{x}}_n$ 是一随机变量，其值 $\overline{\mathbf{x}}_n(\xi)$ 取决于试验结果 ξ。当 $n \to \infty$ 时，如果随机变量 $\mathbf{x}_i$ 使得 $\overline{\mathbf{x}}_n$ 的均值 $\overline{\eta}$ 趋于极限 η，方差 $\overline{\sigma}_n^2$ 趋于零，即

$$E\{\overline{\mathbf{x}}_n\} = \overline{\eta}_n \underset{n\to\infty}{\to} \eta, \qquad \overline{\sigma}_n^2 = E\{(\overline{\mathbf{x}}_n - \overline{\eta}_n)^2\} \xrightarrow[n\to\infty]{} 0 \tag{7-119}$$

则随机变量 $\overline{\mathbf{x}}_n$ 在均方意义上趋于 η，即

$$E\{(\overline{\mathbf{x}}_n - \eta)^2\} \xrightarrow[n\to\infty]{} 0 \tag{7-120}$$

证　证明基于简单的不等式

$$|\overline{\mathbf{x}}_n - \eta|^2 \leqslant 2|\overline{\mathbf{x}}_n - \overline{\eta}_n|^2 + 2|\overline{\eta}_n - \eta|^2$$

的确，两边取数学期望值可得

$$E\{(\overline{x}_n-\eta)^2\}\leqslant 2E\{(\overline{x}_n-\overline{\eta}_n)^2\}+2(\overline{\eta}_n-\eta)^2$$

这样(7-120)式便可以从(7-119)式得到。

推论(切比雪夫条件) ▶ 如果随机变量 $\boldsymbol{x}_i$ 是不相关的,且

$$\frac{\sigma_1^2+\cdots+\sigma_n^2}{n^2}\xrightarrow[n\to\infty]{}0 \tag{7-121}$$

则当 $n\to\infty$ 时,在均方意义下

$$\overline{\boldsymbol{x}}_n\xrightarrow[n\to\infty]{}\eta=\lim_{n\to\infty}\frac{1}{n}\sum_{i=1}^{n}E\{\boldsymbol{x}_i\}$$

证　对于不相关的随机变量,由上述定理可得(7-121)式左边等于 $\overline{\sigma}_n^2$。

应当指出,对每个 i,若有 $\sigma_i<K<\infty$,则切比雪夫条件(7-121)式是满足的。例如随机变量 $\boldsymbol{x}_i$ 是有限方差的独立同分布随机变量时就符合这种情况。◀

辛钦(Kinchin)　我们给出下面结论,但略去它的证明。若随机变量 $\boldsymbol{x}_i$ 是独立同分布的,则即使我们对它们的方差一无所知时,它们的样本均值 $\overline{\boldsymbol{x}}_n$ 仍然趋于 η。然而,$\overline{\boldsymbol{x}}_n$ 仅仅依概率趋于 η。下面是一个应用例子。

【例 7-14】 随机变量 $\boldsymbol{x}$ 定义在某一实验上,我们希望确定它的分布函数 $F(x)$。为此,我们重复该实验 n 次,并构造如(7-12)式那样的随机变量 $\boldsymbol{x}_i$。已知这些随机变量是独立同分布的,它们共同的分布函数为 $F(x)$。下面构造随机变量

$$\boldsymbol{y}_i(x)=\begin{cases}1 & 当\ \boldsymbol{x}_i\leqslant x\\ 0 & 当\ \boldsymbol{x}_i>x\end{cases}$$

其中 x 是一固定的数。这样定义的随机变量 $\boldsymbol{y}_i(x)$ 也是独立同分布的,并且它们的均值等于

$$E\{\boldsymbol{y}_i(x)\}=1\cdot P\{\boldsymbol{y}_i=1\}=P\{\boldsymbol{x}_i\leqslant x\}=F(x)$$

应用辛钦定理到 $\boldsymbol{y}_i(x)$,我们得到

$$\frac{\boldsymbol{y}_1(x)+\cdots+\boldsymbol{y}_n(x)}{n}\xrightarrow[n\to\infty]{}F(x)$$

依概率成立。于是,为了确定 $F(x)$,可重复试验 n 次,并计算随机变量 $\boldsymbol{x}$ 小于 x 的次数。若这个数等于 k,而 n 又足够大,则 $F(x)\approx k/n$。这样就用极限的方式再一次说明了 $F(x)$ 的相对频率解释(4-3)式。

中心极限定理

给定 n 个独立的随机变量 $\boldsymbol{x}_i$,它们的和为

$$\boldsymbol{x}=\boldsymbol{x}_1+\cdots+\boldsymbol{x}_n$$

这个随机变量的均值为 $\eta=\eta_1+\cdots+\eta_n$,方差为 $\sigma^2=\sigma_1^2+\cdots+\sigma_n^2$。中心极限定理(CLT)表明:在某些很一般的条件下,当 $n\to\infty$ 时,$\boldsymbol{x}$ 的分布函数 $F(x)$ 趋向于具有相同均值和方差的正态分布:

$$F(x)\approx G\left(\frac{x-\eta}{\sigma}\right) \tag{7-122}$$

而且,如果 $\boldsymbol{x}_i$ 是连续型随机变量,$\boldsymbol{x}$ 的概率密度函数 $f(x)$ 也趋向于正态概率密度函数(图 7-7(a)):

$$f(x)\approx\frac{1}{\sigma\sqrt{2\pi}}\mathrm{e}^{-(x-\eta)^2/2\sigma^2} \tag{7-123}$$

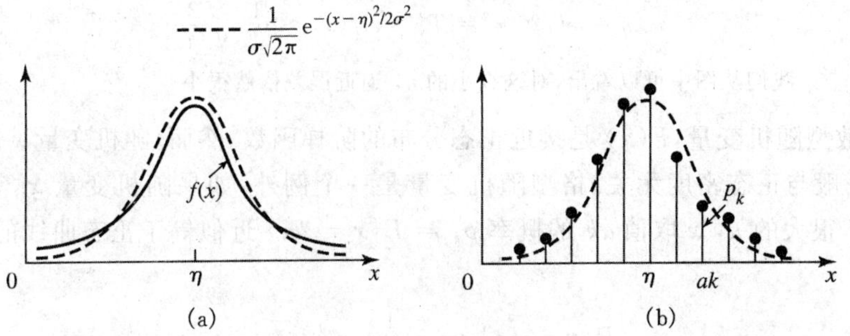

图 7－7

这个定理也能表述成极限形式：若 $\boldsymbol{z}=(\boldsymbol{x}-\eta)/\sigma$，则

$$F_z(z)\underset{n\to\infty}{\longrightarrow}G(z)\qquad f_z(z)\underset{n\to\infty}{\longrightarrow}\frac{1}{\sqrt{2\pi}}e^{-z^2/2}$$

这一重要结论对一般的连续型随机变量成立，它的证明将在后面给出。

也可以用卷积性质说明中心极限定理。很多正函数的卷积趋向于正态函数[见(7－51)式]。

CLT 逼近的性质以及对一个给定误差所需随机变量的数目 n 依赖于概率密度函数 $f_i(x)$。如果随机变量 $\boldsymbol{x}_i$ 是独立同分布的，对大多数应用，取 $n=30$ 就足够了。事实上，如果函数 $f_i(x)$ 还是光滑的，则 $n=5$ 这样的情况也可以使用。下面的例子说明了这点。

【例 7－15】 随机变量 $\boldsymbol{x}_i$ 是独立同分布的，服从 $(0,T)$ 区间上的均匀分布。我们比较它们的和的概率密度函数 $f_x(x)$ 和(7－111)式正态密度函数的形状，取 $n=2$ 和 $n=3$。在这种情况下，

$$\eta_i=\frac{T}{2}\quad\sigma_i^2=\frac{T^2}{12}\quad\eta=n\frac{T}{2}\quad\sigma^2=n\frac{T^2}{12}$$

当 $n=2$ 时，$f(x)$ 是一个三角形函数，从一个矩形函数的自卷积得到(图 7－8)

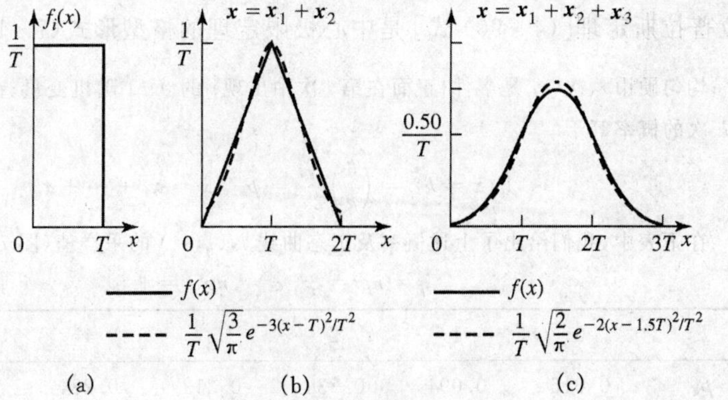

图 7－8

$$\eta=T\quad\sigma^2=T^2/6\quad f(x)\approx\frac{1}{T}\sqrt{\frac{3}{\pi}}e^{-3(x-T)^2/T^2}$$

当 $n=3$ 时，$f(x)$ 由三段抛物线拼成，等于一个三角形函数和一个矩形函数的卷积

$$\eta = 3T/2 \quad \sigma^2 = T^2/4 \quad f(x) \approx \frac{1}{T}\sqrt{\frac{2}{\pi}}e^{-2(x-1.5T)^2/T^2}$$

我们从图中可以看出，对这么小的 n，逼近误差依然很小。

对于离散型随机变量，$F(x)$ 是接近正态分布的阶梯函数。然而，随机变量 $\boldsymbol{x}$ 取特定的值的 x_k 概率 p_k 一般与正态密度无关。格型随机变量是一个例外：如果随机变量 $\boldsymbol{x}_i$ 等间隔地取值 ak_i，那么对于很大的 n，$\boldsymbol{x}$ 取值 ak 的概率 $p_k = P\{\boldsymbol{x} = ka\}$ 近似等于正态曲线的采样值（见图 7－9）：

$$P\{\boldsymbol{x} = ka\} \approx \frac{1}{\sigma\sqrt{2\pi}}e^{-(ka-\eta)^2/2\sigma^2} \tag{7-124}$$

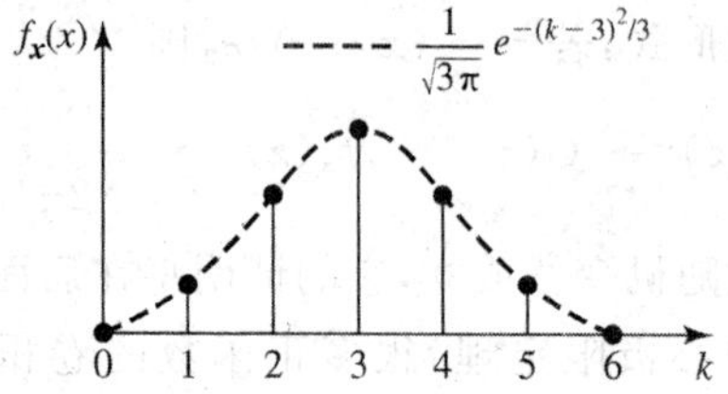

图 7－9

下面我们用伯努利试验作为例子来说明这点。例 7－7 中的随机变量 $\boldsymbol{x}_i$ 是独立同分布的，取两个值 0 和 1 概率分别是 p 和 $q = 1 - p$；于是，它们之和 $\boldsymbol{x}$ 是一个格型随机变量，取值 $k = 0, \cdots, n$。在这种情况下，

$$E\{\boldsymbol{x}\} = nE\{\boldsymbol{x}_i\} = np \quad \sigma_x^2 = n\sigma_1^2 = npq$$

代入(7－124) 式，我们得到近似公式

$$P\{\boldsymbol{x} = k\} = \binom{n}{k}p^k q^{n-k} \approx \frac{1}{\sqrt{2\pi npq}}e^{-(k-np)^2/2npq} \tag{7-125}$$

这表明棣莫弗-拉普拉斯定理[(4－90) 式]是中心极限定理的格型形式(7－124) 的一个特例。

【例 7－16】 投一均匀硬币六次，$\boldsymbol{x}_i$ 是事件{正面在第 i 次中出现}的 0－1 随机变量。在六次投掷中正面出现 k 次的概率等于

$$P\{\boldsymbol{x} = k\} = \binom{6}{k}\frac{1}{2^6} = p_k \quad \boldsymbol{x} = \boldsymbol{x}_1 + \cdots + \boldsymbol{x}_6$$

在下表中，我们给出了上述概率及正态曲线 $N(\eta, \sigma^2)$ 的采样值（图 7－9），其中

$$\eta = np = 3 \quad \sigma^2 = npq = 1.5$$

k	0	1	2	3	4	5	6
p_k	0.016	0.094	0.234	0.312	0.234	0.094	0.016
$N(\eta,\sigma)$	0.016	0.086	0.233	0.326	0.233	0.086	0.016

误差校正　在用正态曲线 $N(\eta, \sigma^2)$ 作为 $f(x)$ 的近似中，产生的误差为

$$\varepsilon(x) = f(x) - \frac{1}{\sigma\sqrt{2\pi}}e^{-x^2/2\sigma^2}$$

这里我们假定移动原点使 $\eta = 0$。我们可用 $\boldsymbol{x}$ 的矩

$$m_n = E\{\boldsymbol{x}^n\}$$

和埃米特多项式

$$H_k(x) = (-1)^k e^{x^2/2} \frac{d^k}{dx^k} e^{-x^2/2} = x^k - \binom{k}{2} x^{k-2} + 1 \cdot 3 \binom{k}{4} x^{k-4} + \cdots \tag{7-126}$$

来表示误差。

这些多项式构成了实直线 R 上的一个完备正交系，即

$$\int_{-\infty}^{\infty} e^{-x^2/2} H_n(x) H_m(x) dx = \begin{cases} n!\sqrt{2\pi} & n = m \\ 0 & n \neq m \end{cases}$$

因此，$\varepsilon(x)$ 可以表示成一个级数

$$\varepsilon(x) = \frac{1}{\sigma\sqrt{2\pi}} e^{-x^2/2\sigma^2} \sum_{k=3}^{\infty} C_k H_k\left(\frac{x}{\sigma}\right) \tag{7-127}$$

这个级数从 $k = 3$ 开始，是因为 $\varepsilon(x)$ 的二阶以下的矩为零。系数 C_n 可以用 $\boldsymbol{x}$ 的矩 m_n 来表示。当 $n = 3$ 及 $n = 4$，我们得到[见(5-73)式]

$$3!\sigma^3 C_3 = m_3,\ 4!\sigma^4 C_4 = m_4 - 3\sigma^4$$

一阶校正　从(7-126)式可得

$$H_3(x) = x^3 - 3x, H_4(x) = x^4 - 6x^2 + 3$$

保留和式(7-127)中的第一个非零项可得

$$f(x) \approx \frac{1}{\sigma\sqrt{2\pi}} e^{-x^2/2\sigma^2} \left[1 + \frac{m_3}{6\sigma^3}\left(\frac{x^3}{\sigma^3} - \frac{3x}{\sigma}\right)\right] \tag{7-128}$$

如果 $f(x)$ 是偶函数，则 $m_3 = 0$，于是，从(7-127)式得到

$$f(x) \approx \frac{1}{\sigma\sqrt{2\pi}} e^{-x^2/2\sigma^2} \left[1 + \frac{1}{24}\left(\frac{m_4}{\sigma^4} - 3\right)\left(\frac{x^4}{\sigma^4} - \frac{6x^2}{\sigma^2} + 3\right)\right] \tag{7-129}$$

【例 7-17】　若随机变量 $\boldsymbol{x}_i$ 是独立同分布的，具有图 7-10(a) 所示的概率密度 $f_i(x)$，则 $f(x)$ 由三段抛物线组成(也见例 7-12)，而 $N(0,1/4)$ 为其正态近似曲线，因为 $f(x)$ 是偶函数，且 $m_4 = 13/80$(见习题 7-4)，这样(7-129)式变成

$$f(x) \approx \sqrt{\frac{2}{\pi}} e^{-2x^2} \left(1 - \frac{4x^4}{15} + \frac{2x^2}{5} - \frac{1}{20}\right) \equiv \bar{f}(x)$$

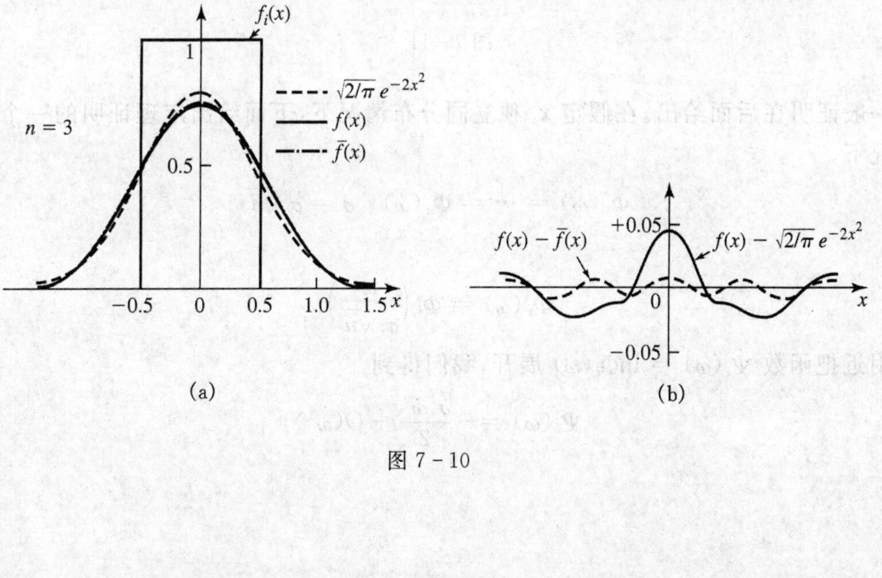

图 7-10

在图 7-10(b) 中，我们给出了正态近似的误差 $\varepsilon(x)$ 和一阶校正误差 $f(x)-\bar{f}(x)$。

中心极限定理的证明　我们将用特征函数法证明(7-123)式。为了简单起见，假定 $\eta_i=0$。用 $\Phi_i(\omega)$ 和 $\Phi(\omega)$ 分别表示随机变量 $\boldsymbol{x}_i$ 和 $\boldsymbol{x}=\boldsymbol{x}_1+\cdots+\boldsymbol{x}_n$ 的特征函数，从 $\boldsymbol{x}_i$ 相互独立，我们得到

$$\Phi(\omega)=\Phi_1(\omega)\cdots\Phi_n(\omega)$$

在原点附近，函数 $\Psi_i(\omega)=\ln\Phi_i(\omega)$ 可以用抛物线近似：

$$\Psi_i(\omega)\approx-\frac{1}{2}\sigma_i^2\omega^2\quad \Phi_i(\omega)=\mathrm{e}^{-\sigma_i^2\omega^2/2}\quad 对\ |\omega|<\varepsilon \tag{7-130}$$

如果随机变量 $\boldsymbol{x}_i$ 是连续型的，那么[见(5-59)式和习题 5-29]

$$\Phi_i(0)=1,\ |\Phi_i(\omega)|<1,\ 对\ |\omega|\neq 0 \tag{7-131}$$

方程(7-131)式表明：对于小的 ε 和大的 n，函数在 $|\omega|>\varepsilon$ 时可以忽略不计(图 7-11(a))。像在(7-135)式中那样，当 $\sigma\to\infty$，指数函数 $\mathrm{e}^{-\sigma^2\omega^2/2}$ 也具有这种性质。从上面的讨论中，我们得到

$$\Phi(\omega)\approx\mathrm{e}^{-\sigma_1^2\omega^2/2}\cdots\mathrm{e}^{-\sigma_n^2\omega^2/2}\approx\mathrm{e}^{-\sigma^2\omega^2/2} \tag{7-132}$$

对所有的 ω 成立。这与(7-123)式一致。

定理的严格形式表明：当 $n\to\infty$ 时，归一化的随机变量

$$\boldsymbol{z}=\frac{\boldsymbol{x}_1+\cdots+\boldsymbol{x}_n}{\sigma}\qquad \sigma^2=\sigma_1^2+\cdots+\sigma_n^2$$

趋向于标准正态随机变量，即

$$f_z(z)\underset{n\to\infty}{\to}\frac{1}{\sqrt{2\pi}}\mathrm{e}^{-z^2/2} \tag{7-133}$$

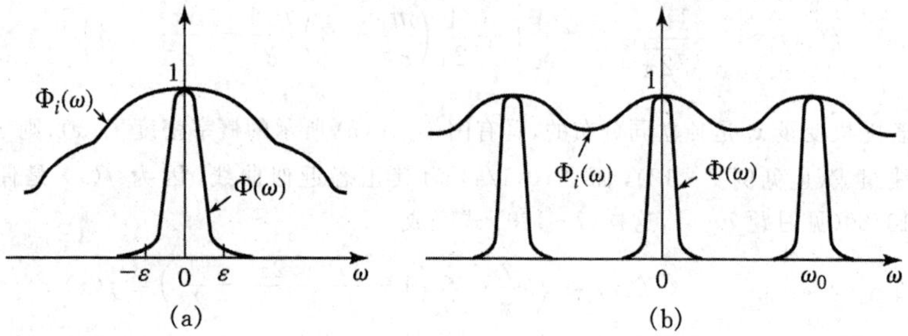

图 7-11

定理的一般证明在后面给出。在假定 $\boldsymbol{x}_i$ 独立同分布情况下，下面给出定理证明的一个提纲。在这种情况下，

$$\Phi_1(\omega)=\cdots=\Phi_n(\omega)\quad \sigma=\sigma_i\sqrt{n}$$

于是，

$$\Phi_z(\omega)=\Phi_i^n\left(\frac{\omega}{\sigma_i\sqrt{n}}\right)$$

在原点附近把函数 $\Psi_i(\omega)=\ln\Phi_i(\omega)$ 展开，我们得到

$$\Psi_i(\omega)=-\frac{\sigma_i^2\omega^2}{2}+O(\omega^3)$$

因此，

$$\Psi_z(\omega) = n\Psi_i\left(\frac{\omega}{\sigma_i\sqrt{n}}\right) = -\frac{\omega^2}{2} + O\left(\frac{1}{\sqrt{n}}\right) \xrightarrow[n\to\infty]{} -\frac{\omega^2}{2} \tag{7-134}$$

这表明当 $n \to \infty$ 时 $\Phi_z(\omega) \to e^{-\omega^2/2}$。(7-133) 式得到了证明。

我们已经指出过，该定理并非对所有的情况都成立。下面是一组该定理成立的充分条件：

(a)
$$\sigma_1^2 + \cdots + \sigma_n^2 \xrightarrow[n\to\infty]{} \infty \tag{7-135}$$

(b) 存在一个数 $\alpha > 2$ 和一个有界常数 K，使得对所有 i

$$\int_{-\infty}^{\infty} |x|^{\alpha} f_i(x)\mathrm{d}x < K < \infty \tag{7-136}$$

这两个条件虽然不是最一般的，但大多数应用满足这些条件。例如，若存在一常数 $\varepsilon > 0$，使得对所有的 i，$\sigma_i > \varepsilon$，则(7-135) 式满足。如果所有分布密度 $f_i(x)$ 在有限区间$(-c,c)$之外等于零，不管这个区间有多大，条件(7-136) 式都满足。

格型情况　前面的证明也能用于离散型随机变量。然而，在这种情况下函数 $\Phi_i(\omega)$ 是周期的(图 7-11(b))，这时它们的乘积仅在点 $\omega = 2n\pi/a$ 附近的小范围内取值较大。在每个这样的区域中使用近似式(7-124)，我们得到

$$\Phi(\omega) \approx \sum_n e^{-\sigma^2(\omega - n\omega_0)^2/2} \qquad \omega_0 = \frac{2\pi}{a} \tag{7-137}$$

从(11A-1) 可知，对上式求逆变换，可得到(7-124) 式。

拜芮-埃森(Berry-Esseén) 定理[①]　这个定理指出，如果对所有 i

$$E\{|\boldsymbol{x}_i|^3\} \leqslant c\sigma_i^2 \tag{7-138}$$

其中 c 是某个常数，则归一化和

$$\overline{\boldsymbol{x}} = \frac{\boldsymbol{x}_1 + \cdots + \boldsymbol{x}_n}{\sigma}, \quad \sigma_1^2 + \cdots + \sigma_n^2 = \sigma^2$$

的分布函数 $\overline{F}(x)$ 近似为正态分布函数 $G(x)$。在下面的意义下

$$|\overline{F}(x) - G(x)| < \frac{4c}{\sigma} \tag{7-139}$$

因为(7-139) 式可导出

$$\overline{F}(x) \to G(x) \qquad \text{当 } \sigma \to \infty \tag{7-140}$$

所以中心极限定理是(7-139) 式的一个推论。证明是基于条件(7-138) 式，该条件并不太苛刻。例如，若随机变量 $\boldsymbol{x}_i$ 是独立同分布的，且它们的三阶矩有界，则该条件就成立。

最后我们指出，(7-140) 式证明了 $\overline{\boldsymbol{x}}$ 的分布函数收敛于一个正态分布函数，而(7-139) 式还给出了 $\overline{F}(x)$ 偏离正态的界。

随机变量乘积的中心极限定理　给定 n 个正随机变量 $\boldsymbol{x}_i$，我们考虑它们的乘积

$$\boldsymbol{y} = \boldsymbol{x}_1\boldsymbol{x}_2\cdots\boldsymbol{x}_n \quad \boldsymbol{x}_i > 0$$

定理 7-2 ▶ 对于大的 n，$\boldsymbol{y}$ 的概率密度函数是近似对数正态的：

$$f_y(y) \approx \frac{1}{y\sigma\sqrt{2\pi}}\exp\left\{-\frac{1}{2\sigma^2}(\ln y - \eta)^2\right\}U(y) \tag{7-141}$$

其中

① A. Papoulis. Narrow-Band Systems and Gaussianity, IEEE Transactions on Information Theory, January 1972

$$\eta = \sum_{i=1}^{n} E\{\ln \boldsymbol{x}_i\} \qquad \sigma^2 = \sum_{i=1}^{n} \mathrm{Var}(\ln \boldsymbol{x}_i)$$

证　随机变量

$$\boldsymbol{z} = \ln \boldsymbol{y} = \ln \boldsymbol{x}_1 + \ln \boldsymbol{x}_2 + \cdots \ln \boldsymbol{x}_n$$

是随机变量 $\ln \boldsymbol{x}_i$ 的和。因此，从中心极限定理：对于大的 n，这个随机变量接近于均值为 η 方差为 σ^2 的正态分布。因为 $\boldsymbol{y} = e^{\boldsymbol{z}}$，从(5－30)式，我们知道 y 服从(7－141)式的对数正态分布。这个定理成立的条件是随机变量 $\ln \boldsymbol{x}_i$ 满足中心极限定理的有效性条件。◀

【例 7－18】　假定随机变量 $\boldsymbol{x}_i$ 服从(0,1)区间上的均匀分布。在这种情况下，

$$E\{\ln \boldsymbol{x}_i\} = \int_0^1 \ln x \mathrm{d}x = -1 \qquad E\{(\ln \boldsymbol{x}_i)^2\} = \int_0^1 (\ln x)^2 \mathrm{d}x = 2$$

于是，$\eta = -n$，$\sigma^2 = n$。代入(7－141)式，我们得到：乘积 $\boldsymbol{y} = \boldsymbol{x}_1 \boldsymbol{x}_2 \cdots \boldsymbol{x}_n$ 的概率密度函数满足

$$f_y(y) \approx \frac{1}{y\sqrt{2\pi n}} \exp\left\{-\frac{1}{2n}(\ln y + n)^2\right\} U(y)$$

7.5　随机数的意义和产生

随机数(RNs)在众多应用领域得到使用，这些应用领域涉及到统计数据的计算机生成。本节将详细说明随机数的意义和生成的基本思想。我们首先用统计方法在求确定性问题数值解中的作用这一简单例子来说明随机数的意义。

蒙特-卡罗(Monte Carlo)积分　我们希望估计积分值

$$I = \int_0^1 g(x) \mathrm{d}x \tag{7-142}$$

为此，我们引入一个在(0,1)区间上服从均匀分布的随机变量 $\boldsymbol{x}$ 并且构造新的随机变量 $\boldsymbol{y} = g(\boldsymbol{x})$。我们知道，

$$E\{g(\boldsymbol{x})\} = \int_0^1 g(x) f_x(x) \mathrm{d}x = \int_0^1 g(x) \mathrm{d}x \tag{7-143}$$

于是 $\eta_y = I$。这样我们把未知量 I 表示为一个随机变量 $\boldsymbol{y}$ 的期望。这一描述仅仅是概念上的，它并没有告诉我们一个估计 I 的数值方法。然而，如果假定随机变量 $\boldsymbol{x}$ 代表某个具体实验中的物理量。那么，我们就能够用期望的频率解释去估计 I：我们重复试验很多次，然后观察 $\boldsymbol{x}$ 的取值 x_i，并计算相应的随机变量 $\boldsymbol{y}$ 的值 $y_i = g(x_i)$。像(5－51)式那样，求它们的平均值。这样得到

$$I = E\{g(\boldsymbol{x})\} \approx \frac{1}{n} \sum g(x_i) \tag{7-144}$$

这给出了一个求 I 的方法。

先不考虑如何生成，数据 x_i 是具有某些性质的数，称它们为随机数。这样，如果我们能够产生这些随机数，我们就可以确定 I。为了利用这种方法，我们必须重新考察随机数的意义并研究产生这些随机数的计算机程序。

随机数的双重解释　“什么是随机数？它们能用计算机产生吗？有可能产生真正的随机数序列吗？”这些问题没有一个通用的可接受的答案。原因很简单，就像概率的定义一样，随机数也有两个完全不同的意义。第一个是理论上的：随机数是按照一个抽象模型定义的抽象概念。第

二个是经验上的：随机数是一个实数序列，它们要么是来自一个具体实验的物理数据，要么是运行一个确定的计算机程序的输出。随机数在解释上的双重性在下面的定义中体现得尤其明显：①

如果一个序列具有一个均匀分布随机变量独立样本构成的所有无穷序列具有的所有性质，称这个序列是随机的[富兰克林(J. M. Franklin)]。

随机序列是一个模糊的概念，包含了这样一些思想，即序列的每一项对非初始项来说是不可预测的，同时其数字通过了一定数目的检验；这一概念与统计学家的习惯一致，并在某种程度上取决于这些序列的用途[莱莫(D. H. Lehmer)]。

很明显，这些定义不可能具有相同的意义。尽管它们都用来定义随机数序列。为了避免这种混淆和模糊，我们将给出两个定义，一个是理论上的，另一个是经验上的。对于这些定义，我们仅仅从用途出发来考虑，也就是说，采用随机数的目的是应用统计技术到其它领域。因此，下面的两个定义是很自然的，一个用概率的概念来定义，另一个由它们的性质来定义，这些性质来源于随机实验产生的实际数据。

概念上的定义　如果一个数列 x_i 是在重复试验空间上独立同分布的随机变量序列 $\boldsymbol{x}_i$ 的样本，即 $x_i = \boldsymbol{x}_i(\xi)$，则被称为是随机的。

显然，这个定义与富兰克林的定义是相同的。然而，有一个细微但重要的差别。在富兰克林的定义中，数列 x_i 具有独立同分布随机变量所具有的所有性质；在我们的定义中，x_i 等于独立随机变量序列 $\boldsymbol{x}_i$ 的样本。在这个定义中，随机数的所有理论性质与相应的随机变量是相同的。因此，没必要去建立新理论研究随机数。

经验的定义　如果一个数列 x_i 的统计性质与从随机实验中得到的随机数据是相同的，则被称为是随机的。

并非所有的实验数据都产生与概率论理论相一致的结果。为此，实验必须适当设计以便通过重复试验得到的数据满足独立同分布条件。只有当试验数据符合各种检验后，我们才能接受数据满足独立同分布条件，但必须声明，这仅仅是一种合理的近似。同样的情况也适用于计算机产生的随机数。然而，不管我们如何定义实际的产生序列，这种不确定性都是无法避免的。上面定义的优点在于：它把建立随机数序列随机性的问题转化到了我们已经熟悉的领域。这样，我们就能够利用我们关于随机实验的知识并且应用已有检验随机性的方法检验计算机产生的随机数。

7.5.1　随机数序列的产生

在蒙特-卡罗计算中，随机数主要通过计算机程序产生；然而，它们也可以是随机试验产生的观测数据。例如，通过投掷一枚均匀硬币产生的 0－1 随机序列；放射性物质粒子发射之间的时间间隔生成的指数分布的观测样本。基于我们长期实验的观测经验，我们认为这样产生的数列是随机的。然而，由于显而易见的原因，从实验得到的随机数序列并不适合于计算机使用。随机数的一个有效来源是简单的计算机程序，它们占用小的存储单元和利用简单的算术运算。下面我们概述一下最常用程序。

我们的目的是产生服从任意分布的随机数序列。然而，目前的计算机不能直接产生任意的

① D. E. Knuth. The Art of Computer Programming. Addison-Wesley, Reading, MA, 1969.

随机数序列。已有的算法只能生成服从$(0,m)$上均匀分布的随机整数序列z_i。后面我们将会讲到，任意分布的随机数序列x_i可以通过各种不同的方法处理均匀分布的序列z_i间接得到。

最普通的产生一个随机数序列的算法用下面的方程描述

$$z_n = f(z_{n-1}, \cdots, z_{n-r}) \bmod m \tag{7-145}$$

其中$f(z_{n-1}, \cdots, z_{n-r})$是一个由最近的已得到的$r$个数确定的函数。按照上式，$z_n$是$f(z_{n-1}, \cdots, z_{n-r})$除以$m$的余数。这个$z_n$的生成是非线性的，递归关系由整数$m$，函数$f$以及初值$z_1, \cdots, z_{r-1}$确定。这样得到的随机数发生器的质量依赖于函数$f$。函数$f$越复杂，产生的随机数序列性能似乎越好。然而，实践已经证明这是不正确的。大多数算法使用的递归是1阶的。下面讨论齐次的情况。

莱莫(Lehmer)算法　这是最简单也是最古老的产生随机数的递归算法之一，递归过程如下：

$$z_n = az_{n-1} \bmod m \quad z_0 = 1 \quad n \geqslant 1 \tag{7-146}$$

其中m是一个很大的素数，a是一个整数。求解上式得到

$$z_n = a^n \bmod m \tag{7-147}$$

序列z_n在1和$m-1$之间取值；于是，它前m项中至少有两项取值相同。从而，可以知道z_n当$n > m$时是一个具有周期$m_0 \leqslant m-1$的周期序列。一个周期序列当然不是随机的。然而，如果对于我们所考虑的应用，需要的样本数不超过m_0，周期性就会变得无关紧要。对于大多数应用，选择m是10^9这个量级的素数并且搜索a以便$m_0 = m-1$就足够了。在1951年莱莫建议的一个素数是$2^{31}-1$。

一个完整的递归公式(7-146)，还必须确定乘子a的值。我们首先考虑的是得到的序列z_n的周期$m_0 = m-1$。

定义 ▶ 一个整数a，如果满足：

$$a^n \bmod m = 1 \text{ 的最小整数是 } n = m-1 \tag{7-148}$$

则称作是m的**本原根**(Primitive root)。

从上面的定义可以看出：序列$a^n \bmod m$具有周期$m_0 = m-1$的充分必要条件是a是m的一个本原根。大多数的本原根不能产生好的随机数序列。为了最终选择a，我们必须对产生的序列进行各种随机性的检验，这些方法来源于对实际试验中随机性的检验。大多数的检验是对

$$u_i = \frac{z_i}{m} \tag{7-149}$$

进行而不是直接对整数序列z_i。(7-149)式中的这些数本质上应取$(0,1)$区间上的所有值，检验的目的在于考察它们是否是$(0,1)$区间上连续型的独立同分布的随机变量序列$\boldsymbol{u}_i$的样本。独立同分布条件导出了下面的方程：

对于区间$(0,1)$上的每个u_i和每个n，

$$P\{\boldsymbol{u}_i \leqslant u_i\} = u_i \tag{7-150}$$

$$P\{\boldsymbol{u}_1 \leqslant u_1, \cdots, \boldsymbol{u}_n \leqslant u_n\} = P\{\boldsymbol{u}_1 \leqslant u_1\} \cdots P\{\boldsymbol{u}_n \leqslant u_n\} \tag{7-151}$$

为了验证这些条件是否有效，我们必须做无数次的检验。然而，实际上我们只能完成有限次的检验。而且，所有的检验只能得到基于概率的经验解释的一个近似。因此，我们不能肯定地断言一个实数序列是真正随机的。我们只能说：一个实际序列的随机性

假定对某些应用是合理的；或它比其它的序列更接近随机。实际上，一个序列被接受为是随机的，不仅是因为它通过了标准的检验，而且因为它应用于实际问题时得到了满意的结果。

以前人们已经提出了几个算法生成“好”的随机数序列。然而，并非所有的算法都经受住了时间的考验。在(7-152)中取 $a = 7^5$ 和 $m = 2^{31} - 1$，得到的序列 z_n 似乎满足了大多数的要求，它的产生方式如下：

$$z_n = 16\,807 z_{n-1} \bmod 2\,147\,483\,647 \tag{7-152}$$

这个序列通过了大多数随机性的标准检验并且能够在各种应用中有效使用①。

通过观察，我们可以得出结论：检验随机性的大多数方法是直接或间接的应用，以及各种熟知的统计假设检验方法。例如，为了检验(7-150)式是否有效，我们应用柯尔莫格洛夫-谢苗诺夫(Kolmogoroff-Smirnov)检验或 χ^2 检验(见 8.4 节)。这些检验方法用于确定一个实验数据是否服从一个特殊的分布。为了验证(7-151)式的有效性，我们使用 χ^2 检验。这个检验用于判断各种事件的独立性。

除了直接检验外，人们也提出了各种方法间接检验(7-150)和(7-151)式的有效性。这些方法基于随机变量的一些数值性质和它们的特殊应用。随机向量序列的产生就是一个需要专门检验的应用。◀

随机向量　我们将用下面的子序列的性质构造多维随机数序列。假定 $\boldsymbol{x}$ 是一个具有分布函数 $F(x)$ 的随机变量，x_i 是相应的随机数序列。从(7-150)和(7-151)式知道 x_i 的每个子序列也具有分布函数 $F(x)$。而且，如果两个子序列没有共同的元素，则它们是两个独立随机变量的样本。从而，由奇数项和偶数项构成两个子序列

$$x_i^0 = x_{2i-1} \quad x_i^e = x_{2i} \quad i = 1,2,\cdots$$

这两个序列是两个独立同分布的随机变量 $\boldsymbol{x}^0$ 和 $\boldsymbol{x}^e$ 的样本，它们的分布函数是 $F(x)$。因此，从一个标量随机数序列 x_i 可以构造一个两维的随机数序列 $\{x_i^0, x_i^e\}$。用类似的方法，我们可以构造任意维数的随机数序列。用上标表示不同的随机变量和它们的样本，我们可以得到随机数序列

$$x_i^k = x_{mi-m+k} \quad k = 1,\cdots,m \quad i = 1,2,\cdots \tag{7-153}$$

该随机序列是具有分布函数 $F(x)$ 的独立同分布随机变量 $\boldsymbol{x}^1,\cdots,\boldsymbol{x}^m$ 的样本。

值得注意的是，一个标量的随机数序列可能对标量应用具有足够的随机性，但对于向量应用未必如此。因此，如果一个随机数序列用于向量应用时，我们希望对它的子序列进行专门的检验。

7.5.2　任意分布的随机数序列

下面，字母 $\boldsymbol{u}$ 表示区间(0,1)上的均匀分布随机变量；相应的随机数序列用 u_i 表示。利用序列 u_i，我们将给出各种方法去产生任意分布的随机数序列。在下面的分析中，我们将频繁使用下面的结论：

如果 x_i 是随机变量 $\boldsymbol{x}$ 的样本，那么 $y_i = g(x_i)$ 将是随机变量 $\boldsymbol{y} = g(\boldsymbol{x})$ 的样本。例如，如果 x_i 是具有分布函数 $F_x(x)$ 的随机数序列，那么 $y_i = a + bx_i$ 是具有分布 $F_x[(y-a)/b)$(如果

① S. K. Park and K. W. Miller. Random Number Gernerations: Good Ones Are Hard to Find. Communication of the ACM, Vol. 31, no. 10, October 1988.

$b>0$) 或 $1-F_x[(y-a)/b]$(如果 $b<0$) 的随机数序列。例如,由此可以得到,$v_i=1-u_i$ 仍然是(0,1) 区间上均匀的随机数序列。

分位点变换方法　考虑一个具有分布函数 $F_x(x)$ 的随机变量 $\boldsymbol{x}$。在 5.2 节中,我们已经证明了:无论 $F_x(x)$ 取何种形式,随机变量 $\boldsymbol{u}=F_x(\boldsymbol{x})$ 是(0,1) 区间上的均匀分布。用 $F_x^{(-1)}(u)$ 表示 $F_x(x)$ 的逆变换,我们得到 $\boldsymbol{x}=F_x^{(-1)}(\boldsymbol{u})$[见图 7-12]。从而,

$$x_i=F_x^{(-1)}(u_i) \tag{7-154}$$

是具有分布 $F_x(x)$ 的随机数序列[也见(5-24)式]。因此,构造一个具有给定分布 $F_x(x)$ 的随机数序列,只要得到 $F_x(x)$ 的逆变换并且计算 $F_x^{(-1)}(u_i)$ 就可以了。注意,数 x_i 是 $F_x(x)$ 的 u_i 分位点。

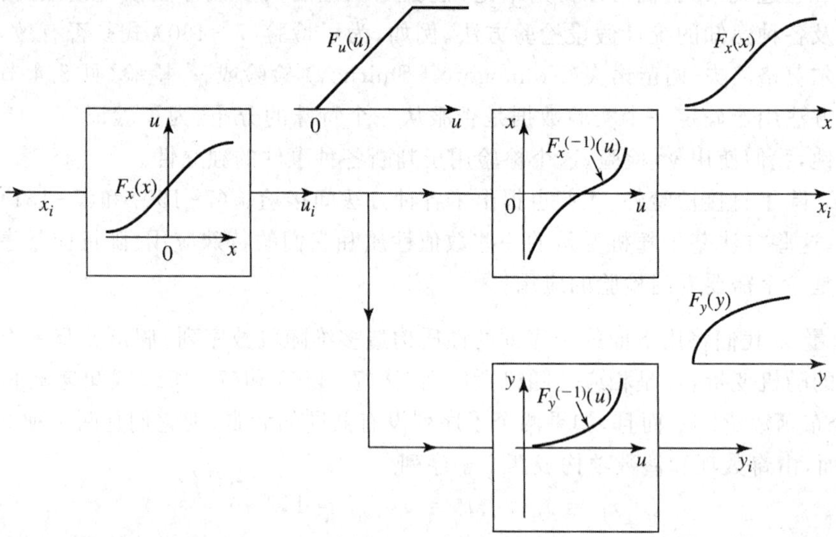

图 7-12

【例 7-19】　我们想产生具有指数分布的随机数序列 x_i。在这种情况下,

$$F_x(x)=1-\mathrm{e}^{-x/\lambda} \quad \boldsymbol{x}=-\lambda\ln(1-\boldsymbol{u})$$

因为 $1-\boldsymbol{u}$ 是均匀分布的随机变量,我们得到序列

$$x_i=-\lambda\ln u_i \tag{7-155}$$

服从指数分布。

【例 7-20】　我们想产生服从瑞利分布的随机数序列 x_i。这种情况下,

$$F_x(x)=1-\mathrm{e}^{-x^2/2} \quad F_x^{(-1)}(\boldsymbol{u})=\sqrt{-2\ln(1-\boldsymbol{u})}$$

用 $\boldsymbol{u}$ 代替 $1-\boldsymbol{u}$,我们得到序列

$$x_i=\sqrt{-2\ln u_i}$$

具有瑞利分布。

现在假定我们想得到一个离散型随机变量 $\boldsymbol{x}$ 的样本 x_i,它取值 a_k 的概率为

$$p_k=P(\boldsymbol{x}=a_k) \quad k=1,\cdots,m$$

这种情况下,$F_x(x)$ 是在 a_k 处有间断点的阶梯函数,如图 7-13 所示;它的反函数也是一个阶梯函数,在 $F_x(a_k)=p_1+\cdots+p_k$ 处有间断点。应用(7-154) 式,我们得到下面的规则去产生随机数序列 x_i:

$$\text{如果 } p_1+\cdots+p_{k-1}\leqslant u_k<p_1+\cdots+p_k\text{，取 } x_i=a_k \tag{7-156}$$

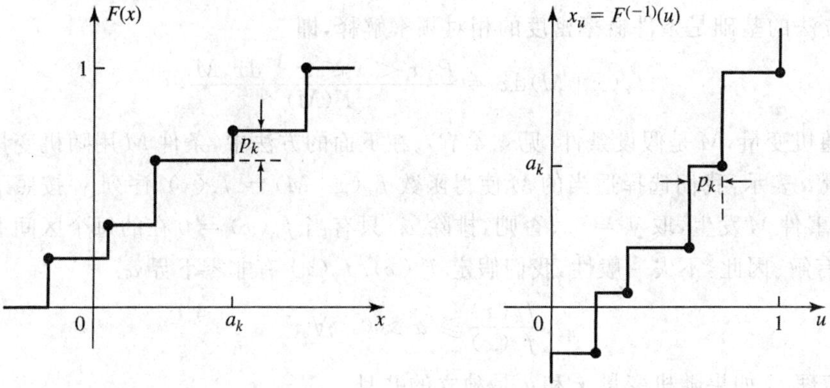

图 7-13

【例 7-21】　序列

$$x_i=\begin{cases}0 & 0<u_i<p\\ 1 & p<u_i<1\end{cases}$$

取值 0 和 1 的概率分别为 p 和 $1-p$。因此，它被称做二进随机数序列。

序列

$$\text{当 } 0.1k<u_i<0.1(k+1)\text{ 时，} x_i=k \quad k=0,\ 1,\ \cdots,9$$

取值 0,1,…,9 的概率相等。它被称做均匀分布的十进随机数序列。

在(7-156)式中，取

$$a_k=k \quad p_k=\binom{n}{k}p^kq^{n-k} \quad k=0,1,\cdots,m$$

我们得到了一个具有二项式分布的随机数序列。

在(7-156)式中，取

$$a_k=k \quad p_k=\mathrm{e}^{-\lambda}\frac{\lambda^k}{k!} \quad k=0,1,\cdots$$

我们得到了具有泊松分布的随机数序列。

现在假定给我们的不是均匀分布的序列，而是一个具有分布 $F_x(x)$ 的序列 x_i。我们希望得到具有分布 $F_y(y)$ 的序列 y_i。我们知道，$y_i=F_y^{(-1)}(u_i)$ 是具有分布 $F_y(y)$ 的随机数序列。于是(见图 7-12)，复合函数

$$y_i=F_y^{(-1)}(F_x(x_i)) \tag{7-157}$$

生成了一个具有分布 $F_y(y)$ 的随机数序列[也见(5-43)式]。

【例 7-22】　给定一个随机数序列 $x_i>0$，具有分布函数 $F_x(x)=1-\mathrm{e}^{-x}-x\mathrm{e}^{-x}$。我们生成一个随机数序列 $y_i>0$，具有分布函数 $F_y(y)=1-\mathrm{e}^{-y}$。在这个例子中，$F_y^{(-1)}(u)=-\ln(1-u)$；因此，

$$F_y^{(-1)}(F_x(x))=-\ln[1-F_x(x)]=-\ln(\mathrm{e}^{-x}+x\mathrm{e}^{-x})$$

代入(7-145)式，我们得到

$$y_i=-\ln(\mathrm{e}^{-x_i}+x_i\mathrm{e}^{-x_i})$$

排除法　在分位点变换方法中，我们需要用函数 $F_x(x)$ 的反函数。然而，求反函数不是一件

容易的事情。为了克服这一困难，我们下面提出了一种可以避开反函数的方法。像(7-157)式那样，我们考虑的问题是从随机数序列产生具有分布 $F_y(y)$ 的新随机数序列 y_i。

这种方法的基础是条件概率密度的相对频率解释，即

$$f_x(x \mid M)\mathrm{d}x = \frac{P\{x < \boldsymbol{x} \leqslant x + \mathrm{d}x, M\}}{P(M)} \tag{7-158}$$

其中 $\boldsymbol{x}$ 是随机变量，M 是假设条件(见 4.4 节)。在下面的方法中，条件 M 用随机变量 $\boldsymbol{x}$ 和另一个随机变量 $\boldsymbol{u}$ 表示，我们选择适当的 M 使得函数 $f_x(x \mid M) = f_y(y)$。序列 y_i 按照下面的方式生成：如果事件 M 发生，取 $y_i = x_i$；否则，排除 x_i。只有当 $f_x(x) = 0$ 在的每个区间上 $f_y(x) = 0$ 时，问题有解。因此，不失一般性，我们假定 $f_x(x)/f_y(x)$ 有非零下界 a：

$$\frac{f_x(x)}{f_y(x)} \geqslant a > 0 \quad \forall x$$

排除定理　如果随机变量 $\boldsymbol{x}$ 和 $\boldsymbol{u}$ 是独立的并且

$$M = \{\boldsymbol{u} \leqslant r(\boldsymbol{x})\}, \text{ 其中 } r(x) = a\frac{f_y(x)}{f_x(x)} \leqslant 1 \tag{7-159}$$

那么，

$$f_x(x \mid M) = f_y(x) \tag{7-160}$$

证　随机变量 $\boldsymbol{x}$ 和 $\boldsymbol{u}$ 的联合密度在 xu 平面上的带形区域 $0 < u < 1$ 内等于 $f_x(x)$，在其它区域等于 0。事件 M 由所有满足点(x, u) 在图 7-14 中曲线 $u = r(x)$ 下面阴影区域的结果组成。于是，

$$P(M) = \int_{-\infty}^{\infty} r(x) f_x(x)\mathrm{d}x = a\int_{-\infty}^{\infty} f_y(x)\mathrm{d}x = a$$

事件$\{x < \boldsymbol{x} \leqslant x + \mathrm{d}x\}$ 由满足点(x, u) 在曲线 $u = r(x)$ 下面，带形区域 $x < \boldsymbol{x} \leqslant x + \mathrm{d}x$ 的结果组成。在这一带形区域内的概率质量等于 $f_x(x)r(x)\mathrm{d}x$。因此，

$$P\{x < \boldsymbol{x} \leqslant x + \mathrm{d}x, M\} = f_x(x)r(x)\mathrm{d}x$$

代入(7-158)式，我们得到了(7-159)式。

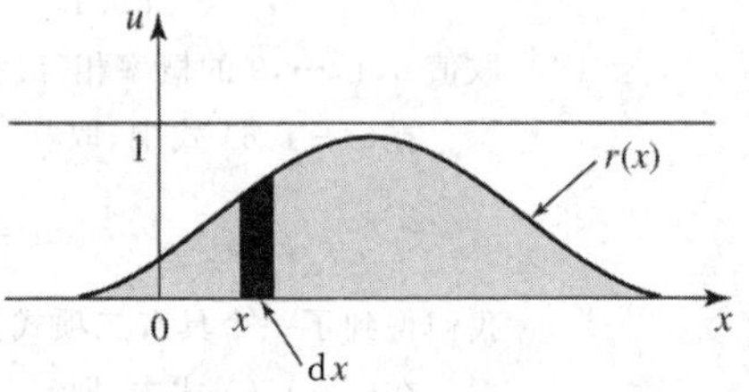

图 7-14

从排除定理可以得出结论：x_i 的满足条件 $u_i \leqslant r(x_i)$ 的子序列构成了一个随机数序列，该序列是具有概率密度 $f_x(y \mid M) = f_y(y)$ 的随机变量 $\boldsymbol{y}$ 的样本。这给出了生成随机数序列 y_i 的方法：从两维随机数序列$\{x_i, u_i\}$，

$$\text{如果 } u_i \leqslant a\frac{f_y(x_i)}{f_x(x_i)}, \text{取 } y_i = x_i\text{；否则，排除 } x_i \tag{7-161}$$

【例 7-23】　给定一个服从指数分布的随机数序列 x_i，我们构造一个具有截断正态分布的随机数序列 y_i：

$$f_x(x) = \mathrm{e}^{-x}U(x) \quad f_y(y) = \frac{2}{\sqrt{2\pi}}\mathrm{e}^{-y^2/2}U(y)$$

对 $x > 0$，

$$\frac{f_y(x)}{f_x(x)} = \sqrt{\frac{2\mathrm{e}}{\pi}}\mathrm{e}^{-(x-1)^2/2} \leqslant \sqrt{\frac{2\mathrm{e}}{\pi}}$$

设 $a = \sqrt{\pi/2\mathrm{e}}$，我们得到下面的生成随机数序列 y_i 的规则：

$$\text{如果 } u_i < \mathrm{e}^{-(x_i-1)^2/2}, \text{取 } y_i = x_i\text{；否则，排除 } x_i$$

混合方法　下面我们介绍一种产生具有概率密度函数 $f(x)$ 的随机数序列的方法。这种方法中假定 $f(x)$ 表示为 m 个概率密度函数 $f_m(x)$ 的加权组合：

$$f(x) = p_1 f_1(x) + \cdots + p_m f_m(x) \quad p_k > 0 \tag{7-162}$$

每一个分量 $f_m(x)$ 是一个已知的随机数序列 x_i^k 的密度函数。

在下面的混合方法中，我们通过混合处理把 m 个序列的子序列组合成序列，混合规则如下：

$$\text{如果 } p_1 + \cdots + p_{k-1} \leqslant u_i < p_1 + \cdots + p_k, \text{取 } x_i = x_i^k \tag{7-163}$$

混合定理　如果序列 u_i 和 $x_i^1, \cdots, x_i^m$ 是相互独立的，那么由(7-163)式确定的随机数序列 x_i 的概率密度函数满足：

$$f_x(x) = p_1 f_1(x) + \cdots + p_m f_m(x) \tag{7-164}$$

证　序列 x_i 由 m 个子序列混合组成。第 k 个子序列 x_i^k 的概率密度函数为 $f_k(x)$。子序列 x_i^k 也是在条件 A_k 下 x_i 的子序列，其中 A_k 为

$$A_k = \{p_1 + \cdots + p_{k-1} \leqslant \boldsymbol{u} < p_1 + \cdots + p_k\}$$

于是它的概率密度也等于 $f_x(x \mid A_k)$。从这里得出结论

$$f_x(x \mid A_k) = f_k(x)$$

从全概率定理(7-74)式，我们得到

$$f_x(x) = f_x(x \mid A_1)P(A_1) + \cdots + f_x(x \mid A_m)P(A_m)$$

因为 $P(A_k) = p_k$，我们得到了(7-164)式。与(7-162)式比较，我们知道通过(7-164)式生成序列的概率密度函数 $f_x(x)$ 等于给定的函数 $f(x)$。

【例 7-24】　拉普拉斯密度函数 $0.5\mathrm{e}^{-|x|}$ 可以写做下面的和式

$$f(x) = 0.5\mathrm{e}^{-x}U(x) + 0.5\mathrm{e}^{x}U(-x)$$

这可以看做(7-162)式的一个特例，其中

$$f_1(x) = \mathrm{e}^{-x}U(x) \quad f_2(x) = \mathrm{e}^{x}U(-x) \quad p_1 = p_2 = 0.5$$

因此，具有概率密度函数 $f(x)$ 的序列 x_i 能够从具有上面密度函数的随机变量 $\boldsymbol{x}^1$ 和 x^2 的样本生成。像我们在例 7-19 中看到的，如果随机变量 $\boldsymbol{v}$ 服从(0,1)区间上的均匀分布，那么随机变量 $\boldsymbol{x}^1 = -\ln\boldsymbol{v}$ 的概率密度是 $f_1(x)$；类似地，随机变量 $\boldsymbol{x}^2 = \ln\boldsymbol{v}$ 的概率密度是 $f_2(x)$。从而，产生具有拉普拉斯分布随机序列 x_i 的规则如下：

$$\text{如果 } 0 \leqslant u_i < 0.5 \quad \text{取 } x_i = -\ln v_i;$$
$$\text{如果 } 0.5 \leqslant u_i < 1 \quad \text{取 } x_i = \ln v_i$$

一般变换　现在我们给出各种变换

$$\boldsymbol{w} = g(\boldsymbol{x}^1, \cdots, \boldsymbol{x}^2)$$

生成具有指定分布函数 $F_w(w)$ 的随机数序列 w_i，其中 $\boldsymbol{x}^k$ 是 m 个已知分布的随机变量。为了达到这一目的，我们需要确定函数 g 以便 $\boldsymbol{w}$ 的分布函数为 $F_w(w)$。希望得到的序列由下式生成：

$$w_i = g(x_i^1, \cdots, x_i^m)$$

二项式分布的随机数　如果 $\boldsymbol{x}^k$ 是 m 个独立同分布的随机变量，取值为 0 和 1 的概率分别是 p 和 $1-p$，那么它们的和服从二项式分布。从而得出结论：如果序列 x_i^k 是 m 个二进值序列，它们的和

$$w_i = x_i^1 + \cdots + x_i^m$$

是具有二项式分布的随机数序列。按照(7-153)式，m 个序列 x_i^k 也可以从一个单独的二进制序列 x_i 生成。

埃尔朗随机数　m 个具有密度函数 $ce^{-cx}U(x)$ 的独立同分布随机变量 $\boldsymbol{x}^k$ 的和 $\boldsymbol{w} = \boldsymbol{x}^1 + \cdots + \boldsymbol{x}^m$ 服从埃尔朗分布[见(4-37)-(4-38)式]：

$$f_w(w) \sim w^{m-1}e^{-w}U(w) \tag{7-165}$$

因此，m 个具有指数分布的随机数序列 x_i^k 的和 $w_i = x_i^1 + \cdots + x_i^m$ 是具有埃尔朗分布的随机数序列。

序列 x_i^k 也能够从一个单个的随机数序列 u_i 的 m 个子序列生成[见例 7-19]：

$$w_i = -\frac{1}{c}(\ln u_i^1 + \cdots + \ln u_i^m) \tag{7-166}$$

χ^2 分布的随机数　我们想生成一个随机数序列 w_i，具有概率密度函数

$$f_w(w) \sim w^{n/2-1}e^{-w/2}U(w)$$

对于 $n = 2m$，这是(7-153)式的特例，其中 $c = 1/2$。于是，w_i 由(7-166)式给出。

为了对 $n = 2m+1$ 的情况得到 w_i，我们发现：如果 $\boldsymbol{y}$ 服从 $\chi^2(2m)$，$\boldsymbol{z}$ 服从 $N(0,1)$ 且与 $\boldsymbol{y}$ 独立，则和 $\boldsymbol{w} = \boldsymbol{y} + \boldsymbol{z}^2$ 服从 $\chi^2(2m+1)$[见(7-64)式]；于是，序列

$$w_i = -2(\ln u_i^1 + \cdots + \ln u_i^m) + (z_i)^2$$

服从 $\chi^2(2m+1)$ 分布。

t 分布的随机数　给定两个独立的随机变量 $\boldsymbol{x}$ 和 $\boldsymbol{y}$，分别服从分布 $N(0,1)$ 和 χ^2 分布，我们构造随机变量 $\boldsymbol{w} = \boldsymbol{x}/\sqrt{\boldsymbol{y}/n}$。我们知道，$\boldsymbol{w}$ 服从 $t(n)$ 分布(见例 6-28)，于是，我们得到下面的结论：如果 x_i 和 y_i 是随机变量 $\boldsymbol{x}$ 和 $\boldsymbol{y}$ 的样本，则序列

$$w_i = \frac{x_i}{\sqrt{y_i/n}}$$

服从 $t(n)$ 分布。

对数正态随机数　如果 $\boldsymbol{z}$ 服从 $N(0,1)$，$\boldsymbol{w} = e^{a+b\boldsymbol{z}}$，那么 $\boldsymbol{w}$ 服从对数正态分布[见(5-25)式]：

$$f_w(w) = \frac{1}{bw\sqrt{2\pi}}\exp\left\{-\frac{(\ln w - a)^2}{2b^2}\right\}$$

于是，如果 z_i 是服从 $N(0,1)$ 分布的序列，序列

$$w_i = e^{a+bz_i}$$

服从对数正态分布。

正态分布的随机数序列　有几种方法可以生成正态随机变量，下面给出各种例子。因为正态分布的反函数不容易求，分位点变换方法不能使用。因为正态曲线是光滑的，混合方法可以广泛使用，因此，它可以用(7-162)式那样的和式近似。这个和式的主要分量(图 7-15 中没有阴影的部分)是矩形，这些分量可以用简单的线性变换 $au_i + b$ 得到。剩余的分量(阴影部分)更复杂，然而，因为它们的面积很小，不需要精确地实现这些分量。其它方法涉及到正态随机变量一些熟知的性质。例如，中心极限定理导出了下面的方法。

给定 m 个独立的随机变量 $\boldsymbol{u}^k$，我们构造和式

$$\boldsymbol{z} = \boldsymbol{u}^1 + \cdots + \boldsymbol{u}^m$$

如果 m 很大，随机变量 $\boldsymbol{z}$ 是近似正态的[见(7-123)式]。从而，我们得到：如果 u_i^k 是 m 个相互

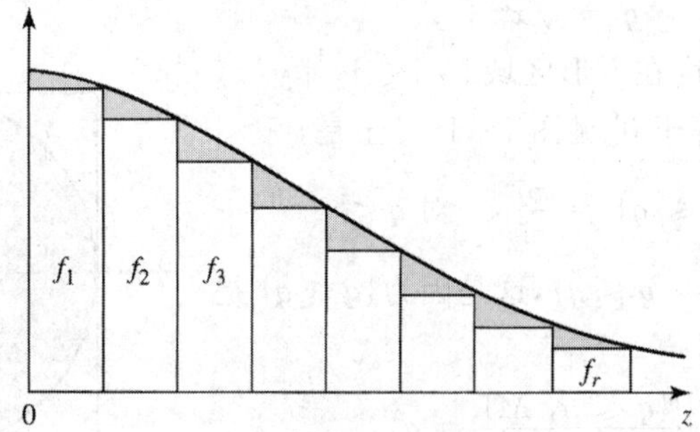

图 7 - 15

独立的随机数序列，那么它们的和

$$z_i = u_i^1 + \cdots + u_i^m$$

是近似正态分布的随机数序列。这种方法不是很有效。下面三个方法更有效并且被广泛使用。

排除和混合(*G. Marsaglia*)　在例 7-23 中，我们使用排除法产生服从截断正态分布的随机数序列

$$f_y(y) = \frac{2}{\sqrt{2\pi}} e^{-y^2/2} U(y)$$

正态概率密度可以表示成和式

$$f_z(z) = \frac{1}{\sqrt{2\pi}} e^{-z^2/2} = \frac{1}{2} f_y(z) + \frac{1}{2} f_y(-z) \qquad (7-167)$$

服从概率密度 $f_y(y)$ 的随机数序列 y_i 可以通过例 7 - 23 中的方法得到，而服从概率密度 $f_y(-y)$ 的随机数序列是 $-y_i$。应用(7 - 163) 式，我们按照下面的规则生成服从 $N(0,1)$ 的随机数序列 z_i：

$$\text{如果 } 0 \leqslant u_i < 0.5 \quad \text{取 } z_i = y_i\text{；如果 } 0.5 \leqslant u_i < 1\text{，取 } z_i = -y \qquad (7-168)$$

极坐标方法　我们下面将证明，如果随机变量 $\boldsymbol{r}$ 和 $\boldsymbol{\varphi}$ 相互独立，$\boldsymbol{r}$ 服从瑞利分布 $f_r(r) = re^{-r^2/2}$，φ 服从$(-\pi,\pi)$ 上的均匀分布，那么(见例 6 - 15)，随机变量

$$\boldsymbol{z} = \boldsymbol{r}\cos\boldsymbol{\varphi} \quad \boldsymbol{w} = \boldsymbol{r}\sin\boldsymbol{\varphi} \qquad (7-169)$$

服从 $N(0,1)$ 并且相互独立。使用上式，我们将得到两个相互独立的正态随机数序列 z_i 和 w_i。显然，$\boldsymbol{\varphi} = \pi(2\boldsymbol{u}-1)$；于是，$\varphi_i = \pi(2u_i-1)$。我们已经知道，$\boldsymbol{r} = \sqrt{2\boldsymbol{x}} = \sqrt{-2ln\boldsymbol{v}}$，其中 $\boldsymbol{x}$ 是具有指数分布的随机变量，$\boldsymbol{v}$ 是(0,1) 区间上均匀分布的随机变量。记 x_i 和 v_i 是随机变量 $\boldsymbol{x}$ 和 $\boldsymbol{v}$ 的样本，于是 $r_i = \sqrt{2x_i} = \sqrt{-2\ln v_i}$ 是具有瑞利分布的随机数序列。从上式和(7 - 169) 式，我们得出下面结论：如果 u_i 和 v_i 是两个相互独立的服从(0,1) 区间上均匀分布的随机数序列，则序列

$$z_i = \sqrt{-2\ln v_i}\cos\pi(2u_i-1) \quad w_i = \sqrt{-2\ln v_i}\sin\pi(2u_i-1) \qquad (7-170)$$

服从 $N(0,1)$ 并且相互独立。

Box-Muller 方法　排除法是建立在下面的基础之上的：如果 x_i 是一个具有分布函数 $F(x)$ 的随机数序列，那么满足条件 M 的项构成的子序列服从分布函数 $F(x \mid M)$。使用上面的方法和两个相互独立的服从$(-1,1)$ 上均匀分布的随机变量 $\boldsymbol{x}$ 和 $\boldsymbol{y}$ 的样本 x_i 和 y_i，我们可以产生两个 $N(0,1)$ 分布的相互独立的随机数序列 z_i 和 w_i。我们所采用的事件 M 是

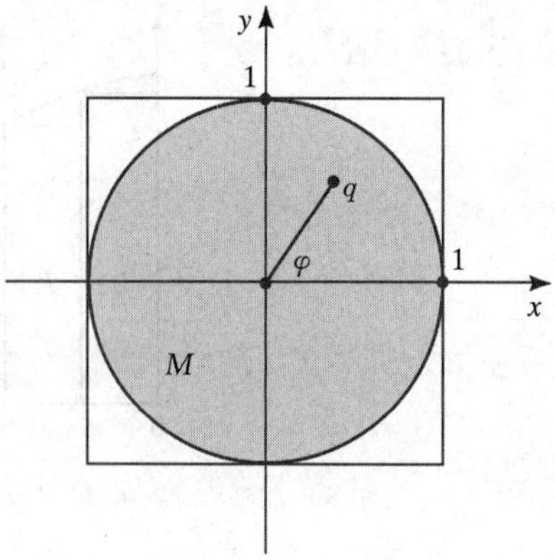

图 7-16

$$M = \{\boldsymbol{q} \leqslant 1\} \quad \boldsymbol{q} = \sqrt{\boldsymbol{x}^2 + \boldsymbol{y}^2}$$

$\boldsymbol{x}$ 和 $\boldsymbol{y}$ 的联合概率密度在方形区域 $|x| \leqslant 1$，$|y| \leqslant 1$ 内等于 1/4，其它区域等于 0［见图 7-16］。于是，

$$P(M) = \frac{\pi}{4} \quad P\{\boldsymbol{q} \leqslant q\} = \frac{\pi q^2}{4} \quad 对\ q < 1$$

但对 $q < 1$，$\{\boldsymbol{q} \leqslant q, M\} = \{\boldsymbol{q} \leqslant q\}$，这是因为 $\{\boldsymbol{q} \leqslant q\}$ 是 M 的一个子集。因此，

$$F_q(q \mid M) = \frac{P\{\boldsymbol{q} \leqslant q, M\}}{P(M)} = q^2$$

$$f_q(q \mid M) = 2q \quad 对\ 0 \leqslant q < 1 \quad (7-171)$$

把随机变量 $\boldsymbol{x}$ 和 $\boldsymbol{y}$ 表示成极坐标的形式：

$$\boldsymbol{x} = \boldsymbol{q}\cos\boldsymbol{\varphi} \quad \boldsymbol{y} = \boldsymbol{q}\sin\boldsymbol{\varphi} \quad \tan\boldsymbol{\varphi} = \boldsymbol{y}/\boldsymbol{x} \quad (7-172)$$

类似于(7-171)式，我们得到随机变量 $\boldsymbol{q}$ 和 $\boldsymbol{\varphi}$ 的联合概率密度满足：对 $0 \leqslant q < 1$ 和 $|\varphi| < \pi$，

$$f_{q\varphi}(q,\varphi \mid M)\mathrm{d}q\mathrm{d}\varphi = \frac{P\{q \leqslant \boldsymbol{q} < q + \mathrm{d}q, \varphi \leqslant \boldsymbol{\varphi} < \varphi + \mathrm{d}\varphi\}}{P(M)} = \frac{q\mathrm{d}q\mathrm{d}\varphi/4}{\pi/4}$$

从而，随机变量 $\boldsymbol{q}$ 和 $\boldsymbol{\varphi}$ 是条件独立的，并且

$$f_q(q \mid M) = 2q \quad f_\varphi(\varphi) = 1/2\pi \quad 0 \leqslant q \leqslant 1 \quad -\pi < \varphi < \pi$$

定理 7-3 ▶ 如果 $\boldsymbol{x}$ 和 $\boldsymbol{y}$ 是两个独立的在$(-1,1)$区间上均匀分布的随机变量，$\boldsymbol{q} = \sqrt{\boldsymbol{x}^2 + \boldsymbol{y}^2}$，那么随机变量

$$\boldsymbol{z} = \frac{\boldsymbol{x}}{\boldsymbol{q}}\sqrt{-4\ln\boldsymbol{q}} \quad \boldsymbol{w} = \frac{\boldsymbol{y}}{\boldsymbol{q}}\sqrt{-4\ln\boldsymbol{q}} \quad (7-173)$$

是条件标准正态的并且相互独立：

$$f_{zw}(z,w \mid M) = f_z(z \mid M) f_w(w \mid M) = \frac{1}{2\pi}\mathrm{e}^{-(z^2+w^2)/2}$$

证　从(7-172)式得到

$$\boldsymbol{z} = \sqrt{-4\ln\boldsymbol{q}}\cos\boldsymbol{\varphi} \quad \boldsymbol{w} = \sqrt{-4\ln\boldsymbol{q}}\sin\boldsymbol{\varphi}$$

这个方程组类似于(7-169)的方程组。因此，为了证明这个定理，只要证明在假定 M 的条件下随机变量 $\boldsymbol{r} = \sqrt{-4\ln\boldsymbol{q}}$ 的条件密度等于 $r\mathrm{e}^{-r^2/2}$ 就可以了。我们应用(5-16)式去证明这点。在这种情况下，

$$q(r) = \mathrm{e}^{-r^2/4} \quad q'(r) = \frac{-r}{2}\mathrm{e}^{-r^2/4} = \frac{1}{r'(q)} \quad f_q(q \mid M) = 2q$$

于是，

$$f_r(r \mid M) = f_q(q \mid M)\,|q'(r)| = 2\mathrm{e}^{-r^2/4}\,\frac{r}{2}\mathrm{e}^{-r^2/4} = r\mathrm{e}^{-r^2/2}$$

这已经证明了随机变量 $\boldsymbol{r}$ 的条件密度是瑞利分布。

上述定理导出了一个生成随机数序列 z_i 和 w_i 的规则：从两个独立的随机数序列 $x_i = 2u_i - 1$，$y_i = 2v_i - 1$ 出发，

如果 $q_i = \sqrt{x_i^2 + y_i^2} < 1$，取 $z_i = \dfrac{x_i}{q_i}\sqrt{-4\ln q_i}$　$w_i = \dfrac{y_i}{q_i}\sqrt{-4\ln q_i}$；

否则，排除点(x_i, y_i)。◀

计算机和统计学　在这一节中，我们已经分析了随机数和它们的计算机生成的双重意义。下面我们简要归纳一下计算机和统计学相联系的一般研究领域：

1. 统计方法给出了各种确定性问题的数值解法。

这类例子包括：估计积分值、微分方程求解和确定各种数学常数。这些解是通过利用随机数序列得到的。这些序列可以通过随机实验得到；然而，绝大多数是计算机生成的。我们用在蒲丰头针试验中两种方法作为例子来说明这点。这个问题的目的是用统计方法确定圆周率的π值。在例6-2中给出的方法和物理实验的性能有关。我们引入事件$A=\{\boldsymbol{x}<a\cos\theta\}$，其中$\boldsymbol{x}$(离开最近线的距离)和$\boldsymbol{\theta}$(针的角度)是两个在区间$(0, a)$和$(0, \pi/2)$上的相互独立的均匀分布随机变量。如果针和其中一条线相交，事件发生。事件发生的概率等于$\pi b/2a$。从而得到

$$P(A)\approx\frac{n_A}{n}\quad \pi\approx\frac{2a}{nb}n_A \tag{7-174}$$

其中是n_A次试验中相交的次数。这个估计也可以在不做实验的情况下得到。我们构造具有概率分布$F_x(x)$和$F_\theta(\theta)$的相互独立的随机数序列x_i和θ_i，然后，我们用n_A记满足$x_i<a\cos\theta_i$的次数。利用计算机生成的随机数序列，我们可以得到n_A并用(7-174)式得到π的估计。

2. 计算机用于求解各种来源于统计学的确定性问题。

这样的例子包括：均值、方差或参数估计和假设检验中的其它平均值的估算；实验数据的分类和存储；在教学中计算机的使用。例如，大数定理、中心极限定理的图形演示。这样的应用只涉及与统计学无关的常规计算机程序。然而，存在另外一类确定性问题，它们的解与统计概念、随机数序列密切相关。一个简单的例子是：给定m个已知分布的随机变量$\boldsymbol{x}_1,\cdots,\boldsymbol{x}_n$，我们想估计随机变量$\boldsymbol{y}=g(\boldsymbol{x}_1,\cdots,\boldsymbol{x}_n)$的分布函数。从原理上讲，问题有解析解；然而，它的解一般情况下很复杂。例如，确定在χ^2检验(8-325)中随机变量$\boldsymbol{q}$的分布函数的问题。我们下面将会看到，如果使用蒙特-卡罗方法，分布函数$F_y(y)$的确定将相当简单。为了简单起见，假定$m=1$，我们首先生成一个具有已知分布$F_x(x)$的长度为n的随机数序列x_i并且构造随机数序列$y_i=f(x_i)$。对于给定的$\boldsymbol{y}$确定$F_y(y)$，我们只需计算满足$y_i<y$的样本的数目n_y。代入(4-3)式，我们得到了估计值

$$F_y(y)\approx\frac{n_y}{n} \tag{7-175}$$

类似的方法也可以用于确定随机变量$\boldsymbol{x}$的u－分位点x_u或者x_u比一个给定的数大还是小(见8.4节关于假设检验的内容)。

3. 计算机用于仿真随机实验或证实科学理论。

这涉及到实际系统仿真的很多大家熟悉的方法，这些方法中，系统的所有输入和响应都用适当的随机数序列代替。

习　题

7-1　若$F(x,y,z)$是联合分布函数，证明：对任意$x_1\leqslant x_2, y_1\leqslant y_2, z_1\leqslant z_2$，

$$F(x_2,y_2,z_2)+F(x_1,y_1,z_1)+F(x_1,y_2,z_1)+$$
$$F(x_1,y_1,z_1)-F(x_1,y_2,z_2)-F(x_1,y_1,z_2)-$$

$$F(x_2,y_2,z_1)-F(x_1,y_1,z_1)\geqslant 0$$

7-2　事件 A,B,C 满足：

$$P(A)=P(B)=P(C)=0.5$$
$$P(AB)=P(AC)=P(BC)=P(ABC)=0.25$$

证明这些事件的 0-1 随机变量是不独立的，然而它们是成对独立的。

7-3　证明如果随机变量 $\boldsymbol{x},\boldsymbol{y},\boldsymbol{z}$ 是联合正态，且成对独立，则它们是独立的。

7-4　随机变量 $\boldsymbol{x}_i$ 是独立同分布的，服从区间$(-0.5,0.5)$上的均匀分布。证明

$$E\{(\boldsymbol{x}_1+\boldsymbol{x}_2+\boldsymbol{x}_3)^4\}=\frac{13}{80}$$

7-5　(a) 仿照(6-31)式的推导，证明：若随机变量 $\boldsymbol{x},\boldsymbol{y},\boldsymbol{z}$ 是独立的，且联合分布密度为球对称，即 $f(x,y,z)=f(\sqrt{x^2+y^2+z^2})$，则它们是正态的。

(b) 一质点的速度 $\boldsymbol{v}=\sqrt{\boldsymbol{v}_x^2+\boldsymbol{v}_y^2+\boldsymbol{v}_z^2}$，其分量 $\boldsymbol{v}_x,\boldsymbol{v}_y,\boldsymbol{v}_z$ 是独立的。其均值为零，方差为 kT/m，且联合分布密度为球对称。试证 $\boldsymbol{v}$ 有麦克斯韦分布密度，并且

$$E\{\boldsymbol{v}\}=2\sqrt{\frac{2kT}{\pi m}},E\{\boldsymbol{v}^2\}=\frac{3kT}{m}\quad E\{\boldsymbol{v}^4\}=\frac{15k^2T^2}{m^2}$$

7-6　若 $\boldsymbol{x},\boldsymbol{y},\boldsymbol{z}$ 有 $r_{xy}=r_{yz}=1$，试证 $r_{xz}=1$。

7-7　证明

$$E\{\boldsymbol{x}_1\boldsymbol{x}_2\mid\boldsymbol{x}_3\}=E\{E\{\boldsymbol{x}_1\boldsymbol{x}_2\mid\boldsymbol{x}_2,\boldsymbol{x}_3\}\mid\boldsymbol{x}_3\}=E\{\boldsymbol{x}_2E\{\boldsymbol{x}_1\mid\boldsymbol{x}_2,\boldsymbol{x}_3\}\mid\boldsymbol{x}_3\}$$

7-8　证明 $\hat{E}\{\boldsymbol{y}\mid\boldsymbol{x}_1\}=\hat{E}\{\hat{E}\{\boldsymbol{y}\mid\boldsymbol{x}_1,\boldsymbol{x}_2\}\mid\boldsymbol{x}_1\}$

其中 $\hat{E}\{\boldsymbol{y}\mid\boldsymbol{x}_1,\boldsymbol{x}_2\}=a_1\boldsymbol{x}_1+a_2\boldsymbol{x}_2$ 是以 $\boldsymbol{x}_1$ 和 $\boldsymbol{x}_2$ 表示的 $\boldsymbol{y}$ 的线性均方估计。

7-9　证明若 $\boldsymbol{x}_i\geqslant 0,E\{\boldsymbol{x}_i^2\}=M,\ \boldsymbol{s}=\sum_{i=1}^{n}\boldsymbol{x}_i$（其中 n 是随机变量）。则

$$E\{\boldsymbol{s}^2\}\leqslant ME\{\boldsymbol{n}^2\}$$

7-10　随机变量 $\boldsymbol{x}_m$ 表示投硬币正面出现 m 次时的总投掷次数。若 $P\{正面\}=p$，证明

$$E\{\boldsymbol{x}_m\}=m/p。$$

提示：$E\{\boldsymbol{x}_m-\boldsymbol{x}_{m-1}\}=E\{\boldsymbol{x}_1\}=p+2pq+\cdots+npq^{n-1}+\cdots=1/p$。

7-11　每日的事故发生数 $\boldsymbol{n}$ 是参量为 a 的泊松分布随机变量。一个事故是致命事故的概率为 p。证明在一天中致命事故数 $\boldsymbol{m}$ 是参量为 ap 的泊松分布随机变量。

提示：$E\{e^{j\omega\boldsymbol{m}}\mid\boldsymbol{n}=n\}=\sum_{k=0}^{n}e^{j\omega k}\binom{n}{k}p^kq^{n-k}=(pe^{j\omega}+q)^n$

7-12　随机变量 $\boldsymbol{x}_k$ 是独立的，分布密度为 $f_k(x)$，而随机变量 $\boldsymbol{n}$ 与 $\boldsymbol{x}_k$ 独立，且 $P\{\boldsymbol{n}=k\}=p_k$。证明：若 $\boldsymbol{s}=\sum_{k=1}^{\boldsymbol{n}}\boldsymbol{x}_k$，则

$$f_s(s)=\sum_{k=1}^{\infty}p_k[f_1(s)*\cdots*f_k(s)]$$

7-13　随机变量 $\boldsymbol{x}_i$ 是独立同分布的，其矩函数 $\boldsymbol{\Phi}_x(s)=E\{e^{s\boldsymbol{x}_i}\}$。随机变量 $\boldsymbol{n}$ 取值 $0,1,\cdots$，而其矩函数 $\boldsymbol{\Gamma}_n(z)=E[\boldsymbol{z}^{\boldsymbol{n}}]$。证明：若 $\boldsymbol{y}=\sum_{i=0}^{\boldsymbol{n}}\boldsymbol{x}_i$，则

$$\boldsymbol{\Phi}_y(s)=E\{e^{s\boldsymbol{y}}\}=\boldsymbol{\Gamma}_n[\boldsymbol{\Phi}_x(s)]$$

提示：$E\{e^{sy} \mid \boldsymbol{n}=k\}=E\{s^{s(\boldsymbol{x}_1+\cdots+\boldsymbol{x}_k)}\}=\boldsymbol{\Phi}_x^k(s)$

特例：若 $\boldsymbol{n}$ 是参量为 a 的泊松分布，则 $\boldsymbol{\Phi}_y(s)=e^{a\Phi_x(s)-a}$

7-14　随机变量 $\boldsymbol{x}_i$ 是独立同分布的，在区间(0,1)内均匀分布。证明：若 $\boldsymbol{y}=\max\boldsymbol{x}_i$，则对于 $0\leqslant y\leqslant 1$ 有

$$F(y)=y^n$$

7-15　给定一个具有分布 $F_x(x)$ 的随机变量 $\boldsymbol{x}$，我们像在例 7-2 中那样构造它的顺序统计量 $\boldsymbol{y}_k$，极端情况是

$$\boldsymbol{z}=\boldsymbol{y}_n=\boldsymbol{x}_{\max} \quad \boldsymbol{w}=\boldsymbol{y}_1=\boldsymbol{x}_{\min}$$

证明：

$$f_{zw}(z,w)=\begin{cases}n(n-1)f_x(z)f_x(w)[F_x(z)-F_x(w)]^{n-2} & z>w\\ 0 & z<w\end{cases}$$

7-16　给定 n 个独立的随机变量 $\boldsymbol{z}_i$，分布服从 $N(\eta_i,1)$。构造随机变量 $\boldsymbol{w}=\boldsymbol{z}_1^2+\cdots+\boldsymbol{x}_n^2$。这个随机变量被称做非中心 χ^2 分布，具有 n 个自由度和偏心 $e=\eta_1^2+\cdots+\eta_n^2$。证明：它的矩生成函数是

$$\boldsymbol{\Phi}_w(s)=\frac{1}{\sqrt{(1-2s)^n}}\exp\left\{\frac{es}{1-2s}\right\}$$

7-17　证明：如果 $\boldsymbol{x}_i$ 是独立同分布的正态随机变量，那么它们的样本平均 $\bar{\boldsymbol{x}}$ 和样本方差 $\boldsymbol{s}^2$ 是两个独立的随机变量。

7-18　证明：如果 $\alpha_0+\alpha_1\boldsymbol{x}_1+\alpha_2\boldsymbol{x}_2$ 是随机变量 $\boldsymbol{s}$ 的非齐次线性 MS 估计，那么

$$\hat{E}\{\boldsymbol{s}-\eta_s \mid \boldsymbol{x}_1-\eta_1,\boldsymbol{x}_2-\eta_2\}=\alpha_1(\boldsymbol{x}_1-\eta_1)+\alpha_2(\boldsymbol{x}_2-\eta_2)$$

7-19　证明：

$$\hat{E}(\boldsymbol{y}\mid\boldsymbol{x}_1)=\hat{E}\{\hat{E}\{\boldsymbol{y}\mid\boldsymbol{x}_1,\boldsymbol{x}_2\}\mid\boldsymbol{x}_1\}$$

7-20　在区间(0,1)内随机地放置 n 个点，且 $\boldsymbol{x}$ 和 $\boldsymbol{y}$ 分别表示距原点最近和最远的点到原点的距离。试求 $F(x)$，$F(y)$，$F(x,y)$。

7-21　若随机变量 $\boldsymbol{x}_i$ 是独立的且均值为零，方差为 σ^2，样本方差为 $\bar{\boldsymbol{v}}$(见例 7-4)，试证

$$\sigma_{\bar{v}}^2=\frac{1}{n}\left[E\{\boldsymbol{x}_i^4\}-\frac{n-3}{n-1}\sigma^4\right]$$

7-22　随机变量 $\boldsymbol{x}_i$ 有 $N(0,\sigma)$ 分布，且相互独立。证明：若

$$\boldsymbol{z}=\frac{\sqrt{\pi}}{2n}\sum_{i=1}^{n}\mid\boldsymbol{x}_{2i}-\boldsymbol{x}_{2i-1}\mid$$

则

$$E\{\boldsymbol{z}\}=\sigma,\ \sigma_z^2=\frac{\pi-2}{2n}\sigma^2$$

7-23　如果 R 是随机向量的 $\boldsymbol{X}:[\boldsymbol{x}_1,\cdots,\boldsymbol{x}_n]$ 的相关矩阵，R^{-1} 为其逆矩阵，证明

$$E\{\boldsymbol{X}R^{-1}\boldsymbol{X}^t\}=n$$

7-24　若 $\boldsymbol{x}_i$ 是连续型随机变量，且独立，则对于足够大的 n，证明 $\sin(\boldsymbol{x}_1+\cdots+\boldsymbol{x}_n)$ 的分布密度近似等于 $\sin\boldsymbol{x}$ 的分布密度，其中 $\boldsymbol{x}$ 是在区间 $(-\pi,\pi)$ 内均匀分布的随机变量。

7-25　证明：若 $a_n\to a$，$E\{\mid\boldsymbol{x}_n-a_n\mid^2\}\to 0$，则当 $n\to\infty$ 时，在均方意义下 $\boldsymbol{x}_n\to a$。

7-26　利用柯西准则证明，当且仅当 $n,m\to\infty$ 时 $E(\boldsymbol{x}_n\boldsymbol{x}_m)$ 的极限存在，则在均方意义下序列

$\boldsymbol{x}_n$ 的极限存在。

7-27　随机变量的无限项和用极限

$$\sum_{k=1}^{\infty}\boldsymbol{x}_k=\lim_{n\to\infty}\boldsymbol{y}_n,\qquad \boldsymbol{y}_n=\sum_{k=1}^{n}\boldsymbol{x}_k$$

来定义。证明：若随机变量 $\boldsymbol{x}_k$ 是独立的，且均值为零，方差为 σ_k^2，则当且仅当 $\sum_{k=1}^{\infty}\sigma_k^2<\infty$ 时，在均方意义上该和才存在。

提示：$E\{(\boldsymbol{y}_{n+m}-\boldsymbol{y}_n)^2\}=\sum_{k=n+1}^{n+m}\sigma_k^2$

7-28　随机变量 $\boldsymbol{x}_i$ 是独立同分布的，分布密度为 $c\mathrm{e}^{-cx}U(x)$。试证 $\boldsymbol{x}=\boldsymbol{x}_1+\cdots+\boldsymbol{x}_n$ 时 $f_x(x)$ 是埃尔朗分布密度。

7-29　利用中心极限定理，试证对大的 n 有

$$\frac{c^n}{(n-1)!}x^{n-1}\mathrm{e}^{-cx}\approx\frac{c}{\sqrt{2\pi n}}\mathrm{e}^{-(cx-n)^2/2n}\qquad x>0$$

7-30　电阻是 $\boldsymbol{r}_1,\boldsymbol{r}_2,\boldsymbol{r}_3,\boldsymbol{r}_4$ 是独立的随机变量，每个在区间(450,550) 内均匀分布。利用中心极限定理，求 $P\{1\,900\leqslant\boldsymbol{r}_1+\boldsymbol{r}_2+\boldsymbol{r}_3+\boldsymbol{r}_4\leqslant 2\,100\}$。

7-31　证明：若随机变量 $\boldsymbol{x}_i$ 为柯西分布，则极限定理不成立。

7-32　随机变量 $\boldsymbol{x}$ 和 $\boldsymbol{y}$ 是不相关的，具有零均值，方差为 $\sigma_x=\sigma_y=\sigma$。证明：如果 $\boldsymbol{z}=\boldsymbol{x}+\mathrm{j}\boldsymbol{y}$，那么

$$f_z(z)=f(x,y)=\frac{1}{2\pi\sigma^2}\mathrm{e}^{-(x^2+y^2)/2\sigma^2}=\frac{1}{\pi\sigma_z^2}\mathrm{e}^{-|z|^2/\sigma_z^2}$$

$$\boldsymbol{\Phi}_z(\Omega)=\exp\left\{-\frac{1}{2}(\sigma^2u^2+\sigma^2v_z^2)\right\}=\exp\left\{-\frac{1}{4}\sigma_z^2\mid\Omega\mid^2\right\}$$

其中 $\Omega=u+\mathrm{j}v$。这是(7-62)-(7-63) 式的标量形式。

第8章

统 计 学

8.1 引 言

概率是从一个抽象模型发展得到的数学规律，它的结果建立在公理**演绎**的基础上。统计学研究这些理论在实际问题中的应用，它的结论基于观测**推理**。统计学包含了分析和设计两个部分。

分析部分，也就是数理统计，主要涉及到重复试验和概率接近于0或1的事件的概率理论部分。由此导出了几乎肯定可以接受的推理(见11.12节)。设计部分，也称应用统计学，研究数据采集和实验的构造，这些可以用概率模型充分描述。本章将介绍数理统计的基本要素。

我们首先注意到：概率的概念和现实世界的联系是基于下面的近似公式

$$P \approx \frac{n_A}{n} \tag{8-1}$$

这个关系式把事件 A 的发生概率 $P = P(A)$ 和 n 次物理实验中事件 A 发生的次数 n_A 联系起来。我们用这个经验公式给出了概率的相对频率解释。例如，我们已经证明了，随机变量 $\boldsymbol{x}$ 的均值 η 可以用下面的平均近似

$$\hat{\eta} = \frac{1}{n}\sum x_i = \overline{x} \tag{8-2}$$

其中 x_i 是 $\boldsymbol{x}$ 的观测值；它的分布函数 $F(x)$ 可以用下面的经验公式近似

$$\hat{F}(x) = \frac{n_x}{n} \tag{8-3}$$

其中 n_x 表示 n 个观测中不超过 x 的观测值的数目。这些关系是参数 η 和 $F(x)$ 的经验点估计，统计学的目的就是给这类经验公式严格的解释。

在统计学中，我们研究两大类问题。在第一类中，假定概率模型是已知的，我们希望预测未来的观测结果。例如，我们知道了随机变量 $\boldsymbol{x}$ 的分布 $F(x)$，我们希望预测它未来 n 次样本的平均值，或者我们知道单次试验中 A 发生的概率，我们希望预测未来的 n 次试验中事件 A 出现的次数 n_A。在上述两个例子中，我们的处理次序是从模型到观测[见图8-1(a)]。在第二类中，模型的一个或更多的参数是未知的，我们的目的要么是**估计**它们的值(称作参数估计)，要么**决定** θ_i 是否是一组已知的常数 θ_{0i}(称作假设检验)。例如，我们观测到了随机变量 $\boldsymbol{x}$ 的值 x_i，我们想估计它的均值 η 或者决定假设 $\eta = 5.3$ 是否可以接受。我们投掷一枚硬币1 000次，正面出现465次。用这些信息，我们想估计正面出现的概率 p 以及确定硬币是否均匀。在两种情况下，我们的处理次序是从观测到模型[见图8-1(b)]。本章主要讨论参数估计和假设检验。我们下面

也简要说明一下预测问题。

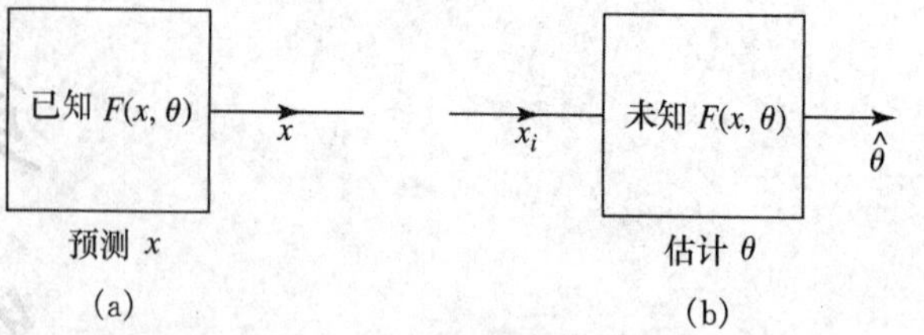

图 8-1

预测　给定一个已知分布的随机变量 $\boldsymbol{x}$，我们想预测它在下次试验中的值 x。$\boldsymbol{x}$ 的**点预测**是确定一个常数 c 使得在某种意义下误差 $\boldsymbol{x}-c$ 最小。在一个指定的实验中，随机变量 $\boldsymbol{x}$ 可能取很多值，因此在一次试验中它实际上取的值是不能预测的，我们只能估计它。因此，随机变量 $\boldsymbol{x}$ 的预测就是用常数 c 估计它的下一次取值。如果我们选择 c 使得 MS 误差 $E\{(\boldsymbol{x}-c)^2\}$ 最小，那么 $c=E\{\boldsymbol{x}\}$。这个问题我们在 7.3 节中讨论过。

$\boldsymbol{x}$ 的**区间预测**就是确定常数 c_1 和 c_2 使得

$$P\{c_1<\boldsymbol{x}<c_2\}=\gamma=1-\delta \tag{8-4}$$

其中 γ 是一个给定的常数，称作**置信系数**。方程(8-4)式表明：如果我们预测下次试验中随机变量 $\boldsymbol{x}$ 的取值在区间(c_1,c_2)中，那么预测正确的概率是 $100\gamma\%$。区间预测问题就是求常数 c_1 和 c_2 使得条件(8-4)式满足的情况下，区间长度 c_2-c_1 最小。置信系数 γ 的选择蕴涵了两个相互冲突的要求。如果 γ 接近于1，预测 $\boldsymbol{x}$ 在区间(c_1,c_2)中是可信的，但差 c_2-c_1 必须很大；如果 γ 减小，c_2-c_1 减小但估计很不可信。γ 典型的取值是 0.9，0.95 和 0.99。一个最优预测，就是指定 γ 的值，并确定 c_1 和 c_2 使得条件(8-4)满足的情况下，区间长度 c_2-c_1 最小。我们可以看到[见习题 8-6]：如果 $\boldsymbol{x}$ 的概率密度 $f(x)$ 具有单个极大值，则当 $f(c_1)=f(c_2)$ 时，c_2-c_1 最小。按照给定 γ，通过试验上面的条件可以得到 c_1 和 c_2，但计算比较麻烦。事实上，我们常常求一个次最优解，它是容易得到的，只需确定 c_1 和 c_2 使得它们满足

$$P\{\boldsymbol{x}<c_1\}=\frac{\delta}{2}\quad P\{\boldsymbol{x}>c_2\}=\frac{\delta}{2} \tag{8-5}$$

这表明 $c_1=x_{\delta/2}$，$c_2=x_{1-\delta/2}$，其中 x_u 表示随机变量 $\boldsymbol{x}$ 的 u 分位点(图 8-2(a))。如果 $f(x)$ 是关于均值 η 对称，则 $f(c_1)=f(c_2)$，于是(8-5)式是最优的。如果 $\boldsymbol{x}$ 是正态的，则 $x_u=\eta+z_u\sigma$，其中 z_u 是标准正态随机变量的分位点(图 8-2(b))。

【例 8-1】　某个品牌的电池的期望寿命用均值 $\eta=4$ 年，$\sigma=6$ 个月的正态随机变量描述。我们的小汽车使用了这个品牌的电池。求当 $\gamma=0.95$ 时，它寿命的预测区间。

本例中，$\delta=0.05$，$z_{1-\delta/2}=z_{0.975}=2=-z_{\delta/2}$。从而得到区间端点是 $4\pm2\times0.5$。因此，我们能够以 95% 的置信系数断言：电池的寿命在 3 至 5 年之间。

第二个应用中，我们估计 n 次试验中事件 A 发生的次数 n_A。n_A 的点估计是 np。区间估计 (k_1,k_2) 被确定以使满足约束条件 $P\{k_1<n_A<k_2\}=r$ 的情况下长度 k_2-k_1 最小。我们假定 n 很大，$\gamma=0.997$。为了求常数 k_1,k_2，我们将 $\boldsymbol{x}=n_A$ 代入(4-91)和(4-92)式，得到

$$P\{np-3\sqrt{npq}<n_A<np+3\sqrt{npq}\}=0.997 \tag{8-6}$$

因为 $2G(3)-1\approx0.997$。于是，我们以 0.997 的置信系数预测：n_A 落在区间 $np\pm3\sqrt{npq}$ 内。

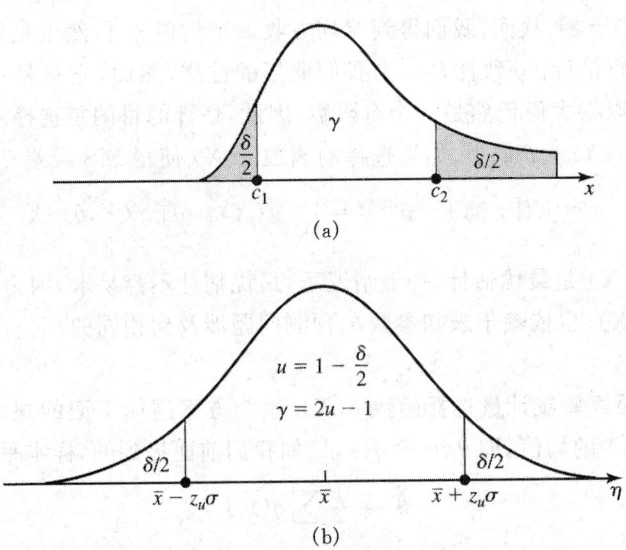

图 8－2

【例 8－2】 我们投掷一枚均匀硬币 100 次，估计正面出现的次数 n_A，其中置信系数$\gamma = 0.997$。在这个问题中 $n = 100, p = 0.5$。于是

$$k_1 = np - 3\sqrt{npq} = 35 \quad k_2 = np + 3\sqrt{npq} = 65$$

因此，我们预测正面出现次数介于 35 和 65 之间的置信系数是 0.997。

例 8-2 表明了概率论应用于实际问题时统计学的作用：事件$A = \{$正面$\}$是在投掷单次均匀硬币的实验 S 中定义的。信息 $P(A) = 0.5$ 不能预测单次试验中事件 A 是否发生。事件

$$B = \{35 < n_A < 65\}$$

定义在重复试验 S^n 中，它的概率 $P(B) = 0.997$。因为 $P(B) \approx 1$，我们可以说在单次的重复试验 S^n 中，事件 B 几乎肯定发生。于是，我们已经把关于事件 A 的"主观"知识 $P(A) = 0.5$ 转换成了关于事件 B 的"客观"结论，也就是说，从 $P(B) \approx 1$ 知道事件 B 几乎肯定发生。然而，我们也要注意到，这两个结论都来自归纳推理，差别只是在数量上。

8.2 估　计

假如随机变量 $\mathbf{x}$ 的分布函数 $F(x,\theta)$ 是它依赖于参数 θ 的已知形式，θ 为标量或向量。我们希望估计 θ。为此，重复相关的物理试验 n 次并用 x_i 表示 $\mathbf{x}$ 的观测值。利用这些观测值，我们求参数 θ 的点估计和区间估计。

点估计是一个观测向量 $X = [x_1, \cdots, x_n]$ 的函数$\hat{\theta} = g(X)$。对应的随机变量$\hat{\boldsymbol{\theta}} = g(\boldsymbol{X})$ 是 θ 的点估计（见 8.3 节）。样本向量 $\boldsymbol{X} = [\boldsymbol{x}_1, \cdots, \boldsymbol{x}_n]$ 的任何函数都称做**统计量**。因此，点估计是一个统计量。

如果 $E\{\boldsymbol{\theta}\} = \theta$，我们称它为参数 θ 的无偏估计式；否则，称有偏估计，偏差定义为 $b = E\{\hat{\boldsymbol{\theta}}\} - \theta$。如果函数 $g(X)$ 选择得合适，随着 n 的增加，估计误差$\hat{\boldsymbol{\theta}} - \theta$ 减小。如果当 n 趋于无穷时，估计误差趋于零，我们称$\hat{\boldsymbol{\theta}}$ 是**一致**估计。$\mathbf{x}$ 的样本平均 $\bar{x}$ 是均值 η 的无偏估计。而且，$n \to \infty$

时，它的方差 σ^2/n 趋于零。从而，我们得到 $\bar{x}$ 均方收敛于均值 η，自然也是依概率收敛的。换句话说，$\bar{x}$ 也是 η 的一致估计。一致性是一个我们期望的性质，然而，它只是一个理论概念。实际上，试验的次数 n 可以很大但仍然是一个有限数。因此，估计的目的是选择函数 $g(X)$ 使得在某种意义下估计误差 $g(\boldsymbol{X})-\theta$ 最小。如果选择的函数 $g(X)$ 使得 MS 误差

$$e = E\{[g(\boldsymbol{X})-\theta]^2\} = \int_R [g(X)-\theta]^2 f(X,\theta)\mathrm{d}X \tag{8-7}$$

最小，我们称 $\hat{\boldsymbol{\theta}} = g(\boldsymbol{X})$ 是**最优估计**。一般情况下，最优估计不容易求，因为(8-7)式中的积分不仅依赖于函数 $g(X)$，也依赖于未知参数 θ。预测问题涉及到相同的积分，但由于参数 θ 已知，因而有简单解。

下面我们将按照经验统计量选择函数 $g(X)$。这个方案遵循下面的规则：假定 θ 是随机变量 $\boldsymbol{x}$ 的某个函数 $q(\boldsymbol{x})$ 的均值，即 $\theta = E\{q(\boldsymbol{x})\}$。如我们前面提到的，样本平均

$$\hat{\boldsymbol{\theta}} = \frac{1}{n}\sum q(\boldsymbol{x}_i) \tag{8-8}$$

是 θ 的一致估计。因此，如果我们用 $q(\boldsymbol{x})$ 的样本平均代替点估计中的 θ，得到的估计至少在 n 很大时是令人满意的。事实上，在很多情况下，也是最优的。

区间估计　我们测量一个物体的长度，假定它的真实长度是 θ，那么我们得到的测量结果 $x_i = \theta + v_i$ 可以看成随机变量 $\boldsymbol{x} = \theta + \boldsymbol{v}$ 的一组样本，其中 $\boldsymbol{v}$ 是测量误差。关于 θ 的真实值，我们能够得出一个几乎肯定的结论吗?我们不能断言 θ 等于它的点估计值 $\hat{\theta}$ 或者其它任何常数。然而，我们几乎可以肯定地断言：θ 和 $\hat{\theta}$ 的差在某个指定的容忍范围之内。这引出了下面的概念。

参数的区间估计表示成一个区间 (θ_1,θ_2)，区间的端点是观测向量 $\boldsymbol{X}$ 的函数，即 $\theta_1 = g_1(X)$，$\theta_2 = g_2(X)$。相应的随机区间 $[\boldsymbol{\theta}_1,\boldsymbol{\theta}_2]$ 是 θ 的区间估计。如果

$$P\{\boldsymbol{\theta}_1 < \theta < \boldsymbol{\theta}_2\} = \gamma \tag{8-9}$$

我们称 (θ_1,θ_2) 是参数 θ 的一个具有 γ-**置信区间**。常数 γ 称做估计的置信系数，差 $\delta = 1-\gamma$ 称做**置信水平**。因此，γ 是对 θ 位于区间 (θ_1,θ_2) 内可信程度的一个主观度量。如果 γ 接近于1，我们几乎可以肯定地断言：这是真的。我们的估计在百分之 100γ 的情况下是正确的。区间估计的目的是确定函数 $g_1(X)$，$g_2(X)$，使得在满足约束(8-9)式的情况下区间长度 $\theta_2-\theta_1$ 最小。如果 $\hat{\boldsymbol{\theta}}$ 是随机变量 $\boldsymbol{x}$ 的均值 η 的一个无偏估计，$\boldsymbol{x}$ 的密度函数关于 η 对称，那么在(8-10)式中的最优区间具有形式 $\eta \pm a$。本节我们建立常用的参数估计。我们按照(8-9)式的规则选择 $\hat{\theta}$ 并且在所有情况我们均假定 n 很大。这一假定对于获得好的估计是必要的，我们将会看到，这一假定简化了分析过程。

8.2.1　均值

我们想估计随机变量 $\boldsymbol{x}$ 的均值 η。我们使用 η 的点估计，估计值

$$\bar{x} = \frac{1}{n}\sum x_i$$

是随机变量 $\boldsymbol{x}$ 的样本平均 $\bar{\boldsymbol{x}}$。为了得到区间估计，我们必须确定 $\bar{\boldsymbol{x}}$ 的分布。在一般情况下，这是一个困难的问题，涉及到多重卷积。为了简化问题，我们假定 $\bar{\boldsymbol{x}}$ 是正态的。如果 x 是正态的，这

一假定是成立的；而对于任意的 $\boldsymbol{x}$，当 n 很大的时候，假定中心极限定理近似成立。

方差已知的情况　首先假定 $\boldsymbol{x}$ 的方差是已知的。正态假定导出了 η 的点估计服从 $N(\eta,\sigma/\sqrt{n})$。用 z_u 表示标准正态分布的 u 分位点，我们得到

$$P\{\eta - z_{1-\delta/2}\frac{\sigma}{\sqrt{n}} < \overline{\boldsymbol{x}} < \eta + z_{1-\delta/2}\frac{\sigma}{\sqrt{n}}\} = G(z_{1-\delta/2}) - G(-z_{1-\delta/2}) = 1-\frac{\delta}{2}-\frac{\delta}{2} \tag{8-10}$$

这是因为 $z_u = -z_{1-u}$ 和 $G(-z_{1-u}) = G(z_u) = u$。从而得到

$$P\{\overline{\boldsymbol{x}} - z_{1-\delta/2}\frac{\sigma}{\sqrt{n}} < \eta < \overline{\boldsymbol{x}} + z_{1-\delta/2}\frac{\sigma}{\sqrt{n}}\} = 1-\delta = \gamma \tag{8-11}$$

因此我们得出结论：η 落在区间 $x \pm z_{1-\delta/2}\sigma/\sqrt{n}$ 置信系数是 γ。η 的置信区间的确定问题将在下面讨论。

观测 $\boldsymbol{x}$ 的样本 x_i 并计算它们的平均 $\overline{x}$。选择一个数 $\gamma = 1-\delta$ 并寻找标准正态分布的 $u = 1-\delta/2$ 分位点 z_u。得到区间 $\overline{x} \pm z_{1-\delta/2}\sigma/\sqrt{n}$。

假定 n 足够大，这对离散型随机变量也成立[见(7-122)式]。置信系数的选择由两个相互冲突的要求决定：如果 γ 接近 1，估计是可靠的但置信区间的长度 $2z_u\sigma\sqrt{n}$ 很大；如果 γ 减小，z_u 将减小但估计很不可靠。最终的选择是基于应用的一个折中。在表 8-1 中，我们列出了常用 u 值对应的 z_u。这个表中的值是由表 4-1 中的值经过插值得到的。

表 8-1

$z_{1-u} = -z_u \qquad u = \dfrac{1}{\sqrt{2\pi}}\int_{-\infty}^{z_u} e^{-z^2/2dz}$

u	0.90	0.925	0.95	0.975	0.99	0.995	0.999	0.999 5
z_u	1.282	1.440	1.645	1.967	2.326	2.576	3.090	3.291

切比雪夫不等式　现在假定 $\overline{\boldsymbol{x}}$ 的分布是未知的。为了确定 η 的置信区间，我们使用(5-88)式：用 $\overline{\boldsymbol{x}}$ 代替 $\boldsymbol{x}$，用 $\sigma/\sqrt{n}$ 代替 σ，设 $\varepsilon = \sigma/n\delta$。从而得到

$$P\{\overline{\boldsymbol{x}} - \frac{\sigma}{\sqrt{n\delta}} < \eta < \overline{\boldsymbol{x}} + \frac{\sigma}{\sqrt{n\delta}}\} > 1-\delta = \gamma \tag{8-12}$$

这表明 η 的 γ 置信区间包含在区间 $\overline{\boldsymbol{x}} \pm \sqrt{n\delta}$ 内。因此，如果我们断言 η 落在这个区间内，那么正确的概率大于 γ。不管 $F(x)$ 取何种形式，这一结果都正确。令人惊讶的是，该结果完全不同于(8-11)式的估计。的确，假如 $\gamma = 0.95$，这种情况下，$1/\sqrt{\delta} = 4.47$。代入(8-12)式，我们得到区间 $\overline{x} \pm 4.47\sigma/\sqrt{n}$。正态假定下，因为 $z_{0.975} \approx 2$，利用(8-11)式我们得到 $\overline{x} \pm 2\sigma/\sqrt{n}$。

方差未知的情况　如果 σ 未知，我们不能使用(8-11)式。为了估计 η，我们计算样本方差

$$s^2 = \frac{1}{n-1}\sum_{i=1}^{n}(x_i - \overline{x})^2 \tag{8-13}$$

这是 σ^2 的一个无偏估计[见(7-23)式]并且当 $n \to \infty$ 时估计趋于 σ^2。于是，对于大的 n，我们可以在(8-11)式中使用近似 $s \approx \sigma$。从而得到了近似置信区间

$$\overline{x} - z_{1-\delta/2}\,\frac{s}{\sqrt{n}} < \eta < \overline{x} + z_{1-\delta/2}\,\frac{s}{\sqrt{n}} \tag{8-14}$$

在 $\mathbf{x}$ 是正态的假定下，我们将求出严格的置信区间。在这种情况下[见(7-66)式]比值

$$\frac{\overline{\mathbf{x}} - \eta}{\mathbf{s}/\sqrt{n}} \tag{8-15}$$

服从 $n-1$ 个自由度的 t 分布。用 t_u 表示 t 分布的 u 分位点，我们得到

$$P\{-t_u < \frac{\overline{\mathbf{x}} - \eta}{\mathbf{s}/\sqrt{n}} < t_u\} = 2u - 1 = \gamma \tag{8-16}$$

从而得到区间

$$\overline{x} - t_{1-\delta/2}\,\frac{s}{\sqrt{n}} < \eta < \overline{x} + t_{1-\delta/2}\,\frac{s}{\sqrt{n}} \tag{8-17}$$

在表 8-2 中，我们列出了 $t_u(n)$ 的值，其中 n 从 1 到 20。对于 $n > 20$，$t(n)$ 分布接近于零均值、方差为 $n/(n-1)$ 的正态分布[见习题 6-75]。

表 8-2　t 分布的分位点 $t_u(n)$

n \ u	.9	.95	.975	.99	.995
1	3.08	6.31	12.7	31.8	63.7
2	1.89	2.92	4.30	6.97	9.93
3	1.64	2.35	3.18	4.54	5.84
4	1.53	2.13	2.78	3.75	4.60
5	1.48	2.02	2.57	3.37	4.03
6	1.44	1.94	2.45	3.14	3.71
7	1.42	1.90	2.37	3.00	3.50
8	1.40	1.86	2.31	2.90	3.36
9	1.38	1.83	2.26	2.82	3.25
10	1.37	1.81	2.23	2.76	3.17
11	1.36	1.80	2.20	2.72	3.11
12	1.36	1.78	2.18	2.68	3.06
13	1.35	1.77	2.16	2.65	3.01
14	1.35	1.76	2.15	2.62	2.98
15	1.34	1.75	2.13	2.60	2.95
16	1.34	1.75	2.12	2.58	2.92
17	1.33	1.74	2.11	2.57	2.90
18	1.33	1.73	2.10	2.55	2.88
19	1.33	1.73	2.09	2.54	2.86
20	1.33	1.73	2.09	2.53	2.85
22	1.32	1.72	2.07	2.51	2.82
24	1.32	1.71	2.06	2.49	2.80
26	1.32	1.71	2.06	2.48	2.78
28	1.31	1.70	2.05	2.47	2.76
30	1.31	1.70	2.05	2.46	2.75

【例 8-3】　测量一个电压源的电压 25 次。测量结果是随机变量 $\boldsymbol{x}=V+\boldsymbol{v}$ 的样本 $x_i=V+v_i$。它们的平均值 $\overline{x}=112\text{V}$。求 V 的置信系数为 0.95 的置信区间。

(a) 假定由误差 $\boldsymbol{v}$ 引起的随机变量 $\boldsymbol{x}$ 的标准差 $\sigma=0.4\text{V}$。$\delta=0.05$，从表 8-1 中得到 $z_{0.975}\approx 2$。代入(8-14) 式，我们得到近似估计

$$\overline{x}\pm z_{0.975}\sigma/\sqrt{n}=112\pm 2\times 0.4/\sqrt{25}=112\pm 0.16\text{V}$$

(b) 现在假定 σ 未知。为了估计它，我们计算样本方差得到 $s^2=0.36$。代入(8-14) 式，我们得到近似估计

$$\overline{x}\pm z_{0.975}s/\sqrt{n}=112\pm 2\times 0.6/\sqrt{25}=112\pm 0.24\text{V}$$

因为 $t_{0.975}(25)=2.06$，从(8-17) 式得到的严格结果是 $112\pm 0.247\text{V}$。

$$\text{对 } n\geqslant 30,\ t_u(n)\approx z_u\sqrt{\frac{n}{n-2}}$$

在下面的三个估计中，$\boldsymbol{x}$ 的分布函数是特殊的单参数形式。因此，我们不能直接使用(8-11) 式，因为常数 η 和 σ 是相互依赖的。

指数分布　给定随机变量 x 的概率密度为

$$f(x,\lambda)=\frac{1}{\lambda}\mathrm{e}^{-x/\lambda}U(x)$$

我们想求参数 λ 的 γ 置信区间。我们知道，$\eta=\lambda$ 和 $\sigma=\lambda$；于是，对大的 n，$\boldsymbol{x}$ 样本平均 $\overline{\boldsymbol{x}}$ 服从 $N(\lambda,\lambda/\sqrt{n})$。代入(8-11) 式，我们得到

$$P\{\lambda-z_u\frac{\lambda}{\sqrt{n}}<\overline{\boldsymbol{x}}<\lambda+z_u\frac{\lambda}{\sqrt{n}}\}=\gamma=2u-1$$

从而得到

$$P=\left\{\frac{\overline{\boldsymbol{x}}}{1+z_u/\sqrt{n}}<\lambda<\frac{\overline{\boldsymbol{x}}}{1-z_u/\sqrt{n}}\right\}=\gamma \tag{8-18}$$

置信区间是 $\overline{x}/(1\pm z_u/\sqrt{n})$。

【例 8-4】　一个灯泡的使用寿命可以用指数分布的随机变量 $\boldsymbol{x}$ 描述。我们想得到置信系数为 $\gamma=0.95$ 的 λ 的置信区间。为此，我们记录了 64 个灯泡的使用寿命，它们的平均值是 210 小时。把 $z_u/\sqrt{n}\approx 2/\sqrt{64}=0.25$ 代入(8-18) 式，我们得到区间

$$168<\lambda<280$$

因此，灯泡的平均寿命介于 168 和 280 小时之间的置信系数是 0.95。

泊松分布　假定随机变量 $\boldsymbol{x}$ 服从具有参数 λ 的泊松分布：

$$P\{\boldsymbol{x}=k\}=\mathrm{e}^{-\lambda}\frac{\lambda^k}{k!}\qquad k=0,1,\cdots$$

这种情况下，$\eta=\lambda$ 和 $\sigma^2=\lambda$；于是，$\overline{\boldsymbol{x}}$ 的分布近似于正态分布 $N(\lambda,\sqrt{\lambda/n})$[见(7-122) 式]。从而，

$$P\left\{|\overline{\boldsymbol{x}}-\lambda|<z_u\sqrt{\frac{\lambda}{n}}\right\}=\gamma$$

在 $\overline{x}\lambda$ 平面上满足不等式 $|\overline{x}-\lambda|<z_u\sqrt{\lambda/n}$ 的点位于抛物线

$$(\lambda-\overline{x})^2=\frac{z_u^2}{n}\lambda \tag{8-19}$$

的内部。从而我们得到：λ 的 γ 置信区间是图 8-3 中的垂直线段(λ_1,λ_2)，其中 λ_1 和 λ_2 是二次方

程(8-19)的根。

【例 8-5】 从一块放射性物质每秒辐射的粒子数目用具有参数λ的泊松分布随机变量$\boldsymbol{x}$表示。我们相继在64秒中观测了它每秒辐射的粒子数为x_i。我们发现平均值$\overline{x}=6$。求置信系数为0.95的λ的置信区间。由于$z_u/\sqrt{n}=0.062\,5$,(8-19)式变成了二次方程

$$(\lambda-6)^2=0.062\,5\lambda$$

求解方程,我们得到$\lambda_1=5.42$和$\lambda_2=6.64$,因此所求的置信区间是$5.42<\lambda<6.64$。

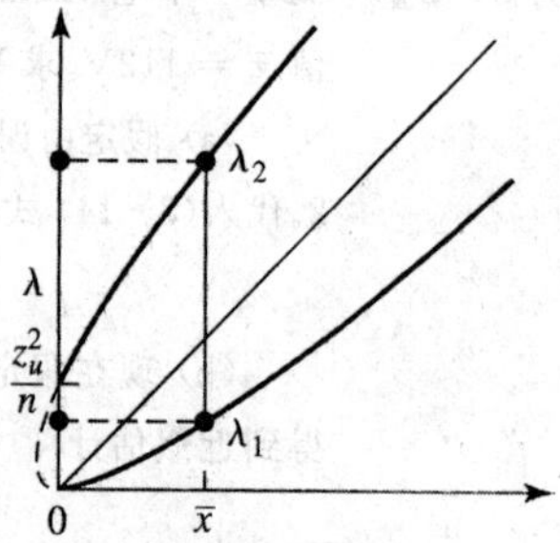

图 8-3

概率 我们想估计事件A发生的概率。为此,我们构造0-1随机变量$\boldsymbol{x}$。我们知道$E\{\boldsymbol{x}\}=p$,$\sigma_x^2=pq$。因此,估计p等价于估计随机变量$\boldsymbol{x}$的均值。

我们重复试验n次,用k表示事件A出现的次数。比值$\overline{x}=k/n$是p的点估计。为了求区间估计,我们构造$\boldsymbol{x}$的样本平均$\overline{\boldsymbol{x}}$。对于大的$n$,$\overline{\boldsymbol{x}}$近似服从正态分布$N(p,\sqrt{pq/n})$。于是,

$$P\{|\overline{\boldsymbol{x}}-p|<z_u\sqrt{\frac{pq}{n}}\}=\gamma=2u-1$$

在$\overline{x}p$平面上满足不等式$|\overline{x}-p|<z_u\sqrt{pq/n}$的点位于椭圆

$$(p-\overline{x})^2=z_u^2\frac{p(1-p)}{n}\quad \overline{x}=\frac{k}{n} \tag{8-20}$$

内。从而得到:p的置信系数为γ的置信区间是图8-4中的垂直线段(p_1,p_2)。线段的端点p_1,p_2是方程(8-20)的根。对于$n>100$,可以使用近似公式:

$$\begin{matrix}p_2\\p_1\end{matrix}\approx\overline{x}\pm z_u\sqrt{\frac{\overline{x}(1-\overline{x})}{n}}\quad p_1<p<p_2 \tag{8-21}$$

在(8-20)式中我们用点估计$\overline{x}$代替右边的未知概率p,就得到了(8-21)式。

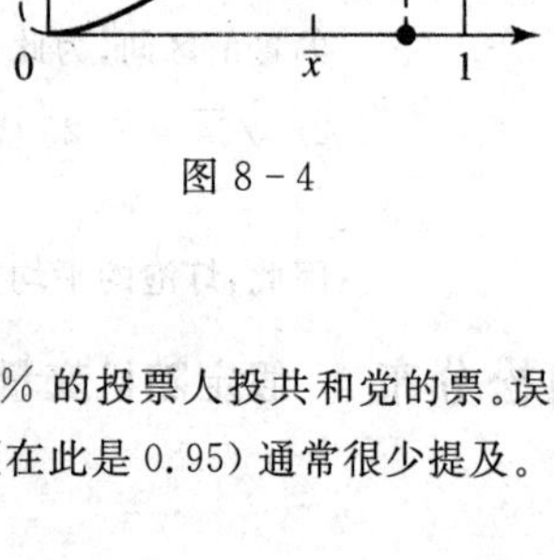

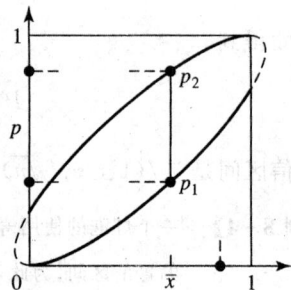

图 8-4

【例 8-6】 在选举调查中,500个被调查到的人中有240人回答投共和党的票。求置信系数为0.95的概率$p=\{$共和党$\}$的置信区间。在这个例子中,$z_u\approx2$,$n=500$,$\overline{x}=240/500=0.48$,代入(8-21)式得到区间$0.48\pm0.045$。

在常用的对调查结果的报告中使用下面的话:我们估计48%的投票人投共和党的票。误差是±4.5%。这仅仅指出了点估计和调查的置信区间。置信系数(在此是0.95)通常很少提及。

8.2.2 方差

我们想用n个样本x_i估计正态随机变量$\boldsymbol{x}$的方差$v=\sigma^2$。

均值已知的情况 我们首先假定$\boldsymbol{x}$的均值η已知并用点估计

$$\hat{\boldsymbol{v}}=\frac{1}{n}\sum_{i=1}^{n}(\boldsymbol{x}_i-\eta)^2 \tag{8-22}$$

我们知道,

$$E\{\hat{v}\} = v \quad \sigma_{\hat{v}}^2 = \frac{2\sigma^4}{n} \underset{n\to\infty}{\longrightarrow} 0$$

因此 $\hat{v}$ 是 σ^2 的一致估计。下面我们求区间估计。随机变量 $n\hat{v}/\sqrt{n}$ 具有 $\chi^2(n)$ 的概率密度函数[见(4-39)式]。这个密度函数是非对称的，于是 σ^2 的区间估计的中心不在 σ^2。为了确定区间，我们引入两个常数 c_1 和 c_2 满足(图 8-5(a))：

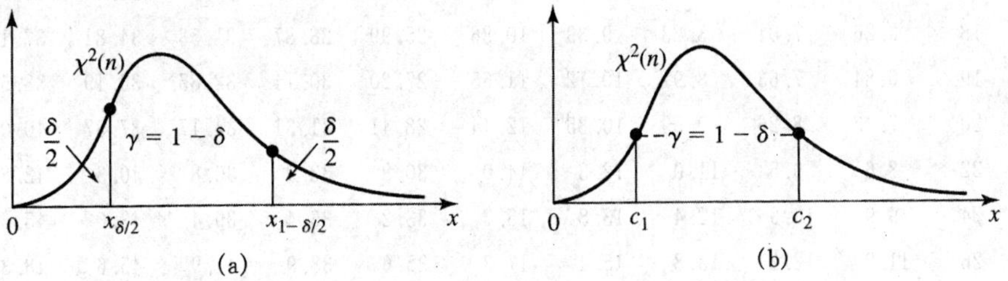

图 8-5

$$P\left\{\frac{n\hat{v}}{\sigma^2} < c_1\right\} = \frac{\delta}{2} \quad P\left\{\frac{n\hat{v}}{\sigma^2} > c_2\right\} = \frac{\delta}{2}$$

从而 $c_1 = \chi^2_{\delta/2}(n)$，$c_2 = \chi^2_{1-\delta/2}(n)$ 区间为

$$\frac{n\hat{v}}{\chi^2_{1-\delta/2}(n)} < \sigma^2 < \frac{n\hat{v}}{\chi^2_{\delta/2}(n)} \tag{8-23}$$

这个区间不是最小长度的。最小长度的区间应该满足 $f_\chi(c_1) = f_\chi(c_2)$[见图 8-5(b)]；然而，它不容易求。在表 8-3 中，我们列出了 $\chi^2(n)$ 的分位点 $\chi^2_u(n)$。

表 8-3　$\chi^2(n)$ 分布的分位点 $\chi^2_u(n)$

n \ u	.005	.01	.025	.05	.1	.9	.95	.975	.99	.995
1	0.00	0.00	0.00	0.00	0.02	2.71	3.84	5.02	6.63	7.88
2	0.01	0.02	0.05	0.10	0.21	4.61	5.99	7.38	9.21	10.60
3	0.07	0.11	0.22	0.35	0.58	6.25	7.81	9.35	11.34	12.84
4	0.21	0.30	0.48	0.71	1.06	7.78	9.49	11.14	13.28	14.86
5	0.41	0.55	0.83	1.15	1.61	9.24	11.07	12.83	15.09	16.75
6	0.68	0.87	1.24	1.64	2.20	10.64	12.59	14.45	16.81	18.55
7	0.99	1.24	1.69	2.17	2.83	12.02	14.07	16.01	18.48	20.28
8	1.34	1.65	2.18	2.73	3.49	13.36	15.51	17.53	20.09	21.96
9	1.73	2.09	2.70	3.33	4.17	14.68	16.92	19.02	21.67	23.59
10	2.16	2.56	3.25	3.94	4.87	15.99	18.31	20.48	23.21	25.19
11	2.60	3.05	3.82	4.57	5.58	17.28	19.68	21.92	24.73	26.76
12	3.07	3.57	4.40	5.23	6.30	18.55	21.03	23.34	26.22	28.30
13	3.57	4.11	5.01	5.89	7.04	19.81	22.36	24.74	27.69	29.82
14	4.07	4.66	5.63	6.57	7.79	21.06	23.68	26.12	29.14	31.32

续表 8-3

n \ u	.005	.01	.025	.05	.1	.9	.95	.975	.99	.995
15	4.60	5.23	6.26	7.26	8.55	22.31	25.00	27.49	30.58	32.80
16	5.14	5.81	6.91	7.96	9.31	23.54	26.30	28.85	32.00	34.27
17	5.70	6.41	7.56	8.67	10.09	24.77	27.59	30.19	33.41	35.72
18	6.26	7.01	8.23	9.39	10.86	25.99	28.87	31.53	34.81	37.16
19	6.84	7.63	8.91	10.12	11.65	27.20	30.14	32.85	36.19	38.58
20	7.43	8.26	9.59	10.85	12.44	28.41	31.31	34.17	37.57	40.00
22	8.6	9.5	11.0	12.3	14.0	30.8	33.9	36.8	40.3	42.8
24	9.9	10.9	12.4	13.8	15.7	33.2	36.4	39.4	43.0	45.6
26	11.2	12.2	13.8	15.4	17.3	35.6	38.9	41.9	45.6	48.3
28	12.5	13.6	15.3	16.9	18.9	37.9	41.3	44.5	48.3	51.0
30	13.8	15.0	16.8	18.5	20.6	40.3	43.8	47.0	50.9	53.7
40	20.7	22.2	24.4	26.5	29.1	51.8	55.8	59.3	63.7	66.8
50	28.0	29.7	32.4	34.8	37.7	63.2	67.5	71.4	76.2	79.5

对于 $n \geqslant 50$：$\chi_u^2(n) \approx \frac{1}{2}(z_u + \sqrt{2n-1})^2$

均值未知的情况 如果 η 未知，我们用样本方差 $\mathbf{s}^2$[见(8-13)式]作为方差 σ^2 的点估计。随机变量 $(n-1)\mathbf{s}^2/\sigma^2$ 服从 $\chi^2(n-1)$ 分布。于是，

$$P\left\{\chi_{\delta/2}^2(n-1) < \frac{(n-1)\mathbf{s}^2}{\sigma^2} < \chi_{1-\delta/2}^2(n-1)\right\} = \gamma$$

从而得到区间

$$\frac{(n-1)s^2}{\chi_{1-\delta/2}^2(n-1)} < \sigma^2 < \frac{(n-1)s^2}{\chi_{\delta/2}^2(n-1)} \tag{8-24}$$

【例 8-7】 一个电压源被测量了 6 次。测量用一个随机变量 $\mathbf{x} = V + \mathbf{v}$ 表示。我们假定误差 $\mathbf{v}$ 服从 $N(0,\sigma)$。求置信系数为 0.95 的 σ^2 的置信区间。

(a) 首先假定知道标准部件的电压是 $V = 110$V。我们把测量值 $x_i = 110 + v_i$ 代入(8-22)式，得到 $\hat{v} = 0.25$。从表 8-3 中，我们得到

$$\chi_{0.025}^2(6) = 1.24 \quad \chi_{0.975}^2(6) = 14.45$$

从(8-23)式得到 $0.104 < \sigma^2 < 1.2$。相应的 σ 的置信区间是 $0.332\ \text{V} < \sigma < 1.096\text{V}$。

(b) 现在假定 V 是未知的。用同样的数据，我们从(8-13)式计算 s^2 得到 $s^2 = 0.30$。从表 8-3 中，我们得到

$$\chi_{0.025}^2(5) = 0.83 \quad \chi_{0.975}^2(5) = 12.83$$

从(8-24)式得到 $0.117 < \sigma^2 < 1.8$。相应的 σ 的置信区间是 $0.342\text{V} < \sigma < 1.344\text{V}$。

分位点 随机变量 $\mathbf{x}$ 的 u 分位点定义为一个满足 $F(x_u)$ 的数 x_u。因此它是分布函数 $F(x)$ 的反函数 $F^{(-1)}(u)$。下面我们用 $\mathbf{x}$ 的样本 x_i 估计 x_u。为此，我们重新把观测值 x_i 按从大到小的次序排列，得到的序列用 y_k 表示。相应的随机变量 $\mathbf{y}_k$ 是 $\mathbf{x}$ 的顺序统计量[见(7-13)式]。

从上面的定义，当且仅当样本 x_i 中至少有 k 个比 x_u 小时，$y_k < x_u$。类似地，当且仅当样本

x_i 中至少有 $k+r$ 个比 x_u 大时，$y_{k+r} > x_u$。最后，当且仅当至少 k 个至多 $k+r-1$ 个比 x_u 小时，$y_k < x_u < y_{k+r}$。从这得到了下面的结论：当且仅当在试验 S 的 n 次重复中事件 $\{\mathbf{x} \leqslant x_u\}$ 至少发生 k 次至多发生 $k+r-1$ 次时，事件 $\{\mathbf{y}_k < x_u < \mathbf{y}_{k+r}$。因为 $P\{\mathbf{x} \leqslant x_u\} = u$，在(3-24)式中取 $p = u$ 我们得到

$$P\{\mathbf{y}_k < x_u < \mathbf{y}_{k+r}\} = \sum_{m=k}^{k+r-1} \binom{n}{m} u^m (1-u)^{n-m} \tag{8-25}$$

用这个基本关系，我们将求对给定的置信系数为 γ 的置信区间。为此，我们必须发现一个整数 k 使得在(8-25)式中的和式对最小可能的 r 等于 γ。这是一个涉及到试验和误差的复杂问题。如果 n 很大，我们能够得到一个简单的解。使用(4-99)式的正态近似，取 $p = nu$，我们得到

$$P\{\mathbf{y}_k < x_u < \mathbf{y}_{k+r}\} \approx G\left(\frac{k+r-0.5-nu}{\sqrt{nu(1-u)}}\right) - G\left(\frac{k-0.5-nu}{\sqrt{nu(n-u)}}\right) = \gamma$$

对于给定的 γ，如果 nu 接近区间 $(k, k+r)$ 的中心，则 r 最小。于是，

$$k \approx nu - z_{1-\delta/2}\sqrt{nu(1-u)} \quad k+r = nu + z_{1-\delta/2}\sqrt{nu(1-u)} \tag{8-26}$$

取整到最小的整数。

【例 8-8】 我们观测 $\mathbf{x}$ 的 100 次样本，并希望估计 $\mathbf{x}$ 的中值 $x_{0.5}$ 的置信系数为 0.95 的置信区间。取 $u = 0.5$，$nu = 50$，$z_{0.975} \approx 2$，从(8-26)式得到 $k = 40$，$k+r = 60$。因此，我们可以断言中值在 40 和 60 之间的置信系数是 0.95。

分布 我们下面通过随机变量 $\mathbf{x}$ 的样本 x_i 来估计它的分布函数 $F(x)$。对于给定的 x，$F(x)$，等于事件 $\{\mathbf{x} \leqslant x\}$ 的概率；于是，它的点估计等于比值 n_x/n，其中 n_x 是样本 x_i 中数值不超过 x 的样本的数目。对每个 x 进行估计，我们得到分布函数 $F(x)$ 的经验分布函数［也见(4-3)式］

$$\hat{F}(x) = \frac{n_x}{n}$$

这是一个如图 8-6(a) 所示的阶梯函数，x_i 是函数的间断点。

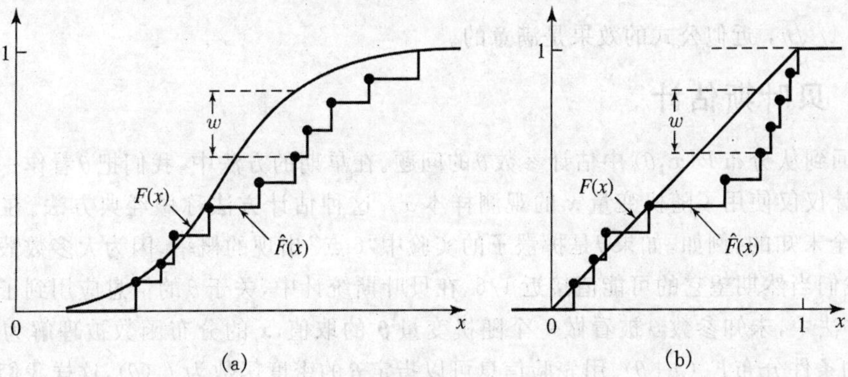

图 8-6

区间估计 对于给定的 x，$F(x)$ 的区间估计可以从(8-20)式得到，只要取 $P = F(x)$，$\overline{x} = \hat{F}(x)$。代入(8-21)式，得到区间

$$\hat{F}(x) \pm \frac{z_u}{\sqrt{n}}\sqrt{\hat{F}(x)[1-\hat{F}(x)]}$$

我们知道 $F(x)$ 落在上述区间内的置信系数为 $\gamma = 2u - 1$。注意，区间的长度依赖于 x。

我们下面求 $F(x)$ 的区间估计 $\hat{F}(x) \pm c$，其中 c 是一个常数。经验估计 $\hat{F}(x)$ 依赖于随机变量 $\boldsymbol{x}$ 的样本 x_i。因此，经验估计由一类阶梯函数 $\hat{\boldsymbol{F}}(x)$ 构成，集合中每个函数对应于不同的观测样本。常数 c 使得下式对**每个 $\boldsymbol{x}$** 成立

$$P\{\mid \hat{\boldsymbol{F}}(x) - F(x) \mid \leqslant c\} = \gamma \tag{8-27}$$

$F(x)$ 的 γ 置信区域是 $\hat{F}(x) \pm c$。为了得到 c，我们构造随机变量

$$\boldsymbol{w} = \max \mid \hat{\boldsymbol{F}}(x) - F(x) \mid \tag{8-28}$$

表示 $\hat{\boldsymbol{F}}(x)$ 和 $F(x)$ 之间距离的上确界。假定 $w = \boldsymbol{w}(\xi)$ 是 $\boldsymbol{w}$ 的一个样本值。从(8-28)式得到，当且仅当对每个 x 有 $\hat{F}(x) - F(x) < c$，$w < c$。因此，

$$\gamma = P\{\boldsymbol{w} \leqslant c\} = F_w(c)$$

这样，只要得到 $\boldsymbol{w}$ 的分布函数就足够了，为此，我们先证明函数 $F_w(x)$ 不依赖于 $F(x)$。从(5-41)式知道，对任意的 $F(x)$ 随机变量 $\boldsymbol{y} = F(\boldsymbol{x})$ 是(0,1)区间上的均匀分布。函数 $y = F(x)$ 变换点 x_i 到 $y_i = F(x_i)$，变换 $\boldsymbol{w}$ 到 $\boldsymbol{w}$(见图 8-6(b))。这表明 $F_w(x)$ 不依赖于 $F(x)$ 的形式。于是，假定 $\boldsymbol{x}$ 是简单的均匀分布情况下，确定 $F_w(x)$ 就可以了。然而，即使在这样的简单情况下，求 $F_w(x)$ 仍不是一件容易的事情。我们下面给出一个近似解，这个解由柯尔莫格洛夫首先给出：

对于大的 n：

$$F_w(w) \approx 1 - 2e^{-2nw^2} \tag{8-29}$$

从而，$\gamma = F_w(c) \approx 1 - 2e^{-2nc^2}$。因此，我们得出结论：以置信系数 γ 曲线 $F(x)$ 界于曲线 $\hat{F}(x) + c$ 和 $\hat{F}(x) - c$ 之间，其中

$$c = \sqrt{-\frac{1}{2n}\log\frac{1-\gamma}{2}} \tag{8-30}$$

如果 $w > 1/\sqrt{n}$，近似公式的效果是满意的。

8.2.3 贝叶斯估计

我们回到从分布 $F(x,\theta)$ 中估计参数 θ 的问题。在早期的方法中，我们把 θ 看作一个未知常数并且估计仅仅使用了随机变量 $\boldsymbol{x}$ 的观测样本 x_i。这种估计方法称做经典方法。在某些应用中，θ 是完全未知的。例如，如果 θ 是掷骰子的实验中“6点”出现的概率，因为大多数骰子是相当均匀的，我们当然期望它的可能值接近 1/6。在贝叶斯统计中，关于 θ 的信息应用到了估计问题中。这一方法中，未知参数 θ 被看做一个随机变量 $\boldsymbol{\theta}$ 的取值，$\boldsymbol{x}$ 的分布函数被理解为 $\boldsymbol{x}$ 在条件 $\boldsymbol{\theta} = \theta$ 下的条件分布 $F_x(x \mid \theta)$。用先验信息可以指定 $\boldsymbol{\theta}$ 的密度函数为 $f_\theta(\theta)$，这样我们可以利用 $\boldsymbol{x}$ 的观测 x_i 和 $\boldsymbol{\theta}$ 的密度函数。估计未知参数 θ 的问题转化成估计随机变量 $\boldsymbol{\theta}$ 的取值问题。因此，贝叶斯统计转化估计问题为预测问题。

我们将通过估计一个线圈电感系数 θ 的问题引出这种方法。我们测量了 n 次，测量结果表示为随机变量 $\boldsymbol{x} = \theta + \boldsymbol{v}$ 的样本 $x_i = \theta + v_i$。如果把作为一个未知常数，我们将面对一个经典估计问题。然而，假定线圈是从一个生产线上随机抽取的，这种情况下，电感系数 θ 可以解释成随机变量 $\boldsymbol{\theta}$ 的取值，其中 $\boldsymbol{\theta}$ 是用于描述所有线圈的电感系数分布的随机变量。这是一个贝叶斯估

计问题。为了解决这个问题，首先假定没有可供利用的测量数据，也就是说，我们没有测量任何一个线圈的电感系数。可供利用的信息只有 $\boldsymbol{\theta}$ 的先验概率密度 $f_\theta(\theta)$，我们的任务是求在某种意义下接近未知参数 θ 的常数 $\hat{\theta}$，θ 是特定线圈的电感系数。如果按照最小均方误差准则挑选 $\hat{\theta}$，那么[见(6-236)式]

$$\hat{\theta} = E\{\boldsymbol{\theta}\} = \int_{-\infty}^{\infty} \theta f_\theta(\theta)\mathrm{d}\theta$$

为了改进这个估计，我们测量了线圈 n 次。现在的问题是利用随机变量 $\boldsymbol{x}$ 的 n 个样本 x_i 估计 θ。在一般情况，这相当于利用随机变量 $\boldsymbol{x}$ 的 n 个样本 x_i 估计随机变量 $\boldsymbol{\theta}$ 的取值 θ。再次利用最小均方准则，我们得到

$$\hat{\theta} = E\{\boldsymbol{\theta} \mid X\} = \int_{-\infty}^{\infty} \theta f_\theta(\theta \mid X)\mathrm{d}\theta \tag{8-31}$$

[见(7-89)式]其中 $X = [x_1, \cdots, x_n]$ 并且

$$f_\theta(\theta \mid X) = \frac{f(X \mid \theta)}{f(X)} f_\theta(\theta) \tag{8-32}$$

在(8-32)式中，$f(X \mid \theta)$ 是在假定 $\boldsymbol{\theta} = \theta$ 情况下 n 个随机变量 $\boldsymbol{x}_i$ 的条件概率密度。如果这些随机变量是条件独立的，那么

$$f(X \mid \theta) = f(x_1 \mid \theta) \cdots f(x_n \mid \theta) \tag{8-33}$$

其中 $f(x \mid \theta)$ 是假定 $\boldsymbol{\theta} = \theta$ 条件下随机变量 $\boldsymbol{x}$ 的条件密度。这一假定一般是成立的。在测量问题中，$f(x \mid \theta) = f_v(x - \theta)$。

下面我们澄清以下测量问题中贝叶斯估计所使用的各种密度和模型的意义。概率密度 $f_\theta(\theta)$，称**先验**密度，用于描述所有线圈的电感系数分布；概率密度 $f_\theta(\theta \mid X)$，称**后验**概率密度，反映了测量值为 x 的所有线圈的电感系数分布情况。条件概率 $f_x(x \mid \theta) = f_v(x - \theta)$ 描述了真实电感系数为 θ 的线圈的所有测量值的分布。这个密度函数看作 θ 的函数时称做**似然**函数。密度函数 $f_x(x)$ 描述所有线圈的所有测量值的分布情况。方程(8-33)是建立在一个合理假定之下，即一个给定线圈的各次测量相互独立。

贝叶斯模型是一个乘积空间 $S = S_\theta \times S_x$，其中 S_θ 是随机变量 $\boldsymbol{\theta}$ 的空间，S_x 是随机变量 $\boldsymbol{x}$ 的空间。S_θ 由所有的线圈构成而 S_x 由一个特定线圈的所有测量构成。最后，S 是所有线圈的所有测量。数 θ 有两种意义：它是随机变量 $\boldsymbol{\theta}$ 在空间 S_θ 上的取值；它也是规定随机变量 $\boldsymbol{x}$ 的密度函数 $f(x \mid \theta) = f_v(x - \theta)$ 的一个参数。

【例 8-9】　假定 $\boldsymbol{x} = \theta + \boldsymbol{v}$，$\boldsymbol{v} \sim N(0, \sigma)$，$\theta$ 是随机变量 $\boldsymbol{\theta}$ 的取值，$\boldsymbol{\theta} \sim N(\theta_0, \sigma_0)$（图 8-7）。求 θ 的贝叶斯估

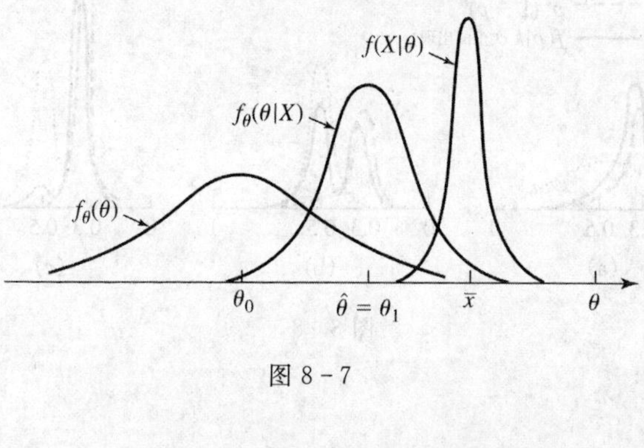

图 8-7

计$\hat{\theta}$。

$\boldsymbol{x}$ 的密度函数 $f(x \mid \theta) \sim N(\theta,\sigma)$。代入(8－32)式，我们得出[见习题 8－37]密度函数 $f_{\theta}(\theta \mid X)$ 服从 $N(\theta_1,\sigma_1)$，其中

$$\sigma_1^2 = \frac{\sigma^2}{n} \times \frac{\sigma_0^2}{\sigma_0^2 + \sigma^2/n} \quad \theta_1 = \frac{\sigma_1^2}{\sigma_0^2}\theta_0 + \frac{n\sigma_1^2}{\sigma^2}\bar{x}$$

从而 $E\{\boldsymbol{\theta} \mid X\} = \theta_1$，换句话说，$\hat{\theta} = \theta_1$。

注意，θ 经典估计是样本的平均值 $\bar{x}$。而且它的先验估计是常数 θ_0。于是，$\hat{\theta}$ 是先验估计 θ_0 和经典估计 $\bar{x}$ 的加权平均。进一步可以发现，当 n 趋于无穷时，$\sigma_1 \to 0$，$n\sigma_1^2/\sigma^2 \to 1$，于是 $\hat{\theta}$ 趋于 $\bar{x}$。因此，当测量次数增加时，贝叶斯估计逼近经典估计 $\bar{x}$；先验信息的影响变得可以忽略不计。

下面我们讨论事件 A 发生概率 $p = P(A)$ 的估计问题。为了使讨论更为具体，我们假定事件 A 是投掷硬币实验中"正面"这一事件。基于贝叶斯公式[见(4－81)式]的结果是

$$f(x \mid M) = \frac{p(M \mid x)f(x)}{\int_{-\infty}^{\infty} P(M \mid x)f(x)\mathrm{d}x} \tag{8-34}$$

贝叶斯统计中，p 是随机变量 $\boldsymbol{p}$ 的取值，其中先验概率密度为 $f(p)$。没有得到任何观测结果时，LMS 估计 $\hat{p}$ 由下式给出

$$\hat{p} = \int_0^1 pf(p)\mathrm{d}p \tag{8-35}$$

为了改进估计，我们投掷硬币 n 次并且观测到"正面"出现了 k 次。我们知道，

$$P\{M \mid \boldsymbol{p} = p\} = p^k q^{n-k} \quad M = \{k\text{ 次正面出现}\}$$

代入(8－34)式，我们得到后验概率密度

$$f(p \mid M) = \frac{p^k q^{n-k} f(p)}{\int_0^1 p^k q^{n-k} f(p)\mathrm{d}p} \tag{8-36}$$

使用这个函数，我们可以估计下次投掷时正面出现的概率。在(8－35)式中，用 $f(p \mid M)$ 代替 $f(p)$，我们得出：p 的更新估计 $\hat{p}$ 是假定 M 发生情况下 $\boldsymbol{p}$ 的条件估计

$$\int_0^1 pf(p \mid M)\mathrm{d}p \tag{8-37}$$

注意，对于大的 n，(8－36)式中的因子 $\varphi(p) = p^k(1-p)^{n-k}$ 在 $p = k/n$ 有一个很"尖"的峰。因此，如果 $f(p)$ 是光滑函数，乘积 $f(p)\varphi(p)$ 仍然集中在点 $p = k/n$ 附近(图 8－8(a))。然

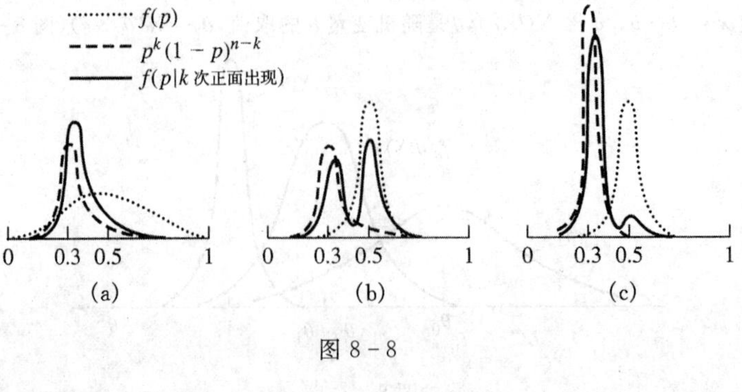

图 8－8

而，如果 $f(p)$ 在 $p=0.5$ 有一个"尖"峰(对应于均匀硬币)，那么对中等的 n，乘积 $f(p)\varphi(p)$ 有两个最大值点：一个在 k/n 附近，一个在 0.5 附近(图 8-8(b))。随着 n 的增加，$\varphi(p)$ 的尖锐程度占优，$f(p\mid M)$ 在 k/n 达到最大(图 8-8(c))(也见例 4-19)。

注　贝叶斯估计是一个有争议的课题。争议的根源在于概率的实际意义的双重解释。在第一个解释中，事件 A 的概率 $P(A)$ 是在大次数的试验中事件 A 发生的相对频率这样一个"客观"度量。在第二个解释中，$P(A)$ 是基于我们对单次试验中事件 A 发生的认识得到的一个"主观"度量。这种双重性引起了参数估计意义的两种不同解释。在投掷硬币实验中，这些解释如下：

在经典(客观的)方法中，p 是一个未知的数。为了估计它的值，我们投掷硬币 n 次并用比值 k/n 作为它的估计。在贝叶斯(主观的)方法中，p 也是一个未知的数，然而它被解释为一个随机变量 $\boldsymbol{\theta}$ 的取值，我们根据所有知道的关于硬币的信息确定 $\boldsymbol{\theta}$ 的密度函数。p 的估计结果由(8-37)式确定。如果我们没有关于 p 的任何信息，我们设 $f(p)=1$，我们得到了估计 $\hat{p}=(k+1)/(n+2)$[见(4-88)式]。两种方法在概念上是不同的。然而，实际上当可利用的样本数目 n 很大时，两种方法得到的结果是相近的。例如，在投掷硬币问题中，如果 n 很大，k 也以相当高的概率很大；于是 $(k+1)/(n+2)\approx k/n$。如果 n 不是很大，结果是不同的但任何一种方法都不可信。如果 θ 是一个随机变量的取值，而随机变量的密度函数也可以根据某种平均客观确定，则贝叶斯估计的数学方法也可以用于经典估计问题。这样的问题在例 8-9 中已经考虑过。

下面，我们更详细地考察经典参数估计问题

8.3　参数估计

设 $\boldsymbol{x}=(\boldsymbol{x}_1,\cdots,\boldsymbol{x}_n)$ 表示 n 个随机变量，它的观测表示为 $\boldsymbol{x}_1=x_1,\boldsymbol{x}_2=x_2\cdots,\cdots,\boldsymbol{x}_n=x_n$，假定我们感兴趣的是从这些数据估计一个未知的非随机常数参数 θ。例如，假定这些随机变量服从相同的分布 $N(\mu,\sigma^2)$，其中 μ 未知。我们得到了 n 次观测值 $x_1,x_2,\cdots,x_n$。从这些观测我们能够得到 μ 的什么结论？显然，根本的假定是测量数据具有某种结构需要未知参数 θ。更具体地说，我们假定 $\boldsymbol{x}_1,\cdots,\boldsymbol{x}_n$ 的联合概率密度函数 $f(x_1,x_2,\cdots,x_n;\theta)$ 依赖于 θ。我们构造未知参数 θ 的一个估计式，它是数据样本的函数。点估计问题是寻找一维统计量 $T(\boldsymbol{x}_1,\cdots,\boldsymbol{x}_n)$，在某种意义下它是 θ 的最好估计。最大似然(ML)是一个常用的方法。

8.3.1　最大似然方法

最大似然原理假定样本数据是群体 $f_x(x_1,x_2,\cdots,x_n;\theta)$ 的一个代表，选择 θ 的值使得观测数据发生的可能性最大，即，一旦观测数据 $x_1,x_2,\cdots,x_n$ 给定，$f_x(x_1,x_2,\cdots,x_n;\theta)$ 仅仅是 θ 的函数，使得概率密度函数最大的 θ 值是 θ 最可能的取值，它就是最大似然估计，记作 $\hat{\theta}_{ML}(\boldsymbol{x})$[见图 8-9]。

给定 $\boldsymbol{x}_1=\boldsymbol{x}_1,\boldsymbol{x}_2=x_2,\cdots,\boldsymbol{x}_n=x_n$，联合概率密度 $f(x_1,x_2,\cdots,x_n;\theta)$ 被定义为似然函数，ML 估计可以从似然方程得到

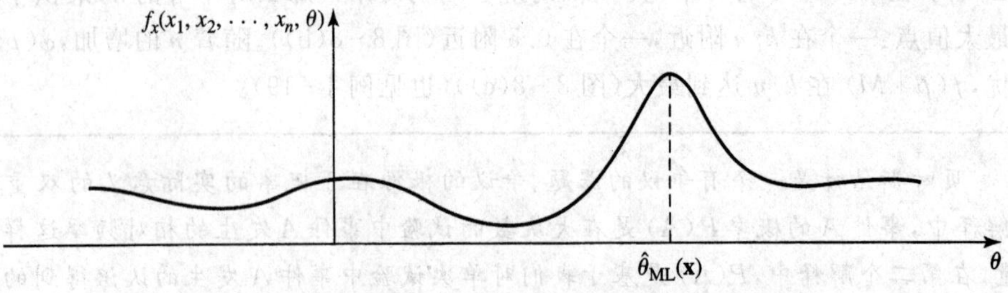

图 8-9

$$\hat{\theta}_{ML} = \sup_{\theta} f_x(x_1, x_2, \cdots, x_n; \theta) \tag{8-38}$$

也可以从对数似然函数

$$L(x_1, x_2, \cdots, x_n; \theta) \equiv \log f_x(x_1, x_2, \cdots, x_n; \theta) \tag{8-39}$$

得到。如果 $L(x_1, x_2, \cdots, x_n; \theta)$ 是可微分的并且上确界 $\hat{\theta}_{ML}$ 存在，则它必须满足方程

$$\left.\frac{\partial \log f_x(x_1, x_2, \cdots, x_n; \theta)}{\partial \theta}\right|_{\theta = \hat{\theta}_{ML}} = 0 \tag{8-40}$$

【例 8-10】 设 $x_1, x_2, \cdots, x_n$ 是独立同分布的在区间 $(0, \theta)$ 上均匀分布的随机变量，具有共同的密度函数

$$f_{x_i}(x_i; \theta) = \frac{1}{\theta} \quad 0 < x_i < \theta \tag{8-41}$$

其中 θ 未知。这种情况的似然函数是

$$\begin{aligned} f(\boldsymbol{x}_1 = x_1, \boldsymbol{x}_2 = x_2, \cdots, \boldsymbol{x}_n = x_n; \theta) &= \frac{1}{\theta^n}, 0 < x_i \leqslant \theta, \quad i = 1 \to n \\ &= \frac{1}{\theta^n} \quad 0 \leqslant \max((x_1, x_2, \cdots, x_n) \leqslant \theta \end{aligned} \tag{8-42}$$

似然函数在 θ 的最小值处最大，因为 $\theta \geqslant \max(x_1, x_2, \cdots, x_n)$，我们得到

$$\hat{\theta}_{ML}(\boldsymbol{x}) = \max(\boldsymbol{x}_1, \boldsymbol{x}_2, \cdots, \boldsymbol{x}_n) \tag{8-43}$$

是 θ 的最大似然(ML)估计。

【例 8-11】 设 $\boldsymbol{x}_1, \boldsymbol{x}_2, \cdots, \boldsymbol{x}_n$ 是独立同分布的伽马随机变量，具有未知参数 α 和 β。因此 $x_i > 0$ 并且

$$f_x(x_1, x_2, \cdots, x_n; \alpha, \beta) = \frac{\beta^{n\alpha}}{(\Gamma(\alpha))^n} \prod_{i=1}^{n} x_i^{\alpha-1} e^{-\beta \sum_{i=1}^{n} x_i} \tag{8-44}$$

从而对数似然函数是

$$\begin{aligned} L(x_1, x_2, \cdots, x_n; \alpha, \beta) &= \log f_x(x_1, x_2, \cdots, x_n; \alpha, \beta) \\ &= n\alpha \log\beta - n\log\Gamma(\alpha) + (\alpha - 1)\left(\sum_{i=1}^{n} \log x_i\right) - \beta \sum_{i=1}^{n} x_i \end{aligned} \tag{8-45}$$

对 L 求关于 α 和 β 的偏导数，我们得到

$$\frac{\partial L}{\partial \alpha} = n\log\beta - \frac{n}{\Gamma(\alpha)} \Gamma'(\alpha) + \left.\sum_{i=1}^{n} \log x_i \right|_{\alpha, \beta = \hat{\alpha}, \hat{\beta}} = 0 \tag{8-46}$$

$$\frac{\partial L}{\partial \beta} = \frac{n\alpha}{\beta} - \left.\sum_{i=1}^{n} x_i \right|_{\alpha, \beta = \hat{\alpha}, \hat{\beta}} = 0 \tag{8-47}$$

因此，

$$\hat{\beta}_{ML} x_i = \frac{\hat{\alpha}_{ML}}{\frac{1}{n} \sum_{i=1}^{n} x_i} \tag{8-48}$$

把(8-48)式代入(8-46)式，我们得到

$$\log \hat{\alpha}_{ML} - \frac{\Gamma'(\hat{\alpha}_{ML})}{\Gamma(\hat{\alpha}_{ML})} = \log\left(\frac{1}{n}\sum_{i=1}^{n} x_i\right) - \frac{1}{n}\sum_{i=1}^{n}\log x_i \tag{8-49}$$

一般情况下，(对数)似然函数有一个以上的解，或者根本没有解。而且(对数)似然函数也可能不可微分或者求它的显式解极其复杂[见(8-49)式]。

从(8-38)式，最大似然方法试图求概率密度函数 $f(x_1, x_2, \cdots, x_n; \theta)$ 的众数。因为众数一般比均值、中值的估计效果差，这种方法的小样本性质常常很差。对于大样本情况，众数估计的性能接近均值和中值估计。我们后面将看到，ML 估计提供了许多我们期望的大样本性质[见(8-284)～(8-289)式]。

为了系统研究非随机参数的估计问题，引入有效统计量和相关的概念是有用的。

8.3.2　充分统计量

一个函数 $T(\boldsymbol{x}) = T(\boldsymbol{x}_1, \boldsymbol{x}_2, \cdots, \boldsymbol{x}_n)$ 称作是 θ 的一个充分统计量，如果 $T(\boldsymbol{x})$ 包含了数据集所包含的 θ 的所有信息，即，给定概率密度函数

$$P\{\boldsymbol{x}_1 = x_1, \boldsymbol{x}_1 = x_2, \cdots, \boldsymbol{x}_n = x_n; \theta\} \tag{8-50}$$

如果

$$P\{\boldsymbol{x}_1 = x_1, \boldsymbol{x}_2 = x_2, \cdots, \boldsymbol{x}_n = x_n; \theta \mid T(\boldsymbol{x}) = t\} \tag{8-51}$$

对于所有的 x_i 可能值都不依赖于 θ，那么 $T(\boldsymbol{x})$ 必须包含数据集 $\boldsymbol{x}$ 中与 θ 有关的所有信息。一旦 $T(\boldsymbol{x})$ 得到，样本集 $\boldsymbol{x}$ 不再包含关于 θ 的信息，于是它被称作对 θ 的充分统计量。

因此，如果条件密度函数

$$f_{x|T}(x_1, x_2, \cdots, x_n; \theta \mid T(x) = t) \tag{8-52}$$

不依赖于 θ，我们称统计量 $T(\boldsymbol{x})$ 对参数 θ 是充分的。

注意，结果 $\boldsymbol{x}_1, \boldsymbol{x}_2, \cdots, \boldsymbol{x}_n$ 总是充分的，这种情况是平凡的；但我们感兴趣的是，如果函数 $T(\boldsymbol{x})$ 是充分的，则我们只须集中研究 T 即可，因为它包含了数据 $\boldsymbol{x}$ 中所有与 θ 有关的信息。下面的例子表明一个统计量是充分的。

【例 8-12】　设 $\boldsymbol{x}_1, \boldsymbol{x}_2, \cdots, \boldsymbol{x}_n$ 是独立同分布的，服从泊松分布 $P(\lambda)$，考虑函数

$$T(\boldsymbol{x}_1, \boldsymbol{x}_2, \cdots, \boldsymbol{x}_n) = \sum_{i=1}^{n} \boldsymbol{x}_i \tag{8-53}$$

那么

$$P\{\boldsymbol{x}_1 = x_1, \boldsymbol{x}_2 = x_2, \cdots, \boldsymbol{x}_n = x_n \mid T(\boldsymbol{x}) = t\}$$

$$= \begin{cases} \dfrac{P\{\boldsymbol{x}_1 = x_1, \boldsymbol{x}_2 = x_2, \cdots, \boldsymbol{x}_n = t - (x_1 + x_2 + \cdots + x_{n-1})\}}{P\{T = \sum\limits_{i=1}^{n} x_i\}}, & t = \sum\limits_{i=1}^{n} x_i \\ 0 & t \neq \sum\limits_{i=1}^{n} x_i \end{cases} \tag{8-54}$$

但像我们所知道的，$T(\boldsymbol{x}) \sim P(n\lambda)$。因此，

$$P\{T = \sum_{i=1}^{n} x_i\} = \mathrm{e}^{-n\lambda} \frac{(n\lambda)^{\sum_{i=1}^{n} x_i}}{(\sum_{i=1}^{n} x_i)!} = \mathrm{e}^{-n\lambda} \frac{(n\lambda)^t}{t!} \tag{8-55}$$

于是，

$$\frac{P\{\boldsymbol{x}_1 = x_1, \boldsymbol{x}_2 = x_2, \cdots, \boldsymbol{x}_n = t-(x_1+x_2+\cdots+x_{n-1})\}}{P\{T = \sum_{i=1}^{n} x_i\}}$$

$$= \frac{e^{-\lambda}\dfrac{\lambda^{x_1}}{(x_1)!}e^{-\lambda}\dfrac{\lambda^{x_2}}{(x_2)!}\cdots e^{-\lambda}\dfrac{\lambda^{t-x_1-x_2-\cdots-x_{n-1}}}{(t-x_1-x_2-\cdots-x_{n-1})!}}{e^{-n\lambda}\dfrac{(n\lambda)^t}{t!}} = \frac{(\sum_{i=1}^{n} x_i)!}{x_1!x_2!\cdots x_n!n^t} \tag{8-56}$$

与 $\theta=\lambda$ 无关。因此，$T(\boldsymbol{x}) = \sum_{i=1}^{n} \boldsymbol{x}_i$ 对 λ 是充分的。

【例 8-13】　一个非充分统计量

设 $\boldsymbol{x}_1, \boldsymbol{x}_2$ 独立同分布，服从 $N(\mu,\sigma^2)$。假定 μ 是仅有的未知常数，考虑 $\boldsymbol{x}_1, \boldsymbol{x}_2$ 的某些函数，如

$$T_1 = \boldsymbol{x}_1 + 2\boldsymbol{x}_2 \tag{8-57}$$

显然，$T_1 \sim N(3\mu, 5\sigma^2)$，并且

$$\begin{aligned} f(\boldsymbol{x}_1,\boldsymbol{x}_2 \mid T_1) &= \frac{f(\boldsymbol{x}_1,\boldsymbol{x}_2,T_1=\boldsymbol{x}_1+2\boldsymbol{x}_2)}{f(T_1=\boldsymbol{x}_1+2\boldsymbol{x}_2)} \\ &= \begin{cases} \dfrac{f_{x_1,x_2}(x_1+x_2)}{f_{x_1+2x_2}(x_1+2x_2)}, & T_1 = x_1+2x_2 \\ 0 & T_1 \neq x_1+2x_2 \end{cases} \\ &= \frac{\dfrac{1}{2\pi\sigma^2}e^{-[(x_1-\mu)^2+(x_2-\mu)^2]/2\sigma^2}}{\dfrac{1}{\sqrt{10\pi\sigma^2}}e^{-(x_1+2x_2-3\mu)^2/10\sigma^2}} \\ &= \sqrt{\frac{5}{2\pi\sigma^2}}\frac{e^{-[x_1^2+x_2^2-2\mu(x_1+x_2)+2\mu^2]/2\sigma^2}}{e^{-[(x_1+2x_2)^2-6\mu(x_1+2x_2)+9\mu^2]/10\sigma^2}} \\ &= \sqrt{\frac{5}{2\pi\sigma^2}}e^{-[(2x_1-x_2)^2-2\mu(2x_1-x_2)+\mu^2]/10\sigma^2} \end{aligned} \tag{8-58}$$

与 μ 是有关的；因此 $T_1 = \boldsymbol{x}_1 + 2\boldsymbol{x}_2$ 对 μ 不是充分的。

然而，$T = \boldsymbol{x}_1 + \boldsymbol{x}_2$ 对 μ 是充分的，因为 $T = \boldsymbol{x}_1 + \boldsymbol{x}_2 \sim N(2\mu, 2\sigma^2)$ 并且

$$\begin{aligned} f(\boldsymbol{x}_1,\boldsymbol{x}_2 \mid T) &= \frac{f(\boldsymbol{x}_1,\boldsymbol{x}_2,T=\boldsymbol{x}_1+\boldsymbol{x}_2)}{f(T=\boldsymbol{x}_1+\boldsymbol{x}_2)} \\ &= \begin{cases} \dfrac{f_{x_1,x_2}(x_1,x_2)}{f_{x_1+x_2}(x_1+x_2)}, & T = x_1+x_2 \\ 0, & \text{其它情况} \end{cases} \\ &= \frac{f_{x_1,x_2}(x_1,x_2)}{f_{x_1+x_2}(x_1+x_2)} = \frac{\dfrac{1}{2\pi\sigma^2}e^{-[(x_1-\mu)^2+(x_2-\mu)^2]/2\sigma^2}}{\dfrac{1}{\sqrt{4\pi\sigma^2}}e^{-(x_1+x_2-2\mu)^2/4\sigma^2}} \\ &= \frac{1}{\sqrt{\pi\sigma^2}}\frac{e^{-[x_1^2+x_2^2-2\mu(x_1+x_2)+2\mu^2]/2\sigma^2}}{e^{-[(x_1+2x_2)^2/2-2\mu(x_1+2x_2)+2\mu^2]/2\sigma^2}} \\ &= \frac{1}{\sqrt{\pi\sigma^2}}e^{-(x_1-x_2)^2/4\sigma^2} \end{aligned} \tag{8-59}$$

与 μ 无关。于是，$T(\boldsymbol{x}_1,\boldsymbol{x}_2) = \boldsymbol{x}_1 + \boldsymbol{x}_2$ 对 μ 是充分的。

然而，怎样求充分统计量呢？幸运的是，充分统计量能够按照下面的定理确定，而不是像例 8－13 那样通过检验多个不同的公式。

▶ **因式分解定理**　设 $\boldsymbol{x}_1, \boldsymbol{x}_2, \cdots, \boldsymbol{x}_n$ 是一组离散型随机变量，具有概率质量函数(p. m. f)$P\{\boldsymbol{x}_1 = x_1, \boldsymbol{x}_2 = x_2, \cdots, \boldsymbol{x}_n = x_n; \theta\}$。那么当且仅当下式成立时 $T(\boldsymbol{x}_1, \boldsymbol{x}_2 \cdots, \boldsymbol{x}_n)$ 是充分的

$$P\{\boldsymbol{x}_1 = x_1, \boldsymbol{x}_2 = x_2, \cdots \boldsymbol{x}_n = x_n; \theta\} = h(x_1, x_2, \cdots, x_n) g_\theta(T(\boldsymbol{x}) = t) \tag{8-60}$$

其中 $h(\cdot)$ 是 $\boldsymbol{x}_1, \boldsymbol{x}_2, \cdots, \boldsymbol{x}_n$ 的非负函数并且不依赖于 θ，$g(\cdot)$ 仅仅是 θ 和 T 的函数(不以任何方式依赖于 $\boldsymbol{x}_1, \boldsymbol{x}_2, \cdots, \boldsymbol{x}_n$)。

证　充分性。假定

$$P\{\boldsymbol{x}; \theta\} = h(\boldsymbol{x}) g_\theta(T) \tag{8-61}$$

那么，

$$\begin{aligned} P\{\boldsymbol{x} = x; \theta \mid T(\boldsymbol{x}) = t\} &= \begin{cases} \dfrac{P\{\boldsymbol{x} = x; \theta, T = t\}}{P\{T = t\}}, & T = t \\ 0, & T \neq t \end{cases} \\ &= \begin{cases} \dfrac{P\{\boldsymbol{x} = x; \theta\}}{P\{T = t\}} & T = t \\ 0, & T \neq t \end{cases} \end{aligned} \tag{8-62}$$

如果 $T(\boldsymbol{x}) = t$，那么

$$\begin{aligned} P\{T(\boldsymbol{x}) = t\} &= \sum_{T(\boldsymbol{x}) = t} P\{\boldsymbol{x} = x; \theta\} = \sum_{T(\boldsymbol{x}) = t} h(\boldsymbol{x}) g_\theta(T = t) \\ &= g_\theta(T = t) \sum_{T(\boldsymbol{x}) = t} h(\boldsymbol{x}) \end{aligned} \tag{8-63}$$

于是，

$$P\{\boldsymbol{x} = x; \theta \mid T(\boldsymbol{x}) = t\} = \begin{cases} \dfrac{h(\boldsymbol{x})}{\sum\limits_{T(\boldsymbol{x}) = t} h(\boldsymbol{x})} & T(\boldsymbol{x}) = t \\ 0 & T(\boldsymbol{x}) \neq t \end{cases} \tag{8-64}$$

(8－64) 式不依赖于 θ。因此 T 是充分的。

反之，假定 $T(\boldsymbol{x}) = t$ 是充分的。那么，

$$\begin{aligned} P\{\boldsymbol{x} = x; \theta\} &= P\{\boldsymbol{x} = x; \theta, T(\boldsymbol{x}) = t\} \quad (\text{如果 } T(\boldsymbol{x}) = t) \\ &= P\{\boldsymbol{x} = x; \theta \mid T(\boldsymbol{x}) = t\} P\{T(\boldsymbol{x}) = t\} \end{aligned} \tag{8-65}$$

因为 T 是充分的，$P\{\boldsymbol{x} = x; \theta \mid T = t\}$ 与 θ 无关，记作 $h(\boldsymbol{x})$。于是，

$$P\{\boldsymbol{x} = x; \theta\} = h(\boldsymbol{x}) P(T = t) \tag{8-66}$$

但

$$P\{T(\boldsymbol{x}) = t\} = \sum_{T(\boldsymbol{x}) = t} P\{\boldsymbol{x} = x; \theta\} = g_\theta(T = t) \tag{8-67}$$

因此如果 T 是充分的，我们得到

$$P\{\boldsymbol{x} = x; \theta\} = h(\boldsymbol{x}) g_\theta(T = t) \tag{8-68}$$

它与(8－60) 是一致的。◀

下面，我们用两个例子说明这个定理在求充分统计量中的用途。

【例 8-14】 设 $\boldsymbol{x}_1,\boldsymbol{x}_2,\cdots,\boldsymbol{x}_n$ 是独立同分布的，服从 $N(\mu,\sigma^2)$。因此，

$$\begin{aligned} f(\boldsymbol{x};\mu,\sigma^2) &= \left(\frac{1}{2\pi\sigma^2}\right)^{n/2} \mathrm{e}^{-\sum\limits_{i=1}^{n}(x_i-\mu)^2/2\sigma^2} \\ &= \left(\frac{1}{2\pi\sigma^2}\right)^{n/2} \mathrm{e}^{-(\sum\limits_{i=1}^{n}x_i^2/2\sigma^2-\mu\sum\limits_{i=1}^{n}x_i/\sigma^2+n\mu^2/2\sigma^2)} \end{aligned} \tag{8-69}$$

因此，向量函数$(\sum\limits_{i=1}^{n}\boldsymbol{x}_i,\sum\limits_{i=1}^{n}\boldsymbol{x}_i^2)$对参数$(\mu,\sigma^2)$是充分的。注意，如果 σ^2 已知，那么 $\sum\limits_{i=1}^{n}\boldsymbol{x}_i$ 对 μ 是充分的；类似地，如果 μ 是已知的，那么 $\sum\limits_{i=1}^{n}\boldsymbol{x}_i^2$ 对于未知参数 σ^2 是充分的。

【例 8-15】 设 $\boldsymbol{x}_1,\boldsymbol{x}_2,\cdots,\boldsymbol{x}_n$ 是独立同分布的，服从 $U(0,\theta)$。那么

$$f_x(x_1,x_2,\cdots,x_n;\theta) = \begin{cases} \dfrac{1}{\theta^n} & 0 < x_1,x_2\cdots,x_n < \theta \\ 0 & \text{其它情况} \end{cases} \tag{8-70}$$

定义

$$I_{(a,b)} = \begin{cases} 1 & b > a \\ 0 & \text{其它情况} \end{cases} \tag{8-71}$$

和随机变量

$$\max\boldsymbol{x} \equiv \max(\boldsymbol{x}_1,\boldsymbol{x}_2,\cdots,\boldsymbol{x}_n)$$
$$\min\boldsymbol{x} \equiv \min(\boldsymbol{x}_1,\boldsymbol{x}_2,\cdots,\boldsymbol{x}_n)$$

那么

$$f_x(x_1,x_2,\cdots,x_n;\theta) = \frac{1}{\theta^n}I_{(0,\min\boldsymbol{x})}I(\max\boldsymbol{x},\theta) = h(\boldsymbol{x})g_\theta(T) \tag{8-72}$$

其中

$$h(\boldsymbol{x}) \equiv I_{(0,\min\boldsymbol{x})} \tag{8-73}$$

$$g_\theta(T) \equiv \frac{1}{\theta^n}I_{(\max\boldsymbol{x},\theta)} \tag{8-74}$$

因此，

$$T(\boldsymbol{x}_1,\boldsymbol{x}_2,\cdots,\boldsymbol{x}_n) = \max(\boldsymbol{x}_1,\boldsymbol{x}_2,\cdots,\boldsymbol{x}_n) \tag{8-75}$$

对均匀分布随机变量的参数 θ 是充分的。

用类似的方法，如果 $\boldsymbol{x}_i$ 表示均匀分布的离散型随机变量，满足

$$P\{\boldsymbol{x}_i = k\} = 1/N \quad k = 1,2,\cdots,N \tag{8-76}$$

并且 $\boldsymbol{x}_1,\boldsymbol{x}_2,\cdots,\boldsymbol{x}_n$ 独立同分布，那么用相同的推导，

$$T(\boldsymbol{x}) = \max(\boldsymbol{x}_1,\boldsymbol{x}_2,\cdots,\boldsymbol{x}_n) \tag{8-77}$$

也表示了未知离散参数 N 的一个充分统计量。

下面我们考虑非随机参数在理想状态下估计的一些重要性质。首先，我们希望未知非随机参数的估计是无偏的并且有低的方差。

8.3.3 无偏估计

回想一下，参数 θ 的估计 $T(\boldsymbol{x})$ 如果满足

$$E[T(\boldsymbol{x})] = \theta \tag{8-78}$$

我们称 $T(\boldsymbol{x})$ 是 θ 的无偏估计。如果 $T_1(\boldsymbol{x})$ 和 $T_2(\boldsymbol{x})$ 都是 θ 的无偏估计，显然方差小的一个性能更好。这样的问题是很自然的：(1) 怎样得到具有最小方差的 θ 的无偏估计？(2) 能否得到所有无偏估计方差下界的表达式？

这两个问题的答案是肯定的，它们由罗(Rao) 在他 1945 年的一篇论文中给出[①]。1946 年，克拉美[Cramer] 也用完全不同的方法独立得到了期望的界。我们用克拉美-罗界作为这部分的开始，它给出了所有无偏估计的方差的下界。

克拉美-罗(CR) 下界(Cramer-Rao) ▶ 设 $T(\boldsymbol{x})$ 表示任一未知参数 θ 的无偏估计，估计基于随机变量 $\boldsymbol{x}_1,\boldsymbol{x}_2,\cdots,\boldsymbol{x}_n$ 的观测，这些随机变量的联合概率密度是 $f(\boldsymbol{x}_1=x_1,\boldsymbol{x}_2=x_2,\cdots,\boldsymbol{x}_n=x_n;\theta)$，表示为 $f(\boldsymbol{x};\theta)$。那么

$$\operatorname{Var}\{T(\boldsymbol{x})\} \geqslant \frac{1}{E\left\{\left(\frac{\partial}{\partial\theta}\log f(\boldsymbol{x};\theta)\right)^2\right\}} = \frac{-1}{E\left\{\frac{\partial^2}{\partial\theta^2}\log f(\boldsymbol{x};\theta)\right\}} \tag{8-79}$$

其中假定下面的正则条件成立

$$\frac{\partial}{\partial\theta}\int f(\boldsymbol{x};\theta)\mathrm{d}x = \int\frac{\partial f(\boldsymbol{x};\theta)}{\partial\theta}\mathrm{d}x = 0 \tag{8-80}$$

$$\frac{\partial}{\partial\theta}\int T(\boldsymbol{x})f(\boldsymbol{x};\theta)\mathrm{d}x = \int T(\boldsymbol{x})\frac{\partial f(\boldsymbol{x};\theta)}{\partial\theta}\mathrm{d}x \tag{8-81}$$

这里积分表示 n 重积分。

证　利用无偏性质，我们有

$$E\{T(\boldsymbol{x})-\theta\} = \int_{-\infty}^{\infty}\{T(\boldsymbol{x})-\theta\}f(\boldsymbol{x};\theta)\mathrm{d}x = 0 \tag{8-82}$$

两边对 θ 微分我们得到

$$\int_{-\infty}^{\infty}(T(\boldsymbol{x})-\theta)\frac{\partial f(\boldsymbol{x};\theta)}{\partial\theta}\mathrm{d}x - \int_{-\infty}^{\infty}f(\boldsymbol{x};\theta)\mathrm{d}x = 0 \tag{8-83}$$

这里我们使用了正则条件(8-80) 和(8-81) 式。于是，

$$\int_{-\infty}^{\infty}(T(\boldsymbol{x})-\theta)\frac{\partial f(\boldsymbol{x};\theta)}{\partial\theta}\mathrm{d}x = 1 \tag{8-84}$$

但

$$\frac{\partial\log f(\boldsymbol{x};\theta)}{\partial\theta} = \frac{1}{f(\boldsymbol{x};\theta)}\frac{\partial f(\boldsymbol{x};\theta)}{\partial\theta} \tag{8-85}$$

所以，

$$\frac{\partial f(\boldsymbol{x};\theta)}{\partial\theta} = f(\boldsymbol{x};\theta)\frac{\partial\log f(\boldsymbol{x};\theta)}{\partial\theta} \tag{8-86}$$

(8-84) 式变成

$$\int_{-\infty}^{\infty}(T(\boldsymbol{x})-\theta)f(\boldsymbol{x};\theta)\frac{\partial\log f(\boldsymbol{x};\theta)}{\partial\theta}\mathrm{d}x = 1 \tag{8-87}$$

重新把这个表达式写做

$$\int_{-\infty}^{\infty}\{(T(\boldsymbol{x})-\theta)\sqrt{f(\boldsymbol{x};\theta)}\}\{\sqrt{f(\boldsymbol{x};\theta)}\frac{\partial\log f(\boldsymbol{x};\theta)}{\partial\theta}\}\mathrm{d}x = 1 \tag{8-88}$$

利用柯西-许瓦兹(Cauchy-Schwarz) 不等式，我们得到

$$1 \leqslant \int_{-\infty}^{\infty}\{(T(\boldsymbol{x})-\theta)\sqrt{f(\boldsymbol{x};\theta)}\}^2\mathrm{d}x\int_{-\infty}^{\infty}\{\sqrt{f(\boldsymbol{x};\theta)}\frac{\partial\log f(\boldsymbol{x};\theta)}{\partial\theta}\}^2\mathrm{d}x \tag{8-89}$$

---

① C. R. Rao. Information and the Accuracy Attainable in the Estimation of Statistical Parameters. Bulletin of the Calcutta Mathematical Society, Vol. 37, PP. 81 ~ 89, 1945.

或者

$$\int_{-\infty}^{\infty}(T(\boldsymbol{x})-\theta)^2 f(\boldsymbol{x};\theta)\mathrm{d}x\int_{-\infty}^{\infty}\left(\frac{\partial \log f(\boldsymbol{x};\theta)}{\partial\theta}\right)^2 f(\boldsymbol{x}\mid\theta)\mathrm{d}x \geqslant 1 \tag{8-90}$$

但

$$\int_{-\infty}^{\infty}(T(\boldsymbol{x})-\theta)^2 f(\boldsymbol{x};\theta)\mathrm{d}x = \mathrm{Var}\{T(\boldsymbol{x})\} \tag{8-91}$$

所以我们得到

$$\mathrm{Var}\{T(\boldsymbol{x})\}\cdot E\left\{\left(\frac{\partial \log f(\boldsymbol{x};\theta)}{\partial\theta}\right)^2\right\}\geqslant 1 \tag{8-92}$$

它给出了期望的界

$$\mathrm{Var}\{T(\boldsymbol{x})\}\geqslant\frac{1}{E\{(\frac{\partial \log f(\boldsymbol{x};\theta)}{\partial\theta})^2\}} \tag{8-93}$$

对恒等式(8-86)式两边积分，我们得到

$$\int_{-\infty}^{\infty} f(\boldsymbol{x};\theta)\frac{\partial \log f(\boldsymbol{x};\theta)}{\partial\theta}\mathrm{d}x=\int_{-\infty}^{\infty}\frac{\partial f(\boldsymbol{x};\theta)}{\partial\theta}\mathrm{d}x=\frac{\partial}{\partial\theta}\int_{-\infty}^{\infty} f(\boldsymbol{x};\theta)\mathrm{d}x=0 \tag{8-94}$$

这里我们再次利用了(8-80)式的正则条件。上面表达式两边对 θ 求微分，我们得到

$$\int_{-\infty}^{\infty}\frac{\partial f(\boldsymbol{x};\theta)}{\partial\theta}\frac{\partial \log f(\boldsymbol{x};\theta)}{\partial\theta}\mathrm{d}x+\int_{-\infty}^{\infty} f(\boldsymbol{x};\theta)\frac{\partial^2 \log f(\boldsymbol{x};\theta)}{\partial^2\theta}\mathrm{d}x=0 \tag{8-95}$$

这里我们假定 $\partial f(\boldsymbol{x};\theta)/\partial\theta$ 是可微分的。把(8-86)式代入(8-95)式，我们得到

$$\int_{-\infty}^{\infty} f(\boldsymbol{x};\theta)(\frac{\partial \log f(\boldsymbol{x};\theta)}{\partial\theta})^2\mathrm{d}x+\int_{-\infty}^{\infty} f(\boldsymbol{x};\theta)\frac{\partial^2 \log f(\boldsymbol{x};\theta)}{\partial\theta^2}\mathrm{d}x=0 \tag{8-96}$$

它与下式是相同的

$$E\left\{\left(\frac{\partial \log f(\boldsymbol{x};\theta)}{\partial\theta}\right)^2\right\}=-E\left\{\frac{\partial^2 \log f(\boldsymbol{x};\theta)}{\partial\theta^2}\right\}\equiv J_{11}(\theta) \tag{8-97}$$

注意，$J_{11}(\theta)$ 常常被称作包含在数据集中关于 θ 的费希尔(Fisher)信息。因此，我们得到

$$\mathrm{Var}\{T(\boldsymbol{x})\}\geqslant\frac{1}{E\left\{\left(\frac{\partial \log f(\boldsymbol{x};\theta)}{\partial\theta}\right)^2\right\}}=\frac{-1}{E\left(\frac{\partial^2 \log f(\boldsymbol{x};\theta)}{\partial\theta^2}\right)} \tag{8-98}$$

如果 $\boldsymbol{x}_1,\boldsymbol{x}_2,\cdots,\boldsymbol{x}_n$ 是独立同分布的随机变量，那么

$$\log f(x_1,x_2,\cdots,x_n;\theta)=\log f(x_1;\theta)f(x_2;\theta)\cdots f(x_n;\theta)=\sum_{i=1}^{n}\log f(x_i;\theta) \tag{8-99}$$

表示 n 个独立随机变量的和，于是

$$\begin{aligned}E\left\{\left(\frac{\partial \log f(\boldsymbol{x}_1,\boldsymbol{x}_2,\cdots,\boldsymbol{x}_n;\theta)}{\partial\theta}\right)^2\right\}&=\sum_{i=1}^{n}E\left\{\left(\frac{\partial \log f(\boldsymbol{x}_i;\theta)}{\partial\theta}\right)^2\right\}\\&=nE\left\{\left(\frac{\partial \log f(\boldsymbol{x}_i;\theta)}{\partial\theta}\right)^2\right\}\end{aligned} \tag{8-100}$$

所以，CR 界简化成

$$\mathrm{Var}\{T(\boldsymbol{x})\} \geqslant \frac{1}{nE\left\{\left(\frac{\partial \log f(\boldsymbol{x}_i;\theta)}{\partial \theta}\right)^2\right\}} = \frac{-1}{nE\left(\frac{\partial^2 \log f(\boldsymbol{x}_i;\theta)}{\partial^2 \theta}\right)} \tag{8-101}$$

◀

回到(8－89)式的一般情况，从柯西-许瓦兹不等式，在(8－89)和(8－98)式中等号成立的充要条件是

$$\frac{\partial \log f(\boldsymbol{x};\theta)}{\partial \theta} = \{T(\boldsymbol{x}) - \theta\}a(\theta) \tag{8-102}$$

这种情况下，无偏估计 $T(\boldsymbol{x})$ 具有最小方差，它被称做 θ 的**有效**估计。

显然，如果有效估计存在，那么，从最小方差准则来看，它是最优的。假定所有情况下都存在这样的估计是不恰当的。一般来说，这样的估计可能存在，也可能不存在。这依赖于我们所考虑问题的具体情况。

然而，如果有效估计存在，那么容易证明它事实上就是 ML 估计。为了说明这点，注意在(8－40)式中的最大似然估计满足方程

$$\left.\frac{\partial \log f(\boldsymbol{x};\theta)}{\partial \theta}\right|_{\theta=\hat{\theta}_{ML}} = 0 \tag{8-103}$$

代入到有效估计方程中，我们得到

$$\left.\frac{\partial \log f(\boldsymbol{x};\theta)}{\partial \theta}\right|_{\theta=\hat{\theta}_{ML}} = \{T(\boldsymbol{x}) - \theta\}a(\theta)\Big|_{\theta=\hat{\theta}_{ML}} = 0 \tag{8-104}$$

容易证明 $a(\theta) > 0$，所以

$$\hat{\theta}_{ML} = T(\boldsymbol{x}) \tag{8-105}$$

是(8－104)式仅有的一个解，这表明：如果有效估计存在，它必是 ML 估计。为了完成证明，我们还必须证明 $a(\theta) > 0$。再次微分(8－102)式，我们得到

$$\frac{\partial^2 \log f(\boldsymbol{x};\theta)}{\partial^2 \theta} = -a(\theta) + \{T(\boldsymbol{x}) - \theta\}a'(\theta) \tag{8-106}$$

于是，

$$a(\theta) = -E\left\{\frac{\partial^2 \log f(\boldsymbol{x};\theta)}{\partial \theta^2}\right\} = E\left\{\left(\frac{\partial \log f(\boldsymbol{x};\theta)}{\partial \theta}\right)^2\right\} = J_{11} > 0 \tag{8-107}$$

这里我们利用了(8－82)和(8－97)式。这样，我们完成了证明。用(8－107)式到(8－102)式，有效估计的概率密度函数具有形式

$$f(\boldsymbol{x};\theta) = h(x)\mathrm{e}^{\int J_{11}\{T(x)-\theta\}\mathrm{d}\theta} \tag{8-108}$$

它是指数类的概率密度函数。特别是，如果 J_{11} 与 θ 无关，则(8－108)式简化为高斯概率密度函数。

有效估计不是在任何情况都存在，在有些情况下，ML 估计甚至不是无偏的。然而，参数仍然存在几个无偏估计，它们中间也有一个具有最小方差的估计。怎样进一步得到这样的估计呢？

在回答这个重要问题之前，首先考虑几个例子，说明 CR 界的问题。

【例 8－16】　设 $\boldsymbol{x}_i \sim P(\lambda)$ 是独立同分布的，其中 i 从 1 到 n；参数 λ 是未知的。因为 $E\{\boldsymbol{x}_i\} = \lambda$，我们有

$$\bar{\boldsymbol{x}} = \frac{\boldsymbol{x}_1 + \boldsymbol{x}_2 + \cdots + \boldsymbol{x}_n}{n} \tag{8-109}$$

是 λ 的一个无偏估计。而且，

$$\mathrm{Var}\{\bar{x}\} = \frac{1}{n^2}\sum_{i=1}^{n}\mathrm{Var}\{x_i\} = \frac{n\lambda}{n^2} = \frac{\lambda}{n} \tag{8-110}$$

为了检验估计的有效性，我们来计算这种情况下的 CR 界。

$$P\{x_1, x_2, \cdots, x_n; \lambda\} = \prod_{i=1}^{n} P\{x_i; \lambda\} = \prod_{i=1}^{n} \mathrm{e}^{-\lambda}\frac{\lambda^{x_i}}{x_i!} = \mathrm{e}^{-n\lambda}\frac{\lambda^{(\sum_{i=1}^{n} x_i)}}{\prod_{i=1}^{n} x_i!} \tag{8-111}$$

$$\log P\{x_1, x_2, \cdots, x_n; \lambda\} = -n\lambda + (\sum_{i=1}^{n} x_i)\log\lambda - \log(\prod_{i=1}^{n} x_i!) \tag{8-112}$$

和

$$\frac{\partial \log P\{x_1, x_2, \cdots, x_n; \lambda\}}{\partial\lambda} = -n + \frac{\sum_{i=1}^{n} x_i}{\lambda} \tag{8-113}$$

$$\frac{\partial^2 \log P\{x_1, x_2, \cdots, x_n; \lambda\}}{\partial^2\lambda} = -\frac{\sum_{i=1}^{n} x_i}{\lambda^2} \tag{8-114}$$

所以，

$$-E\left[\frac{\partial^2 \log P\{x_1, x_2, \cdots, x_n; \lambda\}}{\partial^2\lambda}\right] = \frac{\sum_{i=1}^{n} E\{x_i\}}{\lambda^2} = \frac{n\lambda}{\lambda^2} = \frac{n}{\lambda} \tag{8-115}$$

于是，CR 界是

$$\sigma_{CR}^2 = \frac{\lambda}{n} \tag{8-116}$$

因此 $\bar{x}$ 的方差等于 CR 界，于是 $\bar{x}$ 是一个有效估计。从(8-105)式，它也必然是 λ 的最大似然估计。事实上，

$$\left.\frac{\partial \log P\{x_1, x_2, \cdots, x_n; \lambda\}}{\partial\lambda}\right|_{\lambda=\hat{\lambda}_{ML}} = -n + \left.\frac{\sum_{i=1}^{n} x_i}{\lambda}\right|_{\lambda=\hat{\lambda}_{ML}} = 0 \tag{8-117}$$

所以，

$$\hat{\lambda}_{ML}(x) = \frac{\sum_{i=1}^{n} x_i}{\lambda} = \bar{x} \tag{8-118}$$

检验正则条件的有效性是重要的，否则 CR 界也许没有太大意义。为了说明这点，考虑 x_i 独立同分布，服从 $U(0,\theta)$ 且 $i = 1 \to n$。从而

$$f_{x_i}(x_i; \theta) = \frac{1}{\theta} \qquad 0 < x_i < \theta \tag{8-119}$$

从例 8-10 和 8-15，我们知道，

$$T(x) = \max(x_1, x_2, \cdots, x_n) \tag{8-120}$$

表示 θ 的最大似然估计，也表示它的充分估计。$T(x)$ 的概率分布函数是

$$\begin{aligned} F_T(t) &= P\{T \leqslant t\} = P\{\max(x_1, x_2, \cdots, x_n) \leqslant t\} \\ &= P\{x_1 \leqslant t, x_2 \leqslant t, \cdots, x_n \leqslant t\} \\ &= [P\{x_i \leqslant t\}]^n = \left(\frac{t}{\theta}\right)^n \qquad 0 < t < \theta \end{aligned} \tag{8-121}$$

所以，T 的概率密度函数是

$$f_T(t) = \frac{\mathrm{d}F_T(t)}{\mathrm{d}t} = \frac{nt^{n-1}}{\theta^n} \qquad 0 < t < \theta \tag{8-122}$$

这给出了

$$E[T(\boldsymbol{x})]=\int_0^\theta tf_T(t)\mathrm{d}t=\frac{n}{\theta^n}\int_0^\theta t^n\mathrm{d}t=\frac{n}{\theta^n}\frac{\theta^{n+1}}{n+1}=\frac{n}{n+1}\theta \tag{8-123}$$

因此 ML 估计对 θ 不是无偏的。然而

$$\hat{\theta}(x)=\left(\frac{n+1}{n}\right)\max(\boldsymbol{x}_1,\boldsymbol{x}_2,\cdots,\boldsymbol{x}_n) \tag{8-124}$$

对 θ 是无偏的。而且

$$\mathrm{Var}\{\hat{\theta}(\boldsymbol{x})\}=\left(\frac{n+1}{n}\right)^2\mathrm{Var}\{T(\boldsymbol{x})\}=\left(\frac{n+1}{n}\right)^2\left[\frac{n\theta^2}{n+2}-\left(\frac{n\theta}{n+1}\right)^2\right]=\frac{\theta^2}{n(n+2)} \tag{8-125}$$

然而，用(8-119)式，CR 界是

$$\frac{1}{nE\left\{\left(\frac{\partial\log f_{x_i}(x_i;\theta)}{\partial\theta}\right)^2\right\}}=\frac{1}{nE\left\{\left(\frac{\partial(-\log\theta)}{\partial\theta}\right)^2\right\}}=\frac{1}{n(-1/\theta)^2}=\frac{\theta^2}{n} \tag{8-126}$$

注意，这种情况下的 CR 界满足：

$$\mathrm{Var}\{\hat{\theta}(\boldsymbol{x})\}<\frac{\theta^2}{n} \tag{8-127}$$

这个明显的矛盾的出现是因为正则条件不成立。注意，

$$\frac{\partial}{\partial\theta}\int_0^\theta f(x;\theta)\mathrm{d}x=0 \tag{8-128}$$

满足(8-80)式的要求；但

$$\int_0^\theta\frac{\partial f(x;\theta)}{\partial\theta}\mathrm{d}x=\int_0^\theta\frac{\partial}{\partial\theta}\left(\frac{1}{\theta}\right)\mathrm{d}x=\int_0^\theta-\frac{1}{\theta^2}\mathrm{d}x=\frac{1}{\theta}\neq 0 \tag{8-129}$$

在(8-80)式中的第二个正则条件不成立，于是 CR 界在这儿是没有意义的。

像我们以前提到的，所有的无偏估计不必要都是有效的。为了构造一个无偏但非有效估计的例子，我们考虑下面的例 8-17。

【例 8-17】 设 $\boldsymbol{x}_i\sim N(\mu,\sigma^2)$，其中 μ 是未知的，σ^2 是已知的。并且对 $i=1\rightarrow n$，$\boldsymbol{x}_i$ 是独立同分布的。

容易验证

$$T(\boldsymbol{x})=\frac{\boldsymbol{x}_1+\boldsymbol{x}_2+\cdots+\boldsymbol{x}_n}{n}=\bar{\boldsymbol{x}} \tag{8-130}$$

是 μ 的一个无偏估计，也是有效的。事实上，$\bar{\boldsymbol{x}}\sim N(\mu,\sigma^2/n)$。但假定我们感兴趣的参数是 μ^2 而不是 μ。于是 $\theta=\mu^2$ 是未知的，我们需要求它的一个无偏估计。首先

$$f(\boldsymbol{x}_1,\boldsymbol{x}_2,\cdots,\boldsymbol{x}_n;\theta)=\left(\frac{1}{2\pi\sigma^2}\right)^{n/2}\mathrm{e}^{-\sum_{i=1}^n(x_i-\sqrt{\theta})^2/2\sigma^2} \tag{8-131}$$

所以

$$\frac{\partial\log f(\boldsymbol{x}_1,\boldsymbol{x}_2,\cdots,\boldsymbol{x}_n;\theta)}{\partial\theta}=\frac{\sum_{i=1}^n(x_i-\sqrt{\theta})}{2\sigma^2\sqrt{\theta}} \tag{8-132}$$

从而得到

$$E\left\{\left(\frac{\partial\log f(\boldsymbol{x}_1,\boldsymbol{x}_2,\cdots,\boldsymbol{x}_n;\theta)}{\partial\theta}\right)^2\right\}=\frac{\sum_{i=1}^n E\{\boldsymbol{x}_i-\mu\}^2}{4\sigma^4\mu^2}=\frac{n\sigma^2}{4\sigma^4\mu^2}=\frac{n}{4\sigma^2\mu^2} \tag{8-133}$$

对于 $\theta=\mu^2$ 的 CR 界是

$$\sigma_{CR}^2\equiv\frac{4\sigma^2\mu^2}{n}\leqslant\mathrm{Var}\{\hat{\theta}\} \tag{8-134}$$

其中$\hat{\theta}$ 表示对$\theta = \mu^2$ 的任何无偏估计。为了得到θ的一个无偏估计，我们考虑估计$\bar{x}^2$。我们得到

$$E\{\bar{x}^2\} = \text{Var}\{\bar{x}\} + [E\{\bar{x}\}]^2 = \frac{\sigma^2}{n} + \mu^2 \tag{8-135}$$

所以，

$$\hat{\theta}(x) = \bar{x}^2 - \frac{\sigma^2}{n} \tag{8-136}$$

是$\theta = \mu^2$ 的一个无偏估计。它的方差是

$$\begin{aligned} E\{[\hat{\theta} - \mu^2]^2\} &= E\left\{\left[\bar{x}^2 - \left(\frac{\sigma^2}{n} + \mu^2\right)^2\right]\right\} = E\{[\bar{x}^2 - E\{\bar{x}^2\}]^2\} \\ &= E\{\bar{x}^4\} - [E\{\bar{x}^2\}]^2 = E\{\bar{x}^4\} - \left(\frac{\sigma^2}{n} + \mu^2\right)^2 \end{aligned} \tag{8-137}$$

但如果$y \sim N(\mu, \sigma^2)$，那么，通过直接计算，我们得到

$$\begin{aligned} E\{y\} &= \mu \\ E\{y^2\} &= \sigma^2 + \mu^2 \\ E\{y^3\} &= \mu^3 + 3\mu\sigma^2 \\ E\{y^4\} &= \mu^4 + 6\mu^2\sigma^2 + 3\sigma^4 \end{aligned} \tag{8-138}$$

因为$\bar{x} \sim N(\mu, \sigma^2/n)$，我们得到

$$E\{\bar{x}^4\} = \mu^4 + 6\mu^2\frac{\sigma^2}{n} + \frac{3\sigma^4}{n^2} \tag{8-139}$$

所以用(8-137) 和(8-138) 式，

$$\begin{aligned} \text{Var}\{\bar{\theta}(x)\} &= E\{(\hat{\theta} - \mu^2)^2\} = E\{\bar{x}^4\} - \left(\frac{\sigma^2}{n} + \mu^2\right)^2 \\ &= \mu^4 + \frac{6\mu^2\sigma^2}{n} + \frac{3\sigma^4}{n^2} - \left(\frac{\sigma^4}{n^2} + \mu^4 + \frac{2\mu^2\sigma^2}{n}\right) \\ &= \frac{4\mu^2\sigma^2}{n} + \frac{2\sigma^4}{n^2} \end{aligned} \tag{8-140}$$

于是，

$$\text{Var}\{\hat{\theta}\} = \frac{4\mu^2\sigma^2}{n} + \frac{2\sigma^4}{n^2} > \frac{4\mu^2\sigma^2}{n} = \sigma_{CR}^2 \tag{8-141}$$

很清楚，$\theta = \mu^2$ 的无偏估计的方差超过了 CR 界，因此它不是一个有效估计。上面的无偏估计性能到底如何？是否能够得到一个方差比(8-140) 式更小的无偏估计呢？为了回答这些问题，引入一致最小方差无偏估计(缩写为 UMVUE) 的概念是很重要的。

8.3.4 一致最小方差无偏估计(UMVUE)

设$\{T(x)\}$ 表示θ的所有无偏估计组成的集合。假定$T_0(x) \in \{T(x)\}$，如果

$$E\{(T_0(x) - \theta)^2\} \leqslant E\{(T(x) - \theta)^2\} \tag{8-142}$$

对所有在$\{T(x)\}$ 中的$T(x)$ 成立，那么$T_0(x)$ 被称做是的一个 UMVUE。因此，θ的 UMVUE 表示它的达到最低方差的无偏估计。容易证明，UMVUE 是惟一的。

如果不惟一，假定$T_1(x)$ 和$T_2(x)$ 是θ的两个 UMVUE，并且$T_1 \neq T_2$。那么，

$$E\{T_1\} = E\{T_2\} = \theta \tag{8-143}$$

和

$$\text{Var}\{T_1\} = \text{Var}\{T_2\} = \sigma^2 \tag{8-144}$$

令$T = (T_1 + T_2)/2$。那么T对θ是无偏的，因为$T_1(x)$ 和$T_2(x)$ 是θ的两个 UMVUE，必须

满足

$$\mathrm{Var}(T) \geqslant \mathrm{Var}\{T_1\} = \sigma^2 \tag{8-145}$$

但是

$$\begin{aligned}\mathrm{Var}\{T\} &= E\left(\frac{T_1 + T_2}{2} - \theta\right)^2 = \frac{\mathrm{Var}\{T_1\} + \mathrm{Var}\{T_2\} + 2\mathrm{Cov}\{T_1, T_2\}}{4} \\ &= \frac{\sigma^2 + \mathrm{Cov}\{T_1, T_2\}}{2} \geqslant \sigma^2\end{aligned} \tag{8-146}$$

或者

$$\mathrm{Cov}\{T_1, T_2\} \geqslant \sigma^2 \tag{8-147}$$

但 $\mathrm{Cov}\{T_1, T_2\} \leqslant \sigma^2$ 始终成立，因此我们得到

$$\mathrm{Cov}\{T_1, T_2\} = \sigma^2 \Rightarrow \rho_{T_1, T_2} = 1 \tag{8-148}$$

于是 T_1 和 T_2 是完全相关的。因此，存在某个常数 a 使得：对所有的 θ

$$P\{T_1 = aT_2\} = 1 \tag{8-149}$$

因为 T_1 和 T_2 是 θ 的无偏估计，我们有 $a = 1$ 和对所有的 θ

$$P\{T_1 = T_2\} = 1 \tag{8-150}$$

怎样求 θ 的 UMVUE 呢？罗-布莱科沃尔[Rao-Blackwell] 定理给出了一个完全的解答。

罗-布莱科沃尔定理 ▶ 设 $h(\boldsymbol{x})$ 表示 θ 的任意一个无偏估计，$T(\boldsymbol{x})$ 是 $f(\boldsymbol{x},\theta)$ 下 θ 的充分统计量。那么，条件期望 $E\{h(\boldsymbol{x}) \mid T(\boldsymbol{x})\}$ 不依赖于 θ，它是 θ 的 UMVUE 估计。

证　设

$$T_0(\boldsymbol{x}) = E[h(\boldsymbol{x}) \mid T(\boldsymbol{x})] \tag{8-151}$$

因为

$$E\{T_0(\boldsymbol{x})\} = E\{E[h(\boldsymbol{x}) \mid T(\boldsymbol{x})]\} = E\{h(\boldsymbol{x})\} = \theta \tag{8-152}$$

所以 $T_0(\boldsymbol{x})$ 是 θ 的无偏估计，并且证明下式就足够了

$$\mathrm{Var}\{T_0(\boldsymbol{x})\} \leqslant \mathrm{Var}\{h(\boldsymbol{x})\} \tag{8-153}$$

它与下式是相同的

$$E\{T_0^2(\boldsymbol{x})\} \leqslant E\{h^2(\boldsymbol{x})\} \tag{8-154}$$

但

$$E\{h^2(\boldsymbol{x})\} = E\{E[h^2(\boldsymbol{x}) \mid T(\boldsymbol{x})]\} \tag{8-155}$$

于是只要证明

$$E\{T_0^2(\boldsymbol{x})\} = E\{E[(h \mid T)]^2\} \leqslant E[E(h^2 \mid T)] \tag{8-156}$$

就可以了，这里利用了(8-151)式。显然，为了使(8-156)式成立，只要证明

$$[E(h \mid T)]^2 \leqslant E(h^2 \mid T) \tag{8-157}$$

即可。事实上，利用柯西-许瓦兹不等式可得

$$[E(h \mid T)]^2 \leqslant E(h^2 \mid T)E(1 \mid T) = E(h^2 \mid T) \tag{8-158}$$

从而我们得到了需要的不等式(8-153)式。在(8-153)和(8-154)式中的等号成立的充要条件是

$$E\{T_0^2(\boldsymbol{x})\} = E\{[E(h \mid T)]^2\} = E\{h^2\} \tag{8-159}$$

或

$$E\{[E(h \mid T)]^2 - h^2\} = E\{[E(h \mid T)]^2 - E(h^2 \mid T)\} = -E[\mathrm{Var}\{h \mid T\}] = 0 \tag{8-160}$$

因为 $\mathrm{Var}\{h \mid T\} \geqslant 0$，所以，等号成立的充要条件是

$$\mathrm{Var}\{h \mid T\} = 0$$

等价于条件

$$[E\{h \mid T\}]^2 = E[h^2 \mid T] \tag{8-161}$$

而使得(8-161)式成立的充要条件是：

$$h = E[h(\boldsymbol{x}) \mid T] \tag{8-162}$$

即，如果 h 只是充分统计量 $T = t$ 的函数，那么它是 UMVUE 估计。◀

因此，按照罗-布莱科沃尔定理，θ 的一个无偏估计，同时又是充分统计量的函数必是 θ 的 UMVUE 估计。否则，任何无偏估计基于充分统计量的条件期望给出了 UMVUE 估计。在求 UMVUE 的过程中，充分统计量的重要性在罗-布莱科沃尔定理中表现得非常明显。

如果有效估计不存在，那么最优估计是 UMVUE 估计，因为在所有 θ 的无偏估计中，它达到了最小的可能实现的方差。

回到例 8-17 的估计 $\theta = \mu^2$，其中 $\boldsymbol{x}_i \sim N(\mu, \sigma^2)$，$i = 1 \to n$，是独立同分布的随机变量，我们已经发现

$$\hat{\theta}(\bar{\boldsymbol{x}}) = \bar{\boldsymbol{x}}^2 - \frac{\sigma^2}{n} \tag{8-163}$$

是 $\theta = \mu^2$ 的一个无偏估计。显然，$T(\boldsymbol{x}) = \bar{\boldsymbol{x}}$ 是 μ 和 $\mu^2 = \theta$ 的充分统计量。因为

$$\hat{\theta}(\bar{\boldsymbol{x}}) = T^2(\boldsymbol{x}) - \frac{\sigma^2}{n} \tag{8-164}$$

上面的无偏估计仅仅是充分统计量的函数。按照罗-布莱科沃尔定理，它是 $\theta = \mu^2$ 的 UMVUE 估计。

注意，罗-布莱科沃尔定理表明：所有的 UMVUE 估计仅仅依赖于它们的充分统计量，而不依赖于数据的其它函数形式。这与充分性的概念是一致的，因为这种情况下，$T(\boldsymbol{x})$ 包含了数据集 $\boldsymbol{x} = \{\boldsymbol{x}_1, \boldsymbol{x}_2, \cdots, \boldsymbol{x}_n\}$ 中包含的关于 θ 的所有信息，因此最好的估计应该仅依赖于充分统计量。因此，如果 $h(\boldsymbol{x})$ 是 θ 的一个无偏估计，按照罗-布莱科沃尔定理可以通过加上条件 $T(\boldsymbol{x})$ 降低估计的方差。因此，与 $h(\boldsymbol{x})$ 相比

$$\begin{aligned} T_1 &= E\{h(\boldsymbol{x}) \mid T(\boldsymbol{x}) = t\} \\ &= \int h(\boldsymbol{x}) f(x_1, x_2, \cdots, x_n; \theta \mid T(\boldsymbol{x}) = t) \mathrm{d}x_1 \mathrm{d}x_2 \cdots \mathrm{d}x_n \end{aligned} \tag{8-165}$$

是 θ 一个更好的估计。事实上，我们已经注意到 $f(x_1, x_2, \cdots, x_n; \theta \mid T(\boldsymbol{x}) = t)$ 不依赖于 θ，这是因为 $T(\boldsymbol{x})$ 是充分的。这样 $T_1 = E\{h(\boldsymbol{x}) \mid T(\boldsymbol{x}) = t\}$ 独立于 θ 并且仅仅是 $T(\boldsymbol{x}) = t$ 的函数。T_1 本身也是 θ 的估计而且

$$E\{T_1\} = E\{E[h(\boldsymbol{x}) \mid T(\boldsymbol{x}) = t]\} = E[h(\boldsymbol{x})] = \theta \tag{8-166}$$

进一步，用恒等式①

$$\mathrm{Var}\{\boldsymbol{x}\} = E[\mathrm{Var}\{\boldsymbol{x} \mid \boldsymbol{y}\}] + \mathrm{Var}[E\{\boldsymbol{x} \mid \boldsymbol{y}\}] \tag{8-167}$$

我们得到

$$\mathrm{Var}\{h(\boldsymbol{x})\} = E[\mathrm{Var}\{h \mid T\}] + \mathrm{Var}[E\{h \mid T\}] = \mathrm{Var}\{T_1\} + E[\mathrm{Var}\{h \mid T\}] \tag{8-168}$$

因此

$$\mathrm{Var}\{T_1\} < \mathrm{Var}\{h(\boldsymbol{x})\} \tag{8-169}$$

这再一次证明了 $T_1 = E[h(\boldsymbol{x}) \mid T(\boldsymbol{x}) = t]$ 的 UMVUE 特性。下面我们讨论所谓的“出租车问题”，以便表明上面讨论的概念是有用的。

8.3.5 出租车问题

这里我们考虑利用一个定点观测者②记录的出租车车牌号码序列来估计一座城市中出租车总数的问题。设 $x_1, x_2, \cdots, x_n$ 表示 n 个这样的随机号码序列，我们的任务是基于这些观测估计出租车的总数 N。

首先假定观测到一个特定号码的概率是 $1/N$，这一假定是合乎情理的，所以这些观测随机变量 $\boldsymbol{x}_1, \boldsymbol{x}_2, \cdots, \boldsymbol{x}_n$ 可以假定为离散取值的随机变量，它们服从区间 $(1, N)$ 上的均匀分布，其中 N 是待确定的未知常数。于是，

$$P\{\boldsymbol{x}_i = k\} = \frac{1}{N}, \quad k = 1, 2, \cdots, N \quad i = 1, 2, \cdots\cdots, n \tag{8-170}$$

这种情况下，我们发现在(8-77)式中的统计量[参见例 8-15]

$$T\{\boldsymbol{x}_1, \boldsymbol{x}_2, \cdots, \boldsymbol{x}_n\} = \max(\boldsymbol{x}_1, \boldsymbol{x}_2, \cdots, \boldsymbol{x}_n) \tag{8-171}$$

对 N 是充分的。在寻找它的 UMVUE 估计中，我们首先计算这个充分统计量的均值。为了计算(8-171)式中充分统计量的概率密度函数，我们按照下面方式处理

$$\begin{aligned}
P(T = k) &= P[\max(\boldsymbol{x}_1, \boldsymbol{x}_2, \cdots, \boldsymbol{x}_n) = k] \\
&= P[\max(\boldsymbol{x}_1, \boldsymbol{x}_2, \cdots, \boldsymbol{x}_n) \leqslant k] - P[\max(\boldsymbol{x}_1, \boldsymbol{x}_2, \cdots, \boldsymbol{x}_n) < k] \\
&= P[\max(\boldsymbol{x}_1, \boldsymbol{x}_2, \cdots, \boldsymbol{x}_n) \leqslant k] - P[\max(\boldsymbol{x}_1, \boldsymbol{x}_2, \cdots, \boldsymbol{x}_n) \leqslant k-1] \\
&= P[\boldsymbol{x}_1 \leqslant k,\ \boldsymbol{x}_2 \leqslant k, \cdots, \boldsymbol{x}_n \leqslant k] - P[\boldsymbol{x}_1 \leqslant k-1,\ \boldsymbol{x}_2 \leqslant k-1,\ \cdots, \boldsymbol{x}_n \leqslant k-1] \\
&= [P\{\boldsymbol{x}_i \leqslant k\}]^n - [P\{\boldsymbol{x}_i \leqslant k-1\}]^n \\
&= \left(\frac{k}{N}\right)^n - \left(\frac{k-1}{N}\right)^n \qquad k = 1, 2, \cdots, N
\end{aligned} \tag{8-172}$$

所以，

$$E\{T(\boldsymbol{x})\} = N^{-n} \sum_{k=1}^{N} k\{k^n - (k-1)^n\}$$

---

① $$\mathrm{Var}\{\boldsymbol{x} \mid \boldsymbol{y}\} \equiv E\{\boldsymbol{x}^2 \mid \boldsymbol{y}\} - [E\{\boldsymbol{x} \mid \boldsymbol{y}\}]^2$$

和

$$\mathrm{Var}[E\{\boldsymbol{x} \mid \boldsymbol{y}\}] = E[E\{\boldsymbol{x} \mid \boldsymbol{y}\}]^2 - (E[E\{\boldsymbol{x} \mid \boldsymbol{y}\}])^2$$

所以

$$E\{\mathrm{Var}\{\boldsymbol{x} \mid \boldsymbol{y}\}] + \mathrm{Var}[E\{\boldsymbol{x} \mid \boldsymbol{y}\}] = E[E\{\boldsymbol{x}^2 \mid \boldsymbol{y}\}] - (E[E\{\boldsymbol{x} \mid \boldsymbol{y}\}])^2 = E\{\boldsymbol{x}^2\} - [E\{\boldsymbol{x}\}]^2 = \mathrm{Var}\{\boldsymbol{x}\}.$$

② 定点观测者可以假定是站在一个街道的拐角处，长时间的观测可以轮班进行。

$$= N^{-n}\sum_{k=1}^{N}\{k^{n+1}-(k-1+1)(k-1)^n\}$$

$$= N^{-n}\sum_{k=1}^{N}\{(k^{n+1}-(k-1)^{n+1})-(k-1)^n\} \tag{8-173}$$

$$= N^{-n}\Big\{N^{n+1}-\sum_{k=1}^{N}(k-1)^n\Big\}= N - N^{-n}\sum_{k=1}^{N-1}k^n$$

对于大的 n,我们能够近似和式如下

$$\sum_{k=1}^{N}(k-1)^n = 1^n+2^n+\cdots+(N-1)^n \approx \int_0^N y^n\mathrm{d}y = \frac{N^{n+1}}{n+1} \tag{8-174}$$

于是,

$$E\{\max(\boldsymbol{x})\}\approx N^{-n}(N^{n+1}-\frac{N^{n+1}}{n+1}) = \frac{nN}{n+1} \tag{8-175}$$

所以,

$$T_1(\boldsymbol{x}) = \left(\frac{n+1}{n}\right)T(\boldsymbol{x}) = \left(\frac{n+1}{n}\right)\max(\boldsymbol{x}_1,\boldsymbol{x}_2,\cdots,\boldsymbol{x}_n) \tag{8-176}$$

几乎是 N 的无偏估计,特别是对很大的 N。因为它仅仅依赖于充分统计量,按照罗-布莱科沃尔定理,它也是N的一个几乎UMVUE估计。容易计算,(8-176)式中几乎UMVUE估计的方差是

$$\mathrm{Var}\{T_1(\boldsymbol{x})\} = \left(\frac{n+1}{n}\right)^2\mathrm{Var}\{T(\boldsymbol{x})\} \tag{8-177}$$

但

$$\mathrm{Var}\{T(\boldsymbol{x})\} = E\{T^2(\boldsymbol{x})\}-[E\{T(\boldsymbol{x})\}]^2 = E\{T^2(\boldsymbol{x})\}-\frac{n^2N^2}{(n+1)^2} \tag{8-178}$$

所以,

$$\mathrm{Var}\{T_1(\boldsymbol{x})\} = \left(\frac{n+1}{n}\right)^2E\{T^2(\boldsymbol{x})\}-N^2 \tag{8-179}$$

现在

$$\begin{aligned}
E\{T^2(\boldsymbol{x})\} &= \sum_{k=1}^{N}k^2P\{T=k\} = N^{-n}\sum_{k=1}^{N}k^2\{k^n-(k-1)^n\}\\
&= N^{-n}\sum_{k=1}^{N}\{k^{n+2}-(k-1+1)^2(k-1)^n\}\\
&= N^{-n}\{\sum_{k=1}^{N}[k^{n+2}-(k-1)^{n+2}]-2\sum_{k=1}^{N}(k-1)^{n+1}-\sum_{k=1}^{N}(k-1)^n\}\\
&\approx N^{-n}(N^{n+2}-2\int_0^N y^{n+1}\mathrm{d}y-\int_0^N y^n\mathrm{d}y)\\
&= N^{-n}(N^{n+2}-\frac{2N^{n+2}}{n+2}-\frac{N^{n+1}}{n+1}) = \frac{nN^2}{n+2}-\frac{N}{n+1}
\end{aligned} \tag{8-180}$$

把(8-180)式代入(8-179)式,我们得到方差是

$$\mathrm{Var}\{T_1(\boldsymbol{x})\}\approx\frac{(n+1)^2}{n(n+2)}N^2-\frac{(n+1)N}{n^2}-N^2 = \frac{N^2}{n(n+2)}-\frac{(n+1)N}{n^2} \tag{8-181}$$

回到(8-176)式的估计,确切地说,它不是 N 的一个无偏估计,所以罗-布莱科沃尔定理用在这里不合适。为了弥补这一缺陷,我们需要 N 的一个无偏估计,然而它是平凡的。

在这点上,我们能够试验另一个"极端"的统计量

$$N(\boldsymbol{x}) = \min(\boldsymbol{x}_1, \boldsymbol{x}_2, \cdots, \boldsymbol{x}_n) \tag{8-182}$$

它表示 n 个观测中号码最小的一个。注意,新的统计量的确包含了有用的信息,因为它表明有 $N(\boldsymbol{x})-1$ 个出租车,它们的号码比观测到的最小的号码 $N(\boldsymbol{x})$ 小。假定有同样多的出租车,它们的号码比观测到的最大号码大,我们可以选择

$$T_0(\boldsymbol{x}) = \max(\boldsymbol{x}_1, \boldsymbol{x}_2, \cdots, \boldsymbol{x}_n) + \min(\boldsymbol{x}_1, \boldsymbol{x}_2, \cdots, \boldsymbol{x}_n) - 1 \tag{8-183}$$

是 N 的一个合理估计。为了考察这个估计是否无偏,我们必须知道 $\min(\boldsymbol{x}_1, \boldsymbol{x}_2, \cdots, \boldsymbol{x}_n)$ 的概率密度函数。我们可以得到①

$$P[\min(\boldsymbol{x}_1, \boldsymbol{x}_2, \cdots, \boldsymbol{x}_n) = j] = P[\min(\boldsymbol{x}_1, \boldsymbol{x}_2, \cdots, \boldsymbol{x}_n) \leqslant j] - P[\min(\boldsymbol{x}_1, \boldsymbol{x}_2, \cdots, \boldsymbol{x}_n) \leqslant j-1] \tag{8-184}$$

而

$$\begin{aligned} P[\min(\boldsymbol{x}_1, \boldsymbol{x}_2, \cdots, \boldsymbol{x}_n) \leqslant j] &= 1 - P\{\boldsymbol{x}_1 > j,\ \boldsymbol{x}_2 > j,\ \cdots, \boldsymbol{x}_n > j\} \\ &= 1 - \prod_{i=1}^{n} P\{\boldsymbol{x}_i > j\} = 1 - \prod_{i=1}^{n} [1 - P\{\boldsymbol{x}_i \leqslant j\}] \\ &= 1 - \prod_{i=1}^{n} \left(1 - \frac{j}{N}\right) = 1 - \frac{(N-j)^n}{N^n} \end{aligned} \tag{8-185}$$

于是,

$$\begin{aligned} P[\min(\boldsymbol{x}_1, \boldsymbol{x}_2, \cdots, \boldsymbol{x}_n) = j] &= 1 - \frac{(N-j)^n}{N^n} - \left(1 - \frac{(N-j+1)^n}{N^n}\right) \\ &= \frac{(N-j+1)^n - (N-j)^n}{N^n} \end{aligned} \tag{8-186}$$

从而,我们得到

$$\begin{aligned} E\{\min(\boldsymbol{x}_1, \boldsymbol{x}_2, \cdots, \boldsymbol{x}_n)\} &= \sum_{j=1}^{N} jP[\min(\boldsymbol{x}_1, \boldsymbol{x}_2, \cdots, \boldsymbol{x}_n) = j] \\ &= \sum_{j=1}^{N} j\,\frac{(N-j+1)^n - (N-j)^n}{N^n} \end{aligned} \tag{8-187}$$

设 $N-j+1=k$,于是 $j=N-k+1$ 并且(8-187)式中的和变成

$$\begin{aligned} & N^{-n} \sum_{k=1}^{N} (N-k+1)[k^n - (k-1)^n] \\ &= N^{-n}\{N\sum_{k=1}^{N}[k^n - (k-1)^n] - \sum_{k=1}^{N}[(k-1)k^n - (k-1)^{n+1}]\} \\ &= N^{-n}\{N^{n+1} - \sum_{k=1}^{N}\{k^{n+1} - (k-1)^{n+1}\} + \sum_{k=1}^{n} k^n\} \\ &= N^{-n}\{N^{n+1} - N^{n+1} + \sum_{k=1}^{N} k^n\} \end{aligned}$$

① $\max\{\boldsymbol{x}_1, \boldsymbol{x}_2, \cdots, \boldsymbol{x}_n\}$ 的概率密度函数和它的期望值在(8-172)和(8-173)式中给出。

$$= N^{-n}\{\sum_{k=1}^{N-1}k^n + N^n\} = 1 + N^{-n}\sum_{k=1}^{N-1}k^n \tag{8-188}$$

因此，

$$E[\min(\boldsymbol{x}_1,\boldsymbol{x}_2,\cdots,\boldsymbol{x}_n)] = 1 + N^{-n}\sum_{k=1}^{N-1}k^n \tag{8-189}$$

从(8-171)～(8-173)式，我们得到

$$E[\max(\boldsymbol{x}_1,\boldsymbol{x}_2,\cdots,\boldsymbol{x}_n)] = N - N^{-n}\sum_{k=1}^{N-1}k^n \tag{8-190}$$

结合(8-183)式，我们得到

$$\begin{aligned}E[T_0(\boldsymbol{x})] &= E[\max(\boldsymbol{x}_1,\boldsymbol{x}_2,\cdots,\boldsymbol{x}_n)] + E[\min(\boldsymbol{x}_1,\boldsymbol{x}_2,\cdots,\boldsymbol{x}_n)] - 1\\ &= (N - N^{-n}\sum_{k=1}^{N-1}k^n) + (1 + N^{-n}\sum_{k=1}^{N-1}k^n) - 1 = N\end{aligned} \tag{8-191}$$

因此 $T_0(\boldsymbol{x})$ 是 N 的无偏估计。然而，它不只是充分统计量 $\max(\boldsymbol{x}_1,\boldsymbol{x}_2,\cdots,\boldsymbol{x}_n)$ 的函数，于是它不是 N 的UMVUE估计。为了得到UMVUE估计，处理方法是直接的。事实上，从罗-布莱科沃尔定理，

$$E\{T_0(\boldsymbol{x}) \mid T(\boldsymbol{x}) = \max(\boldsymbol{x}_1,\boldsymbol{x}_2,\cdots,\boldsymbol{x}_n)\} \tag{8-192}$$

是 N 惟一的UMVUE估计。然而，因为 $T_0(\boldsymbol{x})$ 中包含统计量 $\min(\boldsymbol{x}_1,\boldsymbol{x}_2,\cdots,\boldsymbol{x}_n)$，计算条件期望可能是一件困难的事。为了最小化罗-布莱科沃尔定理中所涉及的条件期望的计算量，很清楚，应该首先从一个无偏估计开始，这个无偏估计是数据的一个简单函数。下面，考虑简单的估计

$$T_2(\boldsymbol{x}) = \boldsymbol{x}_1 \tag{8-193}$$

$$E\{T_2\} = E\{\boldsymbol{x}_1\} = \sum_{k=1}^{N}kP\{\boldsymbol{x}_1 = k\} = \sum_{k=1}^{N}k\frac{1}{N} = \frac{N(N+1)}{2N} = \frac{N+1}{2} \tag{8-194}$$

所以，

$$h(\boldsymbol{x}) = 2\boldsymbol{x}_1 - 1 \tag{8-195}$$

是 N 的一个无偏估计。应用罗-布莱科沃尔定理到这种情况来求UMVUE估计。按照定理，

$$\begin{aligned}E[h(\boldsymbol{x}) \mid T(\boldsymbol{x})] &= E\{2\boldsymbol{x}_1 - 1 \mid \max(\boldsymbol{x}_1,\boldsymbol{x}_2,\cdots,\boldsymbol{x}_n) = t\}\\ &= \sum_{k=1}^{N}(2k-1)P\{\boldsymbol{x}_1 = k \mid \max(\boldsymbol{x}_1,\boldsymbol{x}_2,\cdots,\boldsymbol{x}_n) = t\}\end{aligned} \tag{8-196}$$

从最小方差的观点看，它是最好的无偏估计。用(8-172)式，得到

$$\begin{aligned}P\{\boldsymbol{x}_1 = k \mid \max(\boldsymbol{x}_1,\boldsymbol{x}_2,\cdots,\boldsymbol{x}_n) = t\} &= \frac{P\{\boldsymbol{x}_1 = k, T(\boldsymbol{x}) = t\}}{P\{T(\boldsymbol{x}) = t\}}\\ &= \frac{P\{\boldsymbol{x}_1 = k, T(\boldsymbol{x}) \leqslant t\} - P\{\boldsymbol{x}_1 = k,\ T(\boldsymbol{x}) \leqslant t-1\}}{P\{\max T(\boldsymbol{x}) \leqslant t\} - P\{T(\boldsymbol{x}) \leqslant t-1\}}\\ &= \frac{P\{\boldsymbol{x}_1 = k, \boldsymbol{x}_2 \leqslant t,\cdots,\boldsymbol{x}_n \leqslant t\} - P\{\boldsymbol{x}_1 = k, \boldsymbol{x}_2 \leqslant t-1,\cdots,\boldsymbol{x}_n \leqslant t-1\}}{P\{\boldsymbol{x}_1 \leqslant t,\ \boldsymbol{x}_2 \leqslant t,\cdots,\boldsymbol{x}_n \leqslant t\} - P\{\boldsymbol{x}_1 \leqslant t-1,\cdots,\boldsymbol{x}_n \leqslant t-1\}}\\ &= \begin{cases}\dfrac{t^{n-1} - (t-1)^{n-1}}{t^n - (t-1)^n} & \text{如果}\quad k = 1,2,\cdots,t-1\\[2ex] \dfrac{t^{n-1}}{t^n - (t-1)^n} & \text{如果}\quad k = t\end{cases}\end{aligned} \tag{8-197}$$

因此，

$$\begin{aligned}E\{h(\boldsymbol{x}) \mid T(\boldsymbol{x})\} &= E\{(2\boldsymbol{x}_1 - 1) \mid \max(\boldsymbol{x}_1, \boldsymbol{x}_2, \cdots, \boldsymbol{x}_n)\} \\ &= \sum_{k=1}^{t}(2k-1)P\{\boldsymbol{x}_1 = k \mid \max(\boldsymbol{x}_1, \boldsymbol{x}_2, \cdots, \boldsymbol{x}_n) = t\} \\ &= \left(\frac{t^{n-1}-(t-1)^{n-1}}{t^n-(t-1)^n}\right)\sum_{k=1}^{t-1}(2k-1) + \frac{t^{n-1}}{t^n-(t-1)^n}(2t-1) \\ &= \frac{t^{n-1}-(t-1)^{n-1}}{t^n-(t-1)^n}(t-1)^2 + \frac{t^{n-1}(2t-1)}{t^n-(t-1)^n} \\ &= \frac{t^{n+1}-2t^n+t^{n-1}-(t-1)^{n+1}+2t^n-t^{n-1}}{t^n-(t-1)^n} \\ &= \frac{t^{n+1}-(t-1)^{n+1}}{t^n-(t-1)^n}\end{aligned} \tag{8-198}$$

是 N 的一个 UMVUE 估计，其中 $t = \max(\boldsymbol{x}_1, \boldsymbol{x}_2, \cdots, \boldsymbol{x}_n)$。因此，如果 $\boldsymbol{x}_1, \boldsymbol{x}_2, \cdots, \boldsymbol{x}_n$ 表示来自号码总体中的 n 个随机观测，那么①

$$\hat{N}_n = \frac{[\max(\boldsymbol{x}_1, \boldsymbol{x}_2, \cdots, \boldsymbol{x}_n)]^{n+1} - [\max(\boldsymbol{x}_1, \boldsymbol{x}_2, \cdots, \boldsymbol{x}_n) - 1]^{n+1}}{[\max(\boldsymbol{x}_1, \boldsymbol{x}_2, \cdots, \boldsymbol{x}_n)]^n - [\max(\boldsymbol{x}_1, \boldsymbol{x}_2, \cdots, \boldsymbol{x}_n) - 1]^n} \tag{8-199}$$

是车辆总数的一个最小方差无偏估计。这个估计方差的计算相当烦琐和困难，但我们确信它在方差最小意义下是最好的估计。

例如，设

$$82,124,312,45,218,151 \tag{8-200}$$

表示 6 个独立的观测号码。那么，

$$\max(x_1, x_2, \cdots, x_6) = 312 \tag{8-201}$$

于是，

$$\hat{N}_6 = \frac{312^7 - 311^7}{312^6 - 311^6} = 363 \tag{8-202}$$

是车辆总数的“最好”估计。我们也可以考虑几乎无偏估计，于是在(8-176)式中几乎 UMVUE 的估计给出答案

$$T_1(\boldsymbol{x}) = \frac{6+1}{6} \times 312 = 364 \tag{8-203}$$

是对 N 的最好估计。

8.3.6　多参数情况的克拉美-罗界

克拉美-罗界容易推广到多参数情况。设 $\underline{\theta} \equiv (\theta_1, \theta_2, \cdots, \theta_m)^t$ 表示在概率密度函数 $f(\boldsymbol{x}, \underline{\theta})$ 中的未知参数向量并且

$$\underline{T}(\boldsymbol{x}) = [T_1(\boldsymbol{x}), T_2(\boldsymbol{x}), \cdots, T_m(\boldsymbol{x})]^t \tag{8-204}$$

是 $\underline{\theta}$ 的一个无偏估计向量。那么 $\underline{T}(\boldsymbol{x})$ 的协方差矩阵是

$$\mathrm{Cov}\{\underline{T}(\boldsymbol{x})\} = E[\{\underline{T}(\boldsymbol{x}) - \underline{\theta}\}\{\underline{T}(\boldsymbol{x}) - \underline{\theta}\}^t] \tag{8-205}$$

注意 $\mathrm{Cov}\{\underline{T}(\boldsymbol{x})\}$ 是一个 $m \times m$ 的正定矩阵。这种情况下，克拉美-罗界具有下面形式②

---

① S. M. Stigler. Completeness and Unbiased Estimation. AM. Stat. 26, pp. 28 ~ 29, 1972.

② 在(8-206)式中，$A \geqslant B$ 表示矩阵 $A - B$ 是非负定矩阵。像在(8-218)式中的严格不等式表示差矩阵是正定的。

$$\mathrm{Cov}\{\underline{T}(\boldsymbol{x})\} \geqslant J^{-1}(\underline{\theta}) \tag{8-206}$$

其中 $J(\underline{\theta})$ 表示在概率密度函数 $f(\boldsymbol{x},\underline{\theta})$ 对应于参数$\underline{\theta}$的 $m \times m$ 费希尔(Fisher) 信息矩阵。费希尔信息矩阵的元素是

$$J_{ij} \equiv E\left(\frac{\partial \log f(\boldsymbol{x};\underline{\theta})}{\partial \theta_i} \frac{\partial \log f(\boldsymbol{x};\underline{\theta})}{\partial \theta_j}\right) \qquad i,j = 1 \to m \tag{8-207}$$

为了证明(8-206)式，我们利用(8-87)式，它对每个参数 θ_k，$k = 1 \to m$ 是有效的。从(8-87)式，我们得到

$$E(\{T_k(\boldsymbol{x}) - \theta_k\} \frac{\partial \log f(\boldsymbol{x};\underline{\theta})}{\partial \theta_k}) = 1 \quad k = 1 \to m \tag{8-208}$$

也就是

$$\begin{aligned} E(\{T_k(\boldsymbol{x}) - \theta_k\} \frac{\partial \log f(\boldsymbol{x};\underline{\theta})}{\partial \theta_j}) &= \int_{-\infty}^{+\infty} \{T_k(\boldsymbol{x}) - \theta_k\} \frac{\partial f(\boldsymbol{x};\underline{\theta})}{\partial \theta_j} \mathrm{d}x \\ &= \frac{\partial}{\partial \theta_j} \int_{-\infty}^{+\infty} T_k(x) \frac{\partial f(\boldsymbol{x};\underline{\theta})}{\partial \theta_j} \mathrm{d}x - \theta_k \int_{-\infty}^{+\infty} \frac{\partial f(\boldsymbol{x};\underline{\theta})}{\partial \theta_j} \mathrm{d}x \\ &= \frac{\partial \theta_k}{\partial \theta_j} = 0 \qquad k \neq j = 1 \to m \end{aligned} \tag{8-209}$$

利用(8-208) 和(8-209) 式，定义 $2m \times 1$ 向量

$$\boldsymbol{Z} = \begin{bmatrix} T_1(\boldsymbol{x}) - \theta_1 \\ T_2(\boldsymbol{x}) - \theta_2 \\ \vdots \\ T_m(\boldsymbol{x}) - \theta_m \\ \hline \dfrac{\partial \log f(\boldsymbol{x};\underline{\theta})}{\partial \theta_1} \\ \dfrac{\partial \log f(\boldsymbol{x};\underline{\theta})}{\partial \theta_2} \\ \vdots \\ \dfrac{\partial \log f(\boldsymbol{x};\underline{\theta})}{\partial \theta_m} \end{bmatrix} \equiv \begin{bmatrix} \boldsymbol{Y}_1 \\ \boldsymbol{Y}_2 \end{bmatrix} \tag{8-210}$$

那么，用正则条件

$$E\{\boldsymbol{Z}\} = 0 \tag{8-211}$$

于是，

$$\mathrm{Cov}\{\boldsymbol{Z}\} = E\{\boldsymbol{Z}\boldsymbol{Z}^t\} = E\begin{bmatrix} \boldsymbol{Y}_1\boldsymbol{Y}_1^t & \boldsymbol{Y}_1\boldsymbol{Y}_2^t \\ \boldsymbol{Y}_2\boldsymbol{Y}_1^t & \boldsymbol{Y}_2\boldsymbol{Y}_2^t \end{bmatrix} \tag{8-212}$$

但

$$E\{\boldsymbol{Y}_1\boldsymbol{Y}_1^t\} = \mathrm{Cov}\{\underline{T}(\boldsymbol{x})\} \tag{8-213}$$

从(8-208) 和(8-209) 式

$$E\{\boldsymbol{Y}_1\boldsymbol{Y}_2^t\} = I_m \tag{8-214}$$

是单位矩阵，从(8-207) 式可得

$$E\{\boldsymbol{Y}_2\boldsymbol{Y}_2^t\} = J \tag{8-215}$$

是由(8-207) 式的元素构成的费希尔信息矩阵。于是，

$$\mathrm{Cov}\{\boldsymbol{Z}\} = \begin{pmatrix} \mathrm{Cov}\{T(\boldsymbol{x})\} & I \\ I & J \end{pmatrix} \geqslant 0 \tag{8-216}$$

利用矩阵恒等式，

$$\begin{pmatrix} A & B \\ C & D \end{pmatrix}\begin{pmatrix} I & 0 \\ -D^{-1}C & I \end{pmatrix} = \begin{pmatrix} A - BD^{-1}C & B \\ 0 & D \end{pmatrix} \tag{8-217}$$

这里 $A = \mathrm{Cov}\{T(\boldsymbol{x})\}, B = C = I,\ D = J$，我们得到

$$\begin{pmatrix} I & 0 \\ -D^{-1}C & I \end{pmatrix} = \begin{pmatrix} I & 0 \\ -J^{-1} & I \end{pmatrix} > 0 \tag{8-218}$$

于是，

$$\begin{pmatrix} A - BD^{-1}C & B \\ 0 & D \end{pmatrix} = \begin{pmatrix} \mathrm{Cov}\{T(x)\} - J^{-1} & I \\ 0 & J \end{pmatrix} \geqslant 0 \tag{8-219}$$

从而得到

$$\mathrm{Cov}\{T(\boldsymbol{x})\} - J^{-1} \geqslant 0$$

或

$$\mathrm{Cov}\{T(\boldsymbol{x})\} \geqslant J^{-1}(\underline{\theta}) \tag{8-220}$$

这是我们期望得到的结果。特别是，

$$\mathrm{Var}\{T_k(\boldsymbol{x})\} \geqslant J^{kk} \equiv (J^{-1})_{kk} \qquad k = 1 \to m \tag{8-221}$$

有趣的是，(8-220) 和(8-221) 式可以用于估计其它未知参数的存在导致CR界下降的下降因子。例如，θ_1 当是仅有的未知参数时，CR 界由 J_{11} 给出，而当还存在未知参数 $\theta_2, \theta_3, \cdots, \theta_m$ 时，CR 由 J^{11} 给出。应用

$$J = \begin{bmatrix} J_{11} & \underline{b}^T \\ \underline{b} & G \end{bmatrix} \tag{8-222}$$

到(8-215) 式，从(8-217) 式得到

$$J^{11} = \frac{1}{J_{11} - \underline{b}^T G^{-1}\ \underline{b}} = \frac{1}{J_{11}}\left(\frac{1}{1 - \underline{b}^T G^{-1}\ \underline{b}/J_{11}}\right) \tag{8-223}$$

因此 $1/[1 - \underline{b}^T G^{-1}\ \underline{b}/J_{11}] > 1$ 表示其余未知参数 θ_1 对的 CR 界的影响。因此，当仅有一个另外参数时，我们得到了 θ_1 的 CR 界的增量等于

$$J_{11} - \frac{1}{J_{11}} = \frac{J_{12}^2}{J_{11}J_{22} - J_{12}^2} \geqslant 0$$

8.3.7　克拉美-罗界的改进：巴塔卡亚(Bhattacharya) 界

参照(8-102) ～ (8-108) 式以及相关的讨论，我们知道：如果有效估计不存在，CR 界将不是严格的。因此，在这种情况下 UMVUE 估计的方差比 CR 界大。在这些情况下一个有趣的问题是去考虑一种技术，那可以得到比 CR 界更准确的界。回忆一下，在 CR 界中仅仅利用了联合概率密度函数 $f(\boldsymbol{x};\theta)$ 的一阶导数，假定高阶导数存在，考虑利用高阶导数是很自然的。

首先，我们可以重新把(8-82) 式写为

$$\int_{-\infty}^{+\infty}\{T(\boldsymbol{x}) - \theta\}\frac{\partial f(\boldsymbol{x};\theta)}{\partial\theta}\mathrm{d}x$$
$$= \int_{-\infty}^{+\infty}\left\{\{T(\boldsymbol{x}) - \theta\}\frac{1}{f(\boldsymbol{x};\theta)}\frac{\partial f(\boldsymbol{x};\theta)}{\partial\theta}\right\}f(\boldsymbol{x};\theta)\,\mathrm{d}x$$

$$= E\left(\{T(\boldsymbol{x})-\theta\}\frac{1}{f(\boldsymbol{x};\theta)}\frac{\partial f(\boldsymbol{x};\theta)}{\partial\theta}\right)=1 \tag{8-224}$$

类似地，

$$\begin{aligned} &E\left(\{T(\boldsymbol{x})-\theta\}\frac{1}{f(\boldsymbol{x};\theta)}\frac{\partial^k f(\boldsymbol{x};\theta)}{\partial\theta^k}\right) \\ &=\frac{\partial^k}{\partial\theta^k}\int_{-\infty}^{+\infty}T(\boldsymbol{x})f(\boldsymbol{x};\theta)\mathrm{d}x-\theta\int_{-\infty}^{+\infty}\frac{\partial^k f(\boldsymbol{x};\theta)}{\partial\theta^k}\mathrm{d}x \\ &=\frac{\partial^k}{\partial\theta^k}\int_{-\infty}^{+\infty}T(\boldsymbol{x})f(\boldsymbol{x};\theta)\mathrm{d}x=\frac{\partial^k\theta}{\partial\theta^k}=0\quad k\geqslant 2\end{aligned} \tag{8-225}$$

这里我们重复利用了正则条件和 $f(\boldsymbol{x},\theta)$ 的高阶导数。仿照(8-224)和(8-225)式，我们定义巴塔卡亚随机向量

$$\boldsymbol{Y}_m=\left[T(\boldsymbol{x})-\theta,\frac{1}{f}\frac{\partial f}{\partial\theta},\frac{1}{f}\frac{\partial^2 f}{\partial\theta^2},\cdots,\frac{1}{f}\frac{\partial^m f}{\partial\theta^m}\right]^t \tag{8-226}$$

注意 $E\{\boldsymbol{Y}_m\}=0$，并且使用(8-224)和(8-225)式，我们得到了 $\boldsymbol{Y}_m$ 的协方差矩阵

$$E\{\boldsymbol{Y}_m\boldsymbol{Y}_m^T\}=\begin{pmatrix}\mathrm{Var}(T) & 1 & 0 & 0 & \cdots & 0\\ 1 & J_{11} & B_{12} & B_{13} & \cdots & B_{1m}\\ 0 & B_{12} & B_{22} & B_{23} & \cdots & B_{2m}\\ 0 & B_{13} & B_{23} & B_{33} & \cdots & B_{3m}\\ \vdots & \vdots & \vdots & \vdots & & \vdots\\ 0 & B_{1m} & B_{2m} & B_{3m} & \cdots & B_{3mm}\end{pmatrix} \tag{8-227}$$

其中，

$$B_{ij}\equiv E\left\{\left(\frac{1}{f(\boldsymbol{x};\theta)}\frac{\partial^i f(\boldsymbol{x};\theta)}{\partial\theta^i}\right)\left(\frac{1}{f(\boldsymbol{x};\theta)}\frac{\partial^j f(\boldsymbol{x};\theta)}{\partial\theta^j}\right)\right\} \tag{8-228}$$

特别是，

$$B_{11}=J_{11}=E\left\{\left(\frac{\partial\log f(\boldsymbol{x};\theta)}{\partial\theta}\right)^2\right\} \tag{8-229}$$

表示包含在概率密度 $f(\boldsymbol{x};\theta)$ 中的关于 θ 的费希尔信息。处理过程中，我们假定 $(1/f)(\partial^k f/\partial\theta^k)$，$k=1\rightarrow m$ 是线性独立的(彼此不完全相关)，所以

$$B(m)\equiv\begin{pmatrix}J_{11} & B_{12} & B_{13} & \cdots & B_{1m}\\ B_{12} & B_{22} & B_{23} & \cdots & B_{2m}\\ B_{13} & B_{23} & B_{33} & \cdots & B_{3m}\\ \vdots & \vdots & \vdots & & \vdots\\ B_{1m} & B_{2m} & B_{3m} & \cdots & B_{mm}\end{pmatrix} \tag{8-230}$$

是一个满秩对称的正定矩阵($m\geqslant 1$)。应用行列式恒等式[见(8-217)式]

$$\det\begin{pmatrix}A & B\\ C & D\end{pmatrix}=\det D\det(A-BD^{-1}C) \tag{8-231}$$

到(8-227)和(8-230)式，其中 $A=\mathrm{Var}\{T\}$，$B=[1,0,0,\cdots 0]=C^t$ 和 $D=B(m)$，我们得到

$$\begin{aligned}\det E\{\boldsymbol{Y}_m\boldsymbol{Y}_m^t\}&=\det B(m)[\mathrm{Var}\{T\}-BB^{-1}(m)C]\\ &=\det B(m)[\mathrm{Var}\{T\}-B^{11}(m)]\geqslant 0\end{aligned} \tag{8-232}$$

或者

$$\mathrm{Var}\{T(\boldsymbol{x})\} \geqslant B^{11}(m) \equiv [B^{-1}(m)]_{11} \tag{8-233}$$

因为 $B^{11}(m) \geqslant 1/[B_{11}(m)] = 1/J_{11}$，显然(8-233)式表示了CR界的一个改进。用另外一个众所周知的矩阵恒等式①，我们得到

$$B^{-1}(m+1) = \left(\begin{array}{c:c} B^{-1}(m) + q_m \boldsymbol{c}\boldsymbol{c}^t & -q_m \boldsymbol{c} \\ \hdashline -q_m \boldsymbol{c}^t & q_m \end{array}\right) \tag{8-234}$$

其中

$$\boldsymbol{c} = \begin{pmatrix} c_1 \\ c_2 \\ \vdots \\ c_3 \end{pmatrix} = B^{-1}(m)\boldsymbol{b}$$

$$\boldsymbol{b} = [B_{1,m+1}, B_{2,m+1}, \cdots B_{m,m+1}]^t$$

$$q_m = \frac{1}{B_{m+1,\,m+1} - \boldsymbol{b}^t B^{-1}(m)\boldsymbol{b}} > 0$$

从(8-234)式，

$$B^{11}(m+1) = B^{11}(m) + c_1^2 q_m \tag{8-235}$$

因此在(8-233)式中新的界构成一个单调非减的序列，即

$$B^{11}(m+1) \geqslant B^{11}(m) \quad m = 1,2,\cdots \tag{8-236}$$

8.3.8　高阶改善因子

为了得到(8-233)式中 $B^{11}(m)$ 的显式表达，我们回到(8-230)式。设 $M_{i,j}$ 表示(8-230)式中 B_{ij} 的子行列式。那么，

$$B^{11}(m) = \frac{M_{11}}{\det B(m)} = \frac{M_{11}}{J_{11}M_{11} - \sum_{k=2}^{m}(-1)^k B_{1k} M_{1k}} = \frac{1}{J_{11}}\left(\frac{1}{1-\varepsilon}\right) \tag{8-237}$$

其中

$$\varepsilon = \sum_{k=2}^{m} \frac{(-1)^k B_{1k} M_{1k}}{J_{11} M_{11}} \tag{8-238}$$

显然，因为 $B^{11}(m) > 0$ 并表示 $1/J_{11}$ 在上的改善，ε 总是严格小于1和大于或等于零的，即 $0 \leqslant \varepsilon < 1$。而且，它也是 m 和 n 的函数。于是，

$$B^{11}(m) = \frac{1}{J_{11}} + \frac{\varepsilon(n,m)}{J_{11}} + \frac{\varepsilon^2(n,m)}{J_{11}} + \cdots \tag{8-239}$$

注意，第一项不依赖于 m，剩下的项表示使用这种方法得到的CR界的改善。显然，如果 $T(\boldsymbol{x})$ 是一阶有效的，那么 $\varepsilon = 0$；于是只有当有效估计不存在时，后面的项才出现。对于小的 m，这些项是易于计算的。事实上，对 $m = 2$，从(8-230)～(8-233)式得到

$$\mathrm{Var}\{T(\boldsymbol{x})\} \geqslant \frac{1}{J_{11}} + \frac{B_{12}^2}{J_{11}(J_{11}B_{22} - B_{12}^2)} \tag{8-240}$$

---

① $\begin{pmatrix} A & B \\ C & D \end{pmatrix}^{-1} = \begin{pmatrix} A^{-1} + F_1 E F_2 & -F_1 E \\ -EF_2 & E \end{pmatrix}$

其中 $E = (D - CA^{-1}B)^{-1}$，$F_1 = A^{-1}B$，$F_2 = CA^{-1}$.

当观测是独立同分布时,我们有①

$$\begin{aligned} J_{11} &= nj_{11} \\ B_{12} &= nb_{12} \\ B_{22} &= nb_{22} + 2n(n-1)j_{11}^2 \end{aligned} \tag{8-241}$$

于是,

$$\begin{aligned} \mathrm{Var}\{T(\boldsymbol{x})\} &\geqslant \frac{1}{nj_{11}} + \frac{b_{12}^2}{2n^2 j_{11}^4[1+(j_{11}b_{22}-b_{12}^2-2j_{11}^3)/2nj_{11}^3]} \\ &= \frac{1}{nj_{11}} + \frac{b_{12}^2}{2n^2 j_{11}^4} + o(1/n^2) \end{aligned} \tag{8-242}$$

类似地,对 $m = 3$,我们从下式开始

$$\begin{vmatrix} \mathrm{Var}\{T\} & 1 & 0 & 0 \\ 1 & J_{11} & B_{12} & B_{13} \\ 0 & B_{12} & B_{22} & B_{23} \\ 0 & B_{13} & B_{23} & B_{33} \end{vmatrix} \geqslant 0 \tag{8-243}$$

因为独立性,把(8-241)式和下式

$$\begin{aligned} B_{13} &= nb_{13} \\ B_{23} &= nb_{23} + 6n(n-1)b_{12}j_{11} \\ B_{33} &= nb_{33} + 9n(n-1)(b_{22}j_{11} + b_{12}^2) + 6n(n-1)(n-2)j_{11}^3 \end{aligned} \tag{8-244}$$

相结合,我们得到

$$\mathrm{Var}\{T\} \geqslant \frac{1}{nj_{11}} + \frac{b_{12}^2}{2n^2 j_{11}^4} + \frac{c(3)}{n^3} + o(1/n^3) \tag{8-245}$$

其中 $c(3)$ 等于

$$c(3) = \frac{2j_{11}^2 b_{13}^2 + b_{12}^2(6j_{11}^3 + 21b_{12}^2 - 3j_{11}b_{22} - 12j_{11}b_{13})}{12j_{11}^7} \tag{8-246}$$

一般情况下,如果我们考虑 $\boldsymbol{Y}_m$,那么我们有

$$\mathrm{Var}\{T(\boldsymbol{x})\} \geqslant \frac{a(m)}{n} + \frac{b(m)}{n^2} + \frac{c(m)}{n^3} + \frac{d(m)}{n^4} + \cdots + o(1/n^m) \tag{8-247}$$

从(8-239)和(8-241)式,容易看出

$$a(m) = \frac{1}{j_{11}} \equiv \alpha \tag{8-248}$$

即,$1/n$ 项与 m 无关并且等于 CR 界。从(8-242)和(8-245)式,我们得到

$$b(2) = b(3) = \frac{b_{12}^2}{2j_{11}^4} \tag{8-249}$$

事实上,也可以证明

$$b(m) = b(2) = \frac{b_{12}^2}{2j_{11}^4} \equiv b \tag{8-250}$$

因此,$1/n^2$ 项也独立于 m。然而,对于 $c(k), d(k), \cdots (k \geqslant 3)$ 结论不再成立。由于右边的下标比较高的项的缘故,它们的精确值依赖于 m。概括起来,如果估计 $T(\boldsymbol{x})$ 不再是有效的,但在它的

① 这里 $j_{11}, b_{12}, b_{22}, b_{13}\cdots$ 对应于当 $n=1$ 时 $J_{11}, B_{12}, B_{22}, B_{13}\cdots$ 的估计值。

方差中，$1/n$ 项以及 $1/n^2$ 项与(8-247) ～ (8-250)式的相应项一致，那么 $T(\boldsymbol{x})$ 被称做是二阶有效的。下面我们通过多个例子说明高阶项的作用。

【例 8-18】 设 $\boldsymbol{x}_i, i=1\to\boldsymbol{n}$ 是来自 $N(\mu,1)$ 分布的随机变量的 n 个独立同分布的观测样本，μ 是未知常数。我们感兴趣的参数是 $\theta=\mu^2$。从例8-17中，$\boldsymbol{z}=(1/n)\sum_{i=1}^{n}\boldsymbol{x}_i=\bar{\boldsymbol{x}}$ 是这种情况下的充分统计量，于是 θ 的UMVUE估计必须只是 $\boldsymbol{z}$ 的函数。从(8-135) ～ (8-136)式，因为

$$T=\boldsymbol{z}^2-1/n \tag{8-251}$$

是 μ^2 的一个无偏估计，从罗-布莱科沃尔定理，它也是一个UMVUE估计。而且，按照(8-140)式，

$$\mathrm{Var}\{T\}=E\left(\boldsymbol{z}^4-\frac{2\boldsymbol{z}^2}{n}+\frac{1}{n^2}\right)-\mu^4=\frac{4\mu^2}{n}+\frac{2}{n^2} \tag{8-252}$$

显然，没有无偏估计达到这样的方差下界。这种情况下，用习题8-41的结果，CR界是[也见(8-134)式]

$$\frac{1}{J_{11}}=\frac{(\partial\theta/\partial\mu)^2}{nE\{(\partial\log f/\partial\mu)^2\}}=\frac{(2\mu)^2}{nE\{(\boldsymbol{x}-\mu)^2\}}=\frac{4\mu^2}{n} \tag{8-253}$$

虽然这里 $1/J_{11}<\mathrm{Var}\{T\}$，但它仅仅表示了一阶项，这与(8-252)式中的 $1/n$ 项是一致的。为了估计二阶项，在(8-132)式中取 $n=1$，我们得到 $\frac{1}{f}$

$$\frac{1}{f}\frac{\partial^2 f}{\partial\theta^2}=\frac{\partial^2\log f}{\partial\theta^2}+\left(\frac{\partial\log f}{\partial\theta}\right)^2=-\frac{\boldsymbol{x}}{4\mu^3}+\left(\frac{\boldsymbol{x}-\mu}{2\mu}\right)^2 \tag{8-254}$$

所以，

$$b_{12}=E\left[\left(\frac{\boldsymbol{x}-\mu}{2\mu}\right)\left(\frac{-\boldsymbol{x}}{4\mu^3}+\left(\frac{\boldsymbol{x}-\mu}{2\mu}\right)^2\right)\right]=\frac{-1}{8\mu^4} \tag{8-255}$$

从(8-248) ～ (8-250)式，我们有

$$\frac{b}{n^2}=\frac{b_{12}^2}{2n^2 j_{11}^4}=\frac{2}{n^2} \tag{8-256}$$

把(8-252)式与(8-253)和(8-256)式比较，我们发现在(8-251)式中的UMVUE估计事实上是二阶有效的。

【例 8-19】 设 $\boldsymbol{x}_i, i=1\to n$ 是独立同分布的泊松随机变量，具有参数 λ。设 $\theta=\lambda^2$ 是未知参数。类似地，$\boldsymbol{z}=\bar{\boldsymbol{x}}$ 是 λ 的充分统计量，当然也是 θ 的充分统计量。因为，

$$E\{\boldsymbol{z}\}=\lambda \text{ 和 } E\{\boldsymbol{z}^2\}=\lambda^2+\lambda/n \tag{8-257}$$

我们有

$$T=\boldsymbol{z}^2-\frac{\boldsymbol{z}}{n} \tag{8-258}$$

是 $\theta=\lambda^2$ 的无偏估计和UMVUE估计。直接计算得到

$$\mathrm{Var}\{T\}=E\left(\boldsymbol{z}^4-\frac{2}{n}\boldsymbol{z}^3+\frac{\boldsymbol{z}^2}{n^2}\right)-\lambda^4=\frac{4\lambda^3}{n}+\frac{2\lambda^2}{n^2} \tag{8-259}$$

下面我们计算CR界。因为对 $n=1$

$$\log f=-\lambda+\boldsymbol{x}\log\lambda-\log(\boldsymbol{x}!)=-\sqrt{\theta}+\boldsymbol{x}\log(\sqrt{\theta})-\log(\boldsymbol{x}!) \tag{8-260}$$

我们有

$$\frac{\partial\log f}{\partial\theta}=\frac{-1}{2\lambda}+\frac{\boldsymbol{x}}{2\lambda^2} \tag{8-261}$$

$$\frac{\partial^2\log f}{\partial\theta^2}=\frac{1}{4\lambda^3}-\frac{\boldsymbol{x}}{2\lambda^4} \tag{8-262}$$

或者

$$j_{11}=-E\left(\frac{\partial^2 \log f}{\partial\theta^2}\right)=-\frac{1}{4\lambda^3}+\frac{\boldsymbol{x}}{2\lambda^4}=\frac{1}{4\lambda^3} \tag{8-263}$$

于是，CR界是 $1/nj_{11}=4\lambda^3/n$，它与(8-259)式中第一项一致。为了确定 $T(\boldsymbol{x})$ 是否二阶有效，利用(8-261)和(8-262)式得到[见(8-254)式]

$$\begin{aligned} b_{12}&=E\left\{\frac{\partial\log f}{\partial\theta}\left(\frac{\partial^2\log f}{\partial^2\theta}+\left(\frac{\partial\log f}{\partial\theta}\right)^2\right)\right\} \\ &=E\left\{\left(\frac{-1}{2\lambda}+\frac{\boldsymbol{x}}{2\lambda^2}\right)\left(\left(\frac{1}{4\lambda^3}-\frac{\boldsymbol{x}}{2\lambda^4}\right)+\left(\frac{1}{2\lambda}-\frac{\boldsymbol{x}}{2\lambda^2}\right)^2\right)\right\}=\frac{-1}{8\lambda^5}\end{aligned} \tag{8-264}$$

于是，二阶项是

$$\frac{b}{n^2}=\frac{b_{12}^2}{2n^2 j_{11}^4}=\frac{2\lambda^2}{n^2} \tag{8-265}$$

这与(8-259)式中的第二项一致。再者，(8-258)式的 T 是二阶充分估计。下面，我们考虑一个多参数的例子，该估计仅在二阶巴塔卡亚意义下是有效的。

【例 8-20】 设 $\boldsymbol{x}_i\sim N(\mu,\sigma^2)$，$i=1\to n$ 是独立同分布的正态随机变量，μ 和 σ^2 是未知参数。从例 8-14，$\boldsymbol{z}_1=\overline{\boldsymbol{x}}$，$\boldsymbol{z}_2=\sum_{i=1}^{n}\boldsymbol{x}_i^2$ 是这种情况下的充分统计量，又因为

$$\hat{\mu}=\frac{1}{n}\sum_{i=1}^{n}\boldsymbol{x}_i=\overline{\boldsymbol{x}}=\boldsymbol{z}_1 \tag{8-266}$$

$$\hat{\sigma}^2=\sum_{i=1}^{n}\frac{(\boldsymbol{x}_i-\overline{\boldsymbol{x}})}{n-1}=\frac{\boldsymbol{z}_2-n\boldsymbol{z}_1^2}{n-1} \tag{8-267}$$

是两个独立的无偏估计，并且都只是 $\boldsymbol{z}_1$ 和 $\boldsymbol{z}_2$ 的函数，因此它们是 μ 和 σ^2 的 UMVUE 估计。为了证实 $\hat{\boldsymbol{\mu}}$ 和 $\hat{\boldsymbol{\sigma}}^2$ 相互独立，设

$$A=\begin{bmatrix}1 & -1 & & & & \\ 1 & 1 & -2 & & & 0 \\ 1 & 1 & 1 & -3 & & \\ \vdots & \vdots & \vdots & \vdots & \ddots & \\ 1 & 1 & 1 & 1 & 1 & -(n-1) \\ 1 & 1 & 1 & 1 & 1 & 1\end{bmatrix} \tag{8-268}$$

所以，

$$AA^T=\begin{bmatrix}1 & -1 & & & & \\ 1 & 1 & -2 & & & 0 \\ 1 & 1 & 1 & -3 & & \\ \vdots & \vdots & \vdots & \vdots & \ddots & \\ 1 & 1 & 1 & 1 & 1 & -(n-1) \\ 1 & 1 & 1 & 1 & 1 & 1\end{bmatrix}\begin{bmatrix}1 & 1 & 1 & \cdots & 1 & 1 \\ -1 & 1 & 1 & \cdots & 1 & 1 \\ & -2 & 1 & \cdots & 1 & 1 \\ & & -3 & \cdots & 1 & 1 \\ & & & \ddots & \vdots & \vdots \\ & & 0 & & 1 & 1 \\ & & & & -n(n-1) & 1\end{bmatrix}$$

$$=\begin{bmatrix}2 & & & \\ & 6 & \ddots & 0 \\ & 0 & n(n-1) & \\ & & & n\end{bmatrix} \tag{8-269}$$

于是，

$$U=\begin{bmatrix}\frac{1}{\sqrt{2}} & & & \\ & \frac{1}{\sqrt{6}} & 0 & \\ & 0 & \frac{1}{\sqrt{n(n-1)}} & \\ & & & \frac{1}{\sqrt{n}}\end{bmatrix}A=\begin{bmatrix}\frac{1}{\sqrt{2}} & -\frac{1}{\sqrt{2}} & & 0 & \\ \frac{1}{\sqrt{6}} & \frac{1}{\sqrt{6}} & -\frac{1}{\sqrt{6}} & & \\ \vdots & \vdots & \vdots & \ddots & \\ \frac{1}{\sqrt{n}} & \frac{1}{\sqrt{n}} & \frac{1}{\sqrt{n}} & \cdots & \frac{1}{\sqrt{n}}\end{bmatrix} \tag{8-270}$$

是正交矩阵($UU^t=I$)。设 $\boldsymbol{x}=(\boldsymbol{x}_1,\boldsymbol{x}_2,\cdots,\boldsymbol{x}_n)^t$ 并定义

$$\boldsymbol{y}=\begin{pmatrix}\boldsymbol{y}_1\\ \boldsymbol{y}_2\\ \vdots\\ \boldsymbol{y}_n\end{pmatrix}=U\boldsymbol{x}=\begin{bmatrix}\frac{1}{\sqrt{2}} & -\frac{1}{\sqrt{2}} & & 0 & \\ \frac{1}{\sqrt{6}} & \frac{1}{\sqrt{6}} & -\frac{1}{\sqrt{6}} & & \\ \vdots & \vdots & \vdots & \ddots & \\ \frac{1}{\sqrt{n}} & \frac{1}{\sqrt{n}} & \frac{1}{\sqrt{n}} & \cdots & \frac{1}{\sqrt{n}}\end{bmatrix}\begin{bmatrix}\boldsymbol{x}_1\\ \boldsymbol{x}_2\\ \vdots\\ \boldsymbol{x}_n\end{bmatrix}$$

$$=\begin{bmatrix}\frac{\boldsymbol{x}_1-\boldsymbol{x}_2}{\sqrt{2}}\\ \frac{\boldsymbol{x}_1+\boldsymbol{x}_2-2\boldsymbol{x}_3}{\sqrt{6}}\\ \vdots\\ \frac{\boldsymbol{x}_1+\boldsymbol{x}_2+\cdots+\boldsymbol{x}_n}{\sqrt{n}}\end{bmatrix} \tag{8-271}$$

从而,

$$\boldsymbol{y}_n=\sqrt{n}\,\overline{\boldsymbol{x}}\sim N(\sqrt{n}\mu,\sigma^2) \tag{8-272}$$

从(8-271)式,

$$E[\boldsymbol{y}\boldsymbol{y}^t]=UE[\boldsymbol{x}\boldsymbol{x}^t]U^t=U(\sigma^2 I)U^t=\sigma^2 I \tag{8-273}$$

因为 $\boldsymbol{x}_1,\boldsymbol{x}_2,\cdots,\boldsymbol{x}_n$ 相互独立,于是 $\boldsymbol{y}_1,\boldsymbol{y}_2,\cdots,\boldsymbol{y}_n$ 也相互独立。而且,

$$\sum_{i=1}^{n}\boldsymbol{y}_i^2=\boldsymbol{y}^t\boldsymbol{y}=\boldsymbol{x}^tU^tU\boldsymbol{x}=\sum_{i=1}^{n}\boldsymbol{x}_i^2 \tag{8-274}$$

于是,

$$(n-1)\,\hat{\sigma}^2=\sum_{i=1}^{n}(\boldsymbol{x}_i-\overline{\boldsymbol{x}})^2=\sum_{i=1}^{n}\boldsymbol{x}_i^2-n\overline{\boldsymbol{x}}^2=\sum_{i=1}^{n}\boldsymbol{y}_i^2-\boldsymbol{y}_n^2=\sum_{i=1}^{n-1}\boldsymbol{y}_i^2 \tag{8-275}$$

这里我们使用了(8-272)和(8-274)式。从(8-273)和(8-275)式,我们得到

$$\hat{\mu}=\overline{\boldsymbol{x}}=\frac{1}{\sqrt{n}}\boldsymbol{y}_n \text{ 和 } \hat{\sigma}^2=\frac{1}{n-1}\sum_{i=1}^{n-1}\boldsymbol{y}_i^2 \tag{8-276}$$

是相互独立的,这是因为 $\boldsymbol{y}_1,\boldsymbol{y}_2,\cdots,\boldsymbol{y}_n$ 是完全独立的随机变量。而且,因为 $\boldsymbol{y}_i\sim N(0,\sigma^2)$,$i=1\rightarrow n-1$,$\boldsymbol{y}_n\sim N(\sqrt{n}\mu,\sigma^2)$,利用(8-272)和(8-275)式我们得到

$$\mathrm{Var}\{\hat{\mu}\}=\sigma^2/n \text{ 和 } \mathrm{Var}\{\hat{\sigma}^2\}=2\sigma^4/(n-1) \tag{8-277}$$

为了确定这些估计是否有效,设 $\underline{\theta}=(\mu,\sigma^2)^t$ 表示多参数向量。那么,取

$$Z_k\equiv\left(\frac{1}{f}\frac{\partial^k f}{\partial\mu^k},\frac{1}{f}\frac{\partial^k f}{\partial(\sigma^2)^k}\right)^t \tag{8-278}$$

直接计算表明

$$\boldsymbol{Z}_1=\begin{pmatrix}\dfrac{\partial\log f(\boldsymbol{x};\underline{\theta})}{\partial\mu}\\ \dfrac{\partial\log f(\boldsymbol{x};\underline{\theta})}{\partial\sigma^2}\end{pmatrix}=\begin{pmatrix}\dfrac{\sum\limits_{i=1}^{n}(\boldsymbol{x}_i-\mu)}{\sigma^2}\\ -\dfrac{n}{2\sigma^2}+\dfrac{\sum\limits_{i=1}^{n}(\boldsymbol{x}_i-\mu)^2}{2\sigma^4}\end{pmatrix}$$

和 2×2 的费希尔信息矩阵 $\boldsymbol{J}$ 是[见(8-206) 和(8-207) 式]

$$\boldsymbol{J}=E(\boldsymbol{Z}_1\boldsymbol{Z}_1^T)=\begin{bmatrix}n/\sigma^2 & 1\\ 0 & n/2\sigma^4\end{bmatrix}\tag{8-279}$$

注意,在(8-279) 式中

$$J_{22}=E\left[\left(-\frac{n}{2\sigma^2}+\frac{\sum\limits_{i=1}^{n}(\boldsymbol{x}_i-\mu)^2}{2\sigma^4}\right)^2\right]$$

$$=\frac{1}{\sigma^4}\left(\frac{n^2}{4}-\frac{n\sum\limits_{i=1}^{n}E[(\boldsymbol{x}_i-\mu)^2]}{2\sigma^2}+\frac{\sum\limits_{i=1}^{n}E[(\boldsymbol{x}_i-\mu)^4]}{4\sigma^4}\right)$$

$$+\frac{1}{\sigma^4}\left(\frac{\sum\limits_{i=1}^{n}\sum\limits_{j=1,i\neq j}^{n}E[(\boldsymbol{x}_i-\mu)^2(\boldsymbol{x}_j-\mu)^2]}{4\sigma^4}\right)$$

$$=\frac{1}{\sigma^4}\left(\frac{n^2}{4}-\frac{n^2\sigma^2}{2\sigma^2}+\frac{3n\sigma^4}{4\sigma^4}+\frac{n(n-1)\sigma^4}{4\sigma^4}\right)=\frac{1}{\sigma^4}\left(\frac{n^2}{4}-\frac{n^2}{2}+\frac{3n+n^2-n}{4}\right)=\frac{n}{2\sigma^4}$$

因此,$\mathrm{Var}\{\hat{\mu}\}=\sigma^2/n=J^{11}$ 而 $\mathrm{Var}\{\hat{\sigma}^2\}=2\sigma^4/(n-1)>2\sigma^4/n=J^{22}$ 表明了$\hat{\mu}$ 是充分估计而$\hat{\sigma}^2$不是充分估计。然而,因为$\hat{\sigma}^2$只是充分统计量 z_1 和 z_2 的函数,为了检查它是否二阶有效,经过一些计算后,在(8-230) 式中 $m=2$ 时巴塔卡亚矩阵是

$$B(2)=E\left\{\begin{bmatrix}\boldsymbol{Z}_1\\ \boldsymbol{Z}_2\end{bmatrix}[\boldsymbol{Z}_1^t,\boldsymbol{Z}_2^t]\right\}=\begin{bmatrix}n/\sigma^2 & 0 & 0 & 0\\ 0 & n/2\sigma^4 & n/\sigma^4 & 0\\ 0 & n/\sigma^4 & 2n^2/\sigma^4 & 0\\ 0 & 0 & 0 & n(n+2)/2\sigma^8\end{bmatrix}\tag{8-280}$$

这给出了"广义逆"费希尔信息矩阵在(1,1) 位置的元素是

$$[B(2)]_{11}^{-1}\equiv\begin{bmatrix}\sigma^2/n & 0\\ 0 & 2\sigma^4/(n-1)\end{bmatrix}\tag{8-281}$$

比较(8-277) 和(8-281) 式,我们得到

$$E[\underline{\hat{\boldsymbol{\theta}}}-\underline{\theta})(\underline{\hat{\boldsymbol{\theta}}}-\underline{\theta})^t]=\begin{bmatrix}\mathrm{Var}\{\hat{\boldsymbol{\mu}}\} & 0\\ 0 & \mathrm{Var}\{\hat{\boldsymbol{\sigma}}^2\}\end{bmatrix}=[B(2)]_{11}^{-1}\tag{8-282}$$

因此(8-233) 式对于 $m=2$ 等号成立,这表明$\hat{\boldsymbol{\sigma}}^2$ 是二阶充分估计。

8.3.9 再论最大似然估计

最大似然估计(MLE) 具有很多独特的性质,特别是对大样本情况。首先,容易证明:如果最大似然估计存在,那么它只是概率密度函数 $f(\boldsymbol{x},\theta)$ 的充分统计量 T 的函数。这从(8-60) 式可以得到,对于这种情况

$$f(\boldsymbol{x};\theta)=h[\boldsymbol{x}]g_\theta(T(\boldsymbol{x}))\tag{8-283}$$

(8-40) 式产生

$$\frac{\partial \log f(\boldsymbol{x};\theta)}{\partial \theta} = \frac{\partial \log g_\theta(T)}{\partial \theta}\bigg|_{\theta=\hat{\theta}_{ML}} = 0 \tag{8-284}$$

这表明$\hat{\theta}_{ML}$ 只是 T 的函数。然而，这并不说明在任何情况下最大似然估计本身都是充分统计量，虽然这种情况经常发生。

我们也看到，如果存在一个有效估计达到 CR 界，那它必是 ML 估计。

假定 $\Psi(\theta)$ 是一个依赖于 θ 的未知参数。那么对于 Ψ 的 ML 估计是

$$\hat{\Psi}_{ML} = \Psi(\hat{\boldsymbol{\theta}}_{ML}) \tag{8-285}$$

注意这个重要性质不是无偏估计特有的。

如果 ML 估计是最大似然方程的惟一解，那么在某些另外的限制以及正则性条件下，对于大样本情况我们有下列结论：

(i)
$$E\{\hat{\boldsymbol{\theta}}_{ML}\} \to \theta \tag{8-286}$$

(ii)
$$\mathrm{Var}\{\hat{\boldsymbol{\theta}}_{ML}\} \to \sigma_{CR}^2 \equiv E\left[\left(\frac{\partial \log f(\boldsymbol{x};\theta)}{\partial \theta}\right)^2\right]^{-1} \tag{8-287}$$

(iii)　$\hat{\boldsymbol{\theta}}_{ML}$ 也是渐进正态的；　(8-288)

因此，当 $n \to \infty$

$$\frac{\hat{\theta}_{ML}(\boldsymbol{x}) - \theta}{\sigma_{CR}} \to N(0,1) \tag{8-289}$$

也就是说，ML 估计是渐进一致和渐进正态分布的。

8.4　假设检验

一个统计假设是关于统计模型的一个或多个参数值的假定。假设检验就是建立假设正确性的处理过程。这个课题是各种应用的基础。例如，门德尔(Mendel) 的遗传理论是正确的吗?从放射性物质辐射的粒子数目服从泊松分布吗?在科学研究中一个参数的值是一个特殊的常数吗?两个事件是独立的吗?如果实验中某些因素更改，随机变量的均值变化吗?吸烟减少寿命吗?投票的模式和性别有关吗?智商(IQ) 与父母的文化程度有关吗?这样的例子我们可以一直列下去。

我们将介绍假设检验的主要概念，包括以下问题：随机变量 $\boldsymbol{x}$ 的分布是一个与参数 θ 有关的已知函数 $F(\boldsymbol{x},\theta)$。我们希望去检验假设 $\theta = \theta_0$ 还是 $\theta \neq \theta_0$ 成立。假设 $\theta = \theta_0$ 用 H_0 表示，称做**原假设**。假设 $\theta \neq \theta_0$ 用 H_1 表示，称做**备择假设**。在备择假设情况下，θ 的取值构成了一个集合 Θ_1。如果 Θ_1 仅由一个单点 $\theta = \theta_1$ 组成，假设 H_1 便称为**简单**假设；否则称为**复合**假设。大多数情况下原假设是简单假设。

假设检验的目的在于判断实验证据是支持还是否定原假设。判决的依据是 $\boldsymbol{x}$ 的样本向量 $\boldsymbol{X}$。假定在假设 H_0 情况下，样本向量 $\boldsymbol{X}$ 密度函数 $f(\boldsymbol{X},\theta)$ 在样本空间某个区域 D_c 上可以忽略不计，主要取值在 D_c 的补空间 $\overline{D}_c$ 上。那么下面的判决是合理的：如果 $\boldsymbol{X}$ 在 D_c 上，拒绝假设 H_0；如果 $\boldsymbol{X}$ 在 $\overline{D}_c$ 上，接受假设 H_0。集合 D_c 称为检验的判别区域，$\overline{D}_c$，称为 H_0 的**接受区域**。

我们强调：假设检验的目的不是确定假设 H_0 还是 H_1 成立，而是判断证据是否支持拒绝假设 H_0。因此，术语"接受" 和"拒绝" 必须仔细解释。例如，我们想确定硬币是均匀的这样的假

设是否成立。为此，我们投掷硬币100次，观察正面出现的次数 k。如果 $k=15$，我们拒绝 H_0，也就是说，我们根据证据决定：均匀硬币的假设应该被拒绝。如果 $k=49$，我们接受 H_0，也就是说，我们决定：证据不支持拒绝均匀硬币的假设。然而，仅仅靠证据我们不能推出硬币是均匀的这样的结论。我们也能够得出结论 $p=0.49$。

按照 $\boldsymbol{X}$ 的位置，假设检验中产生两类误判：

1. 假定 H_0 真。如果 $\boldsymbol{X} \in D_c$，虽然 H_0 成立，但我们拒绝了它。称这种误判为第一类误判。这种误判发生的概率用 α 表示，称做检验的**显著性水准**。也就是，

$$\alpha = P\{\boldsymbol{X} \in D_c \mid H_0\} \tag{8-290}$$

差 $1-\alpha = P\{\boldsymbol{X} \notin D_c \mid H_0\}$ 表示 H_0 成立时我们接受 H_0 的概率。符号上，$P\{\cdots \mid H_0\}$ 不是条件概率，符号 H_0 仅仅表示 H_0 成立。

2. 假定 H_0 不成立。如果 $\boldsymbol{X} \notin D_c$，虽然 H_0 不成立但我们接受了它。我们称这种类型的误判为**第二类误判**。这类误判的概率是 θ 的函数，记作 $\beta(\theta)$，称做检验的**抽检特征**(OC)。也就是，

$$\beta(\theta) = P\{\boldsymbol{X} \notin D_c \mid H_1\} \tag{8-291}$$

差式 $1-\beta(\theta)$ 是 H_0 不成立时拒绝 H_0 的概率，记作 $P(\theta)$。称做**检验效率**。于是，

$$P(\theta) = 1-\beta(\theta) = P\{\boldsymbol{X} \in D_c \mid H_1\} \tag{8-292}$$

关键注释 假设检验不是统计学的组成部分。它是以统计学为基础的决策论的组成部分。单独从统计考虑不能导致一个判决。它们仅仅得出下面的概率性质：

如果 H_0 真，那么 $P\{\boldsymbol{X} \in D_c\} = \alpha$；

如果 H_0 假，那么 $P\{\boldsymbol{X} \notin D_c\} = \beta(\theta)$ (8-293)

按照这些性质，如果 $\boldsymbol{X} \in D_c$ 时，"拒绝"H_0；如果 $\boldsymbol{X} \notin D_c$，"接受"$H_0$。这些判决不是仅仅基于(8-293)式。它们也考虑其它因素，常常包括主观因素，例如，关于 H_0 的先验信息，以及错误判决所产生的后果等。

一个假设的检验是按照判决区域进行的。选择区域 D_c 以便两种类型的误判概率很小。然而，两种类型的误判概率不可能同时任意小，因为减小 α 将引起 β 增加。大多数应用中，控制 α 更为重要。区域 D_c 的选择按照下面方式处理。

给第一类误判概率设定一个值 α，搜索区域 D_c 使得第二类型的误判概率对指定的 θ 最小。如果得到的 $\beta(\theta)$ 太大，增加 θ 到它最大可接受的值；如果 $\beta(\theta)$ 仍然太大，应增加样本数目 n。

如果 $\beta(\theta)$ 最小，我们称检验是**最大功效**的。一个最大功效的检验的判决区域一般是依赖于 θ 的。如果对每个 $\theta \in \Theta_1$ 区域都是相同的，我们称检验是**一致最大功效**的。这样的检验不总是存在的。一个最大功效检验的判决区域的确定涉及到 n 维样本空间的搜索方法。下面，我们介绍一个简单方法。

检验统计量 实验前，我们选择一个样本向量 $\boldsymbol{X}$ 的函数

$$\boldsymbol{q} = g(\boldsymbol{X})$$

我们然后求直线上的一个集合 R_c 使得在假设 H_0 下，$\boldsymbol{q}$ 的密度函数可以忽略不计，如果 $\boldsymbol{q}$ 的值 $q=g(X)$ 落在 R_c 中，我们拒绝假设 H_0。集合 R_c 称为检验的**判决区域**(Critical Region)；随机变量 $\boldsymbol{q}$ 称为检验统计量。θ 的点估计可以指导我们选择函数 $g(X)$。

在基于一个检验统计量的假设检验中，两种类型的误判概率可以用 R_c 和检验统计量 $\boldsymbol{q}$ 的概率密度 $f_q(q,\theta)$ 表示：

$$\alpha = P\{\boldsymbol{q} \in R_c \mid H_0\} = \int_{Rc} f_q(q,\theta_0)\mathrm{d}q \tag{8-294}$$

$$\beta(\theta) = P\{\boldsymbol{q} \notin R_c \mid H_1\} = \int_{Rc} f_q(q,\theta)\mathrm{d}q \tag{8-295}$$

为了实现检验，我们首先确定函数 $f_q(q,\theta)$。然后，指定 α 的值并求区域 R_c 使得 $\beta(\theta)$ 最小。现在搜索限制在实数直线上。我们假定函数 $f_q(q,\theta)$ 有单个最大值。这也是实际问题中常常遇到的情况。

我们的目的是检验假设 $\theta=\theta_0$ 排除假设 $\theta\neq\theta_0$，包括 $\theta>\theta_0$ 和 $\theta<\theta_0$。具体说，我们假定当 $\theta>\theta_0$ 时函数 $f_q(q,\theta)$ 集中在 $f_q(q,\theta_0)$ 的右边，当 $\theta<\theta_0$ 时集中在 $f_q(q,\theta_0)$ 的左边，如图 8-10 所示。

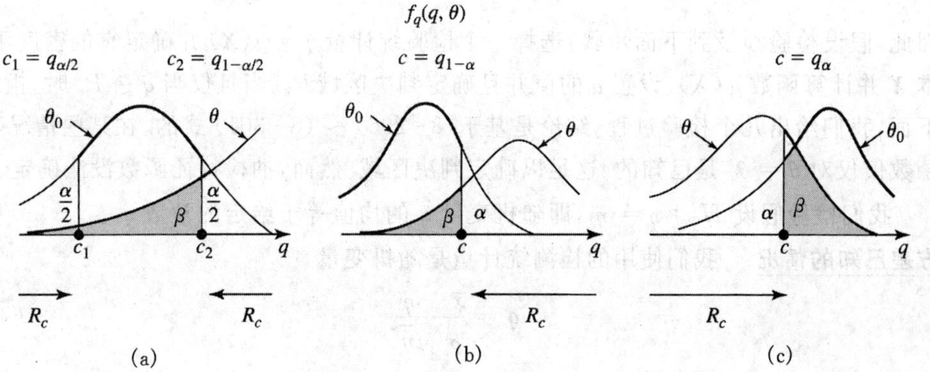

图 8-10

$\boldsymbol{H}_1:\theta\neq\theta_0$

在这个假定下，如果 $\theta>\theta_0$，$\boldsymbol{q}$ 最可能的值位于 $f_q(q,\theta_0)$ 的右边，如果 $\theta<\theta_0$，它位于左边。因此，如果 $\boldsymbol{q}<c_1$ 或 $\boldsymbol{q}>c_2$，拒绝 H_0 是合理的。得到的判决区域是两条半直线 $q<c_1$ 或 $q>c_2$。为方便起见，我们选择常数 c_1 和 c_2 满足

$$P\{\boldsymbol{q}<c_1 \mid H_0\} = \frac{\alpha}{2} \qquad P\{\boldsymbol{q}>c_2 \mid H_0\} = \frac{\alpha}{2}$$

用 q_u 表示在假设 H_0 下随机变量 $\boldsymbol{q}$ 的 u 分位点，我们得出 $c_1=q_{\alpha/2}$，$c_2=q_{1-\alpha/2}$。这产生了下面的检验：

$$\text{当且仅当 } q_{\alpha/2}<q<q_{1-\alpha/2} \text{ 时，接受 } H_0 \tag{8-296}$$

得到抽检特征函数等于

$$\beta(\theta) = \int_{q_{\alpha/2}}^{q_{1-\alpha/2}} f_q(q,\theta)\mathrm{d}q \tag{8-297}$$

$\boldsymbol{H}_1:\theta>\theta_0$

在假设 H_1 下，q 最可能的取值在 $f_q(q,\theta)$ 的右边。因此，如果 $q>c$，我们拒绝假设 H_0。得到的判决区域是半直线 $q>c$，其中常数 c 使得

$$P\{q>c \mid H_0\} = \alpha \quad c = q_{1-\alpha}$$

得到下面的检验结果：

$$\text{当且仅当 } q<q_{1-\alpha} \text{ 时，接受 } H_0 \tag{8-298}$$

抽检特征函数等于

$$\beta(\theta) = \int_{-\infty}^{c} f_q(q,\theta)\mathrm{d}q \tag{8-299}$$

$\boldsymbol{H}_1 : \theta < \theta_0$

用类似的处理，我们得到判决区域是 $q < c$，其中常数 c 使得

$$P\{q < c \mid H_0\} = \alpha \quad c = q_\alpha$$

这产生了下面检验

$$\text{接受 } H_0\text{，当且仅当 } q > q_\alpha \tag{8-300}$$

相应抽检特征函数等于

$$\beta(\theta) = \int_{c}^{\infty} f_q(q,\theta)\mathrm{d}q \tag{8-301}$$

因此，假设检验涉及到下面步骤：选择一个检验统计量 $\boldsymbol{q} = g(\boldsymbol{X})$ 并确定它的密度函数。观测样本 $\boldsymbol{X}$ 并计算函数 $g(X)$。设置 α 的值并且确定判决区域 R_c。当且仅当 $q \in R_c$ 时，拒绝 H_0。

下面，我们给出几个检验过程。结论是基于(8-296)～(8-301)式的。在某些情况下，$\boldsymbol{q}$ 的密度函数仅仅对 $\theta = \theta_0$ 是已知的。这足以确定判决区域。然而，抽检特征函数没法确定。

均值　我们检验假设 $H_0 : \eta = \eta_0$，即随机变量 $\boldsymbol{x}$ 的均值等于给定的常数 η_0。

方差已知的情况　我们使用的检测统计量是随机变量

$$\boldsymbol{q} = \frac{\overline{\boldsymbol{x}} - \eta_0}{\sigma/\sqrt{n}} \tag{8-302}$$

在这个熟悉的假定下，$\overline{\boldsymbol{x}} \sim N(\eta,\sigma/\sqrt{n})$；于是 $\boldsymbol{q}$ 服从 $N(\eta_q,1)$，其中

$$\eta_q = \frac{\eta - \eta_0}{\sigma/\sqrt{n}} \tag{8-303}$$

假定 H_0 下，$\boldsymbol{q}$ 服从 $N(0,1)$。在(8-296)～(8-301)式中用标准正态分位点代替分位点 q_u，我们得到下面的检验过程：

$$H_1 : \eta \neq \eta_0\text{，当且仅当 } z_{\alpha/2} < q < z_{1-\alpha/2} \text{ 时，接受 } H_0 \tag{8-304}$$

$$\beta(\eta) = P\{|\boldsymbol{q}| < z_{1-\alpha/2} \mid H_1\} = G(z_{1-\alpha/2} - \eta_q) - G(z_{\alpha/2} - \eta_q) \tag{8-305}$$

$$H_1 : \eta > \eta_0\text{，当且仅当 } q < z_{1-\alpha} \text{ 时，接受 } H_0 \tag{8-306}$$

$$\beta(\eta) = P\{q < z_{1-\alpha} \mid H_1\} = G(z_{1-\alpha} - \eta_q) \tag{8-307}$$

$$H_1 : \eta < \eta_0\text{，当且仅当 } \boldsymbol{q} > z_\alpha \text{ 时，接受 } H_0 \tag{8-308}$$

$$\beta(\eta) = P\{\boldsymbol{q} > z_\alpha \mid H_1\} = 1 - G(z_\alpha - \eta_q) \tag{8-309}$$

方差未知的情况　我们假定 $\boldsymbol{x}$ 是正态的，检验统计量如下

$$\boldsymbol{q} = \frac{\overline{\boldsymbol{x}} - \eta_0}{\boldsymbol{s}/\sqrt{n}} \tag{8-310}$$

这里 $\boldsymbol{s}^2$ 是 $\boldsymbol{x}$ 的样本方差。在假定 H_0 下，随机变量 $\boldsymbol{q}$ 服从 $n-1$ 个自由度的 t 分布。因此，我们同样可以利用(8-296)，(8-298) 和(8-300) 式，只要用 t 分布的分位点 $t_u(n-1)$ 代替 q_u 即可。为了求 $\beta(\eta)$，我们必须知道 $\eta \neq \eta_0$ 时随机变量 $\boldsymbol{q}$ 的分布。

【例 8-21】　我们测量一个电压源 25 次，发现平均值 $\overline{x} = 110.12\text{V}$(见例 8-3)。检验假设 $V = V_0 = 110\text{V}$ 还是 $V \neq 110\text{V}$，其中指定 $\alpha = 0.05$。假定测量误差 $\boldsymbol{e}$ 服从正态分布 $N(0,\sigma)$。

(a) 假定 $\sigma = 0.4\text{V}$。这种情况下，$z_{1-\alpha/2} = z_{0.975} = 2$：

$$q = \frac{110.12 - 110}{0.4/\sqrt{25}} = 1.5$$

因为 1.5 位于区间$(-2,2)$中，我们接受 H_0。

(b) 假定 σ 未知。从测量结果，我们发现 $s = 0.6$ V。代入(8-310)式，我们得到

$$q = \frac{110.12 - 110}{0.6/\sqrt{25}} = 1$$

从表 8-3，我们得到 $t_{1-\alpha/2}(n-1) = t_{0.975}(25) = 2.06 = -t_{0.025}$。因为 1 在区间$(-2.06, 2.06)$中，我们接受 H_0。

概率　我们要检验假设 $H_0: p = p_0 = 1 - q_0$ 表示事件 A 发生的概率 $p = P(A)$ 等于给定的常数 p_0，使用的数据是 n 次试验中 A 发生的次数 k。随机变量 $\boldsymbol{k}$ 服从二项式分布，大样本时近似服从 $N(np, \sqrt{npq})$。我们假定 n 足够大。

检验使用统计量

$$\boldsymbol{q} = \frac{\boldsymbol{k} - np_0}{\sqrt{np_0q_0}} \tag{8-311}$$

假设 H_0 下，$\boldsymbol{q}$ 服从 $N(0,1)$。因此，检验程序如(8-304)～(8-309)所示。

为了得到抽检特征函数 $\beta(p)$，我们必须确定备择假设条件下随机变量 $\boldsymbol{q}$ 的分布函数。因为 $\boldsymbol{k}$ 是正态的，$\boldsymbol{q}$ 也是正态的，均值和方差为

$$\eta_q = \frac{np - np_0}{\sqrt{np_0q_0}} \qquad \sigma_q^2 = \frac{npq}{np_0q_0}$$

从而产生了下面的检验：

$H_1: p \neq p_0$　　当且仅当 $z_{\alpha/2} < q < z_{1-\alpha/2}$ 时，接受 H_0　　(8-312)

$$\beta(p) = P\{|\boldsymbol{q}| < z_{1-\alpha/2} \mid H_1\} = G\left(\frac{z_{1-\alpha/2} - \eta_q}{\sqrt{pq/p_0q_0}}\right) - G\left(\frac{z_{\alpha/2} - \eta_q}{\sqrt{pq/p_0q_0}}\right) \tag{8-313}$$

$H_1: p > p_0$　　当且仅当 $q < z_{1-\alpha}$ 时，接受 H_0　　(8-314)

$$\beta(\boldsymbol{p}) = P\{\boldsymbol{q} < z_{1-\alpha} \mid H_1\} = G\left(\frac{z_{1-\alpha} - \eta_q}{\sqrt{pq/p_0q_0}}\right) \tag{8-315}$$

$H_1: p < p_0$　　当且仅当 $q > z_\alpha$ 时，接受 H_0　　(8-316)

$$\beta(p) = P\{\boldsymbol{q} > z_\alpha \mid H_1\} = 1 - G\left(\frac{z_\alpha - \eta_q}{\sqrt{pq/p_0q_0}}\right) \tag{8-317}$$

【例 8-22】　我们希望检验一枚硬币是均匀的还是偏向出现更多"正面"，也就是说

$$H_0: p = 0.5 \qquad H_1: p > 0.5$$

我们投掷硬币 100 次，正面出现 62 次。这样的事实支持以 $\alpha = 0.05$ 的显著性水平拒绝原假设吗？

在这个例子中，$z_{1-\alpha} = z_{0.95} = 1.645$。因为，

$$q = \frac{62 - 50}{\sqrt{25}} = 2.4 > 1.645$$

所以，正面的假设被拒绝。

方差　随机变量 $\boldsymbol{x}$ 服从正态分布 $N(\eta, \sigma)$。我们希望检验假设 $H_0: \sigma = \sigma_0$。

已知均值的情况　我们用随机变量

$$\boldsymbol{q} = \sum_i \left(\frac{\boldsymbol{x}_i - \eta}{\sigma_0}\right)^2 \tag{8-318}$$

作为检验统计量。假设 H_0 下，它服从 $\chi^2(n)$ 分布。因此，我们可以用(8-296)式，只要 q_u 取作 $\chi_u^2(n)$ 的分位点。

未知均值情况　我们用随机变量

$$\boldsymbol{q} = \sum_i \left(\frac{\boldsymbol{x}_i - \overline{\boldsymbol{x}}}{\sigma_0}\right)^2 \tag{8-319}$$

假设 H_0 下，它服从 $\chi^2(n-1)$ 分布。因此，我们可以用(8-296)式，其中 $q_u = \chi_u^2(n-1)$。

【例 8-23】　假定在例 8-21，测量误差的方差 σ^2 是未知的。用 20 次测量结果 $x_i = V + v_i$ 检验假设 $H_0: \sigma > 0.4$ 和 $H_1: \alpha = 0.05$。

(a) 假定 $V = 110\text{V}$。把测量结果 x_i 代入(8-318)式，我们发现

$$q = \sum_{i=1}^{20} \left(\frac{x_i - 110}{0.4}\right)^2 = 36.2$$

因为 $\chi_{1-\alpha}^2(n) = \chi_{0.95}^2(20) = 31.41 < 36.2$，我们拒绝假设 H_0。

(b) 如果 V 是未知的，我们用(8-319)式。这产生

$$q = \sum_{i=1}^{20} \left(\frac{x_i - \overline{x}}{0.4}\right) = 22.5$$

因为 $\chi_{1-\alpha}^2(n-1) = \chi_{0.95}^2(19) = 30.14 > 22.5$，我们接受 H_0。

分布　这个应用中假设不是考虑一个参数，而是假设一个随机变量 $\boldsymbol{x}$ 的分布是给定的函数 $F_0(x)$。于是，

$$H_0: F(x) \equiv F_0(x) \qquad H_1(x): F(x) \neq F_0(x)$$

柯尔莫格洛夫-谢苗诺夫检验　像在估计问题中那样[见(8-27)～(8-30)式]，我们构造随机过程 $\hat{\boldsymbol{F}}(x)$ 并且使用下面的检验统计量

$$\boldsymbol{q} = \max_x |\boldsymbol{F}(x) - F_0(x)| \tag{8-320}$$

这个选择是基于下面的观察：对于给定的 ξ，函数 $\hat{\boldsymbol{F}}(x)$ 是 $F(x)$ 的经验估计[见(4-3)式]；因此当 $n \to \infty$ 时，它趋于 $F(x)$。从这得到

$$E\{\hat{\boldsymbol{F}}(x)\} = F\{x\} \qquad \hat{\boldsymbol{F}}(x) \xrightarrow[n \to \infty]{} F(x)$$

这表明：对于大的 n，如果 H_0 真，$\boldsymbol{q}$ 接近于 0；如果 H_1 真，它趋于 $|F(x) - F_0(x)|$ 的最大值。因此，导出下面结论：如果 $\boldsymbol{q}$ 比某个常数 c 大，我们必须拒绝假设 H_0。这个常数由显著性水平 $\alpha = P\{\boldsymbol{q} > c \mid H_0\}$ 和 $\boldsymbol{q}$ 的分布决定。假设 H_0 下，检测统计量 $\boldsymbol{x}$ 等于(8-28)式中的随机变量 $\boldsymbol{w}$。用柯尔莫格洛夫近似(8-29)式，我们得到

$$\alpha = P\{\boldsymbol{q} > c \mid H_0\} \approx 2\mathrm{e}^{-2nc^2} \tag{8-321}$$

于是，检验过程如下：构造 $F(x)$ 的经验估计 $\hat{F}(x)$ 并按照(8-320)式确定 q 的值。

$$\text{当且当 } q < \sqrt{-\frac{1}{2n}\log\frac{\alpha}{2}} \text{ 时，接受 } H_0 \tag{8-322}$$

得到的第二类误判概率只有 n 很大时才小到可以接受。

8.4.1　χ^2 检验

给定空间 S 的一个分割 $U = [A_1, A_2, \cdots, A_n]$，我们想去检验假设：事件 A_i 的概率 $p_i =$

$P(A_i)$ 等于给定的 m 个常数 p_{0i}。也就是说，

$$H_0: p_i = p_{0i}, i = 1,2,\cdots,m \qquad H_1: p_i \neq p_{0i} \quad \text{对某些 } i \tag{8-323}$$

所使用的检验数据是 n 次试验中事件 A_i 发生的次数 k_i。为此，我们引入和式

$$\boldsymbol{q} = \sum_{i=1}^{m} \frac{(\boldsymbol{k}_i - np_{0i})^2}{np_{0i}} \tag{8-324}$$

这是著名的**皮尔逊检验统计量**。我们知道，随机变量 $\boldsymbol{k}_i$ 服从二项式分布，具有均值 np_i 和方差 np_iq_i。于是，当 $n \to \infty$ 时，比值 $\boldsymbol{k}_i/n$ 趋于 p_i。从这可以知道：如果 $p_i = p_{0i}$，差 $|\boldsymbol{k}_i - np_{0i}|$ 很小；否则它随 $|p_i - p_{0i}|$ 的增加而增加。这证实采用检测统计量 $\boldsymbol{q}$ 是合理的，集合 $q > c$ 是检测的判决区域。

为了得到 c，我们必须确定 $\boldsymbol{q}$ 的分布。我们将在假定 n 很大的情况下求它的分布。对于中等的 n，我们使用计算机仿真[见(8-334)式]。在这个假定下，随机变量 $\boldsymbol{k}_i$ 接近均值为 kp_i 的正态分布。假设 H_0 下，随机变量 $\boldsymbol{q}$ 服从 $\chi^2(m-1)$ 分布。这是由于常数 p_{0i} 满足 $\sum p_{0i} = 1$。然而，证明相当棘手。

这导出了下面的检验：观测 k_i 并计算(8-324)式的和 q；从表 8-3 中查 $\chi^2_{1-\alpha}(m-1)$。

$$\text{当且仅当 } q < \chi^2_{1-\alpha}(m-1) \text{ 时，接受 } H_0 \tag{8-325}$$

我们注意到，当仅仅涉及事件 A 的发生概率 p 时，χ^2 检验简化成(8-312)～(8-317)式。这种情况下，分割 $U = [A, \overline{A}]$ 而统计量 $\boldsymbol{q}$ 等于 $(k - np_0)^2/np_0q_0$，其中 $p_0 = p_{01}, q_0 = p_{02}, k = k_1$ 和 $n - k = k_2$[见习题 8-40]。

【例 8-24】 我们投掷一个骰子 300 次，观察到 1～6 点分别出现 $k_i = 55, 43, 61, 40, 57$ 次。检验骰子是均匀的假设，其中显著性水平 $\alpha = 0.05$。在这个问题中，$p_{0i} = 1/6$，$m = 6$ 和 $np_{i0} = 50$。代入(8-324)式，得到

$$q = \sum_{i=1}^{6} \frac{(k_i - 50)^2}{50} = 7.6$$

因为 $\chi^2_{0.95}(5) = 11.07 > 7.6$，我们接受骰子均匀的假设。

χ^2 检验也用于检验实验数据和理论模型之间的**拟合程度**。我们举下面两个例子。

独立性检验　我们将检验两个事件 B 和 C 是独立的这样一个假设：

$$H_0: P(B \cap C) = P(B)P(C) \quad H_1: P(B \cap C) \neq P(B)P(C) \tag{8-326}$$

假定这些事件的概率 $b = P(B)$ 和 $c = P(C)$ 是已知的。为此，我们 χ^2 检验到由四个事件构成的分割：

$$A_1 = B \cap C \qquad A_2 = B \cap \overline{C} \qquad A_3 = \overline{B} \cap C \qquad A_4 = \overline{B} \cap \overline{C}$$

在假设 H_0 下，组成每个事件 A_i 的事件是独立的。于是，

$$p_{01} = bc \qquad p_{02} = b(1-c) \qquad p_{03} = (1-b)c \qquad p_{04} = (1-b)(1-c)$$

这产生了检验：

$$\text{当且仅当} \sum_{k=1}^{4} \frac{(k_i - np_{0i})^2}{np_{0i}} < \chi^2_{1-\alpha}(3) \text{ 时，接受假设 } H_0 \tag{8-327}$$

在(8-237)式中，k_i 是事件 A_i 发生的次数；例如，k_2 表示事件 B 发生但 C 不发生的次数。

【例 8-25】 在某所大学，所有一年级学生中 60% 是男生，所有入学的学生中有 75% 毕业。我们随机抽取了 299 个男生，101 个女生的记录，发现 168 个男生和 68 个女生毕业。检验假设：事件 $B=\{\text{男生}\}$，$C=\{\text{毕业}\}$ 是独立的，其中显著性水平 $\alpha = 0.05$。在这个问题中

$m = 400$，$P(B) = 0.6$，$P(C) = 0.75$，$p_{0i} = 0.45$，0.15，0.3，0.1 而 $k_i = 168,68,131,33$。(8-324) 式产生了

$$q = \sum_{i=1}^{4} \frac{(k_i - 400p_{0i})^2}{400p_{0i}} = 4.1$$

因为 $\chi^2_{0.95} = 7.81 > 4.1$，我们接受假设 H_0。

分布的检验　我们以前已经介绍过这个检验问题，即检验假设：随机变量 $\boldsymbol{x}$ 的分布函数 $F(x)$ 是给定的函数 $F_0(x)$。得到的检验结果只有当可利用的样本数目很大时才有效。下面，我们检验假设 $F(x) = F_0(x)$ 不是对每个而是仅仅对 $m-1$ 个点成立[见图 8-11]：

$$H_0: F(a_i) = F_0(a_i), 1 \leqslant i \leqslant m-1 \qquad H_1: F(a_i) \neq F_0(a_i), \qquad (8-328)$$

对某个 i，我们引入 m 个事件

$$A_i = \{a_{i-1} < \boldsymbol{x} < a_i\} \qquad i = 1, \cdots, m$$

其中 $a_0 = -\infty$，$a_m = \infty$。这些事件构成了 S 的一个分割。事件 A_i 发生的次数 k_i 等于样本 x_i 落在区间 (a_{i-1}, a_i) 内的次数。假设 H_0 下，

$$P(A_i) = F_0(a_i) - F_0(a_{i-1}) = p_{0i}$$

因此，为了检验假设(8-328)式，我们构造在(8-324)式中的并用于(8-325)式的检验过程。如果 H_0 被拒绝，那么假设 $F(x) = F_0(x)$ 也被拒绝。

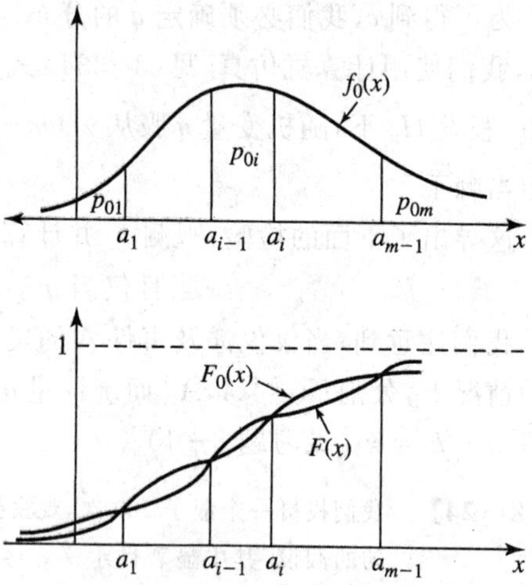

图 8-11

【例 8-26】　我们有 500 个计算机生成的十进制数 x_i，希望检验假设：这些数是(0,1)区间上均匀分布随机变量 $\boldsymbol{x}$ 的样本。我们分(0,1)区间成 10 个小区间，每个长度为 0.1，数落在每个小区间内数的个数。结果是：

$k_i = 43 \quad 56 \quad 42 \quad 38 \quad 59 \quad 61 \quad 41 \quad 57 \quad 46 \quad 57$

在这个问题中，$m = 500$，$p_{0i} = 0.1$ 和

$$q = \sum_{i=1}^{10} \frac{(k_i - 50)^2}{50} = 13.8$$

因为 $\chi^2_{0.95} = 16.9 > 13.8$，我们接受均匀型假设。

8.4.2　似然比检验

我们用检验任何假设(简单的或复合的)的一般方法来结束本章。给定一个具有密度函数 $f(x,\theta)$ 的随机变量 $\boldsymbol{x}$，θ 是任意参数，可以是标量，也可以是向量，我们希望检验假设 $H_0: \theta \in \Theta_0$，$H_1: \theta \in \Theta_1$。集合 Θ_0 和 Θ_1 是参数空间 $\Theta = \Theta_0 \cup \Theta_1$ 的子集。

密度函数 $f(X,\theta)$ 可以看作 θ 的函数，它是 $\boldsymbol{X}$ 的似然函数。我们用 θ_m 表示在空间 Θ 中使 $f(\boldsymbol{X},\theta)$ 达到最大的 θ 值。那么，θ_m 是 θ 的最大似然估计。在集合 Θ_0 中，使 $f(X,\theta)$ 达到最大的 θ 值记作 θ_{m0}。如果 H_0 是简单假设 $\theta = \theta_0$，那么 $\theta_{m0} = \theta_0$。ML 检验是基于检验统计量

$$\lambda = \frac{f(\boldsymbol{X},\theta_{m0})}{f(\boldsymbol{X},\theta_m)} \qquad (8-329)$$

注意，$0 \leqslant \lambda \leqslant 1$。这是因为 $f(X,\theta_{m0}) \leqslant f(X,\theta_m)$。如果 H_0 真。我们断言 λ 集中在 1 附近。我们知道，当 $n \to \infty$ 时，θ 的 ML 估计 θ_m 趋向它的真实值 θ^*。而且，在原假设下，θ^* 在集合 Θ_0 中；于

是，当 $n \to \infty$ 时，$\lambda \to 1$。因此，如果 $\lambda < c$，我们必须拒绝假设 H_0。常数 c 由检验的显著性水平 α 确定。

首先，假定 H_0 是简单假设 $\theta = \theta_0$。这种情况下，

$$\alpha = P\{\boldsymbol{\lambda} \leqslant c \mid H_0\} = \int_0^c f_\lambda(\lambda, \theta_0)\mathrm{d}\lambda \tag{8-330}$$

这导出了检验：用 $\boldsymbol{x}$ 的样本 x_i 构造似然函数 $f(X,\theta)$。求 θ_m 和 θ_{m0} 并计算似然比 $\lambda = f(\boldsymbol{X}, \theta_{m0})/f(\boldsymbol{X},\theta_m)$：

$$\text{当且仅当}\ \lambda < \lambda_\alpha\ \text{时，拒绝假设}\ H_0 \tag{8-331}$$

其中 λ_α 是假设 H_0 下检验统计量 $\boldsymbol{\lambda}$ 的 α 分位点。

如果 H_0 是一个复合假设，c 是对每个 $\theta \in \Theta_0$ 满足 $P\{\lambda \leqslant c\} < \lambda\alpha$ 的最小的常数。

【例 8-27】 假设 $f(x,\theta) \sim \theta \mathrm{e}^{-\theta x}U(x)$。我们要检验假设

$$H_0: 0 < \theta \leqslant \theta_0, \quad H_1: \theta > \theta_0$$

这个问题中，Θ_0 是线段 $0 < \theta \leqslant \theta_0$，$\Theta_1$ 是半直线 $\theta > 0$。因此，两个假设是复合的。似然函数

$$f(\boldsymbol{X},\theta) = \theta^n \mathrm{e}^{-n\overline{x}\theta}$$

对于 $\overline{x} > 1/\theta_0$ 和 $\overline{x} < 1/\theta_0$ 如图 8-12(a) 所示。在半直线 $\theta > 0$ 上函数在 $\theta = 1/\overline{x}$ 点达到最大。在区间 $0 < \theta \leqslant \theta_0$，当 $\overline{x} > 1/\theta_0$ 时最大值点是 $\theta = 1/\overline{x}$，当 $\overline{x} < 1/\theta_0$ 时最大值点是 $\theta = \theta_0$。因此，

$$\theta_m = \frac{1}{x} \quad \theta_{m0} = \begin{cases} 1/\overline{x}, & \overline{x} > 1/\theta_0 \\ \theta_0, & \overline{x} < 1/\theta_0 \end{cases}$$

似然比等于(图 8-12(b))

$$\lambda = \begin{cases} 1 & \overline{x} > 1/\theta_0 \\ (\overline{x}\theta_0)^n \mathrm{e}^{-n\theta_0\overline{x}+n\theta_0} & \overline{x} < 1/\theta_0 \end{cases}$$

如果 $\lambda < c$ 或者等价于 $\overline{x} < c_1$，我们拒绝假设 H_0，其中 c_1 等于随机变量 $\overline{\boldsymbol{x}}$ 的 α 分位点。

为了实现似然比检验，我们还必须确定随机变量 $\boldsymbol{\lambda}$ 的分布。这不总是一个简单的任务。下面的定理简化了大样本时的情况。

渐进性质　我们用 m 和 m_0 分别表示 Θ 和 Θ_0 中自由参数的数目，也就是说参数的取值是不可列的。可以证明：如果 $m > m_0$，那么随机变量 $\boldsymbol{w} = -2\log\boldsymbol{\lambda}$ 的分布函数当 $n \to \infty$ 时接近 $m - m_0$ 个自由度的 χ^2 分布。函数 $w = -2\log\lambda$ 是单调减小的；于是，当且仅当 $w > c_1 = -2\log c$ 时，$\lambda < c$。从而，

$$\alpha = P\{\boldsymbol{\lambda} < c\} = P\{\boldsymbol{w} > c_1\}$$

其中 $c_1 = \chi^2_{1-\alpha}(m - m_0)$，(8-331) 式产生了检验

$$\text{当且仅当}\ -2\log\lambda > \chi^2_{1-\alpha}(m - m_0)\ \text{时，拒绝}\ H_0 \tag{8-332}$$

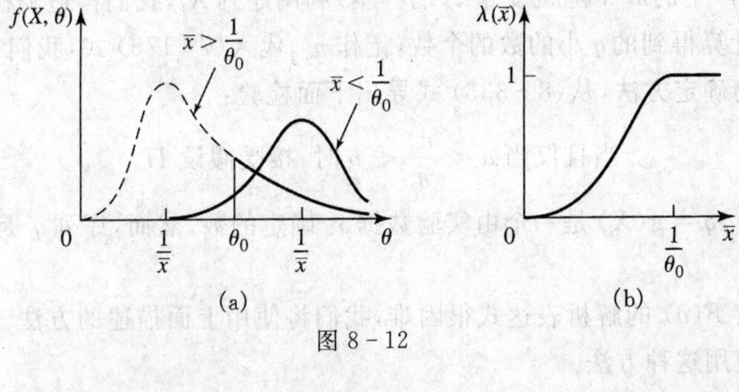

图 8-12

我们下面给一个例子来说明这个定理。

【例 8 - 28】 给定一个服从 $N(\eta,1)$ 分布的随机变量 $\boldsymbol{x}$，我们希望检验简单假设 $\eta=\eta_0$ 和备择假设 $\eta\neq\eta_0$。这个问题中 $\eta_{m0}=\eta_0$ 并且

$$f(X,\eta)=\frac{1}{\sqrt{(2\pi)^n}}\exp\left(-\frac{1}{2}\sum(x_i-\eta)^2\right)$$

如果和式[见(7-67)式]

$$\sum(x_i-\eta)^2=\sum(x_i-\overline{x})^2+n(\overline{x}-\eta)^2$$

最小，也就是说，如果 $\eta=\overline{x}$，那么分布 $f(X,\eta)$ 的值最大。于是，$\eta_m=\overline{x}$ 和

$$\lambda=\frac{\exp\{-\frac{1}{2}\sum(x_i-\eta_0)^2\}}{\exp\{-\frac{1}{2}\sum(x_i-\overline{x})^2\}}=\exp\{-\frac{n}{2}(\overline{x}-\eta_0)^2\}$$

从这得到：当且仅当 $|\overline{x}-\eta_0|<c_1$，$\lambda>c$。这表明正态随机变量的似然比检验等价于(8-304)式的检验。

注意，在这个问题中，$m=1$，$m_0=0$。而且，

$$\boldsymbol{w}=-2\log\boldsymbol{\lambda}=n(\overline{\boldsymbol{x}}-\eta_0)^2=\left(\frac{\overline{\boldsymbol{x}}-\eta_0}{1/\sqrt{n}}\right)^2$$

但右边是一个服从 $\chi^2(1)$ 分布的随机变量。于是，随机变量 $\boldsymbol{w}$ 对任何 n 服从 $\chi^2(m-m_0)$。

假设检验的计算机仿真 像我们已经看到的，假设 H_0 的检验涉及如下步骤：按照 m 个随机变量 $\boldsymbol{x}_k$ 的观测 x_k 确定随机向量 $\boldsymbol{X}=[\boldsymbol{x}_1,\boldsymbol{x}_2,\cdots,\boldsymbol{x}_n]$ 的值 X；计算相应的检验统计量 $\boldsymbol{q}=g(\boldsymbol{X})$ 的值 $q=g(X)$。如果 q 不在判决区域内，我们接受假设 H_0，例如 q 在区间 (q_a,q_b)，其中 q_a 和 q_b 按照 $\boldsymbol{q}$ 的分布的分位点适当选定[见(8-296)式]。这涉及到确定 $\boldsymbol{x}$ 的分布函数 $F(q)$ 以及它的反函数 $q_u=F^{-1}(u)$。如果我们用下面的方法，可以避免求反函数的问题。

函数 $F(q)$ 是单调增加的。于是，

$$\text{当且仅当 } a=F(q_a)<F(q)<F(q_b)=b \text{ 时，} q_a<q<q_b$$

这表明检验 $q_a<q<q_b$ 等价于检验

$$\text{当且仅当 } a<F(q)<b \text{ 时，接受假设 } H_0 \tag{8-333}$$

后者仅仅涉及到确定 $\boldsymbol{q}$ 的分布函数 $F(q)$。在 7.3 节我们证明过，函数 $F(q)$ 可以通过计算机仿真得到[见(7-175)式]。

为了通过数值方法估计 $F(q)$，我们构造随机向量序列

$$X_i=[x_{1,i},\cdots,x_{m,i}] \quad i=1,\cdots,n$$

其中 $x_{k,i}$ 是计算机产生的 m 个随机变量 $\boldsymbol{x}_k$ 的样本。利用序列 X_i，我们构造随机数列 $q_i=g(X_i)$ 并且计算 q_i 中比计算得到的 q 小的数的个数，记作 n_q。代入(7-175)式，我们得到估计 $F(q)\approx n_q/n$。按照 $F(q)$ 的确定方法，从(8-333)式导出下面检验：

$$\text{当且仅当 } a<\frac{n_q}{n}<b \text{ 时，接受假设 } H_0 \tag{8-334}$$

上面的讨论中，$q=g(X)$ 是一个由实验数据 x_k 确定的数。然而，序列 q_i 是由计算机仿真生成的。

如果确定函数 $F(q)$ 的解析表达式很困难，我们将使用上面描述的方法。在(8-324)式中的皮尔逊检验就使用这种方法。

习 题

8-1 一个生产线生产的圆柱棒的直径是一个具有 $\sigma = 0.1$ mm 的正态随机变量 $\boldsymbol{x}$。我们测量了 9 根，发现测量的平均值 $\bar{x} = 91$ mm。(a) 求 c 使得 $\boldsymbol{x}$ 的均值 η 落在区间 $\bar{x} \pm c$ 的置信系数为 0.95。(b) 我们断言 η 在区间(90.95,91.05)。求这一断言的置信系数。

8-2 一个零件的长度是具有 $\sigma = 1$ 的随机变量 $\boldsymbol{x}$，均值未知。我们测量了 4 个零件，发现 $\bar{x} = 203$ mm。(a) 假定 $\boldsymbol{x}$ 是正态随机变量，求置信系数为 0.95 的均值 η 的区间。(b) $\boldsymbol{x}$ 的分布未知，用切比雪夫不等式，求 c 使得 η 落在区间 $203 \pm c$ 的置信系数为 0.95。

8-3 我们从过去的记录发现 A 型轮胎的寿命是一个 $\sigma = 5\,000$ 英里(8 046.7 km) 的随机变量 $\boldsymbol{x}$。我们测试了 64 个样品，发现它们寿命的平均值 $\bar{x} = 25\,000$ 英里(40 233.5 km)。求 $\boldsymbol{x}$ 的均值的置信区间，置信系数为 0.9。

8-4 我们希望确定一个物体的长度 α。我们用 n 次测量的平均值 $\bar{x}$ 作为 α 的估计。测量误差近似服从零均值，标准差为 0.1 mm 的正态分布。求 n 是 $a = \bar{x} \pm 0.2$ mm 的置信系数是 95%。

8-5 随机变量服从区间 $\theta - 2 < x < \theta + 2$ 上的均匀分布。我们观测得到 100 个样本 x_i 并求得它们的均值 $\bar{x} = 30$。求 θ 的置信系数为 0.95 的置信区间。

8-6 给定一个密度函数 $f(x) = x\mathrm{e}^{-x}U(x)$ 为的随机变量 $\boldsymbol{x}$。用 95% 的置信度预测 $\boldsymbol{x}$ 的下次样本值落在区间(a,b)。证明：当 a 和 b 满足

$$f(a) = f(b) \quad P\{a < \boldsymbol{x} < b\} = 0.95$$

这个区间的长度最小。求 a 和 b。

8-7 (估计-预测) 一个品牌为 A 的灯泡的寿命服从正态分布，其中 $\sigma = 10$ 小时，均值未知。我们已经用过 20 个这类灯泡，发现寿命的平均值 $\bar{x} = 80$ 小时。我们买了一个这个牌子的新灯泡并且希望以 95% 的置信度预测灯泡寿命将位于区间 $80 \pm c$。求 c。

8-8 假定在一个牙科诊所患者到达的时间间隔由一个随机变量 $\boldsymbol{x}$ 的样本组成，$\boldsymbol{x}$ 的密度函数为 $\theta\mathrm{e}^{-\theta x}U(x)$。第 40 个患者在第一个患者到达 4 小时后到达。求平均时间间隔 $\eta = 1/\theta$ 置信系数为 0.95 的置信区间。

8-9 每秒从一块放射性物质辐射出的粒子数目服从泊松分布，均值为 λ。我们观察到 200 秒内辐射出 2 550 个粒子。求 λ 置信系数为 0.95 的置信区间。

8-10 4 000 个新生儿中，有 2 080 个男孩。求概率 $p = P\{男孩\}$ 置信系数为 0.99 的置信区间。

8-11 在投票出口对 900 个投票人进行询问，360 个人回答它们支持一个特别提案。基于这项调查，40% 的投票人支持这一提案。(a) 如果结果的置信系数是 0.95，求临界误差(估计的最小误差)；(b) 如果临界误差是 2%，求置信系数。

8-12 在一个市场调查中，报告 29% 回答者支持产品 A。调查结果注明：置信系数 0.95，临界误差 $\pm 4\%$，求被调查的人数。

8-13 我们计划进行一次民意调查，目的在于估计一个团体中共和党人的概率 p。我们希望 p 的误差在 ± 0.02 以内。如果估计的置信系数是 0.95，样本数目应该大于多少？

8-14 投掷一枚硬币一次，正面出现。假定正面出现的概率 p 是一个随机变量 $\boldsymbol{p}$ 的取值，$\boldsymbol{p}$ 服从区间(0.4,0.6)上的均匀分布。求它的贝叶斯估计。

8-15 一个系统的使用寿命是一个随机变量 $\boldsymbol{x}$，它的密度函数是 $f(x,\theta)=\theta e^{-\theta x}U(x)$。我们由 $\boldsymbol{x}$ 的 n 个样本 x_i 的平均 $\bar{x}$ 得到 θ 的贝叶斯估计 $\hat{\theta}$。我们假定随机变量 $\boldsymbol{\theta}$ 的取值 θ，其中 $\boldsymbol{\theta}$ 的先验概率是 $f_\theta(\theta)=ce^{-c\theta}U(\theta)$。证明

$$\hat{\theta}=\frac{n+1}{c+n\bar{x}}\xrightarrow[n\to\infty]{}\frac{1}{\bar{x}}$$

8-16 随机变量 $\boldsymbol{x}$ 服从泊松分布，具有均值 θ。假定 θ 是随机变量 $\boldsymbol{\theta}$ 的取值，其中 $\boldsymbol{\theta}$ 的先验概率是 $f_\theta(\theta)\sim\theta^b e^{-c\theta}U(\theta)$，求 θ 的贝叶斯估计 $\hat{\theta}$ 并证明

$$\hat{\theta}=\frac{n\bar{x}+b+1}{n+c}$$

8-17 假定某个年级的小孩的智商(IQ)值是服从 $N(\eta,\sigma)$ 随机变量 $\boldsymbol{x}$ 的样本。我们测试了 10 个小孩，得到的下面的平均值 $\bar{x}=90$，$s=5$。求置信系数为 0.95 的 η 和 σ 的置信区间。

8-18 随机变量 $\boldsymbol{x}_i$ 是独立同分布的，服从 $N(0,\sigma)$。我们发现 $x_1^2+x_2^2+\cdots+x_{10}^2=4$。求置信系数为 0.95 的 σ 的置信区间。

8-19 一个伏特表的读数引入了误差 $\boldsymbol{v}$，它的均值为 0。我们希望估计它的标准差 σ。我们测量一个 3 V 的校准电压源 4 次，得到的值 2.90，3.15，3.05 和 2.96。假定 $\boldsymbol{v}$ 是正态的，求置信系数为 0.95 的 σ 的置信区间。

8-20 随机变量 $\boldsymbol{x}$ 具有埃尔朗密度 $f(x)\sim c^4x^3e^{-cx}U(x)$。我们得到观测样本 $x_i=3.1$，3.4，3.3。求 c 的 ML 估计 $\hat{c}$。

8-21 随机变量 $\boldsymbol{x}$ 具有截断的指数密度 $f(x)=ce^{-c(x-x_0)}U(x-x_0)$。已知得到了 n 个样本 x_i，求 c 的 ML 估计 $\hat{c}$。

8-22 灯泡的使用寿命是具有密度 $ce^{-cx}U(x)$ 的随机变量 $\boldsymbol{x}$。我们测试了 80 个灯泡，200 个小时后，仍有 62 个继续工作。求 c 的 ML 估计。

8-23 随机变量 $\boldsymbol{x}$ 服从均值为 θ 的泊松分布。证明 θ 的 ML 估计等于 $\bar{x}$。

8-24 证明：如果随机变量 $\boldsymbol{x}$ 的似然函数是 $L(x,\theta)=\log f(x,\theta)$，那么

$$E\left\{\left|\frac{\partial L(\boldsymbol{x},\theta)}{\partial\theta}\right|^2\right\}=-E\left\{\frac{\partial^2 L(\boldsymbol{x},\theta)}{\partial\theta^2}\right\}$$

8-25 给定一个随机变量 $\boldsymbol{x}$，具有均值 η，标准差 $\sigma=2$，我们希望用 n 个样本的样本平均 $\bar{x}$ 作为检验统计量检验原假设：$\eta=8$ 和备择假设 $\eta=8.7$，其中 $\alpha=0.01$。(a) 当 $n=64$ 时，求判决区域 R_c 和 β；(b) 如果 $\beta=0.05$，求 n 和 R_c。

8-26 按照一辆新型小汽车的介绍，它在高速公路上每加仑(3.785 L) 油料的行驶里程是 28 英里(约 45 km)。17 辆车接受测试，它们每加仑(3.785 L) 的里程分别是：

19 20 24 25 26 26.8 27.2 27.5

28 28.2 28.4 29 30 31 32 33.3 35

我们能够得出这一断言真的置信水平至多 0.05 的结论吗？

8-27 一种食品包装盒的重量是随机变量 $\boldsymbol{x}$ 的取值，$\boldsymbol{x}$ 的均值是 η。我们测量了 64 个盒子，发现平均值 $\bar{x}=7.7$ 盎司(218.3 g)，$s=1.5$ 盎司(42.5 g)。检验假设 $H_0:\eta=8$ 盎司(226.8 g)，$H_1:\eta\neq 8$ 盎司(226.8 g)，α 依次取 0.1 和 0.01。

8-28 品牌 A 电池比品牌 B 的价格高。它们的使用寿命是两个独立的正态随机变量 $\boldsymbol{x}$ 和 $\boldsymbol{y}$。我们测试了 16 个品牌 A，26 个品牌 B 的电池，得到它们的使用寿命(小时)，数据满足：

$$\overline{x} = 4.6 \qquad s_x = 1.1 \qquad \overline{y} = 4.2 \qquad s_y = 0.9$$

检验假设：$H_0 : \eta_x = \eta_y, H_1 : \eta_x > \eta_y$，其中 $\alpha = 0.05$。

8-29　一枚硬币被投掷 64 次，正面出现 22 次。(a) 检验假设：硬币是均匀的，置信水平为 0.05。(b) 我们投掷硬币 16 次，正面出现 k 次。如果 k 满足 $k_1 \leqslant k \leqslant k_2$，我们以置信水平 0.05 接受硬币是均匀的假设。求 k_1 和 k_2 以及第二类误判概率 β。

8-30　在一条生产线上，每小时次品的数目是具有参数 $\lambda = 5$ 的泊松随机变量 $\boldsymbol{x}$。引进了一条新的生产线，观察到 22 个小时内次品的数目是

$$x_i = 3,0,5,4,2,6,4,1,5,3,7,4,0,8,3,2,4,3,6,5,6,9$$

检验假设 $H_0 : \lambda = 5, H_1 : \lambda < 5$，其中置信水平 $\alpha = 0.05$。

8-31　一个骰子被掷 102 次，六个点出现的次数分别是 $k_i = 18,15,19,17,13,20$。用 χ^2 检验检验假设骰子是均匀的，其中置信水平 $\alpha = 0.05$。

8-32　一个计算机打印了 1 000 个从 0 ～ 9 的数字，其中 10 个数字出现的次数

$$n_j = 85,110,118,91,78,105,122,94,101,96$$

检验假设：10 个数字是均匀分布的，其中置信水平 $\alpha = 0.05$。

8-33　一块放射性物质一秒内辐射的粒子数目 $\boldsymbol{x}$ 是具有均值 θ 的随机变量。在 50 秒内，辐射了 1 058 个粒子。用渐进近似方法检验假设 $H_0 : \theta_0 = 20, H_1 : \theta \neq 20$，其中置信水平 $\alpha = 0.05$。

8-34　随机变量 $\boldsymbol{x}$ 和 $\boldsymbol{y}$ 服从 $N(\eta_x, \sigma_x)$ 和 $N(\eta_y, \sigma_y)$ 且相互独立。用比

$$\boldsymbol{q} = \frac{1}{m}\sum_{i=1}^{m}(\boldsymbol{x}_i - \eta_x)^2 \Big/ \frac{1}{n}\sum_{i=1}^{n}(\boldsymbol{y}_i - \eta_y)^2$$

作为检测统计量[见例 6-29]，检验假设 $H_0 : \sigma_x = \sigma_y, H_1 : \sigma_x \neq \sigma_y$。

8-35　证明 t 分布随机变量 $t(n)$ 的方差等于 $n/(n-2)$。

8-36　在男子网球锦标赛中，求决赛打满 5 节的概率 p_5。(a) 假定每节中，一个选手赢的概率是 0.5。(b) 用具有均匀先验分布的贝叶斯统计量。

8-37　证明：在习题 8-9 的测量问题中，参数 θ 的贝叶斯估计 $\hat{\theta}$ 等于

$$\hat{\theta} = \frac{\sigma_1^2}{\sigma_0^2}\theta_0 + \frac{n\sigma_1^2}{\sigma^2}\overline{x} \qquad 其中\ \sigma_1^2 = \frac{\sigma^2}{n} \times \frac{\sigma_0^2}{\sigma_0^2 + \sigma^2/n}$$

8-38　设随机变量 $\boldsymbol{x} \sim N(\eta, \sigma)$，均值已知，利用最大似然方法求参数 $v = \sigma^2$ 的置信系数为 γ 的置信区间。

8-39　证明：如果 $\hat{\boldsymbol{\theta}}_1$ 和 $\hat{\boldsymbol{\theta}}_2$ 是参数 θ 的两个具有最小方差的无偏估计，则 $\hat{\boldsymbol{\theta}}_1 = \hat{\boldsymbol{\theta}}_2$。

提示：构造随机变量 $\hat{\boldsymbol{\theta}} = (\hat{\boldsymbol{\theta}}_1 + \hat{\boldsymbol{\theta}}_2)/2$。证明 $\sigma_{\hat{\theta}}^2 = \sigma^2(1+r)/2 \leqslant \sigma^2$，其中 σ^2 是 $\hat{\boldsymbol{\theta}}_1$ 和 $\hat{\boldsymbol{\theta}}_2$ 的共同方差，r 是它们的相关系数。

8-40　事件 A 在 n 次试验中发生了 k_1 次。证明

$$\frac{(k_1 - np_1)^2}{np_1} + \frac{(k_2 - np_2)^2}{np_2} = \frac{(k_1 - np_1)^2}{np_1p_2}$$

其中 $k_2 = n - k_1$ 和 $p(A) = p_1 = 1 - p_2$。

8-41　设 $T(x)$ 是基于随机变量 $(\boldsymbol{x}_1, \boldsymbol{x}_2, \cdots, \boldsymbol{x}_n) = \boldsymbol{x}$ 的未知参数 $\Psi(\theta)$ 的无偏估计，其中 $\boldsymbol{x}$ 的概率密度函数是 $f(\boldsymbol{x}, \theta)$。证明：参数 $\Psi(\theta)$ 的克拉美罗界满足不等式：

$$\operatorname{Var}\{T(\boldsymbol{x})\} \geqslant \frac{[\Psi'(\theta)]^2}{E\{(\frac{\partial \log f(\boldsymbol{x}, \theta)}{\partial \theta})^2\}}$$

第二部分 随机过程

Stochastic Processes

第 9 章 一般概念

9.1 定 义

前面讲过，随机变量 $\boldsymbol{x}$ 是一种赋予实验 S 的每个结果 ξ 一个**数** $\boldsymbol{x}(\xi)$ 的规则。随机过程 $\boldsymbol{x}(t)$ 则是赋予每个结果 ξ 一个**函数** $\boldsymbol{x}(t,\xi)$ 的规则。于是，随机过程是一族依赖于参量 ξ 的 t 函数，这等价于，它是 t 和 ξ 的函数。ξ 的定义域是全部实验结果组成的集合，t 的定义域是某个实数集合 R。

若 R 为实数轴，则 $\boldsymbol{x}(t)$ 是**连续时间**过程。若 R 为整数集合，则 $\boldsymbol{x}(t)$ 是**离散时间**过程。因而离散时间过程是随机变量的序列。如 7－4 节中那样，我们记这样的序列为 $\boldsymbol{x}_n$，或者，为了避免双下标，记作 $\boldsymbol{x}[n]$。

如果 $\boldsymbol{x}(t)$ 的取值是可数的，我们就称它是**离散状态**过程。否则，则称它为**连续状态**过程。

本书的多数结果是就连续时间过程给出的。但也将介绍一些涉及离散时间过程的课题，这些内容要么作为对一般理论的说明，要么是由于结果的离散时间形式不是显而易见的。

与随机变量情况类似，我们用符号 $\boldsymbol{x}(t)$ 表示随机过程，忽略了它与 ξ 的依赖关系。因而有下列几种不同的解释：

1. 它是一族函数 $\boldsymbol{x}(t,\xi)$ 或称为这些函数的总体。此解释下，t 和 ξ 都是变量。
2. 它仅是时间函数（给定过程的一个样本）。在这种情况下，t 是变量，而 ξ 固定。
3. 若固定 t，而 ξ 是变量，则 $\boldsymbol{x}(t)$ 是一个随机变量，对应于给定过程 t 时刻的状态。
4. 若 t 和 ξ 都固定，则 $\boldsymbol{x}(t)$ 是一个数。

随机过程的一个具体例子是流体分子碰撞微粒而产生的运动（布朗运动）。过程 $\boldsymbol{x}(t)$ 由全部粒子的运动（总体）组成，它的单个实现 $\boldsymbol{x}(t,\xi_i)$（图 9－1(a)）是某个特定粒子的运动（样本）。另一个例子是具有随机振幅 $\boldsymbol{r}$ 和随机相位 $\boldsymbol{\varphi}$ 的交流发电机的电压 $\boldsymbol{x}(t)=\boldsymbol{r}\cos(\omega t+\boldsymbol{\varphi})$。这种情况下，过程 $\boldsymbol{x}(t)$ 由一族纯正弦波组成，而单个样本为图 9－1(b) 所示的函数。

$$\boldsymbol{x}(t,\xi_i)=\boldsymbol{r}(\xi_i)\cos[\omega t+\boldsymbol{\varphi}(\xi_i)]$$

按照我们的定义，两个例子都是随机过程。然而，它们存在着根本的差别。第一个例子（正则过程）由一族不能用有限多个参数来表示的函数组成。再者，$\boldsymbol{x}(t)$ 的某个样本 $\boldsymbol{x}(t,\xi)$ 的未来值不能用它的过去值确定。最后，某些条件下，正则过程 $\boldsymbol{x}(t)$ 的统计特性可以从单个样本确定（见 12－1 节）。第二个例子（可预测过程）由一族纯正弦波组成，由随机变量 $\boldsymbol{r}$ 和 $\boldsymbol{\varphi}$ 完全确定。再者，若已知 $t\leqslant t_0$ 时的 $\boldsymbol{x}(t,\xi)$，则 $t>t_0$ 时的 $\boldsymbol{x}(t,\xi)$ 也就被确定。最后，从 $\boldsymbol{x}(t)$ 的单个样本 $\boldsymbol{x}(t,\xi)$ 不能确定总过程的特征，因为单个样本完全由 $\boldsymbol{r}$ 和 $\boldsymbol{\varphi}$ 的取值 $\boldsymbol{r}(\xi)$ 和 $\boldsymbol{\varphi}(\xi)$ 所决定。在 11－3 节中我们将给出正则过程和可预测过程的正式定义。

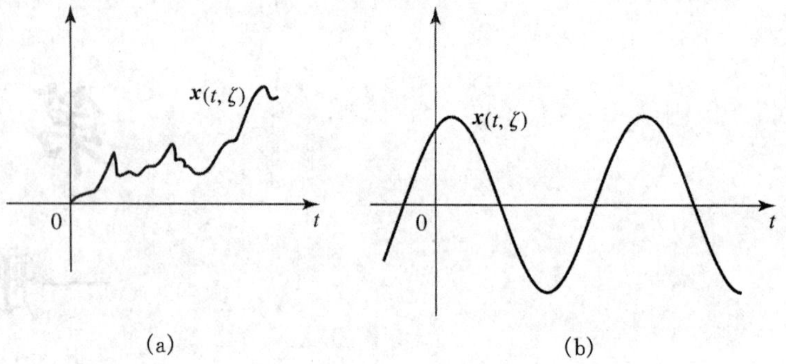

图 9-1

相等　如果有两个随机过程 $\boldsymbol{x}(t)$ 和 $\boldsymbol{y}(t)$，对每一个结果 ξ 它们的样本 $\boldsymbol{x}(t,\xi)$ 和 $\boldsymbol{y}(t,\xi)$ 都相同，我们称这两个随机过程（处处）相等。类似地，等式 $\boldsymbol{z}(t)=\boldsymbol{x}(t)+\boldsymbol{y}(t)$ 意味着对每个 ξ 都有 $\boldsymbol{z}(t,\xi)=\boldsymbol{x}(t,\xi)+\boldsymbol{y}(t,\xi)$。涉及随机过程的求导、积分或其它运算都可以类似地用每个样本的相应运算定义。

如同极限那样，上述定义可以放松限制。下面，我们给出均方相等的含义。均方导数和均方积分的定义见附录 9A。当且仅当对于每个 t，

$$E\{|\boldsymbol{x}(t)-\boldsymbol{y}(t)|^2\}=0 \tag{9-1}$$

成立，我们称过程 $\boldsymbol{x}(t)$ 和 $\boldsymbol{y}(t)$ 在均方（MS）意义下相等。从均方相等可以导出下面的结论：对于给定的 t，我们用 A_t 表示所有满足 $\boldsymbol{x}(t,\xi)=\boldsymbol{y}(t,\xi)$ 的结果 ξ 组成的集合，而用 A_∞ 表示对所有的 t 满足 $\boldsymbol{x}(t,\xi)=\boldsymbol{y}(t,\xi)$ 的结果 ξ 组成的集合。由(9-1)式可知，$\boldsymbol{x}(t,\xi)-\boldsymbol{y}(t,\xi)=0$ 的概率为 1，因此 $P(A_t)=P(S)=1$。但不能由此得出 $P(A_\infty)=1$。事实上，当 t 在整个实数轴上取值时，A_∞ 是所有集合 A_t 的交集，$P(A_\infty)$ 甚至可能为 0。

9.1.1　随机过程的统计特性

随机过程由不可数的无穷多个随机变量构成，每个 t 对应一个随机变量。对特定的 t，$\boldsymbol{x}(t)$ 是一个随机变量，其分布为

$$F(x,t)=P\{\boldsymbol{x}(t)\leqslant x\} \tag{9-2}$$

该函数依赖于 t，它等于事件 $\{\boldsymbol{x}(t)\leqslant x\}$ 的概率。该事件是在特定的时刻 t，由给定过程样本 $\boldsymbol{x}(t,\xi)$ 中值不超过 x 的结果 ξ 组成。函数 $F(x,t)$ 称为随机过程 $\boldsymbol{x}(t)$ 的**一阶分布函数**。它对 x 的导数

$$f(x,t)=\frac{\partial F(x,t)}{\partial x} \tag{9-3}$$

是 $\boldsymbol{x}(t)$ 的**一阶密度函数**。

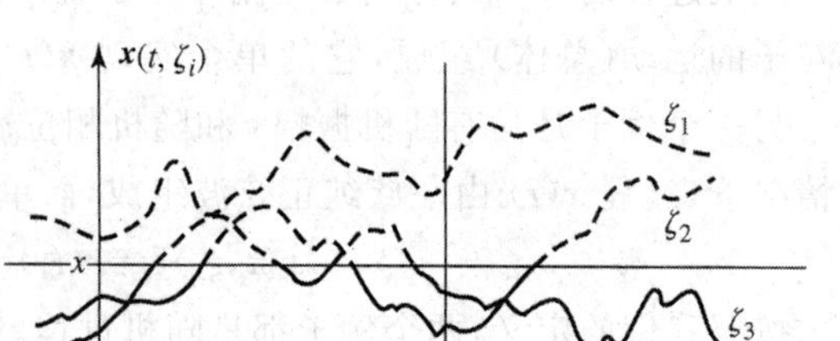

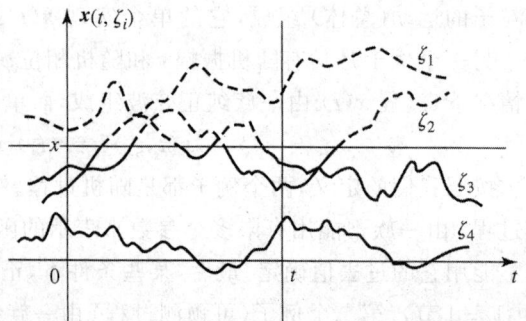

图 9-2

频率解释　若实验进行了 n 次，则可观察到 n 个函数 $\boldsymbol{x}(t,\xi_i)$，每个函数对应于一次试验（见图 9-2）。用 $n_t(x)$ 表示时刻 t 观察函数纵坐标不超过 x（实线）的试验次数，如同(4-3)

式那样，我们得出

$$F(x,t) \approx \frac{n_t(x)}{n} \tag{9-4}$$

过程 $\boldsymbol{x}(t)$ 的二阶分布函数是随机变量 $\boldsymbol{x}(t_1)$ 和 $\boldsymbol{x}(t_2)$ 的联合分布函数，即

$$F(x_1,x_2;\ t_1,t_2) = P\{\boldsymbol{x}(t_1) \leqslant x_1,\ \boldsymbol{x}(t_2) \leqslant x_2\} \tag{9-5}$$

相应的密度函数为

$$f(x_1,x_2;\ t_1,t_2) = \frac{\partial^2 F(x_1,x_2;\ t_1,t_2)}{\partial x_1 \partial x_2} \tag{9-6}$$

如同(6-9)和(6-10)式那样，我们注意到(相容性条件)

$$F(x_1;\ t_1) = F(x_1,\infty;\ t_1,t_2) \qquad f(x_1,t_1) = \int_{-\infty}^{\infty} f(x_1,x_2;\ t_1,t_2)\mathrm{d}x_2$$

$\boldsymbol{x}(t)$ 的 n **阶分布函数**是随机变量 $\boldsymbol{x}(t_1),\cdots,\boldsymbol{x}(t_n)$ 的联合分布函数 $F(x_1,\cdots,x_n;\ t_1,\cdots,t_n)$。

二阶性质 为了确定一个随机过程的统计性质，需要知道函数 $F(x_1,\cdots,x_n;\ t_1,\cdots,t_n)$ 关于每个 x_i, t_i 和 n 的知识。然而，对于许多应用，常用的只是某些平均量，特别是 $\boldsymbol{x}(t)$ 和 $\boldsymbol{x}^2(t)$ 的期望值。这些量可以用 $\boldsymbol{x}(t)$ 的二阶特性表示，其定义如下：

均值 $\boldsymbol{x}(t)$ 的均值 $\eta(t)$ 是随机变量 $\boldsymbol{x}(t)$ 的期望值，即

$$\eta(t) = E\{\boldsymbol{x}(t)\} = \int_{-\infty}^{\infty} xf(x,t)\mathrm{d}x \tag{9-7}$$

自相关函数 $\boldsymbol{x}(t)$ 的自相关函数 $R(t_1,t_2)$ 是乘积 $\boldsymbol{x}(t_1)\boldsymbol{x}(t_2)$ 的期望值，即

$$R(t_1,t_2) = E\{\boldsymbol{x}(t_1)\boldsymbol{x}(t_2)\} = \int_{-\infty}^{\infty}\int_{-\infty}^{\infty} x_1x_2f(x_1,x_2;\ t_1,t_2)\mathrm{d}x_1\mathrm{d}x_2 \tag{9-8}$$

$R(t_1,t_2)$ 在对角线 $t_1=t_2=t$ 上的值是 $\boldsymbol{x}(t)$ 的**平均功率**，即

$$E\{\boldsymbol{x}^2(t)\} = R(t,t)$$

$\boldsymbol{x}(t)$ 的**自协方差** $C(t_1,t_2)$ 是随机变量 $\boldsymbol{x}(t_1)$ 和 $\boldsymbol{x}(t_2)$ 的协方差，满足：

$$C(t_1,t_2) = R(t_1,t_2) - \eta(t_1)\eta(t_2) \tag{9-9}$$

它在对角线 $t_1=t_2=t$ 上的值 $C(t,t)$ 等于 $\boldsymbol{x}(t)$ 的方差。

注 下面解释为什么即使在仅仅涉及平均功率的问题中也要引入函数 $R(t_1,t_2)$：假定 $\boldsymbol{x}(t)$ 是线性系统的输入，$\boldsymbol{y}(t)$ 是产生的输出。在9-2节中，我们将证明 $\boldsymbol{y}(t)$ 的均值可以用 $\boldsymbol{x}(t)$ 的均值来表示。然而，只给定 $E\{\boldsymbol{x}^2(t)\}$ 不能求得 $\boldsymbol{y}(t)$ 的平均功率。为了确定 $E\{\boldsymbol{y}^2(t)\}$，不仅需要知道函数 $R(t_1,t_2)$ 在对角线 $t_1=t_2$ 上的值，而且需要知道它关于每个 t_1 和 t_2 的知识。恒等式

$$E\{[\boldsymbol{x}(t_1)+\boldsymbol{x}(t_2)]^2\} = R(t_1,t_1) + 2R(t_1,t_2) + R(t_2,t_2)$$

就是一个简单的例证。只要我们将平方项展开，并利用期望值的线性特性，由(9-8)式就能得出该式。

【例 9-1】 随机过程的一个极端例子是确定性信号 $\boldsymbol{x}(t)=f(t)$。在这种情况下，

$$\eta(t) = E\{f(t)\} = f(t) \qquad R(t_1,t_2) = E\{f(t_1)f(t_2)\} = f(t_1)f(t_2)$$

【例 9-2】 设 $\boldsymbol{x}(t)$ 是一个过程,满足

$$\eta(t)=3 \qquad R(t_1,t_2)=9+4\mathrm{e}^{-0.2|t_1-t_2|}$$

我们来确定随机变量 $\boldsymbol{z}=\boldsymbol{x}(5)$ 和 $\boldsymbol{w}=\boldsymbol{x}(8)$ 的均值、方差和协方差。

显然,$E\{\boldsymbol{z}\}=\eta(5)=3$, $E\{\boldsymbol{w}\}=\eta(8)=3$,而且

$$E\{\boldsymbol{z}^2\}=R(5,5)=13 \qquad E\{\boldsymbol{w}^2\}=R(8,8)=13$$

$$E\{\boldsymbol{zw}\}=R(5,8)=9+4\mathrm{e}^{-0.6}=11.195$$

于是,$\boldsymbol{z}$ 和 $\boldsymbol{w}$ 具有相同的方差 $\sigma^2=4$,而它们的协方差为 $C(5,8)=4\mathrm{e}^{-0.6}=2.195$。

【例 9-3】 随机过程 $\boldsymbol{x}(t)$ 的积分 $\boldsymbol{s}=\int_a^b \boldsymbol{x}(t)\mathrm{d}t$

是一个随机变量 $\boldsymbol{s}$,它对于特定结果 ξ 的值 $\boldsymbol{s}(\xi)$ 等于在曲线 $\boldsymbol{x}(t,\xi)$ 之下、在区间 (a,b) 之内的面积(此可见附录 9A)。将上式理解为黎曼积分,我们由期望值的线性性质得出

$$\eta_s=E\{\boldsymbol{s}\}=\int_a^b E\{\boldsymbol{x}(t)\}\mathrm{d}t=\int_a^b \eta(t)\mathrm{d}t \tag{9-10}$$

类似地,由于

$$\boldsymbol{s}^2=\int_a^b\int_a^b \boldsymbol{x}(t_1)\boldsymbol{x}(t_2)\mathrm{d}t_1\mathrm{d}t_2$$

再次利用期望值的线性性质,我们得出

$$E\{\boldsymbol{s}^2\}=\int_a^b\int_a^b E\{\boldsymbol{x}(t_1)\boldsymbol{x}(t_2)\}\mathrm{d}t_1\mathrm{d}t_2=\int_a^b\int_a^b R(t_1,t_2)\mathrm{d}t_1\mathrm{d}t_2 \tag{9-11}$$

【例 9-4】 我们来确定过程

$$\boldsymbol{x}(t)=\boldsymbol{r}\cos(\omega t+\boldsymbol{\varphi})$$

的自相关函数 $R(t_1,t_2)$,假设随机变量 $\boldsymbol{r}$ 和 $\boldsymbol{\varphi}$ 相互独立,$\boldsymbol{\varphi}$ 服从区间 $(-\pi,\pi)$ 上的均匀分布。

利用简单的三角恒等式,我们得到

$$E\{\boldsymbol{x}(t_1)\boldsymbol{x}(t_2)\}=\frac{1}{2}E\{\boldsymbol{r}^2\}E\{\cos\omega(t_1-t_2)+\cos(\omega t_1+\omega t_2+2\boldsymbol{\varphi})\}$$

又因为

$$E\{\cos(\omega t_1+\omega t_2+2\boldsymbol{\varphi})\}=\frac{1}{2\pi}\int_{-\pi}^{\pi}\cos(\omega t_1+\omega t_2+2\varphi)\mathrm{d}\varphi=0$$

所以,

$$R(t_1,t_2)=\frac{1}{2}E\{\boldsymbol{r}^2\}\cos\omega(t_1-t_2) \tag{9-12}$$

【例 9-5】 **泊松过程**

在 4-5 节中,我们介绍了泊松点的概念,并且证明了这些点由下列两个性质规定:

P_1:在长度为 $t=t_2-t_1$ 的区间 (t_1,t_2) 内,点 t_i 的数目 $\boldsymbol{n}(t_1,t_2)$ 是参数为 λt 的泊松随机变量,即

$$P\{\boldsymbol{n}(t_1,t_2)=k\}=\frac{\mathrm{e}^{-\lambda t}(\lambda t)^k}{k!} \tag{9-13}$$

P_2:若区间 (t_1,t_2) 与 (t_3,t_4) 不重叠,则随机变量 $\boldsymbol{n}(t_1,t_2)$ 与 $\boldsymbol{n}(t_3,t_4)$ 独立。

利用点 t_i,我们构造如图 9-3(a) 所示的随机过程

$$\boldsymbol{x}(t)=\boldsymbol{n}(0,t)$$

它是由一族递增的阶梯函数构成的离散状态过程,函数在点 t_i 不连续。

对于某个特定的 t,$\boldsymbol{x}(t)$ 是参数为 λt 的泊松随机变量,因此

$$E\{\boldsymbol{x}(t)\}=\eta(t)=\lambda t$$

我们将证明 $\boldsymbol{x}(t)$ 的自相关函数为

$$R(t_1,\ t_2)=\begin{cases}\lambda t_2+\lambda^2 t_1 t_2 & t_1\geqslant t_2\\ \lambda t_1+\lambda^2 t_1 t_2 & t_1\leqslant t_2\end{cases} \tag{9-14}$$

等价于

$$C(t_1,\ t_2)=\lambda\min(t_1,\ t_2)=\lambda t_1 U(t_2-t_1)+\lambda t_2 U(t_1-t_2)$$

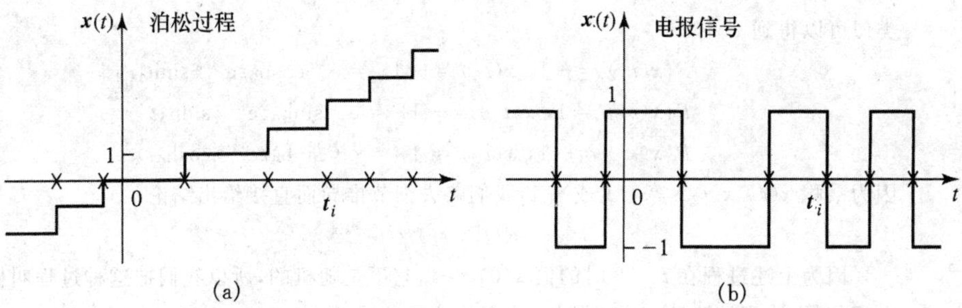

图 9 - 3

(a) 泊松过程　(b) 电报信号

证　因为[见(5 - 63) 式],所以 $t_1=t_2$时上式是成立的,即

$$E\{\boldsymbol{x}^2(t)\}=\lambda t+\lambda^2 t^2 \tag{9-15}$$

因为 $R(t_1,t_2)=R(t_2,t_1)$,所以只要对 $t_1<t_2$ 证明(9 - 14) 式就行了。因为区间$(0,t_1)$ 与(t_1,t_2) 不重叠,所以随机变量 $\boldsymbol{x}(t_1)$ 与 $\boldsymbol{x}(t_2)-\boldsymbol{x}(t_1)$ 独立。此外,它们是参数分别为 λt_1 和 $\lambda(t_2-t_1)$ 的泊松随机变量。因此

$$E\{\boldsymbol{x}(t_1)[\boldsymbol{x}(t_2)-\boldsymbol{x}(t_1)]\}=E\{\boldsymbol{x}(t_1)\}E\{\boldsymbol{x}(t_2)-\boldsymbol{x}(t_1)\}=\lambda t_1\lambda(t_2-t_1)$$

利用恒等式

$$\boldsymbol{x}(t_1)\boldsymbol{x}(t_2)=\boldsymbol{x}(t_1)[\boldsymbol{x}(t_1)+\boldsymbol{x}(t_2)-\boldsymbol{x}(t_1)]$$

由上式和(9 - 15) 式,得出

$$R(t_1,t_2)=\lambda t_1+\lambda^2 t_1^2+\lambda t_1\lambda(t_2-t_1)$$

从而得到(9 - 14) 式。

非均匀情况　若点 t_i 具有如(4 - 124) 式所示的非均匀密度函数 $\lambda(t)$,则只要用 $\lambda(t)$ 在区间$[t_1,t_2]$ 上积分代替乘积 $\lambda(t_2-t_1)$,上述结果仍然成立。

所以

$$E\{\boldsymbol{x}(t)\}=\int_0^t \lambda(\alpha)\mathrm{d}\alpha \tag{9-16}$$

$$R(t_1,t_2)=\int_0^{t_1}\lambda(t)\mathrm{d}t\left[1+\int_0^{t_2}\lambda(t)\mathrm{d}t\right]\quad t_1\leqslant t_2 \tag{9-17}$$

【例 9 - 6】　电报信号

利用泊松点 t_i,我们构造这样一个过程 $\boldsymbol{x}(t)$:当区间$(0,t)$ 内的点的数目为偶数时有 $\boldsymbol{x}(t)=1$;当点的数目为奇数时有 $\boldsymbol{x}(t)=-1$(图 9 - 3(b))。

把区间$(0,t)$ 内的点数等于 k 的概率记为 $p(k)$,由(9 - 13) 式得出

$$P\{\boldsymbol{x}(t)=1\}=p(0)+p(2)+\cdots=\mathrm{e}^{-\lambda t}\left[1+\frac{(\lambda t)^2}{2!}+\cdots\right]=\mathrm{e}^{-\lambda t}\cosh\lambda t$$

$$p\{\boldsymbol{x}(t)=-1\}=p(1)+p(3)+\cdots=\mathrm{e}^{-\lambda t}\left[\lambda t+\frac{(\lambda t)^3}{3!}+\cdots\right]=\mathrm{e}^{-\lambda t}\sinh\lambda t$$

因此

$$E\{\boldsymbol{x}(t)\}=\mathrm{e}^{-\lambda t}(\cosh\lambda t-\sinh\lambda t)=\mathrm{e}^{-2\lambda t} \tag{9-18}$$

为了确定 $R(t_1,t_2)$，我们注意到当区间 (t_1,t_2) 内的点数为偶数时，若 $t=t_1-t_2>0$ 和 $\boldsymbol{x}(t_2)=1$，则 $\boldsymbol{x}(t_1)=1$。因此

$$P\{\boldsymbol{x}(t_1)=1 \mid \boldsymbol{x}(t_2)=1\}=\mathrm{e}^{-\lambda t}\cosh\lambda t \qquad t=t_1-t_2$$

上式乘以 $P\{\boldsymbol{x}(t_2)=1\}$，我们得到

$$P\{\boldsymbol{x}(t_1)=1,\ \boldsymbol{x}(t_2)=1\}=\mathrm{e}^{-\lambda t}\cosh\lambda t\,\mathrm{e}^{-\lambda t_2}\cosh\lambda t_2$$

类似可以得到

$$P\{\boldsymbol{x}(t_1)=-1,\ \boldsymbol{x}(t_2)=-1\}=\mathrm{e}^{-\lambda t}\cosh\lambda t\,\mathrm{e}^{-\lambda t_2}\sinh\lambda t_2$$

$$P\{\boldsymbol{x}(t_1)=1,\ \boldsymbol{x}(t_2)=-1\}=\mathrm{e}^{-\lambda t}\sinh\lambda t\,\mathrm{e}^{-\lambda t_2}\sinh\lambda t_2$$

$$P\{\boldsymbol{x}(t_1)=-1,\ \boldsymbol{x}(t_2)=1\}=\mathrm{e}^{-\lambda t}\sinh\lambda t\,\mathrm{e}^{-\lambda t_2}\cosh\lambda t_2$$

因为乘积 $\boldsymbol{x}(t_1)\boldsymbol{x}(t_2)$ 等于 1 或 −1，我们略去细节推导而直接给出结论

$$R(t_1,\ t_2)=\mathrm{e}^{-2\lambda|t_1-t_2|} \tag{9-19}$$

因为上述过程在 $t=0$ 时的值 $\boldsymbol{x}(0)=1$，它不是随机的，所以我们把这种过程叫做半随机电报信号。为了消除这一点必然性，我们构造乘积

$$\boldsymbol{y}(t)=\boldsymbol{a}\boldsymbol{x}(t)$$

式中 $\boldsymbol{a}$ 是与 $\boldsymbol{x}(t)$ 独立的随机变量，它以相等的概率取值为 +1 和 −1。这样得到的过程 $\boldsymbol{y}(t)$ 称做随机电报信号。因为 $E\{\boldsymbol{a}\}=0$ 和 $E\{\boldsymbol{a}^2\}=1$，所以 $\boldsymbol{y}(t)$ 的均值等于 $E\{\boldsymbol{a}\}E\{\boldsymbol{x}(t)\}=0$，而其自相关函数由下式给出

$$E\{\boldsymbol{y}(t_1)\boldsymbol{y}(t_2)\}=E\{\boldsymbol{a}^2\}E\{\boldsymbol{x}(t_1)\boldsymbol{x}(t_2)\}=\mathrm{e}^{-2\lambda|t_1-t_2|}$$

顺便指出，当 $t\to\infty$ 时，过程 $\boldsymbol{x}(t)$ 和 $\boldsymbol{y}(t)$ 具有渐近相等的统计特性。

泊松过程的更多讨论　如果 $\boldsymbol{x}_1(t)$ 和 $\boldsymbol{x}_2(t)$ 是参数分别为 $\lambda_1 t$ 和 $\lambda_2 t$ 的独立泊松过程，则它们的和 $\boldsymbol{x}_1(t)+\boldsymbol{x}_2(t)$ 是参数为 $(\lambda_1+\lambda_2)t$ 的泊松过程[如(6-86)式]。那么，两个独立泊松过程的差又是什么过程呢？它的分布如何描述？定义一个新随机过程

$$\boldsymbol{y}(t)=\boldsymbol{x}_1(t)-\boldsymbol{x}_2(t) \tag{9-20}$$

其中 $\boldsymbol{x}_1(t)$ 和 $\boldsymbol{x}_2(t)$ 如前所定义，则

$$\begin{aligned}P\{\boldsymbol{y}(t)=n\}&=\sum_{k=0}^{\infty}P\{\boldsymbol{x}_1(t)=n+k\}P\{\boldsymbol{x}_2(t)=k\}\\&=\sum_{k=0}^{\infty}\mathrm{e}^{-\lambda_1 t}\frac{(\lambda_1 t)^{n+k}}{(n+k)!}\mathrm{e}^{-\lambda_2 t}\frac{(\lambda_2 t)^k}{k!}\\&=\mathrm{e}^{-(\lambda_1+\lambda_2)t}\left(\frac{\lambda_1}{\lambda_2}\right)^{n/2}\sum_{k=0}^{\infty}\frac{(t\sqrt{\lambda_1\lambda_2})^{n+2k}}{k!(n+k)!}\\&=\mathrm{e}^{-(\lambda_1+\lambda_2)t}\left(\frac{\lambda_1}{\lambda_2}\right)^{n/2}I_{|n|}(2\sqrt{\lambda_1\lambda_2}t) \qquad n=0,\pm1,\pm2,\cdots\end{aligned} \tag{9-21}$$

其中

$$I_n(x)\equiv\sum_{k=0}^{\infty}\frac{(x/2)^{n+2k}}{k!(n+k)!} \tag{9-22}$$

是 n 阶修正的贝塞尔函数。由(9-15)和(9-20)式我们可以得到

$$E\{\boldsymbol{y}(t)\}=(\lambda_1-\lambda_2)t \qquad \mathrm{Var}\{\boldsymbol{y}(t)\}=(\lambda_1+\lambda_2)t \tag{9-23}$$

因此，两个独立泊松过程的差并不是泊松过程。然而，由一个泊松过程的随机抽样产生的随机过程是泊松过程。

泊松点的随机抽样　令 $\boldsymbol{x}(t)\sim P(\lambda t)$ 表示一个参数为 λt 的泊松过程，假定泊松点的每次出现被记录下来的概率是 p，且记录独立于泊松点的出现。令 $\boldsymbol{y}(t)$ 表示在区间 $(0,t)$ 中被记录

事件的总数，而 $\boldsymbol{z}(t)$ 表示该区间内没有被记录的事件的总数，则

$$\boldsymbol{y}(t) \sim P(\lambda pt) \qquad \boldsymbol{z}(t) \sim P(\lambda qt) \tag{9-24}$$

其中 $q = 1 - p$。

证　令 A_n 表示事件"在区间 $(0,t)$ 内发生 n 次事件，其中 k 被记录"，则

$$P(A_n) = P\{k \text{ 次被记录} \mid \boldsymbol{x}(t) = n\} P\{\boldsymbol{x}(t) = n\}$$

$$= \binom{n}{k} p^k q^{n-k} \mathrm{e}^{-\lambda t} \frac{(\lambda t)^n}{n!}$$

事件 $\{\boldsymbol{y}(t) = k\}$ 表示为互不相交事件 $A_k, A_{k+1}, \cdots$ 的并集，即

$$\{\boldsymbol{y}(t) = k\} = \bigcup_{n=k}^{\infty} A_n$$

所以

$$P\{\boldsymbol{y}(t) = k\} = \sum_{n=k}^{\infty} P(A_n) = \mathrm{e}^{-\lambda t} \sum_{n=k}^{\infty} \frac{(\lambda t)^n}{k!(n-k)!} p^k q^{n-k}$$

$$= \mathrm{e}^{-\lambda t} \frac{(\lambda pt)^k}{k!} \sum_{r=0}^{\infty} \frac{(\lambda qt)^r}{r!}$$

$$= \mathrm{e}^{-\lambda(1-q)t} \frac{(\lambda pt)^k}{k!} = \mathrm{e}^{-\lambda pt} \frac{(\lambda pt)^k}{k!} \qquad k = 0,1,2,\cdots \tag{9-25}$$

因此，$\boldsymbol{y}(t)$ 是一个参数为 λpt 的泊松过程。类似地，未被记录事件 $\boldsymbol{z}(t)$ 是一个参数为 λqt 的独立泊松过程[见(6-222)式前后]。例如，如果到达一个柜台的顾客数服从参数为 λt 的泊松过程，顾客为男性的概率为 p，则男顾客的数目构成一个参数为 λpt 的泊松过程，同样，女顾客的人数则构成参数为 λqt 的泊松过程。[泊松点的固定挑选见(10-90)式]。

接下来我们将介绍泊松事件子集的条件概率，实际上，该概率服从二项式分布。

泊松点和二项式分布　对于 $t_1 < t_2$，考虑条件概率

$$P\{\boldsymbol{x}(t_1) = k \mid \boldsymbol{x}(t_2) = n\}$$

$$= \frac{P\{\boldsymbol{x}(t_1) = k,\ \boldsymbol{x}(t_2) = n\}}{P\{\boldsymbol{x}(t_2) = n\}}$$

$$= \frac{P\{\boldsymbol{x}(t_1) = k,\ \boldsymbol{n}(t_1,\ t_2) = n-k\}}{P\{\boldsymbol{x}(t_2) = n\}}$$

$$= \frac{\mathrm{e}^{-\lambda t_1}(\lambda t_1)^k}{k!} \frac{\mathrm{e}^{-\lambda(t_2-t_1)}[\lambda(t_2-t_1)]^{n-k}}{(n-k)!} \frac{n!}{\mathrm{e}^{-\lambda t_2}(\lambda t_2)^n}$$

$$= \binom{n}{k} \left(\frac{t_1}{t_2}\right)^k \left(1 - \frac{t_1}{t_2}\right)^{n-k} \sim B\left(n,\ \frac{t_1}{t_2}\right) \qquad k = 0,\ 1,\ 2,\ \cdots,\ n \tag{9-26}$$

由此可见，条件概率服从二项式分布。特别是，取 $k = n = 1$，并且 Δ 是长度为 T 的区间的左边部分构成的一个子区间。由(9-26)式，我们可得

$$\mathrm{P}\{\boldsymbol{n}(\Delta) = 1 \mid \boldsymbol{n}(t,\ t+T) = 1\} = \frac{\Delta}{T}$$

但事件 $\{\boldsymbol{n}(\Delta) = 1\}$ 等价于事件 $\{t < \boldsymbol{t}_i < t + \Delta\}$，其中 $\boldsymbol{t}_i$ 表示随机到达时刻。因此，上面的表达式是

$$P\{t < \boldsymbol{t}_i < t + \Delta \mid \boldsymbol{n}(t,\ t+T) = 1\} = \frac{\Delta}{T} \tag{9-27}$$

即，假定在长度为 T 的区间内只有一个泊松点出现，相应到达时刻的条件概率密度函数是该区间上的均匀分布。也就是说，若在长度为 T 的区间中仅有一个泊松点到达，则泊松点等可能地发生在区间上的任意一点。

更一般地，如果 $\boldsymbol{t}_1<\boldsymbol{t}_2<\cdots<\boldsymbol{t}_n<T$ 表示一个泊松过程在区间$(0,\ T)$中的 n 次到达时间，给定 $\boldsymbol{x}(T)=n$，则 $\boldsymbol{t}_1,\ \boldsymbol{t}_2,\ \cdots,\ \boldsymbol{t}_n$的联合条件分布为

$$
\begin{aligned}
&P\{\boldsymbol{t}_1\leqslant x_1,\ \boldsymbol{t}_2\leqslant x_2,\ \cdots,\ \boldsymbol{t}_n\leqslant x_n \mid \boldsymbol{x}(T)=n\} \\
&=\frac{P\{\boldsymbol{t}_1\leqslant x_1,\ \boldsymbol{t}_2\leqslant x_2,\ \cdots,\ \boldsymbol{t}_n\leqslant x_n,\ \boldsymbol{x}(T)=n\}}{P\{\boldsymbol{x}(T)=n\}} \\
&=\frac{1}{\mathrm{e}^{-\lambda T}\dfrac{(\lambda T)^n}{n!}}\sum_{\{m_1,m_2,\cdots,m_n\}}\prod_{i=1}^{n}\mathrm{e}^{-\lambda(x_i-x_{i-1})}\frac{[\lambda(x_i-x_{i-1})]^{m_i}}{m_i!} \\
&=\sum_{\{m_1,m_2,\cdots,m_n\}}\frac{n!}{m_1!m_2!\cdots m_n!}\left(\frac{x_1}{T}\right)^{m_1}\left(\frac{x_2-x_1}{T}\right)^{m_2}\cdots\left(\frac{x_n-x_{n-1}}{T}\right)^{m_n}
\end{aligned}\tag{9-28}
$$

其中 $x_0=0$，上式的求和对所有满足 $m_1+m_2+\cdots+m_n=n$ 的非负整数$\{m_1,\ m_2,\ \cdots,\ m_n\}$，$m_1+m_2+\cdots+m_k\geqslant k=1,2,\cdots,n-1$ 进行。与(4-102)式相比，(9-28)式表示 n 个独立同分布的点以递增顺序排列时的分布，其中每个点的发生时刻服从区间$(0,T)$上的均匀分布。类似于在有限区间上均匀分布点一样，泊松过程 $\boldsymbol{x}(t)$在无穷区间$(0,\infty)$上布点。

9.1.2　一般特性

实随机过程 $\boldsymbol{x}(t)$ 的统计特性由其 n 阶分布函数

$$F(x_1,\cdots,x_n;\ t_1,\cdots,t_n)=P\{\boldsymbol{x}(t_1)\leqslant x_1,\cdots,\boldsymbol{x}(t_n)\leqslant x_n\}\tag{9-29}$$

所完全确定①。

两个实过程 $\boldsymbol{x}(t)$ 和 $\boldsymbol{y}(t)$ 的联合统计特性由随机变量

$$\boldsymbol{x}(t_1),\ \cdots,\ \boldsymbol{x}(t_n),\ \boldsymbol{y}(t'_1),\ \cdots,\ \boldsymbol{y}(t'_m)$$

的联合分布函数完全确定。

复过程 $\boldsymbol{z}(t)=\boldsymbol{x}(t)+j\boldsymbol{y}(t)$ 由实过程 $\boldsymbol{x}(t)$ 和 $\boldsymbol{y}(t)$ 的联合统计特性所规定。

向量过程(n 维过程) 是由 n 个随机过程构成的组。

相关函数和协方差　一个(实或复的) 过程 $\boldsymbol{x}(t)$ 的自相关函数定义为乘积 $\boldsymbol{x}(t_1)\boldsymbol{x}^*(t_2)$ 的期望。这个函数记为 $R(t_1,t_2)$ 或 $R_x(t_1,t_2)$，$R_{xx}(t_1,t_2)$。因而

$$R_{xx}(t_1,t_2)=E\{\boldsymbol{x}(t_1)\boldsymbol{x}^*(t_2)\}\tag{9-30}$$

其中共轭加在第二个随机变量上。由此可得

$$R(t_2,t_1)=E\{\boldsymbol{x}(t_2)\boldsymbol{x}^*(t_1)\}=R^*(t_1,t_2)\tag{9-31}$$

此外，应该指出

$$R(t,t)=E\{|\boldsymbol{x}(t)|^2\}\geqslant 0\tag{9-32}$$

上面最后两个等式都是下述性质的特例：随机过程 $\boldsymbol{x}(t)$ 的自相关函数 $R(t_1,t_2)$ 是**正定函数**，即对任何 a_i 和 a_j，有

$$\sum_{i,j}a_ia_j^*R(t_i,\ t_j)\geqslant 0\tag{9-33}$$

① 有些(不可分的) 随机过程并非如此。然而，这类过程主要只具有数学方面的意义。

这由恒等式

$$0 \leqslant E\left\{\left|\sum_i a_i \boldsymbol{x}(t_i)\right|^2\right\} = \sum_{i,j} a_i a_j^* E\{\boldsymbol{x}(t_i)\boldsymbol{x}^*(t_j)\}$$

得出。

我们随后将证明它的逆命题也成立：给定一个正定函数 $R(t_1,t_2)$，我们可以得到一个以 $R(t_1,t_2)$ 为自相关函数的随机过程 $\boldsymbol{x}(t)$。

【例 9-7】　(a) 若 $\boldsymbol{x}(t) = \boldsymbol{a}e^{j\omega t}$，则

$$R(t_1,t_2) = E\{\boldsymbol{a}e^{j\omega t_1}\boldsymbol{a}^* e^{-j\omega t_2}\} = E\{|\boldsymbol{a}|^2\}e^{j\omega(t_1-t_2)}$$

(b) 假定随机变量 $\boldsymbol{a}_i$ 不相关，且均值为 0 和方差为 σ_i^2。若

$$\boldsymbol{x}(t) = \sum_i \boldsymbol{a}_i e^{j\omega_i t}$$

则由(9-30)式可求得

$$R(t_1,t_2) = \sum_i \sigma_i^2 e^{j\omega_i(t_1-t_2)}$$

过程 $\boldsymbol{x}(t)$ 的**自协方差** $C(t_1,t_2)$ 是随机变量 $\boldsymbol{x}(t_1)$ 和 $\boldsymbol{x}(t_2)$ 的协方差

$$C(t_1,t_2) = R(t_1,t_2) - \eta(t_1)\eta^*(t_2) \tag{9-34}$$

式中 $\eta(t) = E\{\boldsymbol{x}(t)\}$ 是 $\boldsymbol{x}(t)$ 的**均值**。

比值

$$r(t_1,t_2) = \frac{C(t_1,t_2)}{\sqrt{C(t_1,t_1)C(t_2,t_2)}} \tag{9-35}$$

是过程 $\boldsymbol{x}(t)$ 的相关系数①。

注　过程 $\boldsymbol{x}(t)$ 的自协方差 $C(t_1,t_2)$ 是中心化过程

$$\tilde{\boldsymbol{x}}(t) = \boldsymbol{x}(t) - \eta(t)$$

的自相关函数。因此，它是正定的。

$\boldsymbol{x}(t)$ 的相关系数 $r(t_1,t_2)$ 是归一化过程 $\boldsymbol{x}(t)/\sqrt{C(t,t)}$ 的自协方差，因此它也是正定的。而且[见(6-166)式]有

$$|r(t_1,t_2)| \leqslant 1 \qquad r(t,t) = 1 \tag{9-36}$$

【例 9-8】　若

$$\boldsymbol{s} = \int_a^b \boldsymbol{x}(t)\,dt$$

则

$$\boldsymbol{s} - \eta_s = \int_a^b \tilde{\boldsymbol{x}}(t)\,dt$$

其中 $\tilde{\boldsymbol{x}}(t) = \boldsymbol{x}(t) - \eta_x(t)$。利用(9-11)式，我们由上面的注得出

$$\sigma_s^2 = E\{|\boldsymbol{s} - \eta_s|^2\} = \int_a^b\int_a^b C_x(t_1,t_2)\,dt_1\,dt_2 \tag{9-37}$$

两个过程 $\boldsymbol{x}(t)$ 和 $\boldsymbol{y}(t)$ 的互相关函数是

---

① 在光学中，$C(t_1,t_2)$ 称为相干函数，$r(t_1,t_2)$ 称为复相干度(见帕普里斯，1968[19])。

$$R_{xy}(t_1,t_2)=E\{\boldsymbol{x}(t_1)\boldsymbol{y}^*(t_2)\}=R_{yx}^*(t_2,t_1) \tag{9-38}$$

类似地，它们的互协方差函数是

$$C_{xy}(t_1,t_2)=R_{xy}(t_1,t_2)-\eta_x(t_1)\eta_y^*(t_2) \tag{9-39}$$

对于两个过程 $\boldsymbol{x}(t)$ 和 $\boldsymbol{y}(t)$，如果对于每个 t_1 和 t_2

$$R_{xy}(t_1,t_2)=0 \tag{9-40}$$

则称这两个过程是(相互) **正交的**。如果对于每个 t_1 和 t_2，有

$$C_{xy}(t_1,t_2)=0 \tag{9-41}$$

则称它们是不相关的。

a-相依过程　一般来说，对于任何 t_1 和 t_2，随机过程 $\boldsymbol{x}(t)$ 的取值 $\boldsymbol{x}(t_1)$ 和 $\boldsymbol{x}(t_2)$ 是统计相关的。然而，在大多数情况下，这种相关性随着 $|t_1-t_2|\to\infty$ 而减小。这就引出下面的概念：如果随机过程 $\boldsymbol{x}(t)$ 在 $t<t_0$ 和 $t>t_0+a$ 时的所有取值是相互**独立的**，则此过程 $\boldsymbol{x}(t)$ 称为 a-**相依的**。由此可得

$$C(t_1,t_2)=0 \qquad |t_1-t_2|>a \tag{9-42}$$

如果过程 $\boldsymbol{x}(t)$ 的自相关函数满足(9-42)式，则称它是**相关 a-相依的**。显然，若 $\boldsymbol{x}(t)$ 为 a-相依的，则 $t<t_0$ 时它的值的任意线性组合与 $t>t_0+a$ 时它的值的任意线性组合不相关。

白噪声　如果过程 $\boldsymbol{v}(t)$ 的取值 $\boldsymbol{v}(t_i)$ 和 $\boldsymbol{v}(t_j)$ 对于每个 t_i 和 $t_j\neq t_i$ 都不相关，即

$$C(t_i,\ t_j)=0 \qquad t_i\neq t_j$$

我们就称过程 $\boldsymbol{v}(t)$ 是白噪声。

后面我们将要说明，非平凡白噪声过程的自协方差一定具有下列形式：

$$C(t_1,t_2)=q(t_1)\delta(t_1-t_2) \qquad q(t)\geqslant 0 \tag{9-43}$$

若随机变量 $\boldsymbol{v}(t_i)$ 与 $\boldsymbol{v}(t_j)$ 不仅不相关，而且还是独立的，则 $\boldsymbol{v}(t)$ 将称为严格白噪声。除非另做说明，总是假设白噪声过程的均值为零。

【例 9-9】　假定 $\boldsymbol{v}(t)$ 是白噪声，且

$$\boldsymbol{x}(t)=\int_0^t \boldsymbol{v}(\alpha)\mathrm{d}\alpha \tag{9-44}$$

将(9-43)式代入(9-44)式，得到

$$E\{\boldsymbol{x}^2(t)\}=\int_0^t\int_0^t q(t_1)\delta(t_1-t_2)\mathrm{d}t_2\mathrm{d}t_1=\int_0^t q(t_1)\mathrm{d}t_1 \tag{9-45}$$

最后一个等式是因为

$$\int_0^t \delta(t_1-t_2)\mathrm{d}t_2=1 \qquad 0<t_1<t$$

<u>不相关增量和独立增量</u>　如果对任何 $t_1<t_2<t_3<t_4$，过程 $\boldsymbol{x}(t)$ 的增量 $\boldsymbol{x}(t_2)-\boldsymbol{x}(t_1)$ 与 $\boldsymbol{x}(t_4)-\boldsymbol{x}(t_3)$ 都不相关(独立)，则我们说 $\boldsymbol{x}(t)$ 是不相关(独立)增量过程。泊松过程就是独立增量过程。白噪声的积分(9-44)为不相关增量过程。

<u>独立过程</u>　如果两个过程 $\boldsymbol{x}(t)$ 和 $\boldsymbol{y}(t)$ 满足随机变量 $\boldsymbol{x}(t_1),\cdots,\boldsymbol{x}(t_n)$ 和 $\boldsymbol{y}(t'_1),\cdots,\boldsymbol{y}(t'_n)$ 相互独立，则称两个过程是相互独立的。

正态过程 ▶ 如果对于任何 n 和 $t_1,\cdots,t_n$，随机变量 $\boldsymbol{x}(t_1),\cdots,\boldsymbol{x}(t_n)$ 都是联合正态的，则称 $\boldsymbol{x}(t)$ 为正态过程。

一个正态过程的统计特性由其均值 $\eta(t)$ 和自协方差 $C(t_1,t_2)$ 完全确定。的

确，由于

$$E\{\boldsymbol{x}(t)\}=\eta(t)\qquad \sigma_x^2(t)=C(t,t)$$

故可得出结论：$\boldsymbol{x}(t)$ 的一阶密度函数 $f(x,t)$ 是正态密度函数 $N[\eta(t);\sqrt{C(t,t)}]$。

类似地，因为(9-35)式中的函数 $r(t_1,t_2)$ 是随机变量 $\boldsymbol{x}(t_1)$ 和 $\boldsymbol{x}(t_2)$ 的相关系数，所以 $\boldsymbol{x}(t)$ 的二阶密度函数 $f(x_1, x_2; t_1, t_2)$ 是联合正态密度函数

$$N[\eta(t_1),\ \eta(t_2);\ \sqrt{C(t_1,\ t_1)},\ \sqrt{C(t_2,\ t_2)};\ r(t_1,\ t_2)]$$

过程 $\boldsymbol{x}(t)$ 的 n 阶特征函数由下式给出[见(7-60)式]

$$\exp\left\{j\sum_i \eta(t_i)\omega_i-\frac{1}{2}\sum_{i,k}C(t_i,t_k)\omega_i\omega_k\right\}\tag{9-46}$$

其反变换 $f(x_1,\cdots,x_n;t_1,\cdots,t_n)$ 是 $\boldsymbol{x}(t)$ 的 n 阶密度函数。◀

存在性定理　给定一个任意函数 $\eta(t)$ 和一个正定函数 $C(t_1,t_2)$，我们可以构造一个正态过程，使其均值为 $\eta(t)$，自协方差为 $C(t_1,t_2)$。只要我们将给定的函数 $\eta(t)$ 和 $C(t_1,t_2)$ 用于(9-46)式，就能得出此定理。由于函数 $C(t_1,t_2)$ 假设为正定的，因而所得的特征函数的反变换为一个密度函数。

【例 9-10】　假定 $\boldsymbol{x}(t)$ 是一个正态过程，且

$$\eta(t)=3\qquad C(t_1,t_2)=4\mathrm{e}^{-0.2|t_1-t_2|}$$

(a) 求 $\boldsymbol{x}(5)\leqslant 2$ 的概率。

显然，$\boldsymbol{x}(5)$ 是一个正态随机变量，其均值 $\eta(5)=3$，方差 $C(5,5)=4$。因此

$$P\{\boldsymbol{x}(5)\leqslant 2\}=G(-1/2)=0.309$$

(b) 求 $|\boldsymbol{x}(8)-\boldsymbol{x}(5)|\leqslant 1$ 的概率。

差 $\boldsymbol{s}=\boldsymbol{x}(8)-\boldsymbol{x}(5)$ 是一个正态随机变量，其均值为 $\eta(8)-\eta(5)=0$，方差为

$$C(8,8)+C(5,5)-2C(8,5)=8(1-\mathrm{e}^{-0.6})=3.608$$

因此

$$P\{|\boldsymbol{x}(8)-\boldsymbol{x}(5)|\leqslant 1\}=2G(1/1.9)-1=0.4$$

点过程和更新过程　**点过程**是时间轴上一组随机点 $\boldsymbol{t}_i$。对每一个点过程我们都可以用一个随机过程 $\boldsymbol{x}(t)$ 来描述：$\boldsymbol{x}(t)$ 等于在区间 $(0,t)$ 内随机点 $\boldsymbol{t}_i$ 的数目。泊松过程就是一个例子。对于每个点过程 $\boldsymbol{t}_i$，我们可以构造一个随机变量序列 $\boldsymbol{z}_n$，使得

$$\boldsymbol{z}_1=\boldsymbol{t}_1\quad \boldsymbol{z}_2=\boldsymbol{t}_2-\boldsymbol{t}_1\quad \cdots\quad \boldsymbol{z}_n=\boldsymbol{t}_n-\boldsymbol{t}_{n-1}$$

其中 $\boldsymbol{t}_1$ 是原点右边的第一个随机点，这样的随机变量序列称为更新过程。一个例子是灯泡使用过程，一旦一个灯泡坏了马上就被更换。在这种情况下，$\boldsymbol{z}_i$ 是第 i 个灯泡的使用寿命，而 $\boldsymbol{t}_i$ 是它的损坏时间。

于是我们建立了以下三个概念之间的对应关系(见图 9-4)：(a) 点过程 $\boldsymbol{t}_i$；(b) 在各点 $\boldsymbol{t}_i$ 处以单位阶跃增长的离散状态随机过程 $\boldsymbol{x}(t)$；(c) 由多个随机变量 $\boldsymbol{z}_i$ 组成的更新过程。随机变量序列满足：$\boldsymbol{t}_n=\boldsymbol{z}_1+\cdots+\boldsymbol{z}_n$。

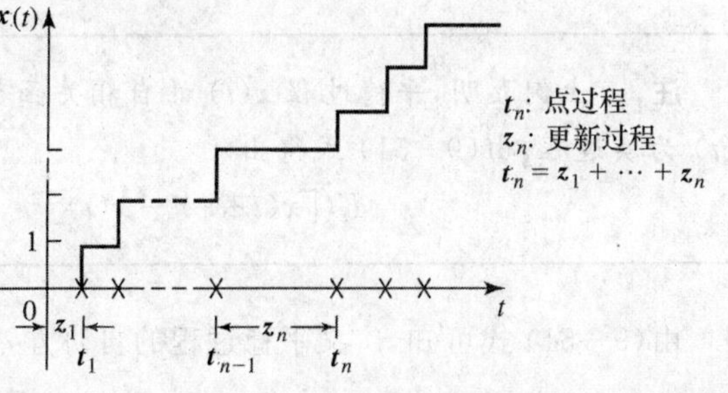

图 9-4

9.1.3 平稳过程

严格平稳性　如果 $\boldsymbol{x}(t)$ 时间原点的移动不改变随机过程统计性质，则我们称 $\boldsymbol{x}(t)$ 是**严格平稳的**(SSS) 随机过程。这意味着对于任何 c，过程 $\boldsymbol{x}(t)$ 和 $\boldsymbol{x}(t+c)$ 具有相同的统计性质。

如果对于任何 c，两个过程 $\boldsymbol{x}(t)$ 和 $\boldsymbol{y}(t)$ 的联合统计性质与 $\boldsymbol{x}(t+c)$ 和 $\boldsymbol{y}(t+c)$ 的联合统计性质相同，则称 $\boldsymbol{x}(t)$ 和 $\boldsymbol{y}(t)$ 是联合平稳的。

如果过程 $\boldsymbol{x}(t)$ 和 $\boldsymbol{y}(t)$ 是联合平稳的，则复过程 $\boldsymbol{z}(t)=\boldsymbol{x}(t)+j\boldsymbol{y}(t)$ 也是平稳的。

由定义可知，对于任何 c，严格平稳过程的 n 阶密度函数必须满足：

$$f(x_1,\cdots,x_n;\ t_1,\cdots,t_n)=f(x_1,\cdots,x_n;\ t_1+c,\cdots,t_n+c) \tag{9-47}$$

由上式可得，对于任何 c，有 $f(x;t)=f(x;t+c)$。因此，$\boldsymbol{x}(t)$ 的一阶密度函数与 t 无关，即

$$f(x;\ t)=f(x) \tag{9-48}$$

同理可知，对于任何 c，特别是 $c=-t_2$，$f(x_1,x_2;t_1+c,\ t_2+c)$ 与 c 无关。从而导出

$$f(x_1,x_2;t_1,t_2)=f(x_1,x_2;\tau)\qquad \tau=t_1-t_2 \tag{9-49}$$

可见随机变量 $\boldsymbol{x}(t+\tau)$ 与 $\boldsymbol{x}(t)$ 的联合密度函数与 t 无关，它等于 $f(x_1,x_2;\tau)$。

广义平稳性　如果随机过程 $\boldsymbol{x}(t)$ 的均值为常数，即

$$E\{\boldsymbol{x}(t)\}=\eta \tag{9-50}$$

且其相关函数的仅取决于 $\tau=t_1-t_2$，即

$$E\{\boldsymbol{x}(t+\tau)\boldsymbol{x}^*(t)\}=R(\tau) \tag{9-51}$$

则称 $\boldsymbol{x}(t)$ 为**广义平稳**(WSS) 过程。由于 τ 是从 t 到 $t+\tau$ 的距离，所以函数 $R(\tau)$ 可以写成下列对称形式：

$$R(\tau)=E\left\{\boldsymbol{x}(t+\frac{\tau}{2})\boldsymbol{x}^*(t-\frac{\tau}{2})\right\} \tag{9-52}$$

应该特别指出

$$E\{|\ \boldsymbol{x}(t)\ |^2\}=R(0)$$

即平稳过程的平均功率与 t 无关，它等于 $R(0)$。

【例 9-11】　假定 $\boldsymbol{x}(t)$ 是广义平稳过程，其自相关函数为

$$R(\tau)=Ae^{-\alpha|\tau|}$$

我们来求随机变量 $\boldsymbol{x}(8)-\boldsymbol{x}(5)$ 的二阶矩。显然

$$\begin{aligned}E\{[\boldsymbol{x}(8)-\boldsymbol{x}(5)]^2\}&=E\{\boldsymbol{x}^2(8)\}+E\{\boldsymbol{x}^2(5)\}-2E\{\boldsymbol{x}(8)\boldsymbol{x}(5)\}\\&=R(0)+R(0)-2R(3)=2A-2Ae^{-3\alpha}\end{aligned}$$

注　上例表明，平稳过程 $\boldsymbol{x}(t)$ 的自相关函数可以定义为平均功率。为了简单起见，假设 $\boldsymbol{x}(t)$ 为实过程，由(9-51) 式得出

$$E\{[\boldsymbol{x}(t+\tau)-\boldsymbol{x}(t)]^2\}=2[R(0)-R(\tau)] \tag{9-53}$$

由(9-51) 式可知，广义平稳过程的自协方差只依赖于 $\tau=t_1-t_2$，为

$$C(\tau)=R(\tau)-|\ \eta\ |^2 \tag{9-54}$$

它的相关系数[见(9-35) 式]为

$$r(\tau) = C(\tau)/C(0) \tag{9-55}$$

所以，$C(\tau)$ 是协方差，而 $r(\tau)$ 是随机变量 $\boldsymbol{x}(t+\tau)$ 和 $\boldsymbol{x}(t)$ 的相关系数。

如果两个过程 $\boldsymbol{x}(t)$ 和 $\boldsymbol{y}(t)$ 分别是广义平稳的，且它们的互相关函数仅依赖于 $\tau = t_1 - t_2$，即

$$R_{xy}(\tau) = E\{\boldsymbol{x}(t+\tau)\boldsymbol{y}^*(t)\} \qquad C_{xy}(\tau) = R_{xy}(\tau) - \eta_x \eta_y^* \tag{9-56}$$

则称 $\boldsymbol{x}(t)$ 和 $\boldsymbol{y}(t)$ 是联合广义平稳过程。

若 $\boldsymbol{x}(t)$ 是广义平稳白噪声，则[见(9-43)式]

$$C(\tau) = q\delta(\tau) \tag{9-57}$$

若 $\boldsymbol{x}(t)$ 是 a-相依过程，则当 $|\tau| > a$ 时有 $C(\tau) = 0$。在这种情况下，常数 a 称为 $\boldsymbol{x}(t)$ 的**相关时间**。该术语也经常用于其它随机过程，它定义为比值

$$\tau_c = \frac{1}{C(0)}\int_0^\infty C(\tau)\mathrm{d}\tau \tag{9-58}$$

一般地，对于任意 τ，有 $C(\tau) \neq 0$，不过，对于大多数正则过程，有

$$C(\tau) \underset{|\tau|\to\infty}{\longrightarrow} 0 \qquad R(\tau) \underset{|\tau|\to\infty}{\longrightarrow} |\eta|^2$$

【例 9-12】 若 $\boldsymbol{x}(t)$ 是广义平稳过程，且

$$\boldsymbol{s} = \int_{-T}^{T} \boldsymbol{x}(t)\mathrm{d}t$$

则[见(9-37)式]

$$\sigma_s^2 = \int_{-T}^{T}\int_{-T}^{T} C(t_1 - t_2)\mathrm{d}t_1\mathrm{d}t_2 = \int_{-2T}^{2T}(2T - |\tau|)C(\tau)\mathrm{d}\tau \tag{9-59}$$

最后一个等式使用了变换 $\tau = t_1 - t_2$（也可见图 9-5）；我们省略了它的证明细节[见(9-156)式]。

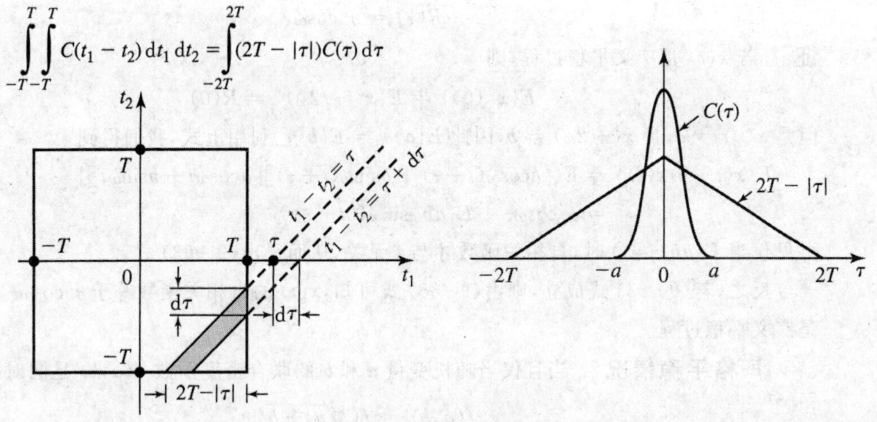

图 9-5

特例 (a) 若 $C(\tau) = q\delta(\tau)$，则

$$\sigma_s^2 = q\int_{-2T}^{2T}(2T - |\tau|)\delta(\tau)\mathrm{d}\tau = 2Tq$$

(b) 若过程 $\boldsymbol{x}(t)$ 是 a-相依的，且 $a \ll T$，则由(9-59)式可得

$$\sigma_s^2 = q\int_{-2T}^{2T}(2T - |\tau|)C(\tau)\mathrm{d}\tau \approx 2T\int_{-a}^{a} C(\tau)\mathrm{d}\tau$$

这表明在计算 $\boldsymbol{s}$ 的方差时，一个 $a \ll T$ 的 a-相依过程可以用(9-57)式所示的白噪声来

代替，其中

$$q = \int_{-a}^{a} C(\tau)\mathrm{d}\tau$$

若一个过程是严格平稳的，则它同时也是广义平稳的。由(9-48)和(9-49)式可以得出这一结论。然而，一般情况下，逆命题不成立。但下面我们将证明，正态过程是一个重要的例外。

的确，假定 $\boldsymbol{x}(t)$ 是正态广义平稳过程，其均值为 η，自协方差为 $C(\tau)$。由(9-46)式可知，其 n 阶特征函数等于

$$\exp\left\{ j\eta \sum_{i} \omega_i - \frac{1}{2}\sum_{i,k} C(t_i - t_k)\omega_i\omega_k \right\} \tag{9-60}$$

当时间原点移动时，此函数不变。又因为它完全确定了 $\boldsymbol{x}(t)$ 的统计特性，于是得出结论：$\boldsymbol{x}(t)$ 是严格平稳过程。

【例 9-13】　我们下面建立随机过程

$$\boldsymbol{x}(t) = \boldsymbol{a}\cos\omega t + \boldsymbol{b}\sin\omega t \tag{9-61}$$

平稳的充分和必要条件。

该随机过程的均值为

$$E\{\boldsymbol{x}(t)\} = E\{\boldsymbol{a}\}\cos\omega t + E\{\boldsymbol{b}\}\sin\omega t$$

它应该与 t 无关。因此，对于严格平稳和广义平稳，必要条件均为

$$E\{\boldsymbol{a}\} = E\{\boldsymbol{b}\} = 0 \tag{9-62}$$

我们将假设这个条件是满足的，下面讨论两种平稳性的充分条件。

广义平稳情况　当且仅当随机变量 $\boldsymbol{a}$ 和 $\boldsymbol{b}$ 不相关，且方差相等时，即

$$E\{\boldsymbol{ab}\} = 0 \qquad E\{\boldsymbol{a}^2\} = E\{\boldsymbol{b}^2\} = \sigma^2 \tag{9-63}$$

在(9-61)式的过程 $\boldsymbol{x}(t)$ 是广义平稳的。若满足此条件，则

$$R(\tau) = \sigma^2\cos\omega\tau \tag{9-64}$$

证　若 $\boldsymbol{x}(t)$ 是广义平稳过程，则

$$E\{\boldsymbol{x}^2(0)\} = E\{\boldsymbol{x}^2(\pi/2\omega)\} = R(0)$$

但是 $\boldsymbol{x}(0) = \boldsymbol{a}$，且 $\boldsymbol{x}(\pi/2\omega) = \boldsymbol{b}$，因此 $E\{\boldsymbol{a}^2\} = E\{\boldsymbol{b}^2\}$。利用上式，我们得到

$$\begin{aligned} E\{\boldsymbol{x}(t+\tau)\boldsymbol{x}(t)\} &= E\{[\boldsymbol{a}\cos\omega(t+\tau) + \boldsymbol{b}\sin\omega(t+\tau)][\boldsymbol{a}\cos\omega t + \boldsymbol{b}\sin\omega t]\} \\ &= \sigma^2\cos\omega\tau + E\{\boldsymbol{ab}\}\sin\omega(2t+\tau) \end{aligned} \tag{9-65}$$

可见仅当 $E\{\boldsymbol{ab}\} = 0$ 时，自相关函数才与 t 无关，从而得出(9-63)式。

反之，若(9-63)式成立，则由(9-65)式可知，$\boldsymbol{x}(t)$ 的自相关函数等于 $\sigma^2\cos\omega\tau$，因此 $\boldsymbol{x}(t)$ 是广义平稳过程。

严格平稳情况　当且仅当随机变量 $\boldsymbol{a}$ 和 $\boldsymbol{b}$ 的联合密度函数 $f(a,b)$ 是圆对称的，即

$$f(a,b) = f(\sqrt{a^2+b^2}) \tag{9-66}$$

过程 $\boldsymbol{x}(t)$ 才是严格平稳的。

证　若 $\boldsymbol{x}(t)$ 是严格平稳过程，则随机变量

$$\boldsymbol{x}(0) = \boldsymbol{a} \qquad \boldsymbol{x}(\pi/2\omega) = \boldsymbol{b}$$

和随机变量

$$\boldsymbol{x}(t) = \boldsymbol{a}\cos\omega t + \boldsymbol{b}\sin\omega t \qquad \boldsymbol{x}(t+\pi/2\omega) = \boldsymbol{b}\cos\omega t - \boldsymbol{a}\sin\omega t$$

对于任意 t 都具有相同的联合密度函数。因此，$f(a,b)$ 必须是圆对称的。

现在我们证明，若 $f(a,b)$ 是圆对称的，则 $\boldsymbol{x}(t)$ 是严格平稳过程。设 τ 是一给定的数，并且

$$\boldsymbol{a}_1 = \boldsymbol{a}\cos\omega\tau + \boldsymbol{b}\sin\omega\tau \qquad \boldsymbol{b}_1 = \boldsymbol{b}\cos\omega\tau - \boldsymbol{a}\sin\omega\tau$$

我们构造过程

$$\boldsymbol{x}_1(t)=\boldsymbol{a}_1\cos\omega t+\boldsymbol{b}_1\sin\omega t=\boldsymbol{x}(t+\tau)$$

显然，$\boldsymbol{x}(t)$ 和 $\boldsymbol{x}_1(t)$ 的统计特性分别由随机变量 $\boldsymbol{a},\boldsymbol{b}$ 和 $\boldsymbol{a}_1,\boldsymbol{b}_1$ 的联合密度函数 $f(a,b)$ 和 $f(a_1,b_1)$ 来确定。但随机变量 $\boldsymbol{a},\boldsymbol{b}$ 和 $\boldsymbol{a}_1,\boldsymbol{b}_1$ 具有相同的联合密度函数。因此，过程 $\boldsymbol{x}(t)$ 和 $\boldsymbol{x}(t+\tau)$ 对于每个 τ 都具有相同的统计特性。

推论 ▶ 若过程 $\boldsymbol{x}(t)$ 严格平稳，且随机变量 $\boldsymbol{a}$ 和 $\boldsymbol{b}$ 独立，则它们是正态的。

证 可由(9-66)和(6-31)式得出。◀

【例 9-14】 给定一个随机变量 $\boldsymbol{\omega}$，其密度函数为 $f(\omega)$，随机变量 $\boldsymbol{\varphi}$ 在区间 $(-\pi,\pi)$ 内均匀分布，且与 $\boldsymbol{\omega}$ 独立。构造随机过程

$$\boldsymbol{x}(t)=a\cos(\boldsymbol{\omega}t+\boldsymbol{\varphi})\tag{9-67}$$

我们来证明 $\boldsymbol{x}(t)$ 是广义平稳过程，其均值为 0，而自相关函数为

$$R(\tau)=\frac{a^2}{2}E\{\cos\boldsymbol{\omega}\tau\}=\frac{a^2}{2}\mathrm{Re}\Phi_\omega(\tau)\tag{9-68}$$

其中

$$\Phi_\omega(\tau)=E\{\mathrm{e}^{j\boldsymbol{\omega}\tau}\}=E\{\cos\boldsymbol{\omega}\tau\}+jE\{\sin\boldsymbol{\omega}\tau\}\tag{9-69}$$

是 $\boldsymbol{\omega}$ 的特征函数。

证 显然[见(6-235)式]

$$E\{\cos(\boldsymbol{\omega}t+\boldsymbol{\varphi})\}=E\{E\{\cos(\boldsymbol{\omega}t+\boldsymbol{\varphi})\mid\boldsymbol{\omega}\}\}$$

由 $\boldsymbol{\omega}$ 与 $\boldsymbol{\varphi}$ 的独立性，可得

$$E\{\cos(\boldsymbol{\omega}t+\boldsymbol{\varphi})\mid\omega\}=\cos\omega tE\{\cos\boldsymbol{\varphi}\}-\sin\omega tE\{\sin\boldsymbol{\varphi}\}$$

因为

$$E\{\cos\boldsymbol{\varphi}\}=\frac{1}{2\pi}\int_{-\pi}^{\pi}\cos\varphi\mathrm{d}\varphi=0\qquad E\{\sin\boldsymbol{\varphi}\}=\frac{1}{2\pi}\int_{-\pi}^{\pi}\sin\varphi\mathrm{d}\varphi=0$$

故可得 $E\{\boldsymbol{x}(t)\}=0$。

同理可得 $E\{\cos(2\boldsymbol{\omega}t+\boldsymbol{\omega}\tau+2\boldsymbol{\varphi})\}=0$。又因为

$$2\cos[\boldsymbol{\omega}(t+\tau)+\boldsymbol{\varphi}]\cos(\boldsymbol{\omega}t+\boldsymbol{\varphi})=\cos\boldsymbol{\omega}\tau+\cos(2\boldsymbol{\omega}t+\boldsymbol{\omega}\tau+2\boldsymbol{\varphi})$$

所以我们得出

$$R(\tau)=a^2E\{\cos[\boldsymbol{\omega}(t+\tau)+\boldsymbol{\varphi}]\cos(\boldsymbol{\omega}t+\boldsymbol{\varphi})\}=\frac{a^2}{2}E\{\cos\boldsymbol{\omega}\tau\}$$

进一步，若 $\boldsymbol{\omega}$ 和 $\boldsymbol{\varphi}$ 满足条件，则随机过程

$$\boldsymbol{z}(t)=a\mathrm{e}^{\mathrm{j}(\boldsymbol{\omega}t+\boldsymbol{\varphi})}$$

是广义平稳的，它的均值为 0，自相关函数为

$$E\{\boldsymbol{z}(t+\tau)\boldsymbol{z}^*(t)\}=a^2E\{\mathrm{e}^{\mathrm{j}\boldsymbol{\omega}\tau}\}=a^2\Phi_\omega(\tau)$$

中心化 给定一随机过程 $\boldsymbol{x}(t)$，其均值为 $\eta(t)$，自相关函数为 $C(t_1,t_2)$，我们构造新的随机过程

$$\tilde{\boldsymbol{x}}(t)=\boldsymbol{x}(t)-\eta(t)\tag{9-70}$$

则称新过程为 $\boldsymbol{x}(t)$ 的**中心化过程**。显然

$$E\{\tilde{\boldsymbol{x}}(t)=0\}\qquad R_{\tilde{x}}(t_1,t_2)=C_x(t_1,t_2)$$

由此可得，若 $\boldsymbol{x}(t)$ 是协方差平稳的，即 $C_x(t_1,t_2)=C_x(t_1-t_2)$，则它的中心化过程是广义平稳的。

其他形式的平稳性 当 c 很大时，如果随机变量 $\boldsymbol{x}(t_1+c),\cdots,\boldsymbol{x}(t_n+c)$ 的统计特性与 c 无关，则将过程 $\boldsymbol{x}(t)$ 称为**渐进平稳的**。更确切地说，当 $c\to\infty$ 时，函数

$$f(x_1, \cdots, x_n; t_1+c, \cdots, t_n+c)$$

趋于一个与 c 无关的极限。半随机电报信号就是一个例子。

如果(9-47)式不是对于每个 n,而是仅对 $n \leqslant N$ 才成立,则过程 $\boldsymbol{x}(t)$ 是 N **阶平稳的**。

如果(9-47)式对于某区间内的每个 t_i 和 t_i+c 成立,则过程 $\boldsymbol{x}(t)$ 是**在区间上平稳的**。

如果对于每个 h,过程 $\boldsymbol{x}(t)$ 的增量 $\boldsymbol{y}(t)=\boldsymbol{x}(t+h)-\boldsymbol{x}(t)$ 都是平稳过程,我们就称 $\boldsymbol{x}(t)$ 是**平稳增量**过程。泊松过程就是这类例子。

均方周期性　如果对于每个 t,随机过程 $\boldsymbol{x}(t)$ 满足

$$E\{|\boldsymbol{x}(t+T)-\boldsymbol{x}(t)|^2\}=0 \tag{9-71}$$

则称此过程是均方周期的。由此可知,对于某一特定的 t,

$$\boldsymbol{x}(t+T)=\boldsymbol{x}(t) \tag{9-72}$$

的概率为1。但是不能得出,对于所有的 t,满足 $\boldsymbol{x}(t+T, \xi)=\boldsymbol{x}(t,\xi)$ 的结果 ξ 构成的集合具有概率1。

由(9-72)式可知,均方周期过程的均值是周期的。下面,我们来研究它的 $R(t_1, t_2)$ 的性质。

定理9-1 ▶ 当且仅当过程 $\boldsymbol{x}(t)$ 的自相关函数是双周期的,即对于任一对整数 m 和 n,有

$$R(t_1+mT, t_2+nT)=R(t_1,t_2) \tag{9-73}$$

时,过程 $\boldsymbol{x}(t)$ 才是均方周期过程。

证　我们知道[见(6-167)式]

$$E^2\{\boldsymbol{z}\boldsymbol{w}\} \leqslant E\{\boldsymbol{z}^2\}E\{\boldsymbol{w}^2\}$$

当 $\boldsymbol{z}=\boldsymbol{x}(t_1)$ 和 $\boldsymbol{w}=\boldsymbol{x}(t_2+T)-\boldsymbol{x}(t_2)$ 时,由上式求得

$$E^2\{\boldsymbol{x}(t_1)[\boldsymbol{x}(t_2+T)-\boldsymbol{x}(t_2)]\} \leqslant E\{\boldsymbol{x}^2(t_1)\}E\{[\boldsymbol{x}(t_2+T)-\boldsymbol{x}(t_2)]^2\}$$

若 $\boldsymbol{x}(t)$ 是均方周期过程,则上式最后一项为零。让左边等于零,得到

$$R(t_1,t_2+T)-R(t_1,t_2)=0$$

重复应用这种方法,即可得(9-73)式。

反之,若(9-73)式成立,则

$$R(t+T, t+T)=R(t+T, t)=R(t,t)$$

因此

$$E\{[\boldsymbol{x}(t+T)-\boldsymbol{x}(t)]^2\}=R(t+T, t+T)+R(t,t)-2R(t+T,t)=0$$

所以 $\boldsymbol{x}(t)$ 是均方周期过程。◀

9.2　具有随机输入的系统

给定一个随机过程 $\boldsymbol{x}(t)$,我们按照某种规则,对其每个样本 $\boldsymbol{x}(t,\xi_i)$ 赋以一个函数 $\boldsymbol{y}(t,\xi_i)$。这样就构造出另一过程

$$\boldsymbol{y}(t)=T[\boldsymbol{x}(t)]$$

其样本为函数 $\boldsymbol{y}(t,\xi_i)$。这样得到的过程 $\boldsymbol{y}(t)$ 可以看做是 $\boldsymbol{x}(t)$ 输入某个系统(变换)的输出。此系统完全由算子 T 确定,T 规定了输入 $\boldsymbol{x}(t)$ 与输出 $\boldsymbol{y}(t)$ 的样本间的对应规则。

如果系统只对变量 t 起作用,而把 ξ 当做参变量,则此系统是**确定性系统**。这意味着,如果两个输入样本 $\boldsymbol{x}(t,\xi_1)$ 和 $\boldsymbol{x}(t,\xi_2)$ 关于时间 t 是相同的,则输出样本 $\boldsymbol{y}(t,\xi_1)$ 和 $\boldsymbol{y}(t,\xi_2)$ 关于时间

t 也是相同的。如果 T 对变量 t 和 ξ 都起作用，则系统称为**随机系统**。对于这种系统，存在这样两个结果 ξ_1 和 ξ_2，尽管对于时间 t，$\boldsymbol{x}(t,\xi_1)=\boldsymbol{x}(t,\xi_2)$，但 $\boldsymbol{y}(t,\xi_1)\neq\boldsymbol{y}(t,\xi_2)$。这种分类是按照系统的终端特性来分的。如果系统是由一些实际元件或者方程式来规定的，那么，只要这些元件或者方程的系数是确定的(或随机的)，相应的系统就是确定的(或随机的)。本书将只讨论确定性系统。

原理上，一个系统的输出统计特性可以用其输入的统计特性来表示。然而，一般情况下，这是一个复杂问题。下面，我们来考虑两种重要的特殊情况。

9.2.1　无记忆系统

如果一个系统的输出由下式给出

$$\boldsymbol{y}(t)=g[\boldsymbol{x}(t)]$$

其中 $g(x)$ 是 x 的函数，则此系统称为无记忆系统。可见在给定时刻 $t=t_1$，输出 $\boldsymbol{y}(t_1)$ 只取决于 $\boldsymbol{x}(t_1)$，而与 $\boldsymbol{x}(t)$ 的任何过去或未来的数值无关。

由上式可知，如 5-2 节中所示，$\boldsymbol{y}(t)$ 的一阶密度函数 $f_y(y;\ t)$ 可以用 $\boldsymbol{x}(t)$ 的相应密度函数 $f_x(x;\ t)$ 来表示，如

$$E\{\boldsymbol{y}(t)\}=\int_{-\infty}^{\infty}g(x)f_x(x;\ t)\mathrm{d}x$$

与此类似，因为 $\boldsymbol{y}(t_1)=g[\boldsymbol{x}(t_1)]$ 和 $\boldsymbol{y}(t_2)=g[\boldsymbol{x}(t_2)]$，所以如 6-3 节所示，$\boldsymbol{y}(t)$ 的二阶密度函数 $f(y_1,y_2;\ t_1,t_2)$ 也可以用 $\boldsymbol{x}(t)$ 的密度函数 $f(x_1,x_2;\ t_1,t_2)$ 来确定。而且

$$E\{\boldsymbol{y}(t_1)\boldsymbol{y}(t_2)\}=\int_{-\infty}^{\infty}\int_{-\infty}^{\infty}g(x_1)g(x_2)f_x(x_1,x_2;t_1,t_2)\mathrm{d}x_1\mathrm{d}x_2$$

$\boldsymbol{y}(t)$ 的 n 阶密度函数 $f_y(y_1,\cdots,y_n;\ t_1,\cdots,t_n)$ 可以用如(7-8)式所示的 $\boldsymbol{x}(t)$ 的相应密度函数来确定，在那里，使用的变换是方程组

$$\boldsymbol{y}(t_1)=g[\boldsymbol{x}(t_1)],\cdots,\boldsymbol{y}(t_n)=g[\boldsymbol{x}(t_n)] \tag{9-74}$$

平稳性　假定无记忆系统的输入是严格平稳过程 $\boldsymbol{x}(t)$。我们将证明输出 $\boldsymbol{y}(t)$ 也是严格平稳过程。

证　为了确定 $\boldsymbol{y}(t)$ 的 n 阶密度函数，我们求解方程组

$$g(x_1)=y_1,\cdots,g(x_n)=y_n \tag{9-75}$$

若此方程组有惟一解，则[见(7-8)式]

$$f_y(y_1,\cdots,y_n;\ t_1,\cdots,t_n)=\frac{f_x(x_1,\cdots,x_n;\ t_1,\cdots,t_n)}{|g'(x_1)\cdots g'(x_n)|} \tag{9-76}$$

由 $\boldsymbol{x}(t)$ 的平稳性可知，当时间原点移动时，(9-76)式的分子不变。又因分母与 t 无关，所以，当 t_i 被 t_i+c 代替时，此式左边不变，即 $\boldsymbol{y}(t)$ 是严格平稳过程。类似可以证明，即使(9-75)式的解不惟一时，结论仍然成立。

注　1. 若 $\boldsymbol{x}(t)$ 是 N 阶平稳过程，则 $\boldsymbol{y}(t)$ 也是 N 阶平稳过程。

2. 若 $\boldsymbol{x}(t)$ 在一个区间内平稳，则 $\boldsymbol{y}(t)$ 也在同一区间内平稳。

3. 若 $\boldsymbol{x}(t)$ 是广义平稳过程，则 $\boldsymbol{y}(t)$ 可能在任何意义下都不是平稳过程。

平方律检波器　平方律检波器是一个无记忆系统，其输出为

$$\mathbf{y}(t)=\mathbf{x}^2(t)$$

我们来确定它的一、二阶密度函数。若 $y>0$，则此方程组 $y=x^2$ 有两个解 $\pm\sqrt{y}$。此外有 $y'(x)=\pm 2\sqrt{y}$，因此

$$f_y(y;t)=\frac{1}{2\sqrt{y}}[f_x(\sqrt{y};t)+f_x(-\sqrt{y};t)]$$

若 $y_1>0$ 和 $y_2>0$，则方程组

$$y_1=x_1^2 \qquad y_2=x_2^2$$

有四个解$(\pm\sqrt{y_1},\pm\sqrt{y_2})$。此外，它的雅可比为 $\pm 4\sqrt{y_1y_2}$，因此

$$f_y(y_1,y_2;t_1,t_2)=\frac{1}{4\sqrt{y_1y_2}}\sum f_x(\pm\sqrt{y_1},\pm\sqrt{y_2};t_1,t_2)$$

式中的求和共有四项。

我们注意到，若 $\mathbf{x}(t)$ 是严格平稳过程，则 $f_x(x;t)=f_x(x)$ 与 t 无关，且 $f_x(x_1,x_2;t_1,t_2)=f_x(x_1,x_2;\tau)$ 只取决于 $\tau=t_1-t_2$。因此，$f_y(y)$ 与 t 无关，且 $f_y(y_1,y_2;\tau)$ 只取决于 $\tau=t_1-t_2$。

【例 9－15】 假定 $\mathbf{x}(t)$ 是正态平稳过程，其均值为 0，自相关函数为 $R_x(\tau)$。在这种情况下，$f_x(x)$ 是方差为 $R_x(0)$ 的正态密度函数。

如果 $\mathbf{y}(t)=\mathbf{x}^2(t)$（图 9－6），那么 $E\{\mathbf{y}(t)\}=R_x(0)$ 并且[见(5－22)式]

$$f_y(y)=\frac{1}{\sqrt{2\pi R_x(0)y}}\mathrm{e}^{-y/2R_x(0)}U(y)$$

我们来证明

$$R_y(\tau)=R_x^2(0)+2R_x^2(\tau) \tag{9-77}$$

证　随机变量 $\mathbf{x}(t+\tau)$ 和 $\mathbf{x}(t)$ 是联合正态的，且均值为 0。因此[见(6－199)式]

$$E\{\mathbf{x}^2(t+\tau)\mathbf{x}^2(t)\}=E\{\mathbf{x}^2(t+\tau)\}E\{\mathbf{x}^2(t)\}+2E^2\{\mathbf{x}(t+\tau)\mathbf{x}(t)\}$$

从而得出(9－77)式。

应特别指出

$$E\{\mathbf{y}^2(t)\}=R_y(0)=3R_x^2(0) \qquad \sigma_y^2=2R_x^2(0)$$

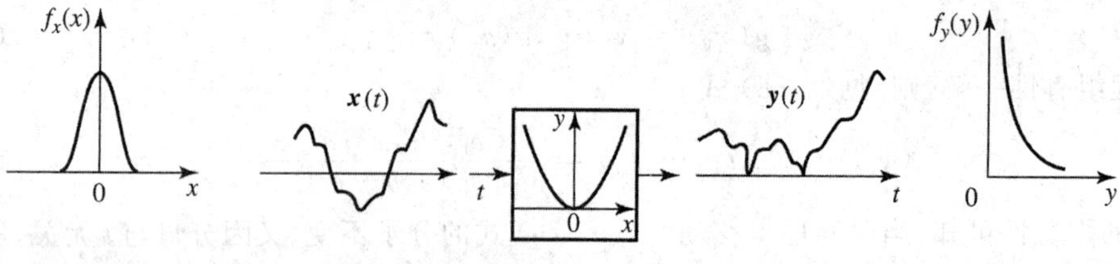

图 9－6

硬限幅器　考虑无记忆系统(图 9－7)

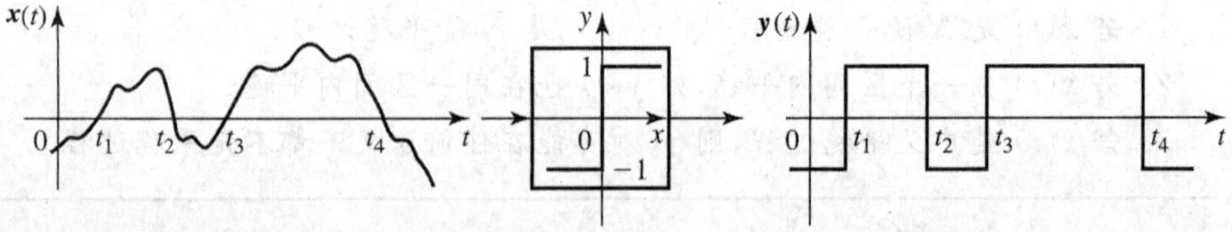

图 9－7

$$g(x)=\begin{cases}1 & x>0\\ -1 & x<0\end{cases} \tag{9-78}$$

它的输出 $\boldsymbol{y}(t)$ 的取值为 ± 1，并且

$$P\{\boldsymbol{y}(t)=1\}=P\{\boldsymbol{x}(t)>0\}=1-F_x(0)$$
$$P\{\boldsymbol{y}(t)=-1\}=P\{\boldsymbol{x}(t)<0\}=F_x(0)$$

于是

$$E\{\boldsymbol{y}(t)\}=1\times P\{\boldsymbol{y}(t)=1\}-1\times P\{\boldsymbol{y}(t)=-1\}=1-2F_x(0)$$

如果 $\boldsymbol{x}(t+\tau)\boldsymbol{x}(t)>0$，则乘积 $\boldsymbol{y}(t+\tau)\boldsymbol{y}(t)$ 等于 1，否则等于 -1。因此

$$R_y(\tau)=P\{\boldsymbol{x}(t+\tau)\boldsymbol{x}(t)>0\}-P\{\boldsymbol{x}(t+\tau)\boldsymbol{x}(t)<0\} \tag{9-79}$$

因此，在随机变量 $\boldsymbol{x}(t+\tau)$ 和 $\boldsymbol{x}(t)$ 的概率平面上，$R_y(\tau)$ 等于第一和第三象限内的概率质量减去在第二和第四象限内的概率质量。

【例 9-16】 我们来证明：若 $\boldsymbol{x}(t)$ 是零均值的正态平稳过程，则硬限幅器输出的自相关函数为

$$R_y(\tau)=\frac{2}{\pi}\arcsin\frac{R_x(\tau)}{R_x(0)} \tag{9-80}$$

这一结果称为**反正弦律**[①]。

证　$\boldsymbol{x}(t+\tau)$ 和 $\boldsymbol{x}(t)$ 是联合正态随机变量，其均值为零，方差为 $R_x(0)$，相关系数为 $R_x(\tau)/R_x(0)$。因此由(6-64)式可得

$$P\{\boldsymbol{x}(t+\tau)\boldsymbol{x}(t)>0\}=\frac{1}{2}+\frac{\alpha}{\pi}$$
$$P\{\boldsymbol{x}(t+\tau)\boldsymbol{x}(t)<0\}=\frac{1}{2}-\frac{\alpha}{\pi}\qquad \sin\alpha=\frac{R_x(\tau)}{R_x(0)}$$

代入(9-79)式，得到

$$R_y(\tau)=\frac{1}{2}+\frac{\alpha}{\pi}-\left(\frac{1}{2}-\frac{\alpha}{\pi}\right)=\frac{2\alpha}{\pi}$$

从而得出(9-80)式。

【例 9-17】 Bussgang 定理

利用普瑞斯定理，我们将证明，对于无记忆系统 $y=g(x)$，如果输入 $\boldsymbol{x}(t)$ 为零均值正态过程，自相关函数为 $R_{xx}(\tau)$，则输入 $\boldsymbol{x}(t)$ 与输出 $\boldsymbol{y}(t)=g[\boldsymbol{x}(t)]$ 的互相关函数与 $R_{xx}(\tau)$ 成比例，即

$$R_{xy}(\tau)=KR_{xx}(\tau)\qquad 其中\qquad K=E\{g'[\boldsymbol{x}(t)]\} \tag{9-81}$$

证　对于特定的 τ，随机变量 $\boldsymbol{x}=\boldsymbol{x}(t)$ 和 $\boldsymbol{z}=\boldsymbol{x}(t+\tau)$ 是联合正态的，且均值为零，方差为 $\mu=E\{\boldsymbol{xz}\}=R_{xx}(\tau)$。由于

$$I=E\{\boldsymbol{z}g(\boldsymbol{x})\}=E\{\boldsymbol{x}(t+\tau)\boldsymbol{y}(t)\}=R_{xy}(\tau)$$

利用(6-201)式，可得

$$\frac{\partial I}{\partial\mu}=E\left\{\frac{\partial^2[\boldsymbol{z}g(\boldsymbol{x})]}{\partial x\partial z}\right\}=E\{g'[\boldsymbol{x}(t)]\}=K \tag{9-82}$$

如果 $\mu=0$，则随机变量 $\boldsymbol{x}(t+\tau)$ 和 $\boldsymbol{x}(t)$ 独立，因此 $I=0$。(9-82)式对 μ 积分，我们得到 $I=K\mu$ 和(9-81)式。

特例[②]　(a)（硬限幅器）如(9-78)式所示，假定 $g(x)=\mathrm{sgn}x$，在这种情况下，$g'(x)=2\delta(x)$。因此

---

① J. L. Lawson and G. E. Uhlenbeck. Threshold Signals. McGraw-Hill Book Company, New York, 1950.

② H. E. Rowe. Memoryless Nonlinearities with Gaussian Inputs. BSTJ, vol. 67, no. 7, September 1982.

$$K = E\{2\delta(\boldsymbol{x})\} = 2\int_{-\infty}^{\infty}\delta(x)f(x)\mathrm{d}x = 2f(0)$$

式中

$$f(x) = \frac{1}{\sqrt{2\pi R_{xx}(0)}}\exp\left\{-\frac{x^2}{2R_{xx}(0)}\right\}$$

是 $\boldsymbol{x}(t)$ 的一阶密度函数。代入(9-81)式，我们可得

$$R_{xy}(\tau) = R_{xx}(\tau)\sqrt{\frac{2}{\pi R_{xx}(0)}} \qquad \boldsymbol{y}(t) = \mathrm{sgn}\boldsymbol{x}(t) \tag{9-83}$$

(b)(限幅器) 接下来假定 $\boldsymbol{y}(t)$ 为限幅器的输出

$$g(x) = \begin{cases} +c & x > c \\ -c & x < -c \end{cases} \qquad g'(x) = \begin{cases} 1 & |x| < c \\ 0 & |x| > c \end{cases}$$

在这种情况下

$$K = \int_{-c}^{c} f(x)\mathrm{d}x = 2G\left(\frac{c}{\sqrt{R_{xx}(0)}}\right) - 1 \tag{9-84}$$

9.2.2 线性系统

公式

$$\boldsymbol{y}(t) = L[\boldsymbol{x}(t)] \tag{9-85}$$

表示 $\boldsymbol{y}(t)$ 是一个输入为 $\boldsymbol{x}(t)$ 的线性系统的输出。这意味着，对于任何 $\boldsymbol{a}_1, \boldsymbol{a}_2, \boldsymbol{x}_1(t), \boldsymbol{x}_2(t)$，满足

$$L[\boldsymbol{a}_1\boldsymbol{x}_1(t) + \boldsymbol{a}_2\boldsymbol{x}_2(t)] = \boldsymbol{a}_1 L[\boldsymbol{x}_1(t)] + \boldsymbol{a}_2 L[\boldsymbol{x}_2(t)] \tag{9-86}$$

这是众所周知的线性的定义，而且当系数 $\boldsymbol{a}_1$ 和 $\boldsymbol{a}_2$ 是随机变量时，此式仍然成立，因为我们已经假定系统是确定性的，也就是说它只对变量 t 起作用。

注　若系统由其内部结构或微分方程所规定，则仅当 $\boldsymbol{y}(t)$ 是零状态响应时，(9-86) 式才成立。由初始条件所引起的响应(零输入响应) 将不予考虑。

如果系统对于 $\boldsymbol{x}(t+c)$ 的响应为 $\boldsymbol{y}(t+c)$，我们称此系统是时不变的。以后我们将总是假定所有讨论的线性系统是时不变的。

众所周知，线性系统的输出是一个卷积

$$\boldsymbol{y}(t) = \boldsymbol{x}(t) * h(t) = \int_{-\infty}^{\infty}\boldsymbol{x}(t-\alpha)h(\alpha)\mathrm{d}\alpha \tag{9-87}$$

其中

$$h(t) = L[\delta(t)]$$

称为系统的冲激响应。下面，大多数系统将由(9-87) 式来规定。然而，我们首先利用(9-85) 式的符号进行研究，这样做的目的在于强调：从下面的基本定理得到的各种结果对包含一个或多个变量的任意线性算子仍然成立。

从系统的线性性质和时不变性质，我们可以直接得出下列结论：

若 $\boldsymbol{x}(t)$ 是正态过程，则 $\boldsymbol{y}(t)$ 也是正态过程。这是正态随机变量的线性变换性质的扩展。这点是容易证明的，只要将(9-87) 式中的积分用下面的和式近似

$$\boldsymbol{y}(t_i) \approx \sum_k \boldsymbol{x}(t_i - \alpha_k)h(\alpha_k)\Delta(\alpha)$$

如果 $\mathbf{x}(t)$ 是严格平稳的，则 $\mathbf{y}(t)$ 也是严格平稳的。的确，对于任意 c，$\mathbf{y}(t+c)=L[\mathbf{x}(t+c)]$ 成立，从而我们得出结论：若过程 $\mathbf{x}(t)$ 和 $\mathbf{x}(t+c)$ 具有相同的统计特性，则过程 $\mathbf{y}(t)$ 和 $\mathbf{y}(t+c)$ 也具有相同的特性。后面我们将证明[见(9-146)式]，如果 $\mathbf{y}(t)$ 是广义平稳过程，则 $\mathbf{x}(t)$ 和 $\mathbf{y}(t)$ 是联合广义平稳的。

基本定理　对于任何一个线性系统，有

$$E\{L[\mathbf{x}(t)]\}=L[E\{\mathbf{x}(t)\}] \tag{9-88}$$

换句话说，输出 $\mathbf{y}(t)$ 的均值 $\eta_y(t)$ 等于系统对于输入均值 $\eta_x(t)$ 的响应(图 9-8(a))

$$\eta_y(t)=L[\eta_x(t)] \tag{9-89}$$

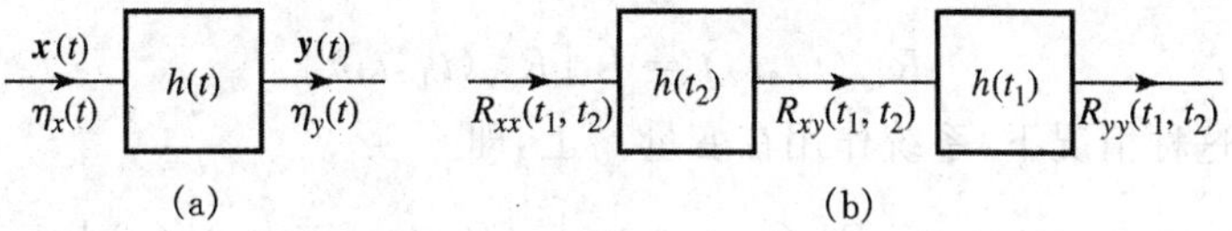

图 9-8

上式是期望的线性特性到任意的线性算子的一个简单推广。如果用求和的极限表示，从(9-87)容易推出这个结论。从而得到

$$E\{\mathbf{y}(t)\}=\int_{-\infty}^{\infty}E\{\mathbf{x}(t-\alpha)\}h(\alpha)\mathrm{d}\alpha=\eta_x(t)*h(t) \tag{9-90}$$

频率解释　在第 i 次试验中，系统的输入为函数 $\mathbf{x}(t,\xi_i)$，产生的输出为 $\mathbf{y}(t,\xi_i)=L[\mathbf{x}(t,\xi_i)]$。当 n 很大时

$$E\{\mathbf{y}(t)\}\simeq\frac{\mathbf{y}(t,\xi_1)+\cdots+\mathbf{y}(t,\xi_n)}{n}=\frac{L[\mathbf{x}(t,\xi_1)]+\cdots+L[\mathbf{x}(t,\xi_n)]}{n}$$

由系统的线性可知，上式的最后一项等于

$$L\left[\frac{\mathbf{x}(t,\xi_1)+\cdots+\mathbf{x}(t,\xi_n)}{n}\right]$$

因为上述分式近似等于 $E\{\mathbf{x}(t)\}$，所以此式与(9-88)式一致。

注　1. 由(9-89)式可知，如果

$$\tilde{\mathbf{x}}(t)=\mathbf{x}(t)-\eta_x(t)\qquad\tilde{\mathbf{y}}(t)=\mathbf{y}(t)-\eta_y(t)$$

则

$$L[\tilde{\mathbf{x}}(t)]=L[\mathbf{x}(t)]-L[\eta_x(t)]=\tilde{\mathbf{y}}(t) \tag{9-91}$$

因而，线性系统对中心化输入 $\tilde{\mathbf{x}}(t)$ 的响应也是中心化输出 $\tilde{\mathbf{y}}(t)$。

2. 假定

$$\mathbf{x}(t)=f(t)+\mathbf{v}(t)\qquad E\{\mathbf{v}(t)\}=0$$

在这种情况下 $E\{\mathbf{x}(t)\}=f(t)$，于是

$$\eta_y(t)=f(t)*h(t)$$

因此，若 $\mathbf{x}(t)$ 是确定性信号 $f(t)$ 和随机分量 $\mathbf{v}(t)$ 之和，则当系统是线性的并且 $E\{\mathbf{v}(t)\}=0$ 时，确定输出的均值时我们可以忽略 $\mathbf{v}(t)$。

定理(9-88)可以用于由输入的矩表示线性系统输出 $\mathbf{y}(t)$ 的任何阶联合矩。研究具有随机输入的线性系统时，下面一些特殊情况具有特别的重要性。

输出自相关函数　我们想用输入 $\mathbf{x}(t)$ 的自相关函数 $R_{xx}(t_1,t_2)$ 来表示线性系统输出 $\mathbf{y}(t)$ 的自相关函数 $R_{yy}(t_1,t_2)$。下面将会看到，比较容易的方法是首先求出 $\mathbf{x}(t)$ 与 $\mathbf{y}(t)$ 的互相关函数 $R_{xy}(t_1,t_2)$。

定理 9-2 ▶ (a)
$$R_{xy}(t_1,t_2)=L_2[R_{xx}(t_1,t_2)] \tag{9-92}$$
其中 L_2 表示系统作用于变量 t_2 而将 t_1 当做参数。按照(9-87)式，上式表示
$$R_{xy}(t_1,t_2)=\int_{-\infty}^{\infty}R_{xx}(t_1,t_2-\alpha)h(\alpha)\mathrm{d}\alpha \tag{9-93}$$
(b)
$$R_{yy}(t_1,t_2)=L_1[R_{xy}(t_1,t_2)] \tag{9-94}$$
在这种情况下，系统作用在变量 t_1 上，即
$$R_{yy}(t_1,t_2)=\int_{-\infty}^{\infty}R_{xy}(t_1-\alpha,t_2)h(\alpha)\mathrm{d}\alpha \tag{9-95}$$

证　给(9-85)式乘以 $\mathbf{x}(t_1)$，并利用(9-86)式，我们得到
$$\mathbf{x}(t_1)\mathbf{y}(t)=L_t[\mathbf{x}(t_1)\mathbf{x}(t)]$$
其中 L_t 表示系统作用在变量 t 上。因此[见(9-88)式]
$$E\{\mathbf{x}(t_1)\mathbf{y}(t)\}=L_t[E\{\mathbf{x}(t_1)\mathbf{x}(t)\}]$$
取 $t=t_2$，就可得到(9-92)式。(9-94)式的证明与此类似：将(9-85)式乘以 $\mathbf{y}(t_2)$，并利用(9-88)式，求得
$$E\{\mathbf{y}(t)\mathbf{y}(t_2)\}=L_t[E\{\mathbf{x}(t)\mathbf{y}(t_2)\}]$$
取 $t=t_1$，就可得到(9-94)式。◀

我们用图 9-8(b)说明上面的定理：当 $R_{xx}(t_1,t_2)$ 是系统的输入而系统作用在 t_2 上时，输出就是 $R_{xy}(t_1,t_2)$。当 $R_{xy}(t_1,t_2)$ 为输入而系统作用在变量 t_1 上时，输出就是 $R_{yy}(t_1,t_2)$。

将(9-93)式代入(9-95)式，我们得到
$$R_{yy}(t_1,t_2)=\int_{-\infty}^{\infty}\int_{-\infty}^{\infty}R_{xx}(t_1-\alpha,t_2-\beta)h(\alpha)h(\beta)\mathrm{d}\alpha\mathrm{d}\beta$$
这样我们直接用 $R_{xx}(t_1,t_2)$ 表示 $R_{yy}(t_1,t_2)$。然而，从概念或运算的角度看，最好还是先求 $R_{xy}(t_1,t_2)$。

【例 9-18】　自相关函数为 $R_{vv}(\tau)=q\delta(\tau)$(白噪声)的一个平稳过程 $\mathbf{v}(t)$，在 $t=0$ 时加到冲激响应为
$$h(t)=\mathrm{e}^{-ct}U(t)$$
的线性系统的输入端。我们证明，$0<t_1<t_2$ 时输出 $\mathbf{y}(t)$ 的自相关函数为
$$R_{yy}(t_1,t_2)=\frac{q}{2c}(1-\mathrm{e}^{-2ct_1})\mathrm{e}^{-c|t_2-t_1|} \tag{9-96}$$

证　假定系统的输入过程是
$$\mathbf{x}(t)=\mathbf{v}(t)U(t)$$
我们就能利用前面的结果。按照假设，当 $t_1<0$ 或 $t_2<0$ 时，所有的相关函数为零。而当 $t_1>0$ 和 $t_2>0$ 时
$$R_{xx}(t_1,t_2)=E\{\mathbf{v}(t_1)\mathbf{v}(t_2)\}=q\delta(t_1-t_2)$$
正如(9-92)式所示，把 $q\delta(t_1-t_2)$ 看做 t_2 的函数，则 $R_{xy}(t_1,t_2)$ 等于此系统对输入 $q\delta(t_1-t_2)$ 的响应。由于 $\delta(t_1-t_2)=\delta(t_2-t_1)$，且 $L[\delta(t_2-t_1)]=h(t_2-t_1)$(时不变)，故可得出
$$R_{xy}(t_1,t_2)=qh(t_2-t_1)=q\mathrm{e}^{-c(t_2-t_1)}U(t_2-t_1)U(t_1)$$

在图 9-9 中，我们已表明 $R_{xy}(t_1,t_2)$ 是 t_1 和 t_2 的函数。代入(9-95)式，得到

$$R_{yy}(t_1,t_2)=q\int_0^{t_1}e^{c(t_1-\alpha-t_2)}e^{-c\alpha}d\alpha \qquad t_1<t_2$$

从而得出(9-96)式。

注意，

$$E\{\mathbf{y}^2(t)\}=R_{yy}(t,t)=\frac{q}{2c}(1-e^{-2ct})=q\int_0^t h^2(\alpha)d\alpha$$

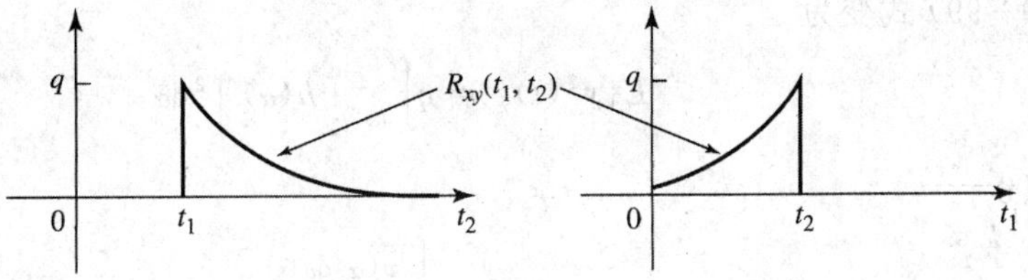

图 9-9

推论 ▶ $\mathbf{y}(t)$ 的自协方差 $C_{yy}(t_1,t_2)$ 是过程 $\tilde{\mathbf{y}}(t)=\mathbf{y}(t)-\eta_y(t)$ 的自相关函数。由(9-91)式可知 $\tilde{\mathbf{y}}(t)$ 等于 $L[\tilde{\mathbf{x}}(t)]$。将(9-93)和(9-95)式应用于中心化过程 $\tilde{\mathbf{x}}(t)$ 和 $\tilde{\mathbf{y}}(t)$，我们求得

$$C_{xy}(t_1,t_2)=C_{xx}(t_1,t_2)*h(t_2)$$
$$C_{yy}(t_1,t_2)=C_{xy}(t_1,t_2)*h(t_1) \qquad (9-97)$$

上面的卷积运算分别对变量 t_1 和 t_2 进行。◀

复过程　前面的结果很容易推广到复过程和具有复值响应 $h(t)$ 的系统。用与实过程类似的推理方法，我们得到

$$R_{xy}(t_1,t_2)=R_{xx}(t_1,t_2)*h^*(t_2)$$
$$R_{yy}(t_1,t_2)=R_{xy}(t_1,t_2)*h(t_1) \qquad (9-98)$$

对白噪声的响应　我们下面确定系统输入为白噪声时，系统输出的平均功率 $E\{|\mathbf{y}(t)|^2\}$，这是(9-98)式的一个特例，但因为它特别重要，我们把它叙述成一个定理。

定理 9-3 ▶ 若线性系统的输入是自相关函数为

$$R_{xx}(t_1,t_2)=q(t_1)\delta(t_1-t_2)$$

的白噪声，则

$$E\{|\mathbf{y}(t)|^2\}=q(t)*|h(t)|^2=\int_{-\infty}^{\infty}q(t-\alpha)|h(\alpha)|^2d\alpha \qquad (9-99)$$

证　由(9-98)式可得

$$R_{xy}(t_1,t_2)=q(t_1)\delta(t_2-t_1)*h^*(t_2)=q(t_1)h^*(t_2-t_1)$$

$$R_{yy}(t_1,t_2)=\int_{-\infty}^{\infty}q(t_1-\alpha)h^*[t_2-(t_1-\alpha)]h(\alpha)d\alpha$$

令 $t_1=t_2=t$，就得到(9-99)式。

特例　(a) 若 $\mathbf{x}(t)$ 是平稳白噪声，则 $q(t)=q$，(9-99)式变为

$$E\{\mathbf{y}^2(t)\}=qE$$

其中 $E=\int_{-\infty}^{\infty}|h(t)|^2\mathrm{d}t$ 是 $h(t)$ 的能量。

(b) 如果相对于 $q(t)$ 的变化，$h(t)$ 是短有效支撑的，则

$$E\{\boldsymbol{y}^2(t)\}\approx q(t)\int_{-\infty}^{\infty}|h(\alpha)|^2\mathrm{d}\alpha=Eq(t) \tag{9-100}$$

这表明，用平均强度描述函数 $q(t)$ 是合理的。

(c) 若 $R_{vv}(\tau)=q\delta(\tau)$，且 $\boldsymbol{v}(t)$ 在 $t=0$ 时输入到系统，即 $q(t)=qU(t)$，(9-99) 式变为

$$E\{\boldsymbol{y}^2(t)\}=q\int_{-\infty}^{t}|h(\alpha)|^2\mathrm{d}\alpha$$ ◀

【例 9-19】 积分

$$\boldsymbol{y}=\int_0^t \boldsymbol{v}(\alpha)\mathrm{d}\alpha$$

可以看成 $\boldsymbol{x}(t)=\boldsymbol{v}(t)U(t)$ 输入冲激响应为 $h(t)=U(t)$ 的线性系统的输出。因此，若 $\boldsymbol{v}(t)$ 是平均强度为 $q(t)$ 的白噪声，则 $\boldsymbol{x}(t)$ 是平均强度为 $q(t)U(t)$ 的白噪声，(9-99) 式变为

$$E\{\boldsymbol{y}^2(t)\}=q(t)U(t)*U(t)=\int_0^t q(\alpha)\mathrm{d}\alpha$$

微分器 微分器是一个线性系统，其输出为输入的导数，即

$$L[\boldsymbol{x}(t)]=\boldsymbol{x}'(t)$$

这样，我们可以用前面的结果求 $\boldsymbol{x}'(t)$ 的均值和自相关函数。

由(9-89) 式可得

$$\eta_{x'}(t)=L[\eta_x(t)]=\eta'_x(t) \tag{9-101}$$

类似地，由(9-92) 式可得

$$R_{xx'}(t_1,t_2)=L_2[R_{xx}(t_1,t_2)]=\frac{\partial R_{xx}(t_1,t_2)}{\partial t_2} \tag{9-102}$$

因为在这种情况下，L_2 表示对变量 t_2 求导。最后得到

$$R_{x'x'}(t_1,t_2)=L_1[R_{xx'}(t_1,t_2)]=\frac{\partial R_{xx'}(t_1,t_2)}{\partial t_1} \tag{9-103}$$

合并后得到

$$R_{x'x'}(t_1,t_2)=\frac{\partial^2 R_{xx}(t_1,t_2)}{\partial t_1\partial t_2} \tag{9-104}$$

平稳过程 若 $\boldsymbol{x}(t)$ 是广义平稳过程，则 $\eta_x(t)$ 是常数；于是

$$E\{\boldsymbol{x}'(t)\}=0 \tag{9-105}$$

而且，因为 $R_{xx}(t_1,t_2)=R_{xx}(\tau)$，我们得出：当 $\tau=t_1-t_2$ 时，

$$\frac{\partial R_{xx}(t_1-t_2)}{\partial t_2}=-\frac{\mathrm{d}R_{xx}(\tau)}{\mathrm{d}\tau}\qquad \frac{\partial^2 R_{xx}(t_1-t_2)}{\partial t_1\partial t_2}=-\frac{\mathrm{d}^2R_{xx}(\tau)}{\mathrm{d}\tau^2}$$

因此

$$R_{xx'}(\tau)=-R'_{xx}(\tau)\qquad R_{x'x'}(\tau)=-R''_{xx}(\tau) \tag{9-106}$$

泊松脉冲列 微分器的输入 $\boldsymbol{x}(t)$ 是泊松过程时，产生的输出 $\boldsymbol{z}(t)$ 为一个脉冲串（见图 9-10）

$$\boldsymbol{z}(t)=\sum_i\delta(t-\boldsymbol{t}_i) \tag{9-107}$$

我们指出，$\mathbf{z}(t)$ 是一个平稳过程，其均值为

$$\eta_z = \lambda \tag{9-108}$$

自相关函数为

$$R_{zz}(\tau) = \lambda^2 + \lambda\delta(\tau) \tag{9-109}$$

证　因为 $\eta_x(t) = \lambda t$，从(9-101)式可以得出(9-108)式。为了证明(9-109)式，我们注意到[见(9-14)式]

$$R_{xx}(t_1,t_2) = \lambda^2 t_1 t_2 + \lambda\min(t_1,t_2) \tag{9-110}$$

又因 $\mathbf{z}(t) = \mathbf{x}'(t)$，所以(9-102)式变为

$$R_{xz}(t_1,t_2) = \frac{\partial R_{xx}(t_1,t_2)}{\partial t_2} = \lambda^2 t_1 + \lambda U(t_1 - t_2)$$

此函数图像见图 9-10(b)，其中 t_1 为独立变量。可以看出，它在 $t_1 = t_2$ 处不连续，并且对 t_1 的导数含有冲激 $\lambda\delta(t_1 - t_2)$。这就求得[(9-103)式]

$$R_{zz}(t_1,t_2) = \frac{\partial R_{xz}(t_1,t_2)}{\partial t_1} = \lambda^2 + \lambda\delta(t_1 - t_2)$$

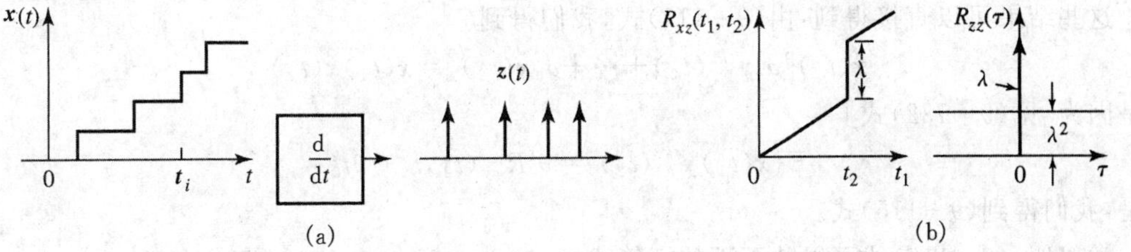

图 9-10

微分方程　随机激励的确定性微分方程具有形式

$$a_n\mathbf{y}^{(n)}(t) + \cdots + a_0\mathbf{y}(t) = \mathbf{x}(t) \tag{9-111}$$

其中 a_k 是确定的常数，激励源 $\mathbf{x}(t)$ 是一个随机过程，我们将在假定初始条件为零的条件下，研究方程的解 $\mathbf{y}(t)$。由假设知道，解 $\mathbf{y}(t)$ 是惟一的(零状态响应)并且满足线性条件(9-86)式。因而，我们能将 $\mathbf{y}(t)$ 看成由(9-111)式所规定的线性系统的输出。

一般地说，确定 $\mathbf{y}(t)$ 的全部统计特性是一个复杂的问题。下面，我们利用前面的结果，计算它的二阶矩。上面的系统可以看做一个算子 L，它的输出 $\mathbf{y}(t)$ 是零初始条件下满足方程(9-111)的随机过程。

<u>**均值**</u>　我们知道[见(9-89)式]，$\mathbf{y}(t)$ 的均值 $\eta_y(t)$ 是输入为 $\eta_x(t)$ 时系统 L 的输出。因此 $\eta_y(t)$ 满足方程

$$a_n\eta_y^{(n)}(t) + \cdots + a_0\eta_y(t) = \eta_x(t) \tag{9-112}$$

初始条件为

$$\eta_y(0) = \cdots = \eta_y^{(n-1)}(0) = 0 \tag{9-113}$$

这个结果的推导是直接的：显然

$$E\{\mathbf{y}^{(k)}(t)\} = \eta_y^{(k)}(t) \tag{9-114}$$

对(9-111)式的两边求期望，并利用上式，就可得到(9-112)式。初始条件(9-113)可由(9-114)式得到，因为按照假设 $\mathbf{y}^{(k)}(0) = 0$。

相关函数 为了确定 $R_{xy}(t_1,t_2)$,利用(9-92)式,我们得到

$$R_{xy}(t_1,t_2)=L_2[R_{xx}(t_1,t_2)]$$

这种情况下,L_2 表明 $R_{xy}(t_1,t_2)$ 满足微分方程:

$$a_n\frac{\partial^n R_{xy}(t_1,t_2)}{\partial t_2^n}+\cdots+a_0R_{xy}(t_1,t_2)=R_{xx}(t_1,t_2) \tag{9-115}$$

初始条件为

$$R_{xy}(t_1,0)=\cdots=\frac{\partial^{n-1}R_{xy}(t_1,0)}{\partial t_2^{n-1}}=0 \tag{9-116}$$

类似地,由于[见(9-94)式]

$$R_{yy}(t_1,t_2)=L_1[R_{xy}(t_1,t_2)]$$

同理可以得出

$$a_n\frac{\partial^n R_{yy}(t_1,t_2)}{\partial t_1^n}+\cdots+a_0R_{yy}(t_1,t_2)=R_{xy}(t_1,t_2) \tag{9-117}$$

$$R_{yy}(0,t_2)=\cdots=\frac{\partial^{n-1}R_{yy}(0,t_2)}{\partial t_1^{n-1}}=0 \tag{9-118}$$

这些结果可以直接得到:由(9-111)式,我们得到

$$\boldsymbol{x}(t_1)[a_n\boldsymbol{y}^{(n)}(t_2)+\cdots+a_0\boldsymbol{y}(t_2)]=\boldsymbol{x}(t_1)\boldsymbol{x}(t_2)$$

这是因为[见(9-132)式]

$$E\{\boldsymbol{x}(t_1)\boldsymbol{y}^{(k)}(t_2)\}=\partial^k R_{xy}(t_1,t_2)/\partial t_2^k$$

于是,我们得到(9-115)式。

类似地,(9-117)式可以从下面的恒等式推出:

$$[a_n\boldsymbol{y}^{(n)}(t_1)+\cdots+a_0\boldsymbol{y}(t_1)]\boldsymbol{y}(t_2)=\boldsymbol{x}(t_1)\boldsymbol{y}(t_2)$$

这是因为

$$E\{\boldsymbol{y}^{(k)}(t_1)\boldsymbol{y}(t_2)\}=\partial^k R_{yy}(t_1,t_2)/\partial t_1^k$$

最后,从下面两个式子的期望值

$$\boldsymbol{x}(t_1)\boldsymbol{y}^{(k)}(0)=0 \qquad \boldsymbol{y}^{(k)}(0)\boldsymbol{y}(t_2)=0$$

得出(9-116)和(9-118)式。

一般矩 一个线性系统的输出 $\boldsymbol{y}(t)$ 的任意阶矩可以用其输入 $\boldsymbol{x}(t)$ 的矩表示,例如,我们用输入 $\boldsymbol{x}(t)$ 的三阶矩 $R_{xxx}(t_1,t_2,t_3)$ 表示输出 $\boldsymbol{y}(t)$ 的三阶矩

$$R_{yyy}(t_1,t_2,t_3)=E\{\boldsymbol{y}(t_1)\boldsymbol{y}(t_2)\boldsymbol{y}(t_3)\}$$

像(9-92)式那样,我们可以得到

$$E\{\boldsymbol{x}(t_1)\boldsymbol{x}(t_2)\boldsymbol{y}(t_3)\}=L_3[E\{\boldsymbol{x}(t_1)\boldsymbol{x}(t_2)\boldsymbol{x}(t_3)\}]$$
$$=\int_{-\infty}^{\infty}R_{xxx}(t_1,t_2,t_3-\gamma)h(\gamma)\mathrm{d}\gamma \tag{9-119}$$

$$E\{\boldsymbol{x}(t_1)\boldsymbol{y}(t_2)\boldsymbol{y}(t_3)\}=L_2[E\{\boldsymbol{x}(t_1)\boldsymbol{x}(t_2)\boldsymbol{y}(t_3)\}]$$
$$=\int_{-\infty}^{\infty}R_{xxy}(t_1,t_2-\beta,t_3)h(\beta)\mathrm{d}\beta \tag{9-120}$$

$$E\{\boldsymbol{y}(t_1)\boldsymbol{y}(t_2)\boldsymbol{y}(t_3)\}=L_1[E\{\boldsymbol{x}(t_1)\boldsymbol{y}(t_2)\boldsymbol{y}(t_3)\}]$$
$$=\int_{-\infty}^{\infty}R_{xyy}(t_1-\alpha,t_2,t_3)h(\alpha)\mathrm{d}\alpha \tag{9-121}$$

可以看出，为了计算特定时刻 t_1,t_2 和 t_3 的 $R_{yyy}(t_1,t_2,t_3)$，函数 $R_{xxx}(t_1,t_2,t_3)$ 必须对每个时刻 t_1,t_2,t_3 是知道的。

9.2.3　向量过程和多端口系统

现在，我们考虑有 n 个输入 $\boldsymbol{x}_i(t)$ 和 r 个输出 $\boldsymbol{y}_j(t)$ 的多输入多输出系统。作为准备，我们先复习一下标准矩阵符号，再介绍向量过程的自相关和互相关的概念。

$\boldsymbol{A}=[a_{ij}]$ 表示一个元素为 a_{ij} 的矩阵。下面的符号分别表示矩阵 $\boldsymbol{A}$ 的转置、共轭和共轭转置：

$$\boldsymbol{A}^t=[a_{ji}]\quad \boldsymbol{A}^*=[a_{ij}^*]\quad \boldsymbol{A}^\dagger=[a_{ji}^*]$$

一个列向量也记为 $\boldsymbol{A}=[a_i]$。我们可以根据上下文来确定 $\boldsymbol{A}$ 表示向量还是矩阵。若 $\boldsymbol{A}=[a_i]$ 和 $\boldsymbol{B}=[b_j]$ 均为 m 维列向量，则乘积 $\boldsymbol{A}^t\boldsymbol{B}=a_1b_1+\cdots+a_mb_m$ 是一个数，而乘积 $\boldsymbol{A}\boldsymbol{B}^t=[a_ib_j]$ 是一个元素为 a_ib_j 的 $m\times m$ 矩阵。

向量过程是向量 $\boldsymbol{X}(t)=[\boldsymbol{x}_i(t)]$，它的每个元素是一个随机过程。$\boldsymbol{X}(t)$ 的期望 $\eta(t)=E\{\boldsymbol{X}(t)\}=[\eta_i(t)]$ 也是一个向量，它的元素为 $\eta_i(t)=E\{\boldsymbol{x}_i(t)\}$。向量过程 $\boldsymbol{X}(t)$ 的自相关函数 $R(t_1,t_2)$ 或 $R_{xx}(t_1,t_2)$ 是一个 $m\times m$ 维矩阵，定义为

$$R(t_1,t_2)=E\{\boldsymbol{X}(t_1)\boldsymbol{X}^\dagger(t_2)\}\tag{9-122}$$

它的元素是 $E\{\boldsymbol{x}_i(t_1)\boldsymbol{x}_j^*(t_2)\}$。类似地，我们可以定义向量过程的互相关矩阵为

$$R_{xy}(t_1,t_2)=E\{\boldsymbol{X}(t_1)\boldsymbol{Y}^\dagger(t_2)\}\tag{9-123}$$

其中

$$\boldsymbol{X}(t)=[\boldsymbol{x}_i(t)]\quad i=1,\cdots,m\qquad \boldsymbol{Y}(t)=[\boldsymbol{y}_j(t)]\quad j=1,\cdots,r\tag{9-124}$$

一个具有 m 个输入 $\boldsymbol{x}_i(t)$ 和 r 个输出 $\boldsymbol{y}_j(t)$ 的多端口系统就是映射一个 m 维列向量 $\boldsymbol{X}(t)$ 到 r 维列向量 $\boldsymbol{Y}(t)$ 的规则。若该系统是线性时不变的，则系统由它的冲激响应矩阵确定。冲激响应矩阵是一个 $r\times m$ 维的矩阵：

$$\boldsymbol{H}(t)=[h_{ji}(t)]\quad i=1,\cdots,m\quad j=1,\cdots,r\tag{9-125}$$

其中分量 $h_{ji}(t)$ 是当第 i 个输入为 $\delta(t)$ 而其它输入均为零时第 j 个输出响应。利用上述定义以及系统的线性，我们得到，对任意输入 $\boldsymbol{X}(t)=[\boldsymbol{x}_i(t)]$，输出 $\boldsymbol{y}_j(t)$ 为

$$\boldsymbol{y}_j(t)=\int_{-\infty}^{\infty}h_{j1}(\alpha)\boldsymbol{x}_1(t-\alpha)\mathrm{d}\alpha+\cdots+\int_{-\infty}^{\infty}h_{jm}(\alpha)\boldsymbol{x}_m(t-\alpha)\mathrm{d}\alpha$$

于是，

$$\boldsymbol{Y}(t)=\int_{-\infty}^{\infty}H(\alpha)\boldsymbol{X}(t-\alpha)\mathrm{d}\alpha\tag{9-126}$$

这里 $\boldsymbol{X}(t)$ 和 $\boldsymbol{Y}(t)$ 均为列向量，$\boldsymbol{H}(t)$ 为 $r\times m$ 维矩阵。我们将利用这些关系确定 $\boldsymbol{Y}(t)$ 的自相关矩阵 $R_{yy}(t_1,t_2)$。用 $\boldsymbol{X}(t_1)$ 左乘(9-126)式的共轭转置，并令 $t=t_2$，可得

$$\boldsymbol{X}(t_1)\boldsymbol{Y}^+(t_2)=\int_{-\infty}^{\infty}\boldsymbol{X}(t_1)\boldsymbol{X}^\dagger(t_2-\alpha)\boldsymbol{H}^\dagger(\alpha)\mathrm{d}\alpha$$

于是

$$R_{xy}(t_1,t_2)=\int_{-\infty}^{\infty}R_{xx}(t_1,t_2-\alpha)\boldsymbol{H}^\dagger(\alpha)\mathrm{d}\alpha\tag{9-127}$$

用 $\boldsymbol{Y}^+(t_2)$ 右乘(9-126)式，并令 $t=t_1$，类似于(9-98)式，我们得到

$$R_{yy}(t_1,t_2)=\int_{-\infty}^{\infty}\boldsymbol{H}(\alpha)R_{xy}(t_1-\alpha,t_2)\mathrm{d}\alpha\tag{9-128}$$

上述结果说明，几个标量系统输出的互相关矩阵可以用其输入的互相关矩阵来表示。下面是一个具体例子。

【例 9-20】 图 9-11 示出两个系统，它们的输入分别为 $\boldsymbol{x}_1(t)$ 和 $\boldsymbol{x}_2(t)$，输出分别为

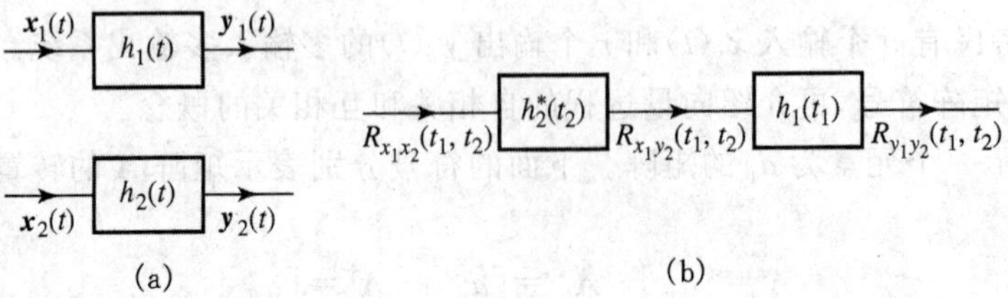

图 9-11

$$\boldsymbol{y}_1(t)=\int_{-\infty}^{\infty}h_1(\alpha)\boldsymbol{x}_1(t-\alpha)\mathrm{d}\alpha \qquad \boldsymbol{y}_2(t)=\int_{-\infty}^{\infty}h_2(\alpha)\boldsymbol{x}_2(t-\alpha)\mathrm{d}\alpha \tag{9-129}$$

这些信号可看做一个 2×2 系统输出向量的分量 $\boldsymbol{Y}^t(t)=[\boldsymbol{y}_1(t),\boldsymbol{y}_2(t)]$，该系统的输入为 $\boldsymbol{X}^t(t)=[\boldsymbol{x}_1(t),\boldsymbol{x}_2(t)]$，冲激响应矩阵为

$$\boldsymbol{H}(t)=\begin{bmatrix}h_1(t) & 0\\ 0 & h_2(t)\end{bmatrix}$$

将上式代入(9-127)和(9-128)式，可得

$$R_{x_1y_2}(t_1,t_2)=\int_{-\infty}^{\infty}R_{x_1x_2}(t_1,t_2-\alpha)h_2^*(\alpha)\mathrm{d}\alpha \tag{9-130}$$

$$R_{y_1y_2}(t_1,t_2)=\int_{-\infty}^{\infty}h_1(\alpha)R_{x_1y_2}(t_1-\alpha,t_2)\mathrm{d}\alpha \tag{9-131}$$

因此，为了得到 $R_{x_1y_2}(t_1,t_2)$，我们可将 $R_{x_1x_2}(t_1,t_2)$ 输入到只对变量 t_2 起作用的第二个系统 $h_2(t)$ 的共轭系统 $h_2^*(t)$。为了得到 $R_{y_1y_2}(t_1,t_2)$，可以将 $R_{x_1y_2}(t_1,t_2)$ 输入到只对变量 t_1 起作用的第一个系统 $h_1(t)$(图 9-11)。

【例 9-21】 过程 $\boldsymbol{z}(t)$ 和 $\boldsymbol{w}(t)$ 的导数 $\boldsymbol{y}_1(t)=\boldsymbol{z}^{(m)}(t)$ 和 $\boldsymbol{y}_2(t)=\boldsymbol{w}^{(n)}(t)$ 可以看做是输入为 $\boldsymbol{x}_1(t)=\boldsymbol{z}(t)$ 和 $\boldsymbol{x}_2(t)=\boldsymbol{w}(t)$ 的微分器的输出。利用(9-130)式，我们得到

$$E\{\boldsymbol{z}^{(m)}(t_1)\boldsymbol{w}^{(n)}(t_2)\}=\frac{\partial^{m+n}R_{zw}(t_1,t_2)}{\partial t_1^m\partial t_2^n} \tag{9-132}$$

9.3 功率谱

在信号理论中，谱是与傅里叶变换联系在一起的。对确定性信号，它们用指数函数的叠加表示函数。对随机信号，谱的概念有两种解释。第一种解释涉及到平均量的变换，因此实质上也是确定的。第二种解释将所研究的随机过程表示成具有随机系数的指数叠加和。本节中，我们只介绍第一种情况。第二种情况将在第 11-4 节中介绍。我们将只考虑平稳过程，对非平稳过程，谱的概念不大受重视。

定义 一个实或复的广义平稳过程 $\boldsymbol{x}(t)$ 的**功率谱**(或者称**谱密度**)$S(\omega)$ 定义为自相关函数 $R(\tau)=E\{\boldsymbol{x}(t+\tau)\boldsymbol{x}^*(t)\}$ 的傅里叶变换

$$S(\omega)=\int_{-\infty}^{\infty}R(\tau)\mathrm{e}^{-\mathrm{j}\omega\tau}\mathrm{d}\tau \tag{9-133}$$

从傅里叶逆变换公式,我们知道

$$R(\tau)=\frac{1}{2\pi}\int_{-\infty}^{\infty}S(\omega)e^{j\omega\tau}d\omega \tag{9-134}$$

若 $\boldsymbol{x}(t)$是实过程,则 $R(\tau)$是实的偶函数;于是,$S(\omega)$也是实的偶函数。这种情况下,

$$S(\omega)=\int_{-\infty}^{\infty}R(\tau)\cos\omega\tau d\tau=2\int_{0}^{\infty}R(\tau)\cos\omega\tau d\tau$$
$$R(\tau)=\frac{1}{2\pi}\int_{-\infty}^{\infty}S(\omega)\cos\omega\tau d\omega=\frac{1}{\pi}\int_{0}^{\infty}S(\omega)\cos\omega\tau d\omega \tag{9-135}$$

两个过程 $\boldsymbol{x}(t)$,$\boldsymbol{y}(t)$的**互功率谱** $S_{xy}(\omega)$定义为它们的互相关函数 $R_{xy}(\tau)=E\{\boldsymbol{X}(t+\tau)\boldsymbol{y}^*(t)\}$的傅里叶变换:

$$S_{xy}(\omega)=\int_{-\infty}^{\infty}R_{xy}(\tau)e^{-j\omega\tau}d\tau\qquad R_{xy}(\tau)=\frac{1}{2\pi}\int_{-\infty}^{\infty}S_{xy}(\omega)e^{j\omega\tau}d\omega \tag{9-136}$$

函数 $S_{xy}(\omega)$一般是复函数,即使当 $\boldsymbol{x}(t)$和 $\boldsymbol{y}(t)$都是实过程时,也是如此。任何情况下,总有

$$S_{xy}(\omega)=S_{yx}^*(\omega) \tag{9-137}$$

成立,这是因为 $R_{xy}(-\tau)=E\{\boldsymbol{x}(t-\tau)\boldsymbol{y}^*(t)\}=\boldsymbol{R}_{yx}^*(\tau)$。

表 9-1 中,我们列出了一些常用的自相关函数和相应的谱。特别值得注意的是,任何情况下 $S(\omega)$都是正的。我们不久将证明,任意谱都满足这一性质。

表 9-1

$$R(\tau)=\frac{1}{2\pi}\int_{-\infty}^{\infty}S(\omega)e^{j\omega\tau}d\omega\leftrightarrow S(\omega)=\int_{-\infty}^{\infty}R(\tau)e^{-j\omega\tau}d\tau$$

$$\delta(\tau)\leftrightarrow 1\qquad 1\leftrightarrow 2\pi\delta(\omega)$$

$$e^{j\beta\tau}\leftrightarrow 2\pi\delta(\omega-\beta)\qquad \cos\beta\tau\leftrightarrow\pi\delta(\omega-\beta)+\pi\delta(\omega+\beta)$$

$$e^{-\alpha|\tau|}\leftrightarrow\frac{2\alpha}{\alpha^2+\omega^2}\qquad e^{-\alpha\tau^2}\leftrightarrow\sqrt{\frac{\pi}{\alpha}}e^{-\omega^2/4\alpha}$$

$$e^{-\alpha|\tau|}\cos\beta\tau\leftrightarrow\frac{\alpha}{\alpha^2+(\omega-\beta)^2}+\frac{\alpha}{\alpha^2+(\omega+\beta)^2}$$

$$2e^{-\alpha\tau^2}\cos\beta\tau\leftrightarrow\sqrt{\frac{\pi}{\alpha}}\left[e^{-(\omega-\beta)^2/4\alpha}+e^{-(\omega+\beta)^2/4\alpha}\right]$$

$$\begin{cases}1-\dfrac{|\tau|}{T} & |\tau|<T\\ 0 & |\tau|>T\end{cases}\leftrightarrow\frac{4\sin^2(\omega T/2)}{T\omega^2}$$

$$\frac{\sin\sigma\tau}{\pi\tau}\leftrightarrow\begin{cases}1 & |\omega|<\sigma\\ 0 & |\omega|>\sigma\end{cases}$$

【例 9-22】　一随机电报信号是一个取值+1 或−1 的过程 $\boldsymbol{x}(t)$[见例 9-6]:

$$\boldsymbol{x}(t)=\begin{cases}1 & \boldsymbol{t}_{2i}<t<\boldsymbol{t}_{2i+1}\\ -1 & \boldsymbol{t}_{2i-1}<t<\boldsymbol{t}_{2i}\end{cases}$$

其中 $\boldsymbol{t}_i$ 是平均密度为 λ 的泊松点列。由(9-19)式可知,它的自相关函数为 $e^{-2\lambda|\tau|}$。因此

$$S(\omega)=\frac{4\lambda}{4\lambda^2+\omega^2}$$

对大多数随机过程，$R(\tau)\to\eta^2$，其中 $\eta=E\{\boldsymbol{x}(t)\}$（见 11-4 节）。因此，若 $\eta\neq0$，则 $S(\omega)$在 $\omega=0$ 在处包含一个脉冲。为了避免这种现象的发生，我们经常用 $\boldsymbol{x}(t)$的自协方差函数 $C(\tau)$的傅里叶变换 $S^c(\omega)$来描述该过程的谱特性。由于 $R(\tau)=C(\tau)+\eta^2$，我们可得

$$S(\omega)=S^c(\omega)+2\pi\eta^2\delta(\omega) \tag{9-138}$$

函数 $S^c(\omega)$称做 $\boldsymbol{x}(t)$的**协方差谱**。

【例 9-23】 在(9-109)式中我们已经证明了泊松脉冲

$$\boldsymbol{z}(t)=\frac{\mathrm{d}}{\mathrm{d}t}\sum_i U(t-\boldsymbol{t}_i)=\sum_i\delta(t-\boldsymbol{t}_i)$$

的自相关函数为 $R_z(\tau)=\lambda^2+\lambda\delta(\tau)$。从而得到

$$S_z(\omega)=\lambda+2\pi\lambda^2\delta(\omega)\qquad S_z^c(\omega)=\lambda$$

下面我们将证明：任意给定一个正函数 $S(\omega)$，均能找到一个功率谱为 $S(\omega)$的随机过程 $\boldsymbol{x}(t)$。

(a) 考虑过程

$$\boldsymbol{x}(t)=a\mathrm{e}^{\mathrm{j}(\boldsymbol{\omega}t-\boldsymbol{\varphi})} \tag{9-139}$$

式中 a 是实常数，$\boldsymbol{\omega}$ 是密度函数为 $f_\omega(\omega)$的随机变量，$\boldsymbol{\varphi}$ 是独立于 $\boldsymbol{\omega}$ 并在区间$(0,2\pi)$内均匀分布的随机变量。该过程是广义平稳的，均值为 0，自相关函数为

$$R_x(\tau)=a^2E\{\mathrm{e}^{\mathrm{j}\boldsymbol{\omega}\tau}\}=a^2\int_{-\infty}^{\infty}f_\omega(\omega)\mathrm{e}^{\mathrm{j}\omega\tau}\mathrm{d}\omega$$

利用上式和傅里叶变换的惟一性，我们得到 $\boldsymbol{x}(t)$的功率谱[见(9-134)式]是

$$S_x(\omega)=2\pi a^2f_\omega(\omega) \tag{9-140}$$

因此，如果

$$f_\omega(\omega)=\frac{S(\omega)}{2\pi a^2}\qquad a^2=\frac{1}{2\pi}\int_{-\infty}^{\infty}S(\omega)\mathrm{d}\omega=R(0)$$

则 $f_\omega(\omega)$是一密度函数，且 $S_x(\omega)=S(\omega)$。为了完全确定 $\boldsymbol{x}(t)$，我们构造一个密度函数为 $S(\omega)/2\pi a^2$的随机变量 $\boldsymbol{\omega}$，并将其代入(9-139)式。

(b) 接下来我们证明，若 $S(-\omega)=S(\omega)$，则可找到一个功率谱为 $S(\omega)$的实过程。我们先构造随机过程

$$\boldsymbol{y}(t)=a\cos(\boldsymbol{\omega}t+\boldsymbol{\varphi}) \tag{9-141}$$

这种情况下（见例 9-14）

$$R_y(\tau)=\frac{a^2}{2}E\{\cos\boldsymbol{\omega}\tau\}=\frac{a^2}{2}\int_{-\infty}^{\infty}f(\omega)\cos\omega\tau\mathrm{d}\omega$$

由此可得，若 $f_\omega(\omega)=S(\omega)/\pi a^2$，则 $S_y(\omega)=S(\omega)$。

【例 9-24】 多普勒效应

一正弦波振荡器位于 x 轴的 P 点（见图 9-12），并以速度 $\boldsymbol{v}$ 沿 x 方向运动。发射信号为 $\mathrm{e}^{\mathrm{j}\omega_0 t}$，而位于原点 O 的观察者所接收到的信号为

$$\boldsymbol{s}(t)=a\mathrm{e}^{\mathrm{j}\omega_0(t-\boldsymbol{r}/c)}$$

其中 c 为传播速度，$\boldsymbol{r}=r_0+\boldsymbol{v}t$ 是从 O 到 P 的距离。我们假定 $\boldsymbol{v}$ 是密度函数为 $f_v(v)$的随机变量。显然，

$$\boldsymbol{s}(t)=a\mathrm{e}^{\mathrm{j}(\boldsymbol{\omega}t-\varphi)}\qquad \boldsymbol{\omega}=\omega_0\left(1-\frac{\boldsymbol{v}}{c}\right)\qquad \varphi=\frac{r_0\omega_0}{c}$$

因而，按照(9-140)式，接收信号的频谱为

$$S(\omega)=2\pi a^2 f_\omega(\omega)=\frac{2\pi a^2 c}{\omega_0}f_v\left[\left(1-\frac{\omega}{\omega_0}\right)c\right] \qquad (9-142)$$

我们注意到，如果 $\boldsymbol{v}=0$，则

$$\boldsymbol{s}(t)=a\mathrm{e}^{\mathrm{j}(\omega_0 t-\varphi)} \qquad R(\tau)=a^2\mathrm{e}^{\mathrm{j}\omega_0\tau} \qquad S(\omega)=2\pi a^2\delta(\omega-\omega_0)$$

这是发射信号的频谱。可见运动将引起频谱的展宽。

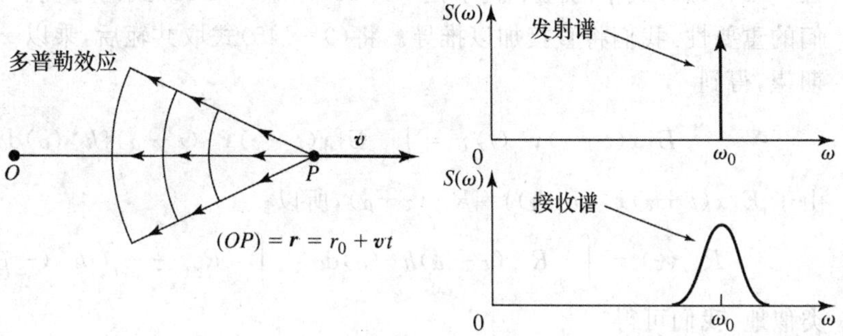

图 9-12

若运动方向与轴成一角度时，只需用此速度在 OP 上的投影 $\boldsymbol{v}_x$ 来代替 $\boldsymbol{v}$，则上述结论仍成立。要特别注意，假定辐射的是温度为 T 的气体微粒，在这种情况下，该微粒沿轴方向的速度分量是均值为零的正态随机变量，方差为 kT/m(见习题 9-5)，代入(9-142)式，我们得到

$$S(\omega)=\frac{2\pi a^2 c}{\omega_0\sqrt{2\pi kT/m}}\exp\left\{-\frac{mc^2}{2kT}\left(1-\frac{\omega}{\omega_0}\right)^2\right\}$$

$$R(\tau)=a^2\exp\left\{-\frac{kT\omega_0^2\tau^2}{2mc^2}\right\}\mathrm{e}^{\mathrm{j}\omega_0\tau}$$

线谱

(a) 假定随机变量 $\boldsymbol{c}_i$ 互不相关，且均值为零，若

$$\boldsymbol{x}(t)=\sum_i \boldsymbol{c}_i\mathrm{e}^{\mathrm{j}\omega_i t}$$

则 $\boldsymbol{x}(t)$ 为广义平稳过程(见例 9-7)。因此，由表 9-1 可得

$$R(\tau)=\sum_i \sigma_i^2\mathrm{e}^{\mathrm{j}\omega_i\tau} \qquad S(\omega)=2\pi\sum_i\sigma_i^2\delta(\omega-\omega_i) \qquad (9-143)$$

式中 $\sigma_i^2=E\{\boldsymbol{c}_i^2\}$。因此，$S(\omega)$ 由线谱组成。在 13-2 节中我们将证明这样的过程是可预测的，即它现在的值可由过去值惟一确定。

(b) 类似地，当且仅当随机变量 $\boldsymbol{a}_i$ 和 $\boldsymbol{b}_i$ 是零均值的，且互不相关，并且 $E\{\boldsymbol{a}_i^2\}=E\{\boldsymbol{b}_i^2\}=\sigma_i^2$ 时，过程

$$\boldsymbol{y}(t)=\sum_i(\boldsymbol{a}_i\cos\omega_i t+\boldsymbol{b}_i\sin\omega_i t)$$

是广义平稳过程。这种情况下，

$$R(\tau)=\sum_i\sigma_i^2\cos\omega_i\tau \qquad S(\omega)=\pi\sum_i\sigma_i^2[\delta(\omega-\omega_i)+\delta(\omega+\omega_i)] \qquad (9-144)$$

线性系统　一个线性系统的输入-输出关系为

$$\boldsymbol{y}(t)=\int_{-\infty}^{\infty}\boldsymbol{x}(t-\alpha)h(\alpha)\mathrm{d}\alpha \qquad (9-145)$$

我们将用输入的自相关函数 $R_{xx}(\tau)$ 和功率谱 $S_{xx}(\omega)$ 表示输出的自相关函数 $R_{yy}(\tau)$ 和功率谱 $S_{yy}(\omega)$。

定理 9－4 ▶ 对于上述线性系统，输入-输出的功率谱和自相关函数满足

$$R_{xy}(\tau)=R_{xx}(\tau)*h^*(-\tau)\qquad R_{yy}(\tau)=R_{xy}(\tau)*h(\tau)\tag{9-146}$$

$$S_{xy}(\omega)=S_{xx}(\omega)H^*(\omega)\qquad S_{yy}(\omega)=S_{xy}(\omega)H(\omega)\tag{9-147}$$

证　(9－146)式中的两个式子是(9－211)和(9－212)式的特例。然而，由于它们的重要性，我们将直接加以推导。将(9－145)式取共轭后，乘以 $\boldsymbol{x}(t+\tau)$，再取期望，得到

$$E\{\boldsymbol{x}(t+\tau)\boldsymbol{y}^*(t)\}=\int_{-\infty}^{\infty}E\{\boldsymbol{x}(t+\tau)\boldsymbol{x}^*(t-\alpha)\}h^*(\alpha)\mathrm{d}\alpha$$

由于 $E\{\boldsymbol{x}(t+\tau)\boldsymbol{x}^*(t-\alpha)\}=R_{xx}(\tau+\alpha)$，所以

$$R_{xy}(\tau)=\int_{-\infty}^{\infty}R_{xx}(\tau+\alpha)h^*(\alpha)\mathrm{d}\alpha=\int_{-\infty}^{\infty}R_{xx}(\tau-\beta)h^*(-\beta)\mathrm{d}\beta$$

类似地，我们可得

$$E\{\boldsymbol{y}(t)\boldsymbol{y}^*(t-\tau)\}=\int_{-\infty}^{\infty}E\{\boldsymbol{x}(t-\alpha)\boldsymbol{y}^*(t-\tau)\}h(\alpha)\mathrm{d}\alpha$$

$$=\int_{-\infty}^{\infty}R_{xy}(\tau-\alpha)h(\alpha)\mathrm{d}\alpha$$

利用(9－146)式和卷积定理，就可得出(9－147)式。◀

推论 ▶ 联立(9－146)和(9－147)式中的两个方程，我们得到

$$R_{yy}(\tau)=R_{xx}(\tau)*h(\tau)*h^*(-\tau)=R_{xx}(\tau)*\rho(\tau)\tag{9-148}$$

$$S_{yy}(\omega)=S_{xx}(\omega)H(\omega)H^*(\omega)=S_{xx}(\omega)\mid H(\omega)\mid^2\tag{9-149}$$

式中

$$\rho(\tau)=h(\tau)*h^*(-\tau)=\int_{-\infty}^{\infty}h(t+\tau)h^*(t)\mathrm{d}t\leftrightarrow\mid H(\omega)\mid^2\tag{9-150}$$

特别应当注意的是，若 $\boldsymbol{x}(t)$ 是平均功率为 q 的白噪声，则

$$R_{xx}(\tau)=q\delta(\tau)\qquad S_{xx}(\omega)=q$$

$$S_{yy}(\omega)=q\mid H(\omega)\mid^2\qquad R_{yy}(\tau)=q\rho(\tau)\tag{9-151}$$

由(9－149)和(9－134)式，我们得到

$$E\{\mid\boldsymbol{y}(t)\mid^2\}=R_{yy}(0)=\frac{1}{2\pi}\int_{-\infty}^{\infty}S_{xx}(\omega)\mid H(\omega)\mid^2\mathrm{d}\omega\geqslant 0\tag{9-152}$$

上式描述了当输入是随机过程时系统的滤波特性。例如，它表明，如果对 $|\omega|>\omega_0$，$H(\omega)=0$ 且对 $|\omega|<\omega_0$，$S(\omega)=0$，则 $E\{\boldsymbol{y}^2(t)\}=0$。◀

注　如果所有的相关函数用协方差函数代替，所有的谱用协方差谱代替，那么上面结果仍然成立。这是因为对应于输入 $\boldsymbol{x}(t)-\eta_x$ 的输出是 $\boldsymbol{y}(t)-\eta_y$。例如，由(9－149)和(9－155)式可得

$$S_{yy}^c(\omega)=S_{xx}^c(\omega)\mid H(\omega)\mid^2\tag{9-153}$$

$$\mathrm{Var}\,\boldsymbol{y}(t)=\frac{1}{2\pi}\int_{-\infty}^{\infty}S_{xx}^c(\omega)\mid H(\omega)\mid^2\mathrm{d}\omega\tag{9-154}$$

【例 9-25】 (a)(滑动平均)积分

$$\boldsymbol{y}(t)=\frac{1}{2T}\int_{t-T}^{t+T}\boldsymbol{x}(\alpha)\mathrm{d}\alpha$$

是过程 $\boldsymbol{x}(t)$在区间$(t-T,t+T)$上的平均。显然,$\boldsymbol{y}(t)$是下面系统的输出:系统的输入是$\boldsymbol{x}(t)$,而冲激响应是图 9-13 所示的矩形脉冲,相应的 $\rho(\tau)$是一个三角形。这种情况下,

$$H(\omega)=\frac{1}{2T}\int_{-T}^{T}\mathrm{e}^{-\mathrm{j}\omega\tau}\mathrm{d}\tau=\frac{\sin T\omega}{T\omega}\qquad S_{yy}(\omega)=S_{xx}(\omega)\frac{\sin^2 T\omega}{T^2\omega^2}$$

因此,$H(\omega)$仅在以原点为中心,长度与 $1/T$ 同阶的区间内取较大的值。所以,滑动平均抑制了输入的高频分量,它是一个简单的低通滤波器。

由于 $\rho(\tau)$是三角形,利用(9-148)式可得

$$R_{yy}(\tau)=\frac{1}{2T}\int_{-2T}^{2T}\left(1-\frac{|\alpha|}{2T}\right)R_{xx}(\tau-\alpha)\mathrm{d}\alpha \tag{9-155}$$

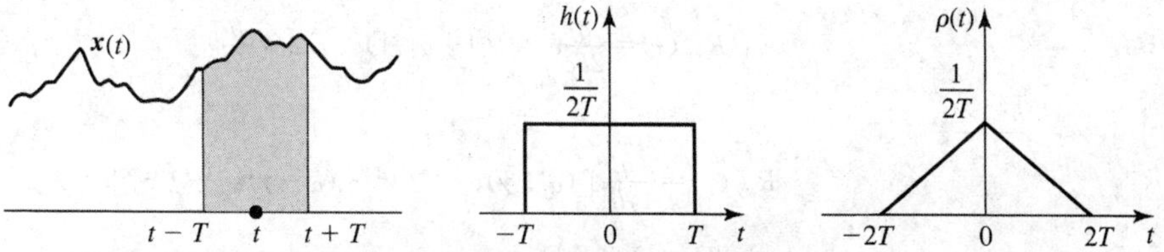

图 9-13

我们将利用上面的结果来确定积分

$$\boldsymbol{\eta}_T=\frac{1}{2T}\int_{-T}^{T}\boldsymbol{x}(t)\mathrm{d}t$$

的方差。显然,$\boldsymbol{\eta}_T=\boldsymbol{y}(0)$。于是

$$\mathrm{Var}\{\boldsymbol{\eta}_T\}=C_{yy}(0)=\frac{1}{2T}\int_{-2T}^{2T}\left(1-\frac{|\alpha|}{2T}\right)C_{xx}(\alpha)\mathrm{d}\alpha \tag{9-156}$$

(b)(高通滤波器)　过程 $\boldsymbol{z}(t)=\boldsymbol{x}(t)-\boldsymbol{y}(t)$是输入为 $\boldsymbol{x}(t)$,系统函数为

$$H(\omega)=1-\frac{\sin T\omega}{T\omega}$$

的系统的输出。该系统函数在以原点为中心,长度与 $1/T$ 同阶的区间内取值接近于零,而对于很大的 ω 取值接近 1。因此,该系统像高通滤波器一样,抑制了输入的低频分量。

【例 9-26】 **微分器**

随机过程 $\boldsymbol{x}(t)$的微分 $\boldsymbol{x}'(t)$可看做一个线性系统的输出,该系统的输入为 $\boldsymbol{x}(t)$,系统函数为 $j\omega$。根据(9-147)式,我们可求得

$$S_{xx'}(\omega)=-j\omega S_{xx}(\omega)\qquad S_{x'x'}(\omega)=\omega^2 S_{xx}(\omega)$$

因此,

$$R_{xx'}(\tau)=-\frac{\mathrm{d}R_{xx}(\tau)}{\mathrm{d}\tau}\qquad R_{x'x'}(\omega)=-\frac{\mathrm{d}^2R_{xx}(\tau)}{\mathrm{d}\tau^2}$$

过程 $\boldsymbol{x}(t)$的 n 阶微分 $\boldsymbol{y}(t)=\boldsymbol{x}^{(n)}(t)$是输入为 $\boldsymbol{x}(t)$,系统函数为$(j\omega)^n$ 的系统的输出。因此,

$$S_{yy}(\omega)=|j\omega|^{2n}S_{xx}(\omega)\qquad R_{yy}(\tau)=(-1)^nR_{xx}^{(2n)}(\tau) \tag{9-157}$$

【例 9-27】 (a) 微分方程

$$\boldsymbol{y}'(t)+c\boldsymbol{y}(t)=\boldsymbol{x}(t)\qquad \forall\, t\in R$$

定义了一个系统,它的输入为 $\boldsymbol{x}(t)$,输出为 $\boldsymbol{y}(t)$,系统函数为 $1/(j\omega+c)$。我们假定 $\boldsymbol{x}(t)$是白噪声,自相关函数为 $R_{xx}(\tau)=q\delta(\tau)$。由(9-149)式,我们得到

$$S_{yy}(\omega)=\frac{S_{xx}(\omega)}{\omega^2+c^2}=\frac{q}{\omega^2+c^2}\qquad R_{yy}(\tau)=\frac{q}{2c}\mathrm{e}^{-c|\tau|}$$

注意 $E\{\boldsymbol{y}^2(t)\}=R_{yy}(0)=q/2c$。

(b) 类似地，如果

$$\boldsymbol{y}''(t)+b\boldsymbol{y}'(t)+c\boldsymbol{y}(t)=\boldsymbol{x}(t)\qquad S_{xx}(\omega)=q$$

那么

$$H(\omega)=\frac{1}{-\omega^2+jb\omega+c}\qquad S_{yy}(\omega)=\frac{q}{(c-\omega^2)^2+b^2\omega^2}$$

为了求得 $R_{yy}(\tau)$，我们必须考虑下面三种情况：

$\underline{b^2<4c}$

$$R_{yy}(\tau)=\frac{q}{2bc}\mathrm{e}^{-\alpha|\tau|}\left(\cos\beta\tau+\frac{\alpha}{\beta}\sin\beta|\tau|\right)\qquad \alpha=\frac{b}{2}\quad \alpha^2+\beta^2=c$$

$\underline{b^2=4c}$

$$R_{yy}(\tau)=\frac{q}{2bc}\mathrm{e}^{-\alpha|\tau|}(1+\alpha|\tau|)\qquad \alpha=\frac{b}{2}$$

$\underline{b^2>4c}$

$$R_{yy}(\tau)=\frac{q}{4\gamma bc}\left[(\alpha+\gamma)\mathrm{e}^{-(\alpha-\gamma)|\tau|}-(\alpha-\gamma)\mathrm{e}^{-(\alpha+\gamma)|\tau|}\right]$$

$$\alpha=\frac{b}{2}\qquad \alpha^2-\gamma^2=c$$

所有情况中，$E\{\boldsymbol{y}^2(t)\}=q/2bc$。

【例 9-28】 希尔伯特变换

系统函数为(见图 9-14)

$$H(\omega)=-\mathrm{j}\,\mathrm{sgn}\omega=\begin{cases}-\mathrm{j} & \omega>0\\ \mathrm{j} & \omega<0\end{cases}\tag{9-158}$$

的系统称为**正交滤波器**。对应的冲激相应等于 $\frac{1}{\pi t}$(帕普里斯，1977[20])。于是 $H(\omega)$是具有 $-90°$相移的全通滤波器，这样它对输入 $\cos\omega t$ 的响应是 $\cos(\omega t-90°)=\sin\omega t$，而对输入 $\sin(\omega t)$的响应是 $\sin(\omega t-90°)=-\cos\omega t$。

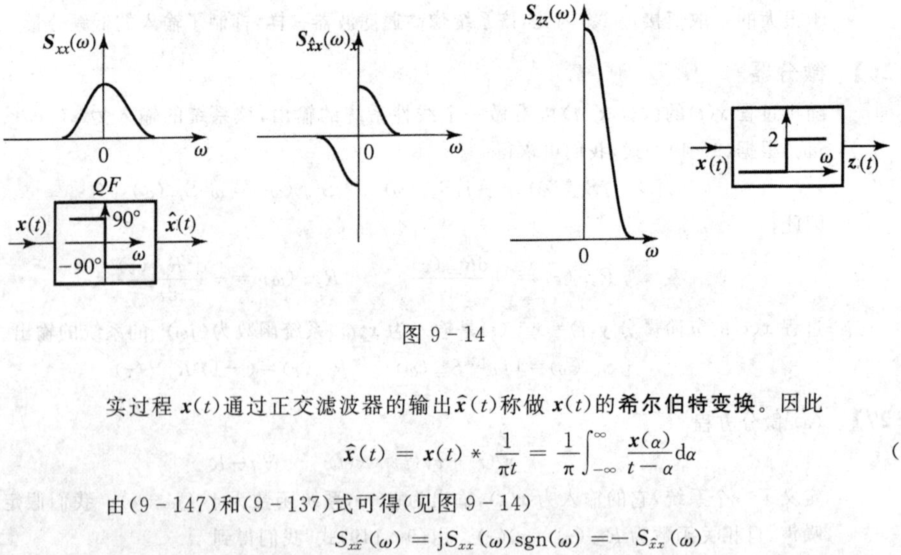

图 9-14

实过程 $\boldsymbol{x}(t)$通过正交滤波器的输出$\hat{\boldsymbol{x}}(t)$称做 $\boldsymbol{x}(t)$的**希尔伯特变换**。因此

$$\hat{\boldsymbol{x}}(t)=\boldsymbol{x}(t)*\frac{1}{\pi t}=\frac{1}{\pi}\int_{-\infty}^{\infty}\frac{\boldsymbol{x}(\alpha)}{t-\alpha}\mathrm{d}\alpha\tag{9-159}$$

由(9-147)和(9-137)式可得(见图 9-14)

$$S_{x\hat{x}}(\omega)=\mathrm{j}S_{xx}(\omega)\mathrm{sgn}(\omega)=-S_{\hat{x}x}(\omega)$$

$$S_{\hat{x}\hat{x}}(\omega) = S_{xx}(\omega) \tag{9-160}$$

复过程

$$\boldsymbol{z}(t)=\boldsymbol{x}(t)+\mathrm{j}\,\hat{\boldsymbol{x}}(t)$$

称做对应于 $\boldsymbol{x}(t)$ 的**解析信号**。显然，$\boldsymbol{z}(t)$ 是系统

$$1+\mathrm{j}(-\mathrm{jsgn}\omega)=2U(\omega)$$

对输入 $\boldsymbol{x}(t)$ 的响应。因此[见(9-149)式]

$$S_{zz}(\omega) = 4S_{xx}(\omega)U(\omega) = 2S_{xx}(\omega) + 2\mathrm{j}S_{\hat{x}x}(\omega) \tag{9-161}$$

$$R_{zz}(\tau) = 2R_{xx}(\tau) + 2\mathrm{j}R_{\hat{x}x}(\tau) \tag{9-162}$$

维纳-辛钦定理　由(9-134)式我们得到

$$E\{\boldsymbol{x}^2(t)\} = R(0) = \frac{1}{2\pi}\int_{-\infty}^{\infty} S(\omega)\mathrm{d}\omega \geqslant 0 \tag{9-163}$$

这表明任意过程的功率谱的积分为正。我们将证明：对任意的 ω，均有

$$S(\omega) \geqslant 0 \tag{9-164}$$

证　我们构造一个理想带通系统，其系统函数为

$$H(\omega)=\begin{cases}1 & \omega_1<\omega<\omega_2\\ 0 & \text{其它}\end{cases}$$

输入为 $\boldsymbol{x}(t)$。由(9-152)式可得，输出 $\boldsymbol{y}(t)$ 的功率谱 $S_{yy}(\omega)$ 等于

$$S_{yy}(\omega)=\begin{cases}S(\omega) & \omega_1<\omega<\omega_2\\ 0 & \text{其它}\end{cases}$$

因此

$$0 \leqslant E\{\boldsymbol{y}^2(t)\} = \frac{1}{2\pi}\int_{-\infty}^{\infty} S_{yy}(\omega)\mathrm{d}\omega = \frac{1}{2\pi}\int_{\omega_1}^{\omega_2} S(\omega)\mathrm{d}\omega \tag{9-165}$$

所以 $S(\omega)$ 在任意区间上的积分均为非负。这只有 $S(\omega)\geqslant 0$ 时才成立。

在(9-139)式之前的一句话中我们已经提到，若 $S(\omega)$ 是正函数，则可以找到一个过程 $\boldsymbol{x}(t)$ 满足 $S_{xx}(\omega)=S(\omega)$。由此可得，一个函数 $S(\omega)$ 是功率谱的充分必要条件是它是正的。事实上，我们可以找到一个具有随机频率 ω 的指数函数[见(9-140)式]，其功率谱为任意的正函数 $S(\omega)$。

我们将利用(9-165)式把 $\boldsymbol{x}(t)$ 的功率谱 $S(\omega)$ 表示为对 $\boldsymbol{x}(t)$ 经过滤波得到的过程 $\boldsymbol{y}(t)$ 的平均功率。设 $\omega_1=\omega_0+\delta$ 和 $\omega_2=\omega_0-\delta$，如果 δ 足够小，则

$$E\{\boldsymbol{y}^2(t)\} \approx \frac{\delta}{\pi}S(\omega_0) \tag{9-166}$$

这表明了 $\boldsymbol{x}(t)$ 的平均功率在频率轴上分布的**局部性**。

积分谱　数学上，过程 $\boldsymbol{x}(t)$ 的谱特性可以通过功率谱 $S(\omega)$ 的积分所定义的积分谱 $F(\omega)$ 描述，即

$$F(\omega) = \int_{-\infty}^{\omega} S(\alpha)\mathrm{d}\alpha \tag{9-167}$$

因为 $S(\omega)$ 总是正的，所以 $F(\omega)$ 是 ω 的非减函数。对(9-134)式进行部分积分，则我们可以用黎曼-斯蒂尔切斯(Riemann-Stieltjes)积分来表示 $\boldsymbol{x}(t)$ 的自相关函数 $R(\tau)$：

$$R(\tau) = \frac{1}{2\pi}\int_{-\infty}^{\infty} \mathrm{e}^{\mathrm{j}\omega\tau}\mathrm{d}F(\omega) \tag{9-168}$$

即使 $S(\omega)$ 包含脉冲时，该方法也避免了 $R(\tau)$ 的谱表示中出现奇异函数。如果 $S(\omega)$ 包含脉冲 $\beta_i\delta(\omega-\omega_i)$，则 $F(\omega)$ 在点 ω_i 处不连续，跳跃等于 β_i。

积分协方差谱 $F^c(\omega)$ 就是协方差谱的积分，由(9 - 138)式可得 $F(\omega)=F^c(\omega)+2\pi\eta^2U(\omega)$。

向量谱　若向量过程 $\boldsymbol{X}(t)=[\boldsymbol{x}_i(t)]$ 的分量 $\boldsymbol{x}_i(t)$ 是联合广义平稳的，则称该向量过程是广义平稳的。这种情况中，它的自相关矩阵仅依赖于 $\tau=t_1-t_2$。由此可得[见(9 - 127)和(9 - 128)式]

$$R_{xy}(\tau)=\int_{-\infty}^{\infty}R_{xx}(\tau+\alpha)H^{\dagger}(\alpha)\mathrm{d}\alpha \qquad R_{yy}(\tau)=\int_{-\infty}^{\infty}H(\alpha)R_{xy}(\tau-\alpha)\mathrm{d}\alpha \tag{9-169}$$

一个广义平稳向量过程 $\boldsymbol{X}(t)$ 的功率谱是方阵 $S_{xx}(\omega)=[S_{ij}(\omega)]$，该方阵的元素就是其自相关矩阵 $R_{xx}(\tau)$ 的元素 $R_{ij}(\tau)$ 的傅里叶变换 $S_{ij}(\omega)$。类似地，我们可以定义矩阵 $S_{xy}(\omega)$ 和 $S_{yy}(\omega)$，由(9 - 169)式可得

$$S_{xy}(\omega)=S_{xx}(\omega)\overline{H}^{\dagger}(\omega) \qquad S_{yy}(\omega)=\overline{H}(\omega)S_{xy}(\omega) \tag{9-170}$$

式中 $\overline{H}(\omega)=[H_{ji}(\omega)]$ 是一个 $m\times r$ 矩阵，它的元素是冲激响应矩阵 $H(t)$ 的元素 $h_{ji}(t)$ 的傅里叶变换 $H_{ji}(\omega)$。因此

$$S_{yy}(\omega)=\overline{H}(\omega)S_{xx}(\omega)\overline{H}^{\dagger}(\omega) \tag{9-171}$$

这就是(9 - 149)式在多输入多输出系统中的推广。

【例 9 - 29】　两个广义平稳过程 $\boldsymbol{z}(t)$ 和 $\boldsymbol{w}(t)$ 的微分

$$\boldsymbol{y}_1(t)=\boldsymbol{z}^{(m)}(t) \qquad \boldsymbol{y}_2(t)=\boldsymbol{w}^{(n)}(t)$$

可以看做两个输入为 $\boldsymbol{z}(t)$ 和 $\boldsymbol{w}(t)$ 的微分器的输出，系统函数分别为 $H_1(\omega)=(j\omega)^m$ 和 $H_2(\omega)=(j\omega)^n$。类似于(9 - 132)式，我们得出 $\boldsymbol{z}^{(m)}(t)$ 和 $\boldsymbol{w}^{(n)}(t)$ 的互功率谱为 $(j\omega)^m(-j\omega)^n s_{zw}(\omega)$。因此，

$$E\{\boldsymbol{z}^{(m)}(t+\tau)\boldsymbol{z}^{(n)}(t)\}=(-1)^n\frac{\mathrm{d}^{m+n}R_{zw}(\tau)}{\mathrm{d}\tau^{m+n}} \tag{9-172}$$

相关函数的性质　如果函数 $R(\tau)$ 是广义平稳过程 $\boldsymbol{x}(t)$ 的自相关函数，则其傅里叶变换 $S(\omega)$ 是正的[见(9 - 164)式]。若 $R(\tau)$ 是具有正傅里叶变换的函数，则我们总可以找到一个自相关函数为 $R(\tau)$ 的随机过程 $\boldsymbol{x}(t)$[见(9 - 139)式]。因此，函数 $R(\tau)$ 是自相关函数的充分必要条件是其傅里叶变换是正的。函数 $R(\tau)$ 是自相关函数的条件也可以直接用 $R(\tau)$ 来表达。在(9 - 93)式中我们已经给出，过程 $\boldsymbol{x}(t)$ 的自相关函数 $R(\tau)$ 是正定的，即对任意 a_i,a_j,τ_i 和 τ_j，有

$$\sum_{i,j}a_ia_j^*R(\tau_i-\tau_j)\geqslant 0 \tag{9-173}$$

成立。我们可以证明其逆命题也是成立的①：若 $R(\tau)$ 是正定函数，则其傅里叶变换是正的[见(9 - 197)式]。因此，当且仅当函数 $R(\tau)$ 是正定的，其傅里叶变换为正。

一个充分条件　为了证明 $R(\tau)$ 为正定函数，我们必须证明它满足(9 - 173)式，或它的变换为正。一般来说，这并不是很容易的。下面我们给出一个简单的充分条件。

波利亚(Polya)准则　如果对于 $\tau>0$，函数 $R(\tau)$ 为凹函数，并且当 $\tau\to\infty$ 时它有有限极限，则函数 $R(\tau)$ 为正定的(见 Yaglom，1987[30])。

---

① S. Bocher. Lectures on Fourier Integrals. Princeton Univ. Press, Princeton, NJ, 1959.

例如，考虑函数 $w(\tau)=e^{-\alpha|\tau|^c}$。对于 $0<c<1$，当 $\tau\to\infty$ 时 $w(\tau)\to 0$，并且对于 $\tau>0$，有 $w''(\tau)>0$。因此，$w(\tau)$ 满足波利亚条件，所以 $w(\tau)$ 为正定函数。然而，值得注意的是，尽管对于 $1\leqslant c\leqslant 2$，该函数不满足波利亚条件，但它仍然是正定函数。

必要条件　任意过程 $\mathbf{x}(t)$ 的自相关函数 $R(\tau)$ 在原点达到最大值，这是因为[见(9-134)式]

$$|R(\tau)|\leqslant\frac{1}{2\pi}\int_{-\infty}^{\infty}S(\omega)\mathrm{d}\omega=R(0)\tag{9-174}$$

接下来我们证明，若 $R(\tau)$ 是非周期函数，则它只在原点达到最大值。

定理 9-5 ▶ 若对于某个 $\tau_1\neq 0$，有 $R(\tau_1)=R(0)$，则 $R(\tau)$ 是周期为 τ_1 的周期函数，即对于所有 τ，满足

$$R(\tau+\tau_1)=R(\tau)\tag{9-175}$$

证　由施瓦兹不等式

$$E^2\{\mathbf{zw}\}\leqslant E\{\mathbf{z}^2\}E\{\mathbf{w}^2\}\tag{9-176}$$

我们可得

$$E^2\{[\mathbf{x}(t+\tau+\tau_1)-\mathbf{x}(t+\tau)]\mathbf{x}(t)\}\leqslant E\{[\mathbf{x}(t+\tau+\tau_1)-\mathbf{x}(t+\tau)]^2\}E\{\mathbf{x}^2(t)\}$$

因此

$$[R(\tau+\tau_1)-R(\tau)]^2\leqslant 2[R(0)-R(\tau_1)]R(0)\tag{9-177}$$

若 $R(\tau_1)=R(0)$，则上式右端为零，因此，对任意 τ，左端也为零。从而得到(9-175)式。 ◀

推论 ▶ 如果 $R(\tau_1)=R(\tau_2)=R(0)$，且 τ_1 和 τ_2 是不可公约的，即它们的比值为无理数，则 $R(\tau)$ 为常数。

证　由定理 9-5 可知，$R(\tau)$ 是以 τ_1 和 τ_2 为周期的函数，这仅对于 $R(\tau)$ 为常数成立。 ◀

连续性　若 $R(\tau)$ 在原点处连续，则对于每个 τ，它都是连续的。

证　由 $\tau=0$ 时 $R(\tau)$ 的连续性可得出：当 $\tau_1\to 0$ 时，$R(\tau_1)\to R(0)$。因此，对任意 τ，(9-177)式左端也趋于零。

【例 9-30】　利用上述定理，我们将证明被截断抛物线

$$w(\tau)=\begin{cases}a^2-\tau^2 & |\tau|<a\\ 0 & |\tau|>a\end{cases}$$

不是相关函数。

若 $w(\tau)$ 是某过程 $\mathbf{x}(t)$ 的自相关函数，则函数[见(9-157)式]

$$-w''(\tau)=\begin{cases}2 & |\tau|<a\\ 0 & |\tau|>a\end{cases}$$

即为 $\mathbf{x}'(t)$ 的自相关函数。这是不可能的，因为 $-w''(\tau)$ 在点 $\tau=0$ 处连续，但在任意 $\tau=a$ 处并不连续。

均方连续和均方周期　若当 $\varepsilon\to 0$ 时，有

$$E\{[\mathbf{x}(t+\varepsilon)-\mathbf{x}(t)]^2\}\to 0\tag{9-178}$$

则称过程 $\mathbf{x}(t)$ 是均方连续的。由于 $E\{[\mathbf{x}(t+\varepsilon)-\mathbf{x}(t)]^2\}=2[R(0)-R(\varepsilon)]$，我们可得出：若

$\boldsymbol{x}(t)$是均方连续的，则当 $\varepsilon \to 0$ 时，$R(0)-R(\varepsilon)\to 0$。因此，当且仅当其自相关函数 $R(\tau)$对任意 τ 均连续，广义平稳过程 $\boldsymbol{x}(t)$是均方连续的。

若对于非零常数 τ_1，满足

$$E\{|\boldsymbol{x}(t+\tau_1)-\boldsymbol{x}(t)|^2\}=0 \tag{9-179}$$

则称过程 $\boldsymbol{x}(t)$是均方周期的，周期为 τ_1。由于上式左端等于 $2[R(0)-R(\tau_1)]$，我们可得 $R(\tau_1)=R(0)$。因此[见(9-175)式]，$R(\tau)$是周期的。我们可得结论：当且仅当自相关函数 $R(\tau)$是周期的时，广义平稳过程 $\boldsymbol{x}(t)$是均方周期的。

互相关　利用(9-176)式，我们可证明两个广义平稳过程 $\boldsymbol{x}(t)$和 $\boldsymbol{y}(t)$的互相关函数 $R_{xy}(\tau)$满足下述不等式

$$R_{xy}^2(\tau)\leqslant R_{xx}(0)R_{yy}(0) \tag{9-180}$$

证　由(9-176)式可知

$$E^2\{(\boldsymbol{x}(t+\tau)\boldsymbol{y}^*(t))\}\leqslant E\{|\boldsymbol{x}(t+\tau)|^2\}E\{|\boldsymbol{y}(t)|^2\}=R_{xx}(0)R_{yy}(0)$$

从而我们证明了(9-180)式。

推论 ▶ 对任意 a 和 b，有

$$\left|\int_a^b S_{xy}(\omega)\mathrm{d}\omega\right|^2\leqslant\int_a^b S_{xx}(\omega)\mathrm{d}\omega\int_a^b S_{yy}(\omega)\mathrm{d}\omega \tag{9-181}$$

证　假定 $\boldsymbol{x}(t)$和 $\boldsymbol{y}(t)$是下列理想滤波器的输入

$$H_1(\omega)=H_2(\omega)=\begin{cases}1 & a<\omega<b\\ 0 & \text{其它}\end{cases}$$

分别用 $\boldsymbol{z}(t)$和 $\boldsymbol{w}(t)$表示它们的输出，则

$$R_{zz}(0)=\frac{1}{2\pi}\int_a^b S_{xx}(\omega)\mathrm{d}\omega \qquad R_{ww}(0)=\frac{1}{2\pi}\int_a^b S_{yy}(\omega)\mathrm{d}\omega$$

$$R_{zw}(0)=\frac{1}{2\pi}\int_a^b S_{zw}(\omega)\mathrm{d}\omega$$

由于 $R_{zw}^2(0)\leqslant R_{zz}(0)R_{ww}(0)$，从而(9-181)式成立。◀

9.4　离散时间过程

一个数字(或离散时间)过程就是一个随机变量序列 $\boldsymbol{x}_n$。为了避免使用双下标，我们使用符号 $\boldsymbol{x}[n]$，其中方括号表示 n 为整数。模拟(或连续时间)过程的很多结果可以直接推广到数字过程。这里我们只给出主要结果。

过程 $\boldsymbol{x}[n]$的自相关函数和自协方差函数分别为

$$\begin{aligned}R[n_1,n_2]&=E\{\boldsymbol{x}[n_1]\boldsymbol{x}^*[n_2]\}\\ C[n_1,n_2]&=R[n_1,n_2]-\eta[n_1]\eta^*[n_2]\end{aligned} \tag{9-182}$$

其中 $\eta[n]=E\{\boldsymbol{x}[n]\}$是 $\boldsymbol{x}[n]$的均值。

若过程 $\boldsymbol{x}[n]$的统计特性对原点的移位保持不变，则称该过程是严格平稳的。若 $\eta[n]=\eta=$常数，且

$$R[n+m,n]=E\{\boldsymbol{x}[n+m]\boldsymbol{x}^*[n]\}=R[m] \tag{9-183}$$

则称该过程是广义平稳的。

若随机变量 $\boldsymbol{x}[n_i]$是相互独立的，则过程 $\boldsymbol{x}[n]$是严格的白噪声。若随机变量 $\boldsymbol{x}[n_i]$不相关，则过程 $\boldsymbol{x}[n]$是白噪声。一个零均值白噪声过程的自相关函数为

$$R[n_1,n_2]=q[n_1]\delta[n_1-n_2] \qquad \text{其中 } \delta[n]=\begin{cases}1 & n=0\\ 0 & n\neq 0\end{cases} \tag{9-184}$$

$q[n]=E\{\boldsymbol{x}^2[n]\}$如果 $\boldsymbol{x}[n]$是平稳的，则 $R[m]=q\delta[m]$。因此，一个广义平稳的白噪声序列是一个独立同分布的随机变量序列，所有随机变量具有共同的方差 q。

一个线性系统的冲激响应 $h[n]$是输入为冲激序列 $\delta[n]$时的响应。其系统函数即为 $h[n]$的 z 变换

$$\boldsymbol{H}(z)=\sum_{n=-\infty}^{\infty}h[n]z^{-n} \tag{9-185}$$

若 $\boldsymbol{x}[n]$是一数字系统的输入，则其输出是 $\boldsymbol{x}[n]$与 $h[n]$的离散卷积，即

$$\boldsymbol{y}[n]=\sum_{k=-\infty}^{\infty}\boldsymbol{x}[n-k]h[k]=\boldsymbol{x}[n]*h[n] \tag{9-186}$$

由此可得 $\eta_y[n]=\eta_x[n]*h[n]$，并且

$$R_{xy}[n_1,n_2]=\sum_{k=-\infty}^{\infty}R_{xx}[n_1,n_2-k]h^*[k] \tag{9-187}$$

$$R_{yy}[n_1,n_2]=\sum_{r=-\infty}^{\infty}R_{xy}[n_1-r,n_2]h[r] \tag{9-188}$$

若 $\boldsymbol{x}[n]$是白噪声，且平均强度为 $q[n]$[见(9-184)式]，则[见(9-99)式]

$$E\{\boldsymbol{y}^2[n]\}=q[n]*|h[n]|^2 \tag{9-189}$$

若 $\boldsymbol{x}[n]$是广义平稳过程，则 $\boldsymbol{y}[n]$亦为广义平稳过程，且 $\eta_y=\eta_x\boldsymbol{H}(1)$，由(9-146)和(9-148)式，可得

$$\begin{aligned}&R_{xy}[m]=R_{xx}[m]*h^*[-m] \qquad R_{yy}[m]=R_{xy}[m]*h[m]\\ &R_{yy}[m]=R_{xx}[m]*\rho[m] \qquad \rho[m]=\sum_{k=-\infty}^{\infty}h[m+k]h^*[k]\end{aligned} \tag{9-190}$$

功率谱　假定 $\boldsymbol{x}[n]$是一个广义平稳过程，我们构造其自相关函数 $R[m]$的 z 变换 $\boldsymbol{S}(z)$

$$\boldsymbol{S}(z)=\sum_{m=-\infty}^{\infty}R[m]z^{-m} \tag{9-191}$$

$\boldsymbol{x}[n]$的功率谱定义为

$$S(\omega)=\boldsymbol{S}(e^{j\omega})=\sum_{m=-\infty}^{\infty}R[m]e^{-jm\omega}\geqslant 0 \tag{9-192}$$

因此，$\boldsymbol{S}(e^{j\omega})$是 $R[m]$的离散傅里叶变换，并且 $\boldsymbol{S}(e^{j\omega})$是周期为 2π 的周期函数，其傅里叶系数为 $R[m]$。所以

$$R[m]=\frac{1}{2\pi}\int_{-\pi}^{\pi}\boldsymbol{S}(e^{j\omega})e^{jm\omega}d\omega \tag{9-193}$$

这样，我们只需对 $|\omega|<\pi$ 定义 $\boldsymbol{S}(e^{j\omega})$(见图 9-15)。

若 $\boldsymbol{x}[n]$是实过程，则 $R[-m]=R[m]$，由(9-192)式可得

$$\boldsymbol{S}(e^{j\omega})=R[0]+2\sum_{m=1}^{\infty}R[m]\cos m\omega \tag{9-194}$$

因为 $\cos m\omega$ 是 $\cos\omega$ 的函数，这说明实过程的功率谱是 $\cos\omega$ 的函数。

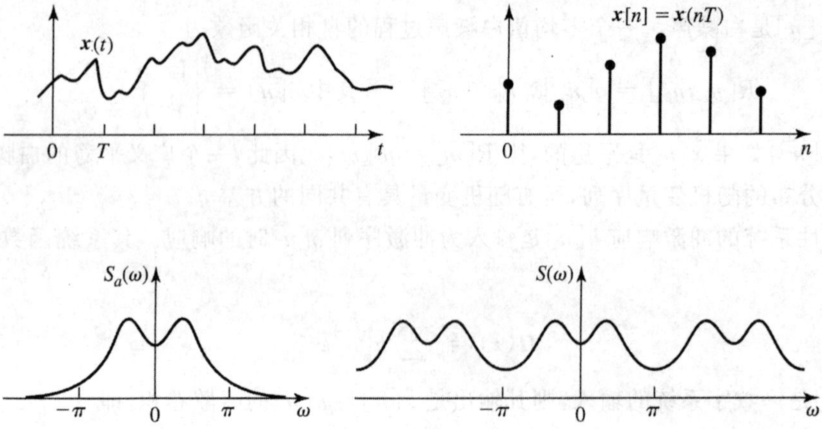

图 9 - 15

(9 - 173)式的非负性条件可以用某个埃米特-托普里兹(Hermitian Toeplitz)矩阵表示。设

$$r_k \equiv R[k] \tag{9 - 195}$$

并定义

$$\boldsymbol{T}_n = \begin{pmatrix} r_0 & r_1 & r_2 & \cdot & \cdots & r_n \\ r_1^* & r_0 & r_1 & r_2 & \cdots & r_{n-1} \\ r_2^* & r_1^* & r_0 & r_1 & \cdots & r_{n-2} \\ \vdots & & & & & \vdots \\ r_n^* & r_{n-1}^* & \cdot & \cdots & r_1^* & r_0 \end{pmatrix} \tag{9 - 196}$$

这种情况下，

$$S(\omega) \geqslant 0 \Leftrightarrow \boldsymbol{T}_n \geqslant 0, \qquad n = 0 \to \infty \tag{9 - 197}$$

也就是说，谱的非负特性等价于(9 - 196)式中的埃米特-托普里兹矩阵 $\boldsymbol{T}_n$ 对每个正整数 n 是非负性。为了证明舒尔(Schur)的这一结论，首先假定(9 - 192)式中的 $S(\omega)\geqslant 0$，然后令

$$\boldsymbol{a} = [a_0, a_1, a_2, \cdots, a_n]^t \tag{9 - 198}$$

我们可得

$$\begin{aligned} \boldsymbol{a}^\dagger \boldsymbol{T}_n \boldsymbol{a} &= \sum_{i=0}^{n}\sum_{m=0}^{n} a_i^* a_m r_{i-m} \\ &= \sum_{i=0}^{n}\sum_{m=0}^{n} a_i^* a_m \frac{1}{2\pi}\int_{-\pi}^{\pi} S(\omega)\, \mathrm{e}^{\mathrm{j}(i-m)\omega} \mathrm{d}\omega \\ &= \frac{1}{2\pi}\int_{-\pi}^{\pi} S(\omega) \left| \sum_{m=0}^{n} a_m \mathrm{e}^{-\mathrm{j}m\omega} \right|^2 \mathrm{d}\omega \geqslant 0 \end{aligned} \tag{9 - 199}$$

由 $\boldsymbol{a}$ 的任意性，我们可得

$$S(\omega) \geqslant 0 \Rightarrow \boldsymbol{T}_n \geqslant 0 \qquad n = 0 \to \infty \tag{9 - 200}$$

反之，假定对每个正整数 n 矩阵 $\boldsymbol{T}_n$ 均为非负定。并且对任意 $\rho, 0<\rho<1$ 和 $\omega_0, 0<\omega_0<2\pi$，定义(9 - 198)式中的向量 $\boldsymbol{a}$ 满足

$$a_m = \sqrt{1-\rho^2}\,\rho^m \mathrm{e}^{\mathrm{j}m\omega_0}$$

则由 $\boldsymbol{T}_n$ 的非负定性可得

$$0 \leqslant a^{\dagger} \boldsymbol{T}_n a = \frac{1}{2\pi}\int_{-\pi}^{\pi}(1-\rho^2)\left|\sum_{m=0}^{n}\rho^m \mathrm{e}^{\mathrm{j}m(\omega-\omega_0)}\right|^2 S(\omega)\mathrm{d}\omega$$

令 $n\to\infty$，则上式的积分趋于

$$\frac{1}{2\pi}\int_{-\pi}^{\pi}\frac{1-\rho^2}{1-2\rho\cos(\omega-\omega_0)+\rho^2}S(\omega)\mathrm{d}\omega \geqslant 0 \tag{9-201}$$

(9-201)式左端为泊松积分，而对几乎所有的 ω_0，当 $\rho\to 1-0$ 时，它从内到外的径向极限等于 $S(\omega_0)$。因此，

$$\boldsymbol{T}_n \geqslant 0 \qquad n\to 0\to\infty \Rightarrow S(\omega)\geqslant 0 \qquad \textbf{几乎处处成立}(\text{a. e.}) \tag{9-202}$$

更有意思的是，由于帕里-维纳准则的限制，

$$\frac{1}{2\pi}\int_{-\pi}^{\pi}\ln S(\omega)\mathrm{d}\omega > -\infty \tag{9-203}$$

对 $k=0\to\infty$，每个 $\boldsymbol{T}_k$ 必须是正定的。这可由(9-199)式推出。实际上，如果一些 $\boldsymbol{T}_k$ 是奇异的，则存在非平凡向量 $\boldsymbol{a}$ 使得 $\boldsymbol{T}_k\boldsymbol{a}=0$，并且由(9-199)式

$$\boldsymbol{a}^{\dagger}\boldsymbol{T}_k\boldsymbol{a} = \frac{1}{2\pi}\int_{-\pi}^{\pi}S(\omega)\left|\sum_{m=0}^{k}a_m\mathrm{e}^{\mathrm{j}m\omega}\right|^2\mathrm{d}\omega = 0$$

由于 $S(\omega)\geqslant 0$ 几乎处处成立，这个表达式表明

$$S(\omega)\left|\sum_{m=0}^{k}a_m\mathrm{e}^{\mathrm{j}m\omega}\right|^2 = 0 \qquad \text{几乎处处成立}$$

而 $\sum_{m=0}^{k}a_m\mathrm{e}^{-\mathrm{j}m\omega}\neq 0$ 几乎处处成立蕴涵了

$$S(\omega)=0 \qquad \text{几乎处处成立}$$

和

$$\int_{-\pi}^{\pi}\ln S(\omega)\mathrm{d}\omega = -\infty$$

这与(9-203)式是矛盾的。因此，在(9-203)式的限制下，我们有

$$\boldsymbol{T}_k > 0 \qquad k=0\to\infty \tag{9-204}$$

从可积条件和(9-203)式，功率谱密度能够分解成具有某些有趣性质的函数的乘积。更精确地说，当且仅当 $S(\omega)$ 和 $\ln S(\omega)$ 均为可积函数时，存在惟一函数

$$H(z)=\sum_{k=0}^{\infty}h_k z^{-k} \qquad h_0>0 \qquad |z|>1 \tag{9-205}$$

它和它的逆在区域 $|z|>1$ 上是解析函数(最小相位函数，见附录 12A)，满足

$$\sum_{k=0}^{\infty}|h_k|^2<\infty \tag{9-206}$$

和

$$S(\omega)=|H(\mathrm{e}^{-\mathrm{j}\omega})|^2 \qquad \text{几乎处处成立} \tag{9-207}$$

这里 $H(\mathrm{e}^{-\mathrm{j}\omega})$ 定义为 $H(z)$ 从外到内趋近于单位圆的径向极限，即

$$H(\mathrm{e}^{-\mathrm{j}\omega})=\lim_{r\to 1+0}H(r\mathrm{e}^{-\mathrm{j}\omega}) \tag{9-208}$$

【例 9-31】 若 $R[m]=a^{|m|}$，则

$$S(z)=\sum_{m=-\infty}^{-1}a^{-m}z^{-m}+\sum_{m=0}^{\infty}a^m z^{-m}=\frac{az}{1-az}+\frac{z}{z-a}$$

$$= \frac{a^{-1} - a}{(a^{-1} + a) - (z^{-1} + z)}$$

因此，

$$S(\omega) = \boldsymbol{S}(e^{j\omega}) = \frac{a^{-1} - a}{a^{-1} + a - 2\cos\omega}$$

【例 9-32】 类似于模拟信号，我们可以证明：当且仅当其系数 $\boldsymbol{c}_i$ 不相关且均值为零时，过程

$$\boldsymbol{x}[n] = \sum_i \boldsymbol{c}_i e^{j\omega_i n}$$

是广义平稳的。在这种情况下，

$$R[m] = \sum_i \sigma_i^2 e^{j\beta_i |m|} \qquad S(\omega) = 2\pi \sum_i \sigma_i^2 \delta(\omega - \beta_i) \qquad |\omega| < \pi \tag{9-209}$$

式中 $\sigma_i^2 = E\{\boldsymbol{c}_i^2\}$，$\omega_i = 2\pi k_i + \beta_i$，且 $|\beta_i| < \pi$。

由(9-190)式和卷积定理，我们可得，若 $\boldsymbol{y}[n]$ 是输入为 $\boldsymbol{x}[n]$ 的线性系统的输出，则

$$\begin{aligned} \boldsymbol{S}_{xy}(e^{j\omega}) &= \boldsymbol{S}_{xx}(e^{j\omega})\boldsymbol{H}^*(e^{j\omega}) \\ \boldsymbol{S}_{yy}(e^{j\omega}) &= \boldsymbol{S}_{xy}(e^{j\omega})\boldsymbol{H}(e^{j\omega}) \\ \boldsymbol{S}_{yy}(e^{j\omega}) &= \boldsymbol{S}_{xx}(e^{j\omega}) \mid \boldsymbol{H}(e^{j\omega}) \mid^2 \end{aligned} \tag{9-210}$$

若 $h[n]$ 为实数，即 $\boldsymbol{H}^*(e^{j\omega}) = \boldsymbol{H}(e^{-j\omega})$，则

$$\boldsymbol{S}_{yy}(z) = \boldsymbol{S}_{xx}(z)\boldsymbol{H}(z)\boldsymbol{H}(1/z) \tag{9-211}$$

【例 9-33】 过程 $\boldsymbol{x}[n]$ 的一阶差分

$$\boldsymbol{y}[n] = \boldsymbol{x}[n] - \boldsymbol{x}[n-1]$$

可看做输入为 $\boldsymbol{x}[n]$，系统函数为 $\boldsymbol{H}(z) = 1 - z^{-1}$ 的线性系统的输出。利用(9-211)式，我们得到

$$\boldsymbol{S}_{yy}(z) = \boldsymbol{S}_{xx}(z)(1 - z^{-1})(1 - z) = \boldsymbol{S}_{xx}(z)(2 - z - z^{-1})$$

$$R_{yy}[m] = -R_{xx}[m+1] + 2R_{xx}[m] - R_{xx}[m-1]$$

若 $\boldsymbol{x}[n]$ 为白噪声且 $\boldsymbol{S}_{xx}(z) = q$，则

$$\boldsymbol{S}_{yy}(e^{j\omega}) = q(2 - e^{j\omega} - e^{-j\omega}) = 2q(1 - \cos\omega)$$

【例 9-34】 递归方程

$$\boldsymbol{y}[n] - a\boldsymbol{y}[n-1] = \boldsymbol{x}[n]$$

定义了一个线性系统，输入为 $\boldsymbol{x}[n]$，系统函数为 $\boldsymbol{H}(z) = 1/(1 - az^{-1})$。若 $\boldsymbol{S}_{xx}(z) = q$，则(见例 9-31)

$$\boldsymbol{S}_{yy}(z) = \frac{q}{(1 - az^{-1})(1 - az)} \qquad R_{yy}[m] = \frac{q}{1 - a^2} a^{|m|}$$

由(9-210)式可得

$$E\{\mid \boldsymbol{y}[n] \mid^2\} = R_{yy}[0] = \frac{1}{2\pi}\int_{-\pi}^{\pi} \boldsymbol{S}_{xx}(e^{j\omega}) \mid \boldsymbol{H}(e^{j\omega}) \mid^2 d\omega \tag{9-212}$$

利用这个恒等式，我们将证明实或复随机过程 $\boldsymbol{x}[n]$ 的功率谱为正函数，即

$$\boldsymbol{S}_{xx}(e^{j\omega}) \geqslant 0 \tag{9-213}$$

证　我们构造一个理想的带通滤波器，其中心频率为 ω_0，带宽为 2Δ，应用(9-212)式，对于很小的 Δ 有

$$E\{|\mathbf{y}[n]|^2\}=\frac{1}{2\pi}\int_{\omega_0-\Delta}^{\omega_0+\Delta}\mathbf{S}_{xx}(e^{j\omega})\mathrm{d}\omega\approx\frac{\Delta}{\pi}\mathbf{S}_{xx}(e^{j\omega_0})$$

因为 $E\{|\mathbf{y}[n]|^2\}\geqslant 0$ 并且 ω_0 是任意数，所以(9-213)式成立。

采样　很多应用中的数字过程都是通过对各种模拟过程的采样得到的。下面我们将研究它们的相关函数和谱之间的联系。

给定模拟过程 $\mathbf{x}(t)$，我们构造数字过程

$$\mathbf{x}[n]=\mathbf{x}(nT)$$

式中 T 为给定常数。因此，

$$\eta[n]=\eta_a(nT)\qquad R[n_1,n_2]=R_a(n_1T,\ n_2T)\tag{9-214}$$

其中 $\eta_a(t)$ 是 $\mathbf{x}(t)$ 的均值，$R_a(t_1,t_2)$ 为 $\mathbf{x}(t)$ 的自相关函数。若 $\mathbf{x}(t)$ 为平稳过程，则 $\mathbf{x}[n]$ 也是平稳过程，其均值为 $\eta=\eta_a$，自相关函数为

$$R[m]=R_a(mT)$$

因此，$\mathbf{x}[n]$ 的功率谱为(见图 9-15)

$$\mathbf{S}(e^{j\omega})=\sum_{m=-\infty}^{\infty}R_a(mT)e^{-jm\omega}=\frac{1}{T}\sum_{n=-\infty}^{\infty}S_a\left(\frac{\omega+2\pi n}{T}\right)\tag{9-215}$$

式中 $S_a(\omega)$ 为 $\mathbf{x}(t)$ 的功率谱。以上是泊松求和公式[见附录(10A-1)]的直接结果。

【例 9-35】　假定 $\mathbf{x}(t)$ 是由 M 个指数函数组成的广义平稳过程[见(9-143 式)]

$$\mathbf{x}(t)=\sum_{i=1}^{m}\mathbf{c}_i e^{j\omega_i t}\qquad S_a(\omega)=2\pi\sum_{i=1}^{m}\sigma_i^2\delta(\omega-\omega_i)$$

其中 $\sigma_i^2=E\{\mathbf{c}_i^2\}$。我们求过程 $\mathbf{x}[n]=\mathbf{x}(nT)$ 的功率谱 $\mathbf{S}(e^{j\omega})$。因为 $\delta(\omega/T)=T\delta(\omega)$，由(9-215)式可得

$$\mathbf{S}(e^{j\omega})=2\pi\sum_{n=-\infty}^{\infty}\sum_{i=1}^{M}\sigma_i^2\delta(\omega-T\omega_i+2\pi n)$$

在区间$(-\pi,\pi)$内，它由 M 条线谱组成

$$\mathbf{S}(e^{j\omega})=2\pi\sum_{i=1}^{M}\sigma_i^2\delta(\omega-\beta_i)\qquad|\omega|<\pi$$

式中 $\beta_i=T\omega_i-2\pi n_i$ 并使得 $|\beta_i|<\pi$。

附录 9A　连续性、微分和积分

在先前的讨论中，我们对随机过程使用了各种常规的极限运算，不言而喻，我们假定这些运算对于所有的样本都成立。但在很多情况下，这种假设是多余的限制。为了在更一般条件下给出极限概念的某些思想，下面讨论均方极限存在的条件，并且证明这些条件可以用二阶矩表示(也见 7-4 节)。

随机连续性　如果

$$E\{[\mathbf{x}(t+\varepsilon)-\mathbf{x}(t)]^2\}\xrightarrow[\varepsilon\to 0]{}0\tag{9A-1}$$

我们称过程 $\mathbf{x}(t)$ 是均方连续的。

定理 9A-1 ▶ 如果过程 $\mathbf{x}(t)$ 的自相关函数连续，则过程 $\mathbf{x}(t)$ 均方连续。

证　显然有

$$E\{[\boldsymbol{x}(t+\varepsilon)-\boldsymbol{x}(t)]^2\}=R(t+\varepsilon,t+\varepsilon)-2R(t+\varepsilon,\ t)+R(t,t)$$

所以，若 $R(t_1,t_2)$ 连续，则当 $\varepsilon\to 0$ 时上式右边趋于零，从而得到(9A－1)式。◀

注 假定(9A－1)式对区间 I 的每个 t 上都成立。由此可知[见(9－1)式]：$\boldsymbol{x}(t)$ 的几乎所有样本在区间 I 的某一特定点上都将是连续的。然而，不能由此得出结论：这些样本对于区间 I 内的每个点全都连续。泊松过程和维纳过程就是例证。由(9－14)和(10－5)式可以看出，这两个过程都是均方连续的。但是，泊松过程的样本在 t_i 点是不连续的，而维纳过程的几乎所有样本是连续的。

推论 ▶ 若 $\boldsymbol{x}(t)$ 是均方连续过程，则其均值是连续的

$$\eta(t+\varepsilon)\to\eta(t)\qquad \varepsilon\to 0 \tag{9A－2}$$

证 我们知道

$$E\{[\boldsymbol{x}(t+\varepsilon)-\boldsymbol{x}(t)]^2\}\geqslant E^2\{[\boldsymbol{x}(t+\varepsilon)-\boldsymbol{x}(t)]\}$$

于是，可由(9A－1)式得出(9A－2)式。因此

$$\lim_{\varepsilon\to 0}E\{\boldsymbol{x}(t+\varepsilon)\}=E\{\lim_{\varepsilon\to 0}\boldsymbol{x}(t+\varepsilon)\} \tag{9A－3}$$

◀

随机微分 如果在均方意义下，过程 $\boldsymbol{x}(t)$ 满足

$$\frac{\boldsymbol{x}(t+\varepsilon)-\boldsymbol{x}(t)}{\varepsilon}\xrightarrow[\varepsilon\to 0]{}\boldsymbol{x}'(t) \tag{9A－4}$$

也就是说，

$$E\left\{\left[\frac{\boldsymbol{x}(t+\varepsilon)-\boldsymbol{x}(t)}{\varepsilon}-\boldsymbol{x}'(t)\right]^2\right\}\xrightarrow[\varepsilon\to 0]{}0 \tag{9A－5}$$

则称过程 $\boldsymbol{x}(t)$ 是均方可微的。

定理 9A－2 ▶ 如果过程 $\boldsymbol{x}(t)$ 的相关函数的二阶混合偏导数 $\partial^2R(t_1,t_2)/\partial t_1\partial t_2$ 存在，则过程 $\boldsymbol{x}(t)$ 是均方可微的。

证 只要证明下式就足够了(柯西准则)：

$$E\left\{\left[\frac{\boldsymbol{x}(t+\varepsilon_1)-\boldsymbol{x}(t)}{\varepsilon_1}-\frac{\boldsymbol{x}(t+\varepsilon_2)-\boldsymbol{x}(t)}{\varepsilon_2}\right]^2\right\}\xrightarrow[\varepsilon_1,\varepsilon_2\to 0]{}0 \tag{9A－6}$$

我们使用柯西准则是因为不像(9A－5)式，这里没有涉及未知的 $\boldsymbol{x}'(t)$。显然

$$E\{[\boldsymbol{x}(t+\varepsilon_1)-\boldsymbol{x}(t)][\boldsymbol{x}(t+\varepsilon_2)-\boldsymbol{x}(t)]\}$$
$$=R(t+\varepsilon_1,\ t+\varepsilon_2)-R(t+\varepsilon_1,t)-R(t,t+\varepsilon_2)+R(t,t)$$

右边除以 $\varepsilon_1\varepsilon_2$ 后，趋于 $\partial^2R(t,t)/\partial t\partial t$，按照假定它是存在的。将(9A－6)式中的平方项展开，我们得出左边趋于

$$\frac{\partial^2R(t,t)}{\partial t\partial t}-\frac{\partial^2R(t,t)}{\partial t\partial t}+\frac{\partial^2R(t,t)}{\partial t\partial t}=0$$

◀

推论 ▶ 由上述定理的证明得到

$$E\{\boldsymbol{x}'(t)\}=E\left\{\lim_{\varepsilon\to 0}\frac{\boldsymbol{x}(t+\varepsilon)-\boldsymbol{x}(t)}{\varepsilon}\right\}=\lim_{\varepsilon\to 0}E\left\{\frac{\boldsymbol{x}(t+\varepsilon)-\boldsymbol{x}(t)}{\varepsilon}\right\}$$

◀

注 泊松过程 $\boldsymbol{x}(t)$ 的自相关函数在点 t_i 处不连续，因而 $\boldsymbol{x}'(t)$ 在这些点上不存在。然而，像在确定信号的场合中那样，方便的办法是引入随机脉冲，并像在(9－107)式中那样来解释 $\boldsymbol{x}'(t)$。

随机积分 如果极限

$$\int_a^b \boldsymbol{x}(t)\,\mathrm{d}t=\lim_{\Delta t_i\to 0}\sum_i \boldsymbol{x}(t_i)\Delta t_i \qquad (9A-7)$$

在均方意义下存在，我们称过程 $\boldsymbol{x}(t)$ 是均方可积的。

定理 9A－3 ▶ 如果

$$\int_a^b\int_a^b |R(t_1,t_2)|\,\mathrm{d}t_1\mathrm{d}t_2<\infty \qquad (9A-8)$$

则过程 $\boldsymbol{x}(t)$ 是均方可积的。

证 再次使用柯西准则，我们需要证明

$$E\left\{\left|\sum_i \boldsymbol{x}(t_i)\Delta t_i-\sum_k \boldsymbol{x}(t_k)\Delta t_k\right|^2\right\}\underset{\Delta t_i,\Delta t_k\to 0}{\longrightarrow}0$$

为此，只要把平方项展开并使用恒等式

$$E\left\{\sum_i \boldsymbol{x}(t_i)\Delta t_i\sum_k \boldsymbol{x}(t_k)\Delta t_k\right\}=\sum_{i,k}R(t_i,t_k)\Delta t_i\Delta t_k$$

就可以证明这个公式，这是因为当 Δt_i 和 Δt_k 趋于零时，上式右边趋于 $R(t_1,t_2)$ 的积分。 ◀

推论 ▶ 像在(9－11)中那样，由上可得

$$E\left\{\left|\int_a^b \boldsymbol{x}(t)\,\mathrm{d}t\right|^2\right\}=\int_a^b\int_a^b R(t_1,t_2)\,\mathrm{d}t_1\mathrm{d}t_2 \qquad (9A-9)$$

◀

附录 9B 位移算子和平稳过程

一个严格平稳过程可以由单个随机变量 $\boldsymbol{x}$ 的一连串位移 $T\boldsymbol{x}$ 得到，其中 T 是从概率空间 S 到它本身的一对一保测度变换(映射)。这个困难课题在数学上具有重大意义。下面，我们简略说明一些概念，但仅限于离散时间情况。

S 到其本身的变换 T 是对 S 的每个元素 ξ_i 指定 S 的另一元素与之对应的规则。

$$\tilde{\xi}_i=T\xi_i \qquad (9B-1)$$

$\tilde{\xi}_i$ 称为像点。S 的子集 A 的所有元素 ξ_i 的像点 $\tilde{\xi}_i$ 构成 S 的另一子集

$$\tilde{A}=TA$$

我们称它为 A 的像。

我们将假设变换 T 具有下列性质：

性质 1：它是一对一的，即

$$若\ \xi_i \neq \xi_j, \qquad 则\ \widetilde{\xi}_i \neq \widetilde{\xi}_j。$$

性质 2：它是保测度的。即若 A 是一个事件，则其像 $\widetilde{A}$ 也是一个事件，且满足

$$P(\widetilde{A}) = P(A) \tag{9B-2}$$

假定 $\boldsymbol{x}$ 是一个随机变量，T 为上面所述的变换。表达式 $T\boldsymbol{x}$ 表示另一个随机变量

$$\boldsymbol{y} = T\boldsymbol{x}，使得\ \boldsymbol{y}(\widetilde{\xi}_i) = \boldsymbol{x}(\xi_i) \tag{9B-3}$$

式中 ξ_i 是 $\widetilde{\xi}_i$ 的惟一逆元。因为元素 $\widetilde{\xi}_i$ 构成的集合也是 S（见性质 1），这样对 S 的每个元素都规定了 $\boldsymbol{y}$。

表达式 $\boldsymbol{z}=T^{-1}\boldsymbol{x}$ 意味着 $\boldsymbol{x}=T\boldsymbol{z}$。因而当且仅当 $\boldsymbol{z}(\xi_i)=\boldsymbol{x}(\widetilde{\xi}_i)$ 时，才有

$$\boldsymbol{z} = T^{-1}\boldsymbol{x}$$

类似我们可以定义 $T^2\boldsymbol{x}=T(T\boldsymbol{x})=T\boldsymbol{y}$ 以及

$$T^n\boldsymbol{x} = T(T^{n-1}\boldsymbol{x}) = T^{-1}(T^{n+1}\boldsymbol{x})$$

其中 n 为任何正或负的整数。

由(9B-3)式可知：若对某些 ξ_i 有 $\boldsymbol{x}(\xi_i)\leqslant w$，则 $\boldsymbol{y}(\widetilde{\xi}_i)=\boldsymbol{x}(\xi_i)\leqslant w$。因而事件$\{\boldsymbol{y}\leqslant w\}$是事件$\{\boldsymbol{x}\leqslant w\}$的像。从而，对于任何 w，有[见(9B-2)式]

$$P\{\boldsymbol{x} \leqslant w\} = P\{\boldsymbol{y} \leqslant w\} \qquad \boldsymbol{y} = T\boldsymbol{x} \tag{9B-4}$$

因此，我们可以得出结论：随机变量 $\boldsymbol{x}$ 和 $T\boldsymbol{x}$ 有相同的分布 $F_x(x)$。

给定随机变量 $\boldsymbol{x}$ 和变换 T，我们构造随机过程

$$\boldsymbol{x}_0 = \boldsymbol{x} \quad \boldsymbol{x}_n = T^n\boldsymbol{x} \qquad n = -\infty, \cdots, \infty \tag{9B-5}$$

由(9B-4)式可知，这样构造的随机变量 $\boldsymbol{x}_n$ 具有相同的分布。类似可以证明：它们的任意阶联合分布对于原点的移动保持不变。因此，这样的过程 $\boldsymbol{x}_n$ 是严格平稳的。

可以证明它的逆命题也成立：给定一个严格平稳过程 $\boldsymbol{x}_n$，我们能够找到一个随机变量 $\boldsymbol{x}$ 和一个从空间 S 变换到它本身的一对一保测度变换，使得对所有的需要的用途而言，$\boldsymbol{x}_n=T^n\boldsymbol{x}$。这个结论的证明是困难的，这里我们略去。

习　题

9-1　在均匀硬币实验中，定义过程 $\boldsymbol{x}(t)$ 如下：当正面出现时，$\boldsymbol{x}(t)=\sin\pi t$；当反面出现时，$\boldsymbol{x}(t)=2t$。

(a) 求 $E\{\boldsymbol{x}(t)\}$。

(b) 求 $t=0.25$，$t=0.5$ 和 $t=1$ 时的 $F(x,t)$。

9-2　过程 $\boldsymbol{x}(t)=\mathrm{e}^{\boldsymbol{a}t}$ 是一族依赖于随机变量 $\boldsymbol{a}$ 的指数函数。试用 $\boldsymbol{a}$ 的密度函数 $f_a(a)$ 表示 $\boldsymbol{x}(t)$ 的均值 $\eta(t)$，自相关函数 $R(t_1,t_2)$ 和一阶密度函数 $f(x,t)$。

9-3　假定过程 $\boldsymbol{x}(t)$ 是如图 9-3 所示的泊松过程，且 $E\{\boldsymbol{x}(9)\}=6$。(a)求 $\boldsymbol{x}(8)$ 的均值和方差。(b)求 $P\{\boldsymbol{x}(2)\leqslant 3\}$。(c)求 $P\{\boldsymbol{x}(4)\leqslant 5 | \boldsymbol{x}(2)\leqslant 3\}$。

9-4　随机变量 $\boldsymbol{c}$ 在区间$(0,T)$内均匀分布。求下列情况下的 $R_x(t_1,t_2)$：(a) $\boldsymbol{x}(t)=U(t-\boldsymbol{c})$，(b) $\boldsymbol{x}(t)=\delta(t-\boldsymbol{c})$。

9-5　$\boldsymbol{a}$ 和 $\boldsymbol{b}$ 是独立的随机变量 $N(0;\sigma)$，p 是过程 $\boldsymbol{x}(t)=\boldsymbol{a}-\boldsymbol{b}t$ 在区间$(0,T)$内穿越 t 轴的概率。证明 $\pi p=\arctan T$。

提示：$P=P\{0\leqslant \boldsymbol{a}/\boldsymbol{b}\leqslant T\}$。

9-6　证明：若

$$R_v(t_1,t_2)=q(t_1)\delta(t_1-t_2)$$

且有 $\boldsymbol{w}''(t)=\boldsymbol{v}(t)U(t)$ 和 $\boldsymbol{w}(0)=\boldsymbol{w}'(0)=0$，则

$$E\{\boldsymbol{w}^2(t)\}=\int_0^t(t-\tau)^2q(\tau)\mathrm{d}\tau$$

9-7　$\boldsymbol{x}(t)$是实过程，其自相关函数为 $R(\tau)$。

(a) 证明 $P\{|\boldsymbol{x}(t+\tau)-\boldsymbol{x}(t)|\geqslant a\}\leqslant 2[R(0)-R(\tau)]/a^2$

(b) 用 $\boldsymbol{x}(t)$的二阶密度函数 $f(x_1,x_2;\tau)$表示 $P\{|\boldsymbol{x}(t+\tau)-\boldsymbol{x}(t)|\geqslant a\}$。

9-8　正态广义平稳过程 $\boldsymbol{x}(t)$的均值为 $E\{\boldsymbol{x}(t)\}=0$，自相关函数为 $R(\tau)=4^{-2|\tau|}$。(a) 求 $P\{\boldsymbol{x}(t)\leqslant 3\}$。(b) 求 $E\{[\boldsymbol{x}(t+1)-\boldsymbol{x}(t-1)]^2\}$。

9-9　证明当且仅当 $E\{\boldsymbol{c}\}=0$ 且 $w(t)=\mathrm{e}^{\mathrm{j}(\omega t+\theta)}$，过程 $\boldsymbol{x}(t)=\boldsymbol{c}w(t)$为广义平稳过程。

9-10　设正态广义平稳过程 $\boldsymbol{x}(t)$的均值为 $E\{\boldsymbol{x}(t)\}=0$。证明若 $\boldsymbol{z}(t)=\boldsymbol{x}^2(t)$，则 $C_{zz}(\tau)=2C_{xx}^2(\tau)$。

9-11　若 $\boldsymbol{y}''(t)+4\boldsymbol{y}'(t)+13\boldsymbol{y}(t)=26+\boldsymbol{v}(t)$，且 $R_{vv}(\tau)=10\delta(\tau)$，求 $E\{\boldsymbol{y}(t)\}$，$E\{\boldsymbol{y}^2(t)\}$和 $R_{yy}(\tau)$。若 $\boldsymbol{v}(t)$为正态过程，求 $P\{\boldsymbol{y}(t)\leqslant 3\}$。

9-12　证明：若过程 $\boldsymbol{x}(t)$均值为零，自相关函数为 $f(t_1)f(t_2)w(t_1-t_2)$，则过程 $\boldsymbol{y}(t)=\boldsymbol{x}(t)/f(t)$是广义平稳过程且其自相关函数为 $w(\tau)$。若 $\boldsymbol{x}(t)$为白噪声，且其自相关函数为 $q(t_1)\delta(t_1-t_2)$，则过程 $\boldsymbol{z}(t)=\boldsymbol{x}(t)/\sqrt{q(t)}$是广义平稳白噪声，且自相关函数为 $\delta(\tau)$。

9-13　证明：$|R_{xy}(\tau)|\leqslant\frac{1}{2}[R_{xx}(0)+R_{yy}(0)]$。

9-14　证明：若过程 $\boldsymbol{x}(t)$和 $\boldsymbol{y}(t)$是广义平稳过程，且 $E\{|\boldsymbol{x}(0)-\boldsymbol{y}(0)|^2\}=0$，则 $R_{xx}(\tau)\equiv R_{xy}(\tau)\equiv R_{yy}(\tau)$。

提示：(9-176)式中令 $\boldsymbol{z}=\boldsymbol{x}(t+\tau)$，$\boldsymbol{w}=\boldsymbol{x}^*(t)-\boldsymbol{y}^*(t)$。

9-15　证明：若复过程 $\boldsymbol{x}(t)$为广义平稳的，则 $E\{|\boldsymbol{x}(t+\tau)-\boldsymbol{x}(t)|^2\}=2\mathrm{Re}[R(0)-R(\tau)]$。

9-16　证明：若 $\boldsymbol{\varphi}$ 是 $\boldsymbol{\Phi}(\lambda)=E\{\mathrm{e}^{\mathrm{j}\lambda\boldsymbol{\varphi}}\}$且 $\boldsymbol{\Phi}(1)=\boldsymbol{\Phi}(2)=0$ 的一个随机变量，则过程 $\boldsymbol{x}(t)=\cos(\omega t+\boldsymbol{\varphi})$是广义平稳的。如果 $\boldsymbol{\varphi}$ 在区间$(-\pi,\pi)$内均匀分布，求 $E\{\boldsymbol{x}(t)\}$和 $R_x(\tau)$。

9-17　给定一个正交增量过程 $\boldsymbol{x}(t)$，且 $\boldsymbol{x}(0)=0$，证明：(a) $t_1\leqslant t_2$时，有 $R(t_1,t_2)=R(t_1,t_1)$；(b) 若 $E\{[\boldsymbol{x}(t_1)-\boldsymbol{x}(t_2)]^2\}=q|t_1-t_2|$，则 $\boldsymbol{y}(t)=[\boldsymbol{x}(t+\varepsilon)-\boldsymbol{x}(t)]/\varepsilon$ 是广义平稳过程，且其自相关函数是底为 2ε 面积为 q 的三角形。

9-18　证明：若 $R_{xx}(t_1,t_2)=q(t_1)\delta(t_1-t_2)$，且 $\boldsymbol{y}(t)=\boldsymbol{x}(t)*h(t)$，则 $E\{\boldsymbol{x}(t)\boldsymbol{y}(t)\}=h(0)q(t)$。

9-19　$\boldsymbol{x}(t)$是正态过程，且有 $\eta_x=0$ 和 $R_x(\tau)=4\mathrm{e}^{-3|\tau|}$。求一个无记忆系统 $g(x)$，使得输出 $\boldsymbol{y}(t)=g[\boldsymbol{x}(t)]$的一阶密度函数 $f_y(y)$在区间(6,9)内均匀分布。

9-20　证明：若 $\boldsymbol{x}(t)$是严格平稳过程，$\boldsymbol{\varepsilon}$ 是独立于 $\boldsymbol{x}(t)$的随机变量，则过程 $\boldsymbol{y}(t)=\boldsymbol{x}(t-\boldsymbol{\varepsilon})$是严格平稳的。

9-21　证明：若 $\boldsymbol{x}(t)$是平稳过程，其导数为 $\boldsymbol{x}'(t)$，则对于任何给定的 t，随机变量 $\boldsymbol{x}(t)$与 $\boldsymbol{x}'(t)$

正交且不相关。

9-22 给定一个正态过程 $\boldsymbol{x}(t)$，且 $\eta_x=0$ 和 $R_x(\tau)=4e^{-2|\tau|}$，构造随机变量 $\boldsymbol{z}=\boldsymbol{x}(t+1)$ 和 $\boldsymbol{w}=\boldsymbol{x}(t-1)$，(a) 求 $E\{\boldsymbol{zw}\}$ 和 $E\{(\boldsymbol{z}+\boldsymbol{w})^2\}$；(b) 求 $f_z(z)$，$P\{\boldsymbol{z}<1\}$ 和 $f_{zw}(z,w)$。

9-23 证明：若 $\boldsymbol{x}(t)$ 是自相关函数为 $R(\tau)$ 的正态过程，则

$$P\{\boldsymbol{x}'(t)\leqslant a\}=G\left[\frac{a}{\sqrt{-R''(0)}}\right]$$

9-24 证明：若 $\boldsymbol{x}(t)$ 是零均值的正态过程，$\boldsymbol{y}(t)=\operatorname{sgn}\boldsymbol{x}(t)$，则

$$R_y(\tau)=\frac{2}{\pi}\sum_{n=1}^{\infty}\frac{1}{n}\left[J_0(n\pi)-(-1)^n\right]\sin\left[n\pi\frac{R_x(\tau)}{R_x(0)}\right]$$

式中 $J_0(x)$ 为贝塞尔函数。

提示：将(9-80)式中的 arcsine 展成傅里叶级数。

9-25 证明：若 $\boldsymbol{x}(t)$ 为零均值正态过程，且 $\boldsymbol{y}(t)=Ie^{a\boldsymbol{x}(t)}$，则

$$\eta_y=I\exp\left\{\frac{a^2}{2}R_x(0)\right\}\qquad R_y(\tau)=I^2\exp\{a^2[R_x(0)+R_x(\tau)]\}$$

9-26 证明：(a) 若 $\boldsymbol{y}(t)=a\boldsymbol{x}(ct)$，则 $R_y(\tau)=a^2R_x(c\tau)$。

(b) 若当 $\tau\to\infty$ 时 $R_x(\tau)\to 0$，且 $\boldsymbol{z}(t)=\lim\limits_{\varepsilon\to\infty}\sqrt{\varepsilon}\,\boldsymbol{x}(\varepsilon t)$，则 $R_z(\tau)=q\delta(\tau)$，$q=\int_{-\infty}^{\infty}R_x(\tau)\mathrm{d}\tau$。

9-27 证明：若 $\boldsymbol{x}(t)$ 是白噪声，在区间 $(0,T)$ 之外有 $h(t)=0$，而 $\boldsymbol{y}(t)=\boldsymbol{x}(t)*h(t)$，则 $|t_1-t_2|>T$ 时有 $R_{yy}(t_1,t_2)=0$。

9-28 证明：若

$$R_{xx}(t_1,t_2)=q(t_1)\delta(t_1-t_2)\qquad E\{\boldsymbol{y}^2(t)\}=I(t)$$

(a) 并且 $\boldsymbol{y}(t)=\int_0^t h(t,\alpha)\boldsymbol{x}(\alpha)\mathrm{d}\alpha$，则 $I(t)=\int_0^t h^2(t,\alpha)q(\alpha)\mathrm{d}\alpha$

(b) 并且 $\boldsymbol{y}'(t)+c(t)\boldsymbol{y}(t)=\boldsymbol{x}(t)$，则 $I'(t)+2c(t)I(t)=q(t)$

9-29 求下列情况下的 $E\{\boldsymbol{y}^2(t)\}$：(a) 如果 $R_{xx}(\tau)=5\delta(\tau)$，且对于所有 t

$$\boldsymbol{y}'(t)+2\boldsymbol{y}(t)=\boldsymbol{x}(t)\qquad\text{(i)}$$

(b) 如果(i) 式仅对 $t>0$ 时成立，而对于 $t\leqslant 0$，$\boldsymbol{y}(t)=0$。

提示：利用(9-99) 式。

9-30 冲激响应为 $h(t)=Ae^{-\alpha t}U(t)$ 的一个线性系统，其输入是 $R_x(\tau)=N\delta(\tau)$ 的过程 $\boldsymbol{x}(t)$，在 $t=0$ 时加入，$t=T$ 时断开。求 $E\{\boldsymbol{y}^2(t)\}$，并画出略图。

提示：利用(9-99) 式，且当 $0<t<T$ 时 $q(t)=N$，其它情况则为 0。

9-31 证明：若

$$\boldsymbol{s}=\int_0^{10}\boldsymbol{x}(t)\mathrm{d}t\qquad\text{则}\qquad E\{\boldsymbol{s}^2\}=\int_{-10}^{10}(10-|\tau|)R_x(\tau)\mathrm{d}\tau$$

如果 $E\{\boldsymbol{x}(t)\}=8$，$R_x(\tau)=64+10e^{-2|\tau|}$，求 $\boldsymbol{s}$ 的均值和方差。

9-32 $\boldsymbol{x}(t)$ 是广义平稳过程，它具有 $R_{xx}(\tau)=5\delta(\tau)$，且

$$\boldsymbol{y}'(t)+2\boldsymbol{y}(t)=\boldsymbol{x}(t)\qquad\text{(i)}$$

求下列各种情况下的 $E\{\boldsymbol{y}^2(t)\}$，$R_{xy}(t_1,t_2)$，$R_{yy}(t_1,t_2)$：(a) 如果对于所有 t，(i) 式都成立；

(b) 如果 $\boldsymbol{y}(0)=0$,且 $t\geqslant 0$ 时(i) 式成立。

9-33　求下列情况下的 $S(\omega)$：(a) $R(\tau)=\mathrm{e}^{-\alpha\tau^2}$，(b) $R(\tau)=\mathrm{e}^{-\alpha\tau^2}\cos\omega_0\tau$。

9-34　证明严格平稳过程 $\boldsymbol{x}(t)$ 的功率谱为

$$S(\omega)=\int_{-\infty}^{\infty}\int_{-\infty}^{\infty}x_1x_2G(x_1,x_2;\omega)\mathrm{d}x_1\mathrm{d}x_2$$

式中 $G(x_1,x_2;\omega)$ 是 $\boldsymbol{x}(t)$ 的二阶密度函数 $f(x_1,x_2;\tau)$ 关于变量 τ 的傅里叶变换。

9-35　证明:若 $\boldsymbol{y}(t)=\boldsymbol{x}(t+a)-\boldsymbol{x}(t-a)$,则

$$R_y(\tau)=2R_x(\tau)-R_x(\tau+2a)-R_x(\tau-2a)\qquad S_y(\omega)=4S_x(\omega)\sin^2 a\omega$$

9-36　利用(9-135)式,证明

$$R(0)-R(\tau)\geqslant\frac{1}{4^n}[R(0)-R(2^n\tau)]$$

提示：$1-\cos\theta=2\sin^2\dfrac{\theta}{2}\geqslant 2\sin^2\dfrac{\theta}{2}\cos^2\dfrac{\theta}{2}=\dfrac{1}{4}(1-\cos2\theta)$

9-37　$\boldsymbol{x}(t)$ 是正态过程,且有零均值和 $R(\tau)=I\mathrm{e}^{-\alpha|\tau|}\cos\beta\tau$。证明:若 $\boldsymbol{y}(t)=\boldsymbol{x}^2(t)$,则 $C_y(\tau)=I^2\mathrm{e}^{-2\alpha|\tau|}(1+\cos2\beta\tau)$。求 $S_y(\omega)$。

9-38　证明:若 $R(\tau)$ 是函数 $S(\omega)$ 的傅里叶反变换,且 $S(\omega)\geqslant 0$,则对任何 a_i,有

$$\sum_{i,k}a_ia_k^*R(\tau_i-\tau_k)\geqslant 0$$

提示：$\displaystyle\int_{-\infty}^{\infty}S(\omega)\left|\sum_i a_i\mathrm{e}^{\mathrm{j}\omega\tau_i}\right|^2\mathrm{d}\omega\geqslant 0$。

9-39　求下列情况下的 $R(\tau)$：(a) $S(\omega)=1/(1+\omega^4)$；(b) $S(\omega)=1/(4+\omega^2)^2$。

9-40　证明:对于复系统,由(9-149)和(9-194)式可得

$$\boldsymbol{S}_{yy}(s)=\boldsymbol{S}_{xx}(s)\boldsymbol{H}(s)\boldsymbol{H}^*(-s^*)\qquad \boldsymbol{S}_{yy}(z)=\boldsymbol{S}_{xx}(z)\boldsymbol{H}(z)\boldsymbol{H}^*(1/z^*)$$

9-41　$\boldsymbol{x}(t)$ 是正态过程,其均值为零,证明:若 $\boldsymbol{y}(t)=\boldsymbol{x}^2(t)$,则

$$S_y(\omega)=2\pi R_x^2(0)\delta(\omega)+\frac{1}{\pi}S_x(\omega)*S_x(\omega)$$

画出下列情况下的 $S_y(\omega)$:若 $S_x(\omega)$ 是(a) 理想 LP;(b) 理想 BP。

9-42　$\boldsymbol{x}(t)$ 是广义平稳过程,且 $E\{\boldsymbol{x}(t)\}=5$，$R_{xx}(\tau)=25+4\mathrm{e}^{-2|\tau|}$。若 $\boldsymbol{y}(t)=2\boldsymbol{x}(t)+3\boldsymbol{x}'(t)$,求 η_y,$R_{yy}(\tau)$，$S_{yy}(\omega)$。

9-43　$\boldsymbol{x}(t)$ 是广义平稳过程,且 $R_{xx}(\tau)=5\delta(\tau)$。(a) 若 $\boldsymbol{y}'(t)+3\boldsymbol{y}(t)=\boldsymbol{x}(t)$,求 $E\{\boldsymbol{y}^2(t)\}$ 和 $S_{yy}(\omega)$；(b) 若 $\boldsymbol{y}'(t)+3\boldsymbol{y}(t)=\boldsymbol{x}(t)U(t)$,求 $E\{\boldsymbol{y}^2(t)\}$ 和 $R_{xy}(t_1,t_2)$。画出函数 $R_{xy}(2,t_2)$ 和 $R_{xy}(t_1,3)$ 的略图。

9-44　给定复过程 $\boldsymbol{x}(t)$,其自相关函数为 $R(\tau)$。证明:若 $|R(\tau_1)|=|R(0)|$,则

$$R(\tau)=\mathrm{e}^{\mathrm{j}\omega_0\tau}w(\tau)\qquad \boldsymbol{x}(t)=\mathrm{e}^{\mathrm{j}\omega_0 t}\boldsymbol{y}(t)$$

式中 $w(\tau)$ 为周期函数,且周期为 τ_1,$\boldsymbol{y}(t)$ 是具有相同周期的均方周期过程。

9-45　证明:(a) $E\{\boldsymbol{x}(t)\check{\boldsymbol{x}}(t)\}=0$；(b) $\check{\check{\boldsymbol{x}}}(t)=-\boldsymbol{x}(t)$。

9-46　(随机共振) 系统

$$\boldsymbol{H}(s)=\frac{1}{s^2+2s+5}$$

的输入是广义平稳过程 $\boldsymbol{x}(t)$,且 $E\{\boldsymbol{x}^2(t)\}=10$。求使输出 $\boldsymbol{y}(t)$ 的平均功率 $E\{\boldsymbol{y}^2(t)\}$

为最大的 $S_x(\omega)$。

提示：$\omega=\sqrt{3}$ 时，$|\boldsymbol{H}(\mathrm{j}\omega)|$ 最大。

9-47 证明：若 $R_x(\tau)=A\mathrm{e}^{\mathrm{j}\omega_0\tau}$，则对任何 $\boldsymbol{y}(t)$，有 $R_{xy}(\tau)=B\mathrm{e}^{\mathrm{j}\omega_0\tau}$。

提示：利用(9-180)式。

9-48 给定一个系统 $H(\omega)$，其输入为 $\boldsymbol{x}(t)$，输出为 $\boldsymbol{y}(t)$，证明：

(a) 若 $\boldsymbol{x}(t)$ 是广义平稳过程，且 $R_{xx}(\tau)=\mathrm{e}^{\mathrm{j}\alpha\tau}$，则

$$R_{yx}(\tau)=\mathrm{e}^{\mathrm{j}\alpha\tau}H(\alpha)\qquad R_{yy}(\tau)=\mathrm{e}^{\mathrm{j}\alpha\tau}\,|\,H(\alpha)\,|^2$$

(b) 若 $R_{xx}(t_1,t_2)=\mathrm{e}^{\mathrm{j}(\alpha t_1-\beta t_2)}$，则

$$R_{yx}(t_1,t_2)=\mathrm{e}^{\mathrm{j}(\alpha t_1-\beta t_2)}H(\alpha)\qquad R_{yy}(t_1,t_2)=\mathrm{e}^{\mathrm{j}(\alpha t_1-\beta t_2)}H(\alpha)H^*(\beta)$$

9-49 证明：若 $S_{xx}(\omega)S_{yy}(\omega)\equiv 0$，则 $S_{xy}(\omega)\equiv 0$。

9-50 证明：若 $\boldsymbol{x}[n]$ 是广义平稳过程，且 $R_x[1]=R_x[0]$，则对任何 m，有 $R_x[m]=R_x[0]$。

9-51 证明：若 $R[m]=E\{\boldsymbol{x}[n+m]\boldsymbol{x}[n]\}$，则 $R[0]R[2]\geqslant 2R^2[1]-R^2[0]$

9-52 给定密度函数为 $f(\omega)$ 的一个随机变量 $\boldsymbol{\omega}$，当 $|\omega|>\pi$ 时有 $f(\omega)=0$，我们构造过程 $\boldsymbol{x}[n]=A\mathrm{e}^{\mathrm{j}n\boldsymbol{\omega}}$，证明：当 $|\omega|<\pi$ 时有 $S_x(\omega)=2\pi A^2f(\omega)$。

9-53 (a) 若 $\boldsymbol{y}(0)=\boldsymbol{y}'(0)=0$，且

$$\boldsymbol{y}''(t)+7\boldsymbol{y}'(t)+10\boldsymbol{y}(t)=\boldsymbol{x}(t)\qquad R_x(\tau)=5\delta(\tau)$$

求 $E\{\boldsymbol{y}^2(t)\}$。

(b) 若 $\boldsymbol{y}[-1]=\boldsymbol{y}[-2]=0$，且

$$8\boldsymbol{y}[n]-6\boldsymbol{y}[n-1]+\boldsymbol{y}[n-2]=\boldsymbol{x}[n]\qquad R_x[m]=5\delta[m]$$

求 $E\{\boldsymbol{y}^2[n]\}$。

9-54 $\boldsymbol{x}[n]$ 是广义平稳过程，且 $R_{xx}[m]=5\delta[m]$，

$$\boldsymbol{y}[n]-0.5\boldsymbol{y}[n-1]=\boldsymbol{x}[n]\tag{i}$$

求下列情况下的 $E\{\boldsymbol{y}^2[n]\}$，$R_{xy}[m_1,m_2]$，$R_{yy}[m_1,m_2]$：(a) 对所有 n，(i) 式均成立；(b) 若 $\boldsymbol{y}[-1]=0$，且对 $n\geqslant 0$，(i) 式成立。

9-55 证明：(a) 若 $R_x[m_1,m_2]=q[m_1]\delta[m_1-m_2]$，且 $\boldsymbol{s}=\sum_{n=0}^{N}a_n\boldsymbol{x}[n]$，则

$$E\{\boldsymbol{s}^2\}=\sum_{n=0}^{N}a_n^2q[n]$$

(b) 若 $R_{xx}(t_1,t_2)=q(t_1)\delta(t_1-t_2)$，且 $\boldsymbol{s}=\int_0^T a(t)\boldsymbol{x}(t)\mathrm{d}t$，则

$$E\{\boldsymbol{s}^2\}=\int_0^T a^2(t)q(t)\mathrm{d}t$$

第 10 章 随机游动及其应用

10.1 随机游动[①]

考虑一个独立随机变量序列，假定每个随机变量分别以概率 p 和 $q=1-p$ 取值为 $+1$ 和 -1。一个常见的例子是伯努利试验序列 $\boldsymbol{x}_1,\boldsymbol{x}_2,\cdots,\boldsymbol{x}_n,\cdots$，其中每次试验成功的概率为 p。若第 k 次试验成功则 $\boldsymbol{x}_k=+1$，否则 $\boldsymbol{x}_k=-1$。令 $\boldsymbol{s}_n$ 表示部分和

$$\boldsymbol{s}_n=\boldsymbol{x}_1+\boldsymbol{x}_2+\cdots+\boldsymbol{x}_n \qquad \boldsymbol{s}_0=0 \tag{10-1}$$

则它表示在第 n 次试验时累计为正或负的余量。在一个随机游动模型中，粒子在一个规则区间中前进或后退一步，并且 $\boldsymbol{s}_n$ 表示第 n 步时粒子所处的位置（见图 10-1）。若 $p=q=1/2$，则称该随机游动是对称的；若 $p\neq q$，则称之为非对称的。在例 3-15 中讨论的赌博者破产问题

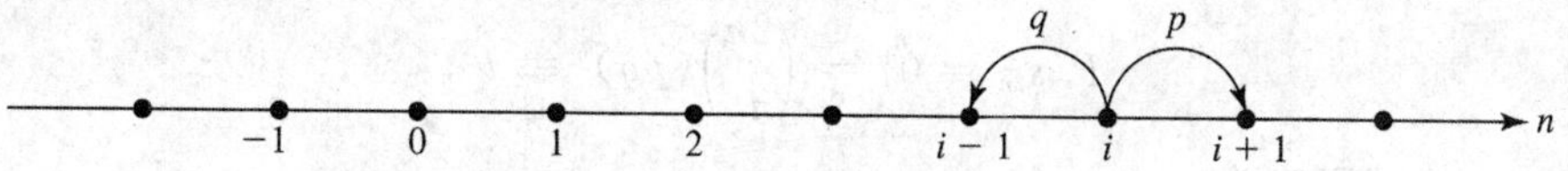

(a)

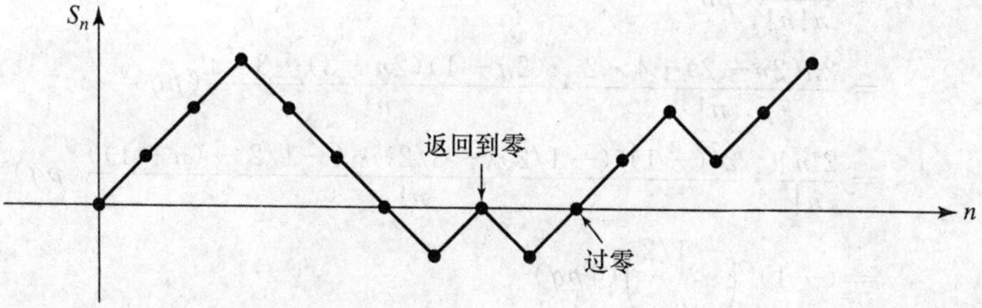

(b)

图 10-1 随机游动

中，$\boldsymbol{s}_n$ 表示在第 n 次玩家 A 所拥有的资金。很多现实生活中的现象都可以用随机游动来建模。扩散过程中气体分子的运动，热噪声现象和特定股票股值的波动都被假定为连续碰撞或某类随机脉冲作用的结果。特别是，该模型将有助于我们研究独立观察的扩展序列的长期行

① 1912 年，George Polya 在他的文章中第一次提到随机游动。（见 *Random Walks of George Polya* by G. L. Alexanderson，由 *The Mathematical Association of America* (2000)发表。）

为。

在本章中,我们对下列事件以及它们的概率特别感兴趣:连续 n 步中,"返回原点(或零点)"这一事件表示了随机游动返回起始点,它是一个重要的事件,因为这时随机游动将从该过程再一次从起始点出发向前运动。特别是,我们对下列事件也很感兴趣:"第一次返回(到达)原点",或者更一般地,"第 r 次返回原点","得到第一个增量的等待时间(第一次得到+1)","第一次穿过 $r>0$(r 次增量的等待时间)"。另外,我们还将研究符号变化的次数(也就是过零点的数目),最大、最小值的范围及其相应概率。

为了计算这些事件的概率,设$\{s_n=r\}$表示事件"第 n 步粒子位于 r 点",其概率为 $p_{n,r}$,则

$$p_{n,r} \equiv P\{s_n = k\} = \binom{n}{k} p^k q^{n-k} \tag{10-2}$$

式中 k 表示在 n 次试验中成功的次数,$n-k$ 是失败次数。但净增量为

$$r = k-(n-k) = 2k-n \tag{10-3}$$

或 $k=(n+r)/2$,则

$$p_{n,r} = \binom{n}{(n+r)/2} p^{(n+r)/2} q^{(n-r)/2} \tag{10-4}$$

如果$(n+r)/2$ 不是 0 到 n 中的一个整数,则二项式系数为零。也就是说式(10-4)中 n 和 r 必须同为奇数或同为偶数。

返回原点 若在第 n 步时,累计成功和累计失败的次数相等,则 $s_n=0$,即随机游动返回原点。在此种情况下,(10-3)式中的 $r=0$ 或 $n=2k$,即 n 必须为偶数,并且在第 $2n$ 步试验中的返回概率为

$$P\{s_{2n} = 0\} = \binom{2n}{n}(pq)^n \equiv u_{2n} \tag{10-5}$$

其中 $u_0=1$。上式可变为

$$\begin{aligned} u_{2n} &= \frac{(2n)!}{n!n!}(pq)^n \\ &= \frac{2n(2n-2)\cdots 4\cdot 2}{n!}\cdot\frac{(2n-1)(2n-3)\cdots 3\cdot 1}{n!}(pq)^n \\ &= \frac{2^n n!}{n!}\cdot\frac{2^n(-1)^n(-1/2)(-3/2)\cdots(-1/2-(n-1))}{n!}(pq)^n \\ &= (-1)^n\binom{-1/2}{n}(4pq)^n \end{aligned} \tag{10-6}$$

因此,序列$\{u_{2n}\}$的矩生成函数为

$$U(z) = \sum_{n=0}^{\infty} u_{2n} z^{2n} = \sum_{n=0}^{\infty}\binom{-1/2}{n}(-4pqz)^n = \frac{1}{\sqrt{1-4pqz^2}} \tag{10-7}$$

由于$U(1) = \sum_{n=0}^{\infty} u_{2n} \neq 1$,因此(10-6)式中的序列$\{u_{2n}\}$不表示一个概率分布。实际上,对于 $p = q = 1/2$,我们可得 $U(1) = \sum_{n=0}^{\infty} u_{2n} = \infty$,并且从(2-70)式和波雷尔-康特尔引理的第二部分可知,返回平衡点将多次或无数次发生。

第一次返回原点 在所有返回原点或平衡点情况中,我们特别注重**第一次返回原点**的情况。

$$B_n = \{s_1 \neq 0,\ s_2 \neq 0, \cdots, s_{2n-1} \neq 0,\ s_{2n} = 0\} \tag{10-8}$$

若事件发生，则第 $2n$ 步返回零点发生。令 v_{2n} 表示该事件的概率，则

$$v_{2n} = P(B_n) = P\{s_1 \neq 0,\ s_2 \neq 0, \cdots, s_{2n-1} \neq 0,\ s_{2n} = 0\} \tag{10-9}$$

其中 $v_0 = 0$。概率 u_{2n} 和 v_{2n} 按照一种重要的方式相关联。第 $2n$ 步返回原点表示以概率 v_{2n} 第一次返回，或者表示以概率 v_{2k} 在 $2k < 2n$ 步第一次返回发生，并且在第 $2n-2k$ 次之后将以概率 u_{2n-2k} 独立返回零点，其中 $k = 1, 2, \cdots, n$。由于这些事件是互斥且完备的，因此我们得到重要的恒等式

$$u_{2n} = v_{2n} + v_{2n-2}u_2 + \cdots + v_2 u_{2n-2} = \sum_{k=1}^{n} v_{2k} u_{2n-2k} \quad n \geqslant 1 \tag{10-10}$$

利用(10 - 10)式，我们来计算序列 $\{v_{2n}\}$ 的矩生成函数。从 $u_0 = 1$，我们得到

$$\begin{aligned} U(z) &= 1 + \sum_{n=1}^{\infty} u_{2n} z^{2n} = 1 + \sum_{n=1}^{\infty} \Big(\sum_{k=1}^{n} v_{2k} u_{2n-2k}\Big) z^{2n} \\ &= 1 + \sum_{m=0}^{\infty} u_{2m} z^{2m} \cdot \sum_{k=0}^{\infty} v_{2k} z^{2k} = 1 + U(z)V(z) \end{aligned} \tag{10-11}$$

或者

$$U(z) = \frac{1}{1 - V(z)} \tag{10-12}$$

因此

$$V(z) = \sum_{n=0}^{\infty} v_{2n} z^{2n} = 1 - \frac{1}{U(z)} = 1 - \sqrt{1 - 4pqz^2} \tag{10-13}$$

$$\begin{aligned} v_{2n} &= (-1)^{n-1} \binom{1/2}{n} (4pq)^n \\ &= \frac{(-1)^{n-1}(1/2)(-1/2)(-3/2)\cdots(3/2-n)}{n!}(4pq)^n \\ &= \frac{(2n-3)(2n-5)\cdots 3 \cdot 1}{2^n n!}(4pq)^n \\ &= \frac{(2n-2)!}{2^{n-1}2^n n!(n-1)!}(4pq)^n \\ &= \frac{1}{2n-1}\binom{2n-1}{n} 2(pq)^n \quad n \geqslant 1 \end{aligned} \tag{10-14}$$

更重要的是，利用(10 - 13)式，我们可以计算粒子迟早返回原点的概率。显然，在那种情况中，互斥事件 B_2 或 B_4，…中的一个必须发生。因此

$$\begin{aligned} P\{\text{微粒迟早返回原点}\} &= \sum_{n=0}^{\infty} P(B_n) = \sum_{n=0}^{\infty} v_{2n} \\ &= V(1) = 1 - \sqrt{1 - 4pq} \\ &= 1 - |p - q| = \begin{cases} 1 - |p-q| < 1 & p \neq q \\ 1 & p = q \end{cases} \end{aligned} \tag{10-15}$$

因而，若 $p \neq q$，则粒子永不返回原点的概率($P(s_{2k} \neq 0)$, $k \geqslant 1$)为 $|p-q| \neq 0$(有限)，并且若 $p = q = 1/2$，则粒子将以概率 1 返回原点。在后一种情况中，返回原点是一个确定事件。设 $\{v_{2n}\}$ 表示第一次返回原点的等待时间的概率分布。该随机变量的期望值为

$$\mu = V'(1) = \begin{cases} \dfrac{4pq}{|p-q|} & p \neq q \\ \infty & p = q \end{cases} \tag{10-16}$$

以赌博术语，这意味着：在双方均具有无限财产的公平游戏中，一方迟早将能赢回所有的损失，因此双方打成平手是必然发生的。那么，双方打成平手需要多长时间呢？由(10-16)式，在公平游戏中，打成平手的试验期望次数是无穷大。因此，在公平游戏中，一个具有有限财产的玩家将永远也达不到该点，更不用说实现正的净收益。例如，在一个公平游戏中，100次试验中没有打成平手发生的概率大概为0.08，则第一次返回原点的均值为无限，意味着抛单个硬币的无穷次试验的随机起伏服从一种分布，那完全不同于我们熟悉的正态分布。由(10-7)式和(10-13)式，我们也可得

$$1 - V(z) = (1 - 4pqz^2)U(z)$$

或

$$-v_{2n} = u_{2n} - 4pqu_{2n-2}$$

上式给出了一个有趣的恒等式

$$v_{2n} = 4pqu_{2n-2} - u_{2n} \tag{10-17}$$

在一个公平游戏中(对称随机游动)中，即 $p=q=1/2$，(10-17)式将简化为

$$v_{2n} = u_{2n-2} - u_{2n} \tag{10-18}$$

由此可得到恒等式

$$u_{2n} = v_{2n+2} + u_{2n+2} = v_{2n+2} + v_{2n+4} + v_{2n+6} + \cdots \tag{10-19}$$

(10-19)式的右边表示事件"在 $2n$ 步之后第一次返回原点发生"的概率，该事件等同于事件 $\{\boldsymbol{s}_1 \neq 0, \boldsymbol{s}_2 \neq 0, \cdots, \boldsymbol{s}_{2n} \neq 0\}$。因此，(10-19)式表明，在一个公平游戏中，事件 $\{\boldsymbol{s}_{2n}=0\}$ 的概率等于 $\{\boldsymbol{s}_1, \boldsymbol{s}_2, \cdots, \boldsymbol{s}_{2n}\}$ 都不等于零的概率。所以，在一个对称随机游动中，我们得到了一个奇怪的恒等式

$$P\{\boldsymbol{s}_1 \neq 0, \boldsymbol{s}_2 \neq 0, \cdots, \boldsymbol{s}_{2n} \neq 0\} = P\{\boldsymbol{s}_{2n} = 0\} = u_{2n} \tag{10-20}$$

多次返回原点　事件"第一次返回原点"可引出更一般的事件"在 $2n$ 次试验中，第 r 次返回原点"。令 $v_{2n}^{(r)}$ 表示此累积事件的概率。由于第一次返回零点后的试验构成了整个序列的概率复制，因此，重复使用推导(10-10)式的方法，我们得到

$$v_{2n}^{(r)} = \sum_{k=0}^{n} v_{2k} v_{2n-2k}^{(r-1)} \tag{10-21}$$

这表明：$\{v_{2n}^{(r)}\}$ 的生成函数为

$$\begin{aligned} V^{(r)}(z) &\equiv \sum_{n=0}^{\infty} v_{2n}^{(r)} z^{2n} \\ &= \sum_{k=0}^{\infty} v_{2k} z^{2k} \sum_{m=0}^{\infty} v_{2m}^{(r-1)} z^{2m} \\ &= V(z) V^{(r-1)}(z) = V^r(z) \end{aligned} \tag{10-22}$$

因此，$V^{(r)}(z)$ 是 $V(z)$ 的 r 次方。利用(10-13)式，经过简单的计算可证明：$V^{(r)}(z)$ 满足恒等式

$$V^{(r)}(z) = 2V^{r-1}(z) - 4pqz^2 V^{r-2}(z) \tag{10-23}$$

从而我们得到递推公式

$$v_{2n}^{(r)} = 2v_{2n}^{(r-1)} - 4pqv_{2n-2}^{(r-2)} \tag{10-24}$$

其初值 $v_{2n}^{(1)}$ 由(10-14)式给定。利用归纳法,所求事件“第 $2n$ 步中,第 r 次返回零点”的概率为

$$v_{2n}^{(r)} = \frac{r}{2n-r}\binom{2n-r}{n}2^r(pq)^n \tag{10-25}$$

当 $p=q=1/2$ 的特殊情况下,上述事件的概率为

$$v_{2n}^{(r)} = \frac{r}{2n-r}\binom{2n-r}{n}2^{-(2n-r)} \tag{10-26}$$

显然,$\xi_{r,N} = \sum_{2n\leqslant N} v_{2n}^{(r)}$ 给出了在第 N 步时第 r 次返回原点的概率。当 r 足够大时,我们可以利用(4-90)式棣莫弗-拉普拉斯定理来近似上面的和式。在(10-26)式中令 $2n-r=m$,即 $n=(m+r)/2$,使用(4-90)式可得

$$\begin{aligned}\binom{2n-r}{n}2^{-(2n-r)} &= \begin{bmatrix} m \\ \dfrac{m+r}{2}\end{bmatrix}(1/2)^{(m+r)/2}(1/2)^{(m-r)/2} \\ &\approx \frac{1}{\sqrt{2\pi m/4}}\mathrm{e}^{-[(m+r)/2-(m/2)]^2/(2m/4)} \\ &= \sqrt{\frac{2}{\pi m}}\mathrm{e}^{-r^2/2m}\end{aligned} \tag{10-27}$$

所以

$$v_m^{(r)} = \sqrt{\frac{2}{\pi}}\frac{r}{m^{3/2}}\mathrm{e}^{-r^2/2m} \tag{10-28}$$

我们应当记住,仅当 m 和 r 具有相同的奇偶性时,$\binom{m}{(m+r)/2}$ 和 $v_m(r)$ 才是非零的。因此,对于给定的 r,只有当 m 和 r 同为奇数或同为偶数时,上述近似公式才有效。对于任何 $m=cr^2$,计算所有非零项,我们得到

$$\eta_c \equiv \sum_{2n-r\leqslant cr^2} v_{2n}^{(r)} = \sum_{m=0}^{cr^2} v_m^{(r)} = \frac{1}{2}\int_0^{cr^2}\sqrt{\frac{2}{\pi}}\frac{r}{m^{3/2}}\mathrm{e}^{-r^2/2m}\mathrm{d}m \tag{10-29}$$

对于给定的 r,(10-29)式中的积分仅对 m 与 r 具有相同奇偶性的情况进行,此时近似公式有效。由(10-29)式的指数可知,仅有 r^2/m 既不太小也不太大的项在上述和式中起主要作用。在(10-29)式中令 $r^2/m=x^2$,则它可化简为

$$\eta_c = \sum_{m=0}^{cr^2} v_m^{(r)} = 2\int_{1/\sqrt{c}}^{\infty}\frac{1}{\sqrt{2\pi}}\mathrm{e}^{-x^2/2}\mathrm{d}x \tag{10-30}$$

对于固定的 c,(10-30)式给出了在时刻 $t=cr^2$ 之前 r 次返回原点的发生概率。因此,对于 $c=10$,我们得到的概率为 0.7566,所以,在一个公平游戏中,要使观测到 r 次返回零点的概率是 75%,必须准备进行 $10r^2$ 次游戏。换句话说,在一次公平游戏中,第 r 次返回零点的等待时间与 r 平方成正比增长(或 r 仅随 $\sqrt{n}$ 增长)。由于随机游动开始于粒子每次返回的零点,因此,第 r 次返回零点可以解释为 r 次独立等待时间的和,在这种情况下,此和为 cr^2,所以,它们的平均值与 r 成比例。为了保证第 r 次返回零点的发生概率接近于 1,由(10-30)式可知,c 必须与 r 的阶数大致相同,因此前次独立等待时间的平均值随 $cr=r^2$ 而增长,这意味着在前 r 次等待中至少有一次与整个和即 r^2 具有相同幅度。这说明长期多次返回零点的等待时间最后将会很大。换句话说,在长时间内,返回零点是稀有事件。由于通过零点的次数不会超过返回

零点的次数，因此，通过零点也是稀有事件，这揭示了随机游动出现了一个我们不期望的特性——随机起伏。例如，在一个延长的公平游戏中，"常识"可能告诉我们符号变化的次数(或返回零点)应该与游戏的持续时间成正比。在一个两倍长的游戏中，返回零点和符号改变的次数也应该是两倍。然而，上述的分析说明这是不正确的。实际上，返回零点的次数只随试验次数的平方根的增加而增加，令 $cr^2=N$ 并由(10-26)～(10-30)式可知，当 $n\to\infty$ 时，在前 N 次试验中返回零点的次数小于 $a\sqrt{N}$ 的概率等于

$$p_a = 2\int_a^{\infty} \frac{1}{\sqrt{2\pi}} e^{-x^2/2} dx \tag{10-31}$$

因此返回零点总数的中值大约为 $\frac{2}{3}\sqrt{N}$，因此，在一个长度为 10 000 的游戏中，更可能发生的是少于 66 次的返回零点。在 10 000 次试验中返回零点的次数超过 100 次的概率仅有 30%。更一般地，(10-31)式中的概率 p_a 随 a 的增加而减小。因此不考虑投掷次数，在长试验序列中，更可能发生的是较少的返回零点的次数。

图 10-2 给出了四次独立试验中 10 000 次投掷均匀硬币的仿真结果(图 10-2 的上半部分)。另外一面发生的次数，我们得到下面的图形，这也描述了正规的随机游动。因此，

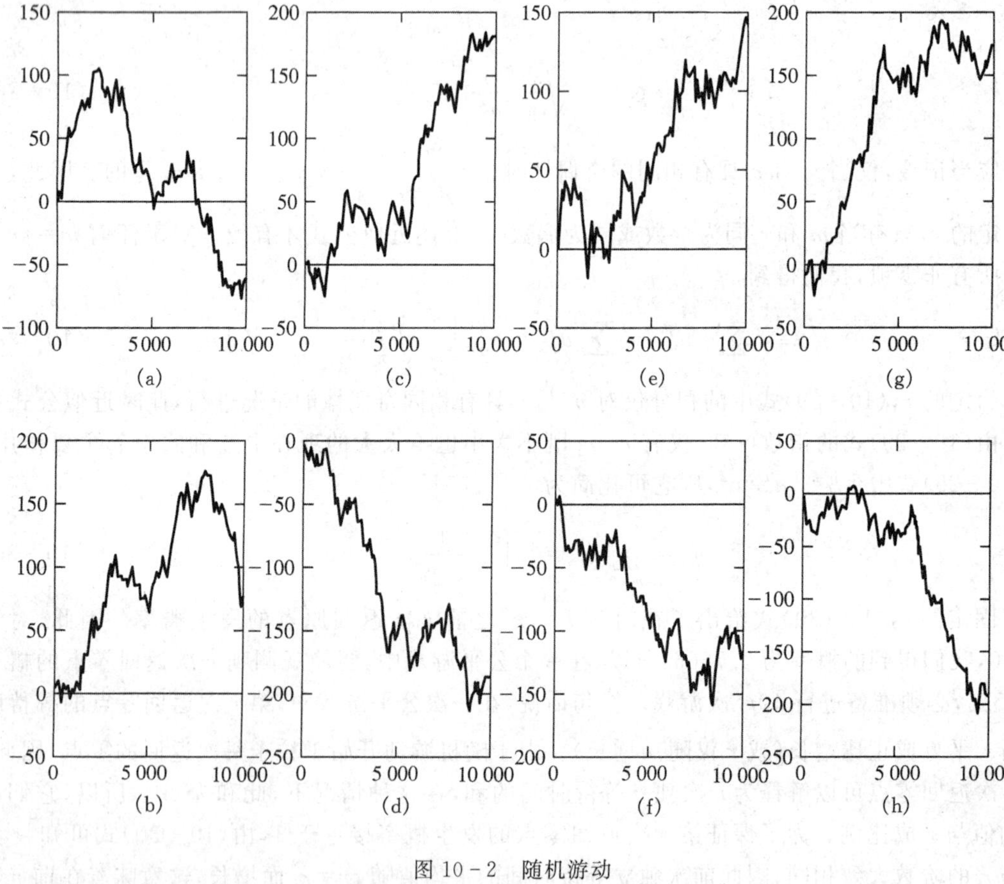

图 10-2　随机游动

上半部分表示四种不同的随机游动，其中每个小图表示公平地投掷钱币 10 000 次所得结果。
下半部分表示与上半部分相关的反向随机游动

图 10-2(a)和图 10-2(b)依次表示一个前向和逆向随机游动集。分别由它们各自的原点出发,逆随机游动自己返回零点和改变符号。表 10-1 给出了每个随机游动返回零点和改变符号的次数。在这些情况中,较小的实际返回零点的次数似乎有些违反直觉,并且少得令人吃惊,这是因为我们的直觉给出了更"常识"的解释。

研究了首次和之后的返回零点之后,下一个要考虑的事件就是在第 n 步第一次到达$+1$。在赌博术语中表示玩家 A 第一次获胜事件。

表 10-1　(在每次实验中,试验次数为 10 000)

随机游动		返回零的次数	变号(过零)次数
Ⅰ	a	60	28
	b	49	19
Ⅱ	c	46	19
	d	40	25
Ⅲ	e	47	29
	f	30	15
Ⅳ	g	35	21
	h	54	30

a, c, e, g: 前向走动; b, d, f, h: 后向走动

单位增量的等待时间　事件

$$\{\boldsymbol{s}_1 \leqslant 0, \boldsymbol{s}_2 \leqslant 0, \cdots, \boldsymbol{s}_{n-1} \leqslant 0, \boldsymbol{s}_n = +1\} \tag{10-32}$$

表示**第一次得到$+1$**,或**第一次穿过$+1$**。令 ϕ_n 表示(10-32)式中事件的概率,其中 $\phi_0=0$。给定初始值 $\phi_1=p$,且若对一些 $n>1$,(10-32)式成立,则 $\boldsymbol{s}_1=-1$ 的概率为 q,且必然存在一个很小的整数 $k<n$,使得 $\boldsymbol{s}_k=0$,在之后的$(n-k)$步中,将有新的第一次穿过$+1$,其中 $k=1,2,\cdots,n-2$。现在 $P(\boldsymbol{s}_1=-1)=q$,

$$\begin{aligned} &P\{\boldsymbol{s}_1 = -1, \boldsymbol{s}_2 < 0, \cdots, \boldsymbol{s}_{k-1} < 0, \boldsymbol{s}_k = 0\} \\ &= P\{\boldsymbol{s}_1 = 0, \boldsymbol{s}_2 \leqslant 0, \cdots, \boldsymbol{s}_{k-1} \leqslant 0, \boldsymbol{s}_k = +1\} = \phi_{k-1} \end{aligned} \tag{10-33}$$

并且以上提到的第三个事件的概率为 ϕ_{n-k},因此,由它们的独立性和对所有可能 k(互斥)次事件的和,我们可得

$$\phi_n = q(\phi_1\phi_{n-2} + \phi_2\phi_{n-3} + \cdots + \phi_{n-2}\phi_1) \quad n > 1 \tag{10-34}$$

相应的生成函数为

$$\begin{aligned} \Phi(z) &= \sum_{n=1}^{\infty}\phi_n z^n = pz + \sum_{n=2}^{\infty} q\left\{\sum_{k=1}^{n-1}\phi_k\phi_{n-k-1}\right\}z^n \\ &= pz + qz\sum_{m=1}^{\infty}\phi_m z^m \sum_{k=1}^{\infty}\phi_k z^k = pz + qz\Phi^2(z) \end{aligned} \tag{10-35}$$

此二次方程的两个解中,一个在 $z=0$ 附近,这时 $\phi(z)$无界,而 $\phi(z)$的惟一有界解由下式给出

$$\Phi(z) = \frac{1-\sqrt{1-4pqz^2}}{2qz} \tag{10-36}$$

利用(10-13)式我们可得

$$V(z) = 2qz\Phi(z) \tag{10-37}$$

因此,由(10-14)式可得

$$\phi_{2n-1}=\frac{v_{2n}}{2q}=\frac{(-1)^{n-1}}{2q}\binom{1/2}{n}(4pq)^n \qquad n\geqslant 1 \tag{10-38}$$

且 $\phi_{2n}=0$。由(10-36)式我们也可得

$$\Phi(1)=\sum_{n=1}^{\infty}\phi_n=\frac{1-\sqrt{1-4pq}}{2q}=\frac{1-|p-q|}{2q} \tag{10-39}$$

因此

$$\sum_{n=1}^{\infty}\phi_n=\begin{cases}p/q & p<q\\ 1 & p\geqslant q\end{cases} \tag{10-40}$$

若 $p<q$,则累计增量 $\boldsymbol{s}_n$ 永远为负的概率等于 $(q-p)/q$。实际上,若 $p\geqslant q$,该概率为零,意味着 $\boldsymbol{s}_n$ 迟早变为正的概率为1。在那种情况中,ϕ_n 表示第一次穿过 $+1$ 的等待时间的概率分布,并且由(10-37)式可得其均值为

$$\Phi'(1)=\frac{V'(1)}{2q}-\phi(1)=\left\{\frac{1}{|p-q|}-1\right\}\frac{1}{2q}=\begin{cases}1/(p-q) & p>q\\ \infty & p=q\\ p/q(q-p) & q>p\end{cases} \tag{10-41}$$

仍然是在公平游戏中,尽管获得正的净利总是会发生,但第一次获得正利所进行的试验次数具有无限期望,它需要很长的时间才发生。这给我们带来如下问题:获得相当大利润的概率是多少?需要多长时间?

<u>**第一次通过最大值**</u>　更一般地,我们可以考虑事件"在第 n 步发生第一次通过 $r>0$",并把它的概率记为 $\phi_n^{(r)}$。这里 r 表示所期望的最大增量。由于第一次通过 $+1$ 之后的试验构成了整个序列的重复,多次第一次通过的等待时间是相互独立的,因此第一次通过一个正的增量 r 的等待时间是 r 个具有相同分布的独立随机变量 $\{\phi_n\}$ 的和。这样就得到 $\phi_n^{(r)}$ 的生成函数[见(10-22)式]

$$\Phi^{(r)}(z)\equiv\sum_{n=1}^{\infty}\phi_n^{(r)}z^r=\Phi^r(z) \tag{10-42}$$

利用(10-22)式和(10-37)式,可得

$$V^{(r)}(z)=(2q)^r z^r\Phi^{(r)}(z) \tag{10-43}$$

因此

$$v_{2n}^{(r)}=(2q)^r\phi_{2n-r}^{(r)} \tag{10-44}$$

或[①]

$$\phi_m^{(r)}=\frac{r}{m}\binom{m}{(m+r)/2}p^{(m+r)/2}q^{(m-r)/2} \tag{10-45}$$

其中我们利用了(10-25)式。在 $p=q=1/2$ 的特例中,在第 n 步第一次通过 r 的概率为

$$\phi_n^{(r)}=\frac{r}{n}\binom{n}{(n+r)/2}2^{-n} \tag{10-46}$$

显然,$\sum_{n=0}^{N}\phi_n(r)$ 给出了在第 N 步之前第一次通过 r 的概率。为了对于大 N 求出这个概率,我们仍按(10-27)～(10-29)式那样处理。利用(10-27)式,当 n 和 r 具有相同的奇偶性时

① 若 $(m+r)/2$ 不是整数,则(10-45)式中的二次项系数视为零。

$$\phi_n^{(r)} \approx \sqrt{\frac{2}{\pi}}\,\frac{r}{n^{3/2}}\,\mathrm{e}^{-r^2/2n} \tag{10-47}$$

因此，对于 $N=cr^2$，如前可得

$$\sum_{n=0}^{N}\phi_n^{(r)} \approx \frac{1}{2}\int_0^{cr^2}\sqrt{\frac{2}{\pi}}\,\frac{r}{n^{3/2}}\,\mathrm{e}^{-r^2/2n}\mathrm{d}n = 2\int_{1/\sqrt{c}}^{\infty}\frac{1}{\sqrt{2\pi}}\,\mathrm{e}^{-x^2/2}\mathrm{d}x \tag{10-48}$$

对于固定的 c，(10-48)式给出了时刻 $t=cr^2$ 前第一次达到增量 r 的概率。注意(10-48)式等同于(10-30)式，由此我们可以得出当 $t\to\infty$ 时，两个事件"时刻 t 前 r 次返回零点"与"时刻 t 前第一次通过 r"的概率相同。

对于 $c=10$，可得上述概率等于 0.756 6，因此，在赌注为 1 美元的公平游戏中，为了保证 75％的成功概率赢得 100 美元，必须赌 $m=cr^2=100\ 000$ 次！如果赌注增加到 10 美元，以同样的成功概率达到同样的目标仅需要赌 1 000 次。在赌注为 1 美元的公平游戏中，为了以 75％的成功概率赢得 3 美元，必须赌 90 次。另一方面，再看表 3-3 所示的双骰子游戏(例 3-16 和 3-17)，以 75％的成功概率赢得稍微多于 4 美元需要大约 67 次游戏($a=16$ 美元，$b=4$ 美元游戏)。与公平游戏比较，双骰子游戏稍不利于玩家($p=0.492\ 929$ 对 $p=0.5$)，但他还是有机会以同样的成功概率获得更好的回报(4 美元对 3 美元)。如何解释不公平游戏中这种有趣的反常现象呢？稍微高的回报是因为游戏者愿意承受更高的损失(以 25％概率损失 16 美元)去获得 4 美元的中等回报。在公平游戏中，在 90 次赌博中损失 16 美元的概率仅为 9.4％。在这两种赌博游戏中，风险水平是不同的；在一个精心选择的赌博游戏中，在高风险水平下盈利是较好的。

10.1.1　维纳过程

为了研究当 $n\to\infty$ 时随机游动的极限形式，令 T 表示一步的持续时间，则

$$\boldsymbol{x}(nT) = \boldsymbol{s}_n = \boldsymbol{x}_1 + \boldsymbol{x}_2 + \cdots + \boldsymbol{x}_n \tag{10-49}$$

表示(10-1)式中的随机游动。设修正后的步长是 s，这样独立随机变量 $\boldsymbol{x}_i$ 取值 $\pm s$，并且 $E\{\boldsymbol{x}_i\}=0$，$E\{\boldsymbol{x}_i^2\}=s^2$。由此可得

$$E\{\boldsymbol{x}(nT)\} = 0 \qquad E\{\boldsymbol{x}^2(nT)\} = ns^2 \tag{10-50}$$

我们知道，若 n 很大并且 k 在以 np 为中心，$\sqrt{npq}$ 为半径的邻域内，则

$$\binom{n}{k}p^k q^{n-k} \approx \frac{1}{\sqrt{2\pi npq}}\,\mathrm{e}^{-(k-np)^2/2npq}$$

由此式和(10-2)式，令 $p=q=0.5$ 和 $m=2k-n$，当 m 与 $\sqrt{n}$ 差别不大时，有

$$P\{\boldsymbol{x}(nT) = ms\} \approx \frac{1}{\sqrt{n\pi/2}}\,\mathrm{e}^{-m^2/2n}$$

因此

$$P\{\boldsymbol{x}(t) \leqslant ms\} \approx G(m/\sqrt{n}) \qquad nT-T < t \leqslant nT \tag{10-51}$$

式中 $G(x)$ 是标准正态 $N(0,1)$ 分布函数[见(4-92)式]。

应当指出，若 $n_1<n_2\leqslant n_3<n_4$，则 $\boldsymbol{x}(t)$ 的增量 $\boldsymbol{x}(n_4T)-\boldsymbol{x}(n_3T)$ 和 $\boldsymbol{x}(n_2T)-\boldsymbol{x}(n_1T)$ 是独立的。

为了研究当 $n\to\infty$ 或等效地当 $T\to 0$ 时，随机游动的极限形式，我们已经证明

$$E\{\boldsymbol{x}^2(t)\} = ns^2 = \frac{ts^2}{T} \qquad t = nT$$

因此,为了得到有意义的结果,我们假定 s 随$\sqrt{T}$趋近于 0,即有

$$s^2 = \alpha T$$

这样,当 $T \to 0$ 时,$\boldsymbol{x}(t)$的极限是连续状态过程(见图 10-3(b)),即

$$\boldsymbol{w}(t) = \lim \boldsymbol{x}(t) \qquad T \to 0$$

我们称它为**维纳过程**。

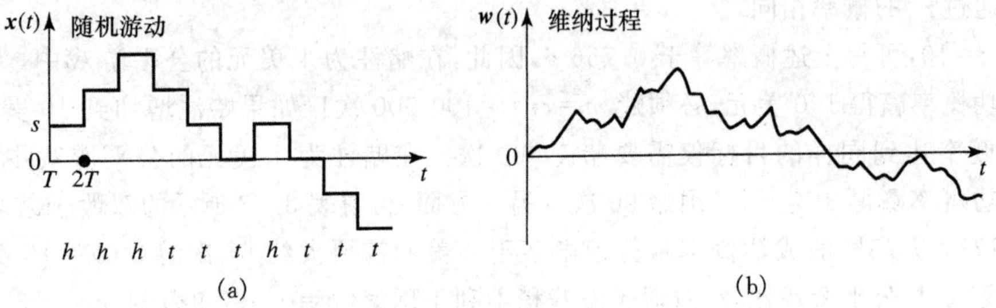

图 10-3

下面我们证明 $w(t)$的一阶密度 $f(w,t)$是零均值、方差为 αt 的正态分布,即

$$f(w,t) = \frac{1}{\sqrt{2\pi\alpha t}} \mathrm{e}^{-w^2/2\alpha t} \tag{10-52}$$

证 如果 $w=ms$, $t=nT$,则

$$\frac{m}{\sqrt{n}} = \frac{w/s}{\sqrt{t/T}} = \frac{w}{\sqrt{\alpha t}}$$

代入(10-51)式,我们得出

$$P\{\boldsymbol{w}(t) \leqslant w\} = G\left(\frac{w}{\sqrt{\alpha t}}\right)$$

从而得到了(10-52)式的结果。

下面证明 $w(t)$的自相关函数为

$$R(t_1, t_2) = \alpha \min(t_1, t_2) \tag{10-53}$$

的确,若 $t_1 < t_2$,则差 $\boldsymbol{w}(t_2) - \boldsymbol{w}(t_1)$与 $\boldsymbol{w}(t_1)$独立。因此

$$E\{[\boldsymbol{w}(t_2) - \boldsymbol{w}(t_1)]\boldsymbol{w}(t_1)\} = E\{[\boldsymbol{w}(t_2) - \boldsymbol{w}(t_1)]\}E\{\boldsymbol{w}(t_1)\} = 0$$

从而得到

$$E\{\boldsymbol{w}(t_1)\boldsymbol{w}(t_2)\} = E\{\boldsymbol{w}^2(t_1)\} = \frac{t_1 s^2}{T} = \alpha t_1$$

类似于(10-53)式,$t_1 > t_2$的情况可类似证明。

最后应该指出,当 $t_1 < t_2 < t_3 < t_4$时,$w(t)$的增量 $\boldsymbol{w}(t_4) - \boldsymbol{w}(t_3)$与 $\boldsymbol{w}(t_2) - \boldsymbol{w}(t_1)$相互独立。

广义随机游动 随机游动可写做下面的和式

$$\boldsymbol{x}(t) = \sum_{k=1}^{n} \boldsymbol{c}_k U(t - kT) \qquad (n-1)T < t \leqslant nT \tag{10-54}$$

式中 $\boldsymbol{c}_k$ 是以等概率取值 s 和 $-s$ 的独立同分布随机变量序列。在广义随机游动中,随机变量 $\boldsymbol{c}_k$ 取值为 s 和 $-s$ 的概率分别为 p 和 q。在这种情况下,

$$E\{\boldsymbol{c}_k\} = (p-q)s \qquad E\{\boldsymbol{c}_k^2\} = s^2 \qquad \sigma_{c_k}^2 = 4pqs^2$$

由此可得

$$E\{\boldsymbol{x}(t)\} = n(p-q)s \qquad \mathrm{Var}\boldsymbol{x}(t) = 4npqs^2 \tag{10-55}$$

对于很大的 n，过程 $\boldsymbol{x}(t)$ 接近于正态分布，且

$$E\{\boldsymbol{x}(t)\} \approx \frac{t}{T}(p-q)s \qquad \mathrm{Var}\boldsymbol{x}(t) \approx \frac{4t}{T}pqs^2 \tag{10-56}$$

10.1.2　布朗运动

“布朗运动”这个术语用于描述液体中的微粒由于碰撞力和其它外力的作用而产生的运动。宏观地说，粒子的位置 $\boldsymbol{x}(t)$ 可以用一个随机过程来描述，它满足二阶微分方程

$$m\boldsymbol{x}''(t) + f\boldsymbol{x}'(t) + c\boldsymbol{x}(t) = \boldsymbol{F}(t) \tag{10-57}$$

式中 $\boldsymbol{F}(t)$ 是碰撞力，m 是粒子的质量，f 是阻力系数，而 $c\boldsymbol{x}(t)$ 是外部力（假定外力正比于 $\boldsymbol{x}(t)$）。宏观地看，过程 $\boldsymbol{F}(t)$ 可以看成是零均值的正态白噪声，其功率谱为

$$S_F(\omega) = 2kTf \tag{10-58}$$

式中 T 是媒质的温度，$k=1.37\times10^{-23}$ 焦耳/开尔文是玻尔兹曼常数。我们下面将对不同的情况来确定 $\boldsymbol{x}(t)$ 的统计特性。

束缚运动　首先，我们假定恢复力 $c\boldsymbol{x}(t)$ 不等于零。对于足够大的 t，粒子的位置 $\boldsymbol{x}(t)$ 接近稳定状态，且其均值为零，功率谱为（见例 9-27）

$$S_x(\omega) = \frac{2kTf}{(c-m\omega^2)^2 + f^2\omega^2} \tag{10-59}$$

确定 $\boldsymbol{x}(t)$ 的统计特性等价于求它的自相关函数。我们将在假定方程 $ms^2+fs+c=0$ 的根

$$s_{1,2} = -\alpha \pm \mathrm{j}\beta \qquad \alpha = \frac{f}{2m} \qquad \alpha^2+\beta^2 = \frac{c}{m}$$

为复数的情况下求其自相关函数。用 f/m，c/m 和 $2kTf/m^2$ 代替例 9-27 中的 b，c 和 q，我们得到

$$R_x(\tau) = \frac{kT}{c}\mathrm{e}^{-\alpha|\tau|}\left(\cos\beta\tau + \frac{\alpha}{\beta}\sin\beta|\tau|\right) \tag{10-60}$$

对于特定的 t，$\boldsymbol{x}(t)$ 是正态随机变量，它的均值为零且方差为 $R_x(0)=kT/c$。这样，它的密度函数为

$$f_x(x) = \sqrt{\frac{c}{2\pi kT}}\,\mathrm{e}^{-cx^2/2kT} \tag{10-61}$$

假设 $\boldsymbol{x}(t_0)=x_0$ 的条件下，$\boldsymbol{x}(t)$ 的条件密度也是正态的并且均值为 ax_0，方差为 P，其中（见例7-11）

$$a = \frac{R_x(\tau)}{R_x(0)} \qquad P = R_x(0)(1-a^2) \qquad \tau = t-t_0$$

自由运动　若恢复力为 0，我们则称粒子处于自由运动状态。在这种情况下，由（10-57）式可得

$$m\boldsymbol{x}''(t) + f\boldsymbol{x}'(t) = \boldsymbol{F}(t) \tag{10-62}$$

该方程的解不是一个平稳过程。我们将用粒子速度 $\boldsymbol{v}(t)$ 的特性来描述其特性。由于 $\boldsymbol{v}(t)=\boldsymbol{x}'(t)$，由（10-62）式可得

$$mv'(t) + fv(t) = F(t) \tag{10-63}$$

该方程的平稳状态解是平稳过程，且

$$S_v(\omega) = \frac{2kTf}{m^2\omega^2 + f^2} \qquad R_v(\tau) = \frac{kT}{m}\mathrm{e}^{-f|\tau|/m} \tag{10-64}$$

此外，$v(t)$是正态过程，其均值为零，方差为 kT/m，而密度函数为

$$f_v(v) = \sqrt{\frac{m}{2\pi kT}}\,\mathrm{e}^{-mv^2/2kT} \tag{10-65}$$

在假定 $v(0)=v_0$的条件下，$v(t)$的条件密度是正态的，其均值为 av_0，方差为 P(见例 7-11)，其中

$$a = \frac{R_v(t)}{R_v(0)} = \mathrm{e}^{-ft/m} \qquad P = \frac{kT}{m}(1 - a^2) = \frac{kT}{m}(1 - \mathrm{e}^{-2ft/m})$$

在物理学中，(10-63)式称为**朗日万(Langevin)方程**，其解称为**奥斯坦(Orn stein)-厄伦贝克(Uhlenbeck)过程**，对应的谱称为**洛伦兹(Lorenzian)谱**。

粒子的位置 $x(t)$可以用速度的积分表示

$$x(t) = \int_0^t v(\alpha)\,\mathrm{d}\alpha \tag{10-66}$$

从上式和(9-11)式，我们得到

$$E\{x^2(t)\} = \int_0^t\int_0^t R_v(\alpha - \beta)\,\mathrm{d}\alpha\mathrm{d}\beta = \frac{kT}{m}\int_0^t\int_0^t \mathrm{e}^{-f|\alpha-\beta|/m}\,\mathrm{d}\alpha\mathrm{d}\beta$$

因此

$$E\{x^2(t)\} = \frac{2kT}{f}\left(t - \frac{m}{f} + \frac{m}{f}\,\mathrm{e}^{-ft/m}\right) \tag{10-67}$$

所以，自由运动中粒子的位置是非平稳正态过程，且均值为零，方差如(10-67)式所示。

对于 $t \gg m/f$，(10-67)式变为

$$E\{x^2(t)\} \approx \frac{2kT}{f}t = 2D^2 t \qquad D^2 \equiv \frac{kT}{f} \tag{10-68}$$

式中 D 是扩散系数。这个结果不久将被重新推导。

维纳过程 现在我们假定自由运动中的粒子的加速度分量 $mx''(t)$与摩擦分量 $fx'(t)$相比足够小，$f \gg m/t$ 就是这种情况。忽略(10-62)式中的项 $mx''(t)$，我们得到

$$fx'(t) = F(t) \qquad x(t) = \frac{1}{f}\int_0^t F(\alpha)\,\mathrm{d}\alpha$$

因为 $F(t)$是白噪声，且其谱为 $2kTf$，由(9-45)式，$v(t)=F(t)/f$ 和 $q(t)=2kT/f$ 可得

$$E\{x^2(t)\} = \frac{2kT}{f}t = \alpha t \qquad \alpha \equiv \frac{2kT}{f} = 2D^2$$

因此，$x(t)$是非平稳正态过程，其密度函数为

$$f_{x(t)}(x) = \frac{1}{\sqrt{2\pi\alpha t}}\,\mathrm{e}^{-x^2/2\alpha t}$$

我们仍认为该过程是独立增量过程。因为它是正态的，只要证明该过程是一个正交增量过程就可以了，即对于 $t_1 < t_2 < t_3 < t_4$，

$$E\{[x(t_2) - x(t_1)][x(t_4) - x(t_3)]\} = 0 \tag{10-69}$$

成立。这是由于 $x(t_i) - x(t_j)$仅依赖于 $F(t)$在区间(t_i, t_j)中的值并且 $F(t)$是白噪声。由此，

我们可以证明

$$R_x(t_1,t_2)=\alpha\min(t_1,t_2) \tag{10-70}$$

为了证明上式，由(10－69)式可知，若 $t_1<t_2$，则

$$E\{\boldsymbol{x}(t_1)\boldsymbol{x}(t_2)\}=E\{\boldsymbol{x}(t_1)[\boldsymbol{x}(t_2)-\boldsymbol{x}(t_1)+\boldsymbol{x}(t_1)]\}=E\{\boldsymbol{x}^2(t_1)\}=\alpha t_1$$

从而得到了(10－70)式。因此，在加速度可忽略的自由运动中粒子的位置具有以下性质：它是零均值的正态过程，方差为 $\alpha\min(t_1,t_2)$。它是独立增量过程。我们称具有这些性质的过程为**维纳过程**。我们知道，维纳过程既是当 $t\to\infty$ 时，自由运动中粒子位置的极限形式，也是当 $n\to\infty$ 时随机游动的极限形式。

最后，我们指出在假定 $\boldsymbol{x}(t_0)=x_0$ 下的 $x(t)$ 的条件密度函数是正态的，且其均值为 ax_0，方差为 P，其中(见例 7－11)

$$a=\frac{R_x(t,t_0)}{R_x(t_0,t_0)}=1 \qquad P=R(t,t)-aR(t,t_0)=\alpha t-\alpha t_0$$

因此

$$f_{x(t)}(x\mid\boldsymbol{x}(t_0)=x_0)=\frac{1}{\sqrt{2\pi\alpha(t-t_0)}}\mathrm{e}^{-(x-x_0)^2/2\alpha(t-t_0)} \tag{10-71}$$

扩散方程　(10－71)式的右边是依赖于参数 x,x_0,t 和 t_0 的函数，记该函数为 $\pi(x,x_0;t,t_0)$，通过多重微分，我们得到

$$\frac{\partial\pi}{\partial t}=D^2\frac{\partial^2\pi}{\partial x^2} \qquad \frac{\partial\pi}{\partial t_0}=-D^2\frac{\partial^2\pi}{\partial x_0^2} \tag{10-72}$$

式中 $D^2=\alpha/2$，这些方程称为**扩散方程**。

10.1.3　热噪声

热噪声用于描述热电子随机扰动引起网络中电压和电流变化的情况。下面，我们讨论热噪声的统计特性，讨论时我们将不考虑具体的物理特性。分析基于由无噪声的电抗元件和有噪声的电阻器所组成的模型。

如图 10－4 所示，一个有噪声的电阻器可以用一个无噪声的电阻器 R 串联一个电压源 $\boldsymbol{n}_e(t)$ 或并联一个电流源 $\boldsymbol{n}_i(t)=\boldsymbol{n}_e(t)/R$ 来建模。假设 $\boldsymbol{n}_e(t)$ 是一个正态过程，且具有零均值和下面的平坦谱

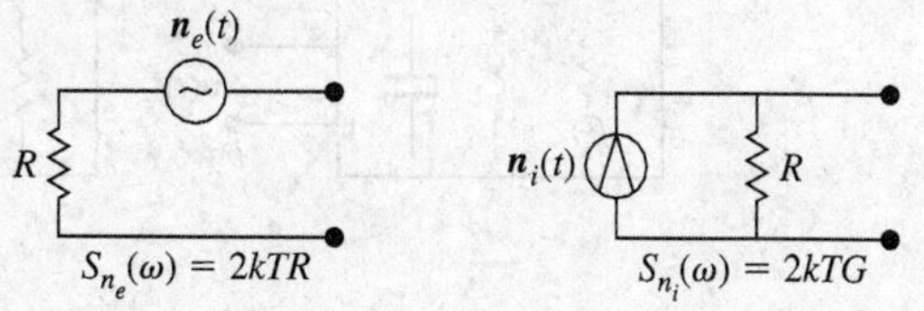

图 10－4

$$S_{n_e}(\omega)=2kTR \quad S_{n_i}(\omega)=\frac{S_{n_e}(\omega)}{R^2}=2kTG \tag{10-73}$$

式中 k 是玻尔兹曼常数，T 是电阻的绝对温度，$G=1/R$ 为电导。此外，假定网络中的所有电阻器的噪声都是相互独立的过程。注意(10－73)式中所示的热噪声谱与(10－58)式中所示布朗运动中碰撞力谱是相类似的。

利用图 10－5 和线性系统的性质，我们将从下面例子开始推导一般网络响应的频谱特性。

【例 10－1】　图 10－5 中的电路是由一个电阻器 R 和一个电容器 C 组成的。我们将确定由于热噪声在电容器两端产生的电压 $\boldsymbol{v}(t)$ 的功率谱。

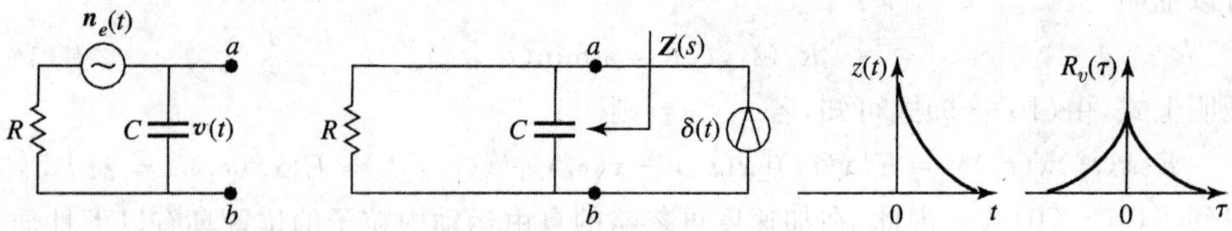

图 10-5

电压 $v(t)$可以看成是输入为噪声电压 $\boldsymbol{n}_e(t)$，系统函数为

$$\boldsymbol{H}(s)=\frac{1}{1+RCs}$$

的系统的输出。利用(9-149)式，我们得到

$$S_v(\omega)=S_{n_e}(\omega)\mid H(\omega)\mid^2=\frac{2kTR}{1+\omega^2R^2C^2}$$

$$R_v(\tau)=\frac{kT}{C}\mathrm{e}^{-|\tau|/RC} \tag{10-74}$$

下面的结果是即将讨论的奈奎斯特(Nyquist)定理的一个例证：我们用 $\boldsymbol{Z}(s)$表示 a、b 两端间的阻抗，用 $z(t)$表示其逆变换，

$$\boldsymbol{Z}(s)=\frac{R}{1+RCs}\qquad z(t)=\frac{1}{C}\mathrm{e}^{-t/RC}U(t)$$

函数 $z(t)$是单个脉冲电流 $\delta(t)$在 C 两端产生的电压[见图 10-5]。与(10-74)式比较，得到

$$S_v(\omega)=2kT\mathrm{Re}\boldsymbol{Z}(\mathrm{j}\omega)\qquad \mathrm{Re}\boldsymbol{Z}(\mathrm{j}\omega)=\frac{R}{1+\omega^2R^2C^2}$$

$$R_v(\tau)=kTz(\tau)\quad \tau>0\qquad R_v(0)=kTz(0^+)$$

$$E\{\boldsymbol{v}^2(t)\}=R_v(0)=\frac{kT}{C}\qquad \frac{1}{C}=\lim_{\omega\to\infty}\mathrm{j}\omega\boldsymbol{Z}(\mathrm{j}\omega)$$

给定一个无源的互逆网络，用 $\boldsymbol{v}(t)$表示任意端点 a，b 之间的电压，用 $\boldsymbol{Z}(s)$表示 a、b 之间的阻抗(图 10-6)。

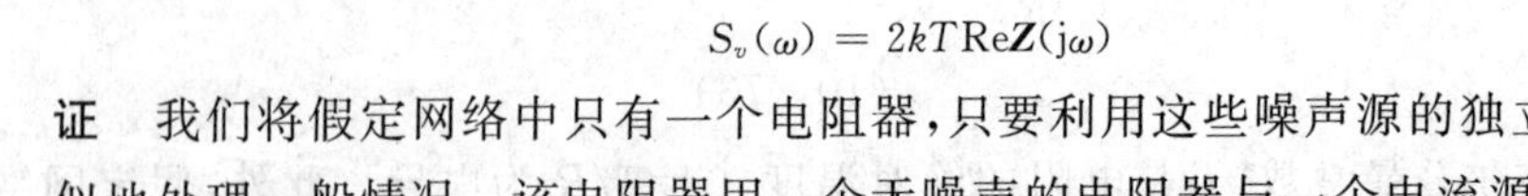

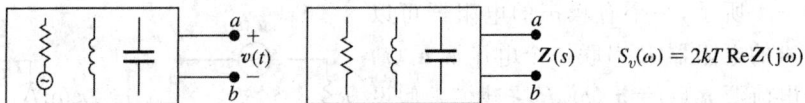

图 10-6

定理 10-1 ▶ 奈奎斯特定理 $v(t)$的功率谱为

$$S_v(\omega)=2kT\mathrm{Re}\boldsymbol{Z}(\mathrm{j}\omega) \tag{10-75}$$

证 我们将假定网络中只有一个电阻器，只要利用这些噪声源的独立性就可类似地处理一般情况。该电阻器用一个无噪声的电阻器与一个电流源 $\boldsymbol{n}_i(t)$并联来表示，剩下的网络只含有电抗元件(图 10-7(a))。可见 $\boldsymbol{v}(t)$是输入为 $\boldsymbol{n}_i(t)$和系统函数为 $H(\omega)$的输出。由互逆定理可得 $H(\omega)=V(\omega)/I(\omega)$，其中 $I(\omega)$是从 a 到 b 的正弦波电流振幅(见图 10-7(b))，$V(\omega)$是 R 两端电压振幅。输入功率等于$|I(\omega)|^2\mathrm{Re}\boldsymbol{Z}(\mathrm{j}\omega)$，送到电阻上的功率等于$|V(\omega)|^2/R$。由于假设所接网络无损耗，故可求得

$$S_{n_i}(\omega) = \frac{2kT}{R}$$

$$H(\omega) = \frac{V(\omega)}{I(\omega)}, \qquad \mathrm{Re}\,\bar{Z}(\mathrm{j}\omega) = \frac{|H(\omega)|^2}{R}$$

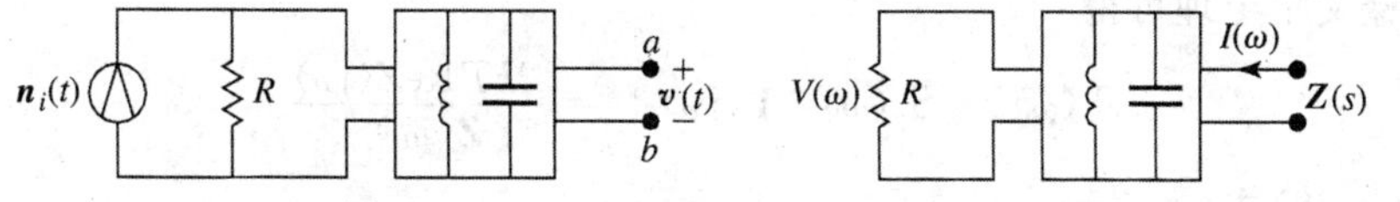

图 10-7

$$|I(\omega)|^2 \mathrm{Re}Z(\mathrm{j}\omega) = \frac{|V(\omega)|^2}{R}$$

因此

$$|H(\omega)|^2 = \frac{|V(\omega)|^2}{|I(\omega)|^2} = R\,\mathrm{Re}Z(\mathrm{j}\omega)$$

又因为

$$S_v(\omega) = S_{n_i}(\omega)\,|H(\omega)|^2 \qquad S_{n_i}(\omega) = \frac{2kT}{R}$$

故可求得(10-75)式。　◀

推论 1 ▶ $v(t)$ 的自相关函数为

$$R_v(\tau) = kTz(\tau) \qquad \tau > 0 \tag{10-76}$$

式中 $z(t)$ 是 $Z(s)$ 的逆变换。

证　因为 $Z(-\mathrm{j}\omega) = Z^*(\mathrm{j}\omega)$,故由(10-75)式可得

$$S_v(\omega) = kT[Z(\mathrm{j}\omega) + Z(-\mathrm{j}\omega)]$$

又因 $Z(-\mathrm{j}\omega)$ 的逆变换等于 $z(-t)$,且 $t>0$ 时有 $z(-t)=0$,故可得(10-76)式。　◀

推论 2 ▶ $v(t)$ 的平均功率为

$$E\{v^2(t)\} = \frac{kT}{C} \qquad 其中\frac{1}{C} = \lim_{\omega \to \infty} \mathrm{j}\omega Z(\mathrm{j}\omega) \tag{10-77}$$

式中 C 为输入电容量。

证　据我们所知(初始值定理)

$$z(0^+) = \lim s\,Z(s) \qquad s \to \infty$$

又因为

$$E\{v^2(t)\} = R_v(0) = kTz(0^+)$$

故由(10-76)式即可求得(10-77)式。　◀

电流　由戴文宁(Thévenin)定理可知,从端点看,一个有噪声的网络可以等效成阻抗为 $Z(s)$ 的无噪声网络与电压源 $v(t)$ 串联。$v(t)$ 的功率谱 $S_v(\omega)$ 如(10-75)式的右边所示。从而导出奈奎斯特定理的下述形式。

由热噪声产生的从 a 到 b 的短路电流 $i(t)$ 的功率谱为

$$S_i(\omega) = 2kT\,\mathrm{Re}Y(\mathrm{j}\omega) \qquad Y(s) = \frac{1}{Z(s)} \tag{10-78}$$

证 由戴文宁定理可得

$$S_i(\omega) = S_v(\omega) \mid \boldsymbol{Y}(\mathrm{j}\omega) \mid^2 = \frac{2kT\,\mathrm{Re}\boldsymbol{Z}(\mathrm{j}\omega)}{\mid \boldsymbol{Z}(\mathrm{j}\omega) \mid^2}$$

从而求得(10-78)式。

这些推论用电流形式表示的问题留作习题。

10.2 泊松点和散弹噪声

给定一个泊松点集 $\boldsymbol{t}_i$ 和一个固定点 t_0，我们构造随机变量 $\boldsymbol{z}=\boldsymbol{t}_1-t_0$，其中 $\boldsymbol{t}_1$ 是 t_0 右边的第一个随机点(图 10-8)。我们将证明 $\boldsymbol{z}$ 具有指数分布

$$f_z(z) = \lambda \mathrm{e}^{-\lambda z} \qquad F_z(z) = 1 - \mathrm{e}^{-\lambda z} \qquad z > 0 \tag{10-79}$$

证 对于给定 $z>0$，函数 $F_z(z)$ 等于事件 $\{\boldsymbol{z}\leqslant z\}$ 的概率。若 $\boldsymbol{t}_1<t_0+z$，即在区间 $(t_0,\ t_0+z)$ 内至少有一个随机点，则该事件发生。因此

$$F_z(z) = P\{\boldsymbol{z} \leqslant z\} = P\{\boldsymbol{n}(t_0,\ t_0+z) > 0\} = 1 - P\{\boldsymbol{n}(t_0,\ t_0+z) = 0\}$$

又因在区间 $(t_0,\ t_0+z)$ 内没有随机点的概率为 $\mathrm{e}^{-\lambda z}$，因此可得(10-79)式。

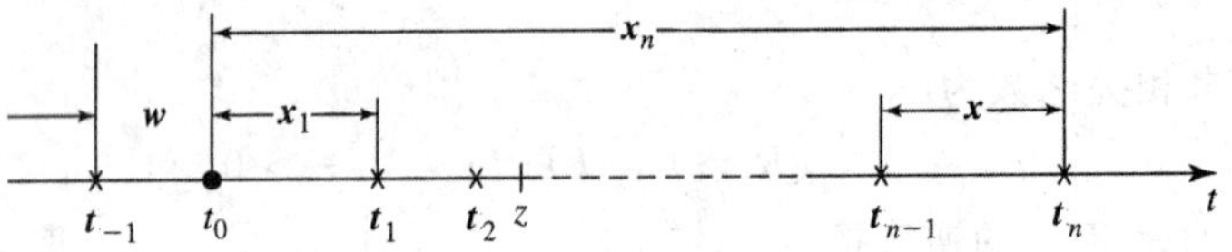

图 10-8 泊松点

类似地，我们可以证明，若 $\boldsymbol{w}=t_0-\boldsymbol{t}_{-1}$ 是 t_0 到其左边第一个点 $\boldsymbol{t}_{-1}$ 的距离，则

$$f_w(w) = \lambda \mathrm{e}^{-\lambda w} \qquad F_w(w) = 1 - \mathrm{e}^{-\lambda w} \qquad w > 0 \tag{10-80}$$

我们将证明点 t_0 到其右边第 n 个随机点 $\boldsymbol{t}_n$ 的距离 $\boldsymbol{x}_n=\boldsymbol{t}_n-t_0$ 服从伽马分布

$$f_n(x) = \frac{\lambda^n}{(n-1)!} x^{n-1} \mathrm{e}^{-\lambda x} \qquad x > 0 \tag{10-81}$$

证 若在区间 (t_0, t_0+x) 内至少有 n 个点，则事件 $\{\boldsymbol{x}_n\leqslant x\}$ 发生。因此

$$F_n(x) = P\{\boldsymbol{x}_n \leqslant x\} = 1 - P\{\boldsymbol{n}(t_0,\ t_0+x) < n\} = 1 - \sum_{k=0}^{n-1} \frac{(\lambda x)^k}{k!} \mathrm{e}^{-\lambda x}$$

对上式微分，即可得(10-81)式。

随机点间距离 下面，我们将证明两个相邻点 $\boldsymbol{t}_{n-1}$ 和 $\boldsymbol{t}_n$ 的距离

$$\boldsymbol{x} = \boldsymbol{x}_n - \boldsymbol{x}_{n-1} = \boldsymbol{t}_n - \boldsymbol{t}_{n-1}$$

服从指数分布

$$f_x(x) = \lambda \mathrm{e}^{-\lambda x} \tag{10-82}$$

证 由(10-81)和(5-106)式可得，$\boldsymbol{x}_n$ 的矩函数为

$$\boldsymbol{\Phi}_n(s) = \frac{\lambda^n}{(\lambda - s)^n} \tag{10-83}$$

此外，随机变量 $\boldsymbol{x}$ 和 $\boldsymbol{x}_{n-1}$ 是独立的，且 $\boldsymbol{x}_n=\boldsymbol{x}+\boldsymbol{x}_{n-1}$。因此，若 $\boldsymbol{\Phi}_x(s)$ 是 $\boldsymbol{x}$ 的矩函数，则

$$\boldsymbol{\Phi}_n(s) = \boldsymbol{\Phi}_x(s)\boldsymbol{\Phi}_{n-1}(s)$$

与(10-83)式比较，得 $\boldsymbol{\Phi}_x(s)=\lambda/(\lambda-s)$，从而得出(10-82)式。

一个明显的悖论　应该强调指出，“一个点过程的两个相邻点之间的距离 $\boldsymbol{x}$”这一说法是含糊的。在图 10 - 8 中，我们将 $\boldsymbol{x}$ 解释为 $\boldsymbol{t}_{n-1}$ 与 $\boldsymbol{t}_n$ 之间的距离，其中 $\boldsymbol{t}_n$ 是某固定点 t_0 右边的第 n 个随机点。这种解释导出 $\boldsymbol{x}$ 呈指数分布的结论，如(10 - 82)式所示。如果我们将 $\boldsymbol{x}$ 解释为 t_0 左边的相邻点之间距离，也能得到相同的密度。然而，现在假定 $\boldsymbol{x}$ 是如下的解释：

给定一个固定点 t_a，用 $\boldsymbol{t}_l$ 和 $\boldsymbol{t}_r$ 分别表示在其左边和右边最靠近 t_a 的随机点(见图 10 - 9(a))。我们断言这两点之间距离 $\boldsymbol{x}=\boldsymbol{t}_r-\boldsymbol{t}_l$ 的密度为

$$f(x) = \lambda^2 x \mathrm{e}^{-\lambda x} \tag{10 - 84}$$

的确，随机变量

$$\boldsymbol{x}_l = t_a - \boldsymbol{t}_l \qquad 和 \qquad \boldsymbol{x}_r = \boldsymbol{t}_r - t_a$$

是独立的，它们具有如(10 - 79)式所示的指数密度；此外，有 $\boldsymbol{x}=\boldsymbol{x}_r+\boldsymbol{x}_l$。由于这两个指数函数的卷积是(10 - 84)式所示的密度，故可得出(10 - 84)式。

可见，尽管 $\boldsymbol{x}$ 仍然是“两个相邻点之间的距离”，但其密度并不是指数分布。这个悖论是由于在确定随机点的规定中存在的含糊性造成的。例如，假定我们将点 $\boldsymbol{t}_i$ 用它们的次序 i 来确定，该次序从某个固定点 t_0 开始计数，在此点过程的某个特殊实现中，按照上述规定，我们观察到点 $\boldsymbol{t}_l$ 等于 $\boldsymbol{t}_n$。在此过程的其它实现中，按照这种规定，随机变量 $\boldsymbol{t}_l$ 可能等于别的某个点(见图 10 - 9(b))。同样的论证表明，点 $\boldsymbol{t}_r$ 也不在所有实现中都等于有序点 $\boldsymbol{t}_{n+1}$。因此，我们不应该期望随机变量 $\boldsymbol{x}=\boldsymbol{t}_r-\boldsymbol{t}_l$ 同样也具有随机变量 $\boldsymbol{t}_{n+1}-\boldsymbol{t}_n$ 那样的密度函数。

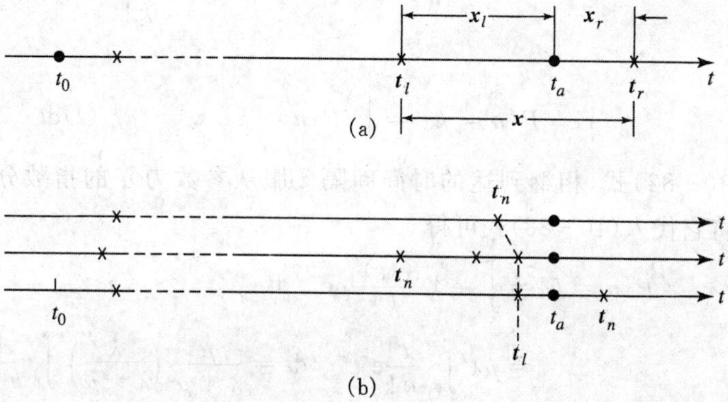

图 10 - 9

构造性定义　给定密度函数为

$$f(w) = \lambda \mathrm{e}^{-\lambda w} \qquad w > 0 \tag{10 - 85}$$

的独立同分布(i. i. d)随机变量序列 $\boldsymbol{w}_n$，我们构造如图 10 - 10(a)所示点 $\boldsymbol{t}_n$ 的集合，其中 $t=0$

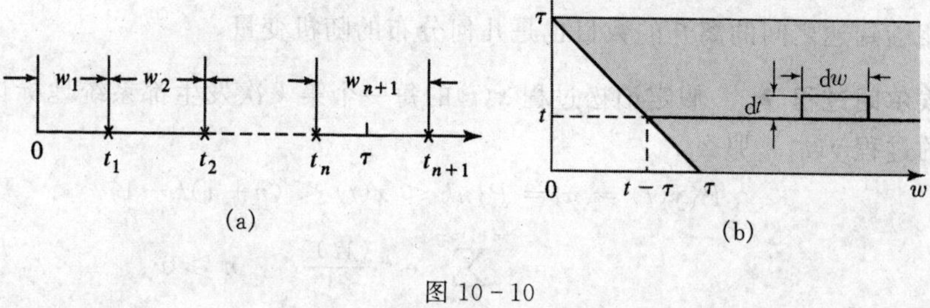

图 10 - 10

是任选的原点，且

$$\boldsymbol{t}_n = \boldsymbol{w}_1 + \boldsymbol{w}_2 + \cdots \boldsymbol{w}_n \tag{10-86}$$

我们指出，如此构成的点呈泊松分布，其参量为 λ。

证 由随机变量 $\boldsymbol{w}_n$ 的独立性可知，随机变量 $\boldsymbol{t}_n$ 与 $\boldsymbol{w}_{n+1}$ 是独立的，$\boldsymbol{t}_n$ 的密度 $f_n(t)$ 由(10-81)式给出为

$$f_n(t) = \frac{\lambda^n}{(n-1)!} t^{n-1} e^{-\lambda t} \tag{10-87}$$

而 $\boldsymbol{t}_n$ 和 $\boldsymbol{w}_{n+1}$ 的联合密度等于乘积 $f_n(t) f(w)$，若 $\boldsymbol{t}_n < \tau$ 且 $\boldsymbol{t}_{n+1} = \boldsymbol{t}_n + \boldsymbol{w}_{n+1} > \tau$，则在区间 $(0, \tau)$ 内恰好有 n 个点。由图 10-10(b)可以看出，此事件的概率等于

$$\int_0^\tau \int_{\tau-t}^\infty \lambda e^{-\lambda w} \frac{\lambda^n}{(n-1)!} t^{n-1} e^{-\lambda t} \, dw dt$$

$$= \int_0^\tau e^{-\lambda(t-\tau)} \frac{\lambda^n}{(n-1)!} t^{n-1} e^{-\lambda t} \, dt = e^{-\lambda t} \frac{(\lambda\tau)^n}{n!}$$

因此，如此构造的点 $\boldsymbol{t}_n$ 具有性质 P_1。同样能够证明它们具有性质 P_2。

泊松分布和几何分布 ▶ 令 $\boldsymbol{x}(t) \sim P(\lambda t)$ 和 $\boldsymbol{y}(t) \sim P(\mu t)$ 表示两个独立泊松过程，$\boldsymbol{n}$ 是 $\boldsymbol{y}(t)$ 的任意两个连续发生之间 $\boldsymbol{x}(t)$ 发生的次数。令 $\boldsymbol{z}$ 表示 $\boldsymbol{y}(t)$ 的两个连续发生之间的随机区间。我们可得

$$P\{\boldsymbol{n} = k \mid \boldsymbol{z} = t\} = e^{-\lambda t} \frac{(\lambda t)^k}{k!}$$

所以

$$P\{\boldsymbol{n} = k\} = \int_0^\infty P\{\boldsymbol{n} = k \mid \boldsymbol{z} = t\} f_z(t) \, dt \tag{10-88}$$

但从(10-82)式，相继到达的时间间隔 $\boldsymbol{z}$ 服从参数为 μ 的指数分布 $f_z(t) = \mu e^{-\mu t}$，$t \geqslant 0$，将它代入(10-88)式可得

$$P\{\boldsymbol{n} = k\} = \int_0^\infty e^{-\lambda t} \frac{(\lambda t)^k}{k!} \mu e^{-\mu t} \, dt$$

$$= \mu \lambda^k \int_0^\infty \frac{t^k}{k!} e^{-(\lambda+\mu)t} \, dt = \frac{\mu}{\lambda+\mu} \left(\frac{\lambda}{\lambda+\mu}\right)^k \int_0^\infty \frac{x^k}{k!} e^{-x} \, dx$$

$$= \frac{\mu}{\lambda+\mu} \left(\frac{\lambda}{\lambda+\mu}\right)^k \quad k = 0, 1, 2 \cdots \tag{10-89}$$

因此，在另一个独立泊松过程的**任意**两个相继发生之间，一个泊松过程发生的次数服从几何分布。可以证明：不同相继到达区间内的计数是相互独立的几何分布随机变量。例如，如果 $\boldsymbol{x}(t)$ 和 $\boldsymbol{y}(t)$ 表示一个计数器上泊松过程的到达和离开，则由(10-89)式可知，介于任意两个相继离开之间到达的数目服从几何分布。类似地，介于任意两个相继到达之间的离开的数目也是几何分布的随机变量。 ◀

泊松过程和埃尔朗过程 ▶ 假定泊松过程 $\boldsymbol{x}(t)$ 的每一个第 k 次发生都系统地标记构成一个新的过程 $\boldsymbol{y}(t)$。那么，

$$P\{\boldsymbol{y}(t) = n\} = P\{nk \leqslant \boldsymbol{x}(t) \leqslant (n+1)k - 1\}$$

$$= \sum_{r=nk}^{(n+1)k-1} e^{-\lambda t} \frac{(\lambda t)^r}{r!} \qquad n \geqslant 0 \tag{10-90}$$

利用(10－86)，(10－87)式以及 $\mathbf{y}(t)$的定义可得，$\mathbf{y}(t)$的任意两次相继发生的时间间隔是伽马随机变量。若 $\lambda=k\mu$，则相继到达的时间间隔表示一个埃尔朗 k 随机变量，且 $\mathbf{y}(t)$是一个埃尔朗 k 随机过程[见(4－38)式]。

由(9－25)式可得，泊松过程的随机挑选将产生另一个泊松过程，而如果按照上面描述的方式从一个泊松过程中进行随机挑选，则产生了一个埃尔朗 k 随机过程。例如，假定一个主计数器(服务器)把到达的泊松点(顾客)相继分配到多个服务计数器(服务终端)，每个服务计数器(终端)得到每组中的第 k 个泊松点(顾客)。在这种情况下，在服务终端上，到达时间间隔将服从埃尔朗 k 分布，而在主服务器上的随机分配方案已经保持了终端服务器上时间间隔的指数特性(为什么?)。◀

重新定义泊松点　泊松点是描述一大类随机点过程的实用模型，如光子计数、电子辐射、电话呼叫、数据传输、求诊的病人、到达公园的人数等等。理由是在这些及其它一些应用中，所考虑的点的性质可以由某些一般条件导出，而这些条件导致了泊松分布。下面将证明，这些条件可以用多种形式表述，它们都等效于泊松点的两条性质，这两条性质在 4－5 节中用来说明随机泊松点。

Ⅰ. 若我们将 N 个点随机地放进一个长度为 T 的区间内，其中 $N\gg 1$，则产生的点过程近似服从参数为 N/T 的泊松分布。在 N 和 T 都趋于∞的极限情况下，就变成精确的泊松分布[见(4－117)式]。

Ⅱ. 若一个点过程相邻两点 $\mathbf{t}_{n-1}$ 和 $\mathbf{t}_n$ 之间的距离 $\mathbf{w}_n$ 相互独立并且如(10－85)式那样服从指数分布，则此过程是泊松过程[也见(9－28)式]。

这一结论可表述为如下的等价形式：若从任意点 t_0 到点过程的下一点之间的距离 $\mathbf{w}$ 是一个随机变量，而其密度函数与 t_0 的选择无关，则此过程是泊松过程。等效的理由是这一假设导出如下结论

$$f(w \mid \mathbf{w}\geqslant t_0) = f(w-t_0) \tag{10-91}$$

而满足(10－91)式的惟一函数是指数函数(见例 6－43)。在排队论中，这称为**马尔可夫性**或**无记忆性**。

Ⅲ. 若在区间$(t,t+\mathrm{d}t)$内，点 $\mathbf{n}(t,t+\mathrm{d}t)$的数目满足：

(a) $P\{\mathbf{n}(t,t+\mathrm{d}t)=1\}$与 $\mathrm{d}t$ 同阶；

(b) $P\{\mathbf{n}(t,t+\mathrm{d}t)>1\}$是 $\mathrm{d}t$ 的高阶无穷小；

(c) 上述概率不依赖于点过程在区间$(t,t+\mathrm{d}t)$之外的情况；

则此过程是泊松过程(见 16－1 节)。

Ⅳ. 最后，假定：

(a) $P\{\mathbf{n}(a,b)=k\}$只取决于 k 和区间(a,b)的长度；

(b) 若区间(a_i,b_i)都不重叠，则随机变量 $\mathbf{n}(a_i,b_i)$都是独立的；

(c) $P\{\mathbf{n}(a,b)=\infty\}=0$。

这些条件再次导出了结论：在长度为 τ 的任一区间内有 k 个点的概率 $p_k(\tau)$为

$$p_k(\tau) = \mathrm{e}^{-\lambda\tau}(\lambda\tau)^k/k! \tag{10-92}$$

证明从略。

线性插值　在图 10－11 的过程中

$$\boldsymbol{x}(t) = t - \boldsymbol{t}_n \qquad \boldsymbol{t}_n \leqslant t < \boldsymbol{t}_{n+1} \tag{10-93}$$

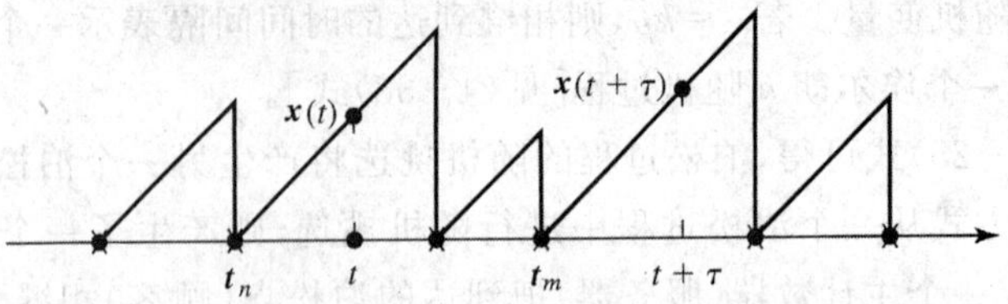

图 10-11

是由介于相邻随机点 $\boldsymbol{t}_n$ 和 $\boldsymbol{t}_{n+1}$ 之间的斜率为 1 的直线段组成的。对于给定的 t,$\boldsymbol{x}(t)$等于由 t 到其左边最近点 $\boldsymbol{t}_n$ 的距离 $\boldsymbol{w}=t-\boldsymbol{t}_n$。因此,$\boldsymbol{x}(t)$的一阶分布是(10-80)式的指数分布。由此可得

$$E\{\boldsymbol{x}(t)\} = \frac{1}{\lambda} \qquad E\{\boldsymbol{x}^2(t)\} = \frac{2}{\lambda^2} \tag{10-94}$$

定理 10-2 ▶ 过程 $\boldsymbol{x}(t)$的自协方差为

$$C(\tau) = \frac{1}{\lambda^2}(1+\lambda\mid\tau\mid)\mathrm{e}^{-\lambda|\tau|} \tag{10-95}$$

证　令 $\boldsymbol{t}_m$ 和 $\boldsymbol{t}_n$ 分别为 $t+\tau$ 和 t 左边的随机点。首先假定 $\boldsymbol{t}_m=\boldsymbol{t}_n$,在这种情况下,$\boldsymbol{x}(t+\tau)=t+\tau-\boldsymbol{t}_n$,且 $\boldsymbol{x}(t)=t-\boldsymbol{t}_n$。因此[见(10-93)式]

$$C(\tau) = E\{(t+\tau-\boldsymbol{t}_n)(t-\boldsymbol{t}_n)\} = E\{(t-\boldsymbol{t}_n)^2\} + \tau E\{t-\boldsymbol{t}_n\} = \frac{2}{\lambda^2} + \frac{\tau}{\lambda}$$

接下来假定,$\boldsymbol{t}_m \neq \boldsymbol{t}_n$,于是,

$$C(\tau) = E\{(t+\tau-\boldsymbol{t}_m)(t-\boldsymbol{t}_n)\} = E\{t+\tau-\boldsymbol{t}_m\}E\{t-\boldsymbol{t}_n\} = \frac{1}{\lambda^2}$$

显然,若在区间$(t+\tau,t)$内没有随机点,则 $\boldsymbol{t}_m=\boldsymbol{t}_n$。因此,$P\{\boldsymbol{t}_m=\boldsymbol{t}_n\}=\mathrm{e}^{-\lambda\tau}$。类似地,若在区间$(t+\tau,t)$内至少有一个随机点,则 $\boldsymbol{t}_m \neq \boldsymbol{t}_n$。因此,$P\{\boldsymbol{t}_n \neq \boldsymbol{t}_m\} = 1-\mathrm{e}^{-\lambda\tau}$。并且由于[见(4-74)式]

$$\begin{aligned} R(\tau) &= E\{\boldsymbol{x}(t+\tau)\boldsymbol{x}(t) \mid \boldsymbol{t}_m = \boldsymbol{t}_n\}P\{\boldsymbol{t}_m = \boldsymbol{t}_n\} \\ &\quad + E\{\boldsymbol{x}(t+\tau)\boldsymbol{x}(t) \mid \boldsymbol{t}_n \neq \boldsymbol{t}_m\}P\{\boldsymbol{t}_n \neq \boldsymbol{t}_m\} \end{aligned}$$

对于 $\tau>0$,我们可得

$$R(\tau) = \left(\frac{2}{\lambda^2} + \frac{\tau}{\lambda}\right)\mathrm{e}^{-\lambda\tau} + \frac{1}{\lambda^2}(1-\mathrm{e}^{-\lambda\tau})$$

减去 $1/\lambda^2$,我们即可得(10-95)式。 ◀

10.2.1　散弹噪声

给定平均密度为 λ 的一个泊松点集 $\boldsymbol{t}_i$ 和一个实函数 $h(t)$,我们构造和式

$$\boldsymbol{s}(t) = \sum_i h(t-\boldsymbol{t}_i) \tag{10-96}$$

这是一个严格的平稳过程,称为**散弹噪声**。这里,我们讨论它的二阶性质。

由上述定义可知,过程 $\boldsymbol{s}(t)$可以表示成一个线性系统的输出(图 10-12),它的冲激响应为 $h(t)$,输入为泊松脉冲串

$$z(t) = \sum_i \delta(t - t_i) \tag{10-97}$$

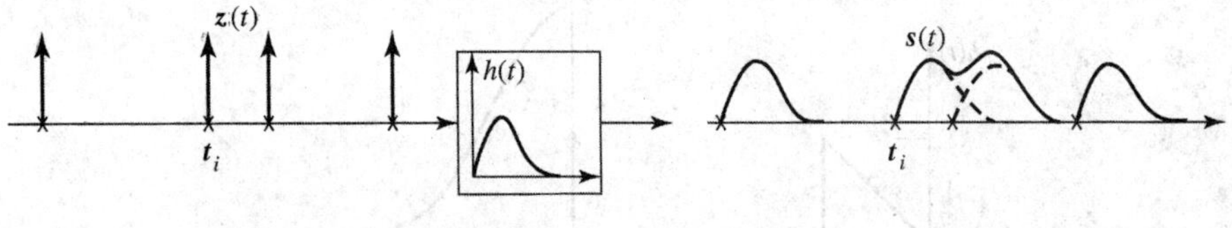

图 10－12

这种表示方法与实际问题中散弹噪声的产生机理相一致：过程 $s(t)$ 是在随机时刻 t_i 上发生的脉冲序列(例如粒子辐射)所激励的动态系统的输出。

我们知道，$\eta_z = \lambda$，于是

$$E\{s(t)\} = \lambda \int_{-\infty}^{\infty} h(t)\,\mathrm{d}t = \lambda H(0) \tag{10-98}$$

此外，因为(见例 9－22)

$$S_{zz}(\omega) = 2\pi\lambda^2\delta(\omega) + \lambda \tag{10-99}$$

从(9－149)式可得

$$S_{ss}(\omega) = 2\pi\lambda^2 H^2(0)\delta(\omega) + \lambda \mid H(\omega) \mid^2 \tag{10-100}$$

这是因为 $|H(\omega)|^2\delta(\omega) = H^2(0)\delta(\omega)$，对上式作逆变换得

$$R_{ss}(\tau) = \lambda^2 H^2(0) + \lambda\rho(\tau) \qquad C_{ss}(\tau) = \lambda\rho(\tau) \tag{10-101}$$

坎贝尔(Campbell)定理　散弹噪声过程 $s(t)$ 的均值 η_s 和方差 σ_s^2 分别为

$$\eta_s = \lambda \int_{-\infty}^{\infty} h(t)\,\mathrm{d}t \qquad \sigma_s^2 = \lambda\rho(0) = \lambda \int_{-\infty}^{\infty} h^2(t)\,\mathrm{d}t \tag{10-102}$$

证　因为 $\sigma_s^2 = C_{ss}(0)$，所以由(10－101)式可以直接证明。

【例 10－2】　若

$$h(t) = \mathrm{e}^{-\alpha t}U(t) \qquad H(\omega) = \frac{1}{\alpha + \mathrm{j}\omega}$$

则

$$\eta_s = \frac{\lambda}{\alpha} \qquad \sigma_s^2 = \frac{\lambda}{2\alpha}$$

$$S_{ss}(\omega) = \frac{2\pi\lambda^2}{\alpha^2}\delta(\omega) + \frac{\lambda}{\alpha^2 + \omega^2} \qquad C_{ss}(\tau) = \frac{\lambda}{2\alpha}\mathrm{e}^{-\alpha|\tau|}$$

【例 10－3】　电子渡越

假定 $h(t)$ 是如图 10－13(a)所示的三角形，因为

$$\int_0^T kt\,\mathrm{d}t = \frac{kT^2}{2} \qquad \int_0^T k^2t^2\,\mathrm{d}t = \frac{k^2T^3}{3}$$

故由(10－102)式可得

$$\eta_s = \frac{\lambda kT^2}{2} \qquad \sigma_s^2 = \frac{\lambda k^2T^3}{3}$$

在这种情况下

$$H(\omega) = \int_0^T kt\,\mathrm{e}^{-\mathrm{j}\omega t}\,\mathrm{d}t = \mathrm{e}^{-\mathrm{j}\omega T/2}\,\frac{2k\sin\omega T/2}{\mathrm{j}\omega^2} - \mathrm{e}^{-\mathrm{j}\omega T}\,\frac{kT}{\mathrm{j}\omega}$$

代入(10－100)式，得到(图 10－13(b))

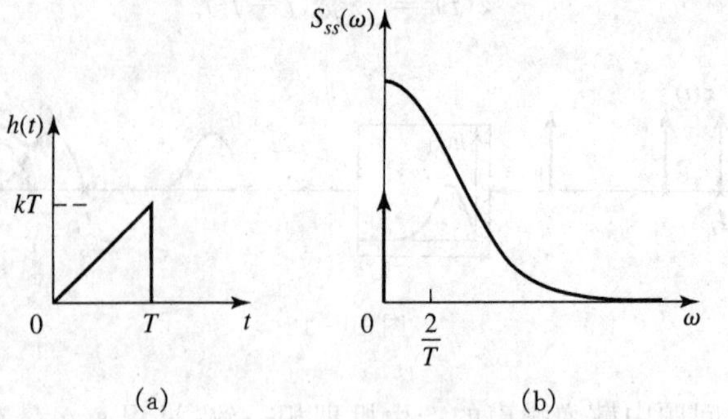

图 10－13

$$S_{ss}(\omega)=2\pi\eta_s^2\delta(\omega)+\frac{\lambda k^2}{\omega^4}(2-2\cos\omega T+\omega^2T^2-2\omega T\sin\omega T)$$

广义泊松过程和散弹噪声　给定一个泊松点集 $\boldsymbol{t}_i$，其平均密度为 λ，我们构造过程

$$\boldsymbol{x}(t)=\sum_i\boldsymbol{c}_iU(t-\boldsymbol{t}_i)=\sum_{i=1}^{\boldsymbol{n}(t)}\boldsymbol{c}_i \tag{10-103}$$

式中 $\boldsymbol{c}_i$ 是独立于点 $\boldsymbol{t}_i$ 的独立同分布随机点列，均值为 η_c，方差为 σ_c^2。因而，$\boldsymbol{x}(t)$ 是图 9－3 所示的阶梯函数，且在点 $\boldsymbol{t}_i$ 处的阶跃等于 $\boldsymbol{c}_i$。过程 $\boldsymbol{n}(t)$ 是区间 $(0,t)$ 内泊松点的个数，因此，$E\{\boldsymbol{n}(t)\}=\lambda t$，$E\{\boldsymbol{n}^2(t)\}=\lambda^2t^2+\lambda t$。对于特定 t，$\boldsymbol{x}(t)$ 是(7－46)式所示的和式。由此可得

$$\begin{aligned}E\{\boldsymbol{x}(t)\}&=\eta_cE\{\boldsymbol{n}(t)\}=\eta_c\lambda t\\E\{\boldsymbol{x}^2(t)\}&=\eta_c^2E\{\boldsymbol{n}^2(t)\}+\sigma_c^2E\{\boldsymbol{n}(t)\}=\eta_c^2(\lambda t+\lambda^2t^2)+\sigma_c^2\lambda t\end{aligned} \tag{10-104}$$

用类似于例 9－5 的处理方法，我们可得

$$C_{xx}(t_1,t_2)=(\eta_c^2+\sigma_c^2)\lambda\min(t_1,t_2) \tag{10-105}$$

接下来我们构造脉冲串

$$\boldsymbol{z}(t)=\boldsymbol{x}'(t)=\sum_i\boldsymbol{c}_i\delta(t-\boldsymbol{t}_i) \tag{10-106}$$

类似于(9－109)式，由(10－105)式可得

$$E\{\boldsymbol{z}(t)\}=\frac{\mathrm{d}}{\mathrm{d}t}E\{\boldsymbol{x}(t)\}=\eta_c\lambda \tag{10-107}$$

$$C_{zz}(t_1,t_2)=\frac{\partial^2C_{xx}(t_1,t_2)}{\partial t_1\partial t_2}=(\eta_c^2+\sigma_c^2)\lambda\delta(\tau) \tag{10-108}$$

式中 $\tau=t_2-t_1$。将 $\boldsymbol{z}(t)$ 与函数 $h(t)$ 进行卷积，我们得到了一般散弹噪声

$$\boldsymbol{s}(t)=\sum_i\boldsymbol{c}_ih(t-\boldsymbol{t}_i)=\boldsymbol{z}(t)*h(t) \tag{10-109}$$

从而

$$E\{\boldsymbol{s}(t)\}=E\{\boldsymbol{z}(t)\}*h(\boldsymbol{t})=\eta_c\lambda\int_{-\infty}^{\infty}h(t)\mathrm{d}t \tag{10-110}$$

$$C_{ss}(\tau)=C_{zz}(\tau)*h(\tau)*h(-\tau)=(\eta_c^2+\sigma^2)\lambda\rho(\tau) \tag{10-111}$$

$$\mathrm{Var}\{\boldsymbol{s}(t)\}=C_{ss}(0)=(\eta_c^2+\sigma_c^2)\lambda\int_{-\infty}^{\infty}h^2(t)\mathrm{d}t \tag{10-112}$$

这就是坎贝尔定理对随机系数的散弹噪声过程的推广。

方程(10-103)也给出另外一个有趣的解释。

复合泊松过程 ▶ 普通的泊松过程在任一到达时刻仅有一个事件发生。像在(10-103)式中一样,考虑在时刻 $\boldsymbol{t}_i$ 同时发生的事件 $\boldsymbol{c}_i$ 的数目作为一组,这样在时刻 t 以前的所有组中,点的数目构成了一个广义泊松过程 $\boldsymbol{n}(t)$。每一组中发生事件的数目是一个随机数,它独立于其它组的数目。用 $\boldsymbol{c}_i$ 表示在第 i 组中包含事件的数目,$\boldsymbol{x}(t)$是在区间$(0,t)$内发生事件的总数。那么过程 $\boldsymbol{x}(t)$表示一个**复合泊松过程**。例如,$\boldsymbol{c}_i$ 可以表示某一时间段内第 i 次交通事故中受损汽车的数目(或在第 i 次火灾中受损房屋的数目),且假设在这个时间内交通事故(火灾)的**数目**是一个泊松过程,那么在这个时间内受损汽车(受损房屋)的总数服从一个复合泊松分布。设

$$p_k = P\{\boldsymbol{c}_i = k\} \qquad k = 0,1,2\cdots \tag{10-113}$$

表示在**任意**一组中事件发生的概率质量函数,而

$$P(z) = E\{z^{\boldsymbol{c}_i}\} = \sum_{k=0}^{\infty} p_k z^k \tag{10-114}$$

是它的矩生成函数。对于任意的 t,复合泊松过程 $\boldsymbol{x}(t)$的矩生成函数是

$$\begin{aligned}\Phi_x(z) &= E\{z^{\boldsymbol{x}(t)}\} = E\{E(z^{\boldsymbol{x}(t)} \mid \boldsymbol{n}(t) = k)\} \\ &= E\{E(z^{\sum_{i=1}^{k}\boldsymbol{c}_i} \mid \boldsymbol{n}(t) = k)\} \\ &= \sum_{k=0}^{\infty}[E(z^{\boldsymbol{c}_i})]^k P\{\boldsymbol{n}(t) = k\} \\ &= \sum_{k=0}^{\infty}[P(z)]^k \mathrm{e}^{-\lambda t}\frac{(\lambda t)^k}{k!} = \mathrm{e}^{-\lambda t[1-P(z)]}\end{aligned} \tag{10-115}$$

我们能用这个恒等式确定在区间$(0,t)$内事件发生 n 次的概率。为此,设

$$P^k(z) \equiv \sum_{n=0}^{\infty} p_n^{(k)} z^n \tag{10-116}$$

这里$\{p_n^{(k)}\}$表示序列$\{p_n\}$和它自己的 k 重卷积。把(10-116)式代入(10-115)式的第一个表达式,我们得到一个有趣的恒等式

$$P\{\boldsymbol{x}(t) = n\} = \sum_{k=0}^{\infty}\mathrm{e}^{-\lambda t}\frac{(\lambda t)^k}{k!}p_n^{(k)} \tag{10-117}$$

方程(10-114)和(10-115)也可以用于证明:每个复合泊松过程分布函数是独立的泊松过程的整数线性组合。事实上,把(10-114)式代入(10-115)式,我们得到

$$\Phi_x(z) = \mathrm{e}^{-\lambda_1 t(1-z)}\ \mathrm{e}^{-\lambda_2 t(1-z^2)}\cdots\mathrm{e}^{-\lambda_k t(1-z^k)}\cdots \tag{10-118}$$

这里 $\lambda_k=\lambda p_k$,因此得出

$$\boldsymbol{x}(t)=\boldsymbol{m}_1(t)+2\boldsymbol{m}_2(t)+\cdots+k\boldsymbol{m}_k(t)+\cdots \tag{10-119}$$

这里 $\boldsymbol{m}_k(t)$是参数为 $\lambda p_k, k=1,2,\cdots$的独立的泊松过程。

更一般地,我们能用这些观测值来证明任意独立的泊松过程的线性组合也是一个复合泊松过程。也就是说

$$\boldsymbol{y}(t) = \sum_{k=1}^{n} a_k \boldsymbol{x}_k(t) \tag{10-120}$$

是一个复合泊松过程，这里 a_k 是一组任意常数，$\boldsymbol{x}_k(t)$是参数为 $\lambda_k t$ 的独立的泊松过程，由于

$$\Phi_y(z) = E\{z^{\boldsymbol{y}(t)}\} = \prod_{k=1}^{n} E\{z^{a_k \boldsymbol{x}_k(t)}\}$$

$$= \prod_{k=1}^{n} \mathrm{e}^{-\lambda_k t(1-z^{a_k})} = \mathrm{e}^{-\lambda t(1-P_0(z))} \tag{10-121}$$

其中

$$P_0(z) = \sum_{k=1}^{n} \frac{\lambda_k}{\lambda} z^{a_k} \qquad \lambda \equiv \sum_{k=1}^{n} \lambda_k \tag{10-122}$$

把(10-114)和(10-115)式与(10-121)和(10-122)式比较，像在(10-103)式中一样，我们得出

$$\boldsymbol{y}(t) = \sum_{i=1}^{\boldsymbol{z}(t)} \boldsymbol{c}_i \tag{10-123}$$

这里 $\boldsymbol{z}(t) \sim P\{\lambda t\}$且

$$P\{\boldsymbol{c}_i = a_k\} = \frac{\lambda_k}{\lambda} \qquad k = 1,2,\cdots,n \tag{10-124}$$

◀

10.3　调 制①

给定两个均值为零的实联合宽平稳过程 $\boldsymbol{a}(t)$和 $\boldsymbol{b}(t)$，又给定常数 ω_0，我们构造过程

$$\boldsymbol{x}(t) = \boldsymbol{a}(t)\cos\omega_0 t - \boldsymbol{b}(t)\sin\omega_0 t$$

$$= \boldsymbol{r}(t)\cos[\omega_0 t + \boldsymbol{\varphi}(t)] \tag{10-125}$$

式中

$$\boldsymbol{r}(t) = \sqrt{\boldsymbol{a}^2(t) + \boldsymbol{b}^2(t)} \qquad \tan\boldsymbol{\varphi}(t) = \frac{\boldsymbol{b}(t)}{\boldsymbol{a}(t)}$$

此过程称为具有振幅调制 $\boldsymbol{r}(t)$和相位调制 $\boldsymbol{\varphi}(t)$的调制过程。

我们将证明，当且仅当过程 $\boldsymbol{a}(t)$和 $\boldsymbol{b}(t)$满足

$$R_{aa}(\tau) = R_{bb}(\tau) \qquad R_{ab}(\tau) = -R_{ba}(\tau) \tag{10-126}$$

时，$\boldsymbol{x}(t)$才是广义平稳过程。

证　显然

$$E\{\boldsymbol{x}(t)\} = E\{\boldsymbol{a}(t)\}\cos\omega_0 t - E\{\boldsymbol{b}(t)\}\sin\omega_0 t = 0$$

此外，

$$\boldsymbol{x}(t+\tau)\boldsymbol{x}(t) = [\boldsymbol{a}(t+\tau)\cos\omega_0(t+\tau) - \boldsymbol{b}(t+\tau)\sin\omega_0(t+\tau)]$$
$$\times [\boldsymbol{a}(t)\cos\omega_0 t - \boldsymbol{b}(t)\sin\omega_0 t]$$

对上面表达式取期望值，并利用适当的三角恒等式即得

$$2E\{\boldsymbol{x}(t+\tau)\boldsymbol{x}(t)\} = [R_{aa}(\tau) + R_{bb}(\tau)]\cos\omega_0\tau + [R_{ab}(\tau) - R_{ba}(\tau)]\sin\omega_0\tau$$

---

① A. Papoulis. Random Modulation: A Review. *IEEE Transactions on Acoustics, Speech, and Signal Processing*, vol. ASSP-31, 1983.

$$+[R_{aa}(\tau)-R_{bb}(\tau)]\cos\omega_0(2t+\tau)$$
$$-[R_{ab}(\tau)+R_{ba}(\tau)]\sin\omega_0(2t+\tau) \quad (10-127)$$

若(10-126)式成立,则(10-127)变为

$$R_{xx}(\tau)=R_{aa}(\tau)\cos\omega_0\tau+R_{ab}(\tau)\sin\omega_0\tau \quad (10-128)$$

反之,若 $\boldsymbol{x}(t)$是广义平稳过程,则(10-127)式中的最后两项必须与 t 无关。仅当(10-126)式成立时,才有可能如此。

我们引入"对偶"过程

$$\boldsymbol{y}(t)=\boldsymbol{b}(t)\cos\omega_0 t+\boldsymbol{a}(t)\sin\omega_0 t \quad (10-129)$$

它也是广义平稳过程,且有

$$R_{yy}(\tau)=R_{xx}(\tau) \qquad R_{xy}(\tau)=-R_{yx}(\tau) \quad (10-130)$$

$$R_{xy}(\tau)=R_{ab}(\tau)\cos\omega_0\tau-R_{aa}(\tau)\sin\omega_0\tau \quad (10-131)$$

在(10-127)式中,只要用 $\boldsymbol{y}(t+\tau)$或 $\boldsymbol{y}(t)$代替乘积 $\boldsymbol{x}(t+\tau)\boldsymbol{x}(t)$中的一个或两个因子,便可得出上式。

复数表示法 我们引入过程

$$\boldsymbol{w}(t)=\boldsymbol{a}(t)+\mathrm{j}\boldsymbol{b}(t)=\boldsymbol{r}(t)\mathrm{e}^{\mathrm{j}\varphi(t)} \qquad \boldsymbol{z}(t)=\boldsymbol{x}(t)+\mathrm{j}\boldsymbol{y}(t)=\boldsymbol{w}(t)\mathrm{e}^{\mathrm{j}\omega_0 t} \quad (10-132)$$

于是

$$\boldsymbol{x}(t)=\mathrm{Re}\boldsymbol{z}(t)=\mathrm{Re}[\boldsymbol{w}(t)\mathrm{e}^{\mathrm{j}\omega_0 t}] \quad (10-133)$$

且

$$\boldsymbol{a}(t)+\mathrm{j}\boldsymbol{b}(t)=\boldsymbol{w}(t)=\boldsymbol{z}(t)\mathrm{e}^{-\mathrm{j}\omega_0 t}$$

从而求得

$$\begin{aligned}\boldsymbol{a}(t)&=\boldsymbol{x}(t)\cos\omega_0 t+\boldsymbol{y}(t)\sin\omega_0 t\\ \boldsymbol{b}(t)&=\boldsymbol{y}(t)\cos\omega_0 t-\boldsymbol{x}(t)\sin\omega_0 t\end{aligned} \quad (10-134)$$

相关函数和频谱 复过程 $\boldsymbol{w}(t)$的自相关函数为

$$R_{ww}(\tau)=E\{[\boldsymbol{a}(t+\tau)+\mathrm{j}\boldsymbol{b}(t+\tau)][\boldsymbol{a}(t)-\mathrm{j}\boldsymbol{b}(t)]\}$$

展开并利用(10-126)式,我们可得

$$R_{ww}(\tau)=2R_{aa}(\tau)-2\mathrm{j}R_{ab}(\tau) \quad (10-135)$$

同样可得

$$R_{zz}(\tau)=2R_{xx}(\tau)-2\mathrm{j}R_{xy}(\tau) \quad (10-136)$$

进而,我们注意到

$$R_{zz}(\tau)=\mathrm{e}^{\mathrm{j}\omega_0\tau}R_{ww}(\tau) \quad (10-137)$$

由上可得

$$\begin{aligned}S_{ww}(\omega)&=2S_{aa}(\omega)-2\mathrm{j}S_{ab}(\omega)\\ S_{zz}(\omega)&=2S_{xx}(\omega)-2\mathrm{j}S_{xy}(\omega)\end{aligned} \quad (10-138)$$

$$S_{zz}(\omega)=S_{ww}(\omega-\omega_0) \quad (10-139)$$

函数 $S_{xx}(\omega)$和 $S_{zz}(\omega)$都是正实数。此外[见(10-130)式]

$$R_{xy}(-\tau)=-R_{yx}(-\tau)=-R_{xy}(\tau)$$

从而得出结论:函数$-\mathrm{j}S_{xy}(\omega)=B_{xy}(\omega)$是实数并且(见图 10-14(a))

$$|B_{xy}(\omega)|\leqslant S_{xx}(\omega) \qquad B_{xy}(-\omega)=-B_{xy}(\omega) \quad (10-140)$$

又因 $S_{xx}(-\omega)=S_{xx}(\omega)$,故由(10-138)式中的第二个方程得到

$$4S_{xx}(\omega)=S_{zz}(\omega)+S_{zz}(-\omega)$$
$$4\mathrm{j}S_{xy}(\omega)=S_{zz}(-\omega)-S_{zz}(\omega) \qquad (10-141)$$

单边带　若 $\boldsymbol{b}(t)=\hat{\boldsymbol{a}}(t)$ 是 $\boldsymbol{a}(t)$ 的希尔伯特变换，则[见(9-160)式](10-126)式的约束条件满足并且(10-138)式的第一方程变为(见图 10-14(b))

$$S_{ww}(\omega)=4S_{aa}(\omega)U(\omega)$$

这是因为

$$S_{a\hat{a}}(\omega)=\mathrm{j}S_{aa}(\omega)\operatorname{sgn}(\omega)$$

得到的谱如图 10-14(b)所示。我们特别指出，当 $|\omega|<\omega_0$ 时有 $S_{xx}(\omega)=0$。

莱斯表示　在(10-125)式中，我们假定载频 ω_0 和过程 $\boldsymbol{a}(t)$，$\boldsymbol{b}(t)$ 都是给定的。现在研究其逆命题，即，给定一个零均值的广义平稳过程 $\boldsymbol{x}(t)$，求常数 ω_0 和两个过程 $\boldsymbol{a}(t)$，$\boldsymbol{b}(t)$，使得 $\boldsymbol{x}(t)$ 可以写成(10-125)式的形式。为此，只要求得常数 ω_0 和对偶过程 $\boldsymbol{y}(t)$[见(10-125)式]就可以了。这表明(10-125)式所示的表示法不是惟一的，这是因为不仅 ω_0 是任意的，而且过程

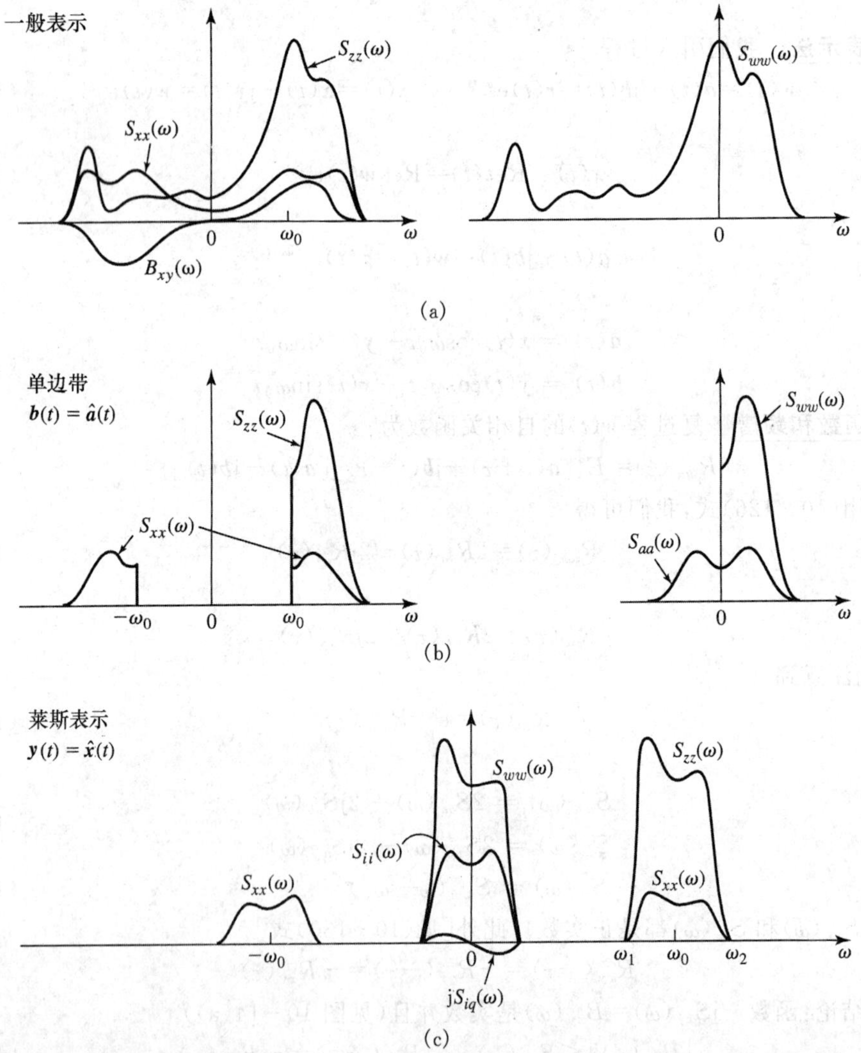

图 10-14

$\boldsymbol{y}(t)$也可以在仅仅满足约束条件(10-130)式的情况下任意选择。这样就产生了一个问题，在所有可能的$\boldsymbol{x}(t)$的表示中，是否有一种是最佳的。当然，问题的答案取决于最优准则。我们现在将说明：如果$\boldsymbol{y}(t)$是$\boldsymbol{x}(t)$的希尔伯特变换$\hat{\boldsymbol{x}}(t)$，则在$\boldsymbol{x}(t)$的包络平均变化率最小意义下，(10-125)式是最佳的。

希尔伯特变换　我们知道[见(9-160)式]

$$R_{\hat{x}\hat{x}}(\tau)=R_{xx}(\tau) \qquad R_{x\hat{x}}(-\tau)=-R_{x\hat{x}}(\tau) \tag{10-142}$$

因此，如(10-132)式所示，我们可以利用$\hat{\boldsymbol{x}}(t)$构造过程

$$\begin{aligned} \boldsymbol{z}(t) &= \boldsymbol{x}(t)+\mathrm{j}\,\hat{\boldsymbol{x}}(t) = \boldsymbol{w}(t)\mathrm{e}^{\mathrm{j}\omega_0 t} \\ \boldsymbol{w}(t) &= \boldsymbol{i}(t)+\mathrm{j}\boldsymbol{q}(t) = \boldsymbol{z}(t)\mathrm{e}^{-\mathrm{j}\omega_0 t} \end{aligned} \tag{10-143}$$

其中(图 10-14(c))

$$\boldsymbol{y}(t)=\hat{\boldsymbol{x}}(t) \qquad \boldsymbol{a}(t)=\boldsymbol{i}(t) \qquad \boldsymbol{b}(t)=\boldsymbol{q}(t)$$

代入(10-125)式，我们得到

$$\boldsymbol{x}(t)=\boldsymbol{i}(t)\cos\omega_0 t-\boldsymbol{q}(t)\sin\omega_0 t \tag{10-144}$$

这个式子称为**莱斯表示**。过程$\boldsymbol{i}(t)$叫做$\boldsymbol{x}(t)$的同相分量，过程$\boldsymbol{q}(t)$叫做$\boldsymbol{x}(t)$的正交分量。它们的实现方法如图 10-15[见(10-134)式]所示。这些过程不仅取决于$\boldsymbol{x}(t)$，而且还与载频ω_0的选择有关。

由(9-149)和(10-138)式可得

$$S_{zz}(\omega)=4S_{xx}(\omega)U(\omega) \tag{10-145}$$

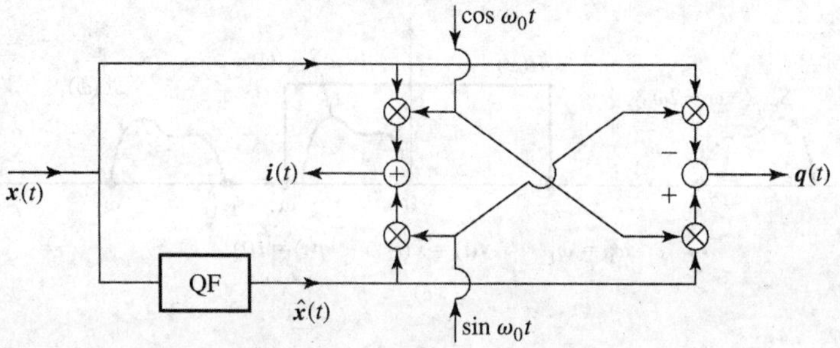

图 10-15

带通过程　如果过程$\boldsymbol{x}(t)$的频谱$S_{xx}(\omega)$在区间(ω_1,ω_2)之外为零，则此过程$\boldsymbol{x}(t)$称做带通过程(见图 10-14(c))。若过程的频带$\omega_2-\omega_1$与中心频率相比很小，则此过程称为窄带过程或准单色过程。如果$S_{xx}(\omega)$是一个脉冲函数，则称为单色过程。例如，过程$\boldsymbol{a}\cos\omega_0 t+\boldsymbol{b}\sin\omega_0 t$就是单色过程。

表示式(10-125)或(10-144)式对任意的$\boldsymbol{x}(t)$都成立。然而，当$\boldsymbol{x}(t)$是带通过程，它们才是有用的。在这种情况下，复包络$\boldsymbol{w}(t)$和过程$\boldsymbol{i}(t)$，$\boldsymbol{q}(t)$都是低通的，这是由于

$$\begin{aligned} S_{ww}(\omega) &= S_{zz}(\omega+\omega_0) \\ S_{ii}(\omega) &= S_{qq}(\omega) = \frac{1}{4}[S_{ww}(\omega)+S_{ww}(-\omega)] \end{aligned} \tag{10-146}$$

我们将证明，若过程$\boldsymbol{x}(t)$是带通的，且$\omega_1+\omega_c\leqslant 2\omega_0$，则同相分量$\boldsymbol{i}(t)$和正交分量$\boldsymbol{q}(t)$可以由图 10-16(a)所示系统的响应得到，图中的低通滤波器(LP)是理想的，它的截止频率ω_c满足

$$\omega_2-\omega_0<\omega_c \qquad \omega_1-\omega_0>-\omega_c \tag{10-147}$$

证　只要证明图 10-16(b)所示系统的响应等于 $\boldsymbol{w}(t)$(即线性)就可以了。显然

$$2\boldsymbol{x}(t)=\boldsymbol{z}(t)+\boldsymbol{z}^*(t) \qquad \boldsymbol{w}^*(t)=\boldsymbol{z}^*(t)\mathrm{e}^{\mathrm{j}\omega_0 t}$$

于是

$$2\boldsymbol{x}(t)\mathrm{e}^{-\mathrm{j}\omega_0 t}=\boldsymbol{w}(t)+\boldsymbol{w}^*(t)\mathrm{e}^{-2\mathrm{j}\omega_0 t}$$

过程 $\boldsymbol{w}(t)$和 $\boldsymbol{w}^*(t)\mathrm{e}^{-\mathrm{j}2\omega_0 t}$的频谱分别是 $S_{ww}(\omega)$和 $S_{ww}(-\omega-2\omega_0)$。按照假设,前者在低通滤波器 $H(\omega)$的通带内,而后者在通带外。因而该滤波器的响应等于 $\boldsymbol{w}(t)$。

最后,我们注意到,若 $\omega_0\leqslant\omega_1$,则 $\omega<0$ 时有 $S_{ww}(\omega)=0$。在这种情况下,$\boldsymbol{q}(t)$是 $\boldsymbol{i}(t)$的希尔伯特变换。因为 $\omega_2-\omega_1\leqslant 2\omega_0$,所以仅当 $\omega_2\leqslant 3\omega_1$时才有可能如此。在图 10-16(c)中,我们给出了 $\omega_0=\omega_1$时的相应频谱。

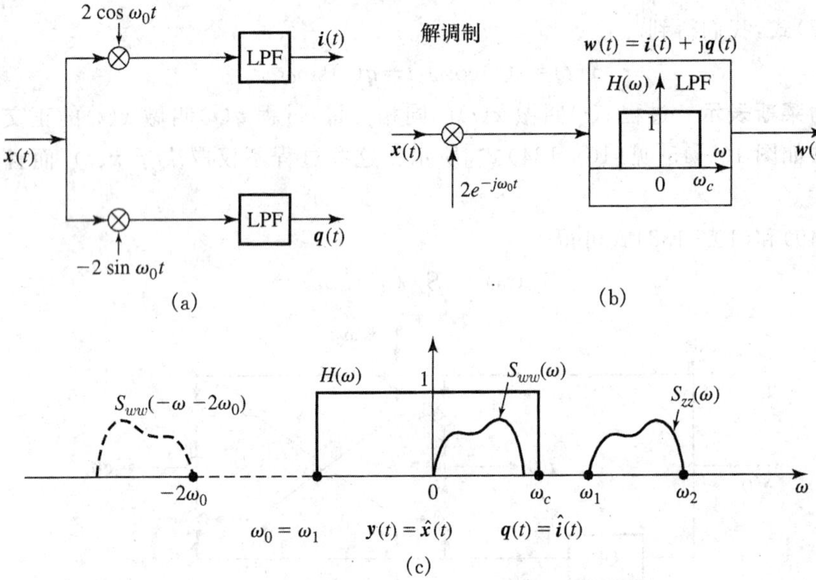

图 10-16

最佳包络　给定一个任意过程 $\boldsymbol{x}(t)$,我们要确定常数 ω_0和过程 $\boldsymbol{y}(t)$,使得(10-125)式中 $\boldsymbol{x}(t)$的复包络 $\boldsymbol{w}(t)$在 $E\{|\boldsymbol{w}'(t)|^2\}$最小的意义上是平滑的。正如我们所知,$\boldsymbol{w}'(t)$的功率为

$$\omega^2 S_{ww}(\omega)=\omega^2 S_{zz}(\omega+\omega_0)$$

因而,我们的问题是在 $S_{xx}(\omega)$的约束条件下,使下式的积分达到最小①

$$M=2\pi E\{|\boldsymbol{w}'(t)|^2\}=\int_{-\infty}^{\infty}(\omega-\omega_0)^2 S_{xx}(\omega)\mathrm{d}\omega \tag{10-148}$$

莱斯表示 ▶ 莱斯表示(10-144)式是最佳的,且最佳载波频率 ω_0是 $S_{xx}(\omega)U(\omega)$的重心 $\overline{\omega}_0$。

证　首先,假定 $S_{zz}(\omega)$已被确定。在这种情况下,M 只取决于 ω_0。将(10-148)

---

① L. Mandel. Complex Represen tation of Optical Fields in Coherence Theory. *Journal of the Optical Society of America*, vol. 57, 1967. 也可见 N. M. Blachman. *Noise and Its Effect on Communication*. Krieger Publishing Company, Malabar, FL, 1982.

式的右边对 ω_0 微分，可得结论：当 ω_0 等于 $S_{zz}(\omega)$ 的重心

$$\overline{\omega}_0=\frac{\int_{-\infty}^{\infty}\omega S_{zz}(\omega)\mathrm{d}\omega}{\int_{-\infty}^{\infty}S_{zz}(\omega)\mathrm{d}\omega}=\frac{\int_{0}^{\infty}\omega B_{xy}(\omega)\mathrm{d}\omega}{\int_{0}^{\infty}S_{xx}(\omega)\mathrm{d}\omega}\tag{10-149}$$

时，M 为最小。上面的第二个等式由(10－138)和(10－140)式得到。将(10－149)式代入(10－148)式，得到

$$\begin{aligned}M&=\int_{-\infty}^{\infty}(\omega^2-\overline{\omega}_0^2)S_{zz}(\omega)\mathrm{d}\omega\\&=2\int_{-\infty}^{\infty}(\omega^2-\overline{\omega}_0^2)S_{xx}(\omega)\mathrm{d}\omega\end{aligned}\tag{10-150}$$

现在我们要选择 $S_{zz}(\omega)$ 使得 M 最小。由于 $S_{xx}(\omega)$ 已给定，故当 $\overline{\omega}_0$ 最大时，M 为最小。由于 $|B_{xy}(\omega)|\leqslant S_{xx}(\omega)$，从(10－149)式可以看出，当 $|B_{xy}(\omega)|=S_{xx}(\omega)$ 时，M 最小。于是，我们得到 $-\mathrm{j}S_{xy}(\omega)=S_{xx}(\omega)\mathrm{sgn}\omega$，而(10－138)式变为

$$S_{zz}(\omega)=4S_{xx}(\omega)U(\omega)$$

◀

瞬时频率　若 $\boldsymbol{\varphi}(t)$ 像(10－125)式那样，则过程

$$\boldsymbol{\omega}_i(t)=\omega_0+\boldsymbol{\varphi}'(t)\tag{10-151}$$

称为 $\boldsymbol{x}(t)$ 的瞬时频率。由于

$$\boldsymbol{z}=\boldsymbol{r}\mathrm{e}^{\mathrm{j}(\omega_0 t+\boldsymbol{\varphi})}=\boldsymbol{x}+\mathrm{j}\boldsymbol{y}$$

故有

$$\boldsymbol{z}'\boldsymbol{z}^*=\boldsymbol{r}\boldsymbol{r}'+\mathrm{j}\boldsymbol{r}^2\boldsymbol{\omega}_i=(\boldsymbol{x}'+\mathrm{j}\boldsymbol{y}')(\boldsymbol{x}-\mathrm{j}\boldsymbol{y})\tag{10-152}$$

从而得出 $E\{\boldsymbol{r}\boldsymbol{r}'\}=0$ 和

$$E\{\boldsymbol{r}^2\boldsymbol{\omega}_i\}=\frac{1}{2\pi}\int_{-\infty}^{\infty}\omega S_{zz}(\omega)\mathrm{d}\omega\tag{10-153}$$

这是因为 $\boldsymbol{z}'$ 和 $\boldsymbol{z}$ 的互功率谱等于 $\mathrm{j}\omega S_{zz}(\omega)$。

由于对偶过程 $\boldsymbol{y}(t)$ 不惟一，过程 $\boldsymbol{x}(t)$ 的瞬时频率也不是惟一确定的。在莱斯表示中，$\boldsymbol{y}=\hat{\boldsymbol{x}}$，因此

$$\boldsymbol{\omega}_i=\frac{\boldsymbol{x}\hat{\boldsymbol{x}}'-\boldsymbol{x}'\hat{\boldsymbol{x}}}{\boldsymbol{r}^2}\qquad \boldsymbol{r}^2=\boldsymbol{x}^2+\hat{\boldsymbol{x}}^2\tag{10-154}$$

在这种情况下[见(10－145)和(10－149)式]，最佳载频 $\overline{\omega}_0$ 等于 $\boldsymbol{\omega}_i$ 的加权平均：

$$\overline{\omega}_0=\frac{E\{\boldsymbol{r}^2\boldsymbol{\omega}_i\}}{E\{\boldsymbol{r}^2\}}$$

10.3.1　频率调制

过程

$$\boldsymbol{x}(t)=\cos[\omega_0 t+\lambda\boldsymbol{\varphi}(t)+\boldsymbol{\varphi}_0]\qquad \boldsymbol{\varphi}(t)=\int_0^t \boldsymbol{c}(\alpha)\mathrm{d}\alpha\tag{10-155}$$

是频率调制(FM)的，其瞬时频率为 $\omega_0+\lambda\boldsymbol{c}(t)$，调制指数为 λ。对应的复过程为

$$\boldsymbol{w}(t)=\mathrm{e}^{\mathrm{j}\lambda\boldsymbol{\varphi}(t)}\qquad \boldsymbol{z}(t)=\boldsymbol{w}(t)\mathrm{e}^{\mathrm{j}(\omega_0 t+\boldsymbol{\varphi}_0)}\tag{10-156}$$

我们下面研究它的频谱特性。

定理 10－3 ▶ 若过程 $\boldsymbol{c}(t)$ 是严格平稳的，随机变量 $\boldsymbol{\varphi}_0$ 与 $\boldsymbol{c}(t)$ 独立，并且

$$E\{e^{j\varphi_0}\}=E\{e^{j2\varphi_0}\}=0 \tag{10-157}$$

则过程 $\boldsymbol{x}(t)$ 是广义平稳的，均值为零。此外

$$R_{xx}(\tau)=\frac{1}{2}\mathrm{Re}R_{zz}(\tau)$$

$$R_{zz}(\tau)=R_{ww}(\tau)e^{j\omega_0\tau} \qquad R_{ww}(\tau)=E\{\boldsymbol{w}(\tau)\} \tag{10-158}$$

证　由(10－157)式可得 $E\{\boldsymbol{x}(t)\}=0$，这是由于

$$E\{\boldsymbol{z}(t)\}=E\{e^{j[\omega_0 t+\lambda\boldsymbol{\varphi}(t)]}\}E\{e^{j\varphi_0}\}=0$$

进一步

$$E\{\boldsymbol{z}(t+\tau)\boldsymbol{z}(t)\}=E\{e^{j[\omega_0(2t+\tau)+\lambda\boldsymbol{\varphi}(t+\tau)+\lambda\boldsymbol{\varphi}(t)]}\}E\{e^{j2\varphi_0}\}=0$$

$$E\{\boldsymbol{z}(t+\tau)\boldsymbol{z}^*(t)\}=e^{j\omega_0\tau}E\{\exp[j\lambda\int_t^{t+\tau}\boldsymbol{c}(\alpha)d\alpha]\}=e^{j\omega_0\tau}E\{\boldsymbol{w}(\tau)\}$$

上面最后一个方程是由过程 $\boldsymbol{c}(t)$ 的平稳性得出的。由于 $2\boldsymbol{x}(t)=\boldsymbol{z}(t)+\boldsymbol{z}^*(t)$，我们可得

$$4E\{\boldsymbol{x}(t+\tau)\boldsymbol{x}(t)\}=R_{zz}(\tau)+R_{zz}(-\tau)$$

并且由于 $R_{zz}(-\tau)=R_{zz}^*(\tau)$，得到(10－158)式。◀

定义　若 $\boldsymbol{x}(t)$ 的统计特性是已知的，则过程 $\boldsymbol{\varphi}(t)$ 是相位调制的。在这种情况下，过程的自相关函数很容易得到，因为

$$E\{\boldsymbol{w}(t)\}=E\{e^{j\lambda\boldsymbol{\varphi}(t)}\}=\Phi_\varphi(\lambda,t) \tag{10-159}$$

其中 $\Phi_\varphi(\lambda,t)$ 是 $\boldsymbol{\varphi}(t)$ 的特征函数。

若 $\boldsymbol{c}(t)$ 的统计特性是已知的，则过程 $\boldsymbol{x}(t)$ 是频率调制的。为了确定 $\Phi_\varphi(\lambda,t)$，我们必须找到 $\boldsymbol{c}(t)$ 的积分的统计特性。实际上，这通常并不容易。但正态情况是一个例外，因为 $\Phi_\varphi(\lambda,t)$ 可以用 $\boldsymbol{\varphi}(t)$ 的期望和方差表示，因而可得[见(9－156)式]

$$E\{\boldsymbol{\varphi}(t)\}=\int_0^t E\{\boldsymbol{c}(\alpha)\}d\alpha=\eta_c t$$

$$E\{\boldsymbol{\varphi}^2(t)\}=2\int_0^t R_c(\alpha)(t-\alpha)d\alpha \tag{10-160}$$

为了确定 $\boldsymbol{x}(t)$ 的功率谱 $S_{xx}(\omega)$，我们必须求出函数 $\Phi_\varphi(\lambda,t)$ 和它的傅里叶变换。一般而言，这是很困难的。实际上，如下面定理所述，如果 λ 很大，则 $S_{xx}(\omega)$ 可以直接用 $\boldsymbol{c}(t)$ 的密度函数 $f_c(c)$ 表示。

定理 10－4 ▶ 伍德沃德定理　①　若过程 $\boldsymbol{c}(t)$ 是连续的，且其密度 $f_c(c)$ 有界，则对于大的 λ，有

$$S_{xx}(\omega)\approx\frac{\pi}{2\lambda}\left[f_c\left(\frac{\omega-\omega_0}{\lambda}\right)+f_c\left(\frac{-\omega-\omega_0}{\lambda}\right)\right] \tag{10-161}$$

证　若 τ_0 充分小，则 $\boldsymbol{c}(t)\approx\boldsymbol{c}(0)$，且

$$\boldsymbol{\varphi}(t)=\int_0^t\boldsymbol{c}(\alpha)d\alpha\approx\boldsymbol{c}(0)t \qquad |t|<\tau_0 \tag{10-162}$$

代入(10－159)式，得

① P. M. Woodward. The Spectrum of Random Frequency Modulation. *Telecommunications Research*, Great Malvern, WoRCs., England, Memo 666, 1952.

$$E\{\boldsymbol{w}(\tau)\} \approx E\{e^{j\lambda\tau c(0)}\} = \Phi_c(\lambda\tau) \qquad |\tau| < \tau_0 \tag{10-163}$$

其中

$$\Phi_c(\mu) = E\{e^{j\mu c(t)}\}$$

是 $\boldsymbol{c}(t)$ 的特征函数。由此式和(10-158)式可得

$$R_{zz}(\tau) \approx \Phi_c(\lambda\tau) e^{j\omega_0 t}, \qquad |\tau| < \tau_0 \tag{10-164}$$

若 λ 充分大，则 $|\tau| > \tau_0$ 时有 $\Phi_c(\lambda\tau) \approx 0$，这是因为当 $\mu \to \infty$ 时，$\Phi_c(\mu) \to 0$。因此，对于 $\Phi_c(\lambda\tau)$ 取值显著大的区域内的每个 τ，(10-164)式都是相当满意的近似。对(10-164)式两边作变换，并利用逆变换公式

$$f_c(c) = \frac{1}{2\pi} \int_{-\infty}^{\infty} \Phi_c(\mu) e^{-j\mu c} d\mu$$

得

$$S_{zz}(\omega) = \int_{-\infty}^{\infty} \Phi_c(\lambda\tau) e^{j\omega_0 \tau} e^{-j\omega\tau} d\tau = \frac{2\pi}{\lambda} f_c\left(\frac{\omega - \omega_0}{\lambda}\right)$$

由(10-141)式求得(10-161)式。◀

正态过程　现在假定 $\boldsymbol{c}(t)$ 是零均值的正态过程。在这种情况下，$\boldsymbol{\varphi}(t)$ 也是零均值的正态过程。因此[见(10-160)式]

$$\Phi_\varphi(\lambda, \tau) = \exp\left\{-\frac{1}{2}\lambda^2 \sigma_\varphi^2(\tau)\right\}$$
$$\sigma_\varphi^2(\tau) = 2\int_0^\tau R_c(\alpha)(\tau - \alpha) d\alpha \tag{10-165}$$

一般地说，只能用数值方法计算 $\Phi_\varphi(\lambda, \tau)$ 的傅里叶变换。然而下面我们将证明，对于大的或小的 λ，可以得到显式的公式。我们引入 $\boldsymbol{c}(t)$ 的"相关时间" τ_c：

$$\tau_c = \frac{1}{\rho}\int_0^\infty R_c(\alpha) d\alpha \qquad \rho = R_c(0) \tag{10-166}$$

并且选择两个常数 τ_0 和 τ_1，使

$$R_c(\tau) \approx \begin{cases} 0 & |\tau| > \tau_1 \\ \rho & |\tau| < \tau_0 \end{cases}$$

代入(10-165)式，我们可得(图 10-17)

$$\sigma_\varphi^2(\tau) \approx \begin{cases} \rho\tau^2 & |\tau| < \tau_0 \quad e^{-\rho\lambda^2\tau^2/2} \\ 2\rho\tau\tau_c & \tau > \tau_1 \quad e^{-\rho\lambda^2\tau\tau_c} \end{cases} \approx R_{ww}(\tau) \tag{10-167}$$

由傅里叶变换的渐近性质知道，对于小(大)的 τ，$R_{ww}(\tau)$ 的特性决定着 ω 大(小)时 $S_{ww}(\omega)$ 的特性。由于

$$e^{-\rho\lambda^2\tau^2/2} \leftrightarrow \frac{1}{\lambda}\sqrt{\frac{2\pi}{\rho}}\, e^{-\omega^2/2\rho\lambda^2}$$
$$e^{-\rho\lambda^2\tau_c|\tau|} \leftrightarrow \frac{2\rho\tau_c\lambda^2}{\omega^2 + \rho^2\tau_c^2\lambda^4} \tag{10-168}$$

因而可得结论：在靠近原点处，$S_{ww}(\omega)$ 是洛伦兹形的，而当 $\omega \to \infty$ 它是渐近正态的。下面将证明，对于大或小 λ，这些极限情况充分描述了 $S_{ww}(\omega)$ 的性质。

宽带频率调制　若 λ 满足

$$\rho\lambda^2\tau_0^2 \gg 1$$

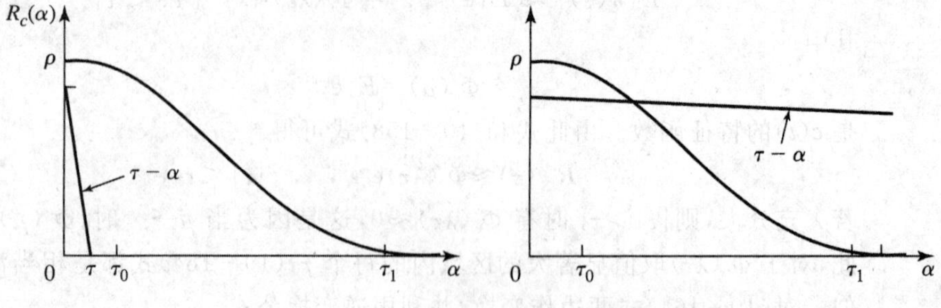

图 10-17

则$|\tau|>\tau_0$ 时有 $R_{ww}(\tau)\approx 0$。这表明对于每个大的 τ 值,我们都能采用(10-167)式的上半部分来近似。可得到频谱为

$$S_{ww}(\omega)\approx\frac{1}{\lambda}\sqrt{\frac{2\pi}{\rho}}\ \mathrm{e}^{-\omega^2/2\rho\lambda^2}=\frac{2\pi}{\lambda}f_c\left(\frac{\omega}{\lambda}\right) \tag{10-169}$$

这与伍德沃德定理一致。由于 $\boldsymbol{c}(t)$ 是方差为 $E\{\boldsymbol{c}^2(t)\}=\rho$ 的正态过程,我们可以得到(10-169)式的后一个等式。

窄带频率调制 若 λ 满足

$$\rho\lambda^2\tau_1\tau_c\ll 1$$

则$|\tau|<\tau_1$ 时 $R_{ww}(\tau)\approx 1$。这表明对于每个大的 τ 值,我们都能采用(10-167)式的下半部分近似。因此

$$S_{ww}(\omega)\approx\frac{2\rho\tau_c\lambda^2}{\omega^2+\rho^2\tau_c^2\lambda^4} \tag{10-170}$$

10.4 循环平稳过程[①]

一个随机过程为 $\boldsymbol{x}(t)$,如果当原点移动 T 的整数倍时,它的的统计特性保持不变,或等价为,对于任意整数 m,

$$F(x_1,\cdots,x_n;t_1+mT,\cdots,t_n+mT)=F(x_1,\cdots,x_n;t_1,\cdots,t_n) \tag{10-171}$$

成立,则称过程 $\boldsymbol{x}(t)$ 是严格循环平稳的(SSCS),循环周期为 T。

若对于任意整数 m,有

$$\eta(t+mT)=\eta(t)\qquad R(t_1+mT,t_2+mT)=R(t_1,t_2) \tag{10-172}$$

我们就称 $\boldsymbol{x}(t)$ 是广义循环平稳的(WSCS)。

按照它们的定义,若 $\boldsymbol{x}(t)$ 是严格循环平稳的,则它也是广义循环平稳的。下面的定理将给出平稳和循环平稳之间的紧密关系。

定理 10-5 ▶ 严格循环平稳和严格平稳 若 $\boldsymbol{x}(t)$ 是严格循环平稳过程,其周期为 T,$\boldsymbol{\theta}$ 是区间$(0,T)$内均匀分布的随机变量,且与 $\boldsymbol{x}(t)$ 独立,则通过随机移动原点所得到的**移位**过程

$$\bar{\boldsymbol{x}}(t)=\boldsymbol{x}(t-\boldsymbol{\theta}) \tag{10-173}$$

---

① N. A. Gardner and L. E. Franks. Characteristics of Cyclostationary Random Signal Processes. *IEEE Transactions in Information Theory*, vol. IT-21, 1975.

是严格平稳过程，且其 n 阶分布为

$$\overline{F}(x_1,\cdots,x_n;\ t_1,\ \cdots,\ t_n)=\frac{1}{T}\int_0^T F(x_1,\cdots,x_n;\ t_1-\alpha,\ \cdots,\ t_n-\alpha)\mathrm{d}\alpha \tag{10-174}$$

证　为了证明该定理，我们只需证明事件

$$A=\{\overline{\boldsymbol{x}}(t_1+c)\leqslant x_1,\cdots,\overline{\boldsymbol{x}}(t_n+c)\leqslant x_n\}$$

的概率独立于 c，且等于(10－174)式的右边。我们已经知道[见(4－80)式]

$$P(A)=\frac{1}{T}\int_0^T P(A\mid\boldsymbol{\theta}=\theta)\mathrm{d}\theta \tag{10-175}$$

并且

$$P(A|\boldsymbol{\theta}=\theta)=P\{\boldsymbol{x}(t_1+c-\theta)\leqslant x_1,\cdots,\boldsymbol{x}(t_n+c-\theta)\leqslant x_n|\theta\}$$

由于 $\boldsymbol{\theta}$ 独立于 $\boldsymbol{x}(t)$，我们可得

$$P(A|\boldsymbol{\theta}=\theta)=F(x_1,\cdots,x_n;\ t_1+c-\theta,\cdots,t_n+c-\theta)$$

代入(10－175)式中并利用(10－171)式，我们可得(10－174)式。◀

定理 10－6 ▶ 广义循环平稳和广义平稳　若 $\boldsymbol{x}(t)$ 是广义循环平稳过程，则移位过程 $\overline{\boldsymbol{x}}(t)$ 是广义平稳的，且均值为

$$\overline{\eta}=\frac{1}{T}\int_0^T\eta(t)\mathrm{d}t \tag{10-176}$$

自相关函数为

$$\overline{R}(\tau)=\frac{1}{T}\int_0^T R(t+\tau,\ t)\mathrm{d}t \tag{10-177}$$

证　由(6－240)式和 $\boldsymbol{x}(t)$ 与 $\boldsymbol{\theta}$ 的独立性可得

$$E\{\boldsymbol{x}(t-\boldsymbol{\theta})\}=E\{\eta(t-\boldsymbol{\theta})\}=\frac{1}{T}\int_0^T\eta(t-\theta)\mathrm{d}\theta$$

并且由 $\eta(t)$ 的周期性即可得(10－176)式。类似地，

$$E\{\boldsymbol{x}(t+\tau-\boldsymbol{\theta})\boldsymbol{x}(t-\boldsymbol{\theta})\}=E\{R(t+\tau-\boldsymbol{\theta},\ t-\boldsymbol{\theta})\}$$
$$=\frac{1}{T}\int_0^T R(t+\tau-\theta,\ t-\theta)\mathrm{d}\theta$$

由 $R(t+\tau,t)$ 是 t 的周期函数得到(10－177)式。◀

10.4.1　脉冲振幅调制(PAM)

循环平稳过程的一个重要例子是随机信号

$$\boldsymbol{x}(t)=\sum_{n=-\infty}^{\infty}\boldsymbol{c}_n h(t-nT) \tag{10-178}$$

式中 $h(t)$ 是一个给定函数，其傅里叶变换为 $H(\omega)$，$\boldsymbol{c}_n$ 是平稳的随机变量序列，且自相关函数为 $R_c[m]=E\{\boldsymbol{c}_{n+m}\boldsymbol{c}_n\}$，功率谱为

$$\boldsymbol{S}_c(\mathrm{e}^{\mathrm{j}\omega})=\sum_{m=-\infty}^{\infty}R_c[m]\mathrm{e}^{-\mathrm{j}m\omega} \tag{10-179}$$

定理 10－7 ▶ 脉冲振幅调制谱　移位过程 $\overline{\boldsymbol{x}}(t)$ 的功率谱 $\overline{S}_x(\omega)$ 为

$$\overline{S}_x(\omega) = \frac{1}{T}\boldsymbol{S}_c(\mathrm{e}^{\mathrm{j}\omega T}) \mid H(\omega) \mid^2 \tag{10-180}$$

证　我们构造脉冲序列

$$\boldsymbol{z}(t) = \sum_{n=-\infty}^{\infty} \boldsymbol{c}_n \delta(t - nT) \tag{10-181}$$

显然，$\boldsymbol{z}(t)$是过程 $\boldsymbol{w}(t)$的微分（见图 10-18）

$$\boldsymbol{w}(t) = \sum_{n=-\infty}^{\infty} \boldsymbol{c}_n U(t - nT) \qquad \boldsymbol{z}(t) = \boldsymbol{w}'(t) \tag{10-182}$$

过程 $\boldsymbol{w}(t)$是循环平稳的且自相关函数为

$$R_w(t_1, t_2) = \sum_n \sum_r R_c[n-r] U(t_1 - nT) U(t_2 - rT)$$

由(9-103)式可得

$$R_z(t_1, t_2) = \frac{\partial^2 R_w(t_1, t_2)}{\partial t_1 \partial t_2} = \sum_n \sum_r R_c[n-r] \delta(t_1 - nT) \delta(t_2 - rT)$$

因此，

$$R_z(t+\tau, t) = \sum_{m=-\infty}^{\infty} R_c[m] \sum_{r=-\infty}^{\infty} \delta[t + \tau - (m+r)T] \delta(t - rT) \tag{10-183}$$

首先我们需要求出移位过程 $\overline{\boldsymbol{z}} = \boldsymbol{z}(t - \boldsymbol{\theta})$的自相关函数 $\overline{R}_z(\tau)$和功率谱 $\overline{S}_z(\omega)$。将(10-183)式代入(10-177)式中，并利用等式

$$\sum_{r=-\infty}^{\infty} \int_0^T \delta[t + \tau - (m+r)T] \delta(t - rT) \mathrm{d}t = \delta(\tau - mT)$$

可得

$$\overline{R}_z(\tau) = \frac{1}{T} \sum_{m=-\infty}^{\infty} R_c[m]\, \delta(\tau - mT) \tag{10-184}$$

由此可得

$$\overline{S}_z(\omega) = \frac{1}{T} \sum_{m=-\infty}^{\infty} R_c[m]\, \mathrm{e}^{-\mathrm{j}mT\omega} = \frac{1}{T} S_c(\omega T) \tag{10-185}$$

过程 $\boldsymbol{x}(t)$是输入为 $\boldsymbol{z}(t)$的系统输出。因此，

$$\boldsymbol{x}(t) = \boldsymbol{z}(t) * h(t) \qquad \overline{\boldsymbol{x}}(t) = \overline{\boldsymbol{z}}(t) * h(t)$$

所以［见(10-185)和(9-149)式］位移脉冲振幅调制过程 $\overline{\boldsymbol{x}}(t)$的功率谱由(10-180)式给出。◀

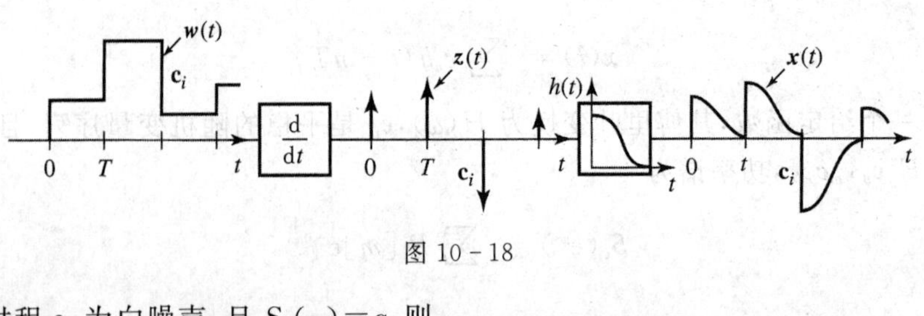

图 10-18

推论 ▶ 若过程 $\boldsymbol{c}_n$ 为白噪声，且 $S_c(\omega) = q$，则

$$\overline{S}_x(\omega)=\frac{q}{T}|H(\omega)|^2 \qquad \overline{R}_x(\tau)=\frac{q}{T}h(t)*h(-t) \tag{10-186}$$

◀

【例 10-4】 假定 $h(t)$ 是一个矩形脉冲，$\boldsymbol{c}_n$ 为以等概率取值为 ± 1 的白噪声过程：

$$h(t)=\begin{cases}1 & 0\leqslant t<T \\ 0 & \text{其他}\end{cases} \qquad \boldsymbol{c}_n=\boldsymbol{x}(nT) \qquad R_c[m]=\delta[m]$$

由此产生的过程 $\boldsymbol{x}(t)$ 称为**双态传输过程**，它是在区间 $(nT-T, nT)$ 内取值为 ± 1 的严格循环平稳过程，移位过程 $\overline{\boldsymbol{x}}(t)=\boldsymbol{x}(t-\boldsymbol{\theta})$ 是平稳过程。由(10-180)式可得

$$\overline{S}_x(\omega)=\frac{4\sin^2(\omega T/2)}{T\omega^2}$$

这是因为 $\boldsymbol{S}_c(z)=1$。因此 $\overline{R}_x(\tau)$ 是如图 10-19 所示的三角形。

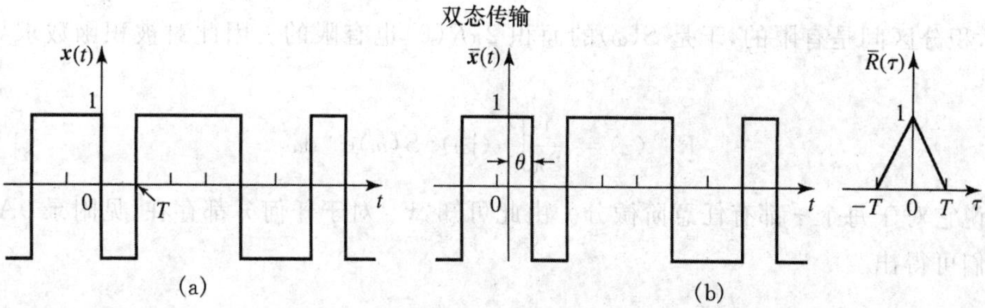

图 10-19

10.5　带限过程和采样定理

如果过程 $\boldsymbol{x}(t)$ 是有限功率的，且其频谱在 $|\omega|>\sigma$ 时为零，即

$$S(\omega)=0 \qquad |\omega|>\sigma, \qquad R(0)<\infty \tag{10-187}$$

则我们称 $\boldsymbol{x}(t)$ 为带限(BL)过程。本节将建立含有带限过程的线性泛函的各种恒等式。为此，我们将每个恒等式的两边都表示成线性系统的响应，这样做的原因是基于下面的事实：

定理 10-8 ▶ 假定 $\boldsymbol{w}_1(t)$ 和 $\boldsymbol{w}_2(t)$ 是系统 $T_1(\omega)$ 和 $T_2(\omega)$ 对带限过程 $\boldsymbol{x}(t)$ 的响应(图 10-20)。我们将证明，若

$$T_1(\omega)=T_2(\omega) \qquad \text{对于}|\omega|\leqslant\sigma \tag{10-188}$$

则

$$\boldsymbol{w}_1(t)=\boldsymbol{w}_2(t) \tag{10-189}$$

证　差过程 $\boldsymbol{w}_1(t)-\boldsymbol{w}_2(t)$ 是系统 $T_1(\omega)-T_2(\omega)$ 对输入 $\boldsymbol{x}(t)$ 的响应。由于 $|\omega|>\sigma$ 时有 $S(\omega)=0$，故由(9-152)和(10-188)式可得

$$E\{|\boldsymbol{w}_1(t)-\boldsymbol{w}_2(t)|^2\}=\frac{1}{2\pi}\int_{-\sigma}^{\sigma}S(\omega)\,|T_1(\omega)-T_2(\omega)|^2\mathrm{d}\omega=0$$

因此[①] $\boldsymbol{w}_1(t)=\boldsymbol{w}_2(t)$。

◀

① 本节中的所有恒等式都是均方意义上的。

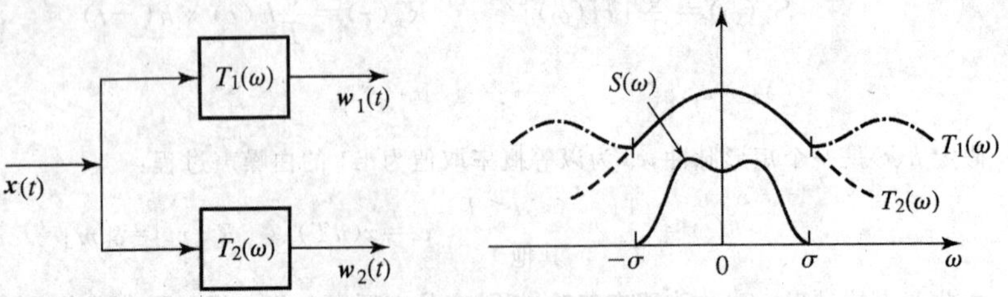

图 10 - 20

泰勒级数　若 $\boldsymbol{x}(t)$ 是带限过程，则[见(9 - 134)式]

$$R(\tau)=\frac{1}{2\pi}\int_{-\sigma}^{\sigma}S(\omega)\mathrm{e}^{\mathrm{j}\omega\tau}\mathrm{d}\omega \tag{10-190}$$

上式中，积分区间是有限的，于是 $S(\omega)$ 的面积 $2\pi R(0)$ 也有限的。因此对被积函数求导数，我们得到

$$R^{(n)}(\tau)=\frac{1}{2\pi}\int_{-\sigma}^{\sigma}(\mathrm{j}\omega)^n S(\omega)\mathrm{e}^{\mathrm{j}\omega\tau}\mathrm{d}\omega \tag{10-191}$$

也就是说它对于每个 τ 都有任意阶微分。由此可知，$\boldsymbol{x}^{(n)}$ 对于任何 n 都存在(见附录 9A)。

我们可得出

$$\boldsymbol{x}(t+\tau)=\sum_{n=0}^{\infty}\boldsymbol{x}^{(n)}(t)\frac{\tau^n}{n!} \tag{10-192}$$

证　我们将利用(10 - 189)式来证明(10 - 192)式。我们知道，对所有 ω

$$\mathrm{e}^{\mathrm{j}\omega\tau}=\sum_{n=0}^{\infty}(\mathrm{j}\omega)^n\frac{\tau^n}{n!} \tag{10-193}$$

过程 $\boldsymbol{x}(t+\tau)$ 和 $\boldsymbol{x}^{(n)}(t)$ 分别是系统 $\mathrm{e}^{\mathrm{j}\omega\tau}$ 和 $(\mathrm{j}\omega)^n$ 对输入 $\boldsymbol{x}(t)$ 的响应。所以，如果将(10 - 193)式的两边作为(10 - 188)式中的系统 $T_1(\omega)$ 和 $T_2(\omega)$ 的输入，产生的响应就等于(10 - 192)式的两边。又因(10 - 193)式对于所有 ω 都成立，故由(10 - 189)式可得(10 - 192)式。

界　带限特性经常与缓慢变化相联系。下面是用解析式来表示这种联系。

若 $\boldsymbol{x}(t)$ 是带限过程，则

$$E\{[\boldsymbol{x}(t+\tau)-\boldsymbol{x}(t)]^2\}\leqslant\sigma^2\tau^2R(0) \tag{10-194}$$

或等效地有

$$2[R(0)-R(\tau)]\leqslant\sigma^2\tau^2R(0) \tag{10-195}$$

证　由熟知的不等式 $|\sin\varphi|\leqslant|\varphi|$，得

$$1-\cos\omega\tau=2\sin^2\frac{\omega\tau}{2}\leqslant\frac{\omega^2\tau^2}{2}$$

由于 $S(\omega)\geqslant0$，故由上式和(9 - 135)式可得

$$R(0)-R(\tau)=\frac{1}{2\pi}\int_{-\sigma}^{\sigma}S(\omega)(1-\cos\omega\tau)\mathrm{d}\omega$$

$$\leqslant\frac{1}{2\pi}\int_{-\sigma}^{\sigma}S(\omega)\frac{\omega^2\tau^2}{2}\mathrm{d}\omega\leqslant\frac{\sigma^2\tau^2}{4\pi}\int_{-\sigma}^{\sigma}S(\omega)\mathrm{d}\omega=\frac{\sigma^2\tau^2}{2}R(0)$$

这正是(10 - 195)式。

10.5.1 采样展开式

确定信号的采样定理表明：若 $f(t)\leftrightarrow F(\omega)$，且 $|\omega|>\sigma$ 时 $F(\omega)=0$，则函数 $f(t)$ 可以用它的采样 $f(nT)$ 展开，其中 $T=\pi/\sigma$ 是**奈奎斯特采样间隔**。所得展开式应用到带限过程 $\boldsymbol{x}(t)$ 的自相关函数 $R(\tau)$ 可得下述结果：

$$R(\tau)=\sum_{n=-\infty}^{\infty}R(nT)\frac{\sin\sigma(\tau-nT)}{\sigma(\tau-nT)} \tag{10-196}$$

我们将给出过程 $\boldsymbol{x}(t)$ 的类似展开式。

定理 10-9 ▶ 随机采样定理 若 $\boldsymbol{x}(t)$ 是一个带限过程，则对任意 t 和 τ，

$$\boldsymbol{x}(t+\tau)=\sum_{n=-\infty}^{\infty}\boldsymbol{x}(t+nT)\frac{\sin\sigma(\tau-nT)}{\sigma(\tau-nT)}\qquad T=\frac{\pi}{\sigma} \tag{10-197}$$

这是(10-196)式的略微扩展。这个扩展将帮助我们从(10-189)式得出定理的证明。

证 我们将指数 $\mathrm{e}^{\mathrm{j}\omega\tau}$ 看做 ω 的函数，τ 作为参数，并将它在区间 $(-\sigma\leqslant\omega\leqslant\sigma)$ 内展开成傅里叶级数。展开式的系数为

$$a_n=\frac{1}{2\sigma}\int_{-\sigma}^{\sigma}\mathrm{e}^{\mathrm{j}\omega\tau}\mathrm{e}^{-\mathrm{j}nT\omega}\mathrm{d}\omega=\frac{\sin\sigma(\tau-nT)}{\sigma(\tau-nT)}$$

因此，

$$\mathrm{e}^{\mathrm{j}\omega\tau}=\sum_{n=-\infty}^{\infty}\mathrm{e}^{\mathrm{j}nT\omega}\frac{\sin\sigma(\tau-nT)}{\sigma(\tau-nT)}\qquad|\omega|\leqslant\sigma \tag{10-198}$$

我们分别将(10-197)式的左边和右边表示为 $T_1(\omega)$ 和 $T_2(\omega)$。显然，$T_1(\omega)$ 是延迟线，它对 $\boldsymbol{x}(t)$ 的响应 $\boldsymbol{w}_1(t)$ 等于 $\boldsymbol{x}(t+\tau)$。类似地，$T_2(\omega)$ 关于 $\boldsymbol{x}(t)$ 的响应 $\boldsymbol{w}_2(t)$ 等于(10-197)式的右边。又因 $|\omega|<\sigma$ 时有 $T_1(\omega)=T_2(\omega)$，故由(10-189)式可得(10-197)式。 ◀

<u>过去采样</u> 对于确定带限信号，只有当它过去和未来的所有采样都知道时，该信号才能确定下来。对于随机带限信号没有这样的要求。接下来我们将证明，带限过程 $\boldsymbol{x}(t)$ 可以由其过去采样 $\boldsymbol{x}(nT_0)$（其中 $T_0<T$）的和式来任意近似。首先我们用一个例子加以说明①。

【例 10-5】 基于过去样本的采样

考虑过程

$$\hat{\boldsymbol{x}}(t)=n\boldsymbol{x}(t-T_0)-\binom{n}{2}\boldsymbol{x}(t-2T_0)+\cdots-(-1)^n\boldsymbol{x}(t-nT_0) \tag{10-199}$$

差过程

$$\boldsymbol{y}(t)=\boldsymbol{x}(t)-\hat{\boldsymbol{x}}(t)=\sum_{k=0}^{n}(-1)^k\binom{n}{k}\boldsymbol{x}(t-kT_0)$$

是输入为 $\boldsymbol{x}(t)$ 且系统为

$$H(\omega)=\sum_{k=0}^{n}(-1)^k\binom{n}{k}\mathrm{e}^{-\mathrm{j}kT_0\omega}=(1-\mathrm{e}^{-\mathrm{j}\omega T_0})^n$$

① L. A. Wainstein and V. Zubakov. *Extraction of Signals in Noise*. Prentice-Hall, Englewood Cliffs, NJ, 1962.

的响应。由于 $|H(\omega)|=|2\sin(\omega T_0/2)|^n$，由(9-45)式可得

$$E\{\boldsymbol{y}^2(t)\}=\frac{1}{2\pi}\int_{-\sigma}^{\sigma}S(\omega)\left(2\sin\frac{\omega T_0}{2}\right)^{2n}\mathrm{d}\omega \qquad (10-200)$$

注意，若 $T_0<\pi/3\sigma$，则对于 $|\omega|<\sigma$，$2\sin|\omega T_0/2|<2\sin(\pi/6)=1$。由此可得，当 $n\to\infty$ 时(10-200)式中的积分趋于0。因此，$E\{\boldsymbol{y}^2(t)\}\to 0$ 且

$$\hat{\boldsymbol{x}}(t)\to\boldsymbol{x}(t) \qquad \text{当 } n\to\infty$$

注意仅当 $T_0<T/3$ 时上述结论才成立；此外，当 $n\to\infty$ 时 $\hat{\boldsymbol{x}}(t)$ 的系数 $\binom{n}{k}$ 趋于∞。

下面我们将证明 $\boldsymbol{x}(t)$ 可以由其过去采样 $\boldsymbol{x}(t-kT_0)$ 的和式来任意逼近，其中 T_0 是比 T 小的一个数，其它情况是任意的。

定理 10-10 ▶ 给定 $T_0<T$ 和常数 $\varepsilon>0$，我们可以找到一个系数 a_k 的集合，使得

$$E\{|\boldsymbol{x}(t)-\hat{\boldsymbol{x}}(t)|^2\}<\varepsilon \qquad \hat{\boldsymbol{x}}(t)=\sum_{x=1}^{n}a_k\boldsymbol{x}(t-kT_0) \qquad (10-201)$$

式中 n 是足够大的常数。

证　过程 $\hat{\boldsymbol{x}}(t)$ 是输入为 $\boldsymbol{x}(t)$ 时的系统

$$P(\omega)=\sum_{k=1}^{n}a_k\mathrm{e}^{-\mathrm{j}kT_0\omega} \qquad (10-202)$$

的输出。因此，

$$E\left\{|\boldsymbol{x}(t)-\hat{\boldsymbol{x}}(t)|^2\right\}=\frac{1}{2\pi}\int_{-\sigma}^{\sigma}S(\omega)|1-P(\omega)|^2\mathrm{d}\omega$$

所以，我们可以找到一个只有正指数的指数和来任意近似于1。这并不能对每个 $|\omega|<\sigma_0=\pi/T_0$ 都成立，因为 $P(\omega)$ 是周期为 $2\sigma_0$ 的周期函数。实际上，我们能证明，若 $\sigma_0>\sigma$，则总能找到 $P(\omega)$ 使得差 $|1-P(\omega)|$ 任意小，其中 $|\omega|<\sigma$，如图10-21所示。证明可由维尔斯特拉斯(Weierstrass)近似定理和费耶-里斯(Fejer-Riesz)因数分解定理得出，然而，详细的证明并不简单①。

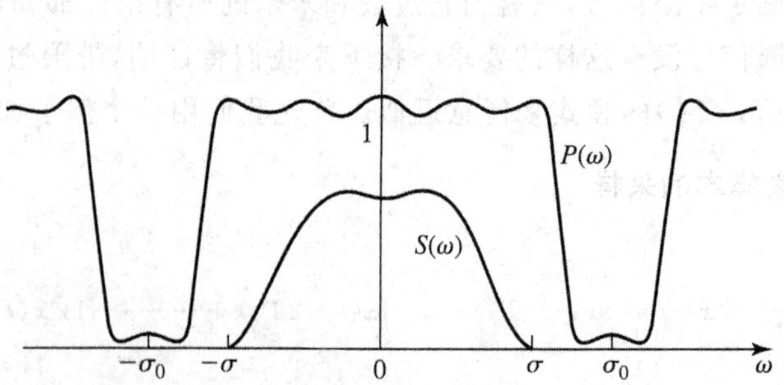

图 10-21

注意如同例10-5中，当 $\varepsilon\to 0$ 时系数 a_k 趋于∞。这是基于下列事实得出的：我们找不到(10-202)式所示的指数和 $P(\omega)$ 使得对一个区间内每个 ω 都

① A. Papoulis: "A Note on the Predictability of Band-Limited Processes," *Proceedings of the IEEE*, vol. 13, no. 8, 1985.

有 $|1-P(\omega)|=0$ 成立。这违反了(9-203)式(帕里-维纳条件)或者违反了更一般的(11-9)式。◀

帕普里斯采样展开式[①] 采样展开式仅当 $T_0\leqslant\pi/\sigma$ 时才成立。下述定理表明,若能得到 n 个由 $\boldsymbol{x}(t)$ 所驱动的线性系统 $H_1(\omega),\cdots,H_N(\omega)$ 的输出 $\boldsymbol{y}_1(t),\cdots,\boldsymbol{y}_N(t)$ 的采样(图 10-22),则我们能将采样间隔从 π/σ 增大到 $N\pi/\sigma$。

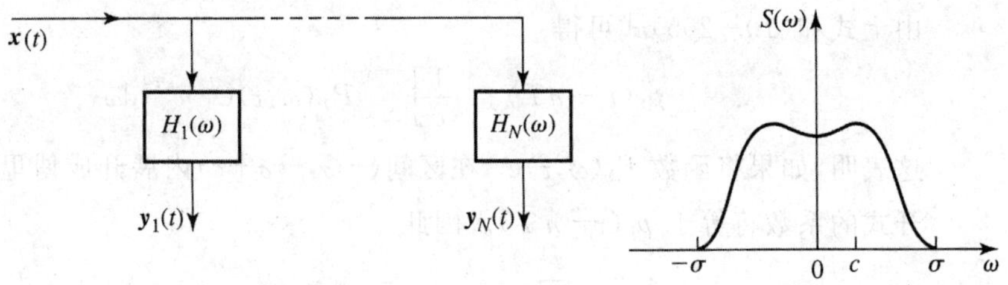

图 10-22

引入常数

$$c=\frac{2\sigma}{N}=\frac{2\pi}{T}\qquad \overline{T}=NT \tag{10-203}$$

和 N 个函数

$$P_1(\omega,t),\ \cdots,\ P_N(\omega,t)$$

它们定义为下列方程组的解:

$$\begin{aligned}&H_1(\omega)P_1(\omega,\tau)+\cdots+H_N(\omega)P_N(\omega,\tau)=1\\&H_1(\omega+c)P_1(\omega,\tau)+\cdots+H_N(\omega+c)P_N(\omega,\tau)=\mathrm{e}^{\mathrm{j}c\tau}\\&\cdots\cdots\cdots\cdots\cdots\cdots\\&H_1(\omega+Nc-c)P_1(\omega,\tau)+\cdots+H_N(\omega+Nc-c)P_N(\omega,\tau)=\mathrm{e}^{\mathrm{j}(N-1)c\tau}\end{aligned} \tag{10-204}$$

在(10-204)式中,ω 取区间$(-\sigma,-\sigma+c)$内的一切值,而 τ 是任意的。

接下来,我们构造 N 个函数

$$p_k(\tau)=\frac{1}{c}\int_{-\sigma}^{-\sigma+c}P_k(\omega,\tau)\mathrm{e}^{\mathrm{j}\omega\tau}\mathrm{d}\omega\qquad 1\leqslant k\leqslant N \tag{10-205}$$

定理 10-11 ▶ $$\boldsymbol{x}(t+\tau)=\sum_{n=-\infty}^{\infty}[\boldsymbol{y}_1(t+n\overline{T})p_1(\tau-n\overline{T})+\cdots+\boldsymbol{y}_N(t+n\overline{T})p_N(\tau-n\overline{T})] \tag{10-206}$$

证　过程 $\boldsymbol{y}_i(t+n\overline{T})$ 是系统 $H_i(\omega)\mathrm{e}^{\mathrm{j}n\overline{T}\omega}$ 对其输入 $\boldsymbol{x}(t)$ 的响应。所以,如果我们用恒等式

$$\mathrm{e}^{\mathrm{j}\omega\tau}=H_1(\omega)\sum_{n=-\infty}^{\infty}p_1(\tau-n\overline{T})\mathrm{e}^{\mathrm{j}n\omega\overline{T}}+\cdots+H_N(\omega)\sum_{n=-\infty}^{\infty}p_N(\tau-n\overline{T})\mathrm{e}^{\mathrm{j}n\omega\overline{T}} \tag{10-207}$$

---

① A. Papoulis. New Results in Sampling Theory. *Hawaii Intern Conf. System Sciences*, January, 1968.(可见 Papoulis, 1968[19], pp. 132-137.)

的两边作为图 10-20 所示的系统 $T_1(\omega)$ 和 $T_2(\omega)$ 的输入，产生的响应就等于(10-206)式的两边。因而为了证明(10-206)式，只要证明(10-207)式对于每个$|\omega|\leqslant\sigma$都成立就行了。

系统(10-207)的系数 $H_k(\omega+kc)$ 与 τ 无关，其右边由 τ 的周期函数所组成，周期为 $\overline{T}=2\pi/c$，因为 $e^{jkc\overline{T}}=1$。因此，各个解 $P_k(\omega,\tau)$ 都是周期的，即

$$P_k(\omega,\tau-n\overline{T}) = P_k(\omega,\tau)$$

由上式和(10-205)式可得

$$p_k(\tau-n\overline{T}) = \frac{1}{c}\int_{-\sigma}^{-\sigma+c} P_k(\omega,\tau)e^{j\omega(\tau-n\overline{T})}d\omega$$

这表明，如果将函数 $P_k(\omega,\tau)e^{j\omega\tau}$ 在区间$(-\sigma,-\sigma+c)$内展开成傅里叶级数，展开式的系数将等于 $p_k(\tau-n\overline{T})$。因此

$$P_k(\omega,\tau)e^{j\omega\tau} = \sum_{n=-\infty}^{\infty} p_k(\tau-n\overline{T})e^{jn\omega\overline{T}} \qquad -\sigma<\omega<-\sigma+c \tag{10-208}$$

将(10-204)式中的每个方程乘以 $e^{j\omega\tau}$，并利用(10-208)式和下列恒等式

$$e^{jn(\omega+kc)\overline{T}} = e^{jn\omega\overline{T}}$$

就可得出结论：在区间$(-\sigma,\sigma)$内，(10-207)式对于每个 ω 都成立。 ◀

10.5.2 随机采样

我们希望用含有确定性信号 $f(t)$ 的采样的和式，来估计 $f(t)$ 的傅里叶变换 $F(\omega)$。如果用黎曼和来近似 $f(t)e^{-j\omega t}$ 的积分，可得到估计为

$$F(\omega) \approx F_*(\omega) \equiv \sum_{n=-\infty}^{\infty} Tf(nT)e^{-jn\omega T} \tag{10-209}$$

由泊松求和公式(10A-1)可知，$F_*(\omega)$ 等于 $F(\omega)$ 与其移位之和。

$$F_*(\omega) = \sum_{n=-\infty}^{\infty} F(\omega+2n\sigma) \qquad \sigma=\frac{\pi}{T}$$

因此，仅当 $F(\omega)$ 在区间$(-\sigma,\sigma)$之外可以忽略时，$F_*(\omega)$ 才能够在此区间内用作 $F(\omega)$ 的估计。差值 $F(\omega)-F_*(\omega)$ 称为**混叠误差**。下面，我们用 $f(t)$ 在随机点集 $\boldsymbol{t}_i$ 上的采样 $f(\boldsymbol{t}_i)$ 来代替(10-209)式中 $f(t)$ 的等距离采样 $f(nT)$，并研究产生的误差的特性①。

下面继续证明，若 $\boldsymbol{t}_i$ 是平均密度为 λ 的泊松点过程，则和式

$$\boldsymbol{P}(\omega) = \frac{1}{\lambda}\sum_i f(\boldsymbol{t}_i)e^{-j\omega\boldsymbol{t}_i} \tag{10-210}$$

是 $F(\omega)$ 的无偏估计。也就是说，若 $f(t)$ 的能量

$$E = \int_{-\infty}^{\infty} f^2(t)dt$$

有限，则当 $\lambda\to\infty$ 时，$\boldsymbol{P}(\omega)\to F(\omega)$。为了证明上述结论，只需证明

① E. Masry. Poisson Sampling and Spectral Estimation of Continuous-Time Processes. *IEEE Transactions on Information Theory*, vol. IT－24, 1978. 还可见 F. J. Beutler. Alias Free Randomly Timed Sampling of Stochastic Processes. *IEEE Transactions on Information Theory*, vol. IT-16, 1970.

$$E\{\boldsymbol{P}(\omega)\} = F(\omega) \qquad \sigma^2_{P(\omega)} = \frac{E}{\lambda} \tag{10-211}$$

证　显然

$$\int_{-\infty}^{\infty} f(t)\mathrm{e}^{-\mathrm{j}\omega t}\sum_i \delta(t-\boldsymbol{t}_i)\mathrm{d}t = \sum_i f(\boldsymbol{t}_i)\mathrm{e}^{-\mathrm{j}\omega \boldsymbol{t}_i} \tag{10-212}$$

与(10-210)式相比较，得到

$$\boldsymbol{P}(\omega) = \frac{1}{\lambda}\int_{-\infty}^{\infty} f(t)\boldsymbol{z}(t)\mathrm{e}^{-\mathrm{j}\omega t}\mathrm{d}t, \qquad \boldsymbol{z}(t) = \sum_i \delta(t-\boldsymbol{t}_i) \tag{10-213}$$

是(9-107)式所示的泊松脉冲串，且

$$E\{\boldsymbol{z}(t)\} = \lambda \qquad C_z(t_1,t_2) = \lambda\delta(t_1-t_2) \tag{10-214}$$

因此

$$E\{\boldsymbol{P}(\omega)\} = \frac{1}{\lambda}\int_{-\infty}^{\infty} f(t)E\{\boldsymbol{z}(t)\}\mathrm{e}^{-\mathrm{j}\omega t}\mathrm{d}t = F(\omega)$$

$$\sigma^2_{P(\omega)} = \frac{1}{\lambda^2}\int_{-\infty}^{\infty}\int_{-\infty}^{\infty} f(t_1)f(t_2)\lambda\delta(t_1-t_2)\mathrm{d}t_1\mathrm{d}t_2 = \frac{1}{\lambda}\int_{-\infty}^{\infty} f^2(t_2)\mathrm{d}t_2$$

从而得出(10-211)式。

由(10-211)式可知，为了得到 $F(\omega)$ 的满意估计，λ 应该满足

$$|F(\omega)| \gg \sqrt{\frac{E}{\lambda}} \tag{10-215}$$

【例 10-6】　假定在区间 $(-a,a)$ 内，$f(t)$ 是正弦波之和

$$f(t) = \sum_k c_k \mathrm{e}^{\mathrm{j}\omega_k t} \qquad |t| < a$$

而 $|t|>a$ 时它等于零。在这种情况下，

$$F(\omega) = \sum_k 2c_k \frac{\sin a(\omega-\omega_k)}{(\omega-\omega_k)} \qquad E \approx 2a\sum_k |c_k|^2 \tag{10-216}$$

其中我们忽略了计算 E 时所产生的交叉乘积项。若 a 充分大，则

$$F(\omega_k) \approx 2ac_k$$

这表明，若

$$\sum_i |c_i|^2 \ll 2a\lambda |c_k|^2$$

则

$$\boldsymbol{P}(\omega_k) \approx F(\omega_k)$$

可见只要观察间隔 $2a$ 很大，即使平均采样率 λ 小一些，我们也能用随机采样来检测任一频率的线谱。

10.6　噪声中的确定性信号

应用随机过程的一个中心问题就是在有噪声的情况下估计信号，这个问题涉及很多方面(见第 13 章)。下面，我们讨论可以得到简单解的两种情况。在这两种情况下，信号都是确定性信号 $f(t)$，而噪声都是具有零均值的随机过程 $\boldsymbol{v}(t)$。

10.6.1　匹配滤波原理

下面是雷达中的典型问题：已知形式的信号被远处的目标反射，得到的接收信号为

$$x(t) = f(t) + v(t) \qquad E\{v(t)\} = 0$$

其中 $f(t)$由发射信号的时移和幅度衰减得到，$v(t)$是广义平稳过程且功率谱为 $S(\omega)$。我们假定 $f(t)$已知，并希望检测它的存在，并对目标进行定位。因此，我们将过程 $x(t)$作用到冲激响应为 $h(t)$和系统函数为 $H(\omega)$的线性滤波器的输入，产生的输出 $y(t)=x(t)*h(t)$为

$$y(t) = \int_{-\infty}^{\infty} x(t-\alpha)h(\alpha)\mathrm{d}\alpha = y_f(t) + y_v(t) \tag{10-217}$$

其中

$$y_f(t) = \int_{-\infty}^{\infty} f(t-\alpha)h(\alpha)\mathrm{d}\alpha = \frac{1}{2\pi}\int_{-\infty}^{\infty} F(\omega)H(\omega)\mathrm{e}^{\mathrm{j}\omega t}\mathrm{d}\omega \tag{10-218}$$

是信号 $f(t)$的输出，并且 $y_v(t)$是一个随机分量，其平均能量为

$$E\{y_v^2(t)\} = \frac{1}{2\pi}\int_{-\infty}^{\infty} S(\omega) \mid H(\omega) \mid^2 \mathrm{d}\omega \tag{10-219}$$

由于 $y_v(t)$是由 $v(t)$产生的，且 $E\{v(t)\}=0$，我们得出 $E\{y_v(t)\}=0$ 和 $E\{y(t)\}=y_f(t)$。我们的目的是求 $H(\omega)$，使得在特定时间 t_0，信噪比

$$\rho = \frac{\mid y_f(t_0) \mid}{\sqrt{E\{y_v^2(t_0)\}}} \tag{10-220}$$

最大。

白噪声　首先，假定 $S(\omega)=\sigma_0^2$。对(10-218)式中的第二个积分应用许瓦兹不等式，得到

$$\rho^2 \leqslant \frac{\int \mid F(\omega)\mathrm{e}^{\mathrm{j}\omega t_0} \mid^2 \mathrm{d}\omega \int \mid H(\omega) \mid^2 \mathrm{d}\omega}{2\pi\sigma_0^2 \int \mid H(\omega) \mid^2 \mathrm{d}\omega} = \frac{E_f}{\sigma_0^2} \tag{10-221}$$

式中 $E_f = (1/2\pi)\int \mid F(\omega) \mid^2 \mathrm{d}\omega$ 是 $f(t)$ 的能量。若[见(10B-2)式]

$$H(\omega) = kF^*(\omega)\mathrm{e}^{-\mathrm{j}\omega t_0} \qquad h(t) = kf(t_0 - t) \tag{10-222}$$

(10-221)取等号。这是最优的 $H(\omega)$，其中 k 为常数因子。这样得到的系统称为匹配滤波器，它达到了最大的输出信噪比 $\sqrt{E_f/\sigma_0^2}$。

色噪声　如果 $S(\omega)$不是常数，则相应的解不再这么简单。这种情况下，首先给(10-218)式中的分子分母同乘以 $\sqrt{S(\omega)}$，然后利用许瓦兹不等式，得到

$$\left|2\pi y_f(t_0)\right|^2 = \left|\int \frac{F(\omega)}{\sqrt{S(\omega)}} \sqrt{S(\omega)}\, H(\omega)\, \mathrm{e}^{\mathrm{j}\omega t_0}\mathrm{d}\omega\right|^2$$
$$\leqslant \int \frac{\mid F(\omega) \mid^2}{S(\omega)}\mathrm{d}\omega \int S(\omega) \mid H(\omega) \mid^2 \mathrm{d}\omega$$

代入(10-220)式，得到

$$\rho^2 \leqslant \frac{\int \frac{\mid F(\omega) \mid^2}{S(\omega)}\mathrm{d}\omega \int S(\omega) \mid H(\omega) \mid^2 \mathrm{d}\omega}{2\pi\int S(\omega) \mid H(\omega) \mid^2 \mathrm{d}\omega} = \frac{1}{2\pi}\int \frac{\mid F(\omega) \mid^2}{S(\omega)}\mathrm{d}\omega \tag{10-223}$$

若

$$\sqrt{S(\omega)}H(\omega) = k\frac{F^*(\omega)\mathrm{e}^{-\mathrm{j}\omega t_0}}{\sqrt{S(\omega)}}$$

成立，则(10-223)式取等号。若

$$H(\omega) = k\frac{F^*(\omega)}{S(\omega)}e^{-j\omega t_0} \tag{10-224}$$

则信噪比最大。

多抽头延迟线　匹配滤波器一般是非因果的并且难以实现①。如果系统是多抽头延迟线系统，即 $H(\omega)$为

$$H(\omega) = a_0 + a_1e^{-j\omega T} + \cdots + a_m e^{-jm\omega T} \tag{10-225}$$

则我们可以得到一个次最优但较简单的解。这种情况下，

$$y_f(t_0) = \sum_{i=0}^{m} a_i f(t_0 - iT) \qquad \boldsymbol{y}_v(t) = \sum_{i=0}^{m} a_i \boldsymbol{v}(t - iT) \tag{10-226}$$

我们的问题是求出 $m+1$ 个常数 a_i 使得信噪比最大。我们可以证明(见习题 10－26)所求常数是系统

$$\sum_{i=0}^{m} a_i R(nT - iT) = kf(t_0 - nT) \qquad n = 0,\cdots,m \tag{10-227}$$

的解，其中 $R(\tau)$是 $\boldsymbol{v}(t)$的自相关函数，k 是一任意常数。

10.6.2　平　滑

我们希望从 $\boldsymbol{x}(t)=f(t)+\boldsymbol{v}(t)$的观测值估计出未知信号 $f(t)$。我们假定噪声 $\boldsymbol{v}(t)$是白噪声，且自相关函数为$R(t_1,t_2)=q(t_1)\delta(t_1-t_2)$。我们的估计仍然用滤波器 $h(t)$的响应 $\boldsymbol{y}(t)$：

$$\boldsymbol{y}(t) = \int_{-\infty}^{\infty} \boldsymbol{x}(t-\tau)h(\tau)d\tau \tag{10-228}$$

这时，估计是有偏的，偏差为

$$b = y_f(t) - f(t) = \int_{-\infty}^{\infty} f(t-\tau)h(\tau)d\tau - f(t) \tag{10-229}$$

方差为[见(9－99)式]

$$\sigma^2 = E\{\boldsymbol{y}_v^2(t)\} = \int_{-\infty}^{\infty} q(t-\tau)h^2(\tau)d\tau \tag{10-230}$$

我们的目的是求 $h(t)$使得均方误差

$$e = E\{[\boldsymbol{y}(t) - f(t)]^2\} = b^2 + \sigma^2$$

最小。

假定 $h(t)$是正的偶函数，且积分值为 1，支撑区间有限，

$$h(-t) = h(t) \qquad \int_{-T}^{T} h(t)dt = 1 \qquad h(t) > 0 \tag{10-231}$$

式中 T 为待定常数。如果 T 很小，$y_f(t)\approx f(t)$，则偏差也很小；然而，方差却很大。随着 T 的增加，方差减小而偏差增大。一般而言，$h(t)$的最优波形和支撑区间的确定是很复杂的。在函数 $f(t)$和 $q(t)$是光滑的假设下，我们将求出一个简单解。所谓光滑性假设，就是指：在任意一个长度为 $2T$ 的区间内，$f(t)$可以用抛物线近似，$q(t)$可以用常数代替。由这个假设，我们可得

---

①　更一般地，对于最优因果发射接受器给出了目标响应，也给出了参考信号和噪声的谱特性，见 S. U. Pillai, H. S. Oh, D. C. Youla and J. R. Guerci. Optimum Transmit-Receiver Design in the Presence of Signal-Dependent Interference and Channel Noise. *IEEE Trans. on Information Theory*, vol. 46, No. 2, pp. 577－584, March, 2000.

(泰勒展开式)，对于$|\tau|<T$，

$$f(t-\tau)\approx f(t)-\tau f'(t)+\frac{\tau^2}{2}f''(t)\qquad q(t-\tau)\approx q(t)\tag{10-232}$$

因为(10-229)和(10-230)式的积分区间为$(-T,T)$，我们可得

$$b\approx\frac{f''(t)}{2}\int_{-T}^{T}\tau^2h(\tau)\mathrm{d}\tau\qquad \sigma^2\approx q(t)\int_{-T}^{T}h^2(\tau)\mathrm{d}\tau\tag{10-233}$$

因为函数$h(t)$为偶函数且面积为1。相应的均方误差等于

$$e\approx\frac{1}{4}M^2[f''(t)]^2+Eq(t)\tag{10-234}$$

其中$M=\int_{-T}^{T}t^2h(t)\mathrm{d}t$且$E=\int_{-T}^{T}h^2(t)\mathrm{d}t$。

为了将$h(t)$的波形和大小对均方误差的影响分开，我们引入归一化滤波器

$$w(t)=Th(Tt)\tag{10-235}$$

归一化函数$w(t)$具有单位面积且对$|t|>1$满足$w(t)=0$。由于

$$M_w=\int_{-1}^{1}t^2w(t)\mathrm{d}t=\frac{M}{T^2}\qquad E_w=\int_{-1}^{1}w^2(t)\mathrm{d}t=TE$$

由(10-231)和(10-234)式可得

$$b\approx\frac{T^2}{2}M_wf''(t)\qquad \sigma^2=\frac{E_w}{T}q(t)\tag{10-236}$$

$$e=\frac{1}{4}T^2M_w^2[f''(t)]^2+\frac{E_w}{T}q(t)\tag{10-237}$$

可见，e依赖于$w(t)$的波形和常数T。

二对一规则[①]　首先，我们假定$w(t)$给定。在图10-23中我们画出了偏差b，方差σ^2和均方误差e，它们均为T的函数。随着T的增大，b增大，σ^2减小，均方误差e在

$$T=T_m=\left(\frac{E_wq(t)}{M_w^2[f''(t)]^2}\right)^{1/5}\tag{10-238}$$

处最小。将上式代入(10-236)式，经过简单的代数运算可得

$$\sigma=2b\tag{10-239}$$

因此，如果$w(t)$的波形给定，可以选择T使得均方误差e最小，这种情况下估计误差的标准差等于其偏差的二倍。

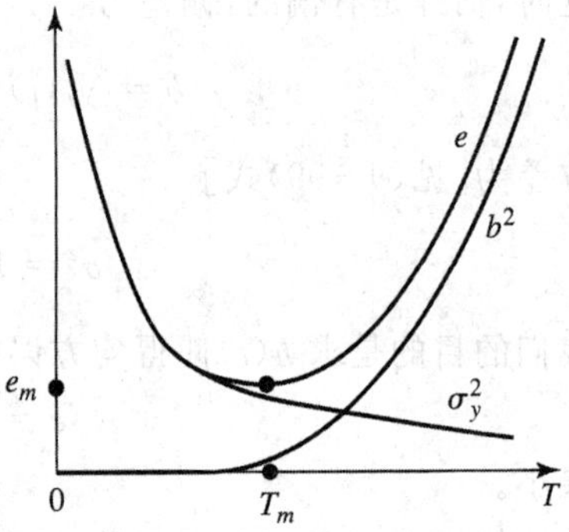

图10-23

滑动平均　$f(t)$的一个简单估计就是$\boldsymbol{x}(t)$的滑动平均

$$\boldsymbol{y}(t)=\frac{1}{2T}\int_{t-T}^{t+T}\boldsymbol{x}(\tau)\mathrm{d}\tau$$

这是(10-228)式的特殊情况，其中归一化滤波器$w(t)$等于宽度为2的矩形脉冲。在这种情况下，

$$M_w=\frac{1}{2}\int_{-1}^{1}t^2\mathrm{d}t=\frac{1}{3}\qquad E_w=\frac{1}{4}\int_{-1}^{1}\mathrm{d}t=\frac{1}{2}$$

① A. Papoulis. Two-to-One Rule in Data Smoothing. *IEEE Trans. Inf. Theory*, September, 1977.

代入(10－238)式，我们得到

$$T_m=\sqrt[5]{\frac{9q(t)}{2[f''(t)]^2}}\qquad e=5b^2=\frac{5q(t)}{8T_m}\tag{10-240}$$

抛物线窗　现在我们希望确定 $w(t)$ 的波形从而使得(10－237)式最小。因为 $h(t)$ 可以相差一个尺度因子，所以我们完全可以假定 E_w 为常数。这样我们的问题变成求一个当 $|t|>1$ 时 $w(t)$ 为零的正偶函数 $w(t)$，使得它的二阶矩 M_w 最小。我们可以证明(见关于"二比一规则"的脚注)

$$w(t)=\begin{cases}0.75(1-t^2) & |t|<1\\ 0 & |t|>1\end{cases}\quad E_w=\frac{3}{5}\qquad M_w=\frac{1}{5}\tag{10-241}$$

因此，最优的 $w(t)$ 是一个截断的抛物线。$w(t)$ 确定了，则最优滤波器为

$$h(t)=\frac{1}{T_m}w\left(\frac{t}{T_m}\right)$$

其中 T_m 是(10－238)式中的常数。由于标量因子 T_m 依赖于 t，滤波器自然是时变的。

10.7　双谱和系统辨识[①]

自相关函数和谱是随机过程应用中最常用的概念，这些概念只涉及到二阶矩。在一些应用中我们还要用到高阶矩。下面我们介绍随机过程 $\boldsymbol{x}(t)$ 的三阶矩的变换

$$R_{xxx}(t_1,t_2,t_3)=E\{\boldsymbol{x}(t_1)\boldsymbol{x}(t_2)\boldsymbol{x}(t_3)\}\tag{10-242}$$

并且将它应用于系统辨识中的相位估计问题。我们假定过程 $\boldsymbol{x}(t)$ 是实严格平稳过程，且均值为零。由 $\boldsymbol{x}(t)$ 的平稳性可得函数 $R_{xxx}(t_1,t_2,t_3)$ 只依赖于差

$$t_1-t_3=\mu\qquad t_2-t_3=\upsilon$$

在(10－242)式中令 $t_3=t$ 并忽略下标，可得

$$R(t_1,t_2,t_3)=R(\mu,\upsilon)=E\{\boldsymbol{x}(t+\mu)\boldsymbol{x}(t+\upsilon)\boldsymbol{x}(t)\}\tag{10-243}$$

定义 ▶ 过程 $\boldsymbol{x}(t)$ 的双谱 $S(u,\upsilon)$ 是其三阶矩的二维傅里叶变换

$$S(u,\upsilon)=\iint_{-\infty}^{\infty}R(\mu,\upsilon)\mathrm{e}^{-\mathrm{j}(u\mu+\upsilon\upsilon)}\,\mathrm{d}\mu\mathrm{d}\upsilon\tag{10-244}$$

函数 $R(\mu,\upsilon)$ 是实的，因此

$$S(-u,-\upsilon)=S^*(u,\upsilon)\tag{10-245}$$

若 $\boldsymbol{x}(t)$ 为白噪声，则

$$R(\mu,\upsilon)=Q\delta(\mu)\delta(\upsilon)\qquad S(u,\upsilon)=Q\tag{10-246}$$

◀

注：1. 零均值正态过程的三阶矩等于零。这是由三个零均值联合正态随机变量的联合密度关于原点的对称性得出的。

① D. R. Brillinger. An Introduction to Polyspectra. *Annals of Math Statistics*, vol. 36. 也可见 C. L. Nikias and M. R. Raghuveer (1987). Bispectrum Estimation; Digital Processing Framework. *IEEE Proceedings*, vol. 75, 1965.

2. 具有(10-246)式所示三阶矩的白噪声过程的自相关函数是脉冲 $q\delta(\tau)$；可是，一般地，$q\neq Q$。若 $\boldsymbol{x}(t)$ 是正态白噪声，则 $Q=0$，但 $q\neq 0$。然而，对于所有非平凡过程，$q>0$，Q 可能为负。

对称性　函数 $R(t_1,t_2,t_3)$ 对于 t_1,t_2 和 t_3 六种置换保持不变。对于平稳过程

$$t_1-t_3=\mu \qquad t_2-t_3=\upsilon \qquad t_1-t_2=\mu-\upsilon$$

1	t_1,t_2,t_3	μ,υ	u,v	4	t_3,t_2,t_1	$-\mu,-\mu+\upsilon$	$-u-v,v$
2	t_2,t_1,t_3	υ,μ	v,u	5	t_2,t_3,t_1	$-\mu+\upsilon,-\mu$	$v,-u-v$
3	t_3,t_1,t_2	$-\upsilon,\mu-\upsilon$	$-u-v,u$	6	t_1,t_3,t_2	$\mu-\upsilon,-\upsilon$	$u,-u-v$

从这得到了恒等式

$$\begin{aligned}R(\mu,\upsilon)&=R(\upsilon,\mu)=R(-\upsilon,\mu-\upsilon)=R(-\mu,-\mu+\upsilon)\\&=R(-\mu+\upsilon,-\mu)=R(\mu-\upsilon,-\upsilon)\end{aligned}\tag{10-247}$$

因此，如果知道图 10-24 所示六个区域任意一个中的 $R(\mu,\upsilon)$ 值，我们就可以完全确定它。

由(10-244)和(10-247)式可得

$$\begin{aligned}S(u,v)&=S(v,u)=S(-u-v,u)=S(-u-v,v)\\&=S(v,-u-v)=S(u,-u-v)\end{aligned}\tag{10-248}$$

与(10-245)式合并，可得出结论：如果知道图 10-24 所示 12 个区域任意一个中 $S(u,v)$ 的值，我们就可以完全确定它。

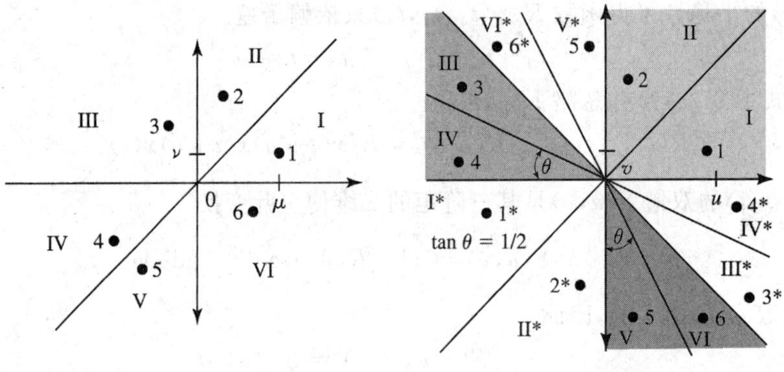

图 10-24

10.7.1　线性系统

在(9-119)～(9-121)式中我们证明了：若一个线性系统的输入为过程 $\boldsymbol{x}(t)$，则输出 $\boldsymbol{y}(t)$ 的三阶矩等于

$$R_{yyy}(t_1,t_2,t_3)=\iiint_{-\infty}^{\infty}R_{xxx}(t_1-\alpha,\ t_2-\beta,\ t_3-\gamma)h(\alpha)h(\beta)h(\gamma)\,\mathrm{d}\alpha\mathrm{d}\beta\mathrm{d}\gamma\tag{10-249}$$

对于平稳过程，$R_{xxx}(t_1-\alpha,\ t_2-\beta,\ t_3-\gamma)=R_{xxx}(\mu+\gamma-\alpha,\ \upsilon+\gamma-\beta)$，于是

$$R_{yyy}(\mu,\upsilon)=\iiint_{-\infty}^{\infty}R_{xxx}(\mu+\gamma-\alpha,\ \upsilon+\gamma-\beta)h(\alpha)h(\beta)h(\gamma)\,\mathrm{d}\alpha\mathrm{d}\beta\mathrm{d}\gamma\tag{10-250}$$

按照上述关系，我们将用 $\boldsymbol{x}(t)$ 的双谱 $S_{xxx}(u,v)$ 表示 $\boldsymbol{y}(t)$ 的双谱 $S_{yyy}(u,v)$。

定理 10-12 ▶
$$S_{yyy}(u,v) = S_{xxx}(u,v)H(u)H(v)H^*(u+v) \tag{10-251}$$

证　对(10-249)式两边作变换，并利用等式

$$\iint_{-\infty}^{\infty} R_{xxx}(\mu+\gamma-\alpha,\ \upsilon+\gamma-\beta)\mathrm{e}^{-\mathrm{j}(u\mu+v\upsilon)}\,\mathrm{d}\mu\mathrm{d}\upsilon = S_{xxx}(u,v)\mathrm{e}^{\mathrm{j}[u(\gamma-\alpha)+v(\gamma-\beta)]}$$

可得

$$S_{yyy}(u,v) = S_{xxx}(u,v)\iiint_{-\infty}^{\infty} \mathrm{e}^{\mathrm{j}[u(\gamma-\alpha)+v(\gamma-\beta)]}h(\alpha)h(\beta)h(\gamma)\,\mathrm{d}\alpha\mathrm{d}\beta\mathrm{d}\gamma$$

将上式中的积分表示为三个一维积分的乘积，即可得(10-251)式。◀

【例 10-7】　利用(10-249)式，我们将确定散弹噪声的双谱

$$\boldsymbol{s}(t) = \sum_i h(t-\boldsymbol{t}_i) = \boldsymbol{z}(t) * h(t) \qquad \boldsymbol{z}(t) = \sum_i \delta(t-\boldsymbol{t}_i)$$

其中 $\boldsymbol{t}_i$ 是平均密度为 λ 的泊松点过程。

我们构造中心脉冲序列 $\tilde{\boldsymbol{z}}(t)=\boldsymbol{z}(t)-\lambda$ 和中心散弹噪声 $\tilde{\boldsymbol{s}}(t)=\tilde{\boldsymbol{z}}(t)*h(t)$。据我们所知（见习题 10-28）

$$R_{\tilde{z}\tilde{z}\tilde{z}}(\mu,\upsilon) = \lambda\delta(\mu)\delta(\upsilon) \qquad \text{因此} \qquad S_{\tilde{z}\tilde{z}\tilde{z}}(\mu,\upsilon) = \lambda$$

由此可得

$$S_{\tilde{s}\tilde{s}\tilde{s}}(u,v) = \lambda H(u)H(v)H^*(u+v)$$

由于 $S_{\tilde{s}\tilde{s}}(u,v)=\lambda\left|H(\omega)\right|^2$，我们由习题 10-27 和 $c=E\{\boldsymbol{s}(t)\}=\lambda H(0)$，可得

$$\begin{aligned} S_{sss}(u,v) = {} & \lambda H(u)H(v)H^*(u+v) \\ & + 2\pi\lambda^2 H(0)[\,|H(u)|^2\delta(v) + |H(v)|^2\delta(u) + |H(u)|^2\delta(u+v)] \\ & + 4\pi^2\lambda^4 H^3(0)\delta(u)\delta(v) \end{aligned}$$

10.7.2　系统辨识

一个线性系统由其系统函数

$$H(\omega)=A(\omega)\mathrm{e}^{\mathrm{j}\varphi(\omega)}$$

完全确定。系统辨识就是确定系统函数 $H(\omega)$。这个问题在系统理论中占有重要的地位并被广泛研究。在这里，我们应用谱和多谱来确定 $A(\omega)$ 和 $\varphi(\omega)$。

谱　假定系统 $H(\omega)$ 的输入 $\boldsymbol{x}(t)$ 是广义平稳过程，功率谱为 $S_{xx}(\omega)$。可得

$$S_{xy}(\omega) = S_{xx}(\omega)H^*(\omega) \tag{10-252}$$

上述表达式中的 $H(\omega)$ 是用谱 $S_{xx}(\omega)$ 和 $S_{xy}(\omega)$ 表示的，或等价地用二阶矩 $R_{xx}(\tau)$ 和 $R_{xy}(\tau)$ 表示。在第 12 章中我们将讨论估计这些函数的问题。在一些应用中，我们并不能估计出 $R_{xy}(\tau)$，这或者是因为我们并不知道系统的输入 $\boldsymbol{x}(t)$，或者是因为我们无法实时得到乘积 $\boldsymbol{x}(t+\tau)\boldsymbol{y}(t)$。在这种情况下，我们将使用假定 $\boldsymbol{x}(t)$ 是白噪声的方法。在该假设下，由(9-149)式得

$$S_{yy}(\omega)=S_{xx}(\omega)\,|H(\omega)|^2=qA^2(\omega) \tag{10-253}$$

除了一个常数外，$H(\omega)$ 的振幅 $A(\omega)$ 由 $S_{yy}(\omega)$ 完全确定。它只涉及到系统输出功率谱的估计问题。如果系统是最小相位的（见第 11 章头两段，还见附录 12A），则 $H(\omega)$ 可由(10-253)式

完全确定，因为这时 $\varphi(\omega)$ 也可以用 $A(\omega)$ 表示。然而，一般情况并非如此，一般系统的相位不能由输出的二阶矩确定。事实上，只有当 $\boldsymbol{y}(t)$ 的三阶矩已知时，才可以确定系统的相位。

相位确定　我们假定过程 $\boldsymbol{x}(t)$ 是严格平稳的白噪声，且 $S_{xxx}(u,v)=Q$，代入(10-251)式可得

$$S_{yyy}(u,v)=QH(u)H(v)H^*(u+v) \tag{10-254}$$

函数 $S_{yyy}(u,v)$ 一般是复函数，即

$$S_{yyy}(u,v)=B(u,v)\mathrm{e}^{\mathrm{j}\theta(u,v)} \tag{10-255}$$

将(10-255)式代入(10-254)式，令其振幅和相位相等，得到

$$B(u,v)=QA(u)A(v)A(u+v) \tag{10-256}$$

$$\theta(u,v)=\varphi(u)+\varphi(v)-\varphi(u+v) \tag{10-257}$$

利用上述方程，我们用 $B(u,v)$ 表示 $A(\omega)$，用 $\theta(u,v)$ 表示 $\varphi(\omega)$。在(10-256)式中令 $v=0$，我们可得

$$QA^2(\omega)=\frac{1}{A(0)}B(\omega,0) \qquad QA^3(0)=B(0,0) \tag{10-258}$$

由于 Q 一般是未知的，$A(\omega)$ 可以确定但包含一个不定的常数。相位 $\varphi(\omega)$ 可以确定但包含一个不定的线性项，这是因为，若相位满足(10-257)式，则对于任意的 c，$\varphi(\omega)$ 和 $\varphi(\omega)+c\omega$ 也满足(10-257)式。因此，我们假定 $\varphi'(0)=0$。为了求得 $\varphi(\omega)$，(10-237)式两端对 v 求微分，并令 $v=0$，则

$$\theta_v(u,0)=-\varphi'(u) \qquad \varphi(\omega)=-\int_0^{\omega}\theta_v(u,0)\mathrm{d}u \tag{10-259}$$

其中 $\theta_v(u,v)=\partial\theta(u,v)/\partial v$。上式就是(10-257)式的解。

$\varphi(\omega)$ 的数值计算的处理方法如下：显然，对于每个 u，有 $\theta(u,0)=\varphi(u)+\varphi(0)-\varphi(u)=\varphi(0)=0$。因此，当 $\Delta\to0$ 时，有

$$\theta_v(u,0)=\lim\frac{1}{\Delta}\theta(u,\Delta)$$

于是，对足够小的 Δ，有 $\theta_v(u,0)\approx\theta(u,\Delta)/\Delta$。代入(10-259)式，我们得到近似式

$$\varphi(\omega)\approx-\frac{1}{\Delta}\int_0^{\omega}\theta(u,\Delta)\mathrm{d}u \qquad \varphi(n\Delta)\approx-\sum_{k=1}^{n}\theta(k\Delta,\Delta) \tag{10-260}$$

这是(10-257)式的数字形式解

$$\theta(k\Delta,r\Delta)=\varphi(k\Delta)+\varphi(r\Delta)-\varphi(k\Delta+r\Delta) \tag{10-261}$$

其中$(k\Delta,r\Delta)$是图 10-24 扇区Ⅰ中的点。由(10-261)式我们可知，$\varphi(n\Delta)$ 由在水平线 $v=\Delta$ 上 $\theta(u,\Delta)$ 的值 $\theta(k\Delta,\Delta)$ 确定。因此系统(10-261)是超定的。若 $\theta(u,v)$ 不精确知道但可由 $\boldsymbol{y}(t)$①的单式采样估计，则它可用来改进 $\varphi(\omega)$ 的估计。在 12 章中将讨论相应的谱估计问题。

注： 过程 $\boldsymbol{x}(t)$ 的双谱 $S(u,v)$ 等于(10-254)式的右边，且当 $|\omega|>\sigma$ 时，有 $H(\omega)=0$，于是

$$S(u,v)=0 \qquad 当\ |u|>\sigma\ 时，或\ |v|>\sigma，或\ |u+v|>\sigma$$

因此，在图 10-25(a)所示的六边形外有 $S(u,v)=0$。由此和图 10-24 的对称性，可得 $S(u,v)$ 可

① T. Matsuoka and T. J. Ulrych. Phase Estimation Using the Bispectrum. *IEEE Proceedings*, vol. 72, 1984.

由图 10-25(a)所示的三角形 OAB 中的值惟一确定。

数字过程　上述概念可以很容易地推广到数字过程中。我们只引用双谱的定义。

给定严格平稳数字过程 $\boldsymbol{x}[n]$,我们构造三阶矩

$$R[k,r]=E\{\boldsymbol{x}[n+k]\boldsymbol{x}[n+r]\boldsymbol{x}[n]\} \tag{10-262}$$

过程 $\boldsymbol{x}[n]$的双谱是 $R[k,r]$的二维 DFT：

$$S(u,v)=\sum_{k=-\infty}^{\infty}\sum_{r=-\infty}^{\infty}R[k,r]\mathrm{e}^{-\mathrm{j}(uk+vr)} \tag{10-263}$$

该函数是周期为 2π 的双周期函数

$$S(u+2\pi m,\ v+2\pi n)=S(u,v) \tag{10-264}$$

因此它由图 10-25(b)中矩形$|u|\leqslant\pi$,$|v|\leqslant\pi$ 中的值确定。进而,它在图 10-24 中有 12 个对称点。

现在设 $\boldsymbol{x}[n]$是一个输入为白噪声过程的系统 $H(z)$的输出。与(10-251)和(10-254)式的处理相同,得到它的双谱等于

$$S(u,v)=QH(\mathrm{e}^{\mathrm{j}u})H(\mathrm{e}^{\mathrm{j}v})H(\mathrm{e}^{-\mathrm{j}(u+v)})$$

从上式得出,这里 $S(u,v)$根据它在图 10-25(b)中三角形 OAB 内的值来确定(见习题 10-29)。

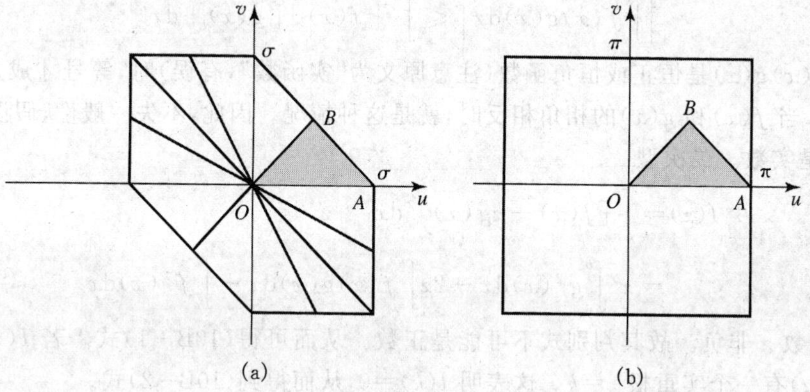

图 10-25

附录 10A　泊松和公式

若

$$F(u)=\int_{-\infty}^{\infty}f(x)\mathrm{e}^{-\mathrm{j}ux}\mathrm{d}x$$

是 $f(x)$的傅里叶变换,则对 $c>0$,有

$$\sum_{n=-\infty}^{\infty}f(x+nc)=\frac{1}{c}\sum_{n=-\infty}^{\infty}F(nu_0)\mathrm{e}^{\mathrm{j}nu_0x}\qquad u_0=\frac{2\pi}{c} \tag{10A-1}$$

证　显然

$$\sum_{n=-\infty}^{\infty}\delta(x+nc)=\frac{1}{c}\sum_{n=-\infty}^{\infty}\mathrm{e}^{\mathrm{j}nu_0x} \tag{10A-2}$$

由于上式左边是周期的，且其傅里叶级数的系数为

$$\frac{1}{c}\int_{-c/2}^{c/2}\delta(x)\mathrm{e}^{-\mathrm{j}nu_0x}\mathrm{d}x=\frac{1}{c}$$

此外，$\delta(x+nc)*f(x)=f(x+nc)$且

$$\mathrm{e}^{\mathrm{j}nu_0x}*f(x)=\int_{-\infty}^{\infty}\mathrm{e}^{\mathrm{j}nu_0(x-\alpha)}f(\alpha)\mathrm{d}\alpha=\mathrm{e}^{\mathrm{j}nu_0x}F(nu_0)$$

将(10A-2)式两边对 $f(x)$ 作卷积，并利用上式，即可得出(10A-1)式。

附录 10B　许瓦兹不等式

我们将证明

$$\left|\int_a^b f(x)g(x)\mathrm{d}x\right|^2\leqslant\int_a^b|f(x)|^2\mathrm{d}x\int_a^b|g(x)|^2\mathrm{d}x \tag{10B-1}$$

当且仅当

$$f(x)=kg^*(x) \tag{10B-2}$$

时，才能取等号。

证　显然

$$\left|\int_a^b f(x)g(x)\mathrm{d}x\right|\leqslant\int_a^b|f(x)||g(x)|\mathrm{d}x$$

仅当乘积 $f(x)g(x)$ 是恒正或恒负函数(注意原文为“实函数”，有误)时，等号才成立。如(10B-2)式所示，当 $f(x)$ 和 $g(x)$ 的相角相反时，就是这种情况。因此，不失一般性，假设函数 $f(x)$ 和 $g(x)$ 都是实数。二次型

$$\begin{aligned}I(z)&=\int_a^b[f(x)-zg(x)]^2\mathrm{d}x\\&=z^2\int_a^b g^2(x)\mathrm{d}x-2z\int_a^b f(x)g(x)\mathrm{d}x+\int_a^b f^2(x)\mathrm{d}x\end{aligned}$$

对于每个实数 z 非负。故其判别式不可能是正数。从而可得(10B-1)式。若 $I(z)$ 的判别式为零，则 $I(z)$ 有一个实重根 $z=k$。这表明 $I(k)=0$，从而得到(10B-2)式。

习　题

10-1　求下列过程一阶特征函数：(a)泊松过程，(b)维纳过程。

答案：(a) $\mathrm{e}^{\lambda t(\mathrm{e}^{\mathrm{j}\omega}-1)}$；(b) $\mathrm{e}^{-\alpha t\omega^2/2}$

10-2　(二维随机游动)一个移动物体的坐标 $\boldsymbol{x}(t)$ 和 $\boldsymbol{y}(t)$ 是两个独立随机游动过程，且具有相同的 s 和 T，如图 10-3(a)所示。证明：若 $\boldsymbol{z}(t)=\sqrt{\boldsymbol{x}^2(t)+\boldsymbol{y}^2(t)}$ 是物体到原点的距离，且 $t\gg T$，则对与 $\sqrt{\alpha t}$ 同一个数量阶的 z，有近似公式

$$f_z(z,t)\approx\frac{z}{\alpha t}\mathrm{e}^{-z^2/2\alpha t}U(z)\qquad \alpha=\frac{s^2}{T}$$

10-3　如图 P10-3 所示电路，$\boldsymbol{n}_e(t)$是热噪声的电压。证明

$$S_v(\omega)=\frac{2kTR}{(1-\omega^2LC)^2+\omega^2R^2C^2}\qquad S_i(\omega)=\frac{2kTR}{R^2+\omega^2L^2}$$

并验证奈奎斯特定理(10－75)和(10－78)式。

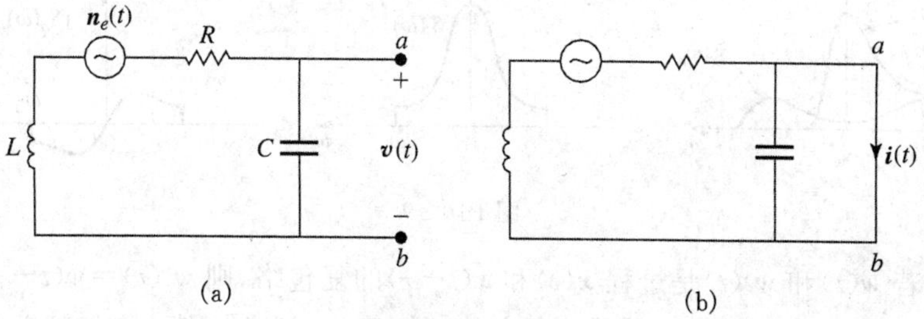

(a)　(b)

图 P10－3

10－4　自由运动的粒子满足方程

$$m\boldsymbol{x}''(t)+f\boldsymbol{x}'(t)=\boldsymbol{F}(t)\qquad S_F(\omega)=2kTf$$

证明：若 $\boldsymbol{x}(0)=\boldsymbol{x}'(0)=0$，则

$$E\{\boldsymbol{x}^2(t)\}=2D^2\left(t-\frac{3}{4\alpha}+\frac{1}{\alpha}e^{-2\alpha t}-\frac{1}{4\alpha}e^{-4\alpha t}\right)$$

其中 $D^2=kT/f$，$\alpha=f/2m$。

提示：利用(9－99)式，且 $h(t)=\frac{1}{f}(1-e^{-2\alpha t})U(t)\qquad q(t)=2kTfU(t)$

10－5　不衰减谐波运动中粒子的位置是高斯过程，且自相关函数如(10－60)式。证明：假定 $\boldsymbol{x}(0)=x_0$，$\boldsymbol{x}'(0)=\boldsymbol{v}(0)=v_0$，它的条件密度函数为

$$f_{x(t)}(x\mid x_0,v_0)=\frac{1}{\sqrt{2\pi P}}e^{-(x-ax_0-bv_0)^2/2P}$$

求常数 a，b 和 P。

10－6　给定参数为 α 的维纳过程 $\boldsymbol{w}(t)$，构造过程

$$\boldsymbol{x}(t)=\boldsymbol{w}(t^2)\qquad \boldsymbol{y}(t)=\boldsymbol{w}^2(t)\qquad \boldsymbol{z}(t)=|\boldsymbol{w}(t)|$$

证明过程 $\boldsymbol{x}(t)$ 是零均值正态过程。并且，若 $t_1<t_2$，则

$$R_x(t_1,t_2)=\alpha t_1^2\qquad R_y(t_1,t_2)=\alpha^2t_1(2t_1+t_2)$$

$$R_z(t_1,t_2)=\frac{2\alpha}{\pi}\sqrt{t_1t_2}\,(\cos\theta+\theta\sin\theta)\qquad \sin\theta=\sqrt{\frac{t_1}{t_2}}$$

10－7　过程 $\boldsymbol{s}(t)$ 为散弹噪声，且 $\lambda=3$，如(10－96)式，其中对 $0\leqslant t\leqslant 10$ 有 $h(t)=2$，否则 $h(t)=0$。求 $E\{\boldsymbol{s}(t)\}$，$E\{\boldsymbol{s}^2(t)\}$ 和 $P\{\boldsymbol{s}(7)=0\}$。

10－8　实系统 $H(\omega)$ 的输入为广义平稳过程 $\boldsymbol{x}(t)$，输出为 $\boldsymbol{y}(t)$。证明：若

$$R_{xx}(\tau)=R_{yy}(\tau)\qquad R_{xy}(-\tau)=-R_{xy}(\tau)$$

如(10－130)式所示，则 $H(\omega)=\mathrm{j}B(\omega)$，其中 $B(\omega)$ 为取值为＋1 和－1 的函数。

特例：若 $\boldsymbol{y}(t)=\hat{\boldsymbol{x}}(t)$，则 $B(\omega)=-\mathrm{sgn}\omega$。

10－9　证明：若 $\hat{\boldsymbol{x}}(t)$ 是 $\boldsymbol{x}(t)$ 的希尔伯特变换，且

$$\boldsymbol{i}(t)=\boldsymbol{x}(t)\cos\omega_0t+\hat{\boldsymbol{x}}(t)\sin\omega_0t\qquad \boldsymbol{q}(t)=\hat{\boldsymbol{x}}(t)\cos\omega_0t-\boldsymbol{x}(t)\sin\omega_0t$$

则(图 P10－9)

$$S_i(\omega)=S_q(\omega)=\frac{S_w(\omega)+S_w(-\omega)}{4}\qquad S_{qi}(\omega)=\frac{S_w(\omega)+S_w(-\omega)}{4\mathrm{j}}$$

其中 $S_w(\omega)=4S_x(\omega+\omega_0)U(\omega+\omega_0)$。

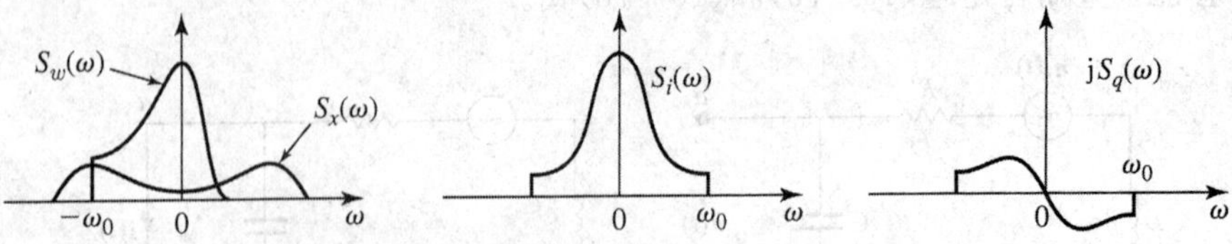

图 P10-9

10-10　证明若 $\boldsymbol{w}(t)$ 和 $\boldsymbol{w}_\tau(t)$ 是过程 $\boldsymbol{x}(t)$ 和 $\boldsymbol{x}(t-\tau)$ 的复包络，则 $\boldsymbol{w}_\tau(t)=\boldsymbol{w}(t-\tau)e^{-j\omega_0\tau}$。

10-11　证明若 $\boldsymbol{w}(t)$ 是过程 $\boldsymbol{x}(t)$ 的最优复包络[见(10-48)式]，则

$$E\left\{|\boldsymbol{w}'(t)|^2\right\}=-2[R''_x(0)+\omega_0^2R_x(0)]$$

10-12　证明若过程 $\boldsymbol{x}(t)\cos\omega t+\boldsymbol{y}(t)\sin\omega t$ 是正态广义平稳过程，则它的统计特性由过程 $\boldsymbol{z}(t)=\boldsymbol{x}(t)+j\boldsymbol{y}(t)$ 的方差确定。

10-13　证明若 $\boldsymbol{\theta}$ 是随机变量且服从区间 $(0,T)$ 内的均匀分布，$f(t)$ 是周期为 T 的周期函数，则过程 $\boldsymbol{x}(t)=f(t-\boldsymbol{\theta})$ 是平稳的，且

$$S_x(\omega)=\frac{2\pi}{T^2}\left|\int_0^T f(t)e^{-j\omega t}dt\right|^2\sum_{m=-\infty}^{\infty}\delta\left(\omega-\frac{2\pi}{T}m\right)$$

10-14　证明若

$$\varepsilon_N(t)=\boldsymbol{x}(t)-\sum_{n=-N}^{N}\boldsymbol{x}(nT)\frac{\sin\sigma(t-nT)}{\sigma(t-nT)}\qquad \sigma=\frac{\pi}{T}$$

则
$$E\{\varepsilon_N^2(t)\}=\frac{1}{2\pi}\int_{-\infty}^{\infty}S(\omega)\left|e^{j\omega t}-\sum_{n=-N}^{N}\frac{\sin\sigma(t-nT)}{\sigma(t-nT)}e^{jn\omega T}\right|^2 d\omega$$

且若对于 $|\omega|>\sigma$ 有 $S(\omega)=0$，则当 $N\to\infty$ 时有 $E\{\varepsilon_N^2(t)\}\to 0$。

10-15　证明若 $\boldsymbol{x}(t)$ 是(10-187)式所示带限过程，则[①]对于 $|\tau|<\pi/\sigma$，有

$$\frac{2\tau^2}{\pi^2}|R''(0)|\leqslant R(0)-R(\tau)\leqslant\frac{\tau^2}{2}|R''(0)|$$

$$E\{[\boldsymbol{x}(t+\tau)-\boldsymbol{x}(t)]^2\}\geqslant\frac{4\tau^2}{\pi^2}E\{[x'(t)]^2\}$$

提示：若 $0<\varphi<\pi/2$，则 $2\varphi/\pi<\sin\varphi<\varphi$。

10-16　广义平稳过程 $\boldsymbol{x}(t)$ 是带限过程，如(10-187)式所示，它的采样 $\boldsymbol{x}(n\pi/\sigma)$ 是互不相关的。若 $E\{\boldsymbol{x}(t)\}=\eta$ 和 $E\{\boldsymbol{x}^2(t)\}=I$，求 $S_x(\omega)$。

10-17　过程 $\boldsymbol{x}(t)$，若对于 $|\omega|>\pi$ 有 $S(\omega)=0$ 和

$$E\{\boldsymbol{x}(n+m)\boldsymbol{x}(n)\}=N\delta[m]$$

求 $\boldsymbol{x}(t)$ 的功率谱 $S(\omega)$。

10-18　证明：若对于 $|\omega|>\sigma$，有 $S(\omega)=0$，则对于 $|\tau|<\pi/2\sigma$，有

$$R(\tau)\geqslant R(0)\cos\sigma\tau$$

10-19　证明：若 $\boldsymbol{x}(t)$ 是如(10-187)式所示的带限过程，且 $\Delta=2\pi/\sigma$，则

$$\boldsymbol{x}(t)=4\sin^2\frac{\sigma t}{2}\sum_{n=-\infty}^{\infty}\left[\frac{\boldsymbol{x}(n\Delta)}{(\sigma t-2n\pi)^2}+\frac{\boldsymbol{x}'(n\Delta)}{\sigma(\sigma t-2n\pi)}\right]$$

---

① A. Papoulis. An Estimation of the Variation of a Bandlimited Process. *IEEE*, *PGIT*, 1984.

提示：利用(10-206)式，且 $N=2, H_1(\omega)=1, H_2(\omega)=\mathrm{j}\omega$。

10-20　若 $\boldsymbol{t}_i$ 为泊松点过程，且

$$\boldsymbol{P}(\omega)=\frac{1}{\lambda}\sum_i \cos\omega_0 \boldsymbol{t}_i \cos\omega \boldsymbol{t}_i \qquad |\boldsymbol{t}_i|<a$$

求 $\boldsymbol{P}(\omega_0)$ 的均值和方差。

10-21　给定一个广义平稳过程 $\boldsymbol{x}(t)$ 和一个独立于 $\boldsymbol{x}(t)$ 的泊松点集 $\boldsymbol{t}_i$，且平均密度为 λ，构造和

$$\boldsymbol{X}_c(\omega)=\frac{1}{\lambda}\sum_{|\boldsymbol{t}_i|<c}\boldsymbol{x}(\boldsymbol{t}_i)\mathrm{e}^{-\mathrm{j}\omega \boldsymbol{t}_i}$$

证明：若 $E\{\boldsymbol{x}(t)\}=0$ 和 $\int_{-\infty}^{\infty}|R_x(\tau)|\,\mathrm{d}\tau<\infty$，则对于大的 c，有

$$E\{|\boldsymbol{X}_c(\omega)|^2\}=2cS_x(\omega)+\frac{2c}{\lambda}R_x(0)$$

10-22　给定数据 $\boldsymbol{x}(t)=f(t)+\boldsymbol{n}(t)$，其中 $R_n(\tau)=N\delta(\tau)$，$E\{\boldsymbol{n}(t)=0\}$。已知 $g(T)=0$，我们希望估计积分

$$g(t)=\int_0^t f(\alpha)\mathrm{d}\alpha$$

证明若我们用过程 $\boldsymbol{w}(t)=\boldsymbol{z}(t)-\boldsymbol{z}(T)t/T$ 作为 $g(t)$ 的估计，其中 $\boldsymbol{z}(t)=\int_0^t \boldsymbol{x}(\alpha)\mathrm{d}\alpha$ 则

$$E\{\boldsymbol{w}(t)\}=g(t) \qquad \sigma_w^2=Nt\left(1-\frac{t}{T}\right)$$

10-23　**(柯西不等式)**证明

$$\left|\sum_i a_i b_i\right|^2\leqslant\sum_i|a_i|^2\sum_i|b_i|^2$$

当且仅当 $a_i=kb_i^*$ 时，上述不等式取等号。

10-24　系统 $\boldsymbol{H}(z)$ 的输入是和 $\boldsymbol{x}[n]=f[n]+\boldsymbol{v}[n]$，其中 $f[n]$ 是已知序列，它的 z 变换是 $\boldsymbol{F}(z)$。我们希望求出 $\boldsymbol{H}(z)$ 使得输出 $\boldsymbol{y}[n]=y_f[n]+\boldsymbol{y}_v[n]$ 的比值 $y_f^2[0]/E\{\boldsymbol{y}_v^2[n]\}$ 最大。证明(a)若 $\boldsymbol{v}[n]$ 是白噪声则 $\boldsymbol{H}(z)=k\boldsymbol{F}(z^{-1})$；(b) 若 $\boldsymbol{H}(z)$ 是有限冲激响应滤波器，即若 $\boldsymbol{H}(z)=a_0+a_1z^{-1}+\cdots+a_Nz^{-N}$，则权 a_m 是系统

$$\sum_{m=0}^{N}R_v[n-m]a_m=kf[-n] \qquad n=0,\cdots,N$$

的解。

10-25　若 $R_n(\tau)=N\delta(\tau)$，且

$$\boldsymbol{x}(t)=A\cos\omega_0 t+\boldsymbol{n}(t) \qquad H(\omega)=\frac{1}{\alpha+\mathrm{j}\omega}$$

$$\boldsymbol{y}(t)=B\cos(\omega_0 t+\varphi)+\boldsymbol{y}_n(t)$$

其中 $\boldsymbol{y}_n(t)$ 是由 $\boldsymbol{n}(t)$ 所产生的输出 $\boldsymbol{y}(t)$ 的分量，求 α 的值使得信噪比

$$\frac{|B|^2}{E\{\boldsymbol{y}_n^2(t)\}}$$

最大。

答案：$\alpha=\omega_0$。

10-26 在 389～391 页中的检测问题中，我们将过程 $\boldsymbol{x}(t)=f(t)+\boldsymbol{v}(t)$ 应用于(10-225)式的多抽头延迟线。证明：(a)若系数 a_i 满足(10-227)式，则信噪比 r 最大；(b) r 的最大值为 $\sqrt{y_f(t_0)/k}$。

10-27 给定一个零均值严格平稳过程 $\boldsymbol{x}(t)$，功率谱为 $S(\omega)$，双谱为 $S(u,v)$，我们构造过程 $\boldsymbol{y}(t)=\boldsymbol{x}(t)+c$。证明

$$S_{yyy}(u,v)=S(u,v)+2\pi c[S(u)\delta(v)+S(v)\delta(u)+S(u)\delta(u+v)]+4\pi^2c^3\delta(u)\delta(v)$$

10-28 给定泊松过程 $\boldsymbol{x}(t)$，构造它的中心过程 $\tilde{\boldsymbol{x}}(t)=\boldsymbol{x}(t)-\lambda t$ 和中心泊松脉冲

$$\tilde{\boldsymbol{z}}(t)=\frac{\mathrm{d}\tilde{\boldsymbol{x}}(t)}{\mathrm{d}t}=\sum_i\delta(t-\boldsymbol{t}_i)-\lambda$$

试证

$$E\{\tilde{\boldsymbol{x}}(t_1)\tilde{\boldsymbol{x}}(t_2)\tilde{\boldsymbol{x}}(t_3)\}=\lambda\min(t_1,t_2,t_3)$$

$$E\{\tilde{\boldsymbol{z}}(t_1)\tilde{\boldsymbol{z}}(t_2)\tilde{\boldsymbol{z}}(t_3)\}=\lambda\delta(t_1-t_2)\delta(t_1-t_3)$$

提示：利用(9-103)式和等式

$$\min(t_1,t_2,t_3)=t_1U(t_2-t_1)U(t_3-t_1)+t_2U(t_1-t_2)U(t_3-t_2)+t_3U(t_1-t_3)U(t_2-t_3)$$

10-29 试证函数

$$S(u,v)=H(\mathrm{e}^{\mathrm{j}u})H(\mathrm{e}^{\mathrm{j}v})H(\mathrm{e}^{-\mathrm{j}(u+v)})$$

由图 10-25b 中所示三角形中的值完全确定。

要点：构造函数

$$S_a(u,v)=H_a(u)H_a(v)H_a(-\mathrm{j}u-\mathrm{j}v),\quad 其中\ H_a(\omega)=\begin{cases}H(\mathrm{e}^{\mathrm{j}\omega}) & |\omega|\leqslant\pi\\ 0 & |\omega|>0\end{cases}$$

显然，对于 $|u|,|v|,|u+v|<\pi$ 有 $S_a(u,v)=S(u,v)$，而其它则为 0。函数 $S_a(u,v)$ 是带限过程 $\boldsymbol{x}(t)$ 在 $\sigma=\pi$ 时的双谱，因此[见(10-261)式之后的注①]它由图 10-25(a)所示三角形中的值确定。代入(10-258)式和(10-259)式可得 $H_a(\omega)$。这样就求得了 $H(\mathrm{e}^{\mathrm{j}\omega})$ 和 $S(u,v)$。

第 11 章 谱表示

11.1 分解和新息

在本节中，我们讨论将实的广义平稳过程 $\mathbf{x}(t)$ 表示成一个最小相位系统 $\mathbf{L}(s)$ 的响应的问题，其中系统的输入是白噪声过程 $\mathbf{i}(t)$。术语“最小相位”包含了下面两层含义：系统 $\mathbf{L}(s)$ 是因果的并且它的冲激响应 $l(t)$ 是能量有限的；系统 $\boldsymbol{\Gamma}(s)=1/\mathbf{L}(s)$ 是因果的并且它的冲激响应 $\gamma(t)$ 也是能量有限的。假如函数 $\mathbf{L}(s)$ 和 $1/\mathbf{L}(s)$ 在右半平面($\mathrm{Re}\ s>0$)是解析的，那么此系统 $\mathbf{L}(s)$ 是最小相位的。能这样表示的过程 $\mathbf{x}(t)$ 称为**正则的**。由定义可以得到：如果 $\mathbf{x}(t)$ 与白噪声过程 $\mathbf{i}(t)$ 在下列意义下是线性等价的，即(见图 11-1)

$$\mathbf{i}(t)=\int_0^{\infty}\gamma(\alpha)\mathbf{x}(t-\alpha)\mathrm{d}\alpha \qquad R_{ii}(\tau)=\delta(\tau) \tag{11-1}$$

$$\mathbf{x}(t)=\int_0^{\infty}l(\alpha)\mathbf{i}(t-\alpha)\mathrm{d}\alpha \qquad E\{\mathbf{x}^2(t)\}=\int_0^{\infty}l^2(t)\mathrm{d}t<\infty \tag{11-2}$$

则它是正则过程。上面的最后一个方程从(9-100)式得到。这表明一个正则过程的功率谱 $\mathbf{S}(s)$ 可写作乘积形式

$$\mathbf{S}(s)=\mathbf{L}(s)\mathbf{L}(-s) \qquad \mathbf{S}(\omega)=|\mathbf{L}(\mathrm{j}\omega)|^2 \tag{11-3}$$

其中 $\mathbf{L}(s)$ 是由 $\mathbf{S}(\omega)$ 惟一确定的最小相位函数。函数 $\mathbf{L}(s)$ 称为 $\mathbf{x}(t)$ 的**新息滤波器**，它的逆函数 $\boldsymbol{\Gamma}(s)$ 称为 $\mathbf{x}(t)$ 的**白化滤波器**。过程 $\mathbf{i}(t)$ 称为 $\mathbf{x}(t)$ 的**新息**，它是输入为 $\mathbf{x}(t)$ 时滤波器 $\mathbf{L}(s)$ 的输出。

函数 $\mathbf{L}(s)$ 的确定问题可以解释为：给定在 $\mathbf{R}$ 上积分有限的正偶函数 $\mathbf{S}(\omega)$，求一个最小相位函数 $\mathbf{L}(s)$ 使得 $|\mathbf{L}(\mathrm{j}\omega)|^2=\mathbf{S}(\omega)$。如果函数 $\mathbf{S}(\omega)$ 满足帕里-维纳(Paley-Wiener)条件①：

$$\int_{-\infty}^{\infty}\frac{|\log S(\omega)|}{1+\omega^2}\mathrm{d}\omega<\infty \tag{11-4}$$

则这一问题有解。若 $\mathbf{S}(\omega)$ 由线谱组成，或更一般地，它是带限的，则这一条件不满足。后面我们将证明，具有这样谱的随机过程是可预测的。一般而言，(11-3)式中，$S(\omega)$ 的因子分解问题不是一个简单问题。下面我们将讨论一种重要的特殊情况。

有理谱　有理谱是两个 ω^2 多项式的比，因为 $\mathbf{S}(-\omega)=\mathbf{S}(\omega)$：

$$S(\omega)=\frac{A(\omega^2)}{B(\omega^2)} \qquad \mathbf{S}(s)=\frac{A(-s^2)}{B(-s^2)} \tag{11-5}$$

---

① N. Wiener, R. E. A. C. Paley. Fourier Transforms in the Complex Domain. *American Mathematical Society College*, 1934(也可见 Papoulis, 1962 [20]).

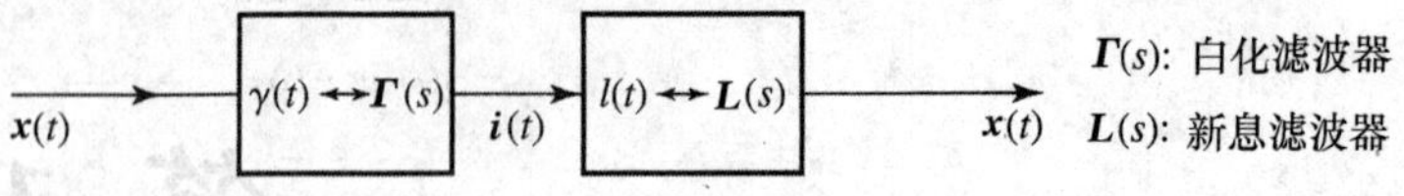

图 11-1

这表明 s_i 若是 $\boldsymbol{S}(s)$的一个根(零点或极点),那么 $-s_i$ 也是它的一个根。此外,所有的根要么是实的要么是复共轭的。由此可断定 $\boldsymbol{S}(s)$的根关于 $\mathrm{j}\omega$ 轴是对称的(见图 11-2(a))。因此它们可分成两组:"左边"一组由满足 $\mathrm{Re}s_i<0$ 的所有 s_i 组成,"右边"一组由满足 $\mathrm{Re}s_i>0$ 的所有 s_i 组成。$\boldsymbol{S}(s)$的最小相位因子 $\boldsymbol{L}(s)$是由 $\boldsymbol{S}(s)$左边零点构成的多项式与左边极点构成多项式的比,即

$$\boldsymbol{S}(s)=\frac{N(s)N(-s)}{D(s)D(-s)} \qquad \boldsymbol{L}(s)=\frac{N(s)}{D(s)} \qquad \boldsymbol{L}^2(0)=S(0)$$

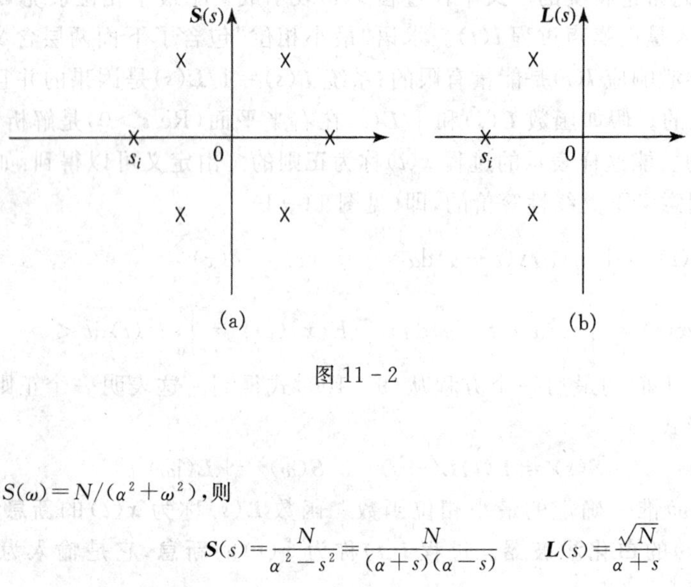

图 11-2

【例 11-1】 若 $S(\omega)=N/(\alpha^2+\omega^2)$,则

$$\boldsymbol{S}(s)=\frac{N}{\alpha^2-s^2}=\frac{N}{(\alpha+s)(\alpha-s)} \qquad \boldsymbol{L}(s)=\frac{\sqrt{N}}{\alpha+s}$$

【例 11-2】 若 $S(\omega)=(49+25\omega^2)/(\omega^4+10\omega^2+9)$,则

$$\boldsymbol{S}(s)=\frac{49-25s^2}{(1-s^2)(9-s^2)} \qquad \boldsymbol{L}(s)=\frac{7+5s}{(1+s)(3+s)}$$

【例 11-3】 若 $S(w)=25/(\omega^4+1)$,则

$$\boldsymbol{S}(s)=\frac{25}{s^4+1}=\frac{25}{(s^2+\sqrt{2}s+1)(s^2-\sqrt{2}s+1)} \qquad \boldsymbol{L}(s)=\frac{5}{s^2+\sqrt{2}s+1}$$

11.1.1 离散时间过程

若一个离散时间系统的系统函数 $\boldsymbol{L}(z)$和它的逆 $\boldsymbol{\Gamma}(z)=1/\boldsymbol{L}(z)$在单位圆的外部 $|z|>1$ 是解析的,那么称它是最小相位的。若一个实广义平稳数字过程 $\boldsymbol{x}[n]$的谱 $\boldsymbol{S}(z)$可以写成下面的乘积形式:

$$\boldsymbol{S}(z)=\boldsymbol{L}(z)\boldsymbol{L}(1/z) \qquad \boldsymbol{S}(\mathrm{e}^{\mathrm{j}\omega})=|\boldsymbol{L}(\mathrm{e}^{\mathrm{j}\omega})|^2 \tag{11-6}$$

那么我们称它是正则的。设 $l[n]$和 $\gamma[n]$分别表示 $\boldsymbol{L}(z)$和 $\boldsymbol{\Gamma}(z)$的冲激响应,我们可以得出结

论：正则过程 $\boldsymbol{x}[n]$ 与白噪声过程 $\boldsymbol{i}[n]$ 是线性等价的(见图 11-3)，即

$$\boldsymbol{i}[n]=\sum_{k=0}^{\infty}\gamma[k]\boldsymbol{x}[n-k] \qquad R_{ii}[m]=\delta[m] \tag{11-7}$$

$$\boldsymbol{x}[n]=\sum_{k=0}^{\infty}l[k]\boldsymbol{i}[n-k] \qquad E\{\boldsymbol{x}^2[n]\}=\sum_{k=0}^{\infty}l^2[k]<\infty \tag{11-8}$$

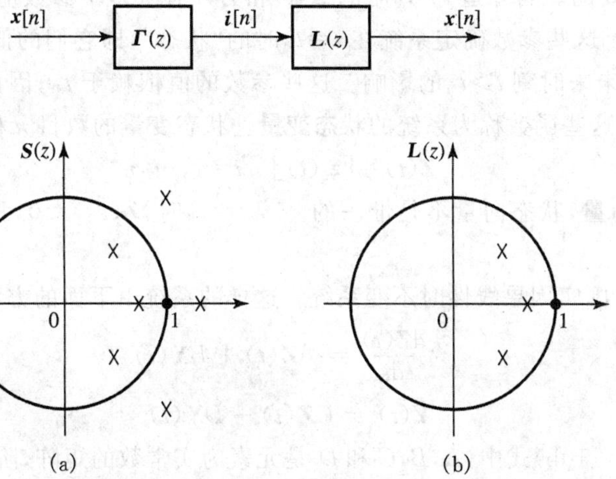

图 11-3

过程 $\boldsymbol{i}[n]$ 是 $\boldsymbol{x}[n]$ 的新息，函数 $\boldsymbol{L}(z)$ 是它的新息滤波器。$\boldsymbol{x}[n]$ 的白化滤波器 $\boldsymbol{\Gamma}(z)=1/\boldsymbol{L}(z)$。

可以看出，若一个过程 $\boldsymbol{x}[n]$ 的功率谱 $\boldsymbol{S}(e^{j\omega})$ 满足帕里-维纳条件：

$$\int_{-\pi}^{\pi}|\log S(\omega)\mathrm{d}\omega|<\infty \tag{11-9}$$

那么它可以分解成(11-6)式的形式。如果功率谱 $S(\omega)$ 是可积函数，那么(11-9)式简化为(9-203)式[也见(9-207)式]。

有理谱　一个实过程的功率谱 $\boldsymbol{S}(e^{j\omega})$ 是 $\cos\omega=(e^{j\omega}+e^{-j\omega})/2$ [见(9-193)式]的函数。由此可知 $\boldsymbol{S}(z)$ 是 $z+1/z$ 的函数。假如 z_i 是 $\boldsymbol{S}(z)$ 的一个根，那么 $1/z_i$ 也是它的一个根。因此，$\boldsymbol{S}(z)$ 的根的分布关于单位圆对称(图 11-3)；于是它们可以分成以下两组：由满足 $|z_i|<1$ 的所有 z_i 构成"内部"组和由满足 $|z_i|>1$ 的所有 z_i 构成"外部"组。$\boldsymbol{S}(z)$ 的最小相位因子 $\boldsymbol{L}(z)$ 是由 $\boldsymbol{S}(z)$ 的单位圆内部的零点构成的多项式与极点构成的多项式的比：

$$\boldsymbol{S}(z)=\frac{N(z)N(1/z)}{D(z)D(1/z)} \qquad \boldsymbol{L}(z)=\frac{N(z)}{D(z)} \qquad \boldsymbol{L}^2(1)=\boldsymbol{S}(1)$$

【例 11-4】　若 $S(\omega)=(5-4\cos\omega)/(10-6\cos\omega)$，那么

$$\boldsymbol{S}(z)=\frac{5-2(z+z^{-1})}{10-3(z+z^{-1})}=\frac{2(z-1/2)(z-2)}{3(z-1/3)(z-3)} \qquad \boldsymbol{L}(z)=\frac{2z-1}{3z-1}$$

11.2　有限阶系统和状态变量

在本节中，我们讨论由微分方程或递归方程确定的系统。作为预备知识，我们首先简单回

顾模拟情况下有限阶系统和状态变量的含意。考虑一个具有 m 个输入 $\boldsymbol{x}_i(t)$ 和 r 个输出 $\boldsymbol{y}_j(t)$ 的多输入多输出系统，像(9-124)那样，输入、输出表示成列向量 $\boldsymbol{X}(t)=[\boldsymbol{x}_i(t)]$ 和 $\boldsymbol{Y}(t)=[\boldsymbol{y}_i(t)]$。

在一特定时刻 $t=t_1$，仅当系统的输入 $\boldsymbol{X}(t)$ 对每个 t 都是已知的，它的输出 $\boldsymbol{Y}(t)$ 通常才能被确定。这样，为确定 $t>t_0$ 时的 $\boldsymbol{Y}(t)$，我们必须知道 $t>t_0$ 和 $t\leqslant t_0$ 时的 $\boldsymbol{X}(t)$。对于某些类型的系统，这不是必要的。若知道 $t>t_0$ 时的 $\boldsymbol{X}(t)$ 和另外有限多个参数值，我们就可以完全确定 $t>t_0$ 时 $\boldsymbol{Y}(t)$ 的值。这些参数确定系统在 $t=t_0$ 时的"状态"，即它们的值决定了 $\boldsymbol{X}(t)$ 在过去的时刻 $t<t_0$ 对 $\boldsymbol{Y}(t)$ 未来时刻 $t>t_0$ 的影响。这些参数的值依赖于 t_0；因此它们是自变量为 t 的函数，记作 $z_i(t)$。这些函数称为系统的**状态变量**。状态变量的数目 n 称为系统**阶数**。向量

$$\boldsymbol{Z}(t)=[z_i(t)] \quad i=1,\cdots,n$$

称为系统的**状态向量**，状态向量不是惟一的。若 $t=t_0$ 时，$\boldsymbol{Z}(t_0)=0$，我们称该系统处于**零状态**。

我们这里只考虑实因果线性时不变系统。这样的系统由下面的方程确定：

$$\frac{\mathrm{d}\boldsymbol{Z}(t)}{\mathrm{d}t}=A\boldsymbol{Z}(t)+B\boldsymbol{X}(t) \tag{11-10a}$$

$$\boldsymbol{Y}(t)=C\boldsymbol{Z}(t)+D\boldsymbol{X}(t) \tag{11-10b}$$

在(11-10a)和(11-10b)式中，A,B,C 和 D 是元素为实常数的矩阵，阶数分别为 $n\times n, n\times m, r\times n$ 和 $r\times m$。图 11-4 用框图表明了怎样用这些方程确定系统 S。系统由具有输入 $\boldsymbol{U}(t)=$

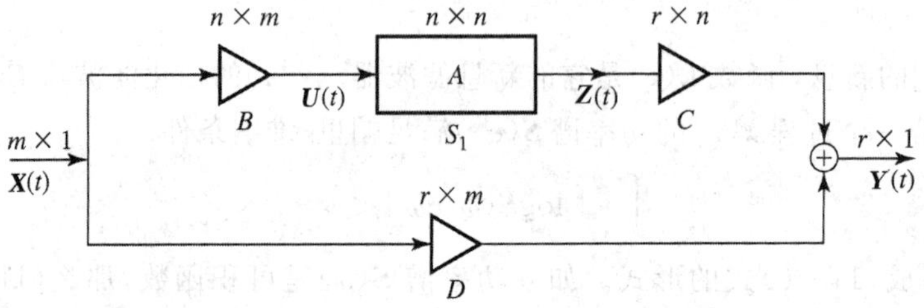

图 11-4

$B\boldsymbol{X}(t)$、输出 $\boldsymbol{Z}(t)$ 的动态系统 S_1 和三个无记忆系统(乘法器)组成。若系统 S 的输入 $\boldsymbol{X}(t)$ 对每一个 t 都是已知的，或当 $t<0$ 时 $\boldsymbol{X}(t)=0$ 而 $t=0$ 时系统处于零状态，那么对于 $t>0$，S 的响应 $\boldsymbol{Y}(t)$ 等于

$$\boldsymbol{Y}(t)=\int_0^{\infty} H(\alpha)\boldsymbol{X}(t-\alpha)\mathrm{d}\alpha \tag{11-11}$$

这里 $H(t)$ 是 S 的冲激响应矩阵。上式是从(9-87)式和因果性假设(即 $t<0$ 时 $H(t)=0$)得到的。

我们将从系统 S_1 开始确定矩阵 $H(t)$。正如(11-10a)式所示，系统 S_1 的输出 $\boldsymbol{Z}(t)$ 满足方程

$$\frac{\mathrm{d}\boldsymbol{Z}(t)}{\mathrm{d}t}-A\boldsymbol{Z}(t)=\boldsymbol{U}(t) \tag{11-12}$$

系统 S_1 的冲激响应矩阵是一个 $n\times n$ 的矩阵 $\Phi(t)=[\varphi_{ji}(t)]$，称为 S 的**转移矩阵**。当 S_1 的输入 $\boldsymbol{U}(t)$ 的第 i 个元素 $\boldsymbol{u}_i(t)$ 等于 $\delta(t)$ 而所有其它元素都为零时，函数 $\varphi_{ji}(t)$ 等于第 j 个状态变

量 $z_j(t)$ 的值。由此可推出[见(9-126)式]

$$Z(t)=\int_0^{\infty}\Phi(\alpha)\boldsymbol{U}(t-\alpha)\mathrm{d}\alpha=\int_0^{\infty}\Phi(\alpha)B\boldsymbol{X}(t-\alpha)\mathrm{d}\alpha \tag{11-13}$$

把它代入(11-10b)式,我们得到

$$\begin{aligned}\boldsymbol{Y}(t)&=\int_0^{\infty}C\Phi(\alpha)B\boldsymbol{X}(t-\alpha)\mathrm{d}\alpha+D\boldsymbol{X}(t)\\&=\int_0^{\infty}[C\Phi(\alpha)B\boldsymbol{X}(t-\alpha)+\delta(\alpha)D\boldsymbol{X}(t-\alpha)]\mathrm{d}\alpha\end{aligned} \tag{11-14}$$

这里 $\delta(t)$ 是(标量)冲激函数。与(11-11)式比较,得出系统 S 的冲激响应矩阵等于

$$H(t)=C\Phi(t)B+\delta(t)D \tag{11-15}$$

由 $\Phi(t)$ 的定义可得出

$$\frac{\mathrm{d}\Phi(t)}{\mathrm{d}t}-A\Phi(t)=\delta(t)1_n \tag{11-16}$$

这里 1_n 是 n 阶单位矩阵。$\Phi(t)$ 的拉普拉斯变换 $\boldsymbol{\Phi}(s)$ 是系统 S_1 的系统函数。对(11-16)式的两边同时作变换,我们得到

$$s\boldsymbol{\Phi}(s)-A\boldsymbol{\Phi}(s)=1_n \qquad \boldsymbol{\Phi}(s)=(s1_n-A)^{-1} \tag{11-17}$$

于是

$$\Phi(t)=\mathrm{e}^{At} \qquad t>0 \tag{11-18}$$

这是标量情况的直接推广;确定 $\Phi(t)$ 的元素 $\varphi_{ji}(t)$ 并不容易。每个元素为指数函数的和,即

$$\varphi_{ji}(t)=\sum_k p_{ji,k}(t)\mathrm{e}^{s_k t} \qquad t>0$$

其中 s_k 是矩阵 A 的特征值,$p_{ji,k}(t)$ 是 t 的多项式,多项式的次数等于特征值 s_k 的重数。有几种确定这些多项式的方法。对于小的 n 值,最简单的方法是用 n 个简单系统代替(11-16)式,每个简单系统由 n 个标量方程确定。

把 $\Phi(t)$ 代入(11-15)式,我们得到

$$\begin{aligned}H(t)&=C\mathrm{e}^{At}B+\delta(t)D\\\boldsymbol{H}(s)&=C(s1_n-A)^{-1}B+D\end{aligned} \tag{11-19}$$

现在假设系统 S 的输入是一个广义平稳随机过程 $\boldsymbol{X}(t)$,我们简单评价一下得到的输出过程的谱性质,只限于讨论状态向量 $\boldsymbol{Z}(t)$。当 $B=C=1_n$,$D=0$ 时,系统 S_1 是 S 的特例。这种情况下,$\boldsymbol{Z}(t)=\boldsymbol{Y}(t)$ 且

$$\frac{\mathrm{d}\boldsymbol{Y}(t)}{\mathrm{d}t}-A\boldsymbol{Y}(t)=\boldsymbol{X}(t) \qquad \boldsymbol{H}(s)=(s1_n-A)^{-1} \tag{11-20}$$

代入(9-170)式,我们得到

$$\begin{aligned}\boldsymbol{S}_{xy}(s)&=\boldsymbol{S}_{xx}(s)(-s1_n-A)^{-1}\\\boldsymbol{S}_{yy}(s)&=(s1_n-A^t)^{-1}\boldsymbol{S}_{xy}(s)\\\boldsymbol{S}_{yy}(s)&=(s1_n-A^t)^{-1}\boldsymbol{S}_{xx}(s)(-s1_n-A)^{-1}\end{aligned} \tag{11-21}$$

微分方程　方程

$$\boldsymbol{y}^{(n)}(t)+a_1\boldsymbol{y}^{(n-1)}(t)+\cdots+a_n\boldsymbol{y}(t)=\boldsymbol{x}(t) \tag{11-22}$$

确定了一个输入为 $\boldsymbol{x}(t)$ 输出为 $\boldsymbol{y}(t)$ 的系统 S。这个系统是有限阶的,因为对于 $t>0$,$\boldsymbol{y}(t)$ 由 $\boldsymbol{x}(t)(t\geqslant 0)$ 的值和初始条件

$$\boldsymbol{y}(0),\ \boldsymbol{y}'(0),\cdots,\boldsymbol{y}^{(n-1)}(0)$$

确定。

事实上，如果我们设 $m=r=1$ 并且

$$\boldsymbol{z}_1(t)=\boldsymbol{y}(t)\qquad \boldsymbol{z}_2(t)=\boldsymbol{y}'(t)\cdots\boldsymbol{z}_n(t)=\boldsymbol{y}^{(n-1)}(t)$$

$$A=\begin{bmatrix}0 & 1 & \cdots & 0\\ 0 & 0 & \cdots & 0\\ \cdot & \cdot & \cdots & \cdot\\ -a_n & -a_{n-1} & \cdots & -a_l\end{bmatrix}\qquad B=\begin{bmatrix}0\\0\\ \cdots\\1\end{bmatrix}\qquad C^t=\begin{bmatrix}1\\0\\ \cdots\\0\end{bmatrix},\quad D=0$$

则它是图 11－4 所示的系统 S 的一个特例。把它代入(11－19)式，经计算可得

$$\boldsymbol{H}(s)=\frac{1}{s^n+a_1s^{n-1}+\cdots a_n}$$

这个结果从(11－22)式容易推出。

对(11－22)式的两边分别同乘以 $\boldsymbol{x}(t-\tau)$ 和 $\boldsymbol{y}(t+\tau)$，我们得到

$$R_{yx}^{(n)}(\tau)+a_1R_{yx}^{(n-1)}(\tau)+\cdots+a_nR_{yx}(\tau)=R_{xx}(\tau)\tag{11-23}$$

$$R_{yy}^{(n)}(\tau)+a_1R_{yy}^{(n-1)}(\tau)+\cdots+a_nR_{yy}(\tau)=R_{xy}(\tau)\tag{11-24}$$

对所有的 τ 成立。这是(9－146)式的特例。

有限阶过程 如果过程 $\boldsymbol{x}(t)$ 的新息滤波 $\boldsymbol{L}(s)$ 是 s 的有理函数，即

$$\boldsymbol{S}(s)=\boldsymbol{L}(s)\boldsymbol{L}(-s)\qquad \boldsymbol{L}(s)=\frac{b_0s^m+b_1s^{m-1}+\cdots b_m}{s^n+a_1s^{n-1}+\cdots a_n}=\frac{N(s)}{D(s)}\tag{11-25}$$

其中 $N(s)$ 和 $D(s)$ 是两个赫尔维茨(Hurwitz)多项式，则我们称随机过程 $\boldsymbol{x}(t)$ 是有限阶的。这时过程 $\boldsymbol{x}(t)$ 可看做白噪声过程 $\boldsymbol{i}(t)$ 输入滤波器 $\boldsymbol{L}(s)$ 得到的响应：

$$\boldsymbol{x}^{(n)}(t)+a_1\boldsymbol{x}^{(n-1)}(t)+\cdots+a_n\boldsymbol{x}(t)=b_0\boldsymbol{i}^{(m)}(t)+\cdots+b_m\boldsymbol{i}(t)\tag{11-26}$$

$\boldsymbol{x}(t)$ 过去的值 $\boldsymbol{x}(t-\tau)$ 只依赖于 $\boldsymbol{i}(t)$ 过去的值；于是，对于每个 $\tau>0$，它与(11－26)式右边正交。类似于(11－24)式，从上式可得

$$R^{(n)}(\tau)+a_1R^{(n-1)}(\tau)+\cdots+a_nR(\tau)=0\qquad \tau>0\tag{11-27}$$

假定 s_i 是 $D(s)$ 的单根，从(11－27)式我们得到

$$R(\tau)=\sum_{i=1}^{n}\alpha_i e^{s_i\tau}\qquad \tau>0$$

系数 α_i 可以由初始值定理确定。求 $R(\tau)$ 的另一方法是：把 $\boldsymbol{S}(s)$ 展成部分分式：

$$\boldsymbol{S}(s)=\sum_{i=1}^{n}\frac{\alpha_i}{s-s_i}+\sum_{i=1}^{n}\frac{\alpha_i}{-s-s_i}=\boldsymbol{S}^{+}(s)+\boldsymbol{S}^{-}(s)\tag{11-28}$$

(11－28)式的第一个和式是 $R(\tau)$ 的因果部分 $R^{+}(\tau)=R(\tau)U(\tau)$ 的变换，第二个和式是非因果部分 $R^{-}(\tau)=R(\tau)U(-\tau)$ 的变换。从 $R(-\tau)=R(\tau)$ 可得

$$R(\tau)=R^{+}(|\tau|)=\sum_{i=1}^{n}\alpha_i e^{s_i|\tau|}\tag{11-29}$$

【例 11－5】 若 $\boldsymbol{L}(s)=1/(s+\alpha)$，则

$$\boldsymbol{S}(s)=\frac{1}{(s+\alpha)(-s+\alpha)}=\frac{1/2\alpha}{s+\alpha}+\frac{1/2\alpha}{-s+\alpha}$$

于是，$R(\tau)=(1/2\alpha)e^{-\alpha|\tau|}$。

【例 11－6】 微分方程

$$x''(t)+3x'(t)+2x(t)=i(t) \qquad R_{ii}(\tau)=\delta(\tau)$$

确定了一个自相关函数为 $R(\tau)$ 的随机过程 $x(t)$。由(11 - 27)式可得出

$$R''(\tau)+3R'(\tau)+2R(\tau)=0$$

于是，对于 $\tau>0$，公式

$$R(\tau)=c_1\mathrm{e}^{-\tau}+c_2\mathrm{e}^{-2\tau}$$

成立。为求常数 c_1 和 c_2，我们下面确定 $R(0)$ 和 $R'(0)$。显然，

$$\boldsymbol{S}(s)=\frac{1}{(s^2+3s+2)(s^2-3s+2)}=\frac{s/12+1/4}{s^2+3s+2}+\frac{-s/12+1/4}{s^2-3s+2}$$

右边第一个有理分式是 $R^+(\tau)$ 的变换；于是

$$R^+(0^+)=\lim_{s\to\infty}s\boldsymbol{S}^+(s)=\frac{1}{12}=c_1+c_2=R(0)$$

类似地，

$$R'(0^+)=\lim_{s\to\infty}s\left(s\boldsymbol{S}^+(s)-\frac{1}{12}\right)=0=-c_1-2c_2$$

从而得到 $R(\tau)=\frac{1}{6}\mathrm{e}^{-|\tau|}-\frac{1}{12}\mathrm{e}^{-2|\tau|}$。

最后注意到也能用新息滤波器 $\boldsymbol{L}(s)$ 的冲激响应 $l(t)$ 来表示 $R(\tau)$：

$$R(\tau)=l(\tau)*l(-\tau)=\int_0^\infty l(|\tau|+\alpha)l(\alpha)\mathrm{d}\alpha \tag{11-30}$$

11.2.1　离散时间系统

图 11 - 4 中系统的数字形式是一个有限阶系统 S，它由下面的递归方程确定：

$$\boldsymbol{Z}[k+1]=A\boldsymbol{Z}[k]+B\boldsymbol{X}[k] \tag{11-31a}$$

$$\boldsymbol{Y}[k]=C\boldsymbol{Z}[k]+D\boldsymbol{X}[k] \tag{11-31b}$$

这里 k 是离散时间，$\boldsymbol{X}[k]$ 是输入向量，$\boldsymbol{Y}[k]$ 是输出向量，$\boldsymbol{Z}[k]$ 是状态向量。若 $n\times n$ 矩阵 A 的特征值 z_i 的模 $|z_i|<1$，那么系统是稳定的。前面关于模拟系统的结果容易推广到数字系统。特别注意，S 的系统函数是冲激响应矩阵

$$H[k]=C\Phi[k]B+\delta[k]D \qquad k\geqslant 0 \tag{11-32}$$

的 z-变换

$$\boldsymbol{H}(z)=C(z1_n-A)^{-1}B+D \tag{11-33}$$

我们将较为详细地讨论白噪声激励的标量系统，在 12.3 节中将使用这些知识。

有限阶过程　考虑一个新息滤波器为 $\boldsymbol{L}(z)$，功率谱为 $\boldsymbol{S}(z)$ 的实的数字过程 $\boldsymbol{x}[n]$：

$$\boldsymbol{S}(z)=\boldsymbol{L}(z)\boldsymbol{L}(1/z) \qquad \boldsymbol{L}(z)=\sum_{n=0}^{\infty}l[n]z^{-n} \tag{11-34}$$

其中 n 是离散时间。若我们知道 $\boldsymbol{L}(z)$，我们能从公式(9 - 192)的反变换或卷积定理求出 $\boldsymbol{x}[n]$ 的自相关序列 $R[m]$：

$$R[m]=l[m]*l[-m]=\sum_{k=0}^{\infty}l[|m|+k]l[k] \tag{11-35}$$

下面我们讨论有限阶过程 $R[m]$ 的性质

一个有限阶过程 $\boldsymbol{x}[n]$ 的功率谱 $S(\omega)$ 是 $\cos\omega$ 的有理函数；因此它的新息滤波器是 z 的有理函数：

$$\boldsymbol{L}(z)=\frac{N(z)}{D(z)}=\frac{b_0+b_1z^{-1}+\cdots+b_Mz^{-M}}{1+a_1z^{-1}+\cdots+a_Nz^{-N}} \tag{11-36}$$

为了得到它的自相关序列，我们先确定 $l(n)$，并把它代入到(11-35)式。设 $D(z)$ 的根 z_i 是单根并且 $M\leqslant N$，我们有

$$\boldsymbol{L}(z)=\sum_i \frac{\gamma_i}{1-z_i z^{-1}} \qquad l[n]=\sum_i \gamma_i z_i^n U[n]$$

另一方面我们展开 $\boldsymbol{S}(z)$：

$$\boldsymbol{S}(z)=\sum_i \frac{\alpha_i}{1-z_i z^{-1}}+\sum_i \frac{\alpha_i}{1-z_i z} \qquad R[m]=\sum_i \alpha_i z_i^{|m|} \tag{11-37}$$

注意到 $\alpha_i=\gamma_i L(1/z_i)$。

过程 $\boldsymbol{x}[n]$满足递归方程

$$\boldsymbol{x}[n]+a_1\boldsymbol{x}[n-1]+\cdots+a_N\boldsymbol{x}[n-N]=b_0\boldsymbol{i}[n]+\cdots+b_M\boldsymbol{i}[n-M] \tag{11-38}$$

这里 $\boldsymbol{i}[n]$是它的新息。先考虑两种特殊情况，我们将利用这个方程把 $\boldsymbol{L}(z)$的系数与序列 $R[m]$关联起来。

自回归过程 如果过程 $\boldsymbol{x}[n]$的新息滤波器满足

$$\boldsymbol{L}(z)=\frac{b_0}{1+a_1z^{-1}+\cdots+a_Nz^{-N}} \tag{11-39}$$

我们称这个过程是自回归的(AR)。在这种情况下，(11-38)式变成

$$\boldsymbol{x}[n]+a_1\boldsymbol{x}[n-1]+\cdots+a_N\boldsymbol{x}[n-N]=b_0\boldsymbol{i}[n] \tag{11-40}$$

$\boldsymbol{x}[n]$的过去的值 $\boldsymbol{x}[n-m]$仅取决于 $\boldsymbol{i}[n]$的过去的值；此外，$E\{\boldsymbol{i}^2[n]\}=1$。由此可得出对于 $m>0$，$E\{\boldsymbol{x}[n]\boldsymbol{i}[n]\}=b_0$，$E\{\boldsymbol{x}[n-m]\boldsymbol{i}[n]\}=0$。用 $\boldsymbol{x}[n-m]$乘以(11-40)式的两边并设 $m=0,1,\cdots$，我们得到下列方程：

$$\begin{aligned}&R[0]+a_1R[1]+\cdots+a_NR[N]=b_0^2\\&R[1]+a_1R[0]+\cdots+a_NR[N-1]=0\\&\cdots\cdots\cdots\cdots\cdots\cdots\\&R[N]+a_1R[N-1]+\cdots+a_NR[0]=0\end{aligned} \tag{11-41a}$$

而当 $m>N$ 时

$$R[m]+a_1R[m-1]+\cdots+a_NR[m-N]=0 \tag{11-41b}$$

这些方程中的前 $N+1$ 个方程称为**尤拉-沃克**(Yule-Walker)方程。在 12.3 节中将用 $R[m]$的前 $N+1$ 个值表示 $N+1$ 个参数 a_k 和 b_0。反之，若 $\boldsymbol{L}(Z)$已知，我们可以通过解方程组(11-41a)来求出 $R[m]$($|m|\leqslant N$)，而 $m>N$ 时的 $R[m]$可由(11-41b)式递归得到。

【例 11-7】 设

$$\boldsymbol{x}[n]-a\boldsymbol{x}[n-1]=\boldsymbol{v}[n] \qquad R_{vv}[m]=b\delta[m]$$

当 $D(z)=1-az^{-1}$，$z_1=a$ 时，这是(11-40)式的一个特例。因此

$$R[0]-aR[1]=b \qquad R[m]=\alpha a^{|m|} \qquad \alpha=\frac{b}{1-a^2}$$

线谱 设 $\boldsymbol{x}[n]$满足齐次方程

$$\boldsymbol{x}[n]+a_1\boldsymbol{x}[n-1]+\cdots+a_N\boldsymbol{x}[n-N]=0 \tag{11-42}$$

实际上，这就是(11-40)式中取 $b_0=0$ 的情况。求解 $\boldsymbol{x}[n]$，我们得到

$$\boldsymbol{x}(n)=\boldsymbol{c}_1z_1^n+\cdots+\boldsymbol{c}_Nz_N^n \qquad D(z_i)=0 \tag{11-43}$$

若 $\boldsymbol{x}[n]$是一个平稳过程，则只存在 $z_i=\mathrm{e}^{\mathrm{j}\omega_i}$ 这样的指数项。而且，系数 $\boldsymbol{c}_k$ 必须是零均值和互不

相关的随机变量。由此可以得出：若 $\boldsymbol{x}[n]$ 是一个满足(11-42)式的广义平稳过程，那么它的自相关序列必须是例 9-32 所示的指数项和的形式：

$$R[m]=\sum\alpha_i e^{j\omega_i|m|}\qquad S(\omega)=2\pi\sum\alpha_i\delta(\omega-\beta_i)\qquad|\omega|<\pi\tag{11-44}$$

像在(9-209)式那样，这里 $\alpha_i=E\{\boldsymbol{c}_i^2\}$，$\beta_i=\omega_i-2\pi k_i$。

滑动平均过程 如果一个过程 $\boldsymbol{x}[n]$ 满足

$$\boldsymbol{x}[n]=b_0\boldsymbol{i}[n]+\cdots+b_M\boldsymbol{i}[n-M]\tag{11-45}$$

我们称它是滑动平均的(MA)。在这种情况下，$\boldsymbol{L}(z)$ 是一个多项式，它的逆 z-变换 $l(n)$ 是有限长度的(FIR)滤波器：

$$\boldsymbol{L}[z]=b_0+b_1z^{-1}+\cdots+b_Mz^{-M}\qquad l[n]=b_0\delta[n]+\cdots+b_M\delta[n-M]\tag{11-46}$$

由于当 $n>m$ 时，$l[n]=0$，所以，当 $0\leqslant m\leqslant M$ 时，从(11-35)式得出

$$R[m]=\sum_{k=0}^{M-m}l[m+k]l[k]=\sum_{k=0}^{M-m}b_{k+m}b_k\tag{11-47}$$

当 $m>M$ 时，$R[m]$ 为零。显式表达为

$$R[0]=b_0^2+b_1^2+\cdots+b_M^2$$
$$R[1]=b_0b_1+b_1b_2+\cdots+b_{M-1}b_M$$
$$\cdots\cdots\cdots\cdots$$
$$R[M]=b_0b_M$$

【例 11-8】 设 $\boldsymbol{x}[n]$ 是 $\boldsymbol{i}[n]$ 的 M 个值的算术平均，即

$$\boldsymbol{x}[n]=\frac{1}{M}(\boldsymbol{i}[n]+\boldsymbol{i}[n-1]+\cdots+\boldsymbol{i}[n-M+1])$$

在这种情况下，

$$\boldsymbol{L}(z)=\frac{1}{M}(1+z^{-1}+\cdots+z^{-M+1})=\frac{1-z^{-M}}{M(1-z^{-1})}$$

$$R[m]=\frac{1}{M^2}\sum_{k=0}^{M-1-|m|}1=\frac{M-|m|}{M^2}=\frac{1}{M}\left(1-\frac{|m|}{M}\right)\qquad|m|\leqslant M$$

$$\boldsymbol{S}(z)=\boldsymbol{L}(z)\boldsymbol{L}(1/z)=\frac{2-z^{-M}-z^{M}}{M^2(2-z^{-1}-z)}\qquad\boldsymbol{S}(e^{j\omega})=\frac{\sin^2\frac{M\omega}{2}}{M^2\sin^2\frac{\omega}{2}}$$

自回归滑动平均 如果 $\boldsymbol{x}[n]$ 满足方程

$$\boldsymbol{x}[n]+a_1\boldsymbol{x}[n-1]+\cdots+a_N\boldsymbol{x}[n-N]=b_0\boldsymbol{i}[n]+\cdots+b_M\boldsymbol{i}[n-M]\tag{11-48}$$

那么我们称它是一个自回归滑动平均(ARMA)过程。它的新息滤波器 $\boldsymbol{L}(z)$ 是(11-36)给出的有理分式函数。此外，$\boldsymbol{i}(n)$ 是白噪声；于是

$$E\{\boldsymbol{x}[n-m]\boldsymbol{i}[n-r]\}=0,\qquad m<r$$

用 $\boldsymbol{x}[n-m]$ 乘以(11-48)式并利用上式，我们得到

$$R[m]+a_1R[m-1]+\cdots+a_NR[m-N]=0\qquad m>M\tag{11-49}$$

注意，这与 AR 过程不同，它仅当 $m>M$ 时成立。

11.3 傅里叶级数和 K-L 展开

若对所有的 t，$E\{|\boldsymbol{x}(t+T)-\boldsymbol{x}(t)|^2\}=0$，则称过程 $\boldsymbol{x}(t)$ 是均方周期的，周期为 T。若一

个广义平稳过程的自相关函数 $R(\tau)$ 的周期为 $T=2\pi/\omega_0$[见(9-178)式],那么它是均方周期的。把 $R(\tau)$ 展成傅里叶级数,我们得到

$$R(\tau)=\sum_{n=-\infty}^{\infty}\gamma_n e^{jn\omega_0\tau}\qquad \gamma_n=\frac{1}{T}\int_0^T R(\tau)e^{-jn\omega_0\tau}d\tau \tag{11-50}$$

设一个广义平稳周期过程 $\boldsymbol{x}(t)$ 的周期为 T,我们得到和式

$$\hat{\boldsymbol{x}}(t)=\sum_{n=-\infty}^{\infty}\boldsymbol{c}_n e^{jn\omega_0 t}\qquad \boldsymbol{c}_n=\frac{1}{T}\int_0^T \boldsymbol{x}(t)e^{-jn\omega_0 t}dt \tag{11-51}$$

定理 11-1 ▶ (11-51)式中的和式在均方意义下与 $\boldsymbol{x}(t)$ 相等,即

$$E\{|\boldsymbol{x}(t)-\hat{\boldsymbol{x}}(t)|^2\}=0 \tag{11-52}$$

而且,随机变量 $\boldsymbol{c}_n$ 互不相关,除 $\boldsymbol{c}_0$ 外均值为零,方差等于 γ_n:

$$E\{\boldsymbol{c}_n\}=\begin{cases}\eta_x, & n=0\\ 0, & n\neq 0\end{cases}\qquad E\{\boldsymbol{c}_n\boldsymbol{c}_m^*\}=\begin{cases}\gamma_n, & n=m\\ 0, & n\neq m\end{cases} \tag{11-53}$$

证 首先作下面的乘积:

$$\boldsymbol{c}_n\boldsymbol{x}^*(\alpha)=\frac{1}{T}\int_0^T \boldsymbol{x}(t)\boldsymbol{x}^*(\alpha)e^{-jn\omega_0 t}dt$$

$$\boldsymbol{c}_n\boldsymbol{c}_m^*=\frac{1}{T}\int_0^T \boldsymbol{c}_n\boldsymbol{x}^*(t)e^{jm\omega_0 t}dt$$

然后对其求期望:

$$E\{\boldsymbol{c}_n\boldsymbol{x}^*(\alpha)\}=\frac{1}{T}\int_0^T R(t-\alpha)e^{-jn\omega_0 t}dt=\gamma_n e^{-jn\omega_0\alpha}$$

$$E\{\boldsymbol{c}_n\boldsymbol{c}_m^*\}=\frac{1}{T}\int_0^T \gamma_n e^{-jn\omega_0 t}e^{jm\omega_0 t}dt=\begin{cases}\gamma_n & n=m\\ 0 & n\neq m\end{cases}$$

由此得到了(11-53)式。

为了证明(11-52)式,使用上面的公式,我们得到

$$E\{|\hat{\boldsymbol{x}}(t)|^2\}=\sum E\{|\boldsymbol{c}_n|^2\}=\sum\gamma_n=R(0)=E\{|\boldsymbol{x}(t)|^2\}$$

$$E\{\hat{\boldsymbol{x}}(t)\boldsymbol{x}^*(t)\}=\sum E\{\boldsymbol{c}_n\boldsymbol{x}^*(t)\}e^{jn\omega_0 t}=\sum\gamma_n=E\{\hat{\boldsymbol{x}}^*(t)\boldsymbol{x}(t)\}$$

这样得到了(11-51)式。

现在设广义平稳过程 $\boldsymbol{x}(t)$ 不是周期的,选择一个任意的常数 T,像(11-51)式那样,我们再构造和式 $\hat{\boldsymbol{x}}(t)$。可以证明(见习题 11-12):$\hat{\boldsymbol{x}}(t)$ 并不是对所有的 t 等于 $\boldsymbol{x}(t)$,而是只在区间 $(0,T)$ 内等于 $\boldsymbol{x}(t)$:

$$E\{|\hat{\boldsymbol{x}}(t)-\boldsymbol{x}(t)|^2\}=0\qquad 0<t<T \tag{11-54}$$

然而,不同于周期情况,展开式中系数 $\boldsymbol{c}_n$ 不是正交的(对于大的 n 它们接近正交)。下面,我们证明一个任意过程 $\boldsymbol{x}(t)$,不管它平稳与否,都可以展成具有正交系数的级数。 ◀

11.3.1 K-L 展开

傅里叶级数是过程 $\boldsymbol{x}(t)$ 展成如下形式的级数

$$\hat{\boldsymbol{x}}(t)=\sum_{n=1}^{\infty}\boldsymbol{c}_n\varphi_n(t)\qquad 0<t<T \tag{11-55}$$

的一种特殊类型。这里 $\varphi_n(t)$ 是区间 $(0,T)$ 上的一组正交函数，满足：

$$\int_0^T \varphi_n(t)\varphi_m^*(t)\mathrm{d}t = \delta[n-m] \tag{11-56}$$

而展开系数 $\boldsymbol{c}_n$ 是随机变量，由下式给出

$$\boldsymbol{c}_n = \int_0^T \boldsymbol{x}(t)\varphi_n^*(t)\mathrm{d}t \tag{11-57}$$

在这里，我们考虑下面的问题：确定一组正交函数 $\varphi_n(t)$ 使得展开式满足：(a) (11－55)式级数的和等于 $\boldsymbol{x}(t)$；(b) 系数 $\boldsymbol{c}_n$ 是正交的。

为解决这个问题，我们构造**积分方程**

$$\int_0^T R(t_1,t_2)\varphi(t_2)\mathrm{d}t_2 = \lambda\varphi(t_1) \qquad 0 < t_1 < T \tag{11-58}$$

这里 $R(t_1,t_2)$ 是过程 $\boldsymbol{x}(t)$ 的自相关函数。从积分方程理论容易知道：像(11－56)式一样，积分方程(11－58)的特征函数 $\varphi_n(t)$ 是正交的，并且满足恒等式

$$R(t,t) = \sum_{n=1}^{\infty}\lambda_n \mid \varphi_n(t) \mid^2 \tag{11-59}$$

这里 λ_n 是特征函数对应的特征值。这是相关函数 $R(t_1,t_2)$ 正定特性导出的一个结论。

由此，我们将证明：如果 $\varphi_n(t)$ 是积分方程(11－58)的特征函数，那么

$$E\{\mid \boldsymbol{x}(t) - \hat{\boldsymbol{x}}(t) \mid^2\} = 0 \qquad 0 < t < T \tag{11-60}$$

$$E\{\boldsymbol{c}_n\boldsymbol{c}_m^*\} = \lambda_n\delta[n-m] \tag{11-61}$$

证　由(11－57)和(11－58)式得到

$$E\{\boldsymbol{c}_n\boldsymbol{x}^*(\alpha)\} = \int_0^T R^*(\alpha,t)\varphi_n^*(t)\mathrm{d}t = \lambda_n\varphi_n^*(\alpha)$$

$$E\{\boldsymbol{c}_n\boldsymbol{c}_m^*\} = \lambda_m\int_0^T \varphi_n^*(t)\varphi_m(t)\mathrm{d}t = \lambda_n\delta[n-m] \tag{11-62}$$

于是，

$$E\{\boldsymbol{c}_n\hat{\boldsymbol{x}}^*(t)\} = \sum_{m=1}^{\infty}E\{\boldsymbol{c}_n\boldsymbol{c}_m^*\}\varphi_m^*(t) = \lambda_n\varphi_n^*(t)$$

$$E\{\hat{\boldsymbol{x}}(t)\boldsymbol{x}^*(t)\} = \sum_{n=1}^{\infty}\lambda_n\varphi_n(t)\varphi_n^*(t) = R(t,t)$$

$$= E\{\hat{\boldsymbol{x}}^*(t)\boldsymbol{x}(t)\} = E\{\mid \boldsymbol{x}(t) \mid^2\} = E\{\mid \hat{\boldsymbol{x}}(t) \mid^2\}$$

这样就得到了(11－60)式。

有趣的是上面的结论反过来也成立：如果 $\varphi_n(t)$ 是一组正交函数且满足

$$\boldsymbol{x}(t) = \sum_{n=1}^{\infty}\boldsymbol{c}_n\varphi_n(t) \qquad E\{\boldsymbol{c}_n\boldsymbol{c}_m^*\} = \begin{cases}\sigma_n^2, & n = m\\ 0, & n \neq m\end{cases}$$

那么函数 $\varphi_n(t)$ 一定满足积分方程(11－58)的条件，其中 $\lambda = \sigma_n^2$。

证　由条件我们知道 $\boldsymbol{c}_n$ 由(11－57)式给出，而且

$$E\{\boldsymbol{x}(t)\boldsymbol{c}_m^*\} = \sum_{n=1}^{\infty}E\{\boldsymbol{c}_n\boldsymbol{c}_m^*\}\varphi_n(t) = \sigma_m^2\varphi_m(t)$$

$$E\{\boldsymbol{x}(t)\boldsymbol{c}_m^*\} = \int_0^T E\{\boldsymbol{x}(t)\boldsymbol{x}^*(\alpha)\}\varphi_m(\alpha)\mathrm{d}\alpha = \int_0^T R(t,\alpha)\varphi_m(\alpha)\mathrm{d}\alpha$$

该命题得证。

(11-55)式的级数称为过程 $x(t)$ 的 K-L 展开。在这个展开中,不要求 $x(t)$ 必须是平稳的。但若它是平稳的,我们可以任意选择原点。下面举两个例子说明这一点。

【例 11-9】 设 $x(t)$ 是理想低通过程,自相关函数为

$$R(\tau)=\frac{\sin a\tau}{\pi\tau}$$

我们求它的 K-L 展开。适当移动原点,由(11-58)式可以得出函数 $\varphi_n(t)$ 必须满足积分方程

$$\int_{-T/2}^{T/2}\frac{\sin a(t-\tau)}{\pi(t-\tau)}\varphi_n(\tau)\mathrm{d}\tau=\lambda_n\varphi_n(t) \tag{11-63}$$

这个方程的解是著名的**长球面**方程①。

【例 11-10】 我们来求 10.1 节中介绍的维纳过程 $w(t)$ 的 K-L 展开。在这种情况下[见(10-53)式]

$$R(t_1,t_2)=\alpha\min(t_1,t_2)=\begin{cases}\alpha t_2, & t_2<t_1\\ \alpha t_1, & t_2>t_1\end{cases}$$

把它代入(11-58)式,我们得到

$$\alpha\int_0^{t_1}t_2\varphi(t_2)\mathrm{d}t_2+\alpha t_1\int_{t_1}^{T}\varphi(t_2)\mathrm{d}t_2=\lambda\varphi(t_1) \tag{11-64}$$

为了解这个积分方程,我们计算适当的边界条件并两次微分得到

$$\varphi(0)=0 \qquad \alpha\int_{t_1}^{T}\varphi(t_2)\mathrm{d}t_2=\lambda\varphi'(t_1)$$

$$\varphi'(T)=0 \qquad \lambda\varphi''(t)+\alpha\varphi(t)=0$$

解上面最后一个方程,我们得到

$$\varphi_n(t)=\sqrt{\frac{2}{T}}\sin\omega_n t \qquad \omega_n=\sqrt{\frac{\alpha}{\lambda_n}}=\frac{(2n+1)\pi}{2T}$$

这样,在区间(0,T)内,维纳过程可以写成正弦波的和

$$w(t)=\sqrt{\frac{2}{T}}\sum_{n=1}^{\infty}c_n\sin\omega_n t \qquad c_n=\sqrt{\frac{2}{T}}\int_0^T w(t)\sin\omega_n t\,\mathrm{d}t$$

这里系数 c_n 是不相关的,它的方差为 $E\{c_n^2\}=\lambda_n$。

11.4 随机过程的谱表示

随机过程 $x(t)$ 的傅里叶变换 $X(\omega)$ 也是一个随机过程,即

$$X(\omega)=\int_{-\infty}^{\infty}x(t)\mathrm{e}^{-\mathrm{j}\omega t}\mathrm{d}t \tag{11-65}$$

这个积分可以解释为均方极限。由(11-52)式在均方意义下可推得(逆公式)

$$x(t)=\frac{1}{2\pi}\int_{-\infty}^{\infty}X(\omega)\mathrm{e}^{\mathrm{j}\omega t}\mathrm{d}\omega \tag{11-66}$$

傅里叶变换的性质对随机信号也成立。例如,若 $y(t)$ 是一个输入为 $x(t)$,系统函数为 $H(\omega)$ 的线性系统的输出,那么 $Y(\omega)=X(\omega)H(\omega)$。

$X(\omega)$ 的均值等于 $x(t)$ 均值的傅里叶变换。我们用 $x(t)$ 的自相关函数 $R(t_1,t_2)$ 的二维傅

① D. Slepian, H. J. Landau, and H. O. Pollack. Prolate Spheroidal Wave Functions. *Bell System Technical Journal*, vol. 40, 1961.

里叶变换来表示 $\boldsymbol{X}(\omega)$ 的自相关函数

$$\Gamma(u,v)=\int_{-\infty}^{\infty}\int_{-\infty}^{\infty}R(t_1,t_2)\mathrm{e}^{-\mathrm{j}(ut_1+vt_2)}\mathrm{d}t_1\mathrm{d}t_2 \tag{11-67}$$

用(11-65)式乘以它的复共轭并求期望，我们得到

$$E\{\boldsymbol{X}(u)\boldsymbol{X}^*(v)\}=\int_{-\infty}^{\infty}\int_{-\infty}^{\infty}E\{\boldsymbol{x}(t_1)\boldsymbol{x}^*(t_2)\}\mathrm{e}^{-\mathrm{j}(ut_1-vt_2)}\mathrm{d}t_1\mathrm{d}t_2$$

因此

$$E\{\boldsymbol{X}(u)\boldsymbol{X}^*(v)\}=\Gamma(u,-v) \tag{11-68}$$

从(11-68)式，我们将证明：如果 $\boldsymbol{x}(t)$ 是平均功率为 $q(t)$ 的非平稳白噪声，那么 $\boldsymbol{X}(\omega)$ 是一个平稳过程，它的自相关函数等于 $q(t)$ 的傅里叶变换 $Q(\omega)$。

定理 11-2 ▶ 若 $R(t_1,t_2)=q(t_1)\delta(t_1-t_2)$，那么

$$E\{\boldsymbol{X}(\omega+\alpha)\boldsymbol{X}^*(\alpha)\}=Q(\omega)=\int_{-\infty}^{\infty}q(t)\mathrm{e}^{-\mathrm{j}\omega t}\mathrm{d}t \tag{11-69}$$

证　由等式

$$\int_{-\infty}^{\infty}\int_{-\infty}^{\infty}q(t_1)\delta(t_1-t_2)\mathrm{e}^{-\mathrm{j}(ut_1+vt_2)}\mathrm{d}t_1\mathrm{d}t_2=\int_{-\infty}^{\infty}q(t_2)\mathrm{e}^{-\mathrm{j}(u+v)t_2}\mathrm{d}t_2$$

可以得出 $\Gamma(u,v)=Q(u+v)$，因此[见(11-68)式]

$$E\{\boldsymbol{X}(\omega+\alpha)\boldsymbol{X}^*(\alpha)\}=\Gamma(\omega+\alpha,-\alpha)=Q(\omega)$$

注意到如果过程 $\boldsymbol{x}(t)$ 是实的，那么

$$E\{\boldsymbol{X}(u)\boldsymbol{X}(v)\}=\Gamma(u,v) \tag{11-70}$$

而且

$$\boldsymbol{X}(-\omega)=\boldsymbol{X}^*(\omega)\qquad \Gamma(-u,-v)=\Gamma^*(u,v) \tag{11-71}$$

◀

<u>**能量谱的协方差**</u>　为求 $|\boldsymbol{X}(\omega)|^2$ 的自协方差，我们必须知道 $\boldsymbol{X}(\omega)$ 的四阶矩。然而，若过程 $\boldsymbol{x}(t)$ 是正态的，此结果可以用函数 $\Gamma(u,v)$ 来表示。我们假定过程 $\boldsymbol{x}(t)$ 是实的，且有

$$\begin{aligned}\boldsymbol{X}(\omega)&=\boldsymbol{A}(\omega)+\mathrm{j}\boldsymbol{B}(\omega)\\ \Gamma(u,v)&=\Gamma_r(u,v)+\mathrm{j}\Gamma_i(u,v)\end{aligned} \tag{11-72}$$

由(11-68)和(11-70)式得出

$$\begin{aligned}2E\{\boldsymbol{A}(u)\boldsymbol{A}(v)\}&=\Gamma_r(u,v)+\Gamma_r(u,-v)\\ 2E\{\boldsymbol{A}(v)\boldsymbol{B}(u)\}&=\Gamma_i(u,v)+\Gamma_i(u,-v)\\ 2E\{\boldsymbol{B}(u)\boldsymbol{B}(v)\}&=\Gamma_r(u,v)-\Gamma_r(u,-v)\\ 2E\{\boldsymbol{A}(u)\boldsymbol{B}(v)\}&=\Gamma_i(u,v)-\Gamma_i(u,-v)\end{aligned} \tag{11-73}$$

定理 11-3 ▶ 若 $\boldsymbol{x}(t)$ 是一个零均值的正态过程，那么

$$\mathrm{Cov}\{|\boldsymbol{X}(u)|^2,|\boldsymbol{X}(v)|^2\}=\Gamma^2(u,-v)+\Gamma^2(u,v) \tag{11-74}$$

证　从 $\boldsymbol{x}(t)$ 的正态特性可知过程 $\boldsymbol{A}(\omega)$ 和 $\boldsymbol{B}(\omega)$ 是联合正态的且均值为零。因此[见(6-197)式]

$$\begin{aligned}&E\{|\boldsymbol{X}(u)|^2|\boldsymbol{X}(v)|^2\}-E\{|\boldsymbol{X}(u)|^2\}E\{|\boldsymbol{X}(v)|^2\}\\ &\quad=E\{[\boldsymbol{A}^2(u)+\boldsymbol{B}^2(u)][\boldsymbol{A}^2(v)+\boldsymbol{B}^2(v)]\}\\ &\qquad-E\{\boldsymbol{A}^2(u)+\boldsymbol{B}^2(u)\}E\{\boldsymbol{A}^2(v)+\boldsymbol{B}^2(v)\}\end{aligned}$$

$$= 2E^2\{\boldsymbol{A}(u)\boldsymbol{A}(v)\} + 2E^2\{\boldsymbol{B}(u)\boldsymbol{B}(v)\}$$
$$+ 2E^2\{\boldsymbol{A}(u)\boldsymbol{B}(v)\} + 2E^2\{\boldsymbol{A}(v)\boldsymbol{B}(u)\}$$

把(11-73)式代入上式，我们得到(11-74)式。◀

平稳过程 假设 $\boldsymbol{x}(t)$ 是一个平稳过程，它的自相关函数为 $R(t_1,t_2)=R(t_1-t_2)$，功率谱为 $S(\omega)$。我们证明

$$\Gamma(u,v) = 2\pi S(u)\delta(u+v) \tag{11-75}$$

证 设 $t_1=t_2+\tau$，从(11-67)式可推出 $R(t_1-t_2)$ 的二维傅里叶变换等于

$$\int_{-\infty}^{\infty}\int_{-\infty}^{\infty} R(t_1-t_2)\mathrm{e}^{-\mathrm{j}(ut_1+vt_2)}\mathrm{d}t_1\mathrm{d}t_2 = \int_{-\infty}^{\infty} \mathrm{e}^{-\mathrm{j}(u+v)t_2}\int_{-\infty}^{\infty} \mathrm{e}^{-\mathrm{j}u\tau}R(\tau)\mathrm{d}\tau\mathrm{d}t_2$$

因此

$$\Gamma(u,v) = S(u)\int_{-\infty}^{\infty} \mathrm{e}^{-\mathrm{j}(u+v)t_2}\mathrm{d}t_2$$

因为 $\int \mathrm{e}^{-\mathrm{j}\omega t}\mathrm{d}t = 2\pi\delta(\omega)$，我们得到了(11-75)式。

由(11-75)和(11-68)式可得

$$E\{\boldsymbol{X}(u)\boldsymbol{X}^*(v)\} = 2\pi S(u)\delta(u-v) \tag{11-76}$$

这表明一个平稳过程的傅里叶变换是平均功率为 $2\pi S(u)$ 的非平稳白噪声。可以证明它的逆命题也是正确的(见习题11-12)：当且仅当对于 $\omega\neq 0$，$E\{\boldsymbol{X}(\omega)\}=0$ 时，(11-66)式中的过程 $\boldsymbol{x}(t)$ 是广义平稳的，以及

$$E\{\boldsymbol{X}(u)\boldsymbol{X}^*(v)\} = Q(u)\delta(u-v) \tag{11-77}$$

实过程 若 $\boldsymbol{x}(t)$ 是实的，那么 $\boldsymbol{A}(-\omega)=\boldsymbol{A}(\omega)$，$\boldsymbol{B}(-\omega)=-\boldsymbol{B}(\omega)$，且有

$$\boldsymbol{x}(t) = \frac{1}{\pi}\int_0^{\infty}\boldsymbol{A}(\omega)\cos\omega t\,\mathrm{d}\omega - \frac{1}{\pi}\int_0^{\infty}\boldsymbol{B}(\omega)\sin\omega t\,\mathrm{d}\omega \tag{11-78}$$

因此，它只需确定 $\omega\geqslant 0$ 时的 $\boldsymbol{A}(\omega)$ 和 $\boldsymbol{B}(\omega)$。从(11-68)和(11-70)式可以得出

$$E\{[\boldsymbol{A}(u)+\mathrm{j}\boldsymbol{B}(u)][\boldsymbol{A}(v)\pm\mathrm{j}\boldsymbol{B}(v)]\}=0 \qquad u\neq\pm v$$

把实部和虚部分开建立两个实方程求解，我们得到

$$E\{\boldsymbol{A}(u)\boldsymbol{A}(v)\} = E\{\boldsymbol{A}(u)\boldsymbol{B}(v)\} = E\{\boldsymbol{B}(u)\boldsymbol{B}(v)\} = 0, \quad u\neq v \tag{11-79a}$$

令 $u=\omega$，$v=-\omega$，(11-70)式产生了 $E\{\boldsymbol{X}(\omega)\boldsymbol{X}(\omega)\}=0$，$\omega\neq 0$；因此

$$E\{\boldsymbol{A}^2(\omega)\} = E\{\boldsymbol{B}^2(\omega)\} \qquad E\{\boldsymbol{A}(\omega)\boldsymbol{B}(\omega)\} = 0 \tag{11-79b}$$

可以证明它的逆命题也成立(见习题11-13)。这样，如果一个实过程 $\boldsymbol{x}(t)$ 的展开式(11-78)的系数 $\boldsymbol{A}(\omega)$ 和 $\boldsymbol{B}(\omega)$ 满足(11-79)式和 $E\{\boldsymbol{A}(\omega)\}=E\{\boldsymbol{B}(\omega)\}=0$，$\omega\neq 0$，那么这个实过程 $\boldsymbol{x}(t)$ 是广义平稳的。

窗函数 给定一个广义平稳过程 $\boldsymbol{x}(t)$ 和一个傅里叶变换为 $W(\omega)$ 的函数 $w(t)$，我们构成一个新的过程 $\boldsymbol{y}(t)=w(t)\boldsymbol{x}(t)$。这个过程是非平稳的，自相关函数为

$$R_{yy}(t_1,t_2)=w(t_1)w^*(t_2)R(t_1-t_2)$$

$R_{yy}(t_1,t_2)$ 的傅里叶变换等于

$$\Gamma_{yy}(u,v) = \int_{-\infty}^{\infty}\int_{-\infty}^{\infty} w(t_1)w^*(t_2)R(t_1-t_2)\mathrm{e}^{-\mathrm{j}(ut_1+vt_2)}\mathrm{d}t_1\mathrm{d}t_2$$

用证明(11-75)式的方法，我们得到

$$\Gamma_{yy}(u,v) = \frac{1}{2\pi}\int_{-\infty}^{\infty} W(u-\beta)W^*(-v-\beta)S(\beta)\mathrm{d}\beta \tag{11-80}$$

从(11－68)式和由它导出的结果(11－80)式，可以得到 $\boldsymbol{y}(t)$ 的傅里叶变换

$$\boldsymbol{Y}(\omega)=\int_{-\infty}^{\infty} w(t)\boldsymbol{x}(t)\mathrm{e}^{-\mathrm{j}\omega t}\,\mathrm{d}t \tag{11-81}$$

的自相关等于

$$E\{\boldsymbol{Y}(u)\boldsymbol{Y}^*(v)\}=\Gamma_{yy}(u,-v)=\frac{1}{2\pi}\int_{-\infty}^{\infty} W(u-\beta)W^*(v-\beta)S(\beta)\mathrm{d}\beta$$

因此

$$E\{|\boldsymbol{Y}(\omega)|^2\}=\frac{1}{2\pi}\int_{-\infty}^{\infty}|W(\omega-\beta)|^2 S(\beta)\mathrm{d}\beta \tag{11-82}$$

【例 11－11】 积分

$$\boldsymbol{X}_T(\omega)=\int_{-T}^{T}\boldsymbol{x}(t)\mathrm{e}^{-\mathrm{j}\omega t}\,\mathrm{d}t$$

是过程 $\boldsymbol{x}(t)$ 的一段 $\boldsymbol{x}(t)p_T(t)$ 的傅里叶变换。这是(11－81)式的一个特例，其中窗函数 $w(t)=p_T(t)$ 而 $W(\omega)=2\sin T\omega/\omega$。因此，若过程 $\boldsymbol{x}(t)$ 是一个平稳过程，那么[见(11－82)式]

$$E\{|\boldsymbol{X}_T(\omega)|^2\}=S(\omega)*\frac{2\sin^2 T\omega}{\pi\omega^2} \tag{11-83}$$

11.4.1　广义平稳过程的傅里叶-斯蒂尔切斯表示①

我们用下面的积分

$$\boldsymbol{Z}(\omega)=\int_0^{\omega}\boldsymbol{X}(\alpha)\mathrm{d}\alpha \tag{11-84}$$

表示一个广义平稳过程 $\boldsymbol{x}(t)$ 的谱。我们已经证明了 $\boldsymbol{x}(t)$ 的傅里叶变换 $\boldsymbol{X}(\omega)$ 是平均功率为 $2\pi S(u)$ 的非平稳白噪声。由(11－76)式可以得出 $\boldsymbol{Z}(\omega)$ 是一个正交增量过程：

对于任意的 $\omega_1<\omega_2<\omega_3<\omega_4$：

$$E\{[\boldsymbol{Z}(\omega_2)-\boldsymbol{Z}(\omega_1)][\boldsymbol{Z}^*(\omega_4)-\boldsymbol{Z}^*(\omega_3)]\}=0 \tag{11-85a}$$

$$E\{|\boldsymbol{Z}(\omega_2)-\boldsymbol{Z}(\omega_1)|^2\}=2\pi\int_{\omega_1}^{\omega_2}S(\omega)\mathrm{d}\omega \tag{11-85b}$$

显然，

$$\mathrm{d}\boldsymbol{Z}(\omega)=\boldsymbol{X}(\omega)\mathrm{d}\omega \tag{11-86}$$

因此(11－66)式的逆公式可以写成一个傅里叶-斯蒂尔切斯积分

$$\boldsymbol{x}(t)=\frac{1}{2\pi}\int_{-\infty}^{\infty}\mathrm{e}^{\mathrm{j}\omega t}\,\mathrm{d}\boldsymbol{Z}(\omega) \tag{11-87}$$

令 $\omega_1=u,\omega_2=u+\mathrm{d}u$ 和 $\omega_3=v,\omega_4=v+\mathrm{d}v$，(11－85)式就成为

$$E\{\mathrm{d}\boldsymbol{Z}(u)\mathrm{d}\boldsymbol{Z}^*(v)\}=0,\quad u\neq v$$

$$E\{|\mathrm{d}\boldsymbol{Z}(u)|^2\}=2\pi S(u)\mathrm{d}u \tag{11-88}$$

上式的最后一个方程可以用于从过程 $\boldsymbol{Z}(\omega)$ 定义广义平稳过程 $\boldsymbol{x}(t)$ 的谱 $S(\omega)$。

沃尔德分解　用(11－85)式，我们可以把任意一个广义平稳过程 $\boldsymbol{x}(t)$ 写成两项的和，即

$$\boldsymbol{x}(t)=\boldsymbol{x}_r(t)+\boldsymbol{x}_p(t) \tag{11-89}$$

---

① H. Cramer. *Mathematical Methods of Statistics*. Princeton Univ. Press, Princeton, N. J., 1946.

其中 $\boldsymbol{x}_r(t)$是一个**正则**过程而 $\boldsymbol{x}_p(t)$是一个由指数项构成的**可预测**过程：

$$\boldsymbol{x}_p(t) = \boldsymbol{c}_0 + \sum_i \boldsymbol{c}_i e^{j\omega_i t} \qquad E\{\boldsymbol{c}_i\} = 0 \tag{11-90}$$

而且，这两个过程是正交的：

$$E\{\boldsymbol{x}_r(t+\tau)\boldsymbol{x}_p^*(t)\} = 0 \tag{11-91}$$

这个展开称为**沃尔德分解**。在 13.2 节中我们把 $\boldsymbol{x}_r(t)$和 $\boldsymbol{x}_p(t)$作为两个输入为 $\boldsymbol{x}(t)$的线性系统的输出来确定它们。我们也可以证明：$\boldsymbol{x}_p(t)$是可预测的，即它由其过去值确定；过程 $\boldsymbol{x}_r(t)$是不可预测的。

下面我们用 $\boldsymbol{x}(t)$的积分变换 $\boldsymbol{Z}(\omega)$的性质来证明(11-89)式。过程 $\boldsymbol{Z}(\omega)$是一个函数族。通常来说，这些函数对几乎每一个结果在一组点 ω_i处不连续。我们把 $\boldsymbol{Z}(\omega)$展成两项的和(图 11-5)

$$\boldsymbol{Z}(\omega) = \boldsymbol{Z}_r(\omega) + \boldsymbol{Z}_p(\omega) \tag{11-92}$$

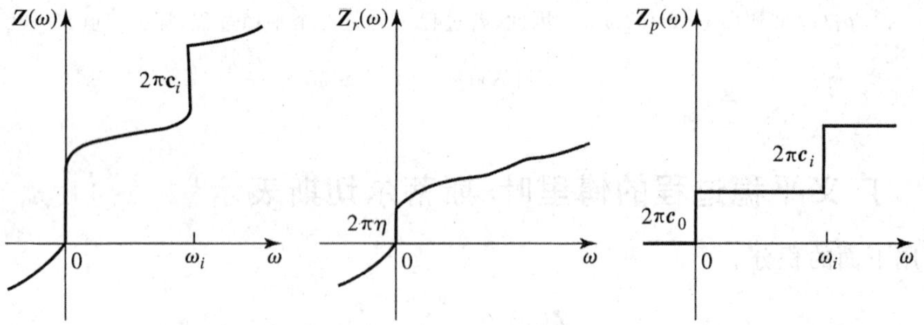

图 11-5

其中对于 $\omega\neq0$，$\boldsymbol{Z}_r(\omega)$是一个连续过程而 $\boldsymbol{Z}_p(\omega)$是一个间断点 ω_i的阶梯函数。我们用 $2\pi\boldsymbol{c}_i$ 来表示间断点 $\omega_i\neq0$ 处的跳跃。这些跳跃等于 $\boldsymbol{Z}_p(\omega)$的跳跃。我们把 $\omega=0$ 处的跳跃写成和式 $2\pi(\eta+\boldsymbol{c}_0)$，其中 $\eta=E\{\boldsymbol{x}(t)\}$，并且把 $2\pi\eta$ 安排在 $\boldsymbol{Z}_r(\omega)$中。于是，在 $\omega=0$ 处过程 $\boldsymbol{Z}_r(\omega)$不连续，跳跃值等于 $2\pi\eta$。$\boldsymbol{Z}_p(\omega)$在 $\omega=0$ 处的跳跃值等于 $2\pi\boldsymbol{c}_0$。再把(11-92)式代入(11-87)式。我们得到 $\boldsymbol{x}(t)$的分解(11-89)式，其中 $\boldsymbol{x}_r(t)$和 $\boldsymbol{x}_p(t)$分别是相应于 $\boldsymbol{Z}_r(\omega)$和 $\boldsymbol{Z}_p(\omega)$的分量。

从(11-85)式可知：$\boldsymbol{Z}_r(\omega)$和 $\boldsymbol{Z}_p(\omega)$是两个正交增量过程，所以

$$E\{\boldsymbol{Z}_r(u)\boldsymbol{Z}_p^*(v)\} = 0 \qquad E\{\boldsymbol{c}_i\boldsymbol{c}_j^*\} = \begin{cases} k_i, & i=j \\ 0, & i\neq j \end{cases} \tag{11-93}$$

第一个式子表明(11-89)式中的过程 $\boldsymbol{x}_r(t)$和 $\boldsymbol{x}_p(t)$是正交的；第二个式子表明 $\boldsymbol{x}_p(t)$的系数 $\boldsymbol{c}_i$ 是正交的。这也可由 $\boldsymbol{x}_p(t)$的平稳性得出。

我们分别用 $S_r(\omega)$和 $S_p(\omega)$表示 $\boldsymbol{x}_r(t)$和 $\boldsymbol{x}_p(t)$的谱，用 $F_r(\omega)$和 $F_p(\omega)$表示 $\boldsymbol{x}_r(t)$和 $\boldsymbol{x}_p(t)$的积分谱。由(11-89)和(11-91)式可知

$$S(\omega) = S_r(\omega) + S_p(\omega) \qquad F(\omega) = F_r(\omega) + F_p(\omega) \tag{11-94}$$

$F_r(\omega)$在 $\omega\neq0$ 处是连续的，在 $\omega=0$ 处是不连续的，跳跃值为 $2\pi\eta^2$。$F_p(\omega)$是一个阶梯函数，它在点 ω_i处不连续，跳跃值为 $2\pi k_i$。因此

$$S_p(\omega) = 2\pi k_0\delta(\omega) + 2\pi\sum_i k_i\delta(\omega-\omega_i) \tag{11-95}$$

$S(\omega)$在原点处的冲激值等于 $2\pi(k_0+\eta^2)\delta(\omega)$。

【例 11-12】 考虑过程

$$\boldsymbol{y}(t)=\boldsymbol{a}\boldsymbol{x}(t) \qquad E\{\boldsymbol{a}\}=0$$

这里 $\boldsymbol{x}(t)$ 是一个独立于 $\boldsymbol{a}$ 的正则过程。我们来求它的沃尔德分解。

从假设可知，

$$E\{\boldsymbol{y}(t)\}=0 \qquad R_{yy}(\tau)=E\{\boldsymbol{a}^2\boldsymbol{x}(t+\tau)\boldsymbol{x}(t)\}=\sigma_a^2R_{xx}(\tau)$$

$\boldsymbol{x}(t)$ 的谱等于 $S_{xx}^c(\omega)+2\pi\eta_x^2\delta(\omega)$。因此

$$S_{yy}(\omega)=\sigma_a^2S_{xx}^c(\omega)+2\pi\sigma_a^2\eta_x^2\delta(\omega)$$

由 $\boldsymbol{x}(t)$ 的正则性可知它的协方差谱 $S_{xx}^c(\omega)$ 不包含冲激分量。由于 $\eta_y=0$，我们从(11-95)可得出 $S_p(\omega)=2\pi k_0\delta(\omega)$，其中 $k_0=\sigma_a^2\eta_x^2$。由此可得

$$\boldsymbol{y}_p(t)=\eta_x\boldsymbol{a} \qquad \boldsymbol{y}_r(t)=\boldsymbol{a}[\boldsymbol{x}(t)-\eta_x]$$

离散时间过程　给定一个离散时间过程 $\boldsymbol{x}[n]$，我们求它的离散傅里叶变换(DFT)

$$\boldsymbol{X}(\omega)=\sum_{n=-\infty}^{\infty}\boldsymbol{x}[n]\mathrm{e}^{-\mathrm{j}n\omega} \tag{11-96}$$

而且

$$\boldsymbol{x}[n]=\frac{1}{2\pi}\int_{-\pi}^{\pi}\boldsymbol{X}(\omega)\mathrm{e}^{\mathrm{j}\omega n}\mathrm{d}\omega \tag{11-97}$$

由定义可知过程 $\boldsymbol{X}(\omega)$ 是周期的，周期为 2π。因此，只需要研究它在区间 $|\omega|<\pi$ 的性质。先前关于连续时间过程的结果经适当修改后对离散时间过程也成立。我们只讨论(11-76)式的数字形式：

若 $\boldsymbol{x}[n]$ 是一个广义平稳过程，功率谱为 $S(\omega)$，那么它的离散傅里叶变换 $\boldsymbol{X}(\omega)$ 是一个协方差为

$$E\{\boldsymbol{X}(u)\boldsymbol{X}^*(v)\}=2\pi S(u)\delta(u-v) \qquad -\pi<u,\ v<\pi \tag{11-98}$$

的非平稳白噪声。

证　证明是基于下面的恒等式

$$\sum_{n=-\infty}^{\infty}\mathrm{e}^{-\mathrm{j}n\omega}=2\pi\delta(\omega) \qquad |\omega|<\pi$$

显然，

$$E\{\boldsymbol{X}(u)\boldsymbol{X}^*(v)\}=\sum_{n=-\infty}^{\infty}\sum_{m=-\infty}^{\infty}E\{\boldsymbol{x}[n+m]\boldsymbol{x}^*[m]\}\exp\{-\mathrm{j}[(m+n)u-nv]\}$$
$$=\sum_{n=-\infty}^{\infty}\mathrm{e}^{-\mathrm{j}n(u-v)}\sum_{m=-\infty}^{\infty}R[m]\mathrm{e}^{-\mathrm{j}mu}$$

这就得到(11-98)式。

双谱和三阶矩　考虑一个实的严格平稳过程 $\boldsymbol{x}(t)$，它的傅里叶变换为 $\boldsymbol{X}(\omega)$，三阶矩为 $R(\mu,v)$ [见(10-243)式]。推广(11-76)式，我们能用 $\boldsymbol{x}(t)$ 的双谱 $S(u,v)$ 表示 $\boldsymbol{X}(\omega)$ 的三阶矩。

定理 11-4 ▶
$$E\{\boldsymbol{X}(u)\boldsymbol{X}(v)\boldsymbol{X}^*(w)\}=2\pi S(u,v)\delta(u+v-w) \tag{11-99}$$

证　由(11-65)式可知：(11-99)式的左边等于

$$\int_{-\infty}^{\infty}\int_{-\infty}^{\infty}\int_{-\infty}^{\infty}E\{\boldsymbol{x}(t_1)\boldsymbol{x}(t_2)\boldsymbol{x}(t_3)\}\mathrm{e}^{-\mathrm{j}(ut_1+vt_2-wt_3)}\mathrm{d}t_1\mathrm{d}t_2\mathrm{d}t_3$$

令 $t_1=t_3+\mu$，$t_2=t_3+\nu$，上式等于

$$\int_{-\infty}^{\infty}\int_{-\infty}^{\infty} R\{\mu,\nu\}\mathrm{e}^{-\mathrm{j}(u\mu+v\nu)}\,\mathrm{d}\mu\mathrm{d}\nu\int_{-\infty}^{\infty}\mathrm{e}^{-\mathrm{j}(u+v-w)t_3}\,\mathrm{d}t_3$$

因为上式后面的积分等于 $2\pi\delta(u+v-w)$，我们得到(11-99)式。◀

因此，我们已经证明了 $\boldsymbol{X}(\omega)$ 的三阶矩在 uvw 三维空间中除了在平面 $w=u+v$ 外的其它点上都等于零，而在平面 $w=u+v$ 上，它的密度等于 $2\pi S(u,v)$，因此它是一个三元面奇异函数。用这个结果，我们来确定 $\boldsymbol{x}(t)$ 的积分变换 $\boldsymbol{Z}(\omega)$ 增量

$$\boldsymbol{Z}(\omega_i)-\boldsymbol{Z}(\omega_k)=\int_{\omega_i}^{\omega_k}\boldsymbol{X}(\omega)\mathrm{d}\omega \tag{11-100}$$

的三阶矩。

定理 11-5 ▶
$$E\{[\boldsymbol{Z}(\omega_2)-\boldsymbol{Z}(\omega_1)][\boldsymbol{Z}(\omega_4)-\boldsymbol{Z}(\omega_3)][\boldsymbol{Z}^*(\omega_6)-\boldsymbol{Z}^*(\omega_5)]\} = 2\pi\iint_R S(u,v)\mathrm{d}u\mathrm{d}v \tag{11-101}$$

其中 R 是 uv 平面上下面三个区域的交集(图 11-6(a)中的阴影区域)

$$\omega_1<u<\omega_2\qquad \omega_3<v<\omega_4\qquad \omega_5<w<\omega_6$$

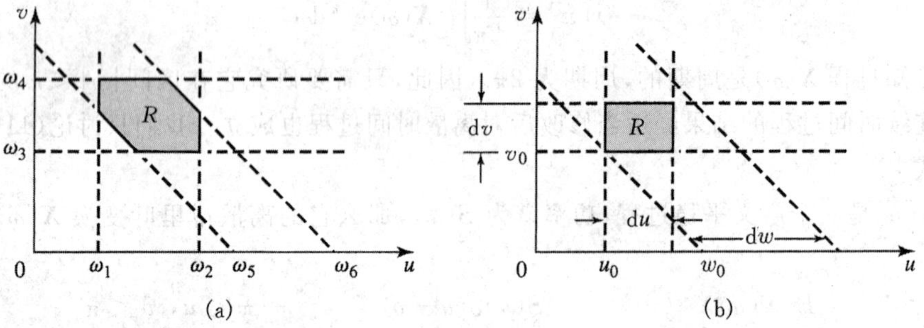

图 11-6

证　由(11-99)和(11-100)式可知(11-101)式的左边等于

$$\int_{\omega_1}^{\omega_2}\int_{\omega_3}^{\omega_4}\int_{\omega_5}^{\omega_6} 2\pi S(u,v)\delta(u+v-w)\,\mathrm{d}u\mathrm{d}v\mathrm{d}w$$

$$=2\pi\int_{\omega_1}^{\omega_2}\int_{\omega_3}^{\omega_4} S(u,v)\mathrm{d}u\mathrm{d}v\int_{\omega_5}^{\omega_6}\delta(u+v-w)\mathrm{d}w$$

上式中内层积分在 $\omega_5<u+v<\omega_6$ 上等于 1，其它地方为 0。因此右边等于(11-101)式中函数 $2\pi S(u,v)$ 在区域 R 上的积分。◀

推论 ▶ 考虑下列微分：

$$\mathrm{d}\boldsymbol{Z}(u_0)=\boldsymbol{X}(u_0)\mathrm{d}u\qquad \mathrm{d}\boldsymbol{Z}(v_0)=\boldsymbol{X}(v_0)\mathrm{d}v\qquad \mathrm{d}\boldsymbol{Z}(w_0)=\boldsymbol{X}(w_0)\mathrm{d}w$$

如果 $w_0=u_0+v_0$，$\mathrm{d}w\geqslant \mathrm{d}u+\mathrm{d}v$，我们得到

$$E\{\mathrm{d}\boldsymbol{Z}(u_0)\mathrm{d}\boldsymbol{Z}(v_0)\mathrm{d}\boldsymbol{Z}^*(w_0)\}=2\pi S(u_0,v_0)\mathrm{d}u\mathrm{d}v \tag{11-102}$$

如果 $w_0\neq u_0+v_0$，则上式右边为零。

证　设 $\omega_1=u_0\qquad \omega_3=v_0\qquad \omega_5=\omega_0=u_0+v_0$

$\omega_2=u_0+\mathrm{d}u\quad \omega_4=v_0+\mathrm{d}v\quad \omega_6\geqslant w_0+\mathrm{d}u+\mathrm{d}v$

代入(11-101)式，我们就得到了(11-102)式，这是因为 R 是图 11-6(b)所示的矩形

区域。

通过观察,我们得出结论:方程(11-102)可以用于从 $\boldsymbol{Z}(\omega)$ 定义严格平稳过程 $\boldsymbol{x}(t)$ 的双谱。◀

习 题

11-1 若 $S_x(\omega)=\dfrac{\cos 2\omega+1}{12\cos 2\omega-70\cos\omega+62}$,求 $R_x[m]$ 和 $\boldsymbol{x}[n]$ 的白化滤波器。

11-2 若 $S_x(\omega)=\dfrac{\omega^4+64}{\omega^4+10\omega^2+9}$,求过程 $\boldsymbol{x}(t)$ 的新息滤波器。

11-3 证明:若 $l_s[n]$ 是 $\boldsymbol{s}[n]$ 的新息滤波器的冲激响应,那么 $R_s[0]=\sum_{n=0}^{\infty} l_s^2[n]$。

11-4 过程 $\boldsymbol{x}(t)$ 是广义平稳的且

$$\boldsymbol{y}''(t)+3\boldsymbol{y}'(t)+2\boldsymbol{y}(t)=\boldsymbol{x}(t)$$

证明:(a) 对所有的 τ,满足

$$R''_{yx}(\tau)+3R'_{yx}(\tau)+2R_{yx}(\tau)=R_{xx}(\tau)$$
$$R''_{yy}(\tau)+3R'_{yy}(\tau)+2R_{yy}(\tau)=R_{xy}(\tau)$$

(b) 当 $\tau<0$ 时:若 $R_{xx}(\tau)=q\delta(\tau)$,那么 $R_{yx}(\tau)=0$;
当 $\tau>0$ 时,满足

$$R''_{yx}(\tau)+3R'_{yx}(\tau)+2R_{yx}(\tau)=0 \qquad R_{yx}(0)=0 \qquad R'_{yx}(0^+)=q$$
$$R''_{yy}(\tau)+3R'_{yy}(\tau)+2R_{yy}(\tau)=0 \qquad R_{yy}(0)=\frac{q}{12} \qquad R'_{yy}(0)=0$$

11-5 证明若 $\boldsymbol{s}[n]$ 是AR过程,$\boldsymbol{v}[n]$ 是正交于 $\boldsymbol{s}[n]$ 的白噪声,那么过程 $\boldsymbol{x}[n]=\boldsymbol{s}[n]+\boldsymbol{v}[n]$ 是ARMA过程。若 $R_s[m]=2^{-|m|}$,$\boldsymbol{S}_v(z)=5$,求 $\boldsymbol{S}_x(z)$。

11-6 证明:若 $\boldsymbol{x}(t)$ 是一个广义平稳过程并且

$$\boldsymbol{s}=\frac{1}{n}\sum_{k=1}^{n}\boldsymbol{x}(kT),$$

那么

$$E\{\boldsymbol{s}^2\}=\frac{1}{2\pi n^2}\int_{-\infty}^{\infty} S_x(\omega)\frac{\sin^2 n\omega T/2}{\sin^2\omega T/2}\mathrm{d}\omega$$

11-7 证明:若 $R_x(\tau)=\mathrm{e}^{-c|\tau|}$,那么 $\boldsymbol{x}(t)$ 在区间 $(-a,a)$ 内的K-L展开是

$$\hat{\boldsymbol{x}}(t)=\sum_{n=1}^{\infty}(\beta_n\boldsymbol{b}_n\cos\omega_n t+\beta'_n\boldsymbol{b}'_n\sin\omega'_n t)$$

这里

$$\tan a\omega_n=\frac{c}{\omega_n} \qquad \cot a\omega'_n=\frac{-c}{\omega'_n} \qquad \beta_n=\left(a+\frac{\lambda_n}{2}\right)^{-1/2} \qquad \beta'_n=\left(a+\frac{\lambda'_n}{2}\right)^{-1/2}$$

$$E\{\boldsymbol{b}_n^2\}=\lambda_n=\frac{2c}{c^2+\omega_n^2} \qquad E\{\boldsymbol{b}'^2_n\}=\lambda'_n=\frac{2c}{c^2+\omega'^2_n}$$

11-8 证明:若 $\boldsymbol{x}(t)$ 是一个广义平稳过程并且

$$\boldsymbol{X}_T(\omega)=\int_{-T/2}^{T/2}\boldsymbol{x}(t)\mathrm{e}^{-\mathrm{j}\omega t}\mathrm{d}t$$

那么

$$E\left\{\frac{\partial}{\partial T} \mid \boldsymbol{X}_T(\omega) \mid ^2\right\}=\int_{-T}^{T} R_x(\tau)\mathrm{e}^{-\mathrm{j}\omega\tau}\mathrm{d}\tau$$

11-9　如果 $E\{\boldsymbol{v}(t)\}=0, R_v(\tau)=2\delta(\tau)$,求积分

$$\boldsymbol{X}(\omega)=\int_{-a}^{a}[5\cos 3t+\boldsymbol{v}(t)]\mathrm{e}^{-\mathrm{j}\omega t}\mathrm{d}t$$

的均值和方差。

11-10　证明:如果

$$E\{\boldsymbol{x}_n\boldsymbol{x}_k^*\}=\sigma_n^2\delta[n-k] \qquad \boldsymbol{X}(\omega)=\sum_{n=-\infty}^{\infty}\boldsymbol{x}_n\mathrm{e}^{-\mathrm{j}n\omega T}$$

并且 $E\{\boldsymbol{x}_n\}=0$,那么

$$E\{\boldsymbol{X}(\omega)\}=0$$

$$E\{\boldsymbol{X}(u)\boldsymbol{X}^*(v)\}=\sum_{n=-\infty}^{\infty}\sigma_n^2\mathrm{e}^{-\mathrm{j}n(u-v)T}$$

11-11　给定一个非周期的广义平稳过程 $\boldsymbol{x}(t)$,像(11-51)式那样构造和式 $\hat{\boldsymbol{x}}(t)=\sum\boldsymbol{c}_n\mathrm{e}^{-\mathrm{j}n\omega_0 t}$。证明:(a) 对于 $0<t<T$, $E\{|\boldsymbol{x}(t)-\hat{\boldsymbol{x}}(t)|^2\}=0$。(b) $E\{\boldsymbol{c}_n\boldsymbol{c}_m^*\}=(1/T)\int_0^T\beta_n(\alpha)\mathrm{e}^{-\mathrm{j}n\omega_0\alpha}\mathrm{d}\alpha$,其中 $\beta_n(\alpha)=(1/T)\int_0^T R(\tau-\alpha)\mathrm{e}^{-\mathrm{j}n\omega_0\tau}\mathrm{d}\tau$ 是 $R(\tau-\alpha)$ 在区间 $(0,T)$ 上傅里叶展开的系数。(c) 对于大的 T,$E\{\boldsymbol{c}_n\boldsymbol{c}_m^*\}\approx S(n\omega_0)\delta(n-m)/T$。

11-12　如果过程 $\boldsymbol{X}(\omega)$ 是零均值,自协方差函数为 $Q(u)\delta(u-v)$ 的白噪声,证明它的逆傅里叶变换 $\boldsymbol{x}(t)$ 是广义平稳的并且功率谱为 $Q(\omega)/2\pi$。

11-13　给定一个实随机过程 $\boldsymbol{x}(t)$,它的傅里叶变换是 $\boldsymbol{X}(\omega)=\boldsymbol{A}(\omega)+\mathrm{j}\boldsymbol{B}(\omega)$。证明:如果随机过程 $\boldsymbol{A}(\omega)$ 和 $\boldsymbol{B}(\omega)$ 满足(11-79)式并且 $E\{\boldsymbol{A}(\omega)\}=E\{\boldsymbol{B}(\omega)\}=0$,那么 $\boldsymbol{x}(t)$ 是广义平稳的。

11-14　我们把积分

$$\boldsymbol{X}_T(\omega)=\int_{-T}^{T}[f(t)+\boldsymbol{v}(t)]\mathrm{e}^{-\mathrm{j}\omega t}\mathrm{d}t$$

作为信号 $f(t)$ 的傅里叶变换 $F(\omega)$ 的估计,其中 $\boldsymbol{v}(t)$ 是测量噪声。证明:如果 $S_{vv}(\omega)=q$ 并且 $E\{\boldsymbol{v}(t)\}=0$,那么

$$E\{\boldsymbol{X}_T(\omega)\}=\int_{-\infty}^{\infty}F(y)\frac{\sin T(\omega-y)}{\pi(\omega-y)}\mathrm{d}y \qquad \mathrm{Var}\boldsymbol{X}_T(\omega)=2qT$$

第 12 章

谱估计

12.1 各态历经性

在随机过程应用中，一个中心问题是从实际数据估计各种统计参数。大多数参数可以表示成随机过程 $\boldsymbol{x}(t)$ 的某一泛函的期望值。因此，估计一个给定随机过程 $\boldsymbol{x}(t)$ 的均值变成了这一研究领域的核心。下面我们首先考虑这个问题。

对于一个特定的 t，$\boldsymbol{x}(t)$ 是一个随机变量。它的均值 $\eta(t)=E\{\boldsymbol{x}(t)\}$ 可以像 8－2 节中那样估计：观测到 $\boldsymbol{x}(t)$ 的 n 个样本 $\boldsymbol{x}(t,\xi_i)$ 并把平均值

$$\hat{\eta}(t)=\frac{1}{n}\sum_i \boldsymbol{x}(t,\xi_i)$$

作为 $E\{\boldsymbol{x}(t)\}$ 的点估计。

我们知道，$\hat{\eta}(t)$ 是 $\eta(t)$ 的一致估计；然而，它只有在存在 $\boldsymbol{x}(t)$ 的大量实现（样本曲线）$\boldsymbol{x}(t,\xi_i)$ 的时候才能使用。许多应用中，只知道 $\boldsymbol{x}(t)$ 的单次样本曲线。那么，我们可以从给定样本的时间平均估计 $\eta(t)$ 吗？如果 $E\{\boldsymbol{x}(t)\}$ 依赖于 t，这显然是不可能的。然而，如果 $\boldsymbol{x}(t)$ 是一个正则平稳过程，则当它的样本曲线的长度趋于 ∞ 时，它的时间平均趋于 $E\{\boldsymbol{x}(t)\}$。各态历经性是处理这一问题的理论基础。

12.1.1 均值各态历经过程

给定一个平稳过程 $\boldsymbol{x}(t)$，我们希望能估计它的均值 $\eta=E\{\boldsymbol{x}(t)\}$。为此，我们构造它的时间平均

$$\eta_T=\frac{1}{2T}\int_{-T}^{T}\boldsymbol{x}(t)\mathrm{d}t \tag{12-1}$$

显然，η_T 是一个随机变量，它的均值是

$$E\{\eta_T\}=\frac{1}{2T}\int_{-T}^{T}E\{\boldsymbol{x}(t)\}\mathrm{d}t=\eta$$

因此，η_T 是 η 的无偏估计。如果 $T\to\infty$ 时，它的方差 $\sigma_T^2\to 0$，那么在均方意义下 $\eta_T\to\eta$。这种情况下，用 $\boldsymbol{x}(t)$ 的单次实现计算得到的时间平均 $\eta_T(\xi)$ 以概率 1 趋向 η。如果这点成立，我们称此过程是均值各态历经的。如果一个过程 $T\to\infty$ 的时间平均趋向总体平均 η，那么它是均值各态历经的。

为检验一个过程的这种各态历经性，只要求出 σ_T 并检验在 $T\to\infty$ 时 $\sigma_T\to 0$ 的这一条件就可以了。下面的例 12－1 和 12－2 表明，并非所有过程都是均值各态历经的。

【例 12 - 1】 设 $\boldsymbol{c}$ 是一个均值为 η_c 的随机变量，且

$$\boldsymbol{x}(t) = \boldsymbol{c} \quad \eta = E\{\boldsymbol{x}(t)\} = E\{\boldsymbol{c}\} = \eta_c$$

这种情况下，$\boldsymbol{x}(t)$ 是一族直线且 $\eta_T = \boldsymbol{c}$。对于一个特定的样本，如果 $\boldsymbol{c}(\xi) \neq \eta$，$\eta_T(\xi) = \boldsymbol{c}(\xi)$，是一个不同于 η 的常数。因此，$\boldsymbol{x}(t)$ 不是均值各态历经的。

【例 12 - 2】 给定两个均值各态历经的过程 $\boldsymbol{x}_1(t)$ 和 $\boldsymbol{x}_2(t)$，它们的均值分别为 η_1 和 η_2。我们构造过程

$$\boldsymbol{x}(t) = \boldsymbol{x}_1(t) + \boldsymbol{c}\boldsymbol{x}_2(t)$$

其中 $\boldsymbol{c}$ 是一个独立于 $\boldsymbol{x}_2(t)$ 的随机变量，且取值为 0 和 1 的概率均为 0.5。显然

$$E\{\boldsymbol{x}(t)\} = E\{\boldsymbol{x}_1(t)\} + E\{\boldsymbol{c}\}E\{\boldsymbol{x}_2(t)\} = \eta_1 + 0.5\eta_2$$

如果对于某一特定的 ξ，$\boldsymbol{c}(\xi) = 0$，那么 $\boldsymbol{x}(t) = \boldsymbol{x}_1(t)$ 并且当时 $T \to \infty$，$\eta_T \to \eta_1$。如果对于另一个 ξ，$\boldsymbol{c}(\xi) = 1$，那么 $\boldsymbol{x}(t) = \boldsymbol{x}_1(t) + \boldsymbol{x}_2(t)$ 并且当时 $T \to \infty$，$\eta_T \to \eta_1 + \eta_2$。因此 $\boldsymbol{x}(t)$ 不是均值各态历经的。

方差　为确定 $\boldsymbol{x}(t)$ 的时间平均 η_T 的方差 σ_T^2，我们首先注意到

$$\eta_T = \boldsymbol{w}(0) \quad 其中\ \boldsymbol{w}(t) = \frac{1}{2T}\int_{t-T}^{t+T} \boldsymbol{x}(\alpha)\,\mathrm{d}\alpha \tag{12 - 2}$$

是 $\boldsymbol{x}(t)$ 的滑动平均。我们知道，$\boldsymbol{w}(t)$ 是一个输入为 $\boldsymbol{x}(t)$ 的线性系统的输出，系统的冲激响应为以为 $t = 0$ 中心的矩形脉冲。因此，$\boldsymbol{w}(t)$ 是平稳的，它的自协方差等于

$$C_{ww}(\tau) = \frac{1}{2T}\int_{-2T}^{2T} C(\tau - \alpha)\left(1 - \frac{|\alpha|}{2T}\right)\mathrm{d}\alpha \tag{12 - 3}$$

其中 $C(\tau)$ 为 $\boldsymbol{x}(t)$ 的自协方差[见(9 - 155)式]。因为 $\sigma_T^2 = \mathrm{Var}\boldsymbol{w}(0) = C_{ww}(0)$ 和 $C(-\alpha) = C(\alpha)$，所以

$$\sigma_T^2 = \frac{1}{2T}\int_{-2T}^{2T} C(\alpha)\left(1 - \frac{|\alpha|}{2T}\right)\mathrm{d}\alpha = \frac{1}{T}\int_0^{2T} C(\alpha)\left(1 - \frac{\alpha}{2T}\right)\mathrm{d}\alpha \tag{12 - 4}$$

这个基本结果导出了下面的结论：当且仅当

$$\frac{1}{T}\int_0^{2T} C(\alpha)\left(1 - \frac{\alpha}{2T}\right)\mathrm{d}\alpha \xrightarrow[T\to\infty]{} 0 \tag{12 - 5}$$

时，一个自协方差为 $C(\tau)$ 的 $\boldsymbol{x}(t)$ 过程是均值各态历经的。

η_T 的方差的确定是十分有用的，它不仅可以检验 $\boldsymbol{x}(t)$ 的各态历经性，而且也确定了 η 的估计值 η_T 的置信区间。的确，由切比雪夫不等式得到未知值 η 位于区间 $\eta_T \pm 10\sigma_T$ 内的概率大于 0.99[见(5 - 88)式]。因此，如果 T 能使得 $\sigma_T \ll \eta$，那么 η_T 就是 η 的一个满意的估计。

【例 12 - 3】 像(10 - 63)式一样，设 $C(\tau) = q\mathrm{e}^{-c|\tau|}$。这种情况下，

$$\sigma_T^2 = \frac{q}{T}\int_0^{2T} \mathrm{e}^{-c\tau}\left(1 - \frac{\tau}{2T}\right)\mathrm{d}\tau = \frac{q}{cT}\left(1 - \frac{1 - \mathrm{e}^{-2cT}}{2cT}\right)$$

显然，当 $T \to \infty$ 时，$\sigma_T \to 0$；于是，$\boldsymbol{x}(t)$ 是均值各态历经的。如果 $T \gg 1/c$，则 $\sigma_T^2 \approx q/cT$。

【例 12 - 4】 设 $\boldsymbol{x}(t) = \eta + \boldsymbol{v}(t)$，其中 $\boldsymbol{v}(t)$ 是方差为 $R_{vv}(\tau) = q\delta(\tau)$ 的白噪声。这种情况下，$C(\tau) = R_{vv}(\tau)$ 并且(12 - 4)式简化为

$$\sigma_T^2 = \frac{1}{2T}\int_{-2T}^{2T} q\delta(\tau)\left(1 - \frac{|\tau|}{2T}\right)\mathrm{d}\tau = \frac{q}{2T}$$

因此 $\boldsymbol{x}(t)$ 是均值各态历经的。

显然，由(12 - 5)式可知一个过程的各态历经性取决于函数 $C(\tau)$ 在大的 τ 时的性态。如果对于 $\tau > a$，$C(\tau) = 0$，即如果 $\boldsymbol{x}(t)$ 是 a 相依的并且 $T \gg a$，那么，因为 $|C(\tau)| < C(0)$

$$\sigma_T^2 = \frac{1}{T}\int_0^a C(\tau)\left(1 - \frac{\tau}{2T}\right)\mathrm{d}\tau \approx \frac{1}{T}\int_0^a C(\tau)\,\mathrm{d}\tau < \frac{a}{T}C(0) \xrightarrow[T\to\infty]{} 0$$

因此，是 $\boldsymbol{x}(t)$ 均值各态历经的。

很多应用中，对于大的 τ 值，随机变量 $\boldsymbol{x}(t+\tau)$ 和 $\boldsymbol{x}(t)$ 几乎不相关，即当 $\tau\to\infty, C(\tau)\to 0$。这表明：如果出现这种情况，$\boldsymbol{x}(t)$ 是均值各态历经的，并且对于大的 T 值，η_T 的方差可以近似为

$$\sigma_T^2\approx\frac{1}{T}\int_0^{2T}C(\tau)\mathrm{d}\tau\approx\frac{1}{T}\int_0^{\infty}C(\tau)\mathrm{d}\tau=\frac{\tau_c}{T}C(0) \tag{12-6}$$

其中 τ_c 是(9－58) 式定义的 $\boldsymbol{x}(t)$ 的相关时间。现在我们来说明这个结果是正确的。

定理 12－1 ▶ SLUTSKY 定理　当且仅当

$$\frac{1}{T}\int_0^T C(\tau)\mathrm{d}\tau\xrightarrow[T\to\infty]{}0 \tag{12-7}$$

时，过程 $\boldsymbol{x}(t)$ 是各态历经的。

证　(a) 我们首先证明如果当 $T\to\infty$ 时，$\sigma_T\to 0$，则(12－7) 式成立。随机变量 η_T 和 $\boldsymbol{x}(0)$ 之间的协方差等于

$$\mathrm{Cov}[\eta_T,\boldsymbol{x}(0)]=E\left\{\frac{1}{2T}\int_{-T}^{T}[\boldsymbol{x}(t)-\eta][\boldsymbol{x}(0)-\eta]\mathrm{d}t\right\}=\frac{1}{2T}\int_{-T}^{T}C(t)\mathrm{d}t$$

但[见(6－164) 式]

$$\mathrm{Cov}^2[\eta_T,\boldsymbol{x}(0)]\leqslant\mathrm{Var}[\eta_T]\mathrm{Var}[\boldsymbol{x}(0)]=\sigma_T^2C(0)$$

因此如果 $\sigma_T\to 0$，(12－7) 式成立。

(b) 下面证明如果(12－7) 式成立，那么当 $T\to\infty, \sigma_T\to 0$。由(12－7) 式可得出：给定 $\varepsilon>0$，可以找到一个常数 c_0，使得

$$\frac{1}{t}\int_c^t C(\tau)\mathrm{d}\tau<\varepsilon\quad\text{对每个 } c>c_0 \tag{12-8}$$

η_T 的方差等于[见(12－4) 式]

$$\sigma_T^2=\frac{1}{T}\int_0^{2T_0}C(\tau)\left(1-\frac{\tau}{2T}\right)\mathrm{d}\tau+\frac{1}{T}\int_{2T_0}^{2T}C(\tau)\left(1-\frac{\tau}{2T}\right)\mathrm{d}\tau$$

因为 $|C(\tau)|\leqslant C(0)$，所以从 0 到 $2T_0$ 的积分小于 $2T_0C(0)/T$。因此

$$\sigma_T^2<\frac{2T_0}{T}C(0)+\frac{1}{T}\int_{2T_0}^{2T}C(\tau)\left(1-\frac{\tau}{2T}\right)\mathrm{d}\tau$$

但(见图 12－1)

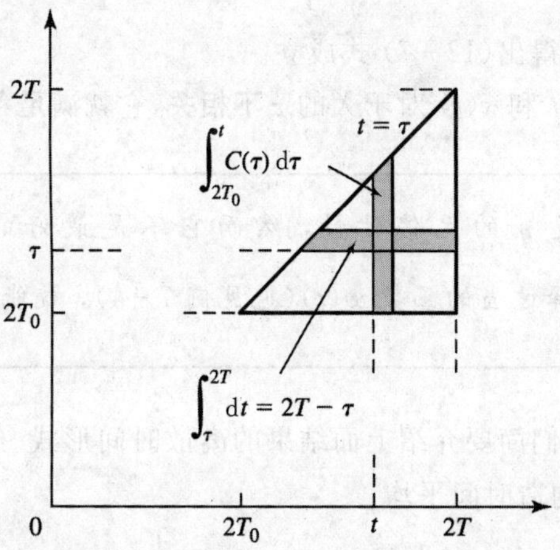

图 12－1

$$\int_{2T_0}^{2T} C(\tau)(2T-\tau)\mathrm{d}\tau = \int_{2T_0}^{2T} C(\tau)\int_{\tau}^{2T} \mathrm{d}t\,\mathrm{d}\tau = \int_{2T_0}^{2T}\int_{2T_0}^{t} C(\tau)\mathrm{d}\tau\,\mathrm{d}t$$

由(12－8)式可得出上式右边的内层积分小于 εt；因此

$$\sigma_T^2 < \frac{2T_0}{T}C(0) + \frac{\varepsilon}{T^2}\int_{2T_0}^{2T} t\,\mathrm{d}t \xrightarrow[T\to\infty]{} 2\varepsilon$$

由于 ε 是任意的，从而得出：当 $T\to\infty$ 时，$\sigma_T \to 0$。◀

【例 12－5】 考虑过程

$$\boldsymbol{x}(t) = \boldsymbol{a}\cos\omega t + \boldsymbol{b}\sin\omega t + c$$

其中 $\boldsymbol{a}$ 和 $\boldsymbol{b}$ 是两个均值为 0，方差相等的不相关的随机变量。我们已经知道[见(11－106)式]，过程 $\boldsymbol{x}(t)$ 是均值为 c，自协方差为的 $\sigma^2\cos\omega\tau$ 广义平稳过程。下面证明它是均值各态历经的。这可由(12－7)式和

$$\frac{1}{T}\int_0^T C(\tau)\mathrm{d}\tau = \frac{\sigma^2}{T}\int_0^T \cos\omega\tau\,\mathrm{d}\tau = \frac{\sigma^2}{\omega T}\sin\omega T \xrightarrow[T\to\infty]{} 0$$

得出。

充分性条件 (a) 如果

$$\int_0^\infty |C(\tau)|\,\mathrm{d}\tau < \infty \qquad (12-9)$$

满足，则(12－7)式成立，于是过程 $\boldsymbol{x}(t)$ 是均值各态历经的。

(b) 如果 $R(\tau)\to\eta^2$，或等价地，如果

$$C(\tau)\to 0 \quad 当\ \tau\to\infty\ 时 \qquad (12-10)$$

满足，则 $\boldsymbol{x}(t)$ 是均值各态历经的。

证 如果(12－10)式成立，那么给定 $\varepsilon>0$，我们能找到一个常数 T_0 使得对于 $\tau>T_0$ 有 $|C(\tau)|<\varepsilon$；因此

$$\frac{1}{T}\int_0^T C(\tau)\mathrm{d}\tau = \frac{1}{T}\int_0^{T_0} C(\tau)\,\mathrm{d}\tau + \frac{1}{T}\int_{T_0}^{T} C(\tau)\mathrm{d}\tau < \frac{T_0}{T}C(0) + \varepsilon\frac{T-T_0}{T} \xrightarrow[T\to\infty]{} \varepsilon$$

并且由于 ε 是任意的，我们得出(12－7)式成立。

如果随机变量 $\boldsymbol{x}(t+\tau)$ 和 $\boldsymbol{x}(t)$ 对于大的 τ **不相关**，它就满足条件(12－10)式。

注 时间平均 η_T 是 η 的无偏估计，然而它不是最好的。如果我们用加权平均 $\eta_w = \int_{-T}^{T} w(t)\boldsymbol{x}(t)\mathrm{d}t$ 并选择适当的函数 $w(t)$(也见例 7－4)，就能得到一个方差更小的估计。

离散时间过程 下面我们简要介绍上面结果的离散时间形式。给定一个自协方差为 $C[m]$ 的实平稳过程 $\boldsymbol{x}[n]$，我们构造时间平均

$$\eta_M = \frac{1}{N}\sum_{n=-M}^{M}\boldsymbol{x}[n] \qquad N = 2M+1 \qquad (12-11)$$

这是 $\boldsymbol{x}[n]$ 均值的无偏估计，并且 $\boldsymbol{x}[n]$ 的方差等于

$$\sigma_M^2=\frac{1}{N}\sum_{m=-2M}^{2M}C[m](1-\frac{|m|}{N}) \tag{12-12}$$

如果(12-12)式的右边当 $M\to\infty$ 时趋于0，那么过程 $\boldsymbol{x}[n]$ 是均值各态历经的。

定理 12-2 ▶ SLUTSKY 定理(离散情形)　当且仅当

$$\frac{1}{M}\sum_{m=0}^{M}C[m]\xrightarrow[M\to\infty]{}0 \tag{12-13}$$

过程 $\boldsymbol{x}[n]$ 是均值各态历经的。像在(12-10)式中那样，我们可以证明：如果 $m\to\infty$ 时 $C[m]\to 0$，$\boldsymbol{x}[n]$ 是均值各态历经的。

对大的 M，

$$\sigma_M^2\approx\frac{1}{M}\sum_{m=0}^{M}C[m] \tag{12-14}$$

◀

【例 12-6】　(a) 设中心化过程 $\tilde{\boldsymbol{x}}[n]=\boldsymbol{x}[n]-\eta$ 是自协方差为 $P\delta[m]$ 的白噪声。这种情况下，

$$C[m]=P\delta[m]\qquad \sigma_M^2\approx\frac{1}{N}\sum_{m=-M}^{M}P\delta[m]=\frac{P}{N}$$

因此，$\boldsymbol{x}[n]$ 是均值各态历经的并且 η_M 的方差等于 P/N。这与(7-22)式是一致的。随机变量 $\boldsymbol{x}[n]$ 是独立同分布的，方差为 $C[0]=P$，时间平均 η_M 等于它的样本平均。

(b) 像例 9-31 一样，现在设 $C[m]=Pa^{|m|}$。在这种情况下，(12-14)式可变成

$$\sigma_M^2\approx\frac{1}{N}\sum_{m=-\infty}^{\infty}Pa^{|m|}=\frac{P(1+a)}{N(1-a)}$$

注意如果用(a)中的有相同 P 值的白噪声代替 $\boldsymbol{x}[n]$，用项的时间平均作为 η 的估计，那么，如果 $N_1=N\dfrac{1-a}{1+a}$，则得出的估计的方差 P/N_1 等于 σ_M^2。

采样　在一个连续时间过程 $\boldsymbol{x}(t)$ 均值的数值估计中，用 $\boldsymbol{x}(t)$ 的 N 个采样 $\boldsymbol{x}(t_n)$ 的平均值 $\eta_N=\dfrac{1}{N}\sum\boldsymbol{x}(t_n)$ 代替原来的时间平均 η_T。新的估计是 η 的无偏估计，方差等于

$$\sigma_N^2=\frac{1}{N^2}\sum_{n}\sum_{k}C(t_n-t_k)$$

其中 $C(\tau)$ 是 $\boldsymbol{x}(t)$ 的自协方差。如果采样是等距的，那么随机变量 $\boldsymbol{x}(t_n)=\boldsymbol{x}(nT_0)$ 构成了一个自协方差为 $C(mT_0)$ 的离散时间过程。这种情况下，如果我们 $C(mT_0)$ 用代替 $C[m]$，那么 η_N 的方差 σ_N^2 由(12-12)式给出。

各态历经性的谱解释　我们将用过程 $\boldsymbol{x}(t)$ 的协方差谱

$$S^c(\omega)=S(\omega)-2\pi\eta^2\delta(\omega)$$

的性质来表述各态历经的条件。η_T 的方差 σ_T^2 等于 $\boldsymbol{x}(t)$ 的滑动平均 $\boldsymbol{w}(t)$ 的方差[见(12-2)式]。我们知道

$$S_{ww}^c(\omega)=S^c(\omega)\frac{\sin^2 T\omega}{T^2\omega^2} \tag{12-15}$$

于是

$$\sigma_T^2=\frac{1}{2\pi}\int_{-\infty}^{\infty}S^c(\omega)\frac{\sin^2 T\omega}{T^2\omega^2}\mathrm{d}\omega \tag{12-16}$$

(12－16) 式中的分式部分仅在以原点为中心的长度近似为 $1/T$ 的区间内取显著值。因此 $\boldsymbol{x}(t)$ 的各态历经条件只依赖于在原点附近 $S^c(\omega)$ 的的性质。

首先假设过程 $\boldsymbol{x}(t)$ 是正则的。这种情况下，$S^c(\omega)$ 在 $\omega=0$ 处没有冲激分量。因此如果 T 充分大，我们能在(12－16) 式中用近似公式 $S^c(\omega)\approx S^c(0)$。这样

$$\sigma_T^2 \approx \frac{S^c(0)}{2\pi}\int_{-\infty}^{\infty}\frac{\sin^2 T\omega}{T^2\omega^2}\mathrm{d}\omega = \frac{S^c(0)}{2T}\xrightarrow[T\to\infty]{} 0 \tag{12-17}$$

因此，$\boldsymbol{x}(t)$ 是均值各态历经的。

现在假设

$$S^c(\omega) = S_1^c(\omega) + 2\pi k_0\delta(\omega) \qquad S_1^c(0) < \infty \tag{12-18}$$

代入(12－16) 式，类似于(12－17) 式，我们得出结论

$$\sigma_T^2 \approx \frac{1}{2T}S_1(0) + k_0 \xrightarrow[T\to\infty]{} k_0$$

于是，$\boldsymbol{x}(t)$ 不是均值各态历经的。如果在沃尔德分解(11－89) 中，常数项 c_0 不等于 0，或者等价地，$\boldsymbol{x}(t)$ 的傅里叶变换 $\boldsymbol{X}(\omega)$ 包含冲激分量 $2\pi c_0\delta(\omega)$，就会出现这种情况。

【例 12－7】 考虑过程

$$\boldsymbol{y}(t) = \boldsymbol{a}\boldsymbol{x}(t) \qquad E\{\boldsymbol{a}\} = 0$$

其中 $\boldsymbol{x}(t)$ 是一个与随机变量 $\boldsymbol{a}$ 独立的均值各态历经过程。类似于例 11－12，显然 $E\{\boldsymbol{y}(t)\}=0$ 并且

$$S_{yy}^c(\omega) = \sigma_a^2 S_{xx}^2(\omega) + 2\pi\sigma_a^2\eta_x^2\delta(\omega)$$

这表明 $\boldsymbol{y}(t)$ 过程不是均值各态历经的。

从以上的讨论，我们得到下面的均值各态历经的等价条件：

1. 当 $T\to\infty$ 时，σ_T 必须趋于 0。
2. 在沃尔德分解(11－89) 中，常数随机项 $\boldsymbol{c}_0$ 必须等于 0。
3. 积分功率谱 $F^c(\omega)$ 必须在原点连续。
4. 积分傅里叶变换 $\boldsymbol{Z}(\omega)$ 必须在原点连续。

模拟估计器过程 $\boldsymbol{x}(t)$ 的均值 η 可由一个输入为 $\boldsymbol{x}(t)$ 的物理系统的响应来估计。一个简单的例子是有限积分时间的归一化积分器。如图 12－2，这是一个冲激响应为矩形脉冲 $p(t)$ 的线性器件。对于 $t>T_0$，积分器的输出等于

$$\boldsymbol{y}(t) = \frac{1}{T_0}\int_{t-T_0}^{t}\boldsymbol{x}(\alpha)\mathrm{d}\alpha$$

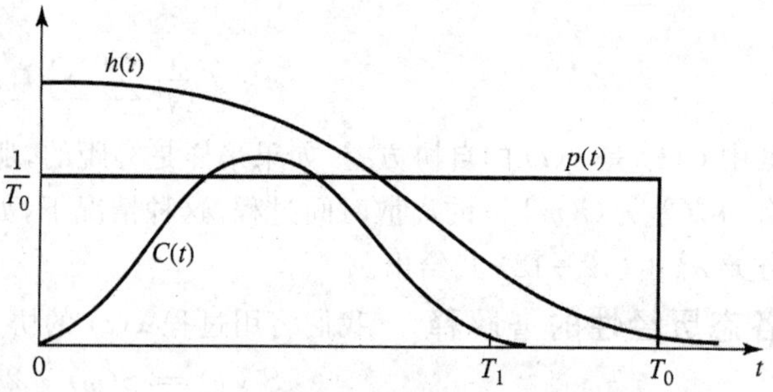

图 12－2

如果 T_0 大于 $\boldsymbol{x}(t)$ 的相关时间 τ_c，那么 $\boldsymbol{y}(t)$ 的方差等于 $2\tau_c C(0)/T_0$。令 $T_0=2T$，则这可由(12－6) 式得出。

现设 $\boldsymbol{x}(t)$ 是一个系统的输入，其中系统的冲激响应 $h(t)$ 具有单位面积和能量 E：

$$\boldsymbol{w}(t) = \int_0^t \boldsymbol{x}(\alpha)h(t-\alpha)\mathrm{d}\alpha \qquad E = \int_0^{\infty}h^2(t)\mathrm{d}t$$

如图 12－2 所示，我们假设当时 $\tau>T_1$，$C(\tau)\approx 0$，以及当时 $t>T_0>T_1$，$h(t)\approx 0$。由这些假

设可知，当 $t>T_0$ 时，$E\{\boldsymbol{w}(t)\}=\eta$ 和 $\sigma_w^2\approx EC(0)\tau_c$。因此，如果 $EC(0)\tau_c\ll\eta^2$，那么对于 $t>T_0$，$\boldsymbol{w}(t)\approx\eta$。如果系统是低通的，即如果当 $|\omega|<\omega_c$ 和 $\omega_c\ll\eta^2/C(0)\tau_c$ 时，$H(\omega)\approx 0$，就满足这些条件。

12.1.2　协方差各态历经过程

我们现在来研究，为了使得一个严格平稳过程 $\boldsymbol{x}(t)$ 的自协方差 $C(\lambda)$ 能够用时间平均表示，这个过程必须满足什么样的条件。本质上，这与估计 $\boldsymbol{x}(t)$ 的自相关 $R(\lambda)$ 是相同。

方差　我们首先估计 $\boldsymbol{x}(t)$ 的方差

$$V=C(0)=E\{|\boldsymbol{x}(t)-\eta|^2\}=E\{\boldsymbol{x}^2(t)\}-\eta^2 \tag{12-19}$$

均值已知情况　首先设 η 已知，然后用 $\boldsymbol{x}(t)$ 的中心化过程 $\boldsymbol{x}(t)-\eta$ 来代替 $\boldsymbol{x}(t)$，则有

$$E\{\boldsymbol{x}(t)\}=0\qquad V=E\{\boldsymbol{x}^2(t)\}$$

问题就变为估计过程 $\boldsymbol{x}^2(t)$ 的均值 V。同(12-1)式，用时间平均

$$\boldsymbol{V}_T=\frac{1}{2T}\int_{-T}^{T}\boldsymbol{x}^2(t)\mathrm{d}t \tag{12-20}$$

作为 V 的估计。这个估计是无偏的，且它的方差由(12-4)式给出，其中 $C(\tau)$ 由过程 $\boldsymbol{x}^2(t)$ 的自协方差

$$C_{x^2x^2}(\tau)=E\{\boldsymbol{x}^2(t+\tau)\boldsymbol{x}^2(t)\}-E^2\{\boldsymbol{x}^2(t)\} \tag{12-21}$$

来代替。将(12-7)式用到此过程可得出，当且仅当

$$\frac{1}{T}\int_0^T E\{\boldsymbol{x}^2(t+\tau)\boldsymbol{x}^2(t)\}\mathrm{d}t\xrightarrow[T\to\infty]{}C^2(0) \tag{12-22}$$

$\boldsymbol{x}(t)$ 方差是各态历经的。为了检验条件(12-22)式的有效性，我们需要用到 $\boldsymbol{x}(t)$ 的四阶矩。然而，如果 $\boldsymbol{x}(t)$ 是一个正态过程，那么[见(9-77)式]

$$C_{x^2x^2}(\tau)=2C^2(\tau) \tag{12-23}$$

当且仅当

$$\frac{1}{T}\int_0^T C^2(\tau)\mathrm{d}\tau\xrightarrow[T\to\infty]{}0 \tag{12-24}$$

由(12-22)式和(12-23)式可得出一个正态过程是方差各态历经的。用简单的不等式(见习题12-10)

$$\left|\frac{1}{T}\int_0^T C(\tau)\mathrm{d}\tau\right|^2\leqslant\frac{1}{T}\int_0^T C^2(\tau)\mathrm{d}\tau$$

由(12-7)式和(12-24)式我们得出结论：如果一个正态过程是方差各态历经的，那么它也是均值各态历经的。然而反过来不成立。这个定理有下面的谱解释：当且仅当 $S^c(\omega)$ 在原点没有冲激分量，过程 $\boldsymbol{x}(t)$ 是均值各态历经的；当且仅当 $S^c(\omega)$ 没有任何冲激分量，它是方差各态历经的。

【例 12-8】　设过程

$$\boldsymbol{x}(t)=\boldsymbol{a}\cos\omega t+\boldsymbol{b}\sin\omega t+\eta$$

是平稳正态过程。显然，$\boldsymbol{x}(t)$ 是均值各态历经的，这是因为它不包含一个随机常数。然而它不是方差各态历经的，因为 $\boldsymbol{x}(t)-\eta$ 的平方

$$|\boldsymbol{x}(t)-\eta|^2=\frac{1}{2}(\boldsymbol{a}^2+\boldsymbol{b}^2)+\frac{1}{2}(\boldsymbol{a}^2\cos 2\omega t-\boldsymbol{b}^2\cos 2\omega t)+\boldsymbol{ab}\sin 2\omega t$$

包含随机常数 $(\boldsymbol{a}^2+\boldsymbol{b}^2)/2$。

均值未知情况 如果 η 是未知的，从(12－1)式求它的估计量 η_T 并且构造平均值

$$\hat{\boldsymbol{V}}_T = \frac{1}{2T}\int_{-T}^{T}[\boldsymbol{x}(t)-\eta_T]^2\mathrm{d}t = \frac{1}{2T}\int_{-T}^{T}\boldsymbol{x}^2(t)\mathrm{d}t - \eta_T^2$$

$\hat{\boldsymbol{V}}_T$ 的统计特性的确定是比较困难的。然而下面的观测简化了这个问题。通常，$\hat{\boldsymbol{V}}_T$ 是 $\boldsymbol{x}(t)$ 的方差 V 的有偏估计。然而，如果 T 很大，在确定估计误差时，可以忽略偏差。进一步地，$\hat{\boldsymbol{V}}_T$ 的方差能用已知的平均估计量 $\boldsymbol{V}_T$ 的方差来近似。在许多情况下，对于适中的 T 值，均方误差 $E\{(\hat{\boldsymbol{V}}_T - V)^2\}$ 小于 $E\{(\boldsymbol{V}_T - V)^2\}$。即使 η 已知，也更适合用 $\hat{\boldsymbol{V}}_T$ 作为 V 的估计量。

自协方差 在 $E\{\boldsymbol{x}(t)\}=0$ 的假设下，我们来建立过程 $\boldsymbol{x}(t)$ 的自协方差 $C(\lambda)$ 的各态历经性条件。如果 η 已知，用 $\boldsymbol{x}(t)-\eta$ 代替 $\boldsymbol{x}(t)$；如果 η 未知，用 $\boldsymbol{x}(t)-\eta_T$ 代替 $\boldsymbol{x}(t)$。在这种情况下，如果 T 很大，结果是近似正确的。

对于一个特定的 λ，$\boldsymbol{x}(t+\lambda)\boldsymbol{x}(t)$ 是一个均值为 $C(\lambda)$ 的严格平稳过程。因此，我们用时间平均

$$\boldsymbol{C}_T(\lambda) = \frac{1}{2T}\int_{-T}^{T}\boldsymbol{z}(t)\mathrm{d}t \qquad \boldsymbol{z}(t) = \boldsymbol{x}(t+\lambda)\boldsymbol{x}(t) \tag{12-25}$$

作为 $C(\lambda)$ 的估计。这是 $C(\lambda)$ 的无偏估计量。如果我们用过程 $\boldsymbol{z}(t)$ 的自协方差

$$C_{zz}(\tau) = E\{\boldsymbol{x}(t+\tau+\lambda)\boldsymbol{x}(t+\tau)\boldsymbol{x}(t+\lambda)\boldsymbol{x}(t)\} - C^2(\lambda)$$

代替(12－4)式中 $\boldsymbol{x}(t)$ 的自协方差，就可以得出它的方差。应用 Slutsky 定理可得出过程 $\boldsymbol{x}(t)$ 是协方差各态历经的，当且仅当

$$\frac{1}{T}\int_{0}^{T}C_{zz}(\tau)\mathrm{d}\tau \xrightarrow[T\to\infty]{} 0 \tag{12-26}$$

如果 $\boldsymbol{x}(t)$ 是一个正态过程，有

$$C_{zz}(\tau) = C(\lambda+\tau)C(\lambda-\tau) + C^2(\tau) \tag{12-27}$$

在这种情况下，(12－6)式能化成

$$\mathrm{Var}[C_T(\lambda)] \approx \frac{1}{T}\int_{0}^{2T}[C(\lambda+\tau)C(\lambda-\tau)+C^2(\tau)]\mathrm{d}\tau \tag{12-28}$$

由(12－27)式可得出：如果 $C(\tau)\to 0$，那么当 $\tau\to\infty$ 时有 $C_{zz}(\tau)\to 0$。因此，$\boldsymbol{x}(t)$ 是协方差各态历经的。

互协方差 我们简要地解释一下两个零均值过程 $\boldsymbol{x}(t)$ 和 $\boldsymbol{y}(t)$ 的互协方差 $C_{xy}(\tau)$ 的估计量。如(12－25)式，时间平均

$$\hat{\boldsymbol{C}}_{xy}(\tau) = \frac{1}{2T}\int_{-T}^{T}\boldsymbol{x}(t+\tau)\boldsymbol{y}(t)\mathrm{d}t \tag{12-29}$$

是 $C_{xy}(\tau)$ 的无偏估计，如果用 $C_{xy}(\tau)$ 代替(12-4)式中 $C(\tau)$ 的就给出它的方差。如果当 $\tau\to\infty$ 时，函数 $C_{xx}(\tau)$，$C_{yy}(\tau)$ 和 $C_{xy}(\tau)$ 都趋于 0，那么过程 $\boldsymbol{x}(t)$ 和 $\boldsymbol{y}(t)$ 是互协方差各态历经的(见习题 12－9)。

非线性估计器 $C(\lambda)$ 的估计 $\boldsymbol{C}_T(\lambda)$ 的数值计算包含乘积 $\boldsymbol{x}(t+\lambda)\boldsymbol{x}(t)$ 在不同 λ 值时的积分的计算。下面我们证明：如果我们用 $\boldsymbol{x}(t)$ 的某一函数[1]代替这个乘积的一个或两个因子，在某些情况下可以简化计算。我们设 $\boldsymbol{x}(t)$ 是零均值的正态过程。

---

① S. Cambanis and E. Masry. On the Reconstruction of the Covariance of Stationary Gaussian Processes Through Zero-Memory Nonlinearities. *IEEE Transactions on Information Theory*, vol. IT-24, 1978.

反正弦律　我们已经在(9-80)式中证明，如果 $\boldsymbol{y}(t)$ 是输入为 $\boldsymbol{x}(t)$ 的一个硬限幅器的输出：

$$\boldsymbol{y}(t)=\mathrm{sgn}\boldsymbol{x}(t)=\begin{cases}1, & \boldsymbol{x}(t)>0\\ -1, & \boldsymbol{x}(t)<0\end{cases}$$

那么

$$C_{yy}(\tau)=\frac{2}{\pi}\arcsin\frac{C_{xx}(\tau)}{C_{xx}(0)} \tag{12-30}$$

$C_{yy}(\tau)$ 的估计为

$$\hat{\boldsymbol{C}}_{yy}(\tau)=\frac{1}{2T}\int_{-T}^{T}\mathrm{sgn}\boldsymbol{x}(t+\tau)\mathrm{sgn}\boldsymbol{x}(t)\mathrm{d}t \tag{12-31}$$

这个积分很容易确定，因为被积函数等于 ± 1。因此，有

$$\hat{\boldsymbol{C}}_{yy}(\tau)=\left(\frac{T_\tau^+}{T}-1\right)$$

其中 T_τ^+ 表示使得 $\boldsymbol{x}(t+\tau)\boldsymbol{x}(t)>0$ 的总时间。这给出了的 $C_{xx}(\tau)$ 一个估计

$$\hat{\boldsymbol{C}}_{xx}(\tau)=\hat{\boldsymbol{C}}_{xx}(0)\sin\left[\frac{\pi}{2}\hat{\boldsymbol{C}}_{yy}(\tau)\right]$$

它与 $C_{xx}(\tau)$ 只差一个常数因子

Bussgang 定理　我们在(9-81)式中已经证明了过程 $\boldsymbol{x}(t)$ 和 $\boldsymbol{y}(t)=\mathrm{sgn}\boldsymbol{x}(t)$ 的互协方差与 $C_{xx}(\tau)$ 成比例：

$$C_{xy}(\tau)=KC_{xx}(\tau)\quad K=\sqrt{\frac{2}{\pi C_{xx}(0)}} \tag{12-32}$$

因此，为估计 $C_{xx}(\tau)$，只需估计 $C_{xy}(\tau)$。利用(12-29)式可以得到

$$\hat{\boldsymbol{C}}_{xx}(\tau)=\frac{1}{K}\hat{\boldsymbol{C}}_{xy}(\tau)=\frac{1}{2KT}\int_{-T}^{T}\boldsymbol{x}(t+\tau)\mathrm{sgn}\boldsymbol{x}(t)\mathrm{d}t \tag{12-33}$$

相关器和谱分析器　相关器是测量过程 $\boldsymbol{x}(t)$ 的自相关 $R(\lambda)$ 的物理器件。图 12-3 显示了两个相关器。第一个相关器由一个延迟器件，一个乘法器和一个低通滤波器构成。低通滤波器的输入是过程 $\boldsymbol{x}(t-\lambda)\boldsymbol{x}(t)$，输出 $\boldsymbol{y}_1(t)$ 是输入均值 $R(\lambda)$ 估计。第二个相关器由一个延时器件，一个加法器，一个平方律检波器和一个低通滤波器构成。低通滤波器的输入是 $[\boldsymbol{x}(t-\lambda)+\boldsymbol{x}(t)]^2$，而输出 $\boldsymbol{y}_2(t)$ 是输入的均值 $2[R(0)+R(\lambda)]$ 的估计。

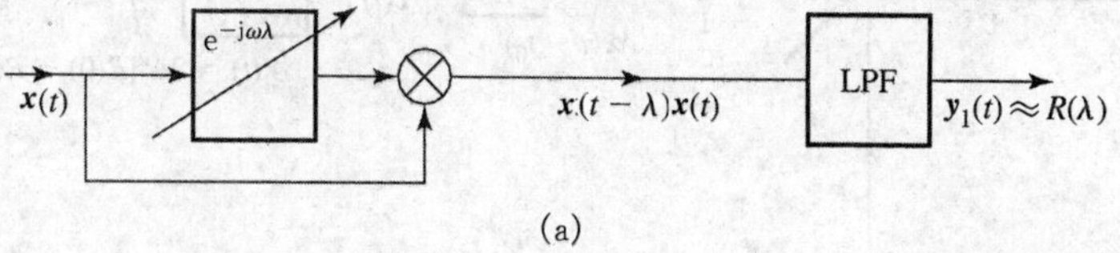

(a)

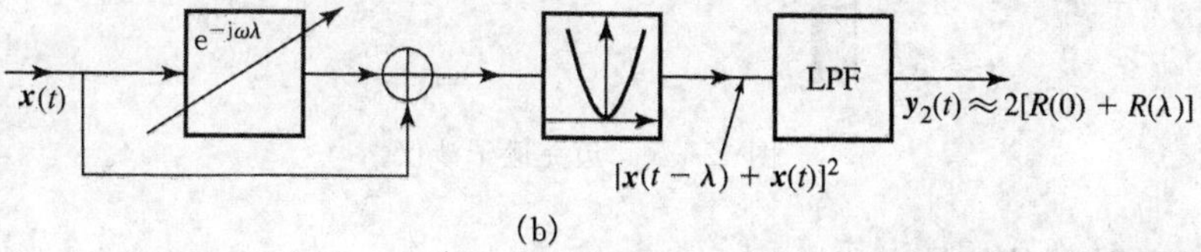

(b)

图 12-3

谱分析器是测量 $R(\lambda)$ 的傅里叶变换 $S(\omega)$ 的物理器件。它包括一个输入为 $\boldsymbol{x}(t)$，输出为 $\boldsymbol{y}(t)$ 的带通滤波器 $B(\omega)$，串联一个平方律检波器和一个低通滤波器(图 12-4)。低通滤波器的输入是 $\boldsymbol{y}^2(t)$，而输出 $\boldsymbol{z}(t)$ 是输入的均值 $E\{\boldsymbol{y}^2(t)\}$ 的估计。设 $B(\omega)$ 是单位能量的窄带滤波器，它的中心频率为 ω_0，带宽为 $2c$。如果函数 $S(\omega)$ 在 ω_0 连续，并且 c 充分小，那么对于 $|\omega-\omega_0|<c$，$S(\omega)\approx S(\omega_0)$；因此[见(9-152)式]，同(9-166)式有

$$E\{\boldsymbol{y}^2(t)\}=\frac{1}{2\pi}\int_{-\infty}^{\infty}S(\omega)B^2(\omega)\mathrm{d}\omega\approx\frac{S(\omega_0)}{2\pi}\int_{\omega_0-c}^{\omega_0+c}B^2(\omega)\mathrm{d}\omega=S(\omega_0)$$

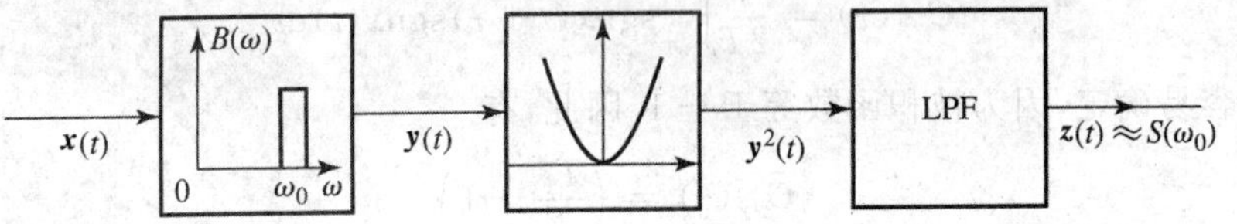

图 12-4

这给出

$$\boldsymbol{z}(t)\approx E\{\boldsymbol{y}^2(t)\}\approx S(\omega_0)$$

下面我们给出图 12-3(b) 中相关器和图 12-4 中谱分析器的光学实现。

迈克逊干涉仪　图 12-5 中的器件是一个光学相关器。它由一个光源 S，一个分光镜(beam-splitting)B 和两个反光镜组成。反光镜 M_1 固定，反光镜 M_2 可移动。从光源 S 发出的光是以速度 c 传播的随机信号 $\boldsymbol{x}(t)$，并且沿图中所示的路径 1 和 2 到达平方律检波器 D。此路径长度分别为 l 和 $l+2d$，其中 d 是反光镜 M_2 相对于平衡点的位移。

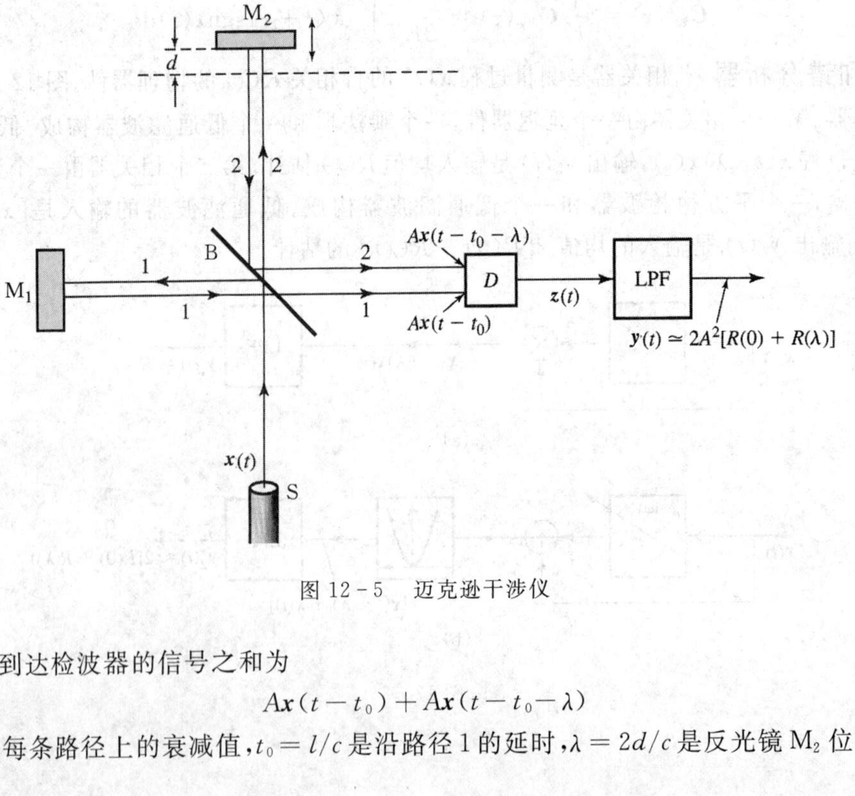

图 12-5　迈克逊干涉仪

这样到达检波器的信号之和为

$$A\boldsymbol{x}(t-t_0)+A\boldsymbol{x}(t-t_0-\lambda)$$

其中 A 是每条路径上的衰减值，$t_0=l/c$ 是沿路径 1 的延时，$\lambda=2d/c$ 是反光镜 M_2 位移导致的

附加延时。检测器的输出是信号

$$z(t)=A^2[x(t-t_0)+x(t-t_0-\lambda)]^2$$

显然，

$$E\{z(t)\}=2A^2[R(0)+R(\lambda)]$$

因此，如果我们把 $z(t)$ 作为低通滤波器的输入，只要过程 $x(t)$ 是相关各态历经的且滤波器带宽充分窄，那么它的输出 $y(t)$ 与 $R(0)+R(\lambda)$ 成正比。

法布里-皮罗特干涉仪　图 12-6 所示的器件是一个光谱仪。带通滤波器由两个相距为 d 的强反射板 P_1 和 P_2 组成，且输入是功率谱为 $S(\omega)$ 的光束 $x(t)$，该滤波器的频率响应正比于

$$B(\omega)=\frac{1}{1-r^2e^{-j2\omega d/c}}\qquad r\approx 1$$

其中 r 是每个板的反射系数。c 是光在两个板间介质 M 中的速度。函数 $B(\omega)$ 如图 12-6(b) 所示。它由以 $\omega_n=\dfrac{\pi nd}{c}$ 为中心频率的波段组成，当 $r\to 1$ 时，它的带宽趋于 0。如果只有 $B(\omega)$ 的第 m 个波段与 $S(\omega)$ 重叠且 $r\approx 1$ 时，那么低通滤波器的输出 $z(t)$ 与 $S(\omega_m)$ 成正比。如果要改变 ω_m，我们可以通过改变两板间的距离 d 和介质 M 的电介质常数来实现。

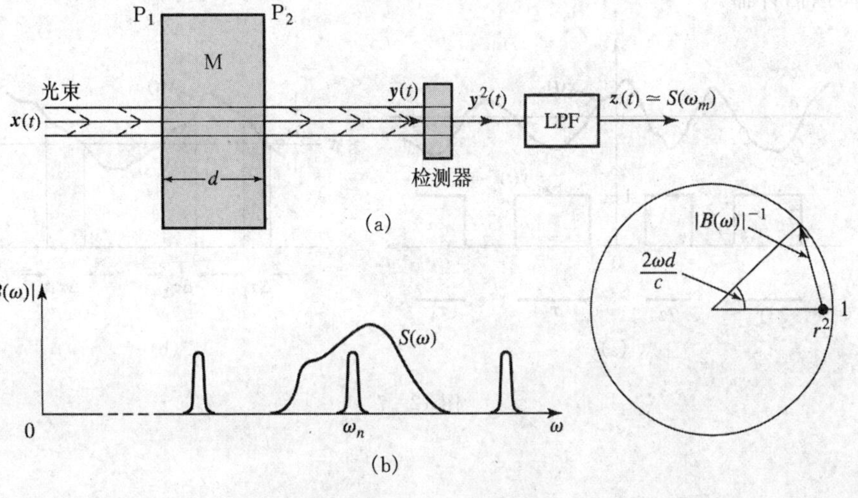

图 12-6　法布里-皮罗特干涉仪

12.1.3　分布-各态历经过程

如果一个概率模型能用一个严格平稳过程 $x(t)$ 的某一个函数的均值来表示，那么它的任意参数能用时间平均来估计。对于一个特定的 x，$x(t)$ 的分布是过程 $y(t)=U[x-x(t)]$ 的均值：

$$y(t)=\begin{cases}1 & x(t)\leqslant x\\ 0 & x(t)>x\end{cases}\qquad E\{y(t)\}=P\{x(t)\leqslant x\}=F(x)$$

因此，$F(x)$ 能由 $y(t)$ 的时间平均来估计。代入(12-1) 式得到估计量

$$F_T(x)=\frac{1}{2T}\int_{-T}^{T}y(t)\mathrm{d}t=\frac{\tau_1+\cdots+\tau_n}{2T}\qquad(12-34)$$

其中 τ_i 是 $x(t)$ 小于 x 的时间间隔的长度(图 12-7a)。

为求 $\boldsymbol{F}_T(x)$ 的方差，必须首先求 $\boldsymbol{y}(t)$ 的自协方差。如果 $\boldsymbol{x}(t+\tau)\leqslant x$ 且 $\boldsymbol{x}(t)\leqslant x$，乘积 $\boldsymbol{y}(t+\tau)\boldsymbol{y}(t)$ 等于 1，否则为 0。因此

$$R_y(\tau)=P\{\boldsymbol{x}(t+\tau)\}\leqslant x,\ \boldsymbol{x}(t)\leqslant x\}=F(x,x;\tau)$$

其中 $F(x,x;\tau)$ 是 $\boldsymbol{x}(t)$ 的二阶分布。如果我们用 $\boldsymbol{y}(t)$ 的自协方差 $F(x,x;\tau)-F^2(x)$ 代替 $C(\tau)$，由(12-4)式就可以得到 $\boldsymbol{F}_T(x)$ 的方差。由(12-7)式可得出，当且仅当

$$\frac{1}{T}\int_0^T F(x,x;\tau)\mathrm{d}\tau \xrightarrow[T\to\infty]{} F^2(x) \tag{12-35}$$

过程 $\boldsymbol{x}(t)$ 是分布各态历经的。由(12-10)式可得到一个充分条件：如果当 $\tau\to\infty$ 时，$F(x,x;\tau)\to F^2(x)$，那么过程 $\boldsymbol{x}(t)$ 是分布各态历经的。如果随机变量 $\boldsymbol{x}(t)$ 和 $\boldsymbol{x}(t+\tau)$ 在 τ 很大时相互独立，就属于这种情况。

密度　为估计 $\boldsymbol{x}(t)$ 的密度函数，我们找这样的时间间隔 $\Delta\tau_i$ 以使得 $\boldsymbol{x}(t)$ 在 x 与 $x+\Delta x$ 之间(图 12-7)。由(12-34)式可得出

$$f(x)\Delta x\approx F(x+\Delta x)-F(x)\approx\frac{1}{2T}\sum_i\Delta\tau_i$$

这样，$f(x)\Delta x$ 等于 $\boldsymbol{x}(t)$ 的单个样本位于 x 与 $x+\Delta x$ 之间所占的时间百分比。这能用来设计 $f(x)$ 的模拟估计器。

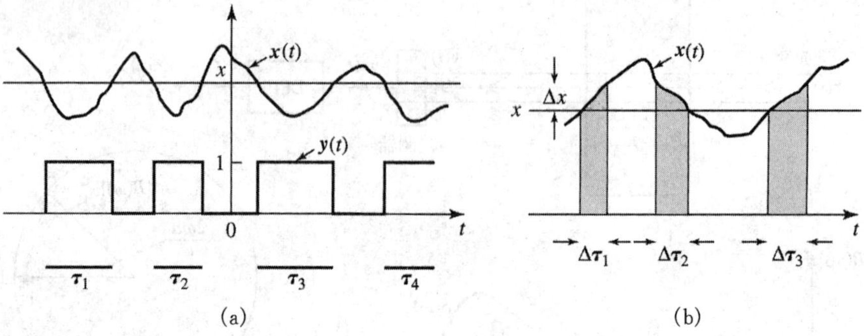

图 12-7

12.2 谱估计

我们希望根据单样本的曲线的有限片段

$$\boldsymbol{x}_T(t)=\boldsymbol{x}(t)p_T(t)\qquad p_T(t)=\begin{cases}1 & |t|<T\\ 0 & |t|>T\end{cases} \tag{12-36}$$

来估计实过程 $\boldsymbol{x}(t)$ 的功率谱 $S(\omega)$。谱 $S(\omega)$ 不是 $\boldsymbol{x}(t)$ 的某一函数的均值，因此它不能直接由时间平均来估计。然而，它是自相关函数

$$R(\tau)=E\{\boldsymbol{x}(t+\frac{\tau}{2})\boldsymbol{x}(t-\frac{\tau}{2})\}$$

的傅里叶变换。谱 $S(\omega)$ 可以根据 $R(\tau)$ 的估计确定。这估计不能由(12-25)式计算，因为乘积 $\boldsymbol{x}(t+\frac{\tau}{2})\boldsymbol{x}(t-\frac{\tau}{2})$ 仅对区间 $(-T+|\tau|/2, T-|\tau|/2)$ 内的 t 是有效的(图 12-8)。t 从 $2T$ 变化到 $2T-|\tau|$，我们得到估计

$$\boldsymbol{R}^T(\tau) = \frac{1}{2T - |\tau|}\int_{T+|\tau|/2}^{T-|\tau|/2} \boldsymbol{x}\left(t+\frac{\tau}{2}\right)\boldsymbol{x}\left(t-\frac{\tau}{2}\right)\mathrm{d}t \tag{12-37}$$

这个积分确定了在 $|\tau| < 2T$ 时 $\boldsymbol{R}^T(\tau)$ 的值；在 $|\tau| > 2T$ 时，可以令 $\boldsymbol{R}^T(\tau) = 0$。这个估计是无偏的，然而，当 $|\tau|$ 增加时，因为积分区间的长度 $2T - |\tau|$ 减小，所以它的方差会增大。我们用这个乘积

$$\boldsymbol{R}_T(\tau) = \left(1 - \frac{|\tau|}{2T}\right)\boldsymbol{R}^T(\tau) \tag{12-38}$$

来代替 $\boldsymbol{R}^T(\tau)$，这个估计量是有偏的；然而它的方差小于 $\boldsymbol{R}^T(\tau)$ 的方差。我们用它的主要原因是它的变换与 $\boldsymbol{x}(t)$ 的片段 $\boldsymbol{x}_T(t)$ 的能量谱成正比[见(12-39)]。

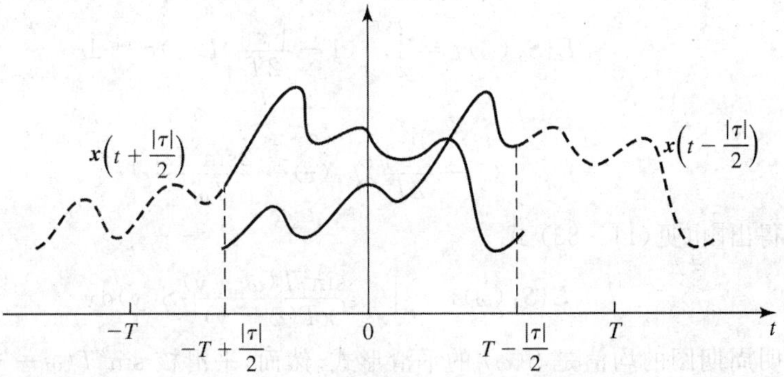

图 12-8

12.2.1　周期图

一个过程 $\boldsymbol{x}(t)$ 的周期图定义为过程

$$\boldsymbol{S}_T(\omega) = \frac{1}{2T}\left|\int_{-T}^{T} \boldsymbol{x}(t)\mathrm{e}^{-\mathrm{j}\omega t}\mathrm{d}t\right|^2 \tag{12-39}$$

这个积分 $\boldsymbol{x}(t)$ 是已知片段 $\boldsymbol{x}_T(t)$ 的傅里叶变换：

$$\boldsymbol{S}_T(\omega) = \frac{1}{2T}|\boldsymbol{X}_T(\omega)|^2 \qquad \boldsymbol{X}_T(\omega) = \int_{-T}^{T} \boldsymbol{x}(t)\mathrm{e}^{-\mathrm{j}\omega t}\mathrm{d}t$$

我们用 $R(\tau)$ 的估计量 $\boldsymbol{R}_T(\tau)$ 来表示 $\boldsymbol{S}_T(\omega)$。

定理 12-3 ▶

$$\boldsymbol{S}_T(\omega) = \int_{-2T}^{2T} \boldsymbol{R}_T(\tau)\mathrm{e}^{-\mathrm{j}\omega\tau}\mathrm{d}\tau \tag{12-40}$$

证　(12-37) 式中的积分是 $\boldsymbol{x}_T(t)$ 和 $\boldsymbol{x}_T(-t)$ 的卷积，因为 $|t| > T$ 时 $\boldsymbol{x}_T(t) = 0$。因此，有

$$\boldsymbol{R}_T(\tau) = \frac{1}{2T}\boldsymbol{x}_T(\tau) * \boldsymbol{x}_T(-\tau) \tag{12-41}$$

由于 $\boldsymbol{x}_T(t)$ 是实的，$\boldsymbol{x}_T(-t)$ 变换等于 $\boldsymbol{X}_T^*(\omega)$。这证明(卷积定理)$\boldsymbol{R}_T(\tau)$ 的变换等于(12-39) 式的右边。◀

在信号分析的早期，随机过程的功率谱性质由周期图表示。只要积分是基于有限精度的模拟技术，这个方法就能得到可靠的结果。引入数字处理技术可以改善其精度，但与之相矛盾的是经数字处理计算出的功率谱表现出噪声的性质。这个明显的悖论可以由周期图的性质来解

释：不论τ值的大小，(12－40) 式中的积分取决于$\boldsymbol{R}_T(\tau)$的所有取值。只有当τ值较小时，$\boldsymbol{R}_T(\tau)$的方差取很小值，当$\tau \to 2T$时，它的值增加。其结果是当T增加时$\boldsymbol{S}_T(\omega)$逼近一个均值为$S(\omega)$的白噪声过程[见(12－57)]。

为了克服$\boldsymbol{S}_T(\omega)$的这个性质，我们可以使用下面两种方法中的任意一种：(1) 可以用乘积$w(\tau)\boldsymbol{R}_T(\tau)$代替(12－40) 式中的$\boldsymbol{R}_T(\tau)$，其中$w(\tau)$是一个函数(窗)，它在原点附近趋于1而在$\tau \to 2T$时趋于0。这就降低了$\boldsymbol{R}_T(\tau)$的不可靠部分的重要性，减小了它变换的方差。(2) 同(10－228) 式，我们用$\boldsymbol{S}_T(\omega)$与一个合适的窗作卷积。

我们继续讨论$\boldsymbol{S}_T(\omega)$的偏差与方差。

谱偏差 ▶ 由(12－38) 式和(12－40) 式可得出

$$E\{\boldsymbol{S}_T(\omega)\} = \int_{-2T}^{2T} \left(1 - \frac{|\tau|}{2T}\right) R(\tau) \mathrm{e}^{-\mathrm{j}\omega\tau} \mathrm{d}\tau$$

由于

$$\left(1 - \frac{|\tau|}{2T}\right) p_T(\tau) \leftrightarrow \frac{2\sin^2 T\omega}{T\omega^2}$$

我们得出[也见(11－83) 式]

$$E\{\boldsymbol{S}_T(\omega)\} = \int_{-\infty}^{\infty} \frac{\sin^2 T(\omega - y)}{\pi T(\omega - y)^2} S(y) \mathrm{d}y \tag{12-42}$$

这表明周期图的均值是$S(\omega)$的平滑形式。然而，平滑核$\sin^2 T(\omega - y)/\pi T(\omega - y)^2$仅在以$y = \omega$为中心，长度为$1/T$量级的区间内取显著大的值。因此，如果$T$充分大，在(12－42) 式中及对于$S(\omega)$的每个连续点处，可以设定$S(y) \approx S(\omega)$。因此对于大的$T$值有

$$E\{\boldsymbol{S}_T(\omega)\} \approx S(\omega) \int_{-\infty}^{\infty} \frac{\sin^2 T(\omega - y)}{\pi T(\omega - y)^2} \mathrm{d}y = S(\omega) \tag{12-43}$$

由此可得出$\boldsymbol{S}_T(\omega)$是$S(\omega)$的一个渐近无偏估计量。 ◀

数据窗 如果$S(\omega)$在长度为$1/T$量级的区间内几乎不是一个常数，那么周期图是$S(\omega)$的有偏估计。为减少偏差，用积$c(t)\boldsymbol{x}(t)$代替(12－39) 式中的$\boldsymbol{x}(t)$就得到**修正周期图**：

$$\boldsymbol{S}_c(\omega) = \frac{1}{2T} \left| \int_{-T}^{T} c(t) \boldsymbol{x}(t) \mathrm{e}^{-\mathrm{j}\omega t} \mathrm{d}t \right|^2 \tag{12-44}$$

因子$c(t)$称为**数据窗**。用$C(\omega)$表示它的傅里叶变换，我们得到[见(11－82) 式]

$$E\{\boldsymbol{S}_c(\omega)\} = \frac{1}{4\pi T} S(\omega) * C^2(\omega) \tag{12-45}$$

方差 为了确定$\boldsymbol{S}_T(\omega)$的方差，需要知道$\boldsymbol{x}(t)$的四阶矩。对于正态过程，能用$R(\tau)$表示所有阶数的矩。进而，当$T \to \infty$时，大多数过程的四阶矩逼近一个有相同自相关的正态过程的对应矩(见帕普里斯，1977[22])。因此，不失一般性，我们假设$\boldsymbol{x}(t)$是均值为零的正态过程。

定理 12－4 ▶ 谱方差 对于大的T值，在$S(\omega)$的每个连续点处有

$$\mathrm{Var}[\boldsymbol{S}_T(\omega)] \approx \begin{cases} 2S^2(0), & \omega = 0 \\ S^2(\omega), & |\omega| \gg 1/T \end{cases} \tag{12-46}$$

证 过程$\boldsymbol{x}_T(t)$的自相关$R(t_1 - t_2) p_T(t_1) p_T(t_2)$的傅里叶变换等于

$$\Gamma(u,v) = \int_{-\infty}^{\infty} \frac{2\sin T\alpha \sin T(u + v - \alpha)}{\pi\alpha(u + v - \alpha)} S(u - \alpha) \mathrm{d}\alpha \tag{12-47}$$

这由(11-80)式得出，其中 $W(\omega)=2\sin T\omega/\omega$。(12-47)式中的分式只有在 αT 和 $(u+v-\alpha)T$ 与 1 同量级时才取较大值；因此，如果 $|u+v|\gg 1/T$，整个分式可忽略不计。设 $u=v=\omega$，我们得出：当 $|\omega|\gg 1/T$ 时 $\Gamma(\omega,\omega)\approx 0$，且

$$\Gamma(\omega,-\omega)=\int_{-\infty}^{\infty}\frac{2\sin^2 T\alpha}{\pi\alpha^2}S(\omega-\alpha)\mathrm{d}\alpha$$

$$\approx S(\omega)\int_{-\infty}^{\infty}\frac{2\sin^2 T\alpha}{\pi\alpha^2}\mathrm{d}\alpha=2TS(\omega)\tag{12-48}$$

由[见(11-74)式]

$$\mathrm{Var}[\boldsymbol{S}_T(\omega)]=\frac{1}{4T^2}[\Gamma^2(\omega,-\omega)+\Gamma^2(\omega,\omega)]$$

和 $\Gamma(0,0)=S(0)$，从而可得(12-46)式。 ◀

注　对于一个特定的 τ，无论它取值多大，当 $T\to\infty$ 时，估计值 $\boldsymbol{R}_T(\tau)\to R(\tau)$。然而，当 $T\to\infty$ 时，它的变换 $\boldsymbol{S}_T(\omega)$ 不趋于 $S(\omega)$。原因是 $\boldsymbol{R}_T(\tau)$ 随着 τ 不是一致收敛于 $R(\tau)$，即给定 $\varepsilon>0$，我们不可能找到一个独立于 τ 的常数 T_0，使得对任何 τ 和任何 $T>T_0$ 都有 $|\boldsymbol{R}_T(\tau)-R(\tau)|<\varepsilon$。

用类似的方法处理，我们可以证明用窗函数 $c(t)$ 得到的功率谱 $\boldsymbol{S}_c(\omega)$ 的方差基本上等于 $\boldsymbol{S}_T(\omega)$ 的方差。这表明用数据窗不能降低估计的方差。为了改善估计，我们必须用 $w(\tau)\boldsymbol{R}_T(\tau)$ 代替(12-40)式中的样本自相关 $\boldsymbol{R}_T(\tau)$。或等价地，我们必须平滑周期图 $\boldsymbol{S}_T(\omega)$。

注　如果我们用集平均来平滑 $\boldsymbol{S}_T(\omega)$，数据窗可能是有用的。设已得到 $\boldsymbol{x}(t)$ 的 N 个独立样本 $\boldsymbol{x}(t,\xi_i)$，或者我们把单个长样本分成 N 个完全独立的段，每段长度为 $2T$。由此可得到每个样本的周期图 $\boldsymbol{S}_T(\omega,\xi_i)$ 和它们的平均

$$\bar{\boldsymbol{S}}_T(\omega)=\frac{1}{N}\sum\boldsymbol{S}_T(\omega,\xi_i)\tag{12-49}$$

我们知道，

$$E\{\bar{\boldsymbol{S}}_T(\omega)\}=S(\omega)*\frac{\sin^2 T\omega}{\pi T\omega^2}\qquad \mathrm{Var}[\bar{\boldsymbol{S}}_T(\omega)]\approx\frac{1}{N}S^2(\omega)\qquad \omega\neq 0\tag{12-50}$$

如果 N 的值很大，$\bar{\boldsymbol{S}}_T(\omega)$ 的方差就会很小。然而，它的偏差可能会非常大。在这种情况下，数据窗的使用正是所期望的。

12.2.2　平滑谱

如前所述，我们设 T 是很大的，$\boldsymbol{x}(t)$ 是正态的。为了改善估计值，我们构造平滑谱

$$\boldsymbol{S}_w(\omega)=\frac{1}{2\pi}\int_{-\infty}^{\infty}\boldsymbol{S}_T(\omega-y)W(y)\mathrm{d}y=\int_{-2T}^{2T}w(\tau)\boldsymbol{R}_T(\tau)\mathrm{e}^{-\mathrm{j}\omega\tau}\mathrm{d}\tau\tag{12-51}$$

其中

$$w(t)=\frac{1}{2\pi}\int_{-\infty}^{\infty}W(\omega)\mathrm{e}^{\mathrm{j}\omega t}\mathrm{d}\omega$$

函数 $w(t)$ 称为延迟窗，它的变换 $W(\omega)$ 称为谱窗。我们设 $W(-\omega)=W(\omega)$ 且

$$w(0)=1=\frac{1}{2\pi}\int_{-\infty}^{\infty}W(\omega)\mathrm{d}\omega \qquad W(\omega)\geqslant 0 \tag{12-52}$$

<u>偏差</u>　由(12-42)式可得出

$$E\{\boldsymbol{S}_w(\omega)\}=\frac{1}{2\pi}E\{\boldsymbol{S}_T(\omega)\}*W(\omega)=\frac{1}{2\pi}S(\omega)*\frac{\sin^2 T\omega}{\pi T\omega^2}*W(\omega)$$

设 $W(\omega)$ 在长度为 $1/T$ 的任意区间内几乎是常数，对于大的 T 我们得近似式

$$E\{\boldsymbol{S}_w(\omega)\}\approx\frac{1}{2\pi}S(\omega)*W(\omega) \tag{12-53}$$

<u>方差</u>　我们用等式(11-74)来确定 $\boldsymbol{S}_w(\omega)$ 的方差[见(11-74)式]

$$\mathrm{Cov}[\boldsymbol{S}_T(u),\boldsymbol{S}_T(v)]=\frac{1}{4T^2}[\Gamma^2(u,-v)+\Gamma^2(u,v)] \tag{12-54}$$

这个问题通常是复杂的。我们基于下面的假设简要地描述一个近似解：当 $S(\omega)$ 和 $W(\omega)$ 在长度为 $1/T$ 的任意区间内几乎是常数时，常数 T 是很大的。在 $S(\omega)$ 长度为 2σ 的任意区间内几乎是常数的意义下，$W(\omega)$ 的宽度很小，其中 $W(\omega)$ 的宽度等于常数 σ，使得当 $|\omega|>\sigma$ 时 $W(\omega)\approx 0$。

类似于证明(12-48)式的推理，我们由(12-47)式得出在 $u+v\gg 1/T$ 时 $\Gamma(u,v)\approx 0$ 且

$$\Gamma(u,-v)\approx S(u)\int_{-\infty}^{\infty}\frac{2\sin T(u-v-\alpha)\sin T\alpha}{\pi(u-v-\alpha)\alpha}\mathrm{d}\alpha=S(u)\frac{2\sin T(u-v)}{u-v}$$

这是(12-48)式的推广。把它代入(12-54)式，我们得到

$$\mathrm{Cov}[\boldsymbol{S}_T(u),\boldsymbol{S}_T(v)]\approx\frac{\sin^2 T(u-v)}{T^2(u-v)^2}S^2(u) \tag{12-55}$$

当 $u=v=\omega$ 时，(12-46)式是上式的的特例。

定理 12-5 ▶ 对于 $|\omega|\gg 1/T$

$$\mathrm{Var}[\boldsymbol{S}_w(\omega)]\approx\frac{E_w}{2T}S^2(\omega) \tag{12-56}$$

其中

$$E_w=\frac{1}{2\pi}\int_{-\infty}^{\infty}W^2(\omega)\mathrm{d}\omega$$

证　平滑谱 $\boldsymbol{S}_w(\omega)$ 等于 $\boldsymbol{S}_T(\omega)$ 与谱窗函数 $W(\omega)/2\pi$ 的卷积。由此结果和(9-96)式可得出 $\boldsymbol{S}_w(\omega)$ 的方差是包含 $\boldsymbol{S}_T(\omega)$ 的协方差和窗 $W(\omega)$ 的双重卷积。对于 $|u-v|\gg 1/T$，(12-55)式中的分式是可忽略不计的。由假设可知在长度约为 $1/T$ 的任何区间内，函数 $W(\omega)$ 几乎是常数。由此得出结论：在 $\boldsymbol{S}_w(\omega)$ 的方差的估计中，$\boldsymbol{S}_T(\omega)$ 的协方差能近似为一个面积取如下值的冲激分量

$$S^2(u)\int_{-\infty}^{\infty}\frac{\sin^2 T(u-v)}{T^2(u-v)^2}\mathrm{d}v=\frac{\pi}{T}S^2(u)$$

这使得

$$\mathrm{Cov}[\boldsymbol{S}_T(u),\boldsymbol{S}_T(v)]=q(u)\delta(u-v)\quad q(u)=\frac{\pi}{T}S^2(u) \tag{12-57}$$

由上式和(9-100)式可得出

$$\mathrm{Var}[\boldsymbol{S}_w(\omega)]\approx\frac{\pi}{T}\int_{-\infty}^{\infty}\boldsymbol{S}^2(\omega-y)\frac{W^2(y)}{4\pi^2}\mathrm{d}y=\frac{S^2(\omega)}{2T}\int_{-\infty}^{\infty}\frac{W^2(y)}{2\pi}\mathrm{d}y$$

和(12-56)式的结果。◀

窗的选择　窗函数对 $w(t)\leftrightarrow W(\omega)$ 的选择取决于两个相互矛盾的要求：为了使 $\boldsymbol{S}_w(\omega)$ 的方差变小，延迟窗 $w(t)$ 的能量 E_w 与 T 比较必须是小的；由此可得出 $t\to 2T$ 时，$w(t)$ 必须趋于 0。因此，不失一般性，我们假设在 $|t|>M$ 时，$w(t)=0$，其中 M 是小于 $2T$ 的正数。这样

$$\boldsymbol{S}_w(\omega)=\int_{-M}^{M}w(t)\boldsymbol{R}_T(t)\mathrm{e}^{-\mathrm{j}\omega t}\,\mathrm{d}t \qquad M<2T$$

$\boldsymbol{S}_w(\omega)$ 的均值是对 $S(\omega)$ 的平滑。为了减少所得偏差的影响，我们必须用一个具有短支撑区的谱窗 $W(\omega)$。这与 M 应当很小的（不确定性原理）要求相矛盾。M 的最终选择是偏差与方差的折衷。估计的质量取决于 M 和 $w(t)$ 的形状。为从尺度因子中分离出形状因子，我们把 $w(t)$ 表示成长度为 2 的归一化窗 $w_0(t)$ 的尺度变换形式：

$$w(t)=w_0\left(\frac{t}{M}\right)\leftrightarrow W(\omega)=MW_0(M\omega) \tag{12-58}$$

其中

$$w_0(t)=0,\ |t|>1$$

窗的选择中至关重要的参数是尺度因子 M。在没有任何先验知识的情况下，我们无法确定 M 的最优长度。然而下面的考虑是有用的：一个合理的估计可靠性的测度是比率

$$\frac{\mathrm{Var}[\boldsymbol{S}_w(\omega)]}{S^2(\omega)}\approx\frac{E_w}{2T}=\alpha \tag{12-59}$$

对于所用的大部分的窗，E_w 介于 $0.5M$ 与 $0.8M$ 之间（见表 12-1）。如果我们令 $\alpha=0.2$ 为最大可接受的 α，就必须令 $M\leqslant T/2$。如果不知道 $S(\omega)$ 的任何信息，我们通过多次逐次减小窗的长度来估计它。我们首先设 $M=T/2$，并观察估计结果 $\boldsymbol{S}_w(\omega)$ 的形式。这个估计不一定很可靠，但它给出了关于 $S(\omega)$ 的形式的思路。如果我们看到估计量在长度为 $1/M$ 的任意区间内几乎是常数，我们便认为初始选择 $M=T/2$ 太大。M 的减小对偏差影响不明显。但它可得到较小的方差。我们重复这个过程，直到达到偏差与方差之间的平衡。正如我们后面所要介绍的，对于最优平衡估计的标准偏差必须等于偏差的 2 倍。当然，估计的质量依赖于可用样本的长度。如果对于给定的 T 和 $M=T/2$，得出的 $\boldsymbol{S}_w(\omega)$ 不是平滑的，我们就认为 T 的长度不够，无法得到满意的估计。

为了完成窗的确定，我们必须选择 $w_0(t)$ 的形式。选择要遵循以下原则：

1. 窗必须为正且它的面积必须等于 2π[见(12-52)式]。这确保了估计的正值性和一致性。

2. 对于小的偏差，$W(\omega)$ 的支撑区必须短，支撑区的测度是二阶矩

$$m_2=\frac{1}{2\pi}\int_{-\infty}^{\infty}\omega^2W(\omega)\mathrm{d}\omega \tag{12-60}$$

3. 当 ω 增加时，函数 $W(\omega)$ 必须快速趋于 0（旁瓣较小）。这减少了在估计中 $S(\omega)$ 远峰的影响。如我们所知，$W(\omega)$ 的渐近性质依赖于它的逆过程 $w(t)$ 的连续性。因为当 $|t|>M$ 时，$w(t)=0$，所以当 $n\to\infty$ 时，类似于 A/ω^n，$W(\omega)\to 0$ 的条件要求在延迟窗 $w(t)$ 的端点 $\pm M$ 处直到 $n-1$ 阶的导数都等于 0，即

$$w(\pm M)=w'(\pm M)=\cdots=w^{(n-1)}(\pm M)=0 \tag{12-61}$$

4. $w(t)$ 的能量 E_w 必须小，这减小了估计的方差。

多年来，人们先后提出了不同的窗函数。它们或多或少满足上述要求，但其中大多数是要靠经验加以选择的。得到能够产生不依赖于未知的 $S(\omega)$ 的窗的最优准则是困难的。然而，下面我们将说明，对于高分辨率估计（大的 T），表 12-1 最后的例子可以达到最小的偏差。在此表和

图 12-9 中，我们列出了最常见的窗函数对 $w(t)\leftrightarrow W(\omega)$。我们也给出二阶矩 m_2，能量 E_w 和 $W(\omega)$ 的 A/w^n 的渐近衰减指数 n 的值。在所有的情况下，当 $|t|>1$ 时，有 $w(t)=0$。

表 12-1

$w(t)$	$W(\omega)$
1. Bartlett	
$1-\|t\|$	$\dfrac{4\sin^2\omega/2}{\omega^2}$
$m_2=\infty \quad E_w=\dfrac{2}{3} \quad n=2$	
2. Tukey	
$\dfrac{1}{2}(1+\cos\pi t)$	$\dfrac{\pi^2\sin\omega}{\omega(\pi^2-\omega^2)}$
$m_2=\dfrac{\pi^2}{2} \quad E_w=\dfrac{3}{4} \quad n=3$	
3. Parzen	
$[3(1-2\|t\|)p_1(t)]*[3(1-2\|t\|)p_1(t)]$	$\dfrac{3}{4}\left(\dfrac{\sin\omega/4}{\omega/4}\right)^4$
$m_2=12 \quad E_w=0.539 \quad n=4$	
4. Papoulis[1]	
$\dfrac{1}{\pi}\|\sin\pi t\|+(1-\|t\|)\cos\pi t$	$8\pi^2\dfrac{\cos^2(\omega/2)}{(\pi^2-\omega^2)^2}$
$m_2=\pi^2 \quad E_w=0.587 \quad n=4$	

[1] A. Papoulis: "*Minimum Bias Windows for High Resolution Spectral Estimates*," *IEEE Transactions on Information Theory*, vol. IT-19, 1973.

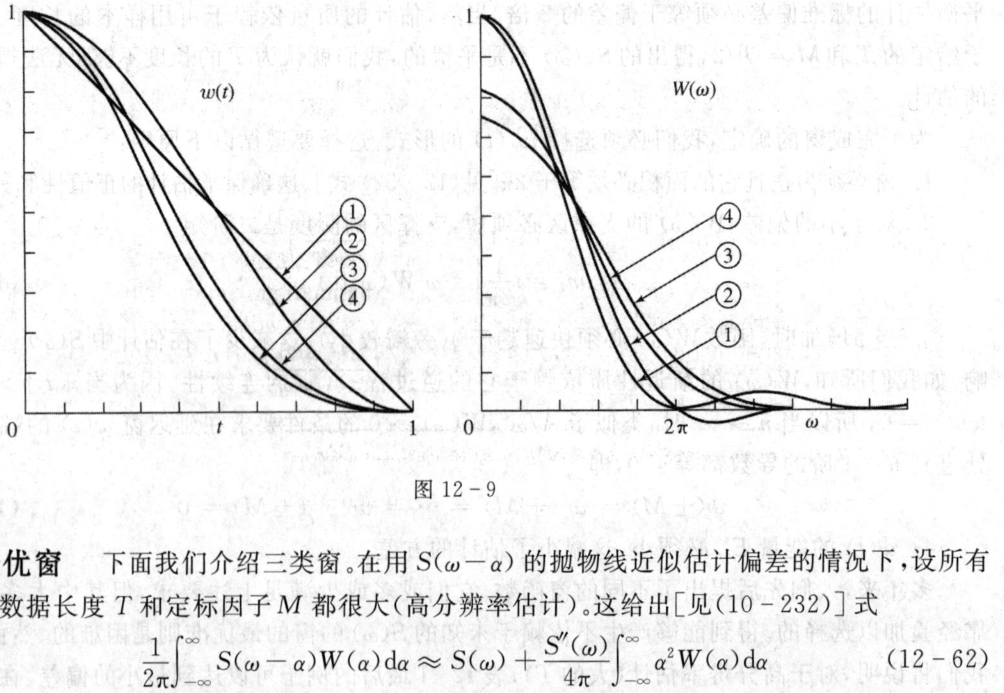

图 12-9

最优窗　下面我们介绍三类窗。在用 $S(\omega-\alpha)$ 的抛物线近似估计偏差的情况下，设所有情况下数据长度 T 和定标因子 M 都很大（高分辨率估计）。这给出[见(10-232)]式

$$\frac{1}{2\pi}\int_{-\infty}^{\infty}S(\omega-\alpha)W(\alpha)\mathrm{d}\alpha\approx S(\omega)+\frac{S''(\omega)}{4\pi}\int_{-\infty}^{\infty}\alpha^2W(\alpha)\mathrm{d}\alpha \qquad (12-62)$$

注意到由于 $W(\omega)>0$，如果我们用 $S''(\omega+\delta)$ 代替 $S''(\omega)$，上式是一个等式，其中在 $W(\omega)$ 取显著值的区域内 δ 是一个常数。

最小偏差数据窗　用数据窗 $c(t)$ 得到的修正的周期图 $S_c(\omega)$ 是 $S(\omega)$ 的有偏估计量，把(12-62)式代入(12-45)式，我们得出偏差等于

$$B_c(\omega)=\frac{1}{2\pi}\int_{-\infty}^{\infty}S(\omega-\alpha)C^2(\alpha)\mathrm{d}\alpha-S(\omega)$$
$$\approx\frac{S''(\omega)}{4\pi}\int_{-\infty}^{\infty}\alpha^2C^2(\alpha)\mathrm{d}\alpha \tag{12-63}$$

这样我们把偏差表示成两个因子的积，其中第一个因子只依赖于 $S(\omega)$，第二个因子只取决于 $C(\omega)$。这种分离使我们能求得 $C(\omega)$ 以使得 $B_c(\omega)$ 最小化。为此，在

$$\frac{1}{2\pi}\int_{-\infty}^{\infty}C^2(\omega)\mathrm{d}\omega=1\qquad C(-\omega)=C(\omega)$$

的限制下，最小化 $C^2(\omega)$ 的二阶矩

$$M_2=\frac{1}{2\pi}\int_{-\infty}^{\infty}\omega^2C^2(\omega)\mathrm{d}\omega=\int_{-T}^{T}|c'(t)|^2\mathrm{d}t \tag{12-64}$$

是等价的。

可以证明①此最优数据窗是截断余弦函数(图 12-10)：

$$c(t)=\begin{cases}\dfrac{1}{\sqrt{T}}\cos\dfrac{\pi}{2T}t, & |t|<T\\ 0, & |t|>T\end{cases}\leftrightarrow C(\omega)=4\pi\sqrt{T}\,\frac{\cos T\omega}{\pi^2-4T^2\omega^2} \tag{12-65}$$

相应的二阶矩 M_2 等于 1。注意如果不用数据窗，那么 $c(t)=1$ 且 $M_2=2$。这样最优数据窗使偏差降低了 50%。

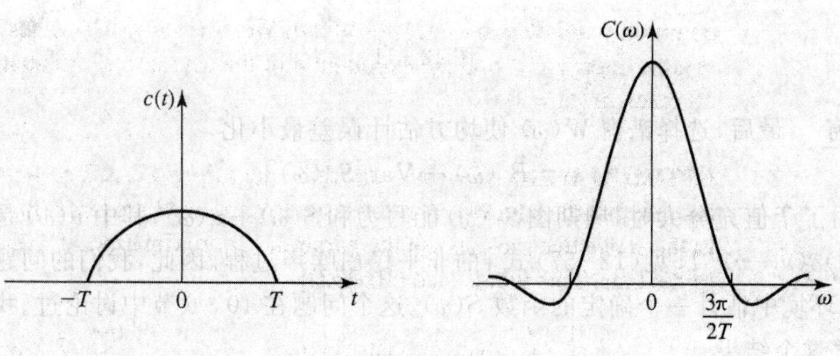

图 12-10

最小偏差谱窗　由(12-53)和(12-62)式可得出 $S_w(\omega)$ 的偏差等于

$$B(\omega)=\frac{1}{2\pi}\int_{-\infty}^{\infty}S(\omega-\alpha)W(\alpha)\mathrm{d}\alpha-S(\omega)\approx\frac{m_2}{2}S''(\omega) \tag{12-66}$$

其中 m_2 是 $W(\omega)/2\pi$ 的二阶矩。为了最小化 $B(\omega)$，在约束条件

① A. Papoulis. Apodization for Optimum Imaging of Smooth Objects. *J. Opt. Soc. Am.*, vol. 62, December, 1972

$$W(\omega) \geqslant 0 \quad W(-\omega) = W(\omega) \quad \frac{1}{2\pi}\int_{-\infty}^{\infty} W(\omega)\mathrm{d}\omega = 1 \tag{12-67}$$

下，最小化 m_2 就可以了。若用 M 代替 $2T$，这与考虑的问题相同，因而

$$W(\omega) = C^2(\omega) \quad w(t) = c(t) * c(-t)$$

这便得到窗函数对(图 12-11)：

$$w(t) = \begin{cases} \dfrac{1}{\pi}\left|\sin\dfrac{\pi}{M}t\right| + \left(1 - \dfrac{|t|}{M}\right)\cos\dfrac{\pi}{M}t, & |t| \leqslant M \\ 0, & |t| > M \end{cases} \tag{12-68}$$

$$W(\omega) = 8M\pi^2 \frac{\cos^2(M\omega/2)}{(\pi^2 - M^2\omega^2)^2} \tag{12-69}$$

因此，表 12-1 中最后一个窗在高分辨率谱估计的情况下使偏差最小。

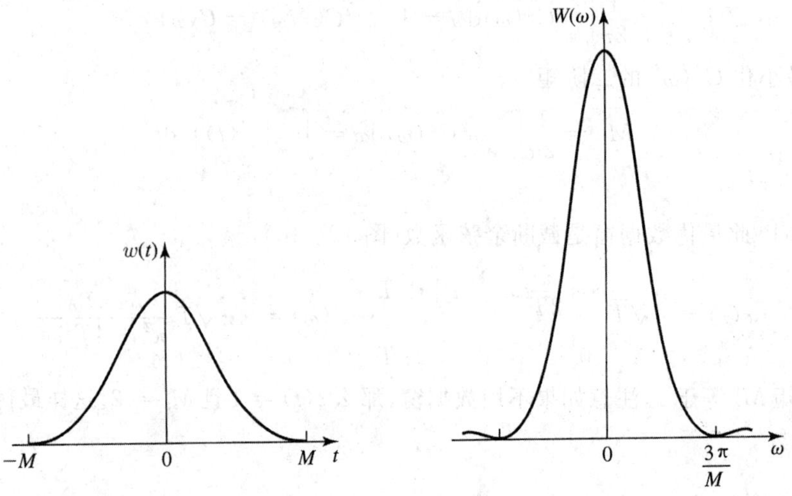

图 12-11

LMS 谱窗 最后，选择谱窗 $W(\omega)$ 使均方估计误差最小化

$$e = B^2(\omega) + \mathrm{Var}[\boldsymbol{S}_w(\omega)] \tag{12-70}$$

我们已经证明了 T 值充分大时，周期图 $\boldsymbol{S}_T(\omega)$ 能写为和 $S(\omega) + \boldsymbol{v}(\omega)$，其中 $\boldsymbol{v}(\omega)$ 是一个自相关函数为 $\pi S^2(u)\delta(u-v)/T$[见(12-57)式]的非平稳白噪声过程。因此，我们的问题是在有加性噪声 $\boldsymbol{v}(\omega)$ 的环境中估计一个确定的函数 $S(\omega)$。这个问题在 10-6 节中讨论过。我们在谱估计中将重新建立这个结果。

首先考虑长为 2Δ，面积为 1 的矩形窗。$S(\omega)$ 的估计等于 $\boldsymbol{S}_T(\omega)$ 的滑动平均

$$\boldsymbol{S}_\Delta(\omega) = \frac{1}{2\Delta}\int_{-\Delta}^{\Delta} \boldsymbol{S}_T(\omega - \alpha)\mathrm{d}\alpha \tag{12-71}$$

在早期的谱估计中，Daniell① 首先使用了矩形窗。它是谱窗 $W(\omega)/2\pi$ 的特殊情形。注意相应的延迟窗 $\sin\Delta t/2\pi\Delta t$ 不是时限的。

在熟知的取大值的假设下，周期图 $\boldsymbol{S}_T(\omega)$ 是 $S(\omega)$ 的无偏估计量。因此，$\boldsymbol{S}_\Delta(\omega)$ 的偏差等于

① P. J. Daniell. Discussion on "Symposium on Autocorrelation in Time Series". *J. Roy. Statist. Soc. Suppl.*, 8, 1946.

$$\frac{1}{2\Delta}\int_{-\Delta}^{\Delta} S(\omega-y)\,\mathrm{d}y - S(\omega) \approx \frac{S''(\omega)}{2\Delta}\int_{-\Delta}^{\Delta} y^2\,\mathrm{d}y = S''(\omega)\,\frac{\Delta^2}{6}$$

它的方差等于

$$\frac{\pi S^2(\omega)}{4\Delta^2 T}\int_{-\Delta}^{\Delta}\mathrm{d}\omega = \frac{\pi S^2(\omega)}{2\Delta T}$$

因为 $\boldsymbol{S}_T(\omega)$ 是白噪声[见(12 - 57) 式]，式中 $q(u)=\pi S^2(u)/T$ [也同样见(10 - 236) 式]，上式可由(12 - 71) 式得到。由此得

$$\mathrm{Var}[\boldsymbol{S}_\Delta(\omega)] = \frac{\pi S^2(\omega)}{2\Delta T} \qquad e = \frac{\Delta^4}{36}[S''(\omega)]^2 + \frac{\pi S^2(\omega)}{2\Delta T} \tag{12-72}$$

按(10 - 240) 式的处理，如果

$$\Delta = \left(\frac{9\pi}{2T}\right)^{0.2}\left(\frac{S(\omega)}{S''(\omega)}\right)^{0.4}$$

我们得到的 e 为最小。所得的偏差等于 $\boldsymbol{S}_\Delta(\omega)$ 标准偏差的两倍(见二比一规则)。

最后假设谱窗是未知形式的函数。我们希望确定它的形状使得均方误差 e 最小。同(10 - 241) 式的处理，如果窗是一个截断抛物线

$$\boldsymbol{S}_w(\omega) = \frac{3}{4\Delta}\int_{-\Delta}^{\Delta}\boldsymbol{S}_T(\omega-y)\left(1-\frac{y^2}{\Delta^2}\right)\mathrm{d}y \quad \Delta = \left(\frac{15\pi}{T}\right)^{0.2}\left(\frac{s(\omega)}{S''(\omega)}\right)^{0.4} \tag{12-73}$$

可以证明 e 取得最小值。这个窗首先由 Priestley① 提出。注意不像以前的窗，它是依赖于频率的，它的长度是未知谱 $S(\omega)$ 及其二阶导数的函数。为了确定 $\boldsymbol{S}_w(\omega+\delta)$，我们必须首先估计 $S(\omega)$ 和 $S''(\omega)$。下一步用这些估计确定 Δ。

12.3　外推和系统辨识

以前的讨论中，我们计算了当 $|\tau|<M$ 时，$R(\tau)$ 的估计值 $\boldsymbol{R}_T(\tau)$，并将乘积 $w(t)\boldsymbol{R}_T(t)$ 的傅里叶变换 $\boldsymbol{S}_w(\omega)$ 作为 $S(\omega)$ 的估计。这里没有用到在 $|\tau|>M$ 时的 $\boldsymbol{R}_T(\tau)$。本节中，我们假设 $S(\omega)$ 属于由某些参数确定的函数类并且用 $R(\tau)$ 估计到的部分值来确定这些参数。在下面的研究中，我们将不考虑方差问题。我们假定 $|\tau|<M$ 时的 $R(\tau)$ 的值是完全确知的。当 $T\gg M$，这一假定是合理的，因为当 $T\to\infty$ 时，对于 $|\tau|<M$，$\boldsymbol{R}_T(\tau)\to R(\tau)$。一个满足只对 $|\tau|<M$，$R(\tau)$ 确知的物理问题是迈克逊干涉仪。在这个实验中，观测的时间是任意长的，然而只有当 $|\tau|<M$ 时能确定 $R(\tau)$，其中 M 正比于图 12 - 5 中移动镜面的最大位移。

因此，我们的问题表述如下：给定一个过程 $\boldsymbol{x}(t)$ 的自相关函数 $R(\tau)$ 的有限片段

$$R_M(\tau) = \begin{cases} R(\tau), & |\tau|<M \\ 0, & |\tau|>M \end{cases}$$

我们希望来估计它的功率谱 $S(\omega)$。这本质上是一个确定性问题：在只知道 $R(\tau)$ 的一段 $R_M(\tau)$ 和 $S(\omega)\geqslant 0$ 的情况下，求函数 $R(\tau)$ 的傅里叶变换 $S(\omega)$。这个问题没有惟一解。我们的任务就是求一个特殊的 $S(\omega)$，使得在某种意义上它接近于未知谱。在谱估计发展的早期，用加窗的方法来估计函数 $S(\omega)$(Blackman 和 Tukey②)。在这个方法中，未知的 $R(\tau)$ 用 0 代替，且已知的或

① M. B. Priestley. Basic Considerations in the Estimation of Power Spectra. *Technometrics*, 4, 1962.

② R. B. Blackman and J. W. Tukey. *The Measurement of Power Spectra*. Dover, New York, 1959.

估计到的部分用一个合适的因子 $w(\tau)$ 来逐渐减小。近年来，人们使用了一种不同的方法：假设 $S(\omega)$ 能由有限个参数描述（参数外推），因而问题简化为估计这些参数。本节的重点是讨论外推方法，讨论前我们先简要回顾一下加窗方法。

加窗方法 在讨论偏差减小问题的最后一节，我们处理了这种方法的连续时间形式，即，用积分

$$\boldsymbol{S}_w(\omega)=\int_{-M}^{M}w(\tau)R(\tau)\mathrm{e}^{-\mathrm{j}\omega\tau}\mathrm{d}\tau=\frac{1}{2\pi}\int_{-\infty}^{\infty}S(\omega-\alpha)W(\alpha)\mathrm{d}\alpha \tag{12-74}$$

作为 $S(\omega)$ 的估计，并且选择 $w(t)$ 使得在某种意义下估计误差 $S_w(\omega)-S(\omega)$ 最小。如果在 $|\alpha|\leqslant 1/M$ 时 $S_w(\omega-\alpha)\approx S(\omega)$ 的意义下 M 的取值足够大，我们能用近似[见(12-62式)]

$$S_w(\omega)-S(\omega)\approx\frac{S''(\omega)}{4\pi}\int_{-\infty}^{\infty}\alpha^2W(\alpha)\mathrm{d}\alpha$$

如果

$$w(\tau)=\frac{1}{\pi}\left|\sin\frac{\pi}{M}\tau\right|+\left(1-\frac{|\tau|}{M}\right)\cos\frac{\pi}{M}\tau\qquad|\tau|<M$$

则估计误差达到最小。

这个方法的离散时间形式是类似的：给定过程 $\boldsymbol{x}[n]$ 的自相关 $R[m]=E\{\boldsymbol{x}[n+m]\boldsymbol{x}[n]\}$ 的有限部分

$$R_L[m]=\begin{cases}R[m], & |m|\leqslant L\\ 0, & |m|>L\end{cases} \tag{12-75}$$

我们期望估计它的功率谱

$$S(\omega)=\sum_{m=-\infty}^{\infty}R[m]\mathrm{e}^{-\mathrm{j}m\omega}$$

我们用乘积 $w[m]R[m]$ 的离散傅里叶变换

$$S_w(\omega)=\sum_{m=-L}^{L}w[m]R[m]\mathrm{e}^{-\mathrm{j}m\omega}=\frac{1}{2\pi}\int_{-\pi}^{\pi}S(\omega-\alpha)W(\alpha)\mathrm{d}\alpha \tag{12-76}$$

作为 $S(\omega)$ 的估计，其中 $w[m]\leftrightarrow W(\omega)$ 是一个离散傅里叶变换对。选择 $w[m]$ 的测度与连续时间的情况一样。事实上，如果 M 值很大，可以选择模拟窗 $w(t)$ 的样本 $w[m]$

$$w[m]=w(Mm/L)\qquad m=0,\cdots,L \tag{12-77}$$

其中 M 是 $w(t)$ 的长度。

一个现实问题是数据 $R_L[m]$ 不是确切已知的。可根据 $\boldsymbol{x}[n]$ 的 J 个样本来估计它：

$$\boldsymbol{R}_L[m]=\frac{1}{J}\sum_{n}\boldsymbol{x}[n+m]\boldsymbol{x}[n] \tag{12-78}$$

$\boldsymbol{R}_L[m]$ 的均值和方差的确定与模拟情形相同。然而，这里不做详细介绍。在后面的问题中，假设 $\boldsymbol{R}_L[m]$ 确切已知。如果 $J\gg L$，这个假设成立。

12.3.1 外推

谱估计问题本质上是数值计算问题。即使给定的过程是模拟的，它也包含数字形式数据。因此，我们以数字形式进行分析。在外推方法中，我们假设 $S(z)$ 的形式已知。我们设它是有理式

$$\boldsymbol{S}(z)=L(z)L(1/z)\quad L(z)=\frac{b_0+b_1z^{-1}+\cdots+b_Mz^{-M}}{1+a_1z^{-1}+\cdots+a_Nz^{-N}}=\frac{N(z)}{D(z)} \tag{12-79}$$

我们选择有理模型的理由如下：它对未知参数的数值估计相对简单。一个任意的谱能用阶数充分大的有理式近似。涉及动态系统响应的功率谱通常是有理形式的。

系统辨识　有理模型直接引出辨识问题的解(也见10-7节)。我们希望根据一个系统的输出 $\boldsymbol{x}[n]$ 的测量值来确定一个由白噪声激励的系统的系统函数 $H(z)$。我们知道，输出的功率谱正比于 $H(z)H(1/z)$。因此，如果系统是有限阶最小相位系统，那么 $H(z)$ 与 $L(z)$ 成正比。因此为确定 $H(z)$，只要求出 $L(z)$ 的 $M+N+1$ 个参数就可以了。为了达到这一点，假设 $R_L[m]$ 在 $|m|\leqslant M+N+1$ 时精确已知。

应强调的是提出的模型只是一个抽象模型。在实际问题中，$R[m]$ 不是确切已知的。进而，$S(z)$ 可能不是有理式。甚至常数 M 和 N 可能也不是已知的。然而如果用 $R_L[m]$ 的时间平均估计 $\boldsymbol{R}_L[m]$(L 取值很大) 来代替 $R_L[m]$，这个方法能够得出一个合理的近似。

自回归过程　为了确定谱 $\boldsymbol{S}(z)$，我们的目标是根据 $R[m]$ 的前 $M+N+1$ 个 $R_L[m]$ 值来求出 $M+N+1$ 个系数 a_i 和 b_k。首先假设

$$L(z)=\frac{\sqrt{P_N}}{1+a_1z^{-1}+\cdots+a_Nz^{-N}}=\frac{\sqrt{P_N}}{D(z)} \tag{12-80}$$

这是(11-36)式中 $M=0, b_0=\sqrt{P_N}$ 时的特殊情况。我们知道过程 $\boldsymbol{x}[n]$ 满足方程

$$\boldsymbol{x}[n]+a_1\boldsymbol{x}[n-1]+\cdots+a_N\boldsymbol{x}[n-N]=\boldsymbol{\varepsilon}[n] \tag{12-81}$$

其中 $\boldsymbol{\varepsilon}[n]$ 是平均功率为 P_N 的白噪声。我们的问题是求 $N+1$ 个系数 a_k 和 P_N。为此，我们用 $\boldsymbol{x}[n-m]$ 乘以(12-81)式并取期望值。对于 $m=0,\cdots,N$，这给出了尤拉-沃克方程：

$$\begin{aligned}
&R[0]+a_1R[1]+\cdots+a_NR[N]=P_N\\
&R[1]+a_1R[0]+\cdots+a_NR[N-1]=0\\
&\cdots\cdots\cdots\cdots\cdots\cdots\cdots\cdots\cdots\cdots\cdots\cdots\\
&R[N]+a_1R[N-1]+\cdots+a_NR[0]=0
\end{aligned} \tag{12-82}$$

这表示包含 $N+1$ 个未知参数 a_k 和 P_N 的 $N+1$ 个方程组，如果 $\boldsymbol{x}[n]$ 的相关矩阵 $\boldsymbol{D}_N$ 的行列式 Δ_N 是正的，那么它有惟一解。特别地，我们注意到

$$P_N=\frac{\Delta_{N+1}}{\Delta_N}\qquad \Delta_N>0 \tag{12-83}$$

如果 $\Delta_{N+1}=0$，那么 $P_N=0$ 且 $\boldsymbol{\varepsilon}_N[m]=0$。在这种情况下，未知的 $S(\omega)$ 由多条谱线组成[见(11-44)式]。

因此，为求 $L(z)$，只要求解系统(12-82)。这包含求矩阵 $\boldsymbol{D}_N$ 的逆。因为矩阵 $\boldsymbol{D}_N$ 是托普里兹矩阵，即它关于主对角线是对称的，所以这个求逆问题可以简化。基于这个性质我们后面给出一个确定 a_k 和 P_N 的简单方法[莱文森(Levinson)算法]。

滑动平均过程　设是 $\boldsymbol{x}[n]$ 一个 MA 过程，那么

$$\boldsymbol{S}(z)=L(z)L(1/z)\qquad L(z)=b_0+b_1z^{-1}+\cdots+b_Mz^{-M} \tag{12-84}$$

在这种情况下，当 $|m|>M$ 时，$R[m]=0$[见(11-47)式]；因此 $\boldsymbol{S}(z)$ 能直接用 $R[m]$ 表示：

$$\boldsymbol{S}(z)=\sum_{m=-M}^{M}R[m]z^{-m}\qquad \boldsymbol{S}(e^{j\omega})=\left|\sum_{m=0}^{M}b_me^{-jm\omega}\right|^2 \tag{12-85}$$

在辨识问题中，我们的目标不是求函数 $\boldsymbol{S}(z)$ 而是求 $L(z)$ 的 $M+1$ 个系数 b_m。求解这类问题的一个方法是与11-1节一样对 $\boldsymbol{S}(z)$ 进行分解 $\boldsymbol{S}(z)=L(z)L(1/z)$。这个方法包含确定 $\boldsymbol{S}(z)$ 的

根。下面我们讨论一个可以避免分解的方法(见定理 12-9)。

ARMA 过程　现在我们设 $\boldsymbol{x}[n]$ 是一个 ARMA 过程：

$$L(z)=\frac{b_0+b_1z^{-1}+\cdots+b_Mz^{-M}}{1+a_1z^{-1}+\cdots+a_Nz^{-N}}=\frac{N(z)}{D(z)} \tag{12-86}$$

在这种情况下，$\boldsymbol{x}[n]$ 满足方程①

$$\boldsymbol{x}[n]+a_1\boldsymbol{x}[n-1]+\cdots+a_N\boldsymbol{x}[n-N]=b_0\boldsymbol{i}[n]+\cdots+b_M\boldsymbol{i}[n-M] \tag{12-87}$$

其中 $\boldsymbol{i}[n]$ 是它的新息。用 $\boldsymbol{x}[n-m]$ 乘以等式(12-87)的两边并取期望值，如同(11-49)式，我们得出

$$R[m]+a_1R[m-1]+\cdots+a_NR[m-N]=0\quad m>M \tag{12-88}$$

把 $m=M+1,M+2,\cdots,M+N$ 代入(12-88)式得到一个由 N 个方程组成的系统。求解这个系统得到 N 个未知常数 $a_1,\cdots,a_N$。

为确定 $L(z)$，需求 $M+1$ 个常数 $b_0,\cdots,b_M$。为此，我们构造一个系统，其输入为 $\boldsymbol{x}[n]$，系统函数为(图 12-12)

$$D(z)=1+a_1z^{-1}+\cdots+a_Nz^{-N}$$

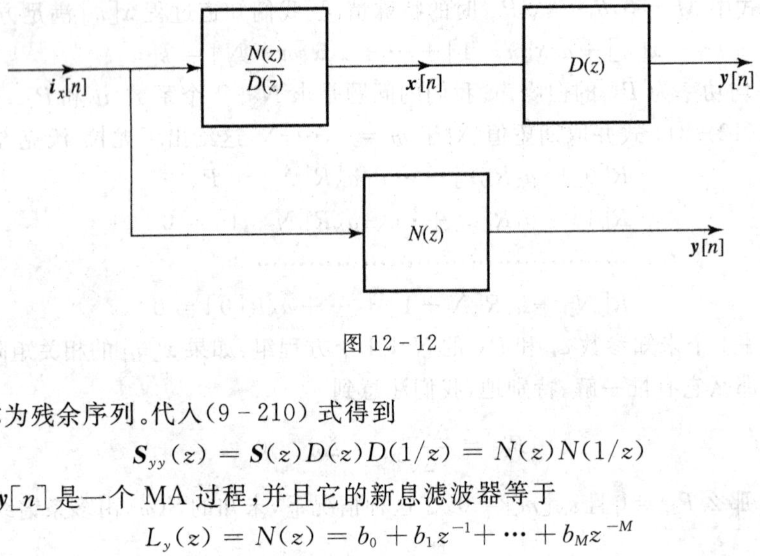

图 12-12

输出 $y[n]$ 称为残余序列。代入(9-210)式得到

$$\boldsymbol{S}_{yy}(z)=\boldsymbol{S}(z)D(z)D(1/z)=N(z)N(1/z)$$

由此可得出 $\boldsymbol{y}[n]$ 是一个 MA 过程，并且它的新息滤波器等于

$$L_y(z)=N(z)=b_0+b_1z^{-1}+\cdots+b_Mz^{-M} \tag{12-89}$$

因此，为确定常数 b_i，只要求 $|m|\leqslant M$ 时的自相关 $R_{yy}[m]$。由于 $\boldsymbol{y}[n]$ 是输入为 $\boldsymbol{x}[n]$ 的滤波器 $D(z)$ 的输出。由(11-47)式可得

$$R_{yy}[m]=R[m]*d[m]*d[-m]\qquad d[m]=\sum_{k=0}^{N}a_k\delta[m-k]$$

其中 $a_0=1$。这给出了，当 $0\leqslant m\leqslant M$ 时

$$R_{yy}[m]=\sum_{i=-N}^{N}R[m-i]\rho[i]\qquad \rho[m]=\sum_{k=m}^{N}a_{k-m}a_k=\rho[-m] \tag{12-90}$$

而当 $m>M$ 时 $R_{yy}[m]=0$。这样有了确定的 $R_{yy}[m]$ 之后，可按 MA 情形进行处理。

① M. Kaveh. High Resolution Spectral Estimation for Noisy Signals. *IEEE Transactions on Acoustics, Speech, and Signal Processing*, vol. ASSP-27, 1979. See also J. A. Cadzow. Spectral Estimation: An Overdetermined Rational Model Equation Approach. *IEEE Proceedings*, vol. 70, 1982.

ARMA 模型的确定包含以下几步：

由(12-88)式求常数 a_k，可得到 $D(z)$。

由(12-90)式求 $R_{yy}[m]$。

求多项式

$$\boldsymbol{S}_{yy}(z)=\sum_{m=-M}^{M}R_{yy}[m]z^{-m}=N(z)N(1/z)$$

的根。

构造 $\boldsymbol{S}_{yy}(z)$ 的 Hurwitz 因子 $N(z)$。

格型滤波器和莱文森算法　一个MA滤波器是关于 z^{-1} 的多项式。这样一个滤波器通常由图12-14(a)所示的梯形结构实现。图12-14(b)的格型滤波器是一个MA滤波器的另一种实现。在谱估计中，格型滤波器用来简化尤拉-沃克方程的求解和多项式的分解。进而，如以下所示，它们也可方便地用来描述外推谱的性质。相关应用将在下一章求解预测问题中给出。

多项式

$$D(z)=1-a_1^N z^{-1}-\cdots-a_N^N z^{-N}=1-\sum_{k=1}^{N}a_k^N z^{-k}$$

规定一个MA滤波器，满足 $H(z)=D(z)$。a_k^N 的上标显示滤波器的阶数。如果，滤波器的输入是一个AR过程 $\boldsymbol{x}(n)$，其中 $L(z)$ 与(12-80)式相同且有 $a_k^N=-a_k$，那么所得输出为

$$\boldsymbol{\varepsilon}[n]=\boldsymbol{x}[n]-a_1^N\boldsymbol{x}[n-1]-\cdots-a_N^N\boldsymbol{x}[n-N] \tag{12-91}$$

是如(12-81)式的白噪声。滤波器 $D(z)$ 通常由图12-14(a)中所示的梯形结构实现。我们将证明图12-14(b)中的格型滤波器是一个等价的实现。首先从 $N=1$ 开始。

在图12-13(a)中显示了一阶数的MA滤波器和它镜像的梯形实现。两个系统的输入都是过程 $\boldsymbol{x}(n)$，它们的输出等于

$$\boldsymbol{y}[n]=\boldsymbol{x}[n]-a_1^1\boldsymbol{x}[n-1]\qquad \boldsymbol{z}[n]=-a_1^1\boldsymbol{x}[n]+\boldsymbol{x}[n-1]$$

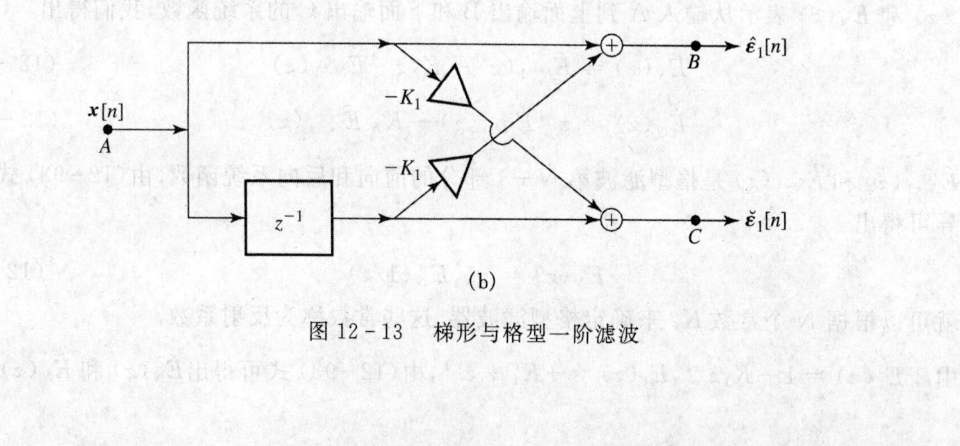

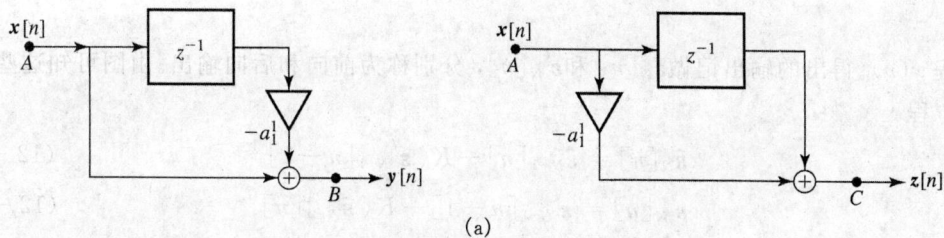

图12-13　梯形与格型一阶滤波

相应的系统函数等于

$$1-a_1^1 z^{-1} \qquad -a_1^1+z^{-1}$$

图 12-13(b) 为一个一阶格型滤波器。它具有单输入 $\boldsymbol{x}(n)$ 和两输出

$$\hat{\varepsilon}_1[n]=\boldsymbol{x}[n]-K_1\boldsymbol{x}[n-1] \qquad \check{\varepsilon}_1[n]=-K_1\boldsymbol{x}[n]+\boldsymbol{x}[n-1]$$

对应的系统函数为

$$\hat{E}_1(z)=1-K_1z^{-1} \qquad \check{E}_1(z)=-K_1+z^{-1}=z^{-1}\hat{E}_1(1/z)$$

如果 $K_1=a_1^1$，那么图 12-13(b) 中的格型滤波器等价于图 12-13(a) 所示的两个 MA 滤波器。

图 12-14(b) 表示由级联 N 个一阶滤波器所形成的 N 阶格型滤波器。这个滤波器的输入

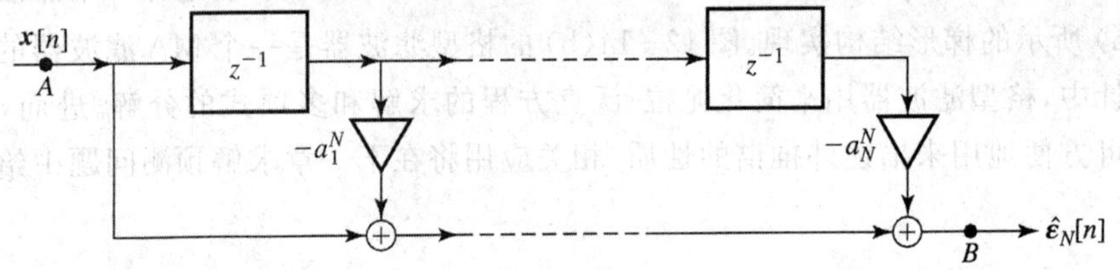

(a)

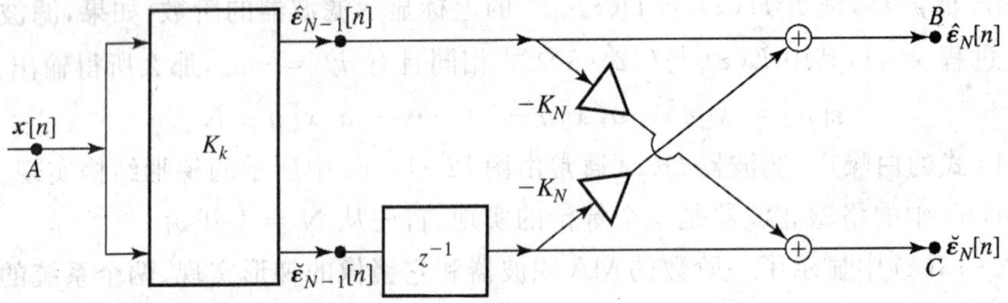

(b)

图 12-14　梯形与格型滤波

为过程 $\boldsymbol{x}(n)$。得出的输出记做 $\hat{\boldsymbol{\varepsilon}}_N[n]$ 和 $\check{\boldsymbol{\varepsilon}}_N[n]$，分别称为前向和后向输出。由图可知这些信号满足方程

$$\hat{\boldsymbol{\varepsilon}}_N[n]=\hat{\boldsymbol{\varepsilon}}_{N-1}[n]-K_N\check{\boldsymbol{\varepsilon}}_{N-1}[n-1] \tag{12-92a}$$

$$\check{\boldsymbol{\varepsilon}}_N[n]=\check{\boldsymbol{\varepsilon}}_{N-1}[n-1]-K_N\hat{\boldsymbol{\varepsilon}}_{N-1}[n] \tag{12-92b}$$

用 $\hat{E}_N(z)$ 和 $\check{E}_N(z)$ 表示从输入 A 到上面输出 B 和下面输出 C 的系统函数，我们得出

$$\hat{E}_N(z)=\hat{E}_{N-1}(z)-K_Nz^{-1}\check{E}_{N-1}(z) \tag{12-93a}$$

$$\check{E}_N(z)=z^{-1}\check{E}_{N-1}(z)-K_N\hat{E}_{N-1}(z) \tag{12-93b}$$

其中 $\hat{\boldsymbol{E}}_{N-1}(z)$ 和 $\check{E}_{N-1}(z)$ 是格型滤波第 $N-1$ 部分的前向和后向系统函数。由(12-93)式经简单推导可得出

$$\check{E}_N(z)=z^{-N}\hat{E}_N(1/z) \tag{12-94}$$

这样就可以根据 N 个常数 K_k 来确定格型滤波器。这些常数称为反射系数。

由于 $\hat{E}_1(z)=1-K_1z^{-1}$，$\check{E}_1(z)=-K_1+z^{-1}$，由(12-93)式可得出 $\hat{E}_N(z)$ 和 $\check{E}_N(z)$ 是关

于 z^{-1} 的多项式,形式为

$$\hat{E}_N(z) = 1 - a_1^N z^{-1} - \cdots - a_N^N z^{-N} \tag{12-95}$$

$$\check{E}_N(z) = z^{-N} - a_1^N z^{-N+1} - \cdots - a_N^N \tag{12-96}$$

其中 a_k^N 是由反射系数 K_k 确定的 N 个常数。我们把$\hat{E}_N(z)$ 称为 N 阶归一化莱文森多项式(常数项为 1),$\check{E}_N(z)$ 称为它的互反多项式。

莱文森算法[①] 我们 a_k^{N-1} 用表示格型滤波器的前 $N-1$ 个部分的系数

$$\hat{E}_{N-1}(z) = 1 - a_1^{N-1} z^{-1} - \cdots - a_{N-1}^{N-1} z^{-(N-1)}$$

由(12-94)式得到

$$z^{-1}\check{E}_{N-1}(z) = z^{-N}\hat{E}_{N-1}(1/z)$$

代入(12-93a)式,并使 z 等幂项的系数相等,我们得到

$$a_k^N = a_k^{N-1} - K_N a_{N-k}^{N-1} \qquad k = 1,\cdots,N-1$$
$$a_N^N = K_N \tag{12-97}$$

这样我们根据系数 a_k^{N-1} 和最后的反射系数 K_N 来表示一个 N 阶格型滤波器的系数 a_k^N。首先令 $a_1^1 = K_1$,我们能根据 N 个反射系数 K_k 递归地表示 N 个参数 a_k^N。

相反地,如果我们知道 a_k^N,用逆递归来求 K_k:系数 K_N 等于 a_N^N。为求 K_{N-1},只要求多项式 $\hat{E}_{N-1}(z)$。用 K_N 乘(12-93b)式再加(12-93a)式,我们得到

$$(1-K_N^2)\,\hat{E}_{N-1}(z) = \hat{\boldsymbol{E}}_N(z) + K_N z^{-N}\hat{E}_N(1/z) \tag{12-98}$$

因为 $K_N = a_N^N$,所以可以根据$\hat{\boldsymbol{E}}_N(z)$ 来表示$\hat{\boldsymbol{E}}_{N-1}(z)$。有了如此确定的$\hat{\boldsymbol{E}}_{N-1}(z)$,我们可设 $K_{N-1} = a_{N-1}^{N-1}$。继续这一过程,我们可求得对于 $k < N$ 的每个$\hat{E}_{N-k}(z)$ 和 K_{N-k}。

<u>**莱文森多项式的最小相位性质**</u> 我们将把多项式$\hat{E}_N(Z)$ 的根 z_i^N 的位置和反射系数K_k 的幅度联系起来。

定理 12-6 ▶ 莱文森多项式根 如果对所有的 $k \leqslant N$,有

$$|K_k| < 1,\ \text{那么对所有的}\ i \leqslant N,\ \text{有}\ |z_i^N| < 1 \tag{12-99}$$

证 我们用归纳法来证明这个定理。因为$\hat{E}_1(z) = 1 - K_1 z^{-1}$,所以 $N=1$ 时定理成立;因此 $|z_1^1| = |K_1| < 1$。假设对所有的 $j \leqslant N-1$,有 $|z_j^{N-1}| \leqslant 1$,其中 z_j^{N-1} 是$\hat{E}_{N-1}(z)$ 的根。由此可得出函数

$$A_{N-1}(z) = \frac{z^{-N}\hat{E}_{N-1}(1/z)}{\hat{E}_{N-1}(z)} \tag{12-100}$$

是全通的。因为假设$\hat{E}_N(z_i^N) = 0$,由(12-93a)和(12-94)式我们得出

$$\hat{E}_N(z_i) = \hat{E}_{N-1}(z_i) - K_N z^{-N}\hat{E}_{N-1}(1/z_i) = 0$$

因此

① N. Levinson. The Wiener RMS Error Criterion in Filter Design and Prediction. *Journal of Mathematics and Physics*, vol. 25, 1947. See also J. Durbin. The Fitting of Time Series Models. *Revue L'Institut Internationale de Statisque*, vol. 28, 1960.

$$|A_{N-1}(z_i^N)| = \frac{1}{|K_N|} > 1$$

这证明 $|z_i^N| < 1$[见(12B-2)式]。◀

定理 12-7 ▶ 根与反射系数 如果对所有的 $i \leqslant N$，有

$$|z_i^N| < 1\text{，那么对所有的 } k \leqslant N\text{，有 } |K_k| < 1 \tag{12-101}$$

证 因为多项式 $\hat{E}_N(z)$ 的所有根之积等于最后的系数 a_N^N，因此，有

$$K_N = a_N^N = z_1^N \cdots z_N^N \qquad |K_N| < 1$$

这样对于 $k = N$，(12-100)式成立。为证明它在 $k = N-1$ 时也成立，只要证明在 $j \leqslant N-1$ 时，$|z_j^{N-1}| < 1$。为此，我们构造全通函数

$$A_N(z) = \frac{z^{-N}\hat{E}_N(1/z)}{\hat{E}_N(z)} \tag{12-102}$$

由于 $\hat{E}_{N-1}(z_j^{N-1}) = 0$，由(12-98)式可得出

$$|A_N(z_j^{N-1})| = \frac{1}{|K_N|} > 1$$

因此 $|z_j^{N-1}| < 1$ 且 $|K_{N-1}| = |a_{N-1}^{N-1}| = |z_1^{N-1} \cdots z_{N-1}^{N-1}| < 1$。类似地处理，我们得出对所有的 $k \leqslant N$，$|K_k| < 1$。◀

单位圆上的根 ▶ 如果 $k \leqslant N-1$ 时，$|K_k| < 1$ 且 $|K_N| = 1$，那么对所有的 $i \leqslant N$，

$$|z_i^N| = 1 \tag{12-103}$$

证 因为对所有的 $k \leqslant N-1$，$|K_k| < 1$，所以由定理可知 $|z_j^{N-1}| < 1$。因此(12-100)式中的函数 $A_{N-1}(z)$ 是全通且有 $|A_{N-1}(z_i^N)| = 1/|K_N| = 1$。这就得出结论 $|z_i^N| = 1$[见(12B-2)式]。

这样我们就建立起莱文森多项式 $\hat{E}_N(z)$ 和 N 个常数 K_k 之间的等价关系。我们进一步证明，当且仅当对所有 k，$|K_k| < 1$，莱文森多项式是严格 Hurwitz 的。◀

AR 系统的逆格形实现 如图 12-15 所示，逆格型滤波器是对格型滤波器的修正。在修正中，点 B 为输入，输出在点 A 和点 C。进一步地，由下到上的乘子由 $-K_k$ 变到 K_k。用 $\hat{\boldsymbol{\varepsilon}}_N(n)$ 表示 B 点的输入，$\check{\boldsymbol{\varepsilon}}_{N-1}(n)$ 表示 C 点的输出。由图可得到

$$\hat{\boldsymbol{\varepsilon}}_{N-1}[n] = \hat{\boldsymbol{\varepsilon}}_N[n] + K_N \check{\boldsymbol{\varepsilon}}_{N-1}[n-1] \tag{12-104a}$$

$$\check{\boldsymbol{\varepsilon}}_N[n] = \check{\boldsymbol{\varepsilon}}_{N-1}[n-1] - K_N \hat{\boldsymbol{\varepsilon}}_{N-1}[n] \tag{12-104b}$$

这些方程与(12-92)式中的两个方程相同。由此可得出由点 B 到点 A 的系统函数等于

$$\frac{1}{\hat{E}_N(z)} = \frac{1}{1 - a_1^N z^{-1} - \cdots - a_N^N z^{-N}}$$

这样我们证明了一个 AR 系统能由一个逆格型滤波器实现。系数 a_k^N 和 K_k 满足莱文森算法(12-97)式。

尤拉-沃克方程的迭代解 考虑一个 AR 过程 $\boldsymbol{x}[n]$，其中新息滤波器是(12-80)式中的 $L(z) = \sqrt{P_N}/D(z)$。我们构造满足 $a_k^N = -a_k$ 的 MA 系统 $D(z)$ 的等价格型滤波器并且 $\boldsymbol{x}[n]$

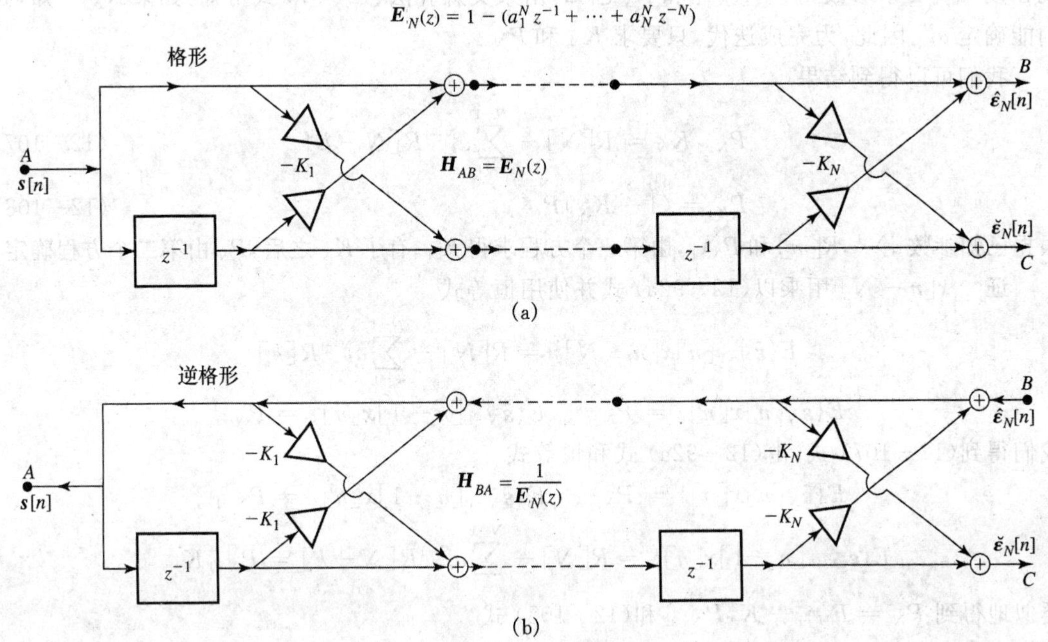

图 12-15　格形和逆形格滤波器

作为系统的输入。我们知道[见(12-95)式]，前向和后向响应为

$$\hat{\boldsymbol{\varepsilon}}_N[n] = \boldsymbol{x}[n] - a_1^N \boldsymbol{x}[n-1] - \cdots - a_N^N \boldsymbol{x}[n-N]$$

$$\check{\boldsymbol{\varepsilon}}_N[n] = \boldsymbol{x}[n-N] - a_1^N \boldsymbol{x}[n-N+1] - \cdots - a_N^N \boldsymbol{x}[n] \tag{12-105}$$

分别用$\hat{S}_N(z)$ 和 $\check{S}_N(z)$ 表示$\hat{\boldsymbol{\varepsilon}}_N[n]$ 和$\check{\boldsymbol{\varepsilon}}_N[n]$ 的谱。由(12-105)式得出

$$\hat{S}_N(z) = S(z)\,\hat{E}_N(z)\,\hat{E}_N(1/z) = P_N$$

$$\check{S}_N(z) = S(z)\check{E}_N(z)\check{E}_N(1/z) = P_N$$

由此得出$\hat{\boldsymbol{\varepsilon}}_N[n]$ 和$\check{\boldsymbol{\varepsilon}}_N[n]$ 是两个白噪声过程且

$$E\{\hat{\boldsymbol{\varepsilon}}_N^2[n]\} = E\{\check{\boldsymbol{\varepsilon}}_N^2[n]\} = P_N \tag{12-106a}$$

$$E\{\boldsymbol{x}[n-m]\,\hat{\boldsymbol{\varepsilon}}_N[n]\} = \begin{cases} P_N, & m = 0 \\ 0, & 1 \leqslant m \leqslant N \end{cases} \tag{12-106b}$$

$$E\{\boldsymbol{x}[n-m]\,\check{\boldsymbol{\varepsilon}}_N[n]\} = \begin{cases} 0, & 0 \leqslant m \leqslant N-1 \\ P_N, & m = N \end{cases} \tag{12-106c}$$

这些方程对于所有低阶滤波器也成立。我们将根据 $N+1$ 个常数 $R[0],\cdots,R[N]$ 递归地表示参数 a_k^N，K_N 和 P_N。

对于 $N=1$，(12-82) 式变为

$$R[0] - a_1^1 R[1] = P_1 \qquad R[1] - a_1^1 R[0] = 0$$

设 $P_0 = R[0]$，我们得到

$$a_1^1 = K_1 = \frac{R[1]}{R[0]} \qquad P_1 = (1 - K_1^2)P_0$$

现在设 $N+1$ 个参数 a_k^{N-1}, K_{N-1} 和 P_N 已知。由莱文森算法(12-97)式可知:如果 K_N 已知,我们能确定 a_k^N。因此,为完成迭代,只要求 K_N 和 P_N。

我们可以得到结果

$$P_{N-1}K_N = R[N] - \sum_{k=1}^{N-1} a_k^{N-1} R[N-k] \tag{12-107}$$

$$P_N = (1-K_N^2)P_{N-1} \tag{12-108}$$

根据已知参数 a_k^{N-1}, $R[m]$ 和 P_{N-1},由第一个方程求得 K_N。有了 K_N 之后,P_N 由第二个方程确定。

证 $\boldsymbol{x}[n-N]$ 用乘以(12-92a)式并使用恒等式

$$E\{\hat{\boldsymbol{\varepsilon}}_{N-1}[n]\boldsymbol{x}[n-N]\} = R[N] - \sum_{k=1}^{N-1} a_k^{N-1} R[k]$$

$$E\{\hat{\boldsymbol{\varepsilon}}_N[n]\boldsymbol{x}[n]\} = P_N \qquad E\{\hat{\boldsymbol{\varepsilon}}_{N-1}[n-1]\boldsymbol{x}[n]\} = P_{N-1}$$

我们得到(12-107)式。由(12-92a)式和恒等式

$$E\{\hat{\boldsymbol{\varepsilon}}_N[n]\boldsymbol{x}[n]\} = P_N \qquad E\{\hat{\boldsymbol{\varepsilon}}_{N-1}[n-1]\boldsymbol{x}[n]\} = P_{N-1}$$

$$E\{\check{\boldsymbol{\varepsilon}}_{N-1}[n-1]\boldsymbol{x}[n]\} = R[N] - \sum_{k=1}^{N-1} a_k^{N-1} R[N-k] = P_{N-1}K_N$$

类似地得到 $P_N = P_{N-1} - K_N^2 P_{N-1}$ 和(12-108)式。

由于对于每个 k, $P_k \geqslant 0$,由(12-108)式有

$$|K_k| \leqslant 1 \text{ 和 } P_0 \geqslant P_1 \geqslant \cdots \geqslant P_N \geqslant 0 \tag{12-109}$$

如果 $|K_N| = 1$ 但对于 $k < N$,有 $|K_k| < 1$,那么有

$$P_0 > P_1 > \cdots > P_N = 0 \tag{12-110}$$

如果 $S(\omega)$ 由谱线构成,下面所述的就是这种情况。

<u>**谱线和隐含周期性**</u> 如果 $P_N = 0$,那么 $\hat{\boldsymbol{\varepsilon}}_N[n] = 0$;因此过程 $\boldsymbol{x}[n]$ 满足齐次递归方程

$$\boldsymbol{x}[n] = a_1^N \boldsymbol{x}[n-1] + \cdots + a_N^N \boldsymbol{x}[n-N] \tag{12-111}$$

这表明 $\boldsymbol{x}[n]$ 是一个可预测过程,即它可由它的 N 个过去值表示。进而

$$R[m] - a_1^N R[m-1] - \cdots - a_N^N R[m-N] = 0 \tag{12-112}$$

我们知道[见(12-103)式],这个方程的特征多项式 $\hat{E}_N(z)$ 的根 z_i^N 在单位圆上:$z_i^N = e^{j\omega_i}$。由此可得出

$$R[m] = \sum_{i=1}^{N} \alpha_i e^{j\omega_i m} \qquad S(\omega) = 2\pi \sum_{i=1}^{N} \alpha_i \delta(\omega - \omega_i) \tag{12-113}$$

由于 $S(\omega) \geqslant 0$,我们得出 $\alpha_i \geqslant 0$。

解方程(12-111)式,我们得到

$$\boldsymbol{x}[n] = \sum_{i=1}^{N} \boldsymbol{c}_i e^{j\omega_i n} \qquad E\{\boldsymbol{c}_i\} = 0 \qquad E\{\boldsymbol{c}_i \boldsymbol{c}_k\} = \begin{cases} \alpha_i, & i = k \\ 0, & i \neq k \end{cases} \tag{12-114}$$

定理 12-8 ▶ 卡拉西奥多雷定理(Caratheodory) 下面我们证明如果 $R[m]$ 是一个正定序列,它的相关矩阵的秩为 N。即如果

$$\Delta_N > 0 \qquad \Delta_{N+1} = 0 \tag{12-115}$$

那么 $R[m]$ 是系数为正的指数的和:

$$R[m] = \sum_{i=1}^{N} \alpha_i e^{j\omega_i m} \qquad \alpha_i > 0 \tag{12-116}$$

证　由于 $R[m]$ 是一个正定序列，我们可以构造一个相关函数为 $R[m]$ 的过程 $\boldsymbol{x}[n]$。应用莱文森算法，我们得到一个常数 K_k 和 P_k 的序列。因为 $P_N = \Delta_{N+1}/\Delta_N = 0$，迭代直到第 N 步为止。这就证明了 $\boldsymbol{x}[n]$ 满足递归方程(12-111)式。◀

隐含周期的检测[①]　我们将使用(12-111)～(12-116)中介绍的方法求解下面的问题：一个过程 $\boldsymbol{x}[n]$ 由至多 N 个指数项组成[如(12-114)式]，我们想要确定这个过程的频率 ω_i，可用的信息是以下关系

$$\boldsymbol{y}[n] = \boldsymbol{x}[n] + \boldsymbol{v}[n] \qquad E\{\boldsymbol{v}^2[n]\} = q \tag{12-117}$$

其中 $\boldsymbol{v}[n]$ 是独立于 $\boldsymbol{x}[n]$ 的白噪声。

同(12-78)式，我们用 $\boldsymbol{y}[n]$ 的 J 个样本估计它的自相关

$$R_{yy}[m] = R_{xx}[m] + q\delta[m] \tag{12-118}$$

这样，$\boldsymbol{x}[n]$ 的自相关 D_{N+1} 矩阵为

$$D_{N+1} = \begin{bmatrix} R_{yy}[0]-q & R_{yy}[1] & \cdots & R_{yy}[N] \\ R_{yy}[1] & R_{yy}[0]-q & \cdots & R_{yy}[N-1] \\ \cdots & \cdots & \cdots & \cdots \\ R_{yy}[N] & R_{yy}[N-1] & \cdots & R_{yy}[0]-q \end{bmatrix} \tag{12-119}$$

在这个式子中，$R_{yy}[m]$ 是已知的，但 q 未知。然而我们知道由于 $\boldsymbol{x}[n]$ 由 N 条谱线组成，所以 $\Delta_{N+1} = 0$。因此，q 是 D_{N+1} 的一个特征值。事实上，它是最小特征值 q_0，这是因为当 $q < q_0$ 时，$D_{N+1} > 0$。有了 $R_{xx}[m]$ 之后，我们如前处理：用莱文森算法求多项式 $\hat{E}_N(z)$ 的根 $e^{j\omega_i}$ 和系数 a_k^N。如果 q_0 是一重特征值，那么所有的根是相异的且 $\boldsymbol{x}[n]$ 是 N 个指数项的和。然而，如果 q_0 是一个重数为 N_0 的多重根，那么 $\boldsymbol{x}[n]$ 由 $N - N_0 + 1$ 个指数项组成。

这种分析导致卡拉西奥多雷定理的如下推广：如果 $N+1$ 个值 $R[0],\cdots,R[N]$ 是一个严格正定序列，$R[m]$ 可以表示成：

$$R[m] = q_0\delta[m] + \sum_{i=1}^{N} \alpha_i e^{j\omega_i m} \tag{12-120}$$

其中 q_0 和 α_i 是正常数，ω_i是实频率。

伯格迭代[②] ▶ 莱文森算法根据 $R[m]$ 递归地确定一个 AR 过程 $\boldsymbol{x}[n]$ 的新息滤波器 $L(z)$ 的系数 a_k^N。在实际问题中，数据 $R[m]$ 不是确切已知的。它们由 $\boldsymbol{x}[n]$ 的 J 个样本估计，把这些估计量代入(12-107)式和(12-108)式得到 K_N 和 P_N。然后利用这些结果，由(12-97)式估计 a_k^N。伯格提出了一个更直接的方法，无需估计 $R[m]$。基于观测值，莱文森算法根据 K_N 和 P_N 递归地表示系数 α_k^N。因此，这些系数的估计能根据 K_N 和 P_N 直接得到。这些估计基于如下方程[见(12-106)式]：

$$\begin{aligned} P_{N-1}K_N &= E\{\hat{\boldsymbol{\varepsilon}}_{N-1}[n]\check{\boldsymbol{\varepsilon}}_{N-1}[n-1]\} \\ P_N &= \frac{1}{2}E\{\hat{\boldsymbol{\varepsilon}}_N^2(n) + \check{\boldsymbol{\varepsilon}}_N^2[n]\} \end{aligned} \tag{12-121}$$

① V. F. Pisarenko. The Retrieval of Harmonics. *Geophysical Journal of the Royal Astronomical Society*, 1973

② J. P. Burg. Maximum entropy spectral analysis, presented at the International Meeting of the Society for the Exploration of Geophysics, Orlando, FL, 1967. Also J. P. Burg. Maximum entropy spectral analysis. Ph. D. Diss, Dept. Geophysics, Stanford Univ. CA, May 1975.

用时间平均代替期望值，得到如下迭代：初始值为

$$\boldsymbol{P}_0=\frac{1}{J}\sum_{n=1}^{J}\boldsymbol{x}^2[n] \qquad \hat{\boldsymbol{\varepsilon}}_0[n]=\check{\boldsymbol{\varepsilon}}_0[n]=\boldsymbol{x}[n]$$

求 $\boldsymbol{K}_{N-1},\boldsymbol{P}_{N-1},\boldsymbol{a}_k^{N-1},\hat{\boldsymbol{\varepsilon}}_{N-1}[n],\check{\boldsymbol{\varepsilon}}_{N-1}[n]$。令

$$\boldsymbol{K}_N=\frac{\sum_{n=N+1}^{J}\hat{\boldsymbol{\varepsilon}}_{N-1}[n]\check{\boldsymbol{\varepsilon}}_{N-1}[n-1]}{\frac{1}{2}\sum_{n=N+1}^{J}(\hat{\boldsymbol{\varepsilon}}_{N-1}^2[n]+\check{\boldsymbol{\varepsilon}}_{N-1}^2[n-1])} \tag{12-122}$$

$$\boldsymbol{P}_N=(1-\boldsymbol{K}_N^2)P_{N-1} \tag{12-123}$$

$$\begin{aligned}\boldsymbol{a}_k^N&=\boldsymbol{a}_k^{N-1}-\boldsymbol{K}_N\boldsymbol{a}_{N-k}^{N-1} \quad k=1,\cdots,N-1\\ \boldsymbol{a}_N^N&=K_N\end{aligned} \tag{12-124}$$

$$\begin{aligned}\hat{\boldsymbol{\varepsilon}}_N[n]&=\boldsymbol{x}[n]-\sum_{k=1}^{N-1}\boldsymbol{a}_k^N\boldsymbol{x}[n-k]\\ \check{\boldsymbol{\varepsilon}}_N(n)&=\boldsymbol{x}[n-N]-\sum_{k=1}^{N}\boldsymbol{a}_{N-k}^N\boldsymbol{x}[n-N+k]\end{aligned} \tag{12-125}$$

这就完成了第 N 次迭代。注意

$$|\boldsymbol{K}_N|\leqslant 1 \qquad \boldsymbol{P}_N\geqslant 0$$

如果我们把柯西不等式(见习题 10-23)应用到(12-122)式的分子，很容易得到上面的结论。◀

只有 $\boldsymbol{x}[n]$ 是一个 AR 过程时，莱文森算法才能得出正确的谱 $S(z)$。否则这个结果只是一个近似值。如果 $R[m]$ 确切已知，当 N 增加时，可以改善近似值。然而，如果 $R[m]$ 像以上被估计，误差可能增加。因为(12-49)式中的项数等于 $J-N-1$，当 N 增加时，它会减少。最优值 N 的确定一般是困难的。

定理 12-9 ▶ 费耶-里斯定理和莱文森算法 给定一个多项式谱

$$W(\mathrm{e}^{\mathrm{j}\omega})=\sum_{n=-N}^{N}w_n\mathrm{e}^{-\mathrm{j}n\omega}\geqslant 0 \tag{12-126}$$

我们求一个赫尔维兹多项式

$$\boldsymbol{Y}(z)=\sum_{n=0}^{N}y_nz^{-n} \tag{12-127}$$

使得 $W(\mathrm{e}^{\mathrm{j}\omega})=|\boldsymbol{Y}(\mathrm{e}^{\mathrm{j}\omega})|^2$。这个定理的应用非常广泛。它可以应用于 11-1 节的谱分解和 MA，ARMA 过程的谱估计中。多项式 $\boldsymbol{Y}(z)$ 的构造涉及 $W(z)$ 根的确定。特别是如果仅仅知道 $W(\mathrm{e}^{\mathrm{j}\omega})$ 作为 ω 函数的形式，那么，这不是一个简单的问题。下面我们讨论一个利用莱文森算法和傅里叶级数确定 $\boldsymbol{Y}(z)$ 的方法。

首先计算逆频谱 $S(\mathrm{e}^{\mathrm{j}\omega})=1/W(\mathrm{e}^{\mathrm{j}\omega})$ 的傅里叶级数的系数

$$R[m]=\frac{1}{2\pi}\int_{-\pi}^{\pi}\frac{1}{W(\mathrm{e}^{\mathrm{j}\omega})}\mathrm{e}^{-\mathrm{j}m\omega}\mathrm{d}\omega \qquad 0\leqslant m\leqslant N \tag{12-128}$$

这样得到的 $R[m]$ 是一个正定序列，这是因为 $S(\mathrm{e}^{\mathrm{j}\omega})\geqslant 0$。把莱文森算法应用到计算得到的 $R[m]$，我们得到 $N+1$ 个常数 a_k^N 和 P_N。这使得

$$S(\mathrm{e}^{\mathrm{j}\omega})=\frac{1}{W(\mathrm{e}^{\mathrm{j}\omega})}=\frac{P_N}{\left|1-\sum_{n=1}^{N}a_n^N\mathrm{e}^{-\mathrm{j}n\omega}\right|^2}$$

因此，类似(12-127)式，有

$$Y(z) = \frac{1}{\sqrt{P_N}}\left(1 - \sum_{n=1}^{N} a_n^N z^{-n}\right)$$

这样的方法避免了分解问题。◀

12.4　外推谱的一般类和尤拉参数化

现在考虑如下问题①：给定过程 $\boldsymbol{x}[k]$ 的自相关序列 $\{r_m\}$ 的 $n+1$ 个值(数据) $r_0, r_1, \cdots, r_n$，我们希望求它的所有正定外推，即我们希望求谱 $S(e^{j\omega}) \geqslant 0$ 的类 C_n，使得它们的傅里叶级数展开的前 $n+1$ 个系数等于给定的数据。则类 C_n 的序列 $\{r_m\}$ 和它们的谱称为容许的。

著名的三角矩问题在很长时间里一直是广泛研究的课题。不仅考虑到三角矩问题在外推理论、系统辨识、功率增益近似理论和非有理谱的有理化等中的重要性，而且考虑到其为有趣的数学问题，我们详细地述评一下这个问题。为此，注意类 C_n 中的一个是 AR 谱

$$S(z) = L(z)L(1/z) \quad L(z) = \sqrt{P_n}/E_n(z)$$

其中 $E_n(z) = \hat{E}_n(z)$ 是由 n 步莱文森算法得到的 n 阶前向滤波器。相应的 r_m 的延拓由(11-41b)式得到

$$r_m = \sum_{k=1}^{n} a_k^n r_{m-k} \qquad m > n$$

为求类 C_n 的所有成员，我们可指定反射系数

$$|K_k| \leqslant 1 \qquad k = n+1, n+2, \cdots$$

为任意值。r_m 的值能被递归确定[见(12-107)式]

$$r_m = \sum_{k=1}^{m-1} a_k^{m-1} r_{m-k} + P_{m-1} K_m \tag{12-129}$$

因为 $|K_m| \leqslant 1$，这表明 r_m 在第 m 步迭代的容许值是在长度为 $2P_{m-1}$ 的区间内：

$$\sum_{k=1}^{m-1} a_k^{m-1} r_{m-k} - P_{m-1} \leqslant r_m \leqslant \sum_{k=1}^{m-1} a_k^{m-1} r_{m-k} + P_{m-1} \tag{12-130}$$

在区间的端点处，$|K_m| = 1$；在这种情况下，$P_m = 0$ 且 $\Delta_{m+1} = 0$。正如我们指出的，相应的谱由谱线组成。如果 $|K_{m_0}| < 1$ 且 $m > m_0$ 时，$K_m = 0$，那么 $S(z)$ 是一个 m_0 阶的 AR 谱，图 12-16 表示了迭代格。前 n 部分由数据惟一确定。剩余的部分构成了由任意选择的反射系数 K_{n+1}，

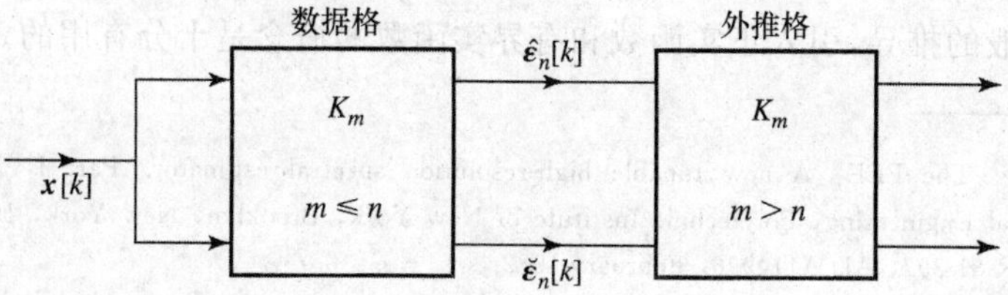

图 12-16

① A. Papoulis. Levinson's Algorithm, Wold's Decomposition, and Spectral Estimation. *SIAM Review*, vol. 27, 1985.

K_{n+2},… 确定的四端口格形结构。

有趣的是,尤拉利用经典网络理论[33]中的正实函数和有界实函数的概念,给出了所有这样的容许延拓构成的类的完全参数化形式。

12.4.1　容许延拓类的尤拉参数化方法①

令 $S(\omega)$ 表示一个实的、零均值的二阶平稳随机过程 $\boldsymbol{x}(nT)$ 的谱密度,其中 $\boldsymbol{x}(nT)$ 具有有限功率,以及协方差序列表示为 $\{r_k\}_{k=-\infty}^{\infty}$。那么,

$$S(\omega) = \sum_{k=-\infty}^{\infty} r_k e^{jk\omega} \geqslant 0 \qquad \text{当 } \omega \text{ 是实数时} \tag{12-131}$$

是周期为 2π 的周期函数,且

$$\int_{-\pi}^{\pi} S(\omega)\,d\omega < \infty \tag{12-132}$$

在这些条件下,$r_k = r_{-k}$ 是实的,且当 $|k| \to \infty$ 时,$r_k \to 0$。如在 9-4 节中所示,功率谱密度的非负性质能由(9-196)式中的 $r_0, r_1, \cdots, r_n$ 生成的托普里兹矩阵和它的行列式 $\Delta_n (n = 0 \to \infty)$ 刻画。因此,功率谱密度函数的非负性质等价于(9-196)式中托普里兹矩阵对每个 n 都是非负定的。此外,如果功率谱密度也满足(9-203)式中的帕里-维纳准则,那么功率谱密度的非负性质意味着对所有的 T_n 具有正定性:$n = 0 \to \infty$,$\Delta_n > 0$。进而,在这些条件下,存在一个函数 $H(z)$ 与它的逆,在 $|z| < 1$ 内是解析的,使得[(9-203)～(9-207)式]

$$S(\omega) = |H(e^{j\omega})|^2 \tag{12-133}$$

几乎处处成立

除了符号不确定之外,这个最小相位因子 $H(z)$ 都是惟一的,允许对其进行幂级数展开②

$$H(z) = \sum_{k=0}^{\infty} h_k z^k \qquad |z| < 1 \tag{12-134}$$

使得 $\sum_{k=0}^{\infty} h_k^2 < \infty$。

给定 $(n+1)$ 个部分协方差 $r_0, r_1, \cdots, r_n$,其来自于一个零均值的、功率谱密度满足(12-132)式和(9-203)式的平稳随机过程。谱估计问题是外推给定数据得到功率谱密度的所有可能解,即这样的解 $K(\omega)$ 除了满足(12-132)式和(9-203)式③外,还应满足

$$K(\omega) \geqslant 0$$

和

$$\frac{1}{2\pi}\int_{-\pi}^{\pi} K(\omega) e^{-jk\omega}\,d\omega = r_k \qquad |k| = 0 \to n$$

为了了解一般的推导,引入正实函数和有界实函数的概念是十分有用的。

---

① D. C. Youla. The FEE: A new tunable high-resolution spectral estimator. Part I, Technical note, no. 3, Department of Electrical Engineering, Polytechnic Institute of New York, Brooklyn, New York, 1980: also available as RADC Rep. RADC-TR-81-397, AD A114996, February 1982.

② 在这一小节中我们将用变量 z 而不是 z^{-1} 以使得收敛区域是单位圆内一个密集的区域(见附录 12A 中的注解).

③ 如(9-204)式所示,方程(9-203)式表明 $k = 0 \to \infty$ 时,$T_k > 0$。然而,如果这些协方差形成一个对某一 r 满足 $\Delta_r = 0$ 的奇序列,那么存在 $m \leqslant r$ 使得 $\Delta_{m-1} > 0$ 和 $\Delta_m = 0$ 且给定的协方差有惟一的展开 $r_k = \sum_{i=1}^{m} p_i e^{jk\omega_i}, k \geqslant 0$,这对应于一个有 m 个离散分量的线谱。这里对于 $i = 1 \to m$,$P_i > 0, 0 \leqslant \omega_i < 2\pi$ 是惟一的正常数,它们能由与 $\boldsymbol{T}_m$ 的零特征值对应的惟一的特征矢量得到。这就是(12-116)式中的卡拉西奥多雷定理[14]和[25]中的 $p.81$。

正函数和有界函数 一个函数 $Z(z)$ 称为正函数，如果(i) $|z|<1$ 时，$Z(z)$ 是解析的，以及(ii) $|z|<1$ 时，$\mathrm{Re}Z(z)\geqslant 0$。此外，如果对于实数 z，$Z(z)$ 也是实的，那么它被称为正实函数。

可以证明这些函数在单位圆内没有零点和极点。即使有的话，它们在单位圆边界上的零点和极点必须是单重的，其中极点具有正留数。

类似地，如果(i) $|z|<1$ 时，$\rho(z)$ 是解析的，以及(ii) $|z|<1$ 时，$|\rho(z)|\leqslant 1$，则函数称为有界函数。此外，如果对于实数，也是实的，那么它被称为有界实函数。例如，$\mathrm{e}^{-(1-z)}$，z^n 和 $(1+2z)/(2+z)$。

正实函数和有界函数是紧密相关的。如果 $Z(z)$ 是正实的，那么

$$\rho(z)=\frac{Z(z)-R}{Z(z)+R} \tag{12-135}$$

对于每个正数 R 是有界实的，这是由于在 $|z|<1$ 内，$1-|\rho(z)|^2\geqslant 0$ 且 $\rho(z)$ 是解析的。

设

$$Z(z)=r_0+2\sum_{k=0}^{\infty}r_k z^k \quad |z|<1 \tag{12-136}$$

其中 $\{r_k\}_{k=0}^{\infty}$ 表示(12-131)中的协方差序列。那么由于

$$Z(z)=\frac{1}{2\pi}\int_{-\pi}^{\pi}\left(\frac{\mathrm{e}^{\mathrm{j}\omega}+z}{\mathrm{e}^{\mathrm{j}\omega}-z}\right)S(\omega)\mathrm{d}\omega$$

肯定有

$$\mathrm{Re}\,\frac{1}{2\pi}\int_{-\pi}^{\pi}\left(\frac{1-|z|^2}{|\mathrm{e}^{\mathrm{j}\omega}-z|^2}\right)S(\omega)\mathrm{d}\omega\geqslant 0 \tag{12-137}$$

即由(12-136)式定义的 $Z(z)$ 是正实的。参照(10-184)和(12-137)式，可以得出：当且仅当(10-182)式中由 $r_0,r_1,\cdots,r_n(n=0\rightarrow\infty)$ 生成的每个埃米特-托普里兹矩阵 $\boldsymbol{T}_n$ 是非负定的，由(12-136)式给定的 $Z(z)$ 就表示一个正实函数。可以证明，对于这样的函数，内径向极限

$$Z(\mathrm{e}^{\mathrm{j}\omega})=\lim_{\rho\rightarrow 1-0}Z(\rho\mathrm{e}^{\mathrm{j}\omega}) \tag{12-138}$$

对几乎所有的 ω 是存在的，因此它的实部在单位圆上几乎处处非负，即

$$K(\omega)\equiv\mathrm{Re}Z(\mathrm{e}^{\mathrm{j}\omega})=\sum_{k=-\infty}^{\infty}r_k\mathrm{e}^{\mathrm{j}k\omega}\geqslant 0 \qquad 0<\omega<2\pi \tag{12-139}$$

其中 $r_{-k}\equiv r_k^*$。对几乎所有的 ω，$K(\omega)$ 也是一致有界的，它是可积函数，且与每个正实函数相联系，其中正实函数存在一个如(12-139)式所定义的有限功率的功率谱。相反地，与每个功率谱 $S(\omega)$ 和(12-131)式的 r_k 相对应的，且由(12-136)式定义的 $Z(z)$ 表示一个正实函数。这样在正实函数和功率谱密度函数之间存在一一对应关系。

在有理情况下，$Z(z)$ 是有理的。又由于每个功率谱密度能根据(12-133)式中所示的最小相位因子 $H(z)$ 惟一地表示，再由(12-139)式，我们有①

$$K(\theta)=\mathrm{Re}Z(\mathrm{e}^{\mathrm{j}\omega})=|H(\mathrm{e}^{\mathrm{j}\omega})|^2 \tag{12-140}$$

显然，当且仅当 $K(\omega)$ 在 $0\leqslant\omega<2\pi$ 内不等于零，$H(z)$ 在 $|z|=1$ 处不等于零。引入仿共轭符号，方程(12-140)可以更方便地重写为

$$H_*(z)\equiv H^*(1/z^*)=H(1/z) \tag{12-141}$$

① 在某些限制的条件下，这对无理情况也成立。

其中 H^* 表示 H 的复共轭，所以 $H_*(e^{j\theta})=H^*(e^{j\theta})$ 且(12-140)式变为等式

$$\frac{Z(z)+Z_*(z)}{2}=H(z)H_*(z) \tag{12-142}$$

其中 $Z(z)$ 在 $|z|=1$ 处没有极点，且对于每个有理最小相位系统 $H(z)$ 存在惟一的有理正实函数 $Z(z)$，它在 $|z|=1$ 处无极点且自由度等于 $H(z)$ 的阶数①。这样，对于每个最小相位有理变换函数，存在惟一的有理正实函数，它在 $|z|=1$ 处没有极点。

欧拉指出，利用 Schur 的算法，每个这样的正实函数 $Z(z)$ 可由理想谱线的集合和一个正实函数惟一地表示。这样任意的 $Z(z)$ 能表示成相等时延的理想传输线②的级联的输入阻抗，其中传输线终端由一个**惟一**的正实函数闭合。在有理情况下，$Z(z)$ 的这种表示可进一步用来辨识正确模型阶数和系统参数；而在无理情况下③[25]，获得稳定的(最小相位)有理近似。

特别地，参考(12-135)式，由于 $Z(0)=\mathrm{Re}Z(0)>0$，得出另一个有界实函数

$$\rho_0(z)=\frac{Z(z)-Z(0)}{Z(z)+Z(0)} \tag{12-143}$$

在有理情况下，$\rho(z)$ 是有理的，且对于有理正实函数 $Z(z)$，(12-143)式定义了一个有理的有界实函数。此外，由(12-143)式 $\rho_0(z)$ 在 $z=0$ 处至少有一个零点。因此实有理函数

$$\rho_1(z)=\frac{1}{z}\rho_0(z)=\frac{1}{z}\,\frac{Z(z)-Z(0)}{Z(z)+Z(0)} \tag{12-144}$$

在 $|z|<1$ 内是解析的。由于 $\rho_0(z)$ 在 $z=e^{j\omega}$ 上也是解析的，有

$$|\rho_1(e^{j\omega})|=|\rho_0(e^{j\omega})|\leqslant 1$$

并由最大模定理，在 $|z|\leqslant 1$ 内，$|\rho_1(z)|\leqslant 1$，即 $\rho_1(z)$ 也是有界实的。进而，由于 $z=0$ 不是 $\rho_1(z)$ 的极点，当且仅当因子 $1/z$ 可消去有界实函数 $\rho_0(z)$ 在 $z=\infty$ 时的极点时 $\rho_1(z)$ 的阶数可由不等式 $\delta[\rho_1(z)]\leqslant\delta[Z(z)]$ 给出。为了清楚地观察阶数减少条件，有

$$Z(z)=\frac{b_0+b_1z+\cdots+b_pz^p}{a_0+a_1z+\cdots+a_pz^p}$$

那么由(12-144)式，得到

$$\rho_1(z)=\frac{1}{z}\rho_0(z)=\frac{(a_0b_1-b_0a_1)+(a_0b_2-b_0a_2)z+\cdots+(a_0b_p-b_0a_p)z^{p-1}}{2a_0b_0+(a_0b_1+b_0a_1)z+\cdots+(a_0b_p+b_0a_p)z^p} \tag{12-145}$$

并且当且仅当(12-145)式的分母是 $p-1$ 次的，即

$$\delta[\rho_1(z)]=p-1\Leftrightarrow a_0b_p+b_0a_p=0$$

或，当且仅当

$$b_0/a_0=-b_p/a_p$$

有 $\delta[\rho_1(z)]<\delta[Z(z)]=p$。

但是，因为 $b_0/a_0=Z(0)$ 且 $b_p/a_p=Z(1/z)|_{z=0}=0$，所以阶数减少，当且仅当 $z\to 0$ 时，

$$Z(z)+Z_*(z)\to 0 \tag{12-146}$$

---

① 一个有理系统 $\delta[H(z)]$ 的自由度等于它的极点(或零点)的总数，包括无限远处的和重的极点(或零点)。

② 在目前的教科书中，横向电磁波(TEM)传输线被认为是理想的乘法器和延时单元，z 表示双程延时算子(见在后面的图 12-18)。

③ S. U. Pillai, T. I. Shim and D. C. Youla. A New Technique for ARMA-System Identification and Rational Approximation. *IEEE Trans. On Signal Processing*, Vol. 41, no. 3, pp. 1281-1304, March, 1993.

这就是经典网络综合理论[33]中的理查德定理。利用(12－142)式，这个阶数减少条件是：当 $z \to 0$ 时

$$\delta(\rho_1(z)) = p - 1 \Leftrightarrow Z(z) + Z_*(z) = 2H(z)H_*(z) \to 0 \qquad (12-147)$$

即为了使阶数减少发生，$Z(z)$ 的"偶部"在 $z=0$ 时必须为零。有理系统辨识进一步利用了这个条件(内容详见 458 页注 ③ 和[25])。

令 $Z_1(z)$ 表示一个与关于 $Z(0)$ 归一化的 $\rho_1(z)$ 相关联的正实函数。因此

$$\rho_1(z) = \frac{Z_1(z) - Z(0)}{Z_1(z) + Z(0)} \qquad (12-148)$$

在这种情况下，在辨识 $z = e^{-2s\tau}$ ($s = \sigma + j\omega$ 表示复频变量)，(12－144)式给出图 12－17 中有趣的结构，其中 $Z(z)$ 是由"特征阻抗"$R_0 = Z(0)$ 和单路延时线 $\tau(>0)$ 组成的理想(TEM)传输线的输入阻抗，且传输线终端由一个新的正实函数 $Z_1(z)$ 形成闭合回路：

$$Z_1(z) = R_0 \frac{1 + \rho_1(z)}{1 - \rho_1(z)}$$

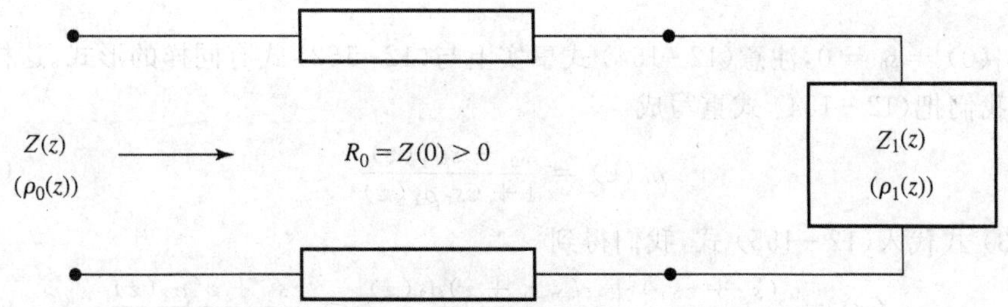

图 12－17　正/有界实函数和线路提取

在这种情况下，(12－144)式能重写成

$$\frac{Z_1(z) - Z(0)}{Z_1(z) + Z(0)} = \frac{1}{z}\frac{Z(z) - Z(0)}{Z(z) + Z(0)} \qquad (12-149)$$

利用基本的理查德变换公式(12－149)和(12－148)式，重复这个过程，更一般地在第 r 步，我们有

$$\rho_{r+1}(z) \equiv \frac{Z_{r+1}(z) - Z_r(0)}{Z_{r+1}(z) + Z_r(0)} = \frac{1}{z}\frac{Z_r(z) - Z_r(0)}{Z_r(z) + Z_r(0)},\ r \geqslant 0 \qquad (12-150)$$

令 $R_r = Z_r(0)$ 且让

$$\rho_{r+1}(0) = \frac{R_{r+1} - R_r}{R_{r+1} + R_r} \equiv s_{r+1},\ r \geqslant 0 \qquad (12-151)$$

表示第$(r+1)$个以 1 为界的节点"失配"反射系数，则由(12－150)式以及依靠用 $\rho_{r+1}(z)$ 和 $\rho_{r+2}(z)$ 表示的 $Z_{r+1}(z)$ 得到单步更新规则(Schur 算法)

$$\rho_{r+1}(z) = \frac{z\rho_{r+2}(z) + \rho_{r+1}(0)}{1 + z\rho_{r+1}(0)\rho_{r+2}(z)} = \frac{z\rho_{r+2}(z) + s_{r+1}}{1 + zs_{r+1}\rho_{r+2}(z)},\ r \geqslant 0 \qquad (12-152)$$

被证明对于模型阶数的确定是极其有用的。在这种情况下，为了进一步考虑谱扩展问题，最好根据 $\rho_{n+1}(z)$ 来表示(12－143)式(关于 R_0 规范化的)的输入反射系数 $\rho_0(z)$，其中 $\rho_0(z)$ 与(12－135)式中 $Z(z)$ 相关联，而显示 $\rho_{n+1}(z)$(12－150)～(12－152)式所描述的 Schur 算法的 $n+1$ 步之后的、终端 $Z_{n+1}(z)$ 的反射系数(见图 12－8)[由(12－150)式，$\rho_{n+1}(z)$ 关于最后一段

传输线的阻抗 R_n 规范化]。为此,令 $r=0$,由(12-152)式可得

$$\rho_1(z)=\frac{s_1+z\rho_2(z)}{1+zs_1\rho_2(z)} \tag{12-153}$$

和(12-144)式给出

$$\rho_0(z)=z\rho_1(z) \tag{12-154}$$

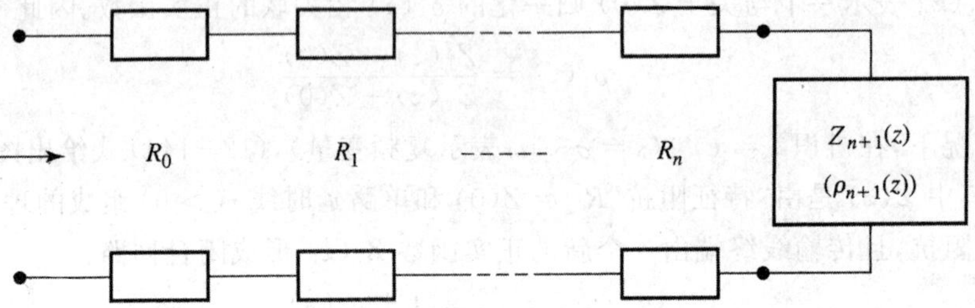

图 12-18　级联表示

由于 $\rho_0(0)=s_0=0$,注意(12-154)式事实上与(12-152)式有同样的形式。这样,为了一致性缘故,我们把(12-154)式重写成

$$\rho_0(z)=\frac{s_0+z\rho_1(z)}{1+zs_0\rho_1(z)} \tag{12-155}$$

将(12-153)式代入(12-155)式,我们得到

$$\rho_0(z)=\frac{(s_0+zs_1)+z(s_0s_1+z)\rho_2(z)}{(1+zs_0s_1)+z(s_1+zs_0)\rho_2(z)}=\frac{zs_1+z^2\rho_2(z)}{1+zs_1\rho_2(z)} \tag{12-156}$$

继续迭代$(n-2)$次,我们有

$$\rho_0(z)=\frac{h_{n-1}(z)+z\tilde{g}_{n-1}(z)\rho_n(z)}{g_{n-1}(z)+z\tilde{h}_{n-1}(z)\rho_n(z)} \tag{12-157}$$

其中

$$\tilde{g}(z)\equiv z^n g_{n*}(z)=z^n g_n^*(1/z^*) \tag{12-158}$$

表示 $g_n(z)$ 的互反多项式。再次用(12-152)式更新 $\rho_n(z)$,方程(12-157)式化为

$$\begin{aligned}\rho_0(z)&=\frac{[h_{n-1}(z)+zs_n\tilde{g}_{n-1}(z)]+z[z\tilde{g}_{n-1}(z)+s_nh_{n-1}(z)]\rho_{n+1}(z)}{[g_{n-1}(z)+zs_n\tilde{h}_{n-1}(z)]+z[z\tilde{h}_{n-1}(z)+s_ng_{n-1}(z)]\rho_{n+1}(z)}\\&=\frac{h_n(z)+z\tilde{g}_n(z)\rho_{n+1}(z)}{g_n(z)+z\tilde{h}_n(z)\rho_{n+1}(z)}\end{aligned} \tag{12-159}$$

其中对于 $n\geqslant 1$,

$$\begin{aligned}\alpha g_n(z)&\equiv g_{n-1}(z)+zs_n\tilde{h}_{n-1}(z)\\\alpha h_n(z)&\equiv h_{n-1}(z)+zs_n\tilde{g}_{n-1}(z)\end{aligned} \tag{12-160}$$

其中 α 是待确定的合适的规范化常数。从(12-154)式和(12-155)式,上面的迭代从

$$g_0(z)=1\quad 和\quad h_0(z)=0 \tag{12-161}$$

开始,注意(12-160)式给出 $\alpha g_1(z)=1$,$\alpha h_1(z)=zs_1$,$\alpha\tilde{g}_1(z)=z$,$\alpha\tilde{h}_1(z)=s_1$,所有这些结果与(12-156)式一致。直接的计算也可以证明

$$\alpha^2[g_n(z)g_{n*}(z)-h_n(z)h_{n*}(z)]=(1-s_n^2)[g_{n-1}(z)g_{n-1*}(z)-h_{n-1}(z)h_{n-1*}(z)] \tag{12-162}$$

因此通过设

$$\alpha = \sqrt{1-s_n^2} \tag{12-163}$$

我们有

$$g_n(z)g_{n*}(z) - h_n(z)h_{n*}(z) = 1 \tag{12-164}$$

这个关系在网络理论[33] 中称为 Feltketter 等式①。

正如欧拉所指出的,(12 - 159) 式可以解释成一个$(n+1)$ 步传输线的输入反射系数,其中传输线终端由反射系数为 $\rho_{n+1}(z)$ 的负载 $Z_{n+1}(z)$(见图 12 - 18) 闭合。这里,输入反射系数 $\rho_0(z)$ 关于第一段传输线的特征阻抗 R_0 规范化,而终端负载 $Z_{n+1}(z)$ 关于第$(n+1)$ 段传输线的特征阻抗 R_n 规范化,即[见(12 - 150) 式],

$$\rho_{n+1}(z) = \frac{Z_{n+1}(z) - R_n}{Z_{n+1}(z) + R_n} \tag{12-165}$$

自然地,$g_n(z)$ 和 $h_n(z)$ 通过如下单步更新规则刻画了第$(n+1)$ 段传输线的特性,

$$\sqrt{1-s_n^2}\,g_n(z) = g_{n-1}(z) + zs_n\tilde{h}_{n-1}(z) \tag{12-166}$$

和

$$\sqrt{1-s_n^2}\,h_n(z) = h_{n-1}(z) + zs_n\tilde{g}_{n-1}(z) \tag{12-167}$$

用儒歇(Rouche) 定理和对(12 - 166) 式的一个推导的结论,并用(12 - 161) 式得出只要 $|s_k| < 1$ $(k = 1 \to n)$,那么 $g_n(z), n = 1,2,\cdots$ 在封闭的单位圆内没有零点(严格 Hurwitz 多项式)。但从后面的(12 - 191) 式将看到,$\boldsymbol{T}_n > 0$ 意味着当 $k = 1 \to n$ 时,$|s_k| < 1$。因此,(12 - 164) 式和最大模给出 $h_n(z)/g_n(z)$ 是有界实函数。进而,由(12-159) 式和(12-164) 式,我们得到关键的等式

$$\rho_0(z) - \frac{h_n(z)}{g_n(z)} = \frac{z^{n+1}\rho_{n+1}(z)}{g_n^2(z)[1 + z\rho_{n+1}(z)\tilde{h}_n(z)/g_n(z)]} \tag{12-168}$$

由于在 $|z| \leqslant 1$ 时,$|g_n(z)| > 0$ 和 $|h_n(z)/g_n(z)| < 1$,(12 - 168) 式意味着

$$\rho_0(z) - \frac{h_n(z)}{g_n(z)} = O(z^{n+1})$$

即有界实函数 $\rho_0(z)$ 和 $h_n(z)/g_n(z)$ 两者在 $z = 0$ 处的幂级数展开的第$(n+1)$ 次是**一致**的。由于 $\rho_0(z)$ 包含一个任意的有界实函数 $\rho_{n+1}(z)$,显然,此函数**不影响** $\rho_0(z)$ 的展开项的前$(n+1)$ 个系数。因此,由于 r_k 在 $k = 0 \to n$ 时只依赖于 $\rho_0(z)$ 的前$(n+1)$ 个系数,在(12 - 150) 式中相应的驱动点正实函数

$$Z(z) = R_0\left(\frac{1+\rho_0(z)}{1-\rho_0(z)}\right) = r_0 + 2\sum_{k=1}^{n} r_k z^k + O(z^{n+1}) \tag{12-169}$$

展开项的前$(n+1)$ 个系数 $r_0, r_1, \cdots, r_n$ 也**不受** $\rho_{n+1}(z)$ 的影响。

为了从传输线的观点理解这个问题,设图 12 - 18 的端口结构由一个输入电流源 $i(t) = \delta(t)$ 激励。这个脉冲向第一个传输线发射一个电压脉冲 $r_0\delta(t)$,在 τ 秒后它到达第一和第二段传输线的连接点。在这一点上,一部分被反射回驱动点,其余部分传送到下一段传输线。同样地,在 τ 秒后,入射脉冲到达下一个结点,这里它再次一部分被反射和其余部分继续传输。继续

① 容易看到对每个 $n, h_n(0) = 0$,因此,必须有 $h_n(z) = h_1z + h_2z^2 + \cdots + h_nz^n$。然而,为使(12 - 163) 式成立,$g_n(z)g_{n^*}(z)$ 和 $h_n(z)h_{n^*}(z)$ 生成的最高项必须相互抵消,因此 $g_n(z)$ 至多是 $n-1$ 次的。

这个过程直到传输电流到达终端负载 $Z_{n+1}(z)$。由于与被动负载 $Z_{n+1}(z)$ 相互作用仅发生在 $(n+1)\tau$ 秒之后，在 $0 \leqslant t \leqslant 2(n+1)\tau$ 时间内，输入电压响应 $v(t)$ 由 $(r+1)$ 段传输线的结构完全确定。进而，由于 2τ 表示对所有传输线的双程延时，在辨识 $z = e^{-2s\tau}$ 时，可得出在(12-169)式中展开项的驱动点阻抗的前 $(n+1)$ 个系数由前 $(n+1)$ 段传输线的特征阻抗 $R_0, R_1, \cdots, R_n$ 确定，而不是由终端处的 $\rho_{n+1}(z)$ 确定。将(12-159)式代入(12-169)式得到输入阻抗

$$Z(z) = R_0 \frac{1+\rho_0(z)}{1-\rho_0(z)} = 2\frac{Q_n(z) + z\rho_{n+1}(z)\widetilde{Q}_n(z)}{P_n(z) - z\rho_{n+1}(z)\widetilde{P}_n(z)} \tag{12-170}$$

其中我们定义

$$P_n(z) \equiv \frac{g_n(z) - h_n(z)}{\sqrt{R_0}} \tag{12-171}$$

且有

$$Q_n(z) \equiv \sqrt{R_0}\,\frac{g_n(z) + h_n(z)}{2} \tag{12-172}$$

$P_n(z)$ 和 $Q_n(z)$ 分别是著名的第一类和第二类的莱文森多项式①。最后，用(12-164)式，经过直接的计算可得

$$P_n(z)Q_{n^*}(z) + P_{n^*}(z)Q_n(z) \equiv 1 \tag{12-173}$$

且利用偶数部分的条件，(12-170)式 $Z(z)$ 的"偶部"取简单的形式②

$$\frac{Z(z)+Z_*(z)}{2} = \frac{1-\rho_{n+1}(z)\rho_{n+1^*}(z)}{[P_n(z) - z\rho_{n+1}(z)\widetilde{P}_n(z)][P_n(z) - z\rho_{n+1}(z)\widetilde{P}_n(z)]_*} \tag{12-174}$$

因为在单位圆上每个正实函数的实部与一个功率谱密度函数对应，由(12-139)式得到③

$$K(\omega) = \mathrm{Re}Z(e^{j\omega}) = \frac{1-|\rho_{n+1}(e^{j\omega})|^2}{|D_n(e^{j\omega})|^2} \geqslant 0 \tag{12-175}$$

其中

$$D_n(z) \equiv P_n(z) - z\rho_{n+1}(z)\widetilde{P}_n(z),\ n = 0 \to \infty \tag{12-176}$$

将(12-166)式和(12-167)式代入(12-171)式中，我们也得到递归

$$\sqrt{1-s_n^2}P_n(z) = P_{n-1}(z) - zs_n\widetilde{P}_{n-1}(z),\ n = 1 \to \infty \tag{12-177}$$

其中初始化[用(12-161)和(12-171)式]为

$$P_0(z) = 1/\sqrt{r_0} \tag{12-178}$$

再一次，由于对所有的 n，$|s_n| < 1$。如前论证，得出 $P_n(z), n = 0,1,\cdots$ 在 $|z| \leqslant 1$ 内没有零点，由此和在 $|z| \leqslant 1$ 时 $|\rho_{n+1}(z)| \leqslant 1$，使得我们可以由(12-176)式得出 $D_n(z), n = 0,1,\cdots$ 是解析的且在 $|z| < 1$ 内没有零点。让 $\Gamma_{n+1}(z)$ 表示方程

$$1 - |\rho_{n+1}(e^{j\omega})|^2 = |\Gamma_{n+1}(e^{j\omega})|^2$$

---

① 除了一个规范化常数和变量 z(代替 z^{-1})，$P_n(z)$ 与(12-93a)和(12-95)式中的 $\hat{E}_n(z)$ 相同。注意 $\widetilde{P}_n(z) = z^n P_n^*(1/z^*)$ 表示 $P_n(z)$ 的多项式逆。

② 由(12-170)式和(12-173)式，我们直接得到 $Z(z) - \dfrac{2Q_n(z)}{\rho_n(z)} = O(z^{n+1})$，它证实了(12-169)式。

③ 可以看到在单位圆上 $[Z(z) + Z_*(z)]/2 = [Z(z) + Z^*(z)]/2 = \mathrm{Re}Z(z)$

的解，这个方程是解析的且在 $|z|<1$ 时没有零点。从(9－203)～(9－207)式，当且仅当

$$\int_{-\pi}^{\pi}\ln(1-|\rho_{n+1}(e^{j\omega})|^2)d\omega>-\infty \tag{12-179}$$

这个分解是可能的[如果 $\rho_{n+1}(z)$ 是有理的，方程(12－179)式是自然成立]。在这种情况下，由(12－175)式得

$$K(\omega)=|H(e^{j\omega})|^2$$

其中除了符号不定外，有

$$H(z)=\frac{\Gamma_{n+1}(z)}{D_r(z)}=\frac{\Gamma_{n+1}(z)}{P_n(z)-z\rho_{n+1}(z)\widetilde{P}_n(z)} \tag{12-180}$$

表示与(12－175)式中 $K(\omega)$ 对应的维纳因子，这是由于 $H(z)$ 和它的逆在 $|z|<1$ 内是解析的。

显然 $K(\omega)$ 被每个有界实函数 $\rho_{n+1}(z)$(有理的和无理的)参数化，并且从(12－169)和(12－175)式得

$$K(\omega)=\sum_{k=-n}^{n}r_k e^{jk\omega}+\text{高阶项} \tag{12-181}$$

这样，(12－175)式表示内插给定了自相关序列 $r_0,r_1,\cdots,r_n$ 的所有谱展开的类。如前所述，$r_k(|k|=0\to n)$ 由 $g_n(z)$ 和 $h_n(z)$ 所描述的级联结构完全确定，或者如(12－171)，(12－175)式和(12－176)式，完全可用莱文森多项式 $P_n(z)$ 加以确定。我们把(12－175)和(12－180)式分别称为对所有谱和维纳因子的尤拉参数化公式。

给定 $r_0,r_1,\cdots,r_n$，求 $P_n(z)$ 的逆问题能通过考虑特殊情况 $\rho_{n+1}(z)\equiv 0$ 来解决。从(12－165)式，这对应于 $Z_{n+1}(z)\equiv R_n$ 的情况，即终端负载与最后一段传输线的特征阻抗相匹配。在这种情况下，由(12－175)式和(12－176)式得出

$$K(\omega)=K_0(\omega)=\frac{1}{|P_n(e^{j\omega})|^2} \tag{12-182}$$

表示最大熵展开，这是由于与(16－50)～(16－55)式中的任意展开项有关的熵被给定为

$$\begin{aligned}E_\rho&\equiv\frac{1}{2\pi}\int_{-\pi}^{\pi}\ln K(\omega)d\omega=\ln|H(0)|^2\\&=-\ln|P_n(0)|^2-\ln(1/|\Gamma_{n+1}(0)|^2)\end{aligned} \tag{12-183}$$

且在 $\Gamma_{n+1}(0)=1$ 时它被最大化，这对应于 $\Gamma_{n+1}(z)\equiv 1$ 和 $\rho_{n+1}(z)\equiv 0$。由(12－170)式，对应的阻抗形式为

$$Z_0(z)=\frac{2Q_n(z)}{P_n(z)} \tag{12-184}$$

利用(12－173)式，这给出

$$\frac{Z_0(z)+Z_{0^*}(z)}{2}=\frac{1}{P_n(z)P_{n^*}(z)} \tag{12-185}$$

令

$$P_n(z)=a_0+a_1z+\cdots+a_nz^n,\ a_0>0 \tag{12-186}$$

那么，由(12－169)式，由于

$$Z_0(z)=r_0+2\sum_{k=1}^{n}r_kz^k+O(z^{n+1}),$$

所以由(12－184)和(12－185)式可得

$$\left(r_0+\sum_{k=1}^{\infty}r_k z^k+\sum_{k=1}^{\infty}r_{-k}z^{-k}\right)(a_n+a_{n-1}z+\cdots+a_0 z^n)=\frac{z^n}{P_n(z)} \tag{12-187}$$

由于在 $|z|\leqslant 1$ 内 $P_n(z)\neq 0$，$1/P_n(z)$ 有如下幂级数展开

$$\frac{1}{P_n(z)}=b_0+b_1 z+b_2 z^2+\cdots \quad b_0=\frac{1}{a_0}>0 \tag{12-188}$$

其中它的收敛半径大于 1。这样通过比较(12-187) 式中等式两边的系数，我们得到

$$\begin{pmatrix} r_0 & r_1 & \cdots & r_n \\ r_{-1} & r_0 & \cdots & r_{n-1} \\ \vdots & \vdots & & \vdots \\ r_{-n} & r_{-n+1} & \cdots & r_0 \end{pmatrix}\begin{pmatrix} a_n \\ a_{n-1} \\ \vdots \\ a_0 \end{pmatrix}=\begin{pmatrix} 0 \\ 0 \\ \vdots \\ b_0 \end{pmatrix} \tag{12-189}$$

然而，$\boldsymbol{a}=[a_n,a_{n-1},\cdots,a_0]^t$，由(12-189) 式[25]

$$P_n(z)=[z^n,z^{n-1},\cdots,z,1]\boldsymbol{a}=\frac{1}{a_0\Delta_n}\begin{bmatrix} r_0 & r_1 & \cdots & r_{n-1} & r_n \\ r_{-1} & r_0 & \cdots & r_{n-2} & r_{n-1} \\ \vdots & \vdots & & \vdots & \vdots \\ r_{-n+1} & r_{-n+2} & \cdots & r_0 & r_1 \\ z^n & z^{n-1} & \cdots & z & 1 \end{bmatrix}$$

对(12-189) 式应用克莱姆规则求解 b_0，并由(12-188) 式，我们得到

$$a_0=\sqrt{\frac{\Delta_{n-1}}{\Delta_n}}$$

最后给出紧凑表达式为

$$P_n(z)=\frac{1}{\sqrt{\Delta_n\Delta_{n-1}}}\begin{vmatrix} r_0 & r_1 & \cdots & r_{n-1} & r_n \\ r_{-1} & r_0 & \cdots & r_{n-2} & r_{n-1} \\ \vdots & \vdots & & \vdots & \vdots \\ r_{-n+1} & r_{-n+2} & \cdots & r_0 & r_1 \\ z^n & z^{n-1} & \cdots & z & 1 \end{vmatrix} \tag{12-190}$$

注意到在(12-190) 式中一个容易确定的行列式展开①和 Δ_n 也给出了有用的递归规则(12-177) 式和(12-178) 式以及新的公式

$$\frac{\Delta_n}{\Delta_{n-1}}=\frac{\Delta_{n-1}}{\Delta_{n-2}}(1-|s_n|^2) \tag{12-191}$$

其中结点反射系数也满足

$$s_n=(-1)^{n-1}\frac{\Delta_n^{(1)}}{\Delta_{n-1}} \tag{12-192}$$

其中 $\Delta_n^{(1)}$ 表示 $\boldsymbol{T}_n$ 去掉第一列和最后一行后得到的子式。显然从(12-191) 式，$\boldsymbol{T}_n>0$ 意味着当 $k=1\rightarrow n$ 时 $|s_k|<1$。(12-191) 式也能重写成更简便的形式[25]

① 设 $\boldsymbol{A}$ 是一个 $n\times n$ 矩阵，Δ_{NW}，Δ_{NE}，Δ_{SW} 和 Δ_{SE} 表示矩阵 A 的西北、东北、西南和东南角上相邻行和相邻列形成的 $(n-1)\times(n-1)$ 子式。进而，用 Δ_C 表示 A 正中心的 $(n-2)\times(n-2)$ 阶子式。那么雅可比等式的特殊情况有 $\Delta_C|A|=\Delta_{NW}\Delta_{SE}-\Delta_{NE}\Delta_{SW}$。

$$s_n = \left\{P_{n-1}(z)\sum_{k=1}^{n} r_k z^k\right\}_n P_{n-1}(0) \qquad n \geqslant 1 \tag{12-193}$$

其中$\{\ \}_n$表示z^n在$\{\ \}$内的系数。注意到表达式(12-177),(12-178)和(12-193)式能容易地实现,且对于由一个正定序列$r_0,r_1,\cdots,r_n$形成的自相关序列生成的严格 Hurwitz 多项式$P_k(z),k=1,2,\cdots,n$,可以形成莱文森递归算法。

这就完成了所有外推给定自相关序列的功率谱展开的类的刻画。

附录 12A　最小相位函数

一个函数

$$\boldsymbol{H}(z) = \sum_{n=0}^{\infty} h_n z^{-n} \tag{12A-1}$$

如果它是解析的且它的逆$1/\boldsymbol{H}(z)$对于$|z|>1$也是解析的,则称为最小相位的。我们将证明如果是最小相位的,那么

$$\ln h_0^2 = \frac{1}{2\pi}\int_{-\pi}^{\pi} \ln|\boldsymbol{H}(e^{j\omega})|^2 d\omega \tag{12A-2}$$

证　用等式$|\boldsymbol{H}(e^{j\omega})|^2 = \boldsymbol{H}(e^{j\omega})\boldsymbol{H}(e^{-j\omega})$,令$e^{j\varphi}=z$,我们得出

$$\int_{-\pi}^{\pi} \ln|\boldsymbol{H}(e^{j\omega})|^2 d\omega = \oint \frac{1}{jz}\ln[\boldsymbol{H}(z)\boldsymbol{H}(z^{-1})]dz$$

其中积分路径是单位圆。进而,我们注意到:把z变成$1/z$,有

$$\oint \frac{1}{z}\ln\boldsymbol{H}(z)dz = \oint \frac{1}{z}\ln\boldsymbol{H}(z^{-1})dz$$

为证明(12A－2)式,只要证

$$\ln|h_0| = \frac{1}{2\pi j}\oint \frac{1}{z}\ln\boldsymbol{H}(z)dz$$

这个等式容易得出,因为$z\to\infty$时,$\boldsymbol{H}(z)$趋于h_0,且由假设知在$|z|>1$时函数$\ln\boldsymbol{H}(z)$是解析的。

注　如果在(12A-1)式中用z代替z^{-1},则收敛区域变为$|z|<1$。[见(12-134)式]。

附录 12B　全通函数

单位圆是N个点的轨迹,它使得(见图 12-19a)

$$\frac{(NA)}{(NB)} = \frac{|e^{j\omega}-1/z_i^*|}{|e^{j\omega}-z_i|} = \frac{1}{|z_i|} \qquad |z_i|<1$$

由此可得出,如果

$$\boldsymbol{F}(z) = \frac{zz_i^*-1}{z-z_i} \qquad |z_i|<1$$

那么$|\boldsymbol{F}(e^{j\omega})|=1$。进而,对于$|z|<1$,$|\boldsymbol{F}(z)|>1$;$|z|>1$,$|\boldsymbol{F}(z)|<1$,这是因为$\boldsymbol{F}(z)$

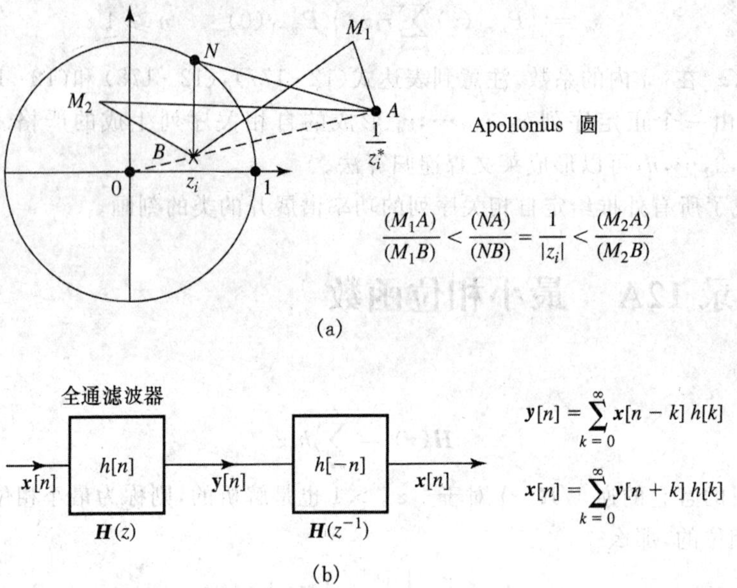

图 12-19

是连续的且

$$|\boldsymbol{F}(0)| = \frac{1}{|z_i|} > 1 \qquad |\boldsymbol{F}(\infty)| = |z_i^*| < 1$$

把这一形式的 N 个双线性分式相乘，我们得出，如果

$$\boldsymbol{H}(z) = \prod_{i=1}^{N} \frac{zz_i^* - 1}{z - z_i} \qquad |z_i| < 1 \tag{12B-1}$$

那么

$$|\boldsymbol{H}(z)| \begin{cases} > 1 & |z| < 1 \\ = 1 & |z| = 1 \\ < 1 & |z| > 1 \end{cases} \tag{12B-2}$$

系统函数为(12B-1) 式中 $\boldsymbol{H}(z)$ 的系统称为全通的。这样全通系统是稳定的，因果的，且有

$$|\boldsymbol{H}(e^{j\omega T})| = 1$$

进而，

$$\frac{1}{\boldsymbol{H}(z)} = \prod_{i=1}^{N} \frac{z - z_i}{zz_i^* - 1} = \prod_{i=1}^{N} \frac{1 - z_i/z}{z_i^* - 1/z} = \boldsymbol{H}(\frac{1}{z}) \tag{12B-3}$$

因为如果 z_i 是 $\boldsymbol{H}(z)$ 的一个极点，那么 z_i^* 也是一个极点。

由此可以得出如果 $h[n]$ 是一个全通系统的冲激响应，那么它的逆的冲激响应是 $h[-n]$：

$$\boldsymbol{H}(z) = \sum_{n=0}^{\infty} h[n] z^{-n} \qquad \frac{1}{\boldsymbol{H}(z)} = \sum_{n=0}^{\infty} h[n] z^{n}$$

这两个级数在一个包含单位圆的圆内是收敛的。

习　题

12-1　求随机变量 $\boldsymbol{n}_T = \frac{1}{2T}\int_{-T}^{T} \boldsymbol{x}(t)\mathrm{d}t$（这里 $\boldsymbol{x}(t) = 10 + \boldsymbol{v}(t)$），在 $T = 5$ 和 $T = 100$ 时的均值和方差，设 $E\{\boldsymbol{v}(t)\} = 0$，$R_v(\tau) = 2\delta(\tau)$。

12-2　证明：如果一个过程是正态且分布各态历经的（见 12-35 式），那么它也是均值各态历经的。

12-3　证明：如果 $\boldsymbol{x}(t)$ 是正态的，且 $\eta_x = 0$ 和对于 $|\tau| > a$，$R_x(\tau) = 0$，那么它是相关各态历经的。

12-4　证明过程 $\boldsymbol{a}\mathrm{e}^{\mathrm{j}(\omega t+\varphi)}$ 不是相关各态历经的。

12-5　证明 $R_{xy}(\lambda) = \lim_{T\to\infty} \frac{1}{2T}\int_{-T}^{T} \boldsymbol{x}(t+\lambda)\boldsymbol{y}(t)\mathrm{d}t$

当且仅当

$$\lim_{T\to\infty}\frac{1}{2T}\int_{-2T}^{2T}\left(1-\frac{|\tau|}{2T}\right)E\{\boldsymbol{x}(t+\lambda+\tau)\boldsymbol{y}(t+\tau)\boldsymbol{x}(t+\lambda)\boldsymbol{y}(t)\}\mathrm{d}\tau = R_{xy}^2(\lambda)$$

12-6　过程 $\boldsymbol{x}(t)$ 是循环平稳的，周期为 T，均值为 $\eta(t)$，相关函数为 $R(t_1,t_2)$。证明：如果 $|\tau| \to \infty$ 时，$R(t+\tau,t) \to \eta^2(t)$，那么 $\lim_{c\to\infty}\frac{1}{2c}\int_{-c}^{c}\boldsymbol{x}(t)\mathrm{d}t = \frac{1}{T}\int_0^T \eta(t)\mathrm{d}t$。

提示：过程 $\bar{\boldsymbol{x}}(t) = \boldsymbol{x}(t-\theta)$ 是均值各态历经的。

12-7　证明：如果

$$C(t+\tau,t) \xrightarrow[t\to\infty]{} 0$$

对于 t 是一致的，那么 $\boldsymbol{x}(t)$ 是均值各态历经的。

12-8　过程 $\boldsymbol{x}(t)$ 是零均值的广义平稳过程。(a) 证明（图 P12-8(a)）

$$E\{\boldsymbol{x}(t+\lambda) \mid \boldsymbol{x}(t) = x\} = \frac{R(\lambda)}{R(0)}x$$

(b) 证明：如果 D 是一个由任意实数 x_i 组成的集合且 $\bar{x} = E\{\boldsymbol{x}(t) \mid \boldsymbol{x}(t) \in D\}$，那么（图 P12-8(b)）

$$E\{\boldsymbol{x}(t+\lambda) \mid \boldsymbol{x}(t) \in D\} = \frac{R(\lambda)}{R(0)}\bar{x}$$

(c) 由此，设计一个正态过程的模拟相关器。

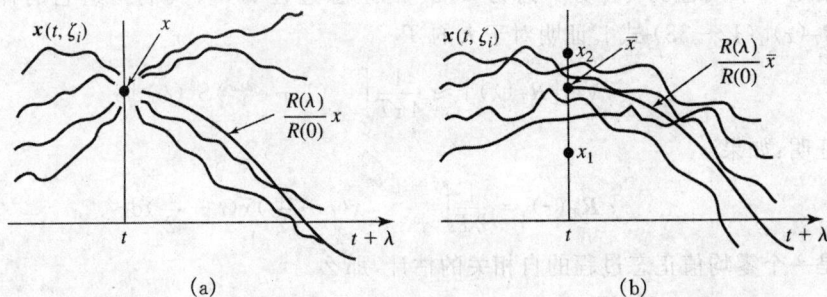

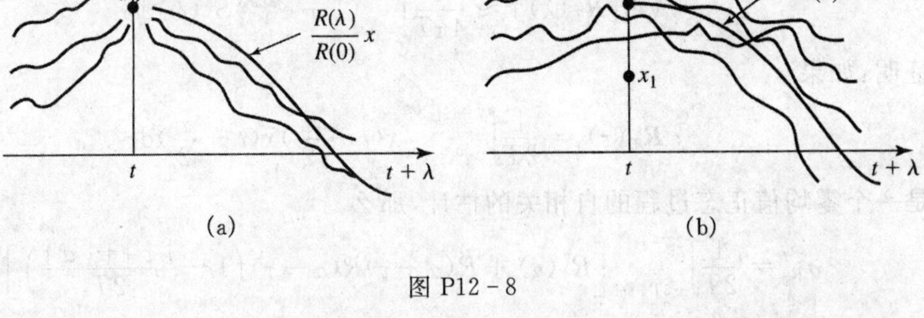

图 P12-8

12-9 过程 $\boldsymbol{x}(t)$ 和 $\boldsymbol{y}(t)$ 是均值为零的联合正态过程。证明:(a) 如果 $\boldsymbol{W}(t)=\boldsymbol{x}(t+x)\boldsymbol{y}(t)$，那么 $C_{ww}(\tau)=C_{xy}(\lambda+\tau)C_{xy}(\lambda-\tau)+C_{xx}(\tau)C_{yy}(\tau)$。

(b) 如果 $\tau\to\infty$ 当时函数 $C_{xx}(\tau)$,$C_{yy}(\tau)$ 和 $C_{xy}(\tau)$ 趋于零,那么过程 $\boldsymbol{x}(t)$ 和 $\boldsymbol{y}(t)$ 是协方差各态历经的。

12-10 用许瓦兹不等式(10B-1)式,证明

$$\left|\int_a^b f(x)\mathrm{d}x\right|^2\leqslant(b-a)\int_a^b|f(x)|^2\mathrm{d}x$$

12-11 我们希望估计 $\boldsymbol{x}(t)=\eta+\boldsymbol{v}(t)$ 的均值 η,其中 $R_{vv}(\tau)=5\delta(\tau)$。(a) 用(5-88)式,求 η 的置信度为 0.95 的置信区间。(b) 如果 $\boldsymbol{v}(t)$ 是一个正态过程,改进此估计。

12-12 (a) 证明:如果我们用一个离散时间过程 $\boldsymbol{x}[n]$ 来估计功率谱 $S(\omega)$,则有

$$S_w(\omega)=\sum_{m=-N}^{N}w_mR[m]\mathrm{e}^{-\mathrm{j}m\omega T}$$

那么

$$S_w(\omega)=\frac{1}{2\sigma}\int_{-\sigma}^{\sigma}S(y)W(\omega-y)\mathrm{d}y\qquad W(\omega)=\sum_{-N}^{N}w_n\mathrm{e}^{-\mathrm{j}n\omega T}$$

(b) 如果 $N=10$,$w_n=1-|n|/11$,求 $W(\omega)$。

12-13 证明:如果 $\boldsymbol{x}(t)$ 是零均值的正态过程,样本功率谱为

$$S_T(\omega)=\frac{1}{2T}\left|\int_{-T}^{T}\boldsymbol{x}(t)\mathrm{e}^{-\mathrm{j}\omega t}\mathrm{d}t\right|^2$$

且 $S(\omega)$ 是充分光滑的,那么

$$E^2\{S_T(\omega)\}\leqslant\mathrm{Var}[S_T(\omega)]\leqslant 2E^2\{S_T(\omega)\}$$

如果 $\omega=0$,该不等式的右边是一个等式。如果 $T\gg 1/\omega$,不等式的左边近似是一个等式。

提示:用(11-74)式。

12-14 证明一个过程 $\boldsymbol{x}(t)$ 的加权样本功率谱

$$\boldsymbol{S}_c(\omega)=\frac{1}{2T}\left|\int_{-T}^{T}c(t)\boldsymbol{x}(t)\mathrm{e}^{-\mathrm{j}\omega t}\mathrm{d}t\right|^2$$

是函数

$$\boldsymbol{R}_c(\tau)=\frac{1}{2T}\int_{-T+|\tau|/2}^{T-|\tau|/2}c(t+\frac{\tau}{2})c(t-\frac{\tau}{2})\boldsymbol{x}(t+\frac{\tau}{2})\boldsymbol{x}(t-\frac{\tau}{2})\mathrm{d}t$$

的傅里叶变换。

12-15 给定一个均值为零,功率谱为 $S(\omega)$ 的正态过程 $\boldsymbol{x}(t)$。我们构造它的样本自相关 $\boldsymbol{R}_T(\tau)$[(12-38)式]。证明对于大的 T,

$$\mathrm{Var}[\boldsymbol{R}_T(\lambda)]\approx\frac{1}{4\pi T}\int_{-\infty}^{\infty}(1+\mathrm{e}^{\mathrm{j}2\lambda\omega})S^2(\omega)\mathrm{d}\omega$$

12-16 证明:如果

$$\boldsymbol{R}_T(\tau)=\frac{1}{2T}\int_{-T+|\tau|/2}^{T-|\tau|/2}\boldsymbol{x}(t+\frac{\tau}{2})\boldsymbol{x}(t-\frac{\tau}{2})\mathrm{d}t$$

是一个零均值正态过程的自相关的估计,那么

$$\sigma_{R_T}^2=\frac{1}{2T}\int_{-2T+|\tau|}^{2T-|\tau|}\left[R^2(\alpha)+R(\alpha+\tau)R(\alpha-\tau)\left(1-\frac{|\tau|+|\alpha|}{2T}\right)\right]\mathrm{d}\alpha$$

12-17　证明:在莱文森算法中,

$$a_k^{N-1} = \frac{a_k^N + K_N a_{N-k}^N}{1 - K_N^2}。$$

12-18　证明:如果 $R[0]=8$ 和 $R[1]=4$,$S(\omega)$ 的 MEM 估计是

$$S_{\mathrm{MEM}}(\omega) = \frac{6}{|1 - 0.5\mathrm{e}^{-\mathrm{j}\omega}|^2}$$

12-19　求一个过程 $\boldsymbol{x}[n]$ 最大熵估计 $S_{\mathrm{MEM}}(\omega)$ 和(12-111)式的谱线估计,如果

$$R[0]=13 \qquad R[1]=5 \qquad R[2]=2$$

12-20　用 $P_n(z)$ 表示(12-171)式中的第一类莱文森多项式。(a) 如果 $P_n(z)$ 的一个根在单位圆上,那么证明 $P_n(z)$ 的所有其他的根是单根,且都在单位圆上。(b) 如果反射系数 $s_k \neq 0$,那么证明 $P_k(z)$ 和 $P_{k+1}(z)$ 没有相同的根。

12-21　如果反射系数满足 $s_k = \rho^k, k = 1 \to \infty$,其中 $|\rho| < 1$,那么证明莱文森多项式 $P_n(z)$,$n = 1 \to \infty$ 的所有零点都在半径为 $1/\rho$ 的圆上。

12-22　用 $P_n(z), n = 0 \to \infty$ 表示与反射系数 $\{s_k\}_{k=1}^{\infty}$ 相对应的莱文森多项式。定义

$$s'_k = \lambda^k s_k, \quad |\lambda| = 1, \quad k = 1 \to \infty$$

证明构成莱文森多项式的新集合为 $P_n(\lambda z), n = 0 \to \infty$。这样如果用 $\{(-1)^k s_k\}_{k=1}^{\infty}$ 代替 $\{s_k\}_{k=1}^{\infty}$,莱文森多项式新集合为 $P_n(-z), n = 0 \to \infty$。

12-23　考虑一个 MA(1) 过程,它的传递函数为

$$H(z) = 1 - z$$

(a) 证明 $\Delta_k = k+2, k \geqslant 0$,且

$$s_k = -\frac{1}{k+1}, \ k = 1 \to \infty$$

(b) 考虑一个新的过程,它的反射系数为

$$s'_k = -s_k = \frac{1}{k+1}, \ k = 1 \to \infty$$

且 $r'_0 = r_0 = 2$。显然 $\sum_{k=1}^{\infty} |s'_k|^2 < \infty$。证明新的自相关序列 r'_k 为

$$r'_0 = 2, \quad r'_k = 1, \quad k \geqslant 1$$

因此由于 $k \to \infty$ 时 $r'_k \nrightarrow 0$,$S(\omega)$ 是不可积的。

第 13 章

均方估计

13.1 引　言[①②]

在这一章里，我们讨论用随机过程 $\boldsymbol{x}(t)$ 的值 $\boldsymbol{x}(\xi)$ 来估计一个随机过程 $\boldsymbol{s}(t)$ 在特定时间的值，其中 $\boldsymbol{x}(\xi)$ 在有限 $a \leqslant \xi \leqslant b$ 或无限区间内对每一个 ξ 都有规定值。对于数字情况，该问题的解可以直接应用正交性原理（见 7-4 节）得到。对于模拟情况，$\boldsymbol{s}(t)$ 的线性估计 $\hat{\boldsymbol{s}}(t)$ 不是一个和式，而是一个积分

$$\hat{\boldsymbol{s}}(t) \equiv \hat{E}\{\boldsymbol{s}(t) \mid \boldsymbol{x}(\xi), a \leqslant \xi \leqslant b\} = \int_a^b h(\alpha)\boldsymbol{x}(\alpha)\mathrm{d}\alpha \qquad (13-1)$$

我们的目的是求 $h(\alpha)$ 使得均方误差（MS）

$$P = E\{[\boldsymbol{s}(t) - \hat{\boldsymbol{s}}(t)]^2\} = E\left\{\left[\boldsymbol{s}(t) - \int_a^b h(\alpha)\boldsymbol{x}(\alpha)\mathrm{d}\alpha\right]^2\right\} \qquad (13-2)$$

最小。函数 $h(\alpha)$ 包含不可数个未知的数值，也就是区间 (a,b) 上每个 α 点函数的值。为了确定 $h(\alpha)$，我们需要用到正交性原理的推广形式：

定理 13-1 ▶ 若数据 $\boldsymbol{x}(\xi)$ 正交于误差 $\boldsymbol{s}(t) - \hat{\boldsymbol{s}}(t)$，

$$E\left\{\left[\boldsymbol{s}(t) - \int_a^b h(\alpha)\boldsymbol{x}(\alpha)\mathrm{d}\alpha\right]\boldsymbol{x}(\xi)\right\} = 0 \quad a \leqslant \xi \leqslant b \qquad (13-3)$$

或等价地，若 $h(\alpha)$ 是下述积分方程的解

$$R_{sx}(t,\xi) = \int_a^b h(\alpha)R_{xx}(\alpha,\xi)\mathrm{d}\alpha \quad a \leqslant \xi \leqslant b \qquad (13-4)$$

则从 (13-1) 式的积分得到的过程 $\boldsymbol{s}(t)$ 的估计值达到最小的均方误差 P。

证　在下面的证明中，我们用黎曼和作为 (13-1) 式的积分的近似式。将区间 (a,b) 分为 m 个小区间 $(\alpha_k, \alpha_k + \Delta\alpha)$，可得

$$\hat{\boldsymbol{s}}(t) \approx \sum_{k=1}^{m} h(\alpha_k)\boldsymbol{x}(\alpha_k)\Delta\alpha \qquad \Delta\alpha = \frac{b-a}{m}$$

应用 (7-82) 式，且 $a_k = h(\alpha_k)\Delta\alpha$，若

---

① N. Wiener. *Extrapolation, Interpolation, and Smoothing of Stationary Time series*. MIT Press, 1950; J. Makhoul. Linear Prediction: A Tutorial Review. *Proceedings of the IEEE*, vol. 63, 1975.

② T. Kailath. A View of Three Decades of Linear Filtering Theory. *IEEE Transactions Information Theory*, vol. IT-20, 1974.

$$E\left\{\left[\boldsymbol{s}(t)-\sum_{k=1}^{m}h(\alpha_k)\boldsymbol{x}(\alpha_k)\Delta\alpha\right]\boldsymbol{x}(\xi_j)\right\}=0 \quad 1\leqslant j\leqslant m$$

我们得均方误差 P 最小，其中 ξ_j 是区间 $(\alpha_j,\alpha_j+\Delta\alpha)$ 内的点。因此得到方程组

$$R_{sx}(t,\xi_j)=\sum_{k=1}^{m}h(\alpha_k)R_{xx}(\alpha_k,\xi_j)\Delta\alpha \quad j=1,\cdots,m \tag{13-5}$$

当 $\Delta\alpha\to 0$ 时，(13-4) 式的积分方程即为(13-5) 式的极限。

由(7-85) 式可知，由(13-1) 式积分所得 $\boldsymbol{s}(t)$ 的估计的线性均方误差为

$$P=E\left\{\left[\boldsymbol{s}(t)-\int_a^b h(\alpha)\boldsymbol{x}(\alpha)\mathrm{d}\alpha\right]\boldsymbol{s}(t)\right\}=R_{ss}(0)-\int_a^b h(\alpha)R_{sx}(t,\alpha)\mathrm{d}\alpha \tag{13-6}$$

◀

一般情况下，(13-4) 式的积分方程只能求得数值解。实际上，只要我们令变量 ξ 取 ξ_j 值，则可用和式近似积分，便得到(13-5) 式的方程组。在这一章里，我们讨论几种可以给出显式解的特殊情况。除非另做说明，所有过程均假定为实的广义平稳过程。

我们将采用下述术语：

若(13-1) 式中的时间 t 位于数据区间 (a,b) 之内，则 $\boldsymbol{s}(t)$ 的估计 $\hat{\boldsymbol{s}}(t)$ 称为**平滑**。

若 t 在上述区间 (a,b) 之外，且 $\boldsymbol{x}(t)=\boldsymbol{s}(t)$（无噪声），则 $\hat{\boldsymbol{s}}(t)$ 是 $\boldsymbol{s}(t)$ 的**预测器**。若 $t>b$，则 $\hat{\boldsymbol{s}}(t)$ 是“前向预测器”；若 $t<a$，则是“后向预测器”。

若 t 在数据区间之外，且 $\boldsymbol{x}(t)\neq\boldsymbol{s}(t)$，则估计称为**滤波和预测**。

13.1.1　简单说明

在这一节里，我们举出几个用有限个数据作简单估计的问题，并且我们解决了当数据 $\boldsymbol{x}(\xi)$ 在 $(-\infty,\infty)$ 内均可利用时的平滑问题。在这种情况下，(13-4) 式中的积分方程的解很容易从傅里叶变换求出。

预测　我们要用平稳过程 $\boldsymbol{s}(t)$ 的当前值来估计它的未来值 $\boldsymbol{s}(t+\lambda)$

$$\hat{\boldsymbol{s}}(t+\lambda)=\hat{E}\{\boldsymbol{s}(t+\lambda)\mid\boldsymbol{s}(t)\}=a\boldsymbol{s}(t)$$

从(7-71) 式和 (7-72) 式，令 $n=1$，得

$$E\{[\boldsymbol{s}(t+\lambda)-a\boldsymbol{s}(t)]\boldsymbol{s}(t)\}=0 \qquad a=\frac{R(\lambda)}{R(0)}$$

$$P=E\{[\boldsymbol{s}(t+\lambda)-a\boldsymbol{s}(t)]\boldsymbol{s}(t+\lambda)\}=R(0)-aR(\lambda)$$

特例　若

$$R(\tau)=A\mathrm{e}^{-\alpha|\tau|} \qquad \text{则} \qquad a=\mathrm{e}^{-\alpha\lambda}$$

在这种情况下，对每个 $\xi\geqslant 0$，差值 $\boldsymbol{s}(t+\lambda)-a\boldsymbol{s}(t)$ 均正交于 $\boldsymbol{s}(t-\xi)$，即

$$E\{[\boldsymbol{s}(t+\lambda)-a\boldsymbol{s}(t)]\boldsymbol{s}(t-\xi)\}=R(\lambda+\xi)-aR(\xi)$$
$$=A\mathrm{e}^{-\alpha(\lambda+\xi)}-A\mathrm{e}^{-\alpha\lambda}\mathrm{e}^{-\alpha\xi}=0$$

这表明 $a\boldsymbol{s}(t)$ 也是用它所有过去值对 $\boldsymbol{s}(t+\lambda)$ 的估计。这样的过程称为一阶**广义马尔可夫过程**。

现在我们要用 $\boldsymbol{s}(t)$ 和 $\boldsymbol{s}'(t)$ 来估计 $\boldsymbol{s}(t+\lambda)$：

$$\hat{\boldsymbol{s}}(t+\lambda)=a_1\boldsymbol{s}(t)+a_2\boldsymbol{s}'(t)$$

利用(7-82) 式的正交条件，得

$$s(t+\lambda)-\hat{s}(t+\lambda)\perp s(t),s'(t)$$

再利用恒等式

$$R'(0)=0 \quad R_{ss'}(\tau)=-R'(\tau) \quad R_{s's'}(\tau)=-R''(\tau)$$

我们得到

$$a_1=R(\lambda)/R(0) \qquad a_2=R'(\lambda)/R''(0)$$

$$P=E\{[s(t+\lambda)-a_1s(t)-a_2s'(t)]s(t+\lambda)\}=R(0)-a_1R(\lambda)+a_2R'(\lambda)$$

若 λ 很小，则

$$R(\lambda)\approx R(0) \quad R'(\lambda)\approx R'(0)+R''(0)\lambda\approx R''(0)\lambda$$

$$a_1\approx 1 \qquad a_2\approx\lambda \qquad \hat{s}(t+\lambda)\approx s(t)+\lambda s'(t)$$

<u>*滤波*</u>　我们将用另一过程 $x(t)$ 的当前值来估计过程 $s(t)$ 的当前值

$$\hat{s}(t)=\hat{E}\{s(t)\mid x(t)\}=ax(t)$$

由(7-71)式和(7-72)式，得

$$E\{[s(t)-ax(t)]x(t)\}=0 \qquad a=R_{sx}(0)/R_{xx}(0)$$

$$P=E\{[s(t)-ax(t)]s(t)\}=R_{ss}(0)-aR_{sx}(0)$$

<u>*内插*</u>　我们要用过程 $s(t)$ 中最靠近 t 的 $2N+1$ 个采样值 $s(t+kT)$（图 13-1）来估计过程 $s(t)$ 在区间 $(t,t+T)$ 内的点 $t+\lambda$ 的值 $s(t+\lambda)$

$$\hat{s}(t+\lambda)=\sum_{k=-N}^{N}a_ks(t+kT) \qquad 0<\lambda<T \tag{13-7}$$

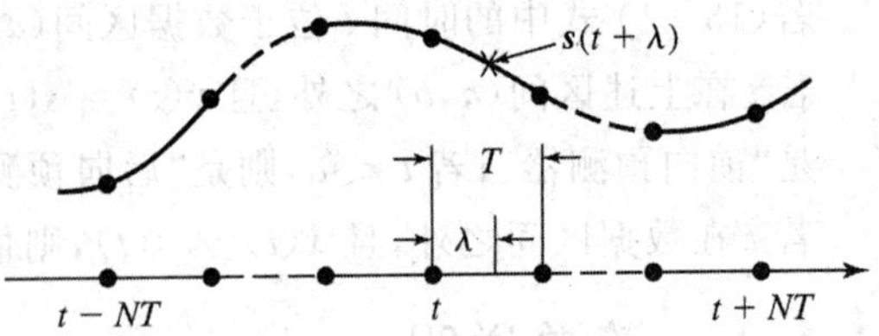

图 13-1

由正交原理得到

$$E\left\{\left[s(t+\lambda)-\sum_{k=-N}^{N}a_ks(t+kT)\right]s(t+nT)\right\}=0 \quad |n|\leqslant N$$ 由此可得

$$\sum_{k=-N}^{N}a_kR(kT-nT)=R(\lambda-nT) \quad -N\leqslant n\leqslant N \tag{13-8}$$

这是一个具有 $2N+1$ 个方程的方程组，它的解即 $2N+1$ 个未知的 a_k。估计误差

$$\varepsilon_N(t)=s(t+\lambda)-\sum_{k=-N}^{N}a_ks(t+kT) \tag{13-9}$$

的均方误差 P 为

$$P=E\{\varepsilon_N(t)s(t+\lambda)\}=R(0)-\sum_{k=-N}^{N}a_kR(\lambda-kT) \tag{13-10}$$

作为确定近似的内插　误差 $\varepsilon_N(t)$ 可以看成以 $s(t)$ 为输入时，系统

$$E_N(\omega)=\mathrm{e}^{\mathrm{j}\omega\lambda}-\sum_{k=-N}^{N}a_k\mathrm{e}^{\mathrm{j}kT\omega}$$

（误差滤波器）的输出。用 $S(\omega)$ 表示 $s(t)$ 的功率谱，从(9-152)式得

$$P=E\{\varepsilon_N^2(t)\}=\frac{1}{2\pi}\int_{-\infty}^{\infty}S(\omega)\left|\mathrm{e}^{\mathrm{j}\omega\lambda}-\sum_{k=-N}^{N}a_k\mathrm{e}^{\mathrm{j}kT\omega}\right|^2\mathrm{d}\omega \tag{13-11}$$

这表示 P 的最小化等效于用三角多项式（截尾傅氏级数）近似指数 $\mathrm{e}^{\mathrm{j}\omega\lambda}$ 时的加权均方误差最小

化这样一个确定性问题。

正交　我们将用过程 $\mathbf{s}(t)$ 的 $N+1$ 个采样 $\mathbf{s}(nT)$ 来估计 $\mathbf{s}(t)$ 的积分

$$\mathbf{z}=\int_0^b \mathbf{s}(t)\mathrm{d}t$$

其估计为

$$\hat{\mathbf{z}}=a_0\mathbf{s}(0)+a_1\mathbf{s}(T)+\cdots+a_N\mathbf{s}(NT)\qquad T=\frac{b}{N}$$

应用(7-82)式，可得

$$E\left\{\left[\int_0^b \mathbf{s}(t)\mathrm{d}t-\hat{\mathbf{z}}\right]\mathbf{s}(kT)\right\}=0\qquad 0\leqslant k\leqslant N$$

因此

$$\int_0^b R(t-kT)\mathrm{d}t=a_0R(kT)+\cdots+a_NR(kT-NT)\qquad 0\leqslant k\leqslant N$$

这是一个有 $N+1$ 个方程的方程组，解之可得系数 a_k。

13.1.2　平滑

我们希望用和式

$$\mathbf{x}(t)=\mathbf{s}(t)+\mathbf{v}(t)$$

的值 $\mathbf{x}(\xi)$ 来估计 $\mathbf{s}(t)$，其中对从 $-\infty$ 到 ∞ 的每个 $\mathbf{x}(\xi)$ 值均可利用。所求估计

$$\hat{\mathbf{s}}(t)=\hat{E}\{\mathbf{s}(t)\mid \mathbf{x}(\xi),-\infty<\xi<\infty\}$$

可写成下列形式

$$\hat{\mathbf{s}}(t)=\int_{-\infty}^{\infty}h(\alpha)\mathbf{x}(t-\alpha)\mathrm{d}\alpha \tag{13-12}$$

在这个式子中，$h(\alpha)$ 独立于 t，而 $\hat{\mathbf{s}}$ 可看成以 $\mathbf{x}(t)$ 为输入时，一个非因果的线性时不变系统的输出，其中系统的冲激响应为 $h(t)$。我们的问题是求出 $h(t)$。

显然，对所有 ξ，有

$$\mathbf{s}(t)-\hat{\mathbf{s}}(t)\perp \mathbf{x}(\xi)$$

令 $\xi=t-\tau$，则对所有 τ，可得

$$E\left\{\left[\mathbf{s}(t)-\int_{-\infty}^{\infty}h(\alpha)\mathbf{x}(t-\alpha)\mathrm{d}\alpha\right]\mathbf{x}(t-\tau)\right\}=0$$

由此可得，对所有 τ，

$$R_{sx}(\tau)=\int_{-\infty}^{\infty}h(\alpha)R_{xx}(\tau-\alpha)\mathrm{d}\alpha \tag{13-13}$$

因此，为了确定 $h(t)$，必须解上面的积分方程。这个方程可以很容易地求解，因为它对所有的 τ 均成立，且其中的积分是 $h(\tau)$ 对 $R_{xx}(\tau)$ 的卷积。对等式两边取变换，可得 $S_{sx}(\omega)=H(\omega)S_{xx}(\omega)$。所以

$$H(\omega)=\frac{S_{sx}(\omega)}{S_{xx}(\omega)} \tag{13-14}$$

由此所得的系统称为**非因果维纳滤波器**。

均方估计误差 P 等于

$$P=E\left\{\left[\mathbf{s}(t)-\int_{-\infty}^{\infty}h(\alpha)\mathbf{x}(t-\alpha)\mathrm{d}\alpha\right]\mathbf{s}(t)\right\}$$

$$= R_{ss}(0) - \int_{-\infty}^{\infty} h(\alpha) R_{sx}(\alpha) \mathrm{d}\alpha = \frac{1}{2\pi}\int_{-\infty}^{\infty} [S_{ss}(\omega) - H^*(\omega) S_{sx}(\omega)] \mathrm{d}\omega \qquad (13-15)$$

如果信号 $\boldsymbol{s}(t)$ 和噪声 $\boldsymbol{v}(t)$ **正交**，则

$$S_{sx}(\omega) = S_{ss}(\omega) \qquad S_{xx}(\omega) = S_{ss}(\omega) + S_{vv}(\omega)$$

因此(图 13-2)

$$H(\omega) = \frac{S_{ss}(\omega)}{S_{ss}(\omega) + S_{vv}(\omega)} \qquad P = \frac{1}{2\pi}\int_{-\infty}^{\infty} \frac{S_{ss}(\omega) S_{vv}(\omega)}{S_{ss}(\omega) + S_{vv}(\omega)} \mathrm{d}\omega \qquad (13-16)$$

若谱 $S_{ss}(\omega)$ 和 $S_{vv}(\omega)$ 不重叠，则在信号带内 $H(\omega) = 1$，而在噪声带内 $H(\omega) = 0$。在这种情况下，$P = 0$。

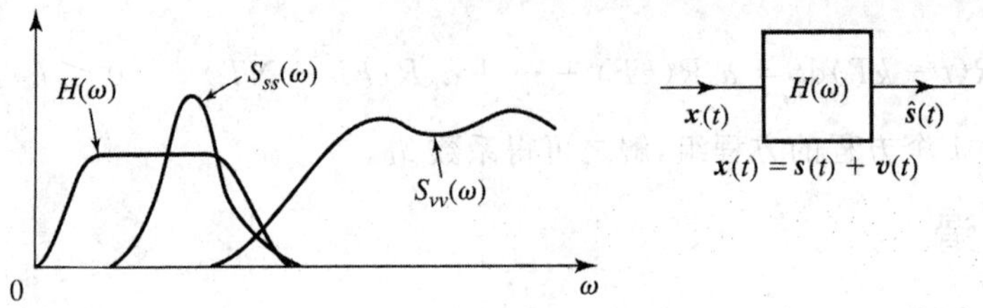

图 13-2

【例 13-1】 若

$$S_{ss}(\omega) = \frac{N_0}{\alpha^2 + \omega^2} \qquad S_{vv}(\omega) = N \qquad S_{sv}(\omega) = 0$$

则从(13-16)式得

$$H(\omega) = \frac{N_0}{N_0 + N(\alpha^2 + \omega^2)} \qquad h(t) = \frac{N_0}{2\beta N} \mathrm{e}^{-\beta|t|}$$

$$P = \frac{1}{2\pi}\int_{-\infty}^{\infty} \frac{N_0}{\beta^2 + \omega^2} \mathrm{d}\omega = \frac{N_0}{2\beta} \qquad \beta^2 = \alpha^2 + \frac{N_0}{N}$$

离散时间过程　利用数据

$$\boldsymbol{x}[n] = \boldsymbol{s}[n] + \boldsymbol{v}[n]$$

对离散时间过程所做的非因果估计 $\hat{\boldsymbol{s}}[n]$，是以 $\boldsymbol{x}[n]$ 为输入，具有冲激响应 $h[n]$ 的线性时不变非因果系统的输出，即

$$\hat{\boldsymbol{s}}[n] = \sum_{k=-\infty}^{\infty} h[k] \boldsymbol{x}[n-k]$$

由正交性原理，对所有 m，有

$$E\left\{\left(\boldsymbol{s}[n] - \sum_{k=-\infty}^{\infty} h[k] \boldsymbol{x}[n-k]\right) \boldsymbol{x}[n-m]\right\} = 0$$

所以对所有 m，有

$$R_{sx}[m] = \sum_{k=-\infty}^{\infty} h[k] R_{xx}[m-k] \qquad (13-17)$$

对等式两边取变换，得到

$$\boldsymbol{H}(z) = \frac{\boldsymbol{S}_{sx}(z)}{\boldsymbol{S}_{xx}(z)} \qquad (13-18)$$

所得均方误差为

$$P = E\left\{\left[\boldsymbol{s}[n] - \sum_{k=-\infty}^{\infty} h[k]\boldsymbol{x}[n-k]\right]\boldsymbol{s}[n]\right\}$$

$$= R_{ss}(0) - \sum_{k=-\infty}^{\infty} h[k]R_{sx}[k] = \frac{1}{2\pi}\int_{-\pi}^{\pi}[S_{ss}(\omega) - \boldsymbol{H}(\mathrm{e}^{-\mathrm{j}\omega T})S_{sx}(\omega)]\mathrm{d}\omega$$

【例 13-2】 设 $s[n]$ 是一阶 AR 过程，$v[n]$ 为正交于 $s[n]$ 的白噪声，

$$\boldsymbol{S}_{ss}(z) = \frac{N_0}{(1-az^{-1})(1-az)} \qquad \boldsymbol{S}_{vv}(z) = N \qquad \boldsymbol{S}_{sv}(z) = 0$$

在这种情况下

$$\boldsymbol{S}_{xx}(z) = \boldsymbol{S}_{ss}(z) + N = \frac{aN(1-bz^{-1})(1-bz)}{b(1-az^{-1})(1-az)}$$

其中

$$0 < b < a < 1 \quad b + b^{-1} = a + a^{-1} + \frac{N_0}{aN}$$

因此

$$\boldsymbol{H}(z) = \frac{bN_0}{aN(1-bz^{-1})(1-bz)} \qquad h[n] = cb^{|n|} \qquad c = \frac{bN_0}{aN(1-b^2)}$$

$$P = \frac{N_0}{1-a^2}\left[1 - c\sum_{k=-\infty}^{\infty}(ab)^{|k|}\right] = \frac{bN_0}{a(1-b^2)}$$

13.2 预　测

预测就是用过程 $s(t)$ 的过去值 $s(t-\tau)(\tau > 0)$ 来估计它的未来值 $s(t+\lambda)$。这个问题包含三种情况：过去值在区间 $(-\infty, t)$ 内已知；在长度为 T 的有限区间 $(t-T, t)$ 内已知；在有效长度为 t 的区间 $(0, t)$ 内已知。对于数字过程我们将讨论上述三种情况，而模拟预测器将只局限于第一种情况。对于数字情形，我们发现可以很方便地利用给定的过去值 $s[n-k](k \geqslant r)$ 来预测其当前值 $s[n]$。

13.2.1 无限过去

首先，我们讨论用过程 $s[n]$ 所有的过去值 $s[n-k]$ 来估计它的当前值，其中 $k \geqslant 1$，

$$\hat{s}[n] = \hat{E}\{s[n] \mid s[n-k], k \geqslant 1\} = \sum_{k=1}^{\infty} h[k]s[n-k] \tag{13-19}$$

该预测器称为 $s[n]$ 的一步预测器。因此，$\hat{s}[n]$ 是输入为 $s[n]$ 的**预测滤波器**的响应

$$\boldsymbol{H}(z) = h[1]z^{-1} + \cdots + h[k]z^{-k} + \cdots \tag{13-20}$$

我们的目的是求出常数 $h[k]$ 使得均方误差最小。由正交原理可得，误差 $\varepsilon[n] = s[n] - \hat{s}[n]$ 必须与数据 $s[n-m]$ 正交，即

$$E\left\{\left(s[n] - \sum_{k=1}^{\infty} h[k]s[n-k]\right)s[n-m]\right\} = 0 \qquad m \geqslant 1 \tag{13-21}$$

由此可得

$$R[m] - \sum_{k=1}^{\infty} h[k]R[m-k] = 0 \qquad m \geqslant 1 \tag{13-22}$$

因此，我们得到无限个由 $\boldsymbol{s}[n]$ 的自相关函数 $R[m]$ 表示的未知系数 $h[k]$ 的方程组，这些方程称为维纳-霍夫(Wiener-Hopf) 方程(数字形式)。

尽管维纳-霍夫方程的右边是 $h[m]$ 与 $R[m]$ 的卷积，我们也不能直接用 z 变换技术来求解，这是因为，与(13-17)式不一样，(13-22)式并非对每个 m 均成立。基于因果和反因果序列的 z 变换的解析特征，我们可以求得它的解(见习题 13-12)。然而，基本理论并不简单。我们将给出一个基于新息概念的较简单的解。首先，我们讨论估计误差 $\varepsilon[n]$ 和误差滤波器的基本特征，其中误差滤波器为

$$\boldsymbol{E}(z) = 1 - \boldsymbol{H}(z) = 1 - \sum_{k=1}^{\infty} h[n] z^{-k} \tag{13-23}$$

对于每个 $m \geqslant 1$，误差 $\boldsymbol{\varepsilon}[n]$ 正交于数据 $\boldsymbol{s}[n-m]$，并且 $\boldsymbol{\varepsilon}[n-m]$ 是 $\boldsymbol{s}[n-m]$ 和其过去值的线性函数，因为 $\boldsymbol{\varepsilon}[n]$ 是输入为 $\boldsymbol{s}[n]$ 的因果系统 $E(z)$ 的响应。由此可得，对每个 $m \geqslant 1$ 和 n，$\boldsymbol{\varepsilon}[n]$ 正交于 $\boldsymbol{\varepsilon}[n-m]$。因此 $\boldsymbol{\varepsilon}[n]$ 为白噪声

$$R_{\varepsilon\varepsilon}[m] = E\{\boldsymbol{\varepsilon}[n]\boldsymbol{\varepsilon}[n-m]\} = P\delta[m] \tag{13-24}$$

其中

$$P = E\{\boldsymbol{\varepsilon}^2[n]\} = E\{(\boldsymbol{s}[n] - \hat{\boldsymbol{s}}[n])\boldsymbol{s}[n]\} = R[0] - \sum_{k=1}^{\infty} h[k]R[k]$$

是线性均方误差。该误差可以用 $\boldsymbol{s}[n]$ 的功率谱 $S(\omega)$ 来表示。由(9-152) 式可知

$$P = \frac{1}{2\pi}\int_{-\pi}^{\pi} |\boldsymbol{E}(\mathrm{e}^{\mathrm{j}\omega})|^2 S(\omega)\mathrm{d}\omega \tag{13-25}$$

由此，我们将证明函数 $\boldsymbol{E}(z)$ 在单位圆外无零点。

定理 13-2 ▶ 若 $E(z_i) = 0$ 则 $|z_i| \leqslant 1$　　(13-26)

证　我们构造函数

$$\boldsymbol{E}_0(z) = \boldsymbol{E}(z)\frac{1 - z^{-1}/z_i^*}{1 - z_i z^{-1}}$$

该函数是一个误差滤波器，这是因为它是因果的并且 $\boldsymbol{E}_0(\infty) = \boldsymbol{E}(\infty) = 1$。进一步，若 $|z_i| > 1$ 则[见(12B-2) 式]

$$|\boldsymbol{E}_0(\mathrm{e}^{\mathrm{j}\omega})| = \frac{1}{|z_i|}|\boldsymbol{E}(\mathrm{e}^{\mathrm{j}\omega})| < |\boldsymbol{E}(\mathrm{e}^{\mathrm{j}\omega})|$$

代入(13-25) 式，若我们把函数 $1 - \boldsymbol{E}_0(z)$ 作为估计滤波器，则相应的均方误差将小于 P。然而，这是不可能的，因为 P 已经是最小的，因此 $|z_i| \leqslant 1$。◀

13.2.2　正则过程

我们将在过程 $\boldsymbol{s}[n]$ 是正则过程的假定下求解维纳-霍夫方程(13-22) 式。我们在 11-1 节中已经证明，上述过程线性等价于白噪声过程 $\boldsymbol{i}[n]$，在该意义下有

$$\boldsymbol{s}[n] = \sum_{k=0}^{\infty} l[k]\boldsymbol{i}[n-k] \tag{13-27}$$

$$\boldsymbol{i}[n] = \sum_{k=0}^{\infty} \gamma[k]\boldsymbol{s}[n-k] \tag{13-28}$$

由此可得 $\boldsymbol{s}[n]$ 的预测 $\hat{\boldsymbol{s}}[n]$ 可以记为包含 $\boldsymbol{i}[n]$ 的过去值的线性和式

$$\hat{\mathbf{s}}[n] = \sum_{k=1}^{\infty} h_i[k]\mathbf{i}[n-k] \tag{13-29}$$

因此，为了求得$\hat{\mathbf{s}}[n]$，只要求出常数 $h_i[k]$，并用(13-28) 式把 $\mathbf{i}[n]$ 用 $\mathbf{s}[n]$ 表示就足够了。为此我们确定 $\mathbf{s}[n]$ 和 $\mathbf{i}[n]$ 的一阶互相关函数。我们可得

$$R_{si}[m] = l[m] \tag{13-30}$$

证　用 $\mathbf{i}[n-m]$ 乘以(13-27) 式并取期望，可得

$$E\{\mathbf{s}[n]\mathbf{i}[n-m]\} = \sum_{k=0}^{\infty} l[k]E\{\mathbf{i}[n-k]\mathbf{i}[n-m]\} = \sum_{k=0}^{\infty} l[k]\delta[m-k]$$

因为 $R_{ii}[m] = \delta[m]$ 从而可得(13-30) 式。

为了求出 $h_i[k]$，我们应用正交性原理

$$E\Big\{\Big(\mathbf{s}[n] - \sum_{k=1}^{\infty} h_i[k]\mathbf{i}[n-k]\Big)\mathbf{i}[n-m]\Big\} = 0 \qquad m \geqslant 1$$

因此

$$R_{si}[m] - \sum_{k=1}^{\infty} h_i[k]R_{ii}[m-k] = R_{si}[m] - \sum_{k=1}^{\infty} h_i[k]\delta[m-k] = 0$$

并且由于最后的和式等于 $h_i[m]$，因此 $h_i[m] = R_{si}[m]$。由此式和(13-30) 式可得预测器 $\hat{\mathbf{s}}[n]$，用它的新息表示，其表达式为

$$\hat{\mathbf{s}}[n] = \sum_{k=1}^{\infty} l[k]\mathbf{i}[n-k] \tag{13-31}$$

我们将用(13-27) 式重新推导该重要结论。为此，我们只需证明对于每个 $m \geqslant 1$，均有 $\mathbf{s}[n] - \hat{\mathbf{s}}[n]$ 正交于 $\mathbf{i}[n-m]$。这是成立的，因为

$$\boldsymbol{\varepsilon}[n] = \sum_{k=0}^{\infty} l[k]\mathbf{i}[n-k] - \sum_{k=1}^{\infty} l[k]\mathbf{i}[n-k] = l[0]\mathbf{i}[n] \tag{13-32}$$

并且 $\mathbf{i}[n]$ 为白噪声。

(13-31) 式的和式是输入为 $\mathbf{i}[n]$ 的滤波器

$$\sum_{k=1}^{\infty} l[k]z^{-k} = \mathbf{L}(z) - l[0]$$

的响应。为了确定$\hat{\mathbf{s}}[n]$，我们必须用 $\mathbf{s}[n]$ 表示 $\mathbf{i}[n]$。由于 $\mathbf{i}[n]$ 是输入为 $\mathbf{s}[n]$ 的滤波器 $1/\mathbf{L}(z)$ 的响应，我们可像图 13-3 那样级联，所得预测滤波器即为图 13-4 所示的乘积

$$\mathbf{H}(z) = \frac{1}{\mathbf{L}(z)}(\mathbf{L}(z) - l[0]) = 1 - \frac{l[0]}{\mathbf{L}(z)} \tag{13-33}$$

因此，为了得到 $\mathbf{H}(z)$，只需像(11-6) 式那样分解 $\mathbf{S}(z)$。由初始值定理可得常数

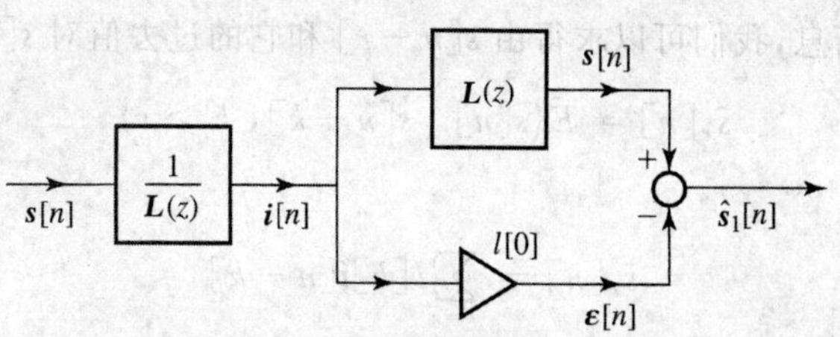

图 13-3

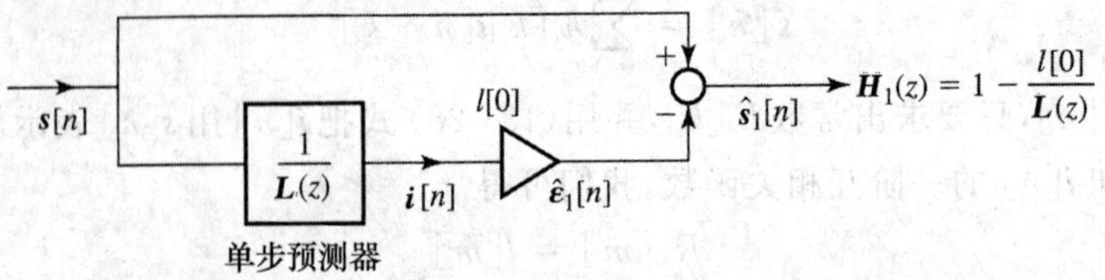

图 13-4

$$l[0]=\lim_{z\to\infty}\boldsymbol{L}(z)$$

【例 13-3】 类似于例 11-4,假定

$$S(\omega)=\frac{5-4\cos\omega}{10-6\cos\omega}\qquad \boldsymbol{L}(z)=\frac{2z-1}{3z-1}\qquad l[0]=\frac{2}{3}$$

在这种情况下,由(13-33)式可得

$$\boldsymbol{H}(z)=1-\frac{2}{3}\times\frac{3z-1}{2z-1}=\frac{-z^{-1}}{6(1-z^{-1}/2)}$$

因此,可以递归地确定$\hat{s}[n]$:

$$\hat{\boldsymbol{s}}[n]-\frac{1}{2}\hat{\boldsymbol{s}}[n-1]=-\frac{1}{6}\boldsymbol{s}[n-1]$$

Kolmgorov-Szego 均方误差公式① 由(13-32)式可知,均方估计误差为

$$P=E\{\varepsilon^2[n]\}=l^2[0]$$

更进一步[见(12A-1)式]

$$\ln l^2[0]=\frac{1}{2\pi}\int_{-\pi}^{\pi}\ln|\boldsymbol{L}(e^{j\omega})|^2\mathrm{d}\omega$$

由于 $S(\omega)=|\boldsymbol{L}(e^{j\omega})|^2$,可得直接用 $S(\omega)$ 表示的恒等式

$$P=\exp\left\{\frac{1}{2\pi}\int_{-\pi}^{\pi}\ln S(\omega)\mathrm{d}\omega\right\}\tag{13-34}$$

自回归过程 若 $\boldsymbol{s}[n]$ 是(11-39)式所示的 AR 过程,则 $l[0]=b_0$ 且

$$\boldsymbol{H}(z)=-a_1z^{-1}-\cdots-a_Nz^{-N}$$

$$\hat{\boldsymbol{s}}[n]=-a_1\boldsymbol{s}[n-1]-\cdots-a_N\boldsymbol{s}[n-N]\quad P=b_0^2\tag{13-35}$$

这表明用$\boldsymbol{s}[n]$的全部过去值所得的预测$\hat{\boldsymbol{s}}[n]$与用最近的 N 个值所得预测值相同。该结果可直接得出:由(11-39)和(13-35)式可得 $\boldsymbol{s}[n]-\hat{\boldsymbol{s}}[n]=b_0\boldsymbol{i}[n]$。这与 $\boldsymbol{s}[n]$ 的过去值正交,因此

$$\hat{E}\{\boldsymbol{s}[n]\mid\boldsymbol{s}[n-k],\ 1\leqslant k\leqslant N\}=\hat{E}\{\boldsymbol{s}[n]\mid\boldsymbol{s}[n-k],\ k\geqslant 1\}$$

具有该特性的过程称为广义 N 阶马尔可夫过程。

r 步预测器 利用新息,我们可以求得由 $\boldsymbol{s}[n-r]$ 和它的过去值对 $\boldsymbol{s}[n]$ 所作的估计

$$\hat{\boldsymbol{s}}_r[n]=\hat{E}\{\boldsymbol{s}[n]\mid\boldsymbol{s}[n-k],\ k\geqslant r\}$$

我们可得

$$\hat{\boldsymbol{s}}_r[n]=\sum_{k=r}^{\infty}l[k]\boldsymbol{i}[n-k]\tag{13-36}$$

---

① U. Grenander and G. Szego. *Toeplitz Forms and Their Applications*. Berkeley University Press, 1958[16].

证　只需证明，当 $k \geqslant r$ 时，差值

$$\hat{\boldsymbol{\varepsilon}}_r[n] = \boldsymbol{s}[n] - \hat{\boldsymbol{s}}_r[n] = \sum_{k=0}^{r-1} l[k]\boldsymbol{i}[n-k]$$

与数据 $\boldsymbol{s}[n-k]$ 正交。这可由 $k \geqslant r$ 时，$\boldsymbol{s}[n-k]$ 线性等价于 $\boldsymbol{i}[n-k]$ 和它的过去值直接得出。因此，它正交于 $\boldsymbol{i}[n], \boldsymbol{i}[n-1], \cdots, \boldsymbol{i}[n-r+1]$。

预测误差 $\hat{\varepsilon}_r[n]$ 是图 13-5 所示输入为 $\boldsymbol{i}[n]$ 的 MA 滤波器 $l[0] + l[1]z^{-1} + \cdots + l[r-1]z^{-r+1}$ 的响应。将该滤波器与 $l/\boldsymbol{L}(z)$ 像图 13-5 那样级联，我们得出过程 $\hat{\boldsymbol{s}}_r[n] = \boldsymbol{s}[n] - \hat{\boldsymbol{\varepsilon}}_r[n]$ 是输入为 $\boldsymbol{s}[n]$ 的系统

$$\boldsymbol{H}_r(z) = 1 - \frac{1}{\boldsymbol{L}(z)} \sum_{k=0}^{r-1} l[k] z^{-k} \tag{13-37}$$

的响应。此即为 $\boldsymbol{s}[n]$ 的 **r 步预测器**，相应的均方误差等于

$$P_r = E\{\boldsymbol{\varepsilon}_r^2[n]\} = \sum_{k=0}^{r-1} l^2[k] \tag{13-38}$$

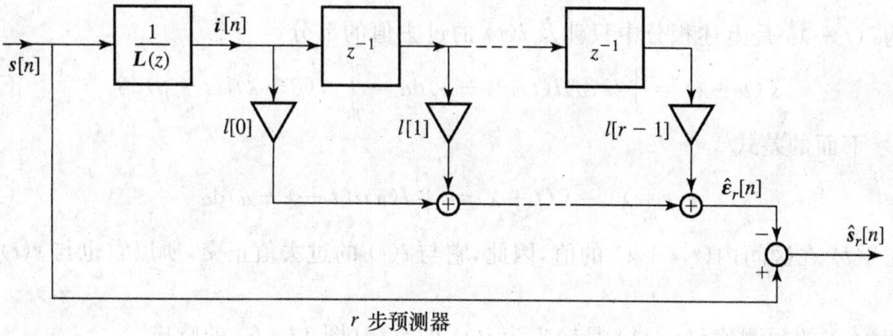

图 13-5

【例 13-4】　我们给定自相关函数为 $R[m] = a^{|m|}$ 的过程 $\boldsymbol{s}[n]$，我们希望求出它的 r 步预测器，这种情况下（见例 9-30）

$$\boldsymbol{S}(z) = \frac{a^{-1} - a}{(a^{-1} + a) - (z^{-1} + z)} = \frac{b^2}{(1 - az^{-1})(1 - az)} \qquad b^2 = 1 - a^2$$

$$\boldsymbol{L}(z) = \frac{b}{1 - az^{-1}} \qquad\qquad l[n] = ba^n U[n]$$

因此

$$\boldsymbol{H}_r(z) = 1 - \frac{1 - az^{-1}}{b} \sum_{k=0}^{r-1} ba^k z^{-k} = a^r z^{-r}$$

$$\hat{\boldsymbol{s}}_r[n] = a^r \boldsymbol{s}[n-r] \qquad\qquad P_r = b^2 \sum_{k=0}^{r-1} a^{2k} = 1 - a^{2r}$$

模拟过程　现在我们考虑用过程 $\boldsymbol{s}(t)$ 的所有过去值 $\boldsymbol{s}(t-\tau), \tau \geqslant 0$ 预测其将来值 $\boldsymbol{s}(t+\lambda)$ 的问题。这个问题中，我们的估计值为积分

$$\hat{\boldsymbol{s}}(t+\lambda) = \hat{E}\{\boldsymbol{s}(t+\lambda) \mid \boldsymbol{s}(t-\tau),\ \tau \geqslant 0\} = \int_0^\infty h(\alpha)\boldsymbol{s}(t-\alpha)\mathrm{d}\alpha \tag{13-39}$$

并且就是要求出函数 $h(\alpha)$。由连续形式的正交性原理(13-4)式，可得

$$E\left\{\left[\boldsymbol{s}(t+\lambda)-\int_0^{\infty}h(\alpha)\boldsymbol{s}(t-\alpha)\mathrm{d}\alpha\right]\boldsymbol{s}(t-\tau)\right\}=0\qquad \tau\geqslant 0$$

由此可得维纳-霍夫积分方程

$$R(\tau+\lambda)=\int_0^{\infty}h(\alpha)R(\tau-\alpha)\mathrm{d}\alpha\qquad \tau\geqslant 0 \tag{13-40}$$

该方程的解就是因果维纳滤波器的冲激响应

$$\boldsymbol{H}(s)=\int_0^{\infty}h(t)\mathrm{e}^{-st}\mathrm{d}t$$

相应的均方误差等于

$$P=E\{[\boldsymbol{s}(t+\lambda)-\hat{\boldsymbol{s}}(t+\lambda)]\boldsymbol{s}(t+\lambda)\}=R(0)-\int_0^{\infty}h(\alpha)R(\lambda+\alpha)\mathrm{d}\alpha \tag{13-41}$$

方程(13-40)不能直接用变换技术求解,因为它只对 $\tau\geqslant 0$ 成立。习题 13-11 中给出了基于拉普拉斯变换解析特性的解。下面我们将利用新息来求解它。

像(11-8)式那样,过程 $\boldsymbol{s}(t)$ 是输入为 $\boldsymbol{i}(t)$ 的新息滤波器 $\boldsymbol{L}(s)$ 的响应,由此可得

$$\boldsymbol{s}(t+\lambda)=\int_0^{\infty}l(\alpha)\boldsymbol{i}(t+\lambda-\alpha)\mathrm{d}\alpha \tag{13-42}$$

我们认为 $\hat{\boldsymbol{s}}(t+\lambda)$ 是上述积分中只涉及 $\boldsymbol{i}(t)$ 的过去值的部分

$$\hat{\boldsymbol{s}}(t+\lambda)=\int_{\lambda}^{\infty}l(\alpha)\boldsymbol{i}(t+\lambda-\alpha)\mathrm{d}\alpha=\int_0^{\infty}l(\beta+\lambda)\boldsymbol{i}(t-\beta)\mathrm{d}\beta \tag{13-43}$$

证　下面的差式

$$\boldsymbol{s}(t+\lambda)-\hat{\boldsymbol{s}}(t+\lambda)=\int_0^{\lambda}l(\alpha)\boldsymbol{i}(t+\lambda-\alpha)\mathrm{d}\alpha \tag{13-44}$$

只依赖于 $\boldsymbol{i}(t)$ 在区间内 $(t,t+\lambda)$ 的值,因此,它与 $\boldsymbol{i}(t)$ 的过去值正交,所以它也与 $\boldsymbol{s}(t)$ 的过去值正交。

过程 $\boldsymbol{s}(t)$ 的预测值 $\hat{\boldsymbol{s}}(t+\lambda)$ 是输入为 $\boldsymbol{i}(t)$ 的系统(图 13-6)的响应

$$\boldsymbol{H}_i(s)=\int_0^{\infty}h_i(t)\mathrm{e}^{-st}\mathrm{d}t\qquad h_i(t)=l(t+\lambda)U(t) \tag{13-45}$$

与 $1/\boldsymbol{L}(s)$ 级联,我们可得 $\hat{\boldsymbol{s}}(t+\lambda)$ 是输入为 $\boldsymbol{s}(t)$ 系统的响应

$$\boldsymbol{H}(s)=\frac{\boldsymbol{H}_i(s)}{\boldsymbol{L}(s)} \tag{13-46}$$

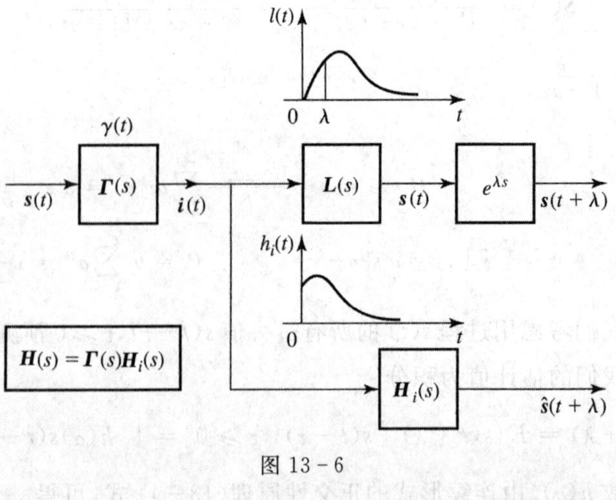

图 13-6

因此，为了确定 $\boldsymbol{s}(t)$ 的预测滤波器 $\boldsymbol{H}(s)$，可做如下处理：

像(11-3)式那样分解 $\boldsymbol{s}(t)$ 的谱 $\boldsymbol{S}(s)=\boldsymbol{L}(s)\boldsymbol{L}(-s)$。

求出 $\boldsymbol{L}(s)$ 的逆变换 $l(t)$，并构造函数 $h_i(t)=l(t+\lambda)U(t)$。

求出 $h_i(t)$ 的变换 $\boldsymbol{H}_i(s)$，由(13-46)式确定 $\boldsymbol{H}(s)$。

由(13-44)式得到最小均方误差为

$$P=E\left\{\left|\int_0^{\lambda} l(\alpha)\boldsymbol{i}(t+\lambda-\alpha)\mathrm{d}\alpha\right|^2\right\}=\int_0^{\lambda} l^2(\alpha)\mathrm{d}\alpha \tag{13-47}$$

【例 13-5】 给定过程 $s(t)$，其自相关函数为 $R(\tau)=2\alpha \mathrm{e}^{-\alpha|\tau|}$，确定其预测器。在这个问题中，

$$\boldsymbol{S}(s)=\frac{1}{\alpha^2-s^2}\quad \boldsymbol{L}(s)=\frac{1}{\alpha+s}\quad l(t)=\mathrm{e}^{-\alpha t}U(t)$$

$$h_i(t)=\mathrm{e}^{-\alpha\lambda}\mathrm{e}^{-\alpha t}U(t)\qquad \boldsymbol{H}_i(s)=\frac{\mathrm{e}^{-\alpha\lambda}}{\alpha+s}$$

$$\boldsymbol{H}(s)=\mathrm{e}^{-\alpha\lambda}\quad \hat{\boldsymbol{s}}(t+\lambda)=\mathrm{e}^{-\alpha\lambda}\boldsymbol{s}(t)$$

这证明由 $s(t)$ 的全部过去值确定的预测 $\boldsymbol{s}(t+\lambda)$，与由 $s(t)$ 的当前值确定的预测值相同。换句话说，若 $s(t)$ 是确定的，则它的过去值对将来值的线性预测没有影响。

若 $\boldsymbol{s}(t)$ 具有有理谱，则可以很简单地确定 $\boldsymbol{H}(s)$。假定 $\boldsymbol{H}(s)$ 的极点都是单极点，则可得

$$\boldsymbol{L}(s)=\frac{N(s)}{D(s)}=\sum_i \frac{c_i}{s-s_i}\qquad l(t)=\sum_i c_i \mathrm{e}^{s_i t}U(t)$$

$$h_i(t)=\sum_i c_i \mathrm{e}^{s_i\lambda}\mathrm{e}^{s_i t}U(t)\quad \boldsymbol{H}_i(s)=\sum_i \frac{c_i \mathrm{e}^{s_i\lambda}}{s-s_i}=\frac{N_1(s)}{D(s)} \tag{13-48}$$

并且由(13-46)式可得 $\boldsymbol{H}(s)=N_1(s)/N(s)$。

若 $N(s)=1$，则 $\boldsymbol{H}(s)$ 是多项式：

$$\boldsymbol{H}(s)=N_1(s)=b_0+b_1 s+\cdots+b_n s^n$$

并且 $\hat{\boldsymbol{s}}(t+\lambda)$ 是 $\boldsymbol{s}(t)$ 和它的 n 阶微分的线性和

$$\hat{\boldsymbol{s}}(t+\lambda)=b_0\boldsymbol{s}(t)+b_1\boldsymbol{s}'(t)+\cdots+b_n\boldsymbol{s}^{(n)}(t)$$

【例 13-6】 给定过程 $s(t)$，且

$$\boldsymbol{S}(s)=\frac{49-25s^2}{(1-s^2)(9-s^2)}\qquad \boldsymbol{L}(s)=\frac{7+5s}{(1+s)(3+s)}$$

我们希望对于 $\lambda=\log 2$，估计将来值 $s(t+\lambda)$。在这个问题中，$\mathrm{e}^{\lambda}=2$：

$$\boldsymbol{L}(s)=\frac{1}{s+1}+\frac{4}{s+3}\quad \boldsymbol{H}_i(s)=\frac{\mathrm{e}^{-\lambda}}{s+1}+\frac{4\mathrm{e}^{-3\lambda}}{s+3}=\frac{s+2}{(s+1)(s+3)}$$

$$\boldsymbol{H}(s)=\frac{s+2}{5s+7}\qquad h(t)=\frac{1}{5}\delta(t)+\frac{3}{25}\mathrm{e}^{-1.4t}U(t)$$

因此

$$E\{\boldsymbol{s}(t+\lambda)\mid \boldsymbol{s}(t-\tau),\tau\geqslant 0\}=0.2\boldsymbol{s}(t)+\hat{E}\{\boldsymbol{s}(t+\lambda)\mid \boldsymbol{s}(t-\tau),\tau>0\}$$

注　1. (13-40)式中的积分

$$y(\tau)=\int_0^{\infty} h(\alpha)R(\tau-\alpha)\mathrm{d}\alpha$$

是输入为 $R(\tau)$ 的维纳滤波器 $\boldsymbol{H}(s)$ 的响应。由(13-40)和(13-41)式可得：

$$y(\tau)=R(\tau+\lambda),\ \tau\geqslant 0\qquad 和\qquad y(-\lambda)=R(0)-P$$

2. 在所有的均方误差估计问题中，只用到二阶矩阵。因此，若两个过程具有相同的自相关函数，则它们的预测器也相同。这启发我们用另一种方法来推导维纳-霍夫方程：假定 ω 是密度为 $f(\omega)$ 的随机变量且 $z(t)=e^{j\omega t}$。显然

$$R_{zz}(\tau)=E\{e^{j\omega(t+\tau)}e^{-j\omega t}\}=\int_{-\infty}^{\infty}f(\omega)e^{j\omega\tau}d\omega$$

由此可知 $z(t)$ 的功率谱等于 $2\pi f(\omega)$［见(9－140)式］。因此，如果 $s(t)$ 是功率谱为 $S(\omega)=2\pi f(\omega)$ 的过程，则它的预测器 $h(t)$ 将等于 $z(t)$ 的预测器

$$\hat{z}(t+\lambda)=\hat{E}\{e^{j\omega(t+\lambda)}\mid e^{j\omega(t-\alpha)},\alpha\geqslant 0\}=\int_{0}^{\infty}h(\alpha)e^{j\omega(t-\alpha)}d\alpha$$

$$=e^{j\omega t}\int_{0}^{\infty}h(\alpha)e^{-j\omega\alpha}d\alpha=e^{j\omega t}\boldsymbol{H}(\omega)$$

又因为对于 $\tau\geqslant 0$ 有 $z(t+\lambda)-\hat{z}(t+\lambda)\perp z(t-\tau)$，从上面的结果得到

$$E\{[e^{j\omega(t+\lambda)}-e^{j\omega t}\boldsymbol{H}(\omega)]e^{-j\omega(t-\tau)}\}=0\quad \tau\geqslant 0$$

从而

$$\int_{-\infty}^{\infty}f(\omega)[e^{j\omega(\tau+\lambda)}-e^{j\omega\tau}\boldsymbol{H}(\omega)]d\omega=0\quad \tau\geqslant 0$$

因为 $f(\omega)e^{j\omega(\tau+\lambda)}$ 的反变换等于 $R(\tau+\lambda)$，而 $f(\omega)e^{j\omega\tau}\boldsymbol{H}(\omega)$ 的反变换等于(13－40)式的积分，这样就得到(13－40)式。

可预测过程　若过程 $s[n]$ 可用它的预测表示如下：

$$s[n]=\sum_{k=1}^{\infty}h[k]s[n-k] \tag{13-49}$$

则该过程是**可预测过程**。在这种情况下［见(13－25)式］

$$P=\frac{1}{2\pi}\int_{-\pi}^{\pi}|\boldsymbol{E}(e^{j\omega})|^2S(\omega)d\omega=0 \tag{13-50}$$

由于 $S(\omega)\geqslant 0$，若 $S(\omega)\neq 0$，上式的积分等于 0 仅在 ω 轴满足 $\boldsymbol{E}(e^{j\omega})=0$ 的区域 R 内成立。我们可以证明该区域是由可数个点 ω_i 构成的，该证明基于(11－9)式中的帕里-维纳条件，由此可得

$$S(\omega)=2\pi\sum_{i=1}^{m}\alpha_i\delta(\omega-\omega_i)\qquad \boldsymbol{E}(e^{j\omega_i})=0 \tag{13-51}$$

因此，若过程 $s[n]$ 是(11－43)式所示的指数和形式

$$s[n]=\sum_{i=1}^{m}c_ie^{j\omega_i n}\qquad E\{c_i^2\}=\alpha_i>0 \tag{13-52}$$

则该过程是可预测的。

我们还可以证明其逆命题也成立：若 $s[n]$ 是(13－52)式所示的 m 个指数和，则它是可预测的，且其预测滤波器等于 $1-D(z)$，其中

$$D(z)=(1-e^{j\omega_1}z^{-1})\cdots(1-e^{j\omega_m}z^{-1}) \tag{13-53}$$

证　在这种情况下，$\boldsymbol{E}(z)=D(z)$，$\boldsymbol{E}(e^{j\omega_i})=0$，因为 $\boldsymbol{E}(e^{j\omega})\delta(\omega-\omega_i)=\boldsymbol{E}(e^{j\omega_i})\delta(\omega-\omega_i)=0$ 所以 $\boldsymbol{E}(e^{j\omega})S(\omega)=0$。因此可得 $P=0$。在那种情况下，$|\boldsymbol{T}_m|=\Delta_m=0$，且 $\Delta_{m-1}>0$（见 458 页注 ③）。

注　上述结果似乎与带限过程 $s(t)$ 的采样展式(10 - 201) 式矛盾：该展开式表明 $s(t)$ 是可预测的，则它可用只包含它的过去采样 $s(nT_0)$ 的线性和以任意小的误差 ε 近似。由此可得数字过程 $s[n]=s(nT_0)$ 在相同意义下是可预测的。然而，这样的展开并不违背(13-50) 式。它仅是一个近似，并且当 $\varepsilon \to 0$ 时它的系数趋于 ∞。

一般过程和沃尔德(wold) 分解[①]　最后我们证明一个任意过程 $\mathbf{s}[n]$ 可以写成一个正则过程 $\mathbf{s}_1[n]$ 和一个可预测过程 $\mathbf{s}_2[n]$ 的和

$$\mathbf{s}[n]=\mathbf{s}_1[n]+\mathbf{s}_2[n] \tag{13-54}$$

这些过程是正交的，并且它们具有相同的预测滤波器，我们将在最小均方估计意义下重新构造沃尔德分解(11 - 89) 式。

据我们所知[见(13 - 24) 式]，过程 $\mathbf{s}[n]$ 的一步估计误差 $\boldsymbol{\varepsilon}[n]$ 是白噪声过程，我们用 $\boldsymbol{\varepsilon}[n]$ 和它的过去值构造 $\mathbf{s}[n]$ 的估计值 $\mathbf{s}_1[n]$

$$\mathbf{s}_1[n]=\hat{E}\{\mathbf{s}[n]\mid \boldsymbol{\varepsilon}[n-k],\ k\geqslant 0\}=\sum_{k=0}^{\infty} w_k \boldsymbol{\varepsilon}[n-k] \tag{13-55}$$

因此，$\mathbf{s}_1[n]$ 是输入为 $\boldsymbol{\varepsilon}[n]$ 的系统响应(图 13 - 7)

$$W(z)=\sum_{k=0}^{\infty} w_k z^{-k}$$

差值 $\mathbf{s}_2[n]=\mathbf{s}[n]-\mathbf{s}_1[n]$ 是估计误差(图 13 - 7)。显然(正交原理)

$$\mathbf{s}_2[n]\perp \boldsymbol{\varepsilon}[n-k] \qquad k\geqslant 0 \tag{13-56}$$

注意若 $\mathbf{s}[n]$ 是正则过程，则[见(13 - 32) 式]$\boldsymbol{\varepsilon}[n]=l[0]\mathbf{i}[n]$；在这种情况下，$\mathbf{s}_1[n]=\mathbf{s}[n]$。

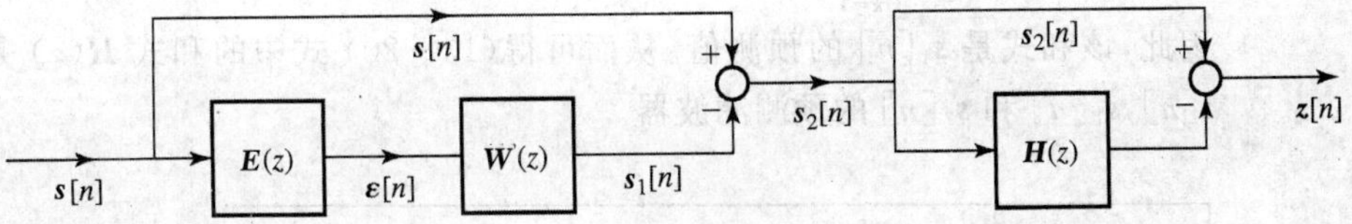

图 13 - 7

定理 13 - 3 ▶ (a) 过程 $\mathbf{s}_1[n]$ 和 $\mathbf{s}_2[n]$ 是正交的

$$\mathbf{s}_1[n]\perp \mathbf{s}_2[n-k] \qquad \text{所有 } k \tag{13-57}$$

(b) $\mathbf{s}_1[n]$ 是正则过程。

(c) $\mathbf{s}_2[n]$ 是可预测过程且它的预测滤波器是(13 - 19) 式给出的和式

$$\mathbf{s}_2[n]=\sum_{k=1}^{\infty} h[k]\mathbf{s}_2[n-k] \tag{13-58}$$

证　(a) 对于每个 $k>0$，过程 $\boldsymbol{\varepsilon}[n]$ 与 $\mathbf{s}[n-k]$ 正交。并且 $\mathbf{s}_2[n-k]$ 是 $\mathbf{s}[n-k]$ 及其过去值的线性函数。因此，对于 $k>0$，有 $\mathbf{s}_2[n-k]\perp \boldsymbol{\varepsilon}[n]$。与(13-56) 式

① A. Papoulis. Predictable Processes and Wold's Decomposition: A Review. *IEEE Transactions on Acoustics, Speech, and Signal Processing*, vol. 22, 1985.

合并,可得

$$\mathbf{s}_2[n-k] \perp \varepsilon[n] \quad \text{所有 } k \tag{13-59}$$

由于 $\mathbf{s}_1[n]$ 线性依赖于 $\boldsymbol{\varepsilon}[n]$ 及其过去值,从而可得(13-57)式。

(b) 过程 $\mathbf{s}_1[n]$ 是输入为白噪声 $\boldsymbol{\varepsilon}[n]$ 的系统 $W(z)$ 的响应。为了证明它的正则性,我们只需证明

$$\sum_{k=0}^{\infty} w_k^2 < \infty \tag{13-60}$$

由(13-54)和(13-55)式可得

$$E\{\mathbf{s}^2[n]\} = E\{\mathbf{s}_1^2[n]\} + E\{\mathbf{s}_2^2[n]\} \geqslant E\{\mathbf{s}_1^2[n]\} = \sum_{k=0}^{\infty} w_k^2$$

由于 $E\{\mathbf{s}^2[n]\} = R(0) < \infty$,从而得出(13-56)式。

(c) 为了证明(13-58)式,只需证明差值

$$\mathbf{z}[n] = \mathbf{s}_2[n] - \sum_{k=1}^{\infty} h[k]\mathbf{s}_2[n-k]$$

等于0。由(13-59)式可知,对于所有 k,均有 $\mathbf{z}[n] \perp \boldsymbol{\varepsilon}[n-k]$。但是 $\mathbf{z}[n]$ 是输入为 $\mathbf{s}_2[n] = \mathbf{s}[n] - \mathbf{s}_1[n]$ 的系统 $1 - \boldsymbol{H}(z) = \boldsymbol{E}(z)$ 的响应,因此(见图 13-8)

$$\mathbf{z}[n] = \boldsymbol{\varepsilon}[n] - \mathbf{s}_1[n] + \sum_{k=1}^{\infty} h[k]\mathbf{s}_1[n-k] \tag{13-61}$$

这证明 $\mathbf{z}[n]$ 是 $\boldsymbol{\varepsilon}[n]$ 及其过去值的线性函数,并且正交于 $\boldsymbol{\varepsilon}[n]$。因此我们可得 $\mathbf{z}[n] = 0$。

最后[见(13-61)式]

$$\mathbf{s}_1[n] - \sum_{k=1}^{\infty} h[k]\mathbf{s}_1[n-k] = \boldsymbol{\varepsilon}[n] \perp \mathbf{s}_1[n-m] \quad m \geqslant 1$$

因此,该和式是 $\mathbf{s}_1[n]$ 的预测值。从而可得(13-20)式中的和式 $\boldsymbol{H}(z)$ 是过程 $\mathbf{s}[n]$,$\mathbf{s}_1[n]$ 和 $\mathbf{s}_2[n]$ 的预测滤波器。 ◀

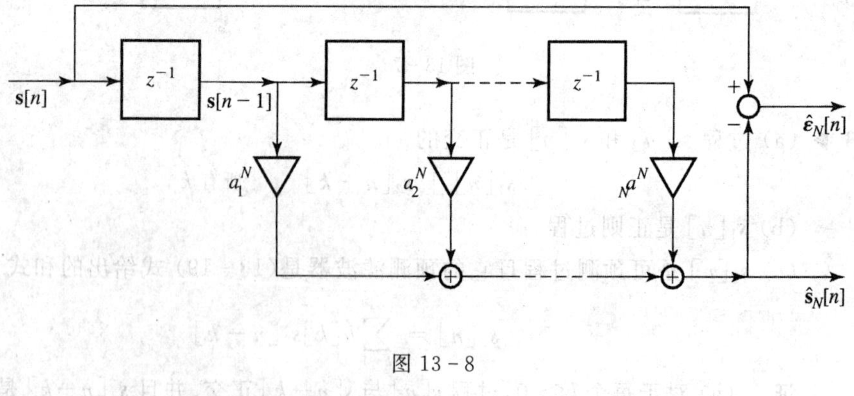

图 13-8

FIR 预测器 我们将用过程 $\mathbf{s}[n]$ 最近的 N 个过去值估计其当前值 $\hat{\mathbf{s}}_N[n]$,

$$\hat{\mathbf{s}}_N[n] = \hat{E}\{\mathbf{s}[n] \mid \mathbf{s}[n-k],\ 1 \leqslant k \leqslant N\} = \sum_{k=1}^{N} a_k^N \mathbf{s}[n-k] \tag{13-62}$$

该估计称为前向 N 步预测器。a_k^N 中的上标表示预测器的阶数。过程 $\hat{\mathbf{s}}_N[n]$ 是前向预测滤波器

$$\hat{\boldsymbol{H}}_N(z)=\sum_{k=1}^{N}a_k^N z^{-k} \tag{13-63}$$

对输入 $\boldsymbol{s}[n]$ 的响应。我们的目标是确定常数 a_k^N，使得前向预测误差 $\hat{\boldsymbol{\varepsilon}}_N[n]=\boldsymbol{s}[n]-\hat{\boldsymbol{s}}_N[n]$ 的均方值最小

$$P_N=E\{\hat{\boldsymbol{\varepsilon}}_N^2[n]\}=E\{(\boldsymbol{s}[n]-\hat{\boldsymbol{s}}_N[n])\boldsymbol{s}[n]\} \tag{13-64}$$

尤拉-沃克方程　由正交性原理可得

$$E\Big\{\Big(\boldsymbol{s}[n]-\sum_{k=1}^{N}a_k^N\boldsymbol{s}[n-k]\Big)\boldsymbol{s}[n-m]\Big\}=0\quad 1\leqslant m\leqslant N$$

从而可得系统

$$R[m]-\sum_{k=1}^{N}a_k^N R[m-k]=0\qquad 1\leqslant m\leqslant N \tag{13-65}$$

解之可得预测滤波器 $\hat{\boldsymbol{H}}_N(z)$ 的系数 a_k^N。相应的均方误差等于[见(12-83)式]

$$P_N=R[0]-\sum_{k=1}^{N}a_k^N R[k]=\frac{\Delta_{N+1}}{\Delta_N} \tag{13-66}$$

在图 13-8 中我们给出了 $\hat{\boldsymbol{H}}_N(z)$ 的格形结构和前向误差滤波器 $\hat{\boldsymbol{E}}_N(z)=1-\hat{\boldsymbol{H}}_N(z)$。

像 12-3 节中所示，误差滤波器可以用图 13-9 所示的格形结构实现。在这种结构中，输入为 $\boldsymbol{s}[n]$，上面输出为 $\hat{\boldsymbol{\varepsilon}}_N[N]$。下面输出 $\check{\boldsymbol{\varepsilon}}_N[n]$ 为如下定义的后向预测误差：过程 $\boldsymbol{s}[n]$ 和 $\boldsymbol{s}[-n]$ 具有相同的自相关函数，因此它们的预测滤波器相同；由此可得，后向预测 $\check{\boldsymbol{s}}_N[n]$，即 $\boldsymbol{s}[n]$ 由最近的 N 个未来值估计的当前值等于

$$\check{\boldsymbol{s}}_N[n]=\hat{E}\{\boldsymbol{s}[n]\mid \boldsymbol{s}[n+k],1\leqslant k\leqslant N\}=\sum_{k=1}^{N}a_k^N\boldsymbol{s}[n+k]$$

后向预测误差

$$\check{\boldsymbol{\varepsilon}}_N[n]=\boldsymbol{s}[n-N]-\check{\boldsymbol{s}}_N[n-N]$$

是输入为 $\boldsymbol{s}[n]$ 的滤波器

$$\check{\boldsymbol{E}}_N(z)=z^{-N}(1-a_1^N z-\cdots-a_N^N z^N)=z^{-N}\hat{\boldsymbol{E}}_N(1/z)$$

的响应。由此和(12-94)式可得图 13-8 中横向滤波器的下输出为 $\check{\boldsymbol{\varepsilon}}_N[n]$。

在 12-3 节中，我们利用格形和梯形的等价性来简化尤拉-沃克方程的解。下面我们归纳预测问题的主要结果。我们指出格形结构同样具有下述优点。假定我们已知 N 阶预测，希望求出 $N+1$ 阶预测。在梯形结构中，我们必须重新求出 $N+1$ 个系数 a_k^{N+1}。在格型结构中，我们只需

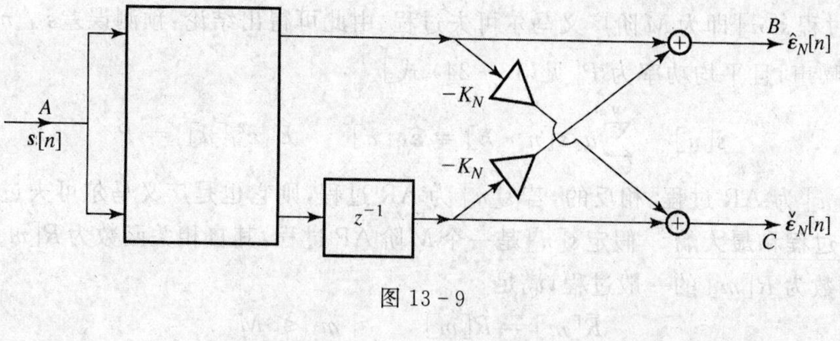

图 13-9

求出新的反射系数 K_{N+1}，前 N 阶反射系数 K_k 不改变。

莱文森算法　我们将递归地确定常数 a_k^N，K_N 和 P_N。这包括以下步骤：初始化

$$a_1^1 = K_1 = R[1]/R[0] \qquad P_1 = (1-K_1^2)R[0]$$

假定 $N+1$ 个常数 a_k^{N-1}，K_{N-1} 和 P_{N-1} 已知。由(12-107)和(12-108)式求 K_N 和 P_N

$$P_{N-1}K_N = R[N] - \sum_{k=1}^{N-1} a_k^{N-1} R\{N-k\} \qquad P_N = (1-K_N^2)P_{N-1} \tag{13-67}$$

由(12-97)式求 a_k^N，

$$a_N^N = K_N \qquad a_k^N = a_k^{N-1} - K_N a_{N-k}^{N-1} \qquad 1 \leqslant k \leqslant N-1 \tag{13-68}$$

在莱文森算法中，递归阶数 N 是有限的，但它仍然是不确定的。我们将研究预测器的性质，以及当 $N \to \infty$ 时的最小均方误差 P_N。显然，P_N 是一个非增的正数序列，因此，它趋于一个正极限

$$P_1 \geqslant P_2 \geqslant \cdots \geqslant P_N \xrightarrow[N \to \infty]{} P \geqslant 0 \tag{13-69}$$

在 11-3 节中我们证明了，误差滤波器

$$\hat{\boldsymbol{E}}_N(z) = 1 - \sum_{k=1}^{N} a_k^N z^{-k}$$

的零点 z_i 或者全部在单位圆内，或者全部在单位圆上。

若 $P_N > 0$，则对于 $k \leqslant N$ 有 $|K_k| < 1$，并且对每个 i 有 $|z_i| < 1$[见(12-99)式]。

若 $P_{N-1} > 0$ 且 $P_N = 0$，则对每个 $k \leqslant N-1$ 有 $|K_k| < 1$，且对每个 i 有 $|K_N| = 1$，$|z_i| = 1$[见(12-101)式]。在这种情况下，过程 $\mathbf{s}[n]$ 是可预测的，且它的谱由线谱构成。

若 $P > 0$，则对每个 i 有 $|z_i| \leqslant 1$[见(13-26)式]。在这种情况下，$\mathbf{s}[n]$ 的预测 $\hat{\mathbf{s}}_N[n]$ 趋于(13-19)式所示的维纳预测 $\hat{\mathbf{s}}[n]$。由此和(13-34)式可得

$$P = \exp\left\{\frac{1}{2\pi}\int_{-\pi}^{\pi} \ln S(\omega)\mathrm{d}\omega\right\} = l[0] = \lim_{N \to \infty} \frac{\Delta_{N+1}}{\Delta_N} \tag{13-70}$$

这给出了下面几个参数的关系：用 $\mathbf{s}[n]$ 和它的全部过去值所得预测最小均方误差 P，$\mathbf{s}[n]$ 的功率谱 $S(\omega)$，新息滤波器的冲激响应 $l[n]$ 的初始值 $l[0]$，以及相关行列式 Δ_N 的关系。

最后，假定 $P_{M-1} > P_M$ 和

$$P_M = P_{M-1} = \cdots = P \tag{13-71}$$

在这种情况下，对于 $|k| > M$ 有 $K_k = 0$。因此，在第 M 步算法终止。由此可得，$\mathbf{s}[n]$ 的 M 阶预测 $\hat{\mathbf{s}}_M[n]$ 等于它的维纳预测

$$\hat{\mathbf{s}}_M[n] = \hat{E}\{\mathbf{s}[n] \mid \mathbf{s}[n-k], 1 \leqslant k \leqslant M\} = \hat{E}\{\mathbf{s}[n] \mid \mathbf{s}[n-k], k \geqslant 1\}$$

换句话说，过程 $\mathbf{s}[n]$ 即为 M 阶广义马尔可夫过程。由此可得出结论：预测误差 $\hat{\boldsymbol{\varepsilon}}_M[n] = \mathbf{s}[n] - \hat{\mathbf{s}}_M[n]$ 是白噪声，且平均功率为 P[见(13-24)式]

$$\mathbf{s}[n] - \sum_{k=1}^{N} a_k^N \mathbf{s}[n-k] = \hat{\boldsymbol{\varepsilon}}_M[n] \qquad E\{\hat{\boldsymbol{\varepsilon}}_M^2[n]\} = P$$

并且表明 $\mathbf{s}[n]$ 为 AR 过程。相反的，若 $\mathbf{s}[n]$ 为 AR 过程，则它也是广义马尔可夫过程。

自回归过程和最大熵　假定 $\mathbf{s}[n]$ 是一个 M 阶 AR 过程，其自相关函数为 $R[m]$，$\bar{\mathbf{s}}[n]$ 是一个自相关函数为 $\bar{R}[m]$ 的一般过程，满足

$$\bar{R}[m] = R[m] \qquad |m| \leqslant M$$

这些过程的 M 阶预测器是相同的，因为它们仅依赖于 $|m| \leqslant M$ 时 $R[m]$ 的值。由此可得相应的预测误差 P_M 和 P_M 相等。我们已经指出，对于 AR 过程 $\mathbf{s}[n]$ 有 $P_M = P$，对于宽过程 $\bar{\mathbf{s}}[n]$ 有 $P_M \geqslant P$。

现在，对于 $|m| \leqslant M$，考虑具有相同自相关函数(数据)过程的 C_M。每个 $R[m]$ 都是给定数据的正定外推函数。在 12-3 节中我们证明了通过最大熵方法得到的外推序列是一个 AR 过程的自相关函数[见(12-128)式]。由此可得均方估计和最大熵的下述联系：最大熵外推是用类 C_M 中的函数表示的过程 $\mathbf{s}[n]$ 的自相关函数，并且相应的预测器**使最小均方误差 P 最大**。在这种意义下，**最大熵方法**使得 $|m| > M$ 时 $R[m]$ 的值的**不确定性最大**。

13.2.3　因果数据

我们希望用正则过程 $\mathbf{s}[n]$ 从某个原点起的有限个过去值，来估计它的当前值。这时可用的数据为从 0 到 $n-1$，而所期望的估计为

$$\hat{\mathbf{s}}_n[n] = \hat{E}\{\mathbf{s}[n] \mid \mathbf{s}[n-k],\ 1 \leqslant k \leqslant n\} = \sum_{k=1}^{n} a_k^n \mathbf{s}[n-k] \tag{13-72}$$

与(13-62)式所讨论的固定 N 阶的 FIR 预测 $\hat{\mathbf{s}}_N[n]$ 不同，该估计的长度 n 不是常数。此外(13-72)式中的滤波器系数 a_k^n 的值和 n 有关。所以，过程 $\mathbf{s}[n]$ 的用其因果过去表示的估计器是一个线性**时变滤波器**。如果用图 13-8 所示的抽头延时线来实现，则随着 n 的增加，抽头数也增加并且权值随之改变。

$\hat{\mathbf{s}}_n[n]$ 的系数 a_k^n 可用莱文森算法递推确定，这时有 $N = n$。再引入 $\mathbf{s}[n]$ 的后向估计 $\check{\mathbf{s}}[n]$，它是用 $\mathbf{s}[n]$ 的最近的 n 个未来值估计的，从(12-92)式得到

$$\hat{\mathbf{s}}_n[n] = \hat{\mathbf{s}}_{n-1}[n] + K_n(\mathbf{s}[0] - \check{\mathbf{s}}_{n-1}[0])$$
$$\check{\mathbf{s}}_n[0] = \check{\mathbf{s}}_{n-1}[0] + K_n(\mathbf{s}[n] - \hat{\mathbf{s}}_{n-1}[n]) \tag{13-73}$$

在图 13-10 中，我们画出了误差滤波器 $\mathbf{E}_n(z)$ 的归一化格形实现，这里我们利用下述过程作为其上输出

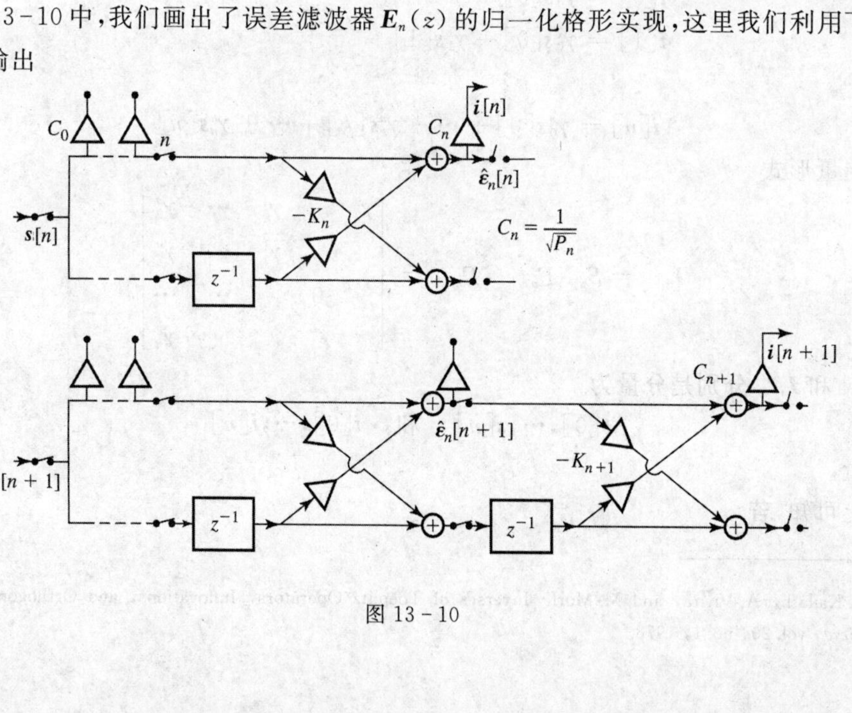

图 13-10

$$\boldsymbol{i}[n]=\frac{1}{\sqrt{P_n}}\hat{\boldsymbol{\varepsilon}}_n[n] \qquad E\{\boldsymbol{i}^2[n]\}=1 \tag{13-74}$$

该滤波器用从左边开始依次"接通"新的格形节的方法来构成。它是时变的，但和抽头延时线的实现不同的是，当 n 增加时各个节的元件保持不变。我们应当指出，尽管 $\hat{\boldsymbol{\varepsilon}}_k[n]$ 是时间为 n 时第 k 节的上响应值，但过程 $\boldsymbol{i}[n]$ 并不出现于固定的位置上。它是开关"接通"的最后一节的输出并且当 n 增加时观测到 $\boldsymbol{i}[n]$ 的点是变化着的。

可以看出，如果 $\boldsymbol{s}[n]$ 是 M 阶的 AR 过程[见(12-81)式]，则当 $n>M$ 时，格形停止增加，而成为非时变系统 $\boldsymbol{E}_M(z)/\sqrt{P_M}$。相应的逆格形(见图 12-15)为全极点系统

$$\frac{\sqrt{P_M}}{\boldsymbol{E}_M(z)}$$

现在我们将证明归一化格形的输出 $\boldsymbol{i}[n]$ 为白噪声，即

$$R_{ii}[m]=\delta[m] \tag{13-75}$$

事实上，我们知道，对于 $1\leqslant k\leqslant n$ 有 $\hat{\boldsymbol{\varepsilon}}_n[n]\perp\boldsymbol{s}[n-k]$。而且，$\hat{\boldsymbol{\varepsilon}}_{n-k}[n-r]$ 仅线性依赖于 $\boldsymbol{s}[n-r]$ 及其过去值，所以

$$\hat{\boldsymbol{\varepsilon}}_n[n]\perp\hat{\boldsymbol{\varepsilon}}_{n-1}[n-1] \tag{13-76}$$

因为 $P_n=E\{\boldsymbol{\varepsilon}_n^2[n]\}$，由此得到(13-75)式。

注 在固定长度的格形里，输出 $\hat{\boldsymbol{\varepsilon}}_N[n]$ 不是白噪声，它不正交于 $\hat{\boldsymbol{\varepsilon}}_{N-1}[n]$。但是对于特定的 n，随机变量 $\hat{\boldsymbol{\varepsilon}}_N[n]$ 和 $\hat{\boldsymbol{\varepsilon}}_{N-1}[n-1]$ 是正交的。

卡尔曼新息① 图 13-10 的时变格形的输出 $\boldsymbol{i}[n]$ 是一个线性地依赖于 $\boldsymbol{s}[n-k]$ 的正交过程。用 γ_k^n 表示时间为 n 时格型滤波器对输入 $\boldsymbol{s}[n]=\delta[n-k]$ 的响应，我们得到

$$\begin{aligned}
\boldsymbol{i}[0]&=\gamma_0^0\boldsymbol{s}[0]\\
\boldsymbol{i}[1]&=\gamma_0^1\boldsymbol{s}[0]+\gamma_1^1\boldsymbol{s}[1]\\
&\ \ \vdots \qquad\qquad \vdots \qquad\qquad \ddots\\
\boldsymbol{i}[n]&=\gamma_0^n\boldsymbol{s}[0]+\cdots+\gamma_k^n\boldsymbol{s}[k]+\cdots+\gamma_n^n\boldsymbol{s}[n]
\end{aligned} \tag{13-77}$$

或写成向量形式

$$\boldsymbol{I}_{n+1}=\boldsymbol{S}_{n+1}\Gamma_{n+1} \quad \Gamma_{n+1}=\begin{bmatrix}\gamma_0^0 & \gamma_0^1 & \cdots & \gamma_0^n\\ & \gamma_1^1 & \cdots & \gamma_1^n\\ & 0 & \cdots & \cdots\\ & & & \gamma_n^n\end{bmatrix}$$

其中 $\boldsymbol{S}_{n+1}$ 和 $\boldsymbol{I}_{n+1}$ 分别是分量为

$$\boldsymbol{s}[0],\cdots,\boldsymbol{s}[n] \quad 和 \quad \boldsymbol{i}[0],\cdots,\boldsymbol{i}[n]$$

的行向量。

由上可知，若

① T. Kailath, A. Vieira, and M. Morf. Inverses of Toeplitz Operators, Innovations, and Orthogonal Polynoials. *SIAM Review*, vol. 20, no. 1, 1978.

$$\mathbf{s}[n]=\delta[n-k] \quad \text{则} \quad \mathbf{i}[n]=\gamma_k^n \quad n\geqslant k$$

这表明，为了确定图13-10所示格形的冲激响应，我们用冲激序列$\delta[n-k]$作为输入并且观测$n\geqslant k$时的滑动输出$\mathbf{i}(n)$。

三角矩阵Γ_{n+1}的元素γ_k^n可以用因果预测器$\hat{s}[n]$的权a_k^n来表示。因为

$$\hat{\boldsymbol{\varepsilon}}_n[n]=\mathbf{s}[n]-\hat{\mathbf{s}}_n[n]=\sqrt{P_n}\,\mathbf{i}[n]$$

由(13-72)式可得

$$\gamma_n^n=\frac{1}{\sqrt{P_n}} \qquad \gamma_{n-k}^n=\frac{-1}{\sqrt{P_n}}a_k^n \quad k\geqslant 1$$

图13-10所示格形的逆滤波器可以像图12-15那样用改变图中上支路的流向和向上权值$-K_n$的符号而得到。开关仍然从左开始依次接通，而输入$\mathbf{i}(n)$则在最后一节接通时加到其端点。于是A点的输出为

$$\begin{aligned}&\mathbf{s}[0]=l_0^0\mathbf{i}[0]\\&\mathbf{s}[1]=l_0^1\mathbf{i}[0]+l_1^1\mathbf{i}[1] \quad \mathbf{S}_{n+1}=\mathbf{I}_{n+1}\mathbf{L}_{n+1}\\&\vdots \qquad\qquad \vdots \qquad\qquad \ddots\\&\mathbf{s}[n]=l_0^n\mathbf{i}[0]+\cdots+l_n^n\mathbf{i}[n] \quad L_n=\Gamma_n^{-1}\end{aligned} \tag{13-78}$$

由此可得，若

$$\mathbf{i}[n]=\delta[n-k] \quad \text{则} \quad \mathbf{s}[n]=l_k^n \quad n\geqslant k\text{。}$$

因此，为了确定逆格形的冲激响应l_k^n，我们用冲激序列$\delta[n-k]$作为滑动输入并且观测$n\geqslant k$时左边的输出$\mathbf{s}[n]$。

由上节的讨论知道，随机向量$\mathbf{S}_n$线性等价于正交向量$\mathbf{I}_n$。因此，(13-77)和(13-78)式对应于7-3节中的格拉姆-施密特正交归一化方程(7-100)和(7-103)式。将11-1节中的术语应用于因果信号，我们称过程$\mathbf{i}(n)$为$\mathbf{s}[n]$的**卡尔曼新息**，而把相应的格型滤波器和它的逆滤波器分别称为**卡尔曼白化和卡尔曼新息滤波器**。这些滤波器是**时变**的，它们的转移矩阵分别为Γ_n和L_n。它们的元素可以用莱文森算法的参数K_n和P_n表示，因为滤波器由这些参数完全确定。

科列斯基(Cholesky)分解　可以证明，相关矩阵R_n和它的逆可以写为乘积形式

$$R_n=L_n^tL_n \qquad R_n^{-1}=\Gamma_n\Gamma_n^t \tag{13-79}$$

其中Γ_n和L_n是前面引入的三角矩阵。实际上，由$\mathbf{I}_n$的正交归一化性和R_n的定义，可以得到

$$E\{\mathbf{I}_n^t\mathbf{I}_n\}=1_n \qquad E\{\mathbf{S}_n^t\mathbf{S}_n\}=R_n$$

其中1_n为单位矩阵。因为$\mathbf{I}_n=\mathbf{S}_n\Gamma_n$和$\mathbf{S}_n=\mathbf{I}_nL_n$，上式可写为

$$\Gamma_n^tR_n\Gamma_n=1_n \qquad L_n^t1_nL_n=R_n$$

于是得到(13-79)式。

自相关函数的格型滤波器参数表示　我们用莱文森参数K_N和P_N来确定过程$\mathbf{s}[n]$的自相关函数$R[m]$。为此，我们构造一N_0阶的格形，并分别用$\hat{q}_N[m]$和$\check{q}_N[m]$表示输入为$R[m]$时的上响应和下响应(图13-11(a))。从图中可以看出

$$\hat{q}_{N-1}[m]=\hat{q}_N[m]+K_N\check{q}_{N-1}[m-1] \tag{13-80a}$$

$$\check{q}_N[m]=\check{q}_{N-1}[m-1]-K_N\hat{q}_{N-1}[m] \tag{13-80b}$$

$$\hat{q}_0[m]=\check{q}_0[m]=R[m] \tag{13-80c}$$

利用上面的结果,我们将证明:假如下面的边界条件和初始条件满足①:系统的输入(B点)恒等于零,即

$$\hat{q}_{N_0}[m]=0 \qquad 所有\ m \tag{13-81}$$

除第一个外,所有延时单元输入的初始条件均为零,即

$$\check{q}_N[0]=0 \qquad N>0 \tag{13-82}$$

则 $R[m]$ 可以确定为图 13-11(b) 的逆格形系统的响应。第一个延时单元在 $m=0$ 时接入系统,其初始条件等于 $R[0]$,即

$$\check{q}_0[0]=R[0] \tag{13-83}$$

从上面的结果和(13-81) 式可得

$$\check{q}_N[1]=0 \qquad N>1$$

可以证明,在上述条件下,逆格形的左输出(A点) 等于 $R[m]$,第 m 节的右输出等于均方误差 P_m,即

$$\hat{q}_0[m]=R[m] \qquad \check{q}_m[m]=P_m \tag{13-84}$$

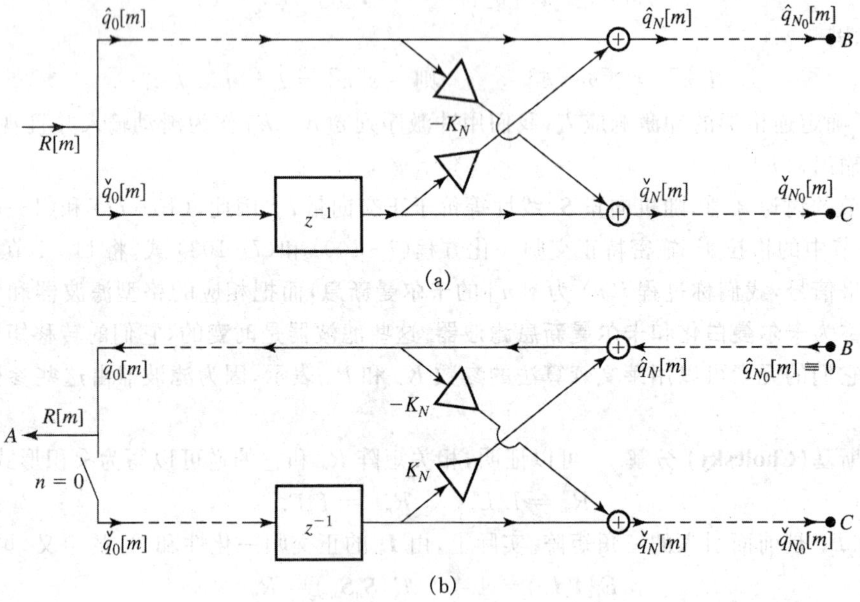

图 13-11

证 证明基于图 13-10(a) 所示的格形的响应满足方程(见习题 13-24)

$$\hat{q}_N[m]=\check{q}_N[m]=0 \qquad 1\leqslant m\leqslant N-1 \tag{13-85}$$

$$\check{q}_N[N]=P_N \tag{13-86}$$

由(13-80) 式可得,若已知 $\hat{q}_N[m]$ 和 $\check{q}_{N-1}[m-1]$,则我们可求出 $\hat{q}_{N-1}[m]$ 和 $\check{q}_N[m]$。用简单

① E. A. Robinson and S. Treitel. Maximum Entropy and the Relationship of the Partial Autocorrelation to the Reflection Coefficients of a Layered System. *IEEE Transactions on Acoustics, Speech, and Signal Processing*, vol. ASSP-28, no. 2, 1980.

的归纳法，可以得出结论，如果对所有的 m 规定了$\hat{q}_{N_0}[m]$(边界条件)，并对所有的 N 规定了$\check{q}_N[1]$(初始条件)，则格形的所有响应便惟一确定了。图 13-11 的两个系统满足于同一方程(13-80) 式，并且，如同我们所指出的，它们具有相同的初始条件和边界条件。因此，它们的所有响应也相同，由此得到(13-84) 式。

13.3　滤波和预测

在这一节里，我们讨论用正则过程 $\boldsymbol{x}(t)$(信号加噪声) 的当前和过去值，来估计随机过程 $\boldsymbol{s}(t)$(信号) 的未来值 $\boldsymbol{s}(t+\lambda)$。即

$$\hat{\boldsymbol{s}}(t+\lambda)=\hat{E}\{\boldsymbol{s}(t+\lambda)\mid\boldsymbol{x}(t-\tau),\tau\geqslant 0\}=\int_0^\infty h_x(\alpha)\boldsymbol{x}(t-\alpha)\mathrm{d}\alpha \tag{13-87}$$

因此，$\hat{\boldsymbol{s}}(t+\lambda)$ 是输入为 $\boldsymbol{x}(t)$ 时，线性时不变因果系统 $\boldsymbol{H}_x(s)$ 的输出。为了确定 $\boldsymbol{H}_x(s)$，我们利用正交性原理

$$E\left\{\left[\boldsymbol{s}(t+\lambda)-\int_0^\infty h_x(\alpha)\boldsymbol{x}(t-\alpha)\mathrm{d}\alpha\right]\boldsymbol{x}(t-\tau)\right\}=0\quad\tau\geqslant 0$$

由此得到维纳-霍夫方程：

$$R_{sx}(\tau+\lambda)=\int_0^\infty h_x(\alpha)R_{xx}(\tau-\alpha)\mathrm{d}\alpha\quad\tau\geqslant 0 \tag{13-88}$$

(13-88)式的解 $h_x(t)$ 称为维纳预测和滤波系统的冲激响应。如果 $\boldsymbol{x}(t)=\boldsymbol{s}(t)$，则 $h_x(t)$ 就是(13-39) 式的纯预测器。如果 $\lambda=0$，则 $h_x(t)$ 为纯滤波器。

为了求解(13-88) 式，我们用 $\boldsymbol{x}(t)$ 的新息 $\boldsymbol{i}_x(t)$ 来表示 $\boldsymbol{x}(t)$(图 13-12)

$$\boldsymbol{x}(t)=\int_0^\infty l_x(\alpha)\boldsymbol{i}_x(t-\alpha)\mathrm{d}\alpha\quad R_{ii}(\tau)=\delta(\tau) \tag{13-89}$$

式中 $l_x(t)$ 是新息滤波器 $\boldsymbol{L}_x(s)$ 的脉冲响应，而 $\boldsymbol{L}_x(s)$ 可由对 $\boldsymbol{x}(t)$ 的类似于(11-3) 式的谱分解得到，即

$$S_{xx}(s)=\boldsymbol{L}_x(s)\boldsymbol{L}_x(-s) \tag{13-90}$$

我们知道，过程 $\boldsymbol{i}_x(t)$ 和 $\boldsymbol{x}(t)$ 线性等价；因此，估计$\hat{\boldsymbol{s}}(t+\lambda)$ 可用输入为 $\boldsymbol{i}_x(t)$ 时的因果滤波器 $H_{i_x}(s)$ 的输出表示

$$\hat{\boldsymbol{s}}(t+\lambda)=\int_0^\infty h_{i_x}(\alpha)\boldsymbol{i}_x(t-\alpha)\mathrm{d}\alpha \tag{13-91}$$

为了确定 $h_{i_x}(t)$，我们应用正交性原理

$$E\left\{\left[\boldsymbol{s}(t+\lambda)-\int_0^\infty h_{i_x}(\alpha)\boldsymbol{i}_x(t-\alpha)\mathrm{d}\alpha\right]\boldsymbol{i}_x(t-\tau)\right\}=0\qquad\tau\geqslant 0$$

因为 $\boldsymbol{i}_x(t)$ 是白噪声，上式变为

$$R_{si_x}(\tau+\lambda)=\int_0^\infty h_{i_x}(\alpha)\delta(\tau-\alpha)\mathrm{d}\alpha=h_{i_x}(\tau)\qquad\tau\geqslant 0 \tag{13-92}$$

因为 $\tau<0$ 时 $h_{i_x}(\tau)=0$，由此可确定对所有 τ 的 $h_{i_x}(\tau)$：

$$h_{i_x}(\tau)=R_{si_x}(\tau+\lambda)U(\tau) \tag{13-93}$$

在(13-92) 和(13-93) 式中，$R_{si_x}(\tau)$ 是信号 $\boldsymbol{s}(t)$ 与过程 $\boldsymbol{i}_x(t)$ 的互相关函数。函数 $R_{si_x}(\tau)$ 可以用 $\boldsymbol{s}(t)$ 和 $\boldsymbol{x}(t)$ 之间的互相关函数 $R_{sx}(\tau)$ 表示。其实，因为 $\boldsymbol{i}_x(t)$ 是输入为 $\boldsymbol{x}(t)$ 时白化滤波器 $\boldsymbol{\Gamma}_x(s)$ 的输出，由(9-130) 和(9-170) 式可得

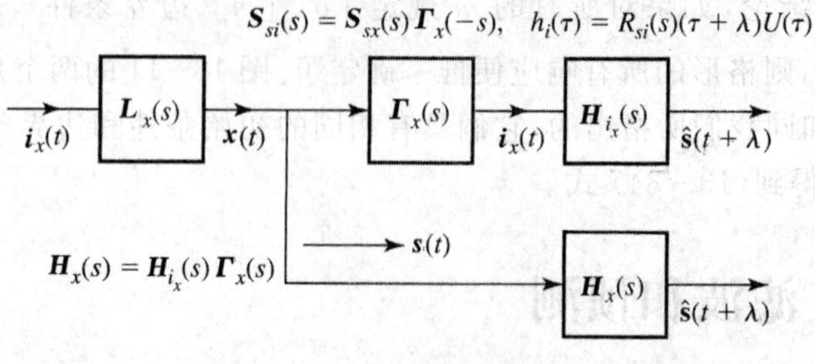

图 13-12

$$S_{si_x}(s) = S_{sx}(s)\Gamma_x(-s) \tag{13-94}$$

因此，由于假定 $S_{sx}(s)$ 已知，从(13-94)式可得 $R_{si_x}(\tau)$。像(13-93)式那样，向左移位后截断，便得到 $h_{i_x}(\tau)$。

为了完全确定 $H_x(s)$，我们用 $\Gamma_x(s)$ 乘以所得到的函数 $h_{i_x}(t)$ 的变换 $H_{i_x}(s)$（见图 13-12）

$$H_x(s) = H_{i_x}(s)\Gamma_x(s) \tag{13-95}$$

函数 $H_{i_x}(s)$ 可以直接由(13-94)式确定：我们已知（位移定理）$R_{si_x}(\tau+\lambda)$ 的变换等于

$$S_\lambda(s) = S_{si_x}(s)e^{\lambda s} = S_{sx}(s)\Gamma_x(-s)e^{\lambda s} \tag{13-96}$$

为了求得 $H_{i_x}(s)$，只需 $S_\lambda(s)$ 将写成下列和式

$$S_\lambda(s) = S_\lambda^+(s) + S_\lambda^-(s) \tag{13-97}$$

式中 $S_\lambda^+(s)$ 在 s 平面的右半平面解析，而 S_λ^- 在 s 平面的左半平面解析。因为函数 $S_\lambda^+(s)$ 和 $S_\lambda^-(s)$ 的反变换分别等于 $R_{si_x}(\tau+\lambda)U(\tau)$ 和 $R_{si_x}(\tau+\lambda)U(-\tau)$，可以由(13-93)式得到（也可见随后的注）

$$H_{i_x}(s) = S_\lambda^+(s) \tag{13-98}$$

为了确定维纳滤波器的系统函数 $H_x(s)$，可按下列步骤处理：

用(13-90)式分解 $S_{xx}(s)$，并令 $\Gamma_x(s) = 1/L_x(s)$。

从(13-94)式求 $S_{si_x}(s)$，并利用(13-96)式构造函数 $S_\lambda(s)$。

按(13-97)式分解 $S_\lambda(s)$，并利用(13-98)式构造函数 $H_{i_x}(s)$。

由(13-95)式确定 $H_x(s)$。

若函数 $S_\lambda(s)$ 是有理分式，则(13-97)式的分解可由 $S_{si_x}(s)$ 的部分分式展开得到。设 $S_{si_x}(s)$ 为单极点的真分式，可得

$$S_{si_x}(s) = \sum_i \frac{a_i}{s-s_i} + \sum_k \frac{b_k}{s-z_k} \qquad \begin{matrix} \mathrm{Re}S_i < 0 \\ \mathrm{Re}z_k > 0 \end{matrix} \tag{13-99}$$

第二个和式的反变换在 $\tau > 0$ 时等于0。因此，如果它向左移位，则在 $\tau > 0$ 时仍然为零。这表明只是第一个和式对 $R_{si_x}(\tau+\lambda)U(\tau)$ 起作用。换言之

$$R_{si_x}(\tau+\lambda)U(\tau) = [a_1 e^{s_1(\tau+\lambda)} + \cdots + a_n e^{s_n(\tau+\lambda)}]U(\tau)$$

上式的变换为

$$S_\lambda^+(s) = \frac{a_1 e^{s_1\lambda}}{s-s_1} + \cdots + \frac{a_n e^{s_n\lambda}}{s-s_n} \tag{13-100}$$

【例 13-7】 设 $x(t) = s(t) + v(t)$，且如例 13-1，

$$S_{ss}(\omega) = \frac{N_0}{\alpha^2+\omega^2} \quad S_{vv}(\omega) = N \quad S_{sv}(\omega) = 0 \tag{13-101}$$

在这种情况下，$\boldsymbol{S}_{sx}(s)=\boldsymbol{S}_{ss}(s)$ 和

$$\boldsymbol{S}_{xx}(s)=\frac{N_0}{\alpha^2-s^2}+N=N\frac{\beta^2-s^2}{\alpha^2-s^2}\qquad \beta^2=\alpha^2+\frac{N_0}{N}$$

所以

$$\boldsymbol{L}_x(s)=\sqrt{N}\frac{s+\beta}{s+\alpha}\qquad \boldsymbol{\Gamma}_x(-s)=\frac{1}{\sqrt{N}}\frac{\alpha-s}{\beta-s}\tag{13-102}$$

代入(13－94)式，并展开为部分分式，我们得到

$$\boldsymbol{S}_{si_x}(s)=\frac{N_0}{\alpha^2-s^2}\frac{\alpha-s}{(\beta-s)\sqrt{N}}=\frac{A}{s+\alpha}-\frac{A}{s-\beta}\qquad A=\frac{N_0}{(\alpha+\beta)\sqrt{N}}$$

并且令(13－100)式中 $s_1=-\alpha$，得

$$\boldsymbol{S}_\lambda^+(s)=\frac{A}{s+\alpha}\mathrm{e}^{-\alpha\lambda}$$

因此

$$\boldsymbol{H}_x(s)=\boldsymbol{S}_\lambda^+(s)\boldsymbol{\Gamma}_x(s)=\frac{\beta-\alpha}{s+\beta}\mathrm{e}^{-\alpha\lambda}\tag{13-103}$$

注　在(13－97)式 $\boldsymbol{S}_\lambda(s)$ 的分解中，除了一个可加性常数外，$\boldsymbol{S}_\lambda^+(s)$ 和 $\boldsymbol{S}_\lambda^-(s)$ 是惟一确定的。这在 $h_{i_x}(t)$ 的确定中引起模糊。如果加上 $\boldsymbol{S}_\lambda^-(\infty)=0$ 这一条件，模糊就可消除。

在纯滤波($\lambda=0$)的情况中，所得 $h_x(t)$ 可能在原点外含有脉冲函数。这是可以接受的，因为根据假设，$\boldsymbol{s}(t)$ 的估计 $\hat{\boldsymbol{s}}(t)$ 是数据 $\boldsymbol{x}(t)$ 过去和当前值的线性泛函。

滤除白噪声　在纯滤波问题中，若 $R_{ss}(0)<\infty$，且 $\boldsymbol{v}(t)$ 是正交于信号的白噪声[如(13－101)式]，则估计器 $\boldsymbol{H}_x(s)$ 的确定可以简化。实际上，可以证明，在这种情况下

$$\boldsymbol{H}_x(s)=1-\sqrt{N}\boldsymbol{\Gamma}_x(s)\tag{13-104}$$

式中 $\boldsymbol{\Gamma}_x(s)$ 是 $\boldsymbol{x}(t)$ 的白化滤波器。

证　从假设可得 $\boldsymbol{S}_{ss}(\infty)=0$，所以

$$\boldsymbol{S}_{sx}(s)=\boldsymbol{S}_{ss}(s)=\boldsymbol{S}_{xx}(s)-N=\boldsymbol{L}_x(s)\boldsymbol{L}_x(-s)-N$$

$$\boldsymbol{S}_{sx}(\infty)=0\qquad \boldsymbol{S}_{xx}(\infty)=N\qquad \boldsymbol{L}_x(\pm\infty)=\sqrt{N}$$

代入(13－94)式，我们得到

$$\boldsymbol{S}_{si_x}(s)=\boldsymbol{L}_x(s)-N\boldsymbol{\Gamma}_x(-s)=\boldsymbol{L}_x(s)+K-N\boldsymbol{\Gamma}_x(-s)-K$$

从上面的注解可知，常数 K 必须使 $\boldsymbol{S}_{si_x}(s)$ 的非因果分量满足条件 $-N\boldsymbol{\Gamma}_x(-\infty)-K=0$。又因为 $\boldsymbol{\Gamma}_x(-\infty)=1/\boldsymbol{L}_x(-\infty)=1/\sqrt{N}$，从(13－95)式可得(13－104)式。

【例 13－8】　我们来确定例 13－7 中的过程的纯滤波器。从(13－102)和(13－104)式可得

$$\boldsymbol{H}_x(s)=1-\frac{\alpha+s}{\beta+s}=\frac{\beta-\alpha}{s+\beta}\qquad h_x(t)=(\beta-\alpha)\mathrm{e}^{-\beta t}U(t)$$

这与(13－103)式相一致。所得均方误差等于

$$P=E\left\{\left[\boldsymbol{s}(t)-\int_0^\infty h_x(\alpha)\boldsymbol{x}(t-\alpha)\mathrm{d}\alpha\right]\boldsymbol{s}(t)\right\}=\frac{N_0}{\alpha+\beta}$$

13.1.1　离散时间过程

我们简要地讨论上述结果的离散时间形式。现在的问题是用另一个过程 $\boldsymbol{x}[n]$ 的当前值和

过去值来确定随机过程的未来值 $\mathbf{s}[n+r]$，

$$\hat{\mathbf{s}}_r[n+r]=\sum_{k=0}^{\infty}h_x^r[k]\mathbf{x}[n-k] \tag{13-105}$$

在这种情况下，

$$\mathbf{s}[n+r]-\hat{\mathbf{s}}_r[n+r]\perp\mathbf{x}[n-m]\qquad m\geqslant 0$$

因此

$$R_{sx}[m+r]=\sum_{k=0}^{\infty}h_x^r[k]R_{xx}[m-k]\qquad m\geqslant 0 \tag{13-106}$$

这就是维纳-霍夫方程(13-88)式的离散形式。

为了确定 $h_x^r[n]$，我们仿照连续时间的情况来处理：我们 $\mathbf{x}[n]$ 用的新息 $\mathbf{i}_x[n]$ 来表示 $\hat{\mathbf{s}}_r[n+\lambda]$（图 13-13）

$$\hat{\mathbf{s}}_r[n+r]=\sum_{k=0}^{\infty}h_{i_x}^r[k]\mathbf{i}_x[n-k] \tag{13-107}$$

由上式和(7-82)式得

$$R_{si_x}[m+r]=\sum_{k=0}^{\infty}h_{i_x}^r[k]\delta[m-k]=h_{i_x}^r[m]\qquad m\geqslant 0$$

式中用了 $R_{i_x}[m]=\delta[m]$。因此，对所有 m，有

$$h_{i_x}^r[m]=R_{si_x}[m+r]U[m] \tag{13-108}$$

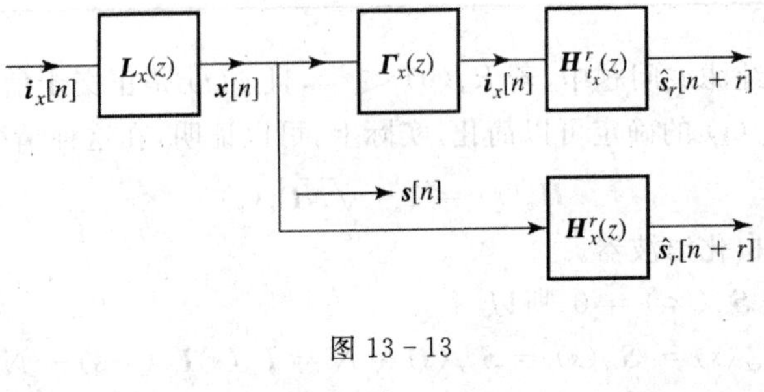

图 13-13

如(13-94)式那样，函数 $R_{si_x}[m]$ 可以用 $R_{sx}[m]$ 表示

$$\mathbf{S}_{si_x}(z)=\mathbf{S}_{sx}(z)\mathbf{\Gamma}_x(z^{-1}) \tag{13-109}$$

因此，$R_{si_x}[m+r]$ 的变换等于

$$\mathbf{S}_r(z)=z^r\mathbf{S}_{si_x}(z)=z^r\mathbf{S}_{sx}(z)\mathbf{\Gamma}_x(z^{-1}) \tag{13-110}$$

函数 $\mathbf{S}_r(z)$ 也可以写成和式

$$\mathbf{S}_r(z)=\mathbf{S}_r^+(z)+\mathbf{S}_r^-(z) \tag{13-111}$$

式中 $\mathbf{S}_r^+(z)$ 在 $|z|>1$ 时解析，而 $\mathbf{S}_r^-(z)$ 在 $|z|<1$ 时解析。此外，$\mathbf{S}_r^-(z)$ 的反变换在原点处为 0。因此，$\mathbf{S}_r^+(z)$ 是因果函数 $R_{si_x}[m+r]U[m]$ 的变换。又因为 $\mathbf{i}_x[n]$ 是输入为 $\mathbf{x}[n]$ 时白化滤波器 $\mathbf{\Gamma}_x(z)$ 的响应，从(12-108)式可得

$$\mathbf{H}_x^r(z)=\mathbf{H}_{i_x}^r(z)\mathbf{\Gamma}_x(z)=\mathbf{S}_r^+(z)\mathbf{\Gamma}_x(z) \tag{13-112}$$

【例 13-9】 我们来确定过程 $\mathbf{s}[n]$ 的一步预测器 $\hat{\mathbf{s}}_1[n+1]$，其中

$$\mathbf{S}_{ss}(z)=\frac{N_0}{(1-az^{-1})(1-az)}\qquad \mathbf{S}_{\nu\nu}(z)=N\qquad \mathbf{S}_{s\nu}(z)=0$$

在这种情况下(见例 13 - 2)

$$\boldsymbol{L}_x(z)=\sqrt{\frac{Na}{b}}\frac{1-bz^{-1}}{1-az^{-1}}$$

在(13 - 110) 式中,令 $r=1$ 得

$$z\boldsymbol{S}_{si_x}(z)=\frac{zN_0\sqrt{b/Na}}{(1-az^{-1})(1-bz)}=\frac{Aaz}{z-a}-\frac{Az/b}{z-1/b}\qquad A=(a-b)\sqrt{\frac{N}{ab}}$$

因为 $0<a<1$ 和 $1/b>1$,从上式得 $\boldsymbol{S}_1^+(z)=Aaz/(z-a)$,于是从(13 - 112) 式得

$$\boldsymbol{H}_x^1(z)=(a-b)\frac{z}{z-b}\qquad h_x^1[n]=(a-b)b^nU[n]$$

我们马上还将讨论确定 $\boldsymbol{H}_x^r(z)$ 的更直接的方法[见(13 - 118) 式]。

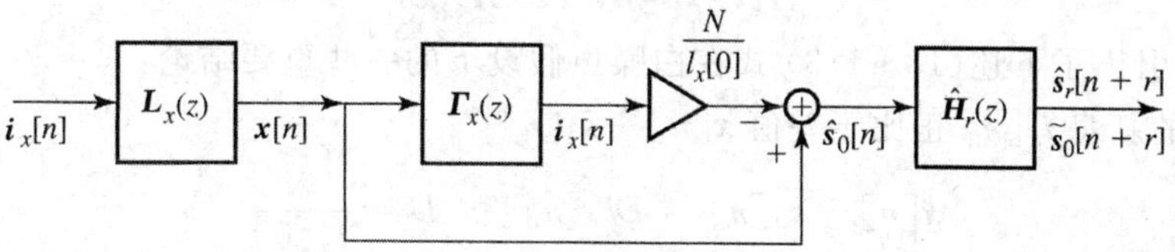

图 13 - 14

白噪声　我们来看 $\boldsymbol{s}[n+r]$ 的预测器 $\boldsymbol{H}_x^r(z)$ 的性质,设其噪声是白的,并正交于信号

$$R_{\upsilon\upsilon}[m]=N\delta[m]\qquad R_{s\upsilon}[m]=0\tag{13-113}$$

纯滤波　首先假定 $r=0$。在这种情况下,$\boldsymbol{H}_x^0(z)$ 是纯滤波器,并且 $\hat{\boldsymbol{s}}_0[n]$ 是用 $\boldsymbol{x}[n]$ 及其过去值得到的信号 $\boldsymbol{s}[n]$ 的估计。

我们可以证明(图 13 - 14)

$$\boldsymbol{H}_x^0(z)=1-\frac{D}{\boldsymbol{L}_x(z)}\qquad D=\frac{N}{l_x[0]}\tag{13-114}$$

证　由(13 - 113) 式可得

$$\boldsymbol{S}_{sx}(z)=\boldsymbol{S}_{ss}(z)=\boldsymbol{S}_{xx}(z)-N=\boldsymbol{L}_x(z)\boldsymbol{L}_x(z^{-1})-N$$

代入(13 - 109) 式,我们可得

$$\boldsymbol{S}_{si_x}(z)=\boldsymbol{L}_x(z)-N\boldsymbol{\Gamma}_x(z^{-1})\tag{13-115}$$

我们希望求出上式中的因果部分,并包含反变换在 $n=0$ 时的值。因为 $\boldsymbol{\Gamma}_x(1/z)$ 的反 z 变换在 $n>0$ 时为零,而在 $n=0$ 时等于 $\boldsymbol{\Gamma}_x(\infty)$,我们得到

$$\boldsymbol{H}_{i_x}^0(z)=\boldsymbol{L}_x(z)-N\boldsymbol{\Gamma}_x(\infty)\tag{13-116}$$

将上式乘以 $\boldsymbol{\Gamma}_x(z)$,又因为 $\boldsymbol{\Gamma}_x(\infty)=1/l_x[0]$,从而得到(13 - 114) 式。

滤波和预测　现在证明 $\boldsymbol{s}[n+r]$ 的估计 $\hat{\boldsymbol{s}}_r[n+r]$ 等于 $\boldsymbol{s}[n]$ 的估计 $\hat{\boldsymbol{s}}_0[n]$ 的纯预测器 $\tilde{\boldsymbol{s}}_0[n+r]$(图 13 - 14),即

$$\hat{\boldsymbol{s}}_r[n+r]=\tilde{\boldsymbol{s}}_0[n+r]=\hat{E}\{\hat{\boldsymbol{s}}_0[n+r]\mid\hat{\boldsymbol{s}}_0[n-k],k\geqslant 0\}\tag{13-117}$$

证　由(13 - 110) 和(13 - 115) 式可得

$$\boldsymbol{S}_r(z)=z^r[\boldsymbol{L}_x(z)-N\boldsymbol{\Gamma}_x(z^{-1})]$$

但 $z^r\boldsymbol{\Gamma}_x(1/z)$ 的反变换在 $n\geqslant 0$ 时等于零。因此,$\boldsymbol{S}_r^+(z)$ 是 $z^r\boldsymbol{L}_x(z)$ 中的因果部分。代入(13 - 112) 式,我们得到

$$\boldsymbol{H}_x^r(z) = z^r(\boldsymbol{L}_x(z) - \sum_{k=0}^{r-1} l_x[k]z^{-k})\boldsymbol{\Gamma}_x(z) = z^r\left\{1 - \frac{\sum_{k=0}^{r-1} l_x[k]z^{-k}}{\boldsymbol{\Gamma}_x(z)}\right\} \qquad (13-118)$$

从图 13-14 可以看出，$\hat{\boldsymbol{s}}_0[n]$ 的新息滤波器等于 $\boldsymbol{L}_x(z)\boldsymbol{H}_x^0(z)$。为了确定 $\hat{\boldsymbol{s}}_0[n+r]$ 的纯预测器 $\hat{\boldsymbol{H}}_r(z)$，只要将(13-37)式乘以 z^r（我们现在是预测其未来），并用 $\boldsymbol{L}_x(z)\boldsymbol{H}_x^0(z)$ 取代其中的函数 $\boldsymbol{L}(z)$。由此得

$$\hat{\boldsymbol{H}}_r(z) = z^r\left\{1 - \frac{\sum_{k=0}^{r-1} l_x[k]z^{-k} - D}{\boldsymbol{L}_x(z) - D}\right\}$$

又因为 $\boldsymbol{L}_x(z) - D$ 的反变换等于 $l_x[n] - D\delta[n]$。与(13-118)式比较，可得

$$\boldsymbol{H}_x^r(z) = \boldsymbol{H}_x^0(z)\,\hat{\boldsymbol{H}}_r(z)$$

上述讨论引出了下述(13-113)式在白噪声假设下的一些重要结论：

1. $\boldsymbol{x}[n]$ 的新息 $\boldsymbol{i}_x[n]$ 正比于差值 $\boldsymbol{x}[n] - \hat{\boldsymbol{s}}_0[n]$

$$\boldsymbol{x}[n] - \hat{\boldsymbol{s}}_0[n] = D\boldsymbol{i}_x[n] \qquad D = \frac{N}{l_x[0]} \qquad (13-119)$$

其实 $\boldsymbol{x}[n] - \hat{\boldsymbol{s}}_0[n]$ 为滤波器

$$\boldsymbol{L}_x(z) - [\boldsymbol{L}_x(z) - D] = D$$

以 $\boldsymbol{i}_x[n]$ 为输入时的输出(图 13-15(a))。因此过程 $\boldsymbol{i}_x[n]$ 可以简单地用只包含滤波器 $\boldsymbol{H}_{i_x}^0(z)$ 的反馈系统(图 13-15(b))来实现。

2. r 步滤波和预测估计 $\hat{\boldsymbol{s}}_0[n+r]$ 可以用 $\boldsymbol{s}[n]$ 的纯滤波器 $\boldsymbol{H}_x^0(z)$ 与 $\hat{\boldsymbol{s}}_0[n+r]$ 的纯滤波器 $\hat{\boldsymbol{H}}_r(z)$ 的级联得到。

3. 若信号 $\boldsymbol{s}[n]$ 为 ARMA 过程，则它的估计 $\hat{\boldsymbol{s}}_0[n]$ 也是 ARMA 过程。

事实上，若 $\boldsymbol{L}_x(z) = A(z)/B(z)$ 是有理分式，则[见(13-114)式]滤波器 $\boldsymbol{H}_x^0(z)$ 也是有理分式。而且，$\boldsymbol{L}_x(z)$ 的分母 $B(z)$ 与图 13-15(b) 所示的 $\boldsymbol{H}_x^0(z)$ 的反馈实现的前向分量 $\boldsymbol{L}_x(z) - D$ 的分母相同。

下面我们将会看到，这些结果是卡尔曼滤波器的核心。

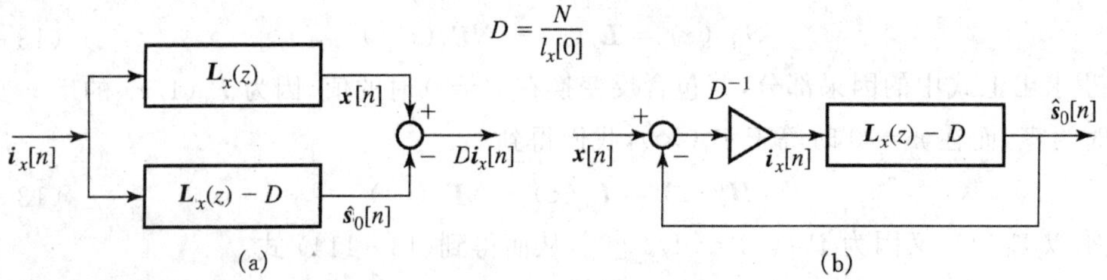

图 13-15

13.4 卡尔曼滤波器[①]

在这一节里，我们将前面的结果推广到因果数据的非平稳过程，并将证明，如果噪声是白

① R. E. Kalman. A New Approach to Linear Filtering and Prediction Problems. *ASME Transactions*, vol. 82D, 1960.

的，且信号为 ARMA 过程，则结果可以简化。用数据

$$\boldsymbol{x}[n] = \boldsymbol{s}[n] + \boldsymbol{v}[n]$$

对 $\boldsymbol{s}[n+r]$ 所做出的估计 $\hat{\boldsymbol{s}}_r[n+r]$ 的形式为

$$\hat{\boldsymbol{s}}_r[n+r] = \hat{E}\{\boldsymbol{s}[n+r] \mid \boldsymbol{x}[k], 0 \leqslant k \leqslant n\} = \sum_{k=0}^{n} h_x^r[n,k]\boldsymbol{x}[k] \tag{13-120}$$

可见，$\hat{\boldsymbol{s}}_r[n+r]$ 是以 $\boldsymbol{x}[n]U[n]$ 为输入时，一个因果时变系统的输出。我们的问题是求它的冲激响应 $h_x^r[n,k]$。

我们知道

$$\boldsymbol{s}[n+r] - \hat{\boldsymbol{s}}_r[n+r] \perp \boldsymbol{x}[m] \quad 0 \leqslant m \leqslant n$$

由此得

$$R_{sx}[n+r,m] = \sum_{k=0}^{n} h_x^r[n,k]R_{xx}[k,m] \quad 0 \leqslant m \leqslant n \tag{13-121}$$

因此，对于所有 $0 \leqslant m \leqslant n$，$h_x^r[n,k]$ 对应于 $R_{xx}[n,m]$（时间变量为 n）的响应必须等于 $R_{sx}[n+r,m]$。对于特定的 n，这样会得到有 $n+1$ 个未知数 $h_x^r[n,k]$ 的 $n+1$ 个方程。

为了简化 $h_x^r[n,k]$ 的确定，我们将用过程 $\boldsymbol{x}[n]U[n]$ 的**卡尔曼新息**［见(13-77)式］

$$\boldsymbol{i}_x[n] = \sum_{k=0}^{n} \gamma_x[n,k]\boldsymbol{x}[k] \tag{13-122}$$

来表示期望的估计 $\hat{\boldsymbol{s}}_r[n+r]$。式中 $\gamma_x[n,k]$ 为卡尔曼白化滤波器。过程 $\boldsymbol{i}_x[n]$ 是正交归一化的，若数据是线性无关的，则过程 $\boldsymbol{x}[n]$ 和 $\boldsymbol{i}_x[n]$ 线性等价。由此可得 $\hat{\boldsymbol{s}}_r[n+r]$ 可用 $\boldsymbol{i}_x[n]$ 和它的过去值表示（图 13-16）

$$\hat{\boldsymbol{s}}_r[n+r] = \sum_{k=0}^{n} h_{i_x}^r[n,k]\boldsymbol{i}_x[k] \tag{13-123}$$

为了确定 $h_{i_x}^r[n,k]$，我们应用正交性原理。因为

$$R_{i_x}[m,n] = \delta[m-n]$$

由此得

$$R_{si_x}[n+r,m] = \sum_{k=0}^{n} h_{i_x}^r[n,k]\delta[k-m]$$

因此

$$h_{i_x}^r[n,m] = R_{si_x}[n+r,m] \qquad 0 \leqslant m \leqslant n \tag{13-124}$$

这个函数可以用互相关函数 $R_{sx}[m,n]$ 表示。将(13-122)式乘以 $\boldsymbol{s}[m]$ 得

$$R_{si_x}[m,n] = \sum_{k=0}^{n} \gamma_k[n,k]R_{sx}[m,k] \tag{13-125}$$

因此，对于特定的 m，$R_{si_x}[m,n]$ 是 $\boldsymbol{x}[n]$ 的卡尔曼白化滤波器对函数 $R_{sx}[m,n]$ 的响应，其中 n 是变量。为了得到 $\hat{\boldsymbol{s}}_r[n+r]$，还必须如图 13-16 所示的那样级联滤波器 $h_{i_x}^r[n,m]$ 和白化滤波器 $\gamma_x[n,k]$。

13.4.1　白噪声中的 ARMA 信号

在上述计算的数字实现中，我们需要解决两个问题：(1) 卡尔曼新息过程 $\boldsymbol{i}_x[n]$ 的实现；(2)(13-123) 式中和的确定。一般说来，这两个问题是复杂的，它涉及正比于 n 的存贮量和计

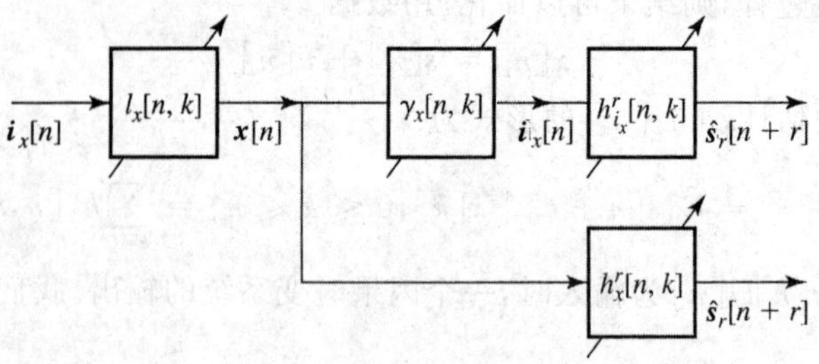

图 13-16

算量。但是,我们后面将要证明,在一些现实假设条件下,问题可以大大简化。

假定1　噪声是白的,并正交于信号,即

$$R_{vv}[m,n] = N_n\delta[m-n] \qquad R_{sv}[m,n] = 0 \tag{13-126}$$

由此可得下列结论。

性质1. 若$\hat{\mathbf{s}}_0[n]$是由$\mathbf{x}[n]$和它的过去值得到的$\mathbf{s}[n]$的估计,并且D_n^2为均方估计误差,则差值$\mathbf{x}[n]-\hat{\mathbf{s}}_0[n]$正比于数据$\mathbf{x}[n]$的卡尔曼新息$\mathbf{i}_x[n]$,即

$$\mathbf{x}[n]-\hat{\mathbf{s}}_0[n] = D_n\mathbf{i}_x[n] \tag{13-127a}$$

$$D_n^2 = E\{|\mathbf{x}[n]-\hat{\mathbf{s}}_0[n]|^2\} \tag{13-127b}$$

证　差值$\mathbf{x}[n]-\hat{\mathbf{s}}_0[n]$线性依赖于$\mathbf{x}[n]$和它的过去值。而且,过程$\mathbf{v}[n]$和$\mathbf{s}[n]-\hat{\mathbf{s}}_0[n]$正交于$\mathbf{x}[n]$的过去。所以

$$\mathbf{x}[n]-\hat{\mathbf{s}}_0[n] = \mathbf{s}[n]-\hat{\mathbf{s}}_0[n]+\mathbf{v}[n] \perp \mathbf{x}[k] \quad k<n$$

由此可知过程$\mathbf{x}[n]-\hat{\mathbf{s}}_0[n]$是白噪声,且

$$\mathbf{x}[n]-\hat{\mathbf{s}}_0[n] \perp \mathbf{i}_x[k] \qquad 0\leqslant k\leqslant n-1$$

这是由于过程$\mathbf{x}[k]$和$\mathbf{i}_x[k]$线性等价。又由于当$0\leqslant k\leqslant n$时,$\mathbf{x}[n]-\hat{\mathbf{s}}_0[n]$线性依赖于$\mathbf{i}_x[k]$,从而得到(13-127a)式。方程(13-127b)是求$E\{\mathbf{i}_x^2[n]\}=1$所得到的结果。

性质1表明过程$\mathbf{i}_x[n]$可以简单地用图13-17所示的反馈系统实现。这样就不必设计白化滤波器$\gamma_x[n,k]$了。

性质2. $\mathbf{s}[n+r]$的估计$\hat{\mathbf{s}}_r[n+r]$等于$\mathbf{s}[n]$的估计$\hat{\mathbf{s}}_0[n]$的纯预测器$\tilde{\mathbf{s}}_0[n+r]$(图13-17)。

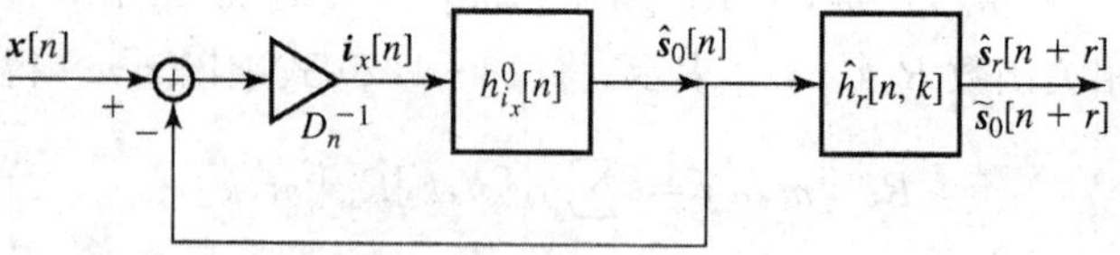

图 13-17

$$\hat{\mathbf{s}}_r[n+r] = \tilde{\mathbf{s}}_0[n+r] = \sum_{k=0}^{n}\hat{h}_r[n,k]\hat{\mathbf{s}}_0[k] \tag{13-128}$$

其条件为,对于每个$n\geqslant 0$,

$$E\{\hat{\mathbf{s}}_0[n]\mathbf{i}_x[n]\} = E\{\mathbf{x}[n]\mathbf{i}_x[n]\}-D_n \neq 0 \tag{13-129}$$

证　过程$\hat{\mathbf{s}}_0[n]$线性依赖于$\mathbf{x}[n]$和它的过去值。条件(13-129)式意味着$\hat{\mathbf{s}}_0[n]$在$\mathbf{i}_x[n]$

方向的分量不为零。因此，过程$\hat{\mathbf{s}}_0[n]$和$\mathbf{x}[n]$线性等价。并且由

$$\hat{\mathbf{s}}_0[n+r]-\tilde{\mathbf{s}}_0[n+r]\perp\hat{\mathbf{s}}_0[k]\quad 0\leqslant k\leqslant n$$

我们可得

$$\tilde{\mathbf{s}}_0[n+r]-\hat{\mathbf{s}}_0[n+r]\perp\mathbf{x}[k]\quad 0\leqslant k\leqslant n$$

而且

$$\mathbf{s}[n+r]-\hat{\mathbf{s}}_0[n+r]\perp\mathbf{x}[k]\quad 0\leqslant k\leqslant n+r$$

这是由于$\hat{\mathbf{s}}_0[n+r]$是用$\mathbf{x}[k]$(对于$0\leqslant k\leqslant n+r$)对$\mathbf{s}[n+r]$所做出的估计。最后

$$\mathbf{s}[n+r]-\tilde{\mathbf{s}}_0[n+r]=(\mathbf{s}[n+r]-\hat{\mathbf{s}}_0[n+r])+(\hat{\mathbf{s}}_0[n+r]-\tilde{\mathbf{s}}_0[n+r])$$

因此

$$\mathbf{s}[n+r]-\tilde{\mathbf{s}}_0[n+r]\perp\mathbf{x}[k]\quad 0\leqslant k\leqslant n$$

从而得到(13-128)式。

这一性质表明，滤波和预测可以简化为纯滤波器和纯预测器的级联。

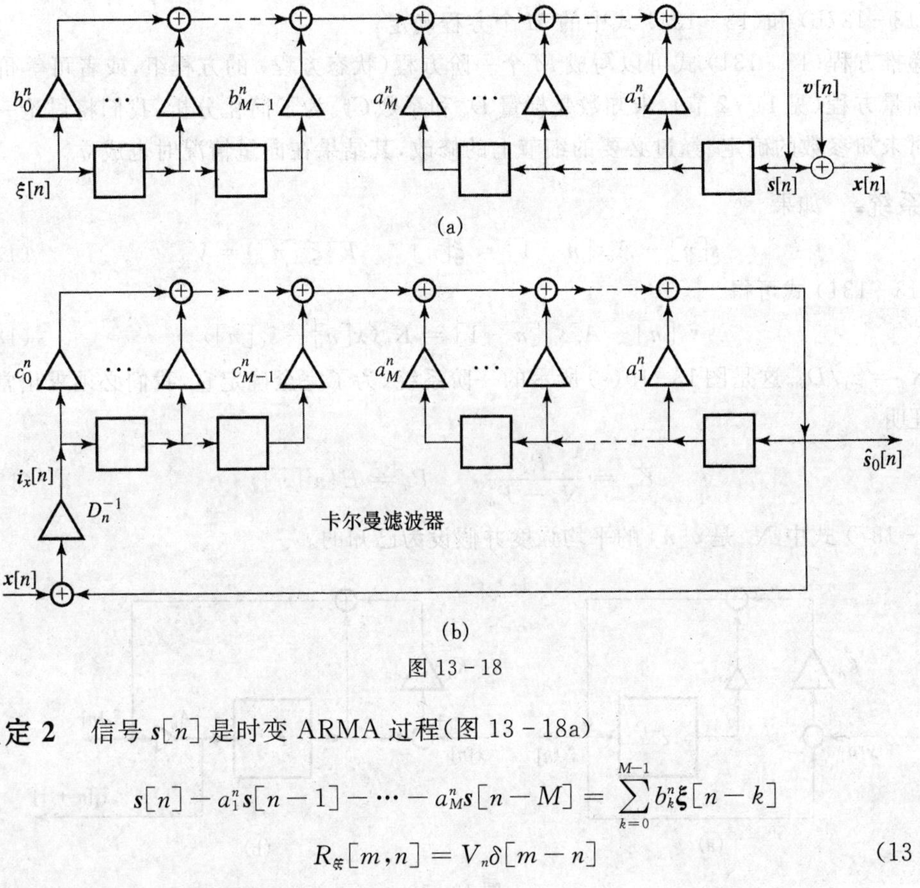

图 13-18

假定 2　信号$\mathbf{s}[n]$是时变 ARMA 过程(图 13-18a)

$$\mathbf{s}[n]-a_1^n\mathbf{s}[n-1]-\cdots-a_M^n\mathbf{s}[n-M]=\sum_{k=0}^{M-1}b_k^n\boldsymbol{\xi}[n-k]$$

$$R_{\xi\xi}[m,n]=V_n\delta[m-n]\tag{13-130}$$

性质 3. 估计$\hat{\mathbf{s}}_0[n]$也是 ARMA 过程

$$\hat{\mathbf{s}}_0[n]-a_1^n\,\hat{\mathbf{s}}_0[n-1]-\cdots-a_M^n\,\hat{\mathbf{s}}_0[n-M]=\sum_{k=0}^{M-1}c_k^n\mathbf{i}_x[n-k]\tag{13-131}$$

式中系数a_k^n和(13-130)式中的相同，而系数c_k^n是M个待定常数。

证　假设(13-131)式对所有过去的估计$\hat{\mathbf{s}}_0[n-k]$均成立，我们将证明，若$\hat{\mathbf{s}}_0[n]$用(13-

131) 式给出,则它就是 $\boldsymbol{s}[n]$ 的估计。这只要证明,若能适当选择常数 c_k^n,则所得误差满足正交性原理

$$\boldsymbol{\varepsilon}[n] = \boldsymbol{s}[n] - \hat{\boldsymbol{s}}_0[n] \perp \boldsymbol{x}[r] \qquad 0 \leqslant r \leqslant n \tag{13-132}$$

从(13-130)式中减去(13-131)式,得

$$\boldsymbol{\varepsilon}[n] = \sum_{k=1}^{M} a_k^n \boldsymbol{\varepsilon}[n-k] + \sum_{k=0}^{M-1} (b_k^n \boldsymbol{\xi}[n-k] - c_k^n \boldsymbol{i}_x[n-k]) \tag{13-133}$$

但是,对于 $r < n_1$,

$$\boldsymbol{\xi}[n_1], \boldsymbol{i}_x[n_1] \perp \boldsymbol{x}[r]$$

并且,对于 $r \leqslant n-k$,有 $\boldsymbol{\varepsilon}[n-k] \perp \boldsymbol{x}[r]$(归纳假设)。因此,在 $r \leqslant n-M$ 时,(13-132)式成立。于是,只需选择 M 个常数 c_k^n,使得

$$E\{\boldsymbol{\varepsilon}[n]\boldsymbol{x}[r]\} = 0 \qquad n-M+1 \leqslant r \leqslant n \tag{13-134}$$

于是,我们用 $\boldsymbol{i}_x[n]$ 表示了 $\hat{\boldsymbol{s}}_0[n]$。为了完全确定该滤波器,我们应用(13-127a)式。由此可得图 13-18(b)所示的反馈系统,它含有 $M+1$ 个未知参数:常数 D_n 和 M 个系数 c_k^n。这些参数可由(13-127b)和(13-134)式中的 M 个方程确定。

递推方程(13-131)式可以写成 M 个一阶方程(状态方程)的方程组,或者可等价地写为一阶向量方程(见 11-2 节)。未知数是标量 D_n 和系数 C_k^n。为了简化分析,我们将讨论一阶标量情况时未知参数的确定。经过必要的细节上的修改,其结果在向量情况时也成立。

一阶系统 如果

$$\boldsymbol{s}[n] - A_n \boldsymbol{s}[n-1] = \boldsymbol{\xi}[n] \qquad E\{\boldsymbol{\xi}^2[n]\} = V_n \tag{13-135}$$

则由(13-131)式可得

$$\hat{\boldsymbol{s}}_0[n] - A_n \hat{\boldsymbol{s}}_0[n-1] = K_n(\boldsymbol{x}[n] - \hat{\boldsymbol{s}}_0[n]) \tag{13-136}$$

式中 $K_n = c_0^n / D_n$。这是图 13-19(a)所示的一阶系统。为了完全确定它,我们必须求出常数 K_n。可以证明

$$K_n = \frac{P_n}{N_n - P_n} \qquad P_n = E\{\boldsymbol{\varepsilon}^2[n]\} \tag{13-137}$$

在(13-137)式中 N_n 是 $\boldsymbol{v}[n]$ 的平均强度并假设为已知的。

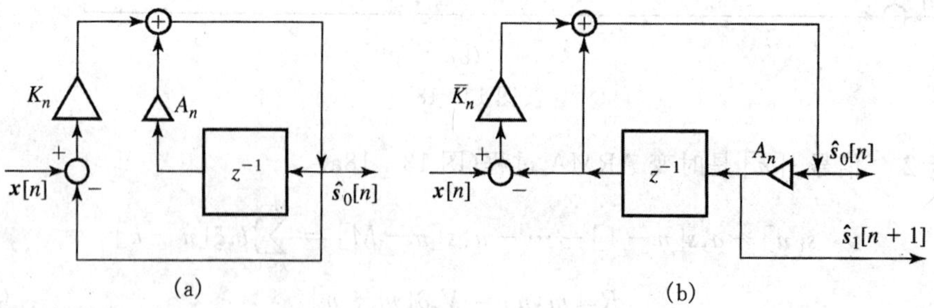

图 13-19

均方误差 P_n 可递归地确定

$$\frac{P_n}{N_n - P_n} = \frac{A_n^2 P_{n-1} + V_n}{N_n} \tag{13-138}$$

证 将数据 $\boldsymbol{x}[n] = \boldsymbol{s}[n] + \boldsymbol{v}[n]$ 乘以误差

$$\boldsymbol{\varepsilon}[n]=\boldsymbol{s}[n]-\hat{\boldsymbol{s}}_0[n]=\boldsymbol{x}[n]-\hat{\boldsymbol{s}}_0[n]-\boldsymbol{v}[n]$$

应用(13-132)式的正交性条件，我们得到

$$E\{\boldsymbol{\varepsilon}[n]\boldsymbol{x}[n]\}=0=P_n+E\{\boldsymbol{\varepsilon}[n]\boldsymbol{v}[n]\}$$

由(13-135)和(13-136)式可得

$$\boldsymbol{\varepsilon}[n]=A_n\boldsymbol{\varepsilon}[n-1]+\boldsymbol{\xi}[n]-K_n(\boldsymbol{\varepsilon}[n]+\boldsymbol{v}[n])$$

$$(1+K_n)\boldsymbol{\varepsilon}[n]=A_n\boldsymbol{\varepsilon}[n-1]+\boldsymbol{\xi}[n]-K_n\boldsymbol{v}[n] \tag{13-139}$$

所以

$$(1+K_n)E\{\boldsymbol{\varepsilon}[n]\boldsymbol{v}[n]\}=-K_nE\{\boldsymbol{v}^2[n]\}$$

于是得到(13-137)式。

为了证明(13-138)式，我们用恒等式 $\boldsymbol{s}[n]=A_n\boldsymbol{s}[n-1]+\boldsymbol{\xi}[n]$ 的两边分别乘以(13-139)式的两边，由此得

$$(1+K_n)P_n=A_n^2P_{n-1}+V_n$$

因为 $1+K_N=N_n/(N_n-P_n)$，从上式即得(13-138)式。

注　利用(13-135)式，我们马上可以写出

$$\hat{\boldsymbol{s}}_0[n]-A_n\hat{\boldsymbol{s}}_0[n-1]=\overline{K}_n(\boldsymbol{x}[n]-A_n\hat{\boldsymbol{s}}_0[n-1]) \tag{13-140}$$

式中

$$\overline{K}_n=\frac{P_n}{N_n}=\frac{A_n^2P_{n-1}+V_n}{A_n^2P_{n-1}+V_n+N_n} \tag{13-141}$$

相应的系统如图 13-19(b) 所示。在同一图中，我们还画出了 $\boldsymbol{s}[n+1]$ 的一步预测器

$$\hat{\boldsymbol{s}}_1[n+1]=\hat{\boldsymbol{s}}_0[n+1]=A_n\hat{\boldsymbol{s}}_0[n]$$

的实现。因为 $\hat{\boldsymbol{s}}_0[n]$ 是一阶 AR 过程，它也容易从(13-128)式得出，所以它的纯预测器等于 $A_n\hat{\boldsymbol{s}}_0[n]$。

迭代算法　$\boldsymbol{s}[n]$ 的估计 $\hat{\boldsymbol{s}}_0[n]$ 是递推确定的：如果 $\overline{K}_{n-1}$ 和 $\hat{\boldsymbol{s}}_0[n-1]$ 已知，则 K_n 从(13-141)式确定，而 $\hat{\boldsymbol{s}}_0[n]$ 从(13-140)式确定。作为迭代的开始，我们必须规定(13-135)式的初始条件。我们假设

$$\boldsymbol{s}[0]=\boldsymbol{\xi}[0]$$

这将导致初始估计

$$\hat{\boldsymbol{s}}_0[0]=\overline{K}_0\boldsymbol{x}[0]$$

由此可得

$$\overline{K}_0=\frac{E\{\boldsymbol{s}[0]\boldsymbol{x}[0]\}}{E\{\boldsymbol{x}^2[0]\}}=\frac{E\{\boldsymbol{\xi}^2[0]\}}{E\{\boldsymbol{\xi}^2[0]\}+E\{\boldsymbol{v}^2[0]\}}$$

因此

$$\overline{K}_0=\frac{V_0}{V_0+N_0}\qquad P_0=\frac{V_0N_0}{V_0+N_0} \tag{13-142}$$

线性化　(13-138)式和它的等效式(13-141)式都是非线性的。不过，每个都可用两个线性方程式代替。实际上，如果 F_n 和 G_n 是如下两个序列

$$F_n=A_n^2F_{n-1}+V_nG_{n-1}\qquad F_0=V_0N_0$$

$$N_nG_n = A_n^2F_{n-1} + (V_n + N_n)G_{n-1} \quad G_0 = V_0 + N_0 \tag{13-143}$$

则

$$P_n = \frac{F_n}{G_n}$$

【例 13-10】 我们将用数据 $\boldsymbol{x}[k] = \boldsymbol{s}[k] + \boldsymbol{v}[k]$ 来确定过程 $\boldsymbol{s}[n]$ 的非因果估计、因果估计和卡尔曼估计，及其相应的均方误差 P。我们假设过程 $\boldsymbol{s}[n]$ 满足方程

$$\boldsymbol{s}[n] - 0.8\boldsymbol{s}[n-1] = \boldsymbol{\xi}[n]$$

和

$$R_{\xi\xi}[m] = 0.36\delta[m] \qquad R_{\xi v}[m] = 0 \qquad R_{vv}[m] = \delta[n-m]$$

这是例 13-2 中所讨论的过程的一种特殊情况，它的

$$a = 0.8 \qquad N = 1 \qquad N_0 = 0.36 \qquad b = 0.5$$

因此

$$\boldsymbol{S}_{ss}(z) = \frac{0.36}{(1-0.8z^{-1})(1-0.8z)} \qquad R_{ss}[m] = 0.8^{|m|}$$

$$\boldsymbol{S}_{xx}(z) = \boldsymbol{L}_x(z)\boldsymbol{L}_x(z^{-1}) \qquad \boldsymbol{L}_x(z) = \sqrt{1.6}\,\frac{z-0.5}{z-0.8}$$

(a) 平滑：$\boldsymbol{x}[k]$ 对所有的 k 均可利用。在这种情况下，由例 13-2，令 $b = 0.5$ 和 $c = 0.375$ 得到的解为

$$h[n] = 0.3 \times 0.5^{|n|} \qquad P = 0.3$$

(b) 因果滤波：$\boldsymbol{x}[k]$ 在 $k \leqslant n$ 时可利用。这时的未知滤波器由(13-114) 式确定，此时 $l_x[0] = \sqrt{1.6}$，得

$$\boldsymbol{H}_x^0(z) = 1 - \frac{z-0.8}{1.6(z-0.5)} = \frac{0.375z}{z-0.5} \qquad h[n] = 0.375 \times 0.5^n U[n]$$

这表示 $s[n]$ 的估计 $\hat{s}[n]$ 满足递推方程

$$\hat{\boldsymbol{s}}[n] - 0.5\,\hat{\boldsymbol{s}}[n-1] = 0.375\boldsymbol{x}[n] \qquad n \geqslant 0$$

所得均方误差为

$$P = R_{ss}[0] - \sum_{k=0}^{\infty} R_{ss}[k]h[k] = 0.375$$

(c) 卡尔曼滤波：$\boldsymbol{x}[k]$ 在 $0 \leqslant k \leqslant n$ 时可利用。这是(13-135) 式的特例，且

$$A_n = 0.8 \qquad V_n = E\{\boldsymbol{\xi}^2[n]\} = 0.36 \qquad N_n = E\{\boldsymbol{v}^2[n]\} = 1$$

代入(13-143) 式，我们得到

$$F_n = 0.64F_{n-1} + 0.36G_{n-1} \quad F_0 = 0.36$$
$$G_n = 0.64F_{n-1} + 1.36G_{n-1} \quad G_0 = 1.36$$

这是线性递推方程组，用 z 变换容易求解。因为

$$\overline{K}_n = \frac{P_n}{N} = \frac{F_n}{G_n}$$

和 $N = 1$，其解为

$$\overline{K}_n = P_n = \frac{0.48z_1^n - 0.12z_2^n}{1.28z_1^n + 0.08z_2^n} \qquad \begin{matrix} z_1 = 1.6 \\ z_2 = 0.4 \end{matrix}$$

特别地

$n =$	0	1	2	3	4
$P_n \approx$	0.3	0.357	0.371	0.374	0.375

因此，随着 n 的增加，可利用的数据的数目增加了，均方误差 P_n 也增加。理由是 $\mathbf{s}[0]=\boldsymbol{\xi}[0]$，$\mathbf{s}[n]$ 是初始二阶矩为 $V_0=0.36$ 的非平稳过程，随着 n 的增加，$E\{\mathbf{s}^2[n]\}$ 趋于 1。

最后，我们指出

$$\overline{K}_n = P_n \xrightarrow[n\to\infty]{} \frac{0.48}{1.28} = 0.375$$

从(13-140)式得

$$\hat{\mathbf{s}}_0[n]-0.8\,\hat{\mathbf{s}}_0[n-1]=0.375\mathbf{x}[n]-0.3\,\hat{\mathbf{s}}_0[n-1]$$

这表明，若过程 $\mathbf{s}[n]$ 是广义平稳的，则当 $n\to\infty$ 时，卡尔曼滤波趋于因果维纳滤波。这对任何 P_0 均成立，因为当 $n\to\infty$ 时，F_nG_n 的极限等于 0.375，而与初始条件无关。

【例 13-11】 我们希望用和式 $\mathbf{x}[n]=\mathbf{s}+\mathbf{v}[n]$ 来估计随机变量 $\mathbf{s}$，其中

$$E\{\mathbf{s}\mathbf{v}[n]\}=0 \qquad R_{vv}[m,n]=N\delta[m-n]$$

如果我们把随机变量 $\mathbf{s}$ 看做满足(13-135)式的随机过程，即

$$\mathbf{s}[n]=\mathbf{s}[n-1]+\boldsymbol{\xi}[n] \qquad \mathbf{s}[-1]=0$$

$$\boldsymbol{\xi}[n]=\begin{cases}\mathbf{s} & n=0\\ 0 & n>0\end{cases} \qquad V_n=\begin{cases}E\{\mathbf{s}^2\}=M & n=0\\ 0 & n>0\end{cases}$$

用数据 $\mathbf{x}[n]$ 所做的估计 $\hat{\mathbf{s}}_0[n]$ 可以看做是卡尔曼滤波器的输出。在这种情况下，$A_n=1$，$N_n=N$，从(13-143)式可得

$$F_n=F_{n-1} \qquad NG_n=F_{n-1}+NG_{n-1} \qquad F_0=MN \qquad G_0=M+N$$

解之，得

$$F_n=MN \qquad G_n=M+N+Mn$$

因此

$$\hat{\mathbf{s}}_0[n]=\frac{N+Mn}{M+N+Mn}\hat{\mathbf{s}}_0[n-1]+\frac{M}{M+N+Mn}\mathbf{x}[n]$$

13.4.2　连续时间过程

最后，我们希望确定连续时间过程 $\mathbf{s}(t)$ 的估计

$$\hat{\mathbf{s}}_0(t)=\hat{E}\{\mathbf{s}(t)\,|\,\mathbf{x}(\tau),\ 0\leqslant\tau\leqslant t\} \tag{13-144}$$

估计所用的数据为

$$\mathbf{x}(t)=\mathbf{s}(t)+\mathbf{v}(t) \tag{13-145}$$

这一问题的解法与离散时间情况下的解法类似，只要用微分方程代替递推方程，用积分代替和式就行了。但是，用不同的方法来推导主要结果也许是有益的。

为了避免重复，我们直接从白噪声的假定

$$R_{vv}(t,\tau)=N(\tau)\delta(t-\tau) \quad N(\tau)>0 \quad R_{sv}(t,\tau)=0 \tag{13-146}$$

开始，并证明过程

$$\mathbf{w}(t)=\mathbf{x}(t)-\hat{\mathbf{s}}_0(t)$$

是自相关函数为

$$R_{ww}(t,\tau)=N(\tau)\delta(t-\tau) \tag{13-147}$$

的白噪声。

证　我们知道，在 $\tau<t$ 时，

$$\boldsymbol{\varepsilon}(t)=\mathbf{s}(t)-\hat{\mathbf{s}}_0(t)\perp\mathbf{x}(\tau) \qquad \mathbf{v}(t)\perp\mathbf{x}(\tau)$$

而且，$\mathbf{w}(\tau)$ 线性依赖于 $\mathbf{x}(\tau)$ 和它的过去值。因此

$$\mathbf{w}(t) = \boldsymbol{\varepsilon}(t) + \mathbf{v}(t) \perp \mathbf{w}(\tau) \qquad \tau < t \tag{13-148}$$

为了证明(13-147)式，假定 $\mathbf{s}_0(t)$ 左连续

$$\hat{\mathbf{s}}_0(t^-) = \hat{\mathbf{s}}_0(t)$$

如果 $\mathbf{s}(0) \neq 0$，这在原点不成立。但是，对于足够大的 t，初始条件的效应可以忽略。由此可得

$$P(t) = E\{\boldsymbol{\varepsilon}^2(t)\} < \infty$$

又由于 $\tau > t$ 时 $\boldsymbol{\varepsilon}(t) \perp \mathbf{v}(\tau)$，从而得

$$R_{ww}(t,\tau) = R_{vw}(t,\tau) = R_{vv}(t,\tau) = N(\tau)\delta(t-\tau)$$

应用极限的方法，我们可以证明，与离散时间的情况一样，归一化过程 $\mathbf{w}(t)/\sqrt{N(t)}$ 是 $\mathbf{x}(t)$ 的卡尔曼新息。详细的推导从略。由此得出结论：可以用 $\mathbf{w}(t)$ 表示 $\hat{\mathbf{s}}_0(t)$[也见(13-123)式]

$$\hat{\mathbf{s}}_0(t) = \int_0^t h_w(t,\alpha)\mathbf{w}(\alpha)\mathrm{d}\alpha \tag{13-149}$$

因为 $\tau \leqslant t$ 时 $\mathbf{s}(t) - \hat{\mathbf{s}}_0(t) \perp \mathbf{w}(\tau)$，从上式和(13-147)式可得

$$R_{sw}(t,\tau) = \int_0^t h_w(t,\alpha)N(\alpha)\delta(\tau-\alpha)\mathrm{d}\alpha = h_w(t,\tau)N(\tau)$$ 由(13-149)式可得

$$\hat{\mathbf{s}}_0(t) = \int_0^t \frac{1}{N(\alpha)}R_{sw}(t,\alpha)\mathbf{w}(\alpha)\mathrm{d}\alpha \tag{13-150}$$

还需指出[见(13-148)和(13-146)式]

$$R_{sw}(t,t) = E\{\mathbf{s}(t)[\boldsymbol{\varepsilon}(t) + \mathbf{v}(t)]\} = P(t)$$

广义马尔可夫过程　应用上述结果，我们将证明，如果信号 $\mathbf{s}(t)$ 是广义马尔可夫过程，亦即如果它满足一个由白噪声激励的微分方程，则它的估计 $\hat{\mathbf{s}}_0(t)$ 也满足类似的方程。为简单起见，我们只讨论一阶情况

$$\mathbf{s}'(t) + A(t)\mathbf{s}(t) = \boldsymbol{\xi}(t) \qquad R_{\xi\xi}(t,\tau) = V(\tau)\delta(t-\tau) \tag{13-151}$$

卡尔曼-布西方程[①]　我们将证明

$$\hat{\mathbf{s}}'_0(t) + A(t)\hat{\mathbf{s}}_0(t) = K(t)[\mathbf{x}(t) - \hat{\mathbf{s}}_0(t)] \tag{13-152}$$

式中

$$K(t) = \frac{P(t)}{N(t)} \tag{13-153}$$

而且，均方误差 $P(t)$ 满足**黎卡提(Riccati)方程**

$$P'(t) + 2A(t)P(t) = V(t) - \frac{1}{N(t)}P^2(t) \tag{13-154}$$

证　将(13-151)式的微分方程乘以 $\mathbf{w}(\tau)$，得

$$\frac{\partial}{\partial t}R_{sw}(t,\tau) + A(t)R_{sw}(t,\tau) = 0 \qquad \tau < t \tag{13-155}$$

再对(13-150)式的两边取导数

① R. E. kalman and R. C. Bucy. New Results in Linear Filtering and Prediction Theory. *ASME Transactions*, vol. 83D, 1961.

$$\hat{s}'_0(t) = \frac{1}{N(t)}R_{sw}(t,t)w(t) + \int_0^t \frac{1}{N(\alpha)}\frac{\partial}{\partial t}R_{sw}(t,\alpha)\mathrm{d}\alpha$$

最后，我们将(13-150)式乘以 $A(t)$，并和上式相加，就得到(13-152)式，因为从(13-155)式可以看出两个积分的和等于零。

为了证明(13-154)式，我们用(9-99)式的下述形式：如果 $z(t)$ 是 $E\{z^2(t)\} = I(t)$ 的过程，且满足

$$z'(t) + B(t)z(t) = \zeta(t) \qquad R_{\zeta\zeta}(t,\tau) = Q(\tau)\delta(t-\tau) \tag{13-156}$$

则(见习题 9-28b)

$$I'(t) + 2B(t)I(t) = Q(t) \tag{13-157}$$

回到(13-152)式，从(13-151)式减去它，我们可以看到，估计误差 $\varepsilon(t)$ 满足方程

$$\varepsilon'(t) + [A(t) + K(t)]\varepsilon(t) = \xi(t) - K(t)v(t)$$

上式中，等式右边 $\zeta(t) = \xi(t) - K(t)v(t)$ 的是如(13-156)式所示的白噪声，且

$$Q(\tau) = V(\tau) + K^2(\tau)N(\tau)$$

因此，函数 $P(t) = E\{\varepsilon^2(t)\}$ 满足(13-157)式，其中 $B(t) = A(t) + K(t)$。由此得

$$P'(t) + 2[A(t) + K(t)]P(t) = V(t) + K^2(t)N(t)$$

于是得到(13-154)式。

线性化　我们现在来证明非线方程(13-154)式等效于两个线性方程。为此，我们引入函数 $F(t)$ 和 $G(t)$，它们有下列关系

$$P(t) = \frac{F(t)}{G(t)} \tag{13-158}$$

显然

$$F'(t) = P'(t)G(t) + P(t)G'(t)$$

(13-154)式可得

$$F'(t) + A(t)F(t) - V(t)G(t) = P(t)\left[G'(t) - A(t)G(t) - \frac{F(t)}{N(t)}\right]$$

如果

$$\begin{aligned} F'(t) &= -A(t)F(t) + V(t)G(t) \\ G'(t) &= \frac{F(t)}{N(t)} + A(t)G(t) \end{aligned} \tag{13-159}$$

则上述关系式显然满足。

为了求解上述方程组，必须确定 $F(0)$ 和 $G(0)$。任意地令 $G(0) = 1$，则得到 $F(0) = P(0)$，其中

$$P(0) = E\{s^2(0)\}$$

为均方误差 $P(t)$ 的初始值。因此，卡尔曼滤波器的确定依赖于 $s(0)$ 的二阶矩。

【例 13-12】　我们将用数据 $x(t) = s(t) + v(t)$ 确定过程 $s(t)$ 的非因果估计，因果估计和卡尔曼估计，以及相应的均方误差 P。设满足 $s(t)$ 方程

$$s'(t) + 2s(t) = \xi(t)$$

且

$$R_{\xi\xi}(\tau) = 12\delta(\tau) \qquad R_{sv}(\tau) = 0 \qquad R_{vv}(\tau) = \delta(\tau)$$

这是例 13-7 中讨论的过程的一个特例，且

$$\alpha = 2 \qquad N = 1 \qquad N_0 = 12 \qquad \beta = 4$$

因此

$$S_{ss}(\omega) = \frac{12}{4+\omega^2} \quad R_{ss}(\tau) = 3\mathrm{e}^{-2|\tau|}$$

$$S_{xx}(\omega) = \frac{16+\omega^2}{4+\omega^2} \quad \boldsymbol{L}_x(s) = \frac{s+4}{s+2}$$

(a) **平滑**：$\boldsymbol{x}(\zeta)$ 对所有的 ζ 均可用。在这种情况下，由(13－16)式得

$$H(\omega) = \frac{12}{16+\omega^2} \quad h(t) = \frac{3}{2}\mathrm{e}^{-4|t|}$$

由(13－15)式可得均方误差

$$P = 3 - \frac{9}{2}\int_{-\infty}^{\infty} \mathrm{e}^{-4|\tau|}\mathrm{e}^{-2|\tau|}\mathrm{d}\tau = 1.5$$

(b) **因果滤波**：可用数据为 $\zeta \leqslant t$ 时的 $\boldsymbol{x}(\zeta)$。未知的滤波器在例 13－8 中讨论过，这时

$$\alpha = 2 \qquad \beta = 4 \qquad N = 12$$

因此

$$\boldsymbol{H}_x(s) = \frac{2}{s+4} \qquad h_x(t) = 2\mathrm{e}^{-4t}U(t) \qquad P = 2$$

这表明 $\boldsymbol{s}(t)$ 的估计 $\hat{\boldsymbol{s}}(t)$ 满足微分方程

$$\hat{\boldsymbol{s}}'(t) + 4\,\hat{\boldsymbol{s}}(t) = 2\boldsymbol{x}(t)$$

(c) **卡尔曼滤波**：$\boldsymbol{x}(\zeta)$ 在 $0 \leqslant \zeta \leqslant t$ 时可利用。我们的问题是(13－151)式的一个特例，且

$$A(t) = 2 \qquad V(t) = 12 \qquad N(t) = 1$$

因此，[见(13－159)式]

$$F'(t) = -2F(t) + 12G(t) \qquad G'(t) = F(t) + 2G(t)$$

为解这个方程组，必须知道 $P(0)$。

情况 1. 若 $\boldsymbol{s}(0) = 0$，则 $P(0) = 0$。在这种情况下，$F(0) = 0$，$G(0) = 1$。将上述方程组的解代入(13－153)式，可得

$$K(t) = P(t) = \frac{6\mathrm{e}^{4t} - 6\mathrm{e}^{-4t}}{3\mathrm{e}^{4t} + \mathrm{e}^{-4t}} \xrightarrow[t\to\infty]{} 2$$

情况 2. 现在假设 $\boldsymbol{s}(t)$ 是规定它的微分方程的平稳解。在此情况下，$E\{\boldsymbol{s}^2(0)\} = 3$，因此，$P(0) = F(0) = 3$，而且

$$K(t) = P(t) = \frac{18\mathrm{e}^{4t} + 6\mathrm{e}^{-4t}}{9\mathrm{e}^{4t} - \mathrm{e}^{-4t}} \xrightarrow[t\to\infty]{} 2$$

可见，在 $t \to \infty$ 时，两种情况下卡尔曼-布西方程(13－152)式的解 $\hat{\boldsymbol{s}}_0(t)$，都趋于因果维纳滤波器

$$\hat{\boldsymbol{s}}'_0(t) + 2\,\hat{\boldsymbol{s}}_0(t) = 2\boldsymbol{x}(t) - 2\,\hat{\boldsymbol{s}}_0(t)$$

的解。

【例 13－13】 我们要用和式

$$\boldsymbol{x}(t) = \boldsymbol{s} + \boldsymbol{v}(t) \qquad E\{\boldsymbol{s}\boldsymbol{v}(t)\} = 0 \qquad R_{vv}(\tau) = N\delta(\tau)$$

来估计随机变量 $\boldsymbol{s}$。这是(13－151)式在

$$A(t) = 0 \qquad \boldsymbol{s}(t) = \boldsymbol{s} \qquad \xi(t) = 0 \qquad N(t) = N$$

时的特例。在这种情况下，$V(t) = 0$，$P(0) = E\{\boldsymbol{s}^2\} \equiv M$ 而(13－159)式得

$$F'(t) = 0 \qquad G'(t) = \frac{F(t)}{N} \qquad F(0) = M \qquad G(0) = 1$$

因此

$$F(t) = M \qquad G(t) = 1 + \frac{Mt}{N}$$

代入(13-152)式可得

$$\hat{s}'_0(t) + \frac{M}{N+Mt}\hat{s}_0(t) = \frac{M}{N+Mt}x(t)$$

习　题

13-1　若 $R_s(\tau) = I\mathrm{e}^{-|\tau|/T}$ 且

$$\hat{E}\{s(t-T/2)\,|\,s(t), s(t-T)\} = as(t) + bs(t-T)$$

求常数 a 和 b 及估计的均方误差。

13-2　证明:若 $\hat{z} = as(0) + bs(T)$ 是 $z = \int_0^T s(t)\mathrm{d}t$ 的均方估计,则 $a = b = \dfrac{\int_0^T R_s(\tau)\mathrm{d}\tau}{R_s(0) + R_s(T)}$。

13-3　证明:若 $x(t) = s(t) + v(t)$,$R_{sv}(\tau) = 0$ 且

$$\hat{E}\{s'(t)\,|\,x(t), x(t-\tau)\} = ax(t) + bx(t-\tau)$$

则对于很小的 τ,$a = -b \approx R''_{ss}(0)/\tau R''_{xx}(0)$。

13-4　证明:若 $|\omega| > \sigma = \pi/T$ 时 $S_x(\omega) = 0$,则用 $x(t)$ 的采样 $x(nT)$ 所做的 $x(t)$ 的线性均方估计等于

$$\hat{E}\{x(t)\,|\,x(nT),\ n = -\infty, \cdots, \infty\} = \sum_{n=-\infty}^{\infty} \frac{\sin(\sigma t - nT)}{\sigma t - n\pi} x(nT)$$

且其均方误差等于 0。

13-5　证明:如果

$$\hat{E}\{s(t+\lambda)\,|\,s(t), s(t-\tau)\} = \hat{E}\{s(t+\lambda)\,|\,s(t)\}$$

则 $R_s(\tau) = I\mathrm{e}^{-\alpha|\tau|}$。

13-6　随机序列 x_n 称为**鞅**,如果它满足

$$E\{x_n = 0\} \text{ 和 } E\{x_n\,|\,x_{n-1}, \cdots, x_1\} = x_{n-1}$$

试证若随机变量 y_n 是**独立的**,则它们的和 $x_n = y_1 + \cdots + y_n$ 是一个鞅。

13-7　随机序列 x_n 称为**广义鞅**,若

$$\hat{E}\{x_n\,|\,x_{n-1}, \cdots, x_1\} = x_{n-1}$$

(a) 证明序列 x_n 是广义鞅,当且仅当它可以写成和式 $x_n = y_1 + \cdots + y_n$,其中随机变量 y_n **是正交的**。

(b) 证明如果序列 x_n 是广义鞅,则

$$E\{x_n^2\} \geqslant E\{x_{n-1}^2\} \geqslant \cdots \geqslant E\{x_1^2\}$$

提示:$x_n = x_n - x_{n-1} + x_{n-1}$ 和 $x_n - x_{n-1} \perp x_{n-1}$。

13-8　分别求用数据 $x_n(t) = s(t) + v(t)$ 所做的过程 $s(t)$ 和它的导数 $s'(t)$ 的非因果估计 $H_1(\omega)$ 和 $H_2(\omega)$,其中

$$R_s(\tau) = A\frac{\sin^2 a\tau}{\tau^2} \qquad R_v(\tau) = N\delta(\tau) \qquad R_{sv}(\tau) = 0$$

13-9　我们分别用 $H_s(\omega)$ 和 $H_y(\omega)$ 表示,根据数据 $x(t)$,输入为 $s(t)$ 和及输出为 $y(t)$ 的系

统 $T(\omega)$ 的非因果估计器(图 P13-9)。试证：　$H_y(\omega)=H_s(\omega)T(\omega)$

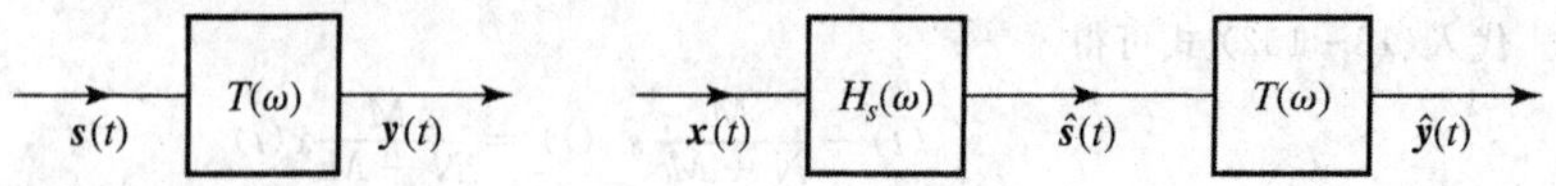

图 P13-9

13-10　试证如果 $S(\omega)=1/(1+\omega^4)$，则用 $\boldsymbol{s}(t)$ 的全部过去所做的 $\boldsymbol{s}(t)$ 的预测器等于 $\hat{\boldsymbol{s}}(t+\lambda)=b_0\boldsymbol{s}(t)+b_1\boldsymbol{s}'(t)$，其中

$$b_0=\mathrm{e}^{-\lambda/\sqrt{2}}\left(\cos\frac{\lambda}{\sqrt{2}}+\sin\frac{\lambda}{\sqrt{2}}\right)\qquad b_1=\sqrt{2}\,\mathrm{e}^{-\lambda/\sqrt{2}}\sin\frac{\lambda}{\sqrt{2}}$$

13-11　(a) 求满足积分方程(维纳-霍夫)

$$\int_0^{\infty}h(\alpha)R(\tau-\alpha)\mathrm{d}\alpha=R(\tau+\ln 2)\quad \tau\geqslant 0\quad R(\tau)=\frac{3}{2}\mathrm{e}^{-\tau}+\frac{11}{3}\mathrm{e}^{-3\tau}$$

的函数 $h(t)$。

(b) 设函数 $\boldsymbol{H}(s)$ 是极点位于左半平面的有理分式。函数 $\boldsymbol{Y}(s)$ 是极点位于右半平面的解析函数。如果

$$[\boldsymbol{H}(s)-2^s]\frac{49-25s^2}{9-10s^2+s^4}=\boldsymbol{Y}(s)$$

求 $\boldsymbol{H}(s)$ 和 $\boldsymbol{Y}(s)$。

(c) 讨论(a) 和(b) 之间的关系。

13-12　(a) 求序列 h_n，它满足系统

$$\sum_{k=0}^{\infty}h_kR_{m-k}=R_{m+1}\qquad m\geqslant 0\qquad R_m=\frac{1}{2^m}+\frac{1}{3^m}$$

(b) 函数 $\boldsymbol{H}(z)$ 是极点在单位圆内的有理分式。函数 $\boldsymbol{Y}(z)$ 是极点在单位圆外的有理分式。如果

$$[\boldsymbol{H}(z)-z]\frac{70-25(z+z^{-1})}{6(z+z^{-1})^2-35(z+z^{-1})+50}=\boldsymbol{Y}[z]$$

求 $\boldsymbol{H}(z)$ 和 $\boldsymbol{Y}(z)$。

(c) 讨论(a) 和(b) 之间的关系。

13-13　试证如果 $\boldsymbol{H}(z)$ 是过程 $\boldsymbol{s}[n]$ 的预测器，$\boldsymbol{H}_a(z)$ 是一个全通函数且 $|\boldsymbol{H}_a(\mathrm{e}^{\mathrm{j}\omega})|=1$，则函数 $1-(1-\boldsymbol{H}(z))\boldsymbol{H}_a(z)$ 也是 $\boldsymbol{s}[n]$ 的一个预测器，并且它们具有相同的均方误差 P。

13-14　我们曾证明过，m 阶 AR 过程的一步预测器 $\hat{\boldsymbol{s}}_1[n]$ 用过程的全部过去预测时，等于[见(13-35)式]

$$\hat{E}\{\boldsymbol{s}[n]\mid\boldsymbol{s}[n-k],k\geqslant 1\}=-\sum_{k=1}^{m}a_k\boldsymbol{s}[n-k]$$

试证它的两步预测器 $\hat{\boldsymbol{s}}_2[n]$ 由下式给出

$$\hat{E}\{\boldsymbol{s}[n]\mid\boldsymbol{s}[n-k],k\geqslant 2\}=-a_1\boldsymbol{s}_1[n-1]-\sum_{k=2}^{m}a_k\boldsymbol{s}[n-k]$$

13-15　利用(13-70) 式证明

$$\lim_{N\to\infty}\log\frac{\Delta_{N+1}}{\Delta_N}=\lim_{N\to\infty}\frac{\log\Delta_N}{N}=\frac{1}{2\pi}\int_{-\pi}^{\pi}\log S_s(\omega)\,\mathrm{d}\omega$$

提示：$\frac{1}{N}\sum_{n=1}^{N}\log\frac{\Delta_{n+1}}{\Delta_n}=\frac{1}{N}\log\Delta_{N+1}-\frac{1}{N}\log\Delta_1\to\lim_{N\to\infty}\frac{\Delta_{N+1}}{\Delta_N}$

13-16　如果 $\boldsymbol{s}[n]$ 的自相关函数

$$R_s[m]=\begin{cases}5(3-|m|) & |m|<3\\ 0 & |m|\geqslant 3\end{cases}$$

求 $N=1,2,3$ 时过程 $\boldsymbol{s}[n]$ 的预测器

$$\hat{\boldsymbol{s}}_N[n]=\hat{E}\{\boldsymbol{s}[n]\mid\boldsymbol{s}[n-k],1\leqslant k\leqslant N\}$$

并用 FIR 滤波器(图 13-8) 和格型滤波器(图 12-15) 实现误差滤波器 $\boldsymbol{E}_N(z)$。

13-17　过程 $\boldsymbol{s}[n]$ 的 $N=3$ 时格型滤波器，如图 P13-17 所示。若 $R[0]=5$，求 $N=1,2,3$ 时相应的 FIR 滤波器和 $|m|\leqslant 3$ 时 $R[m]$ 的值。

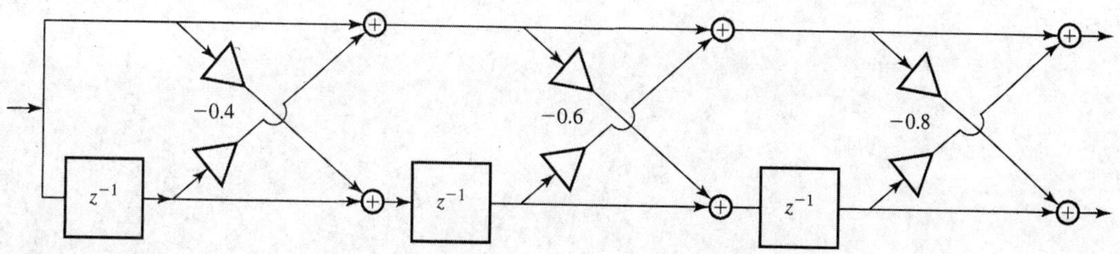

图 P13-17

13-18　我们希望用和 $\boldsymbol{x}(t)=\boldsymbol{s}(t)+\boldsymbol{v}(t)$ 及它的过去值得到随机电报信号 $\boldsymbol{s}(t)$ 的估计值 $\hat{\boldsymbol{s}}(t)$，其中

$$R_s(\tau)=\mathrm{e}^{-2\lambda|\tau|}\qquad R_v(\tau)=N\delta(\tau)\qquad R_{sv}(\tau)=0$$

证明

$$\hat{\boldsymbol{s}}(t)=(c-2\lambda)\int_0^{\infty}\boldsymbol{x}(t-\alpha)\mathrm{e}^{-c\alpha}\,\mathrm{d}\alpha\qquad c=2\lambda\sqrt{1+\frac{1}{\lambda N}}$$

13-19　证明如果 $\hat{\boldsymbol{\varepsilon}}_N[n]$ 和 $\check{\boldsymbol{\varepsilon}}_N[n]$ 分别为过程 $\boldsymbol{s}[n]$ 的正向和反向预测误差，则(a) $\hat{\boldsymbol{\varepsilon}}_N[n]\perp\check{\boldsymbol{\varepsilon}}_{N+m}[n+m]$，(b) $\check{\boldsymbol{\varepsilon}}_N[n]\perp\hat{\boldsymbol{\varepsilon}}_{N+m}[n-m]$，(c) $\hat{\boldsymbol{\varepsilon}}_N[n]\perp\check{\boldsymbol{\varepsilon}}_{N+m}[n-N-m]$。

13-20　如果 $\boldsymbol{x}(t)=\boldsymbol{s}(t)+\boldsymbol{v}(t)$

$$R_s(\tau)=5\mathrm{e}^{-0.2|\tau|}\qquad R_v(\tau)=5\delta(\tau)\qquad R_{sv}(\tau)=0$$

求下列均方估计及相应的均方误差：(a) $\boldsymbol{s}(t)$ 的非因果滤波器；(b) $\boldsymbol{s}(t)$ 的因果滤波器；(c) 用 $\boldsymbol{s}(t)$ 和它的过去做 $\boldsymbol{s}(t+2)$ 的估计；(d) 用 $\boldsymbol{x}(t)$ 和它的过去做 $\boldsymbol{s}(t+2)$ 的估计。

13-21　如果 $\boldsymbol{x}[n]=\boldsymbol{s}[n]+\boldsymbol{v}[n]$

$$R_s[m]=5\times 0.8^{|m|}\qquad R_v[m]=5\delta[m]\qquad R_{sv}[m]=0$$

求下列均方估计及相应的均方误差：(a) $\boldsymbol{s}[n]$ 的非因果滤波器；(b) $\boldsymbol{s}[n]$ 的因果滤波器；(c) 用 $\boldsymbol{s}[n]$ 和它的过去做 $\boldsymbol{s}[n+1]$ 的估计；(d) 用 $\boldsymbol{x}[n]$ 和它的过去做 $\boldsymbol{s}[n+1]$ 的估计。

13-22　求 $\boldsymbol{s}[n]$ 的卡尔曼估计

$$\hat{\mathbf{s}}_0[n] = E\{\mathbf{s}[n] \mid \mathbf{s}[k] + \mathbf{v}[k],\ 0 \leqslant k \leqslant n\}$$

和均方误差 $P_n = E\{(\mathbf{s}[n] - \hat{\mathbf{s}}_0[n])^2\}$，如果

$$R_s[m] = 5 \times 0.8^{|m|} \qquad R_v[m] = 5\delta[m] \qquad R_{sv}[m] = 0$$

13-23 求 $\mathbf{s}(t)$ 的卡尔曼估计

$$\hat{\mathbf{s}}_0(t) = E\{\mathbf{s}(t) \mid \mathbf{s}(\tau) + \mathbf{v}(\tau),\ 0 \leqslant \tau \leqslant t\}$$

和均方误差 $P(t) = E\{[\mathbf{s}(t) - \hat{\mathbf{s}}_0(t)]^2\}$，如果

$$R_s(\tau) = 5\mathrm{e}^{-0.2|\tau|} \qquad R_v(\tau) = \frac{10}{3}\delta(\tau) \qquad R_{sv}(\tau) = 0$$

13-24 试证图 13-11(b) 中的逆格形序列 $\hat{\mathbf{q}}_N[m]$ 和 $\check{\mathbf{q}}_N[m]$ 满足(13-85)式和(13-86)式(见 481 页注 1)。

第 14 章 熵

14.1 引言

在第 1 章中我们已经指出,事件 A 的概率 $P(A)$ 可以解释为一种测度,它给出了在实验 S 的单次试验中事件 A 发生或不发生这种不确定性的度量。如果 $P(A) \approx 0.999$,则我们几乎肯定 A 将发生;如果 $P(A) = 0.1$,则可以相当肯定地认为 A 不会发生;当 $P(A) = 0.5$ 时,不确定性最大。本章考虑的问题不是某一个事件而是对 S 的某个分割 $\boldsymbol{U}$ 的任何事件 A_i 发生与否这种不确定性赋予测度;我们还记得,所谓 S 的一个分割是一些互不相容的事件的集合,它们的并等于 S(图 14-1)。关于分割 $\boldsymbol{U}$ 不确定性的测度将用 $H(\boldsymbol{U})$ 表示,称它为**分割 $\boldsymbol{U}$ 的熵**。

在历史上,泛函 $H(\boldsymbol{U})$ 是由一组假设推导而来的,这些假定是基于我们对不确定性的直观理解而给出的。下面就是一组典型的假定①:

1. $H(\boldsymbol{U})$ 是 $p_i = P(A_i)$ 的连续函数。
2. 若 $p_1 = \cdots = p_N = 1/N$,则 $H(\boldsymbol{U})$ 是一个 N 的增函数。
3. 若一个新分割 $\boldsymbol{B}$ 是将 $\boldsymbol{U}$ 中的事件进一步分割得到的,则 $H(\boldsymbol{B}) \geqslant H(\boldsymbol{U})$。

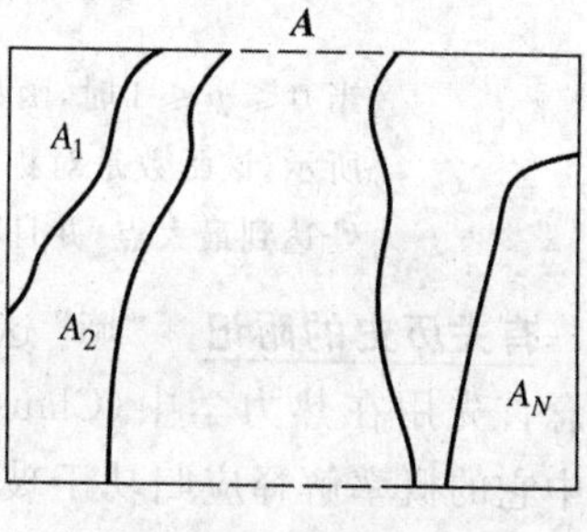

图 14-1

可以证明,和式②

$$H(\boldsymbol{U}) = - p_1 \log p_1 - \cdots - p_N \log p_N \qquad (14-1)$$

满足上面三个假定,并且除了一个常数因子之外函数(14-1)是惟一的。证明这个论断并不困难,但我们不去重复这个证明。我们建议把(14-1)式作为熵的**定义**,然后在概率论的框架内由公理系统演绎出这些性质。的确,用上述假定来引入熵的概念可以在(14-1)式与我们对不确定性的直观理解之间建立起联系。然而,相对我们的目的而言,这是次要的。在最后的分析中,概念的合理性最终取决于所得理论的实用性。

熵的应用可以分成两类。第一类涉及确定未知分布的问题(14-4 节),可利用的信息是以期望值或其它统计泛函的形式给出的,它的解基于最大熵原理:待确定的未知分布应在给定约束条件下使得某个分割 $\boldsymbol{U}$ 的熵 $H(\boldsymbol{U})$ 达到**最大值**(统计力学)。在第二类(编码理论)中,

① C. E. Shannon and W. Weaver. *The Mathematical Theory of Communication*. University of Illinois Press, 1949.

② 我们将用 2 或 e 作为对数的底。在前一种情况下,熵的单位是比特。

$H(\boldsymbol{U})$（信源熵）是已知的，我们希望构造各种随机变量（码长）使得它们的期望值**最小**（14-5节），它的解涉及在所给定的概率空间中构造最优的随机变量映射（编码）的问题。

不确定性和信息　在熵的直观解释中，数值 $H(\boldsymbol{U})$ 表示在进行有关的实验之前分割 $\boldsymbol{U}$ 中事件 A_i 的不确定性的一个测度。如果实验完成，涉及到事件 A_i 的结果就变为已知的，不确定性也就消失了。于是，我们可以说实验给出的关于 A_i 的**信息**等于它们分割的**熵**。这样，不确定性就等于信息，而且两者都用和式(14-1)来度量。

【例 14-1】　(a) 在均匀骰子实验中，我们来计算分割 $\boldsymbol{U}=$[偶数，奇数] 的熵。显然 $P\{偶数\}=P\{奇数\}=1/2$。因此

$$H(\boldsymbol{U})=-\frac{1}{2}\log\frac{1}{2}-\frac{1}{2}\log\frac{1}{2}=\log 2$$

(b) 实验同上，$\boldsymbol{V}$ 是由基本事件 $\{f_i\}$ 组成的分割。在这种情况下，$P\{f_i\}=1/6$，因此

$$H(\boldsymbol{V})=-\frac{1}{6}\log\frac{1}{6}-\cdots-\frac{1}{6}\log\frac{1}{6}=\log 6$$

如果投掷骰子后并告诉我们哪个面出现了，则我们得到关于分割 $\boldsymbol{V}$ 的信息等于它的熵 log6。如果仅告诉“偶数”或“奇数”出现了，那么我们得到关于分割 $\boldsymbol{U}$ 的信息等于它的熵 log2。在这种情况下，关于分割 $\boldsymbol{V}$ 所得的信息仍等于 log2。我们将看到，差值 $\log 6-\log 2=\log 3$ 正好是假定 $\boldsymbol{U}$ 发生情况下关于 $\boldsymbol{V}$ 的不确定性的测度（条件熵）。

【例 14-2】　考虑掷硬币实验，其中 $P\{h\}=p$。在这种情况下，$\boldsymbol{V}$ 的熵等于

$$H(\boldsymbol{V})=-p\log p-(1-p)\log(-p)\equiv h(p)\qquad(14-2)$$

当 $0\leqslant p\leqslant 1$ 时，函数 $h(p)$ 的图像如图 14-2 所示。该函数是对称的和上凸的，在 $p=0.5$ 处达到最大点，并且有 $h(0)=h(1)=0$。

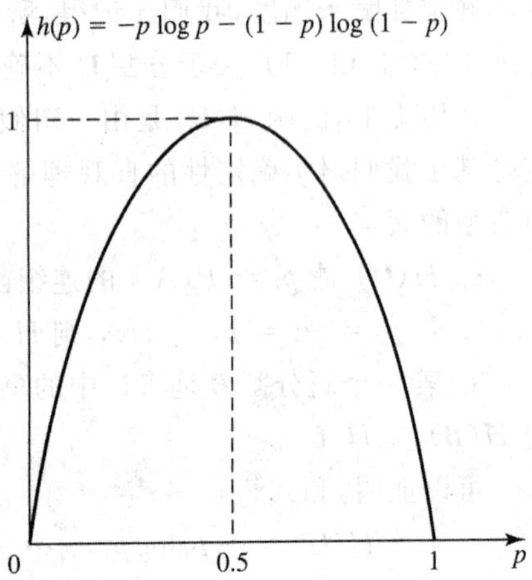

图 14-2

有关历史的附记　“熵”这个名字作为一个科学概念首先用在热力学中(Clausius，1850)。在统计力学中它的概率解释应归功于玻尔兹曼(1877)。然而，熵与概率之间的明确关系记载是若干年以后的事(Planck，1906)。香农(Shannon)在他著名的论文(1948)中用这个概念给出了长符号序列性质的实用描述，并把结果应用于编码理论和数据传输中的许多基本问题。他的卓著贡献奠定了现代信息论的基础。雅尼斯①(Jaynes，1957)重新研究了最大熵方法，并把它应用于从不完备数据确定未知参量的各种问题。

最大熵和古典定义　在各种约束条件下，用最大熵方法(MEM)来确定分割 $\boldsymbol{U}$ 中各事件的概率 p_i，是熵的一个重要应用。这种方法指出，未知概率 p_i 的选择必须使得在给定约束下 $\boldsymbol{U}$ 的熵最大。这个论题将在 14-4 节中研究。下面我们介绍主要思想并说明最大熵方法与古典概率定义（不充分推证原理）之间的等价性，同时用投骰子实验作为示例。

① E. T. Jaynes. *Physical Review*. vols. 106-107, 1957.

【例 14-3】　(a) 在没有先验知识的条件下，我们要确定骰子六个面的概率 p_i。最大熵方法指出 $p_i(i=1,\cdots,6)$ 的选择应使得和式

$$H(\mathbf{V}) = -p_1\log p_1 - \cdots - p_6\log p_6$$

的值最大。因为 $p_1+\cdots+p_6=1$，由此得出

$$p_1=\cdots=p_6=\frac{1}{6}$$

与经典定义一致。

(b) 现在假定我们已知如下信息：一游戏者以一美元押于“奇数”来赌输赢，而他赢了，平均每盘赢得 20 美分，我们仍想用最大熵方法确定 p_i，然而，现在必须满足约束条件

$$p_1+p_3+p_5=0.6 \qquad p_2+p_4+p_6=0.4$$

这是根据已有知识得出的结果，因为平均得益20美分意味着 $P\{奇数\}-P\{偶数\}=0.2$。在上述约束条件下使 $H(\mathbf{V})$ 最大化，我们得到

$$p_1=p_3=p_5=0.2 \qquad p_2=p_4=p_6=0.133\cdots$$

若我们把不充分推证原理分别应用于{奇数}事件和{偶数}事件时，这再次与经典定义相一致。

虽然在概念上最大熵原理与不充分推证原理是等价的，但从运算方面看，当约束条件是用重复试验空间 S^n 中的概率来表示时，在大多数应用场合，最大熵方法能使分析大为简化。在这样的情况下，尽管不太明显，等效性仍然成立。但是，如果我们要从经典定义出发来求未知概率，则推理很复杂，甚至相当牵强。

因此，最大熵方法在解决应用问题时是一个有价值的工具。事实上，甚至在涉及用不完备的数据来估计未知参数这类确定性问题时，也用到这种方法。在那里，最大熵原理被作为一个平滑准则。然而，我们应该强调，像在经典定义的情况中那样，从最大熵原理得出的结果并不总是合理的，特别是当它们涉及复杂的约束条件时更是如此。这一点甚至在例 14-3 的结果的说明中也是明显的：如果没有先验的约束，我们得出的结论是所有的 p_i 一定是相等的。这个结果很容易为我们所接受，因为它与我们关于掷骰子的经验没有矛盾。然而，对第二个结果 $p_2=p_4=p_6=0.133\cdots$ 和 $p_1=p_3=p_5=0.2$，我们会想，即使没有理由得出任何别的结论，它也不是那样令人信服。因为在我们的经验中，没有不规则的骰子会具有这样的对称性。

有人或许会认为，最大熵方法与我们经验之间的这种明显矛盾，是由于没有全部利用我们的先验知识。要是把我们关于骰子所知道的一切情形都包括在约束条件之中的话，就不会有矛盾了。这或许是对的，然而把这些约束解析地表示出来并不总是容易的，即使能表示，所要求的计算也可能是十分复杂的。

14.1.1　典型序列和相对频率

设 $\mathbf{U}=[A_1,\cdots,A_N]$ 是实验空间 S 中的一个有 N 个元素的分割。在重复试验空间 S^n 中，$\mathbf{U}$ 中 A_i 元素可构成 N^n 个形式为

$$\{A_i 以特定的顺序出现 n_i\} \tag{14-3}$$

的序列，每个序列的概率为

$$p_1^{n_1}\cdots p_i^{n_i}\cdots p_N^{n_N} \tag{14-4}$$

其中 $p_i=P(A_i)$。n_i 是仅受 $n_1+\cdots+n_N=n$ 约束的任意数。然而，按照对概率的相对频率解释，如果 n“足够大”，那么“几乎一定”有

$$n_i \approx np_i \qquad i = 1, \cdots, N \tag{14-5}$$

当然，这仅是一个直观性的说明，因为最终结果必须有相应的解释。然而我们知道，近似式(14-5)能用大数定律给出精确的解释。按照类似的途径，我们在这一节最后要证明(14-5)式在熵的意义下的主要结果[方程(14-10)]。

从(14-5)式出发，我们把由(14-3)式所形成的 N^n 个序列分成两类：(a) 典型的；(b) 稀有的。若 $n_i \approx np_i$，则我们称序列是**典型的**，而称其它序列为稀有的。一个典型序列将用字母 $\boldsymbol{t}$ 来表示。

$$\boldsymbol{t} = \{A_i \text{ 以特定的顺序出现次 } n_i \approx np_i \text{ 次}\} \tag{14-6}$$

由定义可得，每一组接近 $np_1, \cdots, np_N$ 的数 $n_1, \cdots, n_N$ 与一个典型序列对应。所有典型序列的并记为 $\boldsymbol{T}$。因此，$\boldsymbol{T}$ 是形式为(14-3)式的所有序列的总体，其中 $n_i \approx np$。我们已经指出，对于大 n，每个观测序列几乎一定是典型序列。由此可得

$$P(\boldsymbol{T}) \approx 1 \tag{14-7}$$

$\boldsymbol{T}$ 的补集 $\bar{\boldsymbol{T}}$ 为所有稀有序列的并，而它的概率对于大 n 而言是可以忽略的

$$P(\bar{\boldsymbol{T}}) \approx 0 \tag{14-8}$$

因为 $n_i \approx np_i$，故对所有典型序列，(14-4)式变为

$$P(\boldsymbol{t}) = p_1^{n_1} \cdots p_N^{n_N} \approx \mathrm{e}^{np_1 \log p_1 + \cdots + np_N \log p_N}$$

因此，每个典型序列的概率等于

$$P(\boldsymbol{t}) = \mathrm{e}^{-nH(\boldsymbol{U})} \tag{14-9}$$

其中 $H(\boldsymbol{U})$ 是分割 $\boldsymbol{U}$ 的熵。用 $n_{\boldsymbol{T}}$ 表示典型序列的数目，由(14-7)式和(14-9)式可得

$$n_{\boldsymbol{T}} = \frac{P(\boldsymbol{T})}{P(\boldsymbol{t})} \approx \mathrm{e}^{nH(\boldsymbol{U})} \tag{14-10}$$

于是，我们用 $\boldsymbol{U}$ 的熵来表示了典型序列的数目。如果 $\boldsymbol{U}$ 的所有事件是等可能的，则 $H(\boldsymbol{U}) = \log N$，而 $n_{\boldsymbol{T}} = N^n$。在所有其它情况下，$H(\boldsymbol{U}) < \log N$[见(14-38)式]。因此对于 $n \gg 1$，

$$n_{\boldsymbol{T}} \approx \mathrm{e}^{nH(\boldsymbol{U})} \ll N^n \tag{14-11}$$

这样便得出一个重要的结论：若 n 足够大，即便稀有序列"几乎一定"不会发生，但大多数序列是稀有的。

注　1. 我们应该指出，每个典型序列并不比每个稀有序列发生的可能性大。实际上，概率最大的序列是稀有序列$\{A_m$ 出现 n 次$\}$，其中 A_m 是概率最大的事件。我们就要证明，典型的与稀有的序列之间的区别可以用事件

$$\{A_i \text{ 以任意次序出现} n_i \text{ 次}\}$$

得到最好的表示。我们知道[见(4-102)式]，这些事件的概率等于

$$\frac{n!}{k_1! \cdots K_n!} p_1^{k_1} \cdots p_N^{k_N}$$

并且对于大的 n，它仅在点$(k_1 = n_1 p_1, \cdots, k_N = n_N p_N)$的小邻域中才取显著的值。重复导出(3-17)式的论证便可得到该结果，或者从棣莫弗—拉普拉斯近似式(3-39)也可得出这个结果。

2. 在第1章第1页中，我们指出，只有当比值 k/n 接近于一个常数，并且当 n 增加时该常数对任意子序列相同时，应用于大量现象的平均的概率理论才可以得到有用的结果。这种要求导致在所得序列的性质上严格限制。由此可得，分割 $\boldsymbol{U}$ 的所有 N 个元素的 N^n 序列中，只有 $\mathrm{e}^{nH(\boldsymbol{U})}$

个典型序列可能发生，而其它序列则不可能发生。

14.1.2　典型序列和大数定理

下面我们证明，上述结果可以作为大数定理的结论而严格地导出。为简单起见，我们仅考虑二元分割。为了具体一点，我们假定 A 和 $\overline{A}$ 分别为硬币实验中的"正面"和"反面"这两个事件。在空间 S^n 里，基本事件$\{\xi_k\}$ = {"正面"以特定的次序出现 k 次} 的概率等于

$$P\{\xi_k\} = p^k q^{n-k}$$

而事件①

$$A_k = \{\text{“正面”以任意次序出现 } k \text{ 次}\}$$

的概率等于

$$p(A_k) = \binom{n}{k} p^k q^{n-k} \approx \frac{1}{\sqrt{2\pi npq}} \mathrm{e}^{-(k-np)^2/2npq} \tag{14-12}$$

在图 14-3 中，我们画出了概率 $P(A_k)$，几何级数 $q^n(p/q)^k$ 及二项式系数

$$\binom{n}{k} = p^{-k} q^{-(n-k)} P(A_k) \tag{14-13}$$

与 k 之间的函数关系。

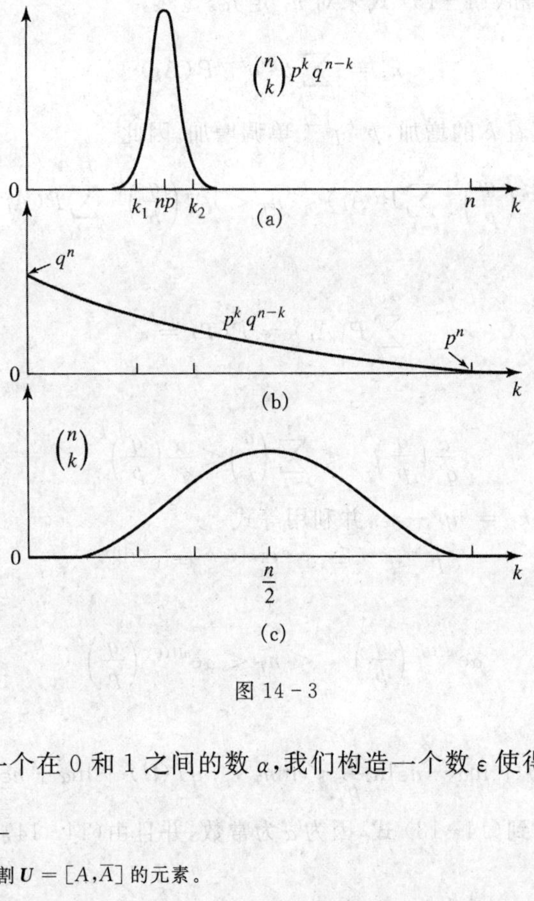

图 14-3

α 典型序列　给定一个在 0 和 1 之间的数 α，我们构造一个数 ε 使得

① 事件 A_k 当然不是分割 $\boldsymbol{U} = [A, \overline{A}]$ 的元素。

$$\alpha = 2G(\varepsilon\sqrt{n/pq}) - 1 \tag{14-14}$$

其中 $G(x)$ 为正态分布函数。如果 k 满足

$$k_1 \leqslant k \leqslant k_2 \text{其中 } k_1 = n(p-\varepsilon) \quad k_2 = n(p+\varepsilon) \tag{14-15}$$

则我们称序列 ξ_k 是 **α 典型的**。所有 α 典型序列的并构成集合 $\boldsymbol{T}$，它由

$$n_{\boldsymbol{T}} = \sum_{k=k_1}^{k_2}\binom{n}{k} \tag{14-16}$$

个元素组成，且其概率等于 α[见(4-92)和(4-96)式]，

$$P(\boldsymbol{T}) = \sum_{k=k_1}^{k_2}\binom{n}{k}p^k q^{n-k} \approx 2G\left(\varepsilon\sqrt{\frac{n}{pq}}\right) - 1 = \alpha \tag{14-17}$$

基本定理　对任意 $\alpha < 1$，α 典型序列的数目 n_T 在

$$\frac{\ln n_T}{n} \xrightarrow[n\to\infty]{} H(\boldsymbol{U}) \tag{14-18}$$

的意义下趋于 $e^{nH(\boldsymbol{U})}$。

证　若 $p = q = 0.5$，对于 $n/2$ 的$\sqrt{n}$ 邻域中的 k，棣莫弗-拉普拉斯近似式变为

$$\binom{n}{k} \approx \frac{2^n}{\sqrt{\pi n/2}} e^{-2(k-n/2)^2/n}$$

当 $p \neq 0.5$ 时，该近似不能用来计算(14-16)式的和，因为这时区间(k_1, k_2)的中心 np 不是 $n/2$。我们将用(14-13)和(14-16)式来对 $n_{\boldsymbol{T}}$ 定界。显然，

$$n_{\boldsymbol{T}} = \sum_{k=k_1}^{k_2} p^{-k} q^{k-n} P(A_k) \tag{14-19}$$

其中我们假定 $p < q$。随着 k 的增加，$p^{-k}q^{k-n}$ 单调增加。因此

$$q^{-n}\left(\frac{q}{p}\right)^{k_1}\sum_{k=k_1}^{k_2}P(A_k) < n_{\boldsymbol{T}} < q^{-n}\left(\frac{q}{p}\right)^{k_2}\sum_{k=k_1}^{k_2}P(A_k) \tag{14-20}$$

又因为[见(14-17)式]

$$\sum_{k=k_1}^{k_2}P(A_k) = P(\boldsymbol{T}) = \alpha$$

故(14-20)式变为

$$\frac{\alpha}{q^n}\left(\frac{q}{p}\right)^{k_1} < \sum_{k=k_1}^{k_2}\binom{n}{k} < \frac{\alpha}{q^n}\left(\frac{q}{p}\right)^{k_2} \tag{14-21}$$

令上式中 $k_1 = np - n\varepsilon$，$k_2 = np + n\varepsilon$，并利用等式

$$p^{-np}q^{-nq} = e^{-n(p\ln p + q\ln q)} = e^{nH(\boldsymbol{U})}$$

从(14-21)式我们得到

$$\alpha e^{nH(\boldsymbol{U})}\left(\frac{q}{p}\right)^{-n\varepsilon} < n_{\boldsymbol{T}} < \alpha e^{nH(\boldsymbol{U})}\left(\frac{q}{p}\right)^{n\varepsilon}$$

因此

$$nH(\boldsymbol{U}) + \ln\alpha - n\varepsilon\ln\frac{q}{p} < \ln n_{\boldsymbol{T}} < nH(\boldsymbol{U}) + \ln\alpha + n\varepsilon\ln\frac{q}{p}$$

用 n 来除上式，我们便得到(14-18)式，因为 α 为常数，并且由(14-14)式可以看出，当 $n \to \infty$ 时，$\varepsilon \to 0$。

重要结论　对任意 $\alpha < 1$，定理(14-18)式成立；然而，我们假定 $\alpha \approx 1$ 并且相应的序列称为典型序列。这种假设下，

$$P(\boldsymbol{T}) = \alpha \approx 1 \qquad P(\bar{\boldsymbol{T}}) = 1 - \alpha \approx 0 \tag{14-22}$$

因此，任意事件 M 的概率等于它的条件概率

$$P(M) = P(M \mid \boldsymbol{T})P(\boldsymbol{T}) + P(M \mid \bar{\boldsymbol{T}})P(\bar{\boldsymbol{T}}) \approx P(M \mid \boldsymbol{T}) \tag{14-23}$$

换言之，有关空间 S^n 中的概率的任何结论，只要考虑由典型序列构成的 S^n 的子空间就足够了。当然，当 n 有限时，这只是近似成立。不过，当 $n \to \infty$ 时，在极限意义下就是准确的了。

结论性注释　在第一章中，我们给出了事件 A 的概率 $P(A)$ 的下述解释。

公理的　$P(A)$ 是赋予事件 A 的一个数。这个数满足三个公理，除此之外是任意的。

经验的　对于大的 n，

$$P(A) \approx \frac{k}{n}$$

其中 k 表示在基本实验 S 的 n 次重复中事件 A 发生的次数。

主观的　$P(A)$ 是我们关于事件 A 在单次试验 S 中是否发生的不确定性的测度。

不充分推理准则　若 A_i 是 S 的分割 $\boldsymbol{U}$ 的 N 个事件，并且不知道它们的概率，则 $P(A_i) = 1/N$。

下面我们给出 $\boldsymbol{U}$ 的熵 $H(\boldsymbol{U})$ 的四条相关解释。

公理的　$H(\boldsymbol{U})$ 是赋给 S 的每个分割的一个数。这个数等于和 $-\sum p_i \log p_i$，其中 $p_i = P(A_i)$。

经验的　这种解释涉及到重复实验 S^n 而不是单次试验 S 的重复实现。在这个实验中，一个特定的典型序列 $\boldsymbol{t}_j$ 是一个概率为 $e^{-nH(\boldsymbol{U})}$ 的事件。应用概率的相对频率解释到这个事件，我们得出结论：如果实验 S^n 重复 m 次而事件 $\boldsymbol{t}_j$ 出现 m_j 次，那么对于充分大的 m，

$$P(\boldsymbol{t}_j) = e^{-nH(\boldsymbol{U})} \approx \frac{m_j}{m}, \text{因而} \quad H(\boldsymbol{U}) \approx -\frac{1}{n}\ln\frac{m_j}{m}$$

这将理论上得到的数量 $H(\boldsymbol{U})$ 与实验结果 m_j 和 m 联系起来。

主观的　在 S 的单一实现中，$H(\boldsymbol{U})$ 是关于分割 $\boldsymbol{U}$ 的事件 A_i 发生的不定性测度。

最大熵准则　在给定约束下，概率 $p_i = P(A_i)$ 必须使得 $H(\boldsymbol{U})$ 最大。由于 $n_t = e^{nH(\boldsymbol{U})}$，因此最大熵准则等价于典型序列数最大准则。如果不存在约束，即若概率 p_i 未知，则由最大熵准则得到估计 $p_i = 1/N$，$H(\boldsymbol{U}) = \log N$ 和 $n_t = N^n$。

14.2　基本概念

本节我们将用各种符号和集合运算来推演熵的性质。在本节末，作为不确定性的测度，我们用熵的直观概念重新研究各种结果，并用典型序列来解释各主要定理。

定义　记号

$$\boldsymbol{U} = [A_1, \cdots, A_k] \qquad \text{或简单地} \quad \boldsymbol{U} = [A_i]$$

表示 $\boldsymbol{U}$ 是由事件 A_i 构成的一个分割。称这些事件为 $\boldsymbol{U}$ 的元素①。

① 元素这个词究竟表示分割 $\boldsymbol{U}$ 的事件 A_i，还是空间 S 中的元素 ξ_i，可以从上下文清楚地看出。

Ⅰ.仅有两个元素的分割称为二元分割。于是

$$U = [A, \overline{A}]$$

是由事件 A 和其补事件 $\overline{A}$ 构成的二元分割。

Ⅱ.元素为空间 S 中的基本事件$\{\xi_i\}$的分割用 $\boldsymbol{V}$ 表示,称为**基本分割**。

Ⅲ. 分割 $\boldsymbol{U}$ 的**细化**是一分割 $\boldsymbol{B}$,满足 $\boldsymbol{B}$ 中元素 $\boldsymbol{B}_j$ 都是 $\boldsymbol{U}$ 中某些元素 A_i 的子集(图 14-4),我们用符号 $\boldsymbol{B} \prec \boldsymbol{U}$ 表示 $\boldsymbol{B}$ 是 $\boldsymbol{U}$ 的细化分割,且称 $\boldsymbol{U}$ 比 $\boldsymbol{B}$ 大①。因此当且仅当 $B_j \subset A_i$ 时,

$$\boldsymbol{B} \prec \boldsymbol{U} \tag{14-24}$$

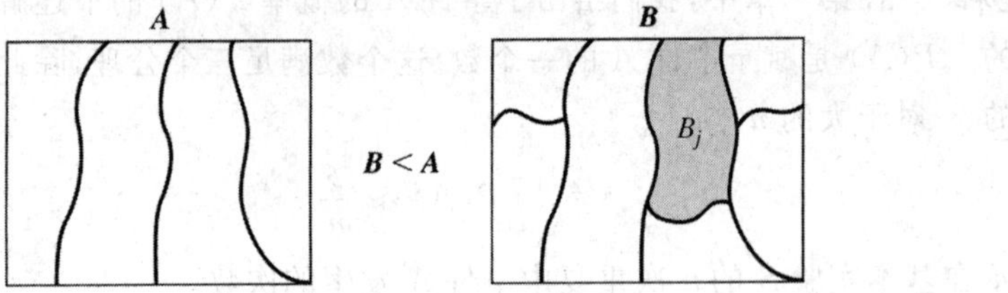

图 14-4

两个分割的**共同细化**是它们每个的细化。

图 14-5 中 D 是 $\boldsymbol{U}$ 和 $\boldsymbol{B}$ 的共同细化分割。

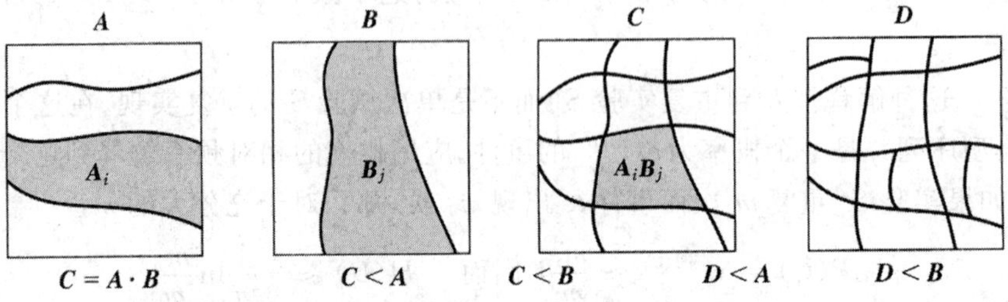

图 14-5

Ⅳ. 两个分割 $\boldsymbol{U} = [A_i]$ 和 $\boldsymbol{B} = [B_j]$ 的**积**②也是一个分割,其元素为 $\boldsymbol{U}$ 和 $\boldsymbol{B}$ 的元素的全部交 A_iB_j,并记为

$$\boldsymbol{U} \cdot \boldsymbol{B}$$

显然,$\boldsymbol{U} \cdot \boldsymbol{B}$ 是 $\boldsymbol{U}$ 和 $\boldsymbol{B}$ 的最大共同细化分割。

性质　　由定义可得对任意的 $\boldsymbol{U}$

$$\boldsymbol{V} \prec \boldsymbol{U}$$

$$\boldsymbol{U} \cdot \boldsymbol{B} = \boldsymbol{B} \cdot \boldsymbol{U} \qquad \boldsymbol{U} \cdot (\boldsymbol{B} \cdot C) = (\boldsymbol{U} \cdot \boldsymbol{B}) \cdot C$$

$$\text{若 } \boldsymbol{U}_1 \prec \boldsymbol{U}_2 \prec \boldsymbol{U}_3 \qquad \text{则 } \boldsymbol{U}_1 \prec \boldsymbol{U}_3$$

$$\text{若 } \boldsymbol{B} \prec \boldsymbol{U} \qquad \text{则 } \boldsymbol{U} \cdot \boldsymbol{B} = \boldsymbol{B}$$

熵 ▶ 分割 $\boldsymbol{U}$ 的熵定义微和式

---

① 符号 $\prec$ 不是两任意分割的次序关系,它只表示 $\boldsymbol{B}$ 是 $\boldsymbol{U}$ 的细化分割。

② 我们应该强调分割的积不是一种集合运算。

$$H(\boldsymbol{U}) = -(p_1\log p_1 + \cdots + p_N\log p_N) = \sum_{i=1}^{N}\varphi(p_i) \tag{14-25}$$

其中 $p_i = P(A_i)$，而 $\varphi(p) = -p\log p$。

因为当 $0 \leqslant p \leqslant 1$ 时，$\varphi(p) \geqslant 0$。故从(14-25)式可得

$$H(\boldsymbol{U}) \geqslant 0 \tag{14-26}$$

当且仅当有一个 p_i 等于 1，而其余的都为零时有 $H(\boldsymbol{U}) = 0$。

二元分割　若 $\boldsymbol{U} = [A, \overline{A}]$，而 $P(A) = p$，则(图 14-2)

$$H(\boldsymbol{U}) = -p\log p - (1-p)\log(1-p) = h(p) \tag{14-27}$$

等可能事件　若

$$p_1 = p_2 = \cdots = p_N$$

则

$$H(\boldsymbol{U}) = -\frac{1}{N}\log\frac{1}{N} - \cdots - \frac{1}{N}\log\frac{1}{N} = \log N \tag{14-28}$$

特别是，若 $N = 2^m$，则 $H(\boldsymbol{U}) = m$。◀

不等式　函数 $\varphi(p) = -p\log p$ 是凸函数。因此(见图 14-6 和习题 14-2)

$$\varphi(p_1+p_2) < \varphi(p_1) + \varphi(p_2) < \varphi(p_1+\varepsilon) + \varphi(p_2-\varepsilon) \tag{14-29}$$

其中

$$p_1 < p_1 + \varepsilon \leqslant p_2 - \varepsilon < p_2 \tag{14-30}$$

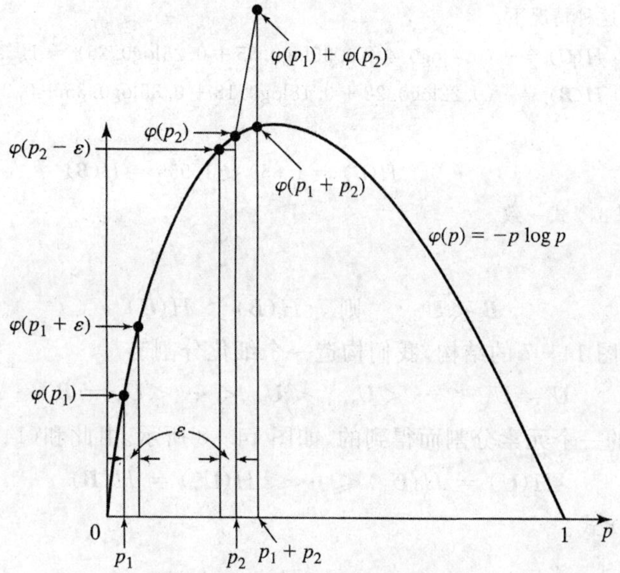

图 14-6

由此导出熵的下述性质：

1. 给定分割 $\boldsymbol{U} = [A_1, A_2, \cdots, A_N]$，我们构造另一个分割 $\boldsymbol{B} = [B_a, B_b, A_2, \cdots, A_N]$，这是如图 14-7 那样将 A_1 分成元素 B_a 和 B_b 得到的。可以证明

$$H(\boldsymbol{U}) \leqslant H(\boldsymbol{B}) \tag{14-31}$$

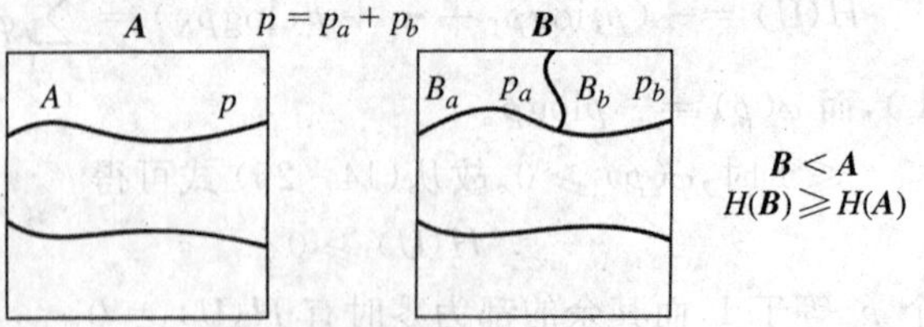

图 14－7

证　显然

$$H(\boldsymbol{U})-\varphi(p_a+p_b)=H(\boldsymbol{B})-\varphi(p_a)-\varphi(p_b)$$

这是因为两边分别等于 $\boldsymbol{U}$ 和 $\boldsymbol{B}$ 的共有元素对 $H(\boldsymbol{U})$ 和 $H(\boldsymbol{B})$ 的贡献。因此，从(14－29)式的第一个不等式便可得到(14－31)式。

【例 14－4】　在表 14－1 中，我们分别列出了分割 $\boldsymbol{U}$ 和按上述方法得到的它的细化分割 $\boldsymbol{B}$ 的事件的概率

表 14－1

$\boldsymbol{U}$	$p=0.4$	0.35	0.25
$\boldsymbol{B}$	$p_a=0.22,\ p_b=0.18$	0.35	0.25

在这种情况下

$$H(\boldsymbol{U})=-(0.4\log 0.4+0.35\log 0.35+0.25\log 0.25)=1.559$$

$$H(\boldsymbol{B})=-(0.22\log 0.22+0.18\log 0.18+0.35\log 0.35+0.25\log 0.25)=1.956$$

于是

$$H(\boldsymbol{U})=1.559<1.956=H(\boldsymbol{B})$$

与(14－31)式一致。

2. 若

$$\boldsymbol{B}\prec\boldsymbol{U}\qquad 则\qquad H(\boldsymbol{B})\geqslant H(\boldsymbol{U})\tag{14-32}$$

证　重新画出图 14－7 的结构，我们构造一个细化分割链

$$\boldsymbol{U}=\boldsymbol{U}_1\prec\cdots\prec\boldsymbol{U}_{m-1}\prec\boldsymbol{U}_m\prec\cdots\prec\boldsymbol{U}_n=\boldsymbol{B}$$

其中 $\boldsymbol{U}_m$ 是把 $\boldsymbol{U}_{m-1}$ 的一个元素分割而得到的，如图 14－8 所示。由此和(14－31)式可得

$$H(\boldsymbol{U})=H(\boldsymbol{U}_1)\leqslant\cdots\leqslant H(\boldsymbol{U}_n)=H(\boldsymbol{B})$$

这便证明了(14－32)式。

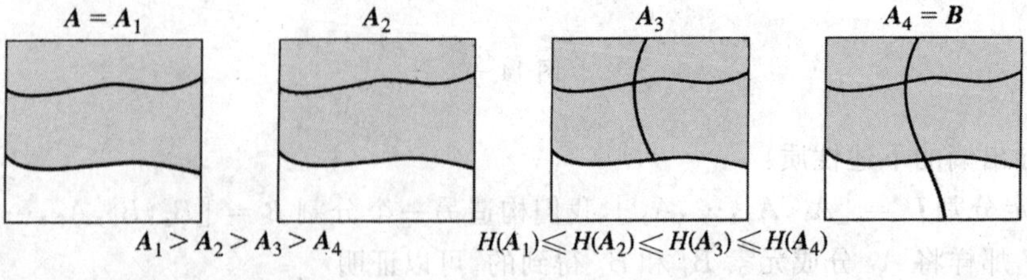

图 14－8

3. 对任一 $\boldsymbol{U}$ 有

$$H(\boldsymbol{U}) \leqslant H(\boldsymbol{V}) \tag{14-33}$$

其中 $\boldsymbol{V}$ 为基本分割。

证　因为 $\boldsymbol{V}$ 是 $\boldsymbol{U}$ 的细化分割，故从(14－31)式可得出此结论。

4. 对任意 $\boldsymbol{U}$ 和 $\boldsymbol{B}$ 有

$$H(\boldsymbol{U}\cdot\boldsymbol{B}) \geqslant H(\boldsymbol{U}) \qquad H(\boldsymbol{U}\cdot\boldsymbol{B}) \geqslant H(\boldsymbol{B}) \tag{14-34}$$

证　因为 $\boldsymbol{U}\cdot\boldsymbol{B}$ 是 $\boldsymbol{U}$ 的也是 $\boldsymbol{B}$ 的细化分割，故从(14－31)式可得出此结论。

【例 14－5】　在骰子实验中，六个事件 $\{f_1\},\cdots,\{f_6\}$ 的概率分别等于

$$0.1 \quad 0.1 \quad 0.15 \quad 0.2 \quad 0.2 \quad 0.25$$

分割

$$\boldsymbol{U} = [\text{偶数},\text{奇数}] \qquad \boldsymbol{B} = [i \leqslant 3,\ i > 3]$$

中事件的概率为

$$P\{\text{偶数}\} = 0.55 \qquad P\{\text{奇数}\} = 0.45 \qquad P\{i \leqslant 3\} = 0.35 \qquad P\{i > 3\} = 0.65$$

积 $\boldsymbol{U}\cdot\boldsymbol{B}$ 是由四个元素

$$\{f_2\} \qquad \{f_1 f_3\} \qquad \{f_4 f_6\} \qquad \{f_5\}$$

组成的分割，其概率分别为

$$0.1 \qquad 0.25 \qquad 0.45 \qquad 0.2$$

由上可得

$$H(\boldsymbol{U}) = 0.993 \qquad H(\boldsymbol{B}) = 0.934 \qquad H(\boldsymbol{U}\cdot\boldsymbol{B}) = 1.815$$

这与(14－34)式一致。

5. 假定 $\boldsymbol{U}$ 和 $\boldsymbol{B}$ 是两个分割，且除了前两个元素外，其它元素相同(图 14－9)

$$\boldsymbol{U} = [A_1, A_2, A_3, \cdots, A_N] \qquad \boldsymbol{B} = [B_1, B_2, A_3, \cdots, A_N]$$

可以证明，如果像(14－30)式那样，

$$P(A_1) = p_1 \qquad P(A_2) = p_2 \qquad P(B_1) = p_1 + \varepsilon \leqslant p_2 - \varepsilon = P(B_2)$$

则

$$H(\boldsymbol{U}) \leqslant H(\boldsymbol{B}) \tag{14-35}$$

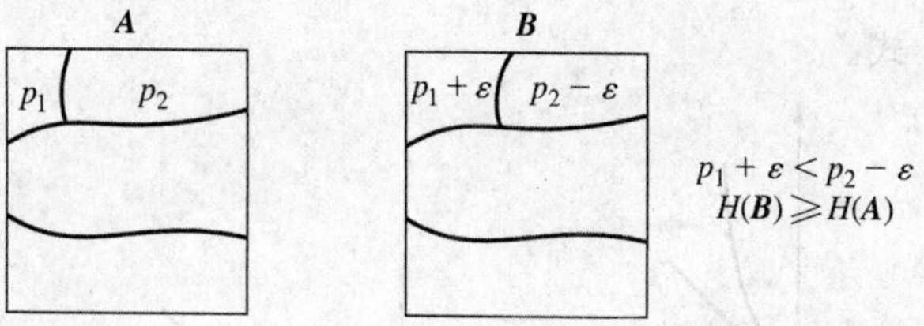

图 14－9

证　显然

$$H(\boldsymbol{U}) - \varphi(p_1) - \varphi(p_2) = H(\boldsymbol{B}) - \varphi(p_1+\varepsilon) - \varphi(p_2+\varepsilon)$$

因为每边分别等于 $\boldsymbol{U}$ 和 $\boldsymbol{B}$ 共有的元素对 $H(\boldsymbol{U})$ 和 $H(\boldsymbol{B})$ 的贡献。因此由(14－29)式的第二个不等式可得出(14－35)式。

【例 14－6】　表 14－2 中，我们列出分割 $\boldsymbol{U}$ 和 $\boldsymbol{B}$ 的事件概率

表 14-2

U	0.1	0.3	0.35	0.25	$p_1 = 0.1 \quad \varepsilon = 0.08$
B	0.18	0.22	0.35	0.25	$p_2 = 0.3$

在这种情况下有

$$H(\boldsymbol{U}) = 1.883 \qquad H(\boldsymbol{B}) = 1.956$$

与(14-35)式一致。

6. 如果我们改变一个分割的两个元素使得它们的概率相等，而其余元素的保持不变，则熵是增加的。

证　只要在性质5的证明中取 $\varepsilon = (p_2 - p_1)/2$，就可以证明这个性质。

7. 如果一个分割的所有元素像(14-28)式那样是等可能的，则它的熵最大。

证　假定 $\boldsymbol{U}$ 是一个使得 $H(\boldsymbol{U}) = H_m$ 为最大值的分割，且它有两个不等概率的元素，当使它们相等时，则(由性质6) $H(\boldsymbol{U})$ 应是增大的。但是由于假定了 H_m 是最大值，所以 $H(\boldsymbol{U})$ 不可能再增大。

一个有用的不等式　若 a_i 和 b_i 是 N 个正数，使得

$$a_1 + \cdots + a_N = 1 \quad b_1 + \cdots + b_N \leqslant 1 \tag{14-36}$$

则

$$-\sum_i a_i \log a_i \leqslant -\sum_i a_i \log b_i \tag{14-37}$$

当且仅当 $a_i = b_i$ 时，上式才能取得等号。

证　由不等式 $e^y \geqslant 1 + y$ 可得 $\ln x \leqslant x - 1$(图14-10)。当 $x = b_i/a_i$ 时，它可写成

$$\ln b_i - \ln a_i = \ln \frac{b_i}{a_i} \leqslant \frac{b_i}{a_i} - 1$$

用 a_i 相乘并求和即得

$$\sum_i a_i(\ln b_i - \ln a_i) \leqslant \sum_i a_i\left(\frac{b_i}{a_i} - 1\right) = \sum_i (b_i - a_i) \leqslant 0$$

这就证明了(14-37)式。

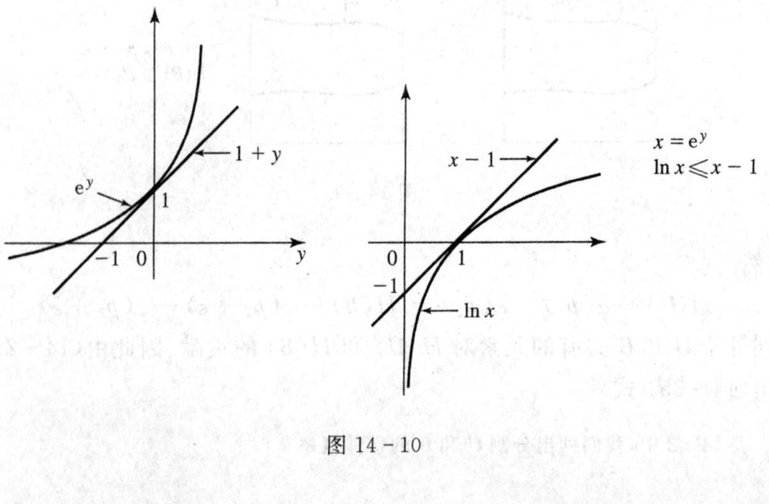

图 14-10

最大熵　用(14－37)式,我们重新推导性质 7。这只要证明

$$-\sum_i p_i \log p_i \leqslant \log N \tag{14-38}$$

证　数 $a_i = p_i$,$b_i = 1/N$,它们满足(14－36)式,代入(14－37)式可得

$$-\sum_i p_i \log p_i \leqslant -\sum_i p_i \log \frac{1}{N} = \log N \sum_i p_i = \log N$$

14.2.1　条件熵和互信息

假定 M 的条件下,一个分割 $\boldsymbol{U}$ 的条件熵定义为和式

$$H(\boldsymbol{U} \mid M) = -\sum_{i=1}^{N_U} P(A_i \mid M) \log P(A_i \mid M) \tag{14-39}$$

其中 $P(M) \neq 0$,N_U 是 $\boldsymbol{U}$ 的元素 A_i 的数目,并且

$$P(A_i \mid M) = \frac{P(A_i M)}{P(M)}$$

后面我们将要说明,$H(\boldsymbol{U} \mid M)$ 表示在 M 发生的试验子序列中 $\boldsymbol{U}$ 的不确定性测度。

现在假定 $\boldsymbol{B}$ 是包含有 $N_{\boldsymbol{B}}$ 个元素 B_j 的分割。显然

$$H(\boldsymbol{U} \mid B_j) = -\sum_{i=1}^{N_U} P(A_i \mid B_j) \log P(A_i \mid B_j) \tag{14-40}$$

是(14－39)式中那样定义的假定 B_j 条件下 $\boldsymbol{U}$ 的条件熵。而假定 $\boldsymbol{B}$ 的条件下 $\boldsymbol{U}$ 的条件熵则是 $H(\boldsymbol{U} \mid B_j)$ 的加权平均值

$$H(\boldsymbol{U} \mid B) = \sum_{j=1}^{N_B} P(B_j) P(\boldsymbol{U} \mid B_j) \tag{14-41}$$

它等于在每次试验中,当已知 $\boldsymbol{B}$ 的事件 B_j 中哪一个出现时关于 $\boldsymbol{U}$ 的不确定性。

【例 14－7】　在均匀骰子实验中,$\boldsymbol{B}$ = [偶数,奇数],求基本分割 $\boldsymbol{V}$ 的条件熵 $H(\boldsymbol{V} \mid \boldsymbol{B})$。

显然,若 i 为偶数,则 $P\{f_1 \mid 偶数\} = \frac{1}{3}$;若 i 为奇数,则 $P\{f_i \mid 偶数\} = 0$。类似地,若 i 为奇数,则 $P\{f_i \mid 奇数\} = \frac{1}{3}$;若 i 为偶数,则 $P\{f_i \mid 奇数\} = 0$。因此

$$H(\boldsymbol{V} \mid 偶数) = -\left(\frac{1}{3}\log\frac{1}{3} + \frac{1}{3}\log\frac{1}{3} + \frac{1}{3}\log\frac{1}{3}\right) = \log 3 = H(\boldsymbol{V} \mid 奇数)$$

又因为 $P\{偶数\} = P\{奇数\} = 0.5$,故由(14－41)式可得

$$H(\boldsymbol{V} \mid \boldsymbol{B}) = 0.5\log 3 + 0.5\log 3 = \log 3$$

因此,在没有任何先验知识时,关于 $\boldsymbol{V}$ 的不确定性 $H(\boldsymbol{V}) = \log 6$。而当我们知道了在每次试验中是"偶数"出现,还是"奇数"出现时,则我们的不确定性就降至 $H(\boldsymbol{V} \mid \boldsymbol{B}) = \log 3$。

定理 14－1 ▶ 若

$$\boldsymbol{B} \prec \boldsymbol{U}, \qquad 则 \qquad H(\boldsymbol{U} \mid \boldsymbol{B}) = 0 \tag{14-42}$$

证　因为 $\boldsymbol{B}$ 是 $\boldsymbol{U}$ 的细化分割,$\boldsymbol{B}$ 的每个元素 B_j 是 $\boldsymbol{U}$ 中某些元素 A_k 的子集,因而它与 $\boldsymbol{U}$ 的其它元素不相交。这样,若 $i = k$ 则 $A_i B_j = B_j$,否则 $A_i B_j = 0$。由此可得

$$P(A_i \mid B_j) = \frac{P(A_i B_j)}{P(B_j)} = \begin{cases} 1 & i = k \\ 0, & i \neq k \end{cases}$$

又因为 $p=0$ 和 $p=1$ 时有 $p\log p=0$，故(14-40)式的每一项皆为零。所以对每个 j，有

$$H(\boldsymbol{U}\mid B_j)=0$$

由此结果和(14-41)式可得 $H(\boldsymbol{U}\mid\boldsymbol{B})=0$。

独立分割　如果对每个 i 和 j 来说，事件 A_i 和 B_j 独立，即

$$P(A_iB_j)=P(A_i)P(B_j) \tag{14-43}$$

则称分割 $\boldsymbol{U}=[A_i]$ 和 $\boldsymbol{B}=[B_j]$ 是独立的。◀

定理 14-2 ▶ 如果分割和是独立的，那么

$$H(\boldsymbol{U}\mid\boldsymbol{B})=H(\boldsymbol{U})$$
$$H(\boldsymbol{B}\mid\boldsymbol{U})=H(\boldsymbol{B}) \tag{14-44}$$

证　显然，$P(A_i\mid B_j)=P(A_i)$，因此[见(14-40)式]

$$H(\boldsymbol{U}\mid B_j)=-\sum_i P(A_i)\log P(A_i)=H(\boldsymbol{U})$$

代入(14-41)式可得

$$H(\boldsymbol{U}\mid B)=H(\boldsymbol{U})\sum_j P(B_j)=H(\boldsymbol{U})$$

因此(14-43)式得证。类似可证明 $H(\boldsymbol{B}\mid\boldsymbol{U})=H(\boldsymbol{B})$。◀

定理 14-3 ▶ 对任意 $\boldsymbol{U}$ 和 $\boldsymbol{B}$ 有

$$H(\boldsymbol{U}\cdot\boldsymbol{B})\leqslant H(\boldsymbol{U})+H(\boldsymbol{B}) \tag{14-45}$$

证　因为[见(2-41)式]

$$P(A_i)=\sum_j P(A_iB_j)$$

所以

$$H(\boldsymbol{U})=-\sum_i P(A_i)\log P(A_i)=-\sum_{i,j}P(A_iB_j)\log P(A_i)$$

对于 $H(\boldsymbol{B})$ 也可写出类似的等式，并与上式相加得

$$H(\boldsymbol{U})+H(\boldsymbol{B})=-\sum_{i,j}P(A_iB_j)\log[P(A_i)P(B_j)] \tag{14-46}$$

显然，$H(\boldsymbol{U}\cdot\boldsymbol{B})$ 是以 A_iB_j 为元素的分割的熵，因此

$$H(\boldsymbol{U}\cdot\boldsymbol{B})=-\sum_{i,j}P(A_iB_j)\log P(A_iB_j) \tag{14-47}$$

要证明(14-45)式，我们应用(14-37)式，并用 $P(A_iB_j)$ 和 $P(A_i)P(B_j)$ 分别代替 a_i 和 b_i。我们能这样做是因为

$$\sum_{i,j}P(A_iB_j)=1 \qquad \sum_{i,j}P(A_i)P(B_j)=1$$

由(14-37)式可得(14-47)式的和不超过(14-46)式的和，故(14-45)式成立。

◀

推论 ▶ 当且仅当 $\boldsymbol{U}$ 和 $\boldsymbol{B}$ 独立时，

$$H(\boldsymbol{U}\cdot\boldsymbol{B})=H(\boldsymbol{U})+H(\boldsymbol{B}) \tag{14-48}$$

证　这个结果可以从(14-45)式得到。因为对每个 i，当且仅当 $a_i=b_i$ 时，(14-37)式才能取等号。所以对每个 i 和 j，当且仅当

$$P(A_iB_j)=P(A_i)P(B_j)$$

时(14-45)式才成为等式。◀

定理 14-4 ▶ 对任意 $\boldsymbol{U}$ 和 $\boldsymbol{B}$ 有

$$H(\boldsymbol{U}\cdot\boldsymbol{B})=H(\boldsymbol{B})+H(\boldsymbol{U}\mid\boldsymbol{B})=H(\boldsymbol{U})+H(\boldsymbol{B}\mid\boldsymbol{U}) \tag{14-49}$$

证 因为

$$P(A_iB_j)=P(B_j)P(A_i\mid B_j)$$

由(14-40)式可得

$$\begin{aligned}P(B_j)H(\boldsymbol{U}\mid B_j)&=-\sum_i p(B_j)P(A_i\mid B_j)\log P(A_i\mid B_j)\\&=-\sum_i P(A_iB_j)[\log P(A_iB_j)-\log P(B_j)]\\&=-\sum_i P(A_iB_j)\log P(A_iB_j)+P(B_j)\log P(B_j)\end{aligned}$$

对所有 j 求和,可得

$$\sum_j P(B_j)H(\boldsymbol{U}\mid B_j)=-\sum_{i,j}P(A_iB_j)\log P(A_iB_j)+\sum_j P(B_j)\log P(B_j)$$

因为上述三个和式分别为 $H(\boldsymbol{U}\mid\boldsymbol{B})$,$H(\boldsymbol{U}\cdot\boldsymbol{B})$ 和 $-H(\boldsymbol{B})$,故(14-49)式的前半等式得证。因为 $\boldsymbol{U}\cdot\boldsymbol{B}=\boldsymbol{B}\cdot\boldsymbol{U}$,故后半等式也得证。◀

推论 ▶ 从上面最后两个定理很容易得出下列关系:对任意 $\boldsymbol{U}$ 和 $\boldsymbol{B}$

$$H(\boldsymbol{B})\leqslant H(\boldsymbol{U}\cdot\boldsymbol{B})\leqslant H(\boldsymbol{U})+H(\boldsymbol{B}) \tag{14-50}$$

$$H(\boldsymbol{U}\mid\boldsymbol{B})\leqslant H(\boldsymbol{U}) \tag{14-51}$$

$$H(\boldsymbol{U})-H(\boldsymbol{U}\mid\boldsymbol{B})=H(\boldsymbol{B})-H(\boldsymbol{B}\mid\boldsymbol{U}) \tag{14-52}$$

◀

互信息 函数

$$I(\boldsymbol{U},\boldsymbol{B})=H(\boldsymbol{U})+H(\boldsymbol{B})-H(\boldsymbol{U}\cdot\boldsymbol{B}) \tag{14-53}$$

称为分割 $\boldsymbol{U}$ 和 $\boldsymbol{B}$ 的互信息。从(14-49)式可得

$$I(\boldsymbol{U},\boldsymbol{B})=H(\boldsymbol{U})-H(\boldsymbol{U}\mid\boldsymbol{B})=H(\boldsymbol{B})-H(\boldsymbol{B}\mid\boldsymbol{U}) \tag{14-54}$$

显然[见(14-51)式]

$$I(\boldsymbol{U},\boldsymbol{B})\geqslant 0 \tag{14-55}$$

下面我们将看到,$I(\boldsymbol{U},\boldsymbol{B})$ 可解释为"在 $\boldsymbol{B}$ 中能提供的关于 $\boldsymbol{U}$ 的信息",它也等于"在 $\boldsymbol{U}$ 中能提供的关于 $\boldsymbol{B}$ 的信息"。

【例 14-8】 在例 14-7 的均匀骰子实验中

$$H(\boldsymbol{V})=\log 6\qquad H(\boldsymbol{V}\mid\boldsymbol{B})=\log 3\qquad H(\boldsymbol{B})=\log 2\qquad H(\boldsymbol{B}\mid\boldsymbol{V})=0$$

因此

$$I(\boldsymbol{V},\boldsymbol{B})=\log 2$$

于是,从偶数-奇数分割 $\boldsymbol{B}$ 的观察中得到的关于基本分割 $\boldsymbol{V}$ 的信息等于 log2。

推广 上面的结果可方便地推广到任意多个分割。下面我们列出几个特殊情况并把其简单的证明留作习题:

(a) 若

$$\boldsymbol{B} \prec \boldsymbol{V}, \qquad 则 \qquad H(\boldsymbol{U} \mid \boldsymbol{B}) \leqslant H(\boldsymbol{U} \mid \boldsymbol{V}) \tag{14-56}$$

(b) 若分割 $\boldsymbol{U}, \boldsymbol{B}$ 和 $\boldsymbol{V}$ 独立，则

$$H(\boldsymbol{U} \cdot \boldsymbol{B} \cdot \boldsymbol{V}) = H(\boldsymbol{U}) + H(\boldsymbol{B} \cdot \boldsymbol{V}) = H(\boldsymbol{U}) + H(\boldsymbol{B}) + H(\boldsymbol{V}) \tag{14-57}$$

(c) **链式法则**　对任意 $\boldsymbol{U}, \boldsymbol{B}$ 和 $\boldsymbol{V}$：

$$H(\boldsymbol{B} \cdot \boldsymbol{V} \mid \boldsymbol{U}) = H(\boldsymbol{B} \mid \boldsymbol{U}) + H(\boldsymbol{V} \mid \boldsymbol{U} \cdot \boldsymbol{B}) \tag{14-58}$$

$$H(\boldsymbol{U} \cdot \boldsymbol{B} \cdot \boldsymbol{V}) = H(\boldsymbol{U}) + H(\boldsymbol{B} \cdot \boldsymbol{V} \mid \boldsymbol{U}) = H(\boldsymbol{U}) + H(\boldsymbol{B} \mid \boldsymbol{U}) + H(\boldsymbol{V} \mid \boldsymbol{U} \cdot \boldsymbol{B}) \tag{14-59}$$

重复试验　在重复试验空间 S^n 中，所有结果是形式为

$$\xi_{i_1} \cdots \xi_{i_k} \cdots \xi_{i_n} \tag{14-60}$$

的序列，其中每个 ξ_{i_k} 是 S 中的元素。考虑一个由 N 个事件组成的 S 的分割 $\boldsymbol{U}$。在第 k 次试验中，这些事件中有一个且仅有一个发生，也就是包含元素 ξ_{i_k} 的事件 A_{j_k}。因此笛卡尔积

$$A_{j,k} = S \times \cdots S \times A_{j_k} \times S \cdots \times S \qquad \xi_{i_k} \in A_{j_k} \tag{14-61}$$

是空间 S^n 中的一个事件，其概率为

$$P(A_{j,k}) = P(A_{j_k}) \tag{14-62}$$

这是因为该事件当且仅当 A_{j_k} 在第 k 次试验中发生时才发生。对一特定的 k，事件 $A_{j,k}$ 构成空间 S^n 的 N 个元素的分割。这个分割用 $\boldsymbol{U}_k$ 来表示。从(14-62)式很容易得到

$$H(\boldsymbol{U}_k) = H(\boldsymbol{U}) \tag{14-63}$$

类似地我们能确定空间 S^n 分割 $\boldsymbol{B}_k$，它是由 S 的另一分割 $\boldsymbol{B}$ 的元素形成的。与(14-63)式中的推理相同，我们有 $H(\boldsymbol{B}_k) = H(\boldsymbol{B})$，且

$$H(\boldsymbol{U}_k \mid \boldsymbol{B}_k) = H(\boldsymbol{U} \mid \boldsymbol{B}) \qquad I(\boldsymbol{U}_k, \boldsymbol{B}_k) = I(\boldsymbol{U}, \boldsymbol{B}) \tag{14-64}$$

下面我们构造 n 个分割 $\boldsymbol{U}_k$ 的积

$$\boldsymbol{U}^n = \boldsymbol{U}_1 \cdot \boldsymbol{U}_2 \cdots \boldsymbol{U}_n \tag{14-65}$$

这个分割的元素是具有

$$A_{j_1} \times \cdots \times A_{j_k} \times \cdots \times A_{j_n} \tag{14-66}$$

形式的笛卡尔积。

若 $\boldsymbol{U}$ 是 S 的基本分割，则 $\boldsymbol{U}^n$ 是 S^n 的基本分割。然而，一般说来，$\boldsymbol{U}^n$ 的元素是含有大量形如(14-60)式所示序列的事件。如果我们形象地把这些序列画成导线，则分割 $\boldsymbol{U}^n$ 的元素(14-66)式可以看成电缆，而其并可以看成这样的电缆的总体(图 14-11)。

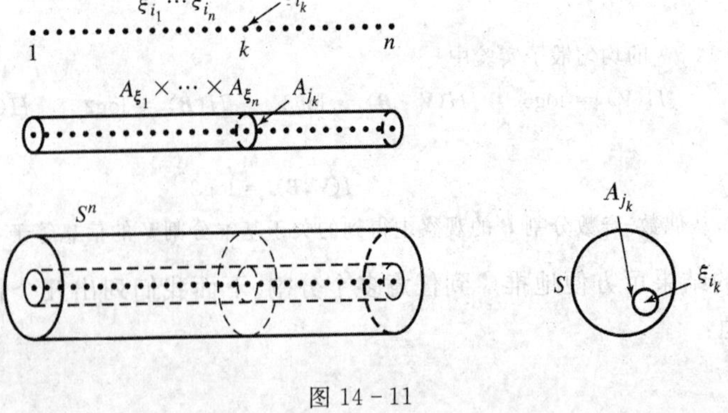

图 14-11

从试验的独立性可知 S^n 的 n 个分割 $\boldsymbol{U}_1,\cdots,\boldsymbol{U}_n$ 也是独立的。因此[见(14-57)式和(14-63)式]

$$H(\boldsymbol{U}^n)=H(\boldsymbol{U}_1)+\cdots+H(\boldsymbol{U}_n)=nH(\boldsymbol{U}) \tag{14-67}$$

类似地定义分割 $\boldsymbol{B}^n$，像在(14-64)式中一样，我们可得

$$H(\boldsymbol{U}^n\mid\boldsymbol{B}^n)=nH(\boldsymbol{B}\mid\boldsymbol{U})\qquad I(\boldsymbol{U}^n,\boldsymbol{B}^n)=nI(\boldsymbol{U},\boldsymbol{B}) \tag{14-68}$$

【例 14-9】 在掷硬币实验中，基本分割的熵等于

$$H(\boldsymbol{V})=-p\log p-q\log q$$

在空间 S^2 中，基本分割由四个事件组成，且有

$$P\{hh\}=p^2\qquad p\{ht\}=p\{th\}=pq\qquad P\{tt\}=q^2$$

因此

$$H(\boldsymbol{V}^2)=-p^2\log p^2-2pq\log pq-q^2\log q^2=-2p\log p-2q\log q$$

这样

$$H(\boldsymbol{V}^2)=2H(\boldsymbol{V})$$

与(14-67)式一致。

条件熵和不确定性 我们已经指出，分割 $\boldsymbol{U}=[A_i]$ 的熵 $H(\boldsymbol{U})$ 给出了在一次给定试验中关于诸事件 A_i 发生与否的不确定性的测度。一旦试验完成并且事件 A_i 发生，那么不确定性也就消除了。下面我们给出假定事件 M 被观察[①]到的条件下，$\boldsymbol{U}$ 的条件熵 $H(\boldsymbol{U}\mid M)$ 和假定分割 $\boldsymbol{B}$ 被观察到的条件下，$\boldsymbol{U}$ 的条件熵 $H(\boldsymbol{U}\mid\boldsymbol{B})$ 的类似解释。

在熵的定义(14-25)式中，如果我们以条件概率 $P(A_i\mid M)$ 代替概率 $P(A_i)$，那么便得到在假定 M 条件下 $\boldsymbol{U}$ 的条件熵 $H(\boldsymbol{U}\mid M)$[见(14-39)式]。当我们考虑的不是 n 个试验的整个序列，而仅是其中事件 M 发生的那部分子序列时，$P(A_i\mid M)$ 的相对频率解释与 $P(A_i)$ 的相对频率解释是相同的。由此可得出 $H(\boldsymbol{U}\mid M)$ 是在那部分子序列里的每次试验中关于 $\boldsymbol{U}$ 的不确定性。换言之，如果在一次给定的试验中我们知道 M 发生了，则关于 $\boldsymbol{U}$ 的不确定性等于 $H(\boldsymbol{U}\mid M)$；如果我们知道 $\overline{M}$ 发生了，那么不确定性等于 $H(\boldsymbol{U}\mid\overline{M})$。它们的加权和

$$P(M)H(\boldsymbol{U}\mid M)+P(\overline{M})H(\boldsymbol{U}\mid\overline{M})$$

表示当二元分割 $[M,\overline{M}]$ 已观察到时关于 $\boldsymbol{U}$ 的不确定性。

现在假定在每次试验中，我们观察分割 $\boldsymbol{B}=[B_j]$。在这个假设下，每次试验中关于 $\boldsymbol{U}$ 的不确定性等于 $H(\boldsymbol{U}\mid\boldsymbol{B})$。的确，在一个 n 次试验的序列中，事件 B_j 发生的次数等于

$$n_j\approx nP(B_j)$$

在这个子序列中，每次试验中关于 $\boldsymbol{U}$ 的不确定性等于 $H(\boldsymbol{U}\mid B_j)$。因此，关于 $\boldsymbol{U}$ 的总的不确定性等于

$$\sum_j n_jH(\boldsymbol{U}\mid B_j)\approx\sum_j nP(B_j)H(\boldsymbol{U}\mid B_j)=nH(\boldsymbol{U}\mid\boldsymbol{B})$$

而每次试验的不确定性等于 $H(\boldsymbol{U}\mid\boldsymbol{B})$。

因此，$\boldsymbol{B}$ 的观察使得关于 $\boldsymbol{U}$ 的不确定性从 $H(\boldsymbol{U})$ 降至 $H(\boldsymbol{U}\mid\boldsymbol{B})$。这个差值

$$I(\boldsymbol{U},\boldsymbol{B})=H(\boldsymbol{U})-H(\boldsymbol{U}\mid\boldsymbol{B})$$

表示由观察到 $\boldsymbol{B}$ 而导致的关于 $\boldsymbol{B}$ 的不确定性的减少量。这证明了下面的说法，即互信息

① 分割 $\boldsymbol{B}$ 被观察到的意思是我们知道 $\boldsymbol{B}$ 的哪一个事件已经发生。

$I(\boldsymbol{U},\boldsymbol{B})$ 等于包含在 $\boldsymbol{B}$ 中的关于 $\boldsymbol{U}$ 的那部分信息。

下面我们证明前面讨论过的熵的性质和不确定性的主观概念之间的一致性。

1. 若 $\boldsymbol{B}$ 是 $\boldsymbol{U}$ 的细化分割，且 $\boldsymbol{B}$ 已观察到了，则我们也就知道了 $\boldsymbol{U}$ 的事件中哪一个已经发生。因此，$H(\boldsymbol{U}\mid\boldsymbol{B})=0$ 与(14－42)式一致。

2. 若分割 $\boldsymbol{U}$ 和 $\boldsymbol{B}$ 是独立的，且 $\boldsymbol{B}$ 已观察到，则得不到关于 $\boldsymbol{U}$ 的信息。因此，$H(\boldsymbol{U}\mid\boldsymbol{B})=H(\boldsymbol{U})$ 与(14－44)式一致。

3. 如果我们观察 $\boldsymbol{B}$，则关于 $\boldsymbol{U}$ 的不确定性只能降低，所以 $H(\boldsymbol{U}\mid\boldsymbol{B})\leqslant H(\boldsymbol{U})$ 与(14－51)式一致。

4. 为了观察 $\boldsymbol{U}\cdot\boldsymbol{B}$，我们必须观察 $\boldsymbol{U}$ 和 $\boldsymbol{B}$，若仅是观察到了 $\boldsymbol{B}$，则获得的信息等于 $H(\boldsymbol{B})$。因而，$\boldsymbol{B}$ 发生时关于 $\boldsymbol{U}$ 的不确定性等于剩下的对于 $\boldsymbol{B}$ 的不确定性 $H(\boldsymbol{U}\mid\boldsymbol{B})$。所以，$H(\boldsymbol{U}\cdot\boldsymbol{B})-H(\boldsymbol{B})=H(\boldsymbol{U}\mid\boldsymbol{B})$ 与(14－49)式一致。

5. 联合 3 和 4 可得 $H(\boldsymbol{U}\cdot\boldsymbol{B})-H(\boldsymbol{B})\leqslant H(\boldsymbol{U})$，这与(14－45)式一致。

6. 若 $\boldsymbol{B}$ 已观察到了，则关于 $\boldsymbol{U}$ 所增加的信息等于 $I(\boldsymbol{U},\boldsymbol{B})$。若 $\boldsymbol{B}\prec\boldsymbol{C}$，且 $\boldsymbol{B}$ 已观察到了，则 $\boldsymbol{C}$ 也知道了。但由 $\boldsymbol{C}$ 的知识产生的关于 $\boldsymbol{U}$ 的信息等于 $I(\boldsymbol{U},\boldsymbol{C})$。因此，若 $\boldsymbol{B}\prec\boldsymbol{C}$，则 $I(\boldsymbol{U},\boldsymbol{B})\geqslant I(\boldsymbol{U},\boldsymbol{C})$，或者等效地，$H(\boldsymbol{U}\mid\boldsymbol{B})\leqslant H(\boldsymbol{U}\mid\boldsymbol{C})$，这与(14－56)式一致。

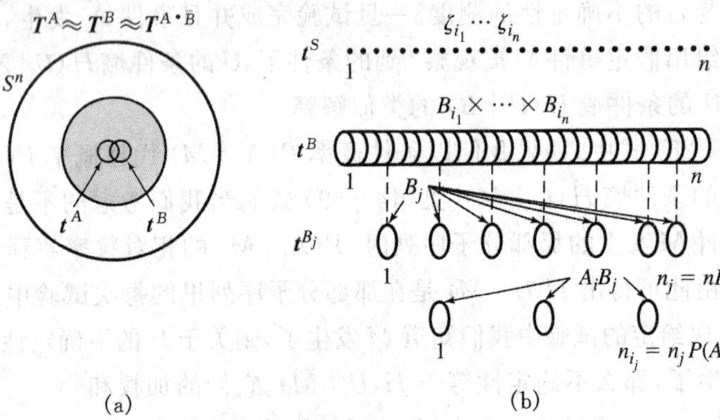

图 14－12

条件熵和典型序列　下面给出条件熵的性质的典型序列解释，我们的讨论仅限于(14－45)和(14－49)式。其中的推理也用在信道容量定理的证明中(14－6 节)。

用 $t^{\boldsymbol{U}}$，$t^{\boldsymbol{B}}$ 和 $t^{\boldsymbol{U}\cdot\boldsymbol{B}}$ 分别表示分割 $\boldsymbol{U}$，$\boldsymbol{B}$ 和 $\boldsymbol{U}\cdot\boldsymbol{B}$ 的典型序列，而用 $\boldsymbol{T}^{\boldsymbol{U}}$，$\boldsymbol{T}^{\boldsymbol{B}}$ 和 $\boldsymbol{T}^{\boldsymbol{U}\cdot\boldsymbol{B}}$ 分别表示它们的并(图 14－12a)，我们知道[见(14－7)式]

$$P(\boldsymbol{T}^{\boldsymbol{U}})\approx P(\boldsymbol{T}^{\boldsymbol{B}})\approx P(\boldsymbol{T}^{\boldsymbol{U}\cdot\boldsymbol{B}})\approx 1$$

而且上述三个集合中的每个集合的典型序列数等于[见(14－10)式]

$$n_{T^U}\approx \mathrm{e}^{nH(\boldsymbol{U})}\qquad n_{T^B}\approx \mathrm{e}^{nH(\boldsymbol{B})}\qquad n_{T^{U\cdot B}}\approx \mathrm{e}^{nH(\boldsymbol{U}\cdot\boldsymbol{B})}\tag{14－69}$$

Ⅰ. 我们有

$$H(\boldsymbol{U}\cdot\boldsymbol{B})\leqslant H(\boldsymbol{U})+H(\boldsymbol{B})\tag{14－70}$$

证　每个 $t^{\boldsymbol{U}\cdot\boldsymbol{B}}$ 序列规定了一个对$(t^{\boldsymbol{U}},t^{\boldsymbol{B}})$。$\boldsymbol{T}^{\boldsymbol{U}}$ 和 $\boldsymbol{T}^{\boldsymbol{B}}$ 的所有元素形成的这种对子的总数为 $n_{T^U}\cdot n_{T^B}$。然而并非所有这样的对子可以形成 $t^{\boldsymbol{U}\cdot\boldsymbol{B}}$ 序列，因为当分割 $\boldsymbol{U}$ 和 $\boldsymbol{B}$ 不独立时，不是所有的对子都能发生。例如，若对某些 i 和 j，$A_i=B_j$，则当 A_i 在第 k 次试验中发生时，B_j 也必然在

这次试验中发生。由此可得

$$n_{T^{U\cdot B}} \leqslant n_{T^U} \cdot n_{T^B}$$

这样由(14－69)式便得到(14－70)式。

Ⅱ. 最后，我们证明

$$H(\boldsymbol{U}\cdot\boldsymbol{B}) = H(\boldsymbol{B}) + H(\boldsymbol{U} \mid \boldsymbol{B}) \tag{14-71}$$

证 在集合 $\boldsymbol{T}^{\boldsymbol{B}}$ 中有 n_{T^B} 个序列，而在集合 $\boldsymbol{T}^{\boldsymbol{U}\cdot\boldsymbol{B}}$ 中有 $n_{T^{U\cdot B}}$ 个序列。因此比值

$$\frac{n_{T^{U\cdot B}}}{n_{T^B}} \approx e^{n[H(\boldsymbol{U}\cdot\boldsymbol{B})-H(\boldsymbol{B})]}$$

表示在单个 $\boldsymbol{t}^{\boldsymbol{B}}$ 的序列中的包含 $\boldsymbol{t}^{\boldsymbol{U}\cdot\boldsymbol{B}}$ 序列平均数。因此，为了证明(14－71)式，必须证明该比值等于 $e^{nH(\boldsymbol{U}|\boldsymbol{B})}$。我们来证明一个更强的结果：包含在单个 $\boldsymbol{t}^{\boldsymbol{B}}$ 序列(图14－13)中的 $\boldsymbol{t}^{\boldsymbol{U}\cdot\boldsymbol{B}}$ 序列的数目等于 $e^{nH(\boldsymbol{U}|\boldsymbol{B})}$。

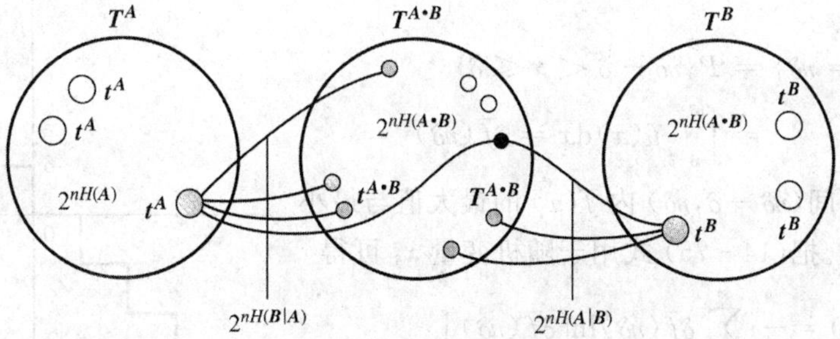

图 14－13

如我们所知[见(1－1)式]，在一个 $\boldsymbol{t}^{\boldsymbol{B}}$ 序列中事件 B_j 发生的次数"几乎一定"等于

$$n_j \approx nP(B_j) \tag{14-72}$$

我们用 $\boldsymbol{t}^{B_j}$ 表示 $\boldsymbol{t}^{\boldsymbol{B}}$ 的子序列(图14－12(b))。在该子序列中，B_j 发生的次数满足(14－72)式，某事件 A_i 发生的相对频率等于 $P(A_i \mid B_j)$[见(2－36)式前的相对频率解释]。

我们将用(14－10)式证明，在一个 $\boldsymbol{t}^{B_j}$ 序列中由 $\boldsymbol{U}$ 的元素 A_i 所构成的典型序列数目等于

$$e^{n_j H(\boldsymbol{U}|B_j)} \approx e^{nP(B_j)H(\boldsymbol{U}|B_j)} \tag{14-73}$$

的确，这是可以从(14－10)式得到的，只要我们做如下的变化：以 $P(A_i \mid B_j)$ 代替 $P(A_i)$，以长度为 $n_j \approx nP(B_j)$ 代替原来序列的长度 n，并以条件熵 $H(\boldsymbol{U} \mid B_j)$ 代替 $\boldsymbol{U}$ 的熵 $H(\boldsymbol{U})$。

再看原来的 $\boldsymbol{t}^{\boldsymbol{B}}$ 序列，我们注意到它是全体包含在 $\boldsymbol{t}^{\boldsymbol{B}}$ 中的 $\boldsymbol{t}^{B_j}$ 序列构成的。这表明包含在 $\boldsymbol{t}^{\boldsymbol{B}}$ 中的 $\boldsymbol{t}^{\boldsymbol{U}}$ 序列的总数等于积

$$\prod_j e^{nP(B_j)H(\boldsymbol{U}|B_j)} = e^{nH(\boldsymbol{U}|\boldsymbol{B})} \tag{14-74}$$

但是包含在 $\boldsymbol{t}^{\boldsymbol{B}}$ 中的每个 $\boldsymbol{t}^{\boldsymbol{U}}$ 序列也是一个 $\boldsymbol{t}^{\boldsymbol{U}\cdot\boldsymbol{B}}$ 序列。因此包含在 $\boldsymbol{t}^{\boldsymbol{B}}$ 中的 $\boldsymbol{t}^{\boldsymbol{U}\cdot\boldsymbol{B}}$ 序列数目等于 $e^{nH(\boldsymbol{U}|\boldsymbol{B})}$。

14.3 随机变量和随机过程

熵是赋予分割的一个数。因此，为了确定随机变量的熵，我们必须构造一个适当的分割。如果随机变量是离散型的，这很简单。然而，如果随机变量是连续型的，我们就只能间接地做到这

点。

离散型 假定 $\boldsymbol{x}$ 是一随机变量，取的概率为

$$P\{\boldsymbol{x}=x_i\}=p_i$$

事件 $\{\boldsymbol{x}=x_i\}$ 互不相容，而它们的并是必然事件，因此它们形成一个分割。我们用 $\boldsymbol{U}_x$ 来表示该分割，并称之为 $\boldsymbol{x}$ 的分割。

定义 离散型随机变量 $\boldsymbol{x}$ 的熵 $H(\boldsymbol{x})$ 是其分割 $\boldsymbol{U}_x$ 的熵 $H(\boldsymbol{U}_x)$，

$$H(\boldsymbol{x})=H(\boldsymbol{U}_x)=-\sum_i p_i\ln p_i \tag{14-75}$$

连续型 连续型随机变量的熵不能这样来定义，因为事件 $\{\boldsymbol{x}=x_i\}$ 不能形成一个分割（它们是不可列的）。为了定义 $H(\boldsymbol{x})$，我们首先用图 14-14 那样的特性使 $\boldsymbol{x}$ 量化而形成一离散型随机变量 $\boldsymbol{x}_\delta$，

$$\boldsymbol{x}_\delta=n\delta \quad 若 \quad n\delta-\delta<\boldsymbol{x}\leqslant n\delta \tag{14-76}$$

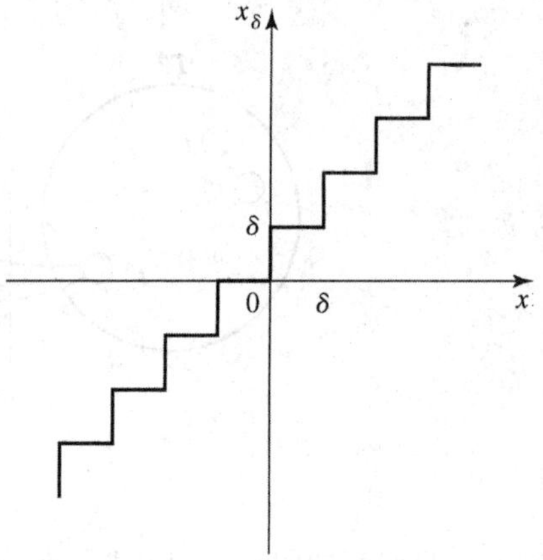

图 14-14

显然

$$P\{\boldsymbol{x}_\delta=n\delta\}=P\{n\delta-\delta<\boldsymbol{x}\leqslant\delta\}$$
$$=\int_{n\delta-\delta}^{n\delta}f(x)\mathrm{d}x=\delta\bar{f}(n\delta)$$

其中 $\bar{f}(n\delta)$ 是区间 $(n\delta-\delta,n\delta)$ 内 $f(x)$ 的最大值与最小值之间的一个数。把(14-75)式用于随机变量 $\boldsymbol{x}_\delta$ 可得

$$H(\boldsymbol{x}_\delta)=-\sum_{n=-\infty}^{\infty}\delta\bar{f}(n\delta)\ln[\delta\bar{f}(n\delta)]$$

又因为

$$\sum_{n=-\infty}^{\infty}\delta\bar{f}(n\delta)=\int_{-\infty}^{\infty}f(x)\mathrm{d}x=1$$

我们得到

$$H(\boldsymbol{x}_\delta)=-\ln\delta-\sum_{n=-\infty}^{\infty}\delta\bar{f}(n\delta)\ln\bar{f}(n\delta) \tag{14-77}$$

当 $\delta\to 0$ 时，随机变量 $\boldsymbol{x}_\delta$ 趋近于 $\boldsymbol{x}$，然而由于 $-\ln\delta\to\infty$，则其熵 $H(\boldsymbol{x}_\delta)$ 趋于无穷大。由于这个原因，我们不能把 $\boldsymbol{x}$ 的熵 $H(\boldsymbol{x})$ 定义为 $H(\boldsymbol{x}_\delta)$ 的极限，而是定义为 $\delta\to 0$ 时和式 $H(\boldsymbol{x}_\delta)+\ln\delta$ 的极限。这样得出

$$H(\boldsymbol{x}_\delta)+\ln\delta\xrightarrow[\delta\to 0]{}-\int_{-\infty}^{\infty}f(x)\ln f(x)\mathrm{d}x \tag{14-78}$$

定义 连续型随机变量 $\boldsymbol{x}$ 的熵定义为积分

$$H(\boldsymbol{x})=-\int_{-\infty}^{\infty}f(x)\ln f(x)\mathrm{d}x \tag{14-79}$$

该积分仅作用在 $f(x)\neq 0$ 的区域，因为 $f(x)=0$ 时 $f(x)\ln f(x)=0$。

【例 14-10】 若 $\boldsymbol{x}$ 在区间 $(0,a)$ 内均匀分布，则

$$H(\boldsymbol{x})=-\frac{1}{a}\int_0^a\ln\frac{1}{a}\mathrm{d}x=\ln a \tag{14-80}$$

注 1. $\boldsymbol{x}_\delta$ 的熵 $H(\boldsymbol{x}_\delta)$ 是关于随机变量 $\boldsymbol{x}$ 舍入到最接近的 $n\delta$ 后的不确定性的测度。如果 δ 很小，则产生的不确定性就很大，且当 $\delta\to 0$ 时趋于无穷大。这是基于 $\boldsymbol{x}$ 能被完全地观察到这

一假定的，也就是说，假定它的各个值不管如何接近都能**清楚地辨认出来**。然而，实际的实验中，这种假设是不现实的。$\boldsymbol{x}$ 的差别细微的值并不总能够作为不同的值对待(例如考虑噪声或取舍误差)。在(14－78)式中，$\ln\delta$ 项的存在在某种意义上就是对这种模糊性的一种认知。

2. 和任意分割时的情形一样，离散型随机变量 $\boldsymbol{x}$ 的熵是正的，并可作为关于 $\boldsymbol{x}$ 的不确定性的测度。然而，对于连续型随机变量就不是这样。它们的熵能取从 $-\infty$ 到 ∞ 的任一值，所以它仅能作为不确定性的变化的测度。分割的各种性质也适用于连续型随机变量，只要这些性质涉及的仅是熵的差值即可(一般情况下都是如此)。

熵的期望值表示　(14－79)式的积分是随机变量 $\boldsymbol{y}=-\ln f(\boldsymbol{x})$ 的期望值，$\boldsymbol{y}$ 由变换 $g(x)=-\ln f(x)$ 得到，

$$H(\boldsymbol{x})=E\{-\ln f(\boldsymbol{x})\}=-\int_{-\infty}^{\infty}f(x)\ln f(x)\mathrm{d}x \tag{14-81}$$

类似地，(14－75)式中的和式也可写成随机变量 $-\ln p(\boldsymbol{x})$ 的期望值

$$H(\boldsymbol{x})=E\{-\ln p(\boldsymbol{x})\}=-\sum_i p_i\ln p_i \tag{14-82}$$

其中 $p(x)$ 是仅仅定义在 $x=x_i$ 上的一个函数，并满足 $p(x_i)=p_i$。

【例 14－11】　若 $f(x)=c\mathrm{e}^{-cx}U(x)$，则 $E\{-\ln f(\boldsymbol{x})\}=E\{c\boldsymbol{x}-\ln c\}$

因为 $E\{c\boldsymbol{x}\}=1$，这样便得到

$$H(\boldsymbol{x})=1-\ln c=\ln\frac{e}{c} \tag{14-83}$$

【例 14－12】　若

$$f(x)=\frac{1}{\sigma\sqrt{2\pi}}\mathrm{e}^{-(x-\eta)^2/2\sigma^2}$$

则

$$E\{-\ln f(\boldsymbol{x})\}=\ln\sigma\sqrt{2\pi}+E\left\{\frac{(\boldsymbol{x}-\eta)^2}{2\sigma^2}\right\}=\ln\sigma\sqrt{2\pi}+\frac{\sigma^2}{2\sigma^2}$$

因此**正态**随机变量的熵等于

$$H(\boldsymbol{x})=\ln\sigma\sqrt{2\pi\mathrm{e}} \tag{14-84}$$

联合熵　假定 $\boldsymbol{x}$ 和 $\boldsymbol{y}$ 是两个离散型随机变量，它们分别取值为 x_i 和 y_i 的概率为

$$P\{\boldsymbol{x}=x_i,\boldsymbol{y}=y_j\}=p_{ij}$$

它们的联合熵用 $H(\boldsymbol{x},\boldsymbol{y})$ 表示，且定义为各自分割之积的熵。显然，$\boldsymbol{U}_x\cdot\boldsymbol{U}_y$ 的元素是事件$\{\boldsymbol{x}=x_i,\boldsymbol{y}=y_j\}$。因此

$$H(\boldsymbol{x},\boldsymbol{y})=H(\boldsymbol{U}_x\cdot\boldsymbol{U}_y)=-\sum_{i,j}p_{ij}\ln p_{ij}$$

上式可以写成期望值

$$H(\boldsymbol{x},\boldsymbol{y})=E\{-\ln p(\boldsymbol{x},\boldsymbol{y})\}$$

其中 $p(x,y)$ 是仅在 $x=x_i$ 和 $y=y_j$ 上有定义的函数，并且满足 $p(x_i,y_j)=p_{ij}$。

两个连续型随机变量 $\boldsymbol{x}$ 和 $\boldsymbol{y}$ 的联合熵 $H(\boldsymbol{x},\boldsymbol{y})$ 定义为和

$$H(\boldsymbol{x}_\delta,\boldsymbol{y}_\delta)+2\ln\delta$$

的极限。其中 $\boldsymbol{x}_\delta$ 和 $\boldsymbol{y}_\delta$ 是 $\boldsymbol{x}$ 和 $\boldsymbol{y}$ 的阶梯近似。像(14－78)式那样推证可得

$$H(\boldsymbol{x},\boldsymbol{y})=-\int_{-\infty}^{\infty}\int_{-\infty}^{\infty}f(x,y)\ln f(x,y)\mathrm{d}x\mathrm{d}y=E\{-\ln f(\boldsymbol{x},\boldsymbol{y})\} \tag{14-85}$$

【例 14-13】 若随机变量 $\boldsymbol{x}$ 和 $\boldsymbol{y}$ 如(6-23)式那样为联合正态，则

$$\ln f(x,y)=\frac{-1}{2(1-r^2)}\left[\frac{(x-\eta_1)^2}{\sigma_1^2}-2r\frac{(x-\eta_1)(y-\eta_2)}{\sigma_1\sigma_2}+\frac{(y-\eta_2)^2}{\sigma_2^2}\right]$$
$$-\ln 2\pi\sigma_1\sigma_2\sqrt{1-r^2}$$

在这种情况下，

$$E\left\{\frac{(\boldsymbol{x}-\eta_1)^2}{\sigma_1^2}-2r\frac{(\boldsymbol{x}-\eta_1)(\boldsymbol{y}-\eta_2)}{\sigma_1\sigma_2}+\frac{(\boldsymbol{y}-\eta_2)^2}{\sigma_2^2}\right\}=1-2r^2+1$$

因此

$$E\{-\ln f(\boldsymbol{x},\boldsymbol{y})\}=1+\ln 2\pi\sigma_1\sigma_2\sqrt{1-r^2}$$

由上式和(14-85)式得两联合正态随机变量的联合熵等于

$$H(\boldsymbol{x},\boldsymbol{y})=\ln 2\pi e\sqrt{\Delta} \tag{14-86}$$

其中

$$\Delta=\mu_{11}\mu_{22}-\mu_{12}^2\qquad \mu_{11}=\sigma_1^2\qquad \mu_{22}=\sigma_2^2\qquad \mu_{12}=r\sigma_1\sigma_2$$

条件熵　考虑两个离散型随机变量 $\boldsymbol{x}$ 和 $\boldsymbol{y}$，取值各为 x_i 和 y_j，且有

$$P\{\boldsymbol{x}=x_i\mid\boldsymbol{y}=y_j\}=\pi_{ji}=p_{ji}/p_j$$

在假定 $\boldsymbol{y}=y_j$ 时 $\boldsymbol{x}$ 的条件熵 $H(\boldsymbol{x}\mid y_j)$ 定义为条件 $\{\boldsymbol{y}=y_j\}$ 下 $\boldsymbol{x}$ 的分割 $\boldsymbol{U}_x$ 的条件熵。由上和(14-39)式可得

$$H(\boldsymbol{x}\mid y_j)=-\sum_i\pi_{ji}\ln\pi_{ji} \tag{14-87}$$

在 $\boldsymbol{y}$ 条件下的 $\boldsymbol{x}$ 的条件熵 $H(\boldsymbol{x}\mid\boldsymbol{y})$ 为 $\boldsymbol{U}_y$ 条件下 $\boldsymbol{U}_x$ 的条件熵。于是[见(14-41)式]

$$H(\boldsymbol{x}\mid\boldsymbol{y})=-\sum_j p_jH(\boldsymbol{x}\mid y_j)=-\sum_{i,j}p_{ji}\ln\pi_{ji} \tag{14-88}$$

连续型随机变量的相应的条件熵类似地定义为

$$H(\boldsymbol{x}\mid y)=-\int_{-\infty}^{\infty}f(x\mid y)\ln f(x\mid y)\mathrm{d}x \tag{14-89}$$

$$H(\boldsymbol{x}\mid\boldsymbol{y})=-\int_{-\infty}^{\infty}f(y)H(\boldsymbol{x}\mid y)\mathrm{d}y=\int_{-\infty}^{\infty}\int_{-\infty}^{\infty}f(x,y)\ln f(x\mid y)\mathrm{d}x\mathrm{d}y \tag{14-90}$$

上述积分可写成期望值[也见(6-240)式]

$$H(\boldsymbol{x}\mid y)=E\{-\ln f(\boldsymbol{x}\mid\boldsymbol{y})\mid\boldsymbol{y}=y\} \tag{14-91}$$

$$H(\boldsymbol{x}\mid\boldsymbol{y})=E\{-\ln(\boldsymbol{x}\mid\boldsymbol{y})\}=E\{E\{-\ln f(\boldsymbol{x}\mid\boldsymbol{y})\mid\boldsymbol{y}\}\} \tag{14-92}$$

离散情况也可导出类似的表示式。

互信息　受(14-53)式启发，我们把函数

$$I(\boldsymbol{x},\boldsymbol{y})=H(\boldsymbol{x})+H(\boldsymbol{y})-H(\boldsymbol{x},\boldsymbol{y}) \tag{14-93}$$

称为随机变量 $\boldsymbol{x}$ 和 $\boldsymbol{y}$ 的互信息。

由(14-81)式和(14-85)式可将 $I(\boldsymbol{x},\boldsymbol{y})$ 写成期望值

$$I(\boldsymbol{x},\boldsymbol{y})=E\left[\ln\frac{f(\boldsymbol{x},\boldsymbol{y})}{f(\boldsymbol{x})f(\boldsymbol{y})}\right] \tag{14-94}$$

因为 $f(x,y)=f(x\mid y)f(y)$，故由上式和(14-92)式可得

$$I(\boldsymbol{x},\boldsymbol{y})=H(\boldsymbol{x})-H(\boldsymbol{x}\mid\boldsymbol{y})=H(\boldsymbol{y})-H(\boldsymbol{y}\mid\boldsymbol{x}) \tag{14-95}$$

【例 14-14】 如果两随机变量 $\boldsymbol{x}$ 和 $\boldsymbol{y}$ 为零均值的**联合正态分布**，则[见(6-209)式]条件分布密度 $f(x \mid y)$ 是正态分布，均值为 $r\sigma_x/\sigma_y$，方差为 $\sigma_x^2(1-r^2)$。由此和(14-84)式可得

$$H(\boldsymbol{x} \mid y) = E\{-\ln f(\boldsymbol{x} \mid y)\} = \ln\sigma_x \sqrt{2\pi e(1-r^2)} \qquad (14-96)$$

因为它与 y 无关，故由(14-92)式有

$$H(\boldsymbol{x} \mid \boldsymbol{y}) = H(\boldsymbol{x} \mid y) \qquad (14-97)$$

这样便得[见(14-95)式]

$$I(\boldsymbol{x},\boldsymbol{y}) = H(\boldsymbol{x}) - H(\boldsymbol{x} \mid \boldsymbol{y}) = -0.5\ln(1-r^2) \qquad (14-98)$$

最后应当指出[见(14-86)式]

$$H(\boldsymbol{x} \mid \boldsymbol{y}) + H(\boldsymbol{y}) = \ln 2\pi e\sqrt{\Delta} = H(\boldsymbol{x},\boldsymbol{y})$$

特例　假定 $\boldsymbol{y} = \boldsymbol{x} + \boldsymbol{n}$，其中 $\boldsymbol{n}$ 和 $\boldsymbol{x}$ 相互独立，且 $E\{\boldsymbol{n}^2\} = N$。在这种情况下

$$E\{\boldsymbol{xy}\} = \sigma_x^2 \qquad E\{\boldsymbol{y}^2\} = \sigma_x^2 + N \qquad r^2 = \frac{\sigma_x^2}{\sigma_x^2+N}$$

代入(14-98)式可得到

$$I(\boldsymbol{x},\boldsymbol{y}) = 0.5\ln\left(1+\frac{\sigma_x^2}{N}\right) \qquad (14-99)$$

性质　在 14-2 节中讨论的任意分割的熵的性质，对于离散型随机变量的熵显然是正确的，而对连续型随机变量作为适当的极限也成立。不过，如果直接利用熵的期望值表示式来证明定理(14-45)和(14-49)式，那会是很有意思的。这个证明基于不等式(14-38)的下述形式：若 $\boldsymbol{x}$ 和 $\boldsymbol{y}$ 是分布密度分别为 $a(x)$ 和 $b(y)$ 的两随机变量，则

$$E\{\ln a(\boldsymbol{x})\} \geqslant E\{\ln b(\boldsymbol{x})\} \qquad (14-100)$$

当且仅当 $a(x) = b(x)$ 时，该式才取等号。

证　把不等式 $\ln z \leqslant z-1$ 用于函数 $z = b(x)/a(x)$，我们得到

$$\ln b(x) - \ln a(x) = \ln\frac{b(x)}{a(x)} \leqslant \frac{b(x)}{a(x)} - 1$$

乘以 $a(x)$ 并积分便有

$$\int_{-\infty}^{\infty} a(x)[\ln b(x) - \ln a(x)]\mathrm{d}x \leqslant \int_{-\infty}^{\infty} [b(x) - a(x)]\mathrm{d}x = 0$$

这就证明了(14-100)式。上式右边等于零是因为根据假定 $a(x)$ 和 $b(x)$ 都是分布密度。

不等式(14-100)很容易推广至 n 维分布密度。例如，若 $a(x,y)$ 和 $b(z,w)$ 分别是随机变量 $\boldsymbol{x},\boldsymbol{y}$ 和 $\boldsymbol{z},\boldsymbol{w}$ 的联合分布密度，则

$$E\{\ln a(\boldsymbol{x},\boldsymbol{y})\} \geqslant E\{\ln b(\boldsymbol{x},\boldsymbol{y})\} \qquad (14-101)$$

定理 14-5 ▶

$$H(\boldsymbol{x},\boldsymbol{y}) \leqslant H(\boldsymbol{x}) + H(\boldsymbol{y}) \qquad (14-102)$$

证　假定 $f_{xy}(x,y)$ 是随机变量 $\boldsymbol{x}$ 和 $\boldsymbol{y}$ 的联合分布密度，而 $f_x(x)$ 和 $f_y(y)$ 是它们的边缘分布密度。显然，乘积 $f_x(z)f_y(w)$ 是两独立随机变量 $\boldsymbol{z}$ 和 $\boldsymbol{w}$ 的联合分布密度。利用(14-101)式可得

$$E\{\ln f_{xy}(\boldsymbol{x},\boldsymbol{y})\} \geqslant E\{\ln[f_x(\boldsymbol{x})f_y(\boldsymbol{y})]\} = E\{\ln f_x(\boldsymbol{x})\} + E\{\ln f_y(\boldsymbol{y})\}$$

这就证明了(14-102)式。 ◀

定理 14-6 ▶

$$H(\boldsymbol{x},\boldsymbol{y}) = H(\boldsymbol{x} \mid \boldsymbol{y}) + H(\boldsymbol{y}) = H(\boldsymbol{y} \mid \boldsymbol{x}) + H(\boldsymbol{x}) \qquad (14-103)$$

证　把分布密度 $f(x,y) = f(x \mid y)f(y)$ 代入(14-85)式便得

$$H(\boldsymbol{x},\boldsymbol{y}) = E\{-\ln f(\boldsymbol{x},\boldsymbol{y})\} = E\{-\ln f(\boldsymbol{x} \mid \boldsymbol{y})\} + E\{-\ln f(\boldsymbol{y})\}$$

这就证明了(14－103)式前面的等式。因为$H(\boldsymbol{x},\boldsymbol{y})=H(\boldsymbol{y},\boldsymbol{x})$，故(14－103)式后面的等式也成立。◀

推论 ▶ 对比(14－102)和(14－103)式，我们可得

$$H(\boldsymbol{x}\mid\boldsymbol{y})\leqslant H(\boldsymbol{x})\qquad(14-104)$$

◀

注　如果随机变量$\boldsymbol{y}$是离散型的，那么$H(\boldsymbol{y}\mid\boldsymbol{x})\geqslant 0$，故由(14－103)式得到$H(\boldsymbol{x})\leqslant H(\boldsymbol{x},\boldsymbol{y})$。然而一般来说，当$\boldsymbol{y}$是连续型时这不成立。

推广　前面的结果可推广至任意个随机变量：假定$\boldsymbol{x}_1,\cdots,\boldsymbol{x}_n$是$n$个随机变量，联合分布密度为$f(x_1,\cdots,x_n)$。把(14－85)式推广，我们定义其**联合熵**为期望值

$$H(\boldsymbol{x}_1,\cdots,\boldsymbol{x}_n)=E\{-\ln f(\boldsymbol{x}_1,\cdots,\boldsymbol{x}_n)\}\qquad(14-105)$$

若随机变量$\boldsymbol{x}_i$**独立**，则

$$f(x_1,\cdots,x_n)=f(x_1)\cdots f(x_n)$$

于是(14－105)式变为

$$H(\boldsymbol{x}_1,\cdots,\boldsymbol{x}_n)=H(\boldsymbol{x}_1)+\cdots+H(\boldsymbol{x}_n)\qquad(14-106)$$

条件熵可类似定义。例如[见(14－92)式]

$$H(\boldsymbol{x}_n\mid\boldsymbol{x}_{n-1},\cdots,\boldsymbol{x}_1)=E\{-\ln f(\boldsymbol{x}_n\mid\boldsymbol{x}_{n-1},\cdots,\boldsymbol{x}_1)\}\qquad(14-107)$$

链式法则　根据恒等式[见(7－37)式]

$$f(x_1,\cdots,x_n)=f(x_n\mid x_{n-1},\cdots,x_1)\cdots f(x_2\mid x_1)f(x_1)$$

和(14－107)式可得

$$H(\boldsymbol{x}_1,\cdots,\boldsymbol{x}_n)=H(\boldsymbol{x}_n\mid\boldsymbol{x}_{n-1},\cdots,\boldsymbol{x}_1)+\cdots+H(\boldsymbol{x}_2\mid\boldsymbol{x}_1)+H(\boldsymbol{x}_1)\qquad(14-108)$$

下列关系是(14－102)式和(14－103)式的简单推广：

$$\begin{aligned}H(\boldsymbol{x},\boldsymbol{y}\mid\boldsymbol{z})&\leqslant H(\boldsymbol{x}\mid\boldsymbol{z})+H(\boldsymbol{y}\mid\boldsymbol{z})\\H(\boldsymbol{x},\boldsymbol{y}\mid\boldsymbol{z})&=H(\boldsymbol{x}\mid\boldsymbol{z})+H(\boldsymbol{y}\mid\boldsymbol{x},\boldsymbol{z})\\H(\boldsymbol{x}_1,\cdots,\boldsymbol{x}_n)&\leqslant H(\boldsymbol{x}_1)+\cdots+H(\boldsymbol{x}_n)\end{aligned}\qquad(14-109)$$

【例 14－15】　若随机变量$\boldsymbol{x}_i$是联合正态分布，协方差矩阵C如(7－58)式那样，则

$$E\{-\ln f(\boldsymbol{x}_1,\cdots,\boldsymbol{x}_n)\}=\ln\sqrt{(2\pi)^n\Delta}+\frac{1}{2}E\{\boldsymbol{X}C^{-1}\boldsymbol{X}^t\}\qquad(14-110)$$

这样得到(见习题 7－23)

$$H(\boldsymbol{x}_1,\cdots,\boldsymbol{x}_n)=\ln\sqrt{(2\pi e)^n\Delta}\qquad(14-111)$$

14.3.1　随机变量的变换

我们来比较随机变量$\boldsymbol{x}$和$\boldsymbol{y}=g(\boldsymbol{x})$的熵。

离散型　若$\boldsymbol{x}$是离散型随机变量，则

$$H(\boldsymbol{y})\leqslant H(\boldsymbol{x})\qquad(14-112)$$

当且仅当$y=g(x)$有惟一的逆变换时才取等号。

证　假定 $\boldsymbol{x}$ 取 x_i 的概率为 p_i，而 $g(x)$ 有惟一的逆变换。在这种情况下

$$P\{\boldsymbol{y}=y_i\}=P\{\boldsymbol{x}=x_i\}=p_i \qquad y_i=g(x_i)$$

因此有 $H(\boldsymbol{y})=H(\boldsymbol{x})$。如果变换不是一对一的，则 $\boldsymbol{y}=y_i$ 有多个 $\boldsymbol{x}$ 的值对应，这将使 $H(\boldsymbol{x})$ 减小[见(14-31)式]。

连续型　若 $\boldsymbol{x}$ 是连续型随机变量，则

$$H(\boldsymbol{y})\leqslant H(\boldsymbol{x})+E\{\ln|g'(\boldsymbol{x})|\} \tag{14-113}$$

当且仅当 $y=g(x)$ 有惟一的逆变换时才取等号。

证　我们知道[见(5-16)式]，若 $y=g(x)$ 有惟一的逆变换 $x=g^{(-1)}(y)$，则

$$f_y(y)=\frac{f_x(x)}{|g'(x)|} \qquad \mathrm{d}y=g'(x)\mathrm{d}x$$

因此

$$H(\boldsymbol{y})=-\int_{-\infty}^{\infty}f_y(y)\ln f_y(y)\mathrm{d}y=-\int_{-\infty}^{\infty}f_x(x)\ln\frac{f_x(x)}{|g'(x)|}\mathrm{d}x$$

$$=-\int_{-\infty}^{\infty}f_x(x)\ln f_x(x)\mathrm{d}x+\int_{-\infty}^{\infty}f_x(x)\ln|g'(x)|\mathrm{d}x$$

这就证明了(14-113)式。

多个随机变量　与(14-113)式同理，我们可类似地证明，若

$$\boldsymbol{y}_i=g_i(\boldsymbol{x}_1,\cdots,\boldsymbol{x}_n) \qquad i=1,\cdots,n$$

是随机变量 $\boldsymbol{x}_i$ 的 n 个函数，则

$$H(\boldsymbol{y}_1,\cdots,\boldsymbol{y}_n)\leqslant H(\boldsymbol{x}_1,\cdots,\boldsymbol{x}_n)+E\{\ln|J(\boldsymbol{x}_1,\cdots,\boldsymbol{x}_n)|\} \tag{14-114}$$

其中 $J(x_1,\cdots,x_n)$ 是上述变换的雅可比行列式[见(7-9)式]，当且仅当有惟一逆变换时才取等号。

线性变换　假定

$$\boldsymbol{y}_i=a_{i1}\boldsymbol{x}_1+\cdots+a_{in}\boldsymbol{x}_n$$

以 Δ 表示系数的行列式，从(14-114)式可得，若 $\Delta\neq 0$，则

$$H(\boldsymbol{y}_1,\cdots,\boldsymbol{y}_n)=H(\boldsymbol{x}_1,\cdots,\boldsymbol{x}_n)+\ln|\Delta| \tag{14-115}$$

这是因为逆变换是惟一的，且 Δ 不取决于 $\boldsymbol{x}_i$。

14.3.2　随机过程和熵率

我们知道，很多随机过程的统计特性是根据随机变量 $\boldsymbol{x}(t_1),\cdots,\boldsymbol{x}(t_m)$ 的联合分布密度 $f(x_1,\cdots,x_m)$ 来确定的。这些随机变量的联合熵

$$H(\boldsymbol{x}_1,\cdots,\boldsymbol{x}_m)=E\{-\ln f(\boldsymbol{x}_1,\cdots,\boldsymbol{x}_m)\} \tag{14-116}$$

称为随机过程 $\boldsymbol{x}(t)$ 的 $\boldsymbol{m}$ **阶熵**。它等于关于上述随机变量的不确定性，也等于当它们被观察到时所获得的信息。

一般来说，在整个轴上，或者甚至在不管如何小的有限区间内，关于 $\boldsymbol{x}(t)$ 的值的不确定性是无穷大的。然而，若 $\boldsymbol{x}(t)$ 能用它的可列个点集上的值来表示，如带限过程那样，则可引入不确定性的某种比率。因而只要考虑离散时间过程就足够了。

离散时间过程 $\boldsymbol{x}_n$ 的 m 阶熵按(14-116)式定义为 m 个随机变量

$$\boldsymbol{x}_n,\boldsymbol{x}_{n-1}\cdots,\boldsymbol{x}_{n-m+1} \tag{14-117}$$

的联合熵 $H(\boldsymbol{x}_1,\cdots,\boldsymbol{x}_m)$。我们将始终假定过程 $\boldsymbol{x}_n$ 是严格平稳过程。在这种情况下，$H(\boldsymbol{x}_1,\cdots,\boldsymbol{x}_m)$ 是关于过程 $\boldsymbol{x}_n$ 的任意 m 个相继值的不确定性。一阶熵用 $H(\boldsymbol{x})$ 表示。它就等于 n 为特定值时关于 $\boldsymbol{x}_n$ 的不确定性。

显然[见(14-109)式]

$$H(\boldsymbol{x}_1,\cdots,\boldsymbol{x}_m) \leqslant H(\boldsymbol{x}_1)+\cdots+H(\boldsymbol{x}_m) = mH(\boldsymbol{x}) \tag{4-118}$$

特例　(a) 若过程 $\boldsymbol{x}_n$ 是**严格白色**的，即随机变量 $\boldsymbol{x}_n,\boldsymbol{x}_{n-1},\cdots$ 是独立的，则[见(14-106)式]

$$H(\boldsymbol{x}_1,\cdots,\boldsymbol{x}_m) = mH(\boldsymbol{x}) \tag{14-119}$$

(b) 若过程 $\boldsymbol{x}_n$ 是**马尔可夫过程**，则[见(15-2)式]

$$f(x_1,\cdots,x_m) = f(x_m \mid x_{m-1})\cdots f(x_2 \mid x_1)f(x_1) \tag{14-120}$$

这样可得

$$H(\boldsymbol{x}_1,\cdots,\boldsymbol{x}_m) = H(\boldsymbol{x}_m \mid \boldsymbol{x}_{m-1})+\cdots+H(\boldsymbol{x}_2 \mid \boldsymbol{x}_1)+H(\boldsymbol{x}_1) \tag{14-121}$$

所以由(14-103)式和 $\boldsymbol{x}_n$ 的平稳性可得

$$H(\boldsymbol{x}_1,\cdots,\boldsymbol{x}_m) = (m-1)H(\boldsymbol{x}_1,\boldsymbol{x}_2)-(m-2)H(\boldsymbol{x}) \tag{14-122}$$

因此，我们可将马尔可夫过程的 m 阶熵用它的一阶和二阶熵来表示。

条件熵　随机过程 $\boldsymbol{x}_n$ 的 m 阶条件熵

$$H(\boldsymbol{x}_n \mid \boldsymbol{x}_{n-1},\cdots,\boldsymbol{x}_{n-m})$$

表示 $\boldsymbol{x}_n$ 与最邻近的 m 个值已观察到的条件下关于 $\boldsymbol{x}_n$ 的不确定性。把(14-104)式推广，我们很容易证明

$$H(\boldsymbol{x}_n \mid \boldsymbol{x}_{n-1},\cdots\boldsymbol{x}_{n-m}) \leqslant H(\boldsymbol{x}_n \mid \boldsymbol{x}_{n-1},\cdots\boldsymbol{x}_{n-m+1}) \tag{14-123}$$

于是，上述条件熵是 m 的降函数。因此，如果它有下界，它将趋于一极限值。若 $\boldsymbol{x}_n$ 是离散型的，则所有的熵都是正的，这是必然的。该极限用 $H_c(\boldsymbol{x})$ 表示，并称为过程 $\boldsymbol{x}_n$ 的**条件熵**，

$$H_c(\boldsymbol{x}) = \lim_{m\to\infty} H(\boldsymbol{x}_n \mid \boldsymbol{x}_{n-1},\cdots\boldsymbol{x}_{n-m}) \tag{14-124}$$

函数 $H_c(\boldsymbol{x})$ 是假定过程 $\boldsymbol{x}_n$ 的全部过去都已观察到的情况下，关于当前值 $\boldsymbol{x}_n$ 的不确定性的测度。

特例　(a) 若 $\boldsymbol{x}_n$ 是**严格的白过程**，则

$$H_c(\boldsymbol{x}) = H(\boldsymbol{x})$$

(b) 若 $\boldsymbol{x}_n$ 是**马尔可夫过程**，则 $H(\boldsymbol{x}_n \mid \boldsymbol{x}_{n-1},\cdots\boldsymbol{x}_{n-m}) = H(\boldsymbol{x}_n \mid \boldsymbol{x}_{n-1})$

因为 $\boldsymbol{x}_n$ 是平稳过程，上式等于 $H(\boldsymbol{x}_2 \mid \boldsymbol{x}_1)$。因此

$$H_c(\boldsymbol{x}) = H(\boldsymbol{x}_2 \mid \boldsymbol{x}_1) = H(\boldsymbol{x}_1,\boldsymbol{x}_2)-H(\boldsymbol{x}) \tag{14-125}$$

这表明：若 $\boldsymbol{x}_{n-1}$ 已经观察到了，则过去的结果对现在的不确定性没有影响。

熵率　比值 $H(\boldsymbol{x}_1\cdots\boldsymbol{x}_m)/m$ 表示 m 个相继样本点中每一个的平均不确定性。当 $m\to\infty$ 时，该平均值的极限用 $\overline{H}(\boldsymbol{x})$ 表示，并称为过程 $\boldsymbol{x}_n$ 的**熵率**。即

$$\overline{H}(\boldsymbol{x}) = \lim_{m\to\infty}\frac{1}{m}H(\boldsymbol{x}_1,\cdots,\boldsymbol{x}_m) \tag{14-126}$$

若 $\boldsymbol{x}_n$ 是**严格的白过程**，则

$$\overline{H}(\boldsymbol{x}) = H(\boldsymbol{x}) = H_c(\boldsymbol{x})$$

若 $\boldsymbol{x}_n$ 是**马尔可夫过程**，则[见(14-122)式]

$$\overline{H}(\boldsymbol{x}) = H(\boldsymbol{x}_1,\boldsymbol{x}_2)-H(\boldsymbol{x}) = H_c(x) \tag{14-127}$$

于是，在上述两种情况下，(14－126) 式的极限都存在，并等于 $H_c(\boldsymbol{x})$。下面我们证明这在一般情况下也成立。

定理 14－7 ▶ 过程 $\boldsymbol{x}_n$ 的熵率等于它的条件熵

$$\overline{H}(\boldsymbol{x}) = H_c(\boldsymbol{x}) \tag{14-128}$$

证　这是收敛序列的下述简单性质的结果：若 $a_k \to a$，则

$$\frac{1}{m}\sum_{k=1}^{m} a_k \to a \tag{14-129}$$

因为 $\boldsymbol{x}_n$ 是平稳的，像(14－108) 式那样可得

$$H(\boldsymbol{x}_1,\cdots,\boldsymbol{x}_m) = H(\boldsymbol{x}) + \sum_{k=1}^{m} H(\boldsymbol{x}_n \mid \boldsymbol{x}_{n-1},\cdots,\boldsymbol{x}_{n-k})$$

用 m 去除，并用(14－129) 式的结论便得到(14－128) 式，这是因为当 $k \to \infty$ 时

$$H(\boldsymbol{x}_n \mid \boldsymbol{x}_{n-1},\cdots,\boldsymbol{x}_{n-k})$$

趋于极限 $H_c(\boldsymbol{x})$。◀

注　若 $\boldsymbol{x}_n$ 等于 $\boldsymbol{x}(t)$ 的取样 $\boldsymbol{x}(nT)$，则熵率可用每 T 秒的比特数来度量。如果我们希望以比特 / 秒为单位来度量，则必须除以 T。

正态过程　若 $\boldsymbol{x}_n$ 是正态过程，功率谱为 $S(\omega)$。那么可以证明

$$\overline{H}(\boldsymbol{x}) = \ln\sqrt{2\pi e} + \frac{1}{4\pi}\int_{-\pi}^{\pi} \ln S(\omega)\,d\omega \tag{14-130}$$

证　我们知道，函数 $f(x_{m+1} \mid x_m,\cdots,x_1)$ 是方差为 Δ_{m+1}/Δ_m 的一维正态分布密度[见(7－97) 和(13－66) 式]。因此，如同(14－84) 式，有

$$H(\boldsymbol{x}_n \mid \boldsymbol{x}_{n-1},\cdots\boldsymbol{x}_{n-m}) = \ln\sqrt{\frac{2\pi e\Delta_{m+1}}{\Delta_m}} \tag{14-131}$$

这样可导出

$$H_c(\boldsymbol{x}) = \ln\sqrt{2\pi e} + \frac{1}{2}\lim_{m\to\infty}\ln\frac{\Delta_{m+1}}{\Delta_m} \tag{14-132}$$

而(14－130) 式可从(13－70) 式和习题 13－15 得到。

系统响应的熵率　我们将要证明线性系统 $\boldsymbol{L}(z)$ 的输出 $\boldsymbol{y}_n$ 的熵率 $\overline{H}(\boldsymbol{y})$ 为

$$\overline{H}(\boldsymbol{y}) = \overline{H}(\boldsymbol{x}) + \frac{1}{2\pi}\int_{-\pi}^{\pi} \ln\left|\boldsymbol{L}(e^{j\omega})\right| d\omega \tag{14-133}$$

其中 $\overline{H}(\boldsymbol{x})$ 是 $\boldsymbol{x}_n$ 输入的熵率(图 14－15)。

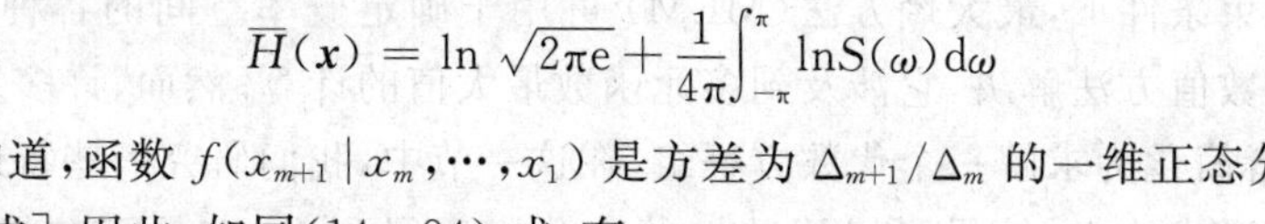

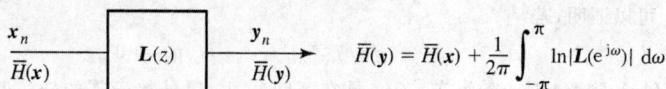

图 14－15

首先假定 $\boldsymbol{x}_n$ 是正态过程。在这种情况下，$\boldsymbol{y}_n$ 也是正态的，它的熵率由(14－130) 式给出，其

中

$$S(\omega)=S_y(\omega)=S_x(\omega)\left|\boldsymbol{L}(\mathrm{e}^{\mathrm{j}\omega})\right|^2 \tag{14-134}$$

由此可得

$$\overline{H}(\boldsymbol{y})=\ln\sqrt{2\pi e}+\frac{1}{4\pi}\int_{-\pi}^{\pi}\left[\ln S_x(\omega)+\ln\left|\boldsymbol{L}(\mathrm{e}^{\mathrm{j}\omega})\right|^2\right]\mathrm{d}\omega \tag{14-135}$$

从而可得(14－133) 式。

这里给出了任意过程的证明。我们将给出基于(14－115) 式的证明框架。如果随机变量 $\boldsymbol{y}_1$，…，$\boldsymbol{y}_m$ 与随机变量 $\boldsymbol{x}_1,\cdots,\boldsymbol{x}_m$ 是线性关系，则

$$H(\boldsymbol{y}_1,\cdots,\boldsymbol{y}_m)=H(\boldsymbol{x}_1,\cdots,\boldsymbol{x}_m)+K_0 \tag{14-136}$$

其中 $K_0=\log|\Delta|$ 是仅决定于变换的系数的一个常数。过程 $\boldsymbol{y}_n$ 与 $\boldsymbol{x}_n$ 有线性关系：

$$\boldsymbol{y}_n=\sum_{k=0}^{\infty}l_k\boldsymbol{x}_{n-k}\qquad n=-\infty,\cdots,\infty \tag{14-137}$$

而变换矩阵现在是无限阶的。把(14－136) 式推广至无限多个变量，由(14－126) 式可得

$$\overline{H}(\boldsymbol{y})=\overline{H}(\boldsymbol{x})+K \tag{14-138}$$

其中 K 也是仅取决于系统 $\boldsymbol{L}(z)$ 的参量的某一常数。可以看到，若 $\boldsymbol{x}_n$ 是正态的，则 K 等于(14－133) 式中的积分。因为 K 与 $\boldsymbol{x}_n$ 无关，故对于任何 $\boldsymbol{x}_n$，它也必定等于该积分。

14.4　最大熵方法

在给定的约束条件下，最大熵方法(MEM) 可用于确定概率空间的各种参数。一般说来，这类问题仅能用数值方法解决，它涉及到多元函数最大值的计算。然而，许多重要情况中，可以求出解析解，或者简化为求解一个代数方程组。在这一节中，我们研究一些特殊情况，主要是约束条件以期望值形式给出。结果可以用熟知的变分方法得到，这涉及到拉格朗日(Lagrange) 乘子或欧拉(Euler) 方程。不过，对大多数所考虑的问题，用(14－100) 式的下面形式就足够了。

若 $f(x)$ 和 $\varphi(x)$ 是两个任意的分布密度，则

$$-\int_{-\infty}^{\infty}\varphi(x)\ln\varphi(x)\mathrm{d}x\leqslant-\int_{-\infty}^{\infty}\varphi(x)\ln f(x)\mathrm{d}x \tag{14-139}$$

【例 14－16】　在掷硬币实验中，正面的概率经常被看成一个随机变量 $\boldsymbol{p}$(见贝叶斯估计，8－2 节)，我们将用最大熵方法证明：若没有关于 $\boldsymbol{p}$ 的先验知识，则其分布密度 $f(p)$ 在区间(0,1) 内是均匀的。在这个问题中，我们必须使 $H(\boldsymbol{p})$ 在约束条件(这是由 $\boldsymbol{p}$ 的意义所决定的)下，即在区间(0,1) 之外 $f(p)=0$ 情况下最大化。因而相应的熵为

$$H(\boldsymbol{p})=-\int_0^1 f(p)\ln f(p)\mathrm{d}p$$

而我们的问题是找出使得上述积分为最大值的 $f(p)$。

可以证明，若

$$f(p)=1\qquad H(\boldsymbol{p})=0$$

则 $H(\boldsymbol{p})$ 是最大值。的确，若 $\varphi(p)$ 是在区间(0,1) 以外等于零的任一其它分布密度，则[见(14－139) 式]

$$-\int_0^1\varphi(p)\ln\varphi(p)\mathrm{d}p\leqslant-\int_0^1\varphi(p)\ln f(p)\mathrm{d}p=0=H(\boldsymbol{p})$$

【例 14－17】　假定 $\boldsymbol{x}$ 是在区间$(-\pi,\pi)$ 以外为零的随机变量。假定 $f(x)$ 的傅里叶级数展开式

$$f(x)=\sum_{n=-\infty}^{\infty}c_n e^{jnx}\qquad -\pi\leqslant x\leqslant\pi$$

的系数 c_n 对于 $|n|\leqslant N$ 已知，试用最大熵方法确定 $\boldsymbol{x}$ 的分布密度 $f(x)$。现在我们的问题是使积分

$$H(\boldsymbol{x})=-\int_{-\pi}^{\pi}f(x)\ln f(x)\mathrm{d}x$$

最大化并服从约束条件

$$c_n=\frac{1}{2\pi}\int_{-\pi}^{\pi}f(x)e^{-jnx}\mathrm{d}x\qquad |n|\leqslant N \tag{14-140}$$

显然，$H(\boldsymbol{x})$ 取决于未知的系数 c_n，而且当且仅当

$$\frac{\partial H}{\partial c_n}=\frac{\partial H}{\partial f}\frac{\partial f}{\partial c_n}=-\int_{-\pi}^{\pi}[\ln f(x)+1]e^{jnx}\mathrm{d}x=0\qquad |n|>N$$

时 $H(\boldsymbol{x})$ 为最大值。这表明函数 $\ln f(x)+1$ 在区间 $(-\pi,\pi)$ 内的傅里叶级数展开式的系数 γ_n 在 $|n|>N$ 时为零。因此

$$\ln f(x)+1=\sum_{k=-N}^{N}\gamma_k e^{jkx}$$

由上可得

$$f(x)=\exp\left\{-1+\sum_{k=-N}^{N}\gamma_k e^{jkx}\right\}\qquad -\pi\leqslant x\leqslant\pi \tag{14-141}$$

于是我们证明了未知函数是包含参量 γ_k 的指数函数。这些参量可用(14-140)式来确定。涉及的方程组是非线性的，它仅能用数值方法求解。

14.4.1　期望值形式的约束

现在我们研究约束条件为期望值形式的一类问题。这类问题在统计力学里是常见的。下面先研究一维的情况。

在 $\boldsymbol{x}$ 的 n 个已知函数 $g_i(\boldsymbol{x})$ 的期望值 η_i 为给定值

$$E\{g_i(\boldsymbol{x})\}=\int_{-\infty}^{\infty}g_i(x)f(x)\mathrm{d}x=\eta_i\qquad i=1,\cdots,n \tag{14-142}$$

的约束条件下，我们希望确定随机变量 $\boldsymbol{x}$ 的分布密度 $f(x)$。

利用(14-139)式，根据最大熵方法可以证明 $f(x)$ 为一指数函数

$$f(x)=A\exp\{-\lambda_1 g_1(x)-\cdots-\lambda_n g_n(x)\} \tag{14-143}$$

其中 λ_i 是由(14-142)决定的 n 个常数。而 A 应满足分布密度条件

$$A\int_{-\infty}^{\infty}\exp\{-\lambda_1 g_1(x)-\cdots-\lambda_n g_n(x)\}\mathrm{d}x=1 \tag{14-144}$$

证　假定 $f(x)$ 由(14-143)式给出。在这种情况下

$$\int_{-\infty}^{\infty}f(x)\ln f(x)\mathrm{d}x=\int_{-\infty}^{\infty}f(x)[\ln A-\lambda_1 g_1(x)-\cdots-\lambda_n g_n(x)]\mathrm{d}x$$

因此

$$H(\boldsymbol{x})=\lambda_1\eta_1+\cdots+\lambda_n\eta_n-\log A \tag{14-145}$$

这样，要证明(14-143)式，就只需要证明以下结论就足够了：若 $\varphi(x)$ 是满足约束(14-142)式的任何另一分布密度，则它的熵不可能超过(14-145)式右边的值。这一点从(14-139)式很容易得到

$$-\int_{-\infty}^{\infty}\varphi(x)\ln\varphi(x)\mathrm{d}x\leqslant-\int_{-\infty}^{\infty}\varphi(x)\ln f(x)\mathrm{d}x$$

$$= \int_{-\infty}^{\infty} \varphi(x)[\lambda_1 g_1(x) + \cdots + \lambda_n g_n(x) - \ln A]\mathrm{d}x$$

$$= \lambda_1 \eta_1 + \cdots + \lambda_n \eta_n - \ln A$$

应当指出，若在确定的集合 R 之外有 $f(x) = 0$，则对 R 内的每个 x，$f(x)$ 仍然由(14-143)式给出，而(14-144)式的积分区域就是集合 R。

【例 14-18】 假定 $\boldsymbol{x}$ 是一正的随机变量，已知均值为 η，试确定 $f(x)$。因 $g(x) = x$，故从(14-143)式可得

$$f(x) = \begin{cases} A\mathrm{e}^{-\lambda x} & x > 0 \\ 0 & x < 0 \end{cases}$$

于是我们便有：若随机变量是正的，具有特定的均值，那么用最大熵方法得到的分布密度是一指数分布。

分割函数　在某些问题中，给定的约束条件用分割函数(Zustandsumme)

$$Z(\lambda_1, \cdots, \lambda_n) = \frac{1}{A} = \int_{-\infty}^{\infty} \exp\{-\lambda_1 g_1(x) - \cdots - \lambda_n g_n(x)\}\mathrm{d}x \qquad (14-146)$$

来表示比较方便。的确，分别对 λ_i 求导可得

$$-\frac{\partial Z}{\partial \lambda_i} = \int_{-\infty}^{\infty} g_i(x)\exp\Big\{-\sum_{k=1}^{n} \lambda_k g_k(x)\Big\}\mathrm{d}x = Z\int_{-\infty}^{\infty} g_i(x) f(x)\mathrm{d}x$$

于是得到

$$-\frac{1}{Z}\frac{\partial Z}{\partial \lambda_i} = -\frac{\partial}{\partial \lambda_i}\ln Z = \eta_i \qquad i = 1, \cdots, n \qquad (14-147)$$

这是与(14-142)式等效的 n 个方程组，可用来确定 n 个参量 λ_i。

【例 14-19】 在例 14-16 的掷硬币实验中，我们假定 $\boldsymbol{p}$ 是均值为 η 随机变量。因为在区间(0,1)之外 $f(p) = 0$，故(14-143)式变为

$$f(p) = \begin{cases} A\mathrm{e}^{-\lambda p} & 0 \leqslant p \leqslant 1 \\ 0 & \text{其它} \end{cases} \qquad Z = \int_0^1 \mathrm{e}^{-\lambda p}\mathrm{d}p = \frac{1 - \mathrm{e}^{-\lambda}}{\lambda}$$

常量 λ 可由(14-147)式来确定，即

$$-\frac{1}{Z}\frac{\partial Z}{\partial \lambda} = \frac{1 - \mathrm{e}^{-\lambda} - \lambda\mathrm{e}^{-\lambda}}{\lambda(1 - \mathrm{e}^{-\lambda})} = \eta$$

在图 14-16 中，我们对不同的 η 给出了 λ 和 $f(p)$ 的曲线。应当指出，当 $\eta = 0.5$ 时有 $\lambda = 0$，而 $f(p) = 1$。

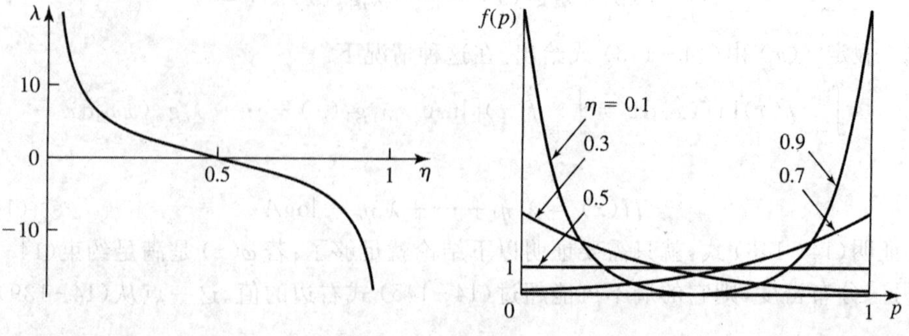

图 14-16

【例 14－20】 一些质点在势能等于 $V(x)$ 的保守场中运动，对一特定的 t，一个质点的位置分量是一个随机变量 $\boldsymbol{x}$，且有与 t 无关(平稳状态)的分布密度 $f(x)$。于是质点落在 x 和 $x+\mathrm{d}x$ 之间的概率等于 $f(x)\mathrm{d}x$，而其整体的每单位质量具有的总能量等于

$$I=\int_{-\infty}^{\infty}V(x)f(x)\mathrm{d}x=E\{V(\boldsymbol{x})\}$$

我们将在假定函数 $g(x)=V(x)$，并给定 $V(\boldsymbol{x})$ 的均值 I 的条件下求 $f(x)$。代入(14－143)式可得

$$f(x)=\frac{1}{Z}\mathrm{e}^{-\lambda V(x)} \tag{14-148}$$

其中

$$Z=\int_{-\infty}^{\infty}\mathrm{e}^{-\lambda V(x)}\,\mathrm{d}x \qquad \frac{1}{Z}\int_{-\infty}^{\infty}V(x)\mathrm{e}^{-\lambda V(x)}\mathrm{d}x=I$$

特例　在一重力场中，势能 $V(x)=Mgx$ 是与离地面的高度 x 成正比的。因为 $x<0$ 时有 $f(x)=0$，故从(14－148)式可得

$$f(x)=\frac{Mg}{I}\mathrm{e}^{-Mgx/I}U(x)$$

产生的大气压力是与 $1-F(x)$ 成正比的。

【例 14－21】 我们来求使得 $E\{\boldsymbol{x}^2\}=m_2$ 的 $f(x)$。当 $g_1(x)=x^2$ 时，(14－143)式变为

$$f(x)=A\mathrm{e}^{-\lambda x^2} \tag{14-149}$$

于是，若随机变量 $\boldsymbol{x}$ 的二阶矩 m_2 是给定的，则 $\boldsymbol{x}$ 是 $N(0,m_2)$ 分布。类似地，若 $\boldsymbol{x}$ 的方差 σ^2 给定，则可以证明 $\boldsymbol{x}$ 是 $N(\eta,\sigma^2)$ 分布，其中 η 是任意常数。

特例　我们再来研究平稳运动中的质点，以 $\boldsymbol{v}_x$ 表示它们速度的 x 分量。在相应的平均动能 $K_x=E\{M\boldsymbol{v}_x^2/2\}$ 给定的条件下，我们来确定 $\boldsymbol{v}_x$ 的分布密度 $f(v_x)$。这是(14－149)式的特殊情况($m_2=2K_x/M$)。所以

$$f(v_x)=\sqrt{\frac{M}{4\pi K_x}}\mathrm{e}^{-Mv^2/4K_x}$$

离散型随机变量　假定随机变量 $\boldsymbol{x}$ 取 x_k 的概率为 p_k，试用最大熵方法来确定 p_k，这里假定 n 个已知函数 $g_i(\boldsymbol{x})$ 的期望值

$$E\{g_i(\boldsymbol{x})\}=\sum_k g_i(x_k)p_k=\eta_i \tag{14-150}$$

已经给定。

利用(14－37)式，像在(14－143)式那样我们可证明未知概率等于

$$p_k=A\exp\{-\lambda_1 g_1(x_k)-\cdots-\lambda_n g_n(x_k)\} \tag{14-151}$$

其中

$$\frac{1}{A}=Z=\sum_k\exp\{-[\lambda_1 g_1(x_k)+\cdots+\lambda_n g_n(x_k)]\} \tag{14-152}$$

这 n 个常数 λ_i 无论从(14－150)式或是从等效的方程组

$$-\frac{1}{Z}\frac{\partial Z}{\partial\lambda_i}=\eta_i \qquad i=1,\cdots,n \tag{14-153}$$

都可确定。

【例 14－22】 掷一骰子多次，朝上的点子平均数为 η。假定 η 已知，试用最大熵方法确定六个面 f_k 的概率 p_k。为此，我们构造一随机变量 $\boldsymbol{x}$，使得 $\boldsymbol{x}(f_k)=k$。显然

$$E\{\boldsymbol{x}\} = p_1 + 2p_2 + \cdots + 6p_6 = \eta$$

令 $g(x) = x$，从(14－151) 式可得

$$p_k = \frac{1}{Z}e^{-k\lambda} \qquad Z = w + w^2 + \cdots + w^6$$

其中 $w = e^{-\lambda}$。因此

$$p_k = \frac{w^k}{w + w^2 + \cdots + w^6} \qquad \frac{w + 2w^2 + \cdots + 6w^6}{w + w^2 + \cdots + w^6} = \eta$$

如图 14－17 所示。我们注意到，若 $\eta = 3.5$，则 $p_k = \frac{1}{6}$。

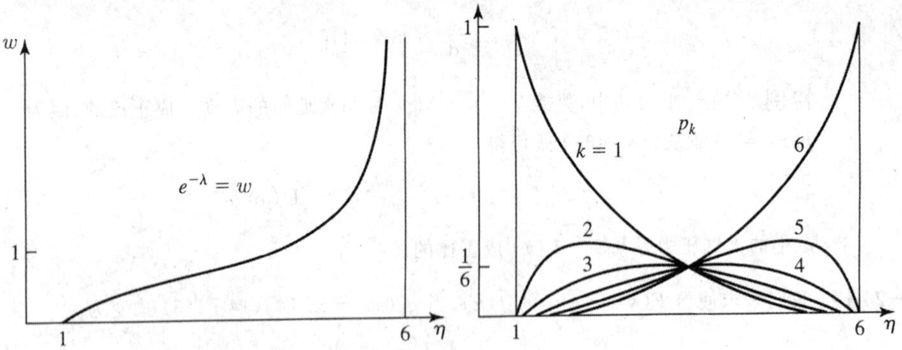

图 14－17

联合密度　用最大熵方法可以确定随机向量 $\boldsymbol{X}:[\boldsymbol{x}_1, \cdots, \boldsymbol{x}_M]$ 在 n 个约束条件

$$E\{g_i(\boldsymbol{X})\} = \eta_i \qquad i = 1, \cdots, n \tag{14-154}$$

时的分布密度 $f(X)$。像在标量情况那样推证可得

$$f(X) = A\exp\{-\lambda_1 g_1(X) - \cdots - \lambda_n g_n(X)\} \tag{14-155}$$

14.4.2　二阶矩和正态性

我们给出随机向量 $\boldsymbol{X}$ 的相关矩阵

$$R = E\{\boldsymbol{X}^t\boldsymbol{X}\} \tag{14-156}$$

并希望用最大熵方法确定它的分布密度。可以证明，像在(7－58) 式那样，$f(X)$ 是零均值的正态分布

$$f(X) = \frac{1}{\sqrt{(2\pi)^M\Delta}}\exp\left\{-\frac{1}{2}XR^{-1}X^t\right\} \tag{14-157}$$

证　相关矩阵 R 的元素 $R_{jk} = E\{\boldsymbol{x}_j\boldsymbol{x}_k\}$ 是随机变量 $g_{jk}(\boldsymbol{X}) = \boldsymbol{x}_j\boldsymbol{x}_k$ 的期望值，共有 M^2 个。把(14－154) 式的下标 i 变为双下标，由(14－155) 式可得

$$f(X) = A\exp\left\{-\sum_{j,k}\lambda_{jk}x_j x_k\right\} \tag{14-158}$$

这表明 $f(X)$ 是正态的。M^2 个系数 λ_{jk} 可从(14－156) 式 M^2 个约束条件来确定。我们知道[见(8－58) 式]，这些系数等于(14－157) 式中矩阵 $R^{-1}/2$ 的元素。

上述结果仅当矩阵 R 是正定时才是可接受的。否则，(14－157) 式中的函数 $f(X)$ 不是分布密度。当然，若给定的 R 确实是相关矩阵，正定条件是满足的。然而，如果仅仅给出 R 的元素的某个子集，这时甚至(14－157) 式也许是不可接受的。在这样的情况下，正如下面将看到的，引

入未指定的 R 的诸元素作为辅助约束条件是必要的。

首先，我们假定仅给出 R 的对角元素

$$E\{\boldsymbol{x}_i^2\} = R_{ii} \qquad i = 1,\cdots,M \tag{14-159}$$

把函数 $g_{ii}(x) = x_i^2$ 代入(14-155)式可得

$$f(X) = A\exp\{-\lambda_{11}x_1^2 - \cdots - \lambda_{MM}x_M^2\} \tag{14-160}$$

这表明随机变量 $\boldsymbol{x}_i$ 是正态的、独立的，且均值为零而方差为 $R_{ii} = 1/2\lambda_{ii}$。

因为 $R_{ii} > 0$，上述解是可接受的。然而，如果我们给出 $N < M^2$ 个任意联合矩，那么在(14-158)式的相应的二次式中，将仅包含与给定的矩对应的 $x_j x_k$ 项，这时得到的 $f(X)$ 可能不是一个分布密度。对这种情况寻求最大熵解可这样进行：我们引入 M^2 个联合矩 R_{jk} 作为约束条件，其中现在只给出 N 个，而其余 $M^2 - N$ 个是未知的参数。应用最大熵方法，我们可得到(14-157)式。相应的熵等于[见(14-111)式]

$$H(\boldsymbol{x}_1,\cdots,\boldsymbol{x}_M) = \ln\sqrt{(2\pi e)^M \Delta} \qquad \Delta = |R| \tag{14-161}$$

这个熵取决于 R 中未指定的参数，而当其行列式 Δ 是最大值时熵也是最大值。于是，随机变量 $\boldsymbol{x}_i$ 还是具有(14-157)式那样的正态分布密度，其中 R 的未指定参量应使得 Δ 最大化。

注　由上可得相关矩阵 R 的行列式 Δ 应使得

$$\Delta \leqslant R_{11}\cdots R_{MM}$$

当且仅当 R 是对角矩阵时才取等号。事实上，(14-159)式是一个被限制的矩的集合，因此最大熵解(14-160)式使 Δ 达到了最大值。

随机过程　在给定的约束下，最大熵方法可用来确定随机过程的统计特性。我们讨论下述情形。

假定 $\boldsymbol{x}_n$ 是广义平稳过程，自相关函数为

$$R[m] = E\{\boldsymbol{x}_{n+m}\boldsymbol{x}_n\}$$

我们希望 $R[m]$ 当对于部分的或全体 m 的值指定时寻求它的分布密度。我们知道[见(14-158)式]，对这两种情况，最大熵方法都导致 $\boldsymbol{x}_n$ 是零均值的正态过程的结论。如果对所有的 m，$R[m]$ 已知，这样就完成了对 $\boldsymbol{x}_n$ 的统计描述。然而，若仅部分地知道 $R[m]$，我们还必须找出其未指定的值。对有限阶分布密度而言，这涉及使相应的熵对于未知的 $R[m]$ 最大化，这也等效于使相关行列式 Δ[见(14-161)式]最大化。在12-3节中所研究的用最大熵方法解外推问题是一个重要的特例。我们将在熵率的意义上重新考察这个问题。

先来研究最简单的情形：给定 $\boldsymbol{x}_n$ 的平均功率 $E\{\boldsymbol{x}_n^2\} = R[0]$，我们要求它的功率谱。在这种情况下，如果随机变量

$$\boldsymbol{x}_n,\cdots,\boldsymbol{x}_{n+M}$$

对任意 M 都是正态而且独立[见(14-160)式]，即若过程 $\boldsymbol{x}_n$ 为 $R[m] = R[0]\delta[m]$ 的正态白噪声，则它们的熵最大。

现在我们假定已知 $R[m]$ 的 $N+1$ 个值(数据)

$$R[0],\cdots,R[N]$$

我们希望确定 $M+1$ 个随机变量 $\boldsymbol{x}_n,\cdots,\boldsymbol{x}_{n+M}$ 的分布密度 $f(X)$。如果 $M \leqslant N$，则 $\boldsymbol{X}$ 的相关矩阵

可以由所给数据确定，而 $f(X)$ 可由(14-157)式给出。然而，当 $M > N$ 时，由于相关矩阵中仅中心对角线和临近的上下各 N 条对角线的元素是已知的，就不能像上面那样求出 $f(X)$。为了完成对 R_{M+1} 的规定，我们应该使行列式 Δ_{M+1} 相对于 $R[m]$ 的未知值最大化。

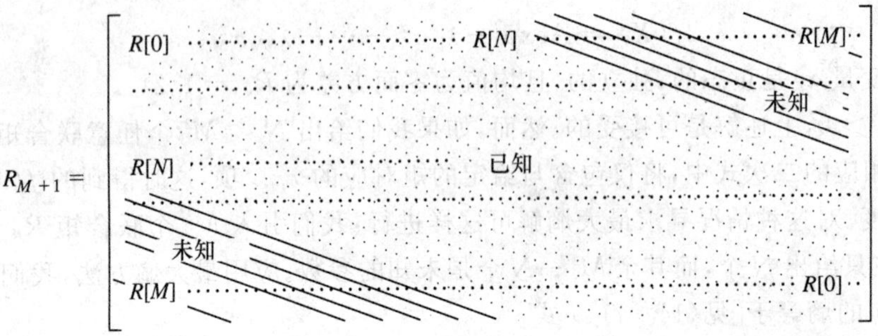

【例 14-23】　给定 $R[0]$ 和 $R[1]$，我们用使行列式最大化方法决定 $R[2]$。在这种情况下

$$\Delta = \begin{bmatrix} R[0] & R[1] & R[2] \\ R[1] & R[0] & R[1] \\ R[2] & R[1] & R[0] \end{bmatrix}$$

因此

$$\frac{\partial \Delta}{\partial R[2]} = -2R[0]R[2] + 2R^2[1] = 0 \qquad R[2] = \frac{R^2[1]}{R[0]}$$

谱估计中的最大熵方法　我们仍然对于 $|m| \leqslant N$ 给定。$\boldsymbol{x}_n$ 的功率谱

$$S(\omega) = R[0] + 2\sum_{m=1}^{\infty} R[m]\cos m\omega$$

含有所有 m 的 $R[m]$ 值。为了求得未指定的值，我们使相关矩阵行列式 Δ_M 最大化，并研究当 $M \to \infty$ 时所得的 $R[m]$ 的形式。这与使过程 $\boldsymbol{x}_n$ 的**熵率** $\overline{H}(\boldsymbol{x})$ 最大化是等效的。利用这种等效性，我们将推导出确定 $S(\omega)$ 的更直接的方法。

我们知道，在给定约束(二阶矩)下，最大熵方法导出的结论 $\boldsymbol{x}_n$ 是必须是均值为零的正态过程。由此和(14-130)式可得

$$\overline{H}(\boldsymbol{x}) = \ln\sqrt{2\pi e} + \frac{1}{4\pi}\int_{-\pi}^{\pi} \ln S(\omega)\,d\omega$$

熵率 $\overline{H}(\boldsymbol{x})$ 取决于 $R[m]$ 的未指定的值，并且当

$$\frac{\partial \overline{H}}{\partial R[m]} = \frac{1}{2\pi}\int_{-\pi}^{\pi} \frac{1}{S(\omega)} e^{-jm\omega}\,d\omega = 0 \qquad |m| > N \tag{14-162}$$

时有最大值。这表明 $1/S(\omega)$ 的傅里叶级数展开式的系数在 $|m| > N$ 时为零，即

$$\frac{1}{S(\omega)} = \sum_{k=-N}^{N} c_k e^{-jk\omega}$$

像(11-6)式那样对所得的 $\boldsymbol{S}(z)$ 分解因式可得

$$S(\omega) = \frac{1}{|b_0 + b_1 e^{-j\omega} + \cdots + b_N e^{-jN\omega}|^2} \tag{14-163}$$

这是12-4节中得到的谱表示式[见(12-182)式]，它表明最大熵方法导致了自回归模型。系数 b_k 无论从尤拉-沃克方程或从莱文森算法都可以算得。

注 最大熵方法也用于由不完全的数据来确定未知参数这类非概率性问题。在这样的情况下，在所选取的概率模型里，未知参量具有统计变量的形式，因而可以用最大熵方法来确定。然而我们指出，所得结果不是惟一的，因为同一个问题可以采用多种模型。下面我们用结晶学中一个重要问题的一维形式为例来说明这种方法。

最大熵方法的确定性问题的应用 我们要寻求一个周期为 2π 的非负周期函数 $f(x)$

$$0 < f(x) = \sum_{n=-\infty}^{\infty} c_n e^{jnx}$$

关于它的傅里叶系数

$$c_n = r_n e^{j\varphi_n}$$

我们仅有部分的知识可利用。

截尾问题 假定仅是 $|n| \leqslant N, c_n$ 已知。

解法1. 建立如下概率模型：在区间 $(-\pi, \pi)$ 内，未知函数 $f(x)$ 是随机变量 $\boldsymbol{x}$ 的分布密度，且它在 $-\pi$ 到 π 间取值。确定 $f(x)$ 时要使得 $\boldsymbol{x}$ 的熵

$$I = -\int_{-\pi}^{\pi} f(x) \ln f(x) dx$$

最大，这就得到[见(14-141)式]

$$f(x) = \exp\left\{-1 + \sum_{n=-N}^{N} \gamma_n e^{jnx}\right\}$$

常数 γ_n 可以根据已知的 c_n 的值来确定。

解法2. 我们假定 $f(x)$ 是随机过程 $\boldsymbol{x}_n$ 的功率谱，确定 $f(x)$ 时要使 $\boldsymbol{x}_n$ 的熵率（我们忽略不定常数）

$$I = \int_{-\pi}^{\pi} \ln f(x) dx$$

最大。在这种情况下得到[见(14-163)式]

$$f(x) = \frac{1}{\sum_{n=-N}^{N} d_n e^{jnx}}$$

常数 d_n 仍由已知的 c_n 的值来确定（莱文森算法）。

相位问题 假定 $|n| \leqslant N$ 时，我们仅知道 c_n 的振幅 r_n。

解这个问题，我们还是构造积分 I，作为熵或熵率，并使它对未知参数最大化。现在这些参数当 $|n| > N$ 时是 c_n（振幅和相位），当 $|n| \leqslant N$ 时只是相位 φ_n。一种等效的方法是把 $f(x)$ 作为截尾问题来确定，这时把相位 φ_n 视为参数，并使所得的 I 相对于这些参量最大。不管哪种情况，所要求的计算都不简单。

14.5 编 码

编码属于这样一类问题，它涉及的是从已知的由 N 个对象组成的集合 S 中有效发现和辨识出某个对象 ξ_i。这是一个广泛而又有许多应用的课题。这里我们仅涉及与熵和概率有关的某些方面，并把讨论限于二进制实时可译编码。其中的思想不难加以推广。

二进制编码也可以用熟悉的二十个问题的游戏来描述：某人从集合 S 中选取了一个物体 ξ_i，另一个人要用询问“是”或“否”这种形式的问题来确定这个物体。游戏的目的是用尽可能少的询问次数确定。

各种搜索技术可以归纳为下面三个等价形式：(a) 对集合 S 进行多次平分；(b) 以二叉树的形式；(c) 用二进制码(图 14－18)。我们先说明这些方法，而暂不考虑最优问题。选择“最好”搜索方法的准则将在后面讨论。

集合分割 我们将集合 S 分成两个非空的集合 A_0 和 A_1(第一代集合)，再将 A_0 和 A_1 各细分为另外两个非空的集合 A_{00}，A_{01} 和 A_{10}，A_{11}(第二代集合)，继续这样平分直到最后每个集合仅含有单个元素。

每一代集合的标记是所谓二进制数，它由前代集合的标记数再加上 0 或 1 形成。

在图 14－18 中，我们用一个由九个元素组成的集合来说明上面的方法。我们将用这样形成的集合链，根据一系列适当的询问(集合平分) 确认元素 ξ_7：它属于 A_0 吗？不。它属于 A_{10} 吗？不。它属于 A_{110} 吗？是。它是 A_{1100} 吗？是。因为 $A_{1100}=\{\xi_7\}$，所以未知元素是 ξ_7。

二叉树 所谓树就是一个由称做**分枝**的线段所组成的简单连通图形。在二叉树中，每个分枝或者分成**两个**另外的分枝，或者就此终止。终止端的点称为树的**终端**，而起点 R 称为树的**根**(图 14－18)。从 R 到一个终端的这部分树称为**路径**。最靠近根的两分枝是第一代分枝，它们每个又分为两个分枝，形成第二代分枝。因为每个分枝分成两个或者终止，故每代的分枝数总是**偶数**。路径的**长度**就是它的分枝总数。

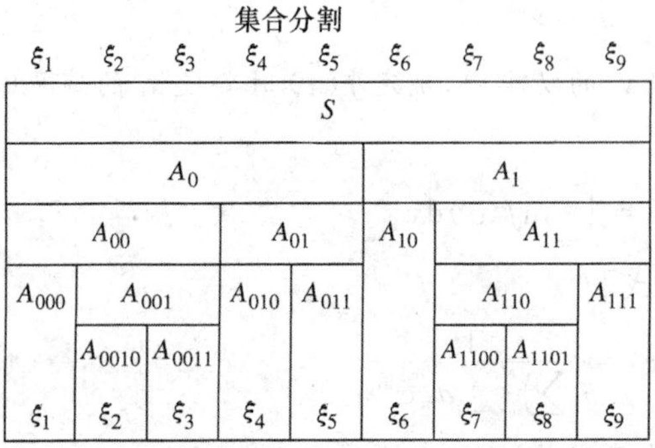

二进制码

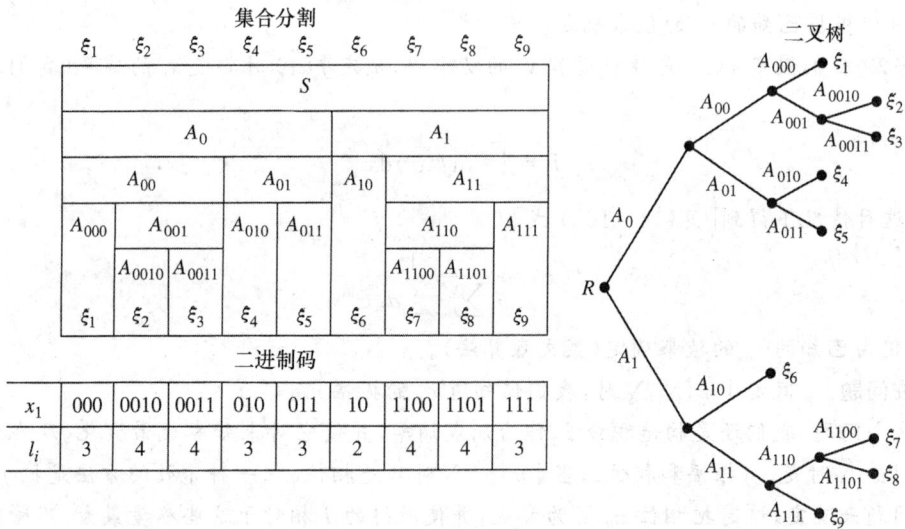

x_1	000	0010	0011	010	011	10	1100	1101	111
l_i	3	4	4	3	3	2	4	4	3

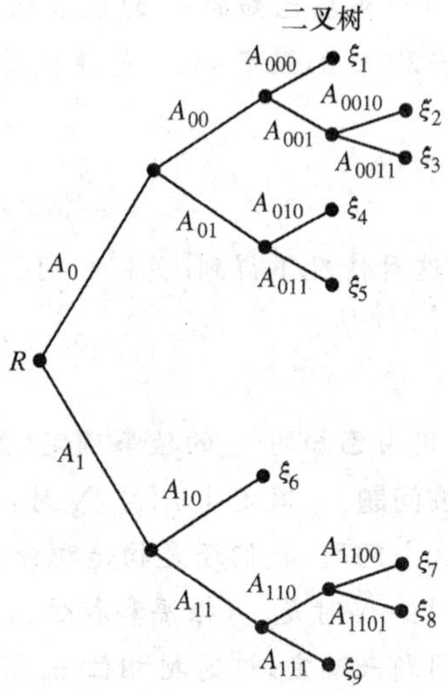

图 14－18

集合分割与树之间有一一对应关系。第 k 代集合与第 k 代分枝相对应，而每个集合分割对应着分成相应的分枝。终端集合 $\{\xi_i\}$ 对应着终端分枝，而元素 ξ_i 对应着树的末端。集合的标记也用来辨别相应的分枝，其中我们使用以下的习惯约定：当一个枝分叉时，0 指左边的新枝，而 1 指右边的新枝。终端分枝的标记也用来标明相应的末端 ξ_i。于是，S 的每个元素 ξ_i 用一个二进制数 x_i(图 14－18) 来惟一表示。x_i 的位数 l_i 等于终止于 ξ_i 的路径长度。这个数也等于辨别 ξ_i 所需的询问(分割) 次数。

二进制码　二进制码是一个集合 S 中的元素 ξ_i 与二进制数集合 $X=\{x_1,x_2,\cdots\}$ 的元素 x_i 之间的一种一一对应关系。**编码**就是建立这样一种对应的过程。

集合 S 称为**信源**，它的元素 ξ_i 称为**源字**，相应的二进制数 x_i 称为码字，二进制数 0 和 1 形成**代码字母**。码字 x_i 的**长度** l_i 是二进制数字的总位数。

一条消息就是一个源字序列

$$\xi_{i_1}\cdots\xi_{i_k}\cdots\xi_{i_n}\qquad \xi_{i_k}\in S \tag{14-164}$$

相应的码字序列

$$x_{i_1}\cdots x_{i_k}\cdots x_{i_n} \tag{14-165}$$

是**编码消息**。

树的末端元素的标记，或者等效地，一个集合分割链的标记规定了一个码。当然，码也可采用其它方法来形成，但这里不去研究它。术语"**编码**"一词在这里指前面那样的二进制树所确定的**二进制编码**。

图 14-18 示出了一个含有 $N=9$ 个元素的信源 S 的码字 x_i，以及对应的字长 l_i。

定理 14-8 ▶ 若信源 S 有 N 个字，且相应的码字长度为 l_i，则

$$\sum_{i=1}^{N}\frac{1}{2^{l_i}}=1 \tag{14-166}$$

证　最后一代树的分枝具有成对出现的末端。这样的一对末端的两个分枝是两条长度为 l_r 的路径的端点(图 14-19)。如果去掉这样的两个分枝，源树就收缩为只有 $N-1$ 个末端。在这个操作中，两个路径被长度为 l_r-1 的一个路径所代替，而(14-166) 式中的两个 2^{-l_r} 项被 $2^{-(l_r-1)}$ 项所代替，因为

$$2^{-l_r}+2^{-l_r}=2^{-(l_r-1)} \tag{14-167}$$

故该和式的总和不变。于是，在(14-166) 式中二进制长度的和对于收缩是一个不变量。重复这样的收缩过程直到仅保留第一代的两分枝为止，因 $2^{-1}+2^{-1}=1$，这就证明了(14-166) 式。◀

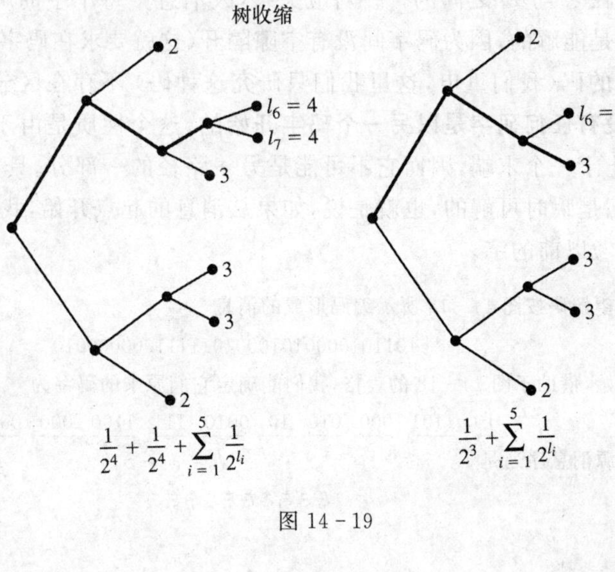

图 14-19

定理 14-9 ▶ 逆定理 给定 N 个整数 l_i，它们满足(14-166)式，我们可以构造出一个长度为 l_i 的编码。

证 只要构造出具有路径长度为 l_i 的二进制树就够了。从(14-166)式可得：如果 l_r 是整数 l_i 中最大的一个，则长度等于 l_r 的路径数 n 一定是偶数。利用 $n=2m$ 个线段，我们构成该树的第 r 代(最末端)分枝。如果这 m 对整数 l_r 的每一对都用一个整数 l_r-1 来代替，而其它的不变，则所得的数的集合仍满足(14-166)式[见(14-167)式]。因此，我们可以继续进行以上程序直到剩下两项为止。这两项就是两个第一代的分枝。图 14-20 给出了 $N=8$ 时上述程序的说明。◀

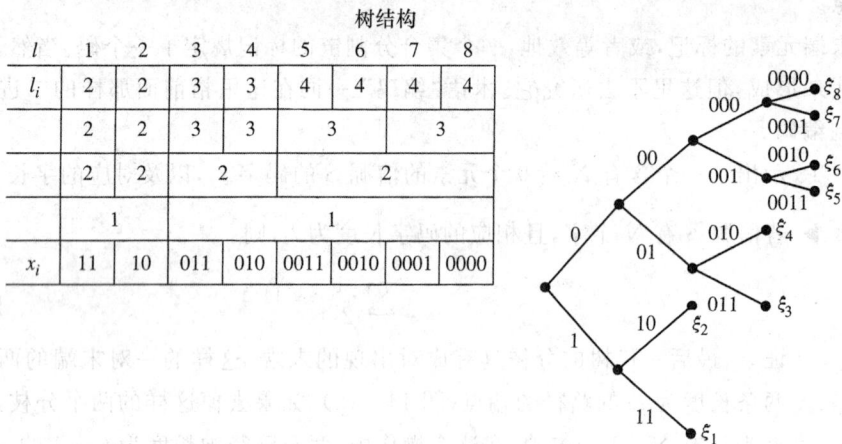

树结构

l	1	2	3	4	5	6	7	8
l_i	2	2	3	3	4	4	4	4
	2	2	3	3	3		3	
	2	2	2		2			
	1		1					
x_i	11	10	011	010	0011	0010	0001	0000

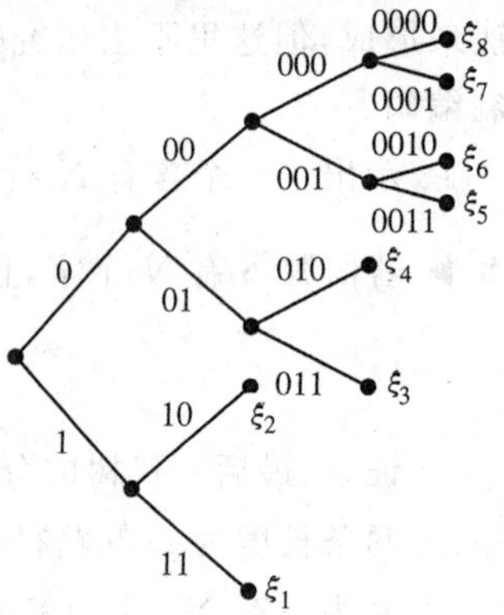

图 14-20

解码 在前面的讨论中，我们给出了对信源 S 的字 ξ_i 进行编码的方法。形如(14-164)式那样完整消息的编码可以按照顺序对每个字编码得到。结果是一个如同(14-165)式那样的编码消息。解码是相反的过程：给定一个编码消息，求相应的信源消息。

因为字的编码是在 ξ_i 与 x_i 之间的一一对应关系，故消息中每个字的解码是惟一的。然而一条完整消息并不总是能解的，因为码字间没有空隙隔开(这就要求在码字间有附加的字母)。对用集合分割法构成的码(我们重申，这里我们只研究这种码)不存在区分问题，因为这样的编码具有以下性质：**没有任何码字是以另一个码字开始的**。这个性质是由于下面的事实：在任一树上，每个路径终止于一个末端，因而它不可能是另一路径的一部分。具有这种性质的码称为"瞬时码"，因为它们是瞬时可解的，也就是说，如果从消息的起点开始，我们能够实时确定每个字的终结而无须参考以前的字。

【例 14-24】 我们希望解码按图 14-18 所示编码形成的消息

$$10110100001010001011111000000010$$

从头开始，借助于图 14-18 的表格，我们能确定它们原来的码字为

$$\underline{10}\ \ \underline{1101}\ \ \underline{000}\ \ \underline{010}\ \ \underline{10}\ \ \underline{0010}\ \ \underline{111}\ \ \underline{1100}\ \ \underline{000}\ \ \underline{0010}$$

相应的源消息序列是

$$\xi_6\xi_8\xi_1\xi_4\xi_6\xi_2\xi_9\xi_7\xi_1\xi_2$$

注　我们已经用一个单个符号 ξ_i 来标明每个源字。不过，ξ_i 也可能表示另外一些符号的某个编组。例如，信源 S 可能由全部**英文字母**，或由某些常用的字(例如单词“the”)，或者甚至由一些常用的短语，如“happy birthday”这样的英文短语等组成。若把每个词看作一个单个元素，这样的信源与单符号信源是等效的。

14.5.1　最优编码

在没有先验知识的情况下，集合分割后的两个子集可以这样选择，使它们有近似相等的元素。于是得到的码长也近似等于 $\log N$。然而，如果有先验知识可利用，则可以构造更有效的码，这种先验知识通常以相对频率给出，并可用来构造平均长度最短的码。因为概率是相对频率的最好表示方法，所以从现在起我们假定信源空间 S 是概率空间。

定义　赋予每个源字 ξ_i 一个二进制数 x_i 的过程叫做**随机编码**。

因为 ξ_i 是概率空间 S 的一个元素，故一个随机编码定义了一个随机变量 $\boldsymbol{x}$，并且

$$\boldsymbol{x}(\xi_i) = x_i$$

随机码的**长度**是一个随机变量 $\boldsymbol{L}$，并有

$$\boldsymbol{L}(\xi_i) = l_i \tag{14-168}$$

其中 l_i 是元素 ξ_i 对应的码字 x_i 的长度。

$\boldsymbol{L}$ 的期望用 L 来表示，并称作随机码 $\boldsymbol{x}$ 的平均长度。于是

$$L = E\{\boldsymbol{L}\} = \sum_i p_i l_i \tag{14-169}$$

其中 $p_i = P\{\boldsymbol{x} = x_i\} = P\{\xi_i\}$。

最优编码　**最优编码**是平均码长不超过任何其它编码的编码，编码理论的基本目的就是要确定这样的编码。最优编码具有下列性质：

1. 假定 ξ_a 和 ξ_b 是 S 的两个元素，并用

$$p_a = P\{\xi_a\} \qquad p_b = P\{\xi_b\} \qquad l\{\xi_a\} = l_a \quad l\{\xi_b\} = l_b$$

可以证明，若该编码最优，并且 $p_b > p_b$，

则

$$l_a \leqslant l_b \tag{14-170}$$

证　假定 $l_a > l_b$，交换分配给 ξ_a 和 ξ_b 的编码，我们得到一个新编码，且其平均码长为

$$L_1 = L - (p_a l_a + p_b l_b) + (p_a l_b + p_b l_a) = L - (p_a - p_b)(l_a - l_b)$$

因为 $(p_a - p_b)(l_a - l_b) > 0$，故 $L_1 < L$ 得出。然而，这是不可能的，因为 L 是最优编码长度，所以有 $l_a \leqslant l_b$。

重复应用(14-170)式可得

$$\text{如果 } p_1 \geqslant p_2 \geqslant \cdots \geqslant p_N \qquad \text{那么 } l_1 \leqslant l_2 \leqslant \cdots \leqslant l_N \tag{14-171}$$

2. 具有最小概率 p_{N-1} 和 p_N 的两个元素(源字)在树的最后一代分枝上，即其码长为 l_{N-1} 和 l_N。

证　这是根据(14-171)式和各代分枝都是偶数得到的结论。

下面的基本定理表明了源字分割 $\mathbf{V}$ 的熵

$$H(\mathbf{V}) = -\sum_{i=1}^{N} p_i \log p_i$$

与任意随机编码 $\boldsymbol{x}$ 的平均长度 L 的关系。

定理 14-10 ▶ $$H(\mathbf{V}) \leqslant L \tag{14-172}$$

证 从(14-166)式我们看到，如果 $\boldsymbol{x}$ 的码字长度为 l_i，且 $q_i = 1/2^{l_i}$，则 q_i 的和等于 1，令 $a_i = p_i$ 和 $b_i = q_i$，从(14-37)式可得

$$-\sum_i p_i \log p_i \leqslant -\sum_i p_i \log q_i = \sum_i p_i l_i = L \tag{14-173}$$

这就证明了(14-172)式。

一般地说，$H(\mathbf{V}) < L$。然而，可以证明，当且仅当概率 p_i 等于二进制小数，即 $p_i = 1/2^{n_i}$ 时，才有 $H(\mathbf{V}) = L$。

证 如果 $H(\mathbf{V}) = L$，则(14-173)式为等式。因而 $p_i = q_i = 1/2^{l_i}$[见(14-37)式]，故我们的断言成立，因为长度 l_i 是整数。

反之，若 $p_i = 1/2^{n_i}$，且 n_i 是整数，那么我们能构造一个长度 $l_i = n_i$ 的编码，这是因为 p_i 的和等于 1。这个编码的长度 L 等于 $H(\mathbf{V})$。换言之，如果所有 p_i 是二进制小数，那么具有长度 $l_i = n_i$ 的编码是最优的。 ◀

14.5.2 香农、费诺和霍夫曼编码

前面的定理给了我们一个关于平均码长 L 的下界，但并未告诉我们如何达到它。在本节的末尾我们将证明，如果不是对每个字，而是对整个消息编码，那么，对任意 $\varepsilon > 0$，我们能够构造出这样的码，其每个字的平均长度小于 $H(\mathbf{V}) + \varepsilon$。

下面，我们给出包括最优编码(霍夫曼)在内的三种常用的编码方法。并将在例 14-25 中示例这三种编码。

香农(Shannon)编码 我们曾经指出，如果概率 p_i 是二进制小数，那么长度 $l_i = -\log p_i$ 的码是最优的。据此，我们可以对所有其它情形构造编码。

每个 p_i 规定了一个整数 n_i 使得

$$\frac{1}{2^{n_i}} \leqslant p_i < \frac{1}{2^{n_i - 1}} \tag{14-174}$$

其中最少有一个 p_i 满足 $p_i > 1/2^{n_i}$(假设)。令 n_m 表示整数 n_i 中最大的一个，则从上可得

$$\sum_{i=1}^{N} \frac{1}{2^{n_i}} \leqslant 1 - \frac{1}{2^{n_m}} \tag{14-175}$$

这是因为上式左边是小于 1 的二进制数。因而，若把 n_m 变成 $n_m - 1$，则(14-175)式的值将不超过 1。我们继续进行以上将最大的整数减 1 的过程，直至得到一个整数 l_i 的集合，使得

$$\sum_{i=1}^{N} \frac{1}{2^{l_i}} = 1 \qquad l_i \leqslant n_i \tag{14-176}$$

根据这个整数集合我们构造一组码，并用 L^a 表示其平均长度。于是有

$$L^a = \sum_{i=1}^{N} p_i l_i \leqslant \sum_{i=1}^{N} p_i n_i$$

我们可以证明

$$H(\mathbf{V}) \leqslant L^a < H(\mathbf{V}) + 1 \tag{14-177}$$

证　从(14－174)式可得 $n_i < -\log p_i + 1$，乘以 p_i 并相加可得

$$\sum_{i=1}^{N} p_i n_i < \sum_{i=1}^{N} p_i(-\log p_i + 1) = H(\mathbf{V}) + 1$$

(14－177)式得证[见(14－172)式]。

费诺(Fano)编码　按照以下的划分规则，我们用集合分割方法来描述这种编码。将概率 p_i 按降序排列为

$$p_1 \geqslant p_2 \geqslant \cdots \geqslant p_N \tag{14-178}$$

我们选择第一代的集合 A_0 和 A_1 使其有相等或近似相等的概率。为此，我们确定 k 使得

$$p_1 + \cdots + p_k \leqslant 0.5 \leqslant p_{k+1} + \cdots + p_N$$

然后令 A_0 等于 $\{\xi_1, \cdots, \xi_k\}$ 或 $\{\xi_1, \cdots, \xi_{k+1}\}$。用同样的规则相继进行细分。我们将在例 14－25 中看到，这样得到的码长 L^b 接近于香农编码长度 L^a。

应当指出，因为每次平分时子集的选择方法不是惟一的，故费诺编码不是惟一的。

霍夫曼(Huffman)编码　用 $\boldsymbol{x}_N^0$ 表示最优 N 元编码，用 L_N^0 表示其平均长度。可用下列的运算来确定 $\boldsymbol{x}_N^0$：像(14－178)式那样把 S 中的元素 ξ_i 的概率 p_i 按降序排列，并相应地对 ξ_i 编号。然后以一个新的元素代替最后两个元素 ξ_{N-1} 和 ξ_N，并赋予新元素概率 $p_{N-1} + p_N$，这样便得到有 $N-1$ 个元素的新的信源。这种运算称为**霍夫曼收缩**。

在例 14－25 的表中，新元素用一方框来标明，其中也指示出了被代替的元素。

重新按降序排列新得到的信源的概率，并重复上述运算，直至获得仅有两个元素的集合。

对信源 S 中的每个元素 ξ_i，我们从最后的位数开始赋予码字 x_i：即给元素 ξ_{N-1} 和 ξ_N 的码字最后一位数分别赋予 0 和 1，在后继的每次收缩中，我们给包含在最后两个方框中的所有元素的局部完成的码字的左边赋予 0 和 1。

这样形成的码(霍夫曼)用 $\boldsymbol{x}_N^c$ 表示，其平均长度记为 L_N^c。可以证明这个编码是最优的。

证　最优性的证明基于如下观察。不难看出最后两个码字 x_{N-1} 和 x_N 有相同的长度 l_r。在例 14－25 中，

$$N = 9 \qquad x_8 = 00000 \qquad x_9 = 00001 \qquad l_r = 5$$

如果用它们共同部分构成的单个字代替这两个字，则可得到 $N-1$ 个元素的集合的霍夫曼码 $\boldsymbol{x}_{N-1}^c$，而新元素的码长等于 l_{r-1}。这样可得到

$$L_N^c - (p_{N-1} + p_N) l_r = L_{N-1}^c - (p_{N-1} + p_N)(l_r - 1)$$

因此

$$L_N^c = L_{N-1}^c + p_{N-1} + p_N \tag{14-179}$$

在例 14－25 中

$$L_9^c = \sum_{i=1}^{7} p_i l_i + 5p_8 + 5p_9 \qquad L_8^c = \sum_{i=1}^{7} p_i l_i + 4(p_8 + p_9)$$

归纳　当 $N = 2$ 时，霍夫曼码是最优的，因为仅有一个码有两个字。假定它对有 $k \leqslant N-1$ 个元素的每个信源都是最优的，我们来证明它对 $k = N$ 时也是最优的。假设有一个 N 个元素的源，以上结论对它不成立，即，假定

$$L_N^0 < L_N^c \tag{14-180}$$

我们知道，概率最小的两个元素 ξ_{N-1} 和 ξ_N 是在最优编码树的最后一代分枝上。如果消去它们，

则收缩了的树规定了一个长度为 L_{N-1} 的新的码。与(14-179)式的推证同理，由(14-180)式得到

$$L_{N-1}+p_{N-1}+p_N=L_N^0<L_N^c=L_{N-1}^c+p_{N-1}+p_N$$

因此

$$L_{N-1}<L_{N-1}^c$$

但这是不可能的，因为按照假定 $N-1$ 阶霍夫曼编码是最优的。

【例 14-25】 我们用有 9 个元素的集合作为信源来说明上面的编码。它们的概率如表 14-3：

表 14-3

i	1	2	3	4	5	6	7	8	9
p_i	0.22	0.19	0.15	0.12	0.08	0.07	0.07	0.06	0.04

所得到的熵等于

$$H(\mathbf{V})=-\sum_{i=1}^{9}p_i\log p_i=2.703$$

任意码　如图 14-19，我们以任意选择的集合平分链构成编码。表 14-4 给出了码字及相应的长度，这里 $L=\sum_{i=1}^{9}p_il_i=3.40$

表 14-4

i	1	2	3	4	5	6	7	8	9
x_i	000	0010	0011	010	011	10	1100	1101	111
l_i	3	4	4	3	3	2	4	4	3

香农码　表 14-5 给出了按(14-174)式确定的整数 n_i 和直至得到最后的长度 l_i 所需要的减少数。相应的编码树如图 14-20 所示。

表 14-5

p_i	0.22	0.19	0.15	0.12	0.08	0.07	0.07	0.06	0.04	
	$\frac{1}{2^3}\leqslant p_i<\frac{1}{2^2}$			$\frac{1}{2^4}\leqslant p_i<\frac{1}{2^3}$				$\frac{1}{2^5}\leqslant p_i<\frac{1}{2^4}$		$\sum_{i=1}^{N}\frac{1}{2^{n_i}}$
n_i	3	3	3	4	4	4	4	5	5	12/16
	3	3	3	3	3	4	4	4	4	14/16
l_i	3	3	3	3	3	3	3	4	4	1
x_i	000	001	010	011	100	101	110	1110	1111	$L^a=3.1$

费诺码　表 14-6 给出了用费诺平分法得到的子集及其概率，最后一代集合是 S 中的元素 ξ_i；其概率示于表的第一行。平分开始于

$$A_0=\{\xi_1,\xi_2,\xi_3\}\qquad P(A_0)=0.22+0.19+0.15=0.56$$

表 14-6

p_i	0.22	0.19	0.15	0.12	0.08	0.07	0.07	0.06	0.04	
	A_0	0.56		A_1		0.44				
	A_{00}	A_{01}	0.34	A_{10}	0.20	A_{11}		0.24		
		A_{010}	A_{011}	A_{100}	A_{101}	A_{110}	0.14	A_{111}	0.10	
						A_{1100}	A_{1101}	A_{1110}	A_{1111}	
	ξ_1	ξ_2	ξ_3	ξ_4	ξ_5	ξ_6	ξ_7	ξ_8	ξ_9	
x_i	00	010	011	100	101	1100	1101	1110	1111	
l_i	2	3	3	3	3	4	4	4	4	$L^b = 3.02$

最优码　表 14-7 中给出了由 9 个元素构成的原有集合以及每次用霍夫曼收缩得到的集合。元素 ξ_i 用其下标和用方框框到一起的元素组来辨别。每个方框含有在每次收缩中涉及到的原有信源的元素 ξ_i，它们的码字 x_i 从最后一位数字开始发生演变。每个 S_i 行下面的一行表示 S_i 中各元素的概率。例如，在 S_7 下面一行的数 0.10 是包括元素 ξ_8 和 ξ_9 的方框（S_7 的元素）的概率。

表格的最右边一列给出了 S_i 中概率最小的两元素的概率和。根据这个概率将 S_i 的元素重新排列而形成 S_{i+1} 行。

表 14-7　霍夫曼码的演变

S_9	1	2	3	4	5	6	7	8	9	
$p_{i,9}$	0.22	0.19	0.15	0.12	0.08	0.07	0.07	0.06	0.04	0.10
S_8	1	2	3	4	8 0	9 1	5	6	7	
$p_{i,8}$	0.22	0.19	0.15	0.12	0.10		0.08	0.07	0.07	0.14
S_7	1	2	3	6 0	7 1	4	8 0	9 1	5	
$p_{i,7}$	0.22	0.19	0.15	0.14	0.12		0.10		0.08	0.18
S_6	1	2	8 00	9 01	5 1	3	6 0	7 1	4	
$p_{i,6}$	0.22	0.19	0.18			0.15	0.14		0.12	0.26
S_5	6 00	7 01	4 1	1	2	8 00	9 01	5 1	3	
$p_{i,5}$		0.26		0.22	0.19		0.18		0.15	0.33
S_4	8 000	9 001	5 01	3 1	6 100	7 01	4 1	1	2	
$p_{i,4}$			0.33			0.26		0.22	0.19	0.41
S_3	1 0	2 1	8 000	9 001	5 01	3 1	6 00	7 01	4 1	
$p_{i,3}$	0.41				0.33			0.26		0.59
S_2	8 0000	9 001	5 001	3 01	6 100	7 101	4 11	1 0	2 1	
$p_{i,2}$				0.59				0.41		1
S_1	8 00000	9 00001	5 0001	3 001	6 0100	7 0101	4 011	1 10	2 11	

上表中最下一行完整的码字 x_i 及相应的码长 l_i 重新列表如下：

	1	2	3	4	5	6	7	8	9	
x_i	10	11	001	011	0001	0100	0101	00000	00001	$L^0 = 3.01$
l_i	2	2	3	3	4	4	4	5	5	

14.5.3　香农编码定理

在前面的讨论中，我们仅研究了集合 S 的元素 ξ_i 的编码问题，并且证明了最优码的平均码长在 $H(\mathbf{V})$ 和 $H(\mathbf{V})+1$ 之间，即

$$H(\mathbf{V}) \leqslant L^0 \leqslant H(\mathbf{V})+1 \tag{14-181}$$

这个结论可从(14-172)式和(14-177)式得到。下面我们证明如果编码不是仅对单个字，而是对整个消息进行，则对任意 $\varepsilon > 0$，每个字的平均码长能减少到小于 $H(\mathbf{V})+\varepsilon$。

长度为 n 的消息是乘积空间 S^n 的任何一个元素，这样的消息总数为 N^n，空间 S^n 的一种码是其元素和 N^n 个二进制数的集合之间的一种对应。这种对应定义了空间 S^n 的随机变量 $\boldsymbol{x}_n$（随机码），而码字的长度形成另一随机变量 $\boldsymbol{L}_n$（随机码长度）。$\boldsymbol{L}_n$ 的期望值 L_n 是平均码长。由定义可知 L_n 是对 S^n 中的元素进行编码所需位数的平均数。比值

$$\bar{L} = \frac{L_n}{n} \tag{14-182}$$

是每个字的**平均码长**。当然，术语“字”的意思是 S 中的一个元素。

我们假定 S^n 是 n 次独立试验的空间。

定理 14-11 ▶ 我们可以构造空间 S^n 的一种码，使得

$$H(\mathbf{V}) \leqslant \bar{L} < H(\mathbf{V}) + \frac{1}{n} \tag{14-183}$$

证　我们给出两种证明。第一种是(14-181)式的直接结果。第二种则基于典型序列的概念。

1. 把前面的结果应用到信源 S^n，我们构造一种码，使得 L_n 有

$$H(\mathbf{V}^n) \leqslant L_n \leqslant H(\mathbf{V}^n)+1 \tag{14-184}$$

因为 $L_n = n\bar{L}$，且 $H(\mathbf{V}^n) = nH(\mathbf{V})$，于是就得出(14-183)式[见(14-67)式]。

2. 我们知道空间 S^n 能分成两个集合：所有典型序列的集合 $\boldsymbol{T}$ 和所有稀有序列的集合 $\bar{\boldsymbol{T}}$。为了证明(14-183)式，我们构造一编码树，它由 $2^{nH(\mathbf{V})}-1$ 条长度为 $l_t = nH(\mathbf{V})$ 的短路径和 2^l 条长度为 $l_t + l$ 的路径组成。短路径用作典型序列的码字，而长路径用作长序列(图 14-21)。因为 $P(\boldsymbol{T}) \approx 1$ 和 $P(\bar{\boldsymbol{T}}) \approx 0$，我们得知产生的码的平均长度为

$$L_n = l_t P(\boldsymbol{T}) + (l + l_t)P(\bar{\boldsymbol{T}}) \approx l_t = nH(\mathbf{V})$$

于是，$\bar{L} \approx H(\mathbf{V})$，这就证明了(14-183)式。

应当指出，即使试验不是独立的，(14-184)式仍然成立。在这种情况下，只要用 $H(\mathbf{V}^n)/n$ 代替 $H(\mathbf{V})$，定理仍成立。◀

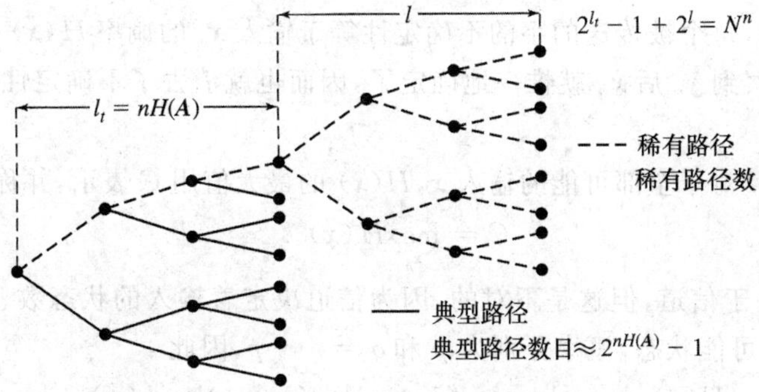

图 14-21

14.6　信道容量

我们希望用通信信道(例如电话电缆)把一则消息从 A 点传送到 B 点。所传送的消息是平稳过程 $\mathbf{x}_n$,在接收终端产生另一过程 $\mathbf{y}_n$。输出 $\mathbf{y}_n$ 不仅决定于输入 $\mathbf{x}_n$,也与信道的性质有关。我们的目的是确定该信道所能传送的最大信息率。为简化讨论,特做如下假设:

1. 信道是**二进制的**,也即输入 $\mathbf{x}_n$ 和输出 $\mathbf{y}_n$ 都仅取 0 和 1 两个值。
2. 信道是**无记忆的**,也即 $\mathbf{y}_n$ 的现在值仅决定于 $\mathbf{x}_n$ 的现在值。
3. 输入 $\mathbf{x}_n$ 是**严格的白噪声**。由假设 2 和 3 可知 $\mathbf{y}_n$ 也是白噪声。
4. 消息按**每秒一个字**的速率传送。

每个传送状态的持续期 T 等于一秒仅仅是一种标准化表述。

【例 14-26】　在图 14-22 中给出了一个信道的简单实现。它是以 $\mathbf{x}_n$ 为输入和以 $\mathbf{y}_n$ 为输出的一个系统。输入到实际信道的是一个取值为 E 和 $-E$(二进制传输)的时间信号 $\mathbf{x}(t)$,这些值对应着 $\mathbf{x}_n$ 的 1 和 0 两个状态。接收到的信号 $\mathbf{y}(t)$ 是一个可能受了噪声干扰后的 $\mathbf{x}(t)$ 的失真形式。系统的输出 $\mathbf{y}(t)$ 可借助某些判决规则(检测器)将时间信号 $\mathbf{y}_n$ 转换成由 0 和 1 组成的离散时间信号而得到。

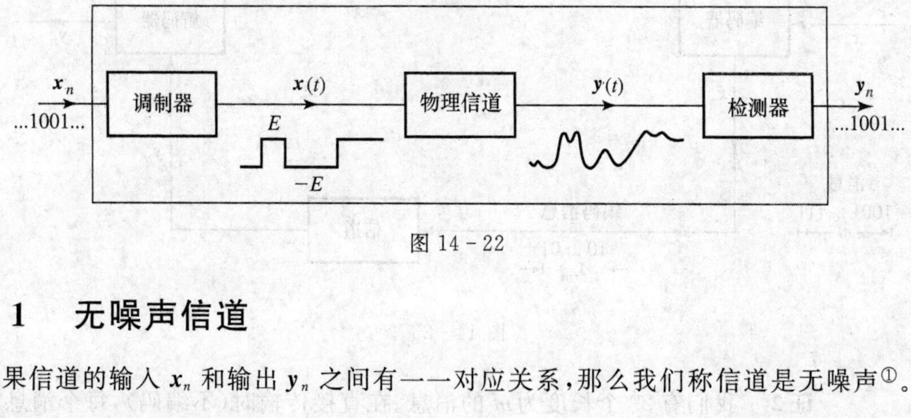

图 14-22

14.6.1　无噪声信道

如果信道的输入 $\mathbf{x}_n$ 和输出 $\mathbf{y}_n$ 之间有一一对应关系,那么我们称信道是无噪声[①]。对于二

① 这个定义不导致关于噪声在信道中的实际存在的任何结论。

进制信道，这意味着若 $\boldsymbol{x}_n = 0$，则 $\boldsymbol{y}_n = 0$；若 $\boldsymbol{x}_n = 1$，则 $\boldsymbol{y}_n = 1$。

在给定的信道中，每个被传送的字的不确定性等于输入 $\boldsymbol{x}_n$ 的熵率 $\overline{H}(\boldsymbol{x}) = H(\boldsymbol{x})$。若信道是无噪声的，那么观察到 $\boldsymbol{y}_n$ 后 $\boldsymbol{x}_n$ 就惟一地确定了，因而也就消去了不确定性。于是，信息传输的速率就等于 $H(\boldsymbol{x})$。

信道容量的定义 对于全部可能的输入 $\boldsymbol{x}$，$H(\boldsymbol{x})$ 的最大值用 C 表示，并称为**信道容量**。

$$C = \max_{x_n} H(\boldsymbol{x}) \tag{14-185}$$

表面上 C 不取决于信道，但这是不对的，因为信道决定着输入的状态数。如果信道是二进制的，则 $\boldsymbol{x}_n$ 只有两个可能状态，概率分别为 p 和 $q = 1 - p$，因此

$$H(\boldsymbol{x}) = -p\log p - (1-p)\log(1-p) = h(p) \tag{14-186}$$

其中 $h(p)$ 是图 14－2 中的函数。因为 $h(p)$ 在 $p = 0.5$ 处有最大值 $h(0.5) = 1$，我们得到二进制无噪声信道的容量等于 1 比特 / 秒。

类似地，若信道容许 N 个输入状态，则它的容量就等于 $\log N$ 比特 / 秒。

信息传输速率 我们重申：信道传送消息的速率为 1 字 / 秒，而它传输信息的速率为 $H(\boldsymbol{x})$ 比特 / 秒。这个速率取决于信源，并且当信源的两个状态等可能时有最大值。

定理 14－12 ▶ 即使输入 $\boldsymbol{x}_n$ 是任意的，只要在传输之前对它适当编码，最大速率 1 比特 / 秒是能够达到的。

证 1 一则 m 个字的消息是一个 m 位的二进制数。共有 2^m 个这样的消息构成空间 S_x^m，而输入 $\boldsymbol{x}_n$ 的每个实现是这样的一个消息序列，我们用上一节的方法（图 14－23）对空间 S_x^m 进行最优编码，得到一个二进制数 $\overline{\boldsymbol{x}}_n$ 的集合。每个 $\overline{\boldsymbol{x}}_n$ 的位数（码长）是均值为 $L_m = E\{\boldsymbol{L}_m\}$ 的随机变量 $\boldsymbol{L}_m$。我们知道

$$mH(\boldsymbol{x}) \leqslant L_m < mH(\boldsymbol{x}) + 1 \tag{14-187}$$

因此，当 m 很大时有 $\overline{L}_m \approx H(\boldsymbol{x})$。因为一个码字 $\overline{\boldsymbol{x}}_n$ 有 $\boldsymbol{L}_m$ 个二进制数位，所以传送一个码字需要 $\boldsymbol{L}_m$ 秒。因此，用编码形式传送一个 m 个字的消息 $\boldsymbol{x}_n$ 需要的平均时间等于 $\boldsymbol{L}_m \approx mH(\boldsymbol{x})$ 秒。又因为在每个消息中包含的信息等于 $mH(\boldsymbol{x})$ 比特，故我们得到传输信息的平均速率等于 $mH(\boldsymbol{x})/mH(\boldsymbol{x}) = 1$ 比特 / 秒。

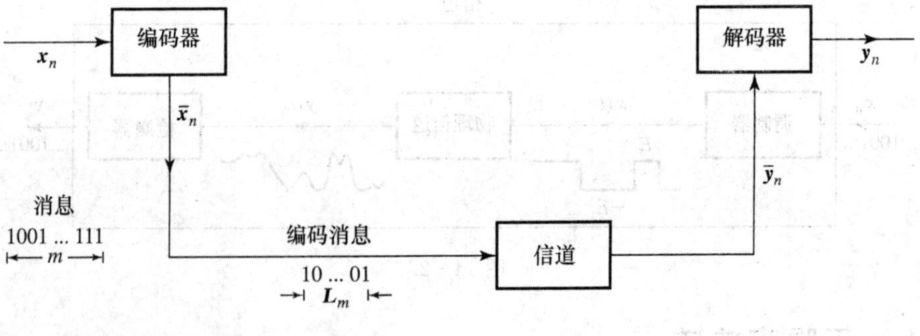

图 14－23

证 2 我们有 2^m 个长度为 m 的消息。在直接传输时（不编码），每个消息需要相同的传输时间 m 秒。然而，所有这些消息中，仅有 $2^{mH(x)}$ 个是可能发生的（典型

序列）。要减少传输时间，我们将所有典型序列编码为长度 $l_t \approx mH(\boldsymbol{x})$ 的字，如图 14-21 所示。稀有序列需要较长的编码；然而它们发生的概率是可以忽略的。于是，传输每个消息的平均时间从秒 m 降到了 $mH(\boldsymbol{x})$ 秒。◀

14.6.2 含噪声信道

由于各种因素，一个实际信道在输入 $\boldsymbol{x}_n$ 和输出 $\boldsymbol{y}_n$ 之间建立的不是一种函数关系，而是一种统计关系。对于二进制信道，这种关系完全由输入的两个状态的概率

$$P\{\boldsymbol{x}_n = 0\} = p \qquad P\{\boldsymbol{x}_n = 1\} = q$$

和条件概率

$$P\{\boldsymbol{y}_n = j \mid \boldsymbol{x}_n = i\} = \pi_{ij} \qquad i,j = 0,1 \tag{14-188}$$

所规定。输出状态的概率由下式给出

$$P\{\boldsymbol{y}_n = 0\} = \pi_{00}p + \pi_{10}q \qquad P\{\boldsymbol{y}_n = 1\} = \pi_{01}p + \pi_{11}q \tag{14-189}$$

定理 ▶ 一个噪声信道是一个随机系统，它建立起输入 $\boldsymbol{x}_n$ 和输出 $\boldsymbol{y}_n$ 之间的一种统计关系。

对于无记忆信道，这种关系完全由信道矩阵 $\prod$ 所规定，$\prod$ 的元素是 π_{ij} 输入状态和输出状态之间的条件概率。对于一个二进制信道，

$$\prod = \begin{bmatrix} \pi_{00} & \pi_{01} \\ \pi_{10} & \pi_{11} \end{bmatrix} \qquad \text{这里} \quad \begin{matrix} \pi_{00} + \pi_{01} = 1 \\ \pi_{10} + \pi_{11} = 1 \end{matrix} \qquad \text{这里} \tag{14-190}$$

如果 $\pi_{10} = \pi_{01} = \beta$，则信道称为对称的。在这种信道中，$\pi_{00} = \pi_{11} = 1-\beta$，于是

$$\prod = \begin{bmatrix} 1-\beta & \beta \\ \beta & 1-\beta \end{bmatrix} \tag{14-191}$$

◀

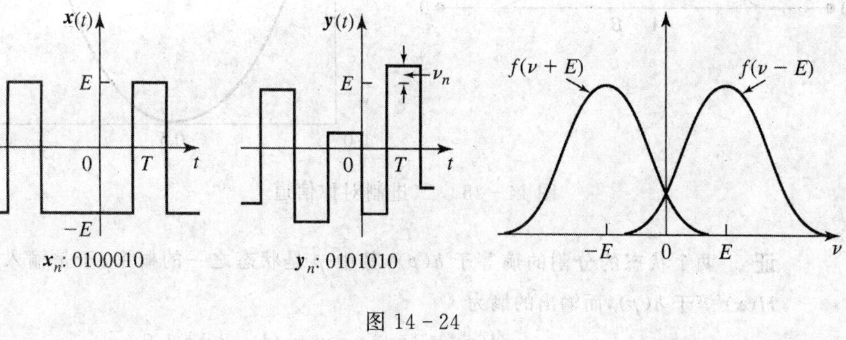

图 14-24

【例 14-27】 为了给出信道矩阵的特性的某些概念，我们在图 14-24 中示出一个简单形式的对称信道。输入 $\boldsymbol{x}(t)$ 是例 14-26 中那样的时间信号，而得到的输出 $\boldsymbol{y}(t)$ 是和式

$$\boldsymbol{y}(t) = \boldsymbol{x}(t) + \boldsymbol{v}_n \qquad nT \leqslant t < nT + T \tag{14-192}$$

其中 $\boldsymbol{v}_n$ 是一个独立随机变量序列，其分布密度 $f(v)$ 是偶函数。输出状态确定如下：

$$\boldsymbol{y}_n = \begin{cases} 1 & \boldsymbol{y}(t) \geqslant 0 \\ 0 & \boldsymbol{y}(t) < 0 \end{cases}$$

由此得知信道是对称的，且

$$\beta = P\{\boldsymbol{y}_n = 1 \mid \boldsymbol{x}_n = 0\} = \int_0^{\infty} f(v+E)\,\mathrm{d}v = P\{\boldsymbol{v} > E\}$$

信道容量 在传输以前，关于输入 $\mathbf{x}_n$ 的每个字的不确定性等于 $H(\mathbf{x})$。在无噪声信道中，观察到输出 $\mathbf{y}_n$ 后这种不确定性就减小为零。然而，在噪声信道中却不是这样，因为由 $\mathbf{y}_n$ 不能惟一地确定 $\mathbf{x}_n$。$\mathbf{y}_n$ 的知识只使关于 $\mathbf{x}_n$ 的不确定性从 $H(\mathbf{x})$ 降至 $H(\mathbf{x} \mid \mathbf{y})$，而差值

$$I(\mathbf{x},\mathbf{y}) = H(\mathbf{x}) - H(\mathbf{x} \mid \mathbf{y}) \qquad (14-193)$$

称为**信息传输速率**①。

如果信道是无噪声的，则 $H(\mathbf{x} \mid \mathbf{y}) = 0$，因此有 $I(\mathbf{x},\mathbf{y}) = H(\mathbf{x})$。若输出 $\mathbf{y}_n$ 对输入是独立的，则 $H(\mathbf{x} \mid \mathbf{y}) = H(\mathbf{x})$，因此 $I(\mathbf{x},\mathbf{y}) = 0$。换言之，这样的信道是无用的(它不能传输任何信息)。

定义 ▶ 函数 $I(\mathbf{x},\mathbf{y})$ 取决于矩阵 $\prod$ 和输入 $\mathbf{x}_n$。噪声信道的容量 C 是对所有可能的输入 $\mathbf{x}_n$ 的 $I(\mathbf{x},\mathbf{y})$ 最大值，即

$$C = \max_{\mathbf{x}_n} I(\mathbf{x},\mathbf{y}) \qquad (14-194)$$

这与(14-185)式一致，因为对应无噪声信道，$I(\mathbf{x},\mathbf{y}) = H(\mathbf{x})$。◀

【例 14-28】 我们证明具有(14-191)式信道矩阵的**二进制对称信道**的容量(图 14-25)等于

$$C = 1 - h(\beta) \qquad 这里 \qquad h(p) = -p\log p - q\log q \qquad (14-195)$$

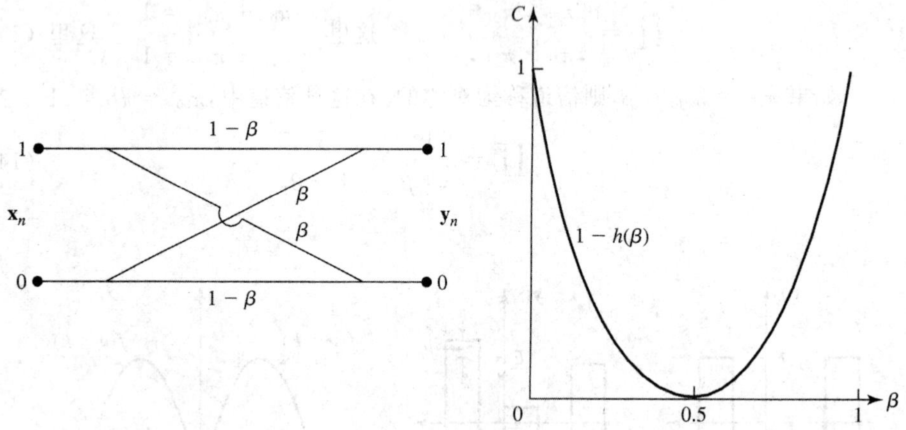

图 14-25 二进制对称信道

证 两个状态的分割的熵等于 $h(p)$，其中 p 是状态之一的概率。于是输入到信道的熵 $H(\mathbf{x})$ 等于 $h(p)$，而输出的熵为

$$H(\mathbf{y}) = h(\gamma) \qquad \gamma = (1-2\beta)p + \beta \qquad (14-196)$$

这是因为[见(14-189)式]

$$P\{\mathbf{y}_n = 0\} = (1-\beta)p + \beta(1-p) = \gamma$$

以上所述对条件熵也成立。这样，因为

$$P\{\mathbf{y}_n = 0 \mid \mathbf{x}_n = 0\} = P\{\mathbf{y}_n = 1 \mid \mathbf{x}_n = 1\} = 1-\beta$$

我们得到

$$H(\mathbf{y} \mid \mathbf{x}_n = 0) = H(\mathbf{y} \mid \mathbf{x}_n = 1) = h(1-\beta)$$

① 条件熵 $H(\mathbf{x} \mid \mathbf{y})$ 是香农**疑义度**。

代入(14-41)式并利用 $h(\beta)=h(1-\beta)$ 我们得到

$$H(\boldsymbol{x}\mid\boldsymbol{y})=H(\boldsymbol{y}\mid\boldsymbol{x})=ph(\beta)+qh(\beta)=h(\beta)$$

由上可得 $I(\boldsymbol{x},\boldsymbol{y})=h(\gamma)-h(\beta)$，这样便得到(14-195)式，因为 $h(\beta)$ 与 p 无关，并且 $\gamma=0.5$ 时 $h(\gamma)$ 有最大值。

冗余编码和随机编码 考虑一个含有 N 个元素的集合 A(信源)和含有 M 个元素的集合 B(编码)，其中 $N<M$。冗余编码是在 A 的元素与 B 的某个子集 B_1 中的元素之间的一种一一对应关系。

子集 B_1 包含 N 个元素，它可用许多方法来选择。如果 B_1 的元素是随机地在 B 的 M 个元素中选取的，则所得的编码称为**随机的**①。由定义可知，B 的某一特定元素处于随机地选择的集合 B_1 中的概率等于 N/M。

在下面的例子中，我们证明冗余编码可用来降低传输中的错误概率。

【例 14-29】 在一对称信道中，错误概率等于 β，为了减少这个错误，我们将输入集合 $A=\{0,1\}$ 编码成所有三位二进制数集合 B 的子集 $B_1=\{000,111\}$。按前面的记号，$N=2$，而 $M=8$。

于是输入 $\boldsymbol{x}_n$ 编成了由三个一组的 0 和 1 组成的信号 $\bar{\boldsymbol{x}}_n$，它产生输出信号 $\bar{\boldsymbol{y}}_n$(图 14-26)。解码方法是按所谓**多数规则**：如果接收的三元组信号中至少有两个 0，则 $\boldsymbol{y}_n=0$，否则 $\boldsymbol{y}_n=1$。

容易看出(习题 14-23)，所传输的字被错误检测的概率等于 $\beta^2(3-2\beta)$。如果 $\beta<0.5$，它小于 β。此时传输的速率也从每秒一个字降至每三秒一个字。

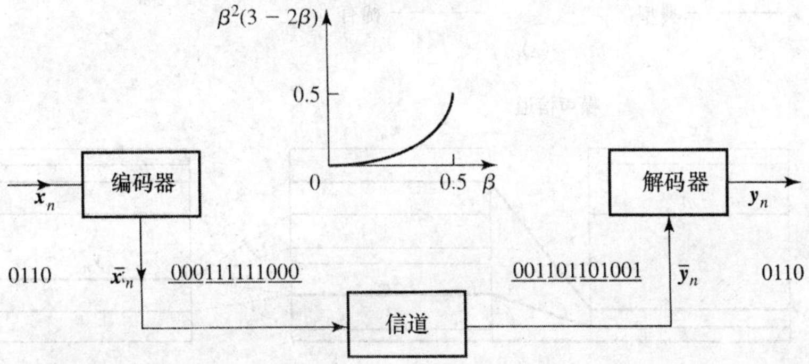

图 14-26

由上似乎能得出，用冗余编码降低错误概率，随着错误趋于零，传输速率一定也趋于零。然而并不是这样。如下面的著名定理所表明，保持信息传输速率接近信道容量并使错误概率任意小是可能的。

14.6.3 信道容量定理

信息能够以几乎等于信道容量 C 的速率和可忽略的错误概率通过有噪声的信道进行传输。

证 预备性的说明 由信道容量的定义可知，$H(\boldsymbol{x})$ 的最大值至少等于 C，这是因为

① 这里随机码的定义不是(14-168)前所给的定义。

$$H(\boldsymbol{x}) = I(\boldsymbol{x},\boldsymbol{y}) + H(\boldsymbol{x} \mid \boldsymbol{y}) \geqslant I(\boldsymbol{x},\boldsymbol{y}) \tag{14-197}$$

这表明我们能够找出一个信源，其熵率可以任意接近 C。我们将证明，若 $\boldsymbol{x}_n$ 是信源，其熵率

$$H(\boldsymbol{x}) < C \tag{14-198}$$

那么，对于任意的 $\alpha > 0$，它能以每秒一个字的速率传输，而使错误概率小于 α。这样就能证明定理，因为每个字的信息等于 $H(\boldsymbol{x})$。

正如无噪声情况，证明的基点是在空间 S_x^m 中进行适当的编码，其中 S_x^m 由长度为 m 的 $\boldsymbol{x}_n$ 的所有可能的字节所组成。但下面要说明，其目的是不相同的。

无噪声信道　码集合由两组二进制数组成（图 14-27(a)），第一组有 2^{m_1} 个长度为 $m_1 = mH(x)$ 的元素，并用于对输入空间 S_x^m 的 2^{m_1} 个典型序列编码。第二组则用于对 S_x^m 的稀有序列编码。因为所有稀有序列集合的概率小得可以忽略，故编码的平均长度等于 m_1。

于是，在无噪声情况下，编码的目的是把传输 m 个字的消息的时间从 m 秒降至 m_1 秒。这使得信息传输的速率从每 m 秒 $mH(\boldsymbol{x})$ 比特增加到每 $m_1 = mH(\boldsymbol{x})$ 秒 $mH(\boldsymbol{x})$ 比特。

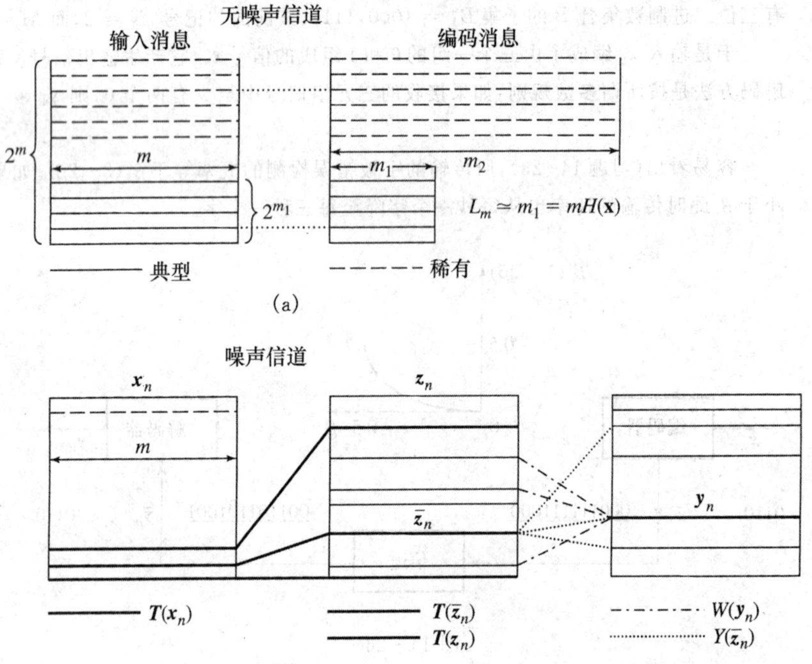

图 14-27

噪声信道　按(14-197)式推证可得，给定 $\varepsilon > 0$，可找到一过程 z_n，使得

$$H(\boldsymbol{z}) - H(\boldsymbol{z} \mid \boldsymbol{y}) > C - \varepsilon \tag{14-199}$$

选择 $\varepsilon < C - H(\boldsymbol{x})$，我们得到

$$H(\boldsymbol{z}) > H(\boldsymbol{x}) + H(\boldsymbol{z} \mid \boldsymbol{y}) \geqslant H(\boldsymbol{x}) \tag{14-200}$$

因为 $H(\boldsymbol{z} \mid \boldsymbol{y}) > 0$。

所有长度 m 为 $\boldsymbol{z}_n$ 的的序列构成由 2^m 个元素组成的空间 S_z^m。因而，我们能把输入集合 S_x^m 编码为集合 S_z^m。所获得的码是一一对应的（图 14-27(b)）。然而，如果我们仅考虑从 S_x^m 的所有典型序列的子集 $\boldsymbol{T}(\boldsymbol{x}_n)$ 到 S_x^m 的所有典型序列的子集 $\boldsymbol{T}(\boldsymbol{z}_m)$ 的映射的话，这个码可看成是冗余

的。的确，$\boldsymbol{T}(\boldsymbol{x}_n)$ 有 $N=2^{mH(\boldsymbol{x})}$ 个元素，而 $\boldsymbol{T}(\boldsymbol{z}_n)$ 有 $M=2^{mH(\boldsymbol{z})}$ 个元素，其中

$$N=2^{mH(\boldsymbol{x})}\ll 2^{mH(\boldsymbol{z})}=\boldsymbol{M} \tag{14-201}$$

这是因为 $H(\boldsymbol{x})<H(\boldsymbol{z})$ 且 $m\gg 1$ 之故。我们用 $\bar{\boldsymbol{z}}_n$ 表示一个典型的 $\boldsymbol{x}_n$ 消息的码字，用 $\boldsymbol{T}(\bar{\boldsymbol{z}}_n)$ 表示所有这样的码字的集合。显然，$\boldsymbol{T}(\bar{\boldsymbol{z}}_n)$ 是由 $N\ll M$ 个元素组成的集合 $\boldsymbol{T}(\boldsymbol{z}_n)$ 的子集。

编码的目的是选择集合 $\boldsymbol{T}(\bar{\boldsymbol{z}}_n)$ 使得它的元素相互间在下述意义上有“大的距离”：因为信道是有噪声的，由一个特定的 $\bar{\boldsymbol{z}}_n$ 所得的输出不是惟一的，我们用 $\boldsymbol{Y}(\bar{\boldsymbol{z}}_n)$ 表示由这个元素产生的所有输出序列的集合。我们试图设计一种码使得对于集合 $\boldsymbol{T}(\bar{\boldsymbol{z}}_n)$ 的所有 $\boldsymbol{z}_n$，输出集合 $\boldsymbol{Y}(\bar{\boldsymbol{z}}_n)$ 相交的概率小得可以忽略。这就保证了用观察到的输出 $\boldsymbol{y}_n$ 来确定 $\bar{\boldsymbol{z}}_n$ 的惟一性。

随机编码　要完成这个证明，我们要阐明，在集合 $\boldsymbol{T}(\boldsymbol{z}_n)$ 的所有 N 个元素的子集中至少有一个能够满足我们的要求。事实上，我们将证明一个更强的命题：如果从 $\boldsymbol{T}(\boldsymbol{z}_n)$ 的 M 个元素中**随机地**选择 N 个元素 $\bar{\boldsymbol{z}}_n$，并用所得的集合 $\boldsymbol{T}(\bar{\boldsymbol{z}}_n)$ 去对集合 $\boldsymbol{T}(\boldsymbol{x}_n)$ 编码，则几乎一定使传输中错误的概率小到可以忽略。

应当指出，一旦编码集合 $\boldsymbol{T}(\bar{\boldsymbol{z}}_n)$ 被选定，$\boldsymbol{T}(\boldsymbol{z}_n)$ 的一个元素在 $\boldsymbol{T}(\bar{\boldsymbol{z}}_n)$ 中的概率等于 N/M。由此可得，若 W 是随机地选择的 $\boldsymbol{T}(\boldsymbol{z}_n)$ 的子集，且由 N_w 个元素构成，那么因为 $N\ll M$，它与集合 $\boldsymbol{T}(\bar{\boldsymbol{z}}_n)$ 相交的概率 P_w 就成为

$$P_w=-1-\left(1-\frac{N}{M}\right)^{N_w}\approx\frac{NN_w}{M} \tag{14-202}$$

假定我们通过信道传送所选择的 m 个字的消息 $\boldsymbol{z}_n$，并在输出端观察到一则 m 个字的消息 $\boldsymbol{y}_n$。因为信道是有噪声的，相同的 $\boldsymbol{y}_n$ 可以来自许多别的输入消息。我们以 $W(\boldsymbol{y}_n)$ 表示 $\boldsymbol{T}(\boldsymbol{z}_n)$ 中除了真正要传输的消息 $\bar{\boldsymbol{z}}_n$ 之外所有将产生相同输出 $\boldsymbol{y}_n$ 的元素的集合(图 14-27(b))。如果集合 $W(\boldsymbol{y}_n)$ 不与编码集合 $\boldsymbol{T}(\bar{\boldsymbol{z}}_n)$ 相交，则不会有错误，因为观察到的信号 $\boldsymbol{y}_n$ 惟一地确定了所传送的信号 $\bar{\boldsymbol{z}}_n$。因而，错误概率等于集合 $W(\boldsymbol{y}_n)$ 与 $\boldsymbol{T}(\bar{\boldsymbol{z}}_n)$ 相交的概率 P_w。正如我们所知[见(14-74)式]，在 $W(\boldsymbol{y}_n)$ 中典型元素的数目 N_w 等于 $2^{mH(\boldsymbol{z}\mid\boldsymbol{y})}$。忽略所有其它的元素，我们从(14-202)式得到

$$P_w\approx\frac{NN_w}{M}=2^{mH(\boldsymbol{z}\mid\boldsymbol{y})}2^{m[H(\boldsymbol{x})-H(\boldsymbol{z})]}$$

这就证明了

$$m\to\infty\ \text{时}\qquad P_w\to 0$$

因为 $H(\boldsymbol{z}\mid\boldsymbol{y})+H(\boldsymbol{x})-H(\boldsymbol{z})<0$，证毕。

最后我们指出，信息传输速率的最大值不能超过 C 比特 / 秒。

的确，为获得高于 C 的速率，我们需要传输信号 $\boldsymbol{z}_n$ 使得 $H(\boldsymbol{z})-H(\boldsymbol{z}\mid\boldsymbol{y})>C$ 成立。然而，这是不可能的[见(14-194)式]。

习　题

14-1　证明 $H(\boldsymbol{U}\cdot\boldsymbol{B}\mid\boldsymbol{B})=H(\boldsymbol{U}\mid\boldsymbol{B})$。

14-2　证明：若 $\varphi(p)=-p\log p$，$p_1<p_1+\varepsilon<p_2-\varepsilon<p_2$，则

$$\varphi(p_1+p_2)<\varphi(p_1)+\varphi(p_2)<\varphi(p_1+\varepsilon)+\varphi(p_2-\varepsilon)。$$

14-3　在图 P14-3 中，我们给出下列恒等式的图解说明。

$$H(\boldsymbol{U}\cdot\boldsymbol{B})=H(\boldsymbol{U})+H(\boldsymbol{B}\mid\boldsymbol{U})=H(\boldsymbol{U})+H(\boldsymbol{B})-I(\boldsymbol{U},\boldsymbol{B})$$

其中每个量等于对应区域的面积。正式将这种说明推广至三个分割(图 P14 - 3(b)),我们得到下列等式

$$H(\boldsymbol{U}\cdot\boldsymbol{B}\cdot\boldsymbol{C})=H(\boldsymbol{U})+H(\boldsymbol{B}\cdot\boldsymbol{C}\mid\boldsymbol{U})=H(\boldsymbol{U}\cdot\boldsymbol{B})+H(\boldsymbol{C}\mid\boldsymbol{U}\cdot\boldsymbol{B})$$

$$H(\boldsymbol{U}\cdot\boldsymbol{B}\cdot\boldsymbol{C})=H(\boldsymbol{U})+H(\boldsymbol{B}\mid\boldsymbol{U})+H(\boldsymbol{C}\mid\boldsymbol{U}\cdot\boldsymbol{B})$$

$$H(\boldsymbol{B}\cdot\boldsymbol{C}\mid\boldsymbol{U})=H(\boldsymbol{B}\mid\boldsymbol{U})+H(\boldsymbol{C}\mid\boldsymbol{U}\cdot\boldsymbol{B})$$

证明这些等式成立。

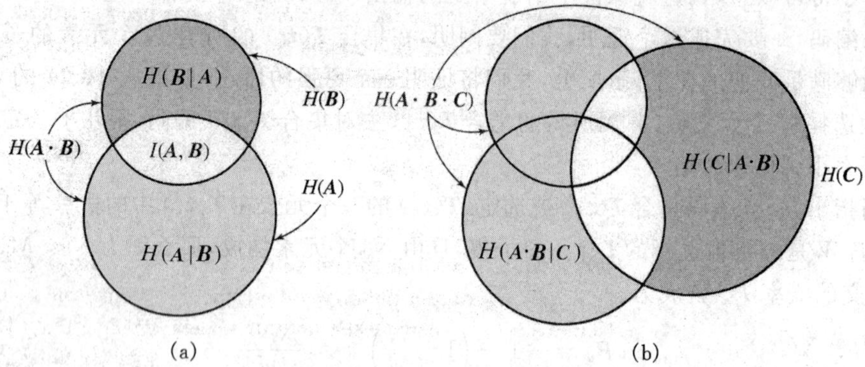

图 P14 - 3

14 - 4 证明

$$I(\boldsymbol{U}\cdot\boldsymbol{B},\boldsymbol{C})+I(\boldsymbol{U},\boldsymbol{B})=I(\boldsymbol{U}\cdot\boldsymbol{C},\boldsymbol{B})+I(\boldsymbol{U},\boldsymbol{C})$$

并在图 P14 - 3(b) 的表示中指明每个量。

14 - 5 在假定 $\boldsymbol{C}$ 的条件下,两个分割 $\boldsymbol{U}$ 和 $\boldsymbol{B}$ 的条件互信息定义为

$$I(\boldsymbol{U},\boldsymbol{B}\mid\boldsymbol{C})=H(\boldsymbol{U}\mid\boldsymbol{C})+H(\boldsymbol{B}\mid\boldsymbol{C})-H(\boldsymbol{U}\cdot\boldsymbol{B}\mid\boldsymbol{C})$$

(a) 证明
$$I(\boldsymbol{U},\boldsymbol{B}\mid\boldsymbol{C})=I(\boldsymbol{U},\boldsymbol{B}\cdot\boldsymbol{C})-I(\boldsymbol{U},\boldsymbol{C})\tag{i}$$

并在图 P14 - 3(b) 的表示中指明每个量。

(b) 由(i) 式可得 $I(\boldsymbol{U},\boldsymbol{B}\cdot\boldsymbol{C})\geqslant I(\boldsymbol{U},\boldsymbol{C})$,用互信息的直观概念解释这个不等式。

14 - 6 在一实验 S 中,二进制分割 $\boldsymbol{U}=[A,\overline{A}]$ 的熵等于 $h(p)$,其中 $p=P(A)$。证明在实验 $S^3=S\times S\times S$ 中,八元素分割 $\boldsymbol{U}^3=\boldsymbol{U}\cdot\boldsymbol{U}\cdot\boldsymbol{U}$ 的熵如(14 - 67) 式那样等于 $3h(p)$。

14 - 7 证明

$$H(\boldsymbol{x}+a)=H(\boldsymbol{x})\qquad H(\boldsymbol{x}+\boldsymbol{y}\mid\boldsymbol{x})=H(\boldsymbol{y}\mid\boldsymbol{x})$$

上式中,$H(\boldsymbol{x}+a)$ 是随机变量 $\boldsymbol{x}+a$ 的熵,而 $H(\boldsymbol{x}+\boldsymbol{y}\mid\boldsymbol{x})$ 是随机变量 $\boldsymbol{x}+\boldsymbol{y}$ 的条件熵。

14 - 8 已知 $\boldsymbol{x}$ 和 $\boldsymbol{y}$ 是独立的离散型随机变量。证明若 $\boldsymbol{z}=\boldsymbol{x}+\boldsymbol{y}$,且直线 $x+y=z_i$ 上的质点不多于一个,则

$$H(\boldsymbol{z}\mid\boldsymbol{x})=H(\boldsymbol{y})\leqslant H(\boldsymbol{z})$$

提示:证明 $\boldsymbol{U}_z=\boldsymbol{U}_x\cdot\boldsymbol{U}_y$。

14 - 9 随机变量 $\boldsymbol{x}$ 在区间$(0,a)$ 内是均匀分布的,而随机变量 $\boldsymbol{y}$ 等于 $\boldsymbol{x}$ 舍入到最近的某个 δ 倍

数的值。证明 $I(\boldsymbol{x},\boldsymbol{y}) = \log a/\delta$。

14-10　证明：若变换 $\boldsymbol{y} = g(\boldsymbol{x})$ 是一一对应的，而 $\boldsymbol{x}$ 是离散型的，则

$$H(\boldsymbol{x},\boldsymbol{y}) = H(\boldsymbol{x})$$

提示：$p_{ij} = P\{\boldsymbol{x} = x_i\}\delta[i-j]$

14-11　证明对离散型随机变量有

$$H(\boldsymbol{x},\boldsymbol{x}) = H(\boldsymbol{x}) \qquad H(\boldsymbol{x} \mid \boldsymbol{x}) = 0 \qquad H(\boldsymbol{y} \mid \boldsymbol{x}) = H(\boldsymbol{y},\boldsymbol{x} \mid \boldsymbol{x})$$

$$H(\boldsymbol{y} \mid \boldsymbol{x}_1,\cdots,\boldsymbol{x}_n) = H\left(\boldsymbol{y},\sum_{k=1}^{n} a_k \boldsymbol{x}_k \mid \boldsymbol{x}_1,\cdots,\boldsymbol{x}_n\right)$$

对连续型随机变量，有关的密度是一些奇异函数。然而，若令 $H(\boldsymbol{x},\boldsymbol{x}) = H(\boldsymbol{x})$，并用定理(14-103)式以及它对几个变量的推广形式来递推确定所有的条件熵，则上式也成立。

14-12　过程 $\boldsymbol{x}_n$ 是正态白噪声，$E\{\boldsymbol{x}_n^2\} = 5$，而

$$\boldsymbol{y}_n = \sum_{k=0}^{\infty} 2^{-k}\boldsymbol{x}_{n-k}$$

(a) 求随机变量 $\boldsymbol{x}_n$ 和 $\boldsymbol{y}_n$ 的互信息。

(b) 求过程 $\boldsymbol{y}_n$ 的熵率。

14-13　随机变量 $\boldsymbol{x}_n$ 是独立的，在区间(4,6)内均匀分布，求过程

$$\boldsymbol{y}_n = 5\sum_{k=0}^{\infty} 2^{-k}\boldsymbol{x}_{n-k}$$

的熵率。

14-14　若对于 $|x| > 1$ 有 $f(x) = 0$，且 $E\{\boldsymbol{x}\} = 0.31$，求随机变量 $\boldsymbol{x}$ 的最大熵密度。

14-15　观测到电话呼叫的持续时间是1到5分钟之间的数 $\boldsymbol{x}$，它的均值是3分37秒，求它的最大熵密度。

14-16　给定骰子实验中 $P\{偶数\} = 0.5$，且已知向上的次数 $\boldsymbol{x}$ 的均值等于4.44。求 $p_i = P\{\boldsymbol{x} = i\}$ 的最大熵值。

14-17　设 $\boldsymbol{x}$ 是一个随机变量，熵为 $H(\boldsymbol{x})$，且 $\boldsymbol{y} = 3\boldsymbol{x}$。用 $H(\boldsymbol{x})$ 来表示 $\boldsymbol{y}$ 的熵 $H(\boldsymbol{y})$。

(a) 若 $\boldsymbol{x}$ 是离散型，(b) 若 $\boldsymbol{x}$ 是连续型。

14-18　在两个均匀骰子实验中，$\boldsymbol{U}$ 是一个由事件 $A_1 = \{7\}$，$A_2 = \{11\}$ 和 $A_3 = \overline{A_1 \cup A_2}$ 组成的分割。

(a) 求它的熵；(b) 骰子投掷100次，求由事件 A_1，A_2 和 A_3 形成的典型序列和非典型序列的数目。

14-19　过程 $\boldsymbol{x}[n]$ 是严平稳过程，熵率为 $\overline{H}(\boldsymbol{x})$，证明若

$$\boldsymbol{w}_n = \sum_{k=0}^{n} \boldsymbol{x}_{n-k} h_k$$

那么

$$\lim_{n\to\infty} \frac{1}{n+1} H(\boldsymbol{w}_0,\cdots,\boldsymbol{w}_n) = \overline{H}(\boldsymbol{x}) + \log h_0$$

14-20　在硬币实验中，"正面"的概率是随机变量 $\boldsymbol{p}$，且 $E\{\boldsymbol{p}\} = 0.6$，用最大熵方法求出其分布密度 $f(p)$。

14-21　(Brandeis 骰子问题) 在骰子实验中，向上的点的平均数等于4.5，用最大熵方法求出

$p_i = P\{f_i\}$。

14 - 22　若 $E\{\boldsymbol{x}_1^2\} = E\{\boldsymbol{x}_2^2\} = E\{\boldsymbol{x}_3^2\} = 4 \qquad E\{\boldsymbol{x}_1\boldsymbol{x}_2\} = E\{\boldsymbol{x}_1\boldsymbol{x}_3\} = 1$

用最大熵方法求出随机变量 $\boldsymbol{x}_1,\boldsymbol{x}_2$ 和 $\boldsymbol{x}_3$ 的联合分布密度 $f(x_1,x_2,x_3)$。

14 - 23　一信源有七个元素,其概率分别为:

$$0.3\quad 0.2\quad 0.15\quad 0.15\quad 0.1\quad 0.06\quad 0.04$$

试构造出香农、费诺和霍夫曼编码,并计算它们的平均长度。

14 - 24　证明例 14 - 29 的冗余编码中,错误概率等于 $\beta^2(3-2\beta)$。

提示: $P\{\boldsymbol{y}_n = 1 \mid \boldsymbol{x}_n = 0\} = \beta^3 + 3\beta^2(1-\beta)$。

14 - 25　若接收到的信息总是错误的,试求二进制对称信道的信道容量。

第 15 章

马尔可夫链

15.1 引 言

马尔可夫过程是独立过程最简单的推广，它在任何时刻的结果仅依赖于前一时刻的结果而与再以前的结果无关。因而在马尔可夫过程 $\boldsymbol{x}(t)$ 中，如果规定了它当前时刻的取值，则过去时刻的取值不会影响其未来时刻的取值。这意味着，如果 $t_{n-1}<t_n$，则

$$P[\boldsymbol{x}(t_n)\leqslant x_n \mid \boldsymbol{x}(t),\ t\leqslant t_{n-1}]=P[\boldsymbol{x}(t_n)\leqslant x_n \mid \boldsymbol{x}(t_{n-1})] \tag{15-1}$$

由(15－1)式可知，如果 $t_1<t_2<\cdots t_n$，则

$$P[\boldsymbol{x}(t_n)\leqslant x_n \mid \boldsymbol{x}(t_{n-1}),\cdots,\boldsymbol{x}(t_1)]=P[\boldsymbol{x}(t_n)\leqslant x_n \mid \boldsymbol{x}(t_{n-1})] \tag{15-2}$$

马尔可夫过程的一种特殊类型为马尔可夫链，它具有有限个或可列无限个状态 $e_1,e_2,e_j,\cdots$，在已知系统现在所处状态的情况下，系统将来的演变与过去无关。马尔可夫链和马尔可夫过程都可以是离散时间或连续时间的过程，这取决于时间指标是离散的还是连续的。本章主要讨论离散时间马尔可夫链的暂态与稳态的极限行为。另外，各种驻留时间、首次通过时间、状态驻留时间和它们的概率分布也是我们特别感兴趣的问题。例 15－1 至例 15－15 表明马尔可夫过程广泛存在于自然界和日常生活中。

马尔可夫过程以 Markov(1856～1922)命名，是因为他在有限状态的离散参数系统中引入了这一概念(1907)。柯尔莫格洛夫(Kolmogorov, 1936)最初研究了可数(可列无限)链理论，接下来多布林(Doeblin,1937)、道卜(Doob,1942)、列维(Levy,1951)等人进一步发展了该理论。

【例 15－1】 随机游动

在 10－1 节中讨论过的一维随机游动模型是马尔可夫链的特殊形式。每一阶段的伯努利试验序列 $\boldsymbol{x}_1,\boldsymbol{x}_2,\cdots,\boldsymbol{x}_n,\cdots$ 是独立的，并且(10－1)式的累积部分和序列 $\boldsymbol{s}_n$ 表示微粒的相对位置，满足递推关系 $\boldsymbol{s}_{n+1}=\boldsymbol{s}_n+\boldsymbol{x}_{n+1}$。已知 $\boldsymbol{s}_n=j(j=0,\pm1,\pm2,\cdots,\pm n,\cdots)$，则随机变量 $\boldsymbol{s}_{n+1}$ 只能取两个值：$\boldsymbol{s}_{n+1}=j+1$ 的概率为 p，$\boldsymbol{s}_{n+1}=j-1$ 的概率为 q。这样

$$P(\boldsymbol{s}_{n+1}=j+1 \mid \boldsymbol{s}_n=j)=p$$

$$P(\boldsymbol{s}_{n+1}=j-1 \mid \boldsymbol{s}_n=j)=q \tag{15-3}$$

可见 $\boldsymbol{s}_{n+1}$ 的条件概率密度仅依赖于 $\boldsymbol{s}_n$ 的值，而不受 $\boldsymbol{s}_1,\boldsymbol{s}_2,\cdots,\boldsymbol{s}_{n-1}$ 取值的影响。

【例 15－2】 分支过程

考虑一个种群，它具有繁衍下一代的能力。对每一个成员，设它能产生 k 个后代的概率为 $p_k(k=0,1,2,\cdots)$。第 n 代的直接后代构成了第 $n+1$ 代。每一代成员之间是相互独立的。

假定 $\boldsymbol{x}_n$ 表示第 n 代的数量。显然，因为 $\boldsymbol{x}_n=\sum_{i=1}^{x_{n-1}}\boldsymbol{y}_i$，其中 $\boldsymbol{y}_i$ 代表第$(n-1)$代的第 i 个成员产生的后代数目，若不必关心如何得到 $\boldsymbol{x}_{n-1}$ 的值，则 $\boldsymbol{x}_n$ 仅依赖于 $\boldsymbol{x}_{n-1}$。因而 $\boldsymbol{x}_n$ 表示一个马尔可夫链。核链式反应、家族姓氏生存、基因突变和排队系统中的等待队列都是分支过程的例子。在核链式反应中，粒子(如中子)撞击而产生 m 个新粒子的概率为 p，而 $q=1-p$ 表示粒子保持稳定，不产生新粒子的概率。在这种情况下，新产生粒子的数目为 0 的概率是 q，数目为 m 的概率是 p。如果 p 接近于 1，粒子的总数将会无限增加，从而导致核爆炸；如果 p 接近于 0，核爆炸过程也许永远不会发生。

【例 15-3】 家族姓氏生存过程

在家族姓氏生存过程中，设 p_k 表示一个新生者繁衍出 k 个后代的概率。如果 $p_k(k=0,1,2,\cdots)$ 对于各代都为常数，感兴趣的是计算到第 n 代时成员数目为 m 的概率；特别关心的是家族姓氏消失$(m=0)$的概率和在什么情况下一个姓氏可能消失。高尔顿(Galton，1873)首先研究了这个问题，高尔顿和瓦特森(Watson)于 1874 年给出了它的初步解。1930 年，斯狄芬森(Steffensen)给出了这个问题的完整解。在基因突变问题中，每一个基因在其第 k 个直接后代中重现的概率是 p_k，$k=1,2,\cdots$，且一次自发的基因突变产生一个扮演第 0 代角色的单个基因。突变基因通过后代进行传播服从马尔可夫过程，且突变基因出现在第 k 个新后代的概率是令人感兴趣的问题。

【例 15-4】 等待队列(排队)

在任何类型的排队或等待队列中，顾客(作业)随机到达并等候服务。当服务员空闲时，顾客一到达便立即接受服务；否则它将加入队列等候服务。只要队列中有顾客等候服务，服务员就会按照某些规则，如"先来先服务"，不断为顾客服务。开始于 $t=0$ 的不间断服务的持续时间称为忙期。假设不同的到达时间和服务时间是相互独立的随机变量，忙期的顾客总数、持续时间和中止概率是特别令人感兴趣的问题。我们将会看到，队列的一般特点是，它不仅依赖于到达时间间隔的分布类型，也依赖于服务时间的分布和使用的通道或服务员的总数。例如，到达时间间隔和服务时间为独立的指数分布；而服务员的数目可以是一个，也可以是几个同时提供服务。

令 $\boldsymbol{x}_n$ 表示在第 n 个顾客 t_n 时刻结束服务离开时，队列中等候服务的顾客(作业)数。若第一个到达柜台立即接受服务的顾客代表第 0 代，则在第一个顾客的服务时间内到达且排队等候的 $\boldsymbol{x}_1$ 个顾客是其直接后代并形成队列。该过程将会继续下去，直到队列结束。参考家族姓氏生存过程，显然，在第 n 个顾客离开时刻 t_n，等候服务的顾客数 $\boldsymbol{x}_n$ 形成一个马尔可夫链。忙期中止概率与家族姓氏灭绝的概率相对应。注意，这里定义的马尔可夫链$\{\boldsymbol{x}_n\}$称为**嵌入马尔可夫链**，这是因为它对应于在一个随机时刻序列$\{t_n\}$观测中隐含的随机过程 $\boldsymbol{x}(t)$，其中 $\boldsymbol{x}(t)$表示在时刻 t 的顾客总数，随机时刻序列$\{t_n\}$对应于顾客们接受服务后从系统中离开的连续分布的时刻。一般来说，隐含的随机过程 $\boldsymbol{x}(t)$需要每个顾客的确切服务时间这一附加信息来预测其未来行为，因而 $\boldsymbol{x}(t)$**不一定是**马尔可夫过程。

转移概率　在具有有限或无限状态 $e_1,e_2,\cdots,e_i,\cdots$ 的离散时间马尔可夫链$\{\boldsymbol{x}_n\}$中，设 $\boldsymbol{x}_n=\boldsymbol{x}(t_n)$表示系统在 $t=t_n$ 时的状态。如果 $t_n=nT$，则对于 $n\geqslant m\geqslant 0$，序列 $\boldsymbol{x}_m\to\boldsymbol{x}_{m+1}\to\cdots\to\boldsymbol{x}_n,\cdots$ 表示系统的演变过程。设

$$p_i(m)=P\{\boldsymbol{x}_m=e_i\} \tag{15-4}$$

表示在时刻 $t=t_m$，系统在状态 e_i 的概率，而

$$p_{ij}(m,n)\equiv P\{\boldsymbol{x}_n=e_j\mid\boldsymbol{x}_m=e_i\} \tag{15-5}$$

表示在时刻 $t=t_m$ 位于状态 e_i 的情况下，系统在时刻 $t=t_n$ 到达状态 e_j 的概率（与时刻 t_m 之前系统的行为无关）。$p_{ij}(m,n)$ 表示马尔可夫链从时刻 t_m 的状态 e_i 转移到时刻 t_n 的状态 e_j 的转移概率。注意到(15－4)和(15－5)式完全决定了系统，这是因为对于 $m<n<r$，

$$\begin{aligned} &P\{\boldsymbol{x}_r = e_i, \boldsymbol{x}_n = e_j, \boldsymbol{x}_m = e_k\} \\ &= P\{\boldsymbol{x}_r = e_i \mid \boldsymbol{x}_n = e_j\}P\{\boldsymbol{x}_n = e_j \mid \boldsymbol{x}_m = e_k\}P\{\boldsymbol{x}_m = e_k\} \\ &= p_{ji}(n,r)p_{kj}(m,n)p_k(m) \end{aligned} \tag{15-6}$$

齐次链 ▶ 如果 $p_{ij}(m,n)$ 仅依赖于差值 $n-m$，则相应的马尔可夫链称为在时间上是**齐次**的。此时，转移概率称为**平稳的**并且

$$P\{\boldsymbol{x}_{m+n} = e_j \mid \boldsymbol{x}_m = e_i\} \equiv p_{ij}(n) = p_{ij}^{(n)} \tag{15-7}$$

表示齐次马尔可夫链从状态 e_i 经过 n 步转移到达状态 e_j 的条件概率。通常，一步转移概率简记为 p_{ij}。因而有

$$p_{ij} = P\{\boldsymbol{x}_{n+1} = e_j \mid \boldsymbol{x}_n = e_i\} \tag{15-8}$$

齐次马尔可夫过程在给定状态的持续时间（时间间隔）$\boldsymbol{y}$ 内一定是无记忆的，这是因为现在的状态足以确定将来的状态。对于离散情形，如果时刻 t_n 均匀分布，即有 $t_n=nT$，则 $\boldsymbol{y}$ 满足关系式

$$P(\boldsymbol{y}>m+n \mid \boldsymbol{y}>m) = P(\boldsymbol{y}>n) \tag{15-9}$$

上式表明 $\boldsymbol{y}$ 是几何分布的随机变量。因此，齐次离散时间（均匀）马尔可夫链在**任何**状态的持续时间服从几何分布。◀

随机矩阵 ▶ 由转移概率 $p_{ij}(m,n)$ 可很方便地产生矩阵 $\boldsymbol{P}(m,n)$

$$\boldsymbol{P}(m,n) = \begin{pmatrix} p_{11}(m,n) & p_{12}(m,n) & \cdots & p_{1j}(m,n) & \cdots \\ p_{21}(m,n) & p_{22}(m,n) & \cdots & \cdots & \cdots \\ \vdots & \vdots & \vdots & \vdots & \vdots \\ p_{i1}(m,n) & \cdots & \cdots & p_{ij}(m,n) & \cdots \\ \cdots & \cdots & \cdots & \cdots & \cdots \end{pmatrix} \tag{15-10}$$

显然，矩阵 $\boldsymbol{P}(m,n)$ 的所有元素均非负，且每一行的和为 1，这是因为

$$\sum_j p_{ij}(m,n) = \sum_j P\{\boldsymbol{x}_n = e_j \mid \boldsymbol{x}_m = e_i\} = 1 \tag{15-11}$$

上述矩阵表示一个**随机矩阵**。后面将看到，转移概率矩阵与(15－4)式的初始分布完全确定了马尔可夫链。特别是齐次马尔可夫链，一步转移概率矩阵 $\boldsymbol{P}$ 为

$$\boldsymbol{P} = \begin{pmatrix} p_{11} & p_{12} & p_{13} & \cdots & p_{1j} & \cdots \\ p_{21} & p_{22} & p_{23} & \cdots & \cdots & \cdots \\ \vdots & \vdots & \vdots & \vdots & \vdots & \vdots \\ p_{i1} & p_{i2} & p_{i3} & \cdots & p_{ij} & \cdots \\ \cdots & \cdots & \cdots & \cdots & \cdots & \cdots \end{pmatrix} \tag{15-12}$$

和初始概率分布

$$p_k(0) \equiv P\{\boldsymbol{x}_0 = e_k\} \tag{15-13}$$

完全确定了该过程。◀

例 15－5 至例 15－15 给出了一些有趣问题的一步转移概率矩阵。从某一初始分布出发，

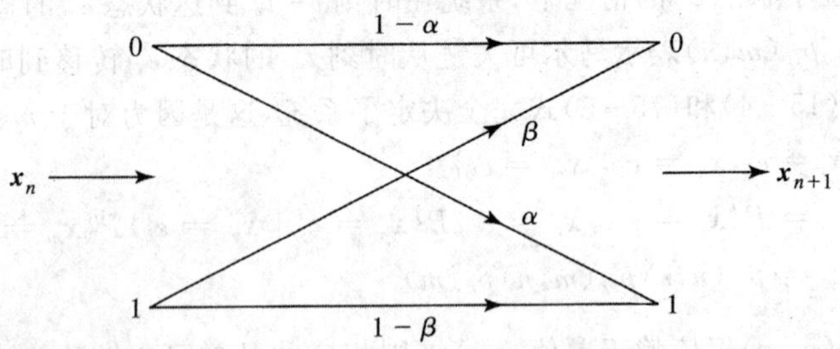

图 15－1　二元通信信道

我们来研究这些马尔可夫过程的演变过程。

【例 15－5】　二元通信信道

图 15－1 表示一个时不变的二元通信信道，其中 $\boldsymbol{x}_n$ 为输入，$\boldsymbol{x}_{n+1}$ 为输出。输入和输出各具有两个状态 e_0 和 e_1，它们分别代表二进制符号"0"和"1"。信道以一定的错误概率（可能与传输的符号有关）将输入符号传送到输出端。如图 15－1 所示，令 $\alpha<1/2$ 和 $\beta<1/2$ 表示两种信道错误概率。在时不变信道中，对不同的传输符号，这些错误概率为常数，则有

$$P\{\boldsymbol{x}_{n+1}=1 \mid \boldsymbol{x}_n=0\}=p_{01}=\alpha \quad P\{\boldsymbol{x}_{n+1}=0 \mid \boldsymbol{x}_n=1\}=p_{10}=\beta \tag{15-14}$$

这样与之对应的马尔可夫链是齐次的。

在这种情况下，2×2 齐次转移概率矩阵 $\boldsymbol{P}$ 为

$$\boldsymbol{P}=\begin{pmatrix} p_{00} & p_{01} \\ p_{10} & p_{11} \end{pmatrix}=\begin{pmatrix} 1-\alpha & \alpha \\ \beta & 1-\beta \end{pmatrix} \tag{15-15}$$

在二元对称信道中，两种错误概率相等，即 $\alpha=\beta=p$。

【例 15－6】　随机游动

讨论在可能状态 $e_0, e_1, e_2, \cdots$ 上的广义的一维随机游动问题。令 $\boldsymbol{s}_n$ 表示时刻为 n 时粒子在直线上的位置，且对每个内部状态为 e_j 的粒子，以概率 p_j 右移到 e_{j+1}，或以概率 q_j 左移到 e_{j-1}，或以概率 r_j 停留在 e_j（见图 15－2）。显然，当系统处于状态 e_0，它要么以概率 r_0 保持不动，要么以概率 p_0 移动到 e_1。相应的转移矩阵 $\boldsymbol{P}$ 为

$$\boldsymbol{P}=\begin{pmatrix} r_0 & p_0 & 0 & 0 & 0 & \cdots \\ q_1 & r_1 & p_1 & 0 & 0 & \cdots \\ 0 & q_2 & r_2 & p_2 & 0 & \cdots \\ 0 & 0 & q_3 & r_3 & p_3 & \cdots \\ \vdots & \vdots & \vdots & \vdots & \vdots & \vdots \end{pmatrix} \tag{15-16}$$

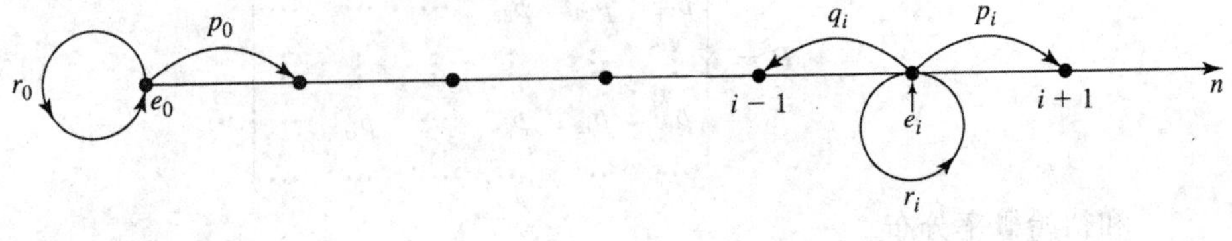

图 15－2　直线上的随机游动

其中

$$r_0+p_0=1 \quad q_i+r_i+p_i=1 \quad i=1,2,\cdots \tag{15-17}$$

因此

$$p_{00}=r_0 \quad p_{01}=p_0 \quad p_{0j}=0 \quad j>1 \tag{15-18}$$

且对于 $i\geqslant 1$

$$p_{ij}=\begin{cases} p_i>0 & j=i+1 \\ r_i\geqslant 0 & j=i \\ q_i>0 & j=i-1 \\ 0 & \text{其它} \end{cases} \tag{15-19}$$

若有 $p_i=p, q_i=1-p, r_i=0(i>1), r_0=1$，则该模型对应于第 3 章讨论过的赌博破产问题(例 3－21)，其中一个赌徒赌资无限(例如一个赌博俱乐部)。对于 10－1 节讨论的无限制的一维随机游动问题，对所有的整数 i(正整数和负整数)有 $p_i=p, q_i=q$，和 $r_i=0$，矩阵 $\boldsymbol{P}$ 在所有四个方向都无限延伸。下面的随机游动的特例也是很有趣的。

【例 15-7】 具有吸收壁的随机游动

设随机游动状态的数目有限($e_0, e_1, e_2, \cdots, e_N$)，讨论(15-16)式的特殊形式

$$\boldsymbol{P}=\begin{pmatrix} 1 & 0 & 0 & 0 & \cdot & \cdot & \cdot & 0 \\ q & 0 & p & 0 & 0 & \cdot & \cdot & 0 \\ 0 & q & 0 & p & 0 & \cdot & \cdot & 0 \\ \vdots & \vdots & \vdots & \vdots & \vdots & \vdots & \vdots & \vdots \\ 0 & 0 & \cdot & \cdot & \cdot & q & 0 & p \\ 0 & 0 & \cdot & \cdot & \cdot & 0 & 0 & 1 \end{pmatrix} \tag{15-20}$$

因此，内部状态 $e_1, e_2, \cdots, e_{N-1}$ 分别以概率 q 和 p 转移到左边和右边与之相邻的状态，然而，状态 e_0 和 e_N 不可能转移到其它任何状态。该系统可以从一个内部状态转移到另一个内部状态，但一旦它到达边界，它将永远呆在那儿(粒子被吸收了)。容易看出例 3－21 讨论的两个都具有有限赌资的赌徒输光问题对应 $N=a+b$ 的情形。在那种情形下，赌博从区间$(0, a+b)$的一固定点 a(状态 e_a)开始，这与(15-13)式的初始概率分布 $P\{\boldsymbol{x}=e_a\}=1$ 而其它处为零相对应。另一方面，如果初始状态随机选择，这与分布 $P\{\boldsymbol{x}_0=e_k\}=1/(N+1)$相对应。在例 15-26[(15-255)式之后]，我们将利用该模型来详细分析网球比赛。

【例 15-8】 具有反射壁的随机游动

假定例 15-7 的两个边界将微粒反射到临近状态而不是吸收它。用 $e_1, e_2, \cdots, e_N$ 表示这 N 个状态，端点向左和向右的反射概率为

$$p_{1,2}=p \text{ 和 } p_{N,N-1}=q \tag{15-21}$$

则有 $N\times N$ 转移矩阵

$$\boldsymbol{P}=\begin{pmatrix} q & p & 0 & 0 & \cdot & \cdot & \cdot & 0 \\ q & 0 & p & 0 & 0 & \cdot & \cdot & \cdot \\ 0 & q & 0 & p & 0 & \cdot & \cdot & \cdot \\ \vdots & \vdots & \vdots & \vdots & \vdots & \vdots & \vdots & \vdots \\ 0 & 0 & 0 & \cdot & \cdot & q & 0 & p \\ 0 & 0 & 0 & \cdot & \cdot & 0 & q & p \end{pmatrix} \tag{15-22}$$

在赌博中，这对应着一个有趣的游戏，每当一个赌徒输掉一场游戏，他的对手返还一部分赌金从而使得赌博得以永久进行下去。

【例 15-9】 循环随机游动

这里，两个边界状态 e_0 和 e_{N-1} 连接起来形成圆环，从而使得 e_{N-1} 有两个临近状态 e_0 和

e_{N-2}(图 15-3)。随机游动在圆形边界上继续进行,它通过某一状态转移到左边或右边与之相邻的状态,这对应着下面的 $N\times N$ 转移矩阵

$$\boldsymbol{P}=\begin{pmatrix} 0 & p & 0 & 0 & \cdot & \cdot & 0 & q \\ q & 0 & p & 0 & 0 & \cdot & \cdot & 0 \\ 0 & q & 0 & p & 0 & \cdot & \cdot & 0 \\ \vdots & \vdots & \vdots & \vdots & \vdots & \vdots & \vdots & \vdots \\ 0 & 0 & \cdot & \cdot & \cdot & q & 0 & p \\ p & 0 & \cdot & \cdot & \cdot & 0 & q & 0 \end{pmatrix} \tag{15-23}$$

更为一般的是,如果我们允许任何两个状态 $e_0,e_1,\cdots,e_{N-1}$ 之间都能转移,因为在圆环上向右移动 k 步与向左移动 $N-k$ 步是一样的(图 15-3),我们得到下面的循环转移矩阵

$$\boldsymbol{P}=\begin{pmatrix} q_0 & q_1 & q_2 & \cdots & q_{N-1} \\ q_{N-1} & q_0 & q_1 & \cdots & q_{N-2} \\ q_{N-2} & q_{N-1} & q_0 & \cdots & q_{N-3} \\ \vdots & & & & \vdots \\ q_1 & q_2 & \cdots & q_{N-1} & q_0 \end{pmatrix} \tag{15-24}$$

这里,

$$q_k=P\{\boldsymbol{x}_{n+1}=e_{i+k}\mid \boldsymbol{x}_n=e_i\}=P\{\boldsymbol{x}_{n+1}=e_{i-(N-k)}\mid \boldsymbol{x}_n=e_i\} \tag{15-25}$$

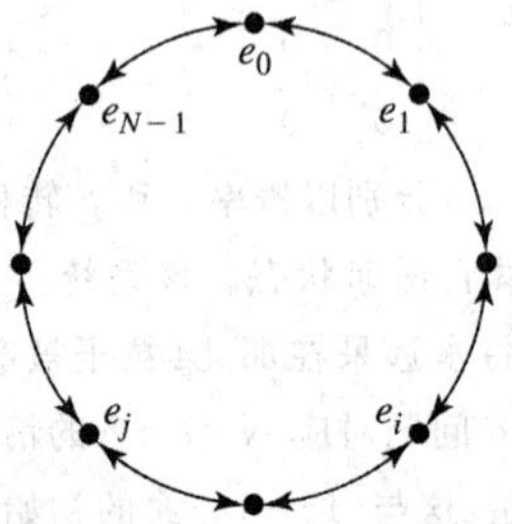

图 15-3　(15-23)式中的循环随机游动

【例 15-10】　艾伦菲斯特扩散模型(非均匀随机游动)

令 N 表示两个城市 A 和 B 的总人口数量。假定城市间某一时刻的移民概率与该城市的人口数量成正比,令 A 城市人口数量确定该系统的状态。则 $e_0,e_1,\cdots,e_N$ 表示可能的状态,从状态 e_k 出发,A 在下一步分别以概率 k/N 或 $1-k/N$ 移动到状态 e_{k-1} 或 e_{k+1}。因此

$$\boldsymbol{P}=\begin{pmatrix} 0 & 1 & 0 & \cdot & \cdot & \cdot & \cdot & 0 \\ p & 0 & 1-p & 0 & \cdot & \cdot & \cdot & 0 \\ 0 & 2p & 0 & 1-2p & \cdot & \cdot & \cdot & 0 \\ 0 & 0 & 3p & 0 & 1-3p & \cdot & \cdot & 0 \\ \cdot & \cdot & \cdot & \cdot & \cdot & \cdot & \cdot & \cdot \\ 0 & 0 & \cdot & \cdot & \cdot & 1-p & 0 & p \\ 0 & 0 & \cdot & \cdot & \cdot & 0 & 1 & 0 \end{pmatrix} \tag{15-26}$$

其中 $p=1/N$。我们也可以将该模型看作具有完全反射壁的随机游动,其一步概率随位置或状态变化。由(15-26)式可以看出,如果 $k<N/2$,微粒更可能右移,而如果 $k>N/2$,它更可能左移。因此,微粒具有向中心移动的趋势,这对应着一个平衡分布。

【例 15 - 11】　成功逃跑(随机游动)

讨论在 $0,1,2,\cdots$ 上的一种一维随机游动问题,其中微粒以概率 p 从 i 移动到 $i+1$,或以概率 q 返回到原点。即有

$$p_{ij}=\begin{cases} p & j=i+1 \\ q & j=0 \\ 0 & \text{其它} \end{cases} \tag{15 - 27}$$

因而,第 n 次试验系统处于状态 e_i 的充分条件是先前的失败发生在时刻 $n-i$,即 i 表示直到 n 为止的实验一直是成功的次数。更为一般地,我们可以令

$$p_{ij}=\begin{cases} p_i & j=i+1 \\ q_i & j=0 \\ 0 & \text{其它} \end{cases} \tag{15 - 28}$$

其中 $p_i+q_i=1$。此时,两次连续返回原点的时间间隔等于 k 的概率为乘积 $p_1p_2\cdots p_{k-1}q_k$。

【例 15 - 12】　随机放置

讨论 N 个单元(箱)和一个独立试验序列,其中在每次试验中,一个新球被随机放入其中一个单元。每个单元可以装多个球。令 e_k, $k=0,1,\cdots,N$,表示 k 个单元被占据($N-k$ 个单元空着)的状态。在下一次试验中,又一个球以概率 k/N 放入某一个被占据的单元($e_k\to e_k$),或以概率$(N-k)/N$ 放入一个空闲的单元($e_k\to e_{k+1}$)。转移概率为

$$p_{kk}=\frac{k}{N}\quad p_{k,k+1}=1-\frac{k}{N}\quad p_{kj}=0\quad j\neq k\quad j\neq k+1 \tag{15 - 29}$$

在这种情形下,单元全部空闲的初始分布对应于(15 - 13)式中 $P\{\boldsymbol{x}_0=e_0\}=1$, $P\{\boldsymbol{x}_0=e_k\}=0$, $k\neq 0$。

该模型能用来研究有趣的生日统计问题:一个随机群体至少需要有多少个人才能使每一天都是该群体中某一人的生日(以概率 p)?(答案见例 15 - 18)

【例 15 - 13】　遗传学

假定有机体的每个细胞包含两种基因 A 和 B,每个细胞的基因总数为 N。如果一个细胞刚好包含 j 个 A 型基因和 $N-j$ 个 B 型基因,则此细胞处于状态 e_j, $j=0,1,2,\cdots,N$。在细胞分裂之前,每个细胞复制自身使得下一代的两个新细胞都具有 N 个基因,它们是从 $2j$ 个 A 型基因和 $2N-2j$ 个 B 型基因中随机选择的。新细胞转移到状态 e_k 的概率为超几何分布

$$p_{jk}=\frac{\binom{2j}{k}\binom{2N-2j}{N-k}}{\binom{2N}{N}}\qquad j,k=0,1,\cdots,\max(0,2j-N)\leqslant k\leqslant\min(2j,N) \tag{15 - 30}$$

在另一个遗传模型中,令 e_j 表示如上定义的当前状态,使得下一代选择 A 型基因的概率为 $p=j/N$。假定下一代的 N 个基因由 N 次伯努利试验随机选择决定,其中选择 A 基因的概率为 p。在那种情况,下一代从状态 e_j 转移到状态 e_k(k 个 A 型基因和 $N-k$ 个 B 型基因)的概率由二项式分布给出

$$p_{jk}=\binom{N}{k}\left(\frac{j}{N}\right)^k\left(1-\frac{j}{N}\right)^{N-k}\qquad j,k=0,1,\cdots,N \tag{15 - 31}$$

基于这种模型,在经过几代后,研究其群体数量的极限行为是很有意思的①。注意在两种模

① 该问题最初由 R. A. Fisher 和 S. Wright 在研究玉米田种群进化问题时提出。

型中，状态 e_0 和 e_N 仅包含同种类型的基因，它们不会转移到其它任何状态。(对于这些模型的进一步推广和研究，见附录 15A)

【例 15－14】 嵌入马尔可夫链

讨论一个嵌入马尔可夫链 $\{\boldsymbol{x}_n\}$，它表示第 n 个顾客离开时队列中等待服务的顾客数或作业数，如例 15－4 所定义。为了确定转移概率，令 $\boldsymbol{y}_n$ 为在第 n 个顾客接受服务期间到达队列的顾客数。则在第 $n+1$ 个顾客离开时队列中等待服务的顾客数为

$$\boldsymbol{x}_{n+1}=\begin{cases}\boldsymbol{x}_n+\boldsymbol{y}_{n+1}-1 & \boldsymbol{x}_n\neq 0\\ \boldsymbol{y}_{n+1} & \boldsymbol{x}_n=0\end{cases} \tag{15-32}$$

如果在第 n 个顾客离开时队列是空的，则 $\boldsymbol{x}_n=0$，下一个到达的顾客是第 $n+1$ 个。在此服务期间，$\boldsymbol{y}_{n+1}$ 个顾客到达，则 $\boldsymbol{x}_{n+1}=\boldsymbol{y}_{n+1}$，否则第 $n+1$ 个顾客离开后剩余的顾客数为 $\boldsymbol{x}_n-1+\boldsymbol{y}_{n+1}$。

我们可用(15－32)式来计算嵌入马尔可夫链的转移概率。则有，

$$p_{ij}=P\{\boldsymbol{x}_{n+1}=j\mid \boldsymbol{x}_n=i\}=\begin{cases}P\{\boldsymbol{y}_{n+1}=j\}\equiv a_j & i=0\\ P\{\boldsymbol{y}_{n+1}=j-i+1\}\equiv a_{j-i+1} & i\geqslant 1\end{cases} \tag{15-33}$$

且转移概率矩阵为

$$\boldsymbol{P}=\begin{pmatrix} a_0 & a_1 & a_2 & a_3 & \cdot & \cdot & \cdot\\ a_0 & a_1 & a_2 & a_3 & \cdot & \cdot & \cdot\\ 0 & a_0 & a_1 & a_2 & \cdot & \cdot & \cdot\\ 0 & 0 & a_0 & a_1 & \cdot & \cdot & \cdot\\ 0 & 0 & 0 & a_0 & \cdot & \cdot & \cdot\\ \vdots & \vdots & \vdots & \vdots & \vdots & \vdots & \vdots \end{pmatrix} \tag{15-34}$$

隐含的随机过程 $\boldsymbol{x}(t)$ 不需要具有马尔可夫性，然而由随机离开的时刻 t_n 产生的序列 $\boldsymbol{x}_n=\boldsymbol{x}(t_n)$ 具有马尔可夫性。因而，嵌入马尔可夫链的方法将非马尔可夫问题转化成马尔可夫问题，该嵌入链的极限行为可用来研究所隐含的过程 $\boldsymbol{x}(t)$，这是因为一旦这样的极限行为存在(Cohen[38]，Khintchin[39])[参见(16－195)式]

$$\lim_{t\to\infty}P\{\boldsymbol{x}(t)=k\}=\lim_{n\to\infty}P\{\boldsymbol{x}_n=k\} \tag{15-35}$$

即，经过相当长的一段时间后，对于一定的队列，在任一时刻 t 其极限行为与随机离开时刻的极限行为相同。

【例 15－15】 双重随机矩阵

如果一个转移概率矩阵 $\boldsymbol{P}$ 除了行的和为 1 外，其列的和也为 1，则称为双重随机的。例如，(15－15)式中的对称二元通信信道，当 $\alpha=\beta$ 时，其概率转移矩阵为一个双重随机矩阵。

15.2 高阶转移概率和查普曼-柯尔莫格洛夫方程

任意马尔可夫链 $\{\boldsymbol{x}_n\}$ 的转移概率函数都满足查普曼-柯尔莫格洛夫方程。我们用(15－6)式中基本的马尔可夫关系来推导支配所有链演变的基本方程。对于 $n>r>m$，我们有

$$\begin{aligned}P\{\boldsymbol{x}_n=e_j,\ \boldsymbol{x}_m=e_i\}&=\sum_k P\{\boldsymbol{x}_n=e_j,\ \boldsymbol{x}_r=e_k,\ \boldsymbol{x}_m=e_i\}\\ &=\sum_k P\{\boldsymbol{x}_n=e_j\mid \boldsymbol{x}_r=e_k,\ \boldsymbol{x}_m=e_i\}P\{\boldsymbol{x}_r=e_k,\ \boldsymbol{x}_m=e_i\}\\ &=\sum_k P\{\boldsymbol{x}_n=e_j\mid \boldsymbol{x}_r=e_k\}P\{\boldsymbol{x}_r=e_k,\ \boldsymbol{x}_m=e_i\}\end{aligned}$$

从而

$$p_{ij}(m,n)=P\{\boldsymbol{x}_n=e_j\mid\boldsymbol{x}_m=e_i\}$$
$$=\sum_k P\{\boldsymbol{x}_n=e_j\mid\boldsymbol{x}_r=e_k\}P\{\boldsymbol{x}_r=e_k\mid\boldsymbol{x}_m=e_i\}\tag{15-36}$$

或

$$p_{ij}(m,n)=\sum_k p_{ik}(m,r)p_{kj}(r,n)\tag{15-37}$$

根据(15-10)式中概率转移矩阵，上式简化为

$$P(m,n)=P(m,r)P(r,n)\tag{15-38}$$

其中 $m<r<n$，设 $r=m+1,m+2,\cdots$，我们得到

$$P(m,n)=P(m,m+1)P(m+1,m+2)\cdots P(n-1,n)\tag{15-39}$$

这样对于所有的 $n\geqslant m$，只要知道一步转移概率矩阵

$$P(0,1),\ P(1,2),\ P(2,3),\cdots,P(n,n+1)\cdots\tag{15-40}$$

就可求出 $P(m,n)$。对于一个齐次马尔可夫链，(15-39)和(15-40)式中所有转移概率矩阵等于(15-12)式中的 P，则(15-39)式简化为

$$P(m,n)=P^{n-m}\tag{15-41}$$

***n* 步转移概率** ▶ 由(15-7)式，齐次链 $p_{ij}^{(n)}$ 表示 $P(0,n)=P^n$ 的第(i,j)个元素。因而有

$$P^n\equiv(p_{ij}^{(n)})\tag{15-42}$$

又由于 $P^{n+m}=P^mP^n=P^nP^m$，我们得到有用的关系式

$$p_{ij}^{(m+n)}=\sum_k p_{ik}^{(m)}p_{kj}^{(n)}=\sum_k p_{ik}^{(n)}p_{kj}^{(m)}\tag{15-43}$$

特别地，一步递归关系式为

$$p_{ij}^{(n+1)}=\sum_k p_{ik}p_{kj}^{(n)}=\sum_k p_{ik}^{(n)}p_{kj}\tag{15-44}$$

最后，在 $t=nT$ 时刻的无条件的概率分布为

$$p_j(n)=P\{\boldsymbol{x}_n=e_j\}=\sum_i P\{\boldsymbol{x}_n=e_j\mid\boldsymbol{x}_m=e_i\}P\{\boldsymbol{x}_m=e_i\}$$
$$=\sum_i p_{ij}(m,n)p_i(m)\tag{15-45}$$

或

$$p(n)=p(m)P(m,n)\tag{15-46}$$

其中

$$p(n)\equiv[p_1(n),p_2(n),\cdots,p_j(n),\cdots]\tag{15-47}$$

对于一个齐次链，(15-46)和(15-47)式简化为

$$p(n)=p(0)P^n\tag{15-48}$$

◀

通常来说，得到 n 步转移概率 $p_{ij}^{(n)}$ 的显式表达是比较困难的。然而，对于一个具有有限个状态 $e_1,e_2,\cdots,e_N$ 的齐次马尔可夫链，转移矩阵 $\boldsymbol{P}$ 为 $N\times N$，以某种简化形式表示是可能的。

因为矩阵 $\boldsymbol{P}$ 为 $N\times N$，它有 N 个特征值 $\lambda_1,\lambda_2,\cdots,\lambda_N$。为简单起见，我们将稍作一些限制，并从所有特征值非零且互不相等的简单情况开始讨论。事实上，许多实际问题满足特征值不相等的假设，但可分解(可约)链和周期链除外，这两种链须做一些修正。然而，特征值中可

能有等于零的，假设其重数为一，正如我们后面所见，这种情况也是容易推广的。在这些假设下，用(λ_i, u_i)，$i=1,2,\cdots,N$ 表示 $\boldsymbol{P}$ 的 N 个特征值-特征向量对。于是

$$\boldsymbol{P}u_i=\lambda_i u_i \qquad i=1\to N \tag{15-49}$$

或

$$\boldsymbol{PU}=\boldsymbol{U\Lambda} \tag{15-50}$$

其中方阵 $\boldsymbol{U}$ 为

$$\boldsymbol{U}\equiv[u_1,u_2,\cdots,u_N] \tag{15-51}$$

且

$$\boldsymbol{\Lambda}\equiv\begin{pmatrix}\lambda_1 & & & 0\\ & \lambda_2 & & \\ & & \ddots & \\ 0 & & & \lambda_N\end{pmatrix} \tag{15-52}$$

由于 u_i，$i=1,2,\cdots,N$ 是 $N\times 1$ 的线性独立的列向量，所以 $\boldsymbol{U}$ 是一个 $N\times N$ 的非奇异矩阵。因此由(15－50)式，有

$$\boldsymbol{P}=\boldsymbol{U\Lambda U}^{-1}\equiv\boldsymbol{U\Lambda V} \tag{15-53}$$

或

$$\boldsymbol{VP}=\boldsymbol{\Lambda V} \tag{15-54}$$

其中

$$\boldsymbol{V}\equiv\boldsymbol{U}^{-1}=\begin{bmatrix}v_1\\ v_2\\ \vdots\\ v_N\end{bmatrix} \tag{15-55}$$

其中 v_k，$k=1,2,\cdots,N$ 表示 $\boldsymbol{V}$ 的第 k 行向量。因此有

$$\boldsymbol{VU}=\boldsymbol{I}\ \text{或}\ v_k u_k=1, \quad v_i u_k=0 \quad i\neq k \quad i,k=1,2,\cdots,N \tag{15-56}$$

由(15－53)式，我们能得到

$$\boldsymbol{P}^n=\boldsymbol{U\Lambda}^n\boldsymbol{V}=\sum_{k=1}^{N}\lambda_k^n u_k v_k \tag{15-57}$$

或

$$p_{ij}^{(n)}=\sum_{k=1}^{N}\lambda_k^n u_{ik} v_{kj} \tag{15-58}$$

总而言之，由(15－50)和(15－54)式知，与每一个特征值 λ_k，$k=1,2,\cdots,N$ 对应的特征向量 u_k 和 v_k 分别满足下面两个各含有 N 个线性方程的方程组：

$$\sum_{j=1}^{N}p_{ij}x_j^{(k)}=\lambda_k x_i^{(k)} \tag{15-59}$$

和

$$\sum_{i=1}^{N}y_i^{(k)}p_{ij}=\lambda_k y_j^{(k)} \tag{15-60}$$

首先可以从特征方程 $\det(P-\lambda I)=0$ 中解得特征值 λ_k，$k=1,2,\cdots,N$。对每一个 λ_k，由(15－59)和(15－60)式得到向量分量$\{x_i^{(k)}\}$和$\{y_i^{(k)}\}$。(15－56)式中的归一化条件给出

$$v_k u_k = c_k \sum_{i=1}^{N} x_i^{(k)} y_i^{(k)} = 1$$

或

$$c_k = \frac{1}{\sum_{i=1}^{N} x_i^{(k)} y_i^{(k)}} \tag{15-61}$$

最后根据 $x^{(k)}$，$y^{(k)}$ 和 c_k，我们可以把(15-58)式改写为

$$p_{ij}^{(n)} = \sum_{k=1}^{N} c_k \lambda_k^n x_i^{(k)} y_j^{(k)} \tag{15-62}$$

如果 P 有一个特征值为 0(重数为 1)，那么通过设 $\lambda_N=0$，对于所有的 $n\geqslant 1$，(15-62)式是正确的，对于 $n=0$，0 特征值的存在导致 $p_{ij}^{(n)}$ 中有一个额外的常数项。这样假如 P 是仅有一个 0 特征值的奇异矩阵，那么对 $n\geqslant 1$，$p_{ij}^{(n)}$ 就是(15-62)式中 $N-1$ 项的和。下面通过几个例子来阐明这种求多步转移概率 $p_{ij}^{(n)}$ 的方法。

【例 15-16】　二元通信信道

讨论例 15-5 中的非对称二元通信信道模型，我们得到(15-15)式中转移矩阵的特征方程为

$$\det(P-\lambda I) = \begin{vmatrix} 1-\alpha-\lambda & \alpha \\ \beta & 1-\beta-\lambda \end{vmatrix} = \lambda^2 - \lambda(2-\alpha-\beta) + (1-\alpha-\beta) = 0 \tag{15-63}$$

稍加检验，我们会发现，$\lambda_1=1$ 和 $\lambda_2=1-\alpha-\beta<1$ 是 P 的两个特征值。解方程组(15-59)和(15-60)式，然后归一化，我们得到

$$\boldsymbol{U} = \begin{pmatrix} 1 & -\alpha \\ 1 & \beta \end{pmatrix} \qquad \boldsymbol{V} = \frac{1}{\alpha+\beta}\begin{pmatrix} \beta & \alpha \\ -1 & 1 \end{pmatrix}$$

这样 n 步转移概率矩阵为

$$\boldsymbol{P}^n = \frac{1}{\alpha+\beta}\begin{pmatrix} 1 \\ 1 \end{pmatrix}(\beta,\alpha) + \frac{(1-\alpha-\beta)^n}{\alpha+\beta}\begin{pmatrix} -\alpha \\ \beta \end{pmatrix}(-1,1) = \frac{1}{\alpha+\beta}\begin{pmatrix} \beta & \alpha \\ \beta & \alpha \end{pmatrix} + \frac{(1-\alpha-\beta)^n}{\alpha+\beta}\begin{pmatrix} \alpha & -\alpha \\ -\beta & \beta \end{pmatrix} \tag{15-64}$$

注意，$\boldsymbol{P}^n$ 对应于由(15-15)式给出的 n 个二元信道级联后的转移概率矩阵。

利用(15-64)式可计算发射数字 1 通过这个级联的信道后接收到的数字仍为 1 的概率。由贝叶斯定理，该概率为

$$P\{\boldsymbol{x}_0=1 \mid \boldsymbol{x}_n=1\} = \frac{P\{\boldsymbol{x}_n=1 \mid \boldsymbol{x}_0=1\}P\{\boldsymbol{x}_0=1\}}{P\{\boldsymbol{x}_n=1\}} = \frac{p_{11}^{(n)} p_1(0)}{p_1(n)} = \frac{p_{11}^{(n)} p}{p_{11}^{(n)} p + p_{01}^{(n)} q} = \frac{[\alpha+(1-\alpha-\beta)^n\beta]p}{\alpha+(1-\alpha-\beta)^n(\beta p-\alpha q)} \tag{15-65}$$

其中 $p\equiv P\{\boldsymbol{x}_0=1\}$ 和 $q\equiv P\{\boldsymbol{x}_0=0\}$。注意当 $n\to\infty$ 时，$P\{\boldsymbol{x}_0=1|\boldsymbol{x}_n=1\}$ 和 $P\{\boldsymbol{x}_0=1|\boldsymbol{x}_n=0\}$ 都趋向于它们的无条件值 p，这表明即使单个误差概率 α 和 β 小到可以忽略不计，但许多项的级联将增加信道的不可靠性，从而使得最终的输出不含有任何实际有用的信息。

【例 15-17】　循环随机游动

(15-23)式中的转移矩阵对应于一个循环随机游动，它是(15-24)式中更为一般的循环转移矩阵的一种特殊情况。对于一个 $N\times N$ 的循环矩阵，它的第一行等于 $q_0, q_1, \cdots, q_{N-1}$，

它的特征值和特征向量分别为①：

$$\lambda_m = \sum_{i=0}^{N-1} q_i \mathrm{e}^{\mathrm{j}2\pi im/N} \qquad m=0,1,\cdots,N-1$$

和

$$x_i^{(m)} = \mathrm{e}^{\mathrm{j}2\pi im/N} \qquad y_i^{(m)} = \mathrm{e}^{-\mathrm{j}2\pi im/N}$$

注意到特征值表示序列$\{q_i\}$的离散傅里叶变换(DFT)，$x_i^{(m)}$ 和 $y_i^{(m)}$ 表示 DFT 向量，所以 $c_m = 1/N$，利用(15-62)式得

$$p_{ik}^{(n)} = \frac{1}{N}\left\{1+\sum_{m=1}^{N-1}\lambda_m^n \mathrm{e}^{\mathrm{j}2\pi m(i-k)/N}\right\} \tag{15-66}$$

对于(15-23)式中的循环随机游动模型，特征值为

$$\lambda_0=1,\ \lambda_m=\theta^m(p+q\theta^{m(N-2)}) \quad m=1,2,\cdots,N-1 \tag{15-67}$$

其中 $\theta=\mathrm{e}^{\mathrm{j}2\pi/N}$，若 N 是偶数，我们有 $N=2K$，所以 $\theta=\mathrm{e}^{\mathrm{j}\pi/K}$，这使得 $\lambda_K=\theta^K(p+q\mathrm{e}^{\mathrm{j}2\pi(K-1)})=\theta^K=-1$。特别地，对于 $N=4$，我们得到 $\lambda_0=1,\lambda_1=\mathrm{j}(p-q),\lambda_2=-1$ 和 $\lambda_3=-\mathrm{j}(p-q)$。

【例 15-18】　随机放置

再讨论例 15-12，假如有 i 个盒子被占据，其余 $N-i$ 个盒子是空的，系统所处状态为 e_i。若在此状态下，另外 n 个球被随机放入，那么 $p_{ij}^{(n)}$ 表示 j 个盒子被占据且 $N-j$ 个盒子是空着的概率。显然 $j\geqslant i$，且若 $j<i$ 则 $p_{ij}^{(n)}=0$。

由(15-29)式，我们有 $p_{ii}=i/N$ 和 $p_{i,i+1}=(N-i)/N$，所以(15-59)式简化为(去掉上标)

$$(N\lambda-i)x_i=(N-i)x_{i+1} \tag{15-68}$$

当 $\lambda=1$，对所有的 i 都有 $x_i=1$。当 $\lambda\neq1$ 而在(15-68)式中 $i=N$，我们得到 $x_N=0$，把 $i=N-1$ 直接代入(15-68)式中，得到 $x_{N-1}=0$，等等。由于特征向量不等于零向量，对于每个这样的特征值必存在一个整数 k，使得 $x_{k+1}=0$ 但 $x_k\neq0$。在这种情况下，由(15-68)式我们得到 $N\lambda-k=0$，因此特征值为

$$\lambda_k=\frac{k}{N} \qquad k=1,2,\cdots,N \tag{15-69}$$

(15-68)式中对应的解为

$$(k-i)x_i^{(k)}=(N-i)x_{i+1}^{(k)} \qquad i\leqslant k$$

或

$$x_i^{(k)}=\frac{(k-i+1)}{(N-i+1)}x_{i-1}^{(k)}=\frac{(N-i)!}{N!}\,\frac{k!}{(k-i)!}=\begin{cases}\dfrac{\binom{k}{i}}{\binom{N}{i}} & i\leqslant k\\ 0 & i>k\end{cases} \tag{15-70}$$

类似地，对于 $\lambda_k=k/N$，(15-60)式可简化为

$$y_{j-1}^{(k)}p_{j-1,j}+y_j^{(k)}p_{jj}=\lambda_k y_j^{(k)} \tag{15-71}$$

或

$$(k-j)y_j^{(k)}=(N-j+1)y_{j-1}^{(k)}$$

这使得 $y_{k-1}^{(k)}=0$，等等。因而

$$y_j^{(k)}=\begin{cases}0 & j<k\\ (-1)^{j-k}\binom{N-k}{j-k} & j\geqslant k\end{cases} \tag{15-72}$$

① G. H. Golub and C. F. Van Loan. "Matrix computations." Johns Hopkins Press, 3rd Ed. 1996

由于 $i>k$ 时 $x_i^{(k)}=0$ 而 $i<k$ 时 $y_i^{(k)}=0$，由(15-61)式我们得到 $c_k=\binom{N}{k}$。把(15-70)式和(15-72)式代入(15-62)式中得到

$$\begin{aligned}p_{ij}^{(n)}&=\sum_{k=i}^{j}\lambda_k^n c_k x_i^{(k)} y_j^{(k)}\\&=\sum_{k=i}^{j}\left(\frac{k}{N}\right)^n(-1)^{j-k}\binom{N}{k}\binom{k}{i}\binom{N-k}{j-k}\Big/\binom{N}{i}\\&=\sum_{k=i}^{j}\left(\frac{k}{N}\right)^n\frac{(N-i)!}{(N-j)!}\frac{(-1)^{j-k}}{(j-k)!(k-i)!}\\&=\binom{N-i}{N-j}\sum_{k=i}^{j}(-1)^{j-k}\left(\frac{k}{N}\right)^n\binom{j-i}{k-i}\\&=\binom{N-i}{N-j}\sum_{r=0}^{j-i}(-1)^{j-i-r}\left(\frac{r+i}{N}\right)^n\binom{j-i}{r}\qquad j\geqslant i\end{aligned}\tag{15-73}$$

而当 $j<i$ 时，$p_{ij}^{(n)}=0$。特别地，对于全空的初始状态($i=0$)，(15-73)式可简化为

$$p_{0,j}^{(n)}=\binom{N}{N-j}\sum_{r=0}^{j}\left(\frac{r}{N}\right)^n\binom{j}{r}(-1)^{j-r}\tag{15-74}$$

它表示当 n 个球被随机放进 N 个初始空着的盒子时，j 个盒子被占据(或者是 $N-j$ 个盒子为空)的概率。我们能用这个公式来求解例 15-12 中的特殊生日问题。为进一步简化(15-74)式，用 $m=N-j$ 表示在阶段 n 空盒子的数目，并定义一个新变量 $v=N-m-r$ 则有

$$\begin{aligned}p_{0,j}^{(n)}&=\binom{N}{m}\sum_{v=0}^{N-m}(-1)^v\binom{N-m}{v}\left(1-\frac{m+v}{N}\right)^n\\&=\frac{1}{m!}\sum_{v=0}^{N-m}\frac{(-1)^v}{v!}\frac{N!}{(N-m-v)!}\left(1-\frac{m+v}{N}\right)^n\end{aligned}\tag{15-75}$$

其中 $j=N-m$。下面来推导(15-75)式的极限形式，当 $N\to\infty$ 和 $n\to\infty$ 时，

$$\begin{aligned}\frac{N!}{(N-m-v)!}&=\prod_{k=0}^{m+v-1}(N-k)\\&=N^{m+v}\prod_{k=0}^{m+v-1}\left(1-\frac{k}{N}\right)\to N^{m+v}\end{aligned}\tag{15-76}$$

和

$$\left(1-\frac{m+v}{N}\right)^n\to e^{-(m+v)n/N}\tag{15-77}$$

把这两个式子代入(15-75)式，得到

$$\begin{aligned}\lim_{N,n\to\infty}p_{0,N-m}^{(n)}&=\lim_{N,n\to\infty}\frac{1}{m!}\sum_{v=0}^{N-m}\frac{(-1)^v}{v!}N^{m+v}e^{-(m+v)n/N}\\&=\frac{(Ne^{-n/N})^m}{m!}\sum_{v=0}^{\infty}\frac{(-Ne^{-n/N})^v}{v!}\\&=\frac{\lambda^m}{m!}e^{-\lambda}\end{aligned}\tag{15-78}$$

其中

$$\lambda\equiv Ne^{-n/N}\tag{15-79}$$

米塞斯(Mises,[3],Vol. 1)首次导出了这个公式。概括起来，如果 N 和 n 增加使得(15-79)式中 λ 值不会**无限增加**，那么，n 个球被随机放入 N 个盒子(初始为空)时，m 个盒子为空的概率服从(15-78)式中的泊松分布。例如，在 2 000 个人构成的群体中，每天都有人过生日的概率等于 $e^{-\lambda}=e^{-1.5226}=0.2181$[即(15-78)式中 $m=0$ 的情况]，其中 $\lambda=365e^{-2\,000/365}$

$=1.5226$。然而，这群人中一年里有三天没有人过生日的概率仅为 0.128。对于定值 λ，由 (15-79)式可得

$$n=N\log N+N\log(1/\lambda) \tag{15-80}$$

这种情况下，当 n 个球放进 N 个空盒子时，求得所有 N 个盒子都有球的概率为 $e^{-\lambda}$。由此可以得到下面结论：如果一年 365 天中一群人中每天都有人过生日的概率是 98%，这样 $\lambda=\log(1/0.98)=0.0202$，由(15-80)式我们得到这群人的数目大约是 3 500。

利用同样的推理，设平均每天有 500 个顾客光顾可以保证一个银行处于忙碌(以 60%的概率)的状态，一天当中每隔 5 分钟有一位顾客光临(这里"一天"有 8 小时，这样共有 96 个长度为 5 分钟的持续时间，所以 $N=96$，$n=500$，从而得到 $\lambda=0.525$ 和 $p=e^{-\lambda}=0.591$)。假如平均一位顾客的服务时间是 10 分钟，那么至少需要两名服务员。

【例 15-19】　有反射壁的随机游动

参考例 15-8，用 $e_1,e_2,\cdots,e_N$ 表示两端是反射壁的随机游动问题的各个状态，转移矩阵见(15-22)式。因而 $p_{11}=q$，$p_{12}=p$，$p_{N,N-1}=q$，$p_{NN}=p$，且对 $2\leqslant i\leqslant N-1$ 有 $p_{i,i+1}=p$，$p_{i,i-1}=q$。把它们代入(15-59)式得

$$x_1=s(qx_1+px_2) \tag{15-81}$$

$$x_i=s(qx_{i-1}+px_{i+1})\qquad i=2,3,\cdots,N-1 \tag{15-82}$$

$$x_N=s(qx_{N-1}+px_N) \tag{15-83}$$

其中我们使用了 $s=1/\lambda$。显然 $\lambda=1$ 对应于特解 $x_i=1$。为求得所有其它的解，我们注意到：只要 ξ 是二次方程

$$\xi=qs+ps\xi^2 \tag{15-84}$$

的根，(15-82)式就满足特解

$$x_i=\xi^i$$

方程(15-84)的两个根为

$$\xi_1(s)=\frac{1+\sqrt{1-4pqs^2}}{2ps}\qquad \xi_2(s)=\frac{1-\sqrt{1-4pqs^2}}{2ps} \tag{15-85}$$

而方程(15-82)的通解为

$$x_i=a(s)\xi_1^i(s)+b(s)\xi_2^i(s)\qquad i=2,\cdots,N-1 \tag{15-86}$$

其中 $a(s)$和 $b(s)$也需要确定。为使(15-81)式满足(15-86)式，它必须与(15-82)式有同样的形式，因此必须有 $x_1=x_0$。类似地，为使(15-83)式满足(15-86)式，与(15-82)式比较，必须有 $x_N=x_{N+1}$。但

$$x_1=x_0\Rightarrow a(s)[1-\xi_1(s)]=-b(s)[1-\xi_2(s)] \tag{15-87}$$

和

$$x_N=x_{N+1}\Rightarrow a(s)[1-\xi_1(s)]\xi_1^N(s)=-b(s)[1-\xi_2(s)]\xi_2^N(s) \tag{15-88}$$

由(15-87)和(15-88)式，必须有

$$\xi_1^N(s)=\xi_2^N(s)\qquad \xi_1(s)\neq\xi_2(s) \tag{15-89}$$

但由(15-84)式，我们得到 $\xi_1(s)\xi_2(s)=q/p$，从而(15-89)式简化为

$$[\sqrt{p/q}\,\xi_1(s)]^{2N}=1$$

因而 $\sqrt{p/q}\,\xi_1(s)$是 1 开 $2N$ 次方根，因此有

$$\xi_1(s_k)=\sqrt{q/p}\,e^{jk\pi/N}\qquad 0\leqslant k\leqslant 2N-1 \tag{15-90}$$

再由(15-84)式，这对应于

$$s_k=\frac{\xi_1(s_k)}{q+p\xi_1^2(s_k)}=\frac{1}{2\sqrt{pq}\cos(\pi k/N)} \tag{15-91}$$

或

$$\lambda_k=\frac{1}{s_k}=2\sqrt{pq}\cos(\pi k/N)\qquad k=1,2,\cdots,N-1\tag{15-92}$$

对于 $\lambda_0=1$ 直接得到

$$x_i^{(0)}=1\tag{15-93}$$

正如前所述，利用(15-91)式，解(15-87)和(15-88)式并把它们代入(15-86)式，我们得到

$$x_i^{(k)}=\left(\frac{q}{p}\right)^{i/2}\sin\frac{\pi ki}{N}-\left(\frac{q}{p}\right)^{(i+1)/2}\sin\frac{\pi k(i-1)}{N}\qquad k=1,2,\cdots,N-1\tag{15-94}$$

用类似的处理方式，方程(15-60)简化为

$$y_1=sq(y_1+y_2)\tag{15-95}$$

$$y_i=s(py_{k-1}+qy_{k+1})\qquad k=2,3,\cdots,N-1\tag{15-96}$$

$$y_N=sp(y_{N-1}+y_N)\tag{15-97}$$

注意，只要相互交换 p 和 q，(15-96)式与(15-82)式是一样的。因此，p 和 q 互换后，由(15-86)式可以得到它的通解。如果 $qy_1=py_0$，$py_N=qy_{N+1}$，方程(15-95)和(15-97)式就可满足。经计算可得，(15-95)和(15-97)式的解为

$$y_j^{(0)}=\left(\frac{p}{q}\right)^j\tag{15-98}$$

$$y_j^{(k)}=\left(\frac{p}{q}\right)^{j/2}\sin\frac{\pi kj}{N}-\left(\frac{p}{q}\right)^{(j-1)/2}\sin\frac{\pi k(j-1)}{N}\qquad k=1,2,\cdots,N-1\tag{15-99}$$

最后，用(15-61)式我们得到

$$c_0=\frac{q}{p}\,\frac{1-(p/q)}{1-(p/q)^N}\tag{15-100}$$

$$c_k=\frac{2p/N}{1-2\sqrt{pq}\cos(\pi k/N)}\qquad k\geqslant 1\tag{15-101}$$

把(15-92)～(15-94)式和(15-98)～(15-101)式代入(15-62)式就得到了带有两个反射壁的随机游动模型的高阶转移概率为

$$p_{ij}^{(n)}=\frac{1-(p/q)}{1-(p/q)^N}\left(\frac{p}{q}\right)^{j-1}+\frac{2p}{N}\sum_{k=1}^{N-1}\frac{x_i^{(k)}y_j^{(k)}\left[2\sqrt{pq}\cos(\pi k/N)\right]^n}{1-2\sqrt{pq}\cos(\pi k/N)}\tag{15-102}$$

15.2.1　多重特征值

在所有特征值互不相同的假定下，我们推导出了方程(15-62)式。然而 P 的某些特征值的重数可能是大于 1 的。例如，如果随机矩阵 P 的形式如下：

$$\boldsymbol{P}=\begin{pmatrix}P_1 & 0 & 0\\ 0 & P_2 & 0\\ & P_3 & \end{pmatrix}\tag{15-103}$$

其中 P_i，$i\geqslant 1$ 本身也是随机矩阵，那么不管其它特征值是不是多重的，$\lambda_1=1$ 是 P 的一个多重特征值。

一般情况下，假定特征值 λ_i 的重数为 $r_i\geqslant 1$，$i=1,2,\cdots,k$ 并且满足 $\sum_{i=1}^{k}r_i=N$，N 是方阵 P 的阶数。在这种情况下，P 有约当(Jordan)标准形

$$\boldsymbol{P}=\boldsymbol{U\Lambda U}^{-1}\tag{15-104}$$

其中 $\boldsymbol{\Lambda}$ 为

$$\boldsymbol{\Lambda}=\begin{pmatrix}\Lambda_1 & 0 & 0 & 0\\ 0 & \Lambda_2 & 0 & 0\\ 0 & 0 & \ddots & 0\\ & & & \Lambda_k\end{pmatrix} \tag{15-105}$$

其中 $\boldsymbol{\Lambda}_i$ 是一个 $r_i\times r_i$ 的方阵，但不是对角阵，如下所示：

$$\boldsymbol{\Lambda}_i=\begin{pmatrix}\lambda_i & 1 & 0 & 0\\ 0 & \lambda_i & 1 & 0\\ 0 & 0 & \ddots & 1\\ & & & \lambda_i\end{pmatrix} \tag{15-106}$$

由(15-104)式得

$$\boldsymbol{P}^n=\boldsymbol{U}\boldsymbol{\Lambda}^n\boldsymbol{U}^{-1} \tag{15-107}$$

其中

$$\boldsymbol{\Lambda}^n=\begin{pmatrix}\Lambda_1^n & \cdots & 0 & 0\\ 0 & \Lambda_2^n & 0 & 0\\ & & \ddots & \\ 0 & 0 & & \Lambda_k^n\end{pmatrix} \tag{15-108}$$

$$\boldsymbol{\Lambda}_i^n=\begin{pmatrix}\lambda_i^n & \binom{n}{1}\lambda_i^{n-1} & \cdots & \binom{n}{r_i-1}\lambda_i^{n-r_i+1}\\ 0 & \lambda_i^n & \cdots & \binom{n}{r_i-2}\lambda_i^{n-r_i+2}\\ & & \ddots & \\ 0 & 0 & \cdots & \lambda_i^n\end{pmatrix} \tag{15-109}$$

在这样的多重根情况下，我们有(15-107)—(15-109)式，其中 $\boldsymbol{U}$ 的列称为矩阵 $\boldsymbol{P}$ 的广义特征向量。

在例 15-16，15-17 和 15-19 中，我们发现当 $n\to\infty$ 时，$p_{ij}^{(n)}$ 的第一项收敛到与初始状态 e_i 无关的极限，而其余的项收敛于零；这表明 P^n 收敛到一个有相同行的矩阵。这是经常出现的情况，它表明了：随着 n 的增大，初始状态的影响逐渐减弱，(15-47)式中 $p_j(n)=P\{\boldsymbol{x}_n=e_j\}$ 应该不依赖初始分布。换句话说，不管初始状态如何，马尔可夫链(在某些限制条件下)在经过很多步的状态转移后将达到一个稳态或稳定的极限分布。当这样的极限存在时，系统将逐步稳定下来达到稳态。然而，也有一些例外，为了研究稳定性条件，我们首先对状态和链进行分类。

15.3　状态分类

对给定的任意两个状态 e_i 和 e_j，如果存在某个 n，使得 $p_{ij}^{(n)}>0$，即由状态 e_i 出发，经 n 步转移到达状态 e_j 的概率为正，则称从状态 e_i 可到达状态 e_j(简称 e_i 可达 e_j)。若 e_i 和 e_j 是彼此可达的(即从其中任意一个状态可以到达另一状态)，则称 e_i 与 e_j 为**互通的**。如果一个马尔可夫链中的每一个状态都可以到达所有别的状态(也许转移的步数不同)，那么该链和对应的转移矩阵称为**不可约的(互通链)**。例如，在例 15-1 的随机游动模型中，每个状态都可以到达其它状态，因此它是一个不可约链。显然，例 15-5 中的二元通信模型和例 15-9 中的循环模型也是不可约链。

闭集　C 是一个状态集合，如果 C 之外的任何状态都不能从 C 内的任何状态达到，则称 C 是一个**闭集**。因此，如果 C 是一个闭集而 $e_i \in C, e_j \notin C$，那么 $p_{ij}=0$。在这种情况下 $p_{ij}^{(2)}=\sum\limits_k p_{ik}p_{kj}=0$，这是由于乘积总有一项为零；进一步有 $p_{ij}^{(n)}=0, n\geqslant 1$，所以 C 内的任一状态都不可能通过任意步转移到达 C 外的状态。一个闭集可以包含一个或多个状态。若一个闭集只包含一个状态，那么称它为**吸收状态**。假如 e_i 是一个吸收状态，那么 $p_{ii}=1$ 而 $p_{ij}=0, i\neq j$。一旦系统进入一个吸收状态，那么它就永远停留在那里，也就是说不可能从吸收状态转移出去。

在例 15-7 和 15-13 中，状态 e_0 和 e_N 是吸收状态。我们可以得出下面的结论：如果一个马尔可夫链除了所有状态构成的集合外不存在其它的闭集，则它和相应的转移矩阵是不可约的。因此，当且仅当一个链中的任一状态都可达到任意其它状态（也就是说，所有状态是互通的）时，该链是不可约的。

在一个状态为 $e_1, e_2, \cdots, e_n, \cdots$ 的链中，假设状态 $e_1, e_2, \cdots, e_r$ 构成一个闭子集 C。那么 $\boldsymbol{P}$ 中左上角 $r\times r$ 的矩阵本身是随机的，我们可以把 $\boldsymbol{P}$ 表示成下面形式：

$$\boldsymbol{P}=\begin{pmatrix} U & 0 \\ V & W \end{pmatrix} \tag{15-110}$$

其中 $\boldsymbol{U}$ 和 $\boldsymbol{W}$ 是方阵，并且只要 $e_i\in C, e_j$ 是 C 的补集中的状态，就有 $p_{ij}=0$。这表明了

$$\boldsymbol{P}^n=\begin{pmatrix} U^n & 0 \\ V_n & W^n \end{pmatrix} \tag{15-111}$$

于是，如果 $e_i\in C$ 而 $e_j\notin C$，那么 $p_{ij}^{(n)}=0$。而且(15-111)式中的 U^n 表明：如果 e_i 和 e_j 都属于 C，只要限制在闭集 C 上求和就可以得到转移概率 $p_{ij}^{(n)}$。类似地，W^n 表明：假如 e_i 和 e_j 都属于 C 的补集，在这种情况下，仅对 C 的补集求和就可以得到转移概率 $p_{ij}^{(n)}$。

下面看一个例子，它的转移矩阵是一个 7×7 的矩阵

$$\boldsymbol{P}=\begin{pmatrix} 0 & 0 & 0 & 0 & a_{15} & 0 & a_{17} \\ 0 & 0 & 0 & a_{24} & 0 & 0 & 0 \\ 0 & 0 & a_{33} & 0 & 0 & 0 & 0 \\ 0 & a_{42} & 0 & a_{44} & 0 & 0 & 0 \\ a_{51} & 0 & 0 & 0 & 0 & 0 & a_{57} \\ 0 & a_{62} & a_{63} & 0 & 0 & a_{66} & a_{67} \\ a_{71} & 0 & 0 & 0 & a_{75} & 0 & a_{77} \end{pmatrix} \tag{15-112}$$

其中 $a_{ij}>0$ 表示概率为正。由于 a_{24} 和 a_{33} 分别是第二行、第三行中惟一的非零元素，因此 $a_{24}=1, a_{33}=1$ 并且状态 e_3 是吸收状态。从状态 e_2 可到达 e_4，从 e_4 可到达 e_2 或它自己，因此 e_2 和 e_4 构成一个闭集。类似地，从 e_1 能转移到 e_5 和 e_7，且仅能在 e_1, e_5 和 e_7 转移，所以，e_1, e_5 和 e_7 构成另一个闭集。从 e_6 可以转移到所有七个状态。把状态重排为 $e_3, e_2, e_4, e_1, e_5, e_7$ 和 e_6，新的转移矩阵具有如(15-103)式所示的一般结构：块状方阵 P_1, P_2 和 P_3 沿着主对角线，P_4 位于矩阵的下部。注意，P_1 对应于 e_3，P_2 对应于 e_2 和 e_4，P_3 对应 e_1, e_5 和 e_7。而 1×7 矩阵 $P_4\equiv[V, W]$ 像(15-110)式中的情况一样，W 是 1×1 的，等于 a_{66}。

常返状态和非常返状态　从任意状态 e_i 开始，系统能否肯定不断地返回此状态是一个重

要的问题。假如答案是肯定的，人们就可以问：发生这样的事件平均需要多长时间？为了分析这个问题，我们首先推广 10－1 节随机游动模型中介绍的事件"首次返回初始状态"的概念，并且定义 $f_{ij}^{(n)}$ 是系统从状态 e_i 经 n 步转移首次到达状态 e_j 的概率。因此[37]

$$f_{ij}^{(n)}=P[\boldsymbol{x}_n=e_j,\ \boldsymbol{x}_m\neq e_j,\ 0<m<n \mid \boldsymbol{x}_0=e_i] \tag{15-113}$$

$f_{ij}^{(n)}$ 表示 e_i 经 n 步转移首次到达 e_j 的概率。注意 $p_{ij}^{(n)}$ 表示从 e_i 开始经 n 步转移到达 e_j 的概率，但并不需要是首次到达。

按照(10－10)式的讨论，我们很容易建立起 $f_{ij}^{(n)}$ 和 $p_{ij}^{(n)}$ 之间的关系。从 e_i 出发，在第 r 步以概率 $f_{ij}^{(r)}$，$r\leqslant n$ 首次到达 e_j，对于 $1\leqslant r\leqslant n$ 剩下 $n-r$ 的步再次到达 e_j 的概率为 $p_{jj}^{(n-r)}$。对这些彼此不相容的概率求和，我们就得到一个重要关系式

$$p_{ij}^{(n)} = \sum_{r=1}^{n} f_{ij}^{(r)} p_{jj}^{(n-r)} \qquad n\geqslant 1 \tag{15-114}$$

其中

$$f_{ij}^{(0)}=0 \quad p_{jj}^{(0)}=1 \quad p_{ij}^{(0)}=0 \quad i\neq j \text{ 和 } f_{ij}^{(1)}=p_{ij} \tag{15-115}$$

设 $P_{ij}(z)$ 和 $F_{ij}(z)$ 分别表示序列 $\{p_{ij}^{(n)}\}$ 和 $\{f_{ij}^{(n)}\}$ 的矩生成函数。那么，用类似于(10－11)式的处理方式，我们得到

$$\begin{aligned} P_{ij}(z) &= \sum_{n=0}^{\infty} p_{ij}^{(n)} z^n = p_{ij}^{(0)} + \sum_{n=1}^{\infty}\sum_{r=1}^{n} f_{ij}^{(r)} p_{jj}^{(n-r)} z^n \\ &= p_{ij}^{(0)} + \sum_{r=1}^{\infty} f_{ij}^{(r)} z^r \sum_{k=0}^{\infty} p_{jj}^{(k)} z^k = p_{ij}^{(0)} + F_{ij}(z)P_{jj}(z) \end{aligned} \tag{15-116}$$

其中

$$F_{ij}(z) = \sum_{n=1}^{\infty} f_{ij}^{(n)} z^n \tag{15-117}$$

特别是对于 $i=j$，我们得到一个有用的关系式

$$P_{ii}(z)=1+F_{ii}(z)P_{ii}(z) \tag{15-118}$$

或

$$P_{ii}(z)=\frac{1}{1-F_{ii}(z)} \tag{15-119}$$

显然

$$f_{ij} \equiv \sum_{n=1}^{\infty} f_{ij}^{(n)} = F_{ij}(1) \tag{15-120}$$

表示**首次通过概率**，也就是从状态 e_i 出发，系统迟早通过状态 e_j 的概率。因此 $f_{ij}\leqslant 1$ 总是成立，当 $f_{ij}=1$ 时，序列 $\{f_{ij}^{(n)}\}$ 表示一个概率分布，我们称它为状态 e_j 的**首次通过概率分布**，其中 $f_{ij}^{(n)}$ 由(15－113)式给出。特别地，若 $f_{jj}=1$，那么 $\{f_{jj}^{(n)}\}$ 表示 e_j 返回时间的分布，在这种情况下，如果随机变量 $\boldsymbol{y}_j$ 表示状态 e_j 返回的时间，那么

$$P\{\boldsymbol{y}_j=n\}=f_{jj}^{(n)} \tag{15-121}$$

并且

$$\mu_j = E\{\boldsymbol{y}_j\} = \sum_{n=1}^{\infty} n f_{jj}^{(n)} \tag{15-122}$$

表示状态 e_j 的**平均返回时间**。

常返状态和非常返状态 ▶ 如果 $f_{jj}=1$(即从状态 e_j 出发,肯定会返回状态 e_j),称状态 e_j 为常返的①。若 $f_{jj}<1$,那么状态 e_j 称为**非常返的**(返回 e_j 不是绝对肯定的)。

例如,(15-112)式中 e_6 是非常返状态而其余状态都是常返状态。

若常返态 e_j 的平均返回时间为 $\mu_j=\infty$,称它是一个**零常返状态**,若 $\mu_j<\infty$,则是**非零正常返状态**。◀

周期状态 ▶ 若一个状态 e_j 仅在时刻 $T,2T,3T,\cdots$(T 的倍数)可能返回此状态,则称它是**周期的**,周期为 T,即除非 $n=kT$,否则 $p_{jj}^{(n)}=0$,这里 T 是所有使得 $p_{ij}^{(n)}>0$ 的 n 的最大公约数(也见附录 15-B)。若这样的 $T(>1)$不存在,则称状态 e_j 是**非周期的**。

例如,$m\times m$ 转移矩阵

$$\boldsymbol{P}=\begin{pmatrix} 0 & 1 & 0 & 0 & \cdots & 0 \\ 0 & 0 & 1 & 0 & \cdots & 0 \\ 0 & 0 & 0 & 1 & \cdots & 0 \\ \vdots & \vdots & \vdots & \vdots & \ddots & \vdots \\ 0 & 0 & 0 & 0 & \cdots & 1 \\ 1 & 0 & 0 & 0 & \cdots & 0 \end{pmatrix} \tag{15-123}$$

是一个周期 $T=m$ 的周期链。

在无约束的随机游动(见 10-1 节)和偶数个状态的循环随机游动模型中[见(15-23)式或例 15-9],所有状态的周期为 2。在例 15-7 有吸收壁的随机游动模型中,吸收状态 e_0 和 e_N 是非周期的,而内部的状态都是周期为 2 的周期状态。在例 15-8 有反射壁的随机游动模型中,所有状态都是非周期的。◀

最后,称**非周期的非零常返状态**为**遍历状态**。若一个马尔可夫链的所有状态都是**遍历的**,那么称其为**遍历链**。

定理 15-1 用转移概率 $p_{ij}^{(n)}$ 给出了不同类型状态的条件。

定理 15-1 ▶ **常返状态和非常返状态**

(ⅰ)当且仅当

$$\sum_{n=0}^{\infty} p_{ii}^{(n)}=\infty \tag{15-124}$$

则状态 e_i 是**常返的**;当且仅当

$$\sum_{n=0}^{\infty} p_{ii}^{(n)}<\infty \tag{15-125}$$

则它是**非常返的**,若状态 e_j 是非常返状态,那么对所有的 i

$$\sum_{n=0}^{\infty} p_{ij}^{(n)}<\infty \tag{15-126}$$

(ⅱ)当且仅当

① 英文的常返状态用 **recurrent** 或 **persistent** state,非常返状态用 **nonrecurrent** 或 **transient** state。见 Chung[37]和 Parzen[46]。

$$\sum_{n=0}^{\infty} p_{jj}^{(n)} = \infty \text{ 并且当 } n \to \infty \text{ 时} \quad p_{jj}^{(n)} \to 0 \tag{15-127}$$

状态 e_j 是**零常返的**，在这种情况下，对所有的 i

$$\text{当 } n\to\infty \text{ 时} \quad p_{ij}^{(n)} \to 0 \tag{15-128}$$

（iii）当且仅当 $\mu_j<\infty$ 非周期态 e_j 是**遍历的**，在这种情况下，当 $n\to\infty$ 时

$$p_{ij}^{(n)} \to \frac{f_{ij}}{\mu_j} \tag{15-129}$$

（iv）设状态 e_j 是**周期**为 T 的**常返状态**，那么

$$p_{jj}^{(nT)} \to \frac{T}{\mu_j} \tag{15-130}$$

证　（i）若 e_i 是**常返的**，这意味着

$$f_{ii} = \sum_{n=1}^{\infty} f_{ii}^{(n)} = \lim_{z\to 1} F_{ii}(z) = 1$$

或等价地，由(15-119)式得

$$\sum_{n=0}^{\infty} p_{ii}^{(n)} = \lim_{z\to 1} P_{ii}(z) = \lim_{z\to 1} \frac{1}{1-F_{ii}(z)} = \infty$$

反之，假定 $\sum_{n=0}^{\infty} p_{ii}^{(n)}<\infty$。那么由于 $p_{ii}^{(n)}$ 都是非负的，当 $z\to 1$ 时，$P_{ii}(z)$ 单调递增并且对每一个 N

$$\sum_{n=0}^{N} p_{ii}^{(n)} \leqslant \lim_{z\to 1} P_{ii}(z) \leqslant \sum_{n=0}^{\infty} p_{ii}^{(n)}$$

因此，当 $N\to\infty$ 时，取极限，我们得到

$$\lim_{z\to 1} P_{ii}(z) = \sum_{n=0}^{\infty} p_{ii}^{(n)} < \infty$$

从而当且仅当(15-125)式成立，$P_{ii}(z)$ 在 $z\to 1$ 时逼近一个有限值。在这种情况下由(15-119)和(15-120)式，我们得到 $f_{ii}<1$，也就是说，状态 e_i 是非常返状态。等价地，当 $z\to 1$ 时，$P_{ii}(z)\to\infty$，也就是说，当且仅当(15-124)式成立，状态 e_i 是常返状态。

为了证明(15-126)式，我们利用(15-114)式。如果 e_j 是非常返状态[用(15-125)式]，从而有

$$\sum_{n=0}^{\infty} p_{ij}^{(n)} = \sum_{n=0}^{\infty}\sum_{r=0}^{n} f_{ij}^{(r)} p_{jj}^{(n-r)} = \sum_{m=0}^{\infty} p_{jj}^{(m)} \sum_{r=0}^{\infty} f_{ij}^{(r)} \leqslant \sum_{m=0}^{\infty} p_{jj}^{(m)} < \infty \tag{15-131}$$

这就证明了(15-126)式。特别地，若状态 e_j 是**非常返状态**，那么从(15-131)式得到

$$p_{ij}^{(n)} \to 0 \tag{15-132}$$

为了证明（ii）和（iii），定义

$$v_n = p_{jj}^{(n)} - p_{jj}^{(n-1)} \qquad n\geqslant 1, \qquad v_0 = p_{jj}^{(0)}$$

所以

$$\sum_{k=0}^{n} v_k = p_{jj}^{(n)} \tag{15-133}$$

并用(15 - 119)式

$$V(z) \equiv \sum_{n=0}^{\infty} v_n z^n = P_{jj}(z) - zP_{jj}(z) = \frac{1-z}{1-F_{jj}(z)} \qquad (15-134)$$

于是

$$\lim_{z\to 1} V(z) = \lim_{z\to 1} \frac{1}{(1-F_{jj}(z))/(1-z)} = \frac{1}{F'_{jj}(1)} = \frac{1}{\mu_j} \qquad (15-135)$$

但

$$\lim_{z\to 1} V(z) = \lim_{z\to 1} \sum_{k=0}^{\infty} v_k z^k = \lim_{n\to\infty} \sum_{k=0}^{n} v_k = \lim_{n\to\infty} p_{jj}^{(n)} \qquad (15-136)$$

这里我们利用了(15 - 133)式。由(15 - 135)和(15 - 136)式,我们得到

$$\lim_{n\to\infty} p_{jj}^{(n)} = \frac{1}{\mu_j} \qquad (15-137)$$

方程(15 - 137)和(15 - 124)式表明:当且仅当(15 - 127)式成立时,e_j 是零常返状态($\mu_j = \infty$)。在这种情况下,$p_{jj}^{(n)} \to 0$。

由(15 - 114)和(15 - 137)式,我们得到

$$\lim_{n\to\infty} p_{ij}^{(n)} = \lim_{n\to\infty} \sum_{k=1}^{n} f_{ij}^{(k)} p_{jj}^{(n-k)} = \sum_{k=1}^{\infty} \frac{f_{ij}^{(k)}}{\mu_j} = \frac{f_{ij}}{\mu_j} \qquad (15-138)$$

若 e_j 是零常返状态,那么 $\mu_j = \infty$,所以

$$\lim_{n\to\infty} p_{ij}^{(n)} \to 0$$

这就证明了(15 - 128)式。

最后,若 e_j 是非周期的常返遍历态,那么由定义有 $\mu_j < \infty$。反之,若 $\mu_j < \infty$,由(15 - 137)式,当 $n\to\infty$ 时,$p_{jj}^{(n)}$ 趋于一个非零常数,因此 $\lim_{n\to\infty} \sum_n p_{jj}^{(n)} = \infty$,从而 e_j 是常返的和遍历的。在这种情况下,我们也有(15 - 138)式成立,证明了(15 - 129)式。

为了证明(ⅳ),注意到 e_j 是周期为 T 的周期态,那么除非 n 是 T 的整数倍,否则有 $f_{jj}^{(n)} = 0$,因此 $F_{jj}(z)$ 仅包含 z^T 的幂。设

$$F_{jj}(z) = \varphi(z^T)$$

所以,由(15 - 119)式有

$$P_{jj}(z) = \frac{1}{1-\varphi(z^T)}$$

或

$$P_{jj}(z^{1/T}) = \frac{1}{1-\varphi(z)} = \sum_{n=0}^{\infty} p_{jj}^{(nT)} z^n$$

且用类似于(15 - 134)和(15 - 137)式的推理,我们得到

$$p_{jj}^{(nT)} \to \frac{1}{\varphi'(1)} = \frac{T}{F'_{jj}(1)} = \frac{T}{\mu_j}$$

这就证明了(15 - 130)式及若 $m \neq kT$,$p_{jj}^{(m)} \to 0$。定理 15 - 1 证毕。 ◀

因此,返回常返状态必然以概率 1 发生。实际上,正如定理 15 - 2 所述,有可能确定状态到达常返状态和非常返状态的总次数。

定理 15-2 ▶ 如果一个初始状态 e_i 是常返的，那么当 $n\to\infty$ 时，系统无限多次地经常返回 e_i 的概率为 1。若 e_i 是非常返状态，那么系统仅仅有限次地返回 e_i，当返回次数达到某一确定的值后，系统将不再返回状态 e_i。

证　假定系统经过 N_1 步转移后首次返回 e_i，经过 N_2 步转移后再次返回 e_i，等等。在这种情况下，事件 $\{N_k<\infty\}$ 表示至少有 k 次返回 e_i，而

$$P\{N_1<\infty\}=f_{ii}=\sum_{m=1}^{\infty}f_{ii}^{(m)} \tag{15-139}$$

是系统迟早至少有一次返回 e_i 的概率。在每次返回后，系统就再次开始，因此在第一次返回后，这样的行为重复进行直到第二次返回该状态。这样，

$$P\{N_2<\infty\mid N_1<\infty\}=f_{ii} \tag{15-140}$$

进而 $\{N_1=\infty\}$ 意味着 $\{N_2=\infty\}$，因此 $\{N_2<\infty\}$ 也意味着 $\{N_1<\infty\}$。这样，

$$P\{N_2<\infty\}=P\{N_2<\infty\mid N_1<\infty\}P\{N_1<\infty\}=f_{ii}^2 \tag{15-141}$$

而一般地，

$$P\{N_k<\infty\}=f_{ii}^k \tag{15-142}$$

若 e_i 是非常返状态，那么 $f_{ii}<1$，因此有

$$\sum_{k=1}^{\infty}P\{N_k<\infty\}=\sum_{k=1}^{\infty}f_{ii}^k=\frac{1}{1-f_{ii}}<\infty \tag{15-143}$$

在这种情况下，由波雷尔-康特利引理[见(2-69)式]的第一部分，事件 $\{N_k<\infty\}$ 有限多次发生的概率为 1。因此，系统仅对有限次返回非常返状态的概率为 1，而在某一确定的转移步数后，系统将不再返回非常返状态。另一方面，若 e_i 是常返状态，那么 $f_{ii}=1$，因此对每一个 k

$$P\{N_k<\infty\}=1 \tag{15-144}$$

设 N 是当 $n\to\infty$ 时系统返回 e_i 的次数。因为事件 $\{N_k<\infty\}$ 和 $\{N\geqslant k\}$ 是等价的，(15-144)式表明 N 大于预先指定的次数 k 的概率为 1，也就是说，对每一个 k，

$$P\{N>k\}=1$$

或

$$P\{N=\infty\}=1 \tag{15-145}$$

因此，当 $n\to\infty$ 时，系统能无限多次地经常返回常返状态。定理证毕。◀

定理 15-3 表明，所有能从一个常返状态到达的状态，本身也是常返状态。

定理 15-3 ▶ 如果从常返状态 e_i 可到达状态 e_j，那么从 e_j 也可到达 e_i 而且 e_j 也是常返状态。

证　假设从一个常返状态 e_i 可到达状态 e_j，但从 e_j 不可到达 e_i。那么这个系统以正的概率 $p_{ij}^{(m)}=a>0$，经过一定的步数从 e_i 到 e_j，随后系统不再返回 e_i。从而，从 e_i 开始系统不再返回 e_i 的概率至少为 a，或系统最终返回 e_i 的概率不超过 $1-a$。这样 $f_{ii}\leqslant 1-a$。但 $1-a$ 严格小于 1，这与 e_i 是常返状态的假设相矛盾。因此从 e_j 一定可到达 e_i，即对某个值 r，$p_{ji}^{(r)}=b>0$。由(15-43)式，对任意的 k 有

$$p_{ij}^{(n+m)}\geqslant p_{ik}^{(m)}p_{kj}^{(n)} \tag{15-146}$$

因此

$$p_{ii}^{(n+m+r)} \geqslant p_{ij}^{(m)} p_{ji}^{(n+r)} \geqslant p_{ij}^{(m)} p_{jj}^{(n)} p_{ji}^{(r)} = ab p_{jj}^{(n)} \tag{15-147}$$

类似地

$$p_{jj}^{(n+m+r)} \geqslant p_{ji}^{(r)} p_{ii}^{(n)} p_{ij}^{(m)} = ab p_{ii}^{(n)} \tag{15-148}$$

那么两个级数 $\sum_{n=0}^{\infty} p_{ii}^{(n)}$ 和 $\sum_{n=0}^{\infty} p_{jj}^{(n)}$ 同时收敛或同时发散。但 $\sum_{n} p_{ii}^{(n)} = \infty$，由于 e_i 是常返的，由此断定 e_j 也是常返的，定理得证。◀

如果马尔可夫链还是不可约的，那么所有状态相互可达，定理 15-3 表明：在这种情况下，所有的状态是同一类型的，即它们要么都是非常返状态要么都是常返状态。定理 15-4 对此做了一个概括。

定理 15-4 ▶ 在一个不可约的马尔可夫链中，所有状态都是同一类型的。它们要么都是常返状态，要么都是非常返状态。所有的状态要么都是非周期的，要么都是周期的并且周期相同。

证　如果马尔可夫链是不可约的，那么每个状态可以到达所有别的状态。在这种情况下，对任意两个状态，由(15-147)和(15-148)式，级数 $\sum_n p_{ii}^{(n)}$ 和 $\sum_n p_{jj}^{(n)}$ 同收敛或同发散，因此，所有状态要么都是常返状态，要么都是非常返状态。若 e_i 是零常返状态，那么当 $n \to \infty$ 时，$p_{ii}^{(n)} \to 0$；由(15-147)式可以确定：当 $n \to \infty$ 时，$p_{jj}^{(n)} \to 0$。所以 e_j 和所有别的状态也都是零常返状态。最后若 e_i 是周期为 T 的非零常返状态，只有在 n 是 T 的倍数时，$p_{ii}^{(n)} > 0$。由于 e_i 和 e_j 相互可达，由(15-146)式有

$$p_{ii}^{(m+r)} \geqslant p_{ij}^{(m)} p_{ji}^{(r)} = ab > 0 \tag{15-149}$$

因此由(15-149)式，$(m+r)$ 必须是 T 的倍数。最后由(15-148)式，

$$p_{jj}^{(n+m+r)} \geqslant ab p_{ii}^{(n)} > 0$$

其中 n 和 $(n+m+r)$ 是 T 的倍数。这样 T 也就是状态 e_j 的周期，定理证毕。◀

证实一个不可约链是非周期的一种方法是找出一个状态 e_k 满足 $p_{kk} > 0$。这个状态显然是非周期的。

下面，我们将用定理 15-1～15-4 来分析不同随机游动模型在一维和多维情况下的极限行为。

【例 15-20】　一维和多维随机游动

一维随机游动　讨论第 10-1 节中介绍的一维无约束随机游动模型。各个状态间彼此可达(见图 10-1(a))，因此所有状态为同一类型。在这种情况下，一步转移概率为

$$p_{ij} = \begin{cases} p & j = i+1 \\ q & j = i-1 \\ 0 & \text{其他} \end{cases} \tag{15-150}$$

进而对任一状态 e_i，由(10-5)式有

$$p_{ii}^{(n)} = \begin{cases} u_{2k} & n = 2k \\ 0 & n = 2k+1 \end{cases} \tag{15-151}$$

这样所有状态都是周期性的并且周期为 2

$$p_{ii}^{(2n)}=u_{2n}=\binom{2n}{n}(pq)^n=\frac{(2n)!}{n!n!}(pq)^n$$
$$\approx\frac{\sqrt{4\pi n}(2n)^{2n}\mathrm{e}^{-2n}}{(\sqrt{2\pi n}n^n\mathrm{e}^{-n})^2}(pq)^n=\frac{(4pq)^n}{\sqrt{\pi n}}\qquad n\geqslant 1 \tag{15-152}$$

这里使用了斯特林(Stirling)近似公式：

$$n!=\sqrt{2\pi n}n^n\mathrm{e}^{-n}\qquad n\to\infty \tag{15-153}$$

由(15 - 152)式，两个级数

$$\sum_{n=0}^{\infty}p_{ii}^{(2n)}\quad 和\quad 1+\sum_{n=1}^{\infty}\frac{(4pq)^n}{\sqrt{\pi n}} \tag{15-154}$$

同收敛或同发散。由于

$$4pq=(p+q)^2-(p-q)^2=1-(p-q)^2\leqslant 1$$

对 $p\neq q$，有 $4pq<1$，从而(15 - 154)式中后一级数收敛，这是因为它以 $1/(1-4pq)$ 为界，因此对每一个 e_i，有

$$\sum_{n=0}^{\infty}p_{ii}^{(2n)}<\infty \tag{15-155}$$

因此，假如 $p\neq q$，那么一维随机游动模型中的每个状态都是非常返状态。若 $p>q$，粒子将逐渐向右移动最终将离开任何状态 e_i。然而若 $p=q=1/2$，我们有 $4pq=1$，(15 - 154)式中后一级数发散。在 $\sum_{n=0}^{\infty}p_{ii}^{(n)}$ 发散的情况下，每个状态都是常返状态并且按照定理 15 - 2 的结论粒子无限多次地经常返回每一状态。注意利用(10—13)式中的生成函数 $F_{ii}(z)=V(z)$，这个结论也可由(10—15)式直接得到。由(10—16)式，若 $p=q$，平均返回时间为 $\mu_i=V'(1)=\infty$，根据定理 15 - 1 可得出在一个对称随机游动中所有状态都是周期为 2 的零常返状态。由(15 - 128)式，当 $n\to\infty$，也有 $p_{ij}^{(n)}\to 0$。

二维随机游动　在一个二维随机游动中，粒子由初始状态出发，向 x 轴和 y 轴方向移动的每一步都相互独立，所以它的路径包含平面上所有的整数坐标点。粒子在每个位置有四个相邻状态。该模型的任一状态可到达所有别的状态，粒子返回原点的条件是它向 x 轴和 y 轴的正方向的移动步数与向 x 轴和 y 轴负方向的移动步数相同。因此(15 - 151)式在这种情况下也成立，且所有的状态是以 2 为周期的周期状态。设 n 是粒子向 x 轴和 y 轴正方向移动步数的总和，k 为向 x 轴正方向移动的步数，那么对于一个对称随机游动，利用多项式分布可得

$$p_{ii}^{(2n)}=\sum_{k=0}^{n}\frac{2n!}{k!k!(n-k)!(n-k)!}\left(\frac{1}{2}\right)^{2n}\left(\frac{1}{2}\right)^{2n}$$
$$=\frac{1}{4^{2n}}\binom{2n}{n}\sum_{k=0}^{n}\binom{n}{k}^2=\left\{\binom{2n}{n}2^{-2n}\right\}^2 \tag{15-156}$$
$$\approx\frac{1}{\pi n}\qquad n\to\infty$$

由于级数 $\sum_{n=1}^{\infty}1/n$ 发散，$\sum_{n=0}^{\infty}p_{ii}^{(2n)}$ 也发散且所有状态是常返状态。此外，根据(15 - 156)式当 $n\to\infty$ 时，$p_{ii}^{(2n)}\to 0$，因此所有状态是周期为 2 的零常返状态。我们注意到有趣的是，在一个二维对称随机游动中，尽管粒子的游动存在更大的自由(与一维情况比较而言)，它却能无限多次地经常返回每个状态。图 15 - 4 举例说明对一个二维随机游动四次独立运行的过程，每次运行由 1250 次试验构成。

三维随机游动　在一般的三维随机游动中，粒子每一步随机地选择三个轴中的一个完成一步一维随机游动。粒子每一步独立地向由 x 轴、y 轴和 z 轴的正负向共六个方向之一的方向移动。在这种情况下，每一个位置有六个相邻的状态。在一个稍微加以约束的模型中，粒子每步同时沿三个轴进行三个独立的一维随机游动，这个模型导致每个位置有八个相邻状

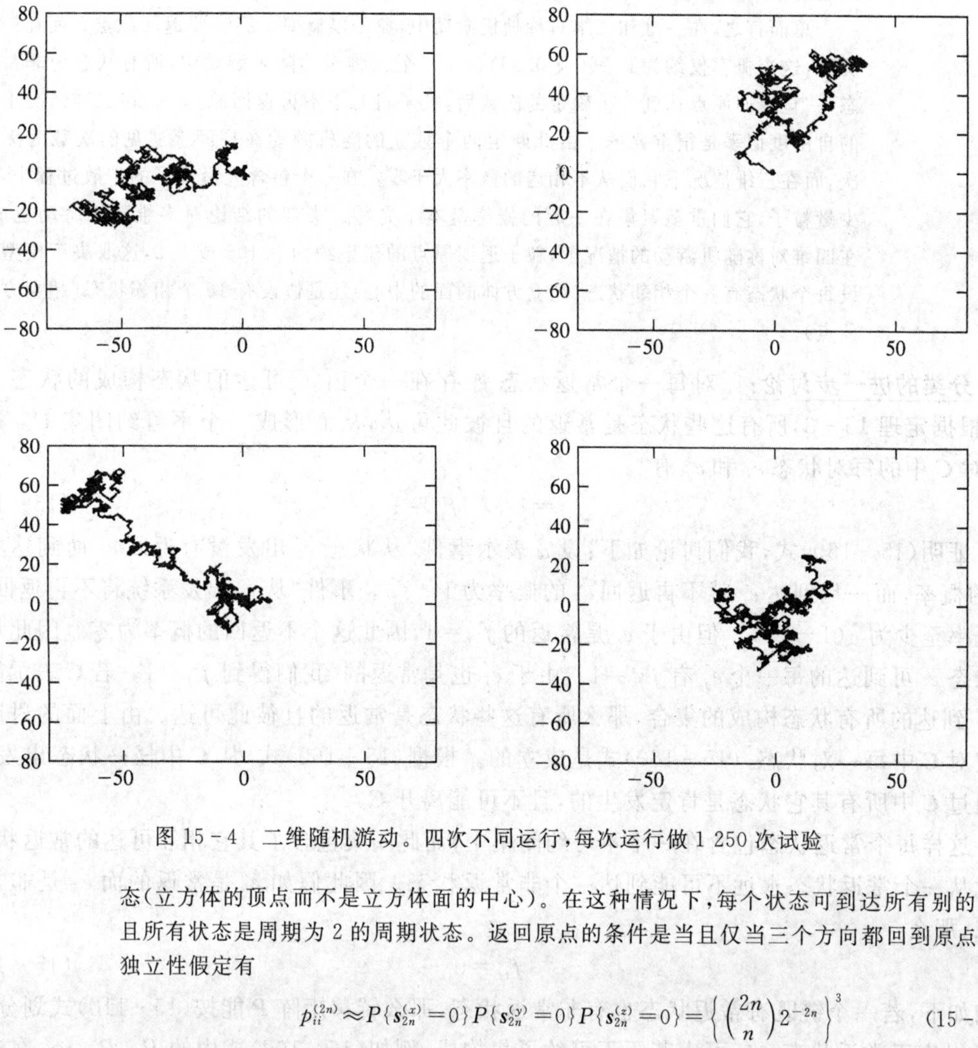

图 15 - 4　二维随机游动。四次不同运行，每次运行做 1 250 次试验

态(立方体的顶点而不是立方体面的中心)。在这种情况下，每个状态可到达所有别的状态且所有状态是周期为 2 的周期状态。返回原点的条件是当且仅当三个方向都回到原点。由独立性假定有

$$p_{ii}^{(2n)} \approx P\{s_{2n}^{(x)}=0\}P\{s_{2n}^{(y)}=0\}P\{s_{2n}^{(z)}=0\}=\left\{\binom{2n}{n}2^{-2n}\right\}^3 \qquad (15-157)$$

因此当 n 值很大时，有

$$p_{ii}^{(2n)} \approx \frac{1}{\pi^{3/2}n^{3/2}} \qquad (15-158)$$

在这种情况下，级数 $\sum_{n=1}^{\infty} 1/n^{3/2} < 3$ 收敛，从而 $\sum_{n=0}^{\infty} p_{ii}^{(2n)}$ 也收敛。用(15-125)式可得出三维随机游动中的所有状态都是非常返状态。这样在返回原点达到一定次数后，粒子将几乎不再返回原点。用(15 - 157)式直接计算可得

$$\sum_{n=0}^{100} p_{ii}^{(2n)} = 1.357\,4 \approx P_{ii}(1)$$

并由(15 - 119)和(15 - 120)式，这给出了会返回原点(或任意别的状态)的概率为

$$f_{ii}=F_{ii}(1)=1-\frac{1}{P_{ii}(1)}\approx 0.263\,3 \qquad (15-159)$$

其中对于一个三维对称随机游动模型每个位置有八个相邻状态。在前面讲到的每个状态有六个相邻状态的普通模型中，每个状态相邻状态的数目低于三维对称随机游动模型中相邻状态的数目，所以粒子会返回原点的概率比后者要大一些，它等于 $0.263\,3\times 8/6\approx 0.351$。在这种情况下，返回的期望次数为 $0.649\sum k(0.351)^k=0.351/0.649\approx 0.54$，这一结果由

波利亚(Polya,[3],Vol. I)给出。

总而言之,在一维和二维对称随机游动中,粒子以概率 1 终究要返回原点。而在三维情况下,这个概率仅约为 0.26(或 0.35)。在一个三维对称随机游动中,所有状态为非常返状态,一旦返回原点达到一个确定的次数后,粒子将几乎不再返回原点①。在三维情况下额外的自由度似乎是很重要的。由此断定两个独立的随机游动在平面上遇见的次数为无穷多次,而在三维情况下它们从不相遇的概率大于零。在一个包含大量粒子的扩散过程中,即使少量粒子,它们重新聚集在一起的概率基本上是零。类似的结论对多维随机游动也成立。在四维对称随机游动的情况下,粒子返回原点的概率约为 0.105 或 0.2,这取决于模型是假设每个状态有 8 个相邻状态(超立方体的面的中心)还是假设有 16 个相邻状态(超立方体的顶点)。

分类的进一步讨论: 对每一个常返状态 e_i 存在一个由 e_i 可达的状态构成的状态子集 $\boldsymbol{C}$。根据定理 15-3,所有这些状态是常返的且彼此可达,从而形成一个不可约闭集 $\boldsymbol{C}$。进一步,对 $\boldsymbol{C}$ 中的每对状态 e_i 和 e_j 有

$$f_{ij}=1 \qquad f_{ji}=1 \tag{15-160}$$

为了证明(15-160)式,我们讨论如下:设 α 表示事件"从状态 e_i 出发没有返回 e_i 而到达状态 e_j"的概率,而一旦到达 e_j 就不再返回 e_i 的概率为 $1-f_{ji}$。事件"从 e_i 出发系统将不再返回 e_i"的概率至少为 $\alpha(1-f_{ji})$。但由于 e_i 是常返的 $f_{ii}=1$,因此这个不返回的概率为零。因此从常返状态 e_i 可到达的每一个 e_j 有 $f_{ji}=1$。由于 e_j 也是常返的,我们得到 $f_{ij}=1$。若 $\boldsymbol{C}$ 表示能够从 e_i 到达的所有状态构成的集合,那么所有这些状态是常返的且彼此可达。由上面的讨论可断定对 $\boldsymbol{C}$ 中每一对状态,(15-160)式是成立的。根据(15-160)式,从 $\boldsymbol{C}$ 中任一状态出发,系统通过 $\boldsymbol{C}$ 中所有其它状态是肯定发生的,且不可能离开 $\boldsymbol{C}$。

这样每个常返状态包含在一个不可约闭集中,而此闭集包含了其它相互可达的常返状态。因此从一个常返状态永远不可能到达一个非常返状态。因此假如 e_i 是常返的而 e_j 是非常返状态,那么

$$f_{ij}=0 \tag{15-161}$$

归纳如下,若一个链既有常返状态也有非常返状态,那么转移矩阵 $\boldsymbol{P}$ 能按(15-110)式划分,其中 $\boldsymbol{U}$ 对应于常返状态。$\boldsymbol{U}$ 可由若干不可约子集构成,例如(15-103)式中的 $P_1,P_2,\cdots$,在这种情况下可能在这些子集间没有相互转移。而且从定理 15-4 可以导出定理 15-5。

定理 15-5 ▶ 一个马尔可夫链可以惟一地划分成互不重叠的集合 $\boldsymbol{T},C_1,C_2\cdots$,其中 $\boldsymbol{T}$ 由所有非常返状态组成,$C_1,C_2,\cdots$分别是由同一类型常返状态组成的不可约闭集。进一步地假如 e_i 属于某一 C_r,那么

$$f_{ij}=1 \quad \text{对所有} \quad e_j\in C_r \qquad f_{ik}=0 \qquad e_k\notin C_r \tag{15-162}$$

例 15-20 表明一个链中可能所有状态都是非常返状态($p\neq q$),在这种情况下,如定理 15-6 所示,此链必须是**无限长**的。 ◀

定理 15-6 ▶ 在一个有限长度的链中所有状态不可能都是非常返状态。进而,若所有状态彼此可达,那么这些状态都是正常返状态。

证 由于仅有有限多个状态,当 $n\to\infty$,系统必须无穷多次地返回它们中的至

---

① 波利亚已经注意到这一值得一提但并非直观明显的维数分叉($n\leqslant2$ 对 $n\geqslant3$)现象。

少一个状态。由定理 15-2,在这种情况下,不可能所有状态都是非常返状态,至少有一个状态为常返状态。此外,若所有状态彼此可达,那么由于它们中有一个是常返状态,根据定理 15-3,所有状态是常返状态且形成一个不可约闭集。由于 P^n 的各行包含有限个元素,每行的元素和为 1,对每一对 $j,k,p_{jk}^{(n)}\to 0$ 是不可能的。因此不可能所有状态都是零常返的,从而至少有一个状态为非零常返状态,即正常返的,但由定理 15-4,所有状态是正常返的。定理证毕。◀

当然,一个有限链可能有不止一个包含常返状态的闭集(譬如,有吸收壁的随机游动)。在这种情况下,显然,不是所有状态都彼此可达。

15.4 平稳分布与极限概率

迄今为止,我们看到每一个常返状态都属于一个包含类似状态的不可约闭集 **C**。由于在 **C** 中的状态不可能转移到 **C** 外的状态,因此它的渐近行为可以在与其余状态独立的情况下研究。

本节中一个重要问题是:长期来看,无论初始分布是什么,马尔可夫链是否都能达到一种极限分布?若存在,在什么条件下,当 $n\to\infty$ 时

$$p_{jk}^{(n)}\to q_k \tag{15-163}$$

而无论初始状态 e_j **如何**?当这样的极限存在时,系统显示出长期规律性或平稳行为。有趣的是,对于包含非周期非零常返状态(遍历态)的不可约链,由定理 15-1,(15-129)和(15-160)式,有

$$\lim_{n\to\infty}p_{ij}^{(n)}\to\frac{f_{ij}}{\mu_j}=\frac{1}{\mu_j}\equiv q_j>0 \tag{15-164}$$

如定理 15-7 所示,该命题的逆命题也是正确的。

定理 15-7 ▶ 稳态概率 对于不可约遍历链,极限

$$q_k\equiv\lim_{n\to\infty}p_{jk}^{(n)}>0 \tag{15-165}$$

存在,且与初始状态 e_j **无关**。进一步有

$$\sum_k q_k=1 \tag{15-166}$$

且这些极限概率满足方程式

$$q_j=\sum_i q_i p_{ij} \tag{15-167}$$

反之,如果链是不可约非周期的,并且存在数 $q_k\geqslant 0$ 满足(15-166)和(15-167)式,则该链是遍历的,并且有

$$q_k=\frac{1}{\mu_k}>0 \tag{15-168}$$

其中 μ_k 是非零常返状态 e_k 的平均返回时间。

证 假定此链是不可约的和遍历的。则(15-165)式可由(15-164)式得出。进一步,由于

$$p_{kj}^{(n+1)}=\sum_i p_{ki}^{(n)}p_{ij} \tag{15-169}$$

那么随着 $n\to\infty$，我们有 $p_{kj}^{(n+1)}\to q_j$ 和 $p_{ki}^{(n)}p_{ij}\to q_i p_{ij}$。对(15-169)式取有限和，并令 $n\to\infty$ 时，得到

$$q_j \geqslant \sum_i q_i p_{ij} \tag{15-170}$$

由于 $\sum_j p_{kj}^{(n+1)}=1$，则有 $\sum_j q_j=1$，则有，在(15-170)式中对 j 求和，有

$$\sum_j q_j \geqslant \sum_i q_i$$

在这里不等号是不可能成立的。因此，对所有的 j，(15-170)式成立，这就证明了(15-166)和(15-167)式。反过来，令 $q_k\geqslant 0$，(15-166)和(15-167)式成立。则重复利用(15-167)式，有

$$q_k = \sum_i q_i p_{ik}^{(n)} \quad n\geqslant 1 \tag{15-171}$$

由于此链是不可约的，故所有状态的类型相同。但是，由于 $p_{ik}^{(n)}\to 0$ 和 $\sum q_k=1$ 都不能得到满足，所以它们不可能是非常返状态或零常返状态。因此，所有的状态是非零常返状态并且此链是遍历的。那么由(15-164)式，可得

$$q_k = \sum_i q_i \frac{1}{\mu_k} = \frac{1}{\mu_k} \tag{15-172}$$

定理证毕。 ◀

由于在第 n 步处于状态 e_j 的概率为

$$P\{\boldsymbol{x}_n = e_j\} = \sum_i P\{\boldsymbol{x}_n = e_j \mid \boldsymbol{x}_0 = e_i\}P\{\boldsymbol{x}_0 = e_i\} = \sum_i p_{ij}^{(n)} p_i(0) \tag{15-173}$$

其中 $p_i(0)$表示初始分布，我们有

$$\lim_{n\to\infty} P\{\boldsymbol{x}_n = e_j\} = \sum_i q_j p_i(0) = q_j \sum_i p_i(0) = q_j > 0 \tag{15-174}$$

因而，当链具有稳态或平稳行为时，从长期来看，无论初始分布如何，系统将趋向于(15-174)式所示的不变概率分布。如果做 N 次独立观测，则在长时间后，它们中的 Nq_k 会处于状态 e_k，系统达到稳态或平稳分布。

有趣的是，(15-171)式也表明：如果 e_k 是非常返状态或零常返状态，则有 $q_k=0$。总而言之，对于不可约链，当且仅当它是遍历的(由非周期、非零常返状态构成)情况下才具有不变的正概率分布，此时 $q_k>0$ 且 $\lim_{n\to\infty} P\{\boldsymbol{x}_n=e_k\}\to q_k$。

15.4.1 有限链和佩龙(Perron)定理

如果马尔可夫链仅存在有限个状态 $e_1, e_2, \cdots, e_N$，则方程(15-163)可用矩阵形式表示为

$$\boldsymbol{P}^n \to \boldsymbol{Q} \tag{15-175}$$

其中 $\boldsymbol{P}$ 为(15-12)式中的概率转移矩阵，$\boldsymbol{Q}$ 的每一行都等于行向量 $\boldsymbol{q}$，其中

$$\boldsymbol{q} = [q_1, q_2, \cdots, q_N] \tag{15-176}$$

而且，此时(15-167)式可重写为

$$\boldsymbol{q} = \boldsymbol{q}\boldsymbol{P} \tag{15-177}$$

其中

$$\sum_{i=1}^{N} q_i = 1 \tag{15-178}$$

方程(15-177)式表示 q 是 P 对应于特征值 $\lambda=1$ 的左特征向量。从而提出了一个有趣的问题:是否 $\lambda=1$ 是任意概率转移矩阵 $\boldsymbol{P}$ 的特征值?如果是这样,那么为什么 $\lambda=1$ 对应的左特征向量 $\boldsymbol{q}$ 的元素总是严格为正数?

由于 $\boldsymbol{P}$ 是随机矩阵,易知 $\lambda=1$ 确实是 $\boldsymbol{P}$ 的特征值。事实上,由于 $\boldsymbol{P}$ 的每一行的和为 1,则有

$$\boldsymbol{P}x_1=x_1 \qquad x_1=[1,1,1,\cdots,1]^T \tag{15-179}$$

这便证明了上述命题。为了证明左特征向量 $\boldsymbol{q}$ 严格为正,可利用佩龙(1907)关于正矩阵的定理,后来,弗罗贝尼乌斯(Frobenius, 1912)将该定理推广到非负不可约矩阵。

如果一个矩阵的元素全部严格为正,则称它是正矩阵(这与正定矩阵的概念不同)。设 $\rho(\boldsymbol{A})$ 表示 $\boldsymbol{A}$ 的谱半径($\boldsymbol{A}$ 特征值绝对值的最大值),也就是

$$\rho(A)=\max_i|\lambda_i(A)| \tag{15-180}$$

易知,如果 $r_i,c_i,i=1,2,\cdots,N$,分别表示矩阵 $\boldsymbol{A}$ 第 i 行的和及第 i 列的和,那么

$$\min_i r_i\leqslant\rho(A)\leqslant\max_i r_i \tag{15-181}$$

$$\min_i c_i\leqslant\rho(A)\leqslant\max_i c_i \tag{15-182}$$

利用(15-181)式,我们得出结论:概率转移矩阵的谱半径是 1。

定理 15-8 ▶ 佩龙定理[①] 设 $\boldsymbol{A}$ 是一个正矩阵,那么

(ⅰ) $\rho(\boldsymbol{A})>0$ 并且 $\rho(\boldsymbol{A})$ 是 $\boldsymbol{A}$ 的重数为 1 的特征值。

(ⅱ) 存在与特征值 $\rho(\boldsymbol{A})$ 对应的全部元素为正的特征向量。

(ⅲ) 如果 λ 是 $\boldsymbol{A}$ 的其它特征值,则 $|\lambda|<\rho(\boldsymbol{A})$。特别是不存在其它满足 $|\lambda|=\rho(\boldsymbol{A})$ 的特征值。

所有元素为正的概率转移矩阵对应于所有的单步转移矩阵也是正的。然而,我们将会看到,绝大多数的马尔可夫链并不是这种情况。幸运地是,可以证明:即使 $\boldsymbol{A}$ 的某些元素为零,但只要存在整数 n **使得** $\boldsymbol{A}^n$ 是正矩阵,佩龙定理依然成立。这种情况下,我们称 $\boldsymbol{A}$ 为**本原(素)**矩阵[Primitive Matrix]。因此,如果概率转移矩阵 $\boldsymbol{P}$ 是**本原的**,那么对某个 n 满足

$$\min_n p_{ij}^{(n)}>0 \tag{15-183}$$

这意味着,以 n 步相继转移为一个阶段,则所有状态是彼此可达的。所有的不可约链并不总是满足这种情况[(15-110)式前的三小段]。例如,矩阵

$$\boldsymbol{P}=\begin{pmatrix}0 & 1\\ 1 & 0\end{pmatrix} \tag{15-184}$$

是不可约的[②],因为 $p_{12}^{(1)}=p_{21}^{(1)}=1$,而 $\boldsymbol{P}^2=\boldsymbol{I}$ 表明 $p_{11}^{(2)}=p_{22}^{(2)}=1$。但由于 n 为奇

① C. R. Rao and M. B. Rao. *Matrix Algebra and Its Applications to Statistics and Econometrics*, World Scientific, 1998; P. Lancaster and M. Tismenetsky. *The Theory of Matrices*, Academic Press, 1985.

② 如果 $\boldsymbol{P}$ 是不可约矩阵,则对任何状态 e_i 和 e_j,存在某个 $m=m_{ij}$,使得 $p_{ij}^{(m)}>0$。注意,对初等矩阵,(15-183)式中存在 n 与 i,j 无关,然而对不可约矩阵,尽管每一个状态 e_i 仍在某阶段 m_{ij}(不必为同一阶段)可由其它状态 e_j 可达,但这样的 n 也许不存在。如果 $\boldsymbol{A}$ 是周期为 T 的非负不可约矩阵,则 $\boldsymbol{A}$ 恰有 T 个特征值为 $\lambda_i=\rho(A)e^{2\pi i j/T},i=1,2,\cdots,T$,即为 1 的 T 个 T 次方根,而其余的特征值在幅度上严格小于 $\rho(A)$[与佩龙定理的(ⅲ)相比较]。N 为偶数时的例子见(15-67)式,证明见附录 15-B。

数时 $p_{11}^{(n)}=0$,n 为偶数时 $p_{12}^{(n)}=0$,所以 $\boldsymbol{P}$ 不是本原的。注意在这里 $\boldsymbol{P}$ 的周期为 2。本原矩阵是排斥周期性的。更为一般的结论是:当且仅当非负矩阵 $\boldsymbol{A}$ 是不可约的和非周期的,它才是本原的。由于(15-123)式中的 $m\times m$ 矩阵的所有特征值的绝对值都为 1,它也不是本原的。然而,下面的矩阵 $\boldsymbol{P}$ 对任意的 $p>0$,$q>0$ 是本原的

$$\boldsymbol{P}=\begin{pmatrix} 0 & 1 & 0 & \cdot & \cdots & 0 & 0 \\ 0 & 0 & 1 & 0 & \cdots & \cdot & 0 \\ \vdots & \vdots & \vdots & \vdots & & \vdots & \vdots \\ 0 & 0 & 0 & 0 & \cdots & 0 & 1 \\ p & q & 0 & 0 & \cdots & \cdot & 0 \end{pmatrix} \tag{15-185}$$

因为对 $n=m^2-2m+2$,$\boldsymbol{P}^n$ 是正矩阵。类似地,下面的矩阵

$$\boldsymbol{P}=\begin{pmatrix} p_0 & p_1 & p_2 & \cdots & p_m \\ 1 & 0 & 0 & \cdots & 0 \\ 1 & 0 & 0 & \cdots & 0 \\ \vdots & \vdots & \vdots & & \vdots \\ 1 & 0 & 0 & \cdots & 0 \end{pmatrix} \tag{15-186}$$

当 $\sum_i p_i=1$ 时也是一个本原矩阵,因为 P^2 是正矩阵。

如果 $\boldsymbol{A}$ 是本原的,则对某一个 N,$\boldsymbol{A}^N$ 是正矩阵,因此对 $\boldsymbol{A}^N$ 佩龙定理成立。从而 $\rho(A)^N$ 是 $\boldsymbol{A}^N$ 的**简单**特征值并且相应的特征向量的元素均为正。进一步,$\boldsymbol{A}^N$ 的所有其它特征值在幅度上**严格**小于 $\rho(A)^N$。因为 $\boldsymbol{A}$ 和 $\boldsymbol{A}^N$ 的特征向量相同,所以 $\rho(A)$是 $\boldsymbol{A}$ 的单重特征值并且相应的特征向量的元素为**同一**正数,而 $\boldsymbol{A}$ 的其它特征值在幅度上严格小于 $\rho(A)$。因此,当且仅当 $\boldsymbol{A}$ 为**本原**矩阵时佩龙定理成立。

如果 $\boldsymbol{P}$ 是随机矩阵,则当且仅当 $\boldsymbol{P}$ 也是本原矩阵时,$\rho(P)=1$ 成立并且对应的特征向量的元素均为正,而所有其它特征值在幅度上严格小于 1。为了得到期望的结果,我们可将佩龙定理应用于 $\boldsymbol{P}$ 的转置 $\boldsymbol{P}'$。由于 $\rho(P')=\rho(P)=1$,在这种情况下,也存在元素均为正的向量($\boldsymbol{P}$ 的左佩龙向量)y_1 满足

$$\boldsymbol{P}'y_1=y_1 \quad 或 \quad y'_1\boldsymbol{P}=y'_1 \tag{15-187}$$

比较(15-187)和(15-177)式,可以发现 $\boldsymbol{q}=y'_1$。因此,如果期望的不变分布存在的话,它就是由(15-178)式归一化后的 $\boldsymbol{P}$ 的左特征向量。最后来考察不变分布的存在性,我们可以利用(15-179)和(15-187)式所定义的 x_1 和 y_1,以及 x_k,$y_k(k=2,\cdots,N)$来对 $\boldsymbol{P}$ 做特征分解,其中 x_k,y_k 分别表示 $\boldsymbol{P}$ 和 $\boldsymbol{P}'$其余的特征向量。因而有

$$\boldsymbol{P}=\lambda_1 x_1 y'_1+\sum_{k=2}^{N}\lambda_k x_k y'_k=x_1 q+\sum_{k=2}^{N}\lambda_k x_k y'_k \tag{15-188}$$

由于对于 $k\geqslant 2$,有 $|\lambda_k|<1$,且 $\boldsymbol{q}$ 为正的行向量的充要条件是 $\boldsymbol{P}$ 为本原随机矩阵,可得

$$\boldsymbol{P}^n=x_1 q+\sum_{k=2}^{N}\lambda_k^n x_k y'_k\rightarrow x_1 q=\boldsymbol{Q} \tag{15-189}$$

总之，当且仅当转移矩阵 P 为本原随机矩阵时，则有限马尔可夫链满足 $P^n \to Q$ 并且 Q 是每行均为向量 q 的正矩阵。在这种情况下，不变分布 q 为 P 的左佩龙向量。 ◀

需要指出的是，**即使 P 不是本原的**，(15-177)和(15-178)式也可能有正的解。例如，具有两个吸收壁的随机游动(例 15-7)可以表示成一个如(15-20)式所示的非本原转移矩阵。因而，没有不变分布。然而，若给吸收状态赋一正的权值，每一个形如 $\boldsymbol{q}=(a,0,0,\cdots,0,1-a)$，$0<a\leqslant 1$ 的概率分布均满足方程 $\boldsymbol{q}=\boldsymbol{q}\boldsymbol{P}$。类似地，对于(15-123)式中的转移矩阵，易知

$$\boldsymbol{q}=\left[\frac{1}{m},\frac{1}{m},\cdots,\frac{1}{m}\right] \tag{15-190}$$

是 $\boldsymbol{q}\boldsymbol{P}=\boldsymbol{q}$ 的解，但由于 $\boldsymbol{P}$ 不是本原矩阵，则 $\boldsymbol{P}^n$ 不会收敛到一个具有相同行的正矩阵 $\boldsymbol{Q}$。当且仅当 $\boldsymbol{P}$ 为本原随机矩阵，(15-177)式的解才是有意义的，它是马尔可夫链的惟一不变分布。由此可得，当且仅当双重随机矩阵(如例 15-15)也为本原矩阵时，具有如(15-190)式所示的等可能性的不变分布。

【例 15-21】 (ⅰ)(15-185)式所给的 $m\times m$ 概率转移矩阵是本原的，因而存在不变分布。这种情况下，求解 $\boldsymbol{q}\boldsymbol{P}=\boldsymbol{q}$，我们得到稳定分布

$$q_1=\frac{p}{p+m-1}\qquad q_2=q_3=\cdots=q_m=\frac{1}{p+m-1} \tag{15-191}$$

图 15-5 给出了在 $m=5$，概率为(15-191)式情况下的状态转移概率和稳态矩阵 $\boldsymbol{Q}$。在稳态情况下，每一个状态均与其它状态互通——即使开始时所有的状态并不直接互通，最终它们也将以正概率互通。

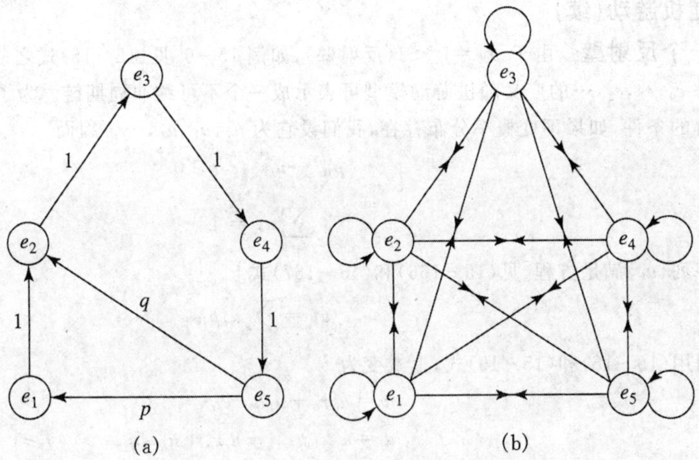

图 15-5　状态转移概率和稳态分布

(ⅱ)在另一个例子，我们考虑(15-186)式的本原转移矩阵。这种情况下，从矩阵方程 $\boldsymbol{q}\boldsymbol{P}=\boldsymbol{q}$ 得到

$$q_0=q_0p_0+\sum_{k=1}^{m}q_k\qquad q_k=q_0p_k\qquad k\geqslant 1$$

按照(15-178)式，归一化得到

$$\begin{aligned}\sum_{k=0}^{m}q_k&=q_0+q_0\sum_{k=1}^{m}p_k=q_0+q_0(1-p_0)\\&=q_0(2-p_0)=1\end{aligned}$$

因而

$$q_0=\frac{1}{2-p_0}\qquad q_k=\frac{p_k}{2-p_0}\qquad k=1,2,\cdots,m \tag{15-192}$$

是它惟一的稳态分布。尽管状态转移概率如图 15-6 所示，但长期来看，每一个状态将以(15-192)式所给的概率与其它状态互通。

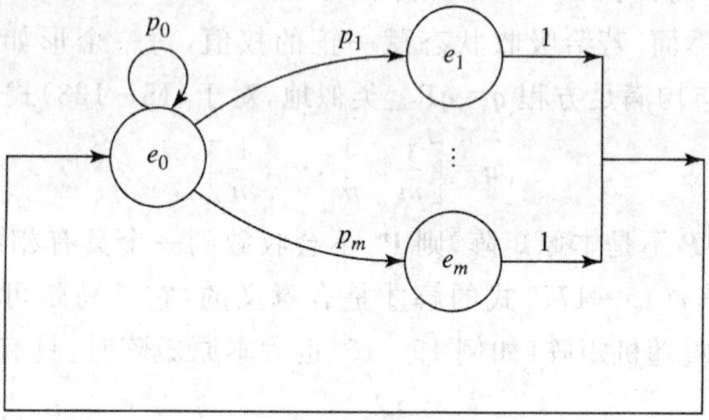

图 15-6　状态转移概率

对于例 15-5 中的二元通信信道，显然，如果 $\alpha>0,\beta>0$，则 $\boldsymbol{P}$ 是本原的。这种情况下，稳态分布为

$$q_0=\frac{\beta}{\alpha+\beta}\qquad q_1=\frac{\alpha}{\alpha+\beta} \tag{15-193}$$

注意，(15-193)与(15-64)式对 $p_{jk}^{(n)}$ 的解的稳态部分是相同的。

【例 15-22】　随机游动(续)

一个反射壁　由于 $p_{00}=r_0<1$(反射壁)，如例 15-6[见(15-16)式之前]所示，具有可能状态 $e_0,e_1,e_2,\cdots$ 的广义随机游动模型可表示成一个不可约非周期链。为了验证该链具有稳态解的条件，如果不变概率分布存在，我们设它为 $u_0,u_1,u_2,\cdots$。因而

$$p_{jk}^{(n)}\to u_k\qquad k\geqslant 0 \tag{15-194}$$

$$\sum_{k=0}^{\infty}u_k=1 \tag{15-195}$$

序列 $\{u_k\}$ 满足方程[见(15-166)和(15-167)式]

$$u_k=\sum_i u_i p_{ik} \tag{15-196}$$

利用(15-18)和(15-19)式，上式变为

$$u_0=u_0r_0+u_1q_1$$

$$u_j=u_{j-1}p_{j-1}+u_jr_j+u_{j+1}q_{j+1}\qquad j\geqslant 1$$

由于 $r_0=1-p_0$，以及 $r_j=1-p_j-q_j$，$j\geqslant 1$ 我们得到

$$u_1q_1=u_0p_0\quad 和\quad u_{j+1}q_{j+1}-u_jp_j=u_jq_j-u_{j-1}p_{j-1} \tag{15-197}$$

这给出递推式

$$u_{k+1}q_{k+1}=u_kp_k$$

因而

$$u_k=\frac{p_0p_1\cdots p_{k-1}}{q_1q_2\cdots q_k}u_0\equiv\rho_ku_0 \tag{15-198}$$

其中

$$\rho_k=\frac{p_0p_1\cdots p_{k-1}}{q_1q_2\cdots q_k} \tag{15-199}$$

由(15-198)式知，要使$\{u_k\}$满足(15-195)式的充要条件是

$$\sum_{k=1}^{\infty}\rho_k=\sum_{k=1}^{\infty}\frac{p_0p_1\cdots p_{k-1}}{q_1q_2\cdots q_k}<\infty \tag{15-200}$$

在这种情况下，(15-16)式中的具有一个反射壁的广义随机游动具有稳态分布。利用(15-195)式的归一化条件，得

$$u_0=\frac{1}{1+\sum_{j=1}^{\infty}\rho_j}\qquad u_k=\frac{\rho_k}{1+\sum_{j=1}^{\infty}\rho_j}\qquad k\geqslant 1 \tag{15-201}$$

在随机游动的所有步子相同的特殊情况下，我们有 $p_k=p,q_k=q$ 和 $\rho_k=(p/q)^k$，从而对于 $p<q$，

$$u_0=1-\frac{p}{q}\qquad u_k=\left(1-\frac{p}{q}\right)\left(\frac{p}{q}\right)^k\qquad k\geqslant 1 \tag{15-202}$$

(15-202)式的稳态分布表示一个期望值为 $p/(q-p)$ 的几何随机变量。由例 15-20[见(15-150)式之前]所示的广义随机游动模型知，当 $p>q$ 时，状态为非常返状态；当 $p=q$ 时，状态为零常返状态。对于 $p<q$，虽然从(15-202)式看到系统占据越来越多的状态的可能性越来越小，但所有状态全是非零常返状态。

对 10-1 节的无约束随机游动模型，如例 15-20 所示，由于所有的状态要么是非常返状态($p=q$)，要么是零常返状态($p\neq q$)，则在极限情况下不存在稳态分布。

两个反射壁　在有限状态 $e_1,e_2,\cdots,e_N$ 情况下，对具有两个反射壁的随机游动模型[例 15-8，(15-21)式之前]来说，由(15-198)式可知，其稳态分布满足

$$u_k=\left(\frac{p}{q}\right)^{k-1}u_1\qquad k=1,2,\cdots,N$$

$$\sum_{k=1}^{N}u_k=u_1\sum_{k=1}^{N}\left(\frac{p}{q}\right)^{k-1}=u_1\frac{1-(p/q)^N}{1-p/q}=1$$

因此，稳态分布为($p\neq q$)

$$u_j=\frac{1-(p/q)}{1-(p/q)^N}\left(\frac{p}{q}\right)^{j-1}\qquad j=1,2,\cdots,N \tag{15-203}$$

对于这种有限链，p 相对于 q 的大小是没有限制的，状态全为非零常返状态。关于反射壁模型(在例 15-19)，它的 $p_{ij}^{(n)}$ 如(15-102)式所示。随着 $n\to\infty$，求和号内部的项趋近于零(因为 $pq<1$)而第一项与(15-203)式相同。

循环随机游动　例 15-9[见(15-23)式之前]中的循环随机游动的稳态行为很容易分析。这种情况下，由于 $\boldsymbol{P}$ 是双重随机矩阵，只要 $\boldsymbol{P}$ 是本原的，(15-190)式的等可能性分布就会是稳态分布。对于(15-123)式中的特殊情形(循环随机游动)，若状态数为奇数，则 $\boldsymbol{P}$ 是本原的[若状态数为偶数，由于 1 和 -1 都是 $\boldsymbol{P}$ 的特征值，则不是本原的；也见取 $N=2K$ 的(15-67)式]。

非均匀随机游动　对于在例 15-10[见(15-26)式之前]曾经讨论过的具有有限状态的非均匀随机游动模型，(15-26)式的转移矩阵 $\boldsymbol{P}$ 是本原的，其中 p_k 如(15-16)式定义，我们可得 $p_k=1-k/N$，代入(15-199)式可得

$$\rho_k=\frac{\left(1-\frac{1}{N}\right)\left(1-\frac{2}{N}\right)\cdots\left(1-\frac{k-1}{N}\right)}{\frac{1}{N}\frac{2}{N}\cdots\frac{k}{N}}=\binom{N}{k}$$

代入(15-198)式得 $u_k=\rho_ku_0=\binom{N}{k}u_0$。由于 $\sum_{k=0}^{N}\binom{N}{k}=(1+1)^N=2^N$，利用归一化条件 $\sum_{k=0}^{N}u_k=1$，得

$$u_k=\binom{N}{k}2^{-N} \qquad k=0,1,2,\cdots,N \tag{15-204}$$

注意，对大的整数 N，(15-204)式中的二项式分布可用下述正态分布近似

$$u_k \approx \sqrt{\frac{2}{\pi N}}e^{-2(k-N/2)^2/N} \tag{15-205}$$

这表明，在很大的系统中，状态具有高斯分布，其概率的最大值对应于 $k=N/2$。因而，在稳态下，系统停留在状态 $k=N/2$ 或者非常接近 $N/2$ 的状态的可能性最大，由(15-205)式可知，它们为平衡态。例如，当 $N=10^6$，k 偏离平衡值 0.5%的概率大约是 10^{-24}。系统的初始状态与最终的平衡分布无关。

注　对于例 15-10，如果 A 和 B 表示一个容器以任何方式划分得到的大小相同的部分，则由(15—205)式知，在稳态下，每一部分均包含一半的分子。由于划分是任意的，可知在宏观下，稳态时分子一定均匀分布在容器里。尽管其它的状态是可能的，但它们出现的概率可以忽略。系统偶尔有可能进入这些不可能状态之一，但随着时间的推移，在下一步转移时，系统更可能向平衡状态移动而不是向相反的方向移动，这是因为有(15-205)式所示的概率分布。尽管所有的状态都是相互可达的，然而，**大量**粒子的存在实际使得系统仅在平衡状态下到达**最可能的状态**。因为等概率状态对应于最大程度的无序，时间箭头似乎意味着从有序转移到无序。

【例 15-23】　成功逃逸

回顾例 15-11[见(15-27)式之前]，(15-27)和(15-28)式所示的返回原点的随机游动模型，其任一状态可达任意其它状态，由于 $p_i=p$ 和 $q_i=q$，通过迭代展开 $\boldsymbol{P}^n$，我们得到

$$p_{jk}^{(n)}=\begin{cases} qp^k & k=0,1,2,\cdots,n-1 \\ p^n & k=j+n \\ 0 & \text{其它} \end{cases}$$

因此，对所有 j 和 k，$p_{jk}^{(n)}>0$，于是该链是不可约的，所以它的所有状态要么全是常返状态，要么全是非常返状态。如果系统的初始状态为 e_0，则乘积 $p_0p_1\cdots p_{k-1}$ 表示依次从 e_0 转移到 e_k 的 k 次转移概率。因此，$\prod_{k=0}^{\infty} p_k$ 表示系统永远不返回零点的概率。令

$$\lim_{k\to\infty}\prod_{i=0}^{k} p_i = v_0$$

则 $f_{00}=1-v_0$ 表示系统返回 e_0 的概率。若 $v_0>0$，则 $f_{00}<1$ 并且 e_0 是非常返状态，从而所有其它状态也为非常返状态。则随着 $n\to\infty$，粒子将沿正方向朝无穷远处移动。

但是如果 $v_0=0$，那么 $f_{00}=1$，在这种情况下，e_0 和所有其它状态是常返状态。为给出稳态分布存在的条件，将(15-28)式代入(15-196)式得，对 $k\geqslant 1$

$$u_k=p_{k-1}u_{k-1}=p_0p_1p_2\cdots p_{k-1}u_0$$

且有

$$\sum_{k=0}^{\infty}u_k=\left(1+\sum_{k=1}^{\infty}p_0p_1p_2\cdots p_{k-1}\right)u_0=1 \tag{15-206}$$

由(15-206)式可知，存在稳态解的条件是当且仅当级数

$$1+\sum_{k=1}^{\infty}p_0p_1p_2\cdots p_{k-1}<\infty \tag{15-207}$$

此时，

$$u_0=\frac{1}{1+\sum_{k=1}^{\infty}p_0p_1p_2\cdots p_{k-1}}\qquad u_j=\frac{p_0p_1\cdots p_{j-1}}{1+\sum_{k=1}^{\infty}p_0p_1p_2\cdots p_{k-1}}\qquad j\geqslant 1$$

(15 - 208)

特别是如果所有的步子相同，则像在(15 - 27)式中那样 $p_i=p<1$，

$$\sum_{k=0}^{\infty}u_k=\sum_{k=0}^{\infty}p^k=\frac{1}{1-p}=\frac{1}{q}$$

所以

$$u_k=qp^k\qquad k\geqslant 0\tag{15 - 209}$$

因此，在均匀成功逃逸情形下，稳态分布也是均值为 p/q 的几何分布[比较这个结果与(15 - 202)的结果]。

【例 15 - 24】　嵌入马尔可夫链

回顾例 15 - 14[见(15 - 32)式之前]中的嵌入马尔可夫链公式，利用(15 - 33)和(15 - 34)式的转移矩阵，(15 - 167)式的系统方程简化为

$$q_j=q_0a_j+\sum_{i=1}^{j+1}q_ia_{j-i+1}\qquad j\geqslant 0\tag{15 - 210}$$

定义矩生成函数

$$Q(z)=\sum_{j=0}^{\infty}q_jz^j\qquad A(z)=\sum_{k=0}^{\infty}a_kz^k\tag{15 - 211}$$

利用(15 - 210)式，我们得到

$$\begin{aligned}Q(z)&=q_0\sum_{j=0}^{\infty}a_jz^j+\sum_{j=0}^{\infty}\sum_{i=1}^{j+1}q_ia_{j-i+1}z^j\\&=q_0A(z)+\sum_{i=1}^{\infty}q_iz^i\sum_{m=0}^{\infty}a_mz^m\cdot z^{-1}\\&=q_0A(z)+(Q(z)-q_0)A(z)/z\end{aligned}\tag{15 - 212}$$

或

$$Q(z)=\frac{q_0(1-z)A(z)}{A(z)-z}\tag{15 - 213}$$

由于 $Q(1)=A(1)=1$，利用罗必塔法则，得到

$$Q(1)=\lim_{z\to 1}q_0\frac{(1-z)A'(z)-A(z)}{A'(z)-1}=\frac{q_0}{1-\rho}=1$$

其中

$$\rho=A'(1)=\sum_{k=0}^{\infty}ka_k=\sum_{k=0}^{\infty}kP\{\boldsymbol{y}_n=k\}=E\{\boldsymbol{y}_n\}\tag{15 - 214}$$

表示每个顾客服务期间新到达顾客(作业)的平均数。因而 $q_0=1-\rho>0$ 并且

$$Q(z)=\frac{(1-\rho)(1-z)A(z)}{A(z)-z}\qquad \rho<1\tag{15 - 215}$$

由(15 - 35)式知，方程(15 - 215)可以用来确定所研究队列的长期行为。例如，由(15 - 174)式 $\lim_{n\to\infty}P\{\boldsymbol{x}_n=k\}=q_k$，系统处于稳态时，顾客(作业)的平均数为

$$\lim_{n\to\infty}E\{\boldsymbol{x}_n\}=Q'(1)=\sum_{k=0}^{\infty}kq_k\tag{15 - 216}$$

并且对于不同的输入分布和服务时间分布，稳态时顾客(作业)的平均数是可以计算的。

例如，若 $\boldsymbol{s}$ 表示概率密度函数为 $f_s(t)$ 的服务时间随机变量，在输入为泊松过程的假设下，有(在时间 $\boldsymbol{s}=t$ 内到达 k 个新顾客)

$$P\{\boldsymbol{y}_{n+1}=k\mid \boldsymbol{s}=t\}=\mathrm{e}^{-\lambda t}\frac{(\lambda t)^k}{k!} \tag{15-217}$$

由(15－33)式得到

$$\begin{aligned} a_k = P\{\boldsymbol{y}_{n+1}=k\} &= \int_0^{\infty} P\{\boldsymbol{y}_{n+1}=k \mid \boldsymbol{s}=t\} f_s(t)\mathrm{d}t \\ &= \int_0^{\infty} \mathrm{e}^{-\lambda t}\frac{(\lambda t)^k}{k!} f_s(t)\mathrm{d}t \end{aligned} \tag{15-218}$$

由(15－211)式可知，

$$\begin{aligned} A(z) &= \int_0^{\infty} \mathrm{e}^{-\lambda t}\left(\sum_{k=0}^{\infty}\frac{(z\lambda t)^k}{k!}\right) f_s(t)\mathrm{d}t \\ &= \int_0^{\infty} \mathrm{e}^{-\lambda(1-z)t} f_s(t)\mathrm{d}t \equiv \Phi_s(\lambda(1-z)) \end{aligned} \tag{15-219}$$

其中 Φ_s 表示服务时间的概率密度函数 $f_s(t)$ 的拉普拉斯变换。将(15－219)式代入(15－215)式，我们得到著名的 **Pollaczek－Khinchin** 公式。

特别是如果我们假设服务时间也服从指数分布，则有 $t\geqslant 0$ 时 $f_s(t)=\mu\mathrm{e}^{-\mu t}$，(15－219)式简化为

$$A(z)=\frac{\mu}{\mu+\lambda(1-z)}=\frac{\mu}{\mu+\lambda}\sum_{k=0}^{\infty}\left(\frac{\lambda}{\mu+\lambda}\right)^k z^k \tag{15-220}$$

且 $A'(1)=\rho=\lambda/\mu$，从而有

$$a_k=\frac{\mu}{\mu+\lambda}\left(\frac{\lambda}{\mu+\lambda}\right)^k=\frac{1}{1+\rho}\left(\frac{\rho}{1+\rho}\right)^k \qquad k=0,1,2,\cdots \tag{15-221}$$

进一步，

$$Q(z)=\frac{1-\rho}{1-\rho z}=(1-\rho)\sum_{k=0}^{\infty}\rho^k z^k \qquad \rho<1 \tag{15-222}$$

因此，在输入为泊松过程，服务时间服从指数分布的假设下，对 $\rho<1$，由(15－222)式可以得到

$$\lim_{t\to\infty}P\{\boldsymbol{x}(t)=k\}=\lim_{n\to\infty}P\{\boldsymbol{x}_n=k\}=q_k=(1-\rho)\rho^k \qquad k\geqslant 0 \tag{15-223}$$

且 $E[\boldsymbol{x}_n]\to\rho/(1-\rho)$。

由(15－223)式知，随着时间的推移，只要每一个服务期间到达顾客的平均数严格小于1，在这样的一个队列中等待的顾客数就接近于几何分布。因而，如果服务速度大于到达速度，则队列的稳态分布为几何分布。由(15－221)式知，服务间隙到达的顾客数也服从几何分布。有趣的是，与队列不同，在这种情况下，(15－221)式中的到达分布对所有的 ρ 均有意义[也见(10－89)式]。

15.5　非常返状态和吸收概率

一般来说，像我们前面看到的，一个链可能既包含常返状态也包含非常返状态。由定理15－5可知，每个状态要么为常返状态，此时它属于某一个不可约闭集 $C_1, C_2, C_3, \cdots$ 之一；要么属于全部非常返状态构成的集合 T。由(15－162)式知，如果系统处于常返状态，它将永远停留在包含该状态的不可约闭集 C_r 中。如果系统从非常返状态出发，情况将会是什么样的呢？关于从非常返状态出发时系统的演化，仅存在两种可能性。系统要么永远停留在非常返状态，要么转移(被吸收)到闭集 C 之一中，此后将一直停留在 C 中。注意，由定理15－2可知，系统到达非常返状态的次数有限，则在状态有限的系统中第一种情况不可能发生，从而系统最终一定被吸收到一个常返态闭集中，定理15－6保证这样的闭集肯定存在。当然，如果状态数目无

限,则两种可能性都有有限的概率,我们的目标就是确定这些概率。

首先,我们从**鞅**这种特殊链开始。

鞅 ▶ 如果对每一个 i,概率分布 $\{p_{ij}\}$ 的期望值等于 i,那么这个马尔可夫链称为**鞅**。因此,在鞅中

$$\sum_j j p_{ij} = i \tag{15-224}$$

在例 15-13 的遗传模型中,概率转移矩阵(15-30)和(15-31)式都满足上述定义。因而,它们都是有限长度的鞅链。

这种链的吸收概率很容易计算。令 $e_0, e_1, \cdots, e_N$ 表示鞅的状态。在(15-224)式中,令 $i=0$ 和 $i=N$,得 $p_{00}=p_{NN}=1$,从而可知 e_0 和 e_N 为吸收状态。如果假定它们是该链仅有的常返态,则 $e_1, e_2, \cdots, e_{N-1}$ 为非常返状态,从而系统最终将被 e_0 或 e_N 吸收。由(15-224)式也可以得到①,对于所有的 n

$$\sum_{k=0}^{N} k p_{jk}^{(n)} = j \tag{15-225}$$

但是,对每个非常返状态 e_k,$(k=1,2,\cdots N-1)$,有 $p_{jk}^{(n)} \to 0$,从而对 $j>0$,(15-225)式的惟一解为

$$p_{jN}^{(n)} \to \frac{j}{N} \tag{15-226}$$

由于仅有两个吸收态,可得

$$p_{j,0}^{(n)} \to 1 - \frac{j}{N} \tag{15-227}$$

因此,如果系统从 e_j 出发,那么它最终被 e_0 和 e_N 吸收的概率分别为 $1-j/N$ 和 j/N。如果从每个状态出发的概率相同,则最终被 e_N 吸收的概率为

$$\lim_{n\to\infty} \sum_{j=0}^{N} p_j^{(0)} p_{j,N}^{(n)} = \sum_{j=1}^{N} \frac{1}{N+1} \frac{j}{N} = \frac{1}{2} \tag{15-228}$$

因而,若初始分布随机选择,则对于有限状态的鞅,最终被 e_0 或 e_N 吸收是等概率事件。 ◀

回到例 15-13 中的鞅模型,可知,无论模型的实际机理如何,系统从初始状态 e_j 出发,最终被 e_0(全为 A 型基因)和 e_N(全为 B 型基因)吸收的概率分别为 $1-j/N$ 和 j/N。从长期来看,这种情况下仅有"纯种"可以生存,而"杂种"将逐渐灭绝。

15.5.1 非常返状态概率

为了研究系统在非常返状态中的演化,我们可以利用(15-156)式所示的概率转移矩阵 $\boldsymbol{P}$ 的广义划分,其中 $\boldsymbol{U}$ 表示包含在所有常返态的不可约集合 $C_1, C_2, \cdots$ 中的转移概率,$\boldsymbol{W}$ 表示所有非常返状态之间的转移概率②。注意,

$$w_{ij}^{(n)} = p_{ij}^{(n)} \qquad e_i, e_j \in T \tag{15-229}$$

---

① 由(15-225)式知,对所有的 n, m,有 $E\{\boldsymbol{x}_{n+m} \mid \boldsymbol{x}_m\} = \boldsymbol{x}_m$,这也通常是**鞅**的定义。列维最初引入了鞅的概念,杜比[12]意识到它在概率论中的有用性并发展了该概念。

② U 是一个块对角阵,它的块 $P_1, P_2, \cdots$ 对应于不可约集合 $C_1, C_2 \cdots$[见(15-103)式]。

表示从非常返状态 e_i 出发，在 n 步内转移到非常返状态 e_j 的转移概率。因而，$\boldsymbol{W}^n$ 表示非常返状态间的演化行为，其中 $\boldsymbol{W}$ 是在 $\boldsymbol{P}$ 中删掉所有与常返态有关的行和列而得的子随机矩阵。由(15－229)式知，从非常返状态 e_i 出发，$\boldsymbol{W}^n$ 的第 i 行的和

$$\sigma_i^{(n)} = \sum_{j\in T} w_{ij}^{(n)} \qquad e_i \in T \tag{15－230}$$

表示在 n 步转移后，系统停留在非常返状态的概率。为了研究其极限行为，由等式 $\boldsymbol{W}^{n+1} = \boldsymbol{W}\boldsymbol{W}^n$ 可得关系式

$$w_{ij}^{(n+1)} = \sum_{k\in T} w_{ik} w_{kj}^{(n)} \qquad e_i, e_j \in T \tag{15－231}$$

将(15－231)式带入(15－230)式中，得到

$$\sigma_i^{(n+1)} = \sum_{k\in T} w_{ik} \sigma_k^{(n)} \qquad e_i \in T \tag{15－232}$$

由于 $\sigma_i^{(1)} = \sum_{k\in T} w_{ik} \leqslant 1$，由(15－232)式可得

$$\sigma_i^{(2)} = \sum_{k\in T} w_{ik}\sigma_k^{(1)} \leqslant \sum_{k\in T} w_{ik} = \sigma_i^{(1)}$$

从而由数学归纳法知，$\sigma_i^{(n+1)} \leqslant \sigma_i^{(n)}$。因此，序列 $\{\sigma_i^{(n)}\}$ 单调下降趋于

$$\sigma_i = \lim_{n\to\infty} \sigma_i^{(n)} = \lim_{n\to\infty} \sum_{j\in T} w_{ij}^{(n)} \qquad e_i \in T \tag{15－233}$$

并且满足方程(15－232)的上述极限值为

$$\sigma_i = \sum_{j\in T} p_{ij}\sigma_j \qquad e_i \in T \tag{15－234}$$

注意，上述方程与(15－167)式得出的稳态方程不一样。当系统有无限多的状态时，方程组(15－234)存在满足 $0 \leqslant \sigma_i \leqslant 1$ 的非零解。然而，当链状态数有限时，对于 $e_i \in T$，下面将要证明 $\sigma_i = 0$ 是惟一解。

如果 e_j 是非常返状态，则由定理 15－1 和(15－132)式可知，对所有 i，有 $p_{ij}^{(n)} \to 0$。特别是对所有 $e_i \in T$，有 $w_{ij}^{(n)} \to 0$。在有限状态情形，σ_i 为(15－233)式中有限项的和，从而有

$$\sigma_i = \sum_{j\in T} \lim_{n\to\infty} w_{ij}^{(n)} \to 0$$

利用(15－181)式取等号的条件可以得到相同的结论。在这两种情况中，取等号的充要条件是所有的行和 $r_1, r_2, \cdots, r_N$ 相等。在有限子随机矩阵中，由于至少有一行的和严格小于 1(为什么?)，则有 $\rho(W) < 1$，从而 $\boldsymbol{W}$ 的所有特征值 λ_i 在幅度上严格小于 1。在有限链的情形下，$\boldsymbol{W}$ 是有限的，它具有如(15－104)～(15－106)式所示的约当标准形，其中所有的 $|\lambda_i| < 1$。因此 $\boldsymbol{W}^n = U\Lambda^n U^{-1} \to 0$，使得 $w_{ij}^{(n)} \to 0$，从而(15－234)式中的所有 $\sigma_i \to 0$。(15－234)式可等价地表示为 $\boldsymbol{W}x = \lambda x$，其中 x 为 $\lambda = 1$ 对应的列特征向量。但是 $\boldsymbol{W}$ 的全部特征值在幅度上均严格小于 1，则 $x \equiv 0$。这说明，有限链中，从任一非常返状态出发，系统**永远**停留在非常返状态集合的概率为零。换言之，有限链中系统最终将停留在常返状态。

另一方面，在有无数个非常返状态的链中，从一非常返状态 e_i 出发，系统**永远**停留在非常返状态的概率 $\sigma_i > 0$，并且这些概率满足(15－234)式的方程组。这些方程可能无解，也可能有一个或多个满足 $0 \leqslant x_i \leqslant 1$ 的独立有效解 $\{x_i\}$。在这些解中，我们应该选择哪一个呢？为了检验所期望的解，注意到如果 $\{x_i\}$ 表示这样一个解的集合，则 $x_i \leqslant 1$；而由于它们满足 $x_i = \sum_{j\in T} p_{ij}x_j \leqslant \sum_{j\in T} p_{ij} = \sigma_i^{(1)}$，由归纳法可知 $x_i \leqslant \sigma_i^{(m)}$，这意味着

$$x_i = \sum_{j \in T} p_{ij} x_j \leqslant \sum_{j \in T} p_{ij} \sigma_j^{(m)} = \sigma_i^{(m+1)}$$

因而，对所有的 $n, x_i \leqslant \sigma_i^{(n)}$，从而由 $0 \leqslant x_i \leqslant 1$，可得

$$1 \geqslant \sigma_i \geqslant x_i \tag{15-235}$$

由(15-235)式可知，在方程(15-234)式的所有解中，我们期望得到的解$\{\sigma_i\}$满足(15-235)式所表示的最大特性。它们表示从任何非常返状态出发，系统**永远不会**转移到一个常返态的概率。因此，从一个非常返状态出发，系统永远停留在非常返状态的概率由(15-234)式所得的**最大解**给出。

费勒(Feller)[3]已经证明，我们可以从这个结果来推导出状态为 $e_0, e_1, \cdots$ 的不可约链是常返链的充要条件。这种情况下，方程组的解为

$$x_i = \sum_{j=1}^{\infty} p_{ij} x_j \qquad i \geqslant 1 \tag{15-236}$$

它表示系统永远停留在状态 $e_1, e_2, e_3 \cdots$ 而不进入状态 e_0 的概率。但因为所有状态为常返状态而且链是不可约的，$f_{i,0}=1$，从而对所有 $i, x_i=0$。因此，在一个不可约链中，状态 e_0 和其它状态为常返状态的充要条件是(15-236)式的方程组除了零解没有其它解。

方程(15-236)可用来确定例 15-6 所示的一般随机游动模型是常返链的条件，这时链可能的状态是 $e_0, e_1, e_2, \cdots$。这种情况下，利用(15-16)～(15-19)式，(15-236)式可以简化为

$$x_1 = r_1 x_1 + p_1 x_2$$
$$x_j = q_j x_{j-1} + r_j x_j + p_j x_{j+1} \qquad j \geqslant 2$$

由于 $r_j = 1 - p_j - q_j$，上式进一步简化为

$$x_2 - x_1 = \frac{q_1}{p_1} x_1$$

$$x_{j+1} - x_j = \frac{q_j}{p_j}(x_j - x_{j-1}) = \frac{q_j q_{j-1} \cdots q_1}{p_j p_{j-1} \cdots p_1} x_1 = \sigma_j x_1 \tag{15-237}$$

这里我们定义

$$\sigma_j = \frac{q_j q_{j-1} \cdots q_1}{p_j p_{j-1} \cdots p_1} \qquad j \geqslant 1 \tag{15-238}$$

由(15-237)式，我们得到

$$x_{k+1} = \left(1 + \sum_{j=1}^{k} \sigma_j\right) x_1 = \left(\sum_{j=0}^{k} \sigma_j\right) x_1$$

其中 $\sigma_0 = 1$。由上式易知，存在有界非负解$\{x_k\}$的充要条件是级数

$$\sum_{k=0}^{\infty} \sigma_k < \infty \tag{15-239}$$

如果状态是常返的，这样的解不存在，上述级数一定发散。因此，一般随机游动模型为常返链的充要条件是(15-239)式的级数发散。特别是如果 $p_j = p, q_j = q$，则 $\sigma_k = (q/p)^k$，并且(15-239)式的级数发散的充要条件是 $q/p \geqslant 1$ 或 $p \leqslant q$。在例 15-22[见(15-194)式之前]中，我们讨论了一个反射壁的均匀随机游动中的状态是常返态的问题，这里的条件与那里的结论是一致的。这种情况下，(15-202)式中的稳态分布对应于常返态集合$\{e_k\}$。

15.5.2　平均吸收时间

有趣的是我们可以利用(15-230)式的 $\sigma_i^{(n)}$ 计算平均时间 m_i，m_i 是从非常返状态 e_i 出发，

被常返状态吸收前,系统处在非常返状态所花费的时间。因此,从 $e_i\in T$ 出发,设 $m_i^{(n)}$ 表示在前 n 步转移中系统处在非常返状态所花费的平均时间。然后,再做一步转移,因为系统在非常返状态再多花费一个单位时间的概率是 $\sigma_i^{(n+1)}$,所以

$$m_i^{(n+1)}=m_i^{(n)}+\sigma_i^{(n+1)}=\sum_{k=0}^{n+1}\sigma_i^{(k)}$$

因此,平均吸收时间 m_i(从 $e_i\in T$ 出发,链在非常返状态中花费的平均时间)为

$$\begin{aligned}m_i&=\lim_{n\to\infty}m_i^{(n)}=\sum_{n=0}^{\infty}\sigma_i^{(n)}=\sum_{n=0}^{\infty}\sum_{j\in T}p_{ij}^{(n)}\\&=1+\sum_{n=1}^{\infty}\sum_{j\in T}p_{ij}^{(n)}=1+\sum_{n=1}^{\infty}\sum_{j\in T}\sum_{k\in T}p_{ik}p_{kj}^{(n-1)}\\&=1+\sum_{k\in T}p_{ik}\sum_{n=0}^{\infty}\sum_{j\in T}p_{kj}^{(n)}=1+\sum_{k\in T}p_{ik}m_k\end{aligned}\tag{15-240}$$

对有限长度的链,上面的方程简化为

$$\boldsymbol{m}=(\boldsymbol{I}-\boldsymbol{W})^{-1}\boldsymbol{E}=\boldsymbol{ME}$$

其中 $\boldsymbol{W}$ 如(15-110)式的定义。其中,对所有 $e_i\in T$,

$$\boldsymbol{m}\equiv[m_1,m_2,\cdots,m_i,\cdots]^t\qquad \boldsymbol{E}\equiv[1,1,\cdots,1,\cdots]^t$$

而

$$\boldsymbol{M}\equiv(\boldsymbol{I}-\boldsymbol{W})^{-1}$$

表示吸收链的**基本矩阵**。对有限长度的链,上述方程有惟一的正(有限)解。注意 $m_i=\sum_{j\in T}M_{ij}$,所以 M_{ij} 表示链从非常返状态 e_i 出发,在非常返状态 e_j 花费的平均时间。最后,如果 v_i 表示系统位于非常返状态 e_i 的初始概率,则

$$m_a=\sum_{e_i\in T}v_im_i$$

表示该链的平均吸收时间。

回到例 15-7[见(15-20)式之前]中具有两个吸收壁的随机游动模型,在(15-20)式有 $(N-1)$ 个非常返状态,基本矩阵 $\boldsymbol{M}$ 为一个三对角托普里兹矩阵的逆。取

$$r=p/q$$

在这种情况下,$p\neq q$ 时 $\boldsymbol{M}$ 的元素为[42]

$$M_{ij}=\begin{cases}\dfrac{(r^j-1)(r^{N-i}-1)}{(p-q)(r^N-1)} & j\leqslant i\\[2ex]\dfrac{(r^i-1)(r^{N-i}-r^{j-i})}{(p-q)(r^N-1)} & j\geqslant i\end{cases}$$

$p=q=1/2$ 时,

$$M_{ij}=\begin{cases}2j(1-i/N) & j\leqslant i\\2i(1-j/N) & j\geqslant i\end{cases}$$

直接代入恒等式 $\boldsymbol{M}(\boldsymbol{I}-\boldsymbol{W})=\boldsymbol{I}$,也可以验证这些表达式是正确的。

利用这些结果,(15-20)式中的链从 $e_i\in T$ 出发,平均吸收时间 m_i 为

$$m_i=\sum_{j=1}^{N-1}M_{ij}=\begin{cases}\dfrac{1}{p-q}\left(n\dfrac{1-r^{-i}}{1-r^{-n}}-i\right) & p\neq 1/2\\[2ex] i(n-i) & p=1/2\end{cases}$$

特别是对有三个非常返状态的随机游动[即在(15－20)式中 $N=4$],我们有

$$\boldsymbol{W}=\begin{bmatrix}0 & p & 0\\ q & 0 & p\\ 0 & q & 0\end{bmatrix}\qquad \boldsymbol{M}=\frac{1}{p^2+q^2}\begin{bmatrix}p+q^2 & p & p^2\\ q & 1 & p\\ q^2 & q & p^2+q\end{bmatrix}$$

平均吸收时间向量是

$$\boldsymbol{m}=\begin{bmatrix}m_1\\ m_2\\ m_3\end{bmatrix}=\frac{1}{p^2+q^2}\begin{bmatrix}1+2p^2\\ 2\\ 1+2q^2\end{bmatrix}$$

对称随机游动的平均吸收时间向量 $\boldsymbol{m}=(3,4,3)^t$。

15.5.3　吸收概率

从一个非常返状态 e_i 出发,另一种可能是系统将到达一个常返态 e_j 并停留在包含常返状态 e_j 的闭集 C_r 中。事实上,对有限长度的链,这是惟一的选择,从而这样的系统最终被吸收进一个常返态闭集。因为 f_{ij} 表示从 e_i 出发,系统曾经到达状态 e_j 的概率,在目前的情形下,对 $e_i\in T,e_j\in C_r$(C_r 为一个非零常返态的闭集),f_{ij} 表示从非常返状态 e_i 出发,被状态 e_j 吸收的概率。为了计算这些概率,可以利用基本关系式(15－44)和定理 15－1。将(15－129)式代入(15－44)式,我们得到下面有用的关系式

$$f_{ij}=\sum_k p_{ik}f_{kj}\qquad e_j\in C_r \tag{15-241}$$

其中 C_r 表示包含常返状态 e_j 的闭集。特别是如果 $e_i\in T$,则上述关系式简化为

$$f_{ij}=\sum_{k\in T}p_{ik}f_{kj}+\sum_{k\in C_r}p_{ik}\qquad e_j\in C_r \tag{15-242}$$

这是因为

$$f_{kj}=\begin{cases}1 & e_j\in C_r,\ e_k\in C_r\\ 0 & e_j\in C_r,\ e_k\notin C_r,\ e_k\notin T\end{cases}$$

实际上,对任何两个属于同一 C_r 的常返状态 e_j 和 e_m,方程(15－242)有相同的解。因而,对任何 $e_i\in T$,

$$f_{ij}=f_{im}\equiv\beta_i^{(r)}\qquad e_j,e_m\in C_r$$

从而,从任何非常返状态 e_i 出发,被闭集 C_r 中任一常返态吸收的概率相同,并且对所有的 $e_j\in C_r$,该概率等于 $f_{ij}=\beta_i^{(r)}$。这种情况下,由(15－242)式知,被任一闭集 C_r 吸收的概率满足关系式

$$\beta_i^{(r)}=\sum_{k\in T}p_{ik}\beta_k^{(r)}+\alpha_i^{(r)},\qquad \alpha_i^{(r)}\equiv\sum_{k\in C_r}p_{ik}\qquad e_i\in T \tag{15-243}$$

对有限长度的链,上式变为

$$\beta_r=(\boldsymbol{I}-\boldsymbol{W})^{-1}\alpha_r=\boldsymbol{M}\alpha_r \tag{15-244}$$

其中 $\boldsymbol{M}$ 表示吸收链的基本矩阵,并且对所有 $e_i\in T$

$$\beta_r\equiv[\beta_1^{(r)},\beta_2^{(r)},\cdots,\beta_i^{(r)},\cdots]^t\qquad \alpha_r\equiv[\alpha_1^{(r)},\alpha_2^{(r)},\cdots,\alpha_i^{(r)},\cdots]^t$$

注意,方程组(15－243)有惟一解的充要条件是其齐次部分

$$\beta_i^{(r)}=\sum_{k\in T}p_{ik}\beta_k^{(r)}\qquad e_i\in T \tag{15-245}$$

的惟一有界解是零解。注意,(15-245)式与非常返状态概率(15-234)是一致的。对有限链,从那儿的讨论知,这保证了方程的惟一解是零解。因而,有限马尔可夫链中,对 $e_i \in T$,吸收概率 $\beta_i^{(r)} = f_{ir}$ 作为(15-243)式的惟一解总是存在的。

下面我们将演示例 15-7 的随机游动模型吸收概率的计算并将它们与第 3 章中的结果进行比较。

【例 15-25】　随机游动的吸收概率

对于例 15-7[见(15-20)式之前]中的具有两个吸收壁的随机游动模型,考虑(15-20)式的转移概率矩阵的一个稍微一般的形式,其中对 $i \geqslant 1$,p_{ij} 如(15-19)式定义。这种情况下,e_0 和 e_N 是吸收态,$e_1, e_2, \cdots, e_{N-1}$ 是非常返状态。因而

$$f_{0,0}=1 \qquad f_{N,N}=1 \qquad f_{N,0}=0 \tag{15-246}$$

由方程(15-241)得,对 $j=0$,

$$f_{i,0}=q_i f_{i-1,0}+r_i f_{i,0}+p_i f_{i+1,0} \qquad i \geqslant 1 \tag{15-247}$$

或

$$(f_{i+1,0}-f_{i,0})p_i=q_i(f_{i,0}-f_{i-1,0})$$

于是

$$f_{i+1,0}-f_{i,0}=\frac{q_i}{p_i}(f_{i,0}-f_{i-1,0})=\frac{q_i q_{i-1}\cdots q_1}{p_i p_{i-1}\cdots p_1}(f_{1,0}-1)=\sigma_i(f_{1,0}-1) \tag{15-248}$$

其中

$$\sigma_i \equiv \frac{q_i q_{i-1}\cdots q_1}{p_i p_{i-1}\cdots p_1} \qquad \sigma_0=1 \tag{15-249}$$

因此,

$$f_{k,0}-1=\sum_{i=0}^{k-1}(f_{i+1,0}-f_{i,0})=\sum_{i=0}^{k-1}\sigma_i(f_{1,0}-1) \tag{15-250}$$

在(15-250)式中,取 $k=N$,得到 $f_{1,0}-1=-1\Big/\sum_{i=0}^{N-1}\sigma_i$,从而,从任一非常返状态 e_k 出发,被状态 e_0 吸收的概率为

$$f_{k,0}=1-\frac{\sum_{i=0}^{k-1}\sigma_i}{\sum_{i=0}^{N-1}\sigma_i} \qquad k=1,2,\cdots,N-1 \tag{15-251}$$

在均匀随机游动的这种特殊情形下,像在(15-20)式那样 $p_i=p, q_i=q, r_i=0$,我们得到

$$\begin{aligned} f_{k,0} &= 1-\frac{1-\left(\frac{q}{p}\right)^k}{1-\left(\frac{q}{p}\right)^N}=\frac{\left(\frac{q}{p}\right)^k-\left(\frac{q}{p}\right)^N}{1-\left(\frac{q}{p}\right)^N} \\ &= \frac{1-\left(\frac{p}{q}\right)^{N-k}}{1-\left(\frac{p}{q}\right)^N} \qquad k=1,2,\cdots,N-1 \end{aligned} \tag{15-252}$$

回到例 3-15 的赌徒破产问题,两个赌徒的总资金 $(a+b)$ 元对应这里的 N,从状态 e_a 出发的吸收概率(拥有 a 元的赌徒 A 的破产概率)为

$$f_{a,0}=\frac{1-\left(\frac{p}{q}\right)^b}{1-\left(\frac{p}{q}\right)^{a+b}} \tag{15-253}$$

这与(3-47)式中赌徒 A 破产的概率 P_a 是相同的。这里,p 对应于每局比赛 A 获胜的概率。如前所述[也见(3-52)式]

$$f_{a,0} \to \begin{cases} (q/p)^a & p>q \\ 1 & p\leqslant q \end{cases} \tag{15-254}$$

因而，与一个技术更高超($q\geqslant p$)且富有的对手(如赌场老手)赌博，A 注定会输光。由(15-254)式可知，与一个富有的对手赌博有意义的惟一情形就是比赛对 A 有利，在这种情况下，随着 a 增加，破产概率 $f_{a,0}\to 0$。期望的回报(赢/输)是

$$\eta=(N-k)(1-f_{k,0})-kf_{k,0}=b(1-f_{a,0})-af_{a,0} \tag{15-255}$$

像我们预期的那样，$p<q$ 时回报是负的。

下面我们用网球比赛这种马尔可夫链及其吸收概率(赢/输)的详细分析来结束本节。

【例 15-26】　网球比赛[①]

网球比赛在两个选手——发球手和接球手之间进行。网球的记分制是 15，30，40 和 60 分，如果发球手赢了第一球，比分是 15∶0，否则比分是 0∶15，这对接球手有利。如果发球手还赢了第二球，比分为 30∶0，赢第三球比分为 40∶0，第四球比分为 60∶0，从而发球手赢得**该局**。当发球手赢了第一球而输了第二球，对手得 15 分，从而比分为 15∶15。**平分**是指第六球后双方分数相同。在**平分**后，从第七球开始，如果发球手得分/失分，则此时为**发球占先/接发球占先**。如果发球手在发球占先后再得分，则发球手赢得该局。如果接球手在接发球占先后再得分，则接球手赢得**该局**。因而，一局比赛的比分只能是下面情形之一(发球手的比分总是第一个数字)：15∶0，0∶15，15∶15，30∶0，30∶15，30∶30，15∶30，0∶30，40∶0，40∶15，40∶30，30∶40，15∶40，0∶40，**平分，发球占先，接发球占先，比赛结束**。

一旦第一局比赛结束，选手交换他们的角色进入第二局比赛，直到一方赢得至少 6 局且至少领先对手两局。这样一盘比赛结束，因而，一盘结束时的比分为下列情形之一：6∶0，6∶1，6∶2，6∶3，6∶4，7∶5，8∶6，或是它的逆序等等。一盘结束后，进行另一盘，直到一方赢得三盘中的两盘(或五盘中的三盘)(这取决于比赛的规则)，从而赢得整场比赛。

下面将看到，每一局(盘)两分领先的要求使得每局(盘)的后面部分可建模为具有两个吸收壁，五个状态的**随机游动**。原则上，比赛可能持续很长时间，为节约时间和选手的体力，每一盘并不是一直持续到一方实现两局领先。当比分为 6∶6 时，进行**一局加赛**，赢得第一个七分且两分领先的选手将赢得这局比赛，从而赢得这盘比赛。否则，这一局加赛继续进行直到一方实现两分领先。

局　图 15-7 给出了一局的状态图，其中的状态用比分标识。从一个状态转移到临近的状态仅依赖于目前状态和相应的转移概率，而与先前的历史无关，因而一局比赛可建模为一个马尔可夫链。令 p 表示发球手赢得一分的概率，$q=1-p$ 表示接球手赢一分的概率。因此，第一球结束后，有如下概率

$$P\{15:0\}=p \qquad P\{0:15\}=q$$

第二球结束后，有 $P\{30:0\}=p^2$，$P\{15:15\}=2pq$，$P\{0:30\}=q^2$。类似，第三球结束后有 $P\{40:0\}=p^3$，$P\{30:15\}=3p^2q$，$P\{15:30\}=3pq^2$，$P\{0:40\}=q^3$。第四球结束后有

$$P\{\text{发球手赢}\}=p^4 \qquad P\{40:15\}=4p^3q \qquad P\{\text{平分}\}=6p^2q^2$$

$$P\{15:40\}=4pq^3 \qquad P\{\text{接球手赢}\}=q^4$$

最终，第五球结束后有

$$p_0=P\{\text{发球手赢}\}=p^4(1+4q) \qquad p_1=P\{\text{发球占先}\}=4p^3q^2 \tag{15-256}$$

$$p_2=P\{\text{平分}\}=6p^2q^2 \tag{15-257}$$

---

① 由退休的英国市长 Wingfield 在 1874 年申请专利，网球比赛可追溯到 13 世纪的法国，当时法国玩一种类似的相互掷球的游戏。现在的记分制由当时法国游戏中的赌金而来。

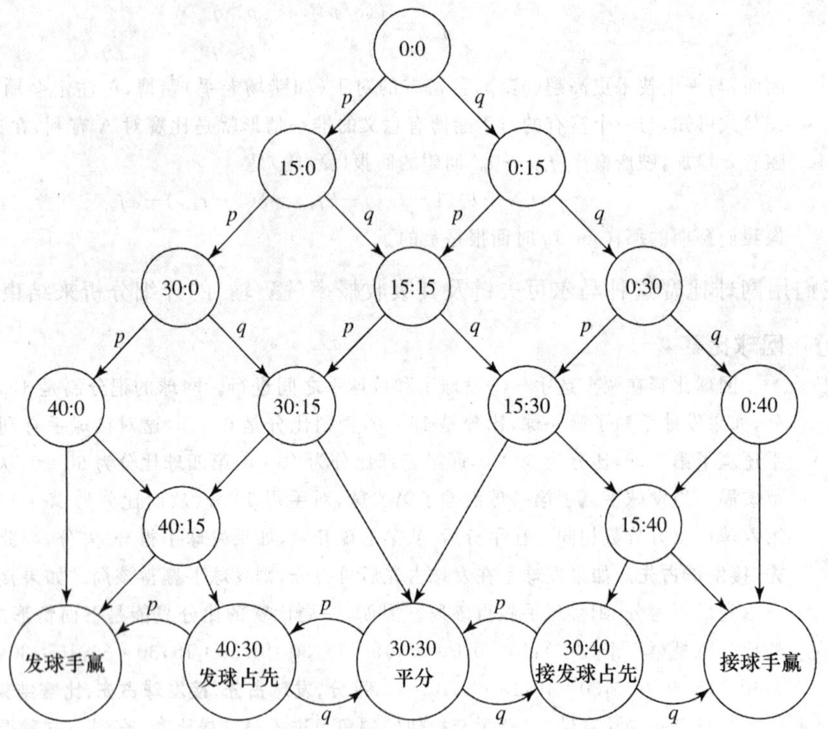

图 15－7　网球赛中一局的状态转移图。

每局是一个五状态的随机游动，其中初始状态的概率分布由(15－256)～(15－258)式给出。

$$p_3=P\{\text{接发球占先}\}=4p^2q^3 \qquad p_4=P\{\text{接球手赢}\}=q^4(1+4p) \tag{15-258}$$

该局余下的部分组成一个具有五个状态的随机游动，它具有两个吸收状态——在两个端点，$(e_0,e_4)\equiv$(**发球手赢，接球手赢**)，和三个非常返状态(**发球占先，平分，接发球占先**)。该随机游动的转移概率矩阵为

$$\boldsymbol{P}=\begin{pmatrix}1&0&0&0&0\\p&0&q&0&0\\0&p&0&q&0\\0&0&p&0&q\\0&0&0&0&1\end{pmatrix} \tag{15-259}$$

由(15－256)～(15－258)式知，该随机游动的初始分布为

$$\boldsymbol{p}(0)=[p_0,p_1,p_2,p_3,p_4] \tag{15-260}$$

对于三个非常返状态 e_j，$j=1,2,3$，由(15－174)式可知 $p_{ij}^{(n)}\to 0$，又因为该链仅有有限个状态，由定理 15－6 可知，在这种情况下，该系统一定会被两个端点之一吸收。我们可以利用例 15－25 的结果来计算从非常返状态 $e_k(k=1,2,3)$ 出发，被状态 e_0 和 e_4 吸收的概率 $f_{k,0}$ 和 $f_{k,4}$。因而，从长期来看

$$\boldsymbol{P}^n\to\boldsymbol{Q}=\begin{pmatrix}1&0&0&0&0\\f_{1,0}&0&0&0&f_{1,4}\\f_{2,0}&0&0&0&f_{2,4}\\f_{3,0}&0&0&0&f_{3,4}\\0&0&0&0&1\end{pmatrix} \tag{15-261}$$

其中由(15-252)式给出的 $f_{k,0}$ 为[与(15-20)和(15-259)式比较，p 和 q 作用在(15-252)式中应颠倒一下]

$$f_{k,0}=\frac{1-(q/p)^{N-k}}{1-(q/p)^{N}} \tag{15-262}$$

当 $N=4$，有

$$f_{k,4}=1-f_{k,0} \tag{15-263}$$

将(15-260)式代入(15-48)式，则该局的长期分布为

$$\lim_{n\to\infty}p(n)=\lim_{n\to\infty}p(0)P^{n}=p(0)Q\equiv[p_g,0,0,0,1-p_g] \tag{15-264}$$

其中

$$p_g=P\{\text{发球手赢一局}\}=\sum_{k=0}^{4}p_k f_{k,0}=\frac{1-\sum_{k=0}^{4}p_k(q/p)^{4-k}}{1-(q/p)^{4}} \tag{15-265}$$

其中 $p_k(k=0,1,\cdots4)$ 如(15-260)式所示。例如，如果发球手技术比接球手高一倍($p=2/3$，$q=1/3$)，由(15-265)式可得，发球手赢得该局的概率为 0.856，而接球手赢得该局的概率为 0.144。另一方面，如果两选手技术相当而发球手稍占优势 $p=0.52$，$q=0.48$，则发球手和接球手赢得该局的概率分别为 0.55 和 0.45。注意，虽然赢得一分的概率仅相差 0.04，但是赢得一局的概率相差 0.1。后面将要看到，在一盘比赛中，这种放大作用会以更加明显的方式出现。

盘 要完成一盘比赛，需要一局接一局地比赛，直到一方至少赢 6 局且至少领先两局。图 15-8(a)给出了一盘比分的状态图，其中状态由比分标识。注意，如(15-265)式所示，发球手赢得一局的概率为 p_g，接球手赢一局的概率为 $q_g=1-p_g$。因而，$P\{6:0\}=p_g^6$，由图 15-8(a)知，在第 11 或 12 局时，会产生一个类似于(15-259)式的新的随机游动现象，只是将(15-259)式中的 p 和 q 分别用 p_g 和 q_g 替换。与(15-256)～(15-258)式类似，易知第 11 局比赛后，有

$$\begin{aligned}v_0&\equiv P\{\text{发球手赢}\}=P\{(6:0)\cup(6:1)\cup(6:2)\cup(6:3)\cup(6:4)\}\\&=p_g^6+6p_g^6q_g+21p_g^6q_g^2+56p_g^6q_g^3+126p_g^6q_g^4\end{aligned} \tag{15-266}$$

$$v_1\equiv P\{\text{一局中发球占先}\}=P\{6:5\}=252p_g^6q_g^5 \tag{15-267}$$

$$v_2\equiv P\{\text{五平后比分相同}\}=0 \tag{15-268}$$

$$v_3\equiv P\{\text{一局中接发球占先}\}=P\{5:6\}=252q_g^6p_g^5 \tag{15-269}$$

$$v_4=P\{\text{接球手赢}\}=q_g^6+6q_g^6p_g+21q_g^6p_g^2+56q_g^6p_g^3+126q_g^6p_g^4 \tag{15-270}$$

这些概率为图 15-8(b)中的随机游动的初始分布。与(15-261)～(15-265)式相类似，可得一盘比赛的长期概率分布为

$$\lim_{n\to\infty}p(n)\to[v_0,v_1,v_2,v_3,v_4]Q_g\equiv[p_s,0,0,0,1-p_s] \tag{15-271}$$

其中[Q_g 表示一盘中如(15-261)式所示的与 Q 对应的部分]

$$p_s=\frac{1-\sum_{k=0}^{4}v_k(q_g/p_g)^{4-k}}{1-(q_g/p_g)^{4}} \tag{15-272}$$

其中 $v_k(k=0,1,\cdots,4)$ 如(15-266)～(15-270)式所示，p_g 如(15-265)式所示。总之，p_s 表示发球手赢一盘的概率。

表 15-1 给出了不同程度的选手赢得一盘比赛的概率。例如，若对手技术高你一倍，则他赢得每一盘比赛的概率为 0.998 7。然而在两个种子选手之间，稍占优势($p=0.51$)的选手赢取每一盘的概率仅为 0.573 4。在后一种情形，任一盘中稍强的选手优势并不明显，因而需要多盘比赛以便找出两个顶尖种子选手中更强者。

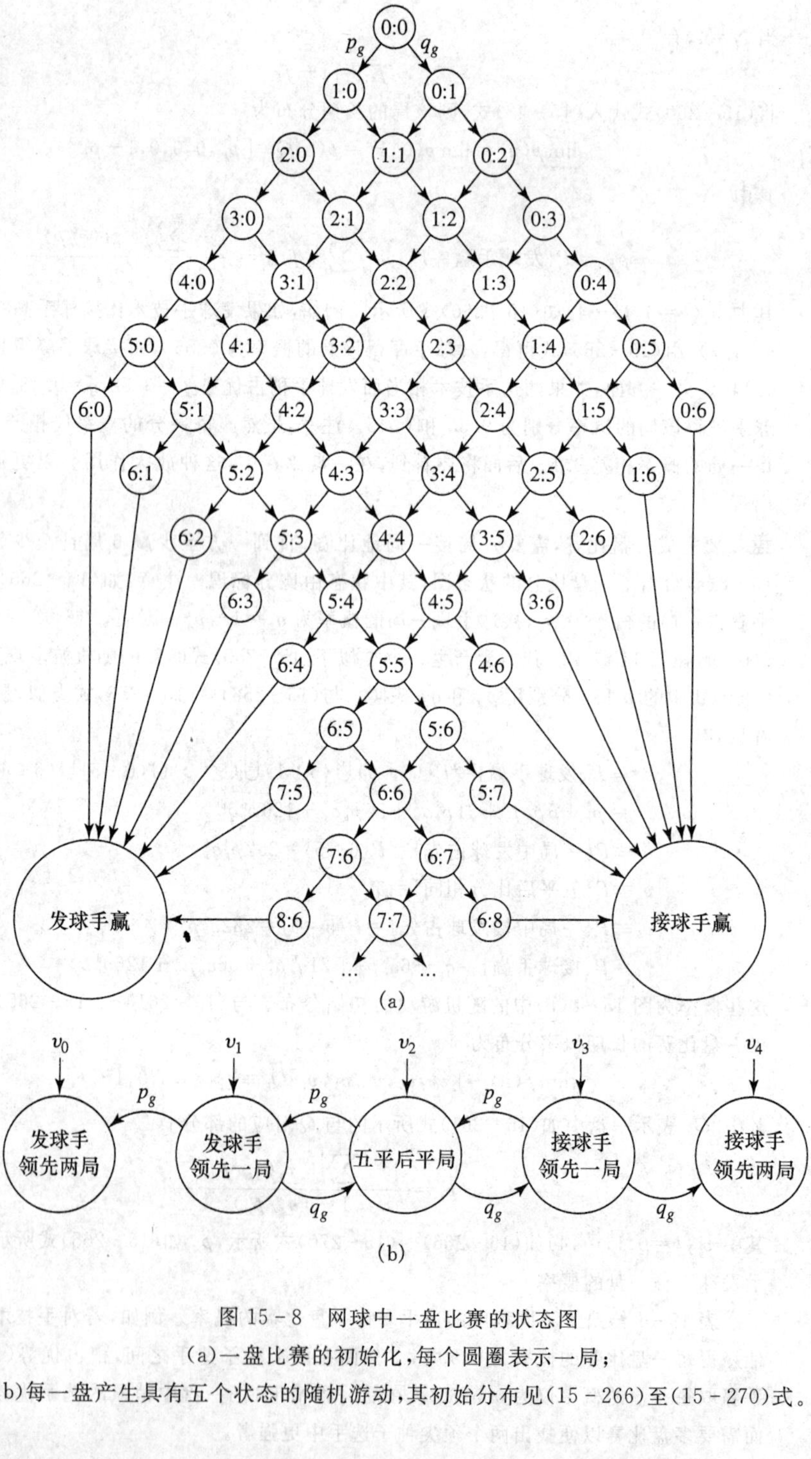

图 15-8 网球中一盘比赛的状态图

(a)一盘比赛的初始化,每个圆圈表示一局;

(b)每一盘产生具有五个状态的随机游动,其初始分布见(15-266)至(15-270)式。

表 15-1　网球比赛

选手技术		赢一局的概率		赢一盘的概率		赢一场的概率			
						3 盘		5 盘	
p	q	p_g	$1-p_g$	p_s	$1-p_s$	p_m	$1-p_m$	p_m	$1-p_m$
0.75	0.25	0.949	0.051	1.000	0	1	0	1	0
0.66	0.34	0.856	0.144	0.9987	0.0013	1	0	1	0
0.60	0.40	0.736	0.264	0.9661	0.0339	0.9966	0.0034	0.9996	0.0004
0.55	0.45	0.623	0.377	0.8215	0.1785	0.9158	0.0842	0.9573	0.0427
0.52	0.48	0.550	0.450	0.6446	0.3554	0.7109	0.2891	0.7564	0.2436
0.51	0.49	0.525	0.475	0.5734	0.4266	0.6093	0.3907	0.6357	0.3643

场　通常一场比赛进行三盘或五盘。在三盘制中获胜，比分为(2∶0)或(2∶1)，因而，三盘制比赛获胜的概率为

$$p_m = P\{2:0\} + P\{2:1\} = p_s^2 + 2p_s^2 q_s \tag{15-273}$$

其中如(15-272)式所示，p_s 表示选手赢一盘的概率，$q_s = 1 - p_s$。类似地，该选手在五盘制比赛中获胜的概率为(图 15-9)

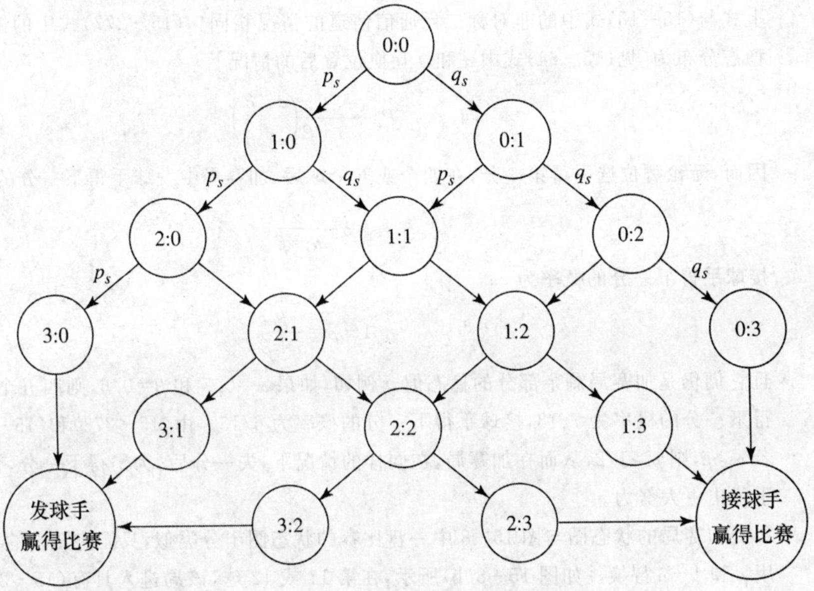

图 15-9　一场网球比赛状态图。每个圆圈代表一盘。

$$p_m = P\{3:0\} + P\{3:1\} + P\{3:2\} = p_s^3 + 3p_s^3 q_s + 6p_s^3 q_s^2 \tag{15-274}$$

正如表 15-1 所示，在顶尖选手和低级别对手($p=0.66, q=0.34$)的比赛中，顶尖选手在三盘制中获胜的概率为 1，在锦标赛的开始阶段总会出现上述情形。对于技术几乎相同($p=0.51, q=0.49$)的种子选手，其中稍占优势的选手在三盘制中获胜的概率为 0.609，在五盘制中获胜的概率为 0.636。因此，对两实力接近的种子选手(0.51 对 0.49)，至少需要 5 盘比赛(0.636 对 0.364)，甚至 7 盘比赛才能决出胜负，当然七盘制需要更多的体能，同时耗时很长。想想一局比赛通常进行 5 到 10 分钟，而平均一盘要进行 10 局。因而，一场三盘制比赛

大约持续 3 到 4 小时，而五盘制大约 4 到 5 小时①。

网球比赛隐含有两种水平的随机游动——一种为一局水平而另一种为一盘水平，这样设计的目的是从两个水平接近的选手中挑出更好的。从一盘随机游动的 5×5 转移矩阵可见在顶尖选手之间的比赛，一盘可能持续很多局(超过 12)，为了节约时间和选手的体力，引入了加赛局。

加赛[49]　每一盘比赛进行到 6∶6 时，需进行一局**加赛**。**加赛**中，追上比分的选手首先发球，对手发接下来的两球，然后交替发两球，直到一方首先得到 7 分且领先两分而赢得该局，从而赢得该盘比赛。注意，在加赛局的后面部分，领先两分这一要求又将引出一个随机游动模型。

由于是一盘比赛的决胜局，选手在加赛局中的策略与常规赛大不相同。在失一分后，他必然会投入多一点力量去赢得下一分。在赢得一分后，选手将不会有太大的压力去赢下一分。因而

$$P\{\text{发球手赢下一分}\mid\text{接球手赢最近一分}\}=\alpha \tag{15-275}$$

$$P\{\text{接球手赢下一分}\mid\text{发球手赢最近一分}\}=\beta \tag{15-276}$$

我们可以假定 $\alpha>0.5$ 和 $\beta>0.5$，则加赛局的 2×2 转移矩阵形如下

$$P_t=\begin{matrix}\text{发球手赢最近一分}\\\text{接球手赢最近一分}\end{matrix}\overset{\begin{matrix}\text{发球手赢下一分} & \text{接球手赢下一分}\end{matrix}}{\begin{pmatrix}1-\beta & \beta\\ \alpha & 1-\alpha\end{pmatrix}} \tag{15-277}$$

上式与(15-15)式中的非对称二元通信信道的情况相同！(15-277)式中的链是遍历的，其稳态分布为[见(15-64)式中 α 和 β 互换位置后的情况]

$$P_t^n\to\frac{1}{\alpha+\beta}\begin{pmatrix}\alpha & \beta\\ \alpha & \beta\end{pmatrix}$$

因而，**无论哪位**选手得第一分，在四个或五个球后，加赛局中发球手得下一分的概率为

$$\rho=\frac{\alpha}{\alpha+\beta} \tag{15-278}$$

接球手得下一分的概率为

$$1-\rho=\frac{\beta}{\alpha+\beta} \tag{15-279}$$

且它们仍是加赛局剩余部分的稳态值。例如，如果 $\alpha=0.7$ 和 $\beta=0.6$，则四五个球后，发球手得下一分的概率为 7/13，接球手得下一分的概率为 6/13。由(15-278)和(15-279)式可知：若 $\alpha>\beta$，则 $\rho>1/2$，从而在加赛局，在同样的情况下，失一分后，为了得下一分，你自己应比对手付出更大努力。

加赛局的状态图与图 15-8 中一盘比赛的状态图十分类似，只需将图中的 p_g 和 q_g 分别用 ρ 和 $1-\rho$ 替换。如图 15-8(b)所示，在第 11 或 12 球，该局进入具有(15-259)式所示的转移矩阵的随机游动，其中 p 和 q 分别用 ρ 和 $1-\rho$ 替换。然而，该随机游动的初始分布与

---

①　初始部分和一局(盘)的随机游动部分都对其平均持续时间(平均吸收时间)有贡献。因而，一局的平均持续时间 $m_g=m_i+m_r$，其中(4 或 5 分)初始部分贡献了[利用(15-256)～(15-258)式]

$$m_i=4(p^4+6p^2q^2+q^4)+5(4p^4q+4p^3q^2+4p^2q^3+4pq^4)$$

而如(15-259)式所示的[见(15-241)式前后]具有两个吸收态和三个非常返状态的随机游动部分贡献了

$$m_r=p_1m_1+p_2m_2+p_3m_3=\frac{1}{p^2+q^2}\{(1+2q^2)4p^3q^2+2(6p^2q^2)+(1+2p^2)4p^2q^3\}$$

对于两个同一水平的选手($p=q=1/2$)，上述表达式给出一局的平均持续时间为 6.75 分。如果每一分耗时 1～2 分钟，则每局大约持续 10 分钟。类似地，对于两个同一水平的选手，一盘平均持续约 10.03 局。(请证明！)

(15－266)～(15－270)式有些不同，这是因为要赢加赛局，选手必须得 7 分(一盘中为 6 分)且要领先两分。如前面的推导，在这种规则下，第 11 局以下列概率得分

$$u_0 = P\{7:0\}+P\{7:1\}+P\{7:2\}+P\{7:3\}+P\{7:4\}$$
$$=\rho^7\{1+7(1-\rho)+28(1-\rho)^2+84(1-\rho)^3+210(1-\rho)^4\} \quad (15-280)$$

$$u_1=P\{6:5\}=462\rho^6(1-\rho)^5 \quad u_2=0 \quad u_3=P\{5:6\}=462\rho^5(1-\rho)^6 \quad (15-281)$$

和

$$u_4=(1-\rho)^7\{1+7\rho+28\rho^2+84\rho^3+210\rho^4\} \quad (15-282)$$

这些概率即为随机游动的初始分布。最后，利用这些量和(15－271)及(15－272)式的推导，我们得到发球手赢得加赛局的概率为

$$p_t=\frac{1-\sum_{k=0}^{4}u_k[(1-\rho)/\rho]^{4-k}}{1-[(1-\rho)/\rho]^4} \quad (15-283)$$

对于 $\rho=7/13$，赢取加赛局的概率是 0.619 7。将(15－283)与(15－272)式中赢一盘的概率相比较，如果我们取 $p_s=\Psi(p_g)$，则①

$$p_t\approx\Psi(\rho) \quad (15-284)$$

上式表明加赛局和整盘比赛的竞赛精神是一致的。加赛局是一局快速进行的比赛。

注意，由于假定(15－277)式表示的链从第一个球开始便达到稳态，(15－280)～(15－282)式中的初始分布有点理想化。只有在四五个球后，链才达到稳态，在开始的几个球期间的概率分布与(15－278)和(15－279)式中的稳态值稍微不同。为了计算这些概率，令 p_0 表示加赛局中发球手得第一分的概率，$q_0=1-p_0$ 表示加赛局中接球手得第一分的概率。用 (p_1,q_1) 表示加赛局中发球手/接球手得第二分的概率，我们得到

$$[p_1,q_1]=[p_0,q_0]P_t=[p_0(1-\beta)+q_0\alpha,p_0\beta+q_0(1-\alpha)] \quad (15-285)$$

类似地，用 $[p_k,q_k]$ 表示加赛局中发球手/接球手得第 $(k+1)$ 分的概率，我们有

$$[p_k,q_k]=\begin{cases}[p_{k-1},q_{k-1}]P_t & k=1,2,3,4\\ [\rho,1-\rho] & k\geqslant 5\end{cases} \quad (15-286)$$

将这些概率代入(15－280)～(15－282)式，重新计算初始分布 $\{u_i\}$。例如，这种情况下，(15－280)式中第一项变为

$$P(7:0)=p_0p_1p_2p_3p_4\rho^2$$

其它项可类似得到，然而，这需要更多计算量。

注　对图 15－9 做进一步研究可知，图中的每一个圆圈为图 15－8 所示的**盘结构**，在每个圆圈中有其自身的随机游动。而深入考察每盘状态图中的圆圈，每个圆圈隐含一个如图 15－7 所示的**局结构**。若我们同时也讨论**加赛局**，则有时候盘中有盘。因此，网球比赛表示一个**自相似过程**，它具有三层相似行为。

15.6　分支过程

下面研究一个具有繁衍能力的群体的演变过程，设 $\boldsymbol{x}_n$ 表示第 n 代中个体的数目(第 $n-1$ 代的后代总数)。如果 $\boldsymbol{y}_i$ 表示第 n 代的第 i 个个体的后代数目，则有

① 因为初始分布 $\{u_i\}$ 和 $\{v_i\}$ 的不同，关系式(15－284)仅为近似式。例如，$\rho=7/13$ 时，$p_t=0.6197$ 而 $\Psi(\rho)=0.612$。

$$\boldsymbol{x}_{n+1} = \sum_{i=1}^{\boldsymbol{x}_n} \boldsymbol{y}_i \tag{15-287}$$

假定不同个体的后代是独立同分布的随机变量并且所有代共同的分布为

$$p_k = P\{y=k\} = P\{\text{一个体有 } k \text{ 个后代}\} \geqslant 0 \tag{15-288}$$

共同的矩生成函数为

$$P\{z\} = E\{z^y\} = \sum_{k=0}^{\infty} p_k z^k \tag{15-289}$$

这里对于所有 $i, p_0 > 0, p_0 + p_1 < 1, p_i \neq 1$。为了计算转移概率

$$p_{jk} = P\{\boldsymbol{x}_{n+1} = k \mid \boldsymbol{x}_n = j\} \tag{15-290}$$

我们可以利用条件矩生成函数

$$\begin{aligned}\sum_{k=0}^{\infty} p_{jk} z^k &= \sum_{k=0}^{\infty} z^k P\{\boldsymbol{x}_{n+1} = k \mid \boldsymbol{x}_n = j\} \equiv E[z^{\boldsymbol{x}_{n+1}} \mid \boldsymbol{x}_n = j] \\ &= E[z^{\sum_{i=1}^{j} \boldsymbol{y}_i} \mid \boldsymbol{x}_n = j] = [E\{z^{\boldsymbol{y}_i}\}]^j = P^j(z)\end{aligned} \tag{15-291}$$

因而，一步转移概率 p_{jk} 由 $P^j(z)$ 的展开式的 z^k 的系数给出，即利用前面的记号[见(12－193)式]

$$p_{jk} = \{P^j(z)\}_k$$

由(15-291)式，我们也可知 $\boldsymbol{x}_{n+1}$ 的(无条件)矩生成函数为

$$\begin{aligned}P_{n+1}(z) &\equiv E\{z^{\boldsymbol{x}_{n+1}}\} = E[E\{z^{\boldsymbol{x}_{n+1}} \mid \boldsymbol{x}_n = j\}] \\ &= E\{P^j(z) \mid \boldsymbol{x}_n = j\} = \sum_{j=0}^{\infty} [P(z)]^j P\{\boldsymbol{x}_n = j\} \\ &= P_n(P(z))\end{aligned}$$

这是因为

$$P_n(z) = E\{z^{\boldsymbol{x}_n}\} = \sum_{j=0}^{\infty} p_j(n) z^j \tag{15-292}$$

其中

$$p_j(n) = P\{\boldsymbol{x}_n = j\} \tag{15-293}$$

因此

$$P_n(z) = P_{n-1}(P(z)) \tag{15-294}$$

这意味着 $P_2(z) = P(P(z)), P_3(z) = P_2(P(z))$ 等等。迭代(15-294)式，我们得到

$$P_n(z) = P_{n-1}(P(z)) = P_{n-2}(P(P(z))) = P_{n-2}(P_2(z)) \tag{15-295}$$

对 $n=3$，我们得到 $P_3(z) = P_2(P(z))$，不断迭代我们得到

$$P_n(z) = P_{n-3}(P(P_2(z))) = P_{n-3}(P_3(z))$$

从而更一般的公式是

$$P_n(z) = P_{n-k}(P_k(z)) \qquad k = 0, 1, 2, \cdots, n$$

对 $k = n-1$，它变成

$$P_n(z) = P_1(P_{n-1}(z)) = P(P_{n-1}(z)) \tag{15-296}$$

结合(15-295)式，我们得到一个有用的关系式

$$P_n(z) = P_{n-1}(P(z)) = P(P_{n-1}(z)) \equiv \sum_{k=0}^{\infty} p_k(n) z^k \tag{15-297}$$

例如，如果假定直接后代服从几何分布①，即(15-288)式中的 $p_k=qp^k$，则(15-289)式中 $P(z)=q/(1-pz)$，直接计算 $P_2(z)$，$P_3(z)$得出一般公式

$$P_n(z)=q\frac{p^n-q^n-(p^{n-1}-q^{n-1})pz}{p^{n+1}-q^{n+1}-(p^n-q^n)pz}\qquad p\neq q \tag{15-298}$$

当 $p=q$ 时，

$$P_n(z)=\frac{n-(n-1)z}{n+1-nz} \tag{15-299}$$

在一个稍微不同的模型中，如果假定直接后代分布为

$$p_k=\begin{cases}cp^k & k\geqslant 1\\ p_0=1-\dfrac{cp}{1-p} & k=0\end{cases} \tag{15-300}$$

则有

$$P(z)=p_0+\sum_{k=1}^{\infty}p_kz^k=p_0+\frac{cpz}{1-pz} \tag{15-301}$$

根据罗卡(Lotka，1931)的调查，一般美国家庭(1920 年代)的统计量满足 $p=0.7358$，$p_0=0.482\,3$的模型(15-300)式(后一概率表明大约 48%的家庭没有小孩)，从而 $c=0.185\,9$，且(15-301)式中的矩生成函数可简化为

$$P(z)=\frac{0.482\,3-0.218\,1z}{1-0.735\,8z} \tag{15-302}$$

类似地，为了确定高阶转移概率 $p_{jk}^{(n)}$，我们可以利用(15-291)式的处理方法。因为 $\boldsymbol{x}_1=\sum_{i=1}^{j}\boldsymbol{y}_i$，所以

$$\begin{aligned}\sum_{k=0}^{\infty}p_{jk}^{(n)}z^k&=\sum_{k=0}^{\infty}z^kP\{\boldsymbol{x}_n=k\mid\boldsymbol{x}_0=j\}=E\{z^{\boldsymbol{x}_n}\mid\boldsymbol{x}_0=j\}\\&=\sum_{k=0}^{\infty}\sum_{i=0}^{\infty}z^kP\{\boldsymbol{x}_n=k\mid\boldsymbol{x}_{n-1}=i,\boldsymbol{x}_0=j\}P\{\boldsymbol{x}_{n-1}=i\mid\boldsymbol{x}_0=j\}\\&=\sum_{i=0}^{\infty}E\{z^{\boldsymbol{x}_n}\mid\boldsymbol{x}_{n-1}=i\}P\{\boldsymbol{x}_{n-1}=i\mid\boldsymbol{x}_0=j\}\\&=\sum_{i=0}^{\infty}[P(z)]^iP\{\boldsymbol{x}_{n-1}=i\mid\boldsymbol{x}_0=j\}\\&=E\{[P(z)]^{\boldsymbol{x}_{n-1}}\mid\boldsymbol{x}_0=j\}\\&=E\{[P(P(z))]^{\boldsymbol{x}_{n-2}}\mid\boldsymbol{x}_0=j\}=E\{[P_{n-1}(z)]^{\boldsymbol{x}_1}\mid\boldsymbol{x}_0=j\}\\&=\{E[P_{n-1}(z)]^{\boldsymbol{y}_1}\}^j=[P(P_{n-1}(z))]^j=[P_n(z)]^j\end{aligned} \tag{15-303}$$

在假定该过程从 j 个祖先开始的情况下，(15-303)式表示第 n 代的矩生成函数。其中 $p_{jk}^{(n)}$ 是 $[P_n(z)]^j$ 的幂级数展式中 z^k 的系数，即，

$$p_{jk}^{(n)}=\{[P_n(z)]^j\}_k$$

注意，$p_{1,k}^{(n)}$与(15-297)式中的 $p_k(n)$相同。

① 对于几何模型的有趣的物理解释，见附录 15A 中的例 15A-3。

15.6.1　灭绝概率

在高尔顿(1873)研究家族姓氏灭绝问题时,首先提出了一个重要的问题,就是确定灭绝概率

$$\pi_0=\lim_{n\to\infty}p_0(n)=\lim_{n\to\infty}p_{1,0}^{(n)}=P_n(0) \tag{15-304}$$

也就是,给定 $\boldsymbol{x}_0=1$ 时,第 n 代有**零个个体**的概率 $p_{1,0}^{(n)}=P\{\boldsymbol{x}_n=0\mid\boldsymbol{x}_0=1\}$ 的极限。对(15-298)式中的几何分布模型,

$$p_0(n)\to\begin{cases}q/p & p>q\\ 1 & p\leqslant q\end{cases} \tag{15-305}$$

为了得到与(15-289)式中的**任意**分布相类似的结果,令

$$z_n\equiv p_{1,0}^{(n)}=P_n(0)$$

则 $z_1=P(0)=p_0$,并且

$$z_n=P(P_{n-1}(0))=P(z_{n-1}) \tag{15-306}$$

如果 $p_0=0$,则 $z_1=0,z_2=0,\cdots,z_n=0$,等等。类似地,若 $p_0=1$,则 $z_1=P(1)=1,z_2=1,\cdots,z_n=1,\cdots$,即如果没有后代的概率为1,则第零代后群体必定灭绝。除了上述极端情形,我们有 $0<p_0<1$。因为 $P(z)$ 是 z 的严格递增(凸)函数,我们有 $z_2=P(z_1)>P(0)=p_0=z_1$,由归纳法得 $z_1<z_2<\cdots<z_n<z_{n+1}\leqslant 1$。因此,$p_0(n)$ 是有界递增序列,从而极限 $\pi_0\leqslant 1$ 存在。由(15-306)式,易知上述极限满足方程①

$$z=P(z) \tag{15-307}$$

看图15-10,在区间 $0\leqslant z\leqslant 1$,凸曲线 $P(z)$ 开始于平分线以上的点 $(0,p_0)$,终止于平分线上的点(1,1)。因此,将会出现两种可能情况,如图15-10(a)和15-10(b)所示。

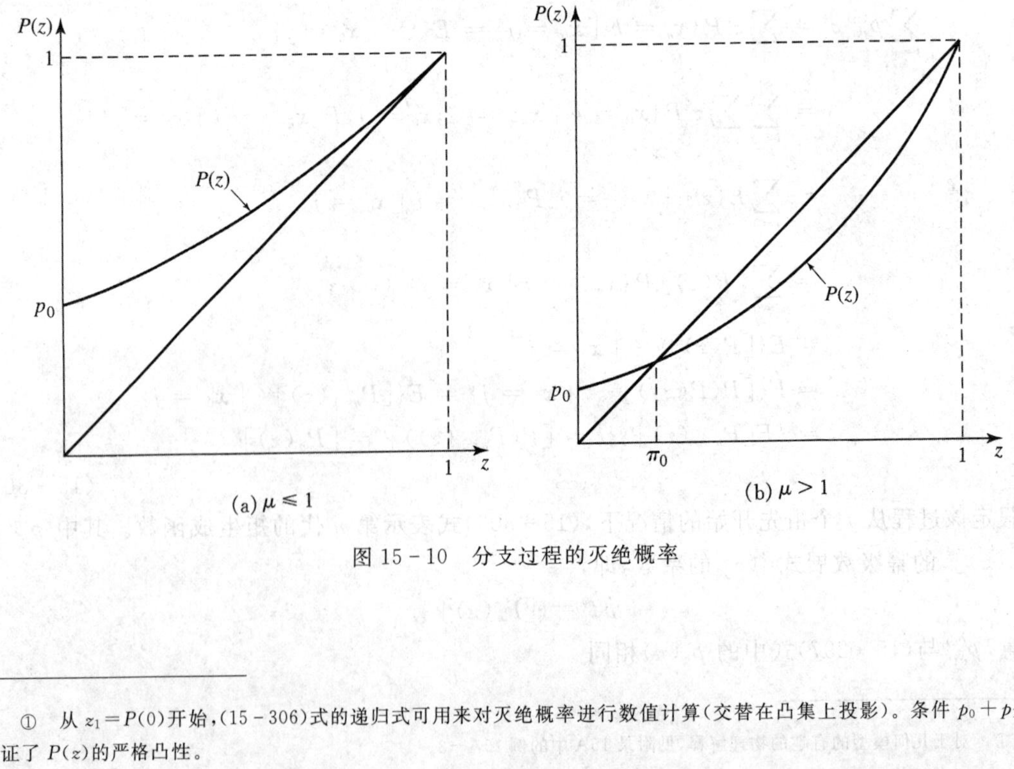

图15-10　分支过程的灭绝概率

① 从 $z_1=P(0)$ 开始,(15-306)式的递归式可用来对灭绝概率进行数值计算(交替在凸集上投影)。条件 $p_0+p_1<1$ 保证了 $P(z)$ 的严格凸性。

在图 15-10(a)中，曲线 $P(z)$完全在平分线之上。这种情况下，$z=1$ 是方程 $z=P(z)$的惟一根，从而 $z_n\to 1$。由于当 $0\leqslant z\leqslant 1$ 时 $P(z)\geqslant z$，有 $1-P(z)\leqslant 1-z$ 或$(1-P(z))/(1-z)\leqslant 1$，并令 $z\to 1$，我们也可以得出：这种情况下的均值 $\mu=P'(1)\leqslant 1$(也见图 15-10(a))。$z=1$ 处的斜率小于或等于 1。

在图 15-10(b)中，曲线 $P(z)$与平分线在某一点 $\pi_0<1$ 和 $z=1$ 相交。由于凸曲线至多与一条直线交于两点，因此在 $z<\pi_0$ 时有 $P(z)>z$，在 $\pi_0<z<1$ 时有 $P(z)<z$。由于 $0<\pi_0$，我们得 $z_1=P(0)=p_0<P(\pi_0)=\pi_0$，由归纳法有 $z_n=P(z_{n-1})<P(\pi_0)=\pi_0$。这种情况下，$z_n\to\pi_0<1$，从而曲线 $P(z)$在 $z=1$ 位于平分线上方。因而一定有 $\mu=P'(1)>1$。这也可由均值定理得出，即在 π_0 和 1 之间存在导数为$(P(1)-P(\pi_0))/(1-\pi_0)=1$ 的点。因为导数$P'(z)$单调，所以 $P'(1)>1$。因此，按照后代分布的均值 μ 是大于 1 还是不超过 1，我们可以区分这两种情况。定理 15-8 总结了我们观察的这些结果。

定理 15-9 ▶ 灭绝概率 设$\{p_k\}$表示分支过程的共同的后代分布，$P(z)=\sum_{k=0}^{\infty}p_kz^k$ 表示其矩生成函数。如果均值

$$\mu=\sum_{k=0}^{\infty}kp_k=P'(1)\leqslant 1 \tag{15-308}$$

则该过程最终灭绝的概率为 1；如果 $\mu>1$，则该过程在第 n 代或之前灭绝的概率会趋于方程 $P(z)=z$ 的惟一正根 $\pi_0<1$。◀

例如，考虑(15-301)式的矩生成函数。这种情形下，方程 $P(z)=z$ 是一个二次方程，其根为 1 和

$$\pi_0=\frac{1-p(1+c)}{p(1-p)}<1 \tag{15-309}$$

特别是对于(15-302)式简化的美国人口模型，我们得到 $\pi_0=0.655\,4$。因此，再粗略地说，(15-302)式所描述的人口灭绝概率大约为 0.65。然而，移民加入总人口使得问题变得更有趣。

一般来讲，第 n 阶段的群体的平均数目为

$$\mu_n=E\{\boldsymbol{x}_n\}=P'_n(1) \tag{15-310}$$

但由(15-294)式 $P'_n(z)=P'_{n-1}(P(z))P'(z)$，所以

$$\mu_n=P'_n(1)=P'(1)P'_{n-1}(1)=\mu\mu_{n-1}=\mu^n\to\begin{cases}0 & \mu<1\\ \infty & \mu>1\end{cases} \tag{15-311}$$

因此，$\mu<1$ 时该过程必定灭绝并不令人吃惊，但是 $\mu=1$ 时仍然不存在稳定解，这多少会令人感到吃惊。最终 $\mu>1$ 对应于群体的几何增长，其灭绝概率为 π_0。对 $\mu\leqslant 1$，灭绝概率为 1，这意味着，从长期来看该群体**几乎肯定**没有后代。另一方面，对 $\mu>1$，经过充分多代出现的两个可能结果是：要么以概率 π_0 没有后代，要么以概率 $1-\pi_0$ 有大量(无限多)后代。因而，这两种极端情形(零群体和无限群体)对应于**吸收状态**，所有有限群体的中间状态为**非常返状态**。总而言之，**从长期来看，无论后代分布的均值为多少，每一个物种要么完全灭绝，要么无限增长。**但任何一种结果都不会令人高兴。

从观察

$$\lim_{n\to\infty}P_n(z)=\lim_{n\to\infty}P_{n-1}(P(z))=\pi_0 \tag{15-312}$$

以及不管后代分布的均值 μ 如何，极限都满足方程 $P(z)=z$，我们也可以得出上面的结论。由

(15-312)式知，$P_n(z)$中 $z, z^2, z^3, \cdots$ 的系数都趋于 0。因此，利用(15-292)和(15-293)式得，对任何有限正整数 k

$$\lim_{n\to\infty} P\{\boldsymbol{x}_n=0\}=\pi_0 \qquad \lim_{n\to\infty} P\{\boldsymbol{x}_n=k\}=0 \tag{15-313}$$

从而有

$$\lim_{n\to\infty} P\{\boldsymbol{x}_n=\infty\}=1-\pi_0 \tag{15-314}$$

15.6.2 后代总数的分布

设 $\boldsymbol{s}_n$ 表示直到第 n 代的后代总数，也就是说

$$\boldsymbol{s}_n=1+\boldsymbol{x}_1+\boldsymbol{x}_2+\cdots+\boldsymbol{x}_n \tag{15-315}$$

为了确定群体总数的长期行为和它的分布函数，设 $H_n(z)$表示群体总数 $\boldsymbol{s}_n$ 的矩生成函数，即

$$H_n(z)=\sum_{k=0}^{\infty} P\{\boldsymbol{s}_n=k\}z^k = zG_n(z) \tag{15-316}$$

其中 $G_n(z)$表示随机变量

$$\boldsymbol{u}_n=\boldsymbol{x}_1+\boldsymbol{x}_2+\cdots+\boldsymbol{x}_n$$

的矩生成函数，即 $\boldsymbol{u}_n$ 为除祖先 $\boldsymbol{x}_0=1$ 以外全部 n 代中个体的总数目。因而

$$\begin{aligned} G_n(z) &= \sum_{k=0}^{\infty} P\{\boldsymbol{u}_n=k\}z^k = E\{z^{\boldsymbol{u}_n}\} \\ &= E\{E(z^{\boldsymbol{u}_n} \mid \boldsymbol{x}_1=j)\} = E\{E(z^{(j+\boldsymbol{x}_2+\cdots+\boldsymbol{x}_n)} \mid \boldsymbol{x}_1=j)\} \\ &= E\{z^j E(z^{(\boldsymbol{x}_2+\cdots+\boldsymbol{x}_n)} \mid \boldsymbol{x}_1=j)\} \\ &= E[z^j\{E(z^{(\boldsymbol{x}_1+\boldsymbol{x}_2+\cdots+\boldsymbol{x}_{n-1})} \mid \boldsymbol{x}_0=j)\}] \\ &= E[z^j\{E(z^{\boldsymbol{u}_{n-1}} \mid \boldsymbol{x}_0=j)\}] = E\{[zG_{n-1}(z)]^j\} \\ &= \sum p_j[zG_{n-1}(z)]^j = P(zG_{n-1}(z)) = P(H_{n-1}(z)) \end{aligned} \tag{15-317}$$

这里我们利用了如下事实：如果该过程从一个祖先开始，后继 n 代的矩生成函数为 $G_n(z)$；如果从 j 个祖先开始，则相应的矩生成函数为$(G_n(z))^j$[也见(15-303)式]。将(15-317)式代入(15-316)式，得到对群体总数目的递归公式

$$H_n(z)=zP(H_{n-1}(z)) \tag{15-318}$$

若 $H_n(z)=\sum_{k=0}^{\infty} h_k^{(n)} z^k$，按照(15-316)式 $h_k^{(n)}$ 表示前 n 代且包括第 n 代的总数目等于 k 的概率。因而

$$h_k^{(n)}=P\{\boldsymbol{s}_n=k\} \tag{15-319}$$

由(15-315)和(15-316)式和 $0<z<1$ 时的(15-287)～(15-289)式，因为 $H_1(z)=zP(z)<z$，从 $P(z)$的凸性我们得到 $P(zP(z))<P(z)$，于是

$$H_1(z)=zP(z)>zP(H_1(z))=H_2(z)$$

按照归纳法假定 $H_m(z)<H_{m-1}(z)$，我们得到

$$H_{m+1}(z)=zP(H_m(z))<zP(H_{m-1}(z))=H_m(z) \tag{15-320}$$

这里我们利用了 $P(z)$的凸性。因而，对所有 $n>0$ 和 $0<z<1$，$H_n(z)<H_{n-1}(z)$成立，$H_n(z)$是一个单调下降并且有下界的序列。设

$$\lim_{n\to\infty} H_n(z) = H(z) = \sum_{k=0}^{\infty} h_k z^k \tag{15-321}$$

表示该序列的极限。那么 h_k 是非负的数并且满足 $H(1)=\sum_{k=0}^{\infty}h_k\leqslant 1$；对(15-318)式取极限，我们得(15-321)式中的极限函数满足方程

$$H(z)=zP(H(z))\qquad 0<z<1 \tag{15-322}$$

定理 15-10 ▶ 后代分布　(15-322)式中的函数 $H(z)$ 是方程

$$x=zP(x) \tag{15-323}$$

满足条件 $H(z)\leqslant\pi_0$ 的惟一解，其中 π_0 是方程

$$x=P(x) \tag{15-324}$$

的最小正根并且 $H(1)=\sum_{k=0}^{\infty}h_k=\pi_0\leqslant 1$。

证　对 $0<z\leqslant 1$，在(15-322)式中设 $x=H(z)$，那么 $H(z)$ 是方程(15-323)式的不超过 1 的解。设 π_0 表示方程(15-324)的最小正根。由定理 15-8 易见 $\pi_0\leqslant 1$。对任一固定的 $z<1$，从图 15-10 容易看出：当 $0\leqslant x\leqslant 1$ 时，凸函数 $y=zP(x)$ 整个位于函数 $y=P(x)$ 的下方，因此函数 $zP(x)$ 与直线 $y=x$ 的惟一交点严格小于 π_0。这个惟一交点满足：当 $z<1$ 时，$H(z)<\pi_0$。在 $z=1$，$H(1)$ 是方程(15-324)的最小根 π_0，因此对 $0<z<1$，我们得到了惟一的函数 $H(z)\leqslant 1$，证毕。◀

由定理 15-9 知，若均值 $\mu\leqslant 1$，则 $H(1)=\sum_{k=0}^{\infty}h_k=\pi_0=1$，(15-321)式的极限函数表示一个适当的矩生成函数。然而，若 $\mu>1$，则 $\pi_0<1$，并且

$$\lim_{n\to\infty}P\{s_n=\infty\}=1-\pi_0>0$$

也就是说，整个群体总量爆炸的概率为 $1-\pi_0$，这一结论与(15-314)式吻合。有趣的是，在第 16 章将会看到，极限分布函数 $H(z)$ 也表示在某种类型队列中，忙碌期接受服务的顾客的总数[见(16-230)～(16-236)式]。

15.6.3　移民

部分物种(植物，动物)已经从这个行星上消失了，整体绝灭也是很有可能发生的事。如果没有外部干涉，群体要么彻底绝灭要么无限增长。然而，从**外部**对一个不稳定群体($\mu\leqslant 1$)进行移民可以达到稳定该群体的效果。为了说明这一点，考虑这样一个群体模型，它的后代分布 $\{p_k\}$ 和矩生成函数 $P(z)$ 如(15-288)和(15-289)式所示。假定 $\boldsymbol{m}_n$ 个移民独立地进入第 n 代，其概率密度函数为

$$P\{\boldsymbol{m}_n=j\}=b_j\qquad j=0,1,2,\cdots \tag{15-325}$$

各代相继迁入的移民数 $\boldsymbol{m}_n(n=0,1,2,\cdots)$ 是独立同分布的随机变量，具有同一个矩生成函数

$$B(z)=E\{z^{\boldsymbol{m}_n}\}=\sum_{k=0}^{\infty}b_k z^k \tag{15-326}$$

并且它们像原住民一样对下一代有相同的贡献。因此，设 $\boldsymbol{x}_n$ 表示在第 n 阶段迁入移民的群体数目，则

$$\boldsymbol{w}_n=\boldsymbol{x}_n+\boldsymbol{m}_n \tag{15-327}$$

表示这一阶段整个群体的数目，所以，类似于(15-287)式，我们得到

$$\boldsymbol{x}_{n+1}=\sum_{i=1}^{\boldsymbol{w}_n}\boldsymbol{y}_i \tag{15-328}$$

这种情况下，整个群体的转移概率 p_{jk} 满足

$$\begin{aligned}\sum_{k=0}^{\infty} p_{jk} z^k &= \sum_{k=0}^{\infty} z^k P\{\boldsymbol{w}_{n+1} = k \mid \boldsymbol{w}_n = j\} \\ &= \sum_{k=0}^{\infty} z^k P\{\boldsymbol{x}_{n+1} + \boldsymbol{m}_{n+1} = k \mid \boldsymbol{w}_n = j\} \\ &= \sum_{k=0}^{\infty}\sum_{i=0}^{\infty} z^{k-i} P\{\boldsymbol{x}_{n+1} = k-i \mid \boldsymbol{w}_n = j\} z^i P\{\boldsymbol{m}_{n+1} = i\} \\ &= E\{z^{\boldsymbol{x}_{n+1}} \mid \boldsymbol{w}_n = j\} E\{z^{\boldsymbol{m}_{n+1}}\} = E(z^{\sum_{i=1}^{j} \boldsymbol{y}_i}) B(z) \\ &= [P(z)]^j B(z)\end{aligned} \tag{15-329}$$

因此，p_{jk} 由 $B(z)[P(z)]^j$ 中 z^k 的系数给出。进一步，设 $Q_n(z)$ 表示第 n 阶段整个群体 $\boldsymbol{w}_n$ 的矩生成函数。这样

$$\begin{aligned}Q_n(z) &= \sum_k z^k P\{\boldsymbol{w}_n = k\} = \sum_k z^k P\{\boldsymbol{x}_n + \boldsymbol{m}_n = k\} \\ &= \sum_k \sum_i z^{k-i} P\{\boldsymbol{x}_n = k-i\} z^i P\{\boldsymbol{m}_n = i\} \\ &= \sum_{m=0}^{\infty} E\{z^{\boldsymbol{x}_n} \mid \boldsymbol{w}_{n-1} = m\} P\{\boldsymbol{w}_{n-1} = m\} E\{z^{\boldsymbol{m}_n}\} \\ &= B(z) \sum_{m=0}^{\infty} E\{z^{\sum_{i=1}^{m} \boldsymbol{y}_i}\} P\{\boldsymbol{w}_{n-1} = m\}\end{aligned}$$

这里我们利用了(15－326)～(15－328)式。于是，

$$\begin{aligned}Q_n(z) &= B(z) \sum_{m=0}^{\infty} [E\{z^{\boldsymbol{y}_1}\}]^m P\{\boldsymbol{w}_{n-1} = m\} \\ &= B(z) \sum_m [P(z)]^m P\{\boldsymbol{w}_{n-1} = m\} \\ &= B(z) Q_{n-1}(P(z))\end{aligned} \tag{15-330}$$

因此，如果 $\lim_{n\to\infty} Q_n(z) = G(z) = \sum_{k=0}^{\infty} g_k z^k$，那么它满足方程

$$G(z) = B(z) G(P(z)) \tag{15-331}$$

这种情况下，如果 $G(z)$ 表示一个适当的概率生成函数，那么对所有的 k 极限分布 $\lim_{n\to\infty} P\{\boldsymbol{w}_n = k\} = g_k$ 存在。海斯科特(Heathcote)已经证明：如果后代分布的均值 $\mu<1$ 且 $B'(1)<\infty$，则 $G(z)$ 是一个合适的概率生成函数且满足(15－331)式的充要条件是 $\sum_{k=1}^{\infty} b_k \log k < \infty$。此时，

$$\lim_{n\to\infty} P\{\boldsymbol{w}_n = k\} \to g_k \qquad k=0,1,2,\cdots \tag{15-332}$$

最后如果 $\mu=1$ 并且后代分布方差有限，塞尼达(Seneta)证明了：$\boldsymbol{w}_n/n$ 在分布上收敛到伽马随机变量。因而，在**移民情形下**，**非常返状态**变为**非零常返态**。总而言之，通过移民可以避免群体灭绝并保持群体稳定。

在(15－288)式中，我们假定后代分布$\{p_k\}$对所有代保持不变，这一假设可能过于简单。Jagers 和其他学者用一个依赖代数的时变后代分布$\{p_{n,k}\}$代替了前面的简单假设。Wilkinson 等人给出了另一种推广，每代的后代分布从一类分布中随机挑选。Wilkinson、Atheya、Karlin、Kaplan 和其他许多学者也得到了随机环境下很多有趣的结果[34,35,42,44,48]。

附录 15A　恒定数目的混合型群体

考虑 A 型和 B 型两个群体，每个群体依照分支过程$\{\boldsymbol{x}_n\}$和$\{\boldsymbol{y}_n\}$独立繁殖，其中

$$\boldsymbol{x}_{n+1}=\sum_{i=1}^{\boldsymbol{x}_n}\xi_i \qquad \boldsymbol{y}_{n+1}=\sum_{j=1}^{\boldsymbol{y}_n}\eta_j \tag{15A-1}$$

设

$$P\{\xi_i=k\}=a_k\geqslant 0 \qquad P\{\eta_i=k\}=b_k\geqslant 0 \qquad k=0,1,2,\cdots \tag{15A-2}$$

表示每个群体中单个个体各自的后代分布。则

$$A(z)=\sum_{k=0}^{\infty}a_k z^k \qquad B(z)=\sum_{k=0}^{\infty}b_k z^k \tag{15A-3}$$

表示它们各自的矩生成函数。由(15－290)和(15－291)式知，$A^i(z)$给出了 A 型群体中第 i 个个体的后代数的生成函数①，即

$$P\{\boldsymbol{x}_{n+1}=j\,|\,\boldsymbol{x}_n=i\}=\{A^i(z)\}_j \tag{15A-4}$$

二维过程以随机变量对$(\boldsymbol{x}_n,\ \boldsymbol{y}_n)$序列进行演化，$(\boldsymbol{x}_n,\ \boldsymbol{y}_n)$由$\{\boldsymbol{x}_n\}$和$\{\boldsymbol{y}_n\}$两个独立的分支过程组成，则

$$\begin{aligned}P\{\boldsymbol{x}_{n+1}=j_1,\boldsymbol{y}_{n+1}=j_2\mid \boldsymbol{x}_n=i_1,\boldsymbol{y}_n=i_2\}\\ =P\{\boldsymbol{x}_{n+1}=j_1\mid \boldsymbol{x}_n=i_1\}P\{\boldsymbol{y}_{n+1}=j_2\mid \boldsymbol{y}_n=i_2\}\\ =\{A^{i_1}(z)\}_{j_1}\{B^{i_2}(z)\}_{j_2}\end{aligned} \tag{15A-5}$$

考虑下面特殊情形，即群体总数在所有代保持不变。这时

$$\boldsymbol{x}_n+\boldsymbol{y}_n=N \qquad n=0,1,2,\cdots \tag{15A-6}$$

这种情况下，若$\{\boldsymbol{x}_n=i\}$，则$\{\boldsymbol{y}_n=N-i\}$，从而若已知$\{\boldsymbol{x}_n=i\}$，则事件$\{\boldsymbol{x}_{n+1}=j\}$的一步转移概率简化为[42]

$$\begin{aligned}p_{ij}&=P\{\boldsymbol{x}_{n+1}=j\,|\,\boldsymbol{x}_n=i,\ \boldsymbol{x}_n+\boldsymbol{y}_n=\boldsymbol{x}_{n+1}+\boldsymbol{y}_{n+1}=N\}\\ &=\frac{P\{\boldsymbol{x}_{n+1}=j,\boldsymbol{x}_n=i,\ \boldsymbol{x}_n+\boldsymbol{y}_n=\boldsymbol{x}_{n+1}+\boldsymbol{y}_{n+1}=N\}}{P\{\boldsymbol{x}_{n+1}+\boldsymbol{y}_{n+1}=N,\ \boldsymbol{x}_n=i,\ \boldsymbol{x}_n+\boldsymbol{y}_n=N\}}\\ &=\frac{P\{\boldsymbol{x}_{n+1}=j,\boldsymbol{x}_{n+1}+\boldsymbol{y}_{n+1}=N\,|\,\boldsymbol{x}_n=i,\boldsymbol{x}_n+\boldsymbol{y}_n=N\}}{P\{\boldsymbol{x}_{n+1}+\boldsymbol{y}_{n+1}=N\,|\,\boldsymbol{x}_n=i,\boldsymbol{x}_n+\boldsymbol{y}_n=N\}}\\ &=\frac{P\{\boldsymbol{x}_{n+1}=j,\boldsymbol{y}_{n+1}=N-j\,|\,\boldsymbol{x}_n=i,\boldsymbol{y}_n=N-i\}}{P\{\boldsymbol{x}_{n+1}+\boldsymbol{y}_{n+1}=N\,|\,\boldsymbol{x}_n=i,\boldsymbol{y}_n=N-i\}}\\ &=\frac{\{A^i(z)\}_j\{B^{N-i}(z)\}_{N-j}}{\{A^i(z)B^{N-i}(z)\}_N} \qquad i,j=0,1,\cdots,N\end{aligned} \tag{15A-7}$$

这里在简化分子时用到了(15A－5)式，又因为在条件 $\boldsymbol{x}_n=i,\boldsymbol{y}_n=N-i$ 下，和随机变量

$$\boldsymbol{z}_{n+1}=\boldsymbol{x}_{n+1}+\boldsymbol{y}_{n+1}=\sum_{m=1}^{\boldsymbol{x}_n}\xi_m+\sum_{m=1}^{\boldsymbol{y}_n}\eta_m \tag{15A-8}$$

的矩生成函数为 $A^i(z)B^{N-i}(z)$，从而可得出分母表达式。有趣的是，(15A－7)式表示状态空间为$\{0,1,2,\cdots N\}$的有限马尔可夫链的转移概率矩阵。

如例 15A－1 和 15A－2 所示，例 15－13 的遗传模型可以看成这种模型的特例。

---

① 同以前一样，记号$\{P(z)\}_j$ 表示 $P(z)$中 z^j 的系数。

【例 15A-1】 二阶二项式分布

假设 A 型群体或 B 型群体中的个体至多有两个后代并且具有相同的概率(对 ξ_i 或 η_i)

$$P\{\xi_i=0\}=q^2 \quad P\{\xi_i=1\}=2pq \quad P\{\xi_i=2\}=p^2 \quad q=1-p \quad 0<p<1 \tag{15A-9}$$

从而它们的矩生成函数都为

$$A(z)=B(z)=(q+pz)^2$$

这种情况下,(15A-7)式变为

$$P_{ij}=\frac{\binom{2i}{j}\binom{2(N-i)}{N-j}}{\binom{2N}{N}} \qquad i,j=0,1,\cdots,N \tag{15A-10}$$

上式与(15-30)式的超几何分布的遗传模型一致。

【例 15A-2】 泊松群体模型

下面看另一个例子,假设两个分支过程 A 和 B 的后代服从独立的均值分别为 λ 和 μ 的泊松分布。则

$$A(z)=e^{\lambda(z-1)} \qquad B(z)=e^{\mu(z-1)} \tag{15A-11}$$

从而由(15A-7)式得

$$\begin{aligned} p_{ij} &= \frac{(e^{-i\lambda}(i\lambda)^j/j!)(e^{-(N-i)\mu}[(N-i)\mu]^{N-j}/(N-j)!)}{e^{-(i\lambda+(N-i)\mu)}([i\lambda+(N-i)\mu]^N/N!)} \\ &= \binom{N}{j}\left(\frac{i\lambda}{i\lambda+(N-i)\mu}\right)^j\left(\frac{(N-i)\mu}{i\lambda+(N-i)\mu}\right)^{N-j} \qquad i,j=0,1,2,\cdots N \end{aligned} \tag{15A-12}$$

上式表示一个二项式模型。注意,在 $\lambda=\mu$ 的特殊情形,(15A-12)式简化为

$$p_{ij}=\binom{N}{j}\left(\frac{i}{N}\right)^j\left(1-\frac{i}{N}\right)^{N-j} \qquad i,j=0,1,2,\cdots N \tag{15A-13}$$

这与(15-31)式的二项式抽样模型一致。有趣的是,$\lambda>\mu$ 表示 A 型个体优于 B 型个体,这种情况下,(15A-12)式的一般分布可用来分析自然选择现象。

【例 15A-3】 局部泊松群体模型

讨论一个大区域上的群体模型,其后代分布为参数为 λ 的局部泊松分布。假设 λ 是一个与图 15-11 所示的子区域有关的随机变量,在整个区域上 λ 的分布为参数 $a>0$ 的指数分布。则有

$$P\{\xi_i=k|\lambda\}=e^{-\lambda}\frac{\lambda^k}{k!} \quad k=0,1,2,\cdots \qquad f(\lambda)=ae^{-a\lambda} \quad \lambda\geqslant 0 \tag{15A-14}$$

由(15A-2)式有

$$\begin{aligned} a_k &= P\{\xi_i=k\}=\int_0^\infty P\{\xi_i=k\mid\lambda\}f(\lambda)d\lambda=\int_0^\infty e^{-\lambda}\frac{\lambda^k}{k!}ae^{-\lambda a}d\lambda \\ &= \frac{a}{1+a}\left(\frac{1}{1+a}\right)^k \equiv qp^k \qquad k=0,1,2,\cdots \end{aligned} \tag{15A-15}$$

其中 $p=1/(1+a)$ 和 $q=1-p$。因而,这种情况下,后代分布是**几何分布**,其矩生成函数为

$$A(z)=\frac{q}{1-pz} \tag{15A-16}$$

如果我们假设两个独立群体都具有这种后代分布,则有限马尔可夫链(15A-7)的转移概率变为

$$p_{ij}=\frac{\binom{i+j-1}{j}\binom{2N-i-j-1}{N-j}}{\binom{2N-1}{N}} \qquad i,j=0,1,\cdots N \tag{15A-17}$$

这种情形的一种简单推广就是将(15A-14)式中指数分布的假设条件放松为自由度为 m 的伽马随机变量。此时(15A-15)式对应于一个**负二项式**分布,(15A-16)~(15A-17)式也可直接推广。

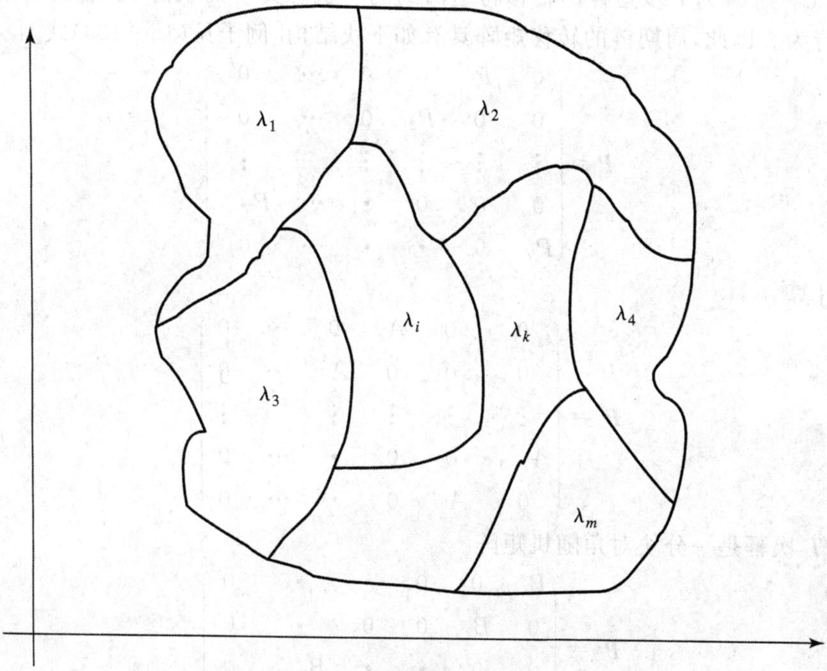

图 15-11 均值具有指数分布的局部泊松群体

附录 15B 周期链的结构

对一个不可约马尔可夫链,如果[见(15-110)或(15-183)式所在的页]

$$\text{当 } n\neq kT \text{ 时} \qquad p_{ii}^{(n)}=0 \tag{15B-1}$$

则称该链是周期为 T 的周期链。由定理 15-4 知,链中所有状态具有相同的周期,又因为链是不可约的,则对任何两个状态 e_i 和 e_j,存在整数 m 和 n 使得 $p_{ij}^{(m)}>0$ 和 $p_{ji}^{(n)}>0$。但

$$p_{ii}^{(m+n)}\geqslant p_{ij}^{(m)}p_{ji}^{(n)}>0 \tag{15B-2}$$

从而由(15B-1),我们知道在(15B-2)式中 $m+n=kT$,或化简为 $m=r+sT$,其中 $1\leqslant r\leqslant T$。这里 r 是刻划状态 e_i 和 e_j 的一个固定整数。因此,从任一状态 e_{i_0} 出发,设 C_r 表示满足 $p_{i_0 j}^{(m_0)}>0$ 的状态 $\{e_j\}$ 构成集合,其中 m_0 形式如下

$$m_0=r+kT \qquad 1\leqslant r\leqslant T \tag{15B-3}$$

对链中所有状态使用上述步骤推导,余数 r 能完全表示(15B-3)式中的所有整数值(否则,周期将小于 T)。

因此,状态集合可划分为 T 个相互独立的类 $C_1, C_2, \cdots C_T$ 使得

$$\text{若 } e_i\in C_k \qquad e_j\notin C_{k+1} \qquad p_{ij}=0 \tag{15B-4}$$

从而

$$\sum_{j \in C_{k+1}} p_{ij} = 1 \qquad e_i \in C_k \tag{15B-5}$$

这 T 个类可以循环排列，使得一个状态的一步转移只可能转移到右边与之临近的类(C_k 到 C_{k+1}，最后 C_T 到 C_1)，T 步这样的转移将返回到同一状态类中的状态①。在这种意义下，该链具有周期行为。因此，周期链的转移矩阵具有如下块结构[例子见(15－123)式]：

$$\boldsymbol{P}=\begin{pmatrix} 0 & P_1 & 0 & 0 & \cdots & 0 \\ 0 & 0 & P_2 & 0 & \cdots & 0 \\ \vdots & \vdots & \vdots & \vdots & & \vdots \\ 0 & 0 & 0 & \cdot & \cdots & P_{T-1} \\ P_T & 0 & \cdot & \cdot & \cdots & 0 \end{pmatrix} \tag{15B-6}$$

通过直接计算

$$\boldsymbol{P}^2=\begin{pmatrix} 0 & 0 & A_1 & 0 & \cdots & 0 \\ 0 & 0 & 0 & A_2 & \cdots & 0 \\ \vdots & \vdots & \vdots & \vdots & & \vdots \\ A_{T-1} & 0 & 0 & \cdot & \cdots & 0 \\ 0 & A_T & 0 & \cdot & \cdots & 0 \end{pmatrix} \tag{15B-7}$$

最终，$\boldsymbol{P}$ 的 T 次幂是一分块对角随机矩阵

$$\boldsymbol{P}^T=\begin{pmatrix} B_1 & 0 & 0 & \cdot & \cdot & 0 \\ 0 & B_2 & 0 & 0 & \cdot & 0 \\ 0 & 0 & \cdot & \cdot & B_{T-1} & 0 \\ 0 & 0 & \cdot & \cdot & \cdot & B_T \end{pmatrix} \tag{15B-8}$$

其中块对角阵 $B_1, B_2, \cdots, B_T$ 分别对应于状态类 $C_1, C_2, \cdots, C_T$ 的 T 步转移矩阵。因而，每一个类 C_k 构成具有转移矩阵 $\boldsymbol{B}_k$ 的链的不可约闭集。由定理 15－5，既然每个状态在同一个不可约闭集中是可达的，我们得到：如果有 $e_i, e_j \in C_k$，那么 $f_{ij}=1$ 以及(15－130)式，从(15－114)式可得出

$$p_{ij}^{(nT)} \to \begin{cases} \dfrac{T}{\mu_j} & e_i, e_j \in C_k, k=1,2,\cdots,T \\ 0 & \text{其它} \end{cases} \tag{15B-9}$$

对有限链，(15B－9)式中的稳态概率也可由没有耦合的方程组

$$x_k = x_k B_k \qquad k=1,2,\cdots,T \tag{15B-10}$$

直接计算，在(15－177)和(15B－8)式中用 x_k 表示状态类 C_k 的稳态概率行向量可得。注意，每个随机矩阵 $\boldsymbol{B}_k$ 的最大特征值等于 1，于是(15B－8)式中的 $\boldsymbol{P}^T$ 具有 T 重特征值 1。这是因为，对周期 T 的有限链，1 的 T 个根(指方程 $x^T=1$ 的 T 个根)是原始转移矩阵 $\boldsymbol{P}$ 的特征值[也见(15－184)式或 593 页脚注②]。

习 题

15－1 将具有下面转移概率的马尔可夫链的状态分类

① 注意，一步转移达到下一类的所有状态也许是不可能的。类似地，返回同一状态也许需要几个 T 步转移。

$$P=\begin{pmatrix}0 & 1/2 & 1/2\\ 1/2 & 0 & 1/2\\ 1/2 & 1/2 & 0\end{pmatrix}\quad P=\begin{pmatrix}0 & 0 & 1/3 & 2/3\\ 1 & 0 & 0 & 0\\ 0 & 1 & 0 & 0\\ 0 & 0 & 1 & 0\end{pmatrix}\quad P=\begin{pmatrix}1/2 & 1/2 & 0 & 0 & 0\\ 1/2 & 1/2 & 0 & 0 & 0\\ 0 & 0 & 1/3 & 2/3 & 0\\ 0 & 0 & 2/3 & 1/3 & 0\\ 1/3 & 1/3 & 0 & 0 & 1/3\end{pmatrix}$$

15-2 讨论一个马尔可夫链$\{\boldsymbol{x}_n\}$，其状态为$e_0,e_1,\cdots,e_m$，转移概率矩阵为

$$P=\begin{pmatrix}q & p & 0 & \cdot & \cdot & 0\\ 0 & q & p & 0 & \cdot & 0\\ \cdot & \cdot & \cdot & \cdot & \cdot & \cdot\\ 0 & 0 & \cdot & \cdot & q & p\\ p & 0 & \cdot & \cdot & 0 & q\end{pmatrix}$$

求P^n和极限分布

$$\lim_{n\to\infty}P\{\boldsymbol{x}_n=e_k\}\qquad k=0,1,\cdots,m$$

15-3 求马尔可夫链的平稳分布$q_0,q_1,\cdots$，该链仅有的非零平稳概率为

$$p_{i,1}=\frac{i}{i+1}\qquad p_{i,i+1}=\frac{1}{i+1}\qquad i=1,2,\cdots$$

15-4 已知第零代的数目为m，证明群体的灭绝概率为π_0^m，其中π_0是定理15-8的最小正根。证明：这种情形下，该群体无限增大的概率为$1-\pi_0^m$。

15-5 讨论其个体至多有两个后代的群体。如果出现两个后代/个体的概率小于出现零个后代/个体的概率，证明整个群体绝灭的概率为1。

15-6 令$\boldsymbol{x}_n$表示一个分支过程的第n代数目，该过程的概率生成函数$P(z)$，均值$\mu=P'(1)$。定义$\boldsymbol{w}_n=\boldsymbol{x}_n/\mu^n$。证明

$$E\{\boldsymbol{w}_{n+m}\mid\boldsymbol{w}_n\}=\boldsymbol{w}_n$$

15-7 证明独立的零均值随机变量的和$\boldsymbol{s}_n=\boldsymbol{x}_1+\boldsymbol{x}_2+\cdots+\boldsymbol{x}_n$是一个鞅。

15-8 **时间可逆马尔可夫链**。讨论一个平稳马尔可夫链$\cdots\boldsymbol{x}_n,\boldsymbol{x}_{n+1},\boldsymbol{x}_{n+2}\cdots$，其转移概率为$\{p_{ij}\}$，稳态概率为$\{q_i\}$。

(a) 证明逆序列$\cdots\boldsymbol{x}_n,\boldsymbol{x}_{n-1},\boldsymbol{x}_{n-2}\cdots$也是平稳马尔可夫链，且转移概率为

$$P\{\boldsymbol{x}_n=j\mid\boldsymbol{x}_{n+1}=i\}\equiv p_{ij}^*=\frac{q_jp_{ji}}{q_i}$$

稳态概率为$\{q_i\}$。

如果对所有的i,j，$p_{ij}^*=p_{ij}$，马尔可夫链称为时间可逆的。

(b) 证明时间可逆性的一个必要条件是

$$p_{ij}p_{jk}p_{ki}=p_{ik}p_{kj}p_{ji}\qquad \text{对所有的 } i,j,k \text{ 成立}$$

上式表明转移$e_i\to e_j\to e_k\to e_i$与转移$e_i\to e_k\to e_j\to e_i$具有相同的概率。实际上，对于一个从任一状态e_i出发的可逆链，任何返回e_i的路径与其逆路径的概率相同。

15-9 令$A=(a_{ij})$表示元素为正的对称矩阵，讨论一个相关的概率转移矩阵$\boldsymbol{P}$，其元素为

$$p_{ij}=\frac{a_{ij}}{\sum_k a_{ik}}$$

(a) 证明该转移矩阵表示一个时间可逆马尔可夫链。

(b) 证明该链的平稳分布为

$$q_i = c\sum_j a_{ij} = \frac{\sum_j a_{ij}}{\sum_i \sum_j a_{ij}}$$

注释：在连通图中，如果 a_{ij} 表示与(i,j)相关的权，则 p_{ij} 表示从节点 i 转移到节点 j 的概率。

15-10 对于从状态 e_i 开始的马尔可夫链中的非常返状态 e_i, e_j，令 m_{ij} 表示该链在状态 e_j 花费的平均时间。证明[也见(15-240)式]

$$m_{ij} = \delta_{ij} + \sum_{e_k \in T} p_{ik} m_{kj} \qquad e_i, e_j \in T$$

或

$$\boldsymbol{M} = (\boldsymbol{I} - \boldsymbol{W})^{-1}$$

其中 $M=(m_{ij})$，$\boldsymbol{W}$ 表示与非常返状态相关的子随机矩阵[见(15-110)式]。当

$$\boldsymbol{W} = \begin{pmatrix} 0 & p & 0 & 0 & 0 \\ q & 0 & p & 0 & 0 \\ 0 & q & 0 & p & 0 \\ 0 & 0 & q & 0 & p \\ 0 & 0 & 0 & q & 0 \end{pmatrix}$$

时，求矩阵 $\boldsymbol{M}$。

15-11 每一个随机矩阵对应于一个马尔可夫链的一步转移矩阵。然而，证明并不是每一个随机矩阵都能对应于一个马尔可夫链的二步转移矩阵。特别地，一个 2×2 随机矩阵是马尔可夫链的二步转移矩阵的充要条件是其对角线上的元素之和大于或等于 1。

15-12 **突变基因模型**。在基因模型(15-31)式中，已知在新一代形成之前每个基因自然突变为另一类型的基因的概率为

$$P\{A \to B\} = \alpha > 0 \quad 且 \quad P\{B \to A\} = \beta > 0$$

因而，突变之后，对处于状态 e_j 的系统，会有 $N_A = j(1-\alpha) + (N-j)\beta$ 个 A 型基因和 $N_B = j\alpha + (N-j)(1-\beta)$ 个 β 型基因。因此，在新一代形成之前，A 型基因和 B 型基因的修正概率分别为

$$p_j = \frac{N_A}{N} = \frac{j}{N}(1-\alpha) + \left(1 - \frac{j}{N}\right)\beta$$

和

$$q_j = \frac{N_B}{N} = \frac{j}{N}\alpha + \left(1 - \frac{j}{N}\right)(1-\beta)$$

这意味着，

$$p_{jk} = \binom{N}{k} p_j^k q_j^{N-k} \qquad j,k = 0,1,2,\cdots,N$$

是具有突变性的马尔可夫链的修正转移概率。推导该模型的稳态分布。与(15-30)和(15-31)式中的模型不同，证明：在这种情况下，稳定到“纯基因状态”不会发生。

15-13 [41](a) 证明概率转移矩阵如(15-30)式所示的有限状态马尔可夫链的特征值为

$$\lambda_0=1 \quad \lambda_1=1 \quad \lambda_r=2^r\frac{\binom{2N-r}{N-r}}{\binom{2N}{N}}<1 \qquad r=2,3,\cdots,N$$

(b) 证明概率转移矩阵如(15-31)式所示的有限状态马尔可夫链的特征值为

$$\lambda_0=1 \quad \lambda_r=\left(1-\frac{1}{N}\right)\left(1-\frac{2}{N}\right)\cdots\left(1-\frac{r-1}{N}\right)\leqslant 1 \qquad r=1,2,\cdots,N$$

(c) 讨论转移概率(见附录 15A 的例 15A-3)为

$$p_{ij}=\frac{\binom{i+j-1}{j}\binom{2N-i-j-1}{N-j}}{\binom{2N-1}{N}} \qquad i,j,=0,1,2,\cdots,N$$

的有限状态马尔可夫链。证明,对应的概率转移矩阵的特征值为

$$\lambda_0=1 \quad \lambda_1=1 \quad \lambda_r=\frac{\binom{2N-1}{N-r}}{\binom{2N-1}{N}}<1 \qquad r=2,3,\cdots,N$$

注 在上述的马尔可夫链中,特征值 $\lambda_0=1$ 和 $\lambda_1=1$ 对应于两个"固定的"吸收态,λ_2 为该系统接近吸收态的速率。

15-14 计算例 15-13 中的基因模型到达吸收态的平均时间。[提示:利用(15-240)式]

15-15 计算例 15-25 中的随机游动模型到达吸收态的平均时间。对于那里讨论的赌徒输光问题,证明赌徒 A(从 a 元开始)到达吸收态的平均时间可简化为方程(3-53)。

第 16 章

马尔可夫过程与排队论

16.1 引　言

本章我们将研究马尔可夫过程，它是第 15 章介绍的马尔可夫链的连续形式，其时间参数 t 连续变化，而过程与前一样，可以是有限或无限多个状态 $e_0, e_1, e_2, e_3, \cdots$。一般而言，马尔可夫过程的状态空间也可以连续变化，时间参数可以是离散的或连续的。另外，在 $t=0$ 时刻从某一初始状态出发，随着时间的推移，过程随机地改变其状态。与马尔可夫链类似，如果过程的现在状态已知，过去的信息不会影响其未来。我们将看到，马尔可夫过程的演化由柯尔莫格洛夫方程控制，它们的非常返状态和稳态分析将刻画该过程近期和远期(稳态) 行为。

许多排队现象可以用马尔可夫过程建模。回忆一个排队或一个等待队列，它包含需要在服务台接受服务的到达项目(顾客，作业)，譬如，电话站接到的电话呼叫或者需要修理的机器。如果服务台正忙于另一服务，则新到的顾客就形成一个等候队列，直到服务台空闲，或者它们等不及而离开该系统。同时，其它顾客可以到达请求服务。如此所形成的队列可以用**到达(输入)过程**，**排队规则**和**服务机制**来描述。排队规则决定了到达顾客形成队列的方式以及它在等待时的行为方式。输入过程和服务机制分别由**到达时间间隔**和**服务时间**所规定。一个合理的假设是：相继的服务时间相互独立并且与到达时间间隔序列独立。另外，如果假设一个或两个相关联的过程具有指定的马尔可夫特征，则柯尔莫格洛夫方程可以用来分析它们的行为，以便根据它们的**等候时间分布**和其它特点来更好地理解排队的性质。下面将会看到，排队参数的特定形式可以用来区分不同的排队现象。

排队论的第一个重大贡献要追溯到埃尔朗[①](1908) 关于电话业务问题的工作。埃尔朗的主要兴趣在于电话交换中业务的平衡行为，他推导出了马尔可夫过程的柯尔莫格洛夫方程的平衡形式，不同数目等候呼叫的概率，呼叫的平衡等待时间，以及一个呼叫掉线的概率。埃尔朗的工作激发了该领域的进一步研究，Fry，Molina，O'Dell 同时引入了新的数学思想，如连接系统，其中源集合到达目标集合的机会是有限的。另外，Pollaczek 发展了不同类型的输入、服务时间和任意排队规则的单通道非马尔可夫队列的结果。在非常返状态情形下，对具有时变参数的泊松输入和任意服务时间分布的有序队列，其等待时间的分布由 L. Takacs (1955) 得到[35,39,48,52]。

以 Palm 的再生概念为基础，Kendall (1951) 首先提出了嵌入马尔可夫链的概念，紧接着

---

① 丹麦科学家，为 Copenhagen 电话公司服务多年(1908 — 1922)。

一篇排队分类的论文(1953)发展了这一概念。从那以后,这两个概念得到了广泛的使用。O'Brien 以及后来的 Jackson 研究了"排队网络"(1954),他们研究两个和三个并行的队列,给出了在泊松输入与指数服务时间下的队列长度分布和等待时间的表达式。Burke,Reich 和 Cohen 分别独立得出泊松队列的输出也是泊松过程[39,43,48]。

排队论已经应用于许多为随机出现的要求提供服务的问题——电话业务(埃尔朗,O'Dell,Vaulot,Pollaczek,Kendall,Takacs 等),机器维修(Khinchin,1943,Kronig,Mondria,Palm,Takacs,Ashcroft,Cox),空中交通管制(Pollaczek,Pearcey),存货控制(Arrow,Karlin,Scarf),保险风险理论(Lundberg,Seal),数据通信网络(Jackson,Burke,Sondhi)和大坝及存储系统(Downton,Gani,Moran,Prabhu)。通过研究输入过程、服务机制和排队规则,建立一个统一的方法来分析这些看似不同的问题是可能的。

16.2　马尔可夫过程

一个连续时间马尔可夫过程 $\boldsymbol{x}(t)$ 在时刻 t 可随机处在有限或无限状态 $e_0,e_1,e_2,e_3,\cdots$ 中的一个状态。过程在时间 t 的状态由 $\boldsymbol{x}(t)$ 描述,它等于在此时过程所处的状态 e_j。假定过程 $\boldsymbol{x}(t)$ 在时刻 t_0 处于状态 e_i。对一个马尔可夫过程,由(15-2)式知,过程在时刻 t_0+t 进入状态 e_j 的概率为

$$P\{\boldsymbol{x}(t_0+t)=e_j \mid \boldsymbol{x}(t_0)=e_i\} \tag{16-1}$$

并且该概率与过程 $\boldsymbol{x}(t)$ 在时刻 t_0 之前的行为**无关**。如果 $\boldsymbol{x}(t)$ 是一个**齐次马尔可夫过程**,则由状态 e_i 到状态 e_j 的转移概率与初始时刻 t_0 无关,而仅与转移前后的时间间隔 t 有关。因而,对于齐次马尔可夫链,(16-1)式变为

$$p_{ij}(t)=P\{\boldsymbol{x}(t_0+t)=e_j \mid \boldsymbol{x}(t_0)=e_i\} \tag{16-2}$$

特别是我们有

$$p_{ij}(t)=P\{\boldsymbol{x}(t)=e_j \mid \boldsymbol{x}(0)=e_i\} \tag{16-3}$$

其中

$$p_i(0)=P\{\boldsymbol{x}(0)=e_i\} \tag{16-4}$$

表示状态的初始概率分布,对所有状态 e_i,e_j,有

$$0\leqslant p_{ij}(t)\leqslant 1 \qquad \sum_j p_{ij}(t)=1 \tag{16-5}$$

事件"$\boldsymbol{x}(t)$ 处于状态 e_j"的无条件概率为

$$\begin{aligned} p_j(t) &= P\{\boldsymbol{x}(t)=e_j\}=\sum_i P\{\boldsymbol{x}(t)=e_j \mid \boldsymbol{x}(0)=e_i\}P\{\boldsymbol{x}(0)=e_i\} \\ &= \sum_i p_i(0)p_{ij}(t) \end{aligned} \tag{16-6}$$

更一般地,对任意 t 和 s,我们有

$$\begin{aligned} p_{ij}(t+s) &= P\{\boldsymbol{x}(t+s)=e_j \mid \boldsymbol{x}(0)=e_i\} \\ &= \sum_k P\{\boldsymbol{x}(t+s)=e_j \mid \boldsymbol{x}(t)=e_k,\boldsymbol{x}(0)=e_i\}P\{\boldsymbol{x}(t)=e_k \mid \boldsymbol{x}(0)=e_i\} \\ &= \sum_k P\{\boldsymbol{x}(t)=e_k \mid \boldsymbol{x}(0)=e_i\}P\{\boldsymbol{x}(t+s)=e_j \mid \boldsymbol{x}(t)=e_k\} \\ &= \sum_k p_{ik}(t)p_{kj}(s) \end{aligned} \tag{16-7}$$

上式表示(15－43)式的查普曼-柯尔莫格洛夫方程的连续形式。

等候时间 ▶ 所有马尔可夫过程都具有一个有趣的性质：状态变化需要的时间(**等待时间**)是一个**指数**分布的随机变量。为了说明这一点，设 $\boldsymbol{\tau}_i$ 表示已知在时刻 t_0 处于状态 e_i 的条件下，马尔可夫过程 $\boldsymbol{x}(t)$ 状态变化的等候时间。如果 $\boldsymbol{\tau}_i > s$，那么与 t_0 时刻一样，过程在时刻 $t_0 + s$ 将处于同一状态 e_i，并且(由于是一个马尔可夫过程)其后来的行为与 s **无关**。于是

$$P\{\boldsymbol{\tau}_i > t + s \mid \boldsymbol{\tau}_i > s\} = P\{\boldsymbol{\tau}_i > t\} \equiv \varphi_i(t) \tag{16-8}$$

表示已知$\{\boldsymbol{\tau}_i > s\}$，事件$\{\boldsymbol{\tau}_i > t + s\}$的概率。但

$$\begin{aligned}\varphi_i(t+s) &= P\{\boldsymbol{\tau}_i > t+s\} = P\{\boldsymbol{\tau}_i > t+s, \boldsymbol{\tau}_i > s\}\\ &= P\{\boldsymbol{\tau}_i > t+s \mid \boldsymbol{\tau}_i > s\}P\{\boldsymbol{\tau}_i > s\} = \varphi_i(t)\varphi_i(s)\end{aligned}$$

或

$$\log\varphi_i(t+s) = \log\varphi_i(t) + \log\varphi_i(s) \tag{16-9}$$

注意到，对任意 t 和 s 满足(16-9)式的函数要么是函数 ct(其中 c 是一个常数)，要么是在每个区间上都是无界的。因而

$$\log\varphi_i(t) = -\lambda_i t \qquad \varphi_i(t) = P\{\boldsymbol{\tau}_i > t\} = \mathrm{e}^{-\lambda_i t} \qquad t \geqslant 0$$

或

$$F_{\tau_i}(t) = P\{\boldsymbol{\tau}_i \leqslant t\} = 1 - \mathrm{e}^{-\lambda_i t} \qquad t \geqslant 0 \tag{16-10}$$

这表明，任何马尔可夫过程的任一状态的等候时间具有指数分布。参数 λ_i 表示状态 e_i 向外转移的密度，它一般也依赖于最终状态 e_j。若 $\lambda_i > 0$，则过程在很小的时间间隔 Δt 内从状态 e_i 转移走的概率为

$$P\{\boldsymbol{\tau} \leqslant \Delta t\} = 1 - \mathrm{e}^{-\lambda_i \Delta t} = \lambda_i \Delta t + o(\Delta t) \tag{16-11}$$

而在相同的 Δt 内，过程一直处于状态 e_i 的概率为

$$P\{\boldsymbol{\tau} > \Delta t\} = 1 - \lambda_i \Delta t + o(\Delta t) \tag{16-12}$$

其中 $o(\Delta t)$ 表示 Δt 的高阶无穷小。◀

16.2.1　柯尔莫格洛夫方程

我们可以利用方程(16－7)研究马尔可夫过程的演化。从(16－7)式，我们得到

$$p_{ij}(t+\Delta t) = \sum_k p_{ik}(t)p_{kj}(\Delta t) = \sum_k p_{ik}(\Delta t)p_{kj}(t) \tag{16-13}$$

但由(16－11)和(16－12)式知，对一个马尔可夫过程

$$p_{kj}(\Delta t) = \begin{cases} P\{\boldsymbol{\tau}_{kj} \leqslant \Delta t\} = \lambda_{kj}\Delta t + o(\Delta t) & k \neq j \\ P\{\boldsymbol{\tau}_j > \Delta t\} = 1 - \lambda_j \Delta t + o(\Delta t) & k = j \end{cases} \tag{16-14}$$

成立，进一步将上式代入(16－13)式，我们得到

$$\frac{p_{ij}(t+\Delta t) - p_{ij}(t)}{\Delta t} = \sum_{k\neq j} p_{ik}(t)\lambda_{kj} - p_{ij}(t)\lambda_j + \frac{o(\Delta t)}{\Delta t} \tag{16-15}$$

$$\frac{p_{ij}(t+\Delta t) - p_{ij}(t)}{\Delta t} = \sum_{k\neq i} \lambda_{ik}p_{kj}(t) - \lambda_i p_{ij}(t) + \frac{o(\Delta t)}{\Delta t} \tag{16-16}$$

定义

$$\lambda_{ii} = -\lambda_i \qquad i = 0,1,2,\cdots \tag{16-17}$$

于是，(16－15) 和(16－16) 式的右端分别变为 $\sum_k p_{ik}(t)\lambda_{kj} + o(\Delta t)/\Delta t$ 和 $\sum_k \lambda_{ik} p_{kj}(t) + o(\Delta t)/\Delta t$。因为 $o(\Delta t)/\Delta t \to 0$，所以对于有限链，当 $\Delta t \to 0$ 时上面两个和式的极限存在。从而，(16－15) ～ (16－16) 式的左端趋于导数 $p'_{ij}(t)$。从而导出微分方程

$$p'_{ij}(t) = \sum_k p_{ik}(t)\lambda_{kj} \qquad i,j = 0,1,2,\cdots \tag{16-18}$$

和

$$p'_{ij}(t) = \sum_k \lambda_{ik} p_{kj}(t) \qquad i,j = 0,1,2,\cdots \tag{16-19}$$

其中初始条件为

$$p_{ij}(0) = 0 \qquad i \neq j \qquad p_{ii}(0) = 1 \tag{16-20}$$

因而，转移概率满足由(16－18) 和(16－19) 式给出的两个线性微分方程组，它们分别称为**前向和后向柯尔莫格洛夫方程**。利用(16－14) 和(16－17) 式，条件 $\sum_j p_{ij}(\Delta t) = 1$ 简化为

$$\sum_j p_{ij}(\Delta t) = 1 + \sum_j \lambda_{ij}\Delta t = 1$$

或可得

$$\sum_j \lambda_{ij} = 0 \ \Rightarrow \ \lambda_{ii} = -\sum_{j\neq i}\lambda_{ij} \tag{16-21}$$

如果对所有 i,j，误差项 $o(\Delta t)/\Delta t$ 一致趋于零，则对于具有可数无穷多状态的马尔可夫过程，柯尔莫格洛夫方程也成立。

利用(16－14) 和(16－20) 式，我们也可得到

$$\lambda_{ij} = \begin{cases} \dfrac{p_{ij}(\Delta t)}{\Delta t} = \dfrac{p_{ij}(\Delta t) - p_{ij}(0)}{\Delta t} & i \neq j \\ \dfrac{p_{ij}(\Delta t) - 1}{\Delta t} = \dfrac{p_{ii}(\Delta t) - p_{ii}(0)}{\Delta t} & i = j \end{cases} \tag{16-22}$$

因而

$$\lambda_{ij} = \left.\frac{\mathrm{d}p_{ij}(t)}{\mathrm{d}t}\right|_{t=0} \tag{16-23}$$

被称做过程的**转移密度**。设

$$\boldsymbol{A} \equiv (\lambda_{ij}) \qquad i,j = 0,1,2,\cdots \tag{16-24}$$

表示由转移密度 λ_{ij} 构成的矩阵。由(16－21) 式知，A 的所有对角线元素为负数，所有非对角线元素为正数，并且每行元素的和为 0。设

$$\boldsymbol{P}(t) \equiv (p_{ij}(t)) \qquad i,j = 0,1,2,\cdots \tag{16-25}$$

表示转移概率矩阵。使用上述记号，前向和后向柯尔莫格洛夫方程简化为

$$\boldsymbol{P}'(t) = \boldsymbol{P}(t)\boldsymbol{A} = \boldsymbol{A}\boldsymbol{P}(t) \tag{16-26}$$

其初始条件为 $\boldsymbol{P}(0) = \boldsymbol{I}$。

对具有有限个状态 $e_0, e_1, \cdots, e_m$ 的过程，(16－26) 式的暂态解是

$$P(t) = \mathrm{e}^{At} \tag{16-27}$$

其中

$$\mathrm{e}^{At} = I + \sum_{n=1}^{\infty} \frac{A^n t^n}{n!} \tag{16-28}$$

除了一些简单情形外，用 λ_{ij} 表示 $P(t)$ 的显式解通常是十分困难的。当转移概率矩阵 A 的特征值互不相同时，(16-27) 式有一个相当紧凑的表达式。由于零总是 $\boldsymbol{A}$ 的特征值，令 $d_1, d_2, \cdots, d_m$

表示 $\boldsymbol{A}$ 其余互不相同的非零特征值。则由(15-53)式,$\boldsymbol{A}=\boldsymbol{UDU}^{-1}$ 可得 $\boldsymbol{A}^n=\boldsymbol{UD}^n\boldsymbol{U}^{-1}$,(16-27)和(16-28)式简化为

$$\boldsymbol{P}(t)=U\mathrm{e}^{\boldsymbol{D}t}U^{-1} \tag{16-29}$$

其中

$$\mathrm{e}^{\boldsymbol{D}t}=\begin{pmatrix}1 & & & & 0\\ & \mathrm{e}^{d_1 t} & & & \\ & & \mathrm{e}^{d_2 t} & & \\ & & & \ddots & \\ 0 & & & & \mathrm{e}^{d_m t}\end{pmatrix} \tag{16-30}$$

前向柯尔莫格洛夫方程关心的是由其它状态出发,到达状态 e_j 的方式;后向柯尔莫格洛夫方程则关心从状态 e_j 转移到其它状态的方式。通常,若初始条件相同,它们的解也是相同的。

转移密度矩阵 $\boldsymbol{A}$ 的结构表征了不同的马尔可夫过程,若

$$\lambda_{ij}=0 \qquad |i-j|>1 \tag{16-31}$$

则该类过程称为**生灭过程**。因而,对于生灭过程,只有相邻状态之间才能发生转移。(16-31)式中,对 $|i-j|\leqslant 1$ 取定不同的 λ_{ij} 值就会产生不同的生灭过程,其中最简单的是泊松过程。

【例 16-1】　泊松过程

考虑下面的马尔可夫过程 $\boldsymbol{x}(t)$,其状态为 $e_0,e_1,e_2,e_3,\cdots$,状态 e_i 只能转移到状态 e_{i+1} 并且转移概率与状态无关。因而,转移密度为

$$\lambda_{kj}=\begin{cases}\lambda & j=k+1\\ 0 & j\neq k,k+1\end{cases} \tag{16-32}$$

由(16-21)式,我们得到

$$\lambda_{kk}=-\lambda \tag{16-33}$$

(16-18)式的前向柯尔莫格洛夫方程变为

$$p'_{ii}(t)=-\lambda p_{ii}(t) \tag{16-34}$$

$$p'_{ij}(t)=\lambda p_{i,j-1}-\lambda p_{ij}(t) \qquad j=i+1,i+2,\cdots \tag{16-35}$$

设 $p_j(t)=P\{\boldsymbol{x}(t)=e_j\}$ 并且对所有 $i\neq 0$(16-4)式的 $p_i(0)=0$。则 $p_0(0)=1$ 并且利用(16-6)式我们得到 $p_j(t)=p_{0j}(t)$;于是(16-34)和(16-35)式简化为

$$p'_0(t)=-\lambda p_0(t) \tag{16-36}$$

$$p'_n(t)=\lambda p_{n-1}(t)-\lambda p_n(t) \qquad n=1,2,\cdots \tag{16-37}$$

其初始条件为 $p_0(0)=1,p_n(0)=0,n\neq 1$。为了求解(16-36)和(16-37)式,定义

$$q_n(t)=\mathrm{e}^{\lambda t}p_n(t) \qquad n=0,1,2,\cdots \tag{16-38}$$

则有

$$q'_0(t)=\mathrm{e}^{\lambda t}p'_0(t)+\lambda q_0(t)=-\lambda\mathrm{e}^{\lambda t}p_0(t)+\lambda q_0(t)=0 \tag{16-39}$$

$$\begin{aligned}q'_n(t)&=\mathrm{e}^{\lambda t}p'_n(t)+\lambda q_n(t)\\ &=\mathrm{e}^{\lambda t}\{\lambda p_{n-1}(t)-\lambda p_n(t)\}+\lambda q_n(t)=\lambda q_{n-1}(t)\end{aligned} \tag{16-40}$$

其中 $q_0(0)=1,q_n(0)=0,n\neq 1$。在这些初始条件下,由(16-39)式得 $q_0(t)=1$,(16-40)式迭代产生

$$q_1(t)=\lambda t \quad q_2(t)=\frac{(\lambda t)^2}{2!},\cdots,q_n(t)=\frac{(\lambda t)^n}{n!}$$

于是由(16-38)式,我们得到

$$p_n(t)=P\{\boldsymbol{x}(t)=n\}=\mathrm{e}^{-\lambda t}\frac{(\lambda t)^n}{n!} \qquad n=0,1,2,\cdots \tag{16-41}$$

上式表示一个有效的概率密度函数，它就是我们所求的解。注意，对于泊松过程，由(16-32)式可知转移概率与当前的状态无关，且在任一时刻，过程要么停留在当前状态，要么以恒定的概率移动到下一个状态。

历史上，泊松过程最初在电话业务中被观察到，其中呼叫次数为一个泊松过程并且实验验证呼叫的持续时间服从指数分布。泊松分布由下面的性质刻画：在很小的区间内，多于一个呼叫到达的概率非常小。这个性质和指数分布的“无记忆性”[见(4-32)式]具有广泛的应用。由于转移仅在一个方向上发生($e_i \to e_{i+1}$)，所以泊松过程是纯生过程的一个特例。

【例 16-2】　纯生过程

如果将(16-32)式的泊松情形的恒定转移概率放宽为

$$\lambda_{kj} = \begin{cases} \lambda_k & j = k+1 \\ 0 & j \neq k, k+1 \end{cases} \tag{16-42}$$

那么我们得到一个**纯生过程**。这种情况下，由(16-21)式，有

$$\lambda_{i,i+1} = \lambda_i \qquad \lambda_{ii} = -\sum_{j \neq i} \lambda_{ij} = -\lambda_{i,i+1} = -\lambda_i$$

前向柯尔莫格洛夫方程具有如下形式

$$p'_{ii}(t) = -\lambda_i p_{ii}(t) \tag{16-43}$$

$$p'_{ij}(t) = \lambda_{j-1} p_{i,j-1}(t) - \lambda_j p_{ij}(t) \tag{16-44}$$

因而，在纯生过程中，转移概率(出生率)是系统在时刻 t 所处状态的函数。再次，转移仅在向前的方向上发生[见(16-42)式]，从而若 e_j 表示人口规模，则人口是时间的严格递增函数。如果我们假设出生率正比于“当前人口规模”，则将 $\lambda_j = j\lambda$ 代入(16-43)和(16-44)式，就产生了**线性纯生过程**，其显式解为

$$p_{ij}(t) = \begin{cases} \binom{j-1}{j-i} e^{-i\lambda t} (1 - e^{-\lambda t})^{j-i} & j \geqslant i \\ 0 & \text{其它} \end{cases} \tag{16-45}$$

对于一般的纯生过程，由于出生率与当前状态有关，则出生率的快速增长可导致退化条件 $\sum_{j=0}^{\infty} p_j(t) < 1$，从而发生有限时间内的“人口爆炸”。费勒(Feller)和兰德博戈(Lundberg)已经证明：纯生过程具有“非退化”行为($\sum_{j=0}^{\infty} p_j(t) = 1$)的充要(Feller－Lundberg)条件是

$$\sum_{k=0}^{\infty} \frac{1}{\lambda_k} = \infty \tag{16-46}$$

【例 16-3】　纯灭过程

若过程 $\boldsymbol{x}(t)$ 为时间的严格递减函数，它在时刻 t 处于状态 e_i，那么在时刻 $t+\Delta t$，它只能进入状态 e_{i-1} 并且其概率为 $\mu_i \Delta t$。于是

$$\lambda_{kj} = \begin{cases} \mu_k & j = k-1 \\ 0 & j \neq k, k-1 \end{cases} \tag{16-47}$$

从而有

$$\lambda_{k,k-1} = \mu_k \qquad \lambda_{kk} = -\sum_{j \neq k} \lambda_{kj} = -\lambda_{k,k-1} = -\mu_k \tag{16-48}$$

因此，前向柯尔莫格洛夫方程变为

$$p'_{ij}(t) = \mu_{j+1} p_{i,j+1}(t) - \mu_j p_{ij}(t) \tag{16-49}$$

更一般的是下面的**生灭过程**，它允许状态转移到或来自临近状态。

【例 16-4】 生灭过程

考虑过程 $\boldsymbol{x}(t)$，它结合了纯生过程和纯灭过程的特点，也就是说，如果时刻 t 过程处于状态 e_i，则在时刻 $t+\Delta t$，过程能以概率 $\lambda_i\Delta t$ 进入状态 e_{i+1}，或以概率 $\mu_i\Delta t$ 进入状态 e_{i-1}。这意味着

$$\lambda_{kj}=\begin{cases}\lambda_k & j=k+1\\ \mu_k & j=k-1\\ 0 & j\neq k,k-1,k+1\end{cases} \tag{16-50}$$

于是

$$\lambda_{k,k+1}=\lambda_k \qquad \lambda_{k,k-1}=\mu_k$$

$$\lambda_{kk}=-\sum_{j\neq k}\lambda_{kj}=-(\lambda_{k,k+1}+\lambda_{k,k-1})=-(\lambda_k+\mu_k) \tag{16-51}$$

这种情况下，前向柯尔莫格洛夫方程简化为(图 16-1)

$$p'_{ij}(t)=\lambda_{j-1}p_{i,j-1}(t)-(\lambda_j+\mu_j)p_{ij}(t)+\mu_{j+1}p_{i,j+1}(t) \tag{16-52}$$

$$p'_{i0}(t)=-\lambda_0 p_{i0}(t)+\mu_1 p_{i,1}(t) \tag{16-53}$$

一般生灭过程的转移密度矩阵 $\mathbf{A}$ 的形式为

$$\mathbf{A}=\begin{bmatrix}-\lambda_0 & \lambda_0 & 0 & 0 & & 0 & \cdots\\ \mu_1 & -(\lambda_1+\mu_1) & \lambda_1 & 0 & & & \cdots\\ 0 & \mu_2 & -(\lambda_2+\mu_2) & \lambda_2 & & & \\ \cdot & \cdot & \cdot & \cdot & & & \\ \cdot & \cdot & \cdot & \cdot & & & \\ \cdot & \cdot & \cdot & \cdot & \mu_i & -(\lambda_i+\mu_i) & \lambda_i \quad \cdots\\ \cdot & \cdot & \cdot & \cdot & \cdot & \cdot & \cdots\\ \cdot & \cdot & \cdot & \cdot & \cdot & \cdot & \cdots\end{bmatrix} \tag{16-54}$$

其中，若 $|i-j|>1$，则 $\lambda_{ij}=0$，并且对 $i\geqslant 0,\lambda_i>0$，对 $i\geqslant 1,\mu_i>0,\mu_0\geqslant 0$。

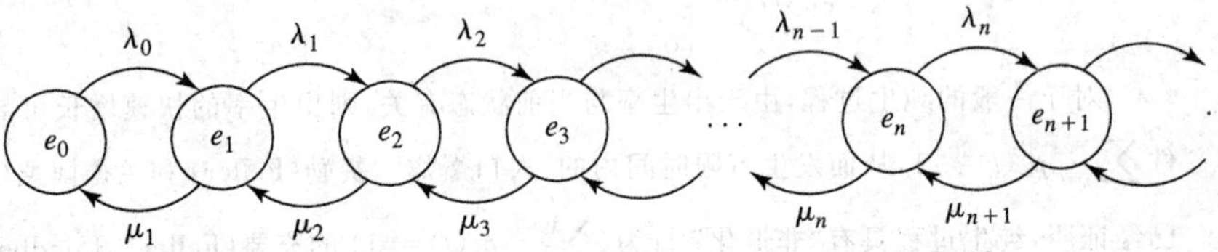

图 16-1　生灭过程的状态图

若 $\lambda_n=\lambda,\mu_n=\mu$，(16-52) 和(16-53) 式的生灭过程描述了一个单通道过程，这是因为在这种情况下，在小区间 Δt 内，过程可能以概率 $1-(\lambda+\mu)\Delta t$ 仍停留在当前状态(没有到达和离开)，可能以概率 $\lambda\Delta t$ 转移到下一个状态(单个到达)，也可能以概率 $\mu\Delta t$ 返回先前状态(单个离开)。类似地，后向柯尔莫格洛夫方程形如

$$p'_{ij}(t)=\lambda_i p_{i+1,j}(t)-(\lambda_i+\mu_i)p_{ij}(t)+\mu_i p_{i-1,j}(t) \tag{16-55}$$

生灭过程引起了人们的广泛的兴趣，这是因为在许多应用领域会遇到这种模型，特别是排队论，在排队论中“生”对应于来到的顾客，“灭”对应于在服务台结束服务后离开的顾客。这些过程的特征是：在同类(生或灭) 状态之间转移的时间间隔是一个服从指数分布的随机变量。

对任意时刻 t，(16-52) 式的一般解十分复杂。然而，对于具有两个状态(e_0 和 e_1) 并且出生(到达) 率和死亡(离开) 率为常数($\lambda_k=\lambda,\ \mu_k=\mu$) 的特殊情形，利用(16-26) ～(16-30) 式的方法很容易得到解。

【例16-5】 具有指数保留时间的两状态过程

假定系统要么空闲(状态 e_0)要么繁忙(状态 e_1),空闲期和繁忙期的长度是分别以 λ 和 μ 为参数的独立的指数分布随机变量。因而,在 Δt 内系统从 e_0 转入 e_1 的概率 $p_{01}(\Delta t)$ 为 $\lambda\Delta t + o(\Delta t)$,类似地,$p_{10}(\Delta t) = \mu\Delta t + o(\Delta t)$。这意味着(16-24)式的概率转移矩阵为

$$\boldsymbol{A} = \begin{pmatrix} -\lambda & \lambda \\ \mu & -\mu \end{pmatrix} \tag{16-56}$$

其中[见(16-25)式]

$$\boldsymbol{P}(t) = \begin{pmatrix} p_{00}(t) & p_{01}(t) \\ p_{10}(t) & p_{11}(t) \end{pmatrix} \tag{16-57}$$

容易验证 $\boldsymbol{A}$ 的特征值为0和 $-(\lambda+\mu)$,于是

$$\boldsymbol{A} = \boldsymbol{U}\begin{pmatrix} 0 & 0 \\ 0 & -(\lambda+\mu) \end{pmatrix}\boldsymbol{U}^{-1} \tag{16-58}$$

其中

$$\boldsymbol{U} = \begin{pmatrix} 1 & \lambda \\ 1 & -\mu \end{pmatrix} \qquad \boldsymbol{U}^{-1} = \frac{1}{\lambda+\mu}\begin{pmatrix} \mu & \lambda \\ 1 & -1 \end{pmatrix} \tag{16-59}$$

利用(16-29)和(16-30)式,我们得到

$$\boldsymbol{P}(t) = \boldsymbol{U}\begin{pmatrix} 1 & 0 \\ 0 & \mathrm{e}^{-(\lambda+\mu)t} \end{pmatrix}\boldsymbol{U}^{-1} = \frac{1}{\lambda+\mu}\begin{pmatrix} \mu+\lambda\mathrm{e}^{-(\lambda+\mu)t} & \lambda-\lambda\mathrm{e}^{-(\lambda+\mu)t} \\ \mu-\mu\mathrm{e}^{-(\lambda+\mu)t} & \lambda+\mu\mathrm{e}^{-(\lambda+\mu)t} \end{pmatrix} \tag{16-60}$$

16.2.2 平衡行为和极限概率

过程的平衡行为由(16-6)式中的极限概率 $p_j = \lim\limits_{t\to\infty} p_j(t)$ 控制。一个重要的问题是找出上述极限概率 p_j 存在的条件。

对一个不可约遍历的、状态为 $e_0, e_1, e_2, \cdots$ 的马尔可夫过程 $\boldsymbol{x}(t)$,极限概率

$$p_j = \lim_{t\to\infty} p_{ij}(t) \geqslant 0 \qquad \sum_j p_j = 1 \tag{16-61}$$

的确存在且与初始状态**无关**。该结论的证明本质上与定理15-7中对马尔可夫链的证明是一样的,对于状态的分类这里也有类似的定义。而且,对不可约有限链,条件(15-183)的连续形式在这里自动满足。

特别地,对(16-7)式当 $t\to\infty$ 时取极限,并利用(16-61)式,我们得到

$$p_j = \sum\nolimits_k p_k p_{kj}(s), \text{ 或 } p_j = \sum_i p_i p_{ij}(t) \tag{16-62}$$

假定转移概率满足(16-18)~(16-23)式。对(16-62)式微分并令 $t=0$,我们得到

$$\sum_i p_i \lambda_{ij} = 0 \qquad j = 0,1,2,\cdots \tag{16-63}$$

其中 λ_{ij} 表示如(16-22)和(16-23)式中定义的从状态 e_i 转移到 e_j 的转移密度。(16-63)式的矩阵形式为

$$\boldsymbol{pA} = 0 \tag{16-64}$$

其中

$$\boldsymbol{p} = [p_0, p_1, p_2, \cdots, p_j, \cdots] \qquad \sum_i p_i = 1 \tag{16-65}$$

注意,(16-64)式在结构上类似于(15-177)式的离散形式。矩阵 $\boldsymbol{A}$ 与 $(\boldsymbol{P}-\boldsymbol{I})$ 的非对角线元素均非负,各行的和为零,存在惟一的对应于简单零特征值的正特征向量。设

$$p_j = \lim_{t\to\infty} p_{ij}(t) \qquad \lim_{t\to\infty} p'_{ij}(t) = 0 \tag{16-66}$$

将前向柯尔莫格洛夫方程代入(16－26)式可得到方程(16－64)。

【例 16－6】 生灭过程的极限概率

将(16－50)和(16－51)式代入(16－63)式，一般生灭过程的(前向)稳态方程为

$$0 = \lambda_{j-1} p_{j-1} - (\lambda_j + \mu_j) p_j + \mu_{j+1} p_{j+1} \tag{16-67}$$

$$0 = -\lambda_0 p_0 + \mu_1 p_1 \tag{16-68}$$

重写上述方程，我们可得迭代方程

$$\begin{aligned} \mu_{j+1} p_{j+1} - \lambda_j p_j &= \mu_j p_j - \lambda_{j-1} p_{j-1} = \mu_{j-1} p_{j-1} - \lambda_{j-2} p_{j-2} \\ &= \mu_1 p_1 - \lambda_0 p_0 = 0 \end{aligned} \tag{16-69}$$

于是

$$p_{j+1} = \frac{\lambda_j}{\mu_{j+1}} p_j = \frac{\lambda_j \lambda_{j-1}}{\mu_{j+1}\mu_j} p_{j-1} = \frac{\lambda_j \lambda_{j-1} \cdots \lambda_0}{\mu_{j+1}\mu_j \cdots \mu_1} p_0 \tag{16-70}$$

或

$$p_n = \prod_{k=1}^{n} \frac{\lambda_{k-1}}{\mu_k} p_0 \qquad n = 1,2,\cdots \tag{16-71}$$

由条件 $\sum_{n=0}^{\infty} p_n = 1$ 得到

$$\left(1 + \sum_{n=1}^{\infty} \prod_{k=1}^{n} \frac{\lambda_{k-1}}{\mu_k}\right) p_0 = 1 \tag{16-72}$$

从而(16－52)和(16－53)式的稳态解存在的充要条件是(16－72)式(Karlin 和 McGregor)中的无限级数 $\sum_{n=1}^{\infty} \prod_{k=1}^{n} (\lambda_{k-1}/\mu_k)$ 是收敛的。当上述级数收敛时，生灭过程的稳态概率为

$$p_n = \lim_{t\to\infty} P\{\boldsymbol{x}(t) = n\} = \prod_{k=1}^{n} \frac{\lambda_{k-1}}{\mu_k} p_0 \quad n = 1,2,\cdots \tag{16-73}$$

其中

$$p_0 = \lim_{t\to\infty} P\{\boldsymbol{x}(t) = 0\} = \frac{1}{1 + \sum_{n=1}^{\infty} \prod_{k=1}^{n} (\lambda_{k-1}/\mu_k)} \tag{16-74}$$

特别是如果 $\lambda_n = \lambda$，且 $\mu_n = \mu, n = 0,1,2,\cdots$，那么，当 $\lambda/\mu < 1$ 时，稳态解为

$$p_n = \left(1 - \frac{\lambda}{\mu}\right)\left(\frac{\lambda}{\mu}\right)^n \qquad n = 0,1,2,\cdots \tag{16-75}$$

我们将在 16－3 节中利用这种生灭过程模型的几种变形去研究在排队论中十分常用的马尔可夫队列。

16.3 排队论

排队论最早可追溯到埃尔朗(1878 ～ 1929)研究电话服务阻塞的奠基性工作，此后，排队论应用到许多不同的领域，诸如存货控制、公路交通阻塞、空中交通管制、机器停产问题、生物学、天文学、核链式反应理论，当然还有语音和数据通信网络。几个简单队列形成一个队列链，而这些队列又反过来作为其它队列的输入，这种过程的多次组合便形成了复杂的排队网络。对这些现象的数学刻画和研究形成了排队论这一学科。

排队或等待队列是由到服务台请求服务的顾客 / 作业构成的。如果不能立即得到服务，到达顾客可能加入队列等候服务并且在服务结束后离开系统，也可能由于种种原因未接受服务而早早离开。这段时间内，其它顾客可能到达请求服务。到达顾客的源可能有限或无限，一个到

达可以是单个顾客或一批顾客，服务可以有有限或无限容纳顾客的能力（等候间容量），在此基础上，一个到达顾客可能加入或离开系统。服务可能单个进行或成批（大量）进行。队列的基本特点是：（ⅰ）**输入过程**，（ⅱ）**服务机制**，（ⅲ）**排队规则**，和（ⅳ）**服务台的能力**。

输入过程规定了在时刻 $t_1, t_2, \cdots, t_n$，其中 $t_i < t_{i+1}$（图 16-2），到达服务台的顾客的统计量所服从的概率规律。令 $\tau_n = t_{n+1} - t_n$ 表示第 n 个和第 $(n+1)$ 个顾客之间的**到达时间间隔**。则输入过程由**到达时刻序列** $\{t_n\}$ 的概率分布和到达**时间间隔序列** $\{\tau_n\}$ 的概率分布决定。输入过程的最简单模型是其到达时间为参数 λ 的泊松过程（关于泊松过程，见例 9-5，16-1 及 10-2 节）。在这种情况下，正如我们所知，到达时间间隔 τ_n 为有共同参数 λ 的独立指数型随机变量[见（16-10）式]，输入过程具有马尔可夫性或无记忆性。使用泊松到达的一个依据是泊松分布为二项式分布的极限形式[见（4-107）式]。因而，如果输入现象是几个伯努利事件的累计和，所有这些事件是独立的并且具有很小的发生概率，则正如我们所知，整个输入趋于泊松分布。保持它们的独立性假设，指数假设可以放宽为到达时间间隔服从任意分布 $A(\tau)$，在这种情况下，输入过程不再具有马尔可夫性。（并不是所有队列都具有马尔可夫性！）

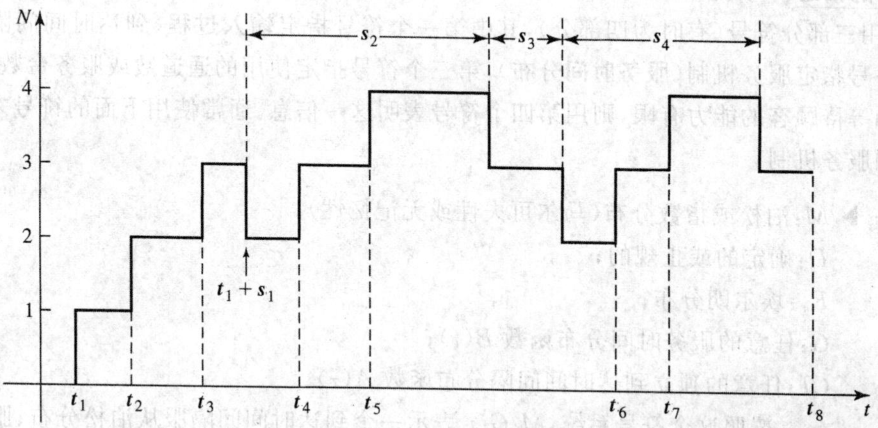

图 16-2　排队中到达与离开，其中 $\{t_i\}$ 为到达时刻，s_i 为服务时间，N 为系统中顾客数

服务机制由**服务时间序列** $\{s_n\}$ 规定，其中 s_n 表示为第 n 个顾客服务所需的时间（图 16-2）。一个合理的假设就是：相继的持续时间 $\{s_n\}$ 是相互统计独立的并且与到达时间间隔序列 $\{\tau_n\}$ 也统计独立。这种情形的最简单模型是常数服务时间（$s_n = T$），或参数为 μ 的指数型分布。回想一下这两种模型，它们都可以表示成埃尔朗 n 密度函数[也见（4-38）式]

$$f(\tau) = \begin{cases} \dfrac{(n\mu)^n}{n!}\tau^{n-1}e^{-n\mu\tau} & \tau \geqslant 0 \\ 0 & \text{其它} \end{cases} \tag{16-76}$$

的特例。由于（16-76）式表示 n 个独立的参数为 $n\mu$ 的指数型随机变量和的概率密度函数，若服务时间满足上述模型，则在一个新顾客接受服务前，前一个顾客必须完成 n 个“项目”的服务。尽管埃尔朗模型可以用多项目服务来解释，但是它显然并不局限于对多项目服务情况建模。如（16-76）式所示，埃尔朗模型比指数模型更加灵活，它更能描述许多实际情况。通常，令 $B(\tau)$ 表示一般的服务时间分布。

排队规则规定了到达顾客形成队列的规则，等候期间顾客的行为方式(耐心及不耐心的顾客)以及服务台提供的服务类型。一般的规则是按照到达顺序来进行服务，即“先来先服务”(FIFO 即先来先离开)。然而，其它形式，如“后来先服务”，“随机选择要求服务的顾客”，和“优先服务”(急救室)也是可以采纳的。不能立即接受服务的顾客的行为大不相同。一个到达顾客可能为了接受服务而选择等待，也可能由于队列太长而立即决定不加入队列(**停滞**)。一个顾客可能加入队列，而一旦等候时间超过其期望值，它就变得不耐心从而离开队列(**反悔**)。顾客可能晚于规定时间到达，当有多个队列时，不耐心的顾客可能加到其它队列或又**返回**该队列。现在的讨论假设为最常见的情形：**先来先服务**。

服务系统可能有一个或多个以相同或不同速度为到达顾客提供服务的通道，另外，系统容纳等候顾客的能力可能有限或无限。在单通道情形，比值

$$\rho = \frac{\lambda}{\mu} = \frac{\text{平均到达速率(到达数 / 单位时间)}}{\text{平均服务速率(服务数 / 单位时间)}} \tag{16-77}$$

称为业务强度，对于其它情形，它可以做适当的修正。

排队的描述　坎道尔(Kendall，1951)提出的符号系统在描述排队时被广泛使用。这种描述中，使用三部分符号(有时为四部分)，其中第一个符号指定**输入过程**(到达时间间隔分布)，第二个符号指定服务机制(**服务时间分布**)，第三个符号指定使用的**通道数**或服务台数目。如果系统容纳等待顾客的能力有限，则用第四个符号表明这一信息。通常使用下面的符号来规定输入过程和服务机制：

排队记号 ▶ M：泊松或指数分布(马尔可夫性或无记忆性)；

D：确定的或正规的；

E_n：埃尔朗分布；

G：任意的服务时间分布函数 $B(\tau)$；

GI：任意的独立到达时间间隔分布函数 $A(\tau)$。

按照这个符号系统，$M/G/r$ 表示一个到达时间间隔服从泊松分布、服务时间服从任意分布 $B(\tau)$、共 r 个服务台的队列。注意，只有 $M/M/r$ 型队列，相应的随机过程具有马尔可夫性。◀

排队的特征　为了量化排队系统和确定它们的性能，通常使用下面的参数：

在时刻 t 系统中**等候顾客**的数量，如果有的话，**包括**正在接受服务的顾客。

队列的**等候时间分布**，即一个顾客在队列中花费的时间 $w_q(t)$ 的分布，在系统中花费的时间 $w_s(t)$ 的分布，以及第 n 个到达的等候时间分布。

忙期分布，即首个到达空闲服务台的时刻到服务台首次空闲的时刻之间的时间间隔。

排队系统的全部特征由它们的时变解给出，一般情况下，时变解很难得到。幸运的是，我们经常对系统工作很长一段时间后的稳态行为更感兴趣。如果(16-66)式中的极限行为存在，则系统进入平衡状态并且其稳态解可以用来确定系统的长期性质。

等候时间分布

在排队中，一个到达顾客可能需要也可能不需要等待，如果队列为空，它进入系统直接得到服务。设 w_q 表示队列的随机等待时间，若 s 表示一个顾客的服务时间，则系统中的等候时间 w_s 为

$$w_s = w_q + s \tag{16-78}$$

注意，与 $\boldsymbol{w}_q$ 不同，系统的等候时间对所有顾客都不等于 0，这是因为每个顾客的服务时间总不为 0。为了确定这些等候时间的概率密度函数，我们可以利用条件概率定律

$$f_w(t) = \sum_n p_n f_w(t \mid n) \tag{16-79}$$

其中 p_n 表示队列中有 n 个顾客等候的概率。如果队列有 r 个并行通道，则当系统中的顾客数 n 小于 r 时，等候时间为 0。在这种情况下，

$$f_w(t) = P\{n \leqslant r-1\}\delta(t) + \sum_{n=r}^{\infty} p_n f_w(t \mid n) \tag{16-80}$$

假定所有的过程都是具有有限二阶矩的严格平稳过程，那么可以推导出一般结果，它与任何输入的特殊条件和系统性质无关。设 $\boldsymbol{N}(t)$ 表示系统中顾客数目，$\{\boldsymbol{t}_i\}$ 表示输入到达时间，$\{\xi_i\}$ 表示输出离开时刻。若 $\boldsymbol{w}_i$ 表示第 i 个顾客在系统中花费的总时间（等候时间和服务时间），则（图 16-3）

$$\xi_i = \boldsymbol{t}_i + \boldsymbol{w}_i \tag{16-81}$$

因而，在时刻 $\boldsymbol{t}_i$，$\boldsymbol{N}(t)$ 增加 1，在时刻 ξ_i，$\boldsymbol{N}(t)$ 减少 1。

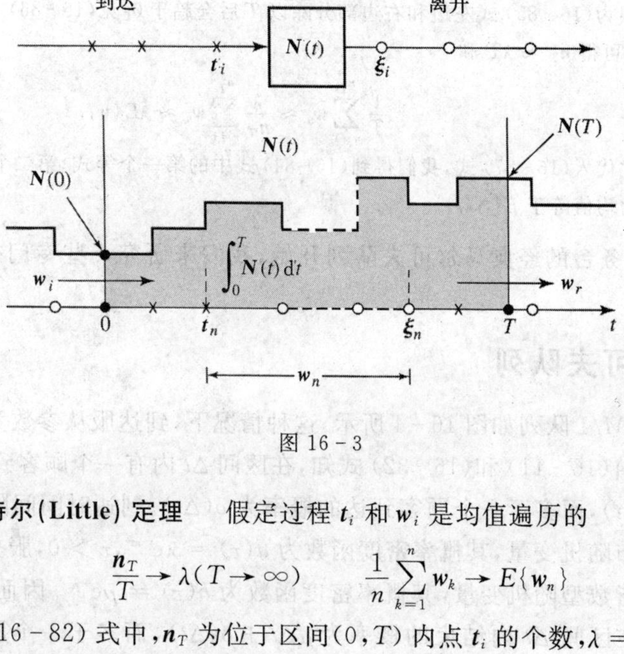

图 16-3

定理 16-1 ▶ 李特尔(Little)定理　假定过程 $\boldsymbol{t}_i$ 和 $\boldsymbol{w}_i$ 是均值遍历的

$$\frac{\boldsymbol{n}_T}{T} \to \lambda(T \to \infty) \qquad \frac{1}{n}\sum_{k=1}^{n} \boldsymbol{w}_k \to E\{\boldsymbol{w}_n\} \qquad n \to \infty \tag{16-82}$$

在(16-82)式中，$\boldsymbol{n}_T$ 为位于区间$(0,T)$内点 $\boldsymbol{t}_i$ 的个数，$\lambda = E\{\boldsymbol{n}_T\}/T$ 为这些点的平均密度。

在这种情形下①

$$E\{\boldsymbol{N}(t)\} = \lambda E\{\boldsymbol{w}_i\} \quad \text{或} \quad L = \lambda W \tag{16-83}$$

其中 L 为系统中顾客数目的期望值，W 为稳态时系统的等候时间的期望值。实际上，我们将得到一个更强的结论，$\boldsymbol{N}(t)$ 是均值遍历的：

① F. J. Beutler. "Mean Sojourn Times……". *IEEE Transactions Information Theory*, March 1983

$$\lim_{T\to\infty}\frac{1}{T}\int_0^T \boldsymbol{N}(t)\,\mathrm{d}t = \lambda E\{\boldsymbol{w}_i\} = E\{\boldsymbol{N}(t)\} \tag{16-84}$$

方程(16-83)看似合理：系统中顾客数目的均值$E\{\boldsymbol{N}(t)\}$等于每秒到达的平均数λ乘以每个顾客在系统中停留的平均时间$E\{\boldsymbol{w}_i\}$。尽管这在一般情况下成立，然而，它并不总是正确的。

证 首先，我们观察到

$$-\sum_{r=1}^{N(T)}\boldsymbol{w}_r \leqslant \int_0^T \boldsymbol{N}(t)\,\mathrm{d}t - \sum_{n=1}^{\boldsymbol{n}_T}\boldsymbol{w}_n \leqslant \sum_{i=1}^{N(0)}\boldsymbol{w}_i \tag{16-85}$$

在(16-85)式中，第二个求和项$\boldsymbol{w}_n$是由于在区间$(0,T)$内到达了$\boldsymbol{n}_T$个顾客；最后的求和项$\boldsymbol{w}_i$是由于在时刻$t=0$系统中有$\boldsymbol{N}(0)$个顾客；第一个求和项$\boldsymbol{w}_r$是由于在时刻$t=T$系统中还有$\boldsymbol{N}(T)$个顾客。这里忽略了建立(16-85)式的推导细节。正如我们所知(见习题7-9)

$$E\left\{\left(\sum_{k=1}^{N(t)}\boldsymbol{w}_k\right)^2\right\}\leqslant E\{\boldsymbol{N}(t)^2\}E\{\boldsymbol{w}_k^2\}<\infty \tag{16-86}$$

用T除(16-85)式，我们得到：若T充分大，则

$$\frac{1}{T}\int_0^T \boldsymbol{N}(t)\,\mathrm{d}t \approx \frac{1}{T}\sum_{n=1}^{\boldsymbol{n}_T}\boldsymbol{w}_n \tag{16-87}$$

这是因为(16-85)式左边和右边部分除以T后会趋于0[见(16-86)式]。进而，由假设(16-86)式可得$\boldsymbol{n}_T\approx\lambda T$和

$$\frac{1}{T}\sum_{n=1}^{\boldsymbol{n}_T}\boldsymbol{w}_n \approx \frac{\lambda}{\boldsymbol{n}_T}\sum_{n=1}^{\boldsymbol{n}_T}\boldsymbol{w}_n \approx \lambda E\{\boldsymbol{w}_n\}$$

将上式代入(16-87)式，我们得到(16-84)式中的第一个等式。第二个等式成立是因为左边部分的均值等于$E\{\boldsymbol{N}(t)\}$。 ◀

下面，从单个服务台的经典马尔可夫队列开始，我们来研究一些专门排队系统的稳态行为。

16.3.1 马尔可夫队列

M/M/1 队列 ▶ $M/M/1$队列如图16-4所示，这种情况下，到达服从参数为λ的泊松过程，从而由(16-11)和(16-32)式知，在区间Δt内有一个顾客到达的概率为$\lambda\Delta t+o(\Delta t)$，而多于一个顾客到达的概率为$o(\Delta t)$。到达时间间隔$\boldsymbol{\tau}_n$是独立的指数分布随机变量，其概率密度函数为$a(\tau)=\lambda\mathrm{e}^{-\lambda\tau}$，$\tau>0$，服务时间$\boldsymbol{s}_n$也是独立的指数型随机变量，其概率密度函数为$b(\tau)=\mu\mathrm{e}^{-\mu\tau}$。因而，对一个顾客的服务在区间$\Delta t$内结束的概率为$\mu\Delta t+o(\Delta t)$，而多于一个服务结束的概率为$o(\Delta t)$。令$\boldsymbol{N}(t)$表示时刻$t\geqslant 0$时系统中的顾客数$n$(如果有的话，是队列中的顾客数和在接受服务的顾客数之和)。则$\boldsymbol{N}(t)$是例16-4中讨论过的生灭型

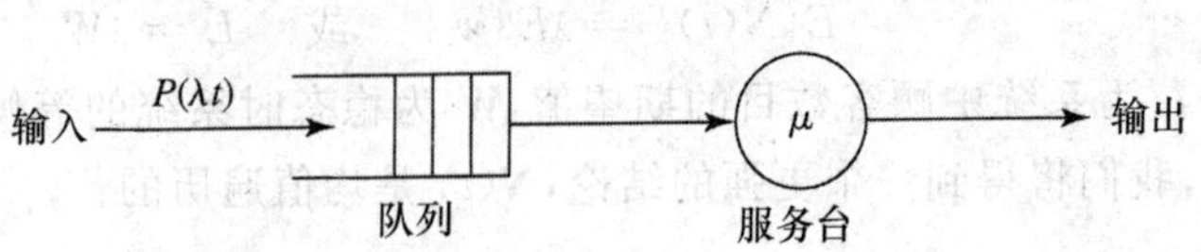

图16-4 $M/M/1$队列

连续时间马尔可夫过程，且 $\lambda_n = \lambda, \mu_n = \mu$，由例 16-6 知，它的极限分布为(16-75) 式。因而，只要业务强度满足 $\rho = \lambda/\mu < 1$，系统中有 n 个顾客的概率为

$$p_n = \lim_{t\to\infty} P\{\boldsymbol{N}(t) = n\} = (1-\rho)\rho^n \qquad n \geqslant 0 \tag{16-88}$$

注意，$1-\rho$ 表示系统空闲的概率，系统不空闲的概率为 $P\{\boldsymbol{N}(t) \geqslant 1\} = \rho$。由于(16-88) 式表示一个几何分布，所以系统中顾客的期望数为

$$L = \lim_{t\to\infty} E\{\boldsymbol{N}(t)\} = \frac{\rho}{1-\rho} = \frac{\lambda}{\mu-\lambda} \tag{16-89}$$

并且

$$\lim_{t\to\infty} \mathrm{Var}\{\boldsymbol{N}(t)\} = \frac{\rho}{(1-\rho)^2} = \frac{\lambda\mu}{(\lambda-\mu)^2} = L + L^2 \tag{16-90}$$

显然，与 L 相比，$\mathrm{Var}\{\boldsymbol{N}(t)\}$ 相当大并且随着 $\rho \to 1$，它迅速增长。因此，在 $\rho = 1$ 的很小的邻域内，(16-89) 式中的均值具有很大程度的不稳定性。

等待时间分布　我们可以利用(16-78) ～ (16-80) 式来确定队列和系统中的等候时间分布。已知系统中有 n 个顾客，则队列中第 n 个顾客的等候时间为

$$\boldsymbol{w}_q = \boldsymbol{s}'_1 + \boldsymbol{s}_2 + \cdots + \boldsymbol{s}_n \tag{16-91}$$

其中 $\boldsymbol{s}'_1$ 表示正在接受服务的顾客剩余的服务时间，$\boldsymbol{s}_2, \boldsymbol{s}_3, \cdots, \boldsymbol{s}_n$ 表示队列中前 $n-1$ 个顾客的服务时间。由于 $\boldsymbol{s}'_1$ 是一个均值为 $1/\mu$ 的指数型随机变量的剩余服务时间，则它也是一个相同均值的指数分布，而 $\boldsymbol{s}_2, \boldsymbol{s}_3, \cdots, \boldsymbol{s}_n$ 表示独立的均值为 $1/\mu$ 的指数分布。因此，(16-91) 式中的 $f_{w_q}(t \mid n)$，如(4-37) 或(10-87) 式的 λ 用 μ 代替，是一个伽马随机变量，将上式代入(16-80) 式，取 $r = 1$，我们得到队列中的等候时间的概率密度函数为

$$\begin{aligned} f_{w_q}(t) &= (1-\rho)\delta(t) + \sum_{n=1}^{\infty}(1-\rho)\rho^n \frac{\mu^n t^{n-1}}{(n-1)!}\mathrm{e}^{-\mu t} \\ &= (1-\rho)\delta(t) + \mu(1-\rho)\rho\mathrm{e}^{-\mu t}\sum_{n=0}^{\infty}\frac{(\mu\rho t)^n}{n!} \\ &= (1-\rho)\delta(t) + \mu(1-\rho)\rho\mathrm{e}^{-\mu(1-\rho)t} \qquad t > 0 \end{aligned} \tag{16-92}$$

其中第一项表示队列中的等候时间为 0 的概率。由(16-92) 式，得到

$$\begin{aligned} E\{\boldsymbol{w}_q\} &= (1-\rho)\cdot 0 + \int_{0^+}^{\infty} t\mu(1-\rho)\rho\mathrm{e}^{-\mu(1-\rho)t}\mathrm{d}t \\ &= \frac{\rho}{\mu(1-\rho)} = \frac{\lambda}{\mu(\mu-\lambda)} \end{aligned} \tag{16-93}$$

在一个 $M/M/1$ 队列中的等候时间不超过 t 的概率为

$$\begin{aligned} P\{\boldsymbol{w}_q \leqslant t\} &= 1 - P(\boldsymbol{w}_q > t) = 1 - \int_t^{\infty} f_{w_q}(x)\mathrm{d}x \\ &= 1 - \rho\mathrm{e}^{-\mu(1-\rho)t} \end{aligned} \tag{16-94}$$

队列中等候时间事实上为 0 的概率等于 $(1-\rho)$。

为了确定系统中的总等待时间分布，我们可以利用关系式(16-78) ～ (16-79) 和(16-91) 式。由于对于队列中的第 n 个顾客，在系统中的总等候时间等于在队列中的等候时间加上其服务时间 $\boldsymbol{s}_{n+1}$。因而，已知系统中有 n 个顾客

$$\boldsymbol{w}_s = \boldsymbol{w}_q + \boldsymbol{s}_{n+1} = \boldsymbol{s}'_1 + \boldsymbol{s}_2 + \boldsymbol{s}_3 + \cdots + \boldsymbol{s}_n + \boldsymbol{s}_{n+1} \tag{16-95}$$

且其条件分布为伽马分布

$$f_{w_s}(t \mid n) = \frac{\mu^{n+1} t^n}{n!} \mathrm{e}^{-\mu t} \tag{16-96}$$

从而利用(16-79)式，在 $M/M/1$ 排队系统中的等候时间分布为

$$\begin{aligned} f_{w_s}(t) &= \sum_{n=0}^{\infty} p_n f_{w_s}(t \mid n) = \sum_{n=0}^{\infty} (1-\rho)\rho^n \frac{\mu^{n+1} t^n}{n!} \mathrm{e}^{-\mu t} \\ &= \mu(1-\rho)\mathrm{e}^{-\mu t} \sum_{n=0}^{\infty} \frac{(\mu\rho t)^n}{n!} \\ &= \mu(1-\rho)\mathrm{e}^{-\mu(1-\rho)t} \qquad t \geqslant 0 \end{aligned} \tag{16-97}$$

它表示一个指数型概率密度函数，且均值

$$E\{\boldsymbol{w}_s\} = \frac{1}{\mu(1-\rho)} = \frac{1}{\mu-\lambda} \tag{16-98}$$

显然，方程(16-89)和(16-98)式与(16-83)式中的李特尔公式相吻合。◀

***M/M/r* 队列** ▶ 考虑一个排队模型，如图 16-5 所示，它的输入是参数为 λ 的泊松过程，它有并

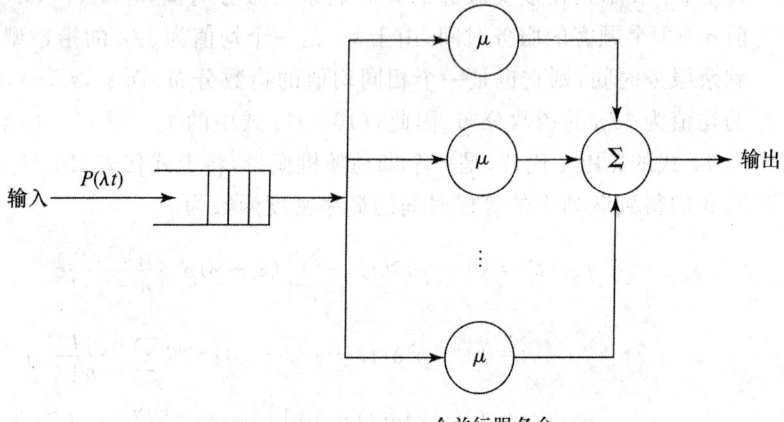

图 16-5　$M/M/r$ 队列

行工作的 r 个相同的服务台(通道)。每一个服务台的服务持续时间服从独立同分布的参数为 μ 的指数分布。如果 $n < r$ 个通道繁忙，则系统处于状态 e_n，结束服务的总顾客数形成一个参数为 $n\mu$ 的泊松过程，两个相继的服务结束的时间间隔是参数为 $n\mu$ 的指数分布。另一方面，若 $n > r$，则对所有的 n，两个相继的服务结束的时间间隔是参数为 $r\mu$ 的指数分布。如果在时刻 t 系统中现有的顾客数 $\boldsymbol{N}(t)$ 处于状态 e_n，则在一个很小区间 Δt 内，从 e_n 转移到 e_{n+1} 的概率为 $\lambda\Delta t + o(\Delta t)$，且任一繁忙的通道变为空闲的概率为 $\mu\Delta t + o(\Delta t)$。因此，对 $n < r$，由于通道间是独立的，则 n 个繁忙的通道中没有一个变为空闲的概率为 $[1-\mu\Delta t + o(\Delta t)]^n$，从而，在区间 Δt 内，至少一个服务台变为空闲的概率为

$$1-[1-\mu\Delta t + o(\Delta t)]^n = \begin{cases} n\mu\Delta t + o(\Delta t) & n < r \\ r\mu\Delta t + o(\Delta t) & n \geqslant r \end{cases} \tag{16-99}$$

对于很小的区间 Δt，一个或多个服务台变为空闲的概率与一个服务台变为空闲的概率相同，于是，实际上(16－99)式表示从 e_n 转移到 e_{n-1} 的概率。从状态 e_j 转移到 e_{j-1} 和 e_{j+1} 之外的其它状态的概率为 $o(\Delta t)$。这意味着，对这种特定的"生灭"过程，(16－50)和(16－51)式中的非 0 概率转移密度为

$$\lambda_{j,j+1}=\lambda_j=\lambda\quad \lambda_{j,j-1}=\mu_j=\begin{cases} j\mu & j<r \\ r\mu & j\geqslant r \end{cases} \tag{16-100}$$

$$\lambda_{jj}=-(\lambda_j+\mu_j)=\begin{cases} -(\lambda+j\mu) & j<r \\ -(\lambda+r\mu) & j\geqslant r \end{cases} \tag{16-101}$$

从而稳态概率 p_j 满足方程(16－67)和(16－68)，并且其参数如(16－100)和(16－101)式所示。于是，$\boldsymbol{N}(t)$ 是一个生灭过程，它具有一定的出生(到达)率和与状态有关的服务率。将这些值代入(16－71)式，我们得到稳态概率

$$p_n=\begin{cases} \dfrac{\lambda\cdot\lambda\cdots\lambda}{\mu\cdot 2\mu\cdots n\mu}p_0=\dfrac{(\lambda/\mu)^n}{n!}p_0 & n<r \\ \dfrac{\lambda\cdot\lambda\cdots\lambda}{\mu\cdot 2\mu\cdots r\mu\cdot r\mu\cdots r\mu}p_0=\dfrac{r^r}{r!}(\lambda/r\mu)^n p_0 & n\geqslant r \end{cases} \tag{16-102}$$

由条件 $\sum_{n=0}^{\infty}p_n=1$，知

$$\left\{1+\sum_{n=1}^{r-1}\frac{(\lambda/\mu)^n}{n!}+\frac{r^r}{r!}\sum_{n=r}^{\infty}(\lambda/r\mu)^n\right\}p_0=1 \tag{16-103}$$

只要 $\lambda/r\mu<1$，(16－103)式中的级数一定是收敛的。对有 r 个通道的情形，

$$\rho=\lambda/r\mu \tag{16-104}$$

表示流量强度，且

$$p_0=\frac{1}{\displaystyle\sum_{n=0}^{r-1}\frac{(\lambda/\mu)^n}{n!}+\frac{(\lambda/\mu)^r}{r!(1-\rho)}} \tag{16-105}$$

我们可以利用上述稳态概率来计算那些衡量一个并行排队系统有效性的参数。

一个 $M/M/r$ 队列中的平均等候顾客数为

$$L=\sum_{n=r+1}^{\infty}(n-r)p_n=p_r\frac{\rho}{(1-\rho)^2} \tag{16-106}$$

其中

$$p_r=\frac{(\lambda/\mu)^r}{r!}p_0 \tag{16-107}$$

◀

呼叫等待　在一个 $M/M/r$ 队列中，一个到达顾客不得不等候的概率由队列中至少有 r 个顾客的概率给出。于是

$$p_{\mathrm{cw}}=P\{\boldsymbol{N}(t)\geqslant r\}=\sum_{n=r}^{\infty}p_n=\frac{(\lambda/\mu)^r}{r!(1-\rho)}p_0=\frac{p_r}{1-\rho} \tag{16-108}$$

这也是一个 $M/M/r$ 队列中所有 r 个通道全被占据的概率。上述公式在电话业务理论中有着广泛的应用，它给出了一个具有 r 个中继线的交换站的**呼叫等待概率**，其中没有空闲的服务台可以处理到达的呼叫。它被称为**埃尔朗延迟呼叫**模型。图 16－6 给出了(16－108)式中的呼叫等待

概率随负载因子 ρ 的变化情况。由图易知,当服务台负载很轻时,所有通道均被占据(呼叫不得不等待)的概率可以忽略,而当服务台负载很重时,等待几乎是肯定的。当系统已充分负载时,呼叫等待概率对负载因子的增加具有高度敏感性——这一大家熟悉的排队现象在系统设计时应加以考虑[39]。

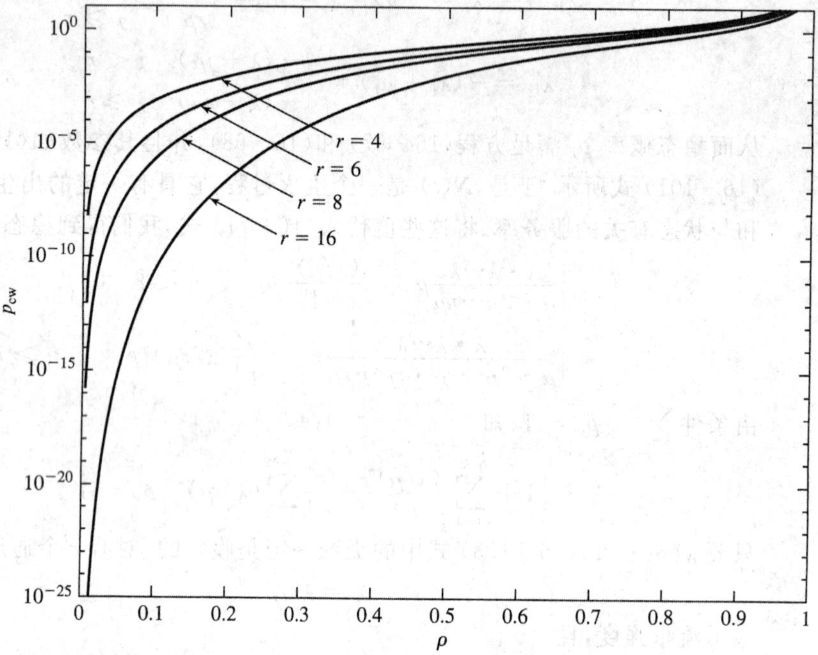

图 16-6　在一个 $M/M/r$ 队列中,呼叫等待的概率 p_{cw}

单个队列与多个队列 ▶ 队列中有一些等待顾客的概率为

$$\sum_{n=r+1}^{\infty} p_n = p_r \frac{\rho}{1-\rho} \tag{16-109}$$

由(16-106)和(16-109)式知,那些确实在一个 $M/M/r$ 队列中等待的顾客的平均数为

$$\frac{\sum_{n=r+1}^{\infty}(n-r)p_n}{\sum_{n=r+1}^{\infty}p_n} = \frac{1}{1-\rho} = \frac{r\mu}{r\mu-\lambda} \tag{16-110}$$

它表示在一个等待顾客前面的平均等候顾客数。在该等候顾客得到服务之前,他前面的顾客一定已经得到了服务。从而,队列中这些确实等候的顾客的平均等候时间为

$$T_r = \frac{1}{r\mu}\frac{1}{1-\rho} = \frac{1}{r\mu-\lambda} \tag{16-111}$$

这是因为 $1/r\mu$ 表示在一个繁忙的队列中,两个相继的服务结束的平均时间间隔。有趣的是,我们可以利用上述结果来表明与 r 个不同的并行 $M/M/1$ 队列(各队列独立工作且有各自的等候队列)相比,一个 $M/M/r$ 结构更优越。

对于一个 $M/M/1$ 通道,确实等候的顾客的平均等候时间由(16-111)式中($r=1$)给出

$$T_1(\lambda)=\frac{1}{\mu-\lambda} \tag{16-112}$$

如果将到达率为 λ 的同一个泊松过程随机输入 r 个并行的 $M/M/1$ 型队列中，则由(9－25) 式知，这些 $M/M/1$ 队列的每个输入都是参数为 $\lambda'=\lambda/r$ 的泊松过程，在(16－112) 式中用 λ/r 代替 λ，我们得在这样 r 个分离的并列 $M/M/1$ 队列中确实等候的顾客的平均等候时间为

$$T_1(\lambda/r)=\frac{r}{r\mu-\lambda}=rT_r \tag{16-113}$$

由(16－111) 和(16－113) 式易知，在一个 $M/M/r$ 队列中的平均等候时间是在 r 个分离的 $M/M/1$ 并行队列中的平均等候时间的 $1/r$，从而当 r 个服务台可用时，使用**单个队列**的效率比使用多个独立的队列的效率高得多。◀

等候时间分布　同以前一样，设 $\boldsymbol{w}_q$ 为表示队列中等候时间的随机变量。由(16－108) 式知，

$$P\{\boldsymbol{w}_q=0\}=P(\boldsymbol{N}(t)\leqslant r-1)=1-P(\boldsymbol{N}(t)\geqslant r)=1-\frac{p_r}{1-\rho} \tag{16-114}$$

并且 $\boldsymbol{w}_q>0$，如果系统中的顾客数为 $n\geqslant r$，则其中服务台有 r 个顾客在接受服务，队列中有 $n-r$ 个顾客在等待。从而，若系统中有 n 个顾客，则队列中的等候时间为

$$\boldsymbol{w}_q=\min(\boldsymbol{s}'_1,\boldsymbol{s}'_2,\cdots,\boldsymbol{s}'_r)+\boldsymbol{s}_1+\boldsymbol{s}_2+\cdots+\boldsymbol{s}_{n-r} \tag{16-115}$$

其中第一项表示服务台的 r 个顾客中的最小剩余服务时间。由于每个剩余服务时间 $\boldsymbol{s}'_i$ 服从独立的参数为 μ 的指数分布，则 $\min(\boldsymbol{s}'_1,\boldsymbol{s}'_2,\cdots,\boldsymbol{s}'_r)$ 是服从参数为 $r\mu$ 的指数分布随机变量。由(16－99) 式知，由于所有通道均繁忙，则其余 $n-r$ 个独立服务时间 $\boldsymbol{s}_i$ 也服从参数为 $r\mu$ 的指数分布(两次相继的服务结束的时间间隔为 $r\mu$)，从而(16－115) 式表示参数为$(n-r+1)$ 和 $n\mu$ 的伽马随机变量。于是

$$f_{w_q}(t\mid n)=\frac{(r\mu)^{n-r+1}}{(n-r)!}t^{n-r}\mathrm{e}^{-r\mu t}\qquad t\geqslant 0 \tag{16-116}$$

由(16－79) 和(16－80) 式知，对 $t>0$，等候时间分布 $f_{w_q}(t)$ 为

$$\begin{aligned} f_{w_q}(t)&=\sum_{n=r}^{\infty}\frac{r^r}{r!}\left(\frac{\lambda}{r\mu}\right)^n p_0\frac{(r\mu)^{n-r+1}}{(n-r)!}t^{n-r}\mathrm{e}^{-r\mu t}\\ &=r\mu\frac{(\lambda/\mu)^r}{r!}p_0\mathrm{e}^{-r\mu t}\sum_{n=r}^{\infty}\frac{(\lambda t)^{n-r}}{(n-r)!}\\ &=r\mu p_r\mathrm{e}^{-(r\mu-\lambda)t}\qquad t>0\end{aligned} \tag{16-117}$$

$P\{\boldsymbol{w}_q=0\}$ 由(16－114) 式给出。注意，在一个 $M/M/r$ 队列中，一个到达顾客不得不等候的概率为

$$P\{\boldsymbol{w}_q>0\}=\int_{0^+}^{\infty}f_{w_q}(t)\mathrm{d}t=\frac{p_r}{1-\rho} \tag{16-118}$$

上式与(16－108) 式的系统中有 r 或更多个顾客的概率一样。类似地，在一个 $M/M/r$ 队列中，等候时间大于 T 的概率为

$$P\{\boldsymbol{w}_q>T\}=\int_T^{\infty}f_{w_q}(t)\mathrm{d}t=\frac{p_r}{1-\rho}\mathrm{e}^{-r\mu(1-\rho)T}=P\{\boldsymbol{w}_q>0\}\mathrm{e}^{-r\mu(1-\rho)T} \tag{16-119}$$

由(16－117) 式知，对所有到达顾客，队列中的平均等候时间即为

$$E\{\boldsymbol{w}_q\} = \int_{0^+}^{\infty} t f_{w_q}(t)\mathrm{d}t = \frac{r\mu p_r}{(r\mu-\lambda)^2} = \frac{p_r/r\mu}{(1-\rho)^2} = \frac{p_r}{\lambda}\frac{\rho}{(1-\rho)^2} \tag{16-120}$$

由李特尔定理知，队列中顾客的期望数为

$$L = \lambda E\{\boldsymbol{w}_q\} = p_r \frac{\rho}{(1-\rho)^2}$$

这与(16－106)式一致。

由(16－108)和(16－120)式知，已知到达顾客必须等候，则一个 $M/M/r$ 队列中的平均等候时间等于

$$\frac{E\{\boldsymbol{w}_q\}}{\sum_{n=r}^{\infty} p_n} = \frac{p_r/r\mu(1-\rho)^2}{p_r/(1-\rho)} = \frac{1}{r\mu(1-\rho)} = \frac{1}{r\mu-\lambda} \tag{16-121}$$

类似地，利用(16－109)式知，在一个 $M/M/r$ 队列中，那些确实等候的顾客的平均等候时间为

$$\eta_r = \frac{E\{\boldsymbol{w}_q\}}{\sum_{n=r+1}^{\infty} p_n} = \frac{p_r\rho/\lambda(1-\rho)^2}{p_r\rho/(1-\rho)} = \frac{1}{\lambda(1-\rho)} = \frac{r\mu}{\lambda(r\mu-\lambda)} \tag{16-122}$$

还可以得到与(16－113)式类似的结论，说明 $M/M/r$ 结构相对于并行的 r 个不同的 $M/M/1$ 队列的优越性。

由(16－77)式知，系统中的平均等候时间为

$$E\{\boldsymbol{w}_s\} = E\{\boldsymbol{s}\} + E\{\boldsymbol{w}_q\} = \frac{1}{\mu} + \frac{p_r}{r\mu}\frac{1}{(1-\rho)^2} \tag{16-123}$$

系统中的平均顾客数等于

$$L_s = \lambda E\{\boldsymbol{w}_s\} = \frac{\lambda}{\mu} + p_r \frac{\rho}{(1-\rho)^2} \tag{16-124}$$

$M/M/r$ 队列(埃尔朗模型) ▶ 在这种情形，服务台数目同以前一样，只是系统中没有为等候和排队所需的设施。如果一个到达顾客发现所有通道繁忙，那么它将离开系统而不是等候接受服务(不耐心的顾客)。埃尔朗在研究电话系统中繁忙通道的分布时首先使用了这种丢失模型。这样一个系统可以同时接受至多 r 个进入的呼叫。如果至少一个服务台空闲，则一个进入的呼叫被"接通"；如果所有服务台均繁忙(即，$\lambda_j = 0, j > r$)，则呼叫被拒绝(呼叫丢失)。若假定到达服从参数为 λ 的泊松过程并且服务持续时间(呼叫占线时间)服从参数为 μ 的指数分布，则埃尔朗模型表示一个生灭过程并且

$$\lambda_j = \begin{cases} \lambda & j \leqslant r \\ 0 & j > r \end{cases} \qquad \mu_j = \begin{cases} j\mu & j < r \\ r\mu & j \geqslant r \end{cases} \tag{16-125}$$

由(16－71)式知，这意味着稳态概率为

$$p_n = \begin{cases} \dfrac{(\lambda/\mu)^n}{n!} p_0 & n = 0,1,2,\cdots,r \\ 0 & \text{其它} \end{cases} \tag{16-126}$$

由归一化条件 $\sum_{k=0}^{r} p_k = 1$ 得

$$p_0 = \frac{1}{\sum_{k=0}^{r} \frac{(\lambda/\mu)^k}{k!}} \tag{16-127}$$

从而，稳态时 n 个通道均繁忙的概率为(**埃尔朗第一公式**)

$$p_n = \frac{\frac{(\lambda/\mu)^n}{n!}}{\sum_{k=0}^{r} \frac{(\lambda/\mu)^k}{k!}} \qquad n = 0,1,2,\cdots,r \tag{16-128}$$

注意，(16-128)式表示一个参数为 $\rho = \lambda/\mu$ 的截尾泊松分布，它对 λ 和 μ 的**所有值**均有定义。一个可能拒绝(零等候室能力)系统的服务质量主要由拒绝概率或丢失顾客的概率特征来衡量。在埃尔朗模型中，由(16-128)式知，一个到达顾客丢失(呼叫阻塞)的概率为

$$p_r = \frac{\frac{(\lambda/\mu)^r}{r!}}{\sum_{k=0}^{r} \frac{(\lambda/\mu)^k}{k!}} \tag{16-129}$$

它与所有通道均繁忙(时间阻塞)的概率相同。(16-129)式表示埃尔朗丢失公式和阻塞公式。Pollaczek，Palm，Vaulot 和其它学者已经证明：只要输入服从参数为 λ 的泊松过程(即，$M/G/r$ 队列)，埃尔朗丢失公式对任意的服务时间分布均成立(相关结果也见习题 16-16)。在一个 $M/M/r/r$ 队列中繁忙服务台的平均数为

$$N_s = \sum_{n=0}^{r} n p_n = \rho(1 - p_r) \tag{16-130}$$

考虑一个等候室容量有限的模型，可以得到 $M/M/r/r$ 队列(埃尔朗模型)的简单推广形式。◀

$M/M/r/m$ 队列 ▶ 在这种情形 $m > r$，服务台数目与 $M/M/r$ 模型中的一样，但是如果它们发现所有 r 个通道均繁忙时，基于先到先服务的原则，有限个顾客可以等候。这意味着，概率转移率为

$$\lambda_j = \begin{cases} \lambda & j \leqslant m \\ 0 & j > m \end{cases} \qquad \mu_j = \begin{cases} j\mu & j \leqslant r \\ r\mu & j > r \end{cases} \tag{16-131}$$

这里 m 表示系统的容纳能力，$m - r$ 表示等候室的容量。由(16-71)和(16-131)式，我们得到

$$p_n = \begin{cases} \frac{(\lambda/\mu)^n}{n!} p_0 & n \leqslant r \\ \frac{(\lambda/\mu)^n}{r! r^{n-r}} p_0 & r < n \leqslant m \end{cases} \tag{16-132}$$

其中

$$p_0 = \frac{1}{\sum_{n=0}^{r} \frac{(\lambda/\mu)^n}{n!} + \frac{1}{r!} \sum_{n=r+1}^{m} \frac{(\lambda/\mu)^n}{r^{n-r}}} \tag{16-133}$$

注意，当 $m = r$ 时，(16-132) 式与埃尔朗模型是一致的。这种情况下，一个呼叫丢失的概率为

$$p_m = \frac{\dfrac{(\lambda/\mu)^m}{r!\,r^{m-r}}}{\displaystyle\sum_{n=0}^{r}\frac{(\lambda/\mu)^n}{n!} + \frac{(\lambda/\mu)^r}{r!}\sum_{n=1}^{m-r}(\lambda/r\mu)^n} \tag{16-134}$$

稳态时繁忙服务台的平均数为

$$N_s = \sum_{n=1}^{r} np_n + r\sum_{n=r+1}^{m} p_n = \frac{\displaystyle\sum_{n=0}^{r-1}\frac{(\lambda/\mu)^n}{n!} + \frac{(\lambda/\mu)^r}{(r-1)!}\sum_{n=1}^{m-r}(\lambda/r\mu)^n}{\displaystyle\sum_{n=0}^{r}\frac{(\lambda/\mu)^n}{n!} + \frac{(\lambda/\mu)^r}{r!}\sum_{n=1}^{m-r}(\lambda/r\mu)^n} \tag{16-135}$$

表 16-1 和图 16-7 给出对**不具有**和**具有**等候空间的埃尔朗模型以及负载因子 $\rho = \lambda/\mu$ 取不同值时，呼叫丢失概率的变化情况。由图 16-7 易见，服务台的负载很小时，随着服务台数目的增加，丢失概率显著下降。然而，负载很大时，在所有情形下，曲线变化趋势几乎是一样的。有趣的是，只要负载因子不是很大，即使增加一个等候空间也能降低呼叫丢失概率。

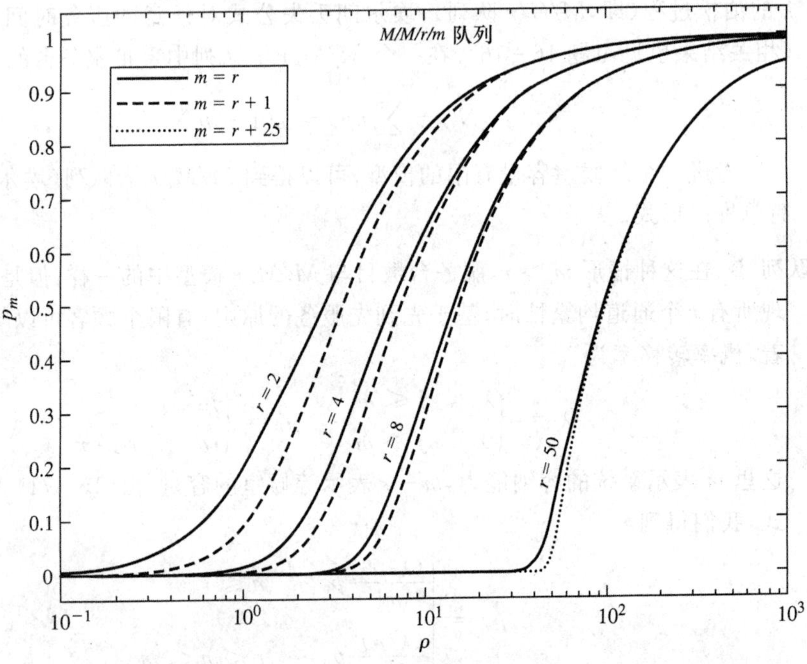

图 16-7　一个有和没有等候空间的埃尔朗队列的呼叫丢失概率。对于 $r = 2,4,8$，等候空间为 0 或 1。对于 $r = 50$，等候空间为 0 或 25。

表 16-1　不具有和具有等候能力的埃尔朗队列的呼叫丢失概率

($M/M/r/r$ 与 $M/M/r/r+1$)

	呼叫丢失概率					
	等候室容量 $=0(m=r)$			等候室容量 $=1,(m=r+1)$		
	r			r		
ρ	2	4	8	2	4	8
0.1	0.0045	0	0	0.0002	0	0
0.2	0.0164	0	0	0.0016	0	0
0.4	0.0541	0.0007	0	0.0107	0	0
0.8	0.1509	0.0077	0	0.0569	0.0015	0
1	0.2000	0.0154	0	0.0909	0.0038	0
2	0.4000	0.0952	0.0009	0.2857	0.0455	0.0002
4	0.6154	0.3107	0.0304	0.5517	0.2370	0.0150
8	0.7805	0.5746	0.2356	0.7574	0.5347	0.1907
12	0.8471	0.6985	0.4227	0.8356	0.6769	0.3880
16	0.8828	0.7674	0.5452	0.8760	0.7543	0.5216
20	0.9050	0.8109	0.6270	0.9005	0.8020	0.6105

◀

$M/M/\infty$ 队列 ▶ 这里假定服务台数目无限，从而不需要排队，一个到达顾客将立即得到服务。这种情况下 $\lambda_n=\lambda,\mu_n=n\mu,n=0,1,2,\cdots$ 并令 $r\to\infty$，可以得到 $M/M/r$ 或 $M/M/r/r$ 队列的稳态解。由(16-127)式，我们得到

$$p_0=\frac{1}{\sum_{k=0}^{\infty}\frac{(\lambda/\mu)^k}{k!}}=\mathrm{e}^{-(\lambda/\mu)} \tag{16-136}$$

$$p_n=p_0\frac{(\lambda/\mu)^n}{n!}=\mathrm{e}^{-(\lambda/\mu)}\frac{(\lambda/\mu)^n}{n!}\qquad n=0,1,2,\cdots \tag{16-137}$$

因此，稳态时，一个 $M/M/\infty$ 队列中的顾客数服从参数为 λ/μ 的泊松分布(参见习题 16-16，对于 $M/G/\infty$ 队列也有类似的结果)。当服务台数目很大时，对 $M/M/r/r$ 模型，(16-137) 式可用来以合适的精确度计算 p_n。◀

不耐心的顾客 ▶ 一些系统中，一个到达顾客若发现所有服务台繁忙，它将加入队列但只等候有限的一段时间，在这之后它将离开队列。该顾客也可能依据目前队列的规模决定是否离开队列。假定系统具有速率为 λ 的泊松输入和服务速率为 μ 的 r 个独立且相同(服从指数分布)的服务台。此外，等候室容量没有限制。这种情形下，$\lambda_j=\lambda,j=0,1,2,\cdots$，且对 $j\leqslant r,\mu_j=j\mu$。对 $j>r$，在区间 Δt 内，从状态 e_j 转移到状态 e_{j-1} 可能以两种完全不同的方式发生：要么 r 个繁忙的服务台中有一个以概率 $r\mu\Delta t+o(\Delta t)$ 变为空闲，要么队列中的一个等候顾客以概率 $v_j\Delta t+o(\Delta t)$ 离开。因此，相应的马尔可夫过程的概率转移密度为

$$\lambda_j = \lambda \qquad \mu_j = \begin{cases} j\mu & j \leqslant r \\ r\mu + v_j & j > r \end{cases} \tag{16-138}$$

将这些值代入(16－73)和(16－74)式,我们得到系统中有n个顾客的长期概率为

$$p_n = \begin{cases} \dfrac{(\lambda/\mu)^n}{n\,!}p_0 & n \leqslant r \\ \dfrac{\lambda^n}{r\,!\mu^r \prod_{j=r+1}^{n}(r\mu + v_j)}p_0 & n > r \end{cases} \tag{16-139}$$

其中

$$p_0 = \frac{1}{\sum_{n=0}^{r}\dfrac{(\lambda/\mu)^n}{n\,!} + \dfrac{1}{r\,!\mu^r}\sum_{n=r+1}^{\infty}\dfrac{\lambda^n}{\prod_{j=r+1}^{n}(r\mu + v_j)}} \tag{16-140}$$

特别是如果假设一个顾客的等候时间是参数为v的独立的指数型分布随机变量,则类似前面的讨论,$(n-r)$个等候顾客中的一个在接受服务前离开队列的概率为

$$1-(1-v\Delta t)^{n-r} = (n-r)v\Delta t$$

从而

$$v_j = (j-r)v \tag{16-141}$$

将这些值代入(16－139)和(16－140)式可以确定这样的队列的稳态解。◀

迄今为止,我们已经分析了顾客源为无限的排队情况。但实际上并不总是这种情形,在许多情况下,顾客源可能是有限的。下面,我们将研究有限源模型,即r个服务台为m个顾客服务$(r < m)$。

16.3.2 有限输入源和机器服务问题

有限输入情形发生在机器服务问题中,其中r个维修工修理偶尔出故障的m个机器$(r < m)$。每次一个机器出故障时,一个维修工来修理它,然后修好后投入运行。如果在任何时刻,出故障的机器数超过修理工的总数,则剩余的出故障机器不得不等候下去,直到有修理工来修理。这种情况下,我们特别感兴趣的问题是:机器的损坏率和维修一个出故障机器所需的时间,以及使维修花费和机器出故障带来的损失的总费用最小的最优策略。

使用排队论的术语,出故障的机器看做顾客,维修工看做服务台,顾客的等候时间对应于维修之前出故障机器的空闲时间。然而,与前面研究的排队模型不同,这里的到达顾客是有限的,这是因为当所有机器都不能工作时,不可能再有机器出问题,于是不会再有顾客加入队列。于是,有顾客加入队列的概率与该时刻队列中等候顾客数有关。

这里,我们首先回顾 Palm (1947) 提出的关于机器维修问题的经典$M/M/r$模型,以及 Takacs (1957) 的一般$M/G/1$模型。

Palm 有限输入 $M/M/r$ 模型 ▶ 假定输入群体由m个独立的出故障机器组成,它们要求得到服务,并且机器正常工作的时间服从参数为λ的指数分布。因而,一个正在工作的机器正常工作时间的概率密度函数为

$$f(t)=\begin{cases}\lambda e^{-\lambda t} & t\geqslant 0\\ 0 & \text{其它}\end{cases}\tag{16-142}$$

因此，由(16-11)式知，在区间$(t,t+\Delta t)$内，一个正在工作的机器在时刻t出故障的概率为$\lambda\Delta t+o(\Delta t)$，且一个机器的平均工作时间为$1/\lambda$。令$e_n$表示在时刻$t$，$m$个机器中有$n$个处于**不工作**的状态。因而，在区间$(t,t+\Delta t)$内，从状态$e_n$转移到$e_{n+1}$的概率等于在该区间内$(m-n)$个正在工作的机器中至少有一个出问题的概率，该概率为$1-[1-\lambda\Delta t+o(\Delta t)]^{m-n}=(m-n)\lambda\Delta t+o(\Delta t)$。于是，

$$\lambda_{n,n+1}=\lambda_n=\begin{cases}(m-n)\lambda & n=0,1,2,\cdots,m-1\\ 0 & n\geqslant m\end{cases}\tag{16-143}$$

服务由r个修理工提供，$r<m$，每个服务的持续时间是参数为μ的指数型随机变量。于是，当时刻t有一个机器正接受服务，服务将在区间$(t,t+\Delta t)$内结束的概率为$\mu\Delta t+o(\Delta t)$。同以前一样，当n个机器正接受服务，对于$n\leqslant r$，一个服务在区间$(t,t+\Delta t)$内结束的概率为$1-[1-\mu\Delta t+o(\Delta t)]^n=n\mu\Delta t+o(\Delta t)$；对于$n>r$，该概率等于$r\mu\Delta t+o(\Delta t)$。这意味着

$$\mu_n=\begin{cases}n\mu & n\leqslant r\\ r\mu & n\geqslant r\end{cases}\tag{16-144}$$

当一个机器出故障时，如果r个修理工中有一个空闲，那么该机器将立即接受服务，否则它将加入队列等候服务。**机器停产时间**对应于当一个机器出故障而等候修理工(空闲时间)的持续时间，修理工可能正在忙于修理其它机器或做相关的工作。于是，机器服务问题等价于参数如(16-143)和(16-144)式所示的生灭马尔可夫过程(例 16-4 和 16-16)$\boldsymbol{x}(t)$，其中$\boldsymbol{x}(t)$表示在时刻t**不工作的机器数**。利用(16-73)和式(16-74)，m个机器中有n个**不工作**的稳态解变为

$$p_n=\begin{cases}\dfrac{1}{n!}\displaystyle\prod_{i=0}^{n-1}(m-i)\left(\frac{\lambda}{\mu}\right)^n p_0=\binom{m}{n}\left(\frac{\lambda}{\mu}\right)^n p_0 & n=0,1,\cdots,r\\ \dfrac{1}{r!r^{n-r}}\displaystyle\prod_{i=0}^{n-1}(m-i)\left(\frac{\lambda}{\mu}\right)^n p_0=\dfrac{m!r^r}{(m-n)!r!}\left(\frac{\lambda}{r\mu}\right)^n p_0 & r\leqslant n\leqslant m\end{cases}\tag{16-145}$$

其中

$$p_0=\frac{1}{\displaystyle\sum_{n=0}^{r}\binom{m}{n}(\lambda/\mu)^n+\frac{r^{r-1}}{(r-1)!}\sum_{n=r+1}^{m}\frac{m!}{(m-n)!}(\lambda/r\mu)^n}\tag{16-146}$$

Palm(1947)首先得到这一解。接下来 Naor (1956)也得到了这一结果，如果我们使用如下记号[48]

$$\rho\equiv\frac{\lambda}{r\mu}\tag{16-147}$$

$$p(k,\rho)\equiv e^{-\rho}\frac{\rho^k}{k!}\tag{16-148}$$

$$P(n,\rho)\equiv\sum_{k=n}^{\infty}p(k,\rho)\tag{16-149}$$

$$S(m,r,\rho) \equiv \sum_{n=0}^{r-1} \frac{r^n}{n!} p(m-n,\rho) + \frac{r^{r-1}}{(r-1)!}[1-P(m-r+1,\rho)] \tag{16-150}$$

则(16－145) 和(16－146) 式有如下紧凑形式(留作读者证明)

$$p_n = \begin{cases} \dfrac{r^n}{n!} \dfrac{p(m-n,1/\rho)}{S(m,r,1/\rho)} & n < r \\ \dfrac{r^{r-1}}{(r-1)!} \dfrac{p(m-n,1/\rho)}{S(m,r,1/\rho)} & r \leqslant n \leqslant m \end{cases} \tag{16-151}$$

直接计算也可验证上式。对于一个修理工的情形,(16－151) 式简化为

$$p_n = \frac{\dfrac{(1/\rho)^{m-n}}{(m-n)!}}{\displaystyle\sum_{k=0}^{m} \frac{(1/\rho)^k}{k!}} \qquad n = 0,1,2,\cdots,m \tag{16-152}$$

这表示m个机器中有n个**不工作**的概率。我们可以利用(16－151)式来推导几个有趣的结论。首先,s 个机器**正在工作**的长期概率为 p_{m-s}。注意,单个修理工情形的 p_{m-s} 与埃尔朗第一公式(16－128) 式十分相似。

设随机变量 $\boldsymbol{x}$,$\boldsymbol{y}$ 和 $\boldsymbol{z}$ 分别表示正在工作的机器数、正在接受服务的机器数,以及任一时刻排队等候服务的机器数。则

$$\boldsymbol{x} + \boldsymbol{y} + \boldsymbol{z} = m \tag{16-153}$$

利用(16－151) 式,它们的平均值为(留作读者证明)

$$a = E\{\boldsymbol{x}\} = \sum_{n=0}^{m} (m-n) p_n = \frac{\mu}{\lambda} \frac{r\, S(m-1,r,1/\rho)}{S(m,r,1/\rho)} \tag{16-154}$$

$$\begin{aligned} b = E\{\boldsymbol{y}\} &= \sum_{n=0}^{r-1} n p_n + r \sum_{n=r}^{m} p_n \\ &= r - \sum_{n=0}^{r-1} (r-n) p_n = r \frac{S(m-1,r,1/\rho)}{S(m,r,1/\rho)} \end{aligned} \tag{16-155}$$

$$c = E\{\boldsymbol{z}\} = \sum_{n=r+1}^{m} (m-r) p_n \tag{16-156}$$

从而

$$a + b + c = m \tag{16-157}$$

方程(16－153) 和(16－157) 表明一个机器必定处于这三种状态之一。由(16－154) 和(16－155) 式,我们也可得下面的等式

$$\frac{a}{b} = \frac{\mu}{\lambda} \tag{16-158}$$

这表明正在工作的机器的平均数与正接受服务的机器的平均数之比等于一个机器的平均工作时间($1/\lambda$) 与平均接受服务时间($1/\mu$) 之比。我们可定义 a/m 为**机器效率因子**,从而由(16－157) 式知,该因子为 $1-(b/m-c/m)$,其中 b/m 为由于修理而产生的损失因子,c/m 为由于其它机器正接受服务产生停产而导致的损失因子。有趣的是,b 也表示被占据(繁忙) 的修理工的平均数目,于是

$$\text{空闲修理工的平均数} = r - b = r\left(1 - \frac{S(m-1,r,1/\rho)}{S(m,r,1/\rho)}\right) \tag{16-159}$$

$$\frac{b(r)}{r}=\frac{S(m-1,r,1/\rho)}{S(m,r,1/\rho)} \tag{16-160}$$

表示**修理工的效率**。

为了最大化修理工效率，最优准则是 $b(r)=r$，或 $b(r)/r$ 最大化，同时为了最大化机器效率，数量 $a(r)/m=(1/\rho m)b(r)/r$ 应被最大化。这两个要求是相互矛盾的，这是由于为了保持修理工效率，r 应尽可能小，然而为了保持机器效率，r 应尽可能大。令 $b(r)/r$ 和 $a(r)/m$ 相等，我们得到修理工的最佳人数为 $r_0=m\lambda/\mu$。图 16-8 给出了当 $m=100$ 和 $\lambda/\mu=0.15$ 时，$b(r)/r$ 以及机器效率 $a(r)/m$ 的变化规律。由图 16-8 知，$r\leqslant 10$ 使得修理工一直繁忙，然而，在这种情况下至少有 30% 的机器处于停工状态。另一方面，$r_0=15$ 时，机器效率大约为 85%，同时修理工在 85% 的时间里是繁忙的。在这种情况下，修理工超过 15 人后，机器效率不会有任何显著的增加。◀

上述模型有几种可能的变型。不同的机器可能有不同的故障参数 λ_i 和不同的服务参数 μ_i。进而，每一个修理工可能精通一项或几项（不是全部）修理工作。修理工也可能花费他们部分时间去参加相关工作，譬如收集材料或在故障机器之间走动。Benson 和 Cox 研究了这种辅助工作问题。

Khinchin，Kronig，Palm，Ashcroft 和 Takacs 研究了单个修理工时具有有限泊松输入顾客和任意服务时间分布的机器停产问题（$M/G/1$）。下面，我们研究 Takacs 提出的一种很好的方法，该方法是以 Ashcroft 的方法为基础。

Takacs 有限输入 *M/G/1* 模型 ▶ 在 Takacs 模型中，排队系统包括 m 个独立工作的机器和一个修理工。每个机器的工作时间服从(16-142)式所示的指数分布，从而在区间 $(t,t+\Delta t)$ 内，一个正在工作的机器于时刻 t 出问题的概率为 $\lambda\Delta t+o(\Delta t)$。当一个机器出故障时，若修理工正在维修另一个机器，它将加入等候服务的机器形成的队列中，否则它将立即得到维修。假定维修时间为一个具有**任意**密度函数 $f_s(t)$ 的正随机变量，

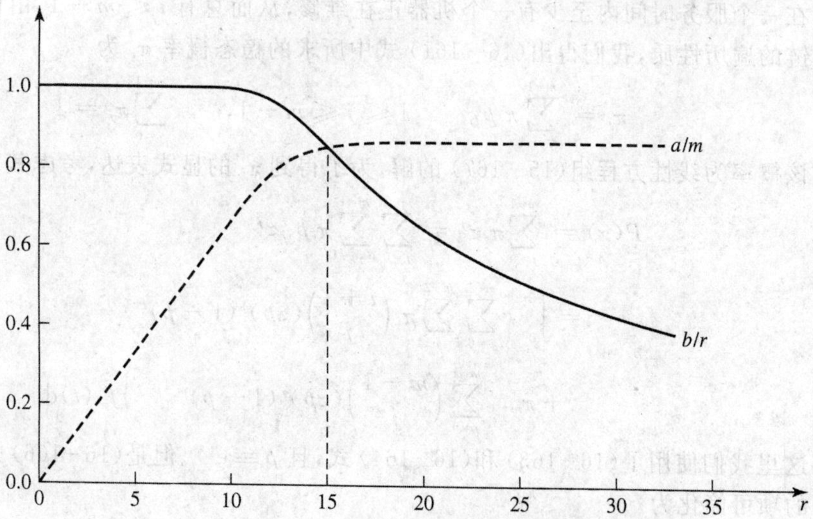

图 16-8．机器服务问题：修理工效率(b/r)和机器效率(a/m)，其中 $m=100$ 和 $\lambda/\mu=0.15$。

因而所研究的排队系统是 $M/G/1$ 型。

与 Palm 模型不同，Takacs 定义 $\boldsymbol{x}(t)$ 表示时刻 t 正在**工作的机器数**。由于过程 $\boldsymbol{x}(t)$ 在一般情况下是非马尔可夫的，Takacs 首先研究了嵌入式链，这样的链是通过观察正在维修的机器在中止工作前那一时刻正在工作的机器数而得到的。从而，如果 $t_1, t_2, \cdots, t_n, \cdots$ 表示相继服务时间段的结尾时刻，则 $\boldsymbol{x}_n = \boldsymbol{x}(t_n - 0)$ 表示一个嵌入式马尔可夫链，该链是非周期的，并且具有有限个状态 $j = 0, 1, 2, \cdots m-1$。注意，讨论恰在中止工作前，有 m 个正在工作的机器是没有意义的，这是由于机器的总数仅为 m，在观察时刻至少有一个仍在维修。由于 $t_1, t_2, \cdots$ 对应于一个常规队列中顾客的离开时刻，与例 15-14 和 15-24 相比，这里的方法与那些情形中的生成嵌入式马尔可夫链的方法十分相似。

为了计算极限概率 π_j，其中

$$\pi_j = \lim_{n\to\infty} P\{\boldsymbol{x}_n = j\} \qquad j = 0, 1, 2, \cdots, m-1 \tag{16-161}$$

定义 p_{ij} 为在前一次工作结束之前那一时刻，有 i 个机器正在工作的条件下，在当前工作结束之前那一时刻有 j 个机器正在工作的概率，即

$$p_{ij} = P\{\boldsymbol{x}_n = j \mid \boldsymbol{x}_{n-1} = i\} \tag{16-162}$$

为了计算这些转移概率，我们讨论如下：在一个机器的服务时间 t 期间，由(16-142)式知，一个机器处于工作状态的概率为 $p = P(\tau > t) = \mathrm{e}^{-\lambda t}$，其需要维修的概率为 $q = 1 - \mathrm{e}^{-\lambda t}$。在目前正维修的机器完成维修工作之后，系统中有 $i+1$ 个正在工作的机器，在目前服务时间 t 期间，它们中有 j 个工作的概率为二项式 $\binom{i+1}{j}\mathrm{e}^{-j\lambda t}(1-\mathrm{e}^{-\lambda t})^{i+1-j}$。由于服务持续时间 t 的概率密度为 $f_s(t)\mathrm{d}t$，我们有[53]

$$p_{ij} = \int_0^\infty \binom{i+1}{j}\mathrm{e}^{-j\lambda t}(1-\mathrm{e}^{-\lambda t})^{i+1-j} f_s(t)\mathrm{d}t \qquad i = 1, 2, \cdots, m-2 \qquad j \leqslant i+1 \tag{16-163}$$

$$p_{m-1,j} = p_{m-2,j} \qquad i = m-1 \tag{16-164}$$

在一个服务时间内至少有一个机器正在维修，从而总有 $i \leqslant m-1$。由该马尔可夫链的遍历性质，我们得出(16-161)式中所求的稳态概率 π_j 为

$$\pi_j = \sum_{i=j-1}^{m-1} \pi_i p_{ij} \qquad 1 \leqslant j \leqslant m-1, \qquad \sum_{j=0}^{m-1} \pi_j = 1 \tag{16-165}$$

该概率为线性方程组(15-167)的解。为了得到 π_j 的显式表达，考虑其矩生成函数

$$\begin{aligned} P(z) &= \sum_{j=0}^{m-1} \pi_j z^j = \sum_{j=0}^{m-1}\sum_{i=j-1}^{m-1} \pi_i p_{ij} z^j \\ &= \int_0^\infty \left\{ \sum_{j=0}^{m-1}\sum_{i=j-1}^{m-2} \pi_i \binom{i+1}{j}(zp)^j (1-p)^{i+1-j} \right. \\ &\qquad \left. + \pi_{m-1}\sum_{j=0}^{m-1}\binom{m-1}{j}(zp)^j(1-p)^{m-1-j} \right\} f_s(t)\mathrm{d}t \end{aligned} \tag{16-166}$$

这里我们使用了(16-163)和(16-164)式，且 $p \equiv \mathrm{e}^{-\lambda t}$。但是(16-166)式中括号内的项可简化为

$$\sum_{i=0}^{m-2} \pi_i \sum_{j=0}^{i+1} \binom{i+1}{j}(zp)^j(1-p)^{i+1-j} + \pi_{m-1}(1-p+zp)^{m-1}$$

$$= \sum_{i=0}^{m-2} \pi_i (1-p+zp)^{i+1} + \pi_{m-1}(1-p+zp)^{m-1}$$

$$= (1-p+zp)P(1-p+zp) - \pi_{m-1}(z-1)p(1-p+zp)^{m-1} \quad (16-167)$$

其中 $P(z)$ 如(16 - 166) 式所定义。将(16 - 167) 式代入(16 - 166) 式，我们得到

$$P(z) = \int_0^{\infty} [1+(z-1)\mathrm{e}^{-\lambda t}] P(1+(z-1)\mathrm{e}^{-\lambda t}) f_s(t)\mathrm{d}t - \pi_{m-1}(z-1)\int_0^{\infty} \mathrm{e}^{-\lambda t}[1+(z-1)\mathrm{e}^{-\lambda t}]^{m-1} f_s(t)\mathrm{d}t \quad (16-168)$$

设

$$P(z) \equiv \sum_{j=0}^{m-1} B_j (z-1)^j \quad (16-169)$$

其中 B_j 表示 π_j 的二项式矩，它们之间有如下关系

$$B_j = \sum_{i=j}^{m-1} \binom{i}{j} \pi_i \qquad \pi_j = \sum_{i=j}^{m-1} (-1)^{i-j} \binom{i}{j} B_i \quad (16-170)$$

注意 $B_0 = 1$ 和 $B_{m-1} = \pi_{m-1}$。利用(16 - 169) 式，我们得到

$$P(1+(z-1)\mathrm{e}^{-\lambda t}) = \sum_{j=0}^{m-1} B_j (z-1)^j \mathrm{e}^{-j\lambda t} \quad (16-171)$$

最后，将(16 - 171) 式代入(16 - 168) 式，我们得到

$$P(z) = \sum_{j=0}^{m-1} B_j [\phi_j (z-1)^j + \phi_{j+1}(z-1)^{j+1}] - \pi_{m-1} \sum_{j=0}^{m-1} \binom{m-1}{j} \phi_{j+1}(z-1)^{j+1} \quad (16-172)$$

其中常数

$$\phi_k \equiv \int_0^{\infty} f_s(t) \mathrm{e}^{-k\lambda t} \mathrm{d}t \quad (16-173)$$

表示服务时间分布的拉普拉斯变换在 $k\lambda$ 处的值。比较(16-169) 和(16-172) 式，我们得到

$$B_j(1-\phi_j) - B_{j-1}\phi_j = -\pi_{m-1}\binom{m-1}{j-1}\phi_j \qquad 1 \leqslant j \leqslant m-1 \quad (16-174)$$

由于 $B_{m-1} = \pi_{m-1}$，定义

$$\beta_j = \frac{B_j}{\pi_{m-1}} \qquad 0 \leqslant j \leqslant m-1 \quad (16-175)$$

则 $\beta_{m-1} = 1$ 并且(16 - 174) 式可以表示为

$$\beta_j = \frac{\phi_j}{1-\phi_j}\left[\beta_{j-1} - \binom{m-1}{j-1}\right] \equiv M_j[\beta_{j-1} - N_{j-1}] \qquad 1 \leqslant j \leqslant m-1 \quad (16-176)$$

其中 $M_j = \phi_j/(1-\phi_j)$ 和 $N_{j-1} = \binom{m-1}{j-1}$。迭代使用上式，我们得到

$$\beta_j = \left(\prod_{i=1}^{j} M_i\right)\beta_0 - \sum_{i=0}^{j-1}\left(\prod_{k=j-i}^{j} M_k\right) N_{j-i-1}$$

$$= C_j\left(\beta_0 - \sum_{i=0}^{j-1} \frac{N_{j-i-1}}{C_{j-i-1}}\right)$$

$$= C_j\left[\beta_0 - \sum_{k=0}^{j-1}\binom{m-1}{k}\frac{1}{C_k}\right] \tag{16-177}$$

其中我们定义

$$C_0 = 1 \qquad C_j = \prod_{k=1}^{j}\frac{\phi_k}{1-\phi_k} \qquad 1 \leqslant k \leqslant m-1 \tag{16-178}$$

(16-177) 式中的 $j = m-1$ 时，我们得到

$$\beta_0 = \frac{1}{C_{m-1}} + \sum_{k=0}^{m-2}\binom{m-1}{k}\frac{1}{C_k} = \sum_{k=0}^{m-1}\binom{m-1}{k}\frac{1}{C_k} \tag{16-179}$$

从而由(16-177) 式有

$$\beta_j = C_j\sum_{k=j}^{m-1}\binom{m-1}{k}\frac{1}{C_k} \tag{16-180}$$

(16-175) 式中 $j = 0$ 时有

$$\pi_{m-1} = \frac{B_0}{\beta_0} = \frac{1}{\sum_{k=0}^{m-1}\binom{m-1}{k}(1/C_k)} \tag{16-181}$$

最后，将(16-180) 和(16-181) 式代入(16-175) 式，我们得到

$$B_j = C_j\frac{\sum_{i=j}^{m-1}\binom{m-1}{i}(1/C_i)}{\sum_{i=0}^{m-1}\binom{m-1}{i}(1/C_i)} \qquad 0 \leqslant j \leqslant m-1 \tag{16-182}$$

将(16-181) 式代入(16-170) 式，恰在一个服务结束前有 k 个机器处于工作状态，这一期望的稳态概率 π_k 简化为

$$\pi_k = \frac{\sum_{j=k}^{m-1}(-1)^{j-k}\binom{j}{k}C_j\sum_{i=j}^{m-1}\binom{m-1}{i}(1/C_i)}{\sum_{i=0}^{m-1}\binom{m-1}{i}(1/C_i)} \qquad 0 \leqslant k \leqslant m-1 \tag{16-183}$$

特别是如果服务时间服从指数分布，则

$$f_s(t) = \mu e^{-\mu t} \qquad t \geqslant 0$$

$$\phi_j = \frac{\mu}{\mu + j\lambda} \qquad C_j = \frac{(\mu/\lambda)^j}{j\,!}$$

于是(16-183) 式简化为

$$\pi_k = \frac{\dfrac{(\mu/\lambda)^k}{k\,!}}{\sum\limits_{j=0}^{m-1}\dfrac{(\mu/\lambda)^j}{j\,!}} \qquad 0 \leqslant k \leqslant m-1 \tag{16-184}$$

将(16-163) 和(16-164) 式中的 p_{ij} 用转移概率 r_{ij} 替换，同时将(16-163) 式中的 $f_s(t)$ 用剩余服务时间分布 $P\{s > t\} = [1 - F_s(t)]$ 替换，可以类似地推导出绝对概率

$$p_j = \lim_{t\to\infty} P\{\boldsymbol{x}(t) = j\} \qquad j = 0, 1, \cdots, m \tag{16-185}$$

这给出了[35,48]

$$p_n = \frac{m\pi_{n-1}}{n(\pi_{n-1} + m\lambda/\mu)} \qquad n = 1,2,\cdots,m \tag{16-186}$$

$$p_0 = 1 - \sum_{n=1}^{m} p_n \tag{16-187}$$

◀

上述非马尔可夫队列假定了有限输入源模型。下面，我们研究一般的 $M/G/1$ 和 $GI/M/1$ 型非马尔可夫队列，其中服务时间和到达时间间隔都不具有无记忆性。于是，表示系统状态的过程 $\boldsymbol{x}(t)$ 将不再是马尔可夫的；然而，通过研究恰在每个离开时刻 t_n 之后（或恰在每个到达时刻 t_n 之前）产生的离散时间过程，可以提取出一个嵌入式马尔可夫链 $\boldsymbol{x}_n = \boldsymbol{x}(t_n + 0)$（或 $\boldsymbol{x}_n = \boldsymbol{x}(t_n - 0)$）其稳态行为可以利用第15章的方法来研究。Khinchin 已经证明：当该链的稳态概率存在时，它们表示非马尔可夫过程在任意时刻的稳态行为［见(15-35)式］[40]。

有趣的是，Takacs 的方法可用来分析电话业务中的广义埃尔朗模型，其中输入到达不再是泊松分布，而是服从任意分布。

$GI/M/r/r$ 队列（广义埃尔朗模型） ▶ 设输入过程的到达时间间隔是独立的随机变量，它们有共同的分布 $A(\tau)$ 和均值 $1/\lambda$。系统中共有 r 个服务台，其服务时间假定均服从参数为 μ 的独立指数分布。同时假设系统无等候空间，如果一个到达顾客发现所有通道均繁忙，它会离开系统（呼叫丢失）。因而，系统的可能状态为 $e_0, e_1, e_2, \cdots, e_r$，并令 $\boldsymbol{x}(t)$ 表示时刻 t 繁忙通道的数目。如果 $t_1, t_2, \cdots, t_n, \cdots$ 表示呼叫到达时刻，则 $\boldsymbol{x}_n = \boldsymbol{x}(t_n - 0)$ 表示恰在第 n 个到达之前繁忙通道的数目，

$$\pi_j = \lim_{n\to\infty} P\{\boldsymbol{x}_n = j\} \qquad j = 0,1,2,\cdots,r \tag{16-188}$$

为它们的极限概率。这种情况下，根据(16-163)式中计算转移概率 p_{ij} 的讨论，那里 p_{ij} 是假定上一个到达之间有 i 个繁忙通道的条件下，而在新到达之前有 j 个繁忙通道（其概率分别为 $p = \mathrm{e}^{-\mu t}$）的概率。我们得到（这里服务期被服从分布 $A(t)$ 的到达时间间隔 t 替换）

$$p_{ij} = \int_0^\infty \binom{i+1}{j} \mathrm{e}^{-j\mu t}(1 - \mathrm{e}^{-\mu t})^{i+1-j}\,\mathrm{d}A(t) \qquad i = 0,1,2,\cdots,r-1 \qquad j \leqslant i+1 \tag{16-189}$$

对 $i = r$，我们有

$$p_{r,j} = p_{r-1,j} \tag{16-190}$$

类似于(16-164)－(16-182)式的推导，只不过用 r 替换 $m-1$，我们发现在下一个到达之前有 n 个通道被占用的概率等于

$$\pi_n = \frac{\sum_{j=n}^{r}(-1)^{j-n}\binom{j}{n}C_j\sum_{i=j}^{r}\binom{r}{i}(1/C_i)}{\sum_{i=0}^{r}\binom{r}{i}(1/C_i)} \qquad n = 0,1,2,\cdots,r \tag{16-191}$$

其中

$$C_0 = 1 \qquad C_j = \prod_{k=1}^{j}\frac{\Psi_k}{1-\Psi_k} \tag{16-192}$$

并且

$$\Psi_k = \int_0^{\infty} \mathrm{e}^{-k\mu\tau} \mathrm{d}A(\tau) \tag{16-193}$$

表示到达时间间隔分布 $A(\tau)$ 的拉普拉斯变换在 $k\mu$ 处的值。注意，(16-191) 式中的 π_r 表示一个 $GI/M/r/r$ **队列的呼叫阻塞概率**，它是(16-128) 式中对于任意到达时间间隔分布 $A(\tau)$ 的推广形式。特别是如果假定到达时间间隔的分布也是服从参数为 λ 的指数分布，则(16-191) 式中的 π_n 简化为(16-128) 式中的埃尔朗第一公式。◀

16.3.3 具有泊松输入和普通服务的单服务台队列

M/G/1 队列 ▶ 具有齐次泊松到达输入、独立同分布的服务时间的单服务台队列称为 $M/G/1$ 队列。设 $B(\tau)$ 表示这种情况下的服务时间分布。

实际上，例 15-4，15-14 和 15-24 详细讨论了 $M/G/1$ 队列。由这些例子知道，$\boldsymbol{x}_n$ 表示在第 n 个顾客离开之后等候服务的顾客数，而 $\boldsymbol{y}_n$ 表示在第 n 个顾客的服务期间到达的顾客数。这些量的关系如(15-32) 式所示，并且相应的马尔可夫链的转移矩阵由(15-34) 式给出，其中

$$P\{\boldsymbol{y}_n = k\} = a_k \tag{16-194}$$

表示任一顾客的服务期间到达 k 个顾客的概率。设

$$q_j = \lim_{n\to\infty} P\{\boldsymbol{x}_n = j\} \qquad j = 0,1,2,\cdots \tag{16-195}$$

表示马尔可夫链 $\{\boldsymbol{x}_n\}$ 的稳态概率。若该链是遍历的，这些概率满足(15-167) 式并且它们的特征函数为[见(15-211) ～ (15-215) 式]

$$Q(z) = \sum_{k=0}^{\infty} q_k z^k = \frac{(1-\rho)(1-z)A(z)}{A(z)-z} \qquad \rho < 1 \tag{16-196}$$

其中

$$A(z) = \sum_{k=0}^{\infty} P\{\boldsymbol{y}_n = k\} z^k = \sum_{k=0}^{\infty} a_k z^k \tag{16-197}$$

$$\rho = A'(1) = E\{\boldsymbol{y}_n\} \tag{16-198}$$

表示每一个服务期间的平均到达顾客数。

有趣的是，我们可以利用定理 15-9 研究：什么条件下 $Q(z)$ 定义了一个适当概率生成函数，从而使得马尔可夫链 $\{\boldsymbol{x}_n\}$ 是遍历的。由定理 15-9 知，若(16-198) 式中的均值 $\rho = A'(1) \leqslant 1$，则在区间 $0 \leqslant z \leqslant 1$，方程 $A(z) = z$ 仅有一个根 $z = 1$。于是

$$A(z) - z = (1-z)B(z) \tag{16-199}$$

$$Q(z) = (1-\rho)\frac{A(z)}{B(z)} \tag{16-200}$$

如果 $Q(z)$ 表示一个概率生成函数，则它在 $|z| \leqslant 1$ 必是解析的，或者 $B(z)$ 在单位圆内无零点。为证明这一点，由(16-199) 式知

$$B(z) = \frac{A(z)-z}{1-z} = 1 - \frac{1-A(z)}{1-z} = 1 - C(z) \tag{16-201}$$

其中

$$C(z)=\frac{1-A(z)}{1-z}\equiv\sum_{k=0}^{\infty}c_kz^k \tag{16-202}$$

注意，$c_0=1-a_0>0$，$-a_k=c_k-c_{k-1}$，$k\geqslant 1$，从而 $c_n=1-\sum_{k=1}^{n}a_k\geqslant 0$ 和 $c_n\to 0$，这是因为 $\sum_{k=0}^{\infty}a_k=1$，$a_k\geqslant 0$。进一步，$C(1)=\sum_{k=0}^{\infty}c_k=A'(1)=\rho<1$，从而在单位圆内有 $|C(z)|\leqslant\rho<1$。由(16-201)和(16-202)式知，当 $\rho<1$ 时，实际上，函数 $B(z)=1-C(z)$ 在单位圆内无零点[儒歇(Rouche)定理；也见习题16-8的提示。令 $f(z)\equiv 1$ 和 $g(z)=-C(z)$]，并且(16-200)式中的 $Q(z)$ 在 $|z|\leqslant 1$ 内是解析的，其中 $q_k\geqslant 0$。由于 $\sum_{k=0}^{\infty}q_k=1$，只要 $\rho=A'(1)<1$，(16-196)式中 $Q(z)$ 的表示一个概率生成函数。在这种情况下，由(16-200)～(16-202)式，我们得到

$$Q(z)=(1-\rho)A(z)\sum_{m=0}^{\infty}C^m(z)$$

如果我们设

$$C^m(z)\equiv\sum_{k=0}^{\infty}c_k^{(m)}z^k$$

那么我们得到一般单服务台队列(在嵌入式马尔可夫链的假设下)的稳态概率为

$$q_n=(1-\rho)\sum_{m=0}^{\infty}\sum_{k=0}^{n}a_kc_{n-k}^{(m)} \tag{16-203}$$

其中

$$c_0=1-a_0\qquad c_n=1-\sum_{k=1}^{n}a_k \tag{16-204}$$

这里，序列 $\{c_k^{(m)}\}$ 表示序列 $\{c_k\}$ 的 m 重卷积。

特别是如果输入到达是速率为 λ 的泊松过程，则[见(15-218)式]

$$a_k=P\{\boldsymbol{y}_n=k\}=\int_0^{\infty}\mathrm{e}^{-\lambda\tau}\frac{(\lambda\tau)^k}{k!}\mathrm{d}B(\tau) \tag{16-205}$$

由(15-219)式得，$A(z)=\Phi_s(\lambda(1-z))$，其中 $\Phi_s(s)$ 表示服务时间分布 $B(\tau)$ 的拉普拉斯变换。将它代入(16-196)式，我们得到著名的 **Pollaczek-Khinchin** 公式

$$Q(z)=\frac{(1-\rho)(1-z)\Phi_s(\lambda(1-z))}{\Phi_s(\lambda(1-z))-z} \tag{16-206}$$

上式就是 $M/G/1$ 队列的稳态概率 $\{q_j\}$ 的特征函数，它在条件 $\rho<1$ 下存在。

等候时间分布　我们可以利用(16-206)式来得到一个 $M/G/1$ 队列中的等候时间随机变量 $\boldsymbol{w}$ 的极限分布。设 $F_w(t)$ 表示长期的等候时间分布而 $\Psi_w(s)$ 为其拉普拉斯变换。在一个顾客离开时刻 $t=t_n$ 剩下 $\boldsymbol{x}_n$ 个顾客，它们一定是在该离开顾客花费的总时间内到达的(等候时间加服务时间)。于是，若 $\boldsymbol{s}$ 表示这个要离开的顾客的服务时间，则我们也有[51]

$$q_j=P\{\boldsymbol{x}_n=j\}=\int_0^{\infty}\mathrm{e}^{-\lambda t}\frac{(\lambda t)^j}{j!}P\{\boldsymbol{w}+\boldsymbol{s}\leqslant t\}\mathrm{d}t$$

于是

$$Q(z)=\sum_{j=0}^{\infty}q_jz^j=\int_0^{\infty}e^{-(1-z)\lambda t}P\{\boldsymbol{w}+\boldsymbol{s}\leqslant t\}dt \tag{16-207}$$
$$=\Phi_s((1-z)\lambda)\Psi_w((1-z)\lambda)$$

由(16-206)和(16-207)式,我们得到

$$\Psi_w((1-z)\lambda)=\frac{(1-\rho)(1-z)}{\Phi_s((1-z)\lambda)-z} \tag{16-208}$$

或等候时间分布的拉普拉斯变换为[(16-208)式中的$(1-z)\lambda$用s替换]

$$\Psi_w(s)=\frac{(1-\rho)s}{s-\lambda+\lambda\Phi_s(s)} \tag{16-209}$$

利用关系式$\rho=A'(1)=-\lambda\Phi'_s(0)=\lambda E\{\boldsymbol{s}\}$,并且由(16-209)式知,一个$M/G/1$队列的平均等候时间等于

$$E\{\boldsymbol{w}\}=-\Psi'_w(0)=\frac{\lambda E\{\boldsymbol{s}^2\}}{2(1-\rho)}=\frac{\lambda^2\mathrm{Var}\{\boldsymbol{s}\}+\rho^2}{2\lambda(1-\rho)} \tag{16-210}$$

由(16-207)式知,队列长度的均值为

$$L=Q'(1)=\rho-\lambda\Psi'_w(0)=\rho+\frac{\lambda^2E\{\boldsymbol{s}^2\}}{2(1-\rho)}=\rho+\frac{\lambda^2\mathrm{Var}\{\boldsymbol{s}\}+\rho^2}{2(1-\rho)} \tag{16-211}$$

(16-210)和(16-211)式意味着:对于给定的平均到达和服务时间,通过降低服务时间的方差,我们可以降低队列长度的期望值和等候时间的期望值。从而可知,在这种意义上常数服务时间($M/D/1$)队列是最优的。 ◀

例16-7和16-8给出了两种特殊的$M/G/1$队列:$M/E_m/1$和$M/D/1$。

例16-7　$M/E_m/1$队列

在这种情况下,服务时间服从埃尔朗m分布,概率密度函数如(16-76)式所示(用m代替n),由那儿的讨论可知,服务时间由m个项目的服务时间构成,每个项目的服务时间服从指数分布并且相互独立,其参数均为$m\mu$。因而,一个顾客进入服务台接受第一项服务,他将按顺序接受其余各项目的服务并且在下一个顾客被允许进入第一个服务项目之前他已经结束了最后一个服务项目。在这种情形下,我们有

$$\Phi_s(u)=\int_0^{\infty}e^{-u\tau}dB(\tau)=\left(\frac{\mu m}{u+\mu m}\right)^m \tag{16-212}$$

$$A(z)=\Phi_s(\lambda(1-z))=\frac{1}{(1+\rho(1-z)/m)^m} \tag{16-213}$$

其中

$$\rho=A'(1)=-\lambda\Phi'_s(0)=\lambda E\{\boldsymbol{s}\}=\frac{\lambda}{\mu}$$

将(16-213)式代入(16-206)式,我们得到

$$Q(z)=\frac{(1-\rho)(1-z)}{1-z(1+\rho(1-z)/m)^m} \tag{16-214}$$

由上式可以确定队列的稳态概率$\{q_j\}$以及它的均值和方差。注意,$m=1$时就是$M/M/1$队列。

例16-8　$M/D/1$队列

在这种情况下,服务时间有恒定的持续时间,它可看作埃尔朗m分布的一个特例,即在(4-

37) 式中令 $\lambda = m\mu$，当 $m \to \infty$，分布趋于集中到 $t = 1/\mu$，即

$$F_x(t) = \begin{cases} 1 & t > 1/\mu \\ 0 & \text{其它} \end{cases} \tag{16-215}$$

则服务时间有恒定持续时间 $1/\mu$。由(16-213)式知，对于常数服务时间，我们得到($m \to \infty$)

$$\Phi_s(\lambda(1-z)) \to e^{-\rho(1-z)} \tag{16-216}$$

从而

$$\begin{aligned} Q(z) &= \frac{(1-\rho)(1-z)}{1-ze^{\rho(1-z)}} = (1-\rho)(1-z)\sum_{k=0}^{\infty} z^k e^{k\rho} e^{-k\rho z} \\ &= (1-\rho)(1-z)\sum_{k=0}^{\infty} z^k e^{k\rho} \sum_{j=0}^{\infty} \frac{(-k\rho z)^j}{j!} \\ &= (1-\rho)(1-z)\sum_{n=0}^{\infty}\sum_{k=0}^{n} e^{k\rho} \frac{(-k\rho)^{n-k}}{(n-k)!} z^n \end{aligned} \tag{16-217}$$

这意味着稳态概率是

$$q_0 = 1-\rho$$

$$q_n = (1-\rho)\left(e^{n\rho} + \sum_{k=1}^{n-1}(-1)^{n-k} e^{k\rho} \frac{(k\rho)^{n-k-1}}{(n-k)!}[n-k(1-\rho)]\right) \qquad n \geqslant 1 \tag{16-218}$$

下面，我们研究 $M/G/1$ 型队列的忙期分布。

$M/G/1$ 队列的忙期分布(Kendall, Takacs)　一个忙期开始于一个顾客接受服务的时刻(一个空闲期的结束时刻)，终止于在不间断服务运行期间形成的队列的最后一个顾客结束服务的时刻并且该时刻之后并没有立即到达新的顾客(见图 16-9)。因而，忙期对应于不间断服务的持续时间。可以认为忙期的持续时间包括第 1 个顾客的服务持续时间，以及在第 1 个服务期间到达的后继顾客的忙期持续时间。

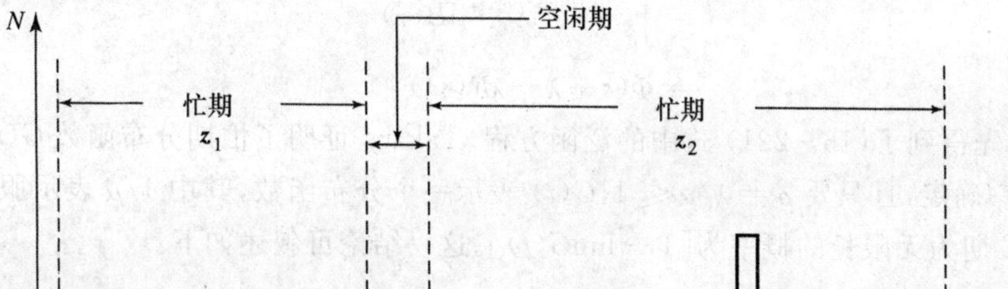

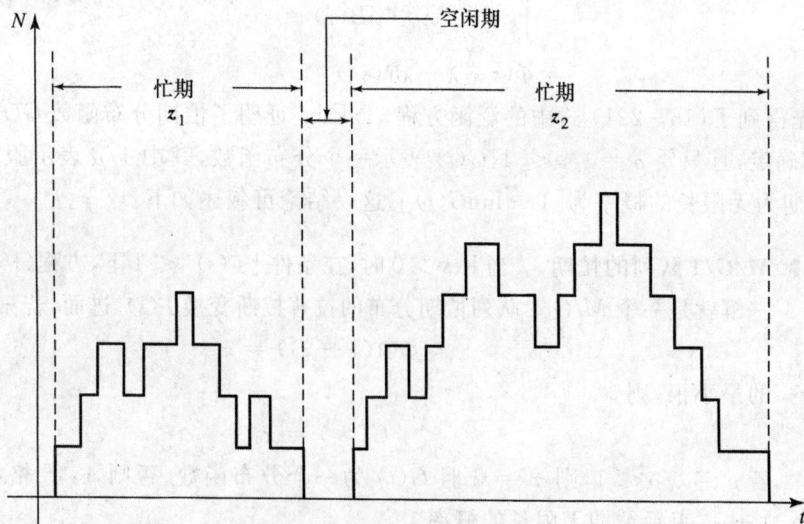

图 16-9　一个队列中的繁忙期

如图 16-9 所示，设 $z_1, z_2, z_3, \cdots, z_n, \cdots$ 表示独立同分布的忙期持续时间并且共同的概率分布为 $G(t) = P(z_n \leqslant t)$，对于一个具有参数为 λ 的泊松输入和任意服务时间分布 $B(\tau)$ 的单通道 $M/G/1$ 队列。如果第一个顾客的服务时间持续 $\tau(0 < \tau \leqslant t)$(事件 1)并且在该 τ 时间段内

到来的顾客的服务时间均不超过剩余时间 $t-\tau$(事件 2),则忙期的长度 z 不超过 t。第一个顾客的服务时间持续 τ 的概率为 $B(\tau)$,为了得到第二个事件的概率,我们有如下结论:在初始顾客的服务时间 τ 内到达 n 个顾客的概率为

$$\frac{(\lambda\tau)^n}{n!}e^{-\lambda\tau} \qquad n=0,1,2,\cdots \tag{16-219}$$

注意,到达顾客以何种顺序接受服务与忙期计算是无关的。它只会影响顾客而不改变忙期的分布函数。于是假定初始顾客结束服务后,这些新到达的 n 个顾客中的第一个立即接受服务并且若在其服务期间再有到达顾客,它们都优先接受服务。当与第一个顾客相关的顾客结束服务后(这对应于一个忙期),剩余 $n-1$ 个顾客中的另一个将接受服务。从而,忙期的后面部分$(t-\tau)$为 n 个独立忙期的和,每一个的分布均为 $G(x)$,并且它们的累计分布 $G_n(x)$ 为 $G(x)$ 的 n 重卷积。于是,n 个顾客(它们是在初始顾客服务期间到达的)的服务时间不超过 $t-\tau$ 的概率为 $G_n(t-\tau)$。从而

$$G(t)=\int_0^\infty \sum_{n=0}^{\infty}\frac{(\lambda\tau)^n}{n!}e^{-\lambda\tau}G_n(t-\tau)\mathrm{d}B(\tau) \tag{16-220}$$

为简化上式,设

$$\Gamma(s)=\int_0^\infty e^{-st}\,\mathrm{d}G(t) \qquad \Phi(s)=\int_0^\infty e^{-st}\,\mathrm{d}B(t)$$

分别表示未知忙期分布 $G(t)$ 和服务时间分布 $B(t)$ 的拉普拉斯变换。则 $\Gamma^n(s)$ 表示 n 重卷积 $G_n(x)$ 的拉普拉斯变换,(16-220) 式的拉普拉斯变换为

$$\begin{aligned}\Gamma(s)&=\sum_{n=0}^{\infty}\frac{(\lambda\Gamma(s))^n}{n!}\int_0^\infty \tau^n e^{-(s+\lambda)\tau}\mathrm{d}B(\tau)\\&=\int_0^\infty e^{-[s+\lambda-\lambda\Gamma(s)]\tau}\mathrm{d}B(\tau)\\&=\Phi(s+\lambda-\lambda\Gamma(s))\end{aligned} \tag{16-221}$$

Kendall 首先得到了(16-221) 式中的泛函方程。Takacs 证明了忙期分布函数 $G(t)$ 可由(16-221) 式惟一确定,且只要 $\rho=\lambda/\mu\leqslant 1$,$G(t)$ 表示一个分布函数,其中 $1/\mu$ 表示服务时间的均值。否则,忙期为无限长的概率为$[1-\lim\limits_{t\to\infty}G(t)]$。这一结论可叙述如下:

定理 16-2 ▶ *M/G/1* 队列的忙期 当 $\mathrm{Re}s>0$ 时,在条件 $|\Gamma(s)|\leqslant 1$ 下,方程(16-221) 的惟一解就是一个 $M/G/1$ 队列忙期分布的拉普拉斯变换 $\Gamma(s)$。进而,若 π_0 表示方程

$$\Phi(\lambda(1-z))=z \tag{16-222}$$

的最小根,则

$$G(\infty)=\pi_0 \tag{16-223}$$

若 $\rho=\lambda/\mu\leqslant 1$,则 $\pi_0=1$ 且 $G(t)$ 为一个分布函数。否则,π_0 严格小于 1 并且 $1-\pi_0$ 表示忙期无限长的概率。

证 如果 $G(t)$ 是一个概率分布函数,则对 $\mathrm{Re}s>0$,$|\Gamma(s)|\leqslant 1$ 和 $\Gamma(0)=1$。设 $z=\Gamma(s)$,于是(16-221) 式变为

$$z=\Phi(s+\lambda(1-z)) \tag{16-224}$$

从而当 $\mathrm{Re}s>0$ 时,有 $|z|<1$。注意,对每一个正实数 s,方程(16-224) 有一个正解 $\pi_0(s)$,其上界为 1(见图 16-10(b))。由于当 $\mathrm{Re}s>0$ 时,$\Phi(s)$ 是正的且连

续，则(16－224)式的两边相交于点 $\pi_0(s)<1$。由于 $\Phi(s)$ 是一个凸函数(图 16－10(a)，该根也是惟一的。于是，正实半轴上的 $\Gamma(s)=\pi_0(s)$ 被惟一确定。利用解析连续性，$\Gamma(s)$ 可惟一扩展到整个右半平面。

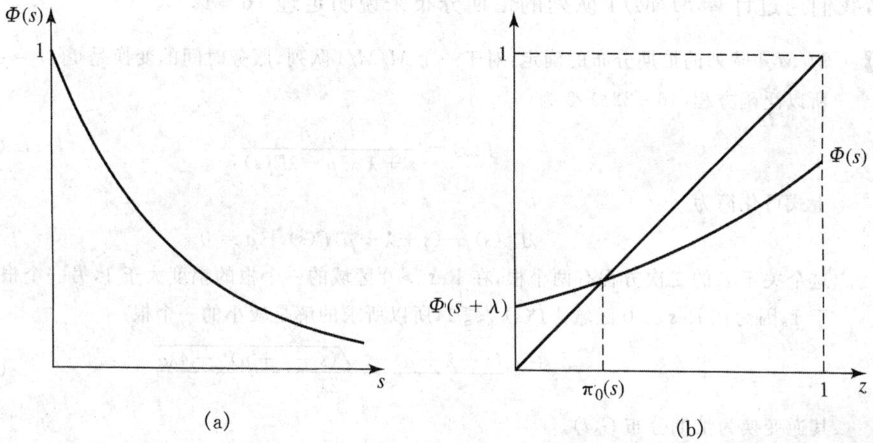

图 16－10　繁忙期分布 $\Gamma(s)=\pi_0(s)$

当 $s\to 0$ 时，函数 $\Phi(s+\lambda(1-z))$ 在 $z=0$ 处趋于 $\Phi(\lambda)<1$，并且它在 $z=1$ 处等于 1。这种情况见图 15－10，根据 $\Phi'(\lambda(1-z))\Big|_{z=1}=-\lambda\Phi'(0)=\lambda/\mu=\rho$ 值的不同，有两种情况需加以区分。如果 $\rho\leqslant 1$，这种情形对应于图 15－10(a)，$z=1$ 是方程

$$z=\Phi(\lambda(1-z)) \tag{16-225}$$

仅有的解。然而，如果 $\rho>1$，方程的解对应于图 15－10(b)，从图中可见 $\pi_0<1$ 是方程(16－225)的惟一的最小根。因而

$$\lim_{s\to 0}\pi_0(s)=\pi_0=\lim_{s\to 0}\Gamma(s)=\Gamma(0)=G(\infty)$$

于是，忙期 z_n 无穷长的概率为

$$P\{z_n=\infty\}=1-P\{z_n\leqslant\infty\}=1-G(\infty)=1-\pi_0 \tag{16-226}$$

总之，若 $\rho\leqslant 1$，一个 $M/G/1$ 队列的忙期总要以概率 1 终止。否则，它们将以(16－226)式所给的概率爆炸。定理证毕。◀

由(16－221)式知，忙期分布的均值简化为

$$E\{z\}=\int_0^\infty t\mathrm{d}G(t)=-\Gamma'(0)=\frac{E\{s\}}{1-\lambda E\{s\}}=\frac{1/\mu}{1-\lambda/\mu}=\frac{1}{\mu-\lambda}$$

其中 $E\{s\}=-\Phi'(0)=1/\mu$，设 $\rho=\lambda/\mu$ 我们也可得到

$$E\{z^2\}=\frac{E\{s^2\}}{(1-\rho)^3}$$

这给出了忙期时间分布的方差是

$$\operatorname{Var}\{z\}=\frac{\operatorname{Var}\{s\}+\rho(E\{s\})^2}{(1-\rho)^3} \tag{16-227}$$

并且对于给定的平均到达和服务时间，$M/D/1$ 队列再次达到了最小的忙期时间分布方差[也

见(16－210) 和(16－211) 式]。

Takacs 还得到了 $M/G/1$ 队列的等候时间分布，在 t 时刻到达顾客等待时间 $\{\boldsymbol{w}(t) \leqslant w\}$ 的概率 $P(w,t)$ 以及涉及到服务时间分布 $B(t)$ 的含有积分和微分的方程。

下面，我们通过计算 $M/M/1$ 队列的忙期分布来说明定理 16－1。

【例 16－9】 $M/M/1$ 队列的忙期分布的确定：对于一个 $M/M/1$ 队列，服务时间的变换是 $\Phi(s)=\mu/(s+\mu)$，所以泛函方程(16－221) 变为

$$\Gamma(s)=\frac{\mu}{s+\lambda+\mu-\lambda\Gamma(s)} \tag{16-228}$$

上式可化简为

$$\lambda\Gamma^2(s)-(s+\lambda+\mu)\Gamma(s)+\mu=0$$

这个关于 Γ 的二次方程有两个根，在 $\mathrm{Re}s>0$ 区域的一个根的幅度大于 1，另一个根的幅度小于 1。因为在 $\mathrm{Re}s>0$ 区域 $|\Gamma(s)|\leqslant 1$，所以所求的解是较小的一个根

$$\Gamma(s)=\frac{(s+\lambda+\mu)-\sqrt{(s+\lambda+\mu)^2-4\lambda\mu}}{2\lambda} \tag{16-229}$$

其逆变换为忙期分布 $G(t)$。

若 $\rho=\lambda/\mu>1$，在这种情况下，(16－225) 式的惟一最小根是[(16－229) 式中的 $s=0$]

$$\pi_0=\frac{\mu}{\lambda}<1$$

由(16－226) 式可知，当负载因子 ρ 大于 1 时，$M/M/1$ 队列成为一个永不停止的队列的概率是 $1-\mu/\lambda$。

忙期接受服务顾客数的分布 一个忙期开始于到达便立即接受服务的单个顾客，设 $\boldsymbol{y}_1$ 表示在第一个顾客接受服务期间到达的顾客数，$\boldsymbol{y}_2$ 表示在这 $\boldsymbol{y}_1$ 个顾客的服务期间到达的顾客数，等等。则

$$\boldsymbol{s}_n=1+\boldsymbol{y}_1+\boldsymbol{y}_2+\cdots+\boldsymbol{y}_n \tag{16-230}$$

我们有

$$\lim_{n\to\infty}P\{\boldsymbol{s}_n=k\}\equiv h_k \qquad k\geqslant 0 \tag{16-231}$$

表示任一忙期内接受服务顾客总数的极限分布。进一步设

$$H(z)=\sum_{k=0}^{\infty}h_k z^k \tag{16-232}$$

表示相应的矩生成函数。由 15－6 节和定理 15－10 知，这种情形等价于一个群体中所演化的后代总数的分布，(16－232) 式的 $H(z)$ 满足(15－322) 式的泛函方程，在这种情况下，它变为

$$H(z)=zA(H(z))=z\Phi(\lambda-\lambda H(z)) \qquad 0<z<1 \tag{16-233}$$

这里 $A(z)=\sum\limits_{k=0}^{\infty}P\{y_n=k\}z^k$ 表示如(16－197) 式所示的每个服务期间到达顾客数这一随机变量的矩生成函数，$\Phi(s)$ 表示 $M/G/1$ 队列中的服务时间分布的拉普拉斯变换。由定理 15－10 知，(16－233) 式的解为方程

$$x=z\Phi(\lambda(1-x)) \tag{16-234}$$

的惟一根 $x(z)$，于是 $H(z)=x(z)\leqslant\pi_0$，其中 π_0 是方程

$$x=\Phi(\lambda(1-x)) \tag{16-235}$$

的最小正根并且 $H(1)=\sum_{k=0}^{\infty}h_k=\pi_0\leqslant 1$。由定理 15－10 知，如果 $\rho\leqslant 1$，则 $H(1)=1$ 并且

$H(z)$ 表示一个矩生成函数。然而，若 $\rho > 1$，则 $\pi_0 < 1$ 并且

$$\lim_{n\to\infty} P\{\boldsymbol{s}_n = \infty\} = 1 - \pi_0 \tag{16-236}$$

【例 16-10】 回到例 16-9 中的 $M/M/1$ 队列，忙期内服务的顾客数的矩生成函数满足方程

$$\lambda H^2(z) - (\lambda+\mu)H(z) + \mu z = 0$$

这里 $|z| < 1$ 时 $|H(z)| \leqslant 1$，方程有惟一解

$$\begin{aligned} H(z) &= \frac{(\lambda+\mu) - \sqrt{(\lambda+\mu)^2 - 4\lambda\mu z}}{2\lambda} \\ &= \frac{(\lambda+\mu)}{2\lambda}\sum_{k=1}^{\infty}(-1)^{k-1}\binom{1/2}{k}\left(\frac{4\lambda\mu}{(\lambda+\mu)^2}\right)^k z^k \\ &= \frac{(\lambda+\mu)}{2\lambda}\sum_{k=1}^{\infty}\binom{2k}{k}2^{-2k}\left(\frac{4\lambda\mu}{(\lambda+\mu)^2}\right)^k z^k \\ &\approx \frac{(\lambda+\mu)}{2\lambda}\sum_{k=1}^{\infty}\frac{1}{\sqrt{\pi k}}\left(\frac{4\lambda\mu}{(\lambda+\mu)^2}\right)^k z^k \end{aligned} \tag{16-237}$$

于是

$$h_k \approx \frac{(\mu+\lambda)}{2\lambda\sqrt{\pi k}}\left(\frac{4\lambda\mu}{(\lambda+\mu)^2}\right)^k = \frac{(1+\rho)}{2\rho\sqrt{\pi k}}\left(\frac{4\rho}{(1+\rho)^2}\right)^k \qquad k \geqslant 1$$

表示 $M/M/1$ 队列在忙期内服务 k 个顾客的概率。如果 $\rho \leqslant 1$，则 $\sum_{k=0}^{\infty} h_k = 1$。而如果 $\rho > 1$，它等于 $1/\rho < 1$。在这种情况下，由(16-237)式可知，$(1-1/\rho) < 1$ 表示忙期内服务的顾客数为无限大的概率。

16.3.4　一般输入和指数服务

$GI/M/1$ 队列 ▶ 具有任意到达时间间隔分布 $A(\tau)$ 和参数为 μ 的指数服务时间的单服务台队列就是一个 $GI/M/1$ 队列。与 $M/G/1$ 队列相比，由于这里指数分布和任意分布的作用颠倒了，设 $\boldsymbol{t}_1, \boldsymbol{t}_2, \cdots, \boldsymbol{t}_n \cdots$ 表示顾客的到达时刻(而不是离开时刻)，定义 $\boldsymbol{x}_n = \boldsymbol{x}(\boldsymbol{t}_n - 0)$ 表示在第 n 个顾客刚刚到达之前，系统中的顾客数。进一步，设 $\boldsymbol{z}_n$ 表示在第 n 个和第 $(n+1)$ 个顾客的到达间隔时间 $(\boldsymbol{t}_n, \boldsymbol{t}_{n+1})$ 内服务的顾客数。则如(15-32)式所示，如果 $\boldsymbol{x}_n \geqslant 0$

$$\boldsymbol{x}_{n+1} = \boldsymbol{x}_n + 1 - \boldsymbol{z}_n \tag{16-238}$$

并且 $\boldsymbol{z}_n \leqslant \boldsymbol{x}_n + 1$。序列 $\{\boldsymbol{x}_n\}$ 表示一个马尔可夫链并且转移概率 $p_{ij} = P\{\boldsymbol{x}_{n+1} = j \mid \boldsymbol{x}_n = i\}$ 是

$$p_{ij} = \begin{cases} P\{\boldsymbol{z}_n = i-j+1\} = b_{i-j+1} & i+1 \geqslant j \geqslant 1 \quad i \geqslant 0 \\ 0 & j > i+1 \end{cases} \tag{16-239}$$

其中

$$P\{\boldsymbol{z}_n = j\} = b_j \qquad j = 0,1,2,\cdots \tag{16-240}$$

表示在第 n 个和 $(n+1)$ 个顾客到达时间间隔 τ 内有 j 个顾客接受服务的概率。由于 τ 的分布是 $A(\tau)$ 并且服务时间是指数分布，类似(15-218)式的推导，我们得到

$$P\{\boldsymbol{z}_n = j\} = b_j = \int_0^{\infty} \mathrm{e}^{-\mu\tau}\frac{(\mu\tau)^j}{j!}\mathrm{d}A(\tau) \tag{16-241}$$

这表明随机变量 z_n 的矩生成函数是

$$\begin{aligned} B(z) &= \sum_{j=0}^{\infty} b_j z^j = \int_0^{\infty} \sum_{j=0}^{\infty} \frac{(z\mu\tau)^j}{j\,!} \mathrm{e}^{-\mu\tau} \mathrm{d}A(\tau) \\ &= \int_0^{\infty} \mathrm{e}^{-\mu(1-z)\tau} \mathrm{d}A(\tau) = \Psi_A(\mu(1-z)) \end{aligned} \tag{16-242}$$

其中 $\Psi_A(s)$ 表示到达时间间隔分布 $A(\tau)$ 的拉普拉斯变换。

由于(16-239)式仅对 $j \geqslant 1$ 成立，为了得到 $p_{i,0}$，我们可以利用恒等式：$\sum_{j=0}^{i+1} p_{ij} = 1, i = 0,1,2,\cdots$。从而得出

$$p_{i,0} = 1 - \sum_{j=1}^{i+1} p_{ij} = 1 - \sum_{j=1}^{i+1} b_{i-j+1} = 1 - \sum_{k=0}^{i} b_k \equiv c_i \qquad i \geqslant 0 \tag{16-243}$$

由(16-239)和(16-243)式，我们得到概率转移矩阵是

$$\boldsymbol{P} = \begin{pmatrix} c_0 & b_0 & 0 & \cdot & \cdot & 0 \\ c_1 & b_1 & b_0 & 0 & \cdot & \cdots \\ c_2 & b_2 & b_1 & b_0 & 0 & \cdots \\ \vdots & \vdots & \vdots & \vdots & \vdots & \\ c_k & b_k & b_{k-1} & \cdots & b_0 & \cdots \\ \cdot & \cdot & \cdot & \cdot & \cdot & \cdots \end{pmatrix} \tag{16-244}$$

如(16-195)式所示，设 $q_j, j = 0,1,2,\cdots$ 表示马尔可夫链$\{\boldsymbol{x}_n\}$的稳态概率分布。当链是遍历的时，这些概率满足矩阵方程 $\boldsymbol{q} = \boldsymbol{qP}$，其中 $\boldsymbol{P}$ 如(16-244)式所示，它可以重写为一个线性方程组

$$q_0 = \sum_{k=0}^{\infty} q_k c_k \tag{16-245}$$

$$q_j = \sum_{k=0}^{\infty} q_{k+j-1} b_k \qquad j \geqslant 1 \tag{16-246}$$

同前面一样，设 $Q(z)$ 表示这些稳态概率$\{q_j\}$的矩生成函数，则

$$\begin{aligned} Q(z) &= \sum_{k=0}^{\infty} q_j z^j = q_0 + \sum_{j=1}^{\infty} \sum_{k=0}^{\infty} q_{k+j-1} b_k z^j \\ &= q_0 + \sum_{m=0}^{\infty} q_m \sum_{k=0}^{\infty} b_k z^{m-k+1} = q_0 + zQ(z)B(1/z) \end{aligned} \tag{16-247}$$

或

$$Q(z) = \frac{q_0}{1 - zB(1/z)} \tag{16-248}$$

其中 $Q(z)$ 一定在 $|z| \leqslant 1$ 内解析，这是因为它表示一个有效的概率生成函数。方程(16-248)可重写为

$$Q(1/z) = \frac{q_0 z}{z - B(z)} \tag{16-249}$$

其中 $Q(1/z)$ 一定在 $|z| \geqslant 1$ 解析。再次由定理 15-9 知，若 $B'(1) > 1$，则方程 $B(z) - z = 0$ 有一个幅度严格小于1的正实根 π_0，类似于(16-201)～(16

－202) 式的论证，可以得出 $B(z) - z$ 在 $|z| < 1$ 内没有其它的零点。将这一结果代入(16－248) 和(16－249) 式，化简后得到

$$Q(z) = \frac{q_0}{1 - \pi_0 z} + R(z) \qquad 0 < \pi_0 < 1$$

其中 $R(z)$ 一定在整个 z 平面上解析。因而 $R(z)$ 是一个常数，在上面的恒等式中取 $z = 0$ 得到 $R(z) = 0$。最后，利用条件 $\sum_{n=0}^{\infty} q_n = 1$ 得到

$$q_n = (1 - \pi_0)\pi_0^n \qquad n = 0,1,2,\cdots \qquad 0 < \pi_0 < 1 \tag{16-250}$$

从而，当条件

$$B'(1) = -\mu\Psi'_A(0) = \mu/\lambda = 1/\rho > 1 \tag{16-251}$$

满足时，一个 $GI/M/1$ 队列的稳态分布存在，这里 $1/\lambda$ 表示到达时间间隔分布 $A(\tau)$ 的平均到达时间。总而言之，当业务率 $\rho = \lambda/\mu < 1$ 时，同 $M/M/1$ 队列一样，$GI/M/1$ 队列的稳态分布是几何分布。然而，与 $M/M/1$ 队列不同的是，这里的队列参数不再简单地只与 ρ 有关，它是方程

$$B(z) - z = \Psi_A(\mu(1 - z)) - z = 0 \tag{16-252}$$

的惟一正根 $\pi_0 < 1$，并且只要 $\rho < 1$，它就存在。

$GI/M/1$ 队列的等候时间分布与(16－92) 式中的相同，只不过在(16－92) 式中用 π_0 替换了 ρ。◀

下面，我们研究由不同队列的内部互联而构成的队列结构。

16.4　排队网络

当一组资源由一组顾客共享时形成了排队网络。每一个资源表示一个可能有多个服务台并行工作的服务中心。如果一个到达的顾客发现一个特定的中心繁忙，它可能加入该中心的队列并等候服务(也可能离开该队列而去寻找其它类型的服务)。在一站的服务结束之后，该顾客可能转入另一个服务中心，或重新进入同一个中心，或者离开系统。

在如图 16－11 所示串联队列链中，一旦一个顾客进入系统，它将必须留在系统中直到接受了全套服务。通常，每个服务台前都允许等候。注意，前面讨论过的与埃尔朗 n 模型相关的阶段型服务是这种串联模型的特例，在阶段型服务中除了第一个服务台，其它服务台前都不允许等候。在那种情况下，仅当前面的顾客已经结束了所有 n 个项目的服务之后，一个新顾客才允许进入系统接受服务。

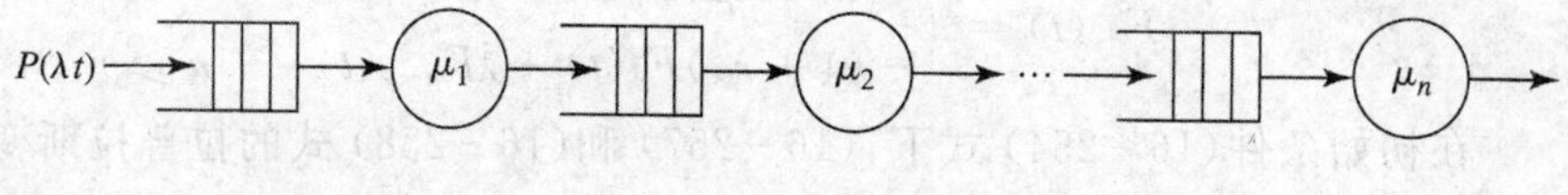

图 16－11　排队网络

服务网络的行为由输出分布、各服务台的服务时间分布以及输入分布和各种排队规则共同规定。在一个串联网络中，由于一个服务台的输出是下一个服务台的输入，网络的稳态性质由队列的输出分布所规定。

在这方面，Burke 已证明：在一个 $M/M/r$ 队列中，稳态时的离开时间间隔是独立的随机

变量。而且，这样一个队列的输出构成了一个泊松过程，其参数 λ 与输入的参数相同。按照 Burke 的结论，当一个 $M/M/r$ 串联网络的输入是一个参数为 λ 的泊松过程时，稳态时所有后继输入和输出均是具有相同参数 λ 的泊松过程。下面，我们证明这一个重要结论。

定理 16-3 ▶ 伯克定理　一个具有参数 λ 的泊松输入的 $M/M/r$ 队列的稳态输出也是一个具有参数 λ 的泊松过程。

证　设 $\boldsymbol{\tau}$ 表示任意两个相继离开的时间间隔，$\boldsymbol{n}(t)$ 表示先前的顾客离开后，系统中的顾客数。这两个随机变量的联合分布是

$$F_n(t) \equiv P\{\boldsymbol{\tau} > t,\ \boldsymbol{n}(t) = n\} \tag{16-253}$$

其中

$$F_n(0) = p_n \tag{16-254}$$

表示如(16-102)式所示的系统中有 n 个顾客的稳态概率。由(16-253)式，我们得到

$$F(t) \equiv P\{\boldsymbol{\tau} > t\} = \sum_{n=0}^{\infty} F_n(t) \tag{16-255}$$

而 $1-F(t) = P(\tau \leqslant t)$ 表示离开时间间隔的边缘分布。由于到达时间间隔分布是独立的参数为 λ 的指数随机变量，则一个新顾客在任一时间区间 Δt 内到达的概率为 $\lambda\Delta t + o(\Delta t)$，而一个新的顾客离开的概率为 $\mu_n\Delta t + o(\Delta t)$，其中 n 表示系统中的顾客数。于是

$$(1-\lambda\Delta t + o(\Delta t))(1-\mu_n\Delta t + o(\Delta t))$$

表示在时间区间 Δt 内无到达或离开的概率。现在

$$F_n(t+\Delta t) = P\{\boldsymbol{\tau} > t+\Delta t,\ \boldsymbol{n}(t+\Delta t) = n\}$$

并且系统在时刻 $t+\Delta t$ 处于状态 e_n 有两种可能：一是时刻 t 系统处于状态 e_{n-1} 并且在 $(t, t+\Delta t)$ 内一个顾客以概率 $\lambda\Delta t$ 到达，从而系统转移到状态 e_n；一是时刻 t 系统处于状态 e_n 并且它以概率 $(1-\lambda\Delta t)(1-\mu_n\Delta t)$ 停留在 e_n。注意，由于离开时间间隔 $\tau > t+\Delta t$，在区间 $(0, t+\Delta t)$ 不会有顾客离开。这意味着

$$F_n(t+\Delta t) = (1-\lambda\Delta t)(1-\mu_n\Delta t)F_n(t) + \lambda\Delta t F_{n-1}(t) + o(\Delta t) \tag{16-256}$$

其中 μ_n 如(16-100)式所示。类似于(16-15)和(16-16)式的推导，上述方程简化为

$$F'_0(t) = -\lambda F_0(t) \tag{16-257}$$

$$F'_n(t) = \begin{cases} -(\lambda+n\mu)F_n(t) + \lambda F_{n-1}(t) & n < r \\ -(\lambda+r\mu)F_n(t) + \lambda F_{n-1}(t) & n \geqslant r \end{cases} \tag{16-258}$$

在初始条件(16-254)式下，(16-257)和(16-258)式的拉普拉斯变换为

$$P_n(s) = \frac{1}{s+\lambda+\mu_n}[p_n + \lambda P_{n-1}(s)] \qquad n \geqslant 0 \tag{16-259}$$

其中 $P_n(s)$ 为 $F_n(t)$ 的拉普拉斯变换。将 p_n 直接用(16-102)式替换可得(16-259)式满足方程

$$P_n(s) = \frac{p_n}{s+\lambda} \tag{16-260}$$

或

$$F_n(t) = p_n \mathrm{e}^{-\lambda t} \qquad t > 0 \tag{16-261}$$

将上式代入(16－255)式，我们得到

$$F(t) = P\{\tau > t\} = \mathrm{e}^{-\lambda t} \tag{16-262}$$

或

$$P\{\tau \leqslant t\} = 1 - F(t) = 1 - \mathrm{e}^{-\lambda t} \qquad t \geqslant 0 \tag{16-263}$$

也就是说，在泊松到达情况下，离开时间间隔的边缘分布与到达时间间隔的边缘分布相同。利用系统的马尔可夫性，可知 $\boldsymbol{\tau}$ 也独立于所有后继的离开时间间隔的长度的集合，因而输出流也是参数为 λ 的泊松过程。定理得到证明。

容易证明 $\boldsymbol{n}(t)$ 和 $\boldsymbol{\tau}$ 是独立的随机变量，因为

$$P\{t < \boldsymbol{\tau} < t + \Delta t,\ \boldsymbol{n}(t) = n\} = F_{n+1}(t)\mu_{n+1}\Delta t + o(\Delta t) \tag{16-264}$$

利用(16－261)式，上式可以分解为 $\boldsymbol{n}(t)$ 和 $\boldsymbol{\tau}$ 的概率分布函数之积，从而证明了实际上 $\boldsymbol{n}(t)$ 和 $\boldsymbol{\tau}$ 是独立的随机变量。◀

Reich 得到了这个结论的部分逆命题：如果一个单服务台队列的到达和离开都服从泊松分布，则服务时间分布要么是指数分布，要么是 0 处突跳的阶梯函数。

由此得到的直觉就是稳态时“输入是什么分布，输出必须是什么分布”，这似乎可以验证 Burke 的结论。然而，下面由 Reich 证明的结论表明，这样的推断通常是错误的。

Reich 的结果　对于到达时间间隔和服务时间都是两个参数分别为 λ 和 μ 的指数随机变量的和的单服务台队列，它的离开间隔时间分布**并不是**两个指数分布随机变量的和。

杰克逊(Jackson)研究了更为一般的问题，在那里网络中的每个服务台有独立的泊松到达以及从其它服务台输出的反馈。稳态时，这样一个复杂网络本质上可简化为一个具有独立服务台的串联网络，其中每个服务台有等价的输入速率和服务速率。作为研究在不同服务台有反馈和泊松到达的排队网络的先导，我们先研究由两个单服务台 $M/M/1$ 队列串联的最简单网络。

两个队列的串联 ▶ 考虑一个两阶段串联网络，它由服务速率分别为 μ_1 和 μ_2 的服务台组成，如图 16－12 所示。第一个服务台的输入是参数为 λ 的泊松过程，第一个服务台的输出作为第二个服务台的输入。这种系统可用一个随机过程建模，其状态由 (n_1, n_2) 表示，其中 $n_i \geqslant 0$ 表示系统第 i 个项目的顾客数(队列中的加服务台的)。如图 16－13 所示，在某一个服务台的服务结束时(第一个服务台到第二个 $(n_1+1, n_2-1) \to (n_1, n_2)$ 或第二个服务台到输出 $(n_1, n_2+1) \to (n_1, n_2)$)，或在内部区间($(n_1-1, n_2) \to (n_1, n_2)$)，系统的状态会发生变化。设 $p(n_1, n_2, t)$ 表示第一项服务有 n_1 个顾客，第二项服务有 n_2 个顾客的概率。由图 16－13 知，暂态方程为

$$p'(0,0,t) = -\lambda p(0,0,t) + \mu_2 p(0,1,t) \tag{16-265}$$

$$p'(n_1,0,t) = -(\lambda+\mu_1)p(n_1,0,t) + \mu_2 p(n_1,1,t) + \lambda p(n_1-1,0,t) \tag{16-266}$$

$$p'(0,n_2,t) = -(\lambda+\mu_2)p(0,n_2,t) + \mu_1 p(1,n_2-1,t) + \mu_2 p(0,n_2+1,t) \tag{16-267}$$

$$\begin{aligned} p'(n_1,n_2,t) = &-(\lambda+\mu_1+\mu_2)p(n_1,n_2,t) \\ &+ \mu_1 p(n_1+1,n_2-1,t) + \mu_2 p(n_1,n_2+1,t) \end{aligned}$$

$$+\lambda p(n_1-1,n_2,t) \tag{16-268}$$

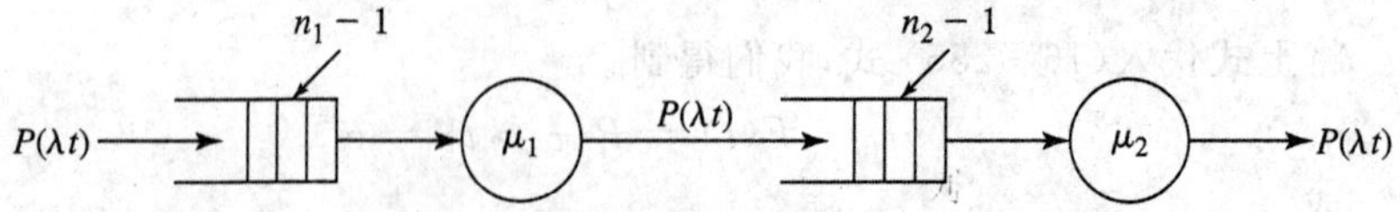

图 16-12　串联的两个队列

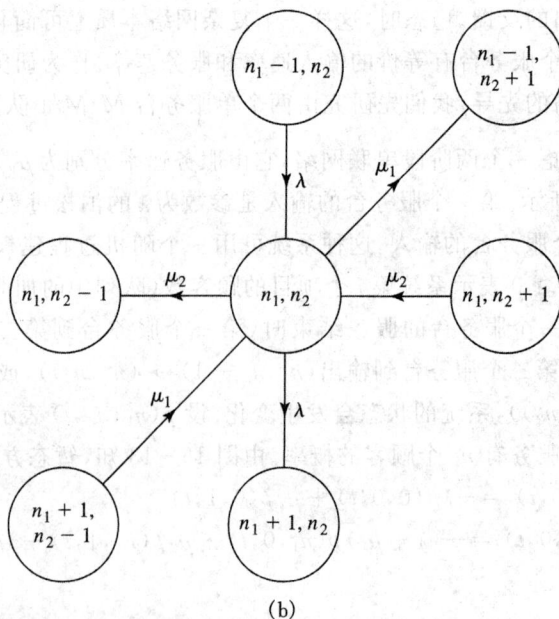

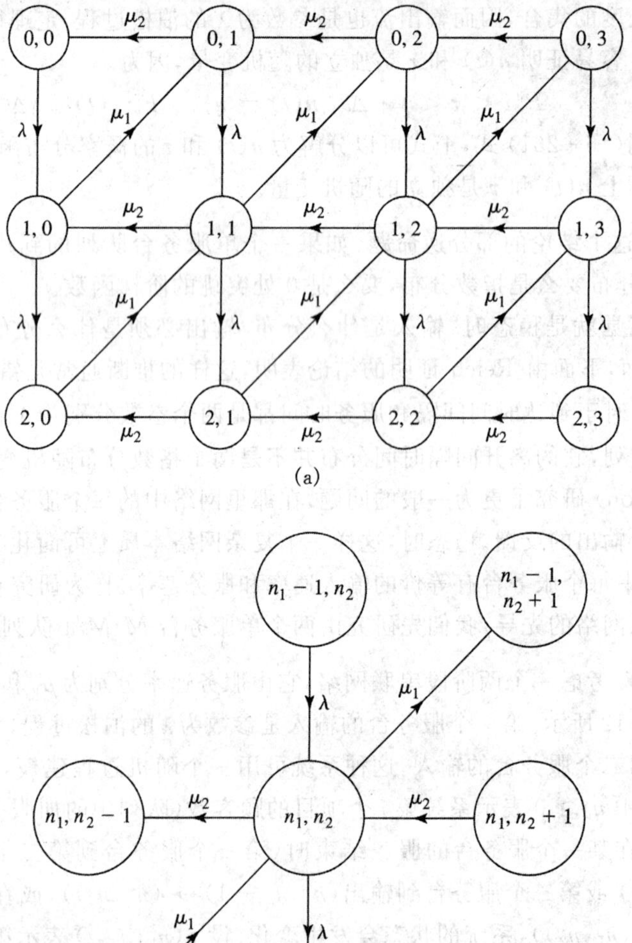

图 16-13　两阶段串联网络状态图

由 Burke 定理知，稳态时两个项目的离开时间间隔为指数随机变量，并且该

随机过程是马尔可夫的。对应于(16 - 267) 和(16 - 268) 式的稳态方程的解为

$$p(n_1,n_2)=(1-\rho_1)\rho_1^{n_1}(1-\rho_2)\rho_2^{n_2}\qquad n_1\geqslant 0\quad n_2\geqslant 0 \tag{16-269}$$

其中

$$\rho_1=\frac{\lambda}{\mu_1}\qquad \rho_2=\frac{\lambda}{\mu_2} \tag{16-270}$$

直接代入方程即可验证上式。由(16 - 269) 式知，稳态时第 i 个项目有 n_i 个顾客的概率为

$$p_i(n_i)=(1-\rho_i)\rho_i^{n_i}\qquad n_i\geqslant 0\qquad i=1,2 \tag{16-271}$$

上式表明它的解与一个 $M/M/1$ 队列的解类似。由于稳态时两个项目均具有参数为 λ 的泊松到达和指数服务时间，则它们均表示 $M/M/1$ 队列。进而，由(16 - 269) 和(16 - 271) 式，我们有

$$p(n_1,n_2)=p_1(n_1)p_2(n_2) \tag{16-272}$$

上式表明每一项目的顾客数为独立的随机变量。因而，这两个队列是独立的 $M/M/1$ 队列。◀

将上面的论证推广到具有 m 个项目级联的情况，可得出在稳态时当第一个项目的输入为泊松过程时所有后续项目的中间输入和输出即变为速率相同的泊松过程，每一个项目的情况类似于一个独立的 $M/M/1$ 队列。这样在一个 m 个项目内部串联的网络中，顾客数的期望值为

$$\begin{aligned}L&=\sum_{n_1,n_2,\cdots,n_m}(n_1+n_2+\cdots+n_m)p(n_1,n_2,\cdots,n_m)\\&=\sum_{i=1}^{m}\sum_{n_i=0}^{\infty}n_ip_i(n_i)=\sum_{i=1}^{m}(1-\rho_i)\sum_{n_i=0}^{\infty}n_ip_i^{n_i}\\&=\sum_{i=1}^{m}\frac{\rho_i}{1-\rho_i}\end{aligned} \tag{16-273}$$

利用李特尔公式，系统的平均等候时间为

$$W=\frac{L}{\lambda}=\sum_{i=1}^{m}\frac{1}{\mu_i-\lambda}=\sum_{i=1}^{m}W_i \tag{16-274}$$

它是每一个 $M/M/1$ 队列等候时间的和。

串联与并联混合的多个服务台　杰克逊将单服务台队列的串联推广到 m 个项目的串联，其中第 i 个项目包括 r_i 个指数服务速率为 μ_i 的并联通道，如图 16 - 14 所示。第一个项目的输入是一个参数为 λ 的无限泊松输入，且在每个项目前均允许排队。第 i 个项目有 n_i 个顾客时，在 Δt 时间内一个顾客结束服务的概率为 $\mu_{n_i}\Delta t+o(\Delta t)$，其中

$$\mu_{n_i}=\begin{cases}n_i\mu_i & n_i<r_i\\ r_i\mu_i & n_i\geqslant r_i\end{cases} \tag{16-275}$$

稳态时，重复使用 Burke 定理可以得知所有输入和输出都是速率为 λ 的泊松过程，类似于 (16 - 265) ～ (16 - 268) 式的推导，例如，稳态方程变为

$$\begin{aligned}(\lambda+\sum_{i=1}^{m}\mu_i)p(n_1,n_2,\cdots,n_m)=&\sum_{i=1}^{m}\mu_{n_i}p(n_1,n_2,\cdots,n_i+1,n_{i+1}-1,\cdots,n_m)\\&+\lambda p(n_1-1,n_2,\cdots,n_m)\qquad n_i>0\end{aligned} \tag{16-276}$$

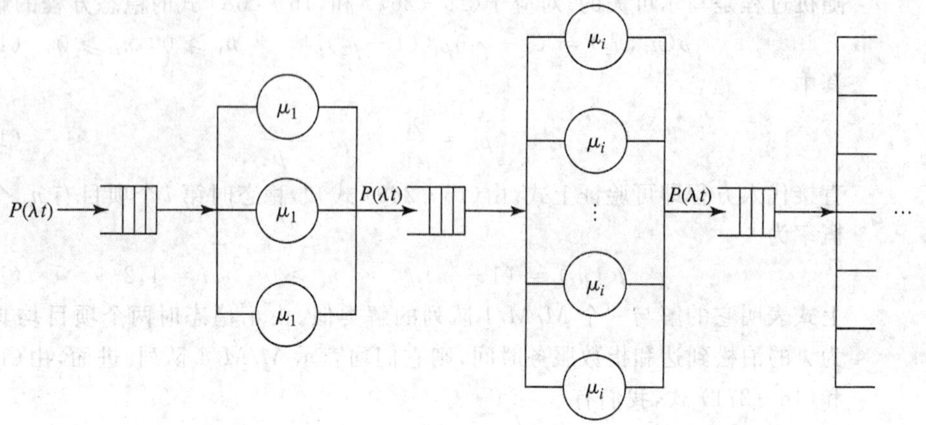

图 16 - 14 串并联服务台结构

其中 μ_{n_i} 如(16 - 275) 式所示。这里 $p(n_1, n_2, \cdots, n_m)$ 表示第一个项目有 n_1 个顾客，第二个项目有 n_2 个顾客的概率，以此类推。杰克逊已证明：(16 - 276) 式的惟一解有下面的乘积形式

$$p(n_1, n_2, \cdots, n_m) = p_1(n_1) p_2(n_2) \cdots p_i(n_i) \cdots p_m(n_m) \tag{16-277}$$

其中

$$p_i(n_i) = \begin{cases} \dfrac{(\lambda/\mu_i)^{n_i}}{n_i!} p_{i,0} & n_i < r_i \\ \dfrac{r_i^{r_i} \rho_i^{n_i}}{r_i!} p_{i,0} & n_i \geqslant r_i \end{cases} \tag{16-278}$$

这里

$$p_{i,0} = \frac{1}{\displaystyle\sum_{n=0}^{r_i - 1} \frac{(\lambda/\mu_i)^n}{n!} + \frac{(\lambda/\mu_i)^{r_i}}{r_i!(1-\rho_i)}} \tag{16-279}$$

和

$$\rho_i = \lambda / r_i \mu_i \tag{16-280}$$

(16 - 278) 式给出了第 i 个项目有 n_i 个顾客的概率。注意，(16 - 278) ～ (16 - 280) 式表示一个具有 n_i 个顾客的 $M/M/r_i$ 队列，并且由(16 - 277) 式可以得出，只要在每个并联结构中的所有服务台有相同的服务速率，在稳态时，如图 16 - 14 所示的串联-并联网络的行为类似于一个由独立的 $M/M/r_i$ 队列级联构成的网络。利用(16 - 106) 和(16 - 107) 式，这样一个网络中等候的平均顾客数是

$$L = \sum_{i=1}^{m} p_{r_i} \frac{\rho_i}{(1-\rho_i)^2} = \sum_{i=1}^{m} L_i \tag{16-281}$$

其中

$$p_{r_i} = \frac{(\lambda/\mu_i)^{r_i}}{r_i!} p_{i,0} \tag{16-282}$$

并且它等于每个项目中的平均等候顾客数的和。

通过允许每个项目有从系统外部到达的附加泊松输入以及从系统内部不同项目间的反馈，杰克逊推广了上述结论(见图 16 - 15)。从而，一个顾客可能以不同的概率到达一个项目。服

务时间服从指数分布，第 i 个项目由 r_i 个具有相同服务速率 μ_i 的通道并联而成。来自于系统外部的泊松到达以速率 γ_i 进入第 i 个项目，第 i 个项目服务结束后，一个顾客要么以概率 q_{ij} 离开并加入第 j 个项目，在那里它像从外部到达的顾客一样按顺序接受服务，要么以概率

$$q_{i,0} = 1 - \sum_{j=1}^{m} q_{ij} \tag{16-283}$$

离开系统。图 16-15(a) 给出了 $m = 3$ 时的这样一个网络。设 λ_i 表示第 i 个项目的顾客的平均到达速率。则 λ_i 满足

$$\lambda_i = \gamma_i + \sum_{k=1}^{m} q_{ki}\lambda_k \qquad i = 1,2,\cdots,m \tag{16-284}$$

杰克逊已经证明：稳态时，上述网络每个项目的顾客数的分布与任何其它项目的顾客数的分布相互独立，并且它们满足(16-277)式。类似于(16-278)式的推导，只不过每个项目用 λ_1，λ_2，…，λ_m 替换，杰克逊证明了：在不同项目间存在泊松到达的反馈/前馈网络中，网络的行为像一个在第 i 个项目输入速率为 λ_i 和服务速率为 μ_i 的独立队列的级联系统。

定理 16-4 ▶ 杰克逊定理　考虑一个有 m 个服务项目的网络，其第 i 个项目由 r_i 个具有相同服务速率 μ_i 的服务台并联而成。该网络允许从第 i 个项目到第 j 个项目的反馈和前馈以概率 q_{ij} 发生，另外到每一项目外部泊松到达速率为 γ_i。则第 i 个项目($i = 1,2,\cdots,m$) 有 n_i 个顾客的概率为

$$p(n_1,n_2,\cdots,n_m) = \prod_{i=1}^{m} p_i(n_i) \tag{16-285}$$

其中 $p_i(n_i)$ 如(16-278)式所示，且(16-279)式中的 λ 用(16-284)式中的 λ_i 代替。◀

由(16-283)式，我们也可得

$$\sum_{i=1}^{m} q_{i,0}\lambda_i = \sum_{i=1}^{m} \gamma_i$$

系统的总输出等于系统的总输入。

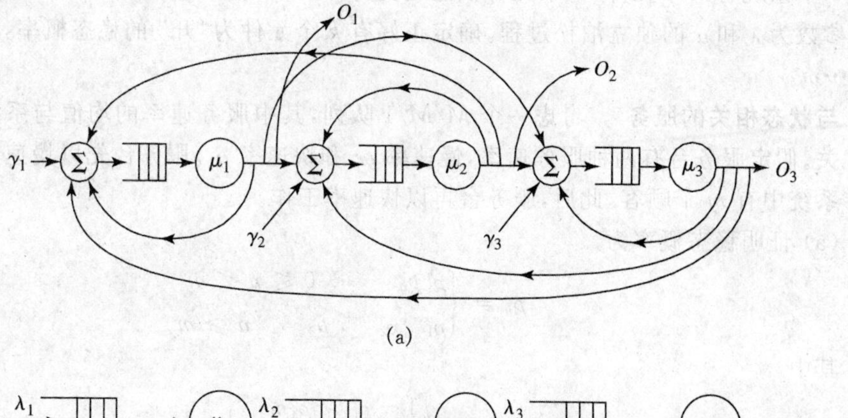

(a)

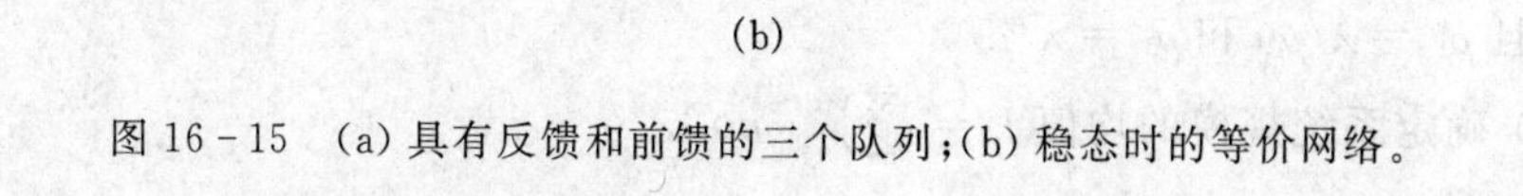

(b)

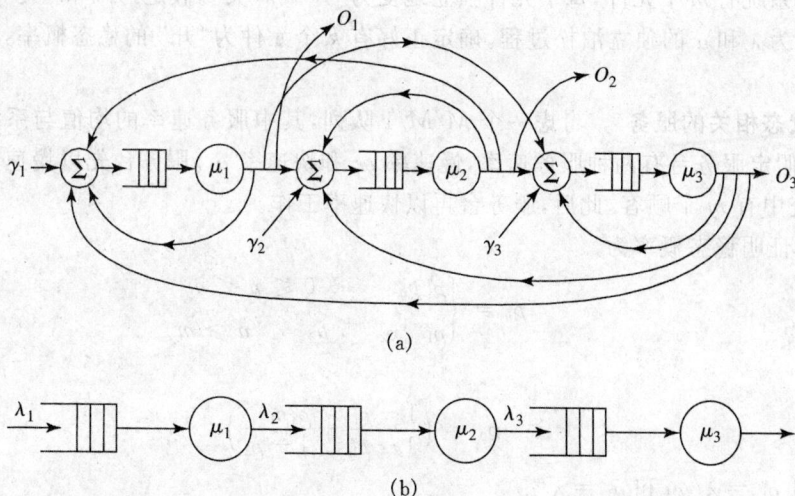

图 16-15　(a) 具有反馈和前馈的三个队列；(b) 稳态时的等价网络。

于是，稳态时，任何具有外部泊松输入的复杂网络的行为类似于 $M/M/r_i$ 队列的一个级联系统。值得注意的是，在有反馈的情况下，杰克逊定理中每个项目的合成输入不再是泊松过程，从而服务台输出也不再是泊松过程。然而由(16-285)式可知，各个项目是独立的并且它们的行为类似于输入速率为 λ_i 和服务速率为 $\mu_i(i=1,2,\cdots,m)$ 的 $M/M/r_i$ 队列。

习 题

16-1 **M/M/1/m 队列** 考虑一个具有有限系统容量 m 的单服务台泊松队列，写出其稳态方程并证明系统中有 n 个单元的稳态概率为

$$p_n=\begin{cases}\dfrac{1-\rho}{1-\rho^{m+1}}\rho^n & \rho\neq 1\\ \dfrac{1}{r+1} & \rho=1\end{cases}$$

其中 $\rho=\lambda/\mu$。[**提示**：令(16-132)式中的 $r=1$。]

16-2 (a) 设 $\boldsymbol{n}_1(t)$ 表示两个相同的 $M/M/1$ 队列中的总顾客数，每一个队列以输入速率为 λ 和服务速率为 μ 独立运行。证明，若 $\rho=\lambda/\mu<1$，稳态时有

$$P\{\boldsymbol{n}_1(t)=n\}=(n+1)(1-\rho)^2\rho^n \qquad n\geqslant 0$$

(b) 如果这两个队列合并形成输入到单个 $M/M/2$ 队列，证明，稳态时系统中的顾客数为

$$P\{\boldsymbol{n}_2(t)=n\}=\begin{cases}2(1-\rho)\rho^n/(1+\rho) & n\geqslant 1\\ (1-\rho)/(1+\rho) & n=0\end{cases}$$

(c) 设 L_1 和 L_2 表示上述两个结构中的平均等候顾客数。证明

$$L_1=\frac{2\rho^2}{1-\rho} \qquad L_2=\frac{2\rho^3}{1-\rho^2}<L_1$$

这表明一个单队列结构比分离的队列具有更高的效率。(**提示**：利用(16-106)和(16-107)式。)

16-3 一个系统有 m 个元件，每个元件独立地变为“开”和“关”。假定“开”和“关”过程分别是参数为 λ 和 μ 的独立泊松过程。确定正好有 k 个元件为“开”的稳态概率，$k=0,1,2,\cdots m$。

16-4 **与状态相关的服务** 考虑一个 $M/M/1$ 队列，其中服务速率的均值与系统的状态相关。假定服务台有两种服务速率，慢速率 μ_1 和快速率 μ_2。服务台先以慢速率工作直到系统中有 m 个顾客，此后，服务台再以快速率工作。

(a) 证明稳态概率为

$$p_n=\begin{cases}\rho_1^n p_0 & 0\leqslant n<m\\ \rho_1^{m-1}\rho_2^{n-m+1}p_0 & n\geqslant m\end{cases}$$

其中

$$p_0=\left(\frac{1-\rho_1^m}{1-\rho_1}+\frac{\rho_2\rho_1^{m-1}}{1-\rho_2}\right)^{-1}$$

并且 $\rho_1=\lambda/\mu_1$ 和 $\rho_2=\lambda/\mu_2$。

(b) 确定系统规模的均值 $L=\sum_{n=0}^{\infty}np_n$。

16-5 **耐心和不耐心的顾客** 考虑一个具有到达速率 λ 和服务速率 μ 的 $M/M/r$ 队列，其输入中包括耐心和不耐心的顾客。如果所有服务台均繁忙，耐心的顾客加入队列等候服务，而不耐心的顾客则立即离开系统。若 p 表示到达的一个顾客有耐心的概率，证明当 $p\lambda/r\mu < 1$ 时，系统的稳态分布为

$$p_n = \begin{cases} \dfrac{(\lambda/\mu)^n}{n!} p_0 & n < r \\ \dfrac{(\lambda/\mu)^r}{r!} (p\lambda/r\mu)^{n-r} p_0 & n \geqslant r \end{cases}$$

其中

$$p_0 = \frac{1}{\displaystyle\sum_{n=0}^{r-1} \frac{(\lambda/\mu)^n}{n!} + \frac{(\lambda/\mu)^r}{r!(1-p\lambda/r\mu)}}$$

（医院、饭店、理发店、商店和电话交换站都会损失顾客，原因可能是顾客本身无耐心或系统不能提供等候空间。）

16-6 设 $\boldsymbol{w}$ 表示一个 $M/M/r/m$ 队列 $(m > r)$ 中的等候时间。证明

$$P\{\boldsymbol{w} > t\} = \frac{p_r \mathrm{e}^{-r\mu t}}{1-\rho} \sum_{k=0}^{m-r-1} \frac{(r\mu t)^k}{k!} (\rho^k - \rho^{m-k})$$

其中 $\rho = \lambda/r\mu$ 并且

$$p_r = \frac{(\lambda/\mu)^r/r!}{\displaystyle\sum_{n=0}^{r} \frac{(\lambda/\mu)^n}{n!} + \frac{(\lambda/\mu)^r \rho(1-\rho^{m-r})}{r!(1-\rho)}}$$

（提示：$P(\boldsymbol{w} > t) = \int_t^\infty f_w(\tau)\mathrm{d}\tau = \sum_{n=r}^{m-1} p_n \int_t^\infty f_w(\tau \mid n)\mathrm{d}\tau$。）

16-7 **成批到达的队列($M^{[x]}/M/1$)** 在某种情况下，到达和/或服务可能成群发生（成批或大量）。这种关于到达过程的推广的最简单情形就是假设到达时刻与一个 $M/M/1$ 队列一样具有马尔可夫性，只不过每个到达是一个规模 $\boldsymbol{x}$ 的随机变量，并且

$$P\{\boldsymbol{x} = k\} = c_k \qquad k = 1,2,\cdots,\infty$$

即，以随机规模 $\boldsymbol{x}$ 成批到达的事件发生的概率服从上面的概率分布。关于(10-113)～(10-115)式，系统的输入过程表示一个复合泊松过程。

(a) 证明，一个具有复合泊松到达和指数服务时间 $(M^{[x]}/M/1)$ 的单服务台队列的稳态概率 $\{p_n\}$ 满足方程组[40]

$$0 = -(\lambda+\mu)p_n + \mu p_{n+1} + \lambda \sum_{k=1}^{n} p_{n-k} c_k \qquad n \geqslant 1$$

$$0 = -\lambda p_0 + \mu p_1$$

提示：对于(16-18)式中的前向柯尔莫格洛夫方程，在这种情形时的转移密度为

$$\lambda_{kj} = \begin{cases} \lambda c_i & j = k+i \quad i = 1,2,\cdots \\ \mu & j = k-1 \\ 0 & \text{其它} \end{cases}$$

注意，尽管过程 $M^{[x]}/M/1$ 具有马尔可夫性，它仍表示一个非生灭过程。

(b) 设 $P(z) = \sum_{n=0}^{\infty} p_n z^n$ 和 $C(z) = \sum_{k=1}^{\infty} c_k z^k$ 分别表示期望的稳态概率 $\{p_n\}$ 和成

批到达概率$\{c_k\}$的矩生成函数。证明

$$P(z)=\frac{(1-\rho_0)(1-z)}{1-z-\rho z(1-C(z))}=\frac{1-\rho_0}{1-\rho z D(z)}$$

其中$\rho=\lambda/\mu$，$\rho_0=\rho E\{\boldsymbol{x}\}=\rho C'(1)<1$，

$$D(z)=\frac{1-C(z)}{1-z}=\sum_{k=0}^{\infty}d_k z^k$$

而$d_0=1-c_0, d_k=1-\sum_{i=0}^{k}c_i\geqslant 0, k\geqslant 1$。这里，对$\rho_0<1$，证明

$$p_n=\lim_{t\to\infty}P\{\boldsymbol{x}(t)=n\}=(1-\rho_0)\sum_{k=0}^{n}\rho^k d_{n-k}^{(k)}$$

其中$\{d_n^{(k)}\}$表示上述序列$\{d_n\}$与自身的k重卷积。

(c) 用$E\{\boldsymbol{x}\}$和$E\{\boldsymbol{x}^2\}$表示平均系统规模L。

(d) $M^{[m]}/M/1$队列：假定成批到达具有恒定规模m，确定$P(z)$和均值L。

(e) 假定成批到达是参数p的几何型随机变量，确定$P(z)$和均值L。

(f) 假定成批到达是参数m和p的二项式随机变量，确定$P(z)$和均值L。

16－8　**成批服务($M/M^{[y]}/1$)**　考虑一个具有泊松到达的单服务台队列，按照先到先服务的原则，顾客成批接受服务且每批顾客不超过某个数m。若队列长度大于m，则m个顾客同时接受服务；否则，整个队列作为一批接受服务且新到顾客立即接受服务直到极限m为止，与其它顾客同时结束服务。不管每批的规模大小($\leqslant m$)，服务台所需的时间是指数分布的。

(a) 证明，如上所述的成批服务机制的稳态概率$\{p_n\}$满足方程[40]

$$0=-(\lambda+\mu)p_n+\mu p_{n+m}+\lambda p_{n-1}\qquad n\geqslant 1$$

$$0=-\lambda p_0+\mu p_1+\mu p_2+\cdots+\mu p_m$$

提示：该非生灭过程的转移密度为

$$\lambda_{kj}=\begin{cases}\lambda & j=k+1\\ \mu & j=k-m\end{cases}$$

(b) 设$P(z)$表示(a)中的稳态概率的矩生成函数。证明

$$P(z)=\frac{\sum_{k=0}^{m-1}p_k z^k-p_0(1+\rho)z^m}{\rho z^{m+1}-(\rho+1)z^m+1}$$

其中$\rho=\lambda/\mu$。

(c) 利用儒歇定理，证明(b)中的$P(z)$可简化为

$$P(z)=\frac{z_0-1}{z_0-z}$$

其中z_0表示分母多项式$\rho z^{m+1}-(\rho+1)z^m+1$的大于1的惟一正根。于是

$$p_n=(1-r_0)r_0^n\qquad n\geqslant 0$$

且$r_0=1/z_0$，这里给出的成批服务模型的行为类似于一个$M/M/1$队列。

(**提示**：儒歇定理：如果$f(z)$和$g(z)$在一个闭合回路C内及边界上解析，且若在回路C上$|f(z)|>|g(z)|$，则$f(z)$和$f(z)+g(z)$在C内的零点数相同。

在回路C上$f(z)=(\rho+1)z^m, g(z)=\rho z^{m+1}+1$，其中$C$定义为圆环$|z|=1+\varepsilon, \varepsilon>0$。)

(d) 推导出该模型的平均系统规模。

16-9　**成批服务 $M/M^{[m]}/1$**　在习题 16-8 中，假设每批的规模恰为 m 时服务台开始服务，否则，服务台要等到有 m 个顾客才开始服务。

(a) 证明稳态概率$\{p_n\}$满足方程[40]

$$
\begin{aligned}
0 &= -(\lambda+\mu)p_n + \mu p_{n+m} + \lambda p_{n-1} \qquad n \geqslant m \\
0 &= -\lambda p_n + \mu p_{n+m} + \lambda p_{n-1} \qquad 1 \leqslant n < m \\
0 &= -\lambda p_0 + \mu p_m
\end{aligned}
$$

(b) 证明这种情形时的矩生成函数为

$$P(z) = \frac{(1-z^m)\sum_{k=0}^{m-1} p_k z^k}{\rho z^{m+1} - (\rho+1)z^m + 1} = \frac{(z_0-1)\sum_{k=0}^{m-1} z^k}{m(z_0-z)}$$

其中应用儒歇定理可得后一等式，而 z_0 和 ρ 的定义见习题 16-8。

(c) 确定这种情形时的稳态概率$\{p_n\}$和平均系统规模。

16-10　**$E_m/M/1$ 队列与成批服务**　考虑一个埃尔朗 m 队列，其到达速率为 λ，指数服务速率为 μ。由 $GI/M/1$ 的分析可知，对这样的队列，其行为类似于一个参数为 π_0 的 $M/M/1$ 队列，其中只要 $\lambda/\mu < 1$，$\pi_0 < 1$ 是方程 $B(z) = z$ 的惟一解。这里 $B(z) = \Psi_A(\mu(1-z))$，$\Psi_A(s)$ 为到达时间间隔的概率密度函数的拉普拉斯变换。证明，参数 π_0 满足特征方程

$$\rho x^{m+1} - (\rho+1)x^m + 1 = 0$$

其中 $\rho = m\lambda/\mu$。

(**提示**：在 $B(z) = z$ 中使用变换 $z = x^{-m}$，这对应于埃尔朗到达的阶段方法。)

将上式中最后一个式子与习题 16-9 中的成批服务模型比较可知，一个具有指数服务时间的埃尔朗到达模型在本质上等价于一个具有指数到达的成批服务模型。然而，这种类似只是在稳态概率的意义上成立，这是因为在成批服务时，几个顾客在结束服务后同时离开；而在 $E_m/M/1$ 模型中，顾客则是在结束服务后一个接一个地离开。

16-11　**$M/E_m/1$ 与成批到达**　考虑一个埃尔朗 m 服务模型，其服务速率为 μ 和泊松到达的参数为 λ。利用例 16-4 中对于 $M/G/1$ 队列的分析可知，通过适当的变换，特征方程可以写成如下形式

$$\rho z^{m+1} - (1+\rho)z + 1 = 0$$

因此，从稳态概率来看，$M/E_m/1$ 队列的特征，同习题 16-7 中的成批(每批顾客的人数恒定)到达模型 $M^{[m]}/M/1$ 类似。

16-12　**$M/G/1$ 队列**　(a) 假定服务机制由如下一个 k 点分布所描述，其中

$$\frac{\mathrm{d}B(t)}{\mathrm{d}t} = \sum_{i=1}^{k} c_i \delta(t-T_i) \qquad \sum_{i=1}^{k} c_i = 1$$

确定稳态概率$\{p_n\}$。

(b) 确定一个状态相关的 $M/G/1$ 队列的稳态概率，其中

$$B_i(t) = \begin{cases} 1-\mathrm{e}^{-\mu_1 t} & i=1 \\ 1-\mathrm{e}^{-\mu_2 t} & i>1 \end{cases}$$

即，如果没有队列时，服务速率为 μ_1；而有队列时，服务速率为 μ_2。

16－13　证明：一个 $M/G/1$ 队列的等候时间分布 $F_w(t)$ 可以表示为

$$F_w(t) = (1-\rho)\sum_{n=0}^{\infty}\rho^n F_r^{(n)}(t)$$

其中 $F_r(t)$ 表示剩余服务时间分布，且

$$F_r(t) = \mu\int_0^t [1-B(\tau)]\mathrm{d}\tau$$

而 $F_r^{(n)}(t)$ 为 $F_r(t)$ 的 n 重卷积。

（提示：利用(16－209)式。）

16－14　**瞬态 $M/G/1$ 队列**　证明：如果在一个服务周期内到达的平均顾客数大于 1，则 $M/G/1$ 排队系统是暂态的。

（提示：在(16－197)和(16－198)式中，如果 $\rho > 1$，则方程 $A(z) = z$ 仅有一个根 $\pi_0 < 1$。证明 $\sigma_j = \pi_0^j$ 满足(15－236)式中的暂态概率方程。）

16－15　**$M/G/1/m$ 队列**　考虑一个具有有限服务能力的 $M/G/1$ 队列，它最多允许 $m-1$ 个顾客等候。(a) 证明：这样一个有限 $M/G/1$ 队列的 $m\times m$ 概率转移矩阵有这样的结构，它的前 $m-1$ 列如(15－34)式所示，而它的第 m 列使得它每一行的和等于 1。(b) 证明：其稳态概率 $\{q_j^*\}_{j=0}^{m-1}$ 满足(15－210)式中的前 $m-1$ 个方程，且满足归一化条件 $\sum_{j=0}^{m-1} q_j^* = 1$。由此可得，$q_j^* = cq_j, j = 0,1,\cdots,m-1$，其中 $\{q_j\}$ 对应于 $M/G/1/\infty$ 队列[见(16－203)式]。

16－16　**$M/G/\infty$ 队列**　考验一个具有无限个服务器的柜台，其输入是参数为 λ 的泊松到达，服务时间 $\boldsymbol{s}$ 的分布为 $B(\tau)$。令 $\boldsymbol{x}(t)$ 表示在 t 时刻繁忙的服务器的数目。证明[52]：

(a)
$$P\{\boldsymbol{x}(t) = k\} = \mathrm{e}^{-\lambda\alpha(t)}\frac{[\lambda\alpha(t)]^k}{k!}\qquad k = 0,1,2,\cdots$$

其中

$$\alpha(t) \equiv \int_0^t [1-B(\tau)]\mathrm{d}\tau$$

(b)
$$\lim_{t\to\infty}P\{\boldsymbol{x}(t) = k\} = \mathrm{e}^{-\rho}\frac{\rho^k}{k!}\qquad k = 0,1,2,\cdots$$

其中 $\rho = \lambda E\{\boldsymbol{s}\}$。因此，从长期行为来看，所有的 $M/G/\infty$ 队列与 $M/M/\infty$ 队列具有类似的行为。

提示：事件 $\{\boldsymbol{x}(t) = k\}$ 能以几种相互排斥的方式发生，即，在区间 $(0,t)$，n 个顾客到达且他们中的 k 个在时刻 t 后还要继续他们的服务。令 $A_n =$ "在区间 $(0,t)$ 到达 n 个顾客"，$B_{k,n}$ "在这 n 个顾客中恰有 k 个在时刻 t 后还要继续服务"，则由全概率定理可得

$$P\{\boldsymbol{x}(t) = k\} = \sum_{n=k}^{\infty}P\{A_n \cap B_{k,n}\} = \sum_{n=k}^{\infty}P\{B_{k,n} \mid A_n\}P(A_n)$$

而 $P(A_n) = \mathrm{e}^{-\lambda t}(\lambda t)^n/n!$，为了求 $P\{B_{k,n} \mid A_n\}$ 的值，我们推导如下：由(9－28)式，在条件"在区间 $(0,t)$ 到达 n 个顾客"下，这些顾客到达时刻的联合分布与服从 $(0,t)$ 内的均匀分布且以递增顺序排列的 n 个独立随机变量的联合分布相同。因此，已知服务的开始时间 $\boldsymbol{x}$ 在 $(0,t)$ 上均匀分布的条件下，服务时间 $\boldsymbol{s}$ 在时刻 t 不终止的概率为

$$p_t = \int_0^t P\{\boldsymbol{s} > t - x \mid \boldsymbol{x} = x\}f_x(x)\mathrm{d}x$$

$$= \int_0^t [1 - B(t - x)] \frac{1}{t} \mathrm{d}x = \frac{1}{t} \int_0^t [1 - B(\tau)] \mathrm{d}\tau = \frac{\alpha(t)}{t}$$

由此可得,已知 A_n 的条件下 $B_{k,n}$ 具有二项式分布,即

$$P\{B_{k,n} \mid A_n\} = \binom{n}{k} p_t^k (1 - p_t)^{n-k} \qquad k = 0,1,2,\cdots,n$$

且

$$P\{\boldsymbol{x}(t) = k\} = \sum_{n=k}^{\infty} \mathrm{e}^{-\lambda t} \frac{(\lambda t)^n}{n!} \binom{n}{k} \left(\frac{\alpha(t)}{t}\right)^k \left(\frac{1}{t} \int_0^t B(\tau) \mathrm{d}\tau\right)^{n-k} \qquad k = 0,1,2,\cdots$$

参考文献

PROBABILITY THEORY /概率论

[1] Chung, Kai Lai, A *Course in Probability Theory* (3rd edition), Academic Press, San Diego, 2001.

[2] Cramer, H. , *Mathematical Methods to Statistics*, Princeton University Press. Princeton, NJ, 1946.

[3] Feller, William, *An Introduction to Probability Theory and Its Applications*, Volume I (3rd edition) and Volume II (2nd edition), John Wiley and Sons, New York, 1968 and 1971.

[4] Gnedenko, B. , *The Theory of Probability*, trans, by G. Yankovsky, MIR Publishers, Moscow, 1978.

[5] Loeve, Michel, *Probability Theory* (3rd edition), Van Nostrand, Princeton, NJ, 1963.

[6] Parzen, E. , *Modern Probability Theory and Its Applications*, Wiley, New York, 1960.

[7] Rao, C. Radhakrisna, *Linear Statistical Inference and Its Applications* (2nd edition), John Wiley and Sons, New York, 1973.

[8] Rohatgi, Vijay K. , and A. K. Saleh, *An Introduction to Probability and Statistics*, John Wiley and Sons, New York, 2001.

[9] Uspensky, J. V. , *Introduction to Mathematical Probability*, McGraw-Hill, New York, 1965.

STOCHASTIC PROCESSES /随机过程

[10] Childers, D. G. . *Modern Spectrum Analysis*, Wiley, New York, 1978.

[11] Davenport, W. B. , Jr. , and W. L. Root. *All Introduction to the Theory of Random Signals and Noise*, McGraw-Hill, New York, 1958.

[12] Doob, J. L. , *Stochastic Processes*, John Wiley and Sons, New York, 1953.

[13] Franks, L. E. , *Signal Theory*, Prentice-Hall, Englewood Cliffs, NJ, 1979.

[14] Geronimus, Y. L. , *Polynomials Orthogonal on a Circle and System Identification*, Springer-Verlag, New York, 1954.

[15] Gikhman, I. I. , and A. V. Skorokhod, *Introduction to the Theory of Random Processes*, Dover Publications, New York, 1996.

[16] Grenander, U. , and G. Szeg6, *Toeplitz Forms and Their Applications*, Chelsea, New York, 1984.

[17] Helstom, C. W. , *Statistical Theory of Signal Detection* (2nd edition), Pergamon

Press, New York, 1968.

[18] Leon-Garcia, A., *Probabilio, and Random Processes for Electrical Engineering*, Addison Wesley, New York, 1994.

[19] Oppenheim, A. V., and R. W. Schafer. *Digital Signal Processing*, Prentice-Hall, Englewood Cliffs, NJ, 1975.

[20] Papoulis, A., *The Fourier Integral and Applications*, McGraw-Hill, New York, 1962.

[21] Papoulis, A., *Systems and Transforms with Applications in Optics*, McGraw-Hill, New York, 1968.

[22] Papoulis, A., *Signal Analysis*, McGraw-Hill, New York, 1977.

[23] Papoulis, A., *Circuits and Systems: A Modern Approach*, Holt, Rinehart and Winston, New York, 1980.

[24] Papoulis, J., *Probability and Statistics*, Prentice-Hall, Englewood Cliffs, NJ, 1990.

[25] Pillai, S. U., and T I. Shim, *Spectrum Estimation and System Identification*, Springer-Verlag, New York, 1993.

[26] Proakis, J., *Introduction to Digital Communications*, McGraw-Hill, New York, 1977.

[27] Schwartz, M., and L. Shaw, *Signal Processing*, McGraw-Hill, New York, 1975.

[28] Wainstein, L. A., and V. D. Zubakov, *Extraction of Signals from Noise* (trans. from Russian), Prentice-Hall, Englewood Cliffs, NJ, 1962.

[29] Wiener, N., *Extrapolation, Interpolation, and Smoothing of Stationary Time Series*, MIT Press, Cambridge, MA, 1949.

[30] Woodward, P., *Probability and Information Theory with Applications to Radar*, Pergamon, New York, 1953.

[31] Yaglom, A. M., *Stationary Random Functions* (trans. from Russian), Prentice-Hall, Englewood Cliffs, NJ, 1962.

[32] Yaglom, A. M., *Correlation Theory of Stationary and Related Random Functions*, 2 Vols., Springer, New York, 1987.

[33] Youla, D. C., *Lecture Notes on Network Theory*, Polytechnic University, Farmingdale, NY, 2000.

QUEUEING THEORY / 排队论

[34] Atreya, K. B., and P. Tagers (Ed.), *Classical and Modern Branching Processes*, Springer-Verlag, New York, 1991.

[35] Bharucha-Reid, A. T., *Elements of the Theory of Markov Processes and Their Applications*, Dover Publications, New York, 1988.

[36] Bremaud, Pierre, *Markov Chains*, Springer, New York, 2001.

[37] Chung, Kai Lai, *Markov Chains* (2nd edition), Springer-Verlag, New York, 1967.

[38] Cohen, J. W., *The Single Server Queue*, North Holland, Amsterdam, Amsterdam,

1969.

[39] Gnedenko, B. V., and I. N. Kovalenko, *Introduction to Queueing Theory*, trans, by S. Kotz (2nd edition), Birkhanuser, Boston, 1989.

[40] Gross, D., and C. M. Harris, *Fundamentals of Queueing Theory* (3rd edition), John Wiley and Sons, New York, 1998.

[41] Karlin, Samuel, *A First Course in Stochastic Processes*, Academic Press, New York, 1966.

[42] Kemeny, John, G., and Snell, Laurie, J., *Finite Markov Chains*, Van Nostrand, Princeton, NJ, 1960.

[43] Kleinrock, L., *Queueing Systems*, Volumes I and II, John Wiley and Sons, New York, 1975.

[44] Medhi, J., *Stochastic Processes*, Wiley Eastern Ltd., New Delhi, 1991.

[45] Neuts, Marcel F., *Structured Stochastic Matrices of M/G/1 Type and Their Applications*, Marcal Dekker, New York, 1989.

[46] Parzen, Emanuel, *Stochastic Processes*, Classics in Applied Mathematics Series, No. 24, SIAM, Philadelphia, PA, 1999.

[47] Prabhu, N. U., *Stochastic Storage Processes* (2nd edition), Springer, New York, 1998.

[48] Saaty, Thomas, *Elements of Queueing Theory with Applications*, Dover Publications, New York, 1983.

[49] Sadovskii, L. E., and A. L. Sadovski, *Mathematics and Sports*, trans, by S. Maker-Limanov, University Press (India), Hyderabad, 1998.

[50] Schwartz, M., *Computer-Communication Network Design and Analysis*, Prentice-Hall, Englewood Cliffs, NJ, 1977.

[51] Srinivasan, S. K., and K. M. Mehata, *Stochastic Processes*, McGraw-Hill, New York, 1978.

[52] Takacs, Lajos, *Introduction to the Theory of Queues*, Oxford University Press, New York, 1962.

[53] Takacs, Lajos, *Stochastic Processes, Problems and Solutions*, trans, by P. Zador, Methuen and Co. and Science Paperbacks, London, 1974.

[54] Takacs, Lajos, *Combinatorial Methods in the Theory of Stochastic Processes*, John Wiley and Sons, New York, 1967.

[55] Trivedi, Kishore, S., Probability and Statistics with Reliability, Queueing and Computer Applications, Prentice-Hall, Englewood Cliffs, NJ, 1982.

附表 1　随机变量间的相互关系

	$\sum_{a=1}^{n} a_i x_i \sim N(0, a^2\sigma^2)$，$a^2 = \sum_{i=1}^{n} a_i^2$ $\boldsymbol{x}_i^2 + \boldsymbol{x}_k^2 \sim$ 指数分布 $\boldsymbol{a} = \sqrt{\boldsymbol{x}_i^2 + \boldsymbol{x}_k^2} \sim$ 瑞利分布
$\boldsymbol{x}_i \sim N(0, \sigma^2), i = 1, 2, \ldots, n$ $\boldsymbol{x}_i$ 相互独立	$\sum_{i=1}^{n} \boldsymbol{x}_i^2/\sigma^2 \sim \chi^2$-$n$ 分布 ($\chi^2(n)$)
	$\boldsymbol{r} = \sqrt{(\boldsymbol{x}_i - a)^2 + (\boldsymbol{x}_k - b)^2} \sim$ 瑞森分布 $\psi = \tan^{-1}\left(\frac{\boldsymbol{x}_i}{\boldsymbol{x}_k}\right) \sim$ 均匀分布 $\boldsymbol{x}_i + j\boldsymbol{x}_k = \boldsymbol{a}e^{j\psi} \sim$ 复高斯随机变量 a, ψ 分别是相互独立的瑞利和均匀分布 $\alpha = 1 \Rightarrow \boldsymbol{x} \sim$ 指数分布
$\boldsymbol{x} \sim G(\alpha, \beta)$ $\boldsymbol{y} \sim G(\alpha, \beta)$ $\boldsymbol{x}, \boldsymbol{y}$ 相互独立	$\alpha = \frac{n}{2}$，$\beta = 2 \Rightarrow \boldsymbol{x} \sim \chi^2(n)$ $\alpha = n$，$\beta = \frac{1}{n\lambda} \Rightarrow \boldsymbol{x} \sim$ 埃尔朗 -n 分布 $\alpha = m$，$\beta = \Omega/m \Rightarrow \sqrt{\boldsymbol{x}} \sim$ Nakagami-m 分布 $x + y \sim G(\alpha + \alpha_0, \beta)$ $\frac{x}{x+y} \sim \beta(\alpha, \alpha_0)$
$x \sim$ 指数分布(λ) $y \sim$ 指数分布(λ) x, y 相互独立	$x^{1/\beta} \sim$ 韦伯分布 $\sqrt{x} \sim$ 瑞利分布(韦伯分布中参数 $\beta = 2$) $x + y \sim$ 伽马分布 $G(2, \lambda)$ $\min(x, y) \sim$ 指数分布(2λ)
$x \sim$ Nakagami-m 分布	$x^2 \sim$ 伽马分布 $m = 1 \Rightarrow x \sim$ 瑞利分布

续附表 1

$x \sim P(\lambda_1)$, $y \sim P(\lambda_2)$ x,y 相互独立	$x+y \sim P(\lambda_1+\lambda_2)$
$x \sim B(n,p)$, $y \sim B(m,p)$ x,y 相互独立	$x+y \sim B(n+m,p)$
$x_i \sim$ 几何分布(p), $i=1,2,\ldots r$ x_i相互独立	$\sum_{i=1}^{r} x_i \sim NB(r,p)$ $\min(x_1,x_2,\ldots,x_r) \sim$ 几何分布 $[1-(1-P)^r]$
$x \sim NB(m,p)$, $y \sim NB(n,p)$ x,y 相互独立	$x+y \sim NB(m+n,p)$
$x \sim C(\alpha_1,\mu_1)$, $y \sim C(\alpha_2,\mu_2)$ x,y 相互独立	$\mu_1 = 0 \Rightarrow \frac{1}{x} \sim C(1/\alpha_1,0)$ $x+y\, C(\alpha_1+\alpha_2,\mu_1+\mu_2)$
$x,y \sim U(0,1)$ x,y 相互独立	$z = \sqrt{-2\log x}\cos(2\pi y) \sim N(0,1)$

附表 2　马尔可夫队列

队列类型	服务台数目	队列参数	稳态概率分布 p_n；$\sum\limits_{i=1}^{\infty} p_i = 1$
$M/M/1$	1	$\lambda_i = \lambda,\ i = 1,2,\ldots$ $\mu_i = \mu,\ i = 1,2,\ldots$	$(1-\rho)\rho^n,\ n \geqslant 0,\ \rho = \dfrac{\lambda}{\mu} < 1$
$M/M/r$	r	$\lambda_i = \lambda,\ i = 1,2,\ldots$ $\mu_i = \begin{cases} i\mu & i < r \\ r\mu & i \geqslant r \end{cases}$	$\dfrac{(\lambda/\mu)^n}{n!} p_0,\ n < r$ $\dfrac{r^r}{r!}(\lambda/r\mu)^n p_0,\ n \geqslant r,\ \dfrac{\lambda}{r\mu} < 1$
$M/M/r/r$	r	$\lambda_i = \begin{cases} \lambda & i \leqslant r \\ 0 & i > r \end{cases}$ $\mu_i = \begin{cases} i\mu & j < r \\ r\mu & i \geqslant r \end{cases}$	$\dfrac{(\lambda/\mu)^n/n!}{\sum_{k=1}^{n}(\lambda/\mu)^k/k!},\ n = 0,1,\ldots,r$ $0,\quad n > r$
$M/M/r/m$, $m > r$	r	$\lambda_i = \begin{cases} \lambda & i \leqslant m \\ 0 & i > m \end{cases}$ $\mu_i = \begin{cases} i\mu & i < r \\ r\mu & i \geqslant r \end{cases}$	$\dfrac{(\lambda/\mu)^n}{n!} p_0,\ n \leqslant r$ $\dfrac{(\lambda/\mu)^n}{r!\,r^{n-r}} p_0,\ r < n \leqslant m$ $0,\quad n > m$
$M/M/\infty$	∞	$\lambda_i = \lambda,\ i = 1,2,\ldots$ $\mu_i = i\mu,\ i = 1,2,\ldots$	$\mathrm{e}^{-(\lambda/\mu)}\dfrac{(\lambda/\mu)^n}{n!},\ n = 0,1,2,\ldots$
没耐心顾客 $M/M/r$	r	$\lambda_i = \lambda,\ i = 1,2,\ldots$ $\mu_i = \begin{cases} i\mu & i \leqslant r \\ r\mu + v_i & i > r \end{cases}$	$\dfrac{(\lambda/\mu)^n}{n!} p_0,\ n \leqslant r$ $\dfrac{\lambda^n p_0}{r!\mu^r \prod\limits_{i=r+1}^{n}(r\mu + v_i)},\ n > r$
有限输入(m) input $M/M/r$	r	$\lambda_i = \begin{cases} (m-i)\lambda & i \leqslant m-1 \\ 0 & i \geqslant m \end{cases}$ $\mu_i = \begin{cases} i\mu & i \leqslant r \\ r\mu & i \geqslant r \end{cases}$	$\dbinom{m}{n}\left(\dfrac{\lambda}{\mu}\right)^n p_0,\quad n \leqslant r$ $\dfrac{m!\,r^r}{(m-n)!\,r!}\left(\dfrac{\lambda}{r\mu}\right)^n p_0,\quad r \leqslant n < m$

续附表 2

Bulk 到达模式 $M^{[x]}/M/1$	1	$\lambda_{kj}=\begin{cases}\lambda c_i & j=k+i, i=1,2,\ldots\\ \mu & j=k-1\\ 0 & \text{其它}\end{cases}$	$p_n=(1-p_0)\sum_{k=0}^{m}\rho^k d_{n-k}^{(k)},\quad n\geqslant 0$ $\rho=\lambda/\mu,\ \rho_0=\rho C'(1)<1$ $C(z)=\sum c_k z^k$ $D(z)=\dfrac{1-C(z)}{1-z}$ $D^k(z)\equiv\sum_{k=0}^{\infty}d_n^{(k)}z^k$
Bulk 服务模式 $M/M^{[y]}/1$	1	$\lambda_{kj}=\begin{cases}\lambda & j=k+1\\ \mu & j=k-m\end{cases}$	$p_n=(1-r_0)r_0^n,\ n\geqslant 0$ $0<r_0<1,\ A(r_0)=0$ $A(z)=z^{m+1}-(1+\rho)z+\rho$ $\rho=\lambda/\mu$

教师反馈表

在您确认将本书作为指定教材后，请填好以下表格并经系主任签字盖章后返回我们（或联系我们索要电子版），我们将免费向您提供相应的教学辅助资源。如果您需要订购或参阅本书的英文原版，我们也将竭诚为您服务。您也可以扫描下面的二维码，直接在网上提交您的需求。

★ 基本信息					
姓		名		性别	
学校		院系			
职称		职务			
办公电话		家庭电话			
手机		电子邮箱			
通信地址及邮编					

★ 课程信息					
主讲课程		原版书书号		中文书号	
学生人数		学生年级		课程性质	
开课日期		学期数		教材决策者	
教材名称、作者、出版社					

★ 教师需求及建议			
提供配套教学课件 （请注明作者 / 书名 / 版次）			
推荐教材 （请注明感兴趣领域或相关信息）			
其他需求			
意见和建议（图书和服务）			
是否需要最新图书信息	是、否	系主任签字/盖章	
是否有翻译意愿	是、否		

教师服务信箱：instructorchina@mheducation.com

地址：北京市东城区北三环东路 36 号环球贸易中心 A 座 702 室

邮编：100013

电话：（010）57997600

传真：（010）59575582